全国勘察设计注册公用设备工程师
暖通空调专业考试备考应试指南

（2021版）

（上册）

林星春　房天宇　主编

中国建筑工业出版社

图书在版编目(CIP)数据

全国勘察设计注册公用设备工程师暖通空调专业考试备考应试指南：2021版：上、下册 / 林星春，房天宇主编. — 北京：中国建筑工业出版社，2021.2

ISBN 978-7-112-25924-3

Ⅰ. ①全… Ⅱ. ①林… ②房… Ⅲ. ①建筑工程－供热系统－资格考试－自学参考资料②建筑工程－通风系统－资格考试－自学参考资料③建筑工程－空气调节系统－资格考试－自学参考资料 Ⅳ. ①TU83

中国版本图书馆 CIP 数据核字（2021）第 035311 号

责任编辑：张文胜
责任校对：赵　颖

全国勘察设计注册公用设备工程师
暖通空调专业考试备考应试指南
（2021版）
林星春　房天宇　主编

＊

中国建筑工业出版社出版、发行（北京海淀三里河路9号）
各地新华书店、建筑书店经销
北京红光制版公司制版
天津安泰印刷有限公司印刷

＊

开本：787毫米×1092毫米　1/16　印张：55¼　字数：1376千字
2021年3月第一版　2021年3月第一次印刷
定价：**188.00**元（上、下册）
ISBN 978-7-112-25924-3
（37113）

版权所有　翻印必究
如有印装质量问题，可寄本社图书出版中心退换
（邮政编码 100037）

本书编委会

主　　编：林星春　上海水石建筑规划设计股份有限公司

　　　　　房天宇　中国建筑东北设计研究院有限公司

参　　编：（排名不分先后）

　　　　　马　辉　新城控股集团股份有限公司

　　　　　封彦琪　河北筑美工程设计有限公司

　　　　　李春萍　吉林省建苑设计集团有限公司

　　　　　杨　光　吉林省建筑科学研究设计院

　　　　　石晶晶　华建集团华东都市建筑设计研究总院

　　　　　李亚宁　石家庄铁道大学

　　　　　闫全英　北京建筑大学

前　　言

自从 2005 年国家实行勘察设计注册公用设备工程师执业资格考试制度以来，每年有越来越多的考生参加暖通空调专业考试，除了暖通空调本专业考生外，还有诸多符合报考规定的相近、相关专业甚至是其他工科专业的考生。而其中就有这么一部分考生在考试通过后，仍热心帮助广大后来的考生备考，并将自己复习和考试过程中的资料进行总结分享。

本书依托"暖通空调在线"网站和"小林陪你过注册"考试群，响应广大考生的强烈需求，在 2012 年第一版出版后，受到了广大考生的热烈欢迎，经过了 10 年的积淀，已经在考生中形成了品牌效应，几乎成为考生人手一本带入考场的必备书和相关考试培训班的指定用书。2021 版（目前为第 9 版）在前几版的基础上保留优势进行了改版升级：最强编委全收录全解析、篇章归类结构清晰、提纲挈领数据指导、侧重扩展独家总结、配套实战试卷与空白卷。在此，本书编委会祝所有考生 2021 年旗开得胜、通过凯旋。

书中所有的答案解析全部由曾经参与过考试的高分考生和注考培训名师自行编写整理，完全来自于民间，仅供广大考生参考解题思路。在此也向所有直接、间接参与本书编写的考生及专家、老师致以真诚的谢意。本书相关的空白试卷等配套电子版资料可关注微信公众号"小林助考"进行下载。对本书如有任何建议、意见和勘误，请与本书编委会 28136076@qq.com 联系。

本书编委会

2021 年 1 月

声　明

本书所有题目的解析部分、第 4 篇扩展总结中所有原创内容及附录 5 湿空气焓湿表的著作权属于本书编委会及注明作者，未经原作者同意，任何组织和个人不可摘录用于其他出版物。

《全国勘察设计注册公用设备工程师暖通空调专业考试备考应试指南》（2021 版）编委会

《全国勘察设计注册公用设备工程师暖通空调专业考试备考应试指南》（2020 版）编委会

《全国勘察设计注册公用设备工程师暖通空调专业考试备考应试指南》（2019 版）编委会

《全国勘察设计注册公用设备工程师暖通空调专业考试备考应试指南》（2018 版）编委会

《全国勘察设计注册公用设备工程师暖通空调专业考试历年真题解析》（2017 版）编委会

《全国勘察设计注册公用设备工程师暖通空调专业考试历年真题解析》（2015 版）编委会

《全国勘察设计注册公用设备工程师暖通空调专业考试历年仿真题解析》（2014 版）编委会

《全国勘察设计注册公用设备工程师暖通空调专业考试历年仿真题解析》（2013 版）编委会

《全国勘察设计注册公用设备工程师暖通空调专业考试历年仿真题解析》（2012 版）编委会

本书增值服务使用说明

为了方便考生利用空闲时间复习，我们整理了 4 年考试试题，放在"建知微圈"小程序里，购买本书的读者可以免费使用。免费获取增值服务内容的方法如下：

（1）扫描本书封面增值服务二维码，进入兑换增值服务说明页面，按照兑换增值服务步骤操作。

（2）扫描下方二维码→进入"建知微圈"本书专属页面→点击右下角"一键购买/兑换所有资源"→按提示输入本书封面增值服务二维码涂层下的卡号（ID）及密码（SN）进行绑定（每组号码只能绑定一次）→选择题目进行答题。

重要提示：

（1）每本书有不同的增值服务卡号（ID）及密码（SN），并且每组号码只能绑定一次。因此，请妥善保管该组号码，泄漏将不能免费享受本书的增值服务。

（2）试题参考答案解析会根据最新考试大纲以及相关标准规范的改版情况，进行更新。因此，本书增值服务内容的有效期为本书出版后三年。

（3）为了避免行文繁琐，增值服务中对部分标准、规范以及参考书等，均用了通俗的称呼，其中《三版教材》是指《全国勘察设计注册公用设备工程师暖通空调专业考试复习教材（第三版—2019）》，其余简称参见图书的"阅读说明"。

阅 读 说 明

本书所有题目后的标注"【A-B-C】"表示对应的真题，其意义为：A 表示年份；B 表示 4 个科目试卷，"1"代表专业知识（上），"2"代表专业知识（下），"3"代表专业案例（上），"4"代表专业案例（下）；C 为两位数字的题目序号，专业知识卷 01～40 为单项选择题，41～70 为多项选择题，专业案例为 01～25。例如【2014-2-43】代表 2014 年专业知识（下）试卷第 43 题多项选择题。

为了避免行文繁琐，本书中对部分标准、规范以及参考书等，均用了通俗的称呼，详细如下：

（1）全国勘察设计注册工程师公用设备专业管理委员会秘书处．全国勘察设计注册公用设备工程师暖通空调专业考试复习教材（2020 年版）．北京：中国建筑工业出版社，2020．在本书中简称《复习教材》。

（2）陆耀庆 主编．实用供热空调设计手册（第二版）．北京：中国建筑工业出版社，2008．在本书中简称《红宝书》。

（3）全国民用建筑工程设计技术措施—暖通空调动力分册 2009．北京：中国计划出版社，2009．在本书中简称《09 技术措施》。

（4）全国民用建筑工程设计技术措施节能专篇—暖通空调动力 2007．北京：中国计划出版社，2007．在本书中简称《07 节能专篇》。

（5）《采暖通风和空气调节设计规范》GB 50019—2003．北京：中国计划出版社，2003．在本书中简称《暖规》。注：2016 年及之前考题适用。

（6）《民用建筑供暖通风与空气调节设计规范》GB 50736—2012．北京：中国建筑工业出版社，2012．在本书中简称《民规》。

（7）《工业建筑供暖通风与空气调节设计规范》GB 50019—2015．北京：中国计划出版社，2015．在本书中简称《工规》。

（8）《公共建筑节能设计标准》GB 50189—2005．北京：中国建筑工业出版社，2005．在本书中简称《公建节能 2005》。注：2015 年及之前考题适用。

（9）《公共建筑节能设计标准》GB 50189—2015．北京：中国建筑工业出版社，2015．在本书中简称《公建节能 2015》。

（10）《建筑设计防火规范》GB 50016—2006．北京：中国计划出版社，2006．在本书中简称《建规 2006》。注：2018 年及之前考题适用。

（11）《高层民用建筑设计防火规范（2005 版）》GB 50045—95．北京：中国计划出版社，2005．在本书中简称《高规》。注：2018 年及之前考题适用。

（12）《建筑设计防火规范》GB 50016—2014．北京：中国计划出版社，2014．在本书中简称《建规 2014》。

（13）《建筑防烟排烟系统技术标准》GB 51251—2017．北京：中国计划出版社，

2018. 在本书中简称《防排烟规》。

（14）陆亚俊 等编著. 暖通空调（第二版）. 北京：中国建筑工业出版社，2007. 在本书中称为《暖通空调》。

（15）赵荣义 等编著. 空气调节（第四版）. 北京：中国建筑工业出版社，2009. 在本书中称为《空气调节》。

（16）孙一坚 主编. 工业通风（第四版）. 北京：中国建筑工业出版社，2010. 在本书中称为《工业通风》。

（17）贺平 主编. 供热工程（第四版）. 北京：中国建筑工业出版社，2009. 在本书中称为《供热工程》。

（18）吴味隆 等编著. 锅炉及锅炉房设备（第四版）. 北京：中国建筑工业出版社，2006. 在本书中称为《锅炉及锅炉房设备》。

（19）彦启森 主编. 空气调节用制冷技术（第四版）. 北京：中国建筑工业出版社，2010. 在本书中称为《空气调节用制冷技术》。

目　录

（上　册）

第1篇　专　业　知　识　题

第2篇　专 业 案 例 题

（下　册）

第 3 篇　实战试卷及解析

第 4 篇　扩 展 总 结

附　　录

第1篇　专业知识题

第 1 章 供暖专业知识题

本章知识点题目分布统计表

小节	考点名称		2012 年至 2020 年题目统计		近三年题目统计		2020 年题目统计
			题目数量	比例	题目数量	比例	
1.1	建筑热工与节能		21	9%	11	12%	4
1.2	建筑供暖热负荷计算		10	4%	4	4%	1
1.3	供暖系统	1.3.1 热水供暖系统	7	3%	1	1%	1
		1.3.2 蒸汽供暖系统	12	5%	2	2%	1
		小计	19	8%	3	3%	2
1.4	供暖方式	1.4.1 散热器供暖	11	5%	7	8%	3
		1.4.2 热风供暖	6	3%	1	1%	1
		1.4.3 辐射供暖	22	9%	11	12%	0
		1.4.4 供暖方案	13	6%	5	6%	1
		小计	52	22%	24	27%	5
1.5	供暖系统设备		8	3%	4	4%	1
1.6	供暖系统设计	1.6.1 供暖系统水力计算	5	2%	3	3%	0
		1.6.2 供暖系统设计要求	19	8%	5	6%	0
		1.6.3 供暖系统运行调节	11	5%	3	3%	2
		小计	35	15%	11	12%	2
1.7	热计量	1.7.1 户间传热	4	2%	1	1%	1
		1.7.2 分户热计量	17	7%	5	6%	3
		1.7.3 节能改造	4	2%	0	0%	0
		小计	25	11%	6	7%	4
1.8	小区热网	1.8.1 热媒、热源与耗热量	21	9%	9	10%	4
		1.8.2 热网设计	24	10%	8	9%	3
		小计	45	19%	17	19%	7
1.9	锅炉房		21	9%	9	10%	4
合计			236		89		30

说明：2015 年停考 1 年，近三年真题为 2018 年至 2020 年。

1.1　建筑热工与节能

1.1-1.【单选】关于公共建筑围护结构传热系数限值的说法，下列哪一项是错误的?【2013-1-05】

A. 外墙的传热系数采用平均传热系数

B. 围护结构的传热系数限值与建筑物体形系数相关

C. 围护结构的传热系数限值与建筑物窗墙面积比相关

D. 温和地区可不考虑传热系数限值

参考答案：D

分析：根据《公建节能2005》第4.2.2条可知，A、B、C正确；当建筑所处城市属于温和地区时，应判断该城市的气象条件与《公建节能2005》表4.2.1中的哪个城市最接近。

扩展：选项A根据《公建节能2015》第3.3.3.1条，正确；选项B、C根据第3.3.1条，正确；选项D根据表3.3.1-6，错误。《公建节能2015》对温和地区甲类公共建筑围护结构热工性能限值做出定量规定，区别《公建节能2005》第4.2.2条，判断该城市气象条件与表4.2.1中的哪个城市最接近，围护结构的热工性能应符合那个城市所属气候区的规定。在《公建节能2015》中，对甲、乙类公共建筑做了区分，乙类公共建筑的传热系数限值仅与所处地区及围护结构部位有关。

1.1-2.【单选】根据所给的条件，请指出：以下哪一个公共建筑必须进行建筑节能的权衡判断（围护结构其他的热工性能均符合规定）?【2013-1-22】

A. 位于严寒A区，建筑屋面传热系数为 $0.25\text{W}/(\text{m}^2 \cdot \text{K})$

B. 位于寒冷地区，建筑外墙传热系数为 $0.45\ \text{W}/(\text{m}^2 \cdot \text{K})$

C. 位于夏热冬冷地区，建筑天窗传热系数为 $2.8\ \text{W}/(\text{m}^2 \cdot \text{K})$

D. 位于夏热冬暖地区，建筑的西立面窗墙面积比为 0.75

参考答案：C

分析：根据《公建节能2015》第3.4.1条，选项A、B为其他围护结构热工性能不符合规定时进行权衡判断的前提条件，故选项A、B错误。根据表3.3.1-4，选项C屋顶透明部分 $K>2.6$，必须进行权衡判断；根据表3.3.1-5，必须进行权衡判断的条件中对窗墙比无要求。

1.1-3.【单选】在设置集中供暖系统的住宅中，下列各项室内供暖计算温度中哪一项是错误的?【2013-2-01】

A. 卧室：20℃

B. 起居室（厅）：18～20℃

C. 卫生间（不设洗浴）：18℃

D. 厨房：14～16℃

参考答案：D

分析：根据《住宅设计规范》GB 50096—2011第8.3.6条：卧室、起居室、卫生间不应低于18℃，厨房不应低于15℃。

1.1-4.【单选】关于窗的综合遮阳系数，下列表述正确的为哪一项？【2013-2-03】

A. 窗的综合遮阳系数只与玻璃本身的遮阳系数有关

B. 窗的综合遮阳系数只与玻璃本身的遮阳系数和窗框的材质有关

C. 窗的综合遮阳系数只与玻璃本身的遮阳系数、窗框的面积和外遮阳形式有关

D. 窗的综合遮阳系数只与玻璃本身的遮阳系数、窗框的面积和内遮阳形式有关

参考答案：C

分析：《夏热冬冷地区居住建筑节能标准》JGJ 134—2010 第 4.0.6 条：窗的综合遮阳系数＝窗本身的遮阳系数×外遮阳的遮阳系数。窗本身遮阳系数等于玻璃遮阳系数×（1—窗框面积/窗的面积）。

1.1-5.【单选】下列关于供暖热负荷计算的说法，哪一个是正确的？【2014-2-04】

A. 与邻室房间的温差小于 5℃时，不用计算通过隔墙和楼板等的传热量

B. 阳台门应考虑外门附加

C. 层高 5m 的某工业厂房，计算地面传热量时，应采用室内平均温度

D. 民用建筑地面辐射供暖房间，高度大于 4m 时，每高出 1m，宜附加 1%，但总附加率不宜大于 8%

参考答案：D

分析：选项 A 见《复习教材》P18，与邻室房间的温差小于 5℃时，且经过隔墙和楼板等的传热量大于该房间热负荷的 10% 时，尚应计算其传热量。选项 B 见《复习教材》P19，阳台门不应考虑外门附加。选项 C 见《复习教材》表 1.2-2 下方的（2）中的 1），计算地面传热量时，应采用工作地点温度；而墙、窗、门应采用室内平均温度；屋顶和天窗应采用屋顶的温度。选项 D 见《复习教材》P18 中"民用建筑高度附加率"。

1.1-6.【单选】北京地区某甲类公共建筑，各项围护结构热工性能值如下所述，核查其中哪一项不符合进行权衡判断的基本要求？【2017-1-02】

A. 屋面传热系数为 0.42W/（m²·K）

B. 屋面透光部分（透光面积≤20%）[传热系数为 2.40W/（m²·K）]

C. 北侧窗，窗墙比 0.5，窗的传热系数为 2.75W/（m²·K）

D. 外墙的传热系数为 0.50W/（m²·K）

参考答案：C

分析：根据《公建节能 2015》表 3.1.2，北京属寒冷地区，根据表 3.4.1-1 可知，选项 A 符合权衡判断的基本要求；屋面透光部分，没有规定基本要求，选项 B 默认符合；根据表 3.4.1-3 可知窗墙比 0.5 时，窗的传热系数≤2.70W/（m²·K），选项 C 不符合基本要求；根据表 3.4.1-2 可知，选项 D 符合权衡判断的基本要求。

1.1-7.【单选】某位于寒冷地区的办公楼，总建筑面积 10000m²，体形系数为 0.4，其屋面的设计传热系数为 K＝0.6W/（m²·K）。问：对该建筑的热工性能评价以下哪个选项是正确的？【2017-1-37】

A. 建筑热工性能的设计指标完全满足《公共建筑节能设计标准》GB 50189—2015 的

要求

B. 只要将体形系数降低至 0.3 之后，该建筑就能满足《公共建筑节能设计标准》GB 50189—2015 的要求

C. 采用权衡判断，有可能满足《公共建筑节能设计标准》GB 50189—2015 的要求

D. 不能满足《公共建筑节能设计标准》GB 50189—2015 的要求

参考答案：D

分析： 根据《公建节能 2015》表 3.3.1-3 查得屋面传热系数限值为 $0.4\text{W}/(\text{m}^2 \cdot \text{K})$，根据第 3.4.1 条可知，不满足权衡判断的要求，故选 D。

1.1-8.【单选】进行建筑外墙热工设计时，其热桥部位应满足下列哪项要求？【2018-1-02】

A. 热桥内表面温度高于房间空气露点温度

B. 热桥内表面温度高于房间空气湿球温度

C. 热桥外表面温度高于房间空气温度

D. 热桥部位传热系数达到主体部位传热系数

参考答案：A

分析： 根据《民用建筑热工设计规范》GB 50176—2016 第 7.2.3 条，热桥内表面温度应高于房间露点温度，防止热桥部位结露而破坏结构层、强化传热损失，选项 A 正确。

1.1-9.【多选】在进行公共建筑围护结构热工性能的权衡判断时，为使实际设计的建筑能耗不大于参照建筑的能耗，可采用以下哪些手段？【2012-2-44】

A. 提高围护结构的热工性能

B. 减少透明围护结构的面积

C. 改变空调、供暖室内的设计参数

D. 提高空调、供暖系统的系统能效比

参考答案：AB

分析： 根据《公建节能 2005》第 2.0.4 条及第 4.3.2 条可知，选项 AB 正确；选项 C 就在进行权衡判断时，首先要满足室内设计参数范围要求，不应随意改变；选项 D 与建筑能耗无关。

扩展： 根据《公建节能 2015》第 3.4.2 条，选项 A、B 正确；由附录 B.0.5-3 条，建筑空气调节和供暖系统的运行时间、室内温度、照明功率密度及开关时间、房间人均占有使用面积等设计参数应与设计建筑一致；根据附录 B.0.6 条文说明，由于提供冷量和热量所消耗能量品位及供冷系统和供热系统能源效率的差异，因此以建筑物供冷和供热能源消耗量作为权衡判断的依据。同时，在使用相同的系统效率将设计建筑和参照建筑的累计耗热量和累计耗冷量计算成设计建筑和参照建筑的供暖耗电量和供冷耗电量，为权衡判断提供依据。并针对不同气候区的特点约定了不同的标准供暖系统和供冷系统形式。更为明确的是，建筑物围护结构热工性能的权衡判断着眼于建筑物围护结构的热工性能，供暖空调系统等建筑能源系统不参与权衡判断。因此改变空调、供暖室内设计参数，提高空调、供暖系统的能效比等具体措施均不符合规范要求，选项 CD 错误。

1.1-10.【多选】按现行节能标准要求，当围护结构设计的某些指标超过规范限值时应进行热工性能权衡判断。进行寒冷地区 B 区的某 11 层住宅楼设计时，下列哪几项指标导致必须进行权衡判断？【2013-1-43】

　　A. 建筑的体形系数为 0.3

　　B. 南向窗墙面积比为 0.65

　　C. 外墙的传热系数为 0.65W/（m²·K）

　　D. 东、西外窗综合遮阳系数为 0.48

参考答案：BC

分析：选项 A 错误，见《严寒和寒冷地区居住建筑节能设计标准》JGJ 26—2018 第 4.1.3 条表中体形系数限值，4 层以上寒冷地区 B 区限值 0.33；选项 B 正确，表 4.1.4 南向寒冷地区 B 区窗墙比限值 0.5，0.65 超限，需要权衡判断；选项 C 正确，根据表 4.2.1-5，外墙传热系数限值 0.45，0.65 超限，需要权衡判断；选项 D 错误，根据《公建节能 2015》第 2.0.4 条，太阳得热系数为综合遮阳系数×0.87＝0.48×0.87＝0.42，根据《严寒和寒冷地区居住建筑节能设计标准》JGJ 26—2018 表 4.2.2-2，0.42 小于东、西向太阳得热系数限值，无需进行权衡判断。

1.1-11.【多选】关于工业厂房围护结构的最小传热阻的规定不适用下列哪几项？【2017-1-44】

　　A. 墙体　　　　　B. 屋面　　　　　C. 外窗　　　　　D. 阳台门

参考答案：CD

分析：根据《复习教材》第 1.1.3 节第 2 条及《工规》第 5.1.6 条，外窗、阳台门不宜使用于工业厂房最小传热阻的规定，故选项 CD 不适用。

1.1-12.【多选】关于建筑热工的要求，下列说法哪些是正确的？【2018-1-54】

　　A. 与室外空气相接触的外楼梯，其地面温度不应低于室内空气露点温度

　　B. 屋面的热桥部位内表面温度不应低于室内空气露点温度

　　C. 外墙的热桥部位内表面温度不应低于室内空气露点温度

　　D. 地下室的热桥部位内表面温度不应低于室内空气露点温度

参考答案：BCD

分析：根据《民用建筑热工设计规范》GB 50176—2016 第 4.4.3 条，应考虑各种工况，确保外围护结构内表面温度不低于室内空气露点温度，选项 BCD 正确。与室外空气接触的外楼梯地面不属于外围护结构内表面范畴，选项 A 错误。

1.1-13.【多选】沈阳市某办公楼，建筑面积为 10000m²，体形系数为 0.29，南向的窗墙比为 0.49，下列围护结构传热系数 K［W/(m²·K)］的设计取值中，哪几项不需要进行权衡判断计算就可以满足节能设计标准的要求？【2018-2-43】

　　A. 屋顶 K 值为 0.28、外墙为 0.50、南向外窗为 1.80

　　B. 屋顶 K 值为 0.30、外墙为 0.40、南向外窗为 2.00

　　C. 屋顶 K 值为 0.28、外墙为 0.40、南向外窗为 2.10

D. 屋顶 K 值为 0.30、外墙为 0.43、南向外窗为 1.90

参考答案： BD

分析： 根据《公建节能 2015》第 3.1.1 条及表 3.1.2 可知，沈阳属于严寒 C 区甲类公共建筑。根据表 3.3.1-2 可知，选项 A 的外墙传热系数不满足限值要求，选项 C 的外窗传热系数不满足限值要求，再根据表 3.4.1-2 可知，选项 A 的外墙传热系数及选项 C 外窗的传热系数满足权衡判断的基本要求，需进行权衡判断；根据表 3.3.1-2 可知，选项 B、D 满足热工性能限值，不需权衡判断。

1.2 建筑供暖热负荷计算

1.2-1.【单选】下列对围护结构（屋顶、墙）冬季供暖基本耗热量的朝向修正的论述中，哪一项是正确的？【2012-1-03】

A. 北向外墙朝向附加率为 0～10％

B. 南向外墙朝向附加率为 0

C. 考虑朝向修正的主要因素之一是冬季室外平均风速

D. 考虑朝向修正的主要因素之一是东西室外最多频率风向

参考答案： A

分析：（1）根据《工规》第 5.2.6 条：北、东北、西北的朝向修正率为 0～10％；南向的朝向修正率为 -15％～-30％，因此选项 A 正确，选项 B 错误。另外，根据《工规》第 5.2.6 条条文说明，朝向修正率，是基于太阳辐射的有利作用和南北向房间的温度平衡要求，而在耗热量计算中采取的修正系数，所以它的成因和室外风速无关，故选项 C、D 错误。

（2）《民规》第 5.2.6 条规定：北外墙朝向修正率为 0～10％；南外墙朝向修正率为 -15％～-30％；考虑朝向修正的主要因素应为当地的冬季日照率、辐射照度、建筑物使用和被遮挡情况。

1.2-2.【单选】某工业厂房的高度为 15m，计算的冬季供暖围护结构总耗热量为 1500kW，外窗的传热系数为 3.5W/（m²·K），冷风渗透耗热量应是下哪一项？【2012-1-04】

A. 375kW   B. 450kW   C. 525kW   D. 600kW

参考答案： B

分析： 根据《09 技术措施》P13 表 2.2.6 查得，传热系数为 3.5W/（m²·K）采用双层窗；

根据《复习教材》表 1.2-7 可知渗透耗热量按照总耗热量的 30％考虑。

则有：$Q = 30\% \times 1500 = 450kW$。

扩展： 本题所问为工业厂房，故《民规》中有关缝隙法计算冷风渗透量的方法不适合本题。

1.2-3.【单选】仅在日间连续运行的散热器供暖某办公建筑房间，高 3.90m，其围护结构基本耗热量为 5kW，朝向、风力、外门三项修正与附加共计 0.75kW，除围护结构耗热量外其他各项耗热量总和为 1.5kW，该房间冬季供暖通风系统的热负荷值（kW）应最接近下列何项？【2016-1-02】

　　A. 8.25　　　　　　B. 8.40　　　　　　C. 8.70　　　　　　D. 7.25

参考答案：B

分析：对流供暖热负荷计算公式：

$$Q = Q_1 + Q_2$$
$$= Q_j (1 + \beta_{朝向} + \beta_{风力} + \beta_{两面外墙} + \beta_{窗墙比} + \beta_{外门}) \cdot (1 + \beta_{层高}) \cdot (1 + \beta_{间歇}) + Q_2$$

根据《民规》第 5.2.8 条或《复习教材》第 1.2.1 节第 2 条"围护结构的附加耗热量"，白天使用间歇附加 20%，带入上式得：

$$Q = Q_1 + Q_2 = (5 + 0.75) \times (1 + 0.2) + 1.5 = 8.4\text{kW}$$

1.2-4.【单选】有关普通工业厂房冬季供暖热负荷计算的说法，下列何项是正确的？【2017-1-03】

　　A. 工业厂房计算了冷风渗透耗热量，则可不计算高度附加

　　B. 计算各传热面热负荷时，室内设计温度都应采用室内平均温度

　　C. 高度附加率的上限是 20%

　　D. 工业厂房的冷风渗透耗热量可采用百分率附加法

参考答案：D

分析：高度附加耗热量是考虑房屋高度对围护结构耗热量 Q_1 的影响而附加的耗热量，冷风渗透耗热量 Q_2 是考虑有门窗缝隙渗入室内的冷空气耗热量，二者概念不同，要同时考虑，选项 A 错误；根据《复习教材》P18 及《工规》表 5.1.6-1 可知，各传热面的冬季室内计算温度跟层高有关，选项 B 错误；根据《复习教材》P19 及《工规》第 5.2.7 条可知，选项 C 错误，总附加率不宜大于 8%或 15%；根据《复习教材》表 1.2-7 及《工规》F.0.6 可知，选项 D 正确。

扩展：本题考察工业厂房，为工业建筑中的一种，需要注意选项 D 中百分率法可用于工业建筑中的生产厂房、仓库和公用辅助建筑，但是对于工业建筑中的生活及行政辅助建筑不适用。

1.2-5.【单选】某办公楼采用集中式供暖系统，非工作时间供暖系统停止运行。该供暖系统施工图设计中，热负荷计算错误的是下列何项？【2018-1-04】

　　A. 间歇附加率取 20%

　　B. 对每个供暖房间进行热负荷计算

　　C. 间歇附加负荷等于围护结构基本耗热量乘以间歇附加率

　　D. 计算房间热负荷时不考虑打印机、投影仪等设备的散热量

参考答案：C

分析：根据《民规》第 5.2.1 条，选项 B 正确；由第 5.2.2 条及其条文解释可知，打印机、投影仪等设备的散热量属于不经常的散热量，可不计算，选项 D 正确；由第 5.2.8 条可知，选项 A 正确，选项 C 错误，间歇供暖热负荷应对围护结构耗热量进行间歇附加，而不是围护结构基本耗热量。

1.2-6. 【单选】民用建筑冬季供暖通风热负荷计算中，下列说法哪一项是正确的？
【2018-2-04】

A. 与相邻房间温差 5℃，但户间传热量小于 10％，可不计入

B. 冬季日照率 30％的地区，南向的朝向修正率可为－10％

C. 低温热水地面辐射供暖系统的热负荷不考虑高度附加

D. 严寒地区，低温热水地面辐射供暖系统的计算热负荷应取按对流热负荷计算值的 95％

参考答案：B

分析：根据《民规》第 5.2.5 条及其条文说明可知，选项 A 错误；由第 5.2.6 条小注 2 可知，选项 B 正确；由第 5.2.7 条可知，地面辐射供暖系统的房间高度大于 4m 时，要考虑高度附加，选项 C 错误；选项 D，《辐射供暖供冷技术规程》JGJ 142—2012 已经取消了这一说法，错误。

1.2-7. 【多选】在计算由门窗缝隙渗入室内的冷空气的耗热量时，下列哪几项表述是错误的？【2012-1-43】

A. 多层民用建筑的冷风渗透量确定，可忽略室外风速沿高度递增的因素，只计算热压及风压联合作用时的渗透冷风量

B. 高层民用建筑的冷风渗透量确定，应考虑热压及风压联合作用，以及室外风速及高度递增的因素

C. 建筑由门窗缝隙渗入室内的冷空气的耗热量，可根据建筑高度，玻璃窗和围护结构总耗热量进行估算

D. 对住宅建筑阳台门而言，除计算由缝隙渗入室内的冷空气的耗热量外，还应计算由外门附加耗热量时将其计入外门总数量内

参考答案：AD

分析：（1）根据《09 技术措施》第 2.2.13 条：多层民用建筑用缝隙法计算渗透风量时可以忽略热压及室外风速沿高度递增的因素，只计入风压作用时的渗透冷风量，故选项 A 错误；第 2.2.14 条：高层民用建筑应考虑热压与风压联合作用，以及室外风速随高度递增的原则，故选项 B 是正确的。

（2）根据《复习教材》表 1.2-7，选项 C 正确；根据《复习教材》第 1.2.1 节第 2 条"围护结构的附加耗热量"，选项 D 错误。

1.2-8. 【多选】在计算间歇使用房间的供暖热负荷时，有关间歇附加的计算方法正确的是哪几项？【2016-2-43】

A. 仅白天使用的建筑，间歇附加率取 20％

B. 不经常使用的建筑，间歇附加率取 30％

C. 对围护结构基本耗热量进行附加

D. 对围护结构耗热量进行附加

参考答案：ABD

分析：根据《复习教材》第 1.2.1 节第 2 条"围护结构的附加耗热量"，《民规》第

5.2.8 条及条文说明，选项 ABD 正确，选项 C 错误。

1.2-9.【多选】在采用集中供暖、分户热计量的住宅中，下列关于户间传热的说法，哪几项是错误的？【2018-2-44】
A. 户间传热对房间供暖热负荷的附加值宜取 60％
B. 户间传热对供暖热负荷的附加值只用于户内供暖设备和户内管道计算
C. 户间传热对供暖热负荷的附加值应计入供暖系统总供暖热负荷
D. 户间传热引起的间歇供暖负荷的附加值，宜取 30％

参考答案：ACD

分析：根据《复习教材》第 1.9.1 节"在确定分户热计量供暖系统的户内设备容量和户内管道时，应考虑户间传热对供暖负荷的附加，但附加量不超过 50％，且不应计入供暖系统的总热负荷内"，选项 A 错误，选项 B 正确，选项 C 错误；根据《辐射供暖供冷技术规程》JGJ 142—2012 第 3.3.7 条及其条文解释，户间传热引起的间歇供暖负荷的附加值跟热源形式及供暖地面类型有关，选项 D 错误。

1.3　供　暖　系　统

1.3.1　热水供暖系统

1.3-1.【单选】某 5 层楼的小区会所，采用散热器热水供暖系统，以整栋楼为计量单位，比较合理的系统供暖形式应是下列哪一项？【2012-1-01】
A. 双管上供下回系统　　　　　　B. 单管上供下回系统
C. 单管下供上回跨越式系统　　　D. 单管水平跨越式系统

参考答案：A

分析：根据《民规》第 5.3.2 条，对于公共建筑，宜采用垂直双管系统，也可采用垂直单管跨越式系统。《07 节能专篇》表 2.4.2 中关于双管系统用于 4 层及 4 层以下建筑物的说法已经过时了。选项 C 中单管下供上回式系统主要用于高温水系统，民用建筑散热器供暖应用低温水供暖。选项 B 中单管上供下回系统指的是顺流式系统，不能进行调节，如是跨越式会写出，如选项 CD 特别写成跨越式；选项 D 适合单户计量的住宅，不适合整栋计量的公共建筑。

1.3-2.【单选】某 6 层办公楼的散热器供暖系统，哪个系统容易出现上热下冷垂直失调现象？【2012-2-01】
A. 单管下供上回跨越式系统
B. 单管上供下回系统
C. 双管下供上回系统
D. 水平单管跨越式串联式系统

参考答案：C

分析：垂直失调概念：在供暖建筑物内，同一竖向各房间，不符合设计要求的温度，而出现上下冷热不均的现象。在多层建筑中，如双管系统采用不同管径仍不能使各层阻力损失达到平衡，由于流量分配不均，必然产生垂直失调问题；楼层数越多，上下环路的差值越大，失调现象就越严重。单管系统，由于立管的供水温度或流量不符合设计要求，也会出现垂直失调。但在单管系统中，影响垂直失调的因素，不是像双管系统那样，由于各层作用压力不同造成的，而是由于各层散热器的传热系数 K 随各层散热器平均计算温度差的变化程度不同而引起的。

1.3-3.【单选】有关重力式循环系统的说法，下列哪一项是错误的?【2014-1-02】

A. 重力循环系统采用双管系统比采用单管系统更易克服垂直水力失调现象

B. 热水锅炉的位置应尽可能降低，以增大系统的作用压力

C. 重力循环系统是以不同温度的水的密度差为动力进行循环的系统

D. 一般情况下，重力循环系统作用半径不宜超过 50m

参考答案：A

分析： 根据《复习教材》：选项 A 参见第 1.3.3 节第 2 条，双管重力循环系统上层散热器环路作用压力大，下层散热器环路作用压力小。更易产生水力失调现象。在重力循环系统中采用单管系统要比双管系统可靠；选项 B 参见第 1.3.3 节第 3 条"系统的优缺点和设计注意事项"(2)-3)；选项 C 参见 P25 上半部分；选项 D 参见第 1.3.3 节第 3 条"系统的优缺点和设计注意事项"(2)-1)。

1.3-4.【单选】寒冷地区某小学的教室采用散热器集中热水供暖系统，下列设计中，哪一项热媒的参数符合规定?【2017-2-03】

A. 按热水温度 95℃/70℃ 设计　　　　B. 按热水温度 85℃/60℃ 设计

C. 按热水温度 75℃/50℃ 设计　　　　D. 按热水温度 60℃/50℃ 设计

参考答案：C

分析： 根据《民规》第 5.3.1 条及其条文说明可知"二次网设计参数取 75℃/50℃ 时，供热系统的年运行费用最低，其次是取 85℃/60℃ 时"，本题答案选项中同时给出了这两个参数组合，因此最优答案为选项 C。

1.3-5.【多选】有关重力循环系统的说法（将热水锅炉与散热器视为系统某一标高位置的点），正确的应是下列哪几项?【2013-2-41】

A. 位于热水锅炉的标高位置下方的散热器阻碍重力循环

B. 位于热水锅炉的标高位置上方的散热器阻碍重力循环

C. 位于热水锅炉的标高位置上方的散热器有利于重力循环

D. 位于热水锅炉同一标高位置的散热器不产生重力循环

参考答案：ACD

分析： 根据《复习教材》第 1.3.3 节第 1 条：根据重力循环作用压力计算公式：$\Delta P = gh(\rho_h - \rho_g)$，当高差为正值时压差为正值，有利于重力循环；当高差为负值时，压差为负，将阻碍重力循环；当高差为 0 时，不产生重力循环作用压力。因此，选项 A、C、D 正确。

1.3-6.【多选】某三层住宅楼于二层设置热水锅炉（水面与二层散热器中心线等高），采用单管重力式循环系统，有关系统的说法（忽略管路散热），下列哪几项是正确的？【2016-1-42】

　　A. 三层散热器的散热有利于重力循环
　　B. 二层散热器的散热对重力循环，没有贡献
　　C. 一散热器的散热阻碍重力循环
　　D. 重力循环系统仍应设置膨胀水箱

参考答案：ABCD

分析：根据《复习教材》式（1.3-6）、图 1.3-3 可知，热源中心计算的散热器间的垂直距离决定了重力循环压力高低，根据第 1.3.3 节第 3 条 "（2）设计注意事项"，锅炉位置越低，系统作用压力越大。当散热器设置高于锅炉时，有利于重力循环，当散热器设置低于锅炉时，阻碍重力循环，当散热器设置等于锅炉时，无贡献，选项 ABC 正确；根据 "（2）设计注意事项" 3）条，选项 D 正确。

1.3.2　蒸汽供暖系统

1.3-7.【单选】在低压蒸汽供暖系统设计中，下列哪一项做法是不正确的？【2016-1-03】

　　A. 在供汽干管向上拐弯处设置疏水装置，以减轻发生水击现象
　　B. 水平敷设的供汽干管有足够的坡度，当汽、水逆向流动时，坡度不应小于 5‰
　　C. 方形补偿器水平安装
　　D. 水平敷设的供汽干管有足够的坡度，当汽、水同向流动时，坡度不得小于 1‰

参考答案：D

分析：根据《复习教材》第 1.7.2 节第 2 条 "管道安装坡度"，选项 B 正确，选项 D 错误；图 1.8-3，选项 A 正确；方形补偿器水平安装，选项 C 正确。

1.3-8.【单选】某产尘车间（丁类）的供暖热媒为高压蒸汽，从节能与维护角度出发，下列何项供暖方式应作为首选？【2016-1-04】

　　A. 散热器　　　　　　　　　　　B. 暖风机
　　C. 吊顶辐射板　　　　　　　　　D. 集中送热风（室内回风）

参考答案：C

分析：丁类车间产尘为非燃烧性粉尘，根据《复习教材》表 1.3-1，适宜采用高压蒸汽用作散热器，但是车间采用散热器末端供暖，为维持室内环境温度，需连续供暖，维护概率较大，节能空间有限，选项 A 错误。

　　根据《复习教材》第 1.5.3 节第 3 条 "暖风机的种类和性能"，虽大型暖风机中 Q 型工业暖风机与 NGL 型暖风机均可使用高压蒸汽作为热源，但暖风机属于强制对流换热方式，室内空气被加热，并形成冷热空气的对流，因此室内空气温度有较大的梯度，屋顶部分温度高，地面附近温度低，相应建筑物上部的热损失也较大，不够节能，选项 B 错误。

　　吊顶辐射板采用辐射换热方式可节约能源达 30%～60%，大大降低运行成本。辐射热直接照射供暖对象，几乎不加热环境中的空气，且室内空气温度梯度小，相应建筑物上部的热损失也较小，节能空间加大，根据《复习教材》表 1.4-2，蒸汽吊顶辐射供暖适用

于工业建筑，选项 C 正确。

根据《复习教材》第 1.5 节，产生粉尘和有害气体的车间，如铸造车间是不得采用空气再循环热风供暖。根据《建规 2014》P182 续表 1，铸造车间属于生产的火灾危险性丁类，选项 D 错误。

1.3-9.【单选】关于低压蒸汽供暖系统供汽表压力的要求，以下哪个选项是正确的？【2017-1-04】

A. ≤0.07MPa　　　　　　　　　　B. ≤0.08MPa

C. ≤0.1MPa　　　　　　　　　　　D. ≤0.15MPa

参考答案：A

分析：根据《复习教材》表 1.3-1 注 1 可知，低压蒸汽系指压力≤70kPa 的蒸汽。

1.3-10.【单选】下列关于高压蒸汽供暖系统特性的说法，哪一项是错误的？【2017-1-07】

A. 比热水供暖系统节能　　　　　　B. 卫生和安全条件差

C. 凝结水温度高易产生二次蒸汽　　D. 凝结水排泄不畅时，易产生水击

参考答案：A

分析：根据《复习教材》第 1.3.7 节可知，高压蒸汽管道沿程管道热损失也大，不一定比热水供暖系统节能，选项 A 错误；选项 BCD 均为高压蒸汽供暖系统的技术经济特性。

1.3-11.【多选】下述关于高压蒸汽供暖系统凝结水管道的设计方法中，正确的是哪几项？【2012-1-45】

A. 疏水器前的凝结水管不宜向上抬升

B. 疏水器后的凝结水管向上抬升的高度应经计算确定

C. 靠疏水器余压流动的凝结水管路，疏水器正常动作所需的最小压力不应小于 50kPa

D. 疏水器至回水箱的蒸汽凝结水管，应按汽水乳状体进行计算

参考答案：BCD

分析：选项 AB 参见《民规》第 5.9.20 条；选项 C 参见《复习教材》P95：为保证疏水阀的正常工作，必须保证疏水阀后的压力 P_2 以及疏水阀正常动作所需要的最小压力 ΔP_{min}，使 $P_{2max} \leqslant P_1 - \Delta P_{min}$。《复习教材—2015》P93 的论述为：为保证疏水阀的正常工作，必须保证疏水阀后的背压以及疏水阀正常动作所需要的最小压力 ΔP_{min}，靠疏水阀余压流动的凝结水管路，ΔP_{min} 值不应小于 50kPa；选项 D 参见《民规》第 5.9.21 条。

1.3-12.【多选】关于高压蒸汽供暖系统供汽管道的设计，下列哪几项规定是错误的？【2013-1-45】

A. 系统最不利环路的供汽管，其压力损失不应大于起始压力的 25%

B. 系统供汽干管的末端管径，不宜小于 20mm

C. 汽水同向流动的供汽管的最大允许流速为 60m/s

D. 汽水同向流动的蒸汽管的坡度，不得小于 0.001

参考答案： BCD

分析： 根据《民规》：选项 A 参见第 5.9.18 条；选项 B 参见第 5.9.15 条；选项 C 参见《复习教材》表 1.6-5；选项 D 参见《复习教材》第 1.7.2 节第 2 条。

1.3-13.【多选】某工厂的办公楼采用散热器高压蒸汽供暖系统（设计工作压力 0.4MPa），系统为同程式、上供下回双管；每组散热器的回水支管上均设置疏水阀，经调试正常运行，两个供暖期后（采用间歇运行）部分房间出现室内温度明显偏低的现象，对问题的原因分析，下列哪几项是有道理的？【2014-1-41】

A. 上供下回式系统本身导致问题发生

B. 采用间歇运行，停止供汽时，导致大量空气进入系统

C. 部分房间的疏水阀堵塞

D. 部分房间的疏水阀排空气装置堵塞

参考答案： CD

分析： 上供下回式是较为常见的一种高压蒸汽供暖系统，由题意知，两个供暖期后（采用间歇运行）部分房间出现室内温度明显偏低的现象，可知系统调试时是正常运行的，证明系统形式无问题，选项 A 排除；间歇运行导致的空气进入系统，会导致所有房间不热，不是部分房间不热，选项 B 排除；多选题，利用排除法，选 CD。同时，选项 CD 也是导致间歇运行时部分房间出现室内温度明显偏低的主要原因。

1.3-14.【多选】下列对蒸汽供暖系统设计的要求和说法，哪几项是错误的？【2016-1-43】

A. 高压蒸汽供暖系统水平蒸汽干管的末端管径宜大于 25mm

B. 低压蒸汽供暖系统作用半径不宜超过 60m

C. 疏水阀安装旁通管是供运行中出现故障排放凝结水用

D. 淀粉生产车间里，不应采用高压蒸汽散热器供暖系统

参考答案： AC

分析： 根据《复习教材》第 1.6.1 节第 3 条，供暖系统水平干管的末端管径，高压蒸汽系统宜≥DN20，选项 A 错误；根据"（3）供暖系统的总压力损失原则"，选项 B 正确；根据第 1.8.3 节第 3 条"设计选用要求"，疏水阀安装旁通管，主要用在初始运行时排放大量凝结水，运行中禁用，选项 C 错误；淀粉通常状况下难以燃烧，干淀粉加热到 130℃ 成为无水物，加热到 150～160℃，变成黄色可溶性物质，继续加热即碳化；淀粉爆炸的下限一般为 20～60g/m³，爆炸上限为 2～6kg/ m³，根据表 1.3.1 及第 1.3.7 节第 1 条高压蒸汽供暖系统的技术经济特性，选项 D 正确。

1.3-15.【多选】某工厂区供暖热媒为高压蒸汽，蒸汽干管室外架空敷设，蒸汽压力 0.7MPa，温度 200℃。问：接至各用户（车间）的供暖支管道与蒸汽干管连接方式，错误的是下列哪几项？【2017-1-46】

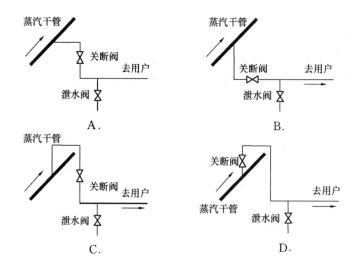

参考答案： ABC

分析： 根据《供热工程》（第四版）P130-131 及《装置内蒸汽和冷凝水》SEPD0403-2001 第2.1.2条"蒸汽支管应自主管的顶部接出，支管上的切断阀应安装在靠近主管的水平管段上以避免存液。如果支管是上升的，则宜在切断阀后设排液阀"。选项 AB 分别为侧接和下接均错误，会导致主管凝水流入支管，引起液击，错误；选项 C 支管的切断阀安装在支管的下降管段，阀门前会存留支管凝水，引起液击，错误；选项 D 符合第2.1.2条的规定。

扩展： 选项 D 的关断阀安装位置一般应装在水平管段上。但本题与往年真题【2011-2-05】类比，从出题原则上建议选 ABC。

1.3-16.【多选】关于低压蒸汽供暖系统散热器设置手动放气阀的说法，下列哪些选项是错误的？【2017-2-45】

A. 不需要设置放气阀　　　　　　　　B. 应设于散热器上部

C. 应设于散热器底部　　　　　　　　D. 应设于散热器高度的 1/3 处

参考答案： ABC

分析： 根据《复习教材》第1.7.2节第10条可知，低压蒸汽供暖系统散热器上的手动放气阀应安装在散热器高度的 1/3 处，选项 ABC 错误，选项 D 正确。

1.4　供　暖　方　式

1.4.1　散热器供暖

1.4-1.【单选】同一供暖系统中的同一型号散热器，分别采用以下 4 种安装方式时，散热量最大的是哪一种？【2012-2-02】

参考答案： A

分析：（1）《复习教材》表1.8-4，选项 A：装在罩内，上部敞开，下部距地 150mm，修正系数取 0.95；选项 B：装在墙的凹槽内（半暗装），散热器上部距离为 100mm，修正

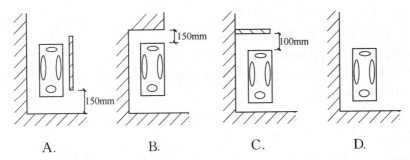

A.　　　　　　　B.　　　　　　　C.　　　　　　　D.

系数取 1.06；选项 C：明装但在散热器上部有窗台板覆盖，散热器距离窗台板高度为 100mm，修正系数取 1.02；选项 D：不修正。

（2）选项 A：下部开口的距离大于或等于 150mm 时，在挡板的作用下形成空气的流通散热，比自然对流效果好。

扩展："想当然"答案：D；"想当然"分析：毫无遮挡，所向披靡，散热量最大。

1.4-2.【单选】下列对不同散热器的对比，哪项结论是错误的？【2013-2-06】

A. 制造铸铁散热器比制造钢制散热器耗金属量大

B. 采用钢制散热器、铸铁散热器的供暖系统都应采用闭式循环系统

C. 在相同供水量、供回水温度和室温条件下，钢制单板扁管散热器的板面温度高于钢制单板带对流片扁管散热器

D. 在供暖系统的补水含氧量多的情况下，钢制散热器的寿命低于铸铁散热器

参考答案：B

分析：选项 A，铸铁金属热强度小于钢制，所以耗费金属量大。选项 B 参见《复习教材》第 1.8.1 节，钢制散热器应用于闭式系统，铸铁散热器不受该条件限制；选项 C，增加对流片，增大了换热系数，根据散热器外表面对流换热公式可知，同样散热量情况下，换热系数越大，对流温差越小，板面温度越低。所以对流片扁管散热器板面温度低；选项 D，钢制散热器易受氧腐蚀。

1.4-3.【单选】某电镀工业厂房冬季采用蒸汽供暖，其散热器的选用说法，下列哪项正确？【2016-2-06】

A. 因为传热系数大，采用铝制散热器

B. 因为使用寿命长，采用铸铁散热器

C. 因为传热系数大，采用钢制板型散热器

D. 因为金属热强度大，采用钢制扁管散热器

参考答案：B

分析：根据《复习教材》第 1.8.1 节第 1 条及《工规》第 5.3.1-6 条，蒸汽供暖系统不应采用钢制柱型、板型和扁管等散热器；在供水温度高于 85℃，pH 大于 10 的连续供暖系统中，不应采用铝合金散热器。选项 ACD 错误，选项 B 正确。

1.4-4.【多选】某寒冷地区的新建多层住宅，热源由城市热网提供热水，在散热器供

暖系统设计时，下列说法哪几项是错误的？【2016-1-44】

A. 供暖热负荷应对围护结构耗热量进行间歇附加

B. 散热器供暖系统供水温度宜按 90℃ 设计

C. 室内供暖系统的制式宜采用垂直双管系统或共用立管的分户独立循环双管系统（各户均设置温控阀）

D. 散热器应暗装，并在每组散热器的进水支管上安装手动调节阀

参考答案：ABD

分析： 根据《复习教材》第 1.2.1 节第 2 条和《民规》第 5.2.8 条，住宅按连续供暖设计，不需要进行间歇附加，故选项 A 错误；根据《民规》第 5.3.1 条，选项 B 错误；根据第 5.3.2 条，选项 C 正确；根据第 5.3.9 条，散热器应明装，根据第 5.10.4 条，每组散热器的进水支管上安装恒温控制阀，故选项 D 错误。

1.4.2　热风供暖

1.4-5.【单选】下列对工业建筑、公共建筑外门的热空气幕的设计要求，哪项是正确的？【2016-1-06】

A. 工业建筑外门宽度为 15m 时，应设置双侧送风的热风幕

B. 工业建筑外门宽度为 20m 时，设置由双侧送风的热风幕

C. 公共建筑外门的贯流式热空气幕的进水温度为 80℃

D. 贯流式热空气幕的安装高度为 4.5m

参考答案：C

分析： 根据《复习教材》第 1.5.4 节中热空气幕设计技术要求章节，选项 AB 错误；根据表 1.5-6，流式热空气幕的安装高度不宜大于 3m，选项 D 错误；热水型贯流式热空气幕要求进水温度大于 60℃，选项 C 正确。

1.4-6.【单选】以下暖风机供暖设计做法，哪一项是不符合规定的？【2016-2-05】

A. 暖风机以蒸汽为热媒时，其有效散热系数小于或等于以热水为热媒时的有效散热系数

B. 采用小型暖风机的车间，其形成的换气次数一般不应小于 $1.0h^{-1}$

C. 以蒸汽为热媒时，每台暖风机应单独设置阀门和疏水装置

D. 当小型暖风机出口风速 5m/s 时，设计的暖风机底部安装高度为 3.5m

参考答案：B

分析： 根据《复习教材》第 1.5.3 节第 1 条，热水有效散热系数为 0.8，蒸汽有效散热系数为 0.7~0.8，选项 A 正确；根据第 2 条"（1）小型暖风机"1），选择暖风机时，应验算车间内的空气循环次数，一般不应小于 $1.5h^{-1}$，选项 B 错误；根据第 1.5.3 节第 2 条"（1）小型暖风机"7），选项 C 正确；根据"（1）小型暖风机"4），选项 D 正确。

1.4-7.【单选】工程设计中应用热空气幕的做法，下列何项是错误的？【2017-2-06】

A. 工业建筑高大外门宽度为 9m，宜采用送风温度≤70℃的双侧送风

B. 商业建筑宜采用由上向下送风，风速 4~6m/s

C. 外门向内开启、宽度小于 3m 的车间，宜采用送风温度为 50℃的单侧送风

D. 外门宽度为 21m 的工业建筑应采用由上向下送风

参考答案：C

分析： 根据《工规》第 5.6.8 条可知，选项 AD 正确；根据《民规》第 5.8.3、5.8.4 条可知，选项 B 正确；根据《复习教材》表 1.5-6 可知，"侧送式空气幕的大门严禁向内开启"，选项 C 错误。

1.4-8.【单选】严寒地区冬季有室内温度要求的某工业建筑，其经常开启的某个无门斗外门，宽度和高度均为 2.7m，开启方向为内向开启。问：以下关于该门设置空气幕的说法，哪个是正确的？【2017-1-05】

A. 应设置上送式空气幕　　　　　B. 应设置单侧侧送式空气幕

C. 应设置双侧侧送式空气幕　　　D. 不应设置空气幕

参考答案：A

分析： 根据《工规》表 5.6.7 可知，该工业建筑宜设置热空气幕，故选项 D 错误；根据《工规》第 5.6.8 条可知，宜采用单侧送风，根据《复习教材》表 1.5-6 可知，"侧送式空气幕的大门严禁向内开启"，综上可知，选项 BC 错误。

1.4-9.【多选】在工业建筑中采用暖风机供暖，哪些说法是正确的？【2012-2-45】

A. 暖风机可独立供暖

B. 室内空气换气次数宜大于或等于 $1.5h^{-1}$

C. 送风温度在 35～70℃之间

D. 不宜与机械送风系统合并使用

参考答案：ABC

分析： 根据《复习教材》第 1.5.3 节，暖风机可独立作为供暖用，一般用以补充散热器散热的不足部分或者利用散热器作为值班供暖，其余热负荷由暖风机承担，故选项 A 正确。根据《复习教材》第 1.5.3 节和《工规》第 5.6.5 条，选项 B 正确。根据《复习教材》P64 和《工规》第 5.6.6 条，选项 C 正确（注：《复习教材》第 1.5.3 节针对小型暖风机，有送风温度不宜低于 35℃，不应高于 55℃的要求）。根据《复习教材》第 1.5 节和《工规》第 5.6.1 条，选项 D 错误，能与机械送风系统合并时应采用热风供暖。

1.4.3　辐射供暖

1.4-10.【单选】某住宅楼设计采用地面辐射供暖系统，下列设计选项哪一个是错误的？【2012-2-05】

A. 集、分水器之间设置旁通管　　　B. 设置分户热计量装置

C. 过滤器设置在分水器前　　　　　D. 过滤器设置在集水器前

参考答案：D

分析：《辐射供暖供冷技术规程》JGJ 142—2012 第 3.5.14 条，在分水器之前的供水连接管上，顺水流方向应安装阀门、过滤器、阀门及泄水管。在集水器的回水连接管上，应安装泄水管并加装平衡阀或其他可关断调节阀。过滤器设置在分水器前供水管的原因是

为了防止杂质堵塞流量计和加热管。

1.4-11.【单选】某低温热水地面辐射供暖系统的加热管为 PP-R 管,采用黄铜质卡套式连接件(表面无金属镀层)与分水器,集水器连接,施工操作方法符合相关要求,使用一段时间后,在连接处出现漏水现象,分析原因是连接件不符合要求,下列改进措施中正确的是哪一项?【2013-1-04】

 A. 更换为黄铜卡压式连接件(表面无金属镀层)

 B. 更换为表面镀锌的铜质连接件

 C. 更换为表面镀镍的铜质连接件

 D. 更换为紫铜卡套式连接件(表面无金属镀层)

参考答案: C

分析:《辐射供暖供冷技术规程》JGJ 142—2012 第 5.4.11 条:加热管与分水器、集水器连接,应采用卡套式、卡压式挤压夹紧连接;连接件材料宜为铜质;铜质连接件与PP-R 或 PP-B 直接接触的表面必须镀镍。

1.4-12.【单选】某热水地面辐射供暖系统的加热管采用 PP-R 塑料管(管径 $dn20$),在下列施工安装要求中,哪一项是不正确的?【2014-2-07】

 A. 加热管直管段为 $500\sim700$mm

 B. 加热管管间距安装误差不大于 10mm

 C. 加热管的弯曲半径为 200mm

 D. 与分、集水器连接的各环路加热管的间距小于 90mm 时,加热管外部设柔性套管

参考答案: D

分析: 根据《复习教材》P49 或《辐射供暖供冷技术规程》JGJ 142—2012 第 5.4.7条,选项 A 正确;根据《辐射供暖供冷技术规程》JGJ 142—2012 第 5.4.1 条,选项 B 正确;选项 C 见《辐射供暖供冷技术规程》JGJ 142—2012 第 5.4.3.3 条,最大弯曲半径不得大于管道外径的 11 倍。管径 $dn20$ 最大弯曲半径为 220mm,选项 C 正确;选项 D 见《辐射供暖供冷技术规程》JGJ 142—2012 第 5.4.9 条,加热管的间距小于 100mm 时,加热管外部设柔性套管,故选项 D 错误。

1.4-13.【单选】低温辐射地板热水供暖系统于分水器的总进水管和集水器的总出水管之间设置旁通管的有关表述,正确的是下列何项?【2016-1-05】

 A. 用于所服务系统的流量调节

 B. 旁通管设于分水器总进水管上阀门之后(按流向)

 C. 旁通管设于集水器总出水管上阀门之前(按流向)

 D. 用于系统供暖管路进行冲洗时,使冲洗水不流进加热管

参考答案: D

分析: 根据《辐射供暖供冷技术规程》JGJ 142—2012 第 3.5.14 条,分水器的总进水管与集水器的总出水管之间宜设置清洗供暖系统时使用的旁通管,旁通管上应设置阀门,选项 A 错误,选项 D 正确;根据第 3.5.14 条及条文说明以及《复习教材》图 1.4-5~

图 1.4-7 系统示例，选项 BC 错误。

1.4-14.【单选】关于燃气红外线辐射供暖系统的安全措施，下列做法错误的是哪项？
【2017-2-08】

　　A. 真空泵预启动检测　　　　　　　B. 发热系统正压运行

　　C. 供暖空间无明火　　　　　　　　D. 系统关闭后充分排空

参考答案： B

分析： 根据《03K501-1 燃气红外线辐射供暖系统设计选用及施工安装》P3 编制说明燃气红外线辐射供暖系统的安全措施小节可知，选项 ACD 正确。根据《复习教材》第 1.4.3 节第 1 条 "5）真空泵"，真空泵使发热系统负压运行，选项 B 错误。

1.4-15.【单选】直接与室外空气接触的楼板或与不供暖供冷房间相邻的地板作为供暖供冷辐射地面时，下列哪一项是必须设置的？【2018-1-01】

　　A. 绝热层　　　　　　　　　　　　B. 空气间层

　　C. 隔汽层　　　　　　　　　　　　D. 防潮层

参考答案： A

分析： 根据《辐射供暖供冷技术规程》JGJ 142—2012 第 3.2.2 条，必须设置绝热层。选 A。

1.4-16.【单选】下列关于辐射供冷系统的说法，哪项是错误的？【2018-1-23】

　　A. 辐射面传热量等于辐射传热量和对流传热量之和

　　B. 辐射传热量大小取决于辐射面与受热表面的平均温度以及它们之间的相对位置关系

　　C. 顶棚供冷与地面供冷在同样室温和辐射面表面温度条件下，前者的总供冷量大于后者

　　D. 辐射面表面平均温度等于冷水供回水平均温度

参考答案： D

分析： 根据《复习教材》第 1.4.1 节第 3 条 "辐射面传热量计算"，辐射面传热量由辐射传热和对流传热两部分组成，选项 A 正确；根据辐射传热原理，选项 B 正确；《复习教材》式（3.4-11a）与式（3.4-11d）比较，地板供冷小于顶棚供冷，选项 C 正确；根据《辐射供暖供冷技术规程》JGJ 142—2012 第 3.4.7 条，辐射面表面平均温度与室温和供冷量有关，选项 D 错误。

1.4-17.【单选】某住宅设计采用低温地面辐射供暖系统，热负荷计算时，下列哪项是正确的？【2018-2-02】

　　A. 室内设计温度为 18℃，热负荷计算时室内温度采用 18℃

　　B. 室内设计温度为 18℃，热负荷计算时室内温度采用 16℃

　　C. 室内设计温度为 16℃，热负荷计算时室内温度采用 18℃

　　D. 室内设计温度为 16℃，热负荷计算时室内温度采用 16℃

参考答案： B

分析： 根据《辐射供暖供冷技术规程》JGJ 142—2012 第 3.3.2 条，辐射供暖用于全面供暖时，在相同热舒适条件下的室内温度可比对流供暖时的室内温度低 2℃。根据《复习教材》第 1.9.1 节，分户计量热负荷计算时室内设计温度参数应在相应的设计标准基础上提高 2℃，提高的 2℃温度，仅作为设计时分户室内温度计算参数，不应加到总热负荷中。所以，室内设计温度由于辐射供暖降低 2℃，又因分户计量提高 2℃，室内设计温度依然维持 18℃，而计算系统热负荷时，采用 16℃。

1.4-18.【单选】寒冷地区的某五层住宅楼（无地下室）采用热水地面辐射供暖系统加热管为 PE-X 管（采用混凝土填充式）瓷砖面层。下列哪一种施工做法可能会造成面层瓷砖开裂？【2018-2-03】

 A. 绝热层使用发泡水泥

 B. 绝热层使用聚乙烯泡沫塑料

 C. 地面瓷砖采用水泥砂浆满浆粘接

 D. 填充层伸缩缝的填充材料采用高发泡聚乙烯泡沫塑料板

参考答案： C

分析： 根据《辐射供暖供冷技术规程》JGJ 142—2012 第 5.8.3 条及其条文解释可知，选项 C 错误，宜采用干贴施工，目的是为了防止地面加热时拉断面层。

1.4-19.【单选】在可燃物上方布置燃气红外辐射供暖系统时，如果发生器功率为 35～45kW，其发生器与可燃物的最小距离（m）应为下列哪一项？【2018-2-05】

 A. 1.2   B. 1.5   C. 1.8   D. 2.2

参考答案： C

分析： 由《复习教材》表 1.4-14 可知，选项 C 正确。

1.4-20.【多选】某建筑采用低温热水地面辐射供暖系统（独立热源），运行中出现有个别业主家中的房间温度一部分合适，一部分偏低的现象，引起上述问题的原因可能是下列哪几项？【2013-2-43】

 A. 室内加热管采用 PE-RT 耐热聚乙烯管

 B. 循环水泵选型导致系统流量远低于设计值

 C. 偏低温度房间的地板辐射供暖盘管弯曲处出现死折

 D. 偏低温度房间的加热管长度明显低于设计值

参考答案： CD

分析： 选项 A，PE-RT 是地面辐射供暖系统管材常用材料，与温度偏离设计值无关；选项 B，循环水泵选型不当，流量远低于设计值，将导致整栋楼室内设计温度都偏离设计值，而不是部分偏低的情况；选项 C，弯管出现死折，造成无循环水量，房间温度偏离；选项 D，加热管长度明显低于设计值，单位地面面积散热量小于设计要求，室温低于设计室温。因此，选项 C、D 是可能原因。

1.4-21.【多选】位于太阳能源资源丰富的寒冷地区，设计某两层住宅太阳能热水地面辐射供暖系统，属于系统组成内容的是哪几项？【2014-1-42】

    A. 设置蓄热水箱   B. 设置辅助热源

    C. 设置太阳能集热器   D. 设置地热盘管及控制装置

参考答案： ABCD

分析： 本题考察太阳能热水地面辐射供暖系统的基本组成，由四个选项组成。详见《07 节能专篇》第 9 章。

1.4-22.【多选】某住宅楼采用热水地面辐射间歇供暖系统，供/回水温度为 45℃/39℃，采用分户计量，分室温控，加热管采用 PE-X 管；某户卧室基本供热量为 1.0kW（房间面积 30m²），进行该户供暖系统的设计，下列哪几项是正确的？（卧室环路房间热负荷间歇附加取为 1.10，户间传热按 7W/m² 计）【2014-2-44】

    A. 采用的分、集水器的断面流速为 0.5m/s

    B. 卧室环路加热管采用 $dn20$（内径 15.7 mm/外径 20 mm）

    C. 户内系统入口装置由供水管调节阀、过滤器、户用热量表和回水管关断阀组成

    D. 将分、集水器设置在橱柜内，在分水器的进水管上设置温包外置式恒温控制阀

参考答案： ABC

分析： 根据《辐射供暖供冷技术规程》JGJ 142—2012 第 3.5.13 条，分、集水器最大断面流速不宜大于 0.8m/s，选项 A 正确；根据《辐射供暖供冷技术规程》JGJ 142—2012 第 3.3.7 条条文说明，计算该起居室实际房间热负荷及所需流量如下：$G = \dfrac{1000 \times 1.1 + 30 \times 7}{4187 \times (45 - 39)} \times 3600 = 188$kg/h，由第 3.5.11 条知，加热管输配流速不宜小于 0.25m/s，以及由附录 D.0.1 可知，在流量 $G = 188$kg/h，流速不小于 0.25m/s 的前提下，可知所需管径为 dn：15.7/20，流速为 0.27m/s，选项 B 正确；选项 C 参见《供热计量技术规程》JGJ 173—2009 第 6.3.3 条；选项 D，由于是分室计量，故应在每个环路设置恒温控制阀，而不是在进水管上。

1.4-23.【多选】某住宅小区采用热水地面辐射供暖，试问选用加热管材质与壁厚时，应考虑的主要因素为下列哪几项？【2016-1-45】

    A. 工程的耐久年限   B. 系统的运行水温

    C. 管材的性能   D. 系统运行的工作压力

参考答案： ABCD

分析： 根据《复习教材》第 1.4.1 节以及《辐射供暖供冷技术规程》JGJ 142—2012 附录 C，选项 ABCD 正确。

1.4-24.【多选】某多层住宅采用低温辐射地板热水供暖系统，某房间设有两个对称布置的环路，环路长度相同。系统调试时，一个环路地面不热，另一个环路地面供热正常，可能产生该问题的原因是下列哪几项？【2017-1-43】

    A. 分水器的总进水管、集水器的总出水管之间设置的旁通管的阀门处于全开位置

    B. 分水器、集水器上的排气阀失效

    C. 不热环路敷设的加热管施工时，出现死折

    D. 分水器、集水器上不热环路的阀门发生堵塞

参考答案： CD

分析： 本题考察对辐射供暖系统的认识，选项 AB 的情况会造成户内系统整体不热，而不是题干所描述的一个环路地面不热，另一个环路地面供热正常；选项 C 的情况会造成该环路不热而不会影响其他环路，符合题意；选项 D 的情况也会造成该环路不热而不会影响其他环路。

1.4-25.【多选】某车间长 45m、宽 24m、高 6.0m，设计采用多台燃气红外线全面辐射供暖，每台辐射供暖器供热量均相同，根据产品样本，燃气器工作所需空气量的总和最大为 6000m³/h。该供暖系统，设计文件给出的技术措施中，以下哪几项是错误的？【2017-2-46】

    A. 辐射供暖器按室内面积均匀布置

    B. 燃气红外线辐射供暖器的燃烧器所需空气取自车间内部空间

    C. 燃气红外线辐射供暖器的安装高度为 4.5m

    D. 燃气红外线辐射供暖系统在工作区发出火灾报警信号时，自动关闭并连锁切断燃气入口总阀门

参考答案： AB

分析： 根据《工规》第 5.5.6 条或《复习教材》第 1.4.3 节第 1 条"(1) 发生器的选择计算"可知，沿四周外墙、外门处辐射器的散热量不宜少于总散热量的 60%，选项 A 错误；根据《工规》第 5.5.7 条或《复习教材》第 1.4.3 节第 1 条"(5) 室外空气供应系统的计算和配置"可知，本车间燃气器工作所需空气量（6000m³/h）大于厂房 $0.5h^{-1}$ 换气计算空气量（3240m³/h），补风应直接来自室外，选项 B 错误；根据《工规》第 5.5.5.1 条或《复习教材》第 1.4.3 节第 1 条"(8) 设计注意事项"可知，安装高度不应低于 3m，选项 C 正确；根据《工规》第 5.5.12 条条文说明可知，选项 D 正确。

1.4-26.【多选】根据目前的设备应用情况，在设计燃气辐射供暖时，可采用下列哪几种燃料？【2018-1-41】

    A. 天然气   B. 沼气

    C. 人工煤气   D. 液化石油气

参考答案： ACD

分析： 根据《民规》第 5.6.2 条，燃气红外线辐射供暖可采用天然气、人工煤气、液化石油气等。

1.4.4 供暖方案

1.4-27.【单选】位于严寒地区的某 4 层办公建筑，设计热水供暖系统，当可提供系统所要求的热水供回水温度时，下列哪一个选项是错误的？【2013-1-01】

    A. 办公区风机盘管供暖。内走廊、卫生间采用铸铁散热器供暖

B. 供暖场所均采用风机盘管供暖

C. 办公区采用地面辐射供暖。内走廊、卫生间采用铸铁散热器供暖

D. 办公区采用地面辐射供暖。两道外门之间的门斗内、卫生间采用铸铁散热器供暖

参考答案：D

分析：根据《民规》第 5.3.7 条，两道外门之间的门斗内，不应设散热器。

1.4-28.【单选】西藏拉萨市有一个远离市政供热外网的 6000m² 的单层生产厂房（两班制），冬季需要供暖，供暖期 132d。下列该项目可采用的供暖方案，运行费最少、更节能（供电无分时电价）、更合理的方案是何项？【2016-2-02】

A. 蓄热电热水炉供暖　　　　　　　　B. 燃油锅炉供暖

C. 地埋管地源热泵系统供暖　　　　　D. 太阳能＋蓄热水箱＋电热水炉辅助供暖

参考答案：D

分析：由题意知，选项 AB 的供暖方案，供暖消耗能源为电和油，项目运行费用均较高，不节能，错误；采用地埋管地源热泵系统，仅冬季供暖，从地下取热，地源侧长期只取热而不吸热，引起地源侧冷热不平衡，不可取，选项 C 错误；拉萨市太阳能资源丰富，因项目采用两班制，采用太阳能供暖并蓄热，满足生产时段内供暖负荷，经济节能。当天气情况不好，无法满足供暖负荷时，电热水炉辅助供暖是较好的供暖方式，选项 D 正确。

1.4-29.【单选】跳水馆属于高大空间建筑，跳水池池区周边宜优先采用下列哪一种供暖方式？【2016-2-04】

A. 散热器供暖　　　　　　　　　　　B. 热水地面辐射供暖

C. 燃气顶板辐射供暖　　　　　　　　D. 热风供暖

参考答案：B

分析：根据《复习教材》第 1.8.1 节第 1 条"散热器选择"，高大空间供暖不宜单独采用对流型散热器，选项 A 错误；因地板辐射供暖方式非常符合高大空间建筑特点和热负荷特性，地板辐射供暖地面有相对较高的温度，符合人体温足的生理需求，选项 B 正确；天然气顶板辐射供暖是工业厂房、游泳池等高大空间较理想的供暖方式，但相对于热水地面辐射供暖，尤其是跳水馆人员穿着较少的情况下，其不具备温足的优势，选项 C 相对选项 B 不是最好的供暖方式，错误；热风供暖是目前高大厂房的主要供暖形式之一，该系统通过散热设备向房间内输送比室内温度高的空气，直接向房间供热。但热风供暖一般是采用 1 台或多台暖风机直接将热风喷射向工作区，因此，送风比较集中，造成室内温度分布不均匀，人体有较强的吹风感，而且由于热气流上升，仍然会有较多的热量从建筑物顶部散失，不适合在跳水馆使用，选项 D 错误。

1.4-30.【单选】设计某严寒地区养老院公寓供暖系统时，采用下列哪种供暖末端不合理？【2018-2-01】

A. 无防护罩明装铸铁散热器　　　　　B. 卧式吊顶暗装风机盘管

C. 立式明装风机盘管　　　　　　　　D. 低温热水地面辐射

参考答案：A

分析：根据《民规》第 5.3.10 条，老年人建筑的散热器必须暗装或加防护罩，选项 A 错误。

1.4-31.【单选】对于电供暖散热器系统的安全要求，下列何项是错误的？【2018-2-06】
A. 散热器外露金属部分与接地端之间的绝缘电阻不大于 0.1Ω
B. 电气安全性能要求为接地电阻和散热器防潮等级这两项指标
C. 散热器防潮等级与使用场合有关
D. 卫生间使用的散热器防潮等级应达到 IP54 防护等级的相关要求

参考答案：B

分析：根据《民规》第 5.5.2 条及其条文说明，电气安全性能要求主要有泄漏电流、电气强度、接地电阻、防潮等级、防触电保护等，选项 B 错误，选项 ACD 正确。

1.4-32.【多选】某大空间展览中心进行供暖设计，哪些是不合理的供暖方式？【2012-1-44】
A. 采用燃气红外线辐射器供暖，安装标高为 7.5m
B. 采用暖风机供暖，安装标高为 7.5m
C. 组合式空调机组进行热风供暖，旋流送风口安装在 6.5m 处的吊顶上
D. 风机盘管加新风系统进行冬季供暖，将其安装在 6.5m 处的吊顶内

参考答案：BD

分析：根据《复习教材》第 1.3.1 节第 2 条"（2）全面辐射供暖"，辐射器高度一般不应低于 4m，选项 A 正确；根据《复习教材》第 1.5.1 节第（5）条，送风口的安装高度以 3.5～7m 为宜，选项 B 错误；根据《民规》第 7.4.2-3 条，旋流送风口应高于大空间中，组合式空调机组风压大，可以达到效果，选项 C 正确；风机盘管热风运动方向为向上运动，因风管风速、风压较低，下部难以达到对流换热的目的。

1.4-33.【多选】太阳能供暖系统设计，下列说法哪几项正确？【2012-1-43】
A. 太阳能集热器宜采用并联方式
B. 为了减少系统规模和初投资，应设其他辅助热源
C. 太阳能供暖系统采用的设备，应符合国家相关产品标准的规定
D. 置于平屋面上的太阳能在冬至的日照数应保证不小于 3h

参考答案：ABC

分析：根据《07 节能专篇》第 9.2.1.8 条：太阳能集热器宜采用并联方式，故选项 A 正确；第 9.2.3.1 条：太阳能供热系统应设置辅助热源及其加热/换热设备、设施。为减少太阳能板的铺设面积，应设置辅助热源，故选项 B 正确；第 9.1.8 条：太阳能供热系统组成部件及性能参数和技术要求应符合国家产品标准规定，故选项 C 正确；第 9.2.1.7 条规定：置于平屋面上的太阳能集热器在冬至的日照数应保证不小于 4h，互不遮挡、有足够的距离，排列整齐有序，故选项 D 错误。

1.4-34.【多选】关于居住建筑节能设计的描述，下列哪几项表述是正确的？【2017-1-41】

A. 夏热冬冷地区居住建筑冬季供暖宜采用低温地板辐射供暖方式

B. 夏热冬暖地区居住建筑供暖方式设计时不宜采用直接电热设备

C. 严寒地区室内供暖系统宜以热水为热媒

D. 寒冷地区的居住建筑，宜设计直接电热供暖

参考答案： AB

分析： 根据《夏热冬冷地区居住建筑节能设计标准》JGJ 134—2010 第 6.0.4.3 条可知，选项 A 正确；根据《夏热冬暖地区居住建筑节能设计标准》JGJ 75—2012 第 6.0.6 条可知，选项 B 正确；根据《严寒和寒冷地区居住建筑节能设计标准》JGJ 26—2010 第 5.1.5 条可知，"居住建筑的集中采暖系统，应按热水连续采暖进行设计"，选项 C 为 "宜"，所以选项 C 错误；根据《严寒和寒冷地区居住建筑节能设计标准》JGJ 26—2018 第 5.1.4 条可知，选项 D 错误，只有符合一定条件时才允许设计直接电热供暖。

1.4-35.【多选】为了减少北方寒冷地区城市冬季供暖采用燃煤形成的污染，某地（无工业余热可利用）推行"煤改电"，试问下列哪几项可作为"煤改电"的产品解决方案？【2017-2-41】

A. 采用空气源热泵

B. 采用水（地）源热泵

C. 采用 $-15℃$ 环境条件下制热量能满足使用要求的多联机

D. 采用溴化锂热泵机组

参考答案： ABC

分析： 根据《民规》第 8.3.2 条及其条文说明可知，采用空气源热泵要考虑室外空气干球温度修正系数，满足制热量要求即可，选项 A 的方案可行；根据《民用建筑供暖通风与空气调节设计规范技术指南》P468，地源热泵系统适宜性研究，选项 B 的方案可行；选项 C 的方案可行；题干中明确提出无工业余热可利用，根据《复习教材》第 4.5.5 节可知，选项 D 方案不可行。

扩展： 根据《民规》第 8.3.1 条条文说明，空气源热泵机组比较适合于不具备集中热源的夏热冬冷地区。对于冬季寒冷、潮湿的地区使用时必须考虑机组的经济性和可靠性。考虑到目前低温热泵的产品已经出现，以及目前寒冷地区（比如北京地区）已经实施了 "煤改电"中的空气源热泵的替代，故选项 A 对于北方寒冷地区虽不一定完全适用，但 "可"作为"煤改电"的产品解决方案。

1.4-36.【多选】某产尘车间工艺排风量大，供暖热媒为高压蒸汽，下列哪几项供暖方式是不合理的？【2017-2-44】

A. 散热器　　　　　　　　　　　B. 暖风机

C. 吊顶式辐射板　　　　　　　　D. 集中送风（直流式）

参考答案： ABC

分析： 根据《建规 2014》第 9.2.3 条可知，选项 ABC 供暖方式均不能采用，选项 D 符合要求：应采用不循环使用的热风供暖。同时题中交代工艺排风量大，选项 D 更能满足补充排风量的要求。

扩展：本题不太严谨，根据《建规2014》第9.2.3的条文说明，针对的是可燃粉尘，题干中并没有提到是可燃粉尘，但解题时建议默认为可燃粉尘，除非有明确交代，可类比【2016-1-04】，同时【2016-1-04】的考点是从节能角度考量。

1.4-37.【多选】设计太阳能热水供暖系统时，以下哪些说法是正确的？【2018-1-43】
A. 配置太阳能供暖热源时，应按照冬季供暖室外计算温度，计算建筑热负荷
B. 应考虑设置蓄热装置
C. 对冬季必须保证供暖的建筑，应设置人工辅助热源
D. 应选择适合低温供暖的末端供暖设备
参考答案：BCD
分析：根据《复习教材》第3.11.4节，"设计太阳能热水供热系统时，应对冬季典型设计日全天的逐时供热负荷进行计算"，再根据《太阳能供热采暖工程技术规范》GB 50495—2009第3.3.2条，太阳能集热系统负担的供暖热负荷是在计算供暖期室外平均气温条件下的建筑物耗热量，同时根据式（3.3.2-2），室外温度取值供暖期室外平均温度，选项A错误；根据《复习教材》第3.11.4节，"白天太阳能充足的地区，如果集热器白天的集热量有富裕，为了充分利用，应考虑蓄热装置，将富裕的集热量蓄存起来在夜间使用"，选项B正确；"由于受到大气透明度的影响，并非全年的每天都能够完全利用太阳能。因此，对于冬季必须保证供热的建筑，还应设置人工辅助热源"，选项C正确。一般来说，太阳能集热器在连续集热的情况下，提供的热水温度较低（为40～50℃），根据《太阳能供热采暖工程技术规范》GB 50495—2009第3.7.1条，设计时选择相应的适合于低温热水供水温度的末端供暖系统，选项D正确。

1.5 供暖系统设备

1.5-1.【单选】纸张的生产过程是：平铺在毛毯上的纸张，经过抄纸机烘箱的脱水、烘干，最后取纸张成品。烘箱采用的是热风干燥，热风的热源为0.2MPa的蒸汽，蒸汽用量是1500kg/h，用后的蒸汽凝结水需回收，试问该情况下疏水器的选择倍率应是多少？【2012-1-05】
A. 2倍   B. 3倍   C. 4倍   D. 5倍
参考答案：A
分析：根据《复习教材》表1.8-7可知热风系统 $P \geqslant 200kPa$ 时，疏水器倍率 $K \geqslant 2$。

扩展：根据《二版教材》，疏水器选择倍率为2；而《复习教材》更改为≥2，根据《复习教材》其实此题四个选项都正确。

1.5-2.【单选】在供暖管网中安全阀的安装做法，哪项是不必要的？【2012-1-09】
A. 蒸汽管道和设备上的安全阀应有通向室外的排汽管
B. 热水管道和设备上的安全阀应有通到安全地点的排水管
C. 安全阀后的排水管应有足够的截面积

　　D. 安全阀后的排汽管上应设检修阀

参考答案： D

分析：《复习教材》第 1.8.2 节第 2 条：安全阀应设通向室外等安全地点的排气管，排气管管径不应小于安全阀的内径，并不得小于 40mm；排气管不得装设阀门，可以得出选项 D 是错误的；根据《09 技术措施》第 8.5.2.3 条：安全阀应装设泄放管，泄放管上不允许装设阀门。泄放管直通安全地点或水箱，并有足够的截面积和防冻措施，保证排放畅通。根据《09 技术措施》第 8.4.10.7 条：安全阀应装设有足够流通面积的排汽管（直接通安全地点），底部装设接到安全地点的疏水管，排气管和疏水管上都不得装设阀门，并应进行可靠的固定。

　　1.5-3.【单选】设计供暖系统的换热设备时，传热温差相同，依据单位换热能力大小选择设备，正确的排列顺序应是下列哪项？【2012-2-04】

　　A. 汽—水换热时：波节管式＞螺旋螺纹管式＞螺纹扰动盘管式

　　B. 汽—水换热时：螺旋螺纹管式＞螺纹扰动盘管式＞波节管式

　　C. 水—水换热时：板式＞螺纹扰动盘管式＞波节管式

　　D. 水—水换热时：螺纹扰动盘管式＞板式＞波节管式

参考答案： B

分析：《复习教材》表 1.8-13 及《红宝书》表 5.5-33。

　　1.5-4.【单选】下列关于热水供暖系统的要求，哪一项是正确的？【2014-2-06】

　　A. 变角过滤器的过滤网应为 40～60 目

　　B. 除污器横断面中水流速宜取 0.5m/s

　　C. 散热器组对后的试验压力应为工作压力的 1.25 倍

　　D. 集气罐的有效容积应膨胀水箱容积的 1%

参考答案： D

分析：根据《复习教材》第 1.8.5 节第 3 条（2）第 1 款，选项 A 错误；选项 B 参见第 1.8.5 节第 2 条（3）；选项 C 参见《建筑给水排水及采暖工程施工质量验收规范》GB 50242—2002 第 8.3.1 条；选项 D 参见《复习教材》第 1.8.7 节（1）。

1.6　供暖系统设计

1.6.1　供暖系统水力计算

　　1.6-1.【单选】关于室内供暖系统的水力计算方法的表述，下列哪一项是正确的？【2013-2-05】

　　A. 机械循环热水双管系统的水力计算可以忽略热水在散热器和管道内冷却而产生的重力作用压力

　　B. 热水供暖系统水力计算的变温降法适用于异程式垂直单管系统

　　C. 低压蒸汽系统的水力计算一般采用当量长度法计算

　　D. 高压蒸汽系统的水力计算一般采用单位长度摩擦压力损失方法计算

参考答案： B

分析： 根据《复习教材》：选项 A 参见第 1.3.4 节 "3. 设计注意事项-（4）"；选项 B 参见第 1.6.2 节，变温降法适用于异程式垂直单管系统；选项 CD 参见第 1.6.3 节。

1.6-2. 【单选】供暖、通风、空调系统设计时对水力平衡计算的规定，下列何项是错误的？【2017-1-01】

A. 集中供暖热水的室外管网各并联环路之间的压力损失差额，不应大于 15%

B. 室内热水供暖系统的各并联环路间（不包括共用段）的压力损失差额不应大于 15%

C. 通风系统各并联管段的压力损失的相对差额，不宜超过 15%

D. 空调系统各并联风管管段的压力损失的相对差额，不宜超过 10%

参考答案： D

分析： 根据《严寒和寒冷地区居住建筑节能设计标准》JGJ 26—2010 第 5.2.13 条可知，选项 A 正确；根据《民规》第 5.9.11 条可知，选项 B 正确；根据《民规》第 6.6.6 条可知，选项 C 正确，而空调系统各并联风管管段的相对差额也不宜超过 15%，所以选项 D 错误。

1.6-3. 【单选】对民用建筑室内供暖系统计算总压力损失的附加值，下列哪项取值是合理的？【2018-1-06】

A. 5%　　　　　B. 10%　　　　　C. 15%　　　　　D. 20%

参考答案： B

分析： 根据《民规》第 5.9.12.3 条可知，选项 B 正确。

1.6-4. 【多选】下列关于降低散热器供暖系统的并联环路压力损失相对差额的原则，哪几项是正确的？【2018-2-41】

A. 合理划分并均匀布置各个环路

B. 不采用过大的环路半径

C. 环路负担的立管数不宜过多

D. 增大末端散热设备的阻力，降低公共管段阻力

参考答案： ABCD

分析： 根据《民规》第 5.9.11 条及其条文说明可知，选项 ABCD 均为各并联环路之间水力平衡的措施，还有根据供暖系统的形式，在立管或支环路上设置适用的水力平衡装置等措施，如安装静态或自力式控制阀。选项 ABCD 正确。

1.6.2　供暖系统设计要求

1.6-5. 【单选】某 5 层办公建筑，设计热水供暖系统时，属于节能的设计选项应是下列哪一项？【2013-1-06】

A. 水平干管坡向应与水流方向相同

B. 采用同程式双管系统，每组散热器设置手动调节阀

C. 采用同程单管跨越式系统，每组散热器设置手动调节阀

D. 采用同程式垂直单管跨越式系统，每组散热器设置恒温控制阀

参考答案：D

分析：选项 A 错误，坡向与水流方向相反，且该项不属于节能设计，坡向与排气有关；选项 B、C 设置手动调节阀，节能效果差，远不如恒温控制阀节能效果明显。节能设计要求散热器支管上设置恒温控制阀，选项 D 见《07 节能专篇》第 3.2.2-3 条。

1.6-6.【单选】某商场建筑拟采用热水供暖系统。室内供暖系统的热水供水管的末端管径按规范规定的最小值设计，此时，该段管内水的允许流速最大值为下列哪一项？【2014-1-06】

　　A. 0.65m/s　　　　B. 1.0m/s　　　　C. 1.5m/s　　　　D. 2.0m/s

参考答案：B

分析：根据《复习教材》第 1.6.1 节第 3 条，末端管径大于或等于 20mm，取最小值为 20mm，按《复习教材》表 1.6-5，管径为 20mm 时，一般室内管网为 1.0m/s。商场无特殊要求，特殊要求指需要安静的场合。

1.6-7.【单选】有关绝热材料的选用做法，正确的应是下列何项？【2014-1-03】

A. 设置在吊顶内的排烟管道，采用橡塑材料作隔热层

B. 高压蒸汽供暖管道，采用橡塑材料作隔热层

C. 地板辐射供暖系统辐射面的绝热层，采用密度小于 $20kg/m^3$ 的聚苯乙烯泡沫塑料板

D. 热水供暖管道，采用密度为 $120kg/m^3$ 的软质绝热制品

参考答案：D

分析：根据《工业设备及管道绝热工程设计规范》GB 50264—2013 第 4.1.6 条，选项 A、B 属于高温管道，橡塑材料的使用温度低于 100℃和低温环境，主要用于保冷管道，故选项 A、B 错误。选项 C 见《复习教材》第 1.4.1 节第 7 条，聚苯乙烯泡沫塑料板作为隔热层，密度不应小于 $20kg/m^3$，故选项 C 错误。选项 D 见《工业设备及管道绝热工程设计规范》GB 50264—2013 第 3.1.3 条。

1.6-8.【单选】某一上供下回单管顺流式热水供暖系统顶点的工作压力为 0.15MPa，该供暖系统顶点的试验压力符合规定的，应是下列选项中的哪一个？【2014-1-05】

　　A. 0.15MPa　　　　B. 0.25MPa　　　　C. 0.3MPa　　　　D. 0.45MPa

参考答案：C

分析：《建筑给水排水及采暖工程施工质量验收规范》GB 50242—2002 第 8.6.1 条。

1.6-9.【单选】寒冷地区某高层住宅小区，集中热水供暖系统施工图设计的规定，下列哪一项是错误的？【2014-2-05】

A. 集中热水供暖系统热水循环泵的耗电输热比（*EHR*），应在施工图的设计说明中标注

B. 集中供暖系统的施工图设计，必须对每个房间进行热负荷计算

C. 施工图设计时应严格进行室内管道的水力平衡计算，应确保供暖系统的各并联环路间（不包括公共段）的压力差额不大于15%

D. 施工设计时，可不计算系统水冷却产生的附加压力

参考答案：D

分析：《严寒和寒冷地区居住建筑节能设计标准》JGJ 26—2018：选项A参见第5.2.11条；选项B参见第5.1.1条；选项C参见第5.3.6条。选项D根据《复习教材》P76。

1.6-10.【单选】对输送压力为0.80MPa的饱和干蒸汽（温度为170℃）的管道做保温设计，下列保温材料中应采用哪一种？【2014-2-01】

　　A. 柔性泡沫橡塑制品　　　　　　　　B. 硬质聚氨酯泡沫制品

　　C. 硬质酚醛泡沫制品　　　　　　　　D. 离心玻璃棉制品

参考答案：D

分析：根据《工业设备及管道绝热工程设计规范》GB 50264—2013第4.1.6条，被绝热的设备与管道外表面温度T_0大于100℃时，绝热层材料应符合不燃类A级材料性能要求。耐高温的保温材料只有选项D，玻璃棉最高耐温400℃。

1.6-11.【单选】某五层楼的学生宿舍，设计集中热水供暖系统，考虑系统节能，有关做法符合规定的应为下列何项？【2016-2-03】

　　A. 设计上供下回单管同程式系统，未设恒温控制阀

　　B. 设计上供下回双管同程式系统，未设恒温控制阀

　　C. 设计上供下回双管同程式系统，散热器设低阻力两通恒温控制阀

　　D. 设计上供下回单管跨越系统，散热器设低阻力两通恒温控制阀

参考答案：D

分析：根据《民规》第5.10.4条，新建和改扩建散热器室内供暖系统，应设置散热器恒温控制阀或其他自动温度控制间进行室温调控，选项AB错误；根据第5.10.4-1条，当室内供暖系统为垂直或水平双管系统时，应在每组散热器的供水支管上安装高阻恒温控制阀，选项C错误；根据第5.10.4-2条，单管跨越式系统应采用低阻力两通恒温控制阀或三通恒温控制阀，选项D正确。

1.6-12.【单选】某空调工程施工单位建议风管保温构造设计施工图变更，以降低工程造价。在实施前应办理变更手续，下列哪项要求是完整和准确的？【2018-1-03】

　　A. 需经原设计单位认可，并获得监理单位和建设单位的确认

　　B. 需经原设计单位认可，应经消防部门审查，并获得监理和建设单位的确认

　　C. 需经原设计单位认可，应经造价审计部门审查，并获得监理和建设单位的确认

　　D. 需经原设计单位认可，应经原施工图设计审查机构审查，并获得监理和建设单位的确认

参考答案：D

分析：根据《建筑节能工程施工质量验收标准》GB 50411—2019 第 3.1.2 条及其条文说明可知，选项 D 正确。

1.6-13.【单选】布置供暖系统水平干管或总立管固定支架时，分支干管连接点处允许的最大位移量（mm）为下列何项？【2018-1-05】

A. 40　　　　　　B. 50　　　　　　C. 60　　　　　　D. 80

参考答案：A

分析：根据《民规》第 5.9.5 条条文说明可知，选项 A 正确。

1.6-14.【多选】寒冷地区某 5 层住宅（一梯两户）散热器热水供暖系统（采用分户热计量）为共用立管的分户独立系统形式，下列做法中哪几项是正确的？【2013-1-46】

A. 计算散热器容量时，考虑户间传热对供暖负荷的影响

B. 户内系统计算压力损失（包括调节阀、户用热量表）不大于 30kPa

C. 立管上固定支架位置，应保证管道分支节点因管道伸缩引起最大位移量不大于 50mm

D. 共用立管采用镀锌钢管，焊接

参考答案：AB

分析：选项 A 正确，参见《民规》第 5.2.10 条；选项 B 正确，参见《09 技术措施》第 2.5.9-7-2）条。《09 技术措施》第 2.5.9 条和第 2.4.11 条；选项 C 错误，应为 40mm。《建筑给水排水及采暖工程施工质量验收规范》GB 50242—2002 第 4.1.3 条、管径小于或等于 100mm 的镀锌钢管应采用螺纹连接，选项 D 错误。

1.6-15.【多选】关于分户热计量热水集中供暖设计，以下哪些做法是错误的？【2014-1-45】

A. 某计量供暖系统设计流量为 110m³/h 的热量表，在其回水管设置公称流量为 121m³/h 的热量表

B. 服务于 350 户住宅的供暖系统，平均每户因户间传热附加供暖负荷 1.2kW，但设计供暖系统总热负荷未计入总计 420kW 的户间传热附加供暖负荷

C. 某户内系统形式为水平双管的计量供热系统，散热器设有恒温控制阀，设计要求在热网各热力入口设置自力式流量控制阀

D. 11 层住宅采用上供下回垂直双管系统，每组散热器设高阻恒温控制阀

参考答案：ACD

分析：根据《民规》：选项 A 参见第 5.10.3-1 条；选项 B 参见第 5.2.10 条；选项 C 参见第 5.10.6 条；选项 D 参见第 5.10.4-1 条。

1.6-16.【多选】下列水处理措施中，哪几项是居住建筑热水供暖系统的水质保证措施？【2013-1-44】

A. 热源处设置水处理装置

B. 在供暖系统中添加染色剂

C. 在热力入口设置过滤器

D. 在热水地面辐射供暖系统中采用有阻气层的塑料管

参考答案： ACD

分析：《住宅设计规范》GB 50096—2011第8.3.3条。

扩展： 选项B的作用主要是为了防止用户盗用供暖系统循环水，以免破坏供暖系统的正常运行，同时减少给供暖单位带来的水资源和热量流失。

1.6-17.【多选】在供暖系统的下列施工做法中，有哪几项不合理，可能会产生系统运行故障？【2012-2-42】

　　A. 单管水平串联系统（上进下出）中，某两组散热器端部相距2.00m，在其连接支管上可不设置管卡

　　B. 蒸汽干管变径成底平偏心连接

　　C. 供暖系统采用铝塑复合管隐蔽敷设时，其弯曲部分采用成品弯

　　D. 在没有说明的情况下，静态水力平衡阀的前后管段长度分别不小于5倍、2倍管径

参考答案： AC

分析： 根据《建筑给排水及采暖工程施工质量验收规范》GB 50242—2002第8.2.10条：散热器支管长度超过1.5m时，应在支管上安装管卡，以便于防止管道中部下沉影响空气或凝结水顺利排出。第8.2.11条：上供下回的热水干管变径应顶平偏心连接，以便于空气的排出；蒸汽干管变径应底平偏心连接，以便于凝结水的排出，故选项B对；第8.2.15：塑料管及复合管除必须使用直角弯头的场合外，应使用管道直接弯曲转弯，以减小阻力和渗漏的可能，特别是在隐蔽敷设时。供暖隐蔽敷设时，不应有弯头，故选项C错；根据《供热计量技术规程》JGJ 173—2009第5.2.4条及《民规》第5.9.16条：平衡阀或自力式控制阀在没有特别说明的情况下静态水力平衡阀的前后直管段长度应分别不小于5倍、2倍管径，故选项D正确。

1.6-18.【多选】在设计机械循环热水供暖系统时，为了使系统达到压力平衡和运行节能的目的，正确的做法应是下列哪几项？【2013-2-45】

　　A. 对5层垂直双管系统每组散热器供水支管上设置高阻力二通恒温控制阀

　　B. 对垂直单管跨越式系统每组散热器前设置低阻力三通恒温控制阀

　　C. 地面辐射供暖系统分环路设置控制装置

　　D. 系统按南北分环布置，必要时，在分环回水支管上设置水力平衡装置

参考答案： ABCD

分析： 根据《民规》第5.10.4条，选项A、B正确；根据《民规》第5.10.5条，选项C正确；根据《公建节能2015》第4.3.2条，选项D正确。

1.6-19.【多选】下列热水地面辐射供暖系统的材料设备进场检查的做法中，哪几项是错误的？【2014-2-41】

　　A. 辐射供暖系统的主要材料、设备组件等进场时，应进行施工单位检查验收合格，

方可使用

B. 阀门、分水器、集水器组件在安装前，应做强度和严密性试验，合格后方可使用

C. 预制沟槽保温板、供暖板进场后，应采用取样送检方式复验其辐射面向上供热量和向下传热量

D. 绝热层泡沫塑料材料检验的项目为导热系数、密度和吸水率

参考答案： ACD

分析： 根据《辐射供暖供冷技术规程》JGJ 142—2012 第 5.2.3 条，相关手续资料应符合国家现行有关标准和设计文件的规定，并具有国家授权机构提供的有效期内的检验报告。进场时应做检查验收并经监理工程师核查确认，故选项 A 错误；选项 B 正确，详见第 5.2.8 条；根据第 5.2.7 条，选项 C 缺少"见证"二字，取样送检与见证取样送检是不同的。见证取样送检需要监理见证，对进入施工现场的有关建筑材料，由施工单位专职材料试验人员-取样员在现场取样或制作试件后，送至符合资质资格管理要求的试验室进行试验的一个程序，故选项 C 错误。选项 D 参见第 4.2.2 条。

1.6-20.【多选】下列热水供暖系统管道的坡度设计，哪些选项是正确的？【2017-1-45】

A. 采用机械循环双管上供下回系统时，顶部供水水平干管的坡向应与其管内的水流方向相同

B. 采用机械循环双管上供下回系统时，底部回水水平干管的坡向应与其管内的水流方向相同

C. 采用重力循环时，顶部供水水平干管的坡向应与其管内的水流方向相同

D. 采用重力循环时，底部回水水平干管的坡向应与其管内的水流方向相反

参考答案： BC

分析： 根据《复习教材》图 1.3-6 可知，顶部供水水平干管的坡向应与其管内的水流方向相反，选项 A 错误，选项 B 正确；根据《复习教材》图 1.3-2 可知，选项 C 正确，底部回水水平干管的坡向应与其管内的水流方向相同，选项 D 错误。

1.6-21.【多选】下列关于供暖系统的设计方法，哪几项是正确的？【2018-1-44】

A. 分汽缸筒身直径按蒸汽流速 10m/s 确定

B. 分、集水器的筒身直径按断面流速 0.1m/s 确定

C. 供暖管道自然补偿段臂长可控制在 35m

D. 疏水阀安装在双效蒸汽溴化锂吸收式制冷系统的蒸汽分汽缸时，应采用恒温式疏水阀

参考答案： AB

分析： 根据《复习教材》第 1.8.11 节，"分汽缸、分水器、集水器选择计算（1）筒体直径，按筒体内流速确定时，蒸汽流速按 10m/s 计；水流速 0.1m/s 确定"，选项 AB 正确；由第 1.8.8 节可知，"自然补偿每段臂长一般不宜大于 20～30m"，选项 C 错误；由表 4.5-6 可知，蒸汽双效溴化锂吸收式机组的蒸汽均为高压蒸汽。由第 1.8.3 节第 1 条可知，恒温式疏水阀仅用于低压蒸汽系统上，选项 D 错误。

1.6.3 供暖系统运行调节

1.6-22.【单选】严寒地区某6层住宅，主立管设计为双管下供下回异程式，户内设分户热计量，采用水平跨越式散热器供暖系统。每组散热器进出支管设置手动调节阀，设计热媒供/回水温度为80℃/55℃。系统按设计进行初调节时，各楼层室温均能满足设计工况。当小区热水供水温度为65℃时，且总干管下部的供回水压差与设计工况相同，各楼层室温工况应是下列选项中的哪一个（调节未进行变动)？【2013-1-03】

A. 各楼层室温均能满足设计工况

B. 各楼层室温相对设计工况的变化呈同一比例

C. 六层的室温比一层的室温高

D. 六层的室温比一层的室温低

参考答案：D

分析：双管系统在水力计算时，不同层环路间水力平衡时，要考虑重力循环作用压力差，设计阶段按照设计水温下的重力循环作用压力达到设计平衡。根据《复习教材》第1.3.3节第1条中自然作用压力的计算公式 $\Delta P = gh (\rho_g - \rho_h)$，此题中实际情况水温发生变化，温度降低了，供回水密度差减小，故顶层和底层间重力循环作用压力差相比设计工况，减小了，相比设计工况，顶层不利了，故顶层室温会比设计工况低，故顶层比底层室温低。

1.6-23.【单选】关于散热器热水供暖系统水力失调说法（散热器支管未安装恒温阀），下列选项哪个是不正确的?【2016-1-01】

A. 任何机械循环双管系统，适当减小部分散热器环路的管径会有利于各散热器环路之间的水力平衡

B. 任何机械循环双管系统，散热器支管采用高阻力阀门会有利于各层散热器环路之间的水力平衡

C. 五层住宅采用机械循环上供上回式垂直双管系统，计算压力平衡时，未考虑重力作用压力，实际运行会产生不平衡现象

D. 与（C）相同的系统，不同之处仅为下供下回式。同样，设计计算压力达到平衡（未考虑重力作用压力），则实际运行不平衡现象会比（C）更严重

参考答案：D

分析：对任何双管系统，适当减小散热器环路支管管径和采用高阻阀（或采用高阻恒温阀），以增大散热器环路的计算压力损失，有利于各散热器环路之间的水力平衡，选项A、B正确；上供上回式垂直双管系统，由于各层散热器环路计算压力损失相对差额与自然作用压力是叠加的，存在先天性的水力失衡条件，应该尽量避免在多于一层的建筑中采用，选项C正确；机械循环下供下回式垂直双管系统，由于可利用重力水头和立管阻力相抵消，较机械循环上供上回式垂直双管系统，更易于克服垂直失调，选项D错误。

1.6-24.【单选】当热水供暖循环水泵的电机出现频繁烧毁情况时，下列哪一项可能是导致该故障的原因?【2017-2-01】

A. 水系统阻力远低于水泵所选扬程数值

B. 水泵入口的过滤器阻力过大

C. 水泵出口止回阀阻力过大

D. 水泵出口压力数值偏高

参考答案： A

分析： 泵与风机的实际扬程和管网阻力存在自适应、自动匹配的特性。选项 A，水系统阻力远低于水泵所选扬程，那么水系统管路特性曲线就变缓，根据水泵流量特性曲线可知，实际流量会远大于水泵额定流量，可能导致电机频繁烧毁；选项 BC 则正相反，会导致实际流量偏小，不会发生烧毁电机的情况；水泵压力数值偏高，水泵实际扬程偏高，根据水泵实际扬程和管网阻力自适应的特性，进而可以推出管网阻力偏高，实际流量小于额定流量，所以选项 D 不会出现电机频繁烧毁的情况。

1.6-25.【单选】集中热水供暖系统热水循环水泵的耗电输热比（EHR）与水泵电功率的关系，下列何项是正确的？【2017-2-04】

　　A. 耗电输热比（EHR）与循环水泵的额定功率成正比

　　B. 耗电输热比（EHR）与循环水泵的输入功率成正比

　　C. 耗电输热比（EHR）与循环水泵的轴功率成反比

　　D. 耗电输热比（EHR）与循环水泵在设计工况点的轴功率成正比

参考答案： D

分析： 根据《民规》第 8.11.13 条及其条文说明"水泵在设计工况点的轴功率为 $N=0.002725G \cdot H/\eta_b$"可知，选项 D 正确。

1.6-26.【单选】某多层办公楼采用散热器（支管上未安装温控阀）双管上供下回热水供暖系统，设计工况下工作正常，当供水流量与回水温度保持不变时，以下关于产生垂直失调现象的论述，正确的应是下列哪一项？【2013-2-02】

　　A. 热水供回水温差增大，底层室温会高于顶层室温

　　B. 热水供回水温差增大，顶层室温会高于底层室温

　　C. 热水供回水温差减小，底层室温会低于顶层室温

　　D. 热水供回水温差的变化，不会导致发生垂直失调现象

参考答案： B

分析： 本题考察双管系统水力计算时关于重力循环作用压力的问题。根据《复习教材》第 1.3.3 节第 1 条，自然作用压力的计算公式 $\Delta P=gh\ (\rho_g-\rho_h)$，当热水供回水温差相比设计工况增大，即供回水密度差增大，则顶层和底层间重力循环作用压力差相比设计工况增大了，顶层有利，顶层室温会大于设计工况，故顶层热。相反，如供回水温差减小，则底层室温会大于顶层室温。

1.6-27.【多选】某 10 层住宅，设分户热计量散热器热水供暖系统。户内为单管跨越式、户间为共用立管、异程双管下供下回式。第一个供暖期运行正常，第二个供暖期运行中，有一住户投诉室温不足 14℃，问题产生的原因可能是下列哪几项？【2013-1-42】

　　A. 该住户的户内管路系统发生堵塞

B. 该住户的个别房间散热器的排气阀失效

C. 该住户的下层住户擅自修改户内系统的管路

D. 该住户的下层住户擅自增加户内散热器片数

参考答案： AB

分析： 选项 A：管路堵塞，该户内供暖系统无法进行循环；选项 B：排气阀失效导致憋气，散热器不热；选项 C：下层住户改动系统管路，破坏了水力平衡，导致流量重新分配，导致热力失调，其他用户可能出现不热；选项 D，不仅仅导致该户不热，可能是多户。

1.6-28.【多选】严寒地区多层住宅，设分户热计量，采用地面辐射热水供暖系统，共用立管，为下供下回双管异程式，与外网直接连接。运行后，仅顶层住户的室温不能达到设计工况。问题发生的原因可能是下列哪几项？【2013-2-42】

A. 该住宅外网供水流量和温度都明显低于设计参数

B. 顶层住户的户内系统堵塞，水流量不足

C. 外网供水静压不够

D. 顶层住户的户内系统的自动排气阀损坏，不能正常排气

参考答案： BD

分析： 选项 A 错误：若外网供水流量和温度低于设计参数，则整个楼都出现室温达不到设计工况，不只是顶楼；选项 B 正确：顶层流量不足，只顶楼不热；选项 C 错误：外网供水静压是指系统停止运行时供水管的压强，若静压不够，可能导致停止运行时出现倒空，但运行时水压增大，不会倒空；选项 D 正确：下供下回式系统顶层易憋气，应在顶层设排气装置，排气阀损坏，不能正常排气导致顶层流量不足，也会导致顶层不热。

1.6-29.【多选】如下图所示的上供下回供暖系统，经调试合格后三组散热器都能够正常工作。一段时间后发现：散热器①、②的表面温度显著低于散热器③的表面温度。经对系统检查后判断认为是在某段供水或回水干管中出现了污物堵塞的情况。问：对堵塞的管段判定中，以下哪些选项是错误的？【2017-2-42】

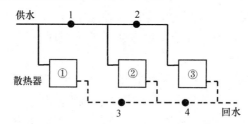

A. 管段 1 可能有污物堵塞　　　　　　B. 管段 2 可能有污物堵塞

C. 管段 3 可能有污物堵塞　　　　　　D. 管段 4 可能有污物堵塞

参考答案： ABC

分析： 供水管堵塞后，堵塞点后方系统流动不畅，散热器供热不足；回水管堵塞后，堵塞点前方系统流动不畅，散热器供热不足。因此，选项 A 会导致散热器②③表面温度显著低于散热器①表面温度，错误；选项 B 会导致散热器①②表面温度显著高于散热器③表面温度，错误；选项 C 会导致散热器①表面温度显著低于散热器②③表面温度，错

误；选项 D 会导致散热器①②表面温度显著低于散热器③表面温度，正确。

1.6-30.【多选】某六层办公楼建筑采用推拉窗，设置上供下回垂直单管串联供暖系统，运行时下部楼层室温偏低，上部楼层室温偏高。采取下列哪几项措施能改善垂直方向室温失调？【2018-2-42】

　　A. 提高供水温度，保持回水温度不变

　　B. 降低供水温度，加大水流量

　　C. 将推拉窗改造成平开窗

　　D. 在上部楼层的立管上增设跨越管

参考答案： BD

分析： 选项 A，温差增大，使得立管的流量减小，房间室温降低，由于底层散热器片数多，流量减小的影响更显著，所以底层室温降低得更多，失调更严重，错误。

选项 B，流量增加，室温上升，底层室温升高更多，有利于减轻上热下冷的垂直失调，正确。

选项 C，推拉窗改成平开窗，对室温失调无影响，错误。

选项 D，加跨越管，可以降低上层散热器的热媒平均温度，减小散热器的散热量，降低顶层的室温，有利于减轻垂直失调，正确。

1.7　热　计　量

1.7.1　户间传热

1.7-1.【单选】某 10 层住宅建筑，设计分户热计量散热器热水供暖系统，正确的做法是下列选项中的哪一项？【2013-1-07】

　　A. 供暖系统的总热负荷应计入各户向邻户传热引起的耗热量

　　B. 确定系统供、回水管道时应计入各户向邻户传热引起的耗热量

　　C. 户内散热器片数计算时应计入本户向邻户传热引起的耗热量

　　D. 四室两厅两卫的大户型户内采用下分双管异程式系统

参考答案： C

分析： 根据《复习教材》第 1.9.1 节和《民规》第 5.2.10 条，选项 AB 错误，选项 C 正确；选项 D 错误，参见《复习教材》表 1.9-1。

1.7-2.【单选】某 10 层住宅建筑，设计分户温控热计量热水供暖系统（热源为城市集中供热系统）下列何项做法是正确的？【2016-2-07】

　　A. 供暖系统的总热负荷应计入该建筑内邻户之间的传热引起的耗热量

　　B. 计算整栋建筑的供、回水干管时应计入向邻户传热引起的耗热量

　　C. 户内散热器片数计算时应计入向邻户传热引起的耗热量

　　D. 户内系统为双管系统，热力入口设置自力式流量控制阀

参考答案： C

分析：根据《民规》第5.2.10条，《复习教材》第1.9.1节第2条，选项AB错误，选项C正确；根据《民规》第5.10.6条，选项D错误。

1.7-3.【多选】某9层住宅楼设计分户热计量热水采暖系统，哪些做法是错误的？【2012-2-46】

A. 供暖系统的总热负荷计入向邻户传热引起的耗热量

B. 计算系统供、回水干管时计入向邻户传热引起的耗热量

C. 户内散热器片数计算时计入向邻户传热引起的耗热量

D. 户内系统为双管系统，户内入口设置流量调节阀

参考答案：AB

分析：根据《复习教材》第1.9.1节和《民规》第5.2.10条，选项AB错误，选项C正确；选项D正确，可以调节各户流量。

1.7.2 分户热计量

1.7-4.【单选】散热器供暖系统的整个供暖期运行中，能够实现运行节能的主要措施是哪一项？【2012-1-02】

A. 外网进行量调节 　　　　　　B. 外网进行质调节

C. 供暖系统的热计量装置 　　　D. 系统中设置平衡阀

参考答案：B

分析：(1) 选项D系统平衡的一种措施，系统中设置平衡阀一般用于供热系统的初调节。首先排除。

(2) 根据《民规》第5.10.1条条文说明：计量的目的是促进用户自主节能。故选项C不是运行节能的主要措施。

(3) 量调节：改变网络的循环水量（很少单独使用）；质调节：改变网路的供水温度（用户的循环水量不变）；依据《07节能专篇》第3.3.10条"室外热水管网运行调节方式应按下列原则确定"，其中第3.3.10.2条，"供应采暖热负荷的一次管网，应根据室外温度的变化进行集中质调节或质—量调节；二次管网，宜根据室外温度的变化进行集中质调节"。因此答案为B。

1.7-5.【单选】下列对热量表的设计选型要求中，哪项规定是正确的？【2012-1-06】

A. 按所在管道的公称管径选型 　　B. 按设计流量选型

C. 按设计流量的80%选型 　　　　D. 按设计流量的50%选型

参考答案：C

分析：选项A错误，根据《复习教材》第1.9.8节，热量表的选型不可按照管道直径直接选用，应按照流量和压降选用；根据《民规》第5.10.3-1条及《供热计量技术规程》JGJ 173—2009第3.0.6-1条：热量表应根据公称流量选型，并校核在系统设计流量下的压降，公称流量可按设计流量的80%确定，故选项BD错误，而选项C正确。

扩展：按照《工规》第5.9.3-1条，本题选项B为正确答案。

1.7-6.【单选】某 9 层住宅楼设计分户热计量热水集中供暖系统，正确的做法应是下列哪一项?【2012-1-07】

A. 为保证户内双管系统的流量，热力入口设置自力式压差控制阀

B. 为延长热计量表的使用寿命，将户用热计量表安装在供水管上

C. 为保证热计量表不被堵塞，户用热计量表前设置过滤器

D. 为保证供暖系统的供暖能力，供暖系统的供回水管道计算应计入向邻户传热引起的耗热量

参考答案: C

分析: 根据《供热计量技术规程》JGJ 173—2009 第 3.0.6.3 条及 6.3.3 条，热量表前应设过滤器，故选项 C 正确。根据《供热计量技术规程》JGJ 173—2009 第 5.2.2 条条文说明，应设置自力式流量控制阀，选项 A 错。根据《供热计量技术规程》JGJ 173—2009 第 3.0.6.2 条、《复习教材》第 1.9.8 节及《民规》第 5.10.3 条可知，选项 B 错误，应安装在回水管上。根据《复习教材》第 1.9.1 节及《民规》第 5.2.10 条可知，选项 D 错误，在确定分户热计量供暖系统的户内供暖设备容量和户内管道时，应考虑户间传热对供暖负荷的附加，但不应计入供暖系统的总热负荷中。

扩展: 详见本书第 4 篇第 15 章扩展 15-19：关于热量计量相关问题的总结。

1.7-7.【单选】住宅分户热计量是计量与节能技术的综合，对下列各种共用立管分户热水供暖、计量系统技术方案进行比较，哪项效果最差?【2012-2-06】

A. 水平双管系统，每组散热器供水支管上设高阻力恒温控制阀，户用热量表法计量

B. 水平单管系统，在户系统入口处设户温控制器，通断时间面积法计量

C. 水平单管跨越式系统，每组散热器供水支管上设低阻力三通恒温控制阀，户用热量表法计量

D. 低温热水地板辐射供暖系统，在各户系统入口处设户温控制器，在分集水器的各支路安装手动流量调节阀，通断时间面积法计量

参考答案: D

分析: 根据《民规》：选项 A 参见第 5.10.4-1 条；选项 C 参见第 5.10.4-2 条；选项 BD 参见第 5.10.2 条文说明第 4 款，"通断时间面积法"不能在户内散热末端调节室温，以免改变户内环路阻力而影响热量的公平合理分摊。

1.7-8.【单选】某新建集中供暖居住小区采用共用立管、分户水平双管散热器热水供暖系统，分室温控，分户计量（户用热量表法），下列设计中哪一项是错误的?【2014-1-01】

A. 热媒供/回水温度为 80℃/60℃

B. 在散热器供水管上设恒温控制阀或手动调节阀

C. 热量表根据公称流量选型，并校核在系统设计流量下的压降

D. 户内系统入口装置依次由供水管调节阀、过滤器（户用热量表前）、户用热量表和回水截止阀组成

参考答案: B

分析: 根据《民规》第 5.3.1 条，选项 A 正确；根据第 5.10.4-1 条，选项 B 错误；

根据第5.10.3-4条，选项C正确；根据《供热计量技术规程》JGJ 173—2009 第 6.3.3 条，选项D正确。

1.7-9.【单选】城市集中热水供暖系统的分户热计量设计中，有关热计量方法的表述，正确的应是下列何项？【2014-1-07】

A. 不同热计量方法对供暖系统的制式要求相同

B. 散热器热分配计法适合散热器型号单一的既有住宅区采用

C. 对于要求分室温控的住户系统适于采用通断时间面积法

D. 流量温度法仅适用于所有散热器均带温控阀的垂直双管系统

参考答案：B

分析：根据《复习教材》第1.9.3节，不同热计量方法有其适应的供暖系统形式，不能一概而论，故选项A错误。散热器热分配法适用于目前各种散热器热水集中供暖系统形式，不适用于地板辐射供暖系统，故选项B正确。通断时间面积法室温调节对户内各房间室温作为一个整体统一调节不实施对每个房间单独调节，故选项C错误。流量温度法适用于垂直单管跨越式供暖系统和水平单管跨越式的共用立管分户循环供暖系统，故选项D错误。

1.7-10.【单选】某住宅采用分户热计量集中热水供暖系统，每个散热器均设置有自力式恒温阀。问：各分户供回水总管上的阀门设置，以下哪个选项是正确的？【2017-2-07】

A. 必须设置自力式供回水恒温差控制阀

B. 可设置自力式定流量控制阀

C. 必须设置自力式供回水恒压差控制阀

D. 可设置静态手动流量平衡阀

参考答案：D

分析：根据《供热计量技术规程》JGJ 173—2009 第5.2.3条及其条文说明或《民规》第5.10.6条及其条文说明可知，不应设自力式定流量控制阀，是否设置自力式压差控制阀应通过热力入口的压差变化幅度确定，选项BC错误，选项D正确；自力式恒温控制阀则不是必须设置的，跟分户计量（变流量系统末端）没有必然的关系，选项A错误。

1.7-11.【单选】下列关于分户热计量中通断时间面积法的说法，正确的应是哪一项？【2017-1-08】

A. 以每户的供水量计量为依据

B. 该方法可以实现分室温控

C. 每户的管路是独立的水平单管串联系统

D. 该方法适用于垂直单管跨越式系统

参考答案：C

分析：根据《民规》第5.10.2条条文说明第3条可知，通断时间面积法是以每户的供暖系统通水时间为依据，选项A错误；通断时间面积法不能实现分室温控，选项B错误；该方法适用于共用立管分户循环系统，包括户内水平串联系统，户内水平单管跨越和低温地面辐射系统，但垂直单管跨越式系统分户热计量适用流量温度法，散热器热分配计法，不适用通断时间面积法，因此选项C正确，选项D错误。

1.7-12.【多选】在供暖系统中，下列哪几项说法是错误的？【2012-2-41】
A. 由于安装了热计量表，因而能实现运行节能
B. 上供下回单管系统不能分室控制，所以不能实现运行节能
C. 上供下回单管跨越式系统不能分室控制，所以不能实现运行节能
D. 双管下供上回跨越式系统不能分室控制，所以不能实现运行节能
参考答案： ACD
分析：《供热计量技术规程》JGJ 173—2009 第1.01条条文说明：供热计量的目的在于推进供热体制改革，在保证供热质量、改革收费制度的同时，实现节能降耗。室温调控等节能控制技术是热计量的重要条件，也是体现热计量节能效果的基本手段。运行节能主要体现在能实现变流量调节方面，选项A安装了热量计量表可以从主观上增加人们的节能意识，但不能实现真正节能，还要管网及热源配套调节，从题目的意思来看选项A错；选项C、D均可以实现分室控制，可以实现节能，故选项C、D错误。

扩展：《民规》第5.10.1条文说明：热计量的目的是促进用户自主节能，室温调控是节能的必要手段；室温调节可以是每个房间独立调节，也可以是每户所有房间室温统一调控。

1.7-13.【多选】寒冷地区的居住小区及小区内的公共建筑（物业办公、商店等）采用集中供暖方式，住宅与公共建筑的供暖系统分开。下列运行方式中，哪些方式可在保证室内温度要求前提下，实现供暖系统的节能运行？【2013-1-41】
A. 住宅连续供暖　　　　　　　B. 住宅间歇供暖
C. 公共建筑连续供暖　　　　　D. 公共建筑间歇供暖
参考答案： AD
分析：《严寒和寒冷地区居住建筑节能设计标准》JGJ 26—2018 第5.1.7条。

1.7-14.【多选】某既有居住小区为集中热水供暖系统，各户为独立热水地面辐射供暖系统，热计量改造采用用户分摊方式，在下列改造措施中，哪几项是正确的？【2014-1-43】
A. 在换热站安装供热计量自动控制装置，根据气候变化，结合供热参数反馈，实现优化运行和按需供热
B. 将原来定速循环水泵更换为变频调速泵，性能曲线为平坦型
C. 以热力入口作为结算点，在各热力入口安装静态水力平衡阀、热量结算表，进行系统水力平衡调试
D. 在每一户内典型位置设置室温控制器、在供暖共用立管管井内安装户用热量表直接计量
参考答案： AC
分析：根据《辐射供暖供冷技术规程》JGJ 142—2012 第3.8.2条，选项A正确；地面辐射供暖根据室外气温的变化适用的是量调节方式，即气候补偿器系统方式，通过调节流量，间接控制供水温度。根据《供热计量技术规程》JGJ 173—2009 第4.2.3条，将原

来定速循环水泵更换为变频调速泵，性能曲线应为陡降型，故选项B错误；根据《复习教材》第1.9.7节，选项C正确；根据《民规》第5.10.2条，"用户热分摊方法有：散热器热分配计法、流量温度法、通断时间面积法和户用热量表法"。根据条文说明，当用户热分摊方法采用户用热量表法时，系统应由各户用热量表以及楼栋热量表组成，选项D仅设置户用热量表，不能采用用户分摊法，而应采用户用热量表直接计量，故选项D错误。

1.7-15.【多选】某9层住宅建筑，设计分户热计量双管热水集中供暖系统，下列选项的哪几个做法是错误的？【2014-1-44】

A. 为保证双管系统的流量，热力入口设置恒温控制阀

B. 户用热计量表安装在回水管上的唯一原因是出于延长热计量表使用寿命的考虑

C. 为保证热计量表不被堵塞，户用热计量表前设置过滤器

D. 为保证供暖系统的供暖能力，供暖系统的供回水管道计算应计入向邻户传热引起的耗热量

参考答案： ABD

分析： 根据《民规》第5.9.3条、第5.10.4条和《复习教材》第1.9.7节可知，热力入口应按照水力平衡要求和建筑物供暖系统的调节方式，选择水力平衡措施，如静态平衡阀等。恒温控制阀是设置在散热器支管上，而非热力入口处，故选项A错误；根据《民规》第5.10.3条条文说明，用户热量表流量传感器安装于回水管上，除了有利于延长电池使用寿命外，还可改善仪表使用工况，故选项B错误；根据《民规》第5.9.3.2条，选项C正确；根据《民规》第5.2.10条，仅户内供暖设备容量和户内管道计入向邻户传热引起的耗热量，故选项D错误。

1.7-16.【多选】供热系统进行热计量时，规范规定流量传感器宜安装在回水管上，其原因是下列哪几项？【2018-1-45】

A. 改善仪表使用工况　　　　　　B. 测试数据更准确

C. 延长仪表的电池寿命　　　　　D. 降低仪表所处环境温度

参考答案： ACD

分析： 根据《供热计量技术规程》JGJ 173—2009第3.0.6条及其条文说明可知，选项ACD正确。

1.7.3 节能改造

1.7-17.【单选】某住宅小区的供暖系统均为共用立管独立分户散热器双管热水供暖系统。对其进行热计量改造，为减小对住户的干扰，热计量采用通断时间面积法。再下列改造技术措施中，哪项是错误的？【2013-2-07】

A. 对楼栋、户间进行水力平衡调节，消除水力失调

B. 在各户的供水管上安装控制器

C. 室温控制器安装于住户房间中不受日照和其他热源影响的位置

D. 对有分室温控要求的住户，在户内主要房间的散热器供水管上设高阻力恒温控

制器

参考答案：D

分析：根据《复习教材》第 1.9.3 节第（4）条、《民规》、《09 技术措施》、《供热计量技术规程》JGJ 173—2009 均可知，通断时间面积法不能分室控制，通断时间面积法在各户的分支支路上安装室温通断控制阀，室温控制器应能正确反映房间温度，若受到日照或热源影响，不准。要求户与户之间不能出现明显的水力失调，户内散热末端不能分室或分区控温，以免改变户内环路的阻力。

1.7-18.【多选】根据现行公共建筑节能改造技术规范，在对公共建筑空调系统的节能诊断与改造中，下列哪几项说法是不正确的？【2016-1-41】

　　A. 经检测判定通过外围护结构节能改造，供暖通风空调系统能耗降低 10% 以上，应对外围护结构进行节能改造

　　B. 经检测判定通过暖通空调及生活热水供应系统节能改造，系统能耗降低 20% 以上，且静态投资回收期小于或等于 8 年，宜对暖通空调及生活热水供应系统进行节能改造

　　C. 经检测判定冷源（水冷冷水机组、单台额定制冷量 2000kW）系统能效系数低于 2.5，且冷源系统节能改造静态回收期小于或等于 5 年，宜对冷源系统进行节能改造

　　D. 节能改造静态投资回收期等于动态投资回收期

参考答案：ABD

分析：根据《公共建筑节能改造技术规范》JGJ 176—2009 第 4.7.1 条，除选项 A 中的要求外，还应考虑静态投资回收期小于或等于 8 年时，宜对外围护结构进行节能改造，选项 A 错误；根据第 4.7.2 条，系统能耗降低 20% 以上，且静态投资回收期小于或等于 5 年时，或者静态投资回收期小于或等于 3 年时，宜对暖通空调及生活热水供应系统进行节能改造，选项 B 错误；根据第 4.3.8 条，选项 C 正确；节能改造静态投资回收期不考虑资金利率，动态投资回收期考虑资金利率，静态投资回收期小于动态投资回收期，选项 D 错误。

1.7-19.【多选】在对公共建筑暖通空调系统的下列节能诊断内容中，哪几项内容是与有关规范要求不一致的？【2016-2-41】

　　A. 对暖通空调系统的各项指标经过选择后，确定诊断项目，进行现场检测

　　B. 空调水系统的诊断内容中不包含 ER 指标

　　C. 供回水温差是检测空调水系统的唯一内容

　　D. 暖通空调系统诊断内容中不包含室内平均温度、湿度

参考答案：CD

分析：根据《公共建筑节能改造技术规范》JGJ 176—2009 第 3.3.1 条，选项 AB 正确，选项 D 错误；根据第 4.3.9～4.3.11 条，除供回水温差外，还需检查空调系统循环水泵的水量，二级泵空调冷水系统的变频改造等，选项 C 错误。

1.7-20.【多选】某既有住宅小区室内为上供下回垂直单管顺序式系统，楼栋热力入口无调节装置。现拟进行节能改造。改造施工时不影响住户的措施是下列哪几项？【2017-1-42】

    A. 室内改成垂直双管上供下回系统，各个立管连接的散热器支管上设置高阻恒温控制阀

    B. 室内改成上供下回垂直单管跨越管系统，连接的散热器支管上设置低阻恒温控制阀

    C. 楼栋热力入口设置自力式压差控制阀

    D. 楼栋热力入口设置热计量装置

参考答案：CD

分析：本题考察对供暖系统的认识，并非对教材和规范原文的考察。从题意来看包含了两个信息，达到节能改造的目的且改造施工时不影响住户。选项ABCD均能实现节能改造的目的，但是选项AB改造时均要在室内进行改造施工，均会对住户造成影响，而选项CD的改造施工均在楼栋热力入口，不会对住户造成影响。

1.8 小 区 热 网

1.8.1 热媒、热源与耗热量

1.8-1.【单选】某严寒地区城市集中供暖采用热电厂为热源，热电厂采用的是背压式供热汽轮机，下列哪项说法是错误的？【2012-1-08】

    A. 该供热方式热能利用率最高

    B. 该供热方式能承担全年供暖热负荷

    C. 该供暖方式需要设置区域锅炉房作为调峰供暖

    D. 该供暖方式只能承担供暖季的基本热负荷

参考答案：B

分析：(1) 根据《复习教材》第1.10.2节：背压式汽轮机的热能利用率最高，但由于热、电负荷相互制约，它只适用于承担全年或供暖季基本热负荷的供热量。

(2) 热电联产会受供热和发电之间平衡的制约，使得供热可能达不到峰值量（全部热负荷）的需求，只能达到大部分量的需求（基本热负荷），故建议采用调峰区域锅炉房和热电厂相结合的集中供热系统，也就是题目中的选项C。

1.8-2.【单选】对某新建居住小区设街区水—水换热站，小区内建筑均为低温热水地板辐射供暖系统，下列补水量估算和补水泵台数的确定，正确的是哪一项？【2012-2-09】

    A. 每台按供暖系统水容量的1%～2%，3台（两用一备）

    B. 每台按供暖系统循环水容量的1%～2%，2台

    C. 每台按供暖系统水容量的2%～3%，2台

    D. 每台按供暖系统循环水容量的2%～3%，3台（两用一备）

参考答案：B

分析：(1)《城镇供热管网设计规范》CJJ 34—2010第10.3.8条。注意条文说明很重要：正常补水量按系统水容量计算较合理，但热力站设计时系统水容量统计有时有一定难

度。本次修订给出按循环水量和水温估算的参考值。

（2）间接连接供暖系统，当设计供水温度等于或低于 65℃ 时，可取循环流量的 1%～2%。补水泵的台数不应少于两台，可不设备用泵。

扩展：《民规》第 8.5.15～8.5.16 条：空调冷热水的小时泄漏量宜按水容量的 1% 计算。补水泵总小时流量宜为系统水容量的 5%～10%。《民规》第 8.5.16 条：空调系统补水泵宜设置 2 台。当设置 1 台且在严寒和寒冷地区空调热水用及冷热水合用补水泵时宜设置备用泵。

1.8-3.【单选】在进行集中供暖系统热负荷概算时，下列关于建筑物通风热负荷的说法，哪项是错误的?【2012-2-03】

A. 工业建筑可采用通风体积指标法计算

B. 工业建筑与民用建筑通风热负荷的计算方法不同

C. 民用建筑应计算从门窗缝隙进入的室外冷空气的负荷

D. 可按供暖设计热负荷的百分数进行概算

参考答案： C

分析：《复习教材》第 1.10.1 节第 2 条：通风体积指标法可用于工业建筑。对于一般的民用建筑，室外空气无组织地从门窗等缝隙进入，预热这些空气到室温所需的渗透和侵入耗热量，已计入供暖设计热负荷中，不必另行计算。

1.8-4.【单选】设计小区热力管网时，其生活热水设计热负荷取值错误的为下列哪一项?【2013-1-08】

A. 干管应采用最大热负荷

B. 干管应采用平均热负荷

C. 当用户有足够容积的储水箱时，支管应采用平均热负荷

D. 当用户无足够容积的储水箱时，支管应采用最大热负荷

参考答案： A

分析：《城镇供热管网设计规范》CJJ 34—2010 第 3.1.6 条。

1.8-5.【单选】关于工业建筑通风耗热量计算的说法，下列何项是错误的?【2014-1-04】

A. 人员停留区域和不允许冻结的房间，机械送风系统的空气，冬季宜进行加热，并应满足室内风量和热量平衡的要求

B. 计算局部排风系统的耗热量时，室外新风计算温度采用冬季供暖室外计算温度

C. 计算用于补偿消除余热、余湿的全面排风耗热量时，室外新风计算温度应采用冬季通风室外计算温度

D. 进行有组织通风设计时，可以由室内散热器承担大部分通风热负荷

参考答案： D

分析：根据《复习教材》：选项 ABC 参见第 2.2.1 节；室内散热器承担供暖负荷，而非通风负荷，故选项 D 错误。

1.8-6.【单选】下列几中供暖系统热媒及参数选择表述中,何项是错误的?【2014-1-08】

A. 热水供暖系统热能利用率比蒸汽供热系统高

B. 蒸汽供热系统在地形起伏很大的建筑区内,与用户连接方式简单

C. 承担工业建筑供暖、通风和生活热水热负荷的厂区锅炉房,应采用不高于80℃的热水为热媒

D. 当区域锅炉房与热电厂联网运行时,应采用以热电厂为热源的供热系统的最佳供、回水温度

参考答案:C

分析:根据《复习教材》表1.3-1,工业建筑宜采用高温水。

1.8-7.【单选】内蒙古某地有一个远离市政供热管网的培训基地,拟建一栋5000 m^2 的三层教学、实验楼和一栋4000 m^2 的三层宿舍楼,冬季需供暖、夏季需供冷。采用下列哪种能源方式节能,且技术成熟经济合理?【2014-2-02】

A. 燃油热水锅炉供暖

B. 燃油型溴化锂冷热水机组供冷供暖

C. 土壤源热泵系统供冷供暖加蓄热电热水炉辅助供暖

D. 太阳能供冷供暖加蓄热电热水炉辅助供暖

参考答案:C

分析:由题意知,选项A采用燃油锅炉仅解决供暖需求,供冷无法解决,故错误。选项B采用燃油型溴化锂机组,是可以解决冬季供暖夏季供冷需求,但此类系统的最大缺点就是能耗高,不节能,故错误。选项D采用太阳能供冷供暖,目前某厂家推出了太阳能光伏制冷机组,但厂家较少。其他以太阳能设备为主的厂家主要解决是供暖及生活热水需求。个别厂家推出一种太阳能热泵系统,利用太阳能加热导热油,驱动热泵机组运行,除吸收太阳能量外,同时吸收空气中的热量,机组运行效率较高,原理属一类吸收式热录范畴。但是此热泵不能制冷,只能单独增设溴化锂冷水机组,利用太阳能驱动。该系统由太阳能集热器、太阳能热泵机组、溴化锂冷水机组、辅助热源(电、天然气、油等其他能源)组成。太阳能制冷、制热系统设备价格高昂,目前市场占有率较低,其系统性能还需实践近一步检验。同时由选项D知,冬季太阳能供暖同时,辅助电热水锅炉,是为了防止冬季运行期间,因天气状况长时间恶劣,无法满足室内供暖需求的备用选择。而培训基地由教学、实验楼和宿舍组成,在供冷供暖期间需全天候各时段满足工作生活需求,既然供暖由备用电锅炉作为辅助,那么供冷出现极端恶劣天气,或制冷设备检修、损坏等,该如何解决供冷需求,选项并未说明,是不完善的。综合考虑,太阳能系统运行节能,但初投资高昂且技术成熟性有待提高,故选项D错误。选项C,在无市政供热管网的前提下,采用土壤源热泵耦合电热水锅炉系统形式,技术成熟可靠,性能运行节能效果显著,且满足全年地源侧运行的平衡性要求。综合考虑,选项C最为合理。

1.8-8.【单选】对某既有居住小区的集中热水供暖系统进行热计量改造,实施分户计量,按户温控。在下列热计量改造设计,哪一项是正确的?【2016-1-07】

A. 小区换热机房热计量装置的流量传感器安装在一次管网的供水管上

B. 具有型式检验证书的热量表可用于换热站作为结算用热量表

C. 校核供暖系统水力工况，在热力入口设自力式流量控制阀

D. 热量表的选型应保证其通过的流量在额定流量与最小流量之间

参考答案：D

分析： 根据《供热计量技术规程》JGJ 173—2009 第 4.1.2 条、《民规》第 5.10.13-2 条，水-水热力站的热量测量装置的流量传感器安装在一次管网的回水管上，故选项 A 错误。根据《供热计量技术规程》JGJ 173—2009 第 3.0.3 条条文说明，不设置于热量结算点的热量表和热量分摊仪表应按照产品标准，具备合格证书和型式检验证书，而用于热量结算点的热量表应该实行首检和周期性强制检定，故选项 B 错误。根据《复习教材》第 1.9.6 节及《民规》第 5.10.6 条及《供热计量技术规程》JGJ 173—2009 第 5.2.3 条，当室内供暖系统为变流量系统时，不应设自力式流量控制阀，故选项 C 错误。根据《供热计量技术规程》JGJ 173—2009 第 3.0.6 条条文说明，选项 D 正确。

1.8-9.【单选】对于以区域锅炉房为热源的集中供热系统，在只有供暖、通风和热水供应热负荷的情况下，应采用热水作为热媒，与蒸汽供暖系统相比的优点，下列哪一个选项是错误的？【2018-1-07】

A. 热网热损失小　　　　　　　　B. 热源装置效率高

C. 输送相同热量时的耗电量少　　D. 室内供暖舒适度好

参考答案：C

分析： 根据《复习教材》第 1.10.2 节可知，选项 ABD 均正确，选项 C 错误，"与热水网路输送网路循环水量所消耗的电能相比，汽网中输送凝结水所耗的电能少得多"。

1.8-10.【单选】哈尔滨某住宅小区需要新建一个供暖热力站，其设计热负荷为 6000kW。下列换热器选型方案中哪项是正确的？【2018-1-08】

A. 设置 1 台换热器，单台换热器设计工况换热量为 6600kW

B. 设置 2 台相同的换热器，单台换热器设计工况换热量为 3300kW

C. 设置 3 台相同的换热器，单台换热器设计工况换热量为 2200kW

D. 设置 5 台相同的换热器，单台换热器设计工况换热量为 1320kW

参考答案：C

分析： 根据《民规》第 8.11.3.1 条可知，选项 AD 错误；由第 8.11.3.2 条、第 8.11.3.3 条及其条文解释可知，选项 B：当一台停止时，剩余换热器的设计换热量为 3300kW＜6000kW×70％＝4200kW，不符合规范要求，选项 B 错误；选项 C：当一台停止时，剩余换热器的设计换热量为 2200kW×2＝4400kW＞6000kW×70％＝4200kW，符合规范要求，选项 C 正确。

1.8-11.【单选】某商业建筑一次热源为城市热网热水，通过换热器为建筑提供供暖热水。选择下列哪种换热器最合理？【2018-1-09】

A. 螺旋螺纹管式换热器　　　　　　B. 板式换热器

C. 卧式波节管式换热器　　　　　　　D. 立式波节管式换热器

参考答案： B

分析： 根据《复习教材》表1.8-13可知，选项A适用于大温差汽—水换热；选项B适用于水—水小温差；选项CD均可用于水—水换热。但是对比选项BCD可知，板式换热器的传热系数接近波节管式换热器的两倍，所以板式换热器换热效率高，设备体积小，投资少，调节性能好，最合理。

1.8-12.【单选】下列有关热电厂供热和供热汽轮机性能的描述，错误的是哪一项？【2018-2-07】

A. 热电厂的经济性和供热介质温度关系不大

B. 单抽汽式供热汽轮机和双抽汽式供热汽轮机，抽气口形式不同

C. 凝汽式汽轮机改装为供热式汽轮机后，热能利用效率有所提高

D. 背压式汽轮机的热能利用效率是最高的

参考答案： A

分析： 根据《复习教材》第1.10.2节，单抽汽式供热汽轮机是从汽轮机中间抽汽，而双抽汽式供热汽轮机，带高、低压可调节抽气口，选项B正确；凝汽式汽轮机改装为供热式汽轮机，热能利用效率提高，国家标准规定其全年平均热效率应大于45%，选项C正确；背压式汽轮机的热能利用效率最高，但由于热、电负荷相互制约，它只适用于承担全年或供暖季基本热负荷的供热量，选项D正确；凝汽式汽轮机改造成为供热式汽轮机后，原电厂的发电功率有所下降，另外，供水温度低，供回水温差小，外网管径较粗，供热管网的建设投资增大，选项A错误。

1.8-13.【单选】对某小区集中供热系统的热负荷进行概算时，下列方法中错误的是何项？【2018-2-08】

A. 对小区内建筑供暖热负荷，可采用体积热指标法

B. 对小区内建筑物通风热负荷，可采用百分数法

C. 对小区内建筑空调热负荷，可采用面积热指标法

D. 对小于生活热水热负荷，按照各项最大用热负荷累计法

参考答案： D

分析： 根据《复习教材》第1.10.1节可知，供暖热负荷的概算，可采用体积指标法、面积指标法、城市规划指标法，选项A正确；由第1.10.1节第2条可知，通风热负荷可采用通风体积热指标法或百分数法，选项B正确；空调热负荷（冬季和夏季）可采用面积热指标法，选项C正确；生活热水热负荷是按照各项生活热水平均热负荷累积相加计算，选项D错误。

1.8-14.【多选】关于供暖建筑物的通风设计热负荷，采用通风体积指标法概算时，与下列哪几项有关？【2014-2-43】

A. 通风室外计算温度

B. 供暖室内计算温度

C. 加热从门窗缝隙进入的室外冷空气的负荷

D. 建筑物的外围护体积

参考答案：ABD

分析：详见《复习教材》式（1.10-3）说明。

1.8-15.【多选】关于不同热源供热介质选择的说法，下列哪几项是错误的？【2014-2-45】

A. 以热电厂为热源时，设计供/回水温度可取 110℃/80℃

B. 以小型区域锅炉房为热源时，设计供回水温度可采用户内供暖系统的设计温度

C. 当生产工艺热负荷为主要热负荷时，应采用蒸汽为供热介质

D. 多热源联网运行的供热系统，各热源的设计供回水温度应为热源自身系统最佳供回水温度

参考答案：ACD

分析：根据《复习教材》第 1.10.3 节及《城镇供热管网设计规范》CJJ 34—2010 第 4.2.2.1 条，回水温度不应高于 70℃，故选项 A 错误；根据第 4.2.2.2 条，选项 B 正确；根据第 4.1.2.1 条，缺少条件"必须采用蒸汽供热"，故选项 C 错误；根据第 4.2.2.3 条，多热源联网运行的供热系统，各热源的设计供回水温度应一致，且应采用热电厂为热源自身系统最佳供回水温度，故选项 D 错误。

1.8-16.【多选】采用一级加热的热电厂供热系统，相对正确的供/回水温度组合是以下哪几项？【2016-1-46】

A. 110℃/60℃   B. 140℃/90℃   C. 110℃/80℃   D. 110℃/70℃

参考答案：AD

分析：根据《城镇供热管网设计规范》CJJ 34—2010 第 4.2.2 条，当不具备条件进行最佳供、回水温度的技术经济比较时，热水热力网供、回水温度可按下列原则确定：以热电厂或大型区域锅炉房为热源时，设计供水温度可取 110～150℃，回水温度不应高于 70℃。选项 AD 正确。

1.8-17.【多选】严寒地区小区集中供热系统进行供暖负荷概算，正确的计算方法应是下列哪几项？【2016-2-45】

A. 采用面积热指标法计算，居住区综合面积热指标取 60～80W/m²

B. 采用面积指标法计算，商业建筑面积热指标取 68～90W/m²

C. 采用城市规划指标法计算

D. 采用体积热指标法计算

参考答案：CD

分析：《复习教材》第 1.10.1 节"1. 供暖热负荷"，选项 AB 错误，选项 D 正确；根据 P121 第 3 段，体积热指标法可以用于集中供热系统的供暖负荷概算，只不过在国内应用不多，有待进一步整理和总结这方面资料，选项 D 正确。

1.8.2 热网设计

1.8-18.【单选】蒸汽热力网管道采用地下敷设时，应优先采用下列哪种方式？

【2012-2-08】

A. 直埋敷设   B. 不通行管沟敷设

C. 半通行管沟敷设   D. 通行管沟敷设

参考答案：B

分析：（1）蒸汽管道采用地下敷设时有两种方式，即地沟敷设和无沟直埋。其中地沟敷设没有特殊要求时首先选不通行地沟，经济合理。

（2）《城镇供热管网设计规范》CJJ 34—2010 第8.2.4条：热水或蒸汽管道采用管沟敷设时，宜采用不通行管沟敷设，穿越不允许开挖检修的地段时，应采用通行管沟敷设。结合第8.2.5条条文说明：蒸汽管道管沟敷设有时存在困难，例如地下水位高等，因此最好也采用直埋敷设。据此推出，蒸汽管道管沟敷设没有困难时，结合第8.2.4条，应优先采用不通行管沟敷设。

1.8-19.【单选】有关城市热力网系统的参数监测与控制的说法，正确的应是下列哪一项？【2013-1-02】

A. 用于供热企业与热源企业进行贸易结算的流量仪表的系统精度。热水流量仪表和蒸汽流量仪表的要求相同，即不应低于1%

B. 热源的调速循环水泵采用的控制信号应为循环水泵进出口的压差

C. 热源的调速循环水泵采用的控制信号宜为热网的最不利资用压头数值

D. 循环水泵仅在入口设置超压保护装置

参考答案：C

分析：《城镇供热管网设计规范》CJJ 34—2010 第13.2.4条、第13.2.5条。选项A，热水流量仪表不应低于1%，蒸汽流量仪表不应低于2%，故选项A错误。选项D，循环水泵入口和出口应具有超压保护装置，故选项D表述不全面。根据《城镇供热管网设计规范》CJJ 34—2010 第13.2.5条：热源的调速循环水泵宜采用维持供热管网最不利资用压头为给定值的自动式手动控制泵转速的方式运行。故选项B错误，选项C正确。

1.8-20.【单选】对蒸汽供热管网的凝结水应尽量回收。对不宜回收利用的凝结水直接排放至城市下水道时，其排放的温度符合规范规定的应是下列哪一项？【2013-2-08】

A. 小于或等于35℃   B. 小于或等于50℃

C. 小于或等于65℃   D. 小于或等于80℃

参考答案：A

分析：选项A详见《09技术措施》第3.1.3-3条及《建筑给水排水设计标准》GB 50015—2019第4.2.2-4条，直接排放至下水道前应降温至40℃以下。也可参考《城镇供热管网设计规范》CJJ 34—2010 第4.3.4条条文说明。

1.8-21.【单选】关于热水供热管网的设计，下列哪项是错误的？【2013-2-09】

A. 供热管网沿程阻力损失与流量、管径、比摩阻有关

B. 供热管网沿程阻力损失与当量绝对粗糙度无关

C. 供热管网局部阻力损失可采用当量长度法进行计算

D. 确定主干线管径，宜采用经济比摩阻

参考答案：B

分析：根据《复习教材》：选项 AB 参见式（1.10-13）；选项 CD 错误，参见第 1.10.3 节第 2 条。

1.8-22.【单选】某大型工厂厂区，设置蒸汽供热热网，按照规定在一定长度的直管段上应设置经常疏水装置，下列有关疏水装置的设置，说法正确的是哪一项？【2014-2-08】

　　A. 经常疏水装置与直管段直接连接

　　B. 经常疏水装置与直管连接应设聚集凝结水的短管

　　C. 疏水装置连接的公称直径可比直管段小一号

　　D. 经常疏水管与短管的底面连接

参考答案：B

分析：由《复习教材》图 1.8-1 和图 1.8-2 可知，选项 AD 错误，选项 B 正确。也可参考《城镇供热管网设计规范》CJJ 34—2010 第 8.5.7 条。根据《复习教材》第 1.8.3 节第 2 条：选择疏水阀时，不能仅考虑最大的凝结水排放量，或简单按管径选用。而是应按实际工况的凝结水排放量与疏水阀前后的压差，并结合疏水阀的技术性能参数进行计算，确定疏水阀的规格和数量；或根据《复习教材》第 1.8.3 节第 3 条：应按疏水阀前、后压差和凝结水量选择相应的规格型号，故选项 C 错误。

1.8-23.【单选】寒冷地区一栋一梯两户住宅楼（8 层）采用热水散热器供暖系统（双管下供下回异程式），户内采用水平单管跨越式系统，户内每组散热器进水支管上未设置温控阀。经系统初调节，当供/回水温度为 85℃/60℃ 时，住户的室温均能满足设计工况。而小区实际供水按 65℃ 运行（系统水流量不变），关于室温情况表述正确的，应是下列选项的哪一个？【2016-2-1】

　　A. 各楼层之间的室温均能满足设计要求

　　B. 各楼层之间室温不能满足设计要求的程度基本一样

　　C. 八层比一层户内室温低

　　D. 八层比一层户内室温高

参考答案：C

分析：水温降低，则供回水密度差降低。在水力计算时，顶层按照较大的重力循环作用压力选择了较小的管径，而实际中水温降低，重力循环作用压力减小，此时相比设计工况顶层不利，故顶层室温会低于底层。

1.8-24.【单选】城市热网项目的初步设计阶段，下列关于热水管网水力计算的说法，正确的是何项？【2016-2-8】

　　A. 热力网管道局部阻力与沿程阻力的比值可取为 0.5

　　B. 热力网管道局部阻力与沿程阻力的比值，与管线类型无关

　　C. 热力网管道局部阻力与沿程阻力的比值，仅与补偿器类型有关

　　D. 热力网输配管线管道局部阻力与沿程阻力的比值，管线采用方形补偿器，其取值

范围为 0.6～1.0

参考答案： D

分析： 根据《城镇供热管网设计规范》CJJ 34—2010 表 7.3.8 可知，热水输送干线热力网管道局部阻力与沿程阻力的比值可取为 0.5，但热水输配管线不可以，选项 A 错误；热力网管道局部阻力与沿程阻力的比值，与管线类型是否是输送干线、输配管线有关，选项 B 错误；热力网管道局部阻力与沿程阻力的比值，不仅与补偿器类型有关，还与管线类型、管道公称直径有关，选项 C 错误；选项 D 正确。

1.8-25.【单选】下列管道热补偿方式中，固定支架轴向推力最大的是哪一项？【2017-1-06】

A. L 形直角弯自然补偿   B. 方形补偿器

C. 套筒补偿器   D. 波纹管补偿器

参考答案： D

分析： 根据《民规》第 5.9.5 条条文说明第 6 款可知，套筒补偿器或波纹管补偿器应进行固定支架推力计算，根据《红宝书》P654 可知，方形补偿器具有加工方便，轴向推力小，不需要经常维修等优点，故推论对选项 AB 可不必进行推力计算，即选项 AB 的推力明显小于选项 CD。根据《复习教材》第 1.8.8 节可知，套筒补偿器推力较小，而波纹管补偿器存在较大的轴向推力，故选项 D 正确。

1.8-26.【多选】在如下面所示的 4 个建筑内设置的不同供暖系统中，需要在该建筑内的供暖水系统设置膨胀水箱的是哪几项？【2012-1-41】

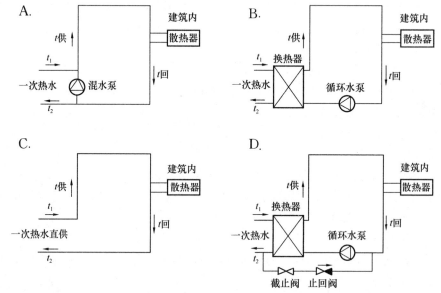

参考答案： BD

分析： 本题要求"需要在该建筑内的供暖水系统"设置膨胀水箱而并未强调在建筑外的供水系统。选项 A：有混水泵的直接连接方式，补水定压可以通过建筑外管网直接补水定压，无需建筑内补水定压；选项 B：建筑内为独立循环水系统，补水和定压需要单独设置，故应设膨胀水箱；选项 C：室外直接供水，室内不需再设置膨胀水箱；选项 D：图中表示室内为换热器供暖，但通过单向阀连通可以达到补水和定压的效果，本题中止回阀和截止阀是否可达到效果，需要工程经验。另外，选项 D，一次网回水压力波动，定压点压力不能保证。

1.8-27.【多选】气候补偿器是根据室外温度的变化对热力站供热进行质调节，某城市热网采用定流量运行，当室外温度高于室外设计计算温度的过程中，热网的供回水温度、供回水温差的变化表述，不符合规律的是哪几项？【2012-1-47】
　　A. 供水温度下降、回水温度下降，供回水温差不变
　　B. 供水温度下降，回水温度不变，供回水温差下降
　　C. 供水温度不变，回水温度下降，供回水温差下降
　　D. 供水温度下降、回水温度下降，供回水温差下降
参考答案： ABC
分析： 根据《供热工程》P281："随着室外温度的升高，网络和供暖系统的供、回水温度随之降低，供、回水温差也随之减小"。根据供热调节质调节方法和公式，可以看出供回水温度和温差都是减小的。

1.8-28.【多选】某城市一热水供热热网，对应建筑 1、建筑 2 的回水干管上设置有 2 个膨胀水箱 1 和 2。如下图所示。下列哪几项说法是错误的？【2013-2-46】

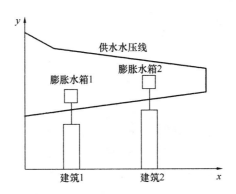

　　A. 管网运行时两个膨胀水箱的水面高度相同
　　B. 管网运行时两个膨胀水箱的水面高度不相同
　　C. 管网运行时膨胀水箱 1 的水面高度要高于膨胀水箱 2 的水面高度
　　D. 管网运行停止时 2 个膨胀水箱的水面高度相同
参考答案： AC
分析： 运行时有压力损失，各点的测压管水头不一致，沿着流向降低，而水箱的水位代表各点的测压管水头，故选项 A 错误，选项 B 正确从建筑物 2 流过建筑物 1 的方向，沿途测压管水头降低，2 的水位高于 1 的水位故选项 C 错误；停止运行时，无压力损失，各点的测压管水头相等，故选项 D 正确。

1.8-29.【多选】城市热网项目的初步设计阶段，下列关于热水管网阻力计算的说法，哪几项是错误的？【2014-1-46】

A. 热力网管道局部阻力与沿程阻力的比值可取为0.5

B. 热力网管道局部阻力与沿程阻力的比值，与管线类型无关

C. 热力网管道局部阻力与沿程阻力的比值，仅与补偿器类型有关

D. 热力网管道局部阻力与沿程阻力的比值，管线采用方形补偿器，其取值范围为0.6~1.0

参考答案： ABCD

分析： 根据《城镇供热管网设计规范》CJJ 34—2010第7.3.8条，热水输送干线热力网管道局部阻力与沿程阻力的比值可取为0.5，但热水输配管线不可以，故选项A错误；热力网管道局部阻力与沿程阻力的比值，与管线类型有关，故选项B错误；热力网管道局部阻力与沿程阻力的比值，不仅与补偿器类型有关且与管线类型有关，故选项C错误；当管线类型为输配管线时，热力网管道局部阻力与沿程阻力的比值，管线采用方形补偿器，其取值范围为0.6~1.0，选项D中未交代管道类型，故错误。

1.8-30.【多选】如下图所示，某供热管网采用混水泵与终端用户1直接连接，经管路2混水，热网设计供热温度110℃，终端热用户1设计供/回水温度50℃/40℃。关于该混水系统的设计混合比，以下哪些数据是错误的？【2014-2-46】

A. 0.14~0.15　　　　B. 0.8~0.9

C. 6.0　　　　D. 7.0

答案： ABD

分析： 根据《复习教材》式(1.10-19)，$u = \dfrac{110-50}{50-40} = 6$。

1.8-31.【多选】在蒸汽热力站的设计中，下列哪几项说法是正确的？【2016-1-47】

A. 热力站的汽水换热器应设凝结水水位调节装置

B. 对采用闭式凝结水箱满流压力回水方式进行冷凝水回收时，可采用无内防腐的钢管

C. 对凝结水应取样，取样管设在凝结水箱的最低水位以上、中轴线以下

D. 凝结水泵吸入侧的压力不应低于吸入口可能达到的最高水温下的饱和蒸汽压力加40kPa

参考答案： ABC

分析： 根据《城镇供热管网设计规范》CJJ 34—2010第10.4.2条，选项A正确；根据第5.0.7条，选项B正确；根据第10.4.8条，选项C正确；根据第7.5.4条，选项D错误。

1.8-32.【多选】某4层住宅楼采用散热器热水供暖系统，以下关于产生垂直失调现象的论述，哪几项是错误的？【2016-2-42】

A. 双管上连下回系统热水供回水温差加大，底层散热器的供热量会增大

B. 单管系统的垂直失调现象较双管系统更为严重

C. 单管系统的垂直失调现象主要取决于自然循环作用压头的影响

D. 当对供回水温度进行质调节时，单管系统的各层散热器的散热量会发生等比例变化

参考答案：ABCD

分析：双管系统的垂直失调主要是重力作用压力引起的，而在双管系统中，由于各层散热器与锅炉的相对位置不同，所以相对高度由上向下逐层递减，尽管水温变化相同，但也会形成上层作用压力大、下层作用压力小的现象，因此，双管上连下回系统热水供回水温差加大，顶层散热器的供热量会增大，选项 A 错误；单管系统垂直失调的原因是各层散热器的传热系数随各层散热器平均计算温度差的变化程度不同，单管系统垂直失调比双管小；双管系统垂直失调的原因是各层散热器重力水头不同，楼层越高，上下层作用压差越大，垂直失调越严重，选项 BC 错误；当对供回水温度进行质调节时，单管系统各层供回水温度不同，越往下层，进水温度越低，各层散热器的散热量会发生一致不等比失调，选项 D 错误。

1.8-33.【多选】在下列城镇蒸汽供热系统的冷凝水管网设计中，哪几项是错误的？【2016-2-46】

A. 蒸汽供热系统采用间接换热系统时，对不能回收、水质符合污水排入城市下水道水质标准且数量较大的冷凝水，直接排放到城市下水道中

B. 凝结水管道的设计流量按蒸汽管道的设计流量乘以用户凝结水回收率确定

C. 凝结水管道的设计比摩阻采用 100Pa/m

D. 凝结水管道采用无缝钢管或焊接钢管

参考答案：AD

分析：根据《复习教材》第 1.10.4 节第 2 条，不能回收的凝结水，应充分利用其热能和水资源。因此不能直接排放到城市下水管道中，选项 A 错误；根据《城镇供热管网设计规范》CJJ 34—2010 第 7.1.8 条，选项 B 正确；根据第 7.3.7 条，选项 C 正确；根据第 8.3.2 条，凝结水管道宜采用具有防腐内衬、内防腐涂层的钢管或非金属管道。凝结水管道采用具有防腐内衬、内防腐涂层无缝钢管或焊接钢管，选项 D 错误。

扩展：本题选项 D 注意区别《城镇供热管网设计规范》CJJ 34—2010 第 5.0.7 条：当热力网凝结水管采用无内防腐的钢管时，应采取措施保证凝结水管充满水。若题目给出了"凝结水管网满水运行"的条件，则选项 D 正确。

1.8-34.【多选】在散热器供暖系统的整个供暖期运行中，下列哪几项是能够实现运行节能的措施？【2018-1-42】

A. 外网进行量调节

B. 外网进行质调节

C. 供水温度恒定，提高回水温度

D. 设置散热器恒温阀

参考答案： BD

分析： 外网的供热调节方式采用质调节或质—量调节，如果使用量调节，随着室外气温的变化，流量会降低很多，容易造成供暖用户的严重竖向失调。用户采用双管系统的可调节流量和外网量调节是两回事，故选项 A 错误，选项 B 正确。选项 C 不能实现运行节能，实际上是增大了循环水量；选项 D，自动恒温阀调节户内系统的循环流量，从而使供热系统的循环流量改变，实现运行节能。

1.9　锅　炉　房

1.9-1.【单选】 根据规范规定，锅炉房的外墙、楼地面或屋面应有足够的泄压面积，下列有关泄压面积的表述，哪一项是错误的？【2013-1-09】

A. 应有相当于锅炉间占地面积 10% 的泄压面积

B. 应有相当于锅炉房占地面积的 10% 的泄压面积

C. 地下锅炉房的泄压竖井的净横断面面积应满足泄压面积的要求

D. 当泄压面积不能满足要求时，可采用在锅炉房的内墙和顶部敷设金属爆炸减压板作补充

参考答案： B

分析：《锅炉房设计标准》GB 50041—2020 第 15.1.2 条。选项 B 错误，锅炉间不是锅炉房，锅炉房包括锅炉间、燃气调压间或油箱油泵间等其他辅助间。选项 ACD 正确，参见第 15.1.2 条。

1.9-2.【单选】 下列关于锅炉房设备、系统的说法，错误的是何项？【2014-1-09】

A. 确定锅炉房总装机容量时，室外热管网损失系数取 1.25

B. 目前市场供应的燃煤锅炉绝大部分为层燃炉

C. 燃油锅炉房的烟囱采用钢制材料

D. 燃气锅炉放散管排出口应高出锅炉房屋脊 2m 以上

参考答案： A

分析： 选项 A 参见《复习教材》第 1.11.5 节第 1 条"（1）热负荷的确定"，室外热管网损失系数取 1.1～1.2；选项 B 参见《复习教材-2017》P156，2. 锅炉燃烧方式的选择-（1）；选项 C 参见《复习教材-2017》第 1.11.5 节第 2 条"（2）风烟道及烟囱设计"，（3）风烟道及烟囱设计-1）第 7 条；选项 D 参见第 4 条"（3）吹扫、放散管系统设计"。

1.9-3.【单选】 某居住小区设独立燃气锅炉房作为集中热水供暖热源，设置 2 台 4.2MW 的热水锅炉。下列烟囱设计的有关要求，哪一项是错误的？【2014-2-09】

A. 2 台锅炉各自独立设置烟囱

B. 水平烟道坡度为 0.01，坡向烟道的最低点并设排水阀排放凝水

C. 烟道和烟囱材料采用不锈钢

D. 不锈钢烟囱不设内衬，壁厚 8mm

参考答案： B

分析： 根据《锅炉房设计标准》GB 50041—2020 第 8.0.5-1 条，燃油、燃气锅炉烟囱宜单台配置，故选项 A 正确；根据《复习教材-2017》P157，（3）风烟道的设计原则 1）可知，选项 B 前半句正确，注意，排水管上不应设置任何阀门；选项 C 参见《复习教材》第 1.11.5 节第 2 条 "（2）风烟道及烟囱设计"；选项 D 参见《复习教材-2017》P158 第 6 行。

1.9-4.【单选】进行严寒地区某居住小区热力站与燃气锅炉房设计时，下列哪个设计选项是错误的？【2016-1-08】

    A. 实际换热器的总换热量取设计热负荷的 1.15 倍

    B. 供暖用换热器，一台停止工作时，运行的换热器的设计换热量不应低于设计供热量的 65%

    C. 换热器的管内热水流速取 0.8m/s

    D. 燃气锅炉房应设置防爆泄压设施

参考答案： B

分析： 根据《民规》第 8.11.3-2 条及《复习教材》第 1.8.12 节，换热器选取总热量附加系数，用于供暖（热）时，取 1.10～1.15，选项 A 正确；根据《民规》第 8.11.3-3 条及《复习教材》第 1.8.12 节，供暖用换热器，一台停止工作时，运行的换热器的设计换热量应保证基本供热量的需求，寒冷地区不应低于设计供热量的 65%，严寒地区不应低于设计供热量的 70%，选项 B 错误；根据《复习教材》第 1.8.12 节，流速大小应考虑流体的黏度，黏度大的流速应小于 0.5～1.0m/s，一般流体管内流速宜取 0.4～1.0m/s，易结垢的流体宜取 0.8～1.2m/s，选项 C 正确；根据《复习教材》第 1.11.1 节第 2 条，"设置于建筑内的锅炉房布置要求"7）条，选项 D 正确。

1.9-5.【单选】有关小区锅炉房中供热锅炉的选择表述，下列何项是错误的？【2016-2-9】

    A. 热水锅炉的出口水压采用循环水系统的最高静水压力

    B. 热水锅炉的出口水压，不应小于锅炉最高供水温度加 20℃相应的饱和水压力（用锅炉自生蒸汽定压的热水系统除外）

    C. 燃气锅炉应优先选用带比例调节燃烧器和燃烧安全的全自动锅炉

    D. 新建独立锅炉房的锅炉台数不宜超过 5 台

参考答案： A

分析： 根据《09 技术措施》第 8.2.8-1 条，热水锅炉出口水压等于静水压力加上管网最不利环路的压力损失，选项 A 错误；根据《锅炉房设计标准》GB 50041—2020 第 10.1.1 条及《09 技术措施》第 8.2.8-2 条，选项 B 正确；根据《09 技术措施》第 8.2.10-2 条，选项 C 正确。根据《复习教材》第 1.11.1 节第 2 条第 4 行，锅炉房的锅炉总台数，对新建锅炉房不宜超过 5 台，选项 D 正确。

1.9-6.【单选】燃气锅炉房中燃气管道应采用下列哪种管道？【2017-1-09】

    A. PVC 管　　　　　B. PE 管　　　　　C. 铸铁管　　　　　D. 钢管

参考答案： D

分析： 根据《锅炉房设计标准》GB 50041—2020 第 13.3.13 条可知，选项 ABC 错误，选项 D 正确。

1.9-7.【多选】严寒与寒冷地区小区锅炉房设计中，在利用锅炉产生的各种余热时，应符合下列哪几项规定？【2012-1-42】

　　A. 散热器供暖系统宜设烟气余热回收装置

　　B. 有条件时应选用冷凝式燃气锅炉

　　C. 选用普通锅炉时，应设烟气余热回收装置

　　D. 热媒热水温度不高于 60℃ 的低温供热系统，应设烟气余热回收装置

参考答案： ABCD

分析：《严寒和寒冷地区居住建筑节能设计标准》JGJ 26—2010 第 5.2.8 条。

1.9-8.【多选】小区集中供热锅炉房的位置，正确的是下列哪几项？【2012-1-46】

　　A. 应靠近热负荷比较集中的地区

　　B. 应有利于自然通风和采光

　　C. 季节性运行的锅炉房应设置在小区主导风向的下风侧

　　D. 燃煤锅炉房有利于燃料和废渣的运输

参考答案： ABD

分析： 根据《锅炉房设计标准》GB 50041—2020 第 4.1.1 条，选项 ABD 正确；选项 C 中全年运行的锅炉房应设置于总体最小频率风向的上风侧，季节性运行的锅炉房应设置于该季节最大频率风向（主导风向）的下风侧，并应符合环境影响评价报告提出的各项要求，故选项 C 不正确。

1.9-9.【多选】寒冷地区某节能居住小区 35 万 m²，采用地面辐射供暖系统供暖，供暖热负荷 14MW（已包括热网输送效率），冬季供暖热源为燃气热水锅炉，下列关于锅炉设备选择和锅炉房设计的内容，哪几项是正确的？【2013-1-47】

　　A. 燃气锅炉设烟气余热回收装置

　　B. 设置 2 台 7.0MW 燃气锅炉

　　C. 设置 2 台 10.5MW 燃气锅炉，单台锅炉运行时负担 70％热负荷

　　D. 对锅炉房自动监控的内容为：实时监测、自动控制、按需供热、安全保障、健全档案

参考答案： ACD

分析：《09 技术措施》第 8.13.8-2 条及《严寒和寒冷地区居住建筑节能设计标准》JGJ 26—2010 第 5.2.8 条：选项 A 正确，采用地面辐射供暖系统，水温不高于 60℃，应设烟气余热回收装置。《复习教材》第 1.11.1 节第 2 条：寒冷地区锅炉设计换热量不应低于设计供热量的 65％，严寒地区 70％；两台 7MW，则 7/14＝50％＜65％，两台 10.5MW，10.5/14＝75％＞65％，选项 B 错误，选项 C 正确；《严寒和寒冷地区居住建筑节能设计标准》JGJ 26—2010 第 5.2.19 条文说明，选项 D 正确。

1.9-10.【多选】某住宅小区供暖设地上独立天然气锅炉房，市政天然气经专设的地上调压柜调压后进入锅炉房，在下列对调压柜的设计要求中，哪几项是正确的？【2014-1-47】

A. 调压装置的燃气进口压力不应大于 0.8MPa

B. 调压柜的进口压力为 0.6MPa 时，距建筑物外墙面的最小水平净距为 4.0m

C. 调压柜的燃气进、出口之间应设旁通管

D. 调压器的计算燃气流量应按锅炉房最大的小时用气量的 1.2 倍确定

参考答案：BC

分析：根据《城镇燃气设计规范》GB 50028—2006（2020 版）第 6.6.2.2 条，居民和商业用户调压装置的燃气进口压力不应大于 0.4MPa，故选项 A 错误；根据《复习教材》P816 表 6.3-1，0.6MPa 为次高压 B 级燃气管道，根据《城镇燃气设计规范》GB 50028—2006 第 6.6.3 条，调压柜距建筑物外墙面的最小水平净距为 4.0m，故选项 B 正确；根据第 6.6.10 条，选项 C 正确；根据第 6.6.9 条，调压器的计算燃气流量应按管网小时的最大用气量的 1.2 倍确定，故选项 D 错误。

1.9-11.【多选】拟对某办公大楼（2004 年建造）实施合同能源管理。对大楼的集中空调系统进行了节能诊断。为既符合国家现行节能改造标准又控制改造资金投入，根据诊断结果做出下列改造建议中，哪几项是可不采用的？【2014-2-42】

A. 原有燃气锅炉（2.8MW）的额定效率为 86%，低于《公共建筑节能设计标准》的要求，对锅炉进行更换

B. 检测燃气锅炉最低运行效率为 76%，对锅炉进行更换

C. 锅炉房无随室外气温变化进行供热量调节的自动控制装置，进行相应的改造

D. 检测空调水系统循环水泵的实际循环水量大于原设计值的 5%，故更换原有水泵

参考答案：ABD

分析：依据《公共建筑节能改造技术规范》JGJ 176—2009 第 4.3.2 条相关内容，2.8MW 燃气锅炉其运行效率低于 76%，且锅炉改造或更换的静态投资回收期小于或等于 8 年时，宜进行相应的技术改造。选项 A 所述为锅炉的额定效率为 86%，虽然低于《公建节能 2015》第 4.2.5 条规定的额定效率 90%，但是未提及实际运行效率，因为不能判定作为改造措施，选项 A 不选；选项 B 缺乏改造静态投资回收期小于或等于 8 年条件，条件不充分，不选；依据第 4.3.7 条，选项 C 采用；依据第 4.3.9 条，选项 D 不选。

扩展：考生当遇见考题涉及内容为公共建筑节能改造时，首先应想到相应规范为《公共建筑节能改造技术规范》JGJ 176—2009，本题如若考生对《公共建筑节能改造技术规范》不熟悉，极易首先考虑《公共建筑节能设计标准》，造成规范使用误区，导致答案出现错选和漏选。近年来，关于节能改造考点越发得到命题专家的青睐，且考点难度向贴近实际工程案例发展的趋势越发明显，应引起广大考生的重视。

1.9-12.【多选】某燃气供热锅炉房，设于建筑的半地下室，其设计说明给出的送、排风系统设计要求，正确的是下列哪几项？【2017-1-47】

A. 送排风系统按平时换气次数每小时 6 次、事故换气次数每小时 12 次设计

B. 锅炉房送排风系统与建筑机械通风系统合并设置

C. 排风机采用防爆型风机

D. 包括锅炉燃烧所需空气量在内，送入的新风总量为锅炉房每小时 3 次的换气量

参考答案：AC

分析：根据《锅炉房设计标准》GB 50041—2020 第 15.3.7 条可知，选项 A 正确，选项 C 正确，选项 B 错误；根据条文小注可知，换气量中不包括锅炉燃烧所需空气量，选项 D 错误。

1.9-13.【多选】严寒地区某小区设置地下供暖用燃气锅炉房（多台锅炉共用一条烟道），下列哪几项做法是正确的？【2018-1-46】

A. 每台锅炉烟道上设置防爆门

B. 锅炉烟囱最低点设置泄水阀

C. 锅炉房布置在该小区主导风向下风侧

D. 燃气调压间与锅炉房之间应采用防火墙或甲级防火门分隔

参考答案：AC

分析：根据《锅炉房设计标准》GB 50041—2020 第 8.0.4.1 可知，选项 A 正确；由根据第 8.0.4.2 可知，选项 B 错误，应设置水封式冷凝水排水管道；根据第 4.1.1.6 条，"全年运行的锅炉房应设置在总体最小频率风向的上风侧，季节运行的锅炉房应设置于该季节最大频率风向（主导风向）的下风侧"，选项 C 正确；根据第 15.1.1.5 条，燃气调压间门窗应向外开启并不应直接通向锅炉房，根据第 7.0.6 条，燃气调压装置不应设置在地下建、构筑物内，故选项 D 正确。

扩展：本题类比于【2012-1-46】，选项 C 未明确"该季节"的要求，可认为错误，但考虑多选题，选项 B 和选项 D 更是错误的，故参考答案为 AC。

1.9-14.【多选】下列关于锅炉房设计的要求，哪几项是错误的？【2018-2-45】

A. 燃气锅炉设置于首层门厅相邻或在门厅上层

B. 燃气锅炉不得设置在地下一层

C. 锅炉房的人员出入口必须有一个直通室外

D. 燃油锅炉房的控制间和水泵间，应设置防爆泄压设施

参考答案：ABD

分析：根据《锅炉房设计标准》GB 50041—2020 第 4.1.3 条可知，选项 AB 均错误；第 4.3.7 条可知，选项 C 正确，选项 C 是对于所有锅炉房的最基本要求，锅炉房出入口不应少于 2 个，其中独立锅炉房满足一定条件出入口（直接对外）可设 1 个；非独立锅炉房，其人员出入口必须有 1 个直通室外；由第 15.1.3 条及其条文解释可知，燃油、燃气锅炉房的锅炉间是可能发生闪爆的场所，用甲级防火门隔开后，辅助间相对安全，可按非防爆环境对待，选项 D 错误。

第2章 通风专业知识题

本章知识点题目分布统计表

小节	考点名称		2012年至2020年题目统计		近三年题目统计		2020年题目统计
			题目数量	比例	题目数量	比例	
2.1	工业企业及室内卫生		9	4%	3	3%	1
2.2	通风设计的一般要求	2.2.1 通风量计算	11	4%	4	4%	2
		2.2.2 全面通风与事故通风	28	11%	12	13%	5
		2.2.3 通风防爆	12	5%	4	4%	1
		小计	51	20%	20	22%	8
2.3	自然通风		18	7%	10	11%	3
2.4	局部通风与排风罩		16	6%	7	8%	4
2.5	除尘与吸附	2.5.1 除尘器	23	9%	3	3%	0
		2.5.2 吸收吸附	13	5%	5	5%	1
		小计	36	14%	8	9%	1
2.6	通风系统	2.6.1 通风系统设计	5	2%	4	4%	0
		2.6.2 通风系统施工与验收	22	9%	7	8%	2
		2.6.3 除尘通风系统	11	4%	3	3%	2
		小计	38	15%	14	15%	4
2.7	通风机		20	8%	13	14%	2
2.8	消防防火	2.8.1 防烟排烟系统设置	14	6%	4	4%	0
		2.8.2 防烟排烟系统设计	19	8%	13	14%	6
		2.8.3 通风系统的消防要求	10	4%	0	0%	0
		2.8.4 其他消防要求	5	2%	1	1%	0
		小计	48	19%	18	19%	6
2.9	人防工程		8	3%	0	0%	0
2.10	其他考点	2.10.1 车库、设备用房、厨房及卫生间	5	2%	0	0%	0
		2.10.2 锅炉房通风与消防	2	1%	0	0%	0
		小计	7	3%	0	0%	0
合计			251		93		29

说明：2015年停考1年，近三年真题为2018年至2020年。

2.1 工业企业及室内卫生

2.1-1.【单选】住宅室内空气污染物游离甲醛的浓度限值是下列哪一项?【2012-1-11】

A. ≤0.5mg/m³   B.≤0.12mg/m³

C.≤0.08mg/m³   D.≤0.05mg/m³

参考答案: C

分析:《住宅建筑规范》GB 50368—2005 第 7.4.1 条表 7.4.1。

2.1-2.【单选】某成衣缝纫加工厂房,工人接触时间率为 100%,所处地点的夏季通风室外计算温度为 29℃,室内工作地点的最高允许湿球温度应为下列哪一项?【2013-2-10】

A. 32℃   B. 31℃   C. 30℃   D. 29℃

参考答案: C

分析: 根据《复习教材》表 2.3-1、表 2.3-2,可确定最高允许湿球温度为 30℃。同时可参考《工业场所有害因素职业接触限值 第 2 部分:物理因素》GBZ 2.2—2007 第 10.2.2 条及其附录表 B.1。

2.1-3.【单选】某地室外通风计算温度为 32℃,该地的一个成衣工厂的缝纫车间,工作为 8h 劳动时间,该车间的 WBGT 限制应为下列何项?【2014-1-10】

A. WBGT 限值为 30℃   B. WBGT 限值为 31℃

C. WBGT 限值为 32℃   D. WBGT 限值为 33℃

参考答案: B

分析: 根据《工作场所有害因素职业接触限值 第 2 部分:物理因素》GB Z2.2—2007 附录 B 表 B.1 查得缝纫的体力劳动强度分级为Ⅰ级;根据该标准第 10.1.3 条计算接触时间率为 8h/8h=100%,查表 8 得 WBGT 限值为 30℃;根据该标准第 10.2.2 条,室外通风计算温度≥30℃的地区,按表 8 中规定的 WBGT 值增加 1℃,即:30+1=31℃。

2.1-4.【单选】以下关于空气可吸入颗粒物的叙述,哪一项是不正确的?【2014-2-10】

A. PM2.5 指的是悬浮在空气中几何粒径小于或等于 0.025mm 颗粒物

B. 国家标准中 PM10 的浓度限值比 PM2.5 要高

C. 当前国家发布的空气雾霾评价指标是以 PM2.5 的浓度作为依据

D. 新版《环境空气质量标准》中,PM2.5 和 PM10 都规定有浓度限值

参考答案: A

分析: 根据《环境空气质量标准》GB 3095—2012 第 3.3 条,PM2.5 指环境空气中空气动力学当量直径小于或等于 2.5μm 的颗粒物。1μm = 0.001mm,2.5μm = 0.0025mm,故选项 A 错误。根据该标准第 4.3 条表 1,选项 BD 正确。由《复习教材》第 2.1.1 节第 1 条,可作为选项 C 正确的依据。

2.1-5.【单选】某工业厂房所在地的夏季通风室外计算温度为 32℃,室内散热量为

$25W/m^2$，在进行夏季自然通风计算时，室内工作地点最高允许温度（℃），应是下述哪一项？【2017-1-11】

　　A. 32　　　　　　　B. 33　　　　　　　C. 34　　　　　　　D. 35

　　参考答案：D

　　分析：由《工规》第 4.1.4 条可知，夏季通风室外计算温度为 32℃时，工作地点温度最高为 35℃。

2.1-6.【单选】对于人员长时间工作的地点，当其热环境达不到卫生要求时，首选下列何种通风方式？【2018-1-17】

　　A. 岗位排风　　　　　　　　　　B. 岗位送风

　　C. 全面通风　　　　　　　　　　D. 全面排风

　　参考答案：B

　　分析：根据《工规》第 6.5.4 条可知，应设置局部送风，故岗位送风是首选。

2.1-7.【多选】下列污染物中，哪几项是属于需要控制的住宅室内空气环境污染物？【2012-2-49】

　　A. 甲烷、乙烯、乙烷　　　　　　B. 氡、氨、TVOC

　　C. CO、CO_2、臭氧　　　　　　　D. 游离甲醛、苯

　　参考答案：BD

　　分析：根据《住宅建筑规范》GB 50368—2005 第 7.4 条的规定：氡、甲醛、苯、氨、TVOC 等。

2.2　通风设计的一般要求

2.2.1　通风量计算

2.2-1.【单选】某食品车间长 40m、宽 10m、层高 6m，车间内生产（含电热）设备总功率为 215kW，有 150 名操作工，身着薄棉质工作服坐在流水线旁操作，设计采用全面造风形式消除室内余热并对进风进行两级净化处理（初效和中效过滤）。具体为：采用无冷源的全空气低速送风系统（5 台 $60000m^3/h$ 机组送风，沿车间长度方向布置的送风管设在 4m 标高处，屋顶设有 10 台 $23795m^3/h$ 的排风机进行排风），气流组织为单侧送（送风速度为 2.5m/s），顶部排风。车间曾发生多例工人中暑（该地区夏季通风温度为 31.2℃），造成中暑的首选原因应是下列哪一项？【2012-2-13】

　　A. 新风量不够　　　　　　　　　　B. 排风量不够

　　C. 送风量与排风量不匹配　　　　　D. 气流组织不正确

　　参考答案：D

　　分析：此题是对通风空调基本原理的考查。由题意，车间层高 6m，单侧送风管设在 4m 标高且采用无冷源的低速送风。中暑主要是因为温度过高，因此选项 A 新风量不足不是原因。选项 BC 均为针对房间排热量的分析，选项 D 从气流组织的角度考虑问题。题设强调"低速送风系统"，且送风高度在 4m，同时在顶部有较大的排风，容易形成短路。因

此，气流组织造成中暑问题的可能性较大。另外，对于选项BC，题目给出了体积风量和室外温度，未给出室内温度等参数，无法计算风量平衡，故选项BC有关送排风量和排风量不够的说法无法计算。综上所述，首选原因是气流组织不正确。

2.2-2.【单项】计算冬季全新风送风系统的热负荷时，采用下列哪项室外计算温度是错误的?【2013-1-15】

A. 用于补偿消除室内有害气体的全面排风耗热量时，采用冬季通风室外计算温度

B. 用于补偿排除室内余热的全面排风耗热量时，采用冬季通风室外计算温度

C. 用于补偿排除室内余湿的全面排风耗热量时，采用冬季通风室外计算温度

D. 用于补偿室内局部排风耗热量时，采用冬季供暖室外计算温度

参考答案： A

分析： 根据《工规》第6.3.4-1～2条，选项BCD正确。选项A无依据。

扩展： 选项A的内容，《复习教材》已经删除，可参考《工业通风》：在冬季，对于局部排风及稀释有害气体的全面通风，采用冬季采暖室外计算温度；对于消除余热、余湿及稀释低毒性有害物质的全面通风，采用冬季通风室外计算温度。

《工规》第6.3.4-3～4条新增了对机械通风夏季室外计算温度及相对湿度的规定。同时应注意区别该规定对于不同的室内温度及湿度的要求（要求一般或要求较严格），所采用的室外计算参数不相同。

更多内容详见本书第4篇第15章扩展15-6：室外计算温度使用情况总结。

2.2-3.【单选】关于严寒地区的工业建筑通风耗热量计算的说法，下列哪一项是错误的?【2013-2-04】

A. 人员停留区域和不允许冻结的房间，机械送风系统的空气，冬季宜进行加热，并应满足室内风量和热量的平衡要求

B. 计算补充局部排风的机械送风系统的耗热量时，室外新风计算温度一般采用冬季供暖室外计算温度

C. 计算补充局部排风的机械送风系统的耗热量时，室外新风计算温度应采用冬季通风室外计算温度

D. 计算用于补偿消除余热、余湿的全面排风耗热量时，室外新风计算温度一般采用冬季通风室外计算温度

参考答案： C

分析： 根据《复习教材》第2.2.3节第3条"工业建筑通风耗热量计算"，选项A正确；由式（2.2-6）有关室外计算温度 t_w 的说明，选项C错误，局部排风采用冬季供暖室外计算温度。

2.2-4.【单选】下列关于制冷机房事故通风量的确定依据，哪项是不正确的?【2016-1-12】

A. 氟制冷机房的事故通风量不应小于 $12h^{-1}$

B. 氨制冷机房的事故通风量不应小于 $12h^{-1}$

  C. 燃气直燃溴化锂制冷机房的事故通风量不应小于 $12h^{-1}$

  D. 燃油直燃溴化锂制冷机房的事故通风量不应小于 $6h^{-1}$

  参考答案：B

  分析：根据《民规》第 6.3.7-2 条，选项 A 正确；根据《民规》第 6.3.7-4 条，选项 B 错误；根据《民规》第 6.3.7-5 条，选项 C、D 正确。

  扩展：详见本书第 4 篇第 16 章扩展 16-18：关于平时通风和事故通风换气次数的一些规定。

  2.2-5.【单选】冬季某地工厂，当机械加工车间局部进风系统的空气需要加热处理时，其室外空气计算参数的选择，下列何项是正确的？【2016-1-13】

  A. 采用冬季通风室外计算温度

  B. 采用冬季供暖室外计算温度

  C. 采用冬季空调室外计算温度

  D. 采用冬季空调室外计算干球温度和冬季空调室外计算相对湿度

  参考答案：B

  分析：根据《09 技术措施》第 1.3.18 条，采用冬季供暖室外计算温度，答案选 B。

  扩展：详见本书第 4 篇第 15 章扩展 15-6：室外计算温度使用情况总结。

  2.2-6.【单选】北方寒冷地区某车间生产中室内散发大量有机废气，工程设计中设置了全面排风和冬季补充热风的机械通风系统，试问在计算机械送风系统的空气加热器耗热量时，应采用下列哪一项为室外新风的计算温度？【2017-2-02】

  A. 供暖室外计算温度

  B. 冬季通风室外计算温度

  C. 冬季室外平均温度

  D. 冬季空气调节室外计算温度

  参考答案：A

  分析：根据《工规》第 6.3.4.1 条可知，新风的计算温度应采用供暖室外计算温度，故选项 A 正确。

  2.2-7.【单选】某车间采用全面通风消除有害物质、消除余热、消除余湿所需的通风量分别为：$16000m^3/h$、$15000m^3/h$、$14000m^3/h$，该车间所需的最小通风量（m^3/h）为下列哪一项？【2018-1-14】

  A. 14000   B. 16000   C. 31000   D. 45000

  参考答案：B

  分析：根据《工规》第 6.1.14 条可知，需要按"分别消除有害物质、余热和余湿所需风量的最大值确定"，故最小通风量为 $16000m^3/h$。

  2.2-8.【多选】进行工业建筑物冬季的全面通风换气的热风平衡计算时，应充分考虑哪几项做法？【2013-2-44】

A. 在允许的范围内，适当提高集中送风的温度

B. 合理选择设计计算温度

C. 利用已计入供暖热负荷的冷风参透量

D. 按最小负荷班的工艺设备散热量计入得热

参考答案：ABCD

分析：根据《复习教材》P171，"1）在允许范围内适当提高集中送风的送风温度"，选项A正确；由式（2.2-6）参数 t_w 的说明，选项B的说法正确；由P170，选项C正确；由P172，选项D正确。

2.2.2 全面通风与事故通风

2.2-9.【单选】某车间上部用于排除余热、余湿的全面排风系统风管的侧面吸风口，其上缘至屋顶的最大距离，应为下列哪一项？【2013-1-17】

A. 200mm   B. 300mm   C. 400mm   D. 500mm

参考答案：C

分析：根据《复习教材》第2.2.2节，位于房间上部区域的吸风口，用于排除余热、余湿和有害气体时（含氢气时除外），吸风口上缘至顶棚平面或屋顶的距离不大于0.4m。

2.2-10.【单选】某工程采用燃气直燃吸收式溴化锂制冷机制冷，其制冷机房设置平时通风和事故排风系统。试问在计算平时通风和事故排风风量时取下列哪一组数据是正确的？（数据依次为：平时通风系统换气次数和事故排风系统换气次数）【2014-1-15】

A. $3h^{-1}$ 和 $6h^{-1}$ B. $4h^{-1}$ 和 $8h^{-1}$

C. $5h^{-1}$ 和 $10h^{-1}$ D. $6h^{-1}$ 和 $12h^{-1}$

参考答案：D

分析：根据《民规》第6.3.7.2-5条：燃气直燃溴化锂制冷机房的通风量不应小于 $6h^{-1}$，事故通风量不应小于 $12h^{-1}$。燃油直燃溴化锂制冷机房的通风量不应小于 $3h^{-1}$，事故通风量不应小于 $6h^{-1}$。

2.2-11.【单选】某冷库采用氨制冷剂，其制冷机房长10m、宽6m、高5.5m，设置平时通风和事故排风系统。试问其最小事故排风量应为下列何项？【2014-2-15】

A. 10980m³/h   B. 13000m³/h

C. 30000m³/h   D. 34000m³/h

参考答案：D

分析：根据《民规》第6.3.7-4条，事故通风量为 $183 \times (10 \times 6) = 10980$ m³/h，且最小排风量不应小于34000m³/h，故选项D正确。

2.2-12.【单选】根据暖通国家标准图集07K120制造的风管止回阀，风机停止运行，防止气流倒流时的哪一项风速是符合止回阀动作所要求的？【2016-1-10】

A. 有气流回流即刻动作   B. 气流回流速度不小于2m/s

C. 气流回流速度不小于5m/s   D. 气流回流速度不小于8m/s

参考答案： D

分析： 根据《07K120 风阀选用及安装》P39，止回阀使用条件：要求风管中风速不小于 8m/s；阀门工作压差不小于 40Pa，关闭时最大允许背压为 1500Pa。

2.2-13.【单选】某车间生产时散发有害气体，设计自然通风系统，夏季进风口位置设置错误的是下列何项？【2016-1-14】

A. 布置在夏季主导风向侧

B. 其下缘距室内地面高度不大于 1.2m

C. 避开有害污染源的排风口

D. 设置在背风侧空气动力阴影区内的外墙上

参考答案： D

分析： 根据《复习教材》第 2.3.1.1 节，自然通风设计原则，选项 ABC 正确；当散发有害气体时，在背风侧的空气动力阴影区内的外墙上，应避免设置进风口，选项 D 错误。

2.2-14.【单选】以下哪类房间，可不设置事故通风系统？【2016-1-15】

A. 氨制冷机房

B. 氟利昂制冷机房

C. 地下车库

D. 公共建筑中采用燃气灶具的厨房

参考答案： C

分析： 根据《民规》第 6.3.7-2 条，选项 AB 错误；公共建筑中采用燃气灶具的厨房，以天然气、液化石油气、人工煤气为燃料，火灾危险性主要来自这些爆炸危险的易燃燃料以及因设备控制失灵，管道阀门泄露以及机件损坏时的燃气泄漏，可燃气体与空气形成爆炸混合物，遇明火或热源产生燃烧和爆炸，因此应保证良好通风，应设计事故通风系统，选项 D 错误；地下车库仅需设置排烟及通风系统即可，选项 C 正确。

2.2-15.【单选】关于复合通风系统的设置，下列说法错误的是何项？【2016-2-2】

A. 屋顶保温良好，高度 10m 的大空间展厅采用复合通风系统时，需考虑温度分层问题

B. 复合通风中自然通风量不宜低于联合运行风量的 30％

C. 复合通风适用于易在外墙开窗并通过人员自行调节的房间

D. 系统运行时应优先使用自然通风

参考答案： A

分析： 根据《民规》第 6.4.4 条，高度大于 15m 的大空间采用复合通风时，宜考虑温度分层问题，选项 A 错误；根据第 6.4.2 条，选项 B 正确；根据第 6.4.1 条，选项 C 正确；根据第 6.4.3.1 条，选项 D 正确。

2.2-16.【单选】某机械加工车间的建筑尺寸为长 100m、宽 36m、高 12m，有数个局部有害气体产生源。车间原来采用墙壁轴流风机的排风方式，但室内空气质量不能满足现行行业标准《工业企业设计卫生标准》的要求。现拟对通风系统进行改造，采用下列何种

通风方案简单易行且效果相对较好?【2017-2-12】

    A. 全面通风   B. 吹吸式通风

    C. 局部通风   D. 置换通风

参考答案: C

分析: 由《工规》第6.1.8条条文说明可知,"在工艺设备上或有害物质的放散处设置自然或机械的局部排风,予以就地排除是经济有效的措施",故选C。

2.2-17.【单选】天然气锅炉房设事故排风,其事故排风的室内吸风口高度设置,下列哪一项说法是正确的?【2017-2-14】

    A. 吸风口设在房间下部,距地面≤1.0m

    B. 吸风口设在房间上部,距顶棚≥1.0m

    C. 吸风口设在房间下部,距地面≤0.4m

    D. 吸风口设在房间上部,距顶棚≤0.4m

参考答案: D

分析: 根据《民规》第6.3.2-1条或《复习教材》第2.2.2节可知,"除用于排除氢气与空气混合物时,吸风口上缘至于顶棚平面或屋面的距离不大于0.4m",选项D正确。

2.2-18.【单选】某公共建筑中,假定外窗的开启扇面积为F_A,窗开启后的空气流通截面积为F_B。问:确定该建筑的外窗有效通风换气面积时,下列哪一项是正确的?【2018-1-12】

    A. F_A和F_B之和   B. F_A和F_B之差

    C. 当$F_A > F_B$时,为F_A D. 当$F_B < F_A$时,为F_B

参考答案: D

分析: 根据《公建节能2015》第3.2.9条,外窗(包括透光幕墙)的有效通风面积应为开启扇面积和窗开启后的空气流通界面面积的较小值,因此选D。

2.2-19.【单选】建筑面积250m²、吊顶高度为3.6m的医院配药室,有工作人员30名,设置机械通风系统一套,经计算消除余热、余湿所需的通风量分别为3000m³/h、4000m³/h。该系统设计通风量(m³/h)正确的是以下哪项?【2018-1-18】

    A. 900   B. 3000   C. 4000   D. 4500

参考答案: D

分析: 本题在考虑通风量时,除了考虑消除余热余湿外,还要考虑人员新风量要求。根据《民规》表3.0.6-3,医院配药房最小换气次数为$5h^{-1}$,因此人员新风量为$250 \times 3.6 \times 5 = 4500m^3/h$。也因此对比消除余热余湿通风量,人员新风量需求量更大,故系统设计通风量为满足人员新风量的4500m³/h。

2.2-20.【单选】某负压厂房采用全面通风排除有害气体和余热,排除有害气体需要风量为600m³/h,排除室内余热需要风量为800m³/h,室内人员需要新风量为300m³/h,维持室内要求负压需要的排风量为500m³/h。问:该厂房全面通风的补风量(m³/h),以

下哪一项是正确的?【2018-2-11】

  A. 2200   B. 1300   C. 800   D. 300

参考答案:D

分析:本题相当于小案例题。全面通风量一方面要满足消除余热、余湿和消除有害物,第二方面要保证人员新风量,第三方面满足室内压力要求。本题为负压厂房,因此送风量小于排风量。

  由题意,消除有害物风量为 $600m^3/h$,消除余热风量为 $800m^3/h$,因此满足消除余热、余湿和消除有害物为 $800m^3/h$,因此排风量不低于 $800m^3/h$。

  对于人员新风量要求,题目要求最小新风量为 $300m^3/h$,因此需要送风量为 $300m^3/h$。

  对于负压要求,题目要求负压排风量为 $500m^3/h$。

  排风量取大值 $800m^3/h$,送风量取 $300m^3/h$,排风量与送风量之差为 $500m^3/h$,正好满足负压要求。三项需求皆满足,该厂房补风量也为送风量 $300m^3/h$。

  2.2-21.【多选】某工厂于有吊顶的房间设置全面排风系统,室内吸风口位置的设定,下列哪几项是错误的?【2014-2-47】

  A. 应设在有害气体或爆炸危险性物质放散量可能最大或聚集最多的地点

  B. 当向室内放散密度比空气大的气体或蒸汽时,室内吸风口应设在房间下部,吸风口上缘距地不超过 $1.2m$

  C. 当向室内放散密度比空气轻的甲烷时,室内吸风口上缘至吊顶底面的距离为 $300mm$

  D. 当向室内放散密度比空气轻的氢气与空气混合物时,室内吸风口上缘至吊顶底面的距离为 $150mm$

参考答案:BD

分析:根据《复习教材》第 2.2.2 节可知,选项 A 正确;由有关"系统吸风口布置"的内容可知,选项 BD 错误。吸风口在下部设置时,下缘距地板不大于 $0.3m$,故选项 B 错误;对于排除氢气与空气混合物,吸风口上缘距离顶棚不大于 $0.1m$,即 $100mm$,故选项 D 错误。

  2.2-22.【多选】公共建筑通风和空调系统低速风管内的最大风速的规定,下列哪几项是正确的?【2016-1-50】

  A. 干管,$8m/s$ B. 支管,$6.5m/s$

  C. 风机入口,$6m/s$ D. 风机出口,$15m/s$

参考答案:AB

分析:根据《民规》第 6.6.3 条,选项 AB 正确;公共建筑通风与空调系统风机入口最大风速为 $5.0m/s$,风机出口最大风速为 $11m/s$,选项 CD 错误。

  2.2-23.【多选】下列各排风系统排风口选用的风帽形式,哪几项是错误的?【2016-2-51】

  A. 利用热压排除室内余热的自然通风系统的排风口采用圆伞形风帽

B. 排除含有粉尘的机械通风系统排风口采用圆伞形风帽

C. 排除有害气体的机械通风系统的排风口采用筒形风帽

D. 利用风压加强排风的自然通风系统的排风口采用避风风帽

参考答案： ABC

分析： 根据《复习教材》第2.3.3节第4条，利用热压排除室内余热的自然通风系统的排风口采用筒形风帽（自然通风的一种避风风帽），选项A错误，选项D正确；根据《民规》第6.6.18条及条文说明，排除含有粉尘或有害气体的机械通风系统的排风口采用锥形风帽或防雨风帽，选项BC错误。

扩展： 圆伞形风帽，不因风向变化而影响排风效果，适用于一般机械通风系统；锥形风帽，一般在除尘系统或排放非腐蚀性但有毒的机械通风系统中使用。

2.2-24.【多选】事故通风系统排风口的设置，下列哪几项是正确的？【2017-1-51】

A. 排风口不应朝向室外动力阴影区，不宜朝向空气正压区

B. 排风口与相应的机械送风系统进风口的水平距离不足20m时，排风口应至少高于进风口6m

C. 排风口不应布置在人员经常停留或通行的地点

D. 排风口的高度应高于周边20m范围内最高建筑屋面3m以上

参考答案： BCD

分析： 根据《民规》第6.3.9.6条4）可知，选项A错误，根据《民规》第6.3.9.6条2），选项BC均正确；选项D关于"排风口高度高出周围20m最高建筑3m以上"，详见《民规》第6.3.9.6条条文说明，正确。

扩展： 本题主要考察事故通风，答案对于选项A有明显争议。根据《复习教材》第2.2.5节及《工规》第6.4.5.4条可知，选项A错误，"不得朝向室外空气动力阴影区和正压区"；但是选项A本身与《民规》第6.3.9.6条4）相关条文是一致的。因本题选项ABC在《民规》和《工规》中都有，但选项D仅来自于《民规》，而本题没有区分工业建筑和民用建筑，出题不够严谨。揣测出题者的思路，建议按同一本规范出处选择答案。

2.2-25.【多选】复合通风系统运用了下列哪几种作用？【2017-2-48】

A. 仅热压或风压分别作用

B. 仅热压和风压共同作用

C. 热压和风压共同作用并与机械作用交替运行

D. 热压或风压作用并与机械作用交替运行

参考答案： CD

分析： 《民规》第2.0.9条解释了复合通风；《民规》第6.1.3条文说明解释了自然通风。本题主要考察是否正确认识复合通风。复合通风为自然通风与机械通风相结合的方式，因此选项CD正确。选项AB实际为仅利用自然通风作用。

2.2-26.【多选】关于全面通风的说法，下列哪几项是正确的？【2017-2-49】

　　A. 工业建筑的室内含尘气体经净化后，气体的含尘浓度小于工作区容许浓度的 30%，可循环使用

　　B. 满足使用要求时，送风温度 27℃，排风温度 30℃，送风体积流量（m³/h）和排风体积流量（m³/h）相等

　　C. 散发有害物车间所需的最小通风量，为消除有害物质所需通风量、消除余热所需通风量和消除余湿所需通风量三者之和

　　D. 室内正压、负压控制，可以通过改变机械通风量和机械排风量来实现

　　参考答案：AD

　　分析：根据《复习教材》第 2.2.1 节及《工规》第 6.3.2 条可知，选项 A 正确；不同温度下空气密度不同，体积流量不同，故选项 B 错误；由《工规》第 6.1.14 条及《复习教材》第 2.2.3 节，可知，选项 C 错误，需要取三者之间较大值；根据《复习教材》第 2.2.4 节第 1 条可知，选项 D 正确。

　　2.2-27.【多选】关于建筑物内、外有害物质和环境控制，正确的说法为下列哪几项？【2017-2-50】

　　A. 有害物质的产生由工艺决定，可以通过清洁生产方式缓解

　　B. 粉尘依靠自身能量可以长期悬浮在环境空气中

　　C. 控制污染物最有效的措施就是控制气流组织

　　D. 直接向室外排风的机械排风系统抽吸的污染物越多越好

　　参考答案：AC

　　分析：由《工规》第 6.1.2 条可知，选项 A 正确，但无法从根本上解决污染物问题，仍需一定的控制手段；除粒径极小的微尘外，粉尘在没有其他动力的情况下无法长期悬浮在环境空气中，故选项 B 错误；由《工规》第 6.1.1 条条文说明可知，污染物控制最有效的方法是源头控制，因此控制气流组织即为最有效的措施，故选项 C 正确；由《工规》第 6.1.11 条可知，排风不应破坏室内气流组织，抽吸污染物过多势必会形成极大的负压，破坏室内气流组织，直接向室外排风的机械排风系统，根据大气排放标准，应满足排放浓度和排放速率，故选项 D 错误。

2.2.3　通风防爆

　　2.2-28.【单选】关于厂房的排风设备设置和供暖的表述中，下列哪一项是错误的？【2012-2-11】

　　A. 甲、乙类厂房的排风设备和送风设备不应布置在同一通风机房内

　　B. 甲、乙类厂房的排风设备不应和其他房间的送风设备布置在同一通风机房内

　　C. 甲、乙类厂房的排风设备不宜和其他房间的排风设备布置在同一通风机房内

　　D. 甲、乙类厂房不应采用电热散热器供暖

　　参考答案：C

　　分析：根据《建规 2014》第 9.1.3 条，选项 AB 正确，选项 C 错误，"不应"布置在同一通风机房内；根据第 9.2.2 条，选项 D 正确。

2.2-29.【单选】下列哪种情况，室内可以采用循环空气？【2013-2-13】

A. 压缩空气站站房

B. 乙炔站站房

C. 木工厂房，当空气中含有燃烧或爆炸危险粉尘且含尘浓度为其爆炸下限的25%时

D. 水泥厂轮窑车间排除含尘空气的局部排风系统，排风经过净化后，含尘浓度为工作区允许浓度30%的排风

参考答案： A

分析： 根据《工规》第6.3.2条，"甲类生产厂房、丙类生产厂房空气中含有燃烧或爆炸危险粉尘且含尘浓度为其爆炸下限的25%时，含尘空气的局部排风系统，排风经过净化后，其含尘浓度仍等于工作区允许浓度30%时"，不应采用循环空气。

根据《建规2014》P179条文说明表1对生产厂房的分类，乙炔站站房属于甲类厂房，木工厂房属于丙类厂房，水泥厂轮窑厂房属于戊类厂房，因此选项BCD均不可采用循环空气。

本题关于压缩空气站的防火等级无法从考试大纲规范和教材中查得直接依据，实际考试中只能采用排除法确定选A。压缩空气站与《建规2014》表1所给氨压缩站或其他压缩站不同，根据《压缩空气站设计规范》GB 50029—2003第1.0.3条，"除螺杆空气压缩机组成的压缩空气站为戊类外，其他均应为丁类"，因此空气压缩站站房可以采用压缩空气。

2.2-30.【单选】2014年7月，国内某汽车铝合金轮毂抛光车间生产时发生爆炸，造成数十人死亡和大量人员受伤的惨痛事故，下列何项不属于引起爆炸的原因？【2017-2-13】

A. 车间内空气中的铝粉尘含量超过其爆炸极限的下限

B. 车间内空间尺寸较大

C. 车间内的通风和除尘系统未能正常运行

D. 车间内发生有明火或火花

参考答案： B

分析： 求解本题需要正确认识防爆原理和爆炸产生的过程。由《工规》第6.9.1条条文说明可知，粉尘防爆主要要控制含尘浓度低于爆炸下限的25%，而粉尘爆炸的起因是有明火或火花，因此选项ACD均可能导致爆炸，而选项B空间尺寸与爆炸发生无关。

2.2-31.【单选】严寒地区某丙类生产车间生产中有粉尘散发，在冬季，若要经过净化处理后（符合室内环境空气质量要求）的含尘空气循环使用，则该含尘空气的最高含尘浓度（%）为下列何项？【2017-1-12】

A. 低于粉尘爆炸下限的15%　　　　B. 低于粉尘爆炸下限的20%

C. 低于粉尘爆炸下限的25%　　　　D. 低于粉尘爆炸下限的30%

参考答案： C

分析： 由《工规》第6.9.2-2条可知，对于丙类厂房，含尘浓度大于或等于爆炸下限25%时不允许循环使用，因此选项C的表述合理，低于爆炸下限的25%。

2.2-32.【多选】某车间生产过程有大量粉尘产生，工作区对该粉尘的容许浓度是 $8mg/m^3$，该车间除尘系统的排风量为 $25000m^3/h$，试问经除尘净化后的浓度为下列哪几项时，才可采用循环空气？【2012-1-53】

A. $5mg/m^3$　　　　　　　　　　　　B. $4mg/m^3$

C. $2mg/m^3$　　　　　　　　　　　　D. $1.5mg/m^3$

参考答案：CD

分析：根据《工规》第 6.3.2 条，经除尘净化后的浓度不应大于允许浓度的 30％，$8\times30\%=2.4mg/m^3$，故 CD 满足要求。

2.2-33.【多选】排除某种易爆气体的局部排风系统中，风管内该气体的浓度为其爆炸浓度下限的百分比为下列哪项时符合要求？【2012-2-53】

A. ＜70％　　　　　　　　　　　　B. ＜60％

C. ＜50％　　　　　　　　　　　　D. ＜40％

参考答案：CD

分析：根据《工规》第 6.9.5 条，风管内物质浓度不大于爆炸下限的 50％，故选项 CD 符合要求。

2.2-34.【多选】在排除有爆炸危险粉尘的局部排风系统中，计算排风量时，所依据的风管内粉尘的浓度，下列哪几项不符合规范的规定？【2013-1-51】

A. 按不大于粉尘爆炸浓度上限的 60％计算确定

B. 按不大于粉尘爆炸浓度上限的 50％计算确定

C. 按不大于粉尘爆炸浓度下限的 60％计算确定

D. 按不大于粉尘爆炸浓度下限的 50％计算确定

参考答案：ABC

分析：根据《工规》第 6.9.5 条，仅选项 D 符合规范的规定。

2.2-35.【多选】北方寒冷地区某车间的生产过程产生大量粉尘，工作区对该粉尘的允许浓度是 $15mg/m^3$，试问哪几项经除尘净化后的尾气浓度符合可采用部分循环空气的条件？【2013-2-49】

A. $5.4\ mg/m^3$　　　　　　　　　　　B. $4.8\ mg/m^3$

C. $4mg/m^3$　　　　　　　　　　　　D. $2mg/m^3$

参考答案：CD

分析：根据《工规》第 6.3.2 条，含尘浓度仍大于或等于工作区容许浓度的 30％时，不应采用循环空气。$15\times30\%=4.5mg/m^3$，因此仅选项 CD 符合要求，可以采用循环空气。

2.2-36.【多选】下列哪些场所不得采用循环空气？【2018-1-48】

A. 甲、乙类厂房或仓库

B. 空气中含有浓度为其爆炸下限 5％的易燃易爆气体的厂房或仓库

C. 空气中含有浓度为其爆炸下限30％的爆炸危险粉尘的丙类厂房或仓库

D. 建筑物内的甲、乙类火灾危险性的房间

参考答案： ACD

分析： 根据《工规》第6.9.2条可知，选项ACD不得采用循环空气。选项B对应第6.9.2-3条，爆炸下限5％没有达到规范限定的10％，因此选项B不满足不得采用循环空气的要求。

2.2-37.【多选】排除爆炸性物质的排风系统，其风管设置原则，以下哪几项是错误的？【2018-1-49】

A. 排风管穿防火墙处设置防火阀并穿过非防爆区后排至室外

B. 将排风管设置在室内通风竖井中，穿各层楼板至屋顶排除

C. 直接穿防火分区的外墙后排至室外

D. 从防爆门斗中穿过办公室后排至室外

参考答案： ABD

分析： 根据《工规》第6.9.19条，排除爆炸性物质的排风不应穿过防火墙和有爆炸危险车间的隔墙，选项A不合理；选项B根据第6.9.21条，排风应直接通向室外安全处，而设置通风竖井将可能穿越其他房间，故不合适；选项C，虽然穿防火分区，但是防火分区的外墙，并没有跨越到其他防火分区，也没有穿过防爆危险车间的隔墙，故选项C是可行的；选项D，穿过了有爆炸危险车间的隔墙且穿过人员密集的办公室，不可行。

2.3 自 然 通 风

2.3-1.【单选】下列关于屋顶通风器的描述哪一项是错误的？【2013-2-15】

A. 是一种全避风型自然通风装置　　B. 适用于高大工业建筑

C. 需要电机驱动　　　　　　　　　D. 通风器局部阻力小

参考答案： C

分析： 根据《复习教材》第2.2.4节第2条有关自然通风风帽的介绍，屋顶通风器属于自然通风装置，非机械通风，故无需电机驱动，选项C错误。

2.3-2.【单选】某单层厂房（高度18m，内部有强热源）夏季采用下部侧窗进风、屋顶天窗排风的自然通风方式排除室内余热。在简化计算热压作用下的自然通风量时，下列哪一项做法是错误的？【2016-2-13】

A. 假设车间同一水平面上各点的静压是相等的

B. 室内空气密度采用车间平均空气温度下的密度

C. 下部侧窗室外进风温度采用历年最热月14时的月平均温度的平均值

D. 屋顶天窗的排风温度按温度梯度法计算

参考答案： D

分析： 根据《复习教材》第2.3.3节"自然通风计算方法简化条件"（2）、（3）条，选项AB正确；根据式（2.3-13），车间的进风温度$t_j = t_w$，即夏季室外通风计算温度（历

年最热月14时的月平均温度的平均值），选项C正确；根据《复习教材》第2.3.3节第2条"排风温度的计算"，高度18m，内部有强热源的车间，应采用有效热量系数法计算室内上部排风温度，选项D错误。

2.3-3.【单选】以下用天窗自然排风的厂房，哪一项应采用避风天窗或通风器？【2018-1-15】

A. 南方炎热地区，室内发热量可忽略不计的厂房

B. 寒冷地区，室内散热器大于 $35W/m^3$ 的厂房

C. 夏季室外平均风速小于 1m/s 的地区的厂房

D. 利用天窗能稳定排除余热的厂房

参考答案：B

分析：根据《工规》第6.2.8条可知，选项B满足应采用避风天窗或通风器的要求（第6.2.8-2条）。选项CD属于第6.2.9条可不设避风天窗的情况；选项A相当于没有满足第6.2.8-1条的情况，不满足应设置避风天窗的条件，但是也不满足第6.2.9条"可不设避风天窗的天窗"，这种情况是否设置需要其他条件确定。

2.3-4.【多选】某车间高12m，车间内散热均匀，平均散热量 $35W/m^3$，采用屋顶天窗排除室内余热。以下排风口的排风温度的确定哪几项是错误的？【2013-1-49】

A. 按车间平均温度确定

B. 按排风温度与夏季室外通风计算温度允许值确定

C. 按温度梯度法计算确定

D. 按有效散热量系数法计算确定

参考答案：ABD

分析：根据《工规》附录H，排风口的排风温度有3种确定方法：（1）有条件时，可按与夏季通风室外计算温度的允许温差确定；（2）室内散热量比较均匀，且不大于 $116W/m^3$ 时，可用温度梯度法确定；（3）散热量有效系数法确定。上述方法不包含选项A提及的方法，因此，选项A错误；又依据附录F，就本题来说，采用选项C提及的方法可以由已知的条件确定排风温度，而选项B、D提及的方法无法确定排风温度，故选项C正确，选项B、D错误。

2.3-5.【多选】在设计建筑自然通风时，正确的措施应是下列哪几项？【2014-1-52】

A. 当室内散发有害气体时，进风口应设置在建筑空气动力阴影区内的外墙上

B. 炎热地区应争取采用风压作用下的自然通风

C. 夏季进风口下缘距室内地面的高度不宜大于 1.2m

D. 严寒、寒冷地区的冬季进风口下缘距室内地面一般不低于 4m

参考答案：BCD

分析：由《复习教材》第2.3.1节第1条可知，进风口应避免设置在建筑空气动力阴影区内的外墙上，选项A错误。根据《复习教材》第2.3.2节第3条，选项B正确。根据《复习教材》第2.3.1节第1条，选项C正确。根据《复习教材》第2.3.1节第1条及

《民规》第 6.2.3 条条文说明，冬季为防止冷空气吹向人员活动区，进风口下缘距室内地面不宜低于 4m，冷空气经上部侧窗进入，当其下降至工作地点时，已经经过了一段混合加热过程，这样就不致使工作区过冷，选项 D 正确。

2.3-6.【多选】关于筒形风帽的选择布置，下列哪几项是正确的？【2016-1-51】
A. 安装在热车间的屋面
B. 安装在没有热压作用的库房的屋面
C. 安装在除尘设备的出风口
D. 安装在排风系统排风机的出口

参考答案： AB

分析： 根据《复习教材》第 2.3.3 节第 4 条"避风风帽"，筒形风帽即可装在具有热压作用的室内，或装在有热烟气产生的炉口或炉子上，亦可装在没有热压作用的房间，这时仅借风压作用产生少量换气，进行全面排风，选项 AB 正确；一般情况下，除尘设备排风系统阻力较大，仅单独依靠自然通风系统无法满足风压要求，同时根据《民规》第 6.6.18 条条文说明，对于排除有害气体的通风系统的排风口，宜设置在建筑物顶端并采用防雨风帽（一般是锥形风帽），目的是把这些有害物排入高空，以利于稀释，选项 C 错误；筒形风帽是用于自然通风的一种避风风帽，不适用于机械排风系统，选项 D 错误。

2.3-7.【多选】某单层工业厂房采用自然通风方式，采用有效热量系数法进行通风量计算，一般情况下，有效热量系数值与下列哪些因素有关？【2016-1-52】
A. 热源高度
B. 热源占地面积与地板面积之比
C. 热源辐射散热量与总散热量之比
D. 空气比热容

参考答案： ABC

分析： 根据《复习教材》第 2.3.3 节第 3 条"有效热量系数 m 值的确定"可知，选项 ABC 正确；与空气比热容无关，选项 D 错误。

2.3-8.【多选】关于避风风帽的安装，下列哪几项是正确的？【2017-1-50】
A. 避风风帽安装在自然排风出口可以提高系统的抽力
B. 避风风帽安装与邻近建筑物的相关尺寸有关
C. 避风风帽不能安装在屋顶进行全面排风
D. 避风风帽可用于夏季生产大量余热的室内自然通风

参考答案： ABD

分析： 根据《复习教材》第 2.3.3 节第 4 条"避风风帽"可知，选项 A 正确；由《工规》第 6.2.10 条可知，选项 B 正确；根据《复习教材》图 2.3-9 可知，选项 C 错误；避风风帽可用于全面排风，选项 D 正确。

2.3-9.【多选】对于寒冷地区的热加工车间，在考虑自然通风时，下列哪几项是正确

的? 【2017-1-52】

A. 加大进、排风口的高差
B. 采用避风天窗
C. 冬季宜采用上层侧窗进风
D. 尽量降低中和面的高度

参考答案: ABCD

分析: 本题主要考察对自然通风原理的正确认识。根据《复习教材》第 2.3.2 节第 2 条 "余压",加大进排风口的高差可以加大余压,有利于自然通风,故选项 A 正确;由《复习教材》第 2.3.4 节第 3 条 "避风天窗" 可知,"避风天窗的动力性能良好……能稳定排风,防止倒灌",因此选项 B 的做法正确;根据《复习教材》第 2.3.1 节第 1 条 "自然通风设计原则" 及《民规》第 6.2.3 条条文说明,冬季为防止冷空气吹向人员活动区,进风口下缘距室内地面不宜低于 4m,冷空气经上部侧窗进入,当其下降至工作地点时,已经经过了一段混合加热过程,这样就不致使工作区过冷,故选项 C 正确;由《复习教材》第 2.3.3 节第 1 条 "自然通风的设计计算步骤" 可知,"中和面不宜太高",故选项 D 正确。

扩展: 题目中给出的是寒冷地区,根据《工规》第 6.2.6 条规定,冬季自然通风时,其进风口下缘距离地面宜大于 4m,因此选项 A 和选项 D 在夏季时正确的,但在冬季会使得冷风直接吹向工作区,故选项 A 和选项 D 更全面的说法是:当冬季自然进风口下缘距室内地面的高度小于 4m 时,应采取防止冷风吹向工作地点的措施。

2.3-10.【多选】某工业车间跨度为 18m,为坡屋面。屋面坡度为 1:10,用气设备设置烟囱的做法如图所示。问:关于图中的尺寸 a 和 b,以下哪几个选项是不正确的? 【2018-1-70】

A. $a=3.0m$, $b=0m$
B. $a=1.8m$, $b=0m$
C. $a=1.5m$, $b=0m$
D. $a=1.0m$, $b=1.8m$

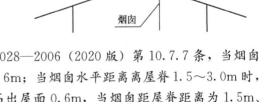

参考答案: ABC

分析: 根据《城镇燃气设计规范》GB 50028—2006(2020 版)第 10.7.7 条,当烟囱水平距离离屋脊小于 1.5m 时,应高出屋脊 0.6m;当烟囱水平距离离屋脊 1.5~3.0m 时,烟囱可与屋脊等高;在任何情况下,烟囱应高出屋面 0.6m,当烟囱距屋脊距离为 1.5m、1.8m、3.0m 时,烟囱与屋脊等高时高度分别为 0.15m、0.18m、0.3m,故 b 至少需要 0.45m、0.42m、0.3m,选项 ABC 错误,选项 D 正确。

2.4 局部通风与排风罩

2.4-1.【单选】下列有关局部排风罩的排风量的表述,错误的为哪一项? 【2013-1-16】

A. 密闭罩的排风量计算应包括从孔口处吸入的空气量
B. 通风柜的排风量计算应包括柜内污染气体的发生量
C. 工作台侧吸罩的排风量等于吸气口面积和控制点处的吸入风速的乘积
D. 若实现相同排风效果时,四周无边的矩形吸风口的排风量较四周有边时的排风量要大

参考答案：C

分析：由《复习教材》式（2.4-1）可知，选项 A 正确；由式（2.4-3）可知，选项 B 正确；选项 C 本身表述即错误，应乘以吸风口处的风速；由 P194 可知，选项 D 正确。

2.4-2.【单选】关于密闭阀的说法，下列何项是错误的？【2014-2-13】

A. 密闭排风口应设置在罩口压力较低的部位，以利消除罩内正压

B. 密闭罩吸风口不应设在气流含尘高的部位

C. 局部密闭罩适用于含尘气流流速低、瞬时增压不大的扬尘点

D. 密闭罩的排风量可根据进、排风量平衡确定

参考答案：A

分析：由《复习教材》第 2.4.3 节第 1 条可知，选项 A 错误，应设置在压力较高的位置；由 P191 可知，选项 B 正确；由 P190 可知，选项 C 正确；由 P190 可知，选项 D 正确。

2.4-3.【单选】前面有障碍的外部吸气罩的计算风量与下列哪一项的正比关系是错误的？【2016-2-14】

A. 风量与排风罩口敞开面的周长成正比

B. 排风量与罩口至污染源的距离成正比

C. 排风量与边缘控制点的控制风速成正比

D. 排风量与排风罩口敞开面的面积成正比

参考答案：D

分析：根据《复习教材》式（2.4-9），选项 ABC 正确；排风量与排风罩口敞开面的面积无关，选项 D 错误。

2.4-4.【单选】某工厂的电镀车间的中部布置有电镀生产的前、后处理槽若干，槽宽度均为 800mm，槽上方工艺要求留有较高空间。采用下列哪种局部排风罩，在达到相同排风效果的情况下风量最小？【2016-2-18】

A. 上部接受式排风罩　　　　　　　B. 低截面周边型条缝罩

C. 高截面周边型条缝罩　　　　　　D. 单侧平口式槽边排风罩

参考答案：C

分析：根据《复习教材》第 2.4.3 节第 6 条，上部接受式排风罩一般使用在生产过程或设备本身会产生或诱导一定的气流运动，带动有害物一起运动，如高温热源上部的对流气流及砂轮磨削时抛出的磨屑及大颗粒粉尘所诱导的气流等，与题干要求不符，选项 A 错误；根据第 2.4.3 节第 4 条，槽宽度均为 800mm，即 $B>700$mm，应使用双侧平口式槽边排风罩，并且平口式槽边罩因吸气口上不设法兰边，吸气范围大，排风量大，选项 D 错误；题干要求槽上方工艺要求留有较高空间，可理解为条缝式槽边排风罩采用高截面，根据式（2.4-15）和式（2.4-16）可知，高截面周边型排风罩排风量小于低截面周边型排风罩，选项 B 错误，选项 C 正确。

2.4-5.【单选】多台排风柜合并设计为一个排风系统时，系统风量的确定原则应该是下述哪一项？【2017-1-13】

　　A. 按同时使用的排风柜总风量来确定系统风量

　　B. 按同时使用的排风柜总风量的 90% 来确定系统风量

　　C. 按所有排风柜总风量来确定系统风量

　　D. 按所有排风柜总风量的 90% 来确定系统风量

参考答案：A

分析：根据《工规》第 6.6.10 条，"应按同时使用的排风柜总风量确定系统风量"，故选项 A 正确。注意同时使用排风柜所需排风量与所有排风柜排风量总和不同。

2.4-6.【单选】某生产车间有一电热设备，散热面为水平面，需要采取局部通风。当生产工艺不允许密封时，排风罩宜优先选择下列何项？【2018-1-16】

　　A. 低悬接受罩　　　　　　　　　B. 高悬接受罩

　　C. 侧吸罩　　　　　　　　　　　D. 密闭罩

参考答案：A

分析：本题是考察对各类排风罩排风特点的认识。题设条件要求"不允许密封"，选项 D 密闭罩不可用。本设备具有散热面，可以自身形成热射流，因此对比接受罩与侧吸罩，接受罩更适合。对比高悬罩和低悬罩是本题的难点，高悬罩本身排风量大，容易受横向气流影响，即使设计高悬罩也应尽可能降低安装高度或增加活动卷帘。本题除了不允许密闭外，没有强调其他限制条件，如热源上部空间的要求、横向气流条件，因此对比低悬罩和高悬罩，更适合采用低悬罩。低悬罩接近热源，所需罩口比高悬罩小，而且受气流影响小。

2.4-7.【多选】下列有关局部排风罩的排风量的表述，哪几项是正确的？【2013-1-50】

　　A. 当室内有扰动气流时，外部吸气罩控制点的控制风速取最小控制风速范围的上限

　　B. 设计上吸式排风罩罩口至污染源的距离与设计的罩口长边尺寸有关

　　C. 上吸式排风罩的扩张角为 65° 时，排风罩的局部阻力最小

　　D. 若实现相同排风效果时，四周无边的矩形吸风口的排风量比四周有边时的排风量要大

参考答案：ABD

分析：由《复习教材》表 2.4-4 可知，选项 A 正确；由第 2.4.3 节第 3 条"(2) 前面有障碍时外部吸气罩的排风量计算""H 尽可能小于或等于 0.3a"可知，选项 B 正确；选项 C 错误，30°~60° 时最小；由第 2.4.3 节第 3 条"(1) 前面无障碍时外部吸气罩的排风量计算"可知，选项 D 正确。

2.4-8.【多选】以下关于 4 种局部排风罩的相关特性的描述，哪几项是错误的？【2013-2-50】

　　A. 密闭罩的吸风口（排风口）应设在罩内含尘高的部位

　　B. 通风柜的计算排风量仅取决于通风柜的工作孔的控制风速

　　C. 对于前面无障碍的外部排风罩，在相同的风量下，吸风口四周有法兰边的比无法

兰边的能更好地控制污染物的逸散

D. 当槽长大于 1500mm 时，槽边吸气罩可沿槽长度方向分设两个或三个排风罩

参考答案：AB

分析：根据《复习教材》第 2.4.3 节，为尽量减少把粉状物料吸入排风系统，吸风口不应设在气流含尘高的部位或飞溅区，故选项 A 错误；通风柜的计算排风量还应包括柜内污染空气发生量，故选项 B 错误；尽量减小吸气口的吸气范围可以在相同的排风量下更好地控制污染物的逸散，周边加法兰可以减少吸气范围，故选项 C 正确；根据《复习教材》第 2.4.3 节第 4 条。关于槽边吸气罩条缝口速度均匀性控制的措施，故选项 D 正确。

2.4-9.【多选】防尘密闭罩和排风口的设置，表述正确的是下列哪几项？【2013-2-51】

A. 斗式提升机输送温度大于 150℃ 的物料时，密闭罩设置于上部吸风

B. 斗式提升机输送温度为 50~150℃ 的物料时，密闭罩设置于下部吸风

C. 当物料落差大于 1m 时，皮带转运点应在上部设置排风口

D. 粉状物料排风系统的排风口不应设置在飞溅区内

参考答案：AD

分析：根据《复习教材》第 2.4.3 节，当输送物料温度大于 150℃ 时，因热压作用，只需在上部吸风，当物料温度为 50~150℃ 时，需上、下同时吸风，故选项 A 正确，选项 B 错误；当物料落差大于 1m 时，排风口应设在下部，故选项 C 错误；吸风口不应设在气流含尘浓度高的部位或飞溅区，故选项 D 正确。

2.4-10.【多选】设计上部接受式排风罩，若风机与管路系统维持不变，改善排风效果的做法，下列哪几项是正确的？【2016-2-52】

A. 适当降低罩口高度　　　　　　　B. 工艺许可时在罩口四周设挡板

C. 避免横向气流干扰　　　　　　　D. 减小罩口面积

参考答案：ABC

分析：根据《复习教材》第 2.4.3 节第 6 条，适当降低罩口高度，由式（2.4-22），H 降低，Z 变小，由式（2.4-21），L_z 变小，由式（2.4-31），接受罩的排风量 L 降低，排风效果改善。高悬罩设计时应尽可能降低安装高度，选项 A 正确；高悬罩在工艺条件允许时，可在接受罩上设活动卷帘。罩上柔性卷帘设在钢管上，通过传动机构转动钢管，带动卷帘上下移动，相当于在罩口四周设挡板。选项 B 正确；根据式（2.4-27）~式（2.4-29），低悬罩在横向气流影响较大的场合相对横向气流影响较小的场合而言，罩口尺寸偏大，导致低悬罩的排风量 L 值大；同时，高悬罩排风量大，易受横向气流影响，工作不稳定。且接受罩的安装高度 H 越大，横向气流影响越严重。因此，避免横向气流干扰是改善排风效果的有效做法，选项 C 正确；应用中采用的接受罩，罩口尺寸和排风量都必须适当加大。人为地减小罩口面积，污染气流可能溢入室内，排风效果变差，选项 D 错误。

2.4-11.【多选】某污染源排风采用上吸式排风罩，排风量按前面有障碍时外部吸气罩计算，关于排风罩扩张角和排风罩局部阻力系数（以管口动压为准）关系的描述哪几项

是正确的？【2018-2-47】

A. 扩张角为 60°时，圆形断面排风罩比矩形断面排风罩的局部阻力系数小

B. 扩张角为 40°时，圆形断面排风罩比矩形断面排风罩的局部阻力系数小

C. 扩张角为 60°的圆形断面排风罩比扩张角为 80°的圆形断面排风罩的局部阻力系数小

D. 扩张角为 40°的矩形断面排风罩比扩张角为 20°的矩形断面排风罩的局部阻力系数大

参考答案：ABC

分析：根据《复习教材》图 2.4-17 可知，圆形断面排风罩局部阻力系数整体低于矩形断面的罩，因此选项 AB 均正确。60°的圆罩比 80°的圆罩局部阻力系数小，选项 C 正确。40°为矩形排风罩局部阻力系数最低点，因此选项 D 错误。

2.5　除　尘　与　吸　附

2.5.1　除尘器

2.5-1.【单选】下列有关除尘器问题的描述，哪项是错误的？【2012-1-13】

A. 旋风除尘器灰斗的卸料阀漏风率为 5%，会导致除尘器效率大幅下降

B. 经实测袋式除尘器壳体漏风率为 3%，是导致除尘效率下降的主要原因

C. 袋式除尘器的个别滤袋破损，是导致除尘器效率大幅下降的原因

D. 袋式除尘器的滤袋积灰过多，会增大滤袋的阻力，并使系统的风量变小

参考答案：B

分析：由《通风与空调工程施工质量验收规范》GB 50243—2016 第 7.2.6-2 条，旋风除尘器允许漏风率为 3%，故选项 A 说法正确；袋式除尘器允许的最大漏风率为 5%，故选项 B 论述认为漏风率是除尘效率下降的原因是错误的；选项 CD 内容表述正确。

2.5-2.【单选】以下关于除尘器性能的表述，哪项是错误的？【2012-1-18】

A. 与袋式除尘器相比，静电除尘器的本体阻力较低

B. 旋风除尘器的压力损失与除尘器入口的气体密度、气体速度成正比

C. 除尘器产品国家行业标准对漏风率数值的要求，旋风除尘器要比袋式除尘器小

D. 袋式除尘器对各类性质的粉尘都有较高的除尘效率，在含尘浓度比较高的情况下也能获得好的除尘效果

参考答案：B

分析：由《复习教材》P223 "静电除尘器的主要特点" 第 2）条可知，选项 A 正确；由式（2.5-14）可知，压力损失与入口流速的平方成正比，并非直接正比关系，选项 B 作为待选项；由《通风与空调工程施工质量验收规范》GB 50243—2016 第 7.2.6-2 条可知，选项 C 正确，也可查阅 JB/T 8532，JB/T 8533 和 JB/T 8534 有关内容；由 P212 "袋式除尘器的主要特点" 中第 2）条可知，选项 D 正确。综上所述，选 B。

2.5-3.【单选】为达到国家规定的排放标准，铸造化铁用冲天炉除尘设计采用了带高

温烟气冷却装置的旋风除尘器＋袋式除尘器两级除尘系统，关于该除尘系统的表述，下列哪项是错误的？【2012-2-17】

    A. 第一级除尘的旋风除尘器的收尘量要多于第二级袋式除尘器的收尘量

    B. 旋风除尘器重要作用之一是去除高温烟气中的粗颗粒烟尘

    C. 烟气温度超过袋式除尘器规定的上限温度时，只采用旋风除尘器除尘

    D. 烟气温度不超过袋式除尘器的设计上限温度，却出现了袋式除尘器的布袋烧损现象，原因是烟尘的温度高于烟气温度所致

参考答案： C

分析： (1)《复习教材》P209：旋风除尘器亦可以作为高浓度除尘系统的预除尘器，与其他类型的高效除尘器合用，P210：在与其他类型高性能除尘器串联使用时，应将旋风器放在前级，故选项 A 正确；《复习教材》P209：旋风器适用于工业炉窑烟气除尘和工厂通风除尘；旋风除尘器具有可以适用于高温高压含尘气体除尘的特点，故选项 B 正确；《工业通风》（第四版）P91，注意在高温烟气除尘系统中，烟气温度是烟尘温度的最低温度。原因在于通常监测的烟气温度，而烟尘温度又往往高于烟气温度，尤其是采用局部排风罩进行尘源控制的除尘系统或具有热回收装置的除尘系统，故选项 D 正确。当使用温度超过滤料耐温范围时，通常采用的含尘烟气冷却方式有：①表面换热器（用水或空气间接冷却）；②掺入系统外部的冷空气。且题意亦说明了该设计采用了带高温烟气冷却装置，故选项 C 是错误的。

    (2) 选 C，因为"只采用旋风除尘器除尘"就达不到要求的净化效率了，违背了题目中"为达到国家规定的排放标准"的前提。选项 A 是正确的，"第一级除尘的旋风除尘器的收尘量要多于第二级袋式除尘器的收尘量"，原因是第一级除尘器首先接触烟尘，其作用如选项 B 所述，而粗颗粒烟尘的质量大，穿过第一级除尘器而进入第二级除尘器时，烟尘粒径分布已经发生了变化，粗颗粒烟尘比例大大减少。选项 B 是正确的，这是第一级除尘器的作用。选项 C 是错误的，题目中已经给出"设计采用了带高温烟气冷却装置"，应用得当，烟气就不会对袋式除尘器产生烧损作用了，所以，不是"只"采用旋风除尘器除尘。选项 D 是正确的，这种情况有可能出现。选项 A 的实质是哪一级除尘器收尘量多，而不是怎样设置除尘器。

2.5-4.【单选】关于静电除尘器的说法，正确的应是下列哪一项？【2012-2-18】

A. 粉尘比电阻与通过粉尘层的电流成正比

B. 静电除尘器的效率大于 98％时，除尘器的长高比应大于 2.0

C. 粉尘比电阻位于 $10^6 \sim 10^8$ 范围时，电除尘器的除尘效率高

D. 粉尘比电阻位于 $10^8 \sim 10^{11}$ 范围时，电除尘器的除尘效率急剧恶化

参考答案： C

分析： 由《复习教材》式（2.5-26）可知，比电阻与电流成反比，故选项 A 错误；由 P223 中"静电除尘器的主要特点"第 1 条可知，其基本过虑效率能达到 98％～99％，根据 P226 第 3 段有关"长高比的确定"的内容，当过滤效率大于 99％时，长高比不应小于 1～1.5，因此选项 B 的说法过于严格；根据 P224 有关比电阻的范围，正常型为 $10^4 \sim 10^{11}$，因此选项 D 的说法错误，而选项 C 的说法在正常型范围内，是除尘效率高的情况。

对比选项 B 与选项 C，选项 B 对于长高比的要求过于严格，而选项 C 的说法没有绝对化，即未表述为"最高"，因此选项 C 的说法相对正确。另外，从图 2.5-21 也可看出，比电阻在正常型的左端和右端范围都是有所降低的，比电阻 $10^4 \sim 10^{11}$ 的范围也是相对高的区间。综上所述，选 C。

2.5-5.【单选】下述有关两种除尘器性能的描述，哪一项是错误的？【2013-2-18】
A. 重力沉降室的压力损失较小，一般为 $50 \sim 150Pa$
B. 旋风除尘器一般不宜采用同种旋风除尘器串联使用
C. 旋风除尘器的压力损失随入口含尘浓度增高而明显上升
D. 重力沉降室能有效捕集 $50\mu m$ 以上的尘粒
参考答案：C
分析：由《复习教材》第 2.5.4 节第 1 条"重力沉降室"可知，选项 AD 正确；由第 2.5.4 节第 2 条"旋风除尘器"可知，选项 B 正确，但是教材没有"不宜"的说法；选项 C 错误，"随入口含尘浓度提高，压力损失明显下降"。

2.5-6.【单选】有关内滤分室反吹类袋式除尘器的表述，正确的应是下列何项？【2016-1-18】
A. 除尘器反吹的气流流向与除尘气流的方向、路径一致
B. 除尘器反吹作业时，除尘器气流的总入口管道应处于关闭状态
C. 除尘器的反吹作业可由除尘系统所配套的风机完成
D. 除尘器的反吹作业必须另设置专用的反吹风机完成
参考答案：C
分析：根据《内滤分室反吹类袋式除尘器》JB/T 8534—2010 第 3.1 条，内滤分室反吹类袋式除尘器，袋室为分室结构，采用内滤式滤袋，利用阀门逐室切换气流，在反吹气流的作用下，使滤袋缩瘪与鼓胀发生抖动来实现清灰工作的袋式除尘器。根据《复习教材》第 2.5.4 节第 3 条"（2）袋式除尘器的主要类型"，反向气流可由除尘器前后的压差产生，或有专设的反吹风机供给。由此可知，除尘器反吹的气流流向与除尘气流的方向、路径相反，选项 A 错误；除尘器反吹作业时，除尘器气流的总入口管道应处于开启状态，选项 B 错误；除尘器的反吹作业中可设置专用反吹风机完成，而并非必须，故选项 D 错误。

2.5-7.【单选】下列有关负压运行的回转反吹类袋式除尘器的性能描述，哪一项是错误的？【2016-2-11】
A. 除尘器壳体允许有少量漏风（漏风率不大于 4%）
B. 除尘器中的个别布袋破损，也会使除尘器效率大减
C. 除尘器的滤袋积灰逐渐增多，除尘器的阻力逐渐增大
D. 除尘器过滤层的压力损失与气体密度无关
参考答案：A
分析：根据《回转反吹类袋式除尘器》JB/T 8533—2010 第 4.2.1 条表 1，除尘器允许漏风率≤3%，选项 A 错误；除尘器的个别布袋破损，会导致效率衰减，选项 B 正确；

根据《复习教材》第2.5.4节第3条"（1）袋式除尘器工作原理"，袋式除尘器工作原理，当滤袋表面积附的粉尘厚度到一定程度时，需要对滤袋进行清灰，以保证滤袋持续工作所需的透气性。因此滤袋积灰逐渐增多，除尘器的阻力逐渐增大，选项C正确；根据第2.5.4节第3条"（4）袋式除尘器的滤料"，除尘器过滤层的压力损失与气体密度无关，选项D正确。

2.5-8.【单选】下列关于除尘器去除粉尘的性能和冷态试验的表述，正确的应是哪一项？【2016-2-17】
　　A. 袋式除尘器效率最高，最节能
　　B. 普通离心式除尘器冷态试验粉尘质量中位径应低于$10\mu m$
　　C. 重力沉降室不能有效捕集$50\mu m$以下的颗粒粉尘
　　D. 电除尘器捕集$0.2\sim0.4\mu m$间的粉尘效率最高
　　参考答案： C
　　分析： 袋式除尘器效率高，节能，但是效率最高，最节能，表述过于绝对，静电除尘器效率较高，对粒径$1\sim2\mu m$的尘粒，效率可达$98\%\sim99\%$，选项A错误；根据《离心式除尘器》JB/T 9054—2015第6.3.1条，冷态试验粉尘应采用325目医用滑石粉，质量中位径在$8\sim12\mu m$。对于具体工程应用，也可以采用与使用工况相近的粉尘，选项B错误；根据《复习教材》第2.5.4节第1条，重力沉降室能有效地捕集$50\mu m$以上的尘粒，即不能有效捕集$50\mu m$以下的颗粒粉尘，选项C正确；根据《复习教材》第2.5.4节第5条，电除尘器捕集$0.2\sim0.4\mu m$间的粉尘效率最低，选项D错误。

2.5-9.【单选】生产制造回转反吹类袋式除尘器，产品应符合相关行业标准，其漏风率和密封法兰的螺栓用绳状密封垫料的搭头长度，符合标准规定的是哪一项？【2017-2-18】
　　A. 漏风率小于或等于3%，搭头长度无要求
　　B. 漏风率小于或等于3%，搭头长度小于75mm
　　C. 漏风率小于3%，搭头长度不小于75mm
　　D. 漏风率不大于3%，搭头长度大于或等于75mm
　　参考答案： D
　　分析： 由《回转反吹类袋式除尘器》JB/T 8533—2010第4.2.1条可知，漏风率不大于3%，由第4.4.8.5条可知，搭头长度要不小于75mm，故选项D正确。

2.5-10.【单选】以下关于袋式除尘器性能参数的描述，哪一项是错误的？【2017-1-14】
　　A. 对于1.0um以上的粉尘，袋式除尘器的除尘率一般可以达到99.5%
　　B. 袋式除尘器本体的运行阻力宜为$1200\sim2000Pa$
　　C. 袋式除尘器的漏风率应小于5%
　　D. 脉冲喷吹清灰袋式除尘器的过滤风速可选择为1.2m/min
　　参考答案： C
　　分析： 根据《复习教材》第2.5.4节第3条第（5）款"1）除尘效率"可知，选项A正确；"（2）压力损失"及《工规》第7.2.3-2条可知，选项B正确；根据《复习教材》

第 2.7.3 节第 3 条"管道压力损失计算"及《工规》第 7.2.3-4 条，袋式除尘器的漏风率应小于 4％，选项 C 错误。根据《复习教材》表 2.5-6 及《工规》第 7.2.3-3 条可知，选项 D 正确。

2.5-11.【单选】袋式除尘器，对于粒径为 0.1um 的粉尘，在振打后的滤料状态下，其除尘效率（％）最接近下列何项？【2017-1-15】

    A. 75   B. 88   C. 96   D. 99

参考答案：B

分析：根据《复习教材》图 2.5-14 可知，第 2 条曲线为振打后的滤料，对于 $0.1\mu m$ 的粒径颗粒，其过滤效率接近 90％但是低于 90％，因此选项 B 最接近。

2.5-12.【单选】某除尘系统：含尘粒径在 $0.1\mu m$ 以上、温度在 250℃以下，含尘浓度低于 $50g/m^3$，一般情况下宜选用下列何种除尘器进行净化？【2017-2-11】

    A. 旋风除尘器   B. 静电除尘器
    C. 袋式除尘器   D. 湿式除尘器

参考答案：C

分析：由《工规》第 7.2.3 条可知，题设所给粉尘宜采用袋式除尘器净化，故选项 C 正确。

2.5-13.【单选】对于影响各类除尘器性能的表述，下列哪一项是错误的？【2017-2-16】

    A. 影响旋风除尘器性能较大的因素之一是灰斗漏风
    B. 重力沉降室除尘效率低是其主要缺点
    C. 袋式除尘器采用净化后气流或大气反吹方式，清灰效果最好
    D. 影响静电除尘器效率的主要因素之一是粉尘比电阻

参考答案：C

分析：根据《复习教材》第 2.5.4 节第 2 条可知，选项 A 正确；由 2.5.4 节第 1 条可知，选项 B 正确；由第 2.5.4 节第 3 条可知，选项 C 错误，气流反吹清灰本身是最弱的清灰方式，脉冲喷吹方式的清灰能力最强；由第 2.5.4 节第 5 条可知，选项 D 正确。

2.5-14.【单选】下列除尘器的表述，正确的应是下列何项？【2018-2-14】

    A. 袋式除尘器对粒径范围为 $0.2\sim0.4\mu m$ 粉尘的捕集效率最低
    B. 电除尘器的长高比不影响其除尘效率
    C. 电袋复合式除尘器的设计原则是应让含尘气流先通过袋式除尘器
    D. 静电强化的旋风除尘器通常利用筒体外壁作为放电极

参考答案：A

分析：根据《复习教材》P215 除尘效率中的第 1 方面可知，选项 A 正确。根据 P225 电除尘器选用的主要步骤可知，电除尘系统的除尘效率主要和有效驱进速度、集尘极面积、电场风速以及长高比有关，故选项 B 错误。根据 P226 有关"6. 电袋复合除尘技术"的内容可知，电袋复合降低了袋式除尘区粉尘负荷，只有先经过电除尘区，才能降低含尘

浓度，因此说明此种负荷技术中袋式除尘在电除尘之后，故选项 C 错误。根据 P227 有关"7. 静电强化的除尘器"中第（3）类可知，静电强化的旋风除尘器，其筒体外壁和排出管的管壁为集尘极，而旋风除尘器中心为放电极，故选项 D 错误。

2.5-15.【多选】设计选用普通离心式除尘器时，产品应符合国家的相关行业标准，问：在冷态条件下，压力损失在 1000Pa 以下测得除尘效率和漏风率，符合标准规定的是下列哪几项？【2012-1-54】

A. 除尘效率为 78.9％
B. 除尘效率为 81.5％
C. 漏风率为 1.2％
D. 漏风率为 2.1％

参考答案：BC

分析：根据《离心式除尘器》JB 9054—2015 第 5.2.2 条，效率大于 80％，漏风率不大于 2％，故应选 BC。

2.5-16.【多选】文丘里湿式除尘器主要原理是：含尘气体的尘粒经文丘里管被管喉口部细化水滴捕集，直接进入沉淀罐，较少颗粒则由气流带入旋风脱水器，实现再次捕集尘粒和脱水，现有某文丘里湿式除尘器每经过一段时间运行后，经测定除尘效率有所下降，产生问题的主要原因可能是哪几项？【2012-2-51】

A. 水喷嘴堵塞
B. 水气比过大
C. 脱水器效率降低
D. 水气比过低

参考答案：ACD

分析：（1）根据《复习教材》P230 和文献《影响文丘里除尘器除尘效率因素的回归分析》一文介绍可知，影响文丘里除尘器效率的因素主要有：喉部风速、文丘里管液气比、捕滴器液气比、阻力、粒子粒径、喉管形状、雾化效果等。其中除尘器效率随着喉管风速的增加而提高；随文丘里管液气比和捕滴器液气比的增加而提高；随粒子粒径的增大而提高。

（2）文丘里湿式除尘器的净化效率与水气比密切相关。按照题意，每经过一段时间运行后都会发生效率下降，则应排除其他偶发因素和故障，且系统运行工况（如处理风量、初始浓度、供水压力、排风机全压等）不变，故唯一可变的因素就是水喷嘴因积灰或水中含杂质而发生堵塞，水气比自然要下降，脱水器效率也会降低。而水气比过大是不会发生的。

（3）该类题考察的是现场分析问题的能力。该题将文丘里湿式除尘器主要原理介绍得很清楚，答题人只根据题的内容即可回答。既然是"含尘气体的尘粒经文丘里管被管喉口部细化水滴捕集"，"水喷嘴堵塞"意味着水少或无水，故选项 A 正确；"脱水器效率降低"明显是导致除尘效率下降的原因，故选项 C 正确；"水气比过低"，则水滴捕集的粉尘少，故选项 D 正确；与选项 D 相反，则选项 B 错误。

2.5-17.【多选】下列作业设备所采用、配置的除尘设备，哪几项是正确的？【2013-2-53】

A. 电焊机产生的焊接烟尘采用旋风除尘器除尘
B. 燃煤锅炉烟气（180℃）采用旋风除尘器＋布袋除尘器净化
C. 炼钢电炉高温（800℃）烟气采用旋风除尘器＋干式静电除尘器净化（不掺入系统外的空气）

D. 当要求除尘设备阻力低且除尘效率高时，优先考虑采用静电除尘器

参考答案： BD

分析： 本题主要考查考生能否综合运用所学知识。旋风除尘器主要处理炉窑烟气、气力输送气固分离，这些颗粒粒径比电焊烟尘大很多，因此选项 A 不合理；旋风除尘器可以处理高温烟尘，布袋除尘器处理烟尘的温度与滤料有关，根据《复习教材》表 2.5-5，其中聚四氟乙烯布袋可耐 250℃ 高温，因此选项 B 合理；根据《复习教材》P221，静电式样除尘器仅可处理温度在 350℃ 以下的气体，故选项 C 不正确。由《复习教材》P222 "静电除尘器的主要特点" 第 4 条可知，选项 D 即为静电除尘器的优点，故其说法正确。选 BD。

2.5-18.【多选】某静电除尘系统，因生产负荷变化，进入静电除尘器的入口气流含尘浓度增大（风量保持不变），导致除尘器的排放浓度上升，下列哪几项是属于引起上述问题的原因？【2014-1-51】

　　A. 粉尘浓度增大，带来粉尘的比电阻增大

　　B. 集尘极清灰振打次数增加，形成粉尘的二次扬尘

　　C. 电极间的粉尘量增加，导致电极间粉尘荷电下降

　　D. 粉尘浓度过大，导致设备阻力上升

参考答案： BC

分析： 根据《复习教材》式（2.5-26）可知，粉尘比电阻与粉尘浓度无关，故选项 A 错误；选项 B 清灰振打次数增加，会导致集尘极收集的灰尘逃逸，即形成二次扬尘，另外根据 P225 "粉尘的粘附力" 内容，"清灰时，受振打的作用尘粒易被气流带走"，选项 B 的说法与其一致，故选项 B 正确；根据 P224 可知，入口含尘浓度高，影响电晕放电，因此选项 C 的说法正确；由 P223 "静电除尘器的主要特点" 第 2 条，阻力不是影响过滤效率的原因，故选项 D 错误。

2.5-19.【多选】某厂房内一除尘系统采用两级除尘方式，除尘设备为旋风除尘器＋对喷脉冲袋式除尘器，进入旋风除尘器前的圆形风管连接方式的做法，哪几项是错误的？【2014-2-51】

　　A. 采用抱箍连接　　　　　　　　B. 采用承插连接

　　C. 采用立筋抱箍连接　　　　　　D. 采用角钢法兰连接

参考答案： ABC

分析： 本题考查考生实际设计经验和分析能力。《通风与空调工程施工规范》GB 50738—2011 第 4.2.14 条中表 4.2-14 给出了圆形风管可采用的连接方式，其差异主要在于除了 "角钢法兰连接" 可以适用于高压风管外，其他不适用于高压风管（高压风管，$P > 1500$Pa）。由《复习教材》表 2.5-6 可知，对喷脉冲袋式除尘器最大允许压力损失为 1500Pa，考虑到除尘系统压头还需承担旋风除尘器的损失、风管损失、出口余压等，在进入旋风除尘器前的风压至少需要 1500Pa 以上，即为高压风管。因此选项 ABC 三种连接方式均不合适。需要说明的是，《通风与空调工程施工质量验收规范》GB 50243—2016 表 4.2.3-1 给出除尘风管钢板厚度比高压系统还大，并不表示该风管也为高压风管，除尘系

统风管厚度大主要考虑空气中尘粒对风管内壁的磨损问题。

2.5-20.【多选】某工厂的一除尘系统采用一级脉冲喷吹袋式除尘器，投资初期运行正常，3个月后，开始并持续出现除尘器阻力过大的现象（系统中的其他设备均处于正常运行状态），下列哪几项属于排除故障需要检查的项目？【2016-2-49】

A. 脉冲清灰的频率与清灰时间　　　　　B. 压缩空气的供气压力

C. 滤袋表面的粉尘附着情况　　　　　　D. 除尘器前入口管路中的堵塞状况

参考答案： ABC

分析： 由题干可知，投资初期运行正常，3个月后，开始并持续出现除尘器阻力过大的现象，脉冲清灰的频率降低与清灰时间缩短，均会导致袋式除尘器清灰不彻底，设备阻力增大现象。选项A正确；由《复习教材》图2.5-10可知，如因压缩空气的供气压力不足，导致短时间内压缩空气量减少，压缩空气速度降低，诱导喷射气流的空气量不足造成袋内不能充分获得较高的压力峰值和较高的压力上升速度，最终导致滤袋壁面无法获得很高的向外加速度，清落粉尘效率降低，除尘器阻力逐步增加，出现阻力过大现象，选项B正确；滤袋表面的粉尘附着较多，粉尘不易清落，同样会导致除尘器设备阻力增大现象，选项C正确；除尘器前入口管路中的堵塞，含尘气体进气量减少，造成除尘器内部负压值增大，漏风量增大，滤袋捕集灰尘量降低，滤袋脉冲喷吹清灰效果增强，除尘器阻力不会出现增大甚至过大现象，不属于排除故障需要检查的项目，选项D错误。

2.5-21.【多选】下列哪些因素会对旋风除尘器的效率产生影响？【2017-1-48】

A. 筒体管径　　　　　　　　　　　　　B. 入口流速

C. 气体温度　　　　　　　　　　　　　D. 排气管直径

参考答案： ABCD

分析： 根据《复习教材》第2.5.4节第2条中有关影响旋风器除尘效率的主要因素可知，选项ABCD均正确。

2.5-22.【多选】下述对除尘器除尘性能的叙述，哪几项是错误的？【2018-2-50】

A. 重力沉降室能有效捕集 $10\mu m$ 以上的尘粒

B. 普通离心式除尘器在冷态实验条件下，压力损失 $1000Pa$ 以下时的除尘效率要求为 90% 以上

C. 回转反吹类袋式除尘器在标态下要求的出口含尘浓度 $\leqslant 50mg/m^3$

D. 静电除尘器对粒径 $1\sim2\mu m$ 的尘粒，除尘效率可达 98% 以上

参考答案： AB

分析： 根据《复习教材》第2.5.4节第1条可知，重力除尘器适合捕集 $50\mu m$ 以上的尘粒，故选项A错误；根据《离心式除尘器》JB/T 9054—2015第5.2.2条，要求压力损失在 $1000Pa$ 以下时，除尘效率在 80% 以上，故选项B错误。根据《回转反吹类袋式除尘器》JB/T 8533—2010第4.2.1条表1可知，选项C正确。根据《复习教材》第2.5.4节第5条"静电除尘器的主要特点"可知，粒径为 $1\sim2\mu m$ 的尘粒，效率可达 $98\%\sim99\%$，故选项D正确。

2.5.2　吸收吸附

2.5-23.【单选】 下述关于活性炭的应用叙述，哪一项是错误的？【2012-2-19】

A. 活性炭适宜于对芳香族有机溶剂蒸气的吸附

B. 细孔活性炭不适用于吸附低浓度挥发性蒸气

C. 当用活性炭吸附含尘浓度大于 $10mg/m^3$ 的有害气体时，必须采取过滤等预处理措施

D. 当有害气体的浓度≤100ppm 时，活性炭吸附装置可不设计再生回收装置

参考答案： B

分析： 根据《复习教材》第 2.6.4 节第 1 条 "吸附法的净化机理和适用性" 第（1）款可知，选项 A 正确；由第（8）条可知，选项 B 错误；选项 C 正确，由第 4 条中 "活性炭吸附装置选用时的浓度界限" 可知，选项 D 正确。

2.5-24.【单选】 下述哪一项所列出的有害气体，不适合采用活性炭吸附去除？【2013-2-17】

A. 苯、甲苯、二甲苯 　　　　　　　B. 丙酮、乙醇

C. 甲醛、SO_2、NO_x 　　　　　　　D. 沥青烟

参考答案： D

分析： 根据《复习教材》表 2.6-3 可知，选项 ABC 中所含有的有害气体都适合采用活性炭吸附，而选项 D 沥青烟适合采用白云石粉吸附，活性炭适合吸附的有害物也没有此种物质。

2.5-25.【单选】 关于固定床活性炭吸附装置技术参数的选取，下列何项是错误的？【2014-1-18】

A. 空塔速度取 $0.4m/s$

B. 吸附剂和气体的接触时间取 $0.5\sim2.0s$ 以上

C. 吸附层的压力损失应控制小于 $1000Pa$

D. 固定床炭层高度不应大于 $0.6m$

参考答案： D

分析： 由《复习教材》P235 第 1）条可知，选项 A 正确；由 P234 可知，选项 BC 正确；由 P236 可知，选项 D 错误，炭层高度一般取 $0.5\sim1.0m$。

2.5-26.【单选】 下述关于各类活性炭吸附装置选用的规定，哪一项是错误的？【2016-1-17】

A. 对于固定床，当有害气体的浓度小于或等于 100ppm 时，可选用不带再生回收装置的活性炭吸附装置

B. 对于固定床，当有害气体的浓度大于 100ppm 时，选用带再生回收装置的活性炭吸附装置

C. 当有害气体的浓度小于或等于 300ppm 时，宜采用浓缩吸附蜂窝轮净化装置

D. 当有害气体中含尘浓度小于或等于 $50mg/m^3$ 时，可不采取过滤等预处理措施

参考答案： D

分析： 根据《复习教材》第 2.6.4 节第 4 条 "活性炭吸附装置选用时的浓度界限"，选项 ABC 正确。根据第 2.6.4 节第 1 条 "吸附法的净化机理和适用性"，选项 D 错误，当有害气体中含尘浓度大于 $10mg/m^3$ 时，必须采取过滤等预处理措施。也可根据用排除法，选择选项 D。

2.5-27.【单选】关于活性炭吸附装置性能的描述，下列何项是错误的？【2016-2-16】
A. 活性炭不适宜于对芳香族有机溶剂蒸气的吸附
B. 活性炭不适用对高温、高湿的气体的吸附
C. 活性炭不适用对高含尘量的气体的吸附
D. 细孔活性炭适用于吸附低度挥发性蒸气

参考答案： A

分析： 根据《复习教材》第 2.6.4 节第 1 条，活性炭适于对有机物蒸气吸附的特点 (1)，对芳香族化合物的吸附优于对非芳香族化合物的吸附，选项 A 错误；根据特点 (5)、(7)，选项 B 正确；采用活性炭吸附必须避免高温、高湿和高含尘量，选项 C 正确；根据特点 (8)，选项 D 正确。

2.5-28.【单选】某车间内的有害气体含尘浓度 $12mg/m^3$。问：下列室内空气循环净化方式中最合理的是哪一项？【2018-2-13】
A. 二级除尘   B. 活性炭吸附
C. 除尘＋吸附   D. 湿式除尘

参考答案： C

分析： 根据《工规》第 7.2.2 条，对于粉尘净化宜选用干式除尘方式。本题没有明显提示该场所适合湿式除尘，因此无需假设湿式除尘更适合的可能性。题目给出的为有害气体，表述为含尘浓度，但是没有明确指出有害物质仅为颗粒状或仅为气体状。因此需要综合考虑消除粉尘，并吸附有害气体。故采用除尘＋吸附的方式更为适合。

2.5-29.【多选】用液体吸收法净化小于 $1\mu m$ 的烟尘时，经技术经济比较后下列哪些吸收装置不宜采用？【2012-2-54】
A. 文丘管洗涤器   B. 填料塔（逆流）
C. 填料塔（顺流）   D. 旋风洗涤器

参考答案： BCD

分析： 根据《复习教材》表 2.6-9 可知，对于 $<1\mu m$ 烟尘，只适合采用文氏管洗涤塔和喷射洗涤器。

2.5-30.【多选】关于活性炭吸附装置性能与参数的描述，下列哪几项是错误的？【2014-2-53】
A. 处理小风量、低温、低浓度的有机废气可使用一般的固定床活性炭吸附装置
B. 固定床吸附装置的空塔速度一般取 $1.0\ m/s$ 以下

C. 处理大风量低浓度低温的有机废气，可用蜂窝轮吸附

D. 蜂窝轮吸附装置通过蜂窝轮的面风速为 1.0 m/s 以下

参考答案： BD

分析： 由《复习教材》P234 "2. 活性炭吸附装置" 中第 1 段第 1 句可知，选项 A 正确；由 P235 第 1 条可知，空塔速度一般取 0.3～0.5m/s，故选项 B 错误，1.0m/s 的范围可能会使空塔速度偏大或偏小；由 P234 "2. 活性炭吸附装置" 中第 1 段最后一句可知，选项 C 正确；由 P236 可知，选项 D 错误，蜂窝轮面风速为 0.7～1.2m/s。

2.5-31.【多选】下列关于设计、选用活性炭吸附装置的规定，哪些项不符合规范规定？【2017-1-53】

A. 活性炭装置的风量宜按最大废气排放量进行设计

B. 净化效率不宜小于 90%

C. 吸附剂连续工作时间不应少于 2 个月

D. 吸附剂和气体接触的时间为 0.5～2.0s

参考答案： AC

分析： 由《工规》第 7.3.5-1 条可知，选项 A 错误，按最大废气排放量的 120% 设计；由第 7.3.5-2 条可知，选项 B 正确；由第 7.3.5-3 条可知，选项 C 错误，不少于 3 个月；由第 7.3.5-5 条可知，选项 D 正确。

2.6　通 风 系 统

2.6.1　通风系统设计

2.6-1.【单选】如下图所示，采用静压复得法计算的均匀送风系统中，ΔP_x 为风机吸风段的阻力，ΔP_1、ΔP_2、ΔP_3 分别为风机送风管 1、2、3 管段的计算阻力，ΔP_k 为送风口阻力。当计算风机所需要的全压 P 时，以下哪项计算方法是正确的？【2012-1-15】

A. $P = \Delta P_x + \Delta P_k$

B. $P = \Delta P_x + \Delta P_1 + \Delta P_k$

C. $P = \Delta P_x + \Delta P_1 + \Delta P_2 + \Delta P_k$

D. $P = \Delta P_x + \Delta P_1 + \Delta P_2 + \Delta P_3 + \Delta P_k$

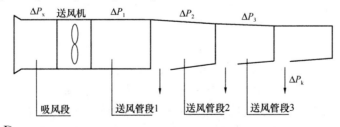

参考答案： D

分析：（1）风机的全压，应为系统中各个组成部分压力损失之和；静压复得法：通过改变管道断面尺寸，降低流速，克服管段阻力，维持所要求的管内静压。参考《二版教材》P247 例题及《红宝书》P1162 例题。

（2）根据《复习教材》P266，风机全压为风机动压和静压两部分之和，即 $P=P_d+P_j$；也是风机出口气流全压与进口气流全压之差。风机入口与大气相同，可认为静压为大气压，那么其相对压力（相对大气压）就为零，则其全压就应是动压 P_{d_0}，那么到风机处（空气被风机加压前），其全压应为该处动 $P_{d_0}-\Delta P_x$；根据《复习教材》P260～P261可知，实现均匀送风的基本条件是保持各个测压孔静压相等，进而两孔间的动压降等于两侧孔间的压力损失（也就是说静压不损失，动压损失）。故风机出口的全压为：$P_{d_0}+\Delta P_1+\Delta P_2+\Delta P_3+\Delta P_k$（风机吸入口和压出口风量风速没变化，故动压未变，均为 P_{d_0}）风机压出口和吸入口的全压差为：$(P_{d_0}+\Delta P_1+\Delta P_2+\Delta P_3+\Delta P_k)-(P_{d_0}-\Delta P_x)=\Delta P_x+\Delta P_1+\Delta P_2+\Delta P_3+\Delta P_k$；即风机全压为：$\Delta P_x+\Delta P_1+\Delta P_2+\Delta P_3+\Delta P_k$。

2.6.2　通风系统施工与验收

2.6-2.【单选】通风系统运行状况下，采用毕托管在一风管的某断面测量气流动压，下列哪一项测试状况表明该断面适宜作为测试断面？【2012-1-12】

　　A. 动压值为 0

　　B. 动压值为负值

　　C. 毕托管与风管外壁垂线的夹角为 10°，动压值最大

　　D. 毕托管底部与风管中心线的夹角为 16°，动压值最大

参考答案：C

分析：本题定位上容易错误，若定位至《复习教材》图 2.9-8 相关文字，则无法确定答案。进行二次定位后，由第 2.9.1 节第 1 条，"气流方向偏出风管中心线15°以上，该截面也不宜作测量截面"，"使动压值最大"，"毕托管与风管外壁垂线的夹角即为气流方向与风管中心线的偏离角"。可知选项 AB 均错误，动压值不可为 0 或负值。选项 D 错误，偏离角过大。

2.6-3.【单选】对空调送风的风管进行严密性试验和强度试验，说法正确的应是下列哪一项？【2013-1-11】

　　A. 风管严密性试验可在已安装好的风管系统上进行

　　B. 从制作好的风管中，选取 2 节连接进行试验

　　C. 圆形金属风管的允许漏风量为矩形风管规定值的 80%

　　D. 风管的强度试验宜在风管进行严密性试验合格的基础上进行

参考答案：D

分析：根据《通风与空调工程施工规范》GB 50738—2011 中第 15.1.1 条规定，风管批量制作前，应进行风管强度与严密性试验；根据第 15.2.1 条规定，风管进行严密性试验和强度试验，均不应少于 3 节，连接成管段后进行试验，因此，选项 A 与 B 不正确；根据第 15.2.3 条规定，圆形金属风管的允许漏风量为矩形风管规定值的 50%，选项 C 不正确；根据第 15.2.4 条规定，风管强度试验宜在漏风量测试合格的基础上进行，选项 D 正确。

2.6-4.【单选】关于风管系统安装，做法符合要求的是下列哪一项？【2014-1-12】

A. 6mm 厚乳胶海绵用作净化空调系统风管法兰垫片

B. 直径 350mm 螺旋风管，两支架间距 5.5m

C. 穿越防火墙的风管与其防护套管之间采用离心玻璃棉封堵

D. 不锈钢风管直接安放在碳钢材质吊架上

参考答案： C

分析： 根据《通风与空调工程施工规范》GB 50738—2011 第 8.1.8-3 条，选项 A 错误；根据该规范第 7.3.4 条表 7.3.4-1，水平安装时两支架最大间距为 5000mm，该规范第 7.3.4-7 条，垂直安装时两支架最大间距 4000mm，故选项 B 错误；根据该规范第 8.1.2 条，风管与防护套管之间应采用不燃且对人体无害的柔性材料封堵，离心玻璃棉满足要求，故选项 C 正确；根据该规范第 7.3.6-11 条，应采取防电化学腐蚀措施，故选项 D 错误。

2.6-5.【单选】下列有关风管制作板材的要求，正确的做法应是何项？【2014-2-11】

A. 厚度 2mm 的普通钢板风管，风管板材拼接采用咬口连接

B. 厚度 2mm 的普通钢板风管，风管板材拼接采用铆接

C. 厚度 3mm 的普通钢板风管，风管板材拼接采用电焊

D. 厚度 3mm 的普通钢板风管，风管板材拼接采用咬口连接

参考答案： C

分析： 根据《通风与空调工程施工规范》GB 50738—2011 第 4.2.4 条，选项 ABD 错误；均应为电焊连接。

2.6-6.【单选】钢板制作的矩形风管采用法兰（碳素钢材料）连接时，下列要求哪一项是错误的？【2017-1-17】

A. 同一批量加工的相同规格的法兰螺孔排列应一致，并具有互换性

B. 净化空调工程应按制作数量抽查 20% 且不少于 5 件

C. 角钢法兰的最小螺栓孔的规格为 M6

D. 角钢法兰的最小铆钉孔的规格为 $\phi 4.5$

参考答案： D

分析： 由《通风与空调工程施工规范》GB 50738—2011 第 4.2.8-3 条可知，选项 A 正确；由《通风与空调工程施工质量验收规范》GB 50243—2002 第 4.3.2 条可知，选项 B 正确；由《通风与空调工程施工规范》GB 50738—2011 第 4.2.8-1 条可知，选项 C 正确，选项 D 错误，最小铆钉孔规格按表 4.2.8-1 为 Φ4。

扩展： 由《通风与空调工程施工质量验收规范》GB 50243—2016 第 4.3.4 条可知，按照新规范选项 B 也错误，抽查数量按照 Ⅱ 方案进行。

2.6-7.【单选】以下风管穿越建筑物变形缝空间的设计图中，哪一个图是错误的（注：下图中，各项标示的距离单位均为毫米；各数字编号代表的部件分别为：1-变形缝，2-楼板，3-风管吊架，4-柔性软管，5-风管)？【2018-1-13】

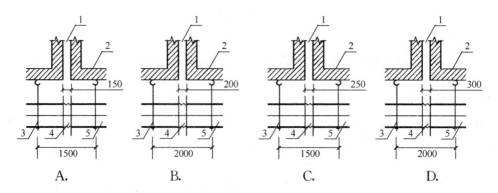

A.　　　　　　　B.　　　　　　　C.　　　　　　　D.

参考答案： A

分析： 根据《通风与空调工程施工规范》GB 50738—2011 第8.4.3条，"风管穿越建筑物变形缝空间时，应设置长度为 200～300mm 的柔性短管"。因此，选项 A 仅设置 150mm 的柔性短管不满足要求，选项 A 错误。注意穿越变形缝空间与变形缝墙体不同，另外本题设置的柔性短管是穿越变形缝时设置的柔性短管，与一般柔性短管长度要求不同。

2.6-8.【多选】以下风管材料选择，正确的是哪几项？【2012-1-49】

A. 除尘系统进入除尘器前的风管采用镀锌钢板

B. 电镀车间的酸洗槽槽边吸风系统风管采用硬聚氯乙烯板

C. 排除温度高于 500℃气体的风管采用镀锌钢板

D. 卫生间的排风管采用玻镁复合风管

参考答案： BD

分析： 除尘系统进入除尘器前的空气携带粉尘，若采用镀锌钢板会对风管造成磨损，因此要看具体情况考虑，选项 A 错误；由《复习教材》P249 中"1）硬聚氯乙烯塑料板"的内容，此种材料适合酸性腐蚀作用的通风系统，故选项 B 正确；由《复习教材》P249 倒数第 6 行有关"2）镀锌薄钢板"的内容，镀锌钢板一般用于无酸雾作用的潮湿环境风管，未提及高温的条件，故无法直接通过《复习教材》判别选项 C 的正误。考试当年采用的《二版教材》，该版教材中指出"高于 500℃气体的风管可采用无机玻璃钢风管，镀锌钢板厚度较小，不能长时间承受高于 500℃的高温气体"，因此选项 C 错误。由《三版教材》P248 有关"7）玻镁风管"的内容可知，玻镁风管无吸潮变形现象，有良好的隔声效果，故适合用于卫生间排风管，故选项 D 正确。

2.6-9.【多选】复合材料风管的材料应符合有关规定，下列哪几项要求是正确的？【2012-1-51】

A. 复合材料风管的覆面材料宜为不燃材料

B. 复合材料风管的覆面材料必须为不燃材料

C. 复合材料风管的内部绝热材料，应为难燃 B1 级燃料

D. 复合材料风管的内部绝热材料，应为难燃 B1 级且对人体无害的材料

参考答案： BD

分析：根据《通风与空调工程施工质量验收规范》GB 50243—2016 第 4.2.5 条：选项 A 错误，选项 B 正确，选项 C 错误，选项 D 正确。

2.6-10.【多选】设计工作压力为 400Pa 的低温送风空调系统的金属风管施工安装，下列做法哪几项是正确的（按照 GB 50738 的规定）？【2013-1-54】

　　A. 风管的允许漏风量应按高压系统风管的要求确定

　　B. 矩形风管漏光检测时，所用电源电压为 24V

　　C. 风管的结合缝应填耐火密封填料

　　D. 矩形风管的管段长度大于 1250mm 时，管段应采取加固措施

参考答案：BC

分析：工作压力为 400Pa 的低温送风空调系统为低压系统，根据《通风与空调工程施工规范》GB 50738—2011 第 15.2.3 条规定，系统允许漏风量应按相应设计工作压力确定，故选项 A 不正确；根据第 15.1.7 条，风管进行漏光检测时，所用电源应为低压电源，根据人的安全与否，36V 以下是低电压，因此，选项 B 正确；根据第 8.1.3 条第 4 款规定，风管的结合缝应填耐火密封填料，故选项 C 正确；根据第 4.2.15 条第 4 款规定，中压和高压风管系统管段长度大于 1250mm 时，管段应采取加固措施，而题中系统为低压系统，故选项 D 不正确。

2.6-11.【多选】通风与空调系统的风管系统安装完毕后，关于漏风量测试，下列哪几项表述符合 GB 50738 的规定？【2013-2-48】

　　A. 系统中的每节风管应全部进行漏风量测试

　　B. 中压系统风管的严密性试验，应在漏光检测合格后，对系统漏风量进行测试

　　C. 排烟系统的允许漏风量按高压系统风管确定

　　D. 风管的允许漏风量应按风管系统的设计工作压力计算确定

参考答案：BD

分析：根据《通风与空调工程施工规范》GB 50738—2011 第 15.3.1 条第 1 款规定，低压系统在漏光检测不合格时，才应做漏风量测试，故选项 A 不正确；根据第 15.3.1 第 2 款规定，选项 B 正确；根据第 15.2.3 条第 3 款规定，排烟系统的允许漏风量应按中压系统风管确定，选项 C 不正确；根据第 15.2.3 条第 1 款规定，选项 D 正确。

2.6-12.【多选】某通风工程设计项目中，提出的下列有关风管制作板材拼接要求的做法，哪几项是错误的？【2014-1-49】

　　A. 厚度 1.2mm 的镀锌钢板风管，风管板材拼接采用铆接

　　B. 厚度 1.5mm 的普通钢板风管，风管板材拼接采用铆接

　　C. 厚度 1.5mm 的镀锌钢板风管，风管板材拼接采用焊接

　　D. 厚度 1.5mm 的普通钢板风管，风管板材拼接采用咬口连接

参考答案：ABCD

分析：根据《通风与空调工程施工规范》GB 50738—2011 第 4.2.4 条，选项 A 应为咬口连接，选项 B 应为电焊连接，选项 C 应为咬口连接或铆接，选项 D 应为电焊

连接。

2.6-13.【多选】通风与空调系统安装完毕后必须进行系统的调试，该调试应包括以下哪几项？【2014-1-50】

　　A. 设备单机试运转及调试

　　B. 系统无生产负荷下的联合试运转及调试

　　C. 系统带生产负荷下的联合试运转及调试

　　D. 系统带生产负荷的综合效能试验的测定与调整

参考答案： AB

分析： 根据《通风与空调工程施工规范》GB 50738—2011 第 16.1.1 条或《通风与空调工程质量验收规范》GB 50243—2016 第 11.2.1 条，选项 AB 正确。

2.6-14.【多选】下述关于通风系统中局部排风罩的风量测定及罩口风速测定的做法，哪几项是错误的？【2014-2-52】

　　A. 可采用热球式热电风速仪均匀移动法测定局部排风罩的罩口风速

　　B. 可采用叶轮风速仪定点法测定局部排风罩的罩口风速

　　C. 可用动压法测定局部排风罩风量

　　D. 优先采用静压法测定局部排风罩风量

参考答案： ABD

分析： 根据《复习教材》第 2.9.5 节中有关均匀移动法和定点测定法的说明，热风速仪适合采用定点测定法，叶轮风速仪适合采用均匀移动法，故选项 AB 错误；排风罩可采用动压法或静压法测定风量，故选项 C 正确；"用动压法测流量有一定困难"时，采用静压法，故选项 D 错误。

2.6-15.【多选】关于金属风管制作，下列哪几项说法是错误的？【2016-1-48】

　　A. 风管板材单咬口连接形式仅适用于低压通风空调系统

　　B. 洁净空调系统的风管不应采用按扣式咬口连接

　　C. 板厚大于 1.5mm 的不锈钢板风管采用电焊或氩弧焊拼接

　　D. 薄钢板法兰风管，不适用于高压通风空调系统

参考答案： ABD

分析： 根据《通风与空调工程施工规范》GB 50738—2011 表 4.2.6-1 风管板材咬口连接形式及使用范围，单咬口适用于低、中、高压系统，选项 A 错误；根据第 4.2.6-3 条，空气洁净度等级为 1～5 级的洁净风管不应采用按扣式咬口连接，选项 B 未说明空气洁净度等级，错误；根据表 4.2.4，风管板材的拼接方法，选项 C 正确；根据表 4.2.8-1～2，第 4.2.10 条，薄钢板法兰风管适用于低、中、高压通风空调系统，选项 D 错误。

2.6-16.【多选】对于风管系统的施工要求，下列哪几项是错误的？【2016-2-48】

　　A. 不同压力的风管系统，其风管强度与严密性试验的试验风管可共用，但控制参数

不同

B. 风管强度试验是在严密性试验的基础上进行的，试验压力为设计工作压力的 1.5 倍

C. 风管系统严密性试验均采用测试漏风量的方法

D. 6～9 级洁净空调系统风管的严密性试验应按高压系统风管的规定进行

参考答案： ACD

分析： 根据《通风与空调工程施工规范》GB 50738—2011 第 15.1.1-1～2 条，风管批量制作前，进行风管强度与严密性试验；风管系统安装完成后，仅对安装后的主、干风管分段进行严密性试验即可，无需进行强度试验。根据第 15.2.1 条，风管强度与严密性试验应按风管系统的类别和材质分别制作试验风管，均不应少于 3 节，并且不应小于 15m²，根据第 15.3.1 条，风管系统严密性试验应按不同压力等级和不同材质分别进行，因此选项 A 错误；根据第 15.2.4 条，选项 B 正确；根据第 15.3.1-1 条，低压系统风管的严密性试验，宜采用漏光法检测。漏光检测不合格时，应对漏光点进行密封处理，并应做漏风量测试。选项 C 错误；根据第 15.3.1-4 条，6～9 级洁净空调系统风管的严密性试验应按中压系统风管的规定进行，选项 D 错误。

2.6-17.【多选】以下关于通风施工调试的要求，哪几项是错误的？【2017-2-53】

A. 对低压系统的风管采用漏光法检测其严密性时，以每 10m 接缝漏光点不大于 2 处，且 100m 接缝平均不大于 16 处为合格

B. 漏风量检测装置的风机风量，应与被测定系统所配置的风量相同

C. 矩形系统风量测试截面上的测点数量不得小于 4 个

D. 送风口风量测定采用叶轮风速仪贴近风口测量时，应采用匀速移动测量法或定点测量法

参考答案： BC

分析： 由《通风与空调工程施工规范》GB 50738—2011 第 15.3.2-5 条可知，选项 A 正确；由《通风与空调工程施工规范》GB 50738—2011 第 15.1.7-2 条及《通风与空调工程施工质量验收规范》GB 50243—2016 第 C.2.3 条可知，选项 B 错误，漏风量测试装置的风机，风压和风量宜为被测定系统或设备的规定试验压力及最大允许漏风量的 1.2 倍及以上。启动漏风量测试装置内的风机时，应分段调高转速直至达到规定试验压力；由《通风与空调工程施工规范》GB 50738—2011 表 16.3.4-2 可知，选项 C 错误，测点不少于 5 个；由《通风与空调工程施工规范》GB 50738—2011 表 16.3.4-2 可知，选项 D 正确。

2.6-18.【多选】在如下图所示的通风系统及管道尺寸条件下，直管段上风量测定断面的选取，哪几个图是错误的（注：下图中，各项标示的距离以及风管尺寸的单位均为毫米）？【2018-1-51】

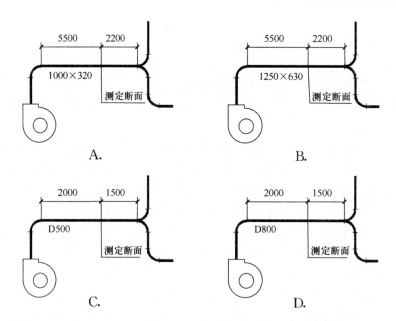

参考答案： BCD

分析： 根据《复习教材》图 2.9.1 或《通风与空调工程施工规范》GB 50738—2011 表 16-3-4.3 中的图 16.3.4 可知，测定位置要大于或等于局部阻力之后 5 倍矩形风管长边/圆风管直径尺寸，大于或等于局部阻力之前 2 倍矩形风管长边/圆风管直径尺寸。

风管	矩形风管长边或圆形风管直径	局部阻力后 5 倍	局部阻力前 2 倍
A 矩形风管	1000mm	5000mm	2000mm
B 矩形风管	1250mm	6250mm	2500mm
C 圆形风管	500mm	2500mm	1000mm
D 圆形风管	800mm	4000mm	1600mm

根据上面核算情况可知，仅选项 A 满足要求，BCD 均不满足要求。

2.6-19.【多选】以下风管穿越建筑物变形缝空间和建筑变形缝墙体的设计图中，哪几个图是正确的（注：下图中，各项标示的距离以及风管尺寸的单位均为 mm；各数字编号代表的部件分别为：1-墙体，2-变形缝，3-风管吊架，4-钢制套管，5-风管，6-柔性软管，7-柔性防水填充材料）？【2018-1-52】

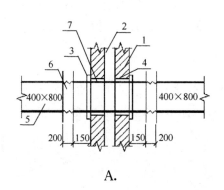

A.

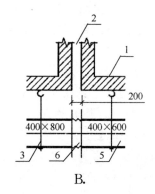

B.

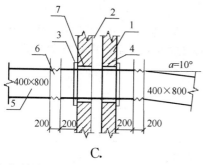

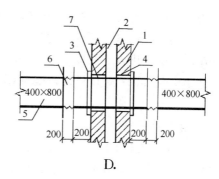

参考答案：ACD

分析： 本题选项 ACD 均为风管穿越变形缝墙体，选项 B 为穿越变形缝空间。根据《通风与空调工程施工规范》GB 50738—2011 第 8.4.3 条可知，穿越变形缝时，应设 200～300mm 的柔性短管，故选项 B 设置柔性短管合理，但是根据第 8.4.2 条，柔性短管不应作为找正找平的异径连接管，柔性短管左右两边风管管径不同，不应采用柔性短管变径，故选项 B 错误。穿越变形缝墙体时，应在变形缝墙两侧设长度为 150～300mm 的柔性风管，且柔性风管距离变形缝墙体宜为 150～200mm，因此选项 ACD 均满足上述要求。但选项 C 中风管经柔性风管处形成 10° 弯折，根据第 8.4.4 条可知柔性风管应顺畅、严密，由第 8.4.4 条第 2 款可知，柔性风管转弯处弯曲角度应大于 90°，故选项 C 中形成 170° 弯曲角度，满足要求。综上所述，本题选 AD。

2.6-20.【多选】 对某建筑物通风空调系统进行施工验收，下列哪几项做法是错误的？【2018-1-53】

　　A. 地下车库中有一根 DN20 水管从尺寸为 1600mm×400mm 的排烟风管中穿过

　　B. 一层酒精间与开水间共用排风系统

　　C. 吊顶内一风管表面温度 50℃，未采取防烫伤措施

　　D. 屋面排风管—拉锁与避雷针连接

参考答案：ABD

分析： 根据《通风与空调工程施工质量验收规范》GB 50243—2016 第 6.2.3 条可知，选项 AD 错误，风管内严禁其他管线穿越，室外风管系统的拉索等金属固定件严禁与避雷针或避雷网连接。酒精化学名称为乙醇，属于甲类物质；根据《民规》第 6.1.6.5 条，建筑物内设有储存易燃易爆物质的单独房间或有防火防爆要求的单独房间应单独设置排风，故选项 B 错误；根据《建规 2014》第 9.3.10 条，输送空气温度超过 80℃ 时应采取保温隔热，故选项 C 的做法可行。

2.6-21.【多选】 下列关于空调风管试验压力的取值，哪几项不正确？【2018-2-58】

　　A. 风管工作压力为 400Pa 时，其试验压力为 480Pa

　　B. 风管工作压力为 600Pa 时，其试验压力为 720Pa

　　C. 风管工作压力为 800Pa 时，其试验压力为 960Pa

　　D. 风管工作压力为 1000Pa 时，其试验压力为 1500Pa

参考答案：AB

分析：风管压力≤500Pa 为低压，500Pa＜风管压力≤1500Pa 为中压，风管压力
＞1500Pa为高压，根据《通风与空调工程施工质量验收规范》GB 50243—2016 第 C.1.2
条，低压风管试验压力不低于1.5倍，即600Pa，选项 A 错误；中压风管不应低于1.2
倍且不低于750Pa，选项 B 错误，选项 CD 正确。

2.6.3 除尘通风系统

2.6-22.【单选】下图所示为石英砂尘的除尘系统，其除尘器前的风管标注英文大写
字母的部位中，哪一部分应是风管内壁磨损最严重的部位？【2013-1-13】

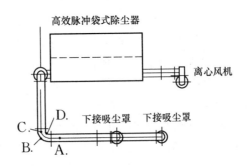

参考答案：B

分析：本题考查对空气流动的基本认识，经过弯头时，尘粒由于在惯性作用下，容易
脱离弯曲的空气流线撞击到风管内壁面。因此 B 点附近即为颗粒在惯性作用下，脱离流
线的撞击区域。

2.6-23.【单选】下述关于除尘系统的设计规定，何项是错误的？【2014-1-14】
A. 系统排风量应按其全部吸风点的排风量总和计算
B. 系统的风管漏风率宜采用10%～15%
C. 系统各并联环路压力损失的相对差额不宜超出10%
D. 风机的选用设计工况效率，不应低于风机最高效率的90%

参考答案：A

分析：根据《暖规》第5.6.6条、第5.8.2条、第5.8.3条、第5.7.2-4条，选项 A
错误，应为其全部吸风点同时工作计算；选项BCD正确。

扩展：本题根据2015年执行的《工规》作答，则错误的选项为AB：根据《工规》
第7.1.5条，选项 A 错误，按"同时工作"计算；根据《工规》第6.7.4条，选项 B 错
误，除尘系统的风管漏风率不超过3%；根据《工规》第6.7.5条，选项 C 正确；根据
《工规》第6.8.2-3条，选项 D 正确。

2.6-24.【单选】以下除尘系统的设计方案，哪一项是符合要求的？【2017-1-18】
A. 木工厂房中加工设备的除尘系统除尘器前排风管路在可清扫的地沟内敷设
B. 面粉厂房中碾磨设备的除尘系统除尘器前排风管道在地面下埋设
C. 卷烟厂房中制丝设备的除尘系统除尘器前排风管道在地面下埋设

D. 石棉加工车间的除尘系统除尘器前排风管道在地面下埋设

参考答案： D

分析： 由《工规》第 6.9.21 条 "排除有爆炸危险物质的排风管应采用金属管道，并应直接通到室外的安全处，不应暗设"。根据《建规2014》第 3.1.1 条条文说明表 1 可知，选项 ABCD 对应厂房火灾危险性等级分别为丙类、乙类、丙类、戊类；除戊类厂房常温下使用和加工不燃烧物质的生产外，选项 ABC 均含有能与空气形成爆炸性混合物的浮游状态的粉尘、纤维或可燃固体，故选项 D 正确。

2.6-25.**【单选】** 某工厂的木工车间，连接木工刨床（粗刨花）的圆形除尘管道的直径，设计正确的应是下列何项？**【2017-2-15】**

  A. 80mm   B. 100mm

  C. 120mm   D. 160mm

参考答案： D

分析： 由《工规》第 6.7.9-2 条，排送刨花的风管直径不小于 130mm，选项 D 正确。

2.6-26.**【多选】** 某厂房一机加工线产生铸铁粉尘，配置除尘系统达标排放，连接除尘器的风管管材选项，下列哪几项要求或做法是不合理或者不经济的？**【2013-2-47】**

  A. 除尘器前、后的风管管材材质及厚度必须相同

  B. 除尘器前、后的风管管材均采用厚度相同的镀锌钢板

  C. 除尘器前、后的风管管材均采用普通碳钢板

  D. 除尘器前、后的风管管材采用厚度相同的不锈钢板

参考答案： ABD

分析： 本题考查考生对风管材质和厚度选择的能力。经过除尘器后，风管内粉尘大部分被过滤，风管内壁被颗粒磨损的可能性降低，因此过滤后的风管厚度不必与过滤前的相同，选项 ABD 采用相同厚度的要求不经济不合理。普通碳钢板可以用于除尘系统，故选项 C 合理。

2.6-27.**【多选】** 某厂房一机加工线生产铸铁粉尘，配置除尘系统，有关除尘器连接的风管管材刷漆做法，下列哪几项是不合理的？**【2014-2-48】**

  A. 采用普通碳钢板时，除尘器前、后的风管内外都必须刷防腐面漆两道

  B. 采用普通碳钢板时，除尘器前、后的风管内外都必须刷防腐底漆两道＋面漆两道

  C. 采用普通碳钢板时，仅除尘器后的风管内外刷防腐底漆两道＋面漆两道

  D. 采用普通碳钢板时，仅除尘器前的风管内壁不刷漆

参考答案： ABCD

分析： 由题意，除尘系统输送的是含粉尘或粉屑的空气，无腐蚀性。根据《三版教材》表 2.7-5 可知，内表面涂防锈底漆 1 道，外表面图防锈底漆 1 道＋面漆 2 道。故选项 ABCD 均不合理。

2.6-28.【多选】以下工程中排风热回收装置的新、排风管路的连接做法和旋风除尘器的排风管路连接法，哪几项是正确的？【2016-2-47】

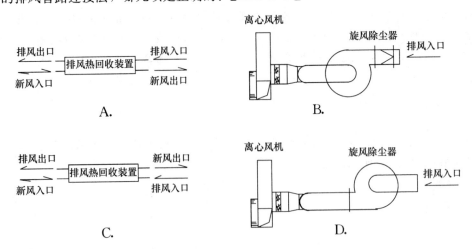

参考答案：ABC

分析： 根据《空调系统热回收装置选用与安装》06K301-2 P24～25，转轮热回收式机组，P54～P55，P57～P58，热管式热回收机组的新、排风管路连接做法如选项A，即顺气流方向新、排风管路同侧连接；根据 P38、P40～P41，板式及板翅式热回收机组的新、排风管路连接做法如选项C，即顺气流方向新、排风管路异侧交叉连接；根据《复习教材》图 2.5-6，含尘气体侧进上出，选项B正确，选项D错误。

扩展： 选项BD为俯视图，考生易把旋风除尘器俯视图看作离心风机，导致考试时出现审题错误，选择错误。考生应注意审题。

2.6-29.【多选】某苎麻工厂的一除尘系统，进入除尘器前有较长的水平风管，下列消除水平风管严重积尘的措施，哪几项为正确选项？【2016-2-50】

A. 保证水平风管内的风速大于 10m/s
B. 内部设置压缩空气助吹管，定期进行风管内部的清扫
C. 除尘系统启动运行时间早于工艺设备启动时间
D. 除尘系统停止运行时间滞后于工艺设备停止时间

参考答案：BCD

分析： 根据《复习教材》表 2.7-3 中除主风管的最低风速可知，苎麻工厂的除尘系统水平风管内的风速应大于 13m/s，故选项A错误；除尘器前有较长的水平风管，选项BCD均为消除水平风管严重积尘的有效措施。

2.6-30.【多选】处理含有铝粉的除尘系统，下列哪几项做法是正确的？【2018-2-49】

A. 除尘器布置在系统正压段上
B. 除尘器布置在系统负压段上
C. 排风管道采用无机玻璃钢风管
D. 除尘器设置泄爆装置

参考答案：BD

分析：铝粉属于乙类物质。根据《工规》第 6.9.13 条，除尘器应布置在系统的负压管段上，且应设置泄爆装置，故选项 A 错误，选项 BD 正确。根据第 6.9.21 条，排除有爆炸危险物质的排风管应采用金属管道，故选项 C 采用无机玻璃钢风管错误。

2.7　通　风　机

2.7-1.【单选】关于通风机的风压的说法，正确的应是下列哪一项？【2012-1-19】

A. 离心风机的全压与静压数值相同

B. 轴流风机的全压与静压数值相同

C. 轴流风机的全压小于静压

D. 离心风机的全压大于静压

参考档案：D

分析：(1) 全压＝动压＋静压，全压有正负值，动压永远大于 0，静压有正负值，据此选 D。

(2)《复习教材》P264，轴流式通风机的叶片安装于旋转轴的轮毂上，叶片旋转时，将气流吸入并向前方送出。《复习教材》P262，离心式通风机由旋转的叶轮和蜗壳式外壳所组成，叶轮上装有一定数量的叶片。气流由轴向吸入，经 90°转弯，由于叶片的作用而获得能量，并由蜗壳出口甩出。如选项 C 改为轴流风机的全压大于静压，则选项 C 也正确。此题考点跟风机的形式无关。

2.7-2.【单选】某离心式通风机在标准大气压条件下，输送空气温度 $t_0＝20℃$（空气密度 $\rho_0＝1.2kg/m^3$），风量 $Q_0＝2540m^3/h$，出口全压 $\Delta P_0＝510Pa$，使用时出现风机全压下降现象，造成问题的原因应是下列哪一项？【2012-2-12】

A. 风量不变，空气温度＞20℃

B. 风量不变，空气温度＜20℃

C. 空气温度 $t＝20℃$，增加支管数量，风量加大

D. 空气密度 $\rho＞1.2kg/m^3$，减少支管数量，风量减少

参考答案：A

分析：空气温度＞20℃，空气密度小于 1.2kg/m³，密度减小，风机风压减小。详见《复习教材》式（2.8-5）及表 2.8-6。

扩展：详见本书第 4 篇第 16 章扩展 16-7：几种标准状态定义总结。

2.7-3.【单选】下列关于变频风机的说法，哪一项是正确的？【2014-2-18】

A. 变频器的额定容量对应所适用的电动机功率大于电动机的额定功率

B. 变频器的额定电流应等于电动机的额定电流

C. 变频器的额定电压应等于电动机的额定电压

D. 采用变频风机时，电动机功率应在计算值上附加 10%～15%

参考答案：A

分析： 根据《复习教材》P266，选项A正确，选项BC错误，变频器的额定电流（电压）应大于或等于电动机的额定电流（电压）。依据《复习教材》P270，电动机功率应在计算值上附加15%～20%，选项D错误。

2.7-4.【单选】下列关于通风机的描述，哪一项是错误的？【2017-1-16】

A. 通风机运行时，越远离最高效率点，噪声越小

B. 多台风机串联运行时，应选择相同流量的通风机

C. 排烟用风机必须用不燃材料制作

D. 多台通风机并联运行时，应采取防止气体短路回流的措施

参考答案： A

分析： 由《工规》第6.8.2-3条条文说明可知，选项A错误，"越远离最高效率点，噪声越大"；由第6.8.3-2条可知，选项B正确；由《复习教材》第2.10.9节第1条可知，选项C正确；选项D参照《09技术措施》第4.6.4条，正确。

2.7-5.【单选】下图所示为两台同型号风机的出风管与同一管道相连接的不同做法的设计平面图，哪一项是更合理的？【2017-2-17】

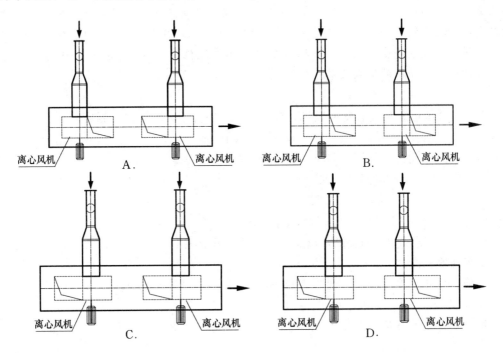

参考答案： C

分析： 根据《复习教材》图2.8-6第一排第3、4、5通风机与风管的连接方式对比可知，选项C的两个风机的连接方式为较好的连接方式。

2.7-6.【单选】按平原的大气压工况进行设计计算与选型的风道系统和通风机，如果将该系统直接放在高原地区，下列关于系统性能的说法哪一项是错误的？【2018-2-15】

A. 风机全压下降

B. 风机风量增大

C. 系统内的风阀阻力下降

D. 风机轴功率下降

参考答案： B

分析： 根据《复习教材》第 2.8.2 节第 1 部分的第（5）条，风机工况变化时，风量不变，但风压要根据工况空气密度变化进行修正。因此选项 B 风机风量增大错误。其他选项，对于高原地区，大气压比标准大气压低，因此根据式（2.8-5）可知高原地区空气密度低于标准密度，由式（2.8-4）可知，风机全压将下降，选项 A 正确。风机轴功率与风机风量和风压乘积成正比，按照上面的分析，风机轴功率将下降，选项 D 正确。选项 C 在第 2.8.2 节无法找到合适答案，风阀阻力位局部阻力，$\Delta P = \xi \dfrac{\rho v^2}{2}$，当空气密度下降时，明显看到局部阻力将下降，正确。

2.7-7.【单选】关于通风机的选用，以下哪一项说法是正确的？【2018-2-16】

A. 某工程的排风系统中，非本排风区的负压风管总长度为 60m，排风机风量选型时风管漏风量附加率不应超过 5％

B. 该工程若采用变频排风机，风压选型时需附加 10％～15％

C. 风量需求随时间变化时，宜选用双速或变频风机

D. 使用参数要求相同时，前向叶轮式离心风机的效率一般都高于后向叶轮式离心风机的效率

参考答案： C

分析： 根据《工规》第 6.7.4 条，对于非除尘系统风管漏风率不超过 5％，但根据其条文说明，此漏风率适合负压管段不大于 50m 的排风，故选项 A 排风风管总长 60m 不适合 5％漏风率，故选项 A 错误。由第 6.8.2-4 条可知，变频风机电机轴功率应按工况参数确定，但轴功率应附加 15％～20％，因此风压无需附加，故选项 B 错误。调节流量最节能的方法就是调速，因时间需要改变风量采用双速或变频调速最合适，故选项 C 的说法正确。根据《泵与风机》可知，前向叶轮其风压中的动压成分大，损失大，效率低，一般适合小型、微型风机；后向叶轮相反。因此在使用参数要求相同时，前向叶轮式离心风机的效率一般都小于后向叶轮式离心风机的效率，故选项 D 错误。

2.7-8.【单选】下列关于工业建筑通风机选型原则，哪一项是错误的？【2018-2-17】

A. 通风机风量应在系统计算风量的总风量上附加风管和设备的漏风量

B. 通风机压力应在系统计算的压力损失上附加 10％～15％

C. 通风机的选用设计工况效率不应低于通风机最高效率的 90％

D. 通风机输送介质温度较高时，电动机功率应为设计工况的计算结果

参考答案： D

分析： 根据《工规》第 6.8.2 条第 1 款可知，选项 AB 均正确，由第 3 款可知，选项 C 正确，由第 4 款可知，选项 D 错误，介质温度较高时，电动机功率应按冷态运行进行

附加。

2.7-9. 【多选】关于风机试运转与调试的要求，下列哪几项是正确的？【2016-1-49】

A. 风机电机运转电流值应小于电机额定电流值

B. 额定转速下的试运转应无异常振动与声响

C. 检查电机转向正确

D. 额定转速下连续运行 2h 后，测定滑动轴承外壳最高温度不超过 70℃

参考答案： ABCD

分析： 根据《通风与空调工程施工规范》GB 50738—2011 表 16.2.2，选项 ABCD 正确。

2.7-10. 【多选】某民用建筑的送风系统中，有关通风机的选用规定，下列哪几项是错误的？【2016-2-53】

A. 在设计工况下，通风机的效率不低于 90％

B. 通风机风量应附加 15％的风管和设备的漏风量

C. 定速通风机的压力在计算系统总压力损失上宜附加 20％

D. 变频通风机的额定风压应为计算系统总压力损失

参考答案： ABC

分析： 根据《民规》第 6.5.1-4 条，在设计工况下，通风机的效率不应低于其最高效率的 90％，选项 A 错误；根据第 6.5.1-1 条，送风系统可附加 5％～10％的风管和设备的漏风量，选项 B 错误；根据第 6.5.1-2 条，定速通风机的压力在计算系统总压力损失上宜附加 10％～15％，选项 C 错误；根据第 6.5.1-3 条，选项 D 正确。

2.7-11. 【多选】关于离心式通风机性能特点的一般性原则表述中，正确的是下列哪几项？【2018-2-51】

A. 风机型号规格和转速相同时，前向式离心式通风机的风压高于后向式离心式通风机的风压

B. 风量风压相同时，多叶前向式离心式通风机的效率通常高于后向式离心式通风机的效率

C. 风量风压相同时，在大部分中心频率处前向式离心式通风机的噪声高于后向式离心式通风机的噪声

D. 风量风压相同时，前向式离心式通风机的体积尺寸一般小于后向式离心式通风机的体积尺寸

参考答案： ACD

分析： 由《复习教材》表 2.8-1 可知，前向压力大，故选项 A 正确；效率，前向低于后向，故选项 B 错误；后向风机比前向风机小，故选项 C 正确；由表 2.8-1 上方文字可知，后向风机尺寸较大，故选项 D 正确。

2.7-12. 【多选】在下列影响离心风机运行能耗的因素中，正确的是哪几项？【2018-2-52】

  A. 风机的转速

  B. 风机所在地区的大气压力

  C. 风机所在系统的总阻力

  D. 风机所输送的气体温度

参考答案： ABCD

分析： 能耗主要为风机功率计算，因此与风量和风压有关。风机转速变化时，风量与风压均发生变化，故选项 A 会影响运行能耗。根据《复习教材》式（2.8-4）可知，风机使用工况变化时，风压随使用工况密度的变化而变化。因此影响密度的选项 BD 均将影响风机风压，进而影响运行能耗。风机所在系统的总阻力主要表现为风管的阻力曲线，风管阻力曲线与风机曲线的交点为工况点，因此系统总阻力发生变化时会影响风机运行工况点，进而会影响运行能耗，故选项 C 会影响能耗。

2.7-13.【多选】对采用后向叶片式离心风机的通风系统的特性描述，下列哪几项是正确的？【2018-2-53】

  A. 风机转速不变的情况下，关小管道上的阀门，风机特性曲线不变

  B. 风机转速不变的情况下，关小管道上的阀门，管网特性曲线不变

  C. 风机转速不变的情况下，关小管道上的阀门，风机风量减少

  D. 风机转速不变的情况下，关小管道上的阀门，风机功率下降

参考答案： ACD

分析： 本题主要考察对风机曲线的理解。关小阀门后，风机曲线不变，风管曲线变陡峭，因此选项 A 正确，选项 B 错误。两条曲线交点位于原工作点的左上方，因此风量下降，风压增大，故选项 C 正确。当风机转速不变情况下，关小管道上的阀门，管网特性曲线变陡（系统阻抗变大），风机的特性曲线不变，流量变小，风压增加，风机功率下降（详《复习教材》表 2.8-1），故选项 D 正确。

2.8　消　防　防　火

2.8.1　防烟排烟系统设置

2.8-1.【单选】下列场所应设置排烟设施的是哪一项？【2012-1-10】

A. 丙类厂房中建筑面积大于 $200m^2$ 的地上房间

B. 氧气站

C. 任一层建筑面积大于 $5000m^2$ 的生产氟利昂厂房

D. 建筑面积 $20000m^2$ 的钢铁冶炼厂房

参考答案： D

分析： 根据《建规 2014》P179 第 3.1.3 条条文说明表 1 可知，钢铁冶炼属于丁类厂房，氧气站是乙类，氟利昂属于戊类，钢铁冶炼厂无法确定火灾危险等级。根据《建规 2014》第 8.5.2 条，选项 A 可能不设，面积要求为大于 $300m^2$；选项 B 应设置防爆，不设置防排烟；选项 C 戊类厂房无设置排烟设施要求。按照排除法，选 D。

2.8-2.【单选】某25层的办公建筑，有一靠外墙的防烟楼梯间，该防烟楼梯间共有25个1.5m×2.1m的通向前室的双扇防火门和20个1.5m×1.6m的外窗。该防烟楼梯间及前室设置防烟措施正确，且投资较少的应是下列哪一项？【2012-2-16】

    A. 仅对该楼梯间加压送风

    B. 仅对该楼梯间前室加压送风

    C. 该楼梯间和前室均应加压送风

    D. 该楼梯间和前室均不设加压送风

参考答案：C

分析：25层的办公建筑，建筑高度必然超过50m。根据《防排烟规》第3.1.2条，建筑高度大于50m的公共建筑，其防烟楼梯间、独立前室应采用机械加压送风系统。选项C正确。

2.8-3.【单选】关于排烟设施的设置，说法正确的是下列哪一项？【2013-1-10】

    A. 大型卷烟厂的联合生产厂房（包括切丝、卷制和包装）应设置排烟设施

    B. 工业厂房设置排烟设施时，应采用机械排烟设施

    C. 单台额定出力1t/h的地上独立燃气热水锅炉房应采用机械排烟设施

    D. 面积为12000m²铝合金发动机缸体、缸盖的单层机加工厂房应设置排烟设施

参考答案：A

分析：根据《建规2014》第3.1.3条条文说明表1，选项A卷烟厂属于丙类厂房；选项C锅炉房锅炉间属于丁类厂房；选项D铝合金机加工厂非铝塑加工厂房，属于非镁合金加工厂房，即戊类厂房。根据《建规2014》第8.5.2条，大型卷烟厂生产房间一般大于300m²，因此选项A基本正确；设置排烟设施可以采用自然排烟，只有自然排烟不满足要求才应设机械排烟，选项B错误；建筑面积大于5000m²的丁类厂房应设排烟设施，题目未交代建筑面积，故无法判断是否设置排烟，另外燃气锅炉房的燃气调压间属于甲类生产厂房，应设防爆设施，另外选项C表述要求设置机械排烟的说法也是错误的。选项D为戊类生产厂房，无设施排烟设施的要求。

2.8-4.【单选】建筑高度超过32m的二类高层建筑应设机械排烟设施的部位是下列哪一项？【2013-1-18】

    A. 封闭避难层

    B. 不具备自然排烟条件的防烟楼梯间

    C. 有自然通风，长度超过60m的内走道

    D. 采用自然排烟设施的防烟楼梯间，其不具备自然排烟条件的前室

参考答案：C

分析：根据《防排烟规》第3.1.3条和第3.1.8条，选项ABD均应设独立的机械加压送风，而非排烟设施，故选项ABD错误。根据《高规》第8.4.1.1条，选项C内走道长度超过60m，应设排烟设施。需要说明的是，《建规2014》取消了"内走道"的说法，概念上严格定义为"疏散走道"。内走道与疏散走道是两个不同的走道定义方式，内走道是指平时供通行的通道，疏散走道是火灾时人员疏散所用的通道。当内走道长度超过20m，但

是不作为疏散走道时，也不必设排烟设施。做题时，对于这一点差异要灵活应用。

2.8-5.【单选】关于城市交通隧道的排烟与通风设计，说法正确的是下列哪一项？
【2013-2-12】
　　A. $L \leqslant 500m$ 通行危险化学品等机动车的城市隧道可采取自然排烟方式
　　B. 只有 $L > 500m$ 通行危险化学品等机动车的城市隧道才采取机械排烟方式
　　C. 城市长隧道的通风方式采用横向通风方式时，是利用隧道内的活塞风
　　D. 城市长隧道的通风方式需采用横向和半横向的通风方式
　　参考答案：A
　　分析：根据《建规2014》第12.1.2条，选项A为三类隧道，选项B为一类或二类隧道。由第12.3.1条和第12.3.2条条文说明，对于一、二、三类隧道均应设置排烟设施，但未明确必须自然排烟或必须机械排烟（《复习教材》表2.10-13错误）。故选项A正确，选项B错误。根据第12.3.4条，活塞风是汽车行驶造成的，横向通风是通过排风管道排烟，属于机械排烟方式，并非利用活塞风，选项C错误。根据第12.3.4条，采用全横向和半横向通风方式时，隧道内设置的排烟系统可通过排风管道排烟，但并未规定城市长隧道的通风方式需采用横向和半横向的通风方式，故选项D错误。

2.8-6.【单选】下列情况中，室内可以采用循环空气的是何项？【2014-1-13】
　　A. 燃气锅炉房
　　B. 乙炔站站房
　　C. 泡沫塑料厂的发泡车间，当空气中含有燃烧或爆炸危险粉尘且含尘浓度为其爆炸下限的25%时
　　D. 加工厂房中含铸铁尘的空气经局部排风系统净化后，其含尘浓度为工作区的容许浓度的25%时
　　参考答案：D
　　分析：根据《锅炉房设计标准》GB 50041—2020第15.1.1条，锅炉间属于丁类生产场所，而燃气调压间属于甲类生产场所。由《建规2014》第3.1.1条条文说明表1，乙炔站站房属于甲类厂房，泡沫塑料厂的发泡车间为丙类生产厂房。根据《工规》第6.9.2条，选项A燃气锅炉房中的燃气调压间和选项B乙炔站站房不应采用循环空气；选项C含尘浓度达到不应采用循环空气的要求；选项D可采用循环空气。

2.8-7.【单选】下列何项不符合现行防火设计规范的要求？【2016-2-15】
　　A. 防烟楼梯间设置防烟设施
　　B. 商业步行街顶棚设置自然排烟设施时，排烟口的有效面积取为步行街地面面积的20%
　　C. 建筑面积6000m²的发动机机械加工厂房设置排烟设施
　　D. 建筑面积1000m²的服装加工厂房设置排烟设施
　　参考答案：B

分析：根据《建规 2014》第 8.5.1.1 条，选项 A 正确；根据第 5.3.6.7 条，商业步行街顶棚设置自燃排烟设施并宜采用常开式的排烟口，且自然排烟口的有效面积不应小于步行街地面面积的 25%，选项 B 错误；根据第 8.5.2.2 条，建筑面积大于 $5000m^2$ 的丁类生产车间，第 8.5.2.1 条，丙类厂房内建筑面积大于 $300m^2$ 且经常有人停留或可燃物较多的地上房间，人员或可燃物较多的丙类生产场所均应设置排烟设施。同时，根据《建规 2014》P181 表1，生产的火灾危险性分类举例可知，发动机机械加工厂房属于丁类（金属冶炼、锻造、铆接、热轧、铸造等），服装加工厂房属于丙类。选项 CD 正确。

2.8-8.【单选】以下建筑部位的哪项无需设置排烟设施？【2018-1-10】
A. 公共建筑内建筑面积为 $150m^2$ 的地上办公室
B. 建筑地下室建筑面积为 $100m^2$ 的人员休息室
C. 建筑高度为 24m 的丙类厂房内，长度为 20m 的疏散走道
D. 建筑面积为 $10000m^2$ 的丁类生产车间
参考答案：C
分析：根据《建规 2014》第 8.5.4-4 条，高度不大于 32m 的"其他厂房（仓库）内长度大于 40m 的疏散走道"需要设置排烟设施，因此选项 C 无需设置排烟设施。其他选项参考第 8.5.4-3 条，第 8.5.3-3 条，第 8.5.4 条。

2.8-9.【多选】有关排烟设施的设置，下列哪几项是正确的？【2012-1-50】
A. 某个地上 $800m^2$ 的肉类冷库可不考虑设置排烟设施
B. 某个地上 $800m^2$ 的肉类冷库应考虑设置排烟设施
C. 某个地上 $1200m^2$ 的肉类冷库不考虑设置排烟设施
D. 某个地上 $1200m^2$ 的鱼类冷库应考虑设置排烟设施
参考答案：AD
分析：根据《建规 2014》第 3.1.3 条条文说明表 3，冷库中的鱼、肉间属于丙类仓库。根据《建规 2014》8.5.2-3 条，占地面积大于 $1000m^2$ 的丙类仓库应设置排烟，因此选项 AD 正确。

2.8-10.【多选】下列哪些场所可不设排烟设施？【2013-1-52】
A. 某建筑面积为 $350m^2$ 的丙类车间
B. 某 31.5m 高的电子厂房，长度为 25m 的疏散内走道
C. 某储存电子半成品的丙类仓库，占地面积 $980m^2$
D. 某单层建筑面积为 $20000m^2$ 的商场，长度为 54m 的内走道
参考答案：BC
分析：根据《建规 2014》第 8.5.2~8.5.3 条规定，丙类厂房中建筑面积大于 $300m^2$ 的地上房间应该设置排烟设施，故选项 A 应设排烟设施；高度大于 32m 的高层厂房中长度大于 20m 的内走道应设置排烟设施，选项 B 中厂房高度不大于 32m，可不设排烟设施；占地面积大于 $1000m^2$ 的丙类仓库应设置排烟设施，选项 C 中丙类仓库占地面积不大于

$1000m^2$，可不设排烟设施；公共建筑中经常有人停留或可燃物较多，且建筑面积大于 $300m^2$ 的地上房间，长度大于 20m 的内走道，应设置排烟设施。

2.8-11.【多选】有关排烟设施的设置，下列哪几项是错误的？【2014-2-49】

A. 地上 $800m^2$ 的植物油库可不考虑排烟设施

B. 地下 $800m^2$ 的植物油库应考虑设置排烟设施

C. 地上 $1200m^2$ 的单层机油库不考虑设置排烟设施

D. 地上 $1200m^2$ 的单层白坯棉不应考虑设置排烟设施

参考答案： CD

分析： 由《建规 2014》第 3.1.3 条条文说明表 3，植物油、机油属于丙类仓库，白坯棉属于"棉、毛、丝、麻及其织物"，即丙类；根据第 8.5.4 条，地下大于 $50m^2$ 的房间且可燃物较多，应设排烟设施，故选项 AB 正确，选项 CD 错误。

2.8-12.【多选】建筑中的下列哪几个场所应该设置防烟设施？【2018-2-48】

A. 消防电梯前室

B. 避难间

C. 避难走道

D. 普通电梯井道

参考答案： ABC

分析： 根据《建规 2014》第 8.5.1 条、第 2.1.17 条及《防排烟规》第 3.1.9 条：应设置防烟设施的范围包括选项 ABC。而选项 D，普通电梯非火灾疏散救援关键部位，因此不必设置防烟设施。

扩展： 避难走道为安全区域，应防烟而非排烟，否则对避难走道前室做防烟无意义。根据《建规 2014》第 2.1.17 条，避难走道是指采取防烟措施且两侧设置耐火极限不低于 3.00h 的防火隔墙，用于人员安全通行至室外的走道。

2.8.2　防烟排烟系统设计

2.8-13.【单选】某超高层建筑的一避难层净面积为 $800m^2$，需设加压送风系统，正确送风量应为下列哪一项？【2012-1-17】

A. $\geqslant 24000m^3/h$　　　　　　　　B. $\geqslant 20000m^3/h$

C. $\geqslant 16000m^3/h$　　　　　　　　D. $\geqslant 12000m^3/h$

参考答案： A

分析： 根据《防排烟规》第 3.4.3 条：避难层正压送风量不小于 $30m^3/(h \cdot m^2)$。$800 \times 30m^3/h = 24000m^3/h$。

2.8-14.【单选】剧场观众厅的排烟量可按换气数（次/h）乘以观众厅容积或单位排烟量 $[m^3/(h \cdot m^3)]$ 乘以观众厅地面面积计算，取两者中的大值。以下换气次数的选择，哪一项是正确的？【2013-2-16】

A. 换气 $6h^{-1}$　　　　　　　　　　B. 换气 $8h^{-1}$

C. 换气 $10h^{-1}$　　　　　　　　　　　　D. 换气 $13h^{-1}$

参考答案：D

分析：《09 技术措施》第 4.11.3 条。

2.8-15.【单选】某地下汽车库内设置独立的排烟系统，在其中一个防烟分区内设置 3 个常闭排烟口，下列何项是错误的？【2017-1-10】

　　A. 布置排烟口时，保证每个排烟口距本防烟分区内最远点的距离不超过 30m

　　B. 人工开启 3 个排烟口中的任何一个，其余 2 个均联动开启

　　C. 排烟口应具有手动和远控自动开启功能

　　D. 在排烟口上设置 280℃ 自动熔断装置

参考答案：A

分析：由《汽车库、修车库、停车场设计防火规范》GB 50067－2014 第 8.2.6 条可知选项 A 错误，保证分区内任意一点距离最近排烟口距离不大于 30m 即可，而非每个排烟口都要距离最远点不超过 30m（可参考《防排烟规》第 4.4.12 条）；由《防排烟规》第 5.2.2.4 条及第 5.2.3 条可知，选项 B 正确，"系统中任一排烟口或排烟阀开启时，排烟风机自动启动"，"当火灾确认后，火灾自动报警系统应在 15s 内联动开启相应防烟分区的全部排烟阀、排烟口、排烟风机和补风设施"；由《防排烟规》第 5.2.3 条可知，选项 C 正确，"机械排烟系统中的常闭排烟阀或排烟口应具有火灾自动报警系统自动开启、消防控制室开启和现场手动开启功能"；由《建规 2014》第 9.3.11 条条文说明表 18 可知，选项 D 正确。

2.8-16.【单选】建筑高度为 50m 的某公共建筑，防排烟系统设计要求正确的是下列哪一项？【2018-1-11】

　　A. 同一楼层中，一个机械排烟系统不允许负担多个防烟分区

　　B. 非金属排烟管道允许漏风量应按高压系统要求

　　C. 防烟楼梯间正压送风宜隔层设置一个常闭风口

　　D. 采用敞开凹廊的前室，其防烟楼梯间可不另设防烟措施

参考答案：D

分析：根据《防排烟规》第 4.4.1 条和第 4.4.10.2 条及第 4.6.4 条可知，排烟系统横向应按防火分区设置，但可以负担多个防烟分区，故选项 A 的说法错误。根据《通风与空调工程施工质量验收规范》GB 50243－2016 第 4.2.1-5 条可知，排烟系统风管的严密性应符合中压风管的规定，故选项 B 中按高压系统的要求说法错误。根据《防排烟规》第 3.3.6 条可知，选项 C 错误，防烟楼梯间宜每隔 2～3 层设一个常开式百叶送风口。根据《防排烟规》第 3.1.3.1 条可知，选项 D 正确。

2.8-17.【单选】某无吊顶地下汽车库设置机械排烟系统。问：下列做法中，最合理的是哪一项？【2018-2-10】

　　A. 利用梁高为 800mm 的框架梁作为挡烟垂壁划分防烟分区

　　B. 设置排风兼排烟系统，车库上部的排风口均匀布置且车库内任一位置与风口的距

离小于 20m，火灾时通过各排风口排烟

C. 按防火分区设置排烟系统，排烟量为最大防火分区面积乘以 $120m^3/(h \cdot m^2)$

D. 排烟风机直接吊装于车库顶板下，风机下部净空间高度不小于 2.1m

参考答案：A

分析：根据《汽车库、修车库、停车库设计防火规范》GB 50067—2014 第 8.2.2 条可知，选项 A 的做法是合理的；根据 8.2.6 条可知，选项 B 合理；根据第 8.2.5 条可知，车库排烟量与车库面积无关，与车库净高有关，故选项 C 不合理；根据《建规 2014》第 8.1.9 条可知，排烟风机应设在专用机房，故选项 D 直接吊装在车库顶板下不合理。设置上选项 AB 均合理，但是选项 B 从规范的角度仅要求排烟口距离防烟分区内最远点的水平距离不应大于 30m，而选项 B 减小为 20m。排烟口与最远排烟地点太近需要多设排烟管道，不经济（条文说明），因此从经济性上选项 B 不如选项 A 合理。综上所述，最合理的是选项 A。

2.8-18.【单选】设有消防控制室的地下室采用机械排烟，三个防烟分区共用一个排烟系统。关于其工作程序，下列何项是错误的？【2018-2-12】

A. 接到火灾报警信号后，由控制室开启有关排烟口，联动活动挡烟垂壁动作、开启排烟风机

B. 排烟风机开启时，应同时联动关闭地下室通风空调系统的送、排风机

C. 三个防烟分区内的排烟口应同时全部打开

D. 通风空调管道内防火阀的熔断信号可不要求与通风空调系统的送、排风机连锁控制

参考答案：C

分析：本题考察对排烟系统运行的理解，可参考《复习教材》第 2.10.10 节第 2 部分内容。选项 A，由图 2.10-26 可知正确，接收到火灾报警信号时，相关控制均由控制室执行，仅人发现火灾时才进行手动开启。由图 2.10-26 可看到排烟风机为联动排烟口开启运行，此时对应联动停止空调通风系统，选项 B 正确。选项 C 错误，火灾报警时仅开启着火防烟分区的排烟口。根据图 2.10-26，防火阀熔断信号没有要求与排风机连锁，由表 2.10-24 可知，对于防火阀有反馈信号功能的需要给定相关功能，而非必须采用的功能，故选项 D 正确。

2.8-19.【多选】某 30 层的高层公共建筑，其避难层净面积为 $1220m^2$，需设机械加压送风系统，符合规定的加压送风量是哪几项？【2012-1-52】

A. $34200m^3/h$
B. $37500 \sim 34200m^3/h$
C. $38000 \sim 34200m^3/h$
D. $40200 \sim 34200m^3/h$

参考答案：BCD

分析：根据《防排烟规》第 3.4.3 条：避难层正压送风量不小于 $30m^3/(h \cdot m^2)$。$1220 \times 30m^3/h = 36600m^3/h$。选项 A 加压送风量不满足规范要求，选项 BCD 都正确。

2.8-20.【多选】某高层公共建筑的中庭，体积为 $18000m^3$，下列哪几项设计排烟量

符合要求？【2013-1-53】

    A. 7.2×10^4 m³/h   B. 10.2×10^4 m³/h

    C. 10.8×10^4 m³/h   D. 11.2×10^4 m³/h

参考答案： BCD

分析： 根据《高规》第8.4.2.3条规定，该中庭体积大于17000m³，其排烟量按其体积的4次/h换气计算，得7.2×10^4m³/h，但因其排烟量小于10.2×10^4m³/h，按照规定，取最小排烟量为10.2×10^4m³/h，因此，选项BCD正确。

2.8-21.【多选】某高层建筑设置有避难层，避难层的净面积为650m²，需设加压送风系统，下列设计送风量的哪几项不符合要求？【2013-2-52】

    A. ≥22500m³/h   B. ≥19500m³/h

    C. ≥16000m³/h   D. ≥12000m³/h

参考答案： CD

分析： 根据《防排烟规》第3.4.3条，避难层正压送风量不小于30m³/(h·m²)。$650 \times 30 = 19500$m³/h，故选项CD中加压送风量要求过小。

2.8.3 通风系统的消防要求

2.8-22.【单选】某公共建筑的地下房间内设置排烟系统，房间不吊顶，排烟管明装，设板式排烟口，下列哪一项的设置方法是合理的？【2012-1-16】

    A. 板式排烟口设置于风管顶部

    B. 板式排烟口设置于风管侧面

    C. 板式排烟口设置于风管底部

    D. 板式排烟口可设置于风管的任何一个面

参考答案： C

分析：（1）《防排烟规》第4.4.12条："排烟口宜设置在顶棚或靠近顶棚的墙面上，应设置在储烟仓内"，说明排烟口要设置在房间上部，但规范并没有提及在风管上设置的具体要求。因此，本题需要按照实际设计的合理性进行具体分析。

（2）首先排除选项D，因为是单选，而且题目问的是"合理"而不是"最合理"，选项D和选项ABC矛盾。

（3）接着排除选项A，因为排烟口设在风管顶部，对于排烟口的施工安装、打开复位、运行管理都有产生影响，所以不是"合理的"。

（4）板式排烟口为DC 24V电源控制阀门打开，远距离手动复位关闭，手动开启，且与排烟风机连锁，远距离控制缆绳长度不超过6m，板式排烟口一般不具有打开后烟气温度达280℃时重新关闭的功能。板式排烟口可以装在走道吊顶板上或墙上。图集07K103-2中有板式排烟看在吊顶上安装和竖井上安装的详图。

（5）本题的房间不吊顶和排烟管明装是迷惑条件，并且题目也隐含着任何一个面都是在储烟仓内这个条件。认准了板式排烟口这个考点，可知道是选项C。

2.8-23.【单选】一办公建筑的某层内走廊需设置机械排烟，下列哪项是正确的排烟

口布置图？【2012-2-15】

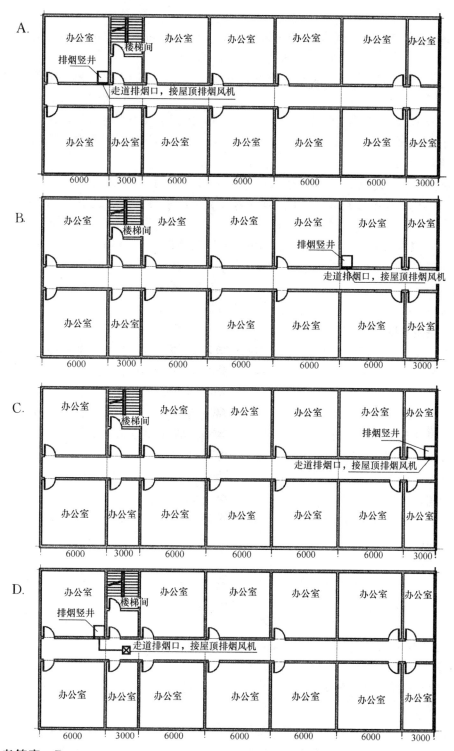

参考答案：B

分析：根据《高规》第8.4.4条和《建规2006》第9.4.6.3条，排烟口距离安全出口边沿的水平距离不小于1.5m，选项AD错误。选项C排烟口距离内走道最远距离超过30m。

扩展：详见本书第4篇第16章扩展16-14：关于进、排风口等距离的规范条文小结。

2.8-24.【单选】关于防火阀、排烟防火阀、排烟阀的说法，下列何项是错误的？【2014-1-16】

A. 防火阀平时呈开启状态　　　　　B. 排烟防火阀平时呈开启状态

C. 排烟阀平时呈关闭状态　　　　　D. 阀门的阀体板材厚度应不小于1.0mm

参考答案：D

分析：根据《建筑通风和排烟系统用防火阀门》GB 15930—2007第3.1条，选项ABC正确。根据《复习教材》P318，板材厚度应不小于1.5mm，故选项D错误。

2.8-25.【单选】某工程设有排烟系统，其排烟管道尺寸为800mm×630mm，试问排烟管道的钢板厚度应为下列何项？【2014-1-17】

A. 0.5mm　　　　　　　　　　　B. 0.6mm

C. 0.75mm　　　　　　　　　　　D. 1.0mm

参考答案：D

分析：根据《通风与空调工程施工规范》GB 50738—2011第4.1.6条，排烟系统按高压系统选定，风管长边尺寸800mm，选得最小钢板厚度为1.0mm。

2.8-26.【单选】某二层楼车间，底层为抛光间，生产中有易燃有机物散发，故设排风系统，其排风管需穿过楼板至屋面排放，在风管穿越楼板处设置防护套。试问该防护套的钢板厚度下列哪一项符合规定？【2014-2-17】

A. 1.0mm　　　　B. 1.2mm　　　　C. 1.5mm　　　　D. 2.0mm

参考答案：D

分析：根据《通风与空调工程施工规范》GB 50738—2011第8.1.2条：应设壁厚不小于1.6mm的钢制防护套管。只有选项D符合要求。

2.8-27.【单选】下列哪个阀门（风口）动作时，一般不需要连锁有关风机启动或停止？【2016-1-16】

A. 排烟风机入口的280℃排烟防火阀

B. 防烟楼梯间前室常闭加压送风口

C. 各防烟分区的排烟口

D. 穿越空调机房的空调进风管上的70℃防火阀

参考答案：D

分析：选项ABC所提及的280℃排烟防火阀，常闭加压送风口，防烟分区的排烟口应设置于有关风机连锁，特别指出，排烟系统中，排烟主管与支管连接处常开型排烟防火阀可不与风机连锁，选项ABC错误；根据《建规2014》第9.3.11条，穿越通风、空气调节机房的房间隔墙和楼板处应设置防火阀。《建规 2014》条文说明中说明防火阀的目的是主要防止机房的火灾通过风管蔓延到建筑物的其他房间，或者防止建筑内的火灾通过风管蔓延至机房内。并未对空调机房的空调进风管上的 70℃ 防火阀连锁风机启动或停止进行规定，一般认为可不设置风机连锁，选项 D 正确。

2.8-28.【多选】有关排烟系统阀门的启闭状态表述，下列哪几项是错误的?【2012-2-50】

A. 排烟阀平时是呈开启状态
B. 排烟防火阀平时是呈开启状态
C. 排烟阀平时是呈关闭状态
D. 排烟防火阀平时是呈关闭状态

参考答案：AD

分析：《复习教材》P317 及《建筑通风和排烟系统用防火阀门》GB 15930—2007 第 3.1~3.3 条：排烟防火阀平时呈开启状态、排烟阀平时呈关闭状态。

2.8-29.【多选】排烟系统排烟风道的用材选择，下列哪几项是错误的?【2014-2-50】

A. 矩形排烟风道采用钢板制作，钢板厚度按高压系统的厚度执行
B. 采用无机玻璃钢排烟风管，板材厚度可按高压系统的厚度执行
C. 1500mm×630mm 的矩形排烟钢板风管，钢板厚度采用 1.0mm
D. 排烟系统的风管允许漏风量执行中压系统风管的规定数值

参考答案：BC

分析：根据《通风与空调工程施工规范》GB 50738—2011 第 4.1.6 条及表 4.1.6-1，选项 A 正确；选项 B 错误；选项 C 错误，应≥1.2mm；根据 15.2.3-3 条，选项 D 正确。

2.8-30.【多选】某风机房风机的送风管穿越隔墙时，风管上需要装 70℃ 防火阀。试问该阀距风机房隔墙表面的安装距离可为下列哪几项?【2014-1-53】

A. 0.15m　　　B. 0.20m　　　C. 0.30m　　　D. 0.40m

参考答案：AB

分析：根据《通风与空调工程施工规范》GB 50738—2011 第 8.1.6 条：防火阀距墙不应大于 200mm。

2.8-31.【多选】下列排风系统设计中，哪些是错误的?【2017-1-49】

A. 穿越防火卷帘处设置 70℃ 防烟防火阀
B. 穿越重要会议室隔墙处设置 70℃ 防火阀
C. 穿越防火分隔处的变形缝处，在一侧设置 70℃ 防火阀
D. 进入排风机房隔墙上设置排烟防火阀

参考答案：CD

分析：由《建规 2014》第 9.3.11 条及条文说明可知，选项 AB 正确，防火卷帘属于防火分隔（第 5.3.3 条），用于分隔两个防火分区，并且排风风管上也可设置防烟防火阀；需要在两侧分别设置防火阀，而非一侧，选项 C 错误；选项 D 需要设置 70℃ 防火阀而非排烟防火阀。

2.8.4 其他消防要求

2.8-32.【单选】某棉花仓库堆放成捆的棉花，设有机械排烟系统。试问棉花的堆高距排烟管道的最小距离（未采取隔热措施）不得小于下列何项？【2014-2-16】

A. 100 mm　　　B. 150 mm　　　C. 200 mm　　　D. 250 mm

参考答案：B

分析：棉花堆属于可燃物体，排烟管道排烟时烟气温度高于80℃，根据《建规2014》第9.3.10条，最小间隙不应小于150mm。

2.8-33.【多选】建筑内电梯井设计时，下列哪几项要求是错误的？【2012-2-48】

A. 电梯井内不宜敷设可燃气体管道

B. 电梯井内严禁敷设甲、乙类液体管道

C. 电梯井内严禁敷设甲、乙、丙类液体管道

D. 电梯井内严禁敷设电线电缆

参考答案：ABD

分析：(1) 根据《建规2014》第6.2.9条第1款：电梯井应独立设置，井内严禁敷设可燃气体和甲、乙、丙类液体管道，并不应敷设与电梯无关的电缆、电线等。可见，选项A错误，错在"不宜"，应为"严禁"；选项D错误，错在缺少"与电梯无关"的限制。

(2) 分歧之处在于选项B和选项C，因为有了选项C的对照，显得选项B那么"此地无银"。而且从规范的解读来说选项B"电梯井内严禁敷设甲、乙类液体管道"可以推导出"电梯井内可以敷设丙类液体管道"，这与《建规2014》第6.2.9条第1款是矛盾的，因此考生会揣测这是出题老师的意图和陷阱。本题判别正确的原则是要将每一部分的内容表述完整才算正确，所以选项B针对规范要求是错误的。

2.8-34.【多选】某生产车间火灾危险性为乙类，车间内散发可燃粉尘，其供暖热媒为高压蒸汽，下列哪几项供暖方式是不安全的？【2016-2-44】

A. 散热器　　　B. 暖风机　　　C. 吊顶辐射板　　　D. 全新风热风系统

参考答案：ABC

分析：根据《建规2014》第9.2.1条，散发可燃粉尘，为了防止供暖表面温度过高，导致粉尘自燃，供暖表面温度不应超过82.5℃。散热器、吊顶辐射板均位于生产车间内，表面温度超过82.5℃，可燃粉尘易自然，选项AC错误；暖风机采用高压蒸汽时，根据《复习教材》第1.5.3节第2条，因小型暖风机送风温度不宜低于35℃，不应高于55℃，不能选用，应选用大型暖风机，而选项B未说明是何种形式暖风机，采用小型暖风机导致送风温度过高，易出现危险，不安全，选项B错误；根据《复习教材》第1.5节"热风供暖条件"(3)，由于防火、防爆和卫生要求，必须采用全新风热风系统，选项D正确。

2.8-35.【多选】设有火灾自动报警系统和消防控制室的建筑内，人员通过现场远程控制装置开启房间排烟口后，一些设备或阀门应进行连锁动作。下列哪几项连锁是正确的？【2017-2-52】

A. 与排烟风口对应的排烟系统的排烟风机

B. 空调风管穿越空调机房隔墙处的 70℃ 防火阀

C. 排烟风机入口处的 280℃ 排烟防火阀

D. 发生火灾的防火分区内的其他通风机

参考答案：AD

分析：根据《复习教材》图 2.10-26 与图 2.10-27 可知，选项 AD 正确，着火时需要联动开启防火分区内排烟口、排烟风机，并停止防火分区内空调系统和通风系统。火灾报警动作后，防火阀 70℃ 熔断关闭，而非联动，故选项 B 错误；选项 C：排烟防火阀为常开阀门（参见《建筑通风和排烟系统用防火阀门》JB/T 8532—2008），故火灾发生初期无需连锁动作，根据《复习教材》第 2.10.9 节和《防排烟规》第 4.4.6 条可知，排烟风机入口处的 280℃ 排烟防火阀与排烟风机连锁是烟温超过 280℃，排烟防火阀自行关闭，连锁排烟风机关闭，即风阀关闭连锁风机。

2.8-36.【多选】某建筑通风和排烟系统用防火阀门的分类代号和规格为：PFHF-WSDC-Y1000×500。根据相关规范要求，对该阀门的下列性能表述中，哪几项是错误的？【2018-1-50】

A. 该阀为排烟防火阀

B. 该阀具有温感器控制自动关闭、手动关闭、电控电磁铁关闭方式

C. 该阀具有风量调节功能

D. 该阀在环境温度下，两侧保持 300Pa 的气体静压差时，规定的漏风量应不大于 500m³/h

参考答案：CD

分析：根据《建筑通风和排烟系统用防火阀门》GB 15930—2007 第 4.4.4 条可确定阀门各标识位的含义。由第 4.4.2 条可知，PFHF 表示排烟防火阀，选项 A 正确。由表 1 可知，W 表示温度器控制自动关闭，S 表示手动控制关闭或开启，DC 表示电动控制关闭或开启，电控电磁铁关闭或开启，因此选项 B 正确。根据表 2，F 表示具有风量调节功能，且应处在第 3 标识位，但本阀门仅标识了 Y 功能，即远距离复位功能，故选项 C 错误。根据第 6.11.1 条，在保持 300Pa 静压差时，漏风量为单位面积不大于 500m³/h，阀门截面积为 1×0.5＝0.5m²，故总漏风量应为 250m³/h，而选项 D 错误理解为总漏风量不大于 500m³/h，故选项 D 错误。

2.9　人　防　工　程

2.9-1.【单选】保障防空地下室战时功能的通风，说法正确的是哪一项？【2012-1-14】

A. 包括清洁通风、滤毒通风、超压排风三种

B. 包括清洁通风、隔绝通风、超压排风三种

C. 包括清洁通风、滤毒通风、平时排风三种

D. 包括清洁通风、滤毒通风、隔绝通风三种

参考答案：D

分析：根据《人民防空地下室设计规范》GB 50038—2005 第 5.2.1.1 条可知，选项

D 正确。平时排风非战时功能,超压排风措施不是通风方式。

2.9-2.【单选】平时为汽车库,战时为人员掩蔽所的防空地下室,其通风系统作法,下列哪项是错误的?【2012-2-14】

A. 应设置清洁通风、滤毒通风和隔绝通风

B. 应设置清洁通风和隔绝防护

C. 战时应按防护单元设置独立的通风空调系统

D. 穿过防护单元隔墙的通风管道,必须在规定的临战转换时限内形成隔断。

参考答案: B

分析: 根据《人民防空地下室设计规范》GB 50038—2005 第 5.2.1-1 条:战时为医疗救护工程、专业队队员掩蔽部、人员掩蔽工程以及食品站、生产车间和电站控制室、区域供水站的防空地下室,应设置清洁通风、滤毒通风和隔绝通风,故选项 A 正确,选项 B 错误;根据第 5.3.2-1 条,选项 C 正确;根据第 5.3.12-3 条,选项 D 正确。

2.9-3.【单选】关于人防工程防护通风设备的表述,下列哪一项是错误的?【2013-1-14】

A. 防爆波活门是阻挡冲击波沿通风口进入人防工程内部的消波设施

B. 防爆波活门的选择根据工程的抗力级别和清洁通风量等因素确定

C. 防爆超压自动排气活门可用于抗力为 0.25MPa 的排风消波系统

D. 密闭阀门是人防通风系统的平时与战时转换通风模式的控制部件,只能开关,不能调节风量

参考答案: D

分析: 根据《人民防空地下室设计规范》GB 50038—2005 中术语的第 2.1.37 条解释,防爆波活门在冲击波到来时能够自动关闭,属于消波设施,选项 A 正确;根据 GB 50038—2005 第 5.2.10 条规定,防爆波活门的选择,应根据工程的抗力级别和清洁通风量等因素确定,选项 B 正确;根据 GB 50038—2005 第 5.2.14 条规定,防爆超压自动排气活门只能用于抗力不大于 0.30MPa 的排风消防系统,选项 C 正确;根据 GB 50038—2005 第 2.1.53 条规定,密闭阀门是保障通风系统密闭防毒的专用阀门,选项 D 错误。

2.9-4.【单选】某人防地下室二等人员掩蔽所,已知战时清洁通风量为 $8m^3/(p \cdot h)$,其战时的隔绝防护时间应 $\geqslant 3h$,在校核验算隔绝防护时间时,其隔绝防护前的室内 CO_2 初始浓度宜为下列哪一项?【2013-2-11】

A. $0.72\% \sim 0.45\%$ B. $0.45\% \sim 0.34\%$

C. $0.34\% \sim 0.25\%$ D. $0.25\% \sim 0.18\%$

参考答案: C

分析: 根据《人民防空地下室设计规范》GB 50038—2005 表 5.2.5。

2.9-5.【单选】当人防地下室平时和战时合用通风系统时,下列哪一项是错误的?【2013-2-14】

A. 应按平时和战时工况分别计算系统的新风量

B. 应按最大计算新风量选择清洁通风管管径、粗过滤器和通风机等设备

C. 应按战时清洁通风计算的新风量选择门式防爆波活门，并按门扇开启时，校核该风量下的门洞风速

D. 应按战时滤毒通风计算的新风量选择过滤吸收器

参考答案：C

分析：根据《人民防空地下室设计规范》GB 50038—2005 第 5.3.3 条，选项 AB 正确；选项 C 错误，应按"平时通风量"进行校核；根据第 5.2.16 条：设计选用的过滤吸收器，其额定风量严禁小于通过该过滤吸收器的风量，故选项 D 正确。

2.9-6.【多选】某既有人防工程地下室，战时的隔绝防护时间经校核计算不满足规范规定值，故战时必须采取有效的延长隔绝防护时间的技术措施，下列哪几项措施是正确的？【2012-2-52】

A. 设置氧气再生装置、高压氧气罐

B. 尽量减少战时掩蔽人数

C. 尽量较少室内人员活动数、严禁吸烟

D. 加强工程的气密性

参考答案：ABCD

分析：根据《人民防空地下室设计规范》GB 50038—2005 第 5.2.5 条，当计算出的隔绝通风防护时间不满足规定时，应采取生 O_2、吸收 CO_2 或减少掩蔽人数的等措施。选项 A 的"高压氧气瓶"是提高室内 O_2 浓度的方法之一（设置氧气再生装置、设置高压氧气瓶、清除 CO_2）。因此选项 ABCD 皆正确。本题通过教材和规范无法直接判别答案，主要考查实际设计经验。

扩展：（1）根据《防空地下室设计手册：暖通、给水排水、电气分册》的相关规定：影响隔绝防护时间长短的因素除掩蔽人员的数量、掩蔽空间的容积以及隔绝防护前地下室内二氧化碳的初始浓度等因素外，还有两个：1）工程结构本身和孔口防护设备的气密性是防止毒剂进入工程的关键。这些部位不严密，室外毒剂就会在风压等因素的作用下，沿缝隙进入室内，当毒剂达到最低伤害浓度时，隔绝时间就到了，应转入滤毒式通风；2）人员活动量、吸烟和燃点灯烛也是耗氧和产生二氧化碳的重要因素。

延长隔绝防护时间的措施主要有：

1）设置产生氧气的装置和吸收二氧化碳的装置，如氧气再生装置、高压氧气瓶等。

2）适当减少战时掩蔽人员的数量。

3）加强工程的气密性。施工时要确保工程质量，搞好密闭处理的各环节（如混凝土应捣固密实，防止蜂窝产生；出入口的门必须能关闭严密；各种穿墙管及套管应填密实不漏气；地漏要采用防爆防毒地漏；与战时无关的管道应严格按规范要求尽量不穿越防护密闭墙或密闭墙），保证防护设备（如密闭阀门）具有良好的密闭性能；战时需要封堵的各种孔洞必须严密不漏气；加强工程平时的维护管理，使各相关设备或部件始终保持完好状态；定期对工程进行气密性检查，以便及时发现问题、解决问题。

4）尽量减少二氧化碳的发生量和氧气的消耗量。室内氧气浓度降低和二氧化碳浓度增加的主要原因是人员呼吸、吸烟等，所以战时应做到：尽量减少室内人员的活动量、严

禁吸烟和燃点灯烛等。

（2）根据《2009全国民用建筑工程设计技术措施—防空地下室》的相关规定：当计算出的隔绝防护时间不能满足规定时，应采取生 O_2、吸收 CO_2 或减少战时掩蔽人数等措施。通常宜采用减少战时掩蔽人员数量的措施。

2.9-7.【多选】人防地下室应具备通风换气条件的部位是下列哪几项？【2013-1-48】

A. 染毒通道　　　　　　　　　　B. 防毒通道

C. 简易洗消间　　　　　　　　　D. 人员掩蔽部

参考答案：BCD

分析：根据《人民防空地下室设计规范》GB 50038—2005 图5.2.9，染毒通道不进行通风换气，实际凡是有人员隐蔽和工作的人防地下室均应具备通风换气条件。本题与【2011-1-51】相同。

2.9-8.【多选】人防工程二等人员掩蔽所的通风包含下列哪些方式？【2017-2-51】

A. 平时通风　　　　　　　　　　B. 清洁通风

C. 滤毒通风　　　　　　　　　　D. 隔绝通风

参考答案：ABCD

分析：根据《复习教材》第2.11.2节可知，人防工程通风方式分为平时通风和战时通风（防护通风）两类，根据《人民防空地下室设计规范》GB 50038—2005 第5.2.1-1条可知，人员掩蔽所战时通风需要设置清洁通风、滤毒通风和隔绝通风。根据《人民防空地下室设计规范》GB 50038—2005 第5.1-1条可知，防空地下室的供暖通风必须确保战时防护要求，并应满足战时及平时的使用要求。二等人员掩蔽所作为人防工程的一种防护类型，同样需满足人防工程平时及战时的不同使用要求，因此ABCD四个选项均正确。

2.10 其 他 考 点

2.10.1 车库、设备用房、厨房及卫生间

2.10-1.【单选】某车库的排风系统拟采用采集车库气体成分的传感器控制排风机的运行，正确选用的传感器应是下列何项？【2014-1-11】

A. O_2 传感器　　　B. CO_2 传感器　　　C. CO 传感器　　　D. NO_x 传感器

参考答案：C

分析：根据《公建节能2015》第4.5.11条条文说明，通过对其主要排放污染物CO浓度的监测来控制通风设备的运行。国家相关标准规定一氧化碳8h时间加权平均允许浓度为 $20mg/m^3$，短时间接触允许 $30mg/m^3$。选项C正确。

2.10-2.【单选】关于公共厨房通风排风口位置及排油烟处理的说法，下列何项是错误的？【2014-2-12】

A. 油烟排放标准不得超过 $2.0mg/m^3$

B. 大型油烟净化设备的最低去除效率不宜低于85%

C. 排油烟风道的排风口宜放置在建筑物顶端并设置伞形风帽

D. 排油烟风道不得与防火排烟风道合用

参考答案： C

分析： 根据《民规》第 6.3.5.4 条，选项 D 正确。根据《民规》第 6.3.5.4 条条文说明，选项 AB 正确，选项 C 错误，一般为锥形风帽。

2.10-3.【单选】关于住宅建筑的厨房竖向排风道的设计，下列何项是错误的？【2014-2-14】

A. 顶部应设置防止室外风倒灌装置

B. 排风道不需加重复的止回阀

C. 排风道阻力计算可采用总流动阻力等于两倍总阻沿程阻力的计算方法

D. 计算排风道截面总风量时，同时使用系数宜取 0.8

参考答案： D

分析： 根据《民规》第 6.3.4-4 条，选项 A 正确；根据第 6.3.4-4 条条文说明，选项 BC 正确。其中要注意选项 B 中不需加重复的止回阀指的是排风主管道，但在竖向集中排油烟中，在烟道上用户排油烟机软管接入口处安装可靠逆止阀，且材料应防火。两处的止回阀代表含义有所区别，需引起注意。根据条文说明，同时使用系数宜取 0.4～0.6，故选项 D 错误。

2.10-4.【多选】要求某厨房灶具台上的两个排油烟罩的排风量相同（不设置阀门调节），且使用中维护工作量尽可能减少，以下几个厨房排油烟系统的设计方案，哪几项是不符合要求的？【2014-1-48】

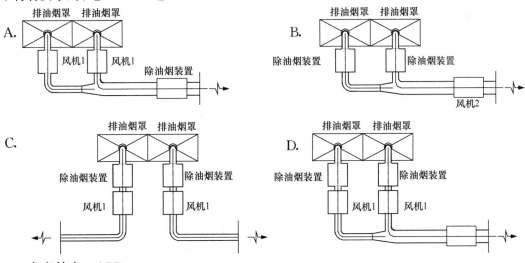

参考答案： ABD

分析： 由题意可知，首先除油烟装置应设置排油烟风机前方，将油烟处理后，再经过风机，有助于风机高效运行，降低维护工作量，故选项 A 错误。选项 B，无论两组排油烟罩同时运行还是任何一组独立运行时，风机 2 均需运行，风机长时间处于运行状态，不经济的同时，风机故障率出现概率大大增加，即维护工作量也会增加。选项 D，当仅开一组风机时，因各组排油烟系统均不设置阀门调节，风机出口油烟极有可能通过另一组不运行风机流回排油烟罩，造成气流短路，不合理。选项C，各组排油烟系统完全独立，分区使用，合理、经济、高效。

2.10-5.【多选】当用稀释浓度法计算汽车库排风量时，下列哪些计算参数是错误的？【2016-1-53】

A. 车库内CO的允许浓度为30mg/m³

B. 室外大气中CO的浓度一般取2～3mg/m³

C. 典型汽车排放CO的平均浓度通常取5000mg/m³

D. 单台车单位时间的排气量可取0.2～0.25m³/min

参考答案：CD

分析： 根据《复习教材》第2.12.1节及《民规》第6.3.8条条文说明，按照稀释浓度法计算汽车库排风量，选项AB正确；典型汽车排放CO的平均浓度通常取55000mg/m³，单台车单位时间的排气量可取0.02～0.025m³/min，选项CD错误。

2.10.2 锅炉房通风与消防

2.10-6.【单选】根据规范规定燃气锅炉房的火灾危险性分类，下列表述哪项是正确的？【2012-2-07】

A. 锅炉间和燃气调压间应属于甲类生产厂房

B. 锅炉间和燃气调压间应属于乙类生产厂房

C. 锅炉间应属于丙类生产厂房，燃气调压间应属于乙类生产厂房

D. 锅炉间应属于丁类生产厂房，燃气调压间应属于甲类生产厂房

参考答案：D

分析： 根据《锅炉房设计标准》GB 50041—2020第15.1.1条或《建规2014》第3.1.1条条文说明表1。

2.10-7.【多选】某采用天然气为燃料的热水锅炉房，试问其平时通风系统和事故通风系统的设计换气能力正确的为下列哪几项？【2012-1-48】

A. 平时通风3h⁻¹和事故通风6h⁻¹

B. 平时通风6h⁻¹和事故通风6h⁻¹

C. 平时通风6h⁻¹和事故通风12h⁻¹

D. 平时通风9h⁻¹和事故通风12h⁻¹

参考答案：CD

分析： 根据《锅炉房设计标准》GB 50041—2020第15.3.7条或《建规2014》第9.3.16条。

扩展： 详见本书第4篇第16章扩展16-18：关于平时通风和事故通风换气次数的一般规定。

第3章 空气调节与洁净技术专业知识题

本章知识点题目分布统计表

小节	考点名称		2012年至2020年题目统计		近三年题目统计		2020年题目统计
			题目数量	比例	题目数量	比例	
3.1	空调系统基本理论	3.1.1 空调冷热负荷与焓湿图原理	22	7%	9	8%	2
		3.1.2 舒适性与环境控制	10	3%	6	5%	2
		小计	32	11%	15	14%	4
3.2	空气处理过程与设备		18	6%	10	9%	2
3.3	空调风系统	3.3.1 全空气空调系统	15	5%	7	6%	2
		3.3.2 风机盘管加新风系统	10	3%	3	3%	1
		3.3.3 空调系统的选择	14	5%	6	5%	1
		小计	39	13%	16	15%	4
3.4	空调系统设备		15	5%	6	5%	3
3.5	气流组织		10	3%	5	5%	3
3.6	空调水系统	3.6.1 水系统形式与设计	13	4%	5	5%	2
		3.6.2 水泵与系统运行	21	7%	6	5%	0
		3.6.3 水系统定压与检测	8	3%	3	3%	2
		3.6.4 冷却水系统	8	3%	2	2%	1
		小计	50	17%	16	15%	5
3.7	空调系统的控制	3.7.1 阀门与机组控制	15	5%	5	5%	4
		3.7.2 系统控制	21	7%	3	3%	1
		小计	36	12%	8	7%	5
3.8	节能措施		24	8%	5	5%	0
3.9	空气洁净技术	3.9.1 洁净原理与洁净室	17	6%	6	5%	2
		3.9.2 过滤器与洁净系统	19	6%	8	7%	3
		3.9.3 空气过滤器	12	4%	5	5%	2
		小计	48	16%	19	17%	7
3.10	其他考点	3.10.1 保温保冷	6	2%	1	1%	0
		3.10.2 隔振与消声	16	5%	9	8%	4
		小计	22	7%	10	9%	4
合计			294		110		37

说明：2015年停考1年，近三年真题为2018年至2020年。

3.1 空调系统基本理论

3.1.1 空调冷热负荷与焓湿图原理

3.1-1.【单选】某办公建筑的非轻型外墙外表面采用光滑的水泥粉刷墙面，其外表面有多种颜色可选。会导致空调计算冷负荷最大的外墙外表面颜色是哪一项？【2012-1-26】

　　A. 白色　　　　　　B. 浅灰色　　　　　C. 深灰色　　　　　D. 黑色

参考答案：D

分析：《民用建筑热工设计规范》GB 50176—2016 第6.1.3-1条：宜采用浅色外饰面，如浅色粉刷、涂层和面砖等。

3.1-2.【单选】四个典型设计日逐时得热量完全相同的全天24h运行的空调房间，它们的全天逐时冷负荷计算结果如下图的曲线所示。问：最大蓄热能力的房间，是下列哪一个？【2014-1-23】

　　A. 房间1　　　　　　B. 房间2

　　C. 房间3　　　　　　D. 房间4

参考答案：D

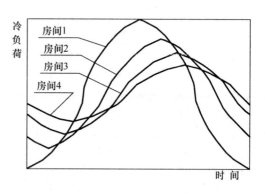

分析：根据《空气调节》P35，得热量转化为冷负荷过程中，存在着衰减和延迟现象。冷负荷的峰值不只低于得热量的峰值，而且在时间上有所滞后，这是由建筑物的蓄热能力所决定的。蓄热能力越强，则冷负荷衰减越大，延迟时间也越长。由题意知，房间4的蓄热能力最大。本题也可参见《复习教材》P357中"冷热负荷形式机理"的相关内容。

扩展：现阶段，建筑结构蓄能系统已在个别项目中使用，充分利用围护结构传热系数低、热惰性大的特点，结合峰谷电价时段及系统高效运行外部条件，将冷热蓄存与建筑结构中，待建筑需要供冷供暖时，不开启或少开启制冷供暖设备，以达到节能的目的。

3.1-3.【单选】下列何项得热可以采用稳态计算方法计算其形成的空调冷负荷？【2014-1-24】

　　A. 轻质外墙传热　　　　　　　　B. 办公室人员散热

　　C. 北向窗户太阳辐射热　　　　　D. 电信数据机房工艺设备散热

参考答案：D

分析：根据《民规》第7.2.5.4条，"全天使用的设备散热量"可按照稳态方法计算夏季冷负荷，故选项D正确。选项ABC均应采用非稳态方法计算逐时冷负荷。

3.1-4.【单选】假定空气干球温度、含湿量不变，当大气压力降低时，下列何项正确？【2014-1-25】

A. 空气焓值上升　　　B. 露点温度降低　　　C. 湿球温度不变　　　D. 相对湿度不变

参考答案： B

分析： 题干给定"空气干球温度、含湿量不变"，由焓值计算式 $h=1.01t+d$（$2500+1.84t$）可知，焓值不变，选项 A 错误。由《空气调节》P11 图 1-6 得，大气压力变小、含湿量与干球温度均不变时，相对湿度降低、露点温度降低、湿球温度降低。因此选项 B 正确，选项 CD 错误。本题采用《空气调节》教材的图才可分析出答案，如采用考试教材基本无从下手，疑似超纲。

3.1-5.【单选】某定风量一次回风空调系统服务于 A、B 两个设计计算负荷相同的办公室，系统初调试合格后，夏季设计工况下完全满足 A、B 两个房间的空调设计指标。夏季运行时，采用设定的回风温度来自动控制通过空调机组表冷器的冷水流量（保持回风温度不变）。问：供冷工况下，当 A 房间的冷负荷低于设计工况、B 房间的冷负荷处于设计工况时，空调机组的回风温度 t_H、各房间室内温度（t_A、t_B）之间的关系（系统风量与房间风量不变），以下哪一项是正确的？【2014-1-26】

A. $t_H<t_A$　　　　　B. $t_H<t_B$　　　　　C. $t_H=t_A$　　　　　D. $t_A>t_B$

参考答案： B

分析： 思路一：A 房间冷负荷低于设计工况，此时 A 房间回风温度降低；B 房间处在设计工况，故 B 房间温度高于 A 房间。定风量一次回风系统，空调机组回风温度为房间 A 与 B 回风混合后的温度。因此 $t_A<t_H<t_B$，故选项 B 正确。

思路二：因系统为定风量系统，A、B 房间送风温度相同，风量不变，故不论如何调试系统，在题设情况下，A 房间与 B 房间室内温度均不相同，A 房间的回风温度会降低，为使回风温度不变，调小冷水量（调高送风温度），最终 $t_A<t_B$。回风温度 t_H 始终处于 A 房间和 B 房间之间，由此可判断选项 A 与选项 D 同对同错，选项 C 必错，由此也可判定选项 B 为正确答案。

3.1-6.【单选】以下四个定性反映某酒店客房夏季（全天空调）得热量与空调冷负荷关系的曲线图中，哪个图是正确的？（以下图中的横坐标为时刻 0：00～24：00）【2016-1-22】

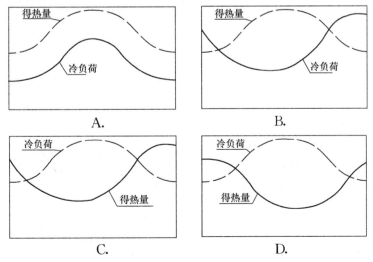

参考答案： B

分析： 根据《复习教材》第3.2.1节第1条，得热量是指在某一时刻进入室内的热量或在室内产生的热量，这些热量中有显热或潜热，或两者兼有之。冷负荷是指在维持室温恒定条件下，室内空气在单位时间内得到的总热量，也就是采用通风（或其他冷却）方式的空调设备在单位时间内自室内空气中取走的热量。得热量不一定等于冷负荷。因为只有得热量中的对流成分才能被室内空气立即吸收，而得热量中的辐射成分却不能直接被空气立即吸收。根据酒店客房夏季运行关系，定性的认为，0：00～12：00，因入住客人逐步休息并与上午时段逐步离开酒店的实际情况，同时室内灯光、电气等设备用能情况逐步减少，室外温湿度逐步降低，逐时冷负荷逐渐降低，逐时得热量逐渐增大，并且逐时冷负荷小于逐时得热量；当12：00～0：00时段，因外围护结构逐时冷负荷的逐渐增加，冷负荷出现等增趋势，而得热量由峰值逐步降低，某一时段，得热量小于逐时冷负荷。从全天时段分析，得热量转化为冷负荷过程中，存在着衰减和延迟现象，冷负荷的峰值不只低于热热量峰值，而且在时间上有所滞后，这是由建筑物的蓄热能力决定的。综上所述，选项 B 正确。

3.1-7.【单选】假定存在水蒸气可以透过、但是空气不能透过的膜，膜的一侧是绝对湿度高的空气，另一侧是绝对湿度低的空气。当两侧空气的绝对含湿量保持不变，采用下列哪一种方法能使水蒸气由绝对湿度低的一侧向绝对湿度高的一侧渗透？【2016-1-25】

A. 提高绝对湿度低的空气的温度　　　　B. 提高绝对湿度高的空气的温度
C. 提高绝对湿度低的空气的压力　　　　D. 提高绝对湿度高的空气的压力

参考答案： C

分析： 根据题意，膜两侧空气中水蒸气分压力的差值是水分在膜两侧传递的驱动力。当提高绝对湿度低的空气压力，使得绝对湿度低的空气水蒸气分压力大于绝对湿度高的水蒸气分压力，水蒸气即能够从绝对湿度低的一侧向绝对湿度高的一侧渗透。选项 C 正确。

3.1-8.【单选】干空气质量分别为 m_1 和 m_2 的两种状态的湿空气混合，如果按照焓湿图计算，得出的混合后状态点（t_1、d_1、h_1）将位于过饱和区。问：在绝热定压条件下充分混合并长时间稳定后，其稳定后的湿空气状态点（t_2、d_2、h_2）和干空气总质量 m 符合下列哪项？【2017-1-23】

A. $d_1 > d_2$

B. $t_1 > t_2$

C. $h_2 > h_1$

D. $m_1 + m_2 > m$

参考答案： A

分析： 根据题意，按照焓湿图计算得出的混合状态点1位于过饱和区，而实际上该状态点是不存在的，实际混合过程中将析出水分，最终稳定后达到状态点2（如右图），因此 $d_1 > d_2$，$t_1 < t_2$，$h_1 > h_2$，选项 A 正确，选项 BC 错误；根据干空气质量守恒，混合前后有

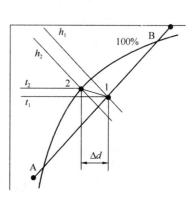

$m_1+m_2=m$，选项 D 错误。

扩展：关于选项 D，注意题干中 m_1 和 m_2 为干空气质量，因此凝结析水不影响干空气质量守恒，若是将 m_1 和 m_2 理解成湿空气质量，则会得出 $m_1+m_2>m$ 的错误答案。

3.1-9.【单选】空调房间每种得热的冷负荷系数是指该得热之后各时间段产生的房间冷负荷与得热量的比值。在进行房间的空调冷负荷计算时，下列哪项得热第一个小时的冷负荷系数为 1？【2017-1-24】

A. 房间外墙传导得热

B. 室内灯具辐射得热。

C. 室内人员潜热得热

D. 新风带入的潜热得热

参考答案：C

分析：根据《复习教材》第 3.2.1 节第 2 条"得热量与热负荷"或《民规》第 7.2.3 条条文说明，得热量不一定等于冷负荷，是因为只有得热量中的对流成分才能被室内空气立即吸收，冷负荷系数为 1 即表示得热量中全部为对流得热而没有辐射得热，故选项 AB 错误，其均含有辐射得热，选项 C 正确，潜热会立即成为瞬时冷负荷。选项 D 错误，根据《民规》第 7.2.2 条及第 7.2.11-3 条，房间冷负荷计算不包括新风冷负荷。

扩展：空调房间计算冷负荷：按外墙、外窗、人体、照明、设备等各项逐时冷负荷的综合最大值计算，用于确定空调房间末端容量、计算房间送风量或作为下一层次负荷的计算基础。空调系统计算冷负荷：多个空调区（房间）计算负荷＋新风负荷＋附加冷负荷。用于确定（集中）空调系统空调机组的容量。

3.1-10.【单选】以下关于建筑空调设计冷负荷计算的说法，哪一项是正确的？【2017-2-19】

A. 按稳态方法计算时，建筑外墙冷负荷计算中的温差采用夏季室外空调计算干球温度与室内设计温度的差值

B. 按非稳态方法计算时，建筑外墙冷负荷计算中的温差采用夏季室外空调计算干球温度与室内设计温度的差值

C. 按非稳态方法计算时，建筑外墙冷负荷计算中所采用的夏季室外逐时外墙计算温度仅与建筑所在城市相关

D. 利用计算软件进行夏季空调冷负荷计算时，采用夏季室外空调计算干球温度作为计算参数之一

参考答案：D

分析：根据《民规》第 7.2.8-1 条，选项 A 错误，应采用夏季空调室外计算日平均综合温度与室内设计温度的差值；根据《民规》第 7.2.7-1 条，选项 B 错误，应采用外墙的逐时冷负荷计算温度与室内设计温度的差值；根据《民规》附录 H，室外逐时冷负荷计算温度除所在城市外，还与小时数、外墙类型与朝向相关，故选项 C 错误；夏季室外空调计算干球温度用于计算夏季新风冷负荷，是夏季空调冷负荷的组成部分，故选项 D 正确。

3.1-11.【单选】某工厂生产厂房采用一个变风量空调系统承担多个同时使用的空调

区时，该系统夏季设计冷负荷应按下列何项确定？【2017-2-20】

    A. 各空调区逐时冷负荷的综合最大值

    B. 各空调区逐时冷负荷最大值的累计值

    C. 各空调区中，逐时冷负荷最大的空调区的冷负荷值

    D. 各空调区中，空调面积最大的空调区的冷负荷值

参考答案： A

分析： 根据《工规》第8.2.16-2-1）条及条文说明及《复习教材》第3.2.2节第4条，变风量系统设计冷负荷应按各空调区逐时冷负荷的综合最大值确定，故选项A正确。

3.1-12.【多选】下列关于热湿负荷的说法，哪几项是错误的？【2012-1-59】

    A. 某商业建筑的空调设计负荷可以小于实际运行中出现的最大负荷

    B. 某建筑冬季有分别需要供冷和供热的两个房间，应按两个房间净热抵消后的冷热量来选择冷热源

    C. 对于夏季需要湿度控制的工艺类空调，采用冷凝除湿后的空气与未处理前的空气进行热交换，可以显著减少再热量，但不会影响选择冷机的制冷量

    D. 对于室内仅有温度要求而无湿度要求的风机盘管加新风系统，空调系统的设计负荷可仅考虑显热负荷

参考答案： BCD

分析： 选项A：因为空调设计中有不保证小时数的概念，是允许出现选项A所述的情况的，选项A正确；选项B：根据不同的空调系统会有不同大小的冷热源需求，不能简单地冷热抵消后选择冷热源，选项B错误；选项C："冷凝除湿后的空气"是指经过表冷器后的送风，处于机器露点，为低温低湿状态，需要再热到ε线上才能送入室内，而"未处理前的空气"可理解成直流系统的新风或一次回风系统的回风或一次回风系统的混风，其温度均高于送风，通过显热回收，"冷凝除湿后的空气"吸热从而减少了再热量，"未处理前的空气"放热从而降低了新风冷负荷，可以降低冷机的制冷量，选项C错误；选项D：室内无湿度要求只是说明允许的湿度变化范围较大，但仍应保证湿度在人员的舒适区内，且风机盘管一般都是湿工况运行，系统设计时不可只考虑显热负荷，选项D错误。

3.1-13.【多选】关于室内空调冷负荷计算，下列哪几项是正确的？【2016-2-54】

    A. 通过窗户的得热曲线与空调负荷曲线一致

    B. 室内散湿量均直接成为湿负荷

    C. 当室内为负压时，应计算室外空气渗透换热量

    D. 冷负荷包括按稳态方法和非稳态方法计算形成的两部分负荷

参考答案： BCD

分析： 根据《复习教材》第3.2.1节，透过窗户所形成的冷负荷由外窗传热形式的逐时冷负荷与透过玻璃窗进入的太阳辐射得热形成的逐时冷负荷两部分组成。而得热量不一定等于冷负荷。得热量中的对流成分才能被室内空气立即吸收，而辐射得热要透过室内物体的吸收、再放热的过程间接转化为冷负荷，使得冷负荷的峰值小于得热量的峰值冷负荷

峰值出现时间晚于得热量峰值出现时间，选项 A 错误；根据《民规》第 7.2.9 条，进入到室内的散湿量均成为计算散湿量（湿负荷），选项 B 正确；根据《民规》第 7.2.2－7条，选项 C 正确；根据《民规》第 7.2.4～5 条，选项 D 正确。

3.1-14.【多选】下列关于围护结构蓄热能力与温度波衰减和延迟时间的关系的说法，哪几项是错误的？【2018-1-55】

　　A. 围护结构蓄热能力越强，温度波衰减越快
　　B. 围护结构蓄热能力越弱，温度波衰减越快
　　C. 围护结构蓄热能力越强，延迟时间越长
　　D. 围护结构蓄热能力越弱，延迟时间越长

参考答案：BD

分析： 根据《复习教材》第 3.1.3 节第 2 条热惰性指标相关内容及第 3.2.1 节冷负荷形成机理，蓄热能力越强，温度衰减越快，延迟时间越长，选项 AC 正确，选项 BD 错误。

3.1-15.【多选】下列为已知的两个空气参数。问：无法直接在焓湿图上确定空气状态点的，是哪几个选项？【2018-1-57】

　　A. 相对湿度 φ，水蒸气分压力 p_q
　　B. 含湿量 d，露点温度 t_L
　　C. 湿球温度 t_S，焓 h
　　D. 干球温度 t_g，饱和水蒸气分压力 p_{qb}

参考答案：BCD

分析： 根据《复习教材》第 3.1.1 节，为确定任一点的位置，需要知道四个独立参数 t、d、h、φ 中的任意两个参数，知道水蒸气分压力等同于知道含湿量 d，选项 A 可以；露点温度是与含湿量 d 相关的参数，湿球温度是与焓 h 相关的参数，饱和水蒸气分压力是与温度 t 相关的参数，均不是独立参数，因此选项 BCD 无法确定空气状态点。

3.1-16.【多选】为降低严寒地区全年供暖空调能耗，下列关于玻璃性能的说法哪几项是错误的？【2018-2-54】

　　A. 传热系数越小且太阳得热系数越大，则节能效果越好
　　B. 传热系数越大且太阳得热系数越小，则节能效果越好
　　C. 传热系数越小且太阳得热系数越小，则节能效果越好
　　D. 传热系数越大且太阳得热系数越大，则节能效果越好

参考答案：BCD

分析： 根据《公建节能 2015》第 3.2.2 条条文说明，严寒地区主要考虑建筑的防寒保温，太阳辐射得热有利于冬季节能，降低传热系数可以减小热损失，因此选项 A 正确，选项 BCD 错误。

3.1.2　舒适性与环境控制

3.1-17.【单选】某住宅空调设计采用按户独立的多联机系统，无集中新风系统，其

夏季空调冷负荷计算时，新风换气次数宜取下列哪一项？【2012-1-25】

A. $0.5h^{-1}$ B. $1.0h^{-1}$ C. $1.5h^{-1}$ D. $2.0h^{-1}$

参考答案： B

分析：《住宅设计规范》GB 50096—2011 第 8.6.4 条。

3.1-18.【单选】下列哪个因素不影响空调房间中人员的热舒适度？【2016-2-24】

A. 大气压力   B. 外墙窗墙比

C. 室内 VOC 浓度   D. 室内空气湿度

参考答案： C

分析： 根据《复习教材》第 3.1.2 节第 1 条，人体冷热感与组成热环境的下述因素有关：（1）室内空气温度；（2）室内空气相对湿度；（3）人体附近的空气流速；（4）围护结构内表面及其他物体表面温度。选项 D 是影响因素；根据式（3.1-5），相对湿度 $\varphi = \dfrac{P_q}{P_{q,b}}$，根据式（3.1-1），$P = P_g + P_q$，即相对湿度与大气压力有关，选项 A 是影响因素；外墙窗墙比直接影响外围护结构的逐时冷负荷，从而引起房间人员的热舒适度，选项 C 是影响因素；室内 VOC 浓度，影响的是室内空气质量，而非人员热舒适度，答案选 C。

3.1-19.【单选】下列关于人体舒适感的说法，哪项是正确的？【2017-2-24】

A. 舒适度不变时，风速的高低与空气温度的高低呈反相关关系

B. 影响人体蒸发散热的因素是空气相对湿度

C. 空气相对湿度越大则人体闷热感越强

D. 黑球温度不能反映空气湿度

参考答案： D

分析： 根据《民规》第 3.0.2 条条文说明，舒适度不变时，空气温度越高则允许的风速越高，反之亦然，二者呈正相关关系，故选项 A 错误；根据《复习教材》第 3.1.2 节第 1 条"人体热平衡和热舒适"，汗液的蒸发强度不仅与周围空气温度相关，而且与相对湿度、空气流动速度都有关，故选项 B 错误；空气相对湿度加大，高温时会增加人体闷热感，而低温时会增加人体寒冷感，故选项 C 错误；黑球温度又称实感温度，标志着在辐射热环境中人或物体受辐射热和对流热综合作用时的实际感觉温度，所测的黑球温度值一般比环境温度也就是空气温度值高一些，不能反映空气湿度，故选项 D 正确。

扩展： 湿球黑球温度综合考虑了空气温度、风速、空气湿度和辐射热四个因素，注意与选项 D 中的黑球温度概念进行区分。

3.1-20.【单选】下列关于空调室内设计参数的说法或做法，正确的是哪一项？【2018-1-25】

A. 某办公建筑为了实现供热工况 $-1 \leqslant \text{PMV} < -0.5$ 和 $\text{PPD} \leqslant 20\%$ 的室内舒适度目标，则其室内设计相对湿度应大于 30%

B. 供冷工况下，写字楼门厅人员活动区的设计风速 0.6m/s

C. 冬季供热工况下，加工车间内人员活动区的设计风速为 0.25m/s

D. 医院门诊室最小新风量根据 30m³/（h·人）的标准确定

参考答案： C

分析： 根据《民规》第 3.0.4 条，供热工况-1≤PMV<-0.5 和 PPD≤20％属于二级热舒适，又根据第 3.0.2-1 条，二级热舒适对室内相对湿度无要求，选项 A 错误；门厅属于人员短期逗留区域，根据第 3.0.2 条，设计风速不宜大于 0.5m/s，选项 B 错误；根据第 3.0.3 条，供热工况活动区风速不宜大于 0.3m/s，选项 C 正确；根据第 3.0.6-2 条，门诊室最小新风量不宜小于 2h^{-1}，选项 D 错误。

3.1-21.【单选】下列关于人体舒适性的说法，正确的是哪项？【2018-2-24】

A. 在相同的室内空气环境参数下，冬季和夏季人体的热感觉不同

B. 夏季空调房间室内风速越大，人体越舒适

C. 在预计平均热感觉指数 PMV＝0 的环境中，预计不满意者的百分数 PPD＝0

D. 室温较低时，室内空气相对湿度增相会使人感到闷热

参考答案： A

分析： 根据《复习教材》第 3.1.2 节，在同样室内参数条件下，围护结构内表面温度高低会影响人体的热感觉，选项 A 正确；根据《民规》第 3.0.2 条条文说明，室内风速与室内温度、空气紊流度相关，并非风速越大人越舒适，选项 B 错误；根据《复习教材》第 3.1.2 节，PMV＝0 时，PPD 为 5％，选项 C 错误；在低温下，空气潮湿会加剧人体的寒冷感，选项 D 错误。

3.1-22.【多选】某政府机关办公楼，办公房间的夏季设计温度取为 25℃，关于室内人员热舒适度的说法，下列哪几项是正确的？【2016-2-57】

A. 符合Ⅰ级热舒适度等级对温度的要求

B. 热舒适度等级由 PMV、PPD 评价决定

C. 夏季室内设计温度取值越高，设计的空调系统越能满足人员舒适度要求

D. 对个体而言在Ⅰ级热舒适度环境下不一定比Ⅱ级热舒适度环境下感觉更舒适

参考答案： ABD

分析： 根据《民规》第 3.0.2-1 条，选项 A 正确，选项 C 错误；根据第 3.0.4 条，选项 B 正确；不同热舒适度环境等级是按照采用预计平均热感觉指数（PMV）和预计不满意的百分数（PPD）评价，因人体个体化差异，会出现在Ⅰ级热舒适度环境下不一定比Ⅱ级热舒适度环境下感觉更舒适现象，选项 D 正确。

3.2　空气处理过程与设备

3.2-1.【单选】空气处理机组的水喷淋段所能处理的空气状态表述，下列哪一项是错误的？【2012-2-27】

A. 被处理的空气可实现减湿冷却　　B. 被处理的空气可实现等焓加湿

C. 被处理的空气可实现增焓减湿　　D. 被处理的空气可实现增焓加湿

参考答案： C

分析：《复习教材》第 3.4.1 节第 1 条：喷水室可以根据水温的不同，实现升温加湿、等温加湿、降温升焓、绝热加湿（即等焓加湿）、减焓加湿、等湿冷却和减湿冷却（即降温减湿）7 种典型的空气状态变化过程。

3.2-2.【单选】空气处理系统的喷水室不能实现下列哪一项空气处理过程？【2014-2-26】

A. 等温加湿   B. 增焓减湿

C. 降温升焓   D. 减焓加湿

参考答案：B

分析：根据《复习教材》第 3.4.1 节第 1 条：喷水室可以根据水温的不同，实现升温加湿、等温加湿、降温升焓、绝热加湿（即等焓加湿）、减焓加湿、等湿冷却和减湿冷却（即降温减湿）7 种典型的空气状态变化过程。

3.2-3.【单选】利用高压喷雾加湿器对室内空气加湿，且为唯一空气处理过程时，下列何项是正确的？【2016-2-25】

A. 水雾粒子蒸发热量主要来自于室内空气

B. 水雾粒子蒸发热量主要来自于加湿器电机功率

C. 加湿后室内空气变化的热湿比为 $+\infty$

D. 加湿后室内空气相对湿度增加，温度不变

参考答案：A

分析：高压喷雾加湿属于等焓加湿，当与外界无能量交换的前提下，传热原理为：水蒸发吸收的汽化潜热来自空气，空气通过温差传给水，水吸收热量蒸发到空气中。对空气而言，水蒸气的汽化潜热即是来源于空气本身的热量，而非来自于水，仅增加了水蒸气代入空气中液态水的焓，选项 A 正确；等焓加湿过程的热湿比 $\varepsilon = h_水 = 4.19t_水 \approx 0$，选项 C 错误；由焓湿图可知，加湿后室内相对湿度增加，温度降低，选项 D 错误。

3.2-4.【单选】某舒适性空调系统，冬季采用直流水高压喷雾装置为室内空气加湿。水源温度高于室内空气温度 5℃，加湿后室内状态的变化，下列何项是正确的？【2017-2-21】

A. 室内空气的温度升高，含湿量增加

B. 室内空气的温度升高，焓值不变

C. 室内空气的温度下降，含湿量增加

D. 室内空气的温度不变，焓值增加

参考答案：C

分析：根据《红宝书》P1610 表 21.6-1 及《复习教材》第 3.4.1 节第 4 条，高压喷雾实现等焓加湿过程，空气中潜热增加，温度降低，含湿量增加。

3.2-5.【单选】某风量为 30000m³/h 的空气处理机组，表冷器迎风面积为 4m²，冷水进水温度为 6℃，设计送风温度为 15.5℃，表冷器位于送风机上游。该机组夏季运行中发

现机组底部渗水，打开检修门发现凝水盘大量积水。出现上述现象最有可能的原因是下列哪一项？【2018-1-24】

    A. 未设挡水板

    B. 冷水进水温度偏低

    C. 凝水盘排水管未设水封或水封高度不够

    D. 表冷器换热面积过大

参考答案：C

分析：根据《民规》第 7.5.4-3 条，计算得表冷器迎面风速<2.5m/s，不需设置挡水板，选项 A 错误；冷水进水温度偏低，或表冷器换热面积过大会产生更多的冷凝水，但如果排水顺畅，不会导致凝水盘大量积水，选项 BD 错误；排水管未设置水封或水封高度不够会导致因机组内负压造成排水不畅，从而出现大量积水，选项 C 正确。

3.2-6.【单选】上海地区某车间室内设计温度为 20℃，相对湿度要求不大于 30%，回风量为送风量的 70%。下列夏季空气热湿处理过程中，最合理的是何项？【2018-2-25】

    A. 表冷器冷却除湿＋直膨机组冷却除湿＋再热

    B. 表冷器冷却除湿＋转轮除湿

    C. 表冷器冷却除湿＋转轮除湿＋表冷器冷却

    D. 转轮除湿＋表冷器冷却

参考答案：C

分析：夏季室内参数为 20℃、30%，含湿量为 4.3g/kg，含湿量非常低，一般冷却除湿机器露点温度很低，无法达到，需要采用转轮除湿，转轮除湿接近等焓升温除湿，因此可配置前表冷器和后表冷器，前表冷器为预降温和预除湿，后表冷器主要是降温，若无前表冷器，则转轮除湿量太大造成转轮选型大，转轮除湿后温度过高会造成后表冷选型大，整体设备偏大，若无后表冷降温，则由于转轮除湿后温度升高，送风状态点温度无法低于 20℃。选 C。

3.2-7.【多选】位于成都市的某玻璃纤维工厂的拉丝车间（全年不间断连续运行），采用全新风系统，要求全年送风温度为 22℃，相对湿度≥95%。对新风处理仅采用喷水室，进行喷水室设计时，以下哪几项措施是正确的？【2013-1-57】

    A. 冬季采用循环水喷淋处理新风　　　　B. 夏季采用循环水喷淋处理新风

    C. 冬季采用热水喷淋处理新风　　　　　D. 夏季采用冷水喷淋处理新风

参考答案：CD

分析：循环水喷淋是等焓加湿过程，极限温度为湿球温度，根据《民规》附录 A 查得，成都夏季室外计算湿球温度为 26.4℃，冬季室外干球温度为 1℃，采用循环水喷淋，无论夏季还是冬季，都无法达到 22℃的送风状态点，夏季应采用冷水喷淋，冬季采用热水喷淋才可以，故选项 AB 错误，选项 CD 正确。

3.2-8.【多选】表面式换热器的热湿交换过程根据被处理空气的参数与水温不同，可实现下列哪几个空气处理过程？【2014-2-59】

A. 等湿加热　　　　　　　　　　　B. 降湿升焓

C. 等湿冷却　　　　　　　　　　　D. 减湿冷却

参考答案： ACD

分析： 根据《复习教材》第 3.4.1 节第 3 条中空气的冷却过程和空气的加热处理过程相关内容可知，表面式换热器可实现等温冷却、减湿冷却和等湿加热三个过程。

3.2-9.【多选】在某大型纺织车间的空调系统中，组合式空调需设置等温加湿段，下列哪几项加湿器是不适合采用的？【2014-2-61】

A. 电极式加湿器　　　　　　　　　B. 干式蒸汽加湿器

C. 超声波加湿器　　　　　　　　　D. 高压喷雾加湿器

参考答案： ACD

分析： 根据《复习教材》第 3.4.1 节第 4 条可知，干式蒸汽加湿器和电极式加湿器为等温加湿，超声波加湿器和高压喷雾加湿器为等焓加湿，电极式加湿器宜使用在加湿量需求不大的小型空调系统中，故选项 A 不适合。

3.2-10.【多选】附图为一新风空调机组的夏季空气处理流程示意图，需将空气有状态点 B 处理到状态点 A。问以下四个表示该新风机组处理空气的焓湿图中，哪几个选项是错误的？【2016-1-57】

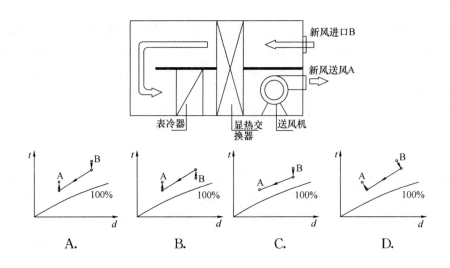

参考答案： BCD

分析： 由新风机组处理段可知，室外新风首先经过显热热回收段，为等湿降温过程，排除选项 BD，选项 BD 错误；后新风经过表冷器段，为减湿降温过程，最后再经过显热热回收段，为等湿升温过程，选项 A 正确，选项 C 错误。

3.2-11.【多选】图 1～图 4 为几种的空气处理与送风过程的焓湿图。其中：W 为新风状态点（包括不同处理过程图中的不同新风状态点 W1、W2），N 为室内状态点，L 为机器露点，C 为混合点，S 为冬季送风点。问：对 4 个图的空气处理与送风过程的分别描

述，正确的是下列哪几个选项？【2018-1-59】

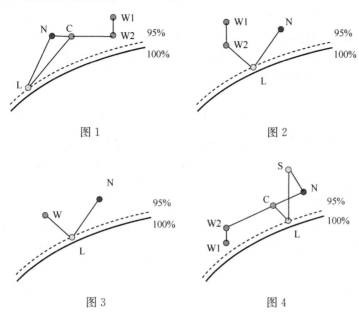

图 1　　　　　　　　　　　　　图 2

图 3　　　　　　　　　　　　　图 4

A. 图 1：间接蒸发冷却、新回风混合、直接蒸发冷却、送风
B. 图 2：间接蒸发冷却、表冷器冷却、送风
C. 图 3：直接蒸发冷却、送风
D. 图 4：新风预热、新回风混合、直接蒸发冷却、加热器加热、送风

参考答案：CD

分析：选项 A 中，C-L 过程为冷却除湿过程，不可能是直接蒸发冷却（等焓加湿），选项 A 错误；W2-L 过程为降温加湿，不是表冷器冷却（冷却除湿或等湿冷却），选项 B 错误；选项 CD 处理过程对应且正确。

3.2-12.【多选】下列关于空气处理过程的描述，哪几项是正确的？【2018-2-56】
A. 喷循环水冷却加湿为等焓加湿过程
B. 干蒸汽加湿为等温加湿过程
C. 转轮除湿可近似为等焓减湿过程
D. 表冷器降温除湿为减焓减湿过程

参考答案：ABCD

分析：根据《复习教材》第 3.4.1 节，循环水喷淋为等焓加湿，选项 A 正确；干蒸汽加湿为等温加湿，选项 B 正确；转轮除湿近似为等焓减湿，选项 C 正确；表冷器降温除湿为减焓减湿，选项 D 正确。

3.3　空调风系统

3.3.1　全空气空调系统

3.3-1.【单选】与一次回风系统相比，全空气二次回风系统的下列说法正确的是哪一

项？【2012-2-26】

    A. 过渡季节二次回风比可以加大新风量，实现新风供冷

    B. 适用于室内热负荷较大、湿负荷较小的场合

    C. 调节二次回风量，可以实现风机节能

    D. 夏季要求较低的冷冻水温度

参考答案：D

分析：（1）《复习教材》第3.4.3节及《空气调节》P123，二次回风空调系统所需的机器露点比一次回风空调系统低（热湿比≠∞），这样制冷系统运转效率较差，此外，由于机器露点低，也可能使天然冷源的使用受到限制。选项B，热负荷大、湿负荷较小，则热湿比线接近无穷大。可提高机器露点，降低再热负荷。但《红宝书》P1679 表22.3-2 表述一次回风系统适合于室内散湿量较大的场合，与选项B有出入。

（2）与一次回风系统相比，二次回风系统比一次回风系统要求的冷冻水温度要低，是其区别于一次回风系统的主要特征，所以选项D的描述正确。一、二次回风系统都可以适用于室内热负荷较大、湿负荷较小的场合，且这种场合二次回风系统更有利于发挥其优点避免其劣势，不能说选项B的描述错误。但选项B不是区别于一次回风系统的二次回风系统的主要特征，题目有不严谨之处。

3.3-2.【单选】某办公建筑采用了带变风量末端装置的单风机单风道变风量系统。设计采用空调机组送风出口段总管内（气流稳定处）的空气定静压方式来控制风机转速。实际使用过程中发现：风机的转速不随冷负荷的变化而改变。下列哪一项不属于造成该问题发生的原因？【2014-2-24】

    A. 送风静压设置值过高

    B. 变风量末端控制失灵

    C. 风机风压选择过小

    D. 静压传感器不应设置于送风出口段总管内

参考答案：D

分析：静压设定值过高和变风量末端控制失灵都会造成系统控制出现问题，故选项AB明显错误。选项C，风机风压选择过小，满足不了设计设定的定静压设定值，则会产生无法控制的问题。根据《09技术措施》第5.11.12-3条，静压传感器宜放置在送风机与最远末端装置之间75%距离的气流稳定段，题意中"设计采用空调机组送风出口段总管内（气流稳定处）的空气定静压方式来控制风机转速"虽未完全满足《09技术措施》的距离要求，但不属于造成定静压控制无法实现的原因。

3.3-3.【单选】同一个空调房间，对采用二次回风系统与采用一次回风系统加再热设计相比较，夏季供冷工况下，关于二次回风系统空气处理机组的处理空气的表述何项是正确的？【2016-2-23】

    A. 送风量更小   B. 送风温度更低

    C. 送风含湿量更低   D. 表冷器机器露点温度更低

参考答案：D

分析：根据《复习教材》第 3.4.3 节第 2 条，二次回风系统所需的机器露点比一次回风空调系统低，选项 D 正确。

3.3-4.【单选】某夏热冬冷地区建筑内的内区多功能厅设置无变风量末端的一次回风全空气变风量空调系统。在使用中，请问下列哪项控制逻辑不正确？【2017-1-25】

A. 调节空调冷水管路电动阀以保持设定的送风温度

B. 调节空调机组送风机转速以保持设定的送风静压

C. 调节新风阀开度以保证设定的室内 CO_2 浓度

D. 冬季调节新风侧开度以保持设定的混风温度

参考答案：B

分析：根据《民规》第 9.4.4-2 条，选项 A 正确；根据《复习教材》第 3.4.3 节第 4 条，变风量空调系统即为 VAV 系统，变风量末端装置是变风量空调系统关键设备之一。根据《复习教材》第 3.8.4 节第 2 条"(3) 变风量系统的控制"，VAV 系统控制参数有其独特之处，通过末端风阀的开度不同，对风机转速的调节，维持所设定的送风静压值不变是该系统特有控制方式之一。题干所述无变风量末端的一次回风全空气变风量空调系统非 VAV 系统，实际是由常规变风量空气处理机组和风管、送风口组成的一次回风全空气变风量系统（广义变风量空调系统），调节空调机组送风机转速是通过采集送风温度或回风温度改变送风量来控制室温不变，而不是采用 VAV 系统所特有的控制方式（定静压法）进行控制，故选项 B 错误；根据《复习教材》第 3.8.4 节第 2 章"(2) 联锁与控制"，"以室内 CO_2 浓度为被控参数，调节房间的新风送风量（通过风机变频、风阀调节等手段）"可知，故选项 C 正确；因为夏热冬冷地区内区多功能厅多为常年供冷，冬季加大新风量可利用低温新风调节混风温度（送风温度），有利空调节能，故选项 D 正确。

扩展：选项 D 做法，是目前全年供冷系统一种较为常规且节能的运行方式。空调工况（表冷器通冷水）时，新风阀开度控制首先是调节新风量，满足运行阶段实时变化室内最小新风量需求；免费供冷工况（表冷器不通冷水），新风阀调节的首要考虑因素是送风温度满足室内负荷要求，因本题处于夏热冬冷地区，新风调节风量免费供冷工况下，不会低于空调工况下最小新风量要求，因此，在不考虑送风机温升时，送风温度＝混风温度，考虑送风机温升时，送风温度大于混风温度，需进一步加大新风调节阀开度满足室内冷负荷要求。并且需提醒的是，根据《民规》第 9.4.2 条及其条文说明，多工况下控制逻辑在控制器中分别设定，按需转换，不应以某一工况的控制逻辑代替全部工况进行问题分析。

3.3-5.【单选】关于多房间变风量空调系统设备性能和选择计算的说法，下列哪一项是正确的？【2018-1-21】

A. 变风量空调机组的设计风量应为各房间最大风量之和

B. 空调系统集中设置新、排风定风量装置时，可以保证系统最小新风量，但不能保证所有房间的最小新风量

C. 变风量末端一次风最大风量应根据房间的最大负荷计算，一次风最小风量则应根据房间最小负荷计算

D. 当采用串联式风机动力型末端时，需设置高诱导比送风口，以防止一次风小风量时气流组织恶化

参考答案： B

分析： 根据《复习教材》第3.4.3节第4条，变风量空调机组的设计风量应根据系统的逐时负荷最大值确定，而不是各房间最大风量之和，因此系统总送风量往往大于各房间最大送风量之和，选项 A 错误；根据《民规》第7.3.8-5条，应采取保证系统最小新风量的措施，新排风集中设置定风量装置时，由于各末端变风量装置仍可以调节，故只能保证系统最小新风量，不能保证所有房间都满足最小新风量，这也是变风量系统的缺点之一，选项 B 正确；根据《09技术措施》第5.11.4-1条及第5.11.4-2条，一次风的最大风量应按空调区显热冷负荷综合最大值和送风温差经计算确定，一次风最小风量由末端装置的可调范围、温控区的最小新风量和新风分配均匀性要求等因素确定，选项 C 错误；根据《复习教材》第3.4.3节第4条，串联型 FPB 始终以恒定风量运行，因此不需要设置高诱导比送风口防止气流组织恶化，选项 D 错误。

3.3-6.【单选】下列关于变风量空调系统节能原因的说法，哪个是错误的？【2018-2-20】

A. 变风量空调系统可"按需供应"满足末端冷热需求

B. 变风量空调系统可不断减少系统新风量而降低机组的冷热量

C. 变风量空调系统可防止各区域温度的失控

D. 变风量空调系统可节省机组送风机的全年运行能耗

参考答案： B

分析： 变风量系统可以根据需要对内区供冷，同时对外区供热，因此能"按需供应"满足末端冷热需求，选项 A 正确；由于需要满足室内最小新风量的需求，因此变风量系统不能无限的降低新风量，选项 B 错误；变风量系统是通过各房间独立的温度感测器控制各自房间末端的风量，因此可防止各区域温度的失控，选项 C 正确；变风量系统可根据房间负荷调节末端风量，全年大部分时间处于部分负荷状态，送风机为低频运转状态，相比定风量系统，可节省运行能耗，选项 D 正确。

3.3-7.【多选】下列哪些场所不适合采用全空气变风量空调系统？【2014-1-56】

A. 剧场观众厅

B. 设计温度为（24±0.5）℃，设计相对湿度为55％±5％的空调房间

C. 游泳馆

D. 播音室

参考答案： ABCD

分析： 根据《民规》第7.3.7条，空调区允许温湿度波动范围或噪声标准要求严格时，不宜采用变风量空调，故选项 B 首先排除。根据《民规》第7.3.7条条文说明，不宜应用于播音室等噪声要求严格的空调区，故选项 A 与选项 D 不适合。同时，由《民规》第7.3.7.1条，选项 AC 不属于单一区域部分负荷运行时间长范畴。根据《民规》第7.3.4.1条，空间较大、人员较多的场所适合采用全空气定风量系统，选项 AC 适合采用

定风量全空气系统。

3.3-8.【多选】对于单风道变风量空调系统，当室内显热负荷下降，湿负荷不变时，下列说法哪几项是正确的？【2016-1-55】

　　A. 送风状态点不变时，随着送风量下降，室内相对湿度增加，温度不变

　　B. 随着送风量下降，送风状态点仅温度下降，可同时保证室内含湿量不变，温度不变

　　C. 只要以设计热湿比线上的状态点送风，就能同时消除室内余热和余湿

　　D. 无论送风量大小，室内状态总是沿实际热湿比线变化

参考答案： AD

分析： 室内显热负荷下降，湿负荷不变，全热负荷降低，热湿比变小，当送风状态点不变时，热湿比线以送风状态点为基准点向右侧偏移，斜率降低，导致室内相对湿度增加。同时 $Q_x = cmV_t$，当显热负荷 Q_x 降低，且随着送风量 m 下降，V_t 可能保持不变，而 $V_t = t_n - t_s$，保持不变时，t_n 不变，选项 A 正确；当送风量下降，送风状态点仅温度下降，送风含湿量保持不变时，因热湿比变小，可能导致室内温度不变，但含湿量变大，选项 B 错误；当实际送风状态点与设计热湿比线上的送风状态点相同时，因实际热湿比线发生变化，无法实现同时消除室内余热和余湿；当送风状态点高于设计热湿比线与相对湿度 $\varphi = 90\%$ 交点，增大送风风量，可以消除室内显热，但不能完全消除室内余湿，选项 C 错误。在实际处理过程中，无论送风量大小，室内状态总是沿实际热湿比线变化，选项 D 正确。

3.3-9.【多选】某办公楼设置一次回风全空气变风量空调系统，内区设置单风道变风量末端，外区设置并联风机再热型变风量末端，采用送风管定静压控制，下列哪几种情况会导致空调系统空调机组送风机转速不会降低？【2016-1-56】

　　A. 送风管道漏风量过高　　　　　　　　B. 送风静压设定值过高

　　C. 供冷工况的末端设定温度过低　　　　D. 供热工况的末端设定温度过高

参考答案： ABC

分析： 当送风管道漏风量过高时，空调机组送风机需提供更多风量来维持送风管内静压恒定，送风机组转速不会降低，选项 A 正确；送风静压设定值高于设计工况需求静压值时，为了维持高静压值，送风机长时间处于高速运行状态，送风机转速不会降低，选项 B 正确；供冷工况时，内外区变风量末端均处于送冷风状态，末端设定温度过低，当低于设计室温较多时，空调机组送风机处于工频运行状态，转速不会降低，选项 C 正确；供热工况时，仅外区供热，内区供冷。空调机组送风温度恒定，外区多余热量由再热型变风量末端提供，当外区末端设定温度过高时，变风量末端再热盘管回水管路电动水阀以及风阀长期处于全开状态，但内区单风道变风量末端风阀开度随室内温度波动而变化，会导致风机转速降低，选项 D 错误。

3.3-10.【多选】夏热冬冷地区某南北朝向办公楼的楼层四面外墙上均有外窗，内区需要全年供冷，外区夏季供冷，冬季不同朝向会交替出现供冷或供热需求。为此，在设计空调系统时，下列哪几项选项可以满足使用要求？【2017-1-59】

　　A. 内区设一套带单风道末端的变风量空调系统，外区设四管制风机盘管加新风空调

系统

B. 内外区分别设置一套带单风道末端的变风量空调系统

C. 内外区合用一套变风量空调系统，其中内区采用单风道末端，外区采用带加热盘管的风机动力型变风量末端

D. 内外区合用一套变风量空调风系统，内外区分别设置单风道末端装置

参考答案：AC

分析：根据题意，空调系统需要满足如下功能：内区全年供冷，外区各房间根据实际需要分别供冷或供暖。选项 A 可以满足题意需求，正确；选项 B，外区所有房间只能同时供冷或供暖，不能满足题意需求，错误；选项 C 可以满足题意需求，正确；选项 D，内外区所有房间只能同时供冷或供暖，错误。

3.3-11.【多选】夏热冬冷地区某办公楼每层设置一个 VAV 系统，新风比可在 30%～100% 之间调节，外区设置"并联风机＋电加热型"VAV BOX，内区设置"单风道型"VAV BOX。办公楼工作时间为 9：00～17：00。下列哪些运行状态是正确的？【2018-1-60】

A. 需要供热房间的一次风为最小风量

B. 冬季工况时空调机组的送风温度低于室温

C. 过渡季的某些条件下，新风比可为 100%

D. 在夏季非工作时间段，当室外气温低于室温时运行空调机组

参考答案：AB

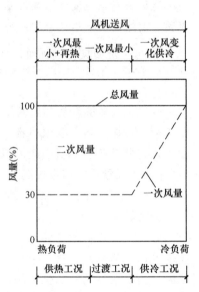

分析：VAV 系统统一设置 AHU 空气处理机组为内外区供应空调风（一次风），由于内区常年供冷，因此送风温度低于室内温度，选项 B 正确，因外区是供热房间，为降低冷热抵消，故外区一次风为最小风量运行，只需满足最小新风需求即可，选项 A 正确；根据《红宝书》P1827，外区为"并联风机＋电加热型" VAV BOX，并联风机在过渡季和冬季运行工况为一次风量最小二次风量最大，因此即使一次风采用全新风，也不能做到 100% 新风比（见右图），选项 C 错误；非工作时段，不必开启空调机组，选项 D 错误。

3.3.2 风机盘管加新风系统

3.3-12.【单选】夏热冬冷地区某办公楼的空调系统为风机盘管（吊顶内暗装且吊顶内无房间隔墙、吊顶外墙设有通风格栅）＋新风系统（新风单独送入室内）。夏季调试时，发现所有房间内风机盘管的送风口风量均高出其回风口风量 10% 以上，以下哪一项不是产生该问题的原因？【2013-2-24】

A. 送风口风量包含有新风风量

B. 室内回风口与风机盘管回风箱未进行连接

C. 室内回风口与风机盘管回风箱连接短管不严密

D. 风机盘管回风箱的箱体不严密

参考答案：A

分析：根据题意，新风单独送入室内，正常运行时，风机盘管送风口风量应等于回风口风量，出现送风口风量高于回风口风量的问题，选项 BCD 都有可能。

3.3-13.【单选】某多层办公楼考虑将风机盘管＋新风系统改造为变风量空调系统，下列哪项改选理由是合理的？【2013-2-25】

    A. 各层建筑平面进行了重新布置，风机盘管方式无法实现空调内、外分区的设计要求

    B. 办公楼各层的配电容量不够，采用变风量空调方式可以减少楼层配电容量

    C. 改造方案要求过渡季增大利用新风供冷的能力

    D. 改造方案利用原有的新风机房作为变风量空调机房，可以缓解原有机房的拥挤状况

参考答案：C

分析：分区两管制或四管制系统，风机盘管均可实现内外分区设计，选项 A 错误；变风量空调系统属于全空气系统，其配电容量大于风机盘管系统，选项 B 错误；变风量系统采用一次回风空调机组，可实现过渡季增大新风供冷，风机盘管无法实现，且变风量系统的占用机房面积大于风机盘管加新风系统，选项 C 正确，选项 D 错误。

3.3-14.【单选】某建筑空调为风机盘管＋新风系统，经检测，有部分大开间办公室在夏季运行时室内 CO_2 浓度长期为 1000ppm，下列哪一项是造成室内 CO_2 浓度偏高的原因？【2014-2-25】

    A. 新风机组过滤器的过滤效率没有达到设计要求

    B. 新风机组表冷器的制冷量没有达到设计要求

    C. 出问题房间没有设置有效的排风系统

    D. 出问题房间的门窗气密性太差

参考答案：C

分析：选项 A 中的过滤器过滤效率及选项 B 中的制冷量均与 CO_2 浓度无关；CO_2 浓度偏高的原因在于新风量小于设计值，根据空气平衡，只有当房间没有设置有效的排风系统时，新风量才会低于设计值，故选项 C 正确；选项 D 中门窗气密性差，有可能造成室外新风渗透，室内 CO_2 浓度会降低。

3.3-15.【多选】武汉市某办公楼采用风机盘管＋新风系统空调方式，调试合格，冬季运行一段时间后，出现房间内温度低于设计温度的现象，问题出现的原因可能是哪几项？【2012-1-57】

    A. 风机盘管的空气过滤器没有及时清洗

    B. 风机盘管的水过滤器没有及时清洗

    C. 排风系统未开启

    D. 进入房间新风量严重不足

参考答案： AB

分析：（1）空气过滤器没有及时清洗、水过滤器没有及时清洗导致风量、水量不足，导致房间温度下降。

（2）排风系统未开，新风不足，主要影响室内空气质量。此时空调系统只有室内负荷，没有新风负荷。这时要看该设计的新风系统承担哪些负荷：如果新风系统不承担室内热（冷）负荷，则不会影响房间温度；如果新风承担部分室内热（冷）负荷，则会影响温度。一般来讲，绝大多数办公楼采用风机盘管＋新风系统空调方式，设计的新风系统不承担室内热（冷）负荷，夏季新风处理到等于室内焓值，冬季加热到等于室内温度，不会影响房间温度。但湿度有可能得不到保证。选项 D 与选项 C 等同。

3.3-16.【多选】某办公建筑采用风机盘管＋新风的集中空气调节系统，冷源为离心式冷水机组，夏季室内设计温度 $t=26℃$，冷水供/回水设计温度为 12℃/17℃，下列哪几项说法是错误的？【2012-2-58】

　　A. 选用冷水供/回水温度为 7℃/12℃ 的机组，在设备中标明供/回水设计温度为 12℃/17℃ 的要求

　　B. 采用常规风机盘管，同等风量，同等水量，同等阻力条件下，其传热系数保持不变

　　C. 采用常规风机盘管，同等风量条件下，其输出冷量保持不变

　　D. 同等冷量条件下，冷水供/回设计温度为 12℃/17℃ 的系统较 7℃/12℃ 的系统，所需水泵功率明显下降

参考答案： ABCD

分析： 冷冻水供/回水温度为 12℃/17℃，仍然选用 7℃/12℃ 的机组，只是简单标注是不行的，还需要设备厂家对设备在 12℃/17℃ 工况下进行能力校核，若不能满足使用需求是不行的，选项 A 错误；传热系数与换热温差有关，供回水温度升高，导致换热温差变小，传热系数会降低，风量不变的情况下输出冷量也降低，选项 BC 错误；12℃/17℃ 与 7℃/12℃ 供回水温差均为 5℃，因为冷量需求相同，水量需求也相同，水泵功率不变，选项 D 错误。

3.3-17.【多选】夏热冬暖地区某宾馆的空调系统为风机盘管＋新风系统，设计合理。夏季调试时，发现同一个新风系统所服务区域，有少数房间的温度偏高，经测定出现问题房间内风机盘管和新风的风量均满足要求，考虑采取的检查项目，下列哪几项不属于合理解决问题的范畴？【2013-1-55】

　　A. 问题房间风机盘管的送风温度

　　B. 问题房间新风的送风温度

　　C. 问题房间风机盘管的风机

　　D. 问题房间风机盘管的电机输入功率

参考答案： BCD

分析： 风机盘管的送风温度偏高有可能导致房间温度偏高，需检查，故不选 A；新风的送风温度不满足设计要求，如偏高时需风机盘管承担额外的部分新风冷负荷，有可能会

导致房间温度偏高,但实际情况是由于选择风机盘管冷量往往大于计算负荷,即使新风温度不满足,部分房间也可能不出现温度偏高的现象,且题干中说同一个新风系统中有少数房间温度偏高,若是新风温度不满足会导致同系统中所有房间温度偏高,故选项 B 不合理;题干已明确风量满足要求,说明风机盘管风机及电机功率均正常,不需检查。选项 C、D 不合理。

3.3-18.【多选】不宜采用风机盘管系统的空调区是哪几项?【2013-2-59】
A. 房间未设置吊顶
B. 房间面积或空间较大、人员较多
C. 房间湿负荷较小
D. 要求室内温、湿度进行集中控制的空调区
参考答案:BD
分析:风机盘管可以明装也可以暗装,是否设置吊顶与风机盘管系统能否采用无关,故选项 A 宜采用;根据《民规》第 7.3.4 条,房间空间较大,人员较多,宜采用全空气系统,故选项 B 不宜采用;湿负荷小,有利于提高风机盘管系统的卫生条件,故选项 C 宜采用;要求室内温湿度集中控制的空调去适宜采用全空气系统,故选项 D 不宜采用。

3.3.3　空调系统的选择

3.3-19.【单选】就建筑物的用途、规模、使用特点、负荷变化情况、参数要求及地区气象条件而言,以下措施中,明显不合理的是哪一项?【2014-2-27】
A. 十余间大中型会议室与十余间办公室共用一套全空气空调系统
B. 显热冷负荷占总冷负荷比例较大的空调区采用温湿度独立控制系统
C. 综合医院病房部分采用风机盘管+新风空调系统
D. 夏热冬暖地区全空气变新风比空调系统设置空气—空气能量回收装置。
参考答案:A
分析:根据《民规》第 7.3.2 条,使用时间不同的空调区宜分别设置空调风系统。选项 A 中,办公室与会议室从使用时间、负荷特点等都不应共用一个全空气系统。另外,办公室要求独立控制,应采用风机盘管加新风系统,不合理。选项 B 中,显热负荷较大,湿负荷较小,采用温湿度独立控制系统比较合理;对于病房区的空气质量和温湿度波动不是要求严格的空调区,可以采用风机盘管加新风系统故选项 C 合理;采用变新风比热回收装置,是合理的节能措施,故选项 D 合理。

3.3-20.【单选】某多层商业写字楼考虑将风机盘管+新风系统改造为变风量空调系统,下列何项改造理由是正确的?【2016-1-19】
A. 各层建筑平面进行了重新布置,导致了明显的空调内、外分区的出现
B. 楼层各层的配电容量不够,采用变风量空调方式可以减小楼层配电容量
C. 改造方案要求楼层内不允许出现凝露现象
D. 改造方案利用原有的新风机房作为变风量空调机房,可以缓解原有机房的拥挤状况

参考答案： C

分析： (1) 根据《民规》第7.3.9条，空调区较多，建筑层高较低且各区温度要求独立控制时，宜采用风机盘管加新风空调系统，故选项A错误，即使存在内外区，也不是必须采用变风量空调系统。

(2) 变风量空调系统装置耗电设备主要为空调机组风机以及末端装置，且末端装置一次风最大送风量按所服务空调区的逐时显热冷负荷综合最大值和送风温差计算确定，所配置末端风机（风机动力型）需满足风量及风压要求，因此采用该系统方式无法减小楼层的配电容量，故选项B错误。

(3) 根据《民规》第7.3.7条条文说明，与风机盘管加新风系统相比，变风量空调系统由于末端装置无冷却盘管，不会产生室内因冷凝水而滋生的微生物和病菌等，对室内空气质量有利，故选项C正确。

(4) 原有的新风机房仅安装新风空调机组，从负荷担负情况而言，新风机房主要以新风负荷为主，室内冷负荷由空调区风机盘管担负，改用变风量空调机组，新风冷负荷＋室内冷负荷全部由变风量空调机组担负，设备容量及尺寸大于新风机组，利用原有的新风机房作为变风量空调机房，不仅无法缓解原有机房的拥挤状况，甚至会出现原有机房无法安装变风量空调机组的情况，故选项D错误。

3.3-21.【单选】某办公楼采用集中式空调风系统。下列各项中，划分相对合理的做法是何项？【2017-1-20】

A. 将多个办公室与员工餐厅划分为一个空调风系统

B. 将多个办公室与员工健身房划分为一个空调风系统

C. 将小型会议室与员工餐厅划分为一个空调风系统

D. 将多个办公室与小型会议室划分为一个空调风系统

参考答案： D

分析： 根据《复习教材》第3.3.1节第2条或《民规》第7.3.2-1条，使用时间不同的空调区，宜分别设置空调风系统，办公室和会议室使用时间为工作时间，而餐厅和健身房使用时间为休息时间或业余时间，因此选项ABC不合适，选项D相对合理。

3.3-22.【多选】采用蒸发冷却方式制取空调冷水的示意图中，当热交换比较充分时，空调冷水的供水温度 t_{wl} 与室外干球温度 t_g、湿球温度 t_s、露点温度 t_l 三者的关系下列哪几项是错误的？【2012-1-58】

A. $t_{wl} \leqslant t_l$ B. $t_l < t_{wl} < t_s$ C. $t_s \leqslant t_{wl} \leqslant t_g$ D. $t_{wl} \geqslant t_g$

参考答案： ACD

分析： 题干中未说明采用直接蒸发冷却还是间接蒸发冷却，对于直接蒸发冷却制取冷水的最终温度是室外空气的湿球温度 t_s，而间接蒸发冷却，根据《09技术措施》第5.17.9条及其注2，出水温度可达到湿球温度与露点温度的平均值，及低于湿球温度，高于露点温度 t_l，选项AD明显错误，题干中又说明了"换热比较充分时…"，所以认为冷水应该达到了最低的温度，不会大于湿球温度，故选项B正确，选项C错误。

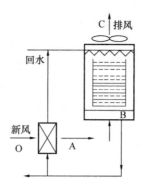

3.3-23. 【多选】某建筑面积为 5000m² 的办公楼采用变制冷剂流量多联分体式空气调节系统，其新风供应方案选择正确的是哪几项？【2012-1-61】

A. 开窗获取新风

B. 风机直接送入新风到室内机的回风处

C. 设置新风机组

D. 采用全热交换装置

参考答案： BCD

分析： 根据《复习教材》第 3.4.5 节第 2 条，多联机空调系统的新风供给方式一般有以下三种：采用热回收装置、采用新风机组、室外新风直接接入室内机的回风处，选项 BCD 正确；5000m² 的办公楼面积较大，仅靠开窗很难满足新风需求，选项 A 错误。

3.3-24. 【多选】某办公建筑设计温、湿度独立控制系统，以下哪几项说法是正确的？【2013-1-58】

A. 控制湿度的系统主要用于处理室内的回风

B. 控制湿度的系统，若采用冷却除湿，采用的供水宜用高温冷水，以利节能

C. 溶液除湿系统是控制湿度的一种可选方案

D. 溶液除湿系统的溶液回路有再生回路

参考答案： CD

分析： 根据《复习教材》第 3.3.4 节 "1. 湿度控制系统"，采用新风处理系统来控制室内湿度，选项 A 错误；若采用冷却除湿必须采用低温冷水，选项 B 错误；根据《复习教材》第 3.3.4 节溶液除湿相关描述，选项 CD 正确。

3.3-25. 【多选】下列场所有关空调系统的应用，哪几项是正确的？【2014-2-58】

A. 剧场建筑的观众厅宜采用新风比可调的全空气空调系统

B. 气候干燥地区宜采用蒸发冷却空调系统以降低制冷耗电量

C. 大型数据机房宜采用冰蓄冷冷源以降低制冷机机组装机容量

D. 有条件时室内游泳馆宜采用低温送风空调系统以降低系统风量

参考答案： AB

分析： 采用新风比可调的全空气系统，过渡季可以增大新风量，利用较低参数的室外新风供冷，减少全年冷源设备的运行时间，达到节能的目的，选项 A 正确；根据《09 技

术措施》第5.15.1-1条、第6.1.3-11条，室外湿球温度较低、干湿球温差较大且水源丰富的地区宜采用蒸发冷却空调，选项B只说气候干燥地区很难判断是否适用，选项B待定；大型数据机房一般都是24h持续运行，空调系统必须持续供冷，没有蓄冷时间，另外冰蓄冷系统一般采用大温差，低温供水低温送风，除湿能力大，根据《复习教材》第3.4.9节第1条，湿度过低会产生静电，将干扰设备的正常运行和损坏电子元器件，同时根据《民规》第7.5.1条，大型数据中心机房负荷峰谷相差不大，不宜采用冰蓄冷系统，选项C错误；游泳馆室内环境特点为高温高湿，低温送风易造成室内人员不舒适，也易造成风口结露，选项D错误。根据排除法，选项B应判定为正确。

3.3-26.【多选】某全年24h连续运行、负荷较稳定的大型数据机房设置集中冷源（水冷冷水机组）时，下列关于空调冷源的设计技术要求，哪几项是合理的？【2016-1-58】
　A. 设置备用冷水机组
　B. 采用蓄冷冷源
　C. 应配置变频冷水机组以提高低负荷运行效率
　D. 应选用允许最低冷却水温度更低的冷水机组
参考答案：ABD
分析：数据中心设计目标主要为：极高的安全性，极高的可靠性，智慧管理型，技术先进性，绿色环保、高效节能，高度灵活性和扩展性，高度可管理性，经济性等。根据题意，全年24h连续运行、负荷较稳定的大型数据机房，由《电子信息系统机房设计规范》GB 50174—2008与《数据规划建中心电信基础设施标准》TIA-942可知，本数据机房应属于国标A级，国际Tier Ⅳ级，冷冻机组、冷冻和冷却水泵、机房专用空调配置$N+X$冗余（$X=1\sim N$）；多路电源和制冷系统，"双主用"全冗余，多路同时使用，支持容错，消除单点故障，支持在线维护。因此，本数据中心应设置备用冷水机组，冷冻和冷却水泵，备用电源，选项A正确。

　　根据《民规》第8.7.1-8条条文说明：对于某些特定的建筑（例如数据中心等），城市电网的停电可能会对空调系统产生严重的影响时，需要设置应急的冷源（或热源），这时可采用蓄冷（热）系统作为应急的措施来实现。冷源系统采用蓄冷形式，主要目的是蓄冷水罐可在冷水机组停车时，维持数据中心空调5～10min的延时运行，保证数据中心供冷的稳定性。该蓄冷系统与常规的全负荷蓄冷、部分负荷蓄冷有本质差异。主要功能并非是利用峰谷电价实现运行的经济型，而是维持系统运行的可靠稳定角度考量；同时该蓄冷量较常规形式蓄冷量较小，属于应急备用冷源，选项B正确。

　　因该数据中心负荷较稳定，全年低负荷运行概率较低，应配置变频冷水机组提高低负荷运行效率，说法过于绝对，且从经济角度出发，可不配置，选型C错误。

　　因全年24h不间断运行，在过渡季冷却塔免费供冷无完全满足机房冷负荷时，需连续运行制冷机组，此时，冷却塔出水温度受室外空气湿球温度影响，换热效果好，水温较低，选用允许最低冷却水温度更低的冷水机组是极为必要的，选项D正确。

3.3-27.【多选】不适合采用水环热泵系统的建筑是下列哪几项？【2018-2-57】
　A. 位于上海的高层住宅楼

B. 位于三亚的旅游宾馆

C. 位于北京、平面为正方形、体形系数为 0.5 的办公楼

D. 哈尔滨的大型商场

参考答案：AB

分析：根据《复习教材》第 3.3.3 节，水环热泵适用于建筑规模较大，各房间或区域负荷特性相差较大，尤其是内部发热量较大，冬季需同时分别供热和供冷的场合，选项 A 不适合；冬季不需供热或供热量小的地区不宜采用水环热泵，选项 B 不适合；选项 C 建筑有明显内外区，同时供热供冷，适合；哈尔滨大型商场内、外区同时供热供冷，内区冷负荷较小，外区供热负荷较大，外区供热可采取辅助热源补充，选项 D 适合。

3.3-28.【多选】空调系统设计时，下列哪些说法或做法是错误的？【2018-2-59】

A. 多分区空调系统根据各分区负荷变化调节各分区送风量

B. 工艺性空调，室内温湿度允许波动范围为：温度 $\pm 0.5℃$、相对湿度 $\pm 5\%$，采用全空气变风量空调系统

C. 温湿度独立控制空调系统的湿度控制可采用溶液除湿或转轮除湿

D. 风量为 $3000m^3/h$、送风温度为 $9℃$ 的空气处理机组，表冷器迎风面积为 $3m^2$

参考答案：BD

分析：根据《复习教材》第 3.4.3 节第 3 条，对于变风量方式多分区空调系统可以根据各分区负荷变化调节各分区送风量，选项 A 正确；根据《民规》7.3.7 条，温湿度波动范围要求严格时不宜采用全空气变风量系统，选项 B 错误；根据《复习教材》第 3.3.4 节，选项 C 正确；根据《民规》第 7.3.13-3 条，低温送风表冷器迎面风速宜为 $1.5\sim 2.3m/s$，选项 D 表冷器迎面风速达到 $2.77m/s$，错误。

3.3-29.【多选】关于空调系统形式选择和设计的做法，下列哪些项是不合理的？【2018-2-60】

A. 某地区室外夏季空气设计参数为：干球温度 $30℃$，湿球温度 $17℃$，设计一幢建筑面积为 $10000m^2$ 的写字楼建筑，采用风机盘管＋新风系统，冷源为电制冷风冷冷水机组

B. 夏热冬暖地区一座 $50000m^2$ 的商业综合体，经计算维持建筑室内微正压所需风量约为 $90000m^3/h$，设计总新风量为 $91000m^3/h$，过渡季全新风运行，为节约能源集中空调系统设置排风热回收

C. 某温湿度独立控制空调系统，采用表冷器对新风进行冷却除湿，新风机组送风状态点的含湿量与室内设计状态点的等含湿量相同

D. 青海省西宁市某商业建筑舒适性空调系统，室内设计参数干球温度为 $26℃$、相对湿度 55%，设计采用一次回风全空气系统

参考答案：BCD

分析：选项 A，写字楼内大部分为小开间办公室，设计风机盘管＋新风系统，方便独立温控，选项 A 合理；选项 B，维持建筑室内微正压所需风量约为 $90000m^3/h$，假设建筑净高为 3m，则该风量对应的换气次数为 0.6 次/h，可认为为维持门窗缝隙漏风所需的风

量，因此新风量中有 90000m³/h 从门窗缝隙中渗出，排风量为 1000m³/h，新、排风量相差悬殊，选项 B 设置热回收不合理；选项 C，因为新风机组送风状态点的含湿量与室内设计状态点的含湿量相同，所以新风不能负担室内湿负荷。选项 C 错误；西宁夏季空调室外计算温度 26.5℃，湿球温度 16.6℃，室外新风焓值 56kJ/kg，而室内设计状态点焓值 65.1kJ/kg，因此采用一次回风全空气系统不合理，选项 D 错误。

3.4 空调系统设备

3.4-1.【单选】某车间的集中式空调系统，由锅炉房供应 1.3MPa 的饱和蒸汽、冷冻站供应 7℃ 的冷水。室内环境的要求是：夏季 $t=20\pm1℃$，$\varphi=60\%\pm10\%$；冬季 $t=20\pm1℃$，$\varphi=60\%\pm10\%$；空气的洁净度；ISO7（10000 级）。系统中的组合式空调机组的功能段，除（新回风）混合段、粗效过滤段、中效过滤段、加热段、表冷段、风机段外，至少还需下列哪个基本功能段？【2012-2-25】

A. 中间段   B. 加湿段

C. 均流段   D. 高效过滤段

参考答案：B

分析：（1）根据《复习教材》表 3.6-2：粗效过滤器，有效捕集粒径 $\geqslant2\mu m$；中效过滤器，有效捕集粒径 $\geqslant0.5\mu m$；满足空气洁净度 ISO7 级要求；喷水室，可以实现空气的加热、冷却、加湿、和减湿等多种空气处理过程，可以保证较严的相对湿度要求。

（2）根据《复习教材》第 3.4.7 节第 1 条 "（4）加湿段"，为增加空气的含湿量以达到规定的相对湿度要求时，就需要对空气进行加湿处理，可采用各种形式的加湿装置，构成组合式空气调节机组的加湿段。

3.4-2.【单选】两台相同的组合式空调机组并联运行，机组内为一台离心风机，机组自机房内回风，新风管道布置相同（回风与新风系统图中未表示，机房高度受到限制），能够保证机组并联运行时，送风量最大的组合方式为下列哪一项？【2013-1-12】

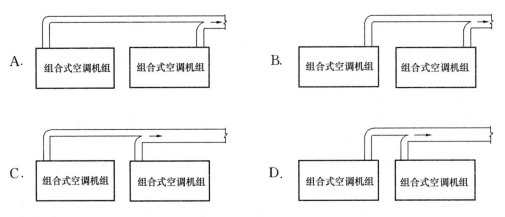

参考答案：C

分析：本题重点在于考察机组内离心风机与管道连接关系，根据《复习教材》图 2.8-6，只有选项 C 的连接方式能够保证两台机组风机出口损失最小，风量最大。

3.4-3.【单选】空调系统安装完成后，进行节能性能检测时，以下哪一项说法是错误的？【2014-1-20】

　　A. 空调水系统总流量允许偏差≤10%

　　B. 空调机组水流量允许偏差≤20%

　　C. 空调风系统的总风量允许偏差≤10%

　　D. 各风口的风量允许偏差≤20%

参考答案： D

分析： 根据《建筑节能工程施工质量验收标准》GB 50411—2019 第 10.2.11 条，选项 ABC 正确，选项 D 错误，各风口的风量允许偏差≤15%。

3.4-4.【单选】空调水系统施工过程中，应对阀门试压，以下哪一项说法是正确的？【2014-2-21】

　　A. 严密性试验压力为阀门公称压力的 1.5 倍

　　B. 强度试验压力为阀门公称压力的 1.1 倍

　　C. 工作压力大于 0.6MPa 的阀门应单独进行强度和严密性试验

　　D. 主管上起切断作用的阀门应单独进行强度和严密性试验

参考答案： D

分析： 根据《通风空调工程施工规范》GB 50738—2011 第 15.4.2 条及第 15.4.3 条，选项 AB 均错误。根据该规范第 15.4.1 条，工作压力大于 1.0MPa 的及主管上起切断作用的阀门应单独进行水压试验，故选项 C 错误，选项 D 正确。

3.4-5.【单选】某大楼采用了 20 个变风量空调系统，每个系统的空调机组出口余压均为 650Pa。对其风管系统安装的严密性检验要求，下列哪一项是符合规范规定的？【2016-2-10】

　　A. 可不进行风管系统的严密性检验

　　B. 可采用漏光法进行风管系统的严密性检验，且抽检数量不低于 1 个系统

　　C. 首先应对风管系统采用漏光法检验，检验合格后，再进行漏风量测试，测试的抽检数量不少于 4 个系统

　　D. 必须对 20 个系统分别进行漏风量测试

参考答案： C

分析： 根据《通风与空调工程施工质量验收规范》GB 50243—2016 第 4.1.4 条，该项目变风量空调系统属于中压系统；根据《通风与空调工程施工规范》GB 50738—2011 第 15.3.1.2 条，中压系统风管的严密性检验，应在漏光法检测合格后，对系统漏风量测试进行检验，抽检率为 20%，且不得少于一个系统，选项 C 正确。

3.4-6.【单选】某组合式空调器用于寒冷地区的舒适性空调的一次回风空调系统，下列哪项基本功能段的组合顺序（顺气流方向）是正确的？【2018-1-19】

　　A. 混合段→盘管段→喷雾加湿段→风机段→粗效过滤段

　　B. 混合段→粗效过滤段→喷雾加湿段→盘管段→风机段

C. 混合段→粗效过滤段→盘管段→喷雾加湿段→风机段

D. 混合段→粗效过滤段→风机段→盘管段→喷雾加湿段

参考答案： C

分析： 根据《复习教材》图 3.4-4，一般的一次回风空调系统选项 B 为正确顺序。但室外空气设计参数很低的场合，有可能使一次混合点的空气比焓值低于其露点焓值而结露，寒冷地区的舒适性空调的一次回风空调系统，由于室外新风和室内回风混合状态点温度较低，在这种情况下，为保证喷雾加湿的效果，需先将新风进行预热，使预热后的新风和室内空气混合后的状态点落在 h_L 线上或者将加湿段至于加热段之后。故可采取混合段→粗效过滤段→预热盘管段→喷雾加湿段→盘管段→风机段或者混合段→粗效过滤段→盘管段→喷雾加湿段→风机段，相比较，选 C。

3.4-7.【单选】对于热泵驱动的溶液调湿新风机组，下列何项是错误的？【2018-2-31】

A. 夏季对新风除湿时，蒸发器的作用是在除湿单元中对溶液进行冷却

B. 新风机组可以实现降温除湿、加热加湿、等温加湿、等焓除湿过程

C. 溶液再生所需热量与溶液冷却冷量相等

D. 机组出风口的空气参数与除湿单元的溶液浓度有关

参考答案： C

分析： 根据《复习教材》P400、P567 及《红宝书》P1812 可知，选项 ABD 正确，选项 C 错误，热泵循环蒸发器的制冷量用于降低溶液温度以提高除湿能力和对新风降温，冷凝器排热量用于浓缩再生溶液，制冷量与排热量不相等。

3.4-8.【多选】北京市某建筑的办公楼空气调节系统采用风机盘管加新风系统，其新风机组部分平面图设计中哪几项是错误的？【2012-1-60】

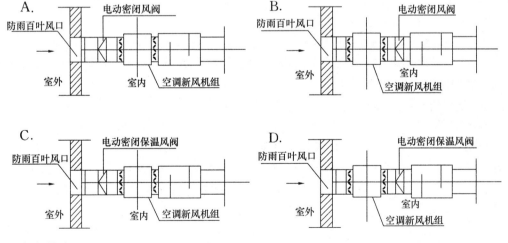

参考答案： ABD

分析： 北京市属于寒冷 A 区，根据《民规》第 7.3.21 条，严寒地区严密关闭的阀门宜设保温。

3.4-9.【多选】某空调机组表冷器设计供/回水温度为 12℃/17℃，采用电动两通调节阀进行控制，安装方式如下图所示，其中 A、B、C 为水平管，D 为垂直管，指出其中的错误选项?【2012-2-61】

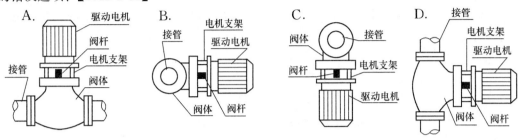

参考答案：BCD

分析：根据《09 技术措施》第 11.3.4.6 的要求，驱动电机宜垂直安装。

3.4-10.【多选】下列哪些数据与计算全空气系统空调机组表冷器换热面积有关?【2017-1-61】

 A. 空调系统新风比　　　　　　　　B. 表冷器出口水温

 C. 表冷器水侧工作压力　　　　　　D. 表冷器迎面风速

参考答案：ABD

分析：根据《复习教材》第 3.4.7 节第 2 条"选择计算原理"相关内容，表冷器的换热面积与空气的进出口温度、水的进出口温度、迎面风速等因素有关。选项 A 中新风比不同，造成表冷器空气进口温度不同，正确；选项 BD 正确；选项 C 中水侧工作压力与表冷器换热面积无关，错误。

3.4-11.【多选】某空调工程夏季采用表面式冷却器处理空气，当实际运行风量小于设计风量时（进风参数和进水温度不变），关于该表冷器处理能力和空气参数的变化，下列哪几项是正确的?【2017-2-54】

 A. 总换热量下降　　　　　　　　　B. 总换热量增加

 C. 出口处空气含湿量降低　　　　　D. 出口处空气干球温度升高

参考答案：AC

分析：根据《空气调节》P84 公式 $K_s = \left[\dfrac{1}{AV^m\xi^p} + \dfrac{1}{B\omega^n}\right]^{-1}$，

可知表冷器的传热系数与迎风风速成正比，运行风量小于设计风量时，表冷器迎面风速降低，换热系数降低，因此总换热量下降，选项 A 正确，选项 B 错误；表冷器通用热交换效率与迎风风速成反比，随迎风风速减小而增加，夏季采用表面式冷却器处理空气过程通常为冷却去湿过程如《复习教材》图 3.4-25 所示（见右图），表冷器出口空气状态由状态

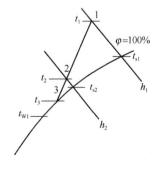

点 2 随通用热交换效率提高变为状态点 3，出口空气温度、含湿量、焓值都会降低，选项 C 正确，选项 D 错误。

3.5 气 流 组 织

3.5-1.【单选】夏热冬冷地区的某剧场空调采用座椅送风方式，下列哪种说法从满足节能与舒适度的角度看是合理的？【2013-1-23】

A. 宜采用一次回风系统，系统简单

B. 宜采用全新风空调系统，提高舒适度

C. 宜采用一次风再热系统，宜提高送风温度

D. 宜采用二次回风系统，以避免再热损失

参考答案：D

分析：《复习教材》第3.4.3节第1条：选项A采用一次回风系统如无再热，若节能就必须是（露点送风）最大温差送风，送风温度低，不舒适；选项B采用全新风空调系统不节能；选项C采用一次风再热系统，不节能，故选D。

3.5-2.【多选】有关空调系统风口的做法，下列哪几项是不合理的？【2012-2-59】

A. 某大型展厅60m跨度，设置射程为30m的喷口两侧对吹

B. 某会议室净高3.5m，采用旋流送风口下送风

C. 某剧场观众厅采用座椅送风口

D. 某净高4m的车间（20±2）℃采用孔板送风

参考答案：AD

分析：根据《工规》第8.4.8条和《民规》第7.4.9条，双侧对送射流，其射程按喷口至中点距离的90%计算，选项A错误；根据《复习教材》表3.5-5，旋流风口用于空间较大的公共建筑（上送风），但《复习教材》P434也明确旋流风口也可以用于地板送风（下送风）；根据《复习教材》P435，座椅下送风口设置在影院、会场的座椅下，选项C正确；根据《复习教材》表3.5-5，孔板送风用于室温波动范围为±1℃或≤0.5℃的工艺空调，选项D错误。

3.5-3.【多选】某展览馆的展厅为高大空间，拟采用分层空调送风方式，下列哪几项设计选择及表述是正确的？【2013-1-59】

A. 于空间顶部采用散流器下送风

B. 于空间侧部采用喷口侧送风，使人员处于射流区

C. 于空间侧部采用喷口侧送风，使人员处于回流区

D. 采用喷口侧送风，设计的射流出口温度与射流周围温度差值增大时，阿基米德数会增大

参考答案：CD

分析：根据《民规》第7.4.2-3条，分层空调宜采用双侧送风，跨度小于18m时亦可单侧送风，高大空间分层空调采用顶部送风必定是错误的，选项A错误；根据第6.5.5-1条，采用喷口送风，人员活动区宜处于回流区，选项B错误，选项C正确；根据《复习教材》式（3.5-5）及其前后两段的描述，送风温差变大会导致阿基米德数变大，选项D正确。

3.5-4.【多选】有关空调系统风口的选择，下列哪几项是不合理的？【2013-2-57】

A. 某净宽为 60m 的大型餐厅，采用射程为 30m 的喷口两侧对吹

B. 某净高为 2.8m 的会议室，采用散流器送风

C. 某剧场观众厅采用座椅送风口

D. 某净高 6m 的恒温恒湿（20±2℃）车间采用孔板送风

参考答案：AD

分析： 根据《民规》第 7.4.9.2 条，双侧对送射流，其射程按喷口至中点距离的 90% 计算，选项 A 错误；层高 2.8m，采用散流器送风是合理的，选项 B 正确；根据《复习教材》第 3.5.2 节第 1 条，座椅下送风口设置在影院、会场的座椅下，选项 C 正确；根据表 3.5-5，孔板送风用于层高较低或净空较小的建筑，选项 D 错误。

3.5-5.【多选】某工艺性空调的室温允许被动范围为 ±0.5℃，其空调系统的进风温差，以下哪几项是合理的？【2016-1-54】

A. 2℃   B. 4℃

C. 6℃   D. 8℃

参考答案：BC

分析： 根据《工规》表 8.4.9、《民规》第 7.4.10 条以及表 7.4.10-2，工艺性空调的室温允许被动范围为 ±0.5℃，其空调系统的进风温差为 3~6℃，故选项 BC 正确。

3.6 空调水系统

3.6.1 水系统形式与设计

3.6-1.【单选】下列关于空调冷水系统设置旁通阀的说法哪一项是错误的？【2013-1-25】

A. 空调冷水机组冷水系统的供回水总管路之间均设置旁通阀

B. 在末端变流量、主机定流量的一级泵变流量系统中，供回水总管之间应设置旁通阀

C. 末端和主机均变流量的一级变流量系统中，供回水总管之间应设置旁通阀

D. 多台相同容量的冷机并联使用时，供回水总管之间的旁通阀打开时的最大旁通流量不大于单台冷机的额定流量

参考答案：A

分析：《07 节能专篇》第 5.2.9 条：定流量的一级泵系统可以不设旁通阀，选项 A 错误。

扩展： 根据《民规》第 8.5.8 条、第 8.5.9 条规定，选项 D 中没有说明是冷水机组定流量或变流量，严格说也是错的。根据《民规》第 8.5.9 条：应取机组的最小流量。

3.6-2.【单选】在舒适性空调中，针对水系统节能，下列哪一项措施不宜采用？【2014-1-22】

A. 空调末端采用电动两通阀通断控制

B. 空调末端采用电动三通阀旁通控制

C. 空调循环水泵采用变频控制

D. 当环路的压力损失差额大于 50kPa 时，采用二级泵系统

参考答案： B

分析： 末端设置电动三通阀属于定流量空调水系统，根据《复习教材》图 3.7-5 右侧，定流量水系统的控制比较简单，水系统运行过程中，除了设置多台水泵的系统依靠水泵运行台数变化来改变能耗外，不能做到实时的节省能源，根据《民规》第 8.5.4-1 条，除设置一台一组的小型工程外，不应采用定流量一级泵系统，选项 B 节能性较差。选项 AC 为变流量系统，根据《复习教材》P478，它可以比一级泵定流量系统节省运行能耗，选项 AC 节能性较好；根据《公建节能 2015》第 4.3.5-3 条及条文说明：当系统各环路阻力相差较大时，如果分区分环路按阻力大小设置和选择二级泵，有可能比设置一组二级泵更节能。阻力相差"较大"的界限推荐值可采用 0.05MPa，通常这一差值会使得水泵所配电机容量规格变化一档，选项 D 节能性较好。

3.6-3.【单选】在某冷水机组（可变流量）的一级泵变流量空调水系统中，采用了三台制冷量相同的冷水机组，其供回水总管上设置旁通管，旁通管和旁通阀的设计流量应为下列哪一项？【2014-2-19】

    A. 三台冷水机组的额定流量之和　　　　B. 两台冷水机组的额定流量之和

    C. 一台冷水机组的额定流量　　　　　　D. 一台冷水机组的允许最小流量

参考答案： D

分析： 根据《民规》第 8.5.9 条，一级泵变流量系统采用冷水机组变流量方式时，旁通调节阀的设计流量应取各台冷水机组允许的最小流量的最大值，故选项 D 正确。

3.6-4.【单选】在集中空调冷水系统设计时，对于一级泵变频（冷水机组变流量）系统的设计，以下哪项是必须考虑的安全措施？【2016-1-26】

    A. 冷水机组的最小装机容量限值　　　　B. 冷水机组的最大装机容量限值

    C. 冷水泵变频器的最低频率限值　　　　D. 冷水系统的耗电输冷比（ECR）限值

参考答案： C

分析： 根据《民规》第 8.5.9-2 条，变流量一级泵系统采用冷水机组变流量方式时，旁通阀的设计流量应取各台冷水机组允许的最小流量中的最大值。即循环水泵变流量运行时的最小流量有限定要求，目的是保证变流量冷水机组的安全运行。而水泵变流量，机组运行的安全流量最小值是依靠水泵变流器频率变化实现，是必须考虑的安全措施，选项 C 正确。

3.6-5.【单选】夏热冬冷地区某办公楼的集中式空调冷水系统为一级泵系统，采用三台同型号冷水机组与冷水泵，机组与水泵一一对应连接后并联设置（先串后并），分析系统三台泵并联运行的总冷水流量时，以下哪一项说法是正确的（假设管网的阻力特性曲线保持不变）？【2017-1-21】

    A. 管网的阻力特性曲线越平缓时，三台并联运行的总流量是单台泵运行时流量的三倍

    B. 管网的阻力特性曲线越陡峭时，三台并联运行的总流量是单台泵运行时流量的三倍

    C. 三台并联运行的总流量与单台运行时流量的差值，和管网的阻力特性曲线是平缓还是陡峭无关

D. 三台并联运行的总流量，与管网的阻力特性曲线是平缓还是陡峭无关

参考答案：A

分析：三台水泵并联工况分析如下图所示。

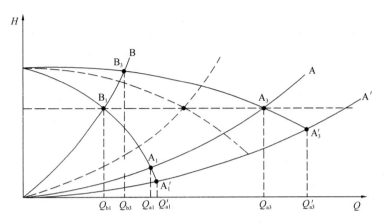

　　设计工况下，三台水泵并联运行状态点为 A_3，对应并联水泵流量为 Q_{a3}。已知条件管网的阻力特性曲线保持不变时，单台水泵运行状态点为 A_1，对应并联水泵流量为 Q_{a1}。当管网特性曲线 A 向右下方偏移至 A' 时，单台水泵及三台并联水泵运行工况点分别移至 A'_1 点和 A'_3 点。对应状态点流量分别由 Q_{a1} 变为 Q'_{a1}，Q_{a3} 变为 Q'_{a3}。因管网特性曲线的逐渐平缓，导致 Q'_{a3} 流量增加值远大于 Q'_{a1} 流量增加值，这主要是因为三台并联水泵特性曲线与单台水泵特性曲线的弧率不同导致。由图可知，$Q_{a3}/Q_{b1}=3$，则 $Q_{a3}/Q_{a1}<3$，且 $3>Q'_{a3}/Q'_{a1}>Q_{a3}/Q_{a1}$，随着管网特性曲线越发平缓，三台并联运行的总流量越接近单台水泵运行时流量的三倍，但无法达到三倍流量，选项 A 待定。管网的阻力特性曲线越陡峭时，如图所示，Q_{b3}/Q_{b1} 远小于 3，选项 B 错误。$Q_{a3}-Q_{b1}>Q_{b3}-Q_{b1}$，因此三台并联运行的总流量与单台运行流量的差值，与管网曲线平缓还是陡峭有关，选项 C 错误。不同的管网特性曲线 A，B 条件下，三台并联运行对应总流量 $Q_{a3}>Q_{b3}$，选项 D 错误。综合考虑四个选项，选项 A 更接近正确答案。

　　扩展：题干中所提及管网的阻力特性曲线保持不变，此种情况意味着供冷水系统自动控制及电动控制阀门均无法正常使用，无法依据末端需冷负荷实时供给。如图所示，当三台水泵并联运行手动变为一台水泵及机组运行时，单台水泵实际运行状态点由 B_1 点移至右下方 A_1 点，偏离水泵高效运行点，水泵超流量运行，易造成水泵电机过热甚至烧毁事故发生。实际运行中，应尽量避免。

　　3.6-6.【单选】寒冷地区办公楼设置三台水冷离心式变频冷水机组为空调系统供冷，同时配置了冷水循环泵、冷却水循环泵、冷却塔各三台。下列冷源系统技术措施正确的是哪一项？【2018-1-22】

A. 机组在冬季供冷运行时，应在冷却水供回水总管之间设置旁通管

B. 冷却塔的运行台数应与主机运行台数相同

C. 冷水循环泵必须设置备用泵

D. 部分负荷时，各台冷水机组应同步变频调速

参考答案：B

分析：选项A：根据《民规》第9.5.8.2条条文说明，当室外气温很低时，为保证冷却冷却水进水温度最低水温限制要求，可在供回水总管之间设置旁通调节阀，而不是旁通管，错误；

选项B：根据题意，冷却塔台数和水泵、机组台数同为3台，通过集管连接时，根据《民规》第8.6.9.2条，每台机组进水或出水管上安装与水泵连锁开关的电动阀，这意味着水泵和机组运行台数保持一致，又根据第8.6.9.3条，每台冷却塔进水管上应安装与水泵连锁开关的电动阀，这意味着冷却塔和水泵运行台数保持一致，由此推断冷却塔、水泵和机组运行台数应保持一致，正确；

选项C：《民规》第8.5.13条，对冷水泵台数做了要求，但并没有要求必须设备用泵，错误；

选项D：根据《民规》第9.5.3条条文说明，机组运行台数应按冷量控制；又根据《红宝书》P2305，对多台离心冷水机组并联运行时，随着负荷的减少机组运行台数减少是节能运行措施，故应优先台数控制，而不是同步变频。

3.6-7.【单选】某公共建筑空调冷水系统采用了一级泵变频变流量系统，冷水机组变流量运行在供回水总管之间设置了旁通管和电动旁通阀，请问下列关于旁通管设计流量选取的说法中，哪一项是合理的？【2018-2-19】

  A. 选取容量最大的单台冷水机组的设计流量

  B. 选取容量最小的单台冷水机组的设计流量

  C. 选取各台冷水机组允许最小流量的最大值

  D. 选取各台冷水机组允许最小流量的最小值

参考答案：C

分析：根据《民规》第8.5.9条，变流量一级泵系统主机变流量时，旁通阀设计流量应取各台冷水机组允许的最小流量的最大值，选项C正确。

3.6-8.【多选】空调水系统设计时，以下哪几项是变流量系统？【2014-1-55】

  A. 空调机组水路配置电动二通阀的二级泵系统、二级泵变频调速

  B. 空调机组水路配置电动二通阀的一级泵系统、采用供回水总管压差控制电动旁通阀流量

  C. 空调机组水路配置电动三通分流阀的一级泵系统

  D. 空调机组水路不配置电动阀的一级泵系统

参考答案：AB

分析：根据《复习教材》第3.7.2节第4条，定流量系统是指空调水系统中用户侧的实时系统总水量保持恒定不变（或者总流量只是按照水泵启停的台数呈现"阶梯式"的变化），变流量系统是指用户侧的系统总水量随着末端装置流量的自动调节而实时变化。选项AB用户侧总水量由于两通阀的调节，水泵变速及压差旁通调节，用户侧总流量实时变化，为变流量系统，正确；选项C虽然三通阀会使进入末端设备的流量发生变化，但对用户侧总流量来说，不会实时改变，因此选项C为定流量系统；选项D没有电动阀调节

水量，显然是定流量系统。

3.6-9.【多选】对于集中空调的冷水系统，下列哪几项说法是正确的？【2016-2-56】

A. 供水温度恒定的定流量一级泵系统在部分负荷时，通过冷水机组的冷量调节实现供冷量减小，系统中水流量不变，且回水温度升高

B. 在多台冷水机组变流量一级泵的系统中，当水温差符合设计要求，但实测冷水机组流量明显偏小时，说明此时冷水机组运行台数过多，应减少运行台数

C. 在变流量二级泵系统中，如果两个环路供回水总管总长度相差 300m，且总管沿程比摩阻取 150Pa/m，局部阻力为沿程阻力的 50%，则该两个环路应分别设置二级泵

D. 变流量二级泵系统中，如果系统的回水直接从平衡管旁通后进入供水管，会引起的结果是用户侧水系统的"小温差、大流量"现象

参考答案： BCD

分析： 供水温度恒定的定流量一级泵系统在部分负荷时，末端用冷量降低致使冷冻水回水温度降低，冷水机组通过减载，保持机组出水温度不变，选项 A 错误；在多台冷水机组变流量一级泵的系统中，当水温差符合设计要求，实测冷水机组流量明显偏小时，水泵降频运行，通过已运行各主机分配流量变小，减机运行，实现系统的高效运行，选项 B 正确，同时一级泵变流量系统配置和设计要求详见《红宝书》P2021 表 26.7-3；根据《民规》第 8.5.4-3 条条文说明，阻力相差较大的界限推荐值可采用 0.05MPa，通常这一差值会使得水泵所配电机容量规格变化一档。选项 C 中两个环路阻力相差 0.0675MPa，大于 0.05MPa 界限，则该两个环路应分别设置二级泵，该选项正确；变流量二级泵系统中，如果系统的回水直接从平衡管旁通后进入供水管，即所谓"逆向混水"现象，应尽量避免，否则会逐步导致供水温度持续升高，末端变冷器换热能力逐步下降，供水系统从回水管路抽取更多的冷冻水回水进入供水管路，进入恶性循环，"小温差、大流量"现象加剧。选项 D 正确。

3.6-10.【多选】下列哪些位置不应使用动态流量平衡阀（自力式定流量控制阀）？【2017-2-59】

A. 风机盘管设电动双位温控阀的空调水系统支路

B. 多台冷水机组并联时每台冷水机组冷水出水接管

C. 建筑内散热器设温控阀的垂直双管供暖系统的回水立管

D. 热源为区域锅炉房、散热器均设自力式温控阀的供暖系统热力入口

参考答案： ACD

分析： 动态流量平衡阀能将管道的实际流量恒定在需求流量值，能在一定范围内消除系统压力波动的影响。根据《红宝书》P2007 表 26.6-2 可知，自动流量平衡阀如设置在变流量系统的支路中，当一些末端设备需要小流量时，自动流量平衡阀在一定压差范围内仍维持设定的流量，例如当一些风机盘管自控阀门关闭时，由于支路总流量恒定，正在使用的风机盘管的流量会增加，会引起风机盘管控制阀的频繁启闭，因此不应采用，故选项 A 错误；依据表 26.6-2 可知，多台并联的定流量冷水和冷却水循环泵，宜设置自动流量平衡阀；当多台冷水机组并联

运行时，也即多台水泵并联运行，当单台冷水机组运行时也只有一台水泵对应运行，此时水泵的运行流量加大，若管路特性不向增加阻力的方向变化，则水泵电机有可能超载，故在每台冷水机组出水管上设置动态流量平衡阀，有利于保持流量恒定，避免水泵超载，故选项 B 正确；散热器设置自力式温控阀，属于变流量供暖水系统，根据《供热计量技术规程》JGJ 173—2009 第 5.2.3 条，变流量系统不应设置自力式流量控制阀，选项 C 错误；根据第 5.2.2 条，热力入口应安装静态水力平衡阀，选项 D 错误。

扩展：风机盘管支路设置平衡阀分析：

1. 当支路仅设置 1 台风机盘管时，根据《红宝书》P2007 表 26.6-2 可知，必要时可设置双位调节的动态平衡电动两通阀。动态平衡电动两通阀根据 P2003 表 26.6-1 可知，属于多功能平衡阀范畴而不属于动态流量平衡阀（自力式定流量控制阀）范畴，此种组合方式可以有效地节省安装空间。部分考生认为采用电动双位温控阀＋动态流量平衡阀（自力式定流量控制阀）串联代替双位调节的动态平衡电动两通阀，这种方式，《红宝书》未明确，且规定适宜采用一个阀（动态平衡电动两通阀）；同时，从投资造价及施工难度分析，笔者认为不可取。

2. 当支路设置多台风机盘管时，支路不应设置动态流量平衡阀（自力式定流量控制阀），末端单台风机盘管宜设置双位调节的动态平衡电动两通阀。

3.6-11.【多选】某高层建筑空调设置变频二级泵空调冷源系统，如下图所示，图中的手动阀门在初调试完成后固定阀门开度，定压补水点设置于集水器上。问：下列哪几项关于该冷源系统的分析是正确的？【2018-2-66】

A. 二级泵台数少于一级泵台数有利于防止平衡管中出现反向水流

B. 两台及以下主机运行时，分水器供水温度会高于主机设定供水温度

C. 两台及以上主机运行且一级泵流量大于二级泵流量时，各运行的主机进水温度有差异

D. 应按一台二级泵额定流量和设定的供回水压差进行压差旁通阀选型计算

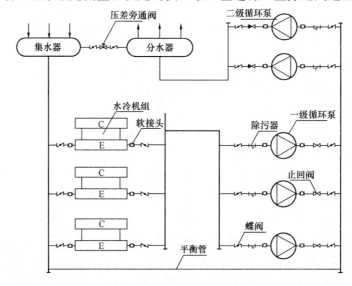

参考答案：ABC

分析：变频二级泵空调冷源系统冷水机组定流量运行，运行台数根据系统的冷量需求进行控制，一级泵的运行台数与冷水机组对应联动启、停控制。二级水泵的运行台数根据负荷侧的压差进行控制。平衡管的水流方向是供水管流向回水管，满负荷运行时，一级泵与二级泵流量相同，但部分负荷时，二级泵降频，一级泵减少台数，因并联衰减的原因，一级泵台数减少后，将会导致其流量要高于降频后的二级泵流量，有利于防止平衡管回流，选项 A 正确；部分负荷时，一部分空调回水会通过平衡管回流到供水管，因此到达分水器的水温是这部分回水和冷水机组出水混合后的温度，高于冷水机组出水温度，从而出现二级泵环路的供水温度升高且高于冷水机组设定温度，选项 B 正确。从图中看到，当一级泵总流量大于二级泵总流量时，一级泵冷水供水会有部分通过平衡管回流至机组进水管处，由于机组进水管处的总回水温度与旁通回流的部分冷水供水温度存在温差，混合不匀会造成各冷水机组进水温度有差异，选项 C 正确。二级泵采用变频变流量控制时，根据旁通管压差调节泵的转速（变频），分集水器上的压差旁通阀流量按一台二级泵下限流量和设定的供回水压差进行选型，选项 D 错误。

扩展：本题的图毫无意义，首先原题的分集水器箭头标注错误，第二，二级泵的设置错误，应设在分水器后面对应不用的用户区域，如图中设置法，在同一侧设置两级水泵，并且台数还不对应的做法不知道目的是为何。

3.6.2　水泵与系统运行

3.6-12.【单选】水泵的电动机（联轴器连接）实际运行耗用功率过大，导致能源浪费加剧，引起问题发生的原因，下列哪一项是错误的？【2012-2-22】

A. 电动机转速过高

B. 水泵的填料压得过紧

C. 水泵叶轮与蜗壳发生摩擦

D. 水泵与电动机的轴处于同心

参考答案：D

分析：水泵电机转速过高造成流量扬程变大，耗功率变大，选项 A 正确；填料压得过紧、叶轮与蜗壳发生摩擦都会增加阻力损失，耗功变大，选项 BC 正确；水泵与电机轴同心是正确的安装要求，能避免振动增加效率，选项 D 不是引发耗功过大的原因。

3.6-13.【单选】某高层建筑，采用闭式空调水循环系统，水泵、制冷机、膨胀水箱均设置在同一标高的屋面上，调试时，水泵和管道剧烈振动，且噪声很大，以至无法正常运行，试问产生该问题的原因可能是下列哪一项？【2012-2-23】

A. 水泵的压头过大

B. 水泵的水量过大

C. 膨胀水箱的底部与系统最高点的高差过大

D. 膨胀水箱的底部与系统最高点的高差不够

参考答案：D

分析：《复习教材》图 3.7-19，选项 D 高差不够将产生负压，导致系统进入空气，将导致水泵和管道剧烈振动。

3.6-14.【单选】某体育馆比赛大厅的集中式空调系统采用风冷热泵机组，循环水泵设置在一层的水泵房内，组合式空调机组分别布置在二层看台两侧的机房内，膨胀水箱设置在屋面。调试时，循环水泵显著发热且噪声很大，无法正常运行，试问产生该问题的原因是下列哪一项?【2013-2-20】

    A. 所选水泵的扬程小于设计值

    B. 所选水泵的水量小于设计值

    C. 膨胀水箱的底部与系统最高点的高差过大

    D. 空调循环水系统内管道中存有过量空气

参考答案： D

分析： 选项 AB 均会导致水泵实际运行流量小于设计值，功率也低于设计值，不会出现水泵显著发热的现象，故选项 AB 错误；膨胀水箱底部与系统最高点高差过大只会造成系统工作压力偏高，根据题目描述，并没有设备耐压不足的问题，故选项 C 错误；如果水系统中存在过量空气，空气进入水泵会造成水泵电流大幅摆动，功耗提高而发热，同时大量气泡进入叶轮区后爆破并冲击叶轮产生很大噪声，故选项 D 正确。

3.6-15.【单选】某集中空调水系统的设计水量为 $100m^3/h$，计算系统水阻力为 $300kPa$。采用一级泵水系统，选择水泵的流量和扬程分别为 $105m^3/h$ 和 $315kPa$，并按此参数安装了合格的水泵。初调试时发现：水泵实际扬程为 $280kPa$。问：对水泵此时的实际流量 G_s 的判定，以下哪一项是正确的?【2014-1-21】

    A. $G_s > 105m^3/h$ B. $G_s = 105m^3/h$

    C. $105m^3/h > G_s > 100m^3/h$ D. $G_s = 100m^3/h$

参考答案： A

分析： 作水泵-管路工作特性曲线图，如下图所示：

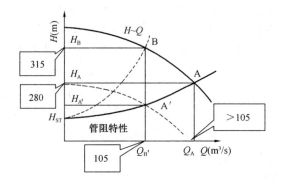

设计状态下，选择水泵的流量和扬程分别为 $105m^3/h$ 和 $315kPa$，当实际水泵扬程为 $280kPa$ 时，即水泵实际运行状态点 A 位于设计工况点 B 右下方，如图所示，$G_s > 105m^3/h$。

3.6-16.【单选】某工程空调闭式冷水系统的设计流量为 $200m^3/h$，设计计算的系统阻力为 35m H_2O 水柱。选择水泵时，对设计流量和计算扬程均附加约 10% 的安全系数，设计选泵 B3，参数为：流量 220m³/h，扬程 38m H_2O。图中 B1、B2、B3 分别为三台不同水泵的性能曲线。OBC、OAD 分别为设计与实际的水系统阻力特性曲线。问：水泵实际运行工作点应为以下哪一个选项？【2016-1-23】

A. A　　　　　　　B. B　　　　　　　C. C　　　　　　　D. D

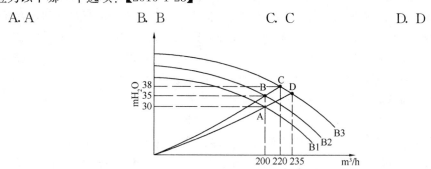

参考答案： D

分析： 由题意知，设计工况点为 B，水泵设计运行工况点为 C，因此实际选择水泵为 B3，因 C 点水泵扬程大于设计工况点系统阻力，多余水头转换为流量，实际运行工况点由 C 点向右下角偏移至 D 点。选项 D 正确。

3.6-17.【单选】（接上题）假定 B1、B2、B3 三种水泵在流量为 200m³/h 时的水泵效率相同，要使得水泵在设计流量（200m³/h）恒定运行时，用以下哪个方法，是最为节能的？【2016-1-24】

A. 选择 B1 水泵

B. 选择 B3 水泵，并配置变频器

C. 选择 B3 水泵，关小水泵出口阀门

D. 选择 B2 水泵，并配置变频器

参考答案： B

分析： 本题为上题的继续，节流（关阀门）是牺牲一部分流量去增加一些扬程，然后这个增加的扬程直接消耗在阀门上了，等于就是浪费了这个能量了，而变频降速以后，功率会按 3 次方的比例下降，虽然变频器也有一些能耗，但必然是收益更大的，故变频器一定比节流更节能，排除选项 C。

设计想要稳定在 200 m³/h 流量，那么就不能选 A，B1 的确非常合适，但是合适过头了，没有考虑 10% 的余量，只有对完全干净的管网是完美匹配的，一旦运行一周、一个月，过滤器堵塞越来越严重，管道也不干净了，流量就永远小于 200m³/h 了，调整都没法调，因为阀门已经开到最大，变频器也没有，有也可能超载运行，所以排除选项 A。

选项 B 和选项 D，都配置了变频器，管网情况有变也不要紧，可以通过变频器调整，这样都能满足 200m³/h 稳定运行，且节能，但是 B2 的总能力不能满足题设 10% 余量的需求，实际应用虽然没问题，但对解题来说就是不足的，所以应该选择 B3＋变频器。

3.6-18.【单选】在对某公共建筑空调水系统进行调试时发现，循环水泵选型过大，输送能耗过大，必须进行改造，下列哪一项措施的节能效果最差？【2016-2-19】

A. 换泵 B. 切削水泵叶轮
C. 增设调节阀 D. 增设变频装置

参考答案： C

分析： 循环水泵选型过大，输送能耗过大，通过更换适合公共建筑水系统运行要求的水泵，满足水系统运行流量及扬程要求，是较好的节能措施，选项 A 正确；通过切削水泵叶轮，是降低水泵扬程的手段之一，选项 B 正确；增设变频装置，通过频率的降低，调节水泵运行转速，水泵的流量和扬程均降低，节能效果较好，选项 D 正确；增设调节阀，使多余水泵压头通过增加局部阻力克服，可以达到水系统运行要求，但是水泵输送能耗降低较少，节能效果较小，是四个选项中节能效果最差的一个，选项 C 错误。

3.6-19.【单选】某高层建筑集中空调系统的冷却塔设置于 60m 高的主楼屋面上。计算出的冷却水系统总阻力为 30m，配置冷却水泵扬程为 90m。当系统投入运行时发现：冷却水泵总是跳闸而无法正常运行。问：既解决问题又更节能的措施，以下哪个选项是最合理的？【2016-2-27】

A. 更换一个小扬程的冷却水泵
B. 更换一个更大的冷却水泵电流限流开关
C. 关小冷却水泵的出口阀门
D. 为冷却水泵配置变频器

参考答案： A

分析： 冷却水系统属于开式循环水系统，水泵扬程＝冷却水系统总阻力＋提升水高度（通常为冷却塔集水盘水位至布水器高差，而不是建筑物高度）。冷却水泵设选型扬程约为 33～36m 范围，配置冷却水泵扬程为 90m，导致水泵扬程与实际需要扬程相差悬殊，既解决问题又更节能的措施是更换小扬程水泵。选项 A 正确。

3.6-20.【单选】某高层建筑空调冷水系统运行后冷水循环泵频繁过载保护，最可能的原因是下列哪项？【2018-1-26】

A. 所选择的水泵扬程远高于实际系统阻力
B. 所选择的水泵流量小于设计流量
C. 水泵配置电机额定功率过大
D. 水泵效率过低

参考答案： A

分析： 水泵发生过载保护，是由于水泵实际运行流量过大导致电流过大，超过保护限值所致。选项 A，水泵扬程高于系统实际阻力，当水泵放在系统中运行时，根据水泵和管网特性曲线，实际运行工况下的流量将高于设计流量，可能会导致过载保护，正确；选项 B，流量小于设计值，电流偏小，不会过载保护，错误；选项 C，电机额定功率大，对应设置的保护器也会较大，水泵流量不高于设计值，不会发生过载保护，错误；选项 D，水泵效率低不会导致流量超过设计值，不会发生过载保护，错误。

3.6-21.【单选】某离心式冷水机组系统有 3 台主机，3 台冷水泵的出水共管后再分支管接至各台冷水机组，每台水泵出口设有止回阀。系统运行调试时，除止回阀外冷水机组和水泵前后其他阀门均处于开启状态。当开启 1 台冷水机组和 1 台冷水泵调试运行时，冷水机组蒸发器低流量保护报警。下列解决措施中，哪一项是正确的？【2018-2-26】

A. 再开启 1 台冷水泵，两台水泵同时运行
B. 关小运行水泵的出口阀
C. 关闭停运的两台水泵前（或后）的阀门
D. 关闭停运的两台冷水机组前（或后）的阀门

参考答案： D

分析： 选项 A，开启 2 台水泵的办法不能解决 1 台主机和水泵运行低流量保护报警的问题，错误；选项 B，关小阀门会导致流量更小，错误；选项 C，每台水泵出口设有止回阀，不会导致回流，关闭阀门也无法解决低流量报警问题，错误；选项 D，关闭另外两台冷水机组的阀门，可以避免运行水泵的流量被分流，可以解决运行主机的低流量报警问题，正确。即当开启 1 台冷水机组和 1 台冷水泵调试运行时，冷水机组蒸发器低流量保护报警的原因是 1 台冷水泵流出的冷冻水分由 3 台冷水机组的蒸发器流出所造成的，只有选项 D 正确。

3.6-22.【单选】一个定流量运行的空调水系统，实测发现：系统水流量过大而水泵扬程低于铭牌值。下列哪一种整改措施的节能效果最差？【2018-2-27】

A. 调节水泵出口阀门开度
B. 增设变频器，调节水泵转速
C. 切削水泵叶轮，减小叶轮直径
D. 更换适合系统特性和运行工况的水泵

参考答案： A

分析： 选项 A，关小阀门，可以调整流量和水泵扬程处于设计工况，但节流造成了能量的浪费，正确；根据水泵相似率，选项 BC 的变频调速、减小叶轮直径只能同时调小水泵的流量和扬程，不能解决水泵扬程低的问题；选项 D，更换合适水泵，较选项 A 节能。

3.6-23.【多选】某空调冬季热水系统的设计热负荷为 1163kW，热水设计供/回水水温为 $60℃/50℃$，水泵设计参数为：扬程 $20mH_2O$、流量 $100m^3/h$。实际运行后发现房间室温未达到设计值，经检测，水泵的实际运行扬程为 $12mH_2O$，热水系统的实际供/回水水温为 $60℃/30℃$，问：以下哪些选项不是产生该问题的原因？【2012-2-57】

A. 水泵的设计扬程不够　　　　　　B. 水泵的设计流量不够
C. 热水系统的设计阻力过小　　　　D. 水泵性能未达到要求

参考答案： ABC

分析： 根据题干，热负荷为 1163kW，流量应为 $V = \dfrac{1163 \times 3600}{4.18 \times 1000 \times (60-50)} = $

$100m^3/h$，水泵的设计流量没有问题，因此首先排除选项 B；题干中温差变为了 30℃，扬程为 $12mH_2O$，水泵实际运行的流量和扬程均低于设计值。选项 A：假如水泵性能满足设

计值，只是设计扬程不够，根据水泵—管网特性曲线，实际运行时将会导致水泵扬程增大而流量降低，即水泵实际运行扬程将大于 $20mH_2O$，与检测的 $12mH_2O$ 不符，选项 A 错误；选项 C：如果水泵性能满足设计值，而热水系统设计阻力过小（只有 $12mH_2O$），根据水泵—管网特性曲线，实际运行时将会导致扬程下降而流量增大，即水泵实际运行流量将大于 $100m^3/h$，供回水温差将小于 $10℃$，与检测的 $60℃/30℃$ 不符，选项 C 错误；综上所述，产生该问题的原因只能是水泵性能未达标，水泵选型的流量和扬程都低于设计值，选项 D 正确。

3.6-24.【多选】某闭式空调冷水系统，水泵吸入口设有 Y 形水过滤器，安装运行后发现：循环泵入口压力表常显示为负压，同时在长时间运行后，且补水量很小的情况下，系统仍持续排气。以下哪些情况是导致该现象产生的原因？【2014-1-54】

A. 系统定压点位置不合理　　　　　B. 水泵扬程偏高

C. Y 形水过滤器阻力过大　　　　　D. 多台水泵并联运行

参考答案：AC

分析：根据《复习教材》图 3.7-27 及相关文字描述，系统定压点位置不合理、Y 形过滤器阻力过大，使管段出现负压吸入空气，导致了系统持续排气，选项 BD 与题目中现象无关。

3.6-25.【多选】某集中空调水系统的设计工况如下：设计水流量 $900m^3/h$，系统循环水环路总阻力为 $300kPa$。现要求配置三台同型号的水泵并联运行（选择水泵参数时，不考虑安全裕量）。对于各单台水泵参数的选择，以下哪几项不符合设计要求？【2014-1-57】

A. 流量 $330m^3/h$，扬程 $330kPa$　　　　B. 流量 $330m^3/h$，扬程 $300kPa$

C. 流量 $300m^3/h$，扬程 $330kPa$　　　　D. 流量 $300m^3/h$，扬程 $300kPa$

参考答案：ABC

分析：根据题意，选择水泵参数时，不考虑安全裕量，因此三台水泵并联时，单台水泵额定流量为 $900/3＝300$ m^3/h，扬程 300 kPa。注意，因为不考虑安全裕量，故水泵扬程附加值不必考虑。如此，只有选项 D 符合设计要求，选项 ABC 均选型过大。

3.6-26.【多选】某三层（层高均为 5m）工业建筑，每层设置有组合式空调机组，其集中空调冷水系统为开式系统，且在地下室设置空调冷水汇集池。问：以下哪几项设计措施是合理的？【2014-1-58】

A. 冷水泵扬程计算时，应考虑冷水系统的提升高度

B. 冷水供/回水管道系统应采用同程系统

C. 冷水泵的设置位置应低于冷水池的运行水面高度

D. 应采用高位膨胀水箱对系统定压

参考答案：AC

分析：根据《复习教材》P475，在开式系统中，水泵的扬程需要克服供水管和末端设备的水流阻力以及将水从水箱水位提升到管路最高点的高度差 H，选项 A 正确；水泵

的吸入侧应有水箱水面高度给予的足够的静水压头，确保水泵吸入口不发生汽化现象，选项 C 正确；根据 P475，开式系统采用同程意义不大，选项 B 错误；高位膨胀水箱用于闭式系统定压，无法用于开式系统。

3.6-27.【多选】某空调工程冷冻水为一级泵压差旁通控制变流量系统，包括三台螺杆式机组（处于水泵出口）和三台水泵，机组与水泵一对一连接，再并联。设计工况的单台水泵配置参数为：扬程 0.36MPa，流量 $0.07m^3/s$。系统调试时，测试仅单台水泵运行的参数为：扬程 0.16MPa，到分水器总管流量 $0.025m^3/s$，造成供水水量不足的原因可能是下列哪几项？【2014-2-56】

    A. 压差旁通控制阀未正常工作
    B. 未运行冷水机组的冷水管路阀门处于开启状态
    C. 未运行水泵出口止回阀关闭不严
    D. 运行水泵出口止回阀阻力过大

参考答案：BC

分析：选项 A：压差旁通阀调节的是分集水器只用户侧的流量，未正常工作不会导致分水器总管流量低于水泵流量，错误；选项 BC：会导致水流量进入分水器总管之前进行分流，从开启的阀门或止回阀关闭不严的主机支路逆流旁通，结果达到分水器总管的流量变小，正确；选项 D：止回阀阻力过大会使水泵扬程变大，水泵实际运行扬程将大于 0.36MPa，与测试的 0.16MPa 不符，错误。

扩展：本题根据《09 技术措施》P91 图 5.7.3-1，默认差压旁通阀及旁通管安装在分集水器上。根据实际工程经验及国家标准图集《空调用电制冷机房设计与施工》07R202 的做法，压差旁通阀及旁通管也可以安装在分集水器之前的总管上（循环水泵并联后总管至分集水器的管段），该情况下则选项 A 有可能造成供水量不足。

3.6-28.【多选】以下关于集中式空调系统中冷（热）水系统采用的水泵及其交流异步电动机变频调速方式的说法，正确的应是哪几项？【2017-1-58】

    A. 由于受到交流异步电动机自身的制约，水泵变频时，转速的降低存在下限值
    B. 电动机的变频装置自身要消耗电能
    C. 理论上水泵的耗功与转速的二次方成正比
    D. 理论上水泵的耗功与转速的三次方成正比

参考答案：ABD

分析：变频电机一般采用强迫通风冷却方式，主要利用装在轴上的风扇进行冷却，若电机转速降低过多，则风扇冷却效果下降，最终导致无法承受发热而烧毁，故选项 A 正确；变频器需要消耗一定的电能，选项 B 正确；水泵的性能参数变化关系与通风机类似，根据《复习教材》表 2.8-6，水泵耗功与转速的三次方成正比，故选项 C 错误，选项 D 正确。

3.6-29.【多选】某空调水系统，当两台型号完全相同的离心式水泵并联运行时，测得系统的总流量 $G=100m^3/h$，总阻力 $H=200kPa$。如果系统不做任何调整，该用一台水

泵运行，则下列哪些数据不可能成为系统实际运行数据？【2017-2-58】

　　A. 流量 G=50m³/h，阻力 H=200kPa

　　B. 流量 G=50m³/h，阻力 H<200kPa

　　C. 流量 G>50m³/h，阻力 H<200kPa

　　D. 流量 G<50m³/h，阻力 H<200kPa

　　参考答案：ABD

　　分析：根据《复习教材》第3.7.5节第2条"集中空调水系统的水力工况分析"相关内容可知，两台水泵并联运行的系统，当一台水泵单独运行时，其流量大于两台水泵并联运行时单台水泵的流量，即 G>50m³/h，因系统流量减小，阻力相应减小，阻力 H<200kPa，选项ABD不可能出现。

3.6.3　水系统定压与检测

　　3.6-30.【单选】某空调水系统如图所示，其中的水泵扬程30m，问：当按相关规定进行水压（强度）试验时，右图中的压力表哪一个读数是正确的？（按10m水柱为0.1MPa）【2013-2-19】

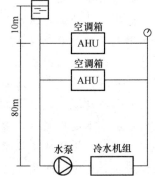

　　A. 1.35 MPa　　　　　　B. 1.8 MPa

　　C. 0.9 MPa　　　　　　D. 1.7 MPa

　　参考答案：C

　　分析：系统工作压力 = 10m + 80m + 30m = 120m = 1.2MPa>1.0MPa，根据《通风与空调工程施工规范》GB 50738—2011 第15.5.1-1条，试验压力 = 1.2 + 0.5 = 1.7MPa，则压力表数值为1.7−0.8=0.9MPa。

　　3.6-31.【单选】某空调冷冻水系统管道材质为碳钢，设计工作压力为0.3MPa，该管道系统的最低试验压力应选下列何项？【2016-2-26】

　　A. 0.33MPa　　　　　B. 0.45MPa　　　　　C. 0.60MPa　　　　　D. 1.00MPa

　　参考答案：C

　　分析：根据《通风与空调工程施工规范》GB 50738—2011 第15.5.1-1条，设计工作压力小于或等于1.0MPa时，金属管道的强度试验压力应为设计工作压力的1.5倍，但不应小于0.6MPa，选项C正确。

　　3.6-32.【单选】多台同型号空调系统用圆形冷却塔进行试运转时，下列要求的哪一项是符合规范规定的？【2017-1-22】

　　A. 进行试运转测试时，冷却塔内应无水

　　B. 启动冷却塔风扇，连续运转时间采用1.5h

　　C. 在冷却塔的进风口方向为一倍塔体直径及离地面高度1.5m处测量噪声

　　D. 试运转时，只要求测量冷却塔风量

　　参考答案：C

　　分析：根据《通风与空调工程施工规范》GB 50738—2011 第16.2.4条中的试运转方

法与要求，需要检查冷却水循环系统的工作状态，故选项 A 错误；冷却塔风扇连续运转时间不应少于 2h，故选项 B 错误；选项 C 的描述符合规范规定；除测量冷却塔风量外，还需测量冷却塔进出口水温、喷水量等多项内容，故选项 D 错误。

3.6-33.【多选】某采用集中空调系统的高层酒店，其空调水系统的最高点与最低点的垂直高差为 105m，管材采用金属管道，进行空调冷（热）水系统的强度试验时，按照 GB 50738 的规定，下列哪几项做法是错误的？【2013-2-55】

A. 系统的试验压力为设计工作压力的 1.5 倍

B. 系统的试验压力为设计工作压力加 0.5MPa

C. 分区域分段试压可与系统试压同时进行

D. 系统试压时，应升至试验压力，稳压 10min，压力下降不得大于 0.02MPa，管道系统应无渗漏

参考答案：AC

分析：根据《通风与空调工程施工规范》GB 50738—2011 第 15.5.1-1 条时，当系统工作压力大于 1.0MPa 时，强度试验压力应为设计工作压力加上 0.5MPa，故选项 A 错误，选项 B 正确；根据第 15.5.3.1 条，系统水压试验应在各分区、分段与系统主、干管全部接通后进行，故选项 C 错误；根据第 15.5.3.2 条，选项 D 正确。

3.6-34.【多选】某夏热冬暖地区的地上 32 层（建筑高度 98m）办公建筑为集中空调系统，设计的机房布置在建筑负一层，系统示意图见右图。系统安装前，对设计图纸分析，发现按图施工会造成水系统空调末端运行压力过高的现象发生，因而提出改善措施，问：属于可降低水系统的运行压力的措施是下列哪几项？【2014-1-59】

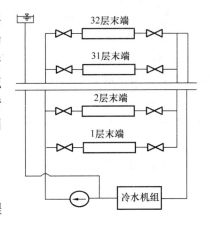

A. 提高对设备、管材及阀件的承压能力

B. 将定压点移至冷水机组的入口回水管路上

C. 将回水立管的同程设计改成供水立管的同程设计

D. 对水系统进行高低压分区

参考答案：BCD

分析：选项 A 可以解决设备超压的问题，但不可以降低系统运行压力；将图示定压点移至机组入口，使水泵入口因多克服冷水机组蒸发器的阻力而使水系统空调末端压力降低，故选项 B 可行；选项 C，将图示回水立管的同程设计改成供水立管的同程设计，增加了水泵出口到末端的阻力，即减轻了空调末端的运行压力，故选项 C 的措施有效；高低分区后，高低区均可在较低的运行压力下运行，且是常见的规避系统运行压力过高出现事故的基本手段，故选项 D 正确。

3.6.4 冷却水系统

3.6-35.【单选】下列哪一项原因不会导致某空调系统用冷却塔的出水温度过高？
【2012-1-22】

A. 循环水量过大   B. 冷却塔风机风量不足

C. 室外空气的湿球温度过低   D. 布水不均匀

参考答案： C

分析：（1）循环水量过大、冷却塔风机的风量不足及冷却塔的布水不均匀，均能导致冷却塔的冷却效果下降，从而导致冷却塔的出水温度过高；而室外空气湿球温度降低，则有利于冷却塔冷却效果的提高，降低冷却塔的出水温度。

（2）《复习教材》P564，开式冷却塔是依靠空气湿球温度来进行冷却的设备，因此冷却后的出水温度必需高于空气的湿球温度。从目前的设备情况来看，一般可以认为，在低温状态下，出水温度比湿球温度高2～3℃，故选项C不会导致冷却塔出水温度过高。

3.6-36.【单选】某项目所在城市的夏季空调室外计算湿球温度为22℃。为该项目设计集中空调冷却水系统时，采用的成品冷却塔性能符合相关国家产品标准的要求。问：该项目冷却塔的设计出水温度（℃），以下哪个选项理论上是最合理的？【2016-1-21】

A. 31～32   B. 29～30   C. 27～28   D. 21～22

参考答案： C

分析： 冷却塔冷却换热能力与夏季空调室外计算湿球温度有直接关联，较低的湿球温度可以制取温度较低的冷却塔出水温度，而制冷机组冷却水进水温度的降低，有利于机组制冷效率的提高。通常情况下，冷却塔的出水温度＝夏季空调室外计算湿球温度＋（4～5)℃，当夏季空调室外计算湿球温度为22℃，冷却塔的出水温度＝22＋(4～5)＝26～27℃，选项C正确；选项AB未能充分利用较低的室外湿球温度，不够合理，错误；设计出水温度不能小于或等于室外计算湿球温度22℃，选项D错误。

3.6-37.【单选】下列关于冷却塔和冷却水系统的描述，哪一项是错误的？【2017-1-19】

A. 受条件限制，冷却塔遮挡安装时，应按冷却塔本身的进风面积核对进风风量保证措施

B. 受条件限制，冷却塔遮挡安装时，应按冷却塔的进排风相对位置核对进风湿球温度保证措施

C. 冷却塔性能，仅与冷却塔的冷却水流量和进水温度有关

D. 开式冷却塔，排污泄露损失的冷却水补水量一般按照冷却水系统循环水量的0.3%计算

参考答案： C

分析： 根据《复习教材》第3.7.4节第2条"（3）冷却塔的设置"可知，选项A、B正确；根据式（3.7-1），冷却塔的冷却能力与总焓移动系数、填料层高度、冷却水进出口水温及对应温度下的饱和空气焓值、室外空气的进出口湿球温度对应温度下的饱和空气焓值等多项因素有关，故选项C错误；根据《民规》第8.6.11条条文说明或《09技术措施》第6.6.13-3条，选项D正确。

3.6-38.【单选】在所示的 4 个空调冷却水系统设计原理图（立面图）中，设计采用了开式逆流式冷却塔。问：以下哪一项是正确的？【2017-2-25】

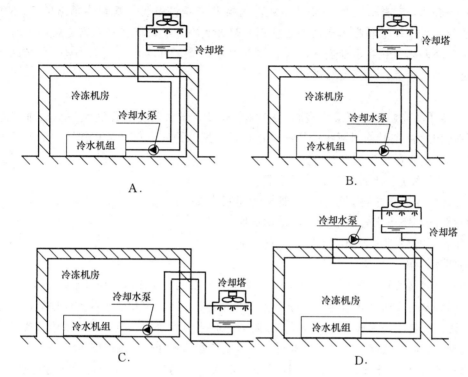

参考答案：A

分析：由于采用开式冷却塔，选项 B 中水泵水流出口方向与冷却水供水（冷却塔出水）方向相反，冷却水系统无法正常运行，错误；开式冷却塔安放位置应高于冷水机组及冷却水输送管路，选项 C 中当冷却水供回水管路位于系统高点时，系统运行时，冷却水供水管路长，弯头多，阻力大，易造成水泵吸入口负压；当系统停止运行时，供回水管路中的冷却水通过开式冷却塔溢流出来，导致系统无法二次启动，错误；选项 D 中冷却水泵安装位置，水泵吸入口压力除克服管路阻力损失外，更需克服机组阻力，水泵易出现"气蚀"现象，且冷却塔进水喷嘴压力过大，流速增大，冷却塔冷却效果差，错误；选项 A 满足要求。

3.6-39.【多选】某制冷机房内设置了冷水机组、冷水泵和冷却水泵。当采用开式冷却塔对冷水机组直接供应冷却水时，对于冷却塔的安装位置，以下哪几个选项是错误的？【2016-1-61】

A. 当制冷机房单独建设时，可设置于制冷机房的屋顶

B. 当制冷机房设置于建筑的地下室时，可设置于建筑裙房的屋顶

C. 冷却塔的存水盘标高应与制冷机房地面标高相同

D. 冷却塔的存水盘标高应低于制冷机房地面标高

参考答案：CD

分析：由题意知，冷却水系统属于开式冷却塔供应冷水机组。当制冷机房单独建设时，为降低冷却水供回水管路长度，减少输送能耗，冷却塔就近布置在通风换热良好区

域，设置于制冷机房的屋顶是一种较好的选择，选项A正确；当制冷机房设置于建筑的地下室时，将冷却塔设置于建筑裙房的屋顶，而非设置于塔楼屋面，降低设备及管路承压是较好的一种选择，同时应做好降噪措施，选项B正确；根据《民规》第8.6.7、8.6.8条，应尽量减少冷却塔和存水盘的高差。因采用开式冷却塔，冷却水泵需克服高差增加的静压损失，冷却塔与积存水盘高差增大，水泵扬程越大，且存水盘安装与冷却塔的下方，尽量靠近冷却塔设置，选项CD错误。

3.6-40.【多选】三亚市某度假酒店空调冷源的冷却水系统配置三大一小横流式冷却塔，冷却塔出水首先汇总到开式冷却水水箱，再通过总管与冷水机组相连接。请问下列哪几项设置是不合理的？【2016-2-59】

A. 冷却水系统补水直接补到冷却水箱内

B. 冷却水供回水总管间设置旁通管＋旁通调节阀

C. 每台冷却塔出水管道上设置电动两通阀

D. 每台冷却塔进水管道上设置电动两通阀

参考答案：BC

分析：根据《民规》第8.6.11条，设置集水箱的系统应在集水箱处补水，选项A正确；在冷却水供回水总管间设置旁通管＋旁通调节阀，是为了防止冷却塔出水温度过低，通过抽取冷却塔进水管路冷却水回水相混合，满足冷却水供水温度恒定。而该酒店位于三亚市，属于热带气候，根据《民规》附录A，查得三亚市夏季空调室外计算湿球温度为28.1℃，冷却塔出水温度不会低于28.1℃，无需再设置冷却水供回水总管间设置旁通管＋旁通调节阀，根据《民规》第8.6.3条，即使在冬季，三亚计算湿球温度为13℃（三亚市冬季空调室外计算湿球温度为15.8℃，冬季空调室外计算相对湿度为73%），冷却塔出水温度可估计为17℃左右，高于电动压缩冷水机组的15.5℃要求，而且也无需全年运行，因此不需对冷却水采取温度调节措施，选项B错；根据《民规》第8.6.9-3条，选项C错误，选项D正确。

3.7　空调系统的控制

3.7.1　阀门与机组控制

3.7-1.【单选】某空调系统安装有一台冷水机组，其一次冷水循环泵采用变频调速控制，下列哪项说法是错误的？【2012-2-20】

A. 冷水循环泵采用变频调速带来水泵用能的节约

B. 冷水循环泵转速降低时，冷水机组蒸发器的传热系数有所下降

C. 采用变频的冷水循环泵可以实现低频启动，降低启动冲击电流

D. 冷水循环泵转速降低时，其水泵效率会得到提高

参考答案：D

分析：水泵变频可参考《复习教材》表2.8-6风机运行调节的内容，水泵功率与转速的3次方成正比，变频调速可以使水泵节能，选项A正确；水泵转速降低流量变小，经过蒸发器的流速变小，传热系数降低，选项B正确；选项C正确；转速变化效率基本不变，选项D错误。

3.7-2.【单选】空调自动控制系统的电动调节阀选择时，以下哪种选项是不合理的？【2013-1-26】

  A. 换热站中，控制汽水换热器蒸汽侧流量的调节阀，当压力损失比较大时，宜选择直线特性的阀门

  B. 控制空调中的表冷器冷水侧流量的调节阀应选择直线特性的阀门

  C. 系统的输入与输出都尽可能成为一个线性系统的基本做法是：使得"调节阀＋换热器"的组合尽可能接近线性调节

  D. 空调水系统中，控制主干管压差的旁通调节阀宜采用直线特性的阀门

参考答案：B

分析：根据《复习教材》P529，蒸汽换热器控制阀，当阀权度较大时宜采用直线性阀门，选项 A 合理；水换热器控制阀采用等百分比阀门更为合理，选项 B 错误；根据 P526 第二行，设计师需要采用合理的调节阀，使得"调节阀加换热器"的组合尽可能接近线性特性，选项 C 正确；压差旁通控制阀宜采用直线特性的阀门，选项 D 正确。

3.7-3.【单选】下列关于组合式空调机组自动控制信号的说法，何项是错误的？（注：AI—模拟量输入；AO—模拟量输出；DI—数字量输入；DO—数字量输出）【2014-1-19】

  A. 室内外分别设置的温、湿度传感器——均为 AI

  B. 冷水盘管设置的电动调节阀——AO

  C. 送风机的启停状态、启停、变速控制——DI、DO、AO

  D. 过滤器压差报警——AO

参考答案：D

分析：根据《复习教材》第 3.8.6 节第 2 条集中监控系统的几个术语相关描述，温湿度属于连续变化的参数为模拟量，应用 AI，选项 A 正确；电动调节阀应用模拟量控制，应用 AO，选项 B 正确；风机启停属于数字量，监测启停状态用 DI，控制启停用 DO，电机转速应用模拟量控制，应用 AO，选项 C 正确；过滤器压差报警为数字量，应用 DO 控制，选项 D 错误。

3.7-4.【单选】下列有关空调制冷系统自动控制用传感器的性能及要求，哪一项是不合理的？【2014-2-03】

  A. 传感器输出的标准电信号是直流电流信号、直流电压信号

  B. 对设备进行安全保护，应使用连续量传感器监视

  C. 湿度传感器采用标准电信号输出

  D. 温度传感器可采用电阻信号输出

参考答案：B

分析：根据《复习教材》第 3.8.3 节，从传感器送往控制器的电气信号，当前通用的有 0～10V 直流电压信号和 4～20mA 的直流电流信号，选项 AC 正确；如果仅仅是出于安全保护的目的，应尽量采用以开关量输出的传感器，选项 B 错误；热电阻温度越高电阻越大，利用这一规律可以制成温度传感器，PTC 型和 CTR 型热敏电阻在临界温度附近电阻变化十分剧烈，适合用作双位调节的温度传感器，NTC 型热敏电阻适合用于连续作

用的温度传感器，从以上描述可知，热电阻温度传感器和热敏电阻温度传感器主要利用电阻信号检测温度，选项 D 正确。

3.7-5.【单选】由多台变频冷冻水泵并联组成的空调变流量冷水系统中，关于供、回水总管之间旁通调节阀的要求，下列何项是正确的？【2014-2-20】

A. 旁通调节阀的流量与开度应为等百分比关系

B. 水泵台数变化时，旁通调节阀应随之调节

C. 旁通调节阀的工作压差应为全负荷运行时，阀门两端的计算压差值

D. 旁通调节阀应具备防止水回水总管流向供水总管的功能。

参考答案： B

分析： 根据《复习教材》P529，压差旁通控制阀宜采用直线特性的阀门，选项 A 错误；根据 P481 及 P496 中有关压差旁通阀控制变流量冷水系统的相关描述，选项 B 正确；根据 P496，随着用户侧负荷的减少，末端温控阀关小，供回水压差提高，因此全负荷运行时，旁通阀两端的压差是最低的，根据《民规》第 8.5.8、8.5.9-2 条，变流量一级泵系统冷水机组定流量时，旁通阀设计流量宜取单台冷水机组的额定流量，变流量一级泵系统冷水机组变流量时，旁通阀设计流量应取各台冷水机组允许的最小流量中的最大值，根据《复习教材》P479，二级泵水系统的压差旁通阀的最大设计流量为一台定速二级泵的设计流量，可见各个系统的旁通阀设计流量不同，但均为部分负荷下的流量，其压差必定大于系统全负荷运行时的旁通阀差压，选项 C 错误；旁通阀本身不具备止回功能，且根据系统设计，压差旁通管不会出现逆流，二级泵系统的盈亏管需要防止逆流，选项 D 错误。

3.7-6.【单选】用于舒适性空调的某组合式空调器，要求其供冷量随空调房间的负荷变化而改变。在实际工程设计中，关于其电动两通调节阀工作特性选择的说法，下列哪一项是最合理的？【2016-2-21】

A. 两通阀的阀权度越大越好

B. 两通阀的阀权度越小越好

C. 两通阀＋表冷器的组合尽量实现线性调节特性

D. 两通阀的全开阻力值应等于整个空调水系统的总阻力值

参考答案： C

分析： 根据《复习教材》P529，如果 P_v 过小，有可能对调节和调节精度产生不利影响；如果 P_v 过大，使得控制阀的全开阻力过大，将增加对水泵扬程的要求，对于节能不利。选项 AB 错误；由《复习教材》图 3.8-22、图 3.8-23，两通阀＋表冷器的组合尽量实现线性调节特性，有利于系统热力工况平衡的前提，选项 C 正确；空调水系统的总阻力值包括两通阀的全开阻力值，管网的局部阻力、沿程阻力，末端换热器阻力，制冷机房阻力，选项 D 错误。

3.7-7.【单选】采用定压差（旁通管与主供回水干管接口点之间的设计控制压差为100kPa）旁通压差控制方式的空调一级泵水系统，选择电动压差旁通阀时，为降低压差旁通阀两侧压差，在旁通管压差旁通阀两侧各设置一个高阻力阀（两个高阻力阀及其所连

接的管道合计设计阻力为 60kPa）。问：此时宜选择下
列哪一种理想流量特性的阀门？【2017-2-23】

 A. 直线特性 B. 等百分比特性

 C. 快开特性 D. 抛物线特性

参考答案：D

分析：根据《复习教材》P529，"压差旁通控制阀
宜选择直线特性的阀门"，分析题意可知，为了将电动
压差旁通阀和两侧的高阻力阀组合成直线特性的阀门
组，而应该选择何种理想流量特性的压差旁通阀。一般
高阻力阀采用手动截止阀，根据潘云刚著《高层民用建
筑空调设计》P215～P216，手动截止阀调节曲线接近快

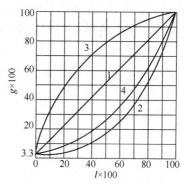

1—直线特性；2—等百分比特性；
3—快开特性；4—抛物线特性

开曲线，根据该书图 7-58（b）手动调节阀调节曲线，以及《复习教材》图 3.8-18（如上
图）或《红宝书》图 33.3-2 和表 33.3-6，可知，两个高阻阀耦合调节曲线应比单个高阻
阀调节曲线的快开特性不明显，实际调节曲线位于单个高阻阀与快开特性曲线"3"之间，
且不靠近直线特性"1"，为了得到符合题意要求的压差旁通管路的直线特性要求，结合
《复习教材》式（3.8-5）、式（3.8-6），宜选择弧线曲率较小且靠近直线特性"1"的"4"
抛物线特性阀门，故选项 D 正确。

 3.7-8.【多选】某空调系统安装有一台冷水机组，其一次冷水循环泵拟进行水泵变频
调速控制改造，下列哪几项说法是错误的？【2012-2-55】

 A. 冷水循环泵采用变频调速可使原处于低效区域运行的水泵进入高效区域运行

 B. 冷水循环泵流量符合机组工况，进行变频调速改造的前提是冷水机组允许变冷水
  流量运行

 C. 根据部分负荷变化情况，将冷水循环泵转速大幅度降低，会带来系统显著的节能
  效果

 D. 冷水循环泵变频运行工况，对于提高电网的功率因素没有作用

参考答案：ACD

分析：选项 A：水泵变频调速后效率基本不变，错误；选项 B 正确；选项 C：水泵的
能耗与转速的三次方成正比关系，冷水循环泵转速大幅降低后，水泵自身的能耗会明显下
降，但水泵流量也会大幅降低，冷水机组蒸发器内的水流量大幅降低后，机组 COP 也会
衰减，整个系统未必会有节能效果，需要综合判断，且冷水机组有最低流量限制，若低于
主机安全运行的流量，则系统无法正常运行，选项 C 错误；水泵电机直接启动或 Y/D 启
动时，启动电流约为额定电流的 4～7 倍，使用变频装置后，利用变频器的软启动功能将
启动电流从零开始，最大值不会超过额定电流，减轻了对电网的冲击和对供电容量的要
求，另外由于变频器内部滤波电容的作用，可以减小无功损耗，增加电网的有功功率，从
而提高了功率因数，选项 D 错误。

 3.7-9.【多选】下列对空调通风系统中各种传感器的选择与安装要求中，哪几项是错
误的？【2014-2-54】

A. 测量空调水系统管道内水温时，通过温度传感器的水流速度不得小于 0.5m/s

B. 以湿敏传感元件测量室内空气相对湿度时，湿敏传感元件不得安装于室内回风管上

C. 温度传感器的测量范围可按照测点处可能出现温度范围的 1.2～1.5 倍选取

D. 压力传感器的测量范围可按照测点处可能出现压力变化范围的 1.2～1.3 倍选取

参考答案：AB

分析： 根据《复习教材》第3.8.3节，在测量气体和液体的温度时，温度传感器都应当完全浸没在被测气体或液体中，并且希望通过传感器的气体流速大于 2m/s，液体流速大于 0.3m/s，以期迅速达到热平衡，选项 A 错误；根据 P517，测量室内相对湿度时，往往不是将湿度传感器安装在室内，而是安装在回风风道内，选项 B 错误；根据《民规》第 9.2.2-1、9.2.3-1 条，选项 CD 正确。

3.7-10.【多选】变流量一级泵系统中，水泵变流量运行时，为了实现精确控制流量和降低水流量变化速率，下列哪几项措施是正确的？【2017-2-55】

A. 旁通阀的流量特性选择快开型

B. 旁通阀的流量特性一般宜选择直线特性

C. 冷水机组的电动隔断阀选择"慢开"型

D. 表冷器的水阀流量特性选择快开型

参考答案：BC

分析： 根据《复习教材》P529，压差旁通阀宜采用直线特性的阀门，故选项 A 错误，选项 B 正确；根据《09技术措施》第 11.5.7-3-3）条，冷水机组的电动隔断阀应缓慢动作，避免流量变化瞬间过大，即可降低流量变化速率，故选项 C 正确；根据《民规》第 9.2.5-2-1）条，表冷器的水阀宜采用等百分比特性的阀门，故选项 D 错误。

3.7.2 系统控制

3.7-11.【单选】全空气空调系统采用组合式空调机组，机组实行自动控制，有关联锁控制的要求，下列哪项不是必需的措施？【2012-2-28】

A. 机房处防火阀与风机连锁启停

B. 粗效过滤段的压差报警装置与风机连锁启停

C. 新风风阀与回风风阀连锁

D. 蒸汽管道上的电磁阀与风机连锁启停

参考答案：B

分析：《09技术措施》P274 第 11.6.6 条：空气处理装置的电动风阀、电动水阀和加湿器等均应与送风机进行电气联锁。《红宝书》P2566 表 33.6-1：过滤器状态显示及报警。即可认为没必要与风机联动。

3.7-12.【单选】某空调水系统（末端为组合式空调器＋少量风机盘管）供冷运行在设计工况时，用户侧的实际供回水温差小于设计温差。下列哪项原因分析是正确的？【2013-2-22】

A. 组合式空调器水管上的两通电动调节阀口径选择过大

B. 组合式空调器实际送风量过高

C. 风机盘管的电动两通阀采用了比例控制方式

D. 组合式空调器二通电动调节阀失效，开度过小

参考答案： A

分析： 题意中供回水温差小于设计温差，即实际运行时流量超过设计流量，即管网阻力变小。选项 A 会引起实际管网阻力变小，正确。选项 BC 不会引起管网阻力变小。选项 D 会使得管网阻力变大，流量小于设计值，供回水温差变大。

3.7-13.【单选】某建筑的集中空调系统，末端均为采用室内温度控制表冷器回水管上的电动二通阀（正常工作），空调冷水系统采用压差旁通控制一级泵定流量系统，全部系统均能有效地进行自动控制，如右图所示。问：当末端 AHU1 所负担的房间冷负荷由小变大，末端 AHU2 所负担的房间冷负荷不变时，各控制阀的开度变化情况，哪一项是正确的（供回水温度保持不变）？【2013-2-26】

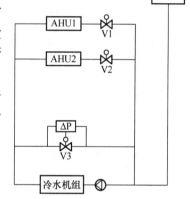

A. V1 阀门开大，V2 开大，V3 开小

B. V1 阀门开大，V2 开小，V3 开小

C. V1 阀门开小，V2 开大，V3 开小

D. V1 阀门开小，V2 开小，V3 开小

参考答案： A

分析： AHU1 所负担房间的冷负荷由小变大，则 AHU1 环路需要更多的冷水供应，因此 V1 需要开大；因 AHU1 与 AHU2 为并联环路，V1 开大导致并联支路的压差变小，AHU2 所负担房间的冷负荷不变则需求流量不变，为保持流量不变，也需将 V2 开大；因水泵为定流量，系统总流量不变，用户侧的流量变大，则通过旁通的流量要减小，故 V3 需要开小。

3.7-14.【单选】图示空调系统，调节空气处理机组的空调冷水调节阀开度以维持设定的送风温度，调节空调冷水循环泵转速以维持 P1、P2 两点之间压差不变。假设水泵允许在 0Hz 到工频之间变频。请问：下列哪个因素对运行调节不构成影响？【2016-1-20】

A. 表冷器阻力特性　　　　　　　B. 调节阀阀权度

C. 调节阀调节特性　　　　　　　D. 水泵特性曲线

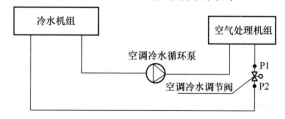

参考答案： D

分析： 根据《复习教材》式（3.8-7）$P_v = \dfrac{\Delta P_v}{\Delta P_v + \Delta P_b}$，阀权度是影响调节效果的因素，选项 B 错误，而选项 AC 均是阀权度的组成要素，影响阀权度从而影响调节效果。而水泵曲线不影响水泵通过变速稳定 P_1 与 P_2 间的压差，故选项 D 正确。

3.7-15.【单选】带有变风量末端的变风量空调系统，其自动控制设计中，下列哪一种做法是正确的？【2017-2-22】

　　A. 变风量末端宜采用开关量调节，实现对末端风量的比例控制

　　B. 根据系统的回风温度，变频调节空调箱风机，实现对系统风量的比例控制

　　C. 采用变静压法控制的系统也可以选用压力无关型变风量末端

　　D. 通过调节冷却盘管水量提高系统送风温度可以实现空调箱风机节能

参考答案： C

分析： 开关量无法实现比例控制，且变风量末端采用开关量调节，无法实现末端送风量的实时变化需求，故选项 A 错误；根据《复习教材》第 3.8.4 节第 2 条"（3）变风量系统的控制"，变风量系统通过室内空气温度控制末端装置的风阀来调节送入室内的风量，而送风机转速一般通过送风压力控制，根据系统的回风温度，变频调节空调箱风机转速是无变风量末端的空调机组的常用控制方式，故选项 B 错误；压力无关型变风量末端既可以用于定静压系统中，也可以增加一个控制风阀开度传感器后用于变静压系统中，故选项 C 正确；在转速、风量、风压均不变的情况下，单单提高送风温度对空调箱风机能耗没有影响，故选项 D 错误。

3.7-16.【多选】某空调热水系统如下图所示，热水供回水设计温差为 10℃，在设计工况下系统运行时发现，各空调末端能按要求正常控制室内温度，但两台热水泵同时运行时，热水供回水温差为 2℃，一台泵启动则总是"跳闸"，而无法启动，以下哪几项措施有可能解决该问题？【2012-1-56】

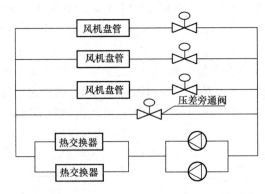

　　A. 将热水泵出口的手动阀门开度关小

　　B. 检修供回水管的压差旁通控制环节

　　C. 将原来的热水泵变更为小扬程的水泵

　　D. 加大热交换器的面积

参考答案： ABC

分析：根据题意，两台水泵并联运行时供回水温差为 2℃，远小于设计供回水温差，说明实际运行的水量大于设计流量，而一台泵电机总是"跳闸"也说明了流量过大导致超载，这是由于水泵扬程高于水系统的阻力造成的，选项 AC 可以解决大流量小温差的问题，也可能避免水泵电机过载保护，正确；选项 B 检修压差旁通阀，确保多余的水量可通过旁通回流，可以作为一项辅助措施，正确；选项 D 加大换热面积只是增大换热器的能力，不能解决题目问题，错误。

3.7-17.【多选】集中空气调节水系统，采用一次泵变频变流量系统，下列哪几项说法是正确的?【2012-1-62】

A. 冷水机组应设置低流量保护措施

B. 可采用干管压差控制法－保持供回水干管压差恒定

C. 可采用末端压差控制法－保持最不利环路压差恒定

D. 空调末端装置处应设自力式定流量平衡阀

参考答案：ABC

分析：冷水机组有最小流量限制，为确保机组安全运行，应设置低流量保护措施，选项 A 正确；根据《民规》第 8.5.9-2 条，宜在系统总供回水管间设置压差控制的旁通阀，选项 B 正确；根据《07 节能专篇》第 5.2.10-1-2) 条，一次泵变流量系统水泵转速一般由最不利环路的末端压差变化来控制，选项 C 正确；变流量系统不能采用定流量平衡阀，根据《民规》第 8.5.6-2 条，末端宜采用电动两通阀，选项 D 错误。

3.7-18.【多选】集中式空气调节水系统，采用一级泵变流量系统，说法正确的是下列哪几项?【2013-2-58】

A. 单台冷水机组的工程，一级泵变冷水流量系统可在 5％～100％ 的流量调节范围运行

B. 一级泵变流量系统采用温差控制法适合特大型空调系统

C. 一级泵变流量系统采用压差法控制较温度控制法的响应时间快

D. 一级泵变流量系统采用压差法控制的方案有干管压差控制法和末端压差控制法两种

参考答案：CD

分析：根据《复习教材》P481，离心式机组宜为额定流量的 30％～130％，螺杆式机组宜为额定流量的 40％～120％，选项 A 错误；特大型空调系统的水流量特别大，采用温差控制时，只有当用户侧负荷变化较大时，供回水才能显示出温差，另外采用检测供回水温差，冷冻水经过供水温度检测后，需要经过一个循环后才能被回水的温度感测器检测温度，特大型空调系统水系统大，管路长，因此耗时也长，导致自控相应时间慢，选项 B 错误；选项 C 描述正确；根据《07 节能专篇》第 5.2.10-1-2) 条，选项 D 正确。

3.7-19.【多选】下列空调系统运行控制策略，哪几项是不恰当的?【2014-1-60】

A. 变风量系统夏季根据房间回风温度，既调节风量又调节空气处理机组冷水管路上的二通电动阀

B. 根据室温高低，调节变风量末端的一次风送风量

C. 根据空调冷水系统供水温度，确定冷水机组运行台数

D. 根据末端设备工作状态，进行水系统供回水压差再设定

参考答案： AC

分析： 变风量系统是根据回风温度调节送风量，依据空调机组送风温度不变或者按照一定范围变化调节空调处理机组冷水管道上的调节阀，故选项 A 错误；根据《民规》第 9.5.3 条，冷水机组宜采用由冷量优化控制运行台数的方式，仅根据供水温度无法反映冷量，另根据该条条文说明可知，也可采用总回水温度控制，故选项 C 不恰当；供水压差设定理解为带压差旁通的变水量系统，压差旁通阀两侧供回水压差是要随末端工作状态而再设定的，即最不利末端换了压差再设定来适应系统实时变化，达到节能目的，故选项 D 正确。

3.7-20.【多选】对于变风量空调系统，必须有的控制措施是下列哪几项？【2014-1-61】

A. 室内 CO_2 浓度控制　　　　　　B. 系统风量变速调节控制

C. 系统送风温度控制　　　　　　　D. 新风比控制

参考答案： BC

分析： 根据《红宝书》P1855，根据新排风设定值与检测值偏差，比例调节新风、回风、排风电动调节阀，实现最小新风量控制，某些季节可实现变新风比控制。根据 CO_2 浓度控制新风的供给仅为新风比控制方式的一种，还有其他新风控制方式，非必须设置的方式，故选项 A 错误；再者，新风必须实现的是最小新风量控制，而非新风比，故选项 D 错误。利用排除法，选 BC。同时，变风量空调系统进行风量变速调节是基础，也是根本，故选项 B 正确；系统送风温度控制，由比例积分冷热水调节阀调节实现，是必须采取控制措施之一，故选项 C 正确。

3.7-21.【多选】某集中空调冷水系统共有两台空调机组（机组 1、机组 2），由于机组 2 的水流阻力较大，设计了接力泵，系统构成下图所示系统投入运行后发现：两台空调机组冷水进口处温度计显示的温度不断上升，导致了它们均不能满足使用要求。下列哪几项措施不可能解决该问题？【2014-2-57】

A. 加大接力泵流量　　　　　　　　B. 减少接力泵扬程

C. 开大 V2 阀门　　　　　　　　　D. 开大 V1 阀门

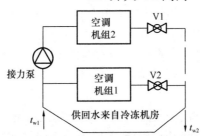

参考答案： ACD

分析：假设接力泵设计流量和扬程均满足要求，空调机组 1、2 均在设计工况下运行，那么供水 t_{w1} 会按照设计要求分配空调机组各自流量，且供水温度保持不变。由题意知，首先可以判断接力泵扬程或流量偏大，造成空调机组 2 获取超过其设计工况的流量，空调机组 1 管段流量小于设计工况。导致空调机组 2 的回水温度低于设计工况，最终导致总回水温度 t_{w2} 降低，制冷机组得到错误指令，误以为末端供冷需求减少，机组减载，最终造成供水温度 t_{w1} 上升。解决此问题的核心在于降低供水温度 t_{w1}。加大接力泵流量，会加剧系统进一步恶化，故选项 A 错误。减少接力泵扬程，让系统恢复其设计需求的工作状态点，故选项 B 正确。开大 V2 阀门，虽然可有效地使供水流量相对增加，但无法解决接力泵超流及供水温度持续升高带来核心问题，故选项 C 错误。开大 V1 阀，会加剧空调机组 2 环路近一步超流，适得其反，故选项 D 错误。

3.7-22.【多选】空调系统的施工图设计阶段，下列哪几项是暖通专业工程师应该完成的自控系统设计工作内容？【2014-2-60】

　　A. 提出控制原理，确定控制逻辑

　　B. 提出控制精度、阀门特性及技术指标等关键性要求

　　C. 确定控制参数设定值以及工况转换参数值

　　D. 进行自动控制系统设备选型与布置

参考答案：ABC

分析：根据《复习教材》第 3.8.2 节第 3 条中有关暖通空调设计人员的工作范围。

3.7-23.【多选】天津某大型地下超市采用风机盘管加新风空调系统，由水冷离心式冷水机组制备空调冷水。请问必须对空调冷源系统采取下列哪些措施？【2017-1-54】

　　A. 选用闭式冷却塔

　　B. 采用变频离心式冷水机组

　　C. 配置冷却水温旁通调节控制

　　D. 进行室外冷却水管防冻保护

参考答案：CD

分析：供冷工况下，冷却塔可选用开式或闭式，依据项目实际条件综合确定，当冬季地下超市需供冷时，可仅开启冷却塔免费供冷模式，若采取开式冷却塔，需增设板式换热器进行闭式换热，选项 A 不是必需措施，错误；采用变频离心式冷水机组可降低供冷运行时制冷系统能耗，是一种较好的节能方式，但不是必须采用的措施，故选项 B 错误；根据《民规》第 9.5.8-2 条及条文说明，当室外温度很低，即使停开风机也不能满足最低水温要求时，需要配置冷却水温旁通调节控制，以保证进入机组的冷却水温高于最低限值。本项目位于天津，属于寒冷地区，冬季室外气温较低，地下超市冬季需供冷运行，配置冷却水温旁通调节控制，是必须设置技术措施之一，故选项 C 正确；另外，由于冬季气温低于 0℃，冷却水管路容易冻结，必须进行防冻保护，故选项 D 正确。

3.7-24.【多选】某商场采用的全空气定风量空调系统，下列哪些检测和控制要求是不合适的？【2017-1-55】

A. 室内温度、新风温度、送风空气过滤器压差和水冷式空气冷却器进出水温度监测
B. 室内温度和湿度调节器通过高值或低值选择功能优化控制水冷式空气冷却器变水量运行
C. 风机变速控制，并与风阀和水阀作启停连锁控制
D. 根据室内热负荷优化调节室内温度设定值

参考答案： CD

分析： 选项 AB 是常规的检测和控制内容重要组成部分，虽未包含全部需检测项目或最佳控制方法，但与题干所问相匹配，是合适的，正确；由于是定风量系统，故风机变速控制是不合适的，选项 C 错误；室内温度由使用者根据自身舒适度进行设定，通过室内热负荷进行设定是不合适的，选项 D 错误。

3.7-25.【多选】有关空调系统的冷水系统采用一级泵冷水机组变流量的做法，下列哪几项控制做法是正确的？【2017-1-56】
A. 系统不设置最低流量控制装置
B. 冷水最低流量数值，采用空调末端的需求控制
C. 冷水最低流量数值，采用冷水机组的最低流量限值控制
D. 当末端需要的冷水流量低于最低流量数值时，开启供回水总管之间的旁通阀进行控制

参考答案： CD

分析： 根据《民规》第 8.5.9 条及条文说明，为了使冷水机组能够安全运行，机组有最小流量限制，当系统用户所需的总流量低至单台最大冷水机组允许的最小流量时，水泵转数不能再降低，此时就需要开启旁通阀进行控制，因此选项 AB 错误，选项 CD 正确。

3.7-26.【多选】某采用单风道型变风量末端装置的一次回风变风量系统，系统采用送风主管定静压控制方式。在夏季运行过程中经常出现房间温度偏低而送风机并未变频运行的现象，下列哪些原因可能造成此现象的产生？【2017-1-60】
A. 变风量末端装置控制失灵
B. 静压设定值过高
C. 实际新风焓值远小于设计值
D. 变风量末端装置低限风量设定值过大

参考答案： ABD

分析： 变风量系统由空调机组＋变风量末端装置组成，空调机组通过调节水阀控制送风温度，通过房间温度控制末端装置风阀（当采用压力无关型变风量末端时，不是直接采用房间温度控制调节风阀开度，而是将温度信号与风量信号进行比较、运算后得出的信号作为风阀控制信号），当检测到房间温度偏低时末端装置风阀关小，因此造成主风管中静压变大，当检测到的主管中静压值达到设定值时则风机转速降低。选项 A 中装置失灵会导致风机未变频，正确；选项 B 中静压设定值过高也会导致风机未变频，正确；实际上新风焓值远低于设计值，会影响送风温度，属于送风温度的控制，调节表冷器电动水阀开度，维持送风温度恒定，新风送风量越大，机组运行越节能，因此与送风量控制无关，即

与风机是否变频并无关系，故选项 C 错误；选项 D 中末端装置低限风量设定值过大，当室内负荷较小，需求风量小于低限风量时，也会造成房间温度偏低而风机不再变频，正确。

扩展：如果是冬季运行过程中经常出现房间温度偏低而送风机变频运行的现象，针对选项 C 进行分析：当实际新风焓值 "远" 小于设计值，且室内空气品质较差、冬季供热工况下需维持不低于最小新风量要求时，易造成换热器换热能力不足，送风温度低于设计温度，室内温度降低，导致末端风阀开度增大，送风机增频运行，送风量增加，从而进入恶性循环。此时，新风焓值与送风温度控制及送风量控制均有关联。此种情况应改变原有控制策略，降低室内空气品质，减少新风量，维持送风温度满足设计温度要求，规避送风温度波动对末端风阀开度的影响。

3.7-27.【多选】某空调系统设有风管电加热器，下列设计要求中，哪几项是正确的？【2017-2-56】

A. 系统启动时，风机开启后、延时开启电加热器

B. 系统停止时，电加热器关闭、延时停止风机

C. 针对风机无风电加热器断电保护的要求，采用与风机电机开关连锁同时启停的措施

D. 电加热器采用接地及剩余电流保护措施

参考答案：ABD

分析：根据《民规》第 9.4.9 条及条文说明，电加热应与风机连锁启停，且应避免无风电加热导致火灾，故选项 ABD 均正确。选项 C 仅错在 "同时" 二字，规范只要求连锁启停，并且正确措施是延时启停。

3.7-28.【多选】变风量空调系统为多个空调房间供冷时，下列哪些原因可能会导致系统在低空调负荷时送风机转速不下降？【2017-2-60】

A. 空调冷水供水温度过高

B. 部分房间设定温度过低

C. 送风静压设定值过高

D. 空调箱配置的送风机风压过高

参考答案：ABC

分析：变风量系统由空调机组＋变风量末端装置组成，空调机组通过调节水阀控制送风温度一定，通过房间温度控制末端装置风阀，当检测到房间温度偏低时末端装置风阀关小，因此造成主风管中静压变大，当检测到的主管中静压值达到设定值时则风机转速降低。选项 A 中冷水供水温度过高导致送风温度高，需要较大风量才能处理室内负荷，可能导致风机转速不下降，正确；部分房间设定温度过低时，易导致变风量末端装置风阀开度增大或全开状态，可能会导致系统在低空调负荷时送风机转速不仅不下降，甚至转速升高，故选项 B 正确；选项 C 中静压设定值过高也会导致风机未变频，正确；选项 D 中空调箱风压过高会导致风机转速下降，错误。

3.7-29.【多选】下列关于空调自动控制设计的说法，哪几项是正确的？【2018-1-58】

A. 并联运行的冷水机组，其蒸发器进水管上设置电动两通调节阀

B. 变流量一级泵水系统供回水总管间设置理想流量特性为线性的电动两通调节阀

C. 对于室温 25±1℃、相对湿度 45％±5％的恒温恒湿空调系统，通过室内温湿度高度值选择器后，由调节器对水冷表冷器进行变水量控制，并对加热、加湿器进行分程控制

D. 当办公建筑风机盘管加新风系统的冷水系统为采用换热器的二次冷水系统（间接系统）时，其换热器采用调节一次侧冷水流量以恒定二次侧冷水回水温度的控制策略

参考答案：BC

分析：根据《09 技术措施》第 5.7.4-4 条及图 5.7.4-3 和《民规》第 8.5.6 条，冷水机组与水泵采用共用集管方式对应连接时，冷水机组才设置电动两通阀，并非冷水机组并联就要设置，也不是设置电动调节阀，而是隔断阀，选项 A 错误；根据《复习教材》P529，压差旁通阀宜采用直线特性，选项 B 正确；根据《民规》第 9.4.3 条描述的温湿度控制逻辑及原理，选项 C 正确；根据《09 技术措施》第 11.5.9-1 条，宜根据换热器二次水的供水温度控制一次热媒的流量，选项 D 错误。

3.8 节 能 措 施

3.8-1.【单选】下列有关供暖、通风与空调节能技术措施中，哪项是错误的？【2012-1-21】

A. 高大空间冬季供暖时，采用"地板辐射＋底部区域送风"相结合的方式

B. 冷、热源设备应采用同种规格中的高能效比设备

C. 应使开式冷却塔冷却后的出水温度低于空气的湿球温度

D. 应使风系统具有合理的半径

参考答案：C

分析：根据《复习教材》第 3.11.3 节第 2 条"（2）高大空间的分区空调"，在冬季空调中，采用"地板辐射＋底部区域送风"的方式具有良好的节能效果，故选项 A 正确；根据《公建节能 2015》第 4.2.7 条、第 4.2.10-19 条，冷热源设备均有效率或能效系数要求，故选项 B 正确；开式冷却塔的极限出水温度为室外空气的湿球温度，不可能低于该温度，故选项 C 错误；根据《公建节能 2015》第 4.3.22 条，选项 D 正确。

3.8-2.【单选】关于空调系统采用热回收装置做法和说法，下列哪一项是不恰当的？【2012-1-27】

A. 五星级酒店的室内游泳池夏季采用转轮式全热热回收装置

B. 办公建筑的会议室选用双向换气热回收装置

C. 设计状态下送、排风的温度差和过渡季节时间长短成为选择热回收装置的依据

D. 热回收装置节能与否，应综合考虑回收的能量和回收装置自身的设备用能

参考答案：A

分析：（1）选项A：五星级酒店的室内游泳池，夏季设计条件下，室内外温差小，焓差小，湿负荷大，新风量少，夏季运行小时数少，采用转轮式全热热回收装置是不恰当的。

（2）选项C：《公建节能2005》第5.3.14条：除了考虑设计状态下新风与排风的温度差之外，过渡季使用空调的时间站全年空调总时间的比例也是影响排风热回收装置设置与否的重要因素之一。同时，空调系统排风热回收相关内容见《公建节能2015》第4.3.25条、第4.3.26条。由此可见，选项C基本是规范原文，此处没有阐明新风量、送风量是重要因素之一，故C正确。

（3）选项D：详见《07节能专篇》第4.3.1.3条。

（4）选项B：《公建节能2015》第4.3.26条及条文说明：有人员长期停留且不设置集中新风、排风系统的空气调节区（房间），宜在各空气调节区（房间）分别安装带热回收功能的双向换气装置。

扩展：4个选项比较起来，选项A较合适。但有不严谨之处：人员长期停留的房间一般是指连续使用超过3h的房间，会议室不属于该范畴且会议室宜集中设置新风、排风系统。

另外，上述描述"过渡季使用空调的时间占全年空调总时间的比例"含义不清。如果规范条例也这样说就不严谨了。空调工程中"过渡季节"指不使用空调也能满足要求的时期，过渡季节长空调时间就短，实际上指的是空调时间的长短。

3.8-3.【单选】夏季空调系统采用全热回收装置对排风进行热回收时，热回收效果最好的情况是下列哪一项？【2012-2-21】

A. 室外新风湿球温度比室内空气温度高5℃

B. 室外新风干球温度比排风温度高5℃

C. 室外新风湿球温度比室内空气湿球温度高5℃

D. 室外新风湿球温度比排风湿球温度高5℃

参考答案：A

分析：全热回收装置共有4根风管，根据气流流程顺序，分别是：

（1）从室外到全热回收装置的新风管；

（2）新风经过全热交换后至室内的送风管；

（3）室内至全热回收装置的回风管；

（4）回风经过热交换后至室外的排风管。

因为第（4）条中的排风已经是热回收后的状态，只剩排出室外，不存在二次热回收，所以题干中所说"……对排风进行热回收时……"中的"排风"，指的是第（3）条中的室内回风。不考虑风管温升因素，则题中说的室内排风空气参数等于室内的空气参数。

室内外焓差越大则热回收效果越好，对本题选项进行对比。

（1）选项A与选项B比较：如图1所示，W_1为选项A的室外状态点，新风湿球温度比室内温度高5℃，室内外焓差为Δh_A，W_2为选项B的室外状态点，室外新风干球温度比排风温度高5℃，室内外焓差为Δh_B，很明显$\Delta h_A > \Delta h_B$，故选项A的热回收效果好于选项B。

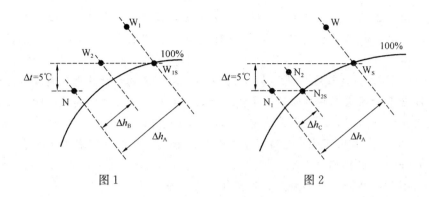

图1 图2

（2）选项 A 与选项 C（D）比较：如图 2 所示，W 为室外状态点，N_1 为选项 A 的室内状态点，新风湿球温度比室内温度高 5℃，室内外焓差为 Δh_A，N_2 为 C（D）选项的室内状态点，新风湿球温度比室内湿球温度高 5℃，室内外焓差为 Δh_C（Δh_D），很明显 Δh_A ＞Δh_C（Δh_D），故选项 A 的热回收效果好于选项 C（D）。

3.8-4.【单选】公共建筑节能设计时，以下哪一项是进行"节能设计权衡判断"的必要条件？【2012-2-24】

A. 各朝向窗墙比均为 70%

B. 严寒地区，建筑体型系数等于 0.4

C. 屋顶透明部分的面积等于屋顶总面积的 20%

D. 夏热冬暖地区，建筑屋面的传热系数等于 1.0W/（m² · K）

参考答案： D

分析： 根据《公建节能 2005》第 4.2.4 条，各朝向窗墙比为 70% 满足规定，选项 A 不需节能判断；根据第 4.2.2 条表 4.2.2-1 及表 4.2.2-2，建筑体形系数等于 0.4 满足规定，选项 B 不需节能判断；根据第 4.2.6 条，屋顶透明部分面积为屋顶总面积的 20% 满足规定，选项 C 不需节能判断；根据第 4.2.2 条表 4.2.2-5，屋面传热系数应≤0.9，选项 D 不符合规定应进行节能判断，选 D。

扩展： 根据《公建节能 2015》第 3.1.1 条，选项 AB 正确；根据第 3.2.7 条，选项 C 正确；根据表 3.3.1-6，选项 D 不满足规范要求。

3.8-5.【单选】下列哪项改进措施对降低空调水系统在设计工况下的耗电输冷比 ECR 无关？【2013-1-19】

A. 加大供回水设计温差

B. 减少单台水泵流量，增加并联水泵台数，总流量不变

C. 降低空调水管管内设计流速

D. 减小末端设备的水流阻力

参考答案： B

分析： 根据《民规》第 8.5.12 条，加大供回水温差会降低 ECR 的限定值，同时因为温差加大系统水量降低，可以降低耗电输冷比，选项 A 正确；总流量不变不能降低耗电

输冷比，选项 B 错误；选项 CD 可以降低系统阻力减少水泵扬程，从而降低耗电输冷比，正确。

3.8-6.【单选】 关于空调水系统节能运行的要求，下列哪项是错误的？【2013-1-20】

A. 水泵的电流值应在不同的负荷下检查记录，并应与水泵的额定电流值进行对比

B. 应计算空调水系统的耗电输冷（热）比并与《公共建筑节能设计标准》中空调冷热水系统最大耗电输冷（热）比进行对比

C. 对于耗电输冷（热）比偏高的水系统，应通过技术经济比较采取节能措施

D. 对于电流偏低的系统，应采取措施提高运行电流

参考答案：D

分析： 根据《空调通风系统运行管理规范》GB 50365—2005 第 4.2.23 条，水泵的电流值应在不同的负荷下检查记录，并应与水泵的额定电流值进行对比。应计算供冷和供暖水系统的水输送系数（ER），按照表 4.2.23 进行对比（此处表 4.2.23 与《公建节能 2005》表 5.3.27 相同）。对于水泵电流和水输送系数偏高的系统，应通过技术经济比较采取节能措施。选项 ABC 正确。系统电流低说明能耗低，提高运行电流会增大系统能耗，选项 D 错误。

3.8-7.【单选】 拟对地处广州市中心一商业街的某四星级酒店的空调工程进行节能改造，酒店已有的冷源为 20 世纪 90 年代初期的冷水机组（采用冷却塔），卫生热水的热源为燃油锅炉，冷热源的机房位于临街一层建筑内，下列有关冷热源的选项，哪一项更节能？【2014-1-30】

A. 更换冷水机组和冷却塔以及燃油锅炉

B. 更换冷水机组和冷却塔，燃油锅炉改成燃气锅炉

C. 更换为蒸发冷却式冷水机组和燃气锅炉

D. 更换为蒸发冷却式冷水机组和空气源热泵热水机

参考答案：B

分析： 由题意得，该商业建筑位于市中心地区，燃油锅炉因其高污染、高耗能、经济性能差，已逐步被淘汰使用。冷源为 20 世纪 90 年代初期设置使用，距今已超过 20 年的使用寿命，需进行更换。选项 A 仅说明对冷水机组、冷却塔、燃油锅炉进行更换，未说明更换为什么形式，尤其是锅炉，再次更换为燃油锅炉显然是不合适的，故选项 A 错误；《民用建筑供暖通风与空气调节设计规范宣贯辅导教材》P230 第 8.5.2 条图 8-4 可知，蒸发冷却时冷水机组在广州地区使用，只能产高温冷水，而本题中建筑为四星级酒店，采用此种形式，酒店湿负荷无法解决。根据《民用建筑供暖通风与空气调节设计规范宣贯辅导教材》P161 第 7.3.16 条，第 7.3.17 条内容及相关释义，该酒店只能按照表 7-13 第 5 分区，采用复合式冷却方式（间接蒸发冷却＋表冷器冷却），湿负荷需其他能产生低温冷水（7~12℃）的机组承担，而选项 C、D 中并未说明。是否采用蒸发冷却系统，受室外气候环境、水源、室内湿度要求等因素制约，应经技术经济比较，方能最终确定。同时，制取卫生热水采用空气源热泵热水机组，在广州地区是较好的选择，但本题阐述的是已有项目的改造，空气源热泵热水机组安放位置是否存在，题目中并未说明。综合考虑各选项，以

及充分利用原有机房空间，认为选项 B 性价比最高。

扩展：注意蒸发冷却式冷水机组与蒸发冷凝式冷水机组的区别。

3.8-8.【单选】当多种能源种类同时具备时，从建筑节能的角度看，暖通空调的冷热源最优先考虑的，应是以下哪一项？【2014-2-23】

A. 电能　　　　B. 工业废热　　　　C. 城市热网　　　　D. 天然气

参考答案：B

分析：根据《民规》第 8.1.1-1 条，宜优先采用废热或工业余热。

3.8-9.【单选】通风系统风机的单位风量耗功率限值（W_s）与下列哪项成正比？【2016-1-11】

A. 风机出口的静压值　　　　　　　B. 风机的风压值

C. 风机的全压效率　　　　　　　　D. 风机的总效率

参考答案：B

分析：根据《公建节能 2015》第 4.3.22 条公式，答案选 B。

3.8-10.【单选】公共建筑中风量大于 $10000\text{m}^3/\text{h}$ 的机械通风系统，风道系统单位风量耗功率 W_s $[\text{W}/(\text{m}^3/\text{h})]$ 不宜大于下列何项？【2017-2-10】

A. 0.24　　　　B. 0.27　　　　C. 0.29　　　　D. 0.30

参考答案：B

分析：由《公建节能 2015》第 4.3.22 条可知，选项 B 正确。

3.8-11.【单选】夏热冬冷地区某空气洁净度等级为 4 级的净化厂房工艺设备显热发热量大且稳定，围护结构空调冷热负荷很小，全年不间断生产。请问下列哪项节能措施最适用于该项目？【2017-2-26】

A. 采用温湿度独立控制系统提高冷水机组效率

B. 采用变频冷水机组提高冷水机组部分负荷效率

C. 采用变风量全空气系统降低空调风机能耗

D. 采用全空气低温送风系统降低空调系统风量

参考答案：A

分析：由于净化厂房工艺设备显热发热量大且稳定，湿负荷较少，采用温湿度独立控制系统中的温度控制系统可采用高温冷源，从而提高冷水机组效率，同时因供水温度的提高，导致末端空调机组风量增加，风机能耗增大，但综合考虑，末端空调机组能耗的增加值小于高温冷水机组能耗减小值，整个系统能耗仍然降低，故选项 A 适合；由于厂房设备发热量大且稳定，而围护结构负荷很小，说明常年负荷处于基本稳定的状态，采用部分负荷效率高的变频机组效果不明显，故选项 B 不适合；根据《洁净厂房设计规范》GB 50073—2013 第 6.3.3 条，净化厂房保证洁净度等级为 4 级的必要条件就是保证送风量达到一定水平，满足洁净度等级要求的气流组织要求，通过降低送风量来达到风机节能的做法都不可取，故选项 CD 不适合。

3.8-12.【单选】把同一办公建筑（室内设计参数与运行使用情况均相同），分别放到我国的不同气候区，并采用同一个全热回收机组来回收排风冷热量的热回收量（kWh）进行分析时，假定该热回收机组的新风量与排风量相等（不考虑风管漏风和散热等因素），下列说法何项是错误的？【2018-2-09】

  A. 全年的显热回收量，严寒地区大于夏热冬暖地区

  B. 严寒地区全热回收量，冬季大于夏季

  C. 夏季与冬季全热回收量的差值，夏热冬冷地区小于寒冷地区

  D. 严寒地区和夏热冬暖地区夏季全年的潜热回收量基本相等

参考答案： D

分析： 热回收显热量取决于两个因素，一个是室内外温差，一个是运行时间；冬季用 HDD18 表示，夏季用 CDD26，根据《民用建筑热工设计规范》GB 50176—2016 第 4.1.2 条，严寒地区供暖度日数 HDD18≥3800，而夏热冬暖地区 HDD18<700，夏季 CDD26 数值无论严寒地区还是夏热冬冷地区数值都较小，显然从 HDD18 可以反映出全年的显热回收量，严寒地区大于夏热冬冷地区，选项 A 正确。由于冬季室内外的焓差大于夏季室内外的焓差，根据《复习教材》式（3.11-9）可知，冬季的全热回收量大于夏季，选项 B 正确。寒冷地区相比较于夏热冬冷地区，冬季室外焓差变化更大，因此寒冷地区冬夏全热回收量的差值也比夏热冬冷地区更大，选项 C 正确。由于严寒地区和夏热冬暖地区室外的含湿量相差较大，而室内设计参数相同，因此全年潜热回收量不同，选项 D 错误。

3.8-13.【多选】某空调系统的冷热量计量，说法正确的应是下列哪几项？【2012-1-55】

  A. 公共建筑应按用户或分区域设置冷热量计量

  B. 电动压缩式制冷机组处于部分负荷运行时，系统冷量的计量数值大，则机组的电功率消耗一定大

  C. 电动压缩式冷水机组处于部分负荷运行时，系统冷量的计量数值大，则机组的电功率消耗不一定大

  D. 采用常规的面积分摊收取空调费用的方法属于简化的冷热量计量方法

参考答案： CD

分析： 根据《公建节能 2015》第 5.5.12 条，采用集中供暖空调系统时，不同使用单位或区域宜分别设置冷量和热量计量装置，是"宜"不是"应"，选项 A 错误。选项 B 错误，故选项 C 正确，机组的电功率消耗与机组能效有关，但题目中的选项 BC 应指明"与额定工况下的同等制冷量相比"。选项 D 正确。

3.8-14.【多选】寒冷地区某公共建筑的实际体形系数大于现行《公共建筑节能设计标准》规定的体形系数。该建筑的节能设计采用权衡判断时，以下哪几项说法是正确的？【2013-1-56】

  A. 参照建筑形状与设计建筑完全一致

  B. 改变参照建筑的实际形状，保证实际体形系数符合标准规定

  C. 参照建筑的体形系数与窗墙面积比必须符合标准中的强制性条文

D. 当所计算的实际建筑能耗大于参照建筑能耗时，可判断为符合标准

参考答案： AC

分析： 根据《公建节能 2015》第 3.4.3 条及条文说明，参照建筑的形状、大小、朝向、窗墙面积比、内部的空间划分和使用功能应与设计建筑完全一致，故选项 A 正确，选项 B 错误；根据《公建节能 2015》第 3.3.1 条，实际能耗不大于参照建筑能耗时为符合标准，故选项 C 正确。根据《公建节能 2015》第 3.4.2 条，选项 D 错误，应为设计建筑能耗小于参照建筑。

3.8-15.【多选】在电动离心式冷水机组的制冷系统中，下列哪些参数是必须计量的？【2013-2-54】

A. 燃料的消耗量　　　　　　　　　　B. 耗电量
C. 集中供热系统的供热量　　　　　　D. 集中供冷系统的补水量

参考答案： BD

分析： 根据《民规》第 9.1.5 条，选项 B、D 正确；电动制冷机组，无需计量燃料消耗量和供热系统供热量，故选项 A、C 错误。

3.8-16.【多选】下列有关地处夏热冬冷地区建筑采用空调系统的节能技术措施的说法，哪几项是错误的？【2013-2-56】

A. 采用冷凝热热回收技术提供 55℃ 卫生热水的冷水机组的制冷系数 COP 值大于其他条件相同时的常规冷水机组的制冷系数 COP 值
B. 采用冷凝热热回收技术制备卫生热水的项目在宾馆类建筑应用较多
C. 采用冷凝热热回收的冷水机组＋常规冷水机组的系统时，实际运行冷水的回水温度相同
D. 采用冷凝热热回收的冷水机组＋常规冷水机组的系统时，冷凝热热回收冷水机组应有四通换向阀

参考答案： ACD

分析： 根据《07 节能专篇》节能相关技术介绍的第一篇"热回收冷水机组的控制及冷水系统设计"中的第 1.2.1 条、1.2.2 条及 1.3.2 条，热水的出水温度小于冷却水的出水温度时，制冷量与 COP 基本不变，热水出水温度越高，则 COP 越低，制冷量也减少，选项 A 错误；根据《07 节能专篇》第 1.1 条，选项 B 正确；根据该文章第 1.7 条含热回收机组的冷水系统设计相关内容可知，热回收机组与常规机组的冷水回水温度不同，选项 C 错误；热回收冷水机组以制冷为目的，同时回收冷凝热，无需切换冷凝器与蒸发器的功能，因此不需要设置四通换向阀，选项 D 错误。

3.8-17.【多选】位于成都地区的某大型商场，采用全空气空调系统，在保证室内空气品质的同时，为减少全年的空调系统运行能耗，下列哪些做法是正确的？【2014-2-55】

A. 空调季节系统新风量根据室内 CO_2 浓度进行调节
B. 将全空气定风量空调系统改为区域变风量空调系统
C. 将系统改为风机盘管＋新风系统的空调方式，新风系统按满足人员卫生要求的最

大新风量进行设计

D. 系统的新、回风比可调，新风比最大可达到 100％

参考答案：ABD

分析：根据《红宝书》P2451，新风需求控制，通常宜根据 CO_2 浓度对新风需求进行优化控制，故选项 A 正确；由《红宝书》P2451，在建筑物内区常年供冷，或在同一个空调系统中，各空调区的冷热负荷差异和变化大、低负荷运行时间长，且需要分别控制各空调区参数时，宜采用变风量空调系统，大型商业，符合本要求，故选项 B 正确；由《红宝书》P2450，大型商场应采用全空气空调系统，不应采用风机盘管机组加新风的空调方式，故选项 C 错误；由《红宝书》P2450，设计全空气空调系统时，应充分考虑新风比可调和实现全新风或最大新风运行的可能性。充分利用室外空气的自然冷却能力，实现全新风运行不仅可以有效地改善空调区内的空气品质，更重要的是可以充分利用"免费供冷"，大量节省空气处理能耗量和运行费用，故选项 D 正确。

3.8-18.【多选】某商业综合体项目，其夏季设计冷负荷为 2000kW，冬季设计热负荷为 3000kW，设计冷负荷为 1000kW，为适应负荷变化，空调水系统采用四管制。下列冷热源方案中，哪几项是不适用的？【2016-2-58】

A. 采用 2 台制冷量为 1000kW 的冷水机组＋2 台制热量为 1500kW 的燃气热水锅炉

B. 采用 2 台制冷量/制热量分别为 1000kW/1500kW 的直燃型溴化锂吸收式热水机组

C. 采用 3 台制冷量/制热量分别为 1500kW/1000kW 的地源热泵机组

D. 采用 2 台制冷量/制热量分别为 1000kW/600kW 的地源热泵机组＋1 台制热量为 1800kW 的燃气热水锅炉

参考答案：BCD

分析：该项目空调水系统采用四管制，说明系统由内外分区或某些区域全年需要供冷。夏季供冷时，设计冷负荷总计 2000kW，冬季设计热负荷总计 3000kW，采用 2 台制冷量为 1000kW 的冷水机组＋2 台制热量为 1500kW 的燃气热水锅炉可以满足夏季、冬季单独供冷、暖需求，但是冬季设计冷负荷为 1000kW 虽无法用冷水机组承担，但冬季冷却水供水温度较低，可采用原冷却水系统，利用板式换热器进行冷却塔免费供冷方式承担冬季供冷负荷，因此选项 A 正确；根据《民规》第 8.4.5 条，选项 B 错误；采用 3 台制热量为 1000kW 的地源热泵机组，可以满足冬季供暖需求，但地源热泵换热井群换热量是根据《民规》第 8.3.4 条确定，无法提供冬季供冷负荷，选项 C 错误；选项 D 原则同选项 C，错误。

3.8-19.【多选】地处夏热冬暖地区（全年为高湿环境）的某建筑采用全空气空调系统，其室内冷负荷基本恒定、湿负荷可以忽略不计，且允许室内相对湿度变化。如果利用增大新风比实现供冷节能，下列哪几项判别方法是错误的？【2016-2-60】

A. 温度法（比较室外新风温度与室外设计状态点温度）

B. 焓值法（比较室外新风焓值与室外设计状态点焓值）

C. 温差法（比较室外新风温度与室内回风温度）

D. 焓差法（比较室外新风焓值与室内回风焓值）

参考答案： ABC

分析： 该建筑属于潮湿地区，根据《民用建筑供暖通风与空气调节设计规范宣贯辅导教材》P290 表 9-1 或《09 技术措施》第 11.6.7 条，温度法是比较室外新风温度与某一固定温度的大小，选项 A 错误；焓值法是比较室外新风焓值与某一固定焓值（如室内回风焓值），选项 B 错误；温差法禁止在潮湿地区使用，选项 C 错误；焓差法是比较室外新风焓值与室内回风焓值，选项 D 正确。

3.8-20.【多选】对于公共建筑中风量大于 $10000m^3/h$ 的机械通风系统，关于风道系统单位风量耗功率 W_s 与风机的参数的关系，下列哪些项是正确的？【2017-2-47】

A. 风道系统单位风量耗功率与风机配套电机功率成正比

B. 风道系统单位风量耗功率与风机全压成正比

C. 风道系统单位风量耗功率与电机及传动效率成反比

D. 风道系统单位风量耗功率与设计图中标注的风机效率成反比

参考答案： BCD

分析： 由《公建节能 2015》第 4.3.22 条条文说明可知，选项 A 错误，W_s 所指的是指实际消耗的功率，而非配套电机的功率，其他选项均正确。

3.9 空气洁净技术

3.9.1 洁净原理与洁净室

3.9-1.【单选】洁净厂房的耐火等级不应低于下列哪一项？【2012-1-28】

A. 一级　　　　　B. 二级　　　　　C. 三级　　　　　D. 四级

参考答案： B

分析： 根据《洁净厂房设计规范》GB 50073—2013 第 5.2.1 条知，选项 B 正确。

3.9-2.【单选】目前在洁净技术中常用的大气尘浓度表示方法，正确的应是下列哪一项？【2012-1-29】

A. 沉降浓度　　　　　　　　　　B. 计数浓度

C. 计重浓度　　　　　　　　　　D. 以上三种方法都常用

参考答案： B

分析： 根据《复习教材》第 3.6.3 节第 1 条，大气含尘浓度的表示方法一般有计数浓度（pc/m^3）、计重浓度（mg/m^3）和沉降浓度 [$pc/(cm^2 \cdot h)$] 三种，根据表 3.6-1 及其他相关内容可知，通常采用计数浓度。

3.9-3.【单选】某车间空调系统满足的室内环境要求是：夏季 $t=22\pm1℃$，$\varphi=60\%$ $\pm10\%$；冬季 $t=20\pm1℃$，$\varphi=60\%\pm10\%$；空气的洁净度为：ISO7（即 10000 级），车间长 10m，宽 8m，层高 5m，吊顶净高 3m，为保证车间的洁净度要求，风量计算时，其送风量宜选下列哪一项？【2012-2-29】

A. $1920\sim2400m^3/h$　　　　　　　　B. $2880\sim2260m^3/h$

C. 3600～6000m³/h　　　　　　　　　　D. 12000～14400m³/h

参考答案： C

分析： 参考《复习教材》表 3.6-15 以及《洁净厂房设计规范》GB 50073－2013 表 6.3.3。

3.9-4.【单选】下列何项与确定洁净室的洁净度等级无关？【2014-1-27】

A. 室内发尘状态　　　　　　　　　　　B. 室外大气尘浓度

C. 控制粒径　　　　　　　　　　　　　D. 控制的最大浓度限值

参考答案： B

分析： 根据《复习教材》第 3.6.1 节第 2 条洁净等级包含等级级别（对应选项 D）、被考虑的粒径（对应选项 C）和分级时占用状态（对应选项 A）三个内容，选项 B 与确定室内洁净等级无关。

3.9-5.【单选】某厂房内的生物洁净准备作达标等级测试，下列何项测试要求不正确？【2014-2-28】

A. 测试含尘浓度

B. 测试浮游菌和沉降菌浓度

C. 静压差测试仪表的灵敏度不大于 0.2Pa

D. 非单向流洁净区采用风口法或风管法确定送风量

参考答案： C

分析： 根据《洁净厂房设计规范》GB 50073—2013 附录 A.2.1，可知选项 A、B 正确；根据该规范附录 A.3.2-2 条，仪表灵敏度应小于 1.0Pa，故选项 C 错误；由该规范附录 A.3.1-2 条，可知选项 D 正确。

3.9-6.【单选】洁净度等级 $N=4.5$ 的洁净室内空气，粒径大于或等于 $0.5\mu m$ 的悬浮粒子的最大浓度限值最接近下列何项？【2016-1-27】

A. 4500pc/m³　　　　　　　　　　　　B. 31600pc/m³

C. 1110pc/m³　　　　　　　　　　　　D. 4.5pc/m³

参考答案： C

分析： 根据《复习教材》式（3.6-1）得，$C_n = 10^N \times (0.1/D)^{2.08} = 10^{4.5} \times (0.1/0.5)^{2.08} = 1112.1\ pc/m^3$，选项 C 正确。

3.9-7.【单选】关于洁净室风量或风速的测定，以下说法哪一项是不正确的？【2016-2-28】

A. 采用截面平均风速和截面乘积的方法确定单向流洁净室的送风量

B. 对于单向流洁净室，风速采样测试截面的测点数量应为 4 个

C. 对于非单向流洁净室，采用风管法测量高效过滤风口（风口规格为 1200mm×600mm）风量，上风侧的支管长度为 3.6m

D. 对于单向流洁净室，不应采用风管法确定送风量

参考答案：B

分析：根据《洁净厂房设计规范》GB 50073—2013 第 A.3.1 条，选项 ACD 正确，对于单向流洁净室，风速采样测试截面的测点数量不应少于 4 个，选项 B 错误。选项 C 按照《通风与空调工程施工质量验收规范》GB 50243—2016 第 D.1.3 条执行，要求风口上风侧有长度不小于 2 倍风口长边长的直管段，并连接于风口外部。

3.9-8.【单选】下列有关洁净室及洁净区空气中悬浮粒子洁净度等级表述，不应包含下列哪一项内容？【2017-1-28】

 A. 粒子的物化性质   B. 等级级别

 C. 要求的粒径   D. 占用状态

参考答案：A

分析：根据《复习教材》第 3.6.1 节第 2 条"空气洁净度等级的表示方法"，洁净度等级表述包括：(1) 等级级别 N；(2) 被考虑的粒径 D；(3) 分级时占用状态。故选项 BCD 正确，选项 A 错误。

3.9-9.【多选】洁净室及洁净区空气中悬浮粒子洁净度等级的表述应包含下列哪几项？【2012-1-63】

 A. 等级级别   B. 占用状态

 C. 考虑粒子的控制粒径   D. 考虑粒子的物化性质

参考答案：ABC

分析：根据《洁净厂房设计规范》GB 50073—2013 第 3.3 条分析中提及的，ABC 为正确选项。

3.9-10.【多选】关于洁净室内空气洁净度等级的检测，下列哪几项的表述是正确的？【2013-1-62】

 A. 测量仪表应在标定合格证书的有效使用期内

 B. 采样点位置应按照业主要求确定

 C. 采样时采样口处气流速度尽可能接近室内设计气流速度

 D. 采样量很大时，可采用顺序采样法

参考答案：ACD

分析：根据《通风与空调工程施工质量验收规范》GB 50243—2016 第 B.4.2 条，选项 A 正确；根据《洁净厂房设计规范》GB 50073—2013 第 A.3.5.2 条和《通风与空调工程施工质量验收规范》GB 50243—2016 第 B.4.3.2 条，采样点应均匀分布于洁净室，不应按业主要求确定，选项 B 错误；根据《通风与空调工程施工质量验收规范》GB 50243—2016 第 B.4.5-1 条，选项 C 正确；根据第 B.4.4-4 条，选项 D 正确。

3.9-11.【多选】以下关于洁净厂房工艺平面布置的描述，哪几项是正确的？【2016-2-62】

 A. 空气洁净度高的洁净室应靠近空调机房

    B. 空气洁净度高的洁净室应尽量远离空调机房

    C. 不同空气洁净度等级房间之间联系频繁时宜设置气闸、传递窗

    D. 洁净厂房应设置单独的物料入口

参考答案：CD

分析：根据《洁净厂房设计规范》GB 50073—2013 第 4.2.1-1 条，空气洁净度高的洁净室宜靠近空调机房，选项 AB 错误；根据第 4.2.1-5 条，选项 C 正确；根据第 4.2.1-6 条，选项 D 正确。

3.9-12.【多选】下列关于洁净厂房人员净化设施的设置原则，哪些选项是正确的？【2018-2-61】

    A. 存外衣、更换洁净工作服的房间应分别设置

    B. 洁净工作服宜集中挂入带有空气吹淋的洁净柜内

    C. 空气吹淋室应设在洁净区人员入口处

    D. 为防止人员频繁进出洁净室，洁净区内应设置厕所

参考答案：ABC

分析：根据《洁净厂房设计规范》GB 50073—2013 第 4.3.3-2 条，选项 A 正确；根据第 4.3.3-3 条，选项 B 正确；根据第 4.3.3-5 条，选项 C 正确；根据第 4.3.3-7 条，选项 D 错误。

3.9.2　过滤器与洁净系统

3.9-13.【单选】不同级别的正压洁净室之间的压差，应不小于下列哪一项？【2013-1-28】

    A. 2Pa　　　　　　B. 5Pa　　　　　　C. 10Pa　　　　　　D. 50Pa

参考答案：B

分析：《洁净厂房设计规范》GB 50073—2013 第 6.2.2 条条文说明。

3.9-14.【单选】以下关于洁净室压差的说法，错误的是哪一项？【2013-2-28】

    A. 洁净室应按工艺要求决定维持正压差或负压差

    B. 正压洁净室是指与相邻洁净室或室外保持相对正压的洁净室

    C. 负压洁净室是指与相邻洁净室或室外均保持相对负压的洁净室

    D. 不同等级的洁净室之间的压差应不小于 5Pa

参考答案：C

分析：根据《洁净厂房设计规范》GB 50073—2013 第 6.2.2 条，选项 A 正确；根据《复习教材》第 3.6.4 节，选项 B 正确；正压、负压是相对而言，一个洁净室对大气而言是正压洁净室，但对另一个房间可能是负压洁净室，选项 C 错误；选项 D 正确。

3.9-15.【单选】关于洁净工作台布置的描述，下列哪一项是正确的？【2014-1-28】

    A. 应布置在单向流洁净室内　　　　　　B. 应布置在非单向流洁净室内

    C. 应布置在回风口附近　　　　　　　　D. 应布置在污染源的下风侧

参考答案： B

分析： 根据《洁净厂房设计规范》GB 50073—2013 第 6.3.4-1 条，单向流洁净室内不宜布置洁净工作台，非单向流洁净室的回风口宜远离洁净工作台，故选项 B 正确。选项 A 与选项 C 与原文相悖。此外，若洁净工作台放置在污染源下风侧，难以保证洁净度，故选项 D 错误。

3.9-16.【单选】对于采用一次回风定风量系统的洁净室，维持室内正压压差的措施中，下列哪一项是不正确的?【2017-1-27】

A. 调节新风量   B. 调节回风量

C. 调节送风量   D. 调节排风量

参考答案： C

分析： 根据《复习教材》第 3.6.4 节第 4 条 "压差控制"，维持洁净室正压的措施包括：(1) 调节新风量；(2) 调节回风量和排风量。故选项 ABD 正确，选项 C 错误。

3.9-17.【单选】关于洁净室压力控制，下列说法哪一项是正确的?【2017-2-28】

A. 洁净室对相邻空间应总是保持正压

B. 洁净室对相邻空间应总是保持负压

C. 洁净室与相邻空间的压差应按照工艺要求确定

D. 洁净室与相邻空间的压差应不小于 10Pa

参考答案： C

分析： 根据《复习教材》第 3.6.4 节第 1 条，洁净室正压、负压是相对而言的，故选项 AB 错误；根据《洁净厂房设计规范》GB 50073—2013 第 6.2.1 条，选项 C 正确；根据 GB 50073—2013 第 6.2.2 条或《复习教材》第 3.6.4 节第 2 条，选项 D 错误，不同洁净区之间以及洁净区与非洁净区之间的压差应不小于 5Pa，洁净区与室外的压差应不小于 10Pa。

3.9-18.【单选】下列关于洁净室内通风空调系统的风机连锁控制方式的说法，哪一项是错误的?【2018-1-28】

A. 正压洁净室的停止风机连锁顺序为先关回风机和排风机、再关送风机

B. 正压洁净室的启动风机连锁顺序为先启动送风机、再启动回风机和排风机

C. 负压洁净室的停止风机连锁顺序为先关回风机、再关送风机和排风机

D. 负压洁净室的启动风机连锁顺序为先启动回风机和排风机、再启动送风机

参考答案： C

分析： 根据《洁净厂房设计规范》GB 50073—2013 第 6.2.4 条，选项 C 错误，应该先关闭送风机，再关闭回风机和排风机。

3.9-19.【单选】下列关于洁净室气流场的说法，哪一项是正确的?【2018-2-28】

A. 非单向流通常适用于空气洁净度等级 1~4 级的洁净室

B. 对于单向流洁净室，洁净度等级越高，平均断面风速越小

C. 辐射流洁净室空气洁净度可达到 4 级

D. 洁净室内，气流组织形式是含尘浓度场分布的主要影响因素之一

参考答案： D

分析： 根据《洁净厂房设计规范》GB 50073—2013 第 6.3.1-1 条，洁净度严于 4 级时应采用单向流，选项 A 错误；根据表 6.3.3，洁净度等级高，则平均断面风速大，选项 B 错误；根据《复习教材》第 3.6.3 节第 6 条，辐射流洁净度可近似达到 ISO 5 级，选项 C 错误；根据《复习教材》第 3.6.3 节第 3 条"非单向流计算方法"，影响洁净室内含尘浓度分布均匀性的主要因素有：气流组织形式、送风口数量、送风口形式、换气次数，选项 D 正确。

3.9-20.【多选】关于洁净室压差控制的描述，正确的为哪几项？【2012-2-63】

A. 洁净室与周围的空间必须维持一定的压差

B. 洁净室与周围的空间的压差必须为正压值

C. 洁净室与周围的空间的压差必须为负压值

D. 洁净室与周围的空间的压差值应按生产工艺要求决定

参考答案： AD

分析： 根据《洁净厂房设计规范》GB 50073—2013 第 6.2.1 条，选项 A 正确；选项 B、C 错误，洁净室与周围的空间压差可以为正值（正压洁净室）也可以为负值（负压洁净室）；选项 D 正确。

3.9-21.【多选】关于洁净室气流流型，下列哪些说法是正确的？【2013-2-62】

A. 空气洁净度等级为 2 级的洁净室应采用垂直单向流

B. 空气洁净度等级为 2 级的洁净室应采用非单向流

C. 空气洁净度等级为 4 级的洁净室应采用垂直单向流

D. 空气洁净度等级为 7 级的洁净室应采用垂直单向流或水平单向流

参考答案： AC

分析： 根据《洁净厂房设计规范》GB 50073—2013 第 6.3.3 条，空气洁净等级为 1～5 级，应采用单向流；洁净等级为 6～9 级，应采用非单向流。故选项 BD 错误。

3.9-22.【多选】关于某电子装配厂房内负压洁净室的说法，下列哪几项是错误的？【2014-1-62】

A. 室内压力一定高于相邻洁净室压力

B. 室内压力一定低于相邻洁净室压力

C. 服务于负压洁净室的洁净空调系统运行，应先开送风机

D. 服务于负压洁净室的洁净空调系统运行，应先开回风机

参考答案： ABC

分析： 根据《洁净厂房设计规范》GB 50073—2013 第 6.2.1 条，洁净室（区）与周围空间必须维持一定的压差，并应按工艺要求决定维持正压差或负压差。依照题意，洁净室维持负压状态，需要本洁净室与周围洁净室或洁净区维持负压差，即本洁净室室内压力

值低于相邻洁净室或洁净区压力，故选项 A 错误；根据 GB 50073—2013 第 6.2.4 条，可知选项 C 错误，选项 D 正确。根据《复习教材》第 3.6.4 节，正压负压是相对而言的，如果某个负压洁净室 1 相邻一个更大的负压洁净室 2，则相对而言洁净室 2 而言，洁净室 1 应是正压洁净室，选项 B"一定"的说法太绝对，故选项 B 错误。

3.9-23.【多选】在工业洁净空调系统设计中，下列有关气流流型的说法，哪几项是正确的?【2016-1-62】

A. 通常情况下，非单向流洁净室的换气次数均应大于 $15h^{-1}$

B. ISO 6~9 级的洁净室通常采用非单向流气流流型

C. ISO 1~5 级的洁净室通常采用单向流气流流型

D. 辐射流最高可适用于 ISO 3 级的洁净室

参考答案：BC

分析：根据《洁净厂房设计规范》GB 50073—2013 第 6.3.3 条，通常情况下，非单向流洁净室的换气次数根据空气洁净度等级不同，换气次数有所区别，洁净度等级越高，换气次数越大。N8~9 级，换气次数为 10~15 次/h，因此非单向流洁净室的换气次数均应大于 10 次/h，选项 A 错误，选项 BC 正确；根据《复习教材》第 3.6.3 节第 6 条，辐射流洁净室空气洁净度等级可近似地达到 ISO 5 级，选项 D 错误。

3.9-24.【多选】下列关于洁净室气流组织设计的描述，其中哪几项是正确的?【2016-2-61】

A. 洁净室采用侧送风方式，其室内含尘浓度一般接近于按均匀分布方法计算值

B. 单向流洁净室在横断面上为风速一致的气流

C. 工程上也有 ISO 5 级洁净室采用非单向流气流流型

D. 辐射流洁净室气流分布不如单向流洁净室均匀

参考答案：CD

分析：根据《复习教材》第 3.6.3 节第 3 条"非单向流计算方法"，洁净室采用侧送风方式，其室内含尘浓度一般高于按均匀分布方法计算值，选项 A 错误；根据第 3.6.3 节第 4 条"单向洁净室计算"，单向流洁净室呈单一方向平行线并且横断面上风速一致的气流，选项 B 缺少单一方向平行线，不完整，错误；根据第 3.6.3 节第 5 条"非单向流洁净室计算"，选项 C 正确；根据第 3.6.3 节第 6 条"辐射流洁净室"，选项 D 正确。

3.9-25.【多选】下列参数，与洁净室正压值相关的是哪几项?【2017-1-62】

A. 洁净室围护结构的气密度　　　　　B. 过滤器类型

C. 压差风量　　　　　　　　　　　　D. 室外迎风面风速

参考答案：ACD

分析：根据《复习教材》第 3.6.4 节，选项 ACD 与洁净室正压值相关。对于沿海、荒漠等室外风速较大的地区，应根据室外风速复核计算迎风面压力，压差值应高于迎风面压力 5Pa，而迎风面压力跟迎风面风速有关。

3.9-26.【多选】下列关于洁净室内压差控制的说法，哪几项是正确的？【2018-2-62】

A. 洁净室与周围的空间必须维持一定的压差

B. 洁净区与室内非洁净区的压差应不小于 10Pa

C. 不同等级的洁净室之间的压差不宜小于 10Pa

D. 洁净区相对于室外的正压不应小于 10Pa

参考答案： AD

分析： 根据《洁净厂房设计规范》GB 50073—2013 第 6.2.1 条，选项 A 正确；根据第 6.2.2 条，选项 BC 错误，均是应不小于 5Pa；选项 D 正确。

3.9.3　空气过滤器

3.9-27.【单选】净化空调系统所采用的空气过滤器的表述，下列哪项是错误的？【2013-1-27】

A. 粗效过滤器用于新风过滤器，过滤对象主要是大于 $5\mu m$ 的尘粒，也可以用油浸过滤器

B. 中效过滤器用于新风及回风，过滤对象主要是大于 $1\mu m$ 的尘粒

C. 亚高效过滤器主要是过滤大于 $0.5\mu m$ 的尘粒

D. 高效过滤器主要用于过滤大于 $0.1\mu m$ 的尘粒

参考答案： A

分析： 根据《复习教材》P462，为防止空气中带油，粗效空气过滤器不应选用油浸过滤器，选项 A 错误。

扩展： 此题原考察《高效过滤器》GB 13554—92、《空气过滤器》GB 14295—93，选项 BCD 正确。但两本规范皆被 2008 版所替代，根据《空气过滤器》GB 14295—2008，中效过滤器是指对粒径大于等于 $0.5\mu m$ 微粒的计数效率小于 70% 的过滤器。

3.9-28.【单选】洁净工程中，对高效过滤器设计处理风量的要求，下列何项是完整、准确的？【2016-1-28】

A. 大于或等于额定风量 　　　　　B. 小于额定风量

C. 等于额定风量 　　　　　　　　D. 小于或等于额定风量

参考答案： D

分析： 根据《洁净厂房设计规范》GB 50073—2013 第 6.4.1-2 条，选项 D 正确。

3.9-29.【多选】下列关于过滤器的性能的说法哪几项是错误的？【2012-2-62】

A. 空气过滤器的性能与面风速有关

B. 过滤器按国家标准效率分类为两个等级

C. 过滤器在工程中多采用计数效率

D. 面风速足够高时，高效过滤器的阻力和风量近似地呈直线关系

参考答案： BD

分析： 根据《空气过滤器》GB/T 14295—2008、《高效空气过滤器》GB/T 13554—2008 及《复习教材》表 3.6-2，空气过滤器分为粗效、中效、高中效、亚高效、高效五个等级，选项 A 正确；选项 B 错误；选项 C 正确；选项 D 应在面风速不大时呈直线关系，

选项D错误。

3.9-30.【多选】洁净室设计时，合理选择同一净化空调系统的末端高效过滤器，应满足下列哪几项原则？【2013-2-61】

A. 高效过滤器的处理风量应小于或等于额定风量

B. 高效过滤器的风量—阻力特性宜相近

C. 高效过滤器的过滤效率宜相近

D. 按照各洁净室洁净度等级分别选用不同过滤效率的高效过滤器

参考答案：ABCD

分析：根据《洁净厂房设计规范》GB 50073—2013第6.4.1条，空气过滤器的处理风量应小于或等于额定风量，设置在同一洁净区内的高效（亚高效、超高效）空气过滤器的阻力、效率宜相近，故选项A、B、C正确；第6.4.1-5条规定"设置在同一洁净区内的高效空气过滤器的阻力、效率应接近"，因此选项D的表述内容正确。需要注意的是，一般情况不同洁净度等级洁净室（区）不会合用洁净系统，但是合用并不违反洁净系统设置原则，洁净度等级主要决定洁净室（区）的气流流型和送风量（第6.1.1条）。在原则性上（第6.1.3条），需注意温湿度要求不同的洁净室（区）不能合用。

3.9-31.【多选】下列关于洁净厂房空气过滤器的选择与布置，哪几项是正确的？【2014-2-62】

A. 空气过滤器的处理风量应大于其额定风量

B. 高中效空气过滤器集中布置在空调箱的正压段

C. 超高效空气过滤器集中设置在净化空调机组内

D. 高效空气过滤器设置在净化空调系统的末端

参考答案：BD

分析：根据《洁净厂房设计规范》GB 50073—2013第6.4.1-2条，选项A错误，应小于或等于额定风量；根据该规范第6.4.1-3条，选项B正确；根据该规范第6.4.1-4条，选项C错误，超高效过滤器应设置在净化空调系统的末端，同时，选项D正确。

3.9-32.【多选】评价空气过滤器的效率有以下哪几种方法？【2017-2-61】

A. 分级效率　　　　　　　　　B. 计重效率

C. 计数效率　　　　　　　　　D. 比色效率

参考答案：BCD

分析：根据《复习教材》第3.6.2节第3条"空气过滤器性能"，常用的过滤器效率表示方法有：计重效率、比色效率、计数效率。

3.9-33.【多选】洁净室净化空调系统用空气过滤器的选用、布置和安装，下列哪些表述是正确的？【2017-2-62】

A. 空气过滤器的实际处理风量应小于或等于其额定风量

B. 中效或高中效过滤器宜集中设置在空调箱的正压段

C. 末级高效过滤器宜设置在净化空调系统的末端

D. 同一洁净室内的不同区域应分别设置不同过滤效率的末端高效过滤器

参考答案：ABC

分析：根据《洁净厂房设计规范》GB 50073—2013 第 6.4.1-2 条，选项 A 正确；根据第 6.4.1-3 条，选项 B 正确；根据第 6.4.1-4 条，选项 C 正确；根据第 6.4.1-5 条，设置在同一洁净室内的高效过滤器过滤效率宜相近，选项 D 错误。

3.9-34.【单选】根据设计要求，为某洁净厂房购买了一批 B 类高效过滤器，抽取了一个样品在额定风量下实测的过滤效率为 99.98％、阻力为 210Pa。请问对其质量的评价，下列哪一项是正确的？【2018-1-27】

　　A. 过滤效率达标、初阻力未达标

　　B. 过滤效率未达标、初阻力达标

　　C. 过滤效率和初阻力均达标

　　D. 过滤效率和初阻力均未达标

参考答案：B

分析：根据《复习教材》表 3.6-2，B 类高效过滤器效率的范围为 99.999％＞E≥99.99％，初阻力≤220Pa，因此本题过滤器效率未达标，初阻力达标，选 B。

3.9-35.【多选】按照国家的标准，静电空气过滤器型式试验，以下哪几项是必检项目？【2018-1-62】

　　A. 电气强度　　　　B. 湿热　　　　　C. 容尘量　　　　D. 阻力

参考答案：ABD

分析：根据《空气过滤器》GB/T 14295—2008 第 8.1.2.2 条表 5 可知，静电空气过滤器型式检验内容包括效率、阻力、运输耐振动、清洗、防火、绝缘电阻、电气强度、泄漏电流、接地电阻、湿热、臭氧。选项 ABD 正确。

3.10　其　他　考　点

3.10.1　保温保冷

3.10-1.【单选】下列哪项空调冷、热水管道绝热层厚度的计算方法是错误的？【2012-1-20】

　　A. 空调水系统采用四管制时，供热管道采用经济厚度方法计算

　　B. 空调水系统采用四管制时，供冷管道采用防结露方法计算

　　C. 空调水系统采用两管制时，水系统管道分别按冷管道与热管道计算方法计算绝热层厚度，并取两者的较大值

　　D. 空调凝结水管道采用防止结露方法计算

参考答案：B

分析：根据《07 节能专篇》第 11.3.7 条：空调冷、热水管绝热层厚度的计算应按下列原则进行：（1）单冷管道应按防结露方法计算保冷层厚度，再按经济厚度法核算，对比

后取其较大值。（2）单热管道应采用经济厚度法计算保温层厚度。（3）冷热合用管道，应分别按冷管道与热管道的计算方法计算绝热厚度，对比后取其较大值。据此，选项B错，应按防结露方法计算保冷层厚度，再按经济厚度法核算，对比后取其较大值。

3.10-2.【单选】关于空调冷水管道绝热材料，哪项说法是错误的？【2013-2-21】

A. 绝热材料的导热系数与绝热层的平均温度相关

B. 采用柔性泡沫橡塑保冷应进行防冻结露校核

C. 绝热材料的厚度选择与环境温度相关

D. 热水管道保温应进行防结露校核

参考答案： D

分析： 根据《复习教材》式（3.10-5）、式（3.10-6），另外《09技术措施》第10.2节、10.3节、10.4节很多表格的备注中，都有绝热材料的导热系数公式，可看出与平均温度相关，而平均温度与环境温度相关，选项AC正确；根据《09技术措施》第10.1.3-2条，选项B正确；根据第10.1.3-1条，单热管道不需要防结露校核，选项D错误。

3.10-3.【单选】低温管道保冷结构（由内向外）正确的选项应为下列何项？【2014-2-22】

A. 保冷层、镀锌铁丝绑扎材料、防潮层、保护层

B. 保冷层、防潮层、镀锌铁丝绑扎材料、保护层

C. 防潮层、保冷层、镀锌铁丝绑扎材料、保护层

D. 防潮层、镀锌铁丝绑扎材料、保冷层、保护层

参考答案： A

分析： 根据《工业设备及管道绝热工程设计规范》GB 50264—2013第6.1.2条，保冷结构应由保冷层、防潮层和保护层组成；根据第6.2.11条，保温结构的捆扎材料宜采用镀锌铁丝或镀锌钢带，由内向外正确的顺序应为保冷层、镀锌铁丝绑扎材料、防潮层、保护层。具体低温管道保冷结构图见下图：

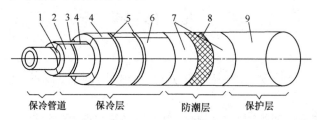

1—耐磨涂料；2—泡沫玻璃管壳；3—不锈钢带；4—发泡性胶粘剂；
5—镀锌钢带；6—聚氨酯泡沫塑料管壳；7—石油沥青玛琋脂3mm；
8—防潮玻璃布；9—镀锌铁皮或薄铝板

3.10-4.【单选】关于制冷设备保冷防结露计算的说法，下列何项是错误的？【2014-2-30】

A. 防结露厚度与设备内冷介质温度有关

B. 防结露厚度与保冷材料外表面接触的空气干球温度有关

C. 防结露厚度与保冷材料外表面接触的空气湿球温度有关

D. 防结露厚度与保冷材料外表面接触的空气露点温度有关

参考答案：C

分析：根据《复习教材》式（3.10-1）、式（3.10-2），防结露厚度与设备内冷介质温度、保冷材料外表面接触的空气干球温度、露点温度有关，与保冷材料外表面接触的空气湿球温度无关，选项 ABD 正确，选项 C 错误。

3.10-5.【单选】在工业设备及管道的绝热计算中，下列哪项关于计算参数选择的说法是错误的？【2018-1-20】

　　A. 保温计算时金属设备及管道的外表面温度，当无衬里时应取介质的长期正常运行温度

　　B. 在防止设备管道内介质冻结的保温计算中，环境温度应取冬季历年极端平均最低温度

　　C. 保冷层计算时设备及管道外表面温度应取为介质的最低操作温度

　　D. 计算保冷设计时防结露厚度时，环境温度应取夏季空气调节室外计算湿球温度

参考答案：D

分析：根据《工业设备及管道绝热工程设计规范》GB 50264—2013 第 5.8.1-1 条，选项 A 正确；根据第 5.8.2-5 条，选项 B 正确；根据第 5.9.1-1 条，选项 C 正确；根据第 5.9.1-2-1）条，应取夏季空气调节室外计算干球温度，选项 D 错误。

3.10-6.【多选】以下哪几项与确定制冷系统管道保冷材料厚度有关？【2013-2-63】

　　A. 对保冷材料外表面温度的安全性要求

　　B. 对保冷材料外表面温度的防结露要求

　　C. 对保冷材料控制制冷损失的要求

　　D. 保冷材料的吸水率

参考答案：ABCD

分析：制冷系统的制冷剂管道有可能达到 $-40℃$ 以下，为防止冻伤，对外表面温度的安全性提出要求，选项 A 正确；根据《民规》第 11.1.2 条，选项 B、C 正确；保冷材料的吸水率，牵涉到对保冷材料的修正，因此与厚度有关，选项 D 正确。

3.10.2　隔振与消声

3.10-7.【单选】对于噪声控制标准为≤NR25 的剧场，空调系统消声器选择合理的为下列哪一项？【2013-2-27】

　　A. 选用阻性消声装置　　　　　　　　B. 选用抗性消声装置

　　C. 选用微穿孔板消声装置　　　　　　D. 选用阻抗复合消声装置

参考答案：D

分析：根据《复习教材》第 3.9.2 节，空调系统的风机以低频噪声为主，剧场音响设备有中高频声源，为减少中高频声音沿风道传播，空调系统需对该部分噪声进行处理，选项 D 中的阻抗复合消声装置可发挥阻性消声器对中高频的消声性能和抗性消声器对低频

的消声性能两者的优点。

3.10-8.【单选】在自由声场中，任一点声压与声源的关系表述正确的是下列何项？
【2016-2-22】
　　A. 声压与该点到声源距离成反比
　　B. 声压与该点到声源距离的平方成反比
　　C. 声压与声强的平方成正比
　　D. 声压与声源声功率的平方成正比
参考答案： A
分析： 根据《复习教材》第3.9.1节，在自由声场中，某处的声强与该处声压的平方成正比，选项C错误，同时根据式（3.9-1）得到，$I = \dfrac{W}{4\pi r^2} \infty P^2 \Rightarrow \dfrac{1}{r} \infty P$，即声压与该点到声源距离成反比，选项A正确。

3.10-9.【单选】下列哪项关于噪声物理量度的叙述是错误的？【2017-2-27】
　　A. 声功率是用于表示声源强弱的物理指标
　　B. 等响曲线上可听范围内的所有纯音的响度级相同
　　C. 受数个声源作用的点上的总声压是各声源声压代数和
　　D. A声级计权网络对500Hz以下频率的噪声做较大折减
参考答案： C
分析： 根据《复习教材》第3.9.1节，声功率是指声源在单位时间内向外辐射的声能，可表示声源强弱，故选项A正确；等响曲线上的所有声音响度级均相同，故选项B正确；不同声源作用于同一点时，总声压（有效声压）是各声压的均方根值的代数和，而该点的总声强是各个声强的代数和，故选项C错误；根据P538，A声级计权网络对500Hz以下的声音有较大的衰减，故选项D正确。

3.10-10.【单选】下列关于办公楼空调通风系统消声设计的说法，正确的是哪一项？
【2018-2-18】
　　A. 对于直风管，风速低于8m/s时可不计算气流再生噪声
　　B. 轴流风机出口处应设置抗性消声器
　　C. 消声弯头内边和外边均应为同心圆弧
　　D. 矩形风管噪声自然衰减量随着频率升高而降低
参考答案： D
分析： 根据《复习教材》第3.9.3节第1条，风速低于5m/s时，可不计算气流再生噪声，选项A错误；根据P544，抗性消声器与阻性消声器分别对不同频率有较好的消声性能，因此应根据噪声频率选择消声器种类，而不是风机种类，选项B错误；消声弯头应为内圆弧外直角形（可参见《空气调节》P246～P247），选项C错误；根据《复习教材》表3.9-7可以发现，相同尺寸的风管，随着噪声频率的升高，风管噪声自然衰减量逐渐下降，选项D正确。

3.10-11.【单选】某工厂实验室要求恒温恒湿，设计采用恒温恒湿空调机组，空调机房与实验室相邻，下列关于其消声减振设计的说法，哪项是错误的？【2018-2-22】

A. 空调机房宜采取隔声措施

B. 送回风管上宜设置消声器

C. 空调机组宜采用减振措施

D. 设计噪声级不得大于工效限值

参考答案： D

分析： 根据《工规》第 12.1.6 条，机房靠近声环境要求较高的房间时，应采取隔声、吸声和隔振措施，选项 AC 正确；根据第 12.2.3 条，当自然衰减不能达到允许标准时，才应设置消声设备，由于机房与实验室相邻，空调管道较短，自然衰减难于满足要求，设消声器是合理的，选项 B 正确；根据《工业企业噪声控制设计规范》GB/T 50087—2013 第 3.0.1 条条文说明，各类工作场所应满足噪声职业接触限值，而噪声工效限值是指工作环境超过卫生（接触）限值，但可通过对操作者采取有效的符合人体工效学的个人防护用具或措施的情况下，通过该用具或措施测得的最高限值。根据《工业企业设计卫生标准》GBZ 1—2010 第 6.3.1.7 条，工效限值要求一般小于噪声级要求，故噪声级可大于工效限值，选项 D 错误。

3.10-12.【多选】某定风量空调系统采用无机玻璃钢风管，由于机房空间受限，无法安装消声器，送风管途经相邻的空调房间吊顶（没开风口）后，再设置消声器，送至使用区，使用区空调送风噪声指标正常，机房隔声正常，但途经的房间噪声指标偏高，下列哪几项解决噪声的办法是不可取的？【2012-2-56】

A. 加强机房与空调房间隔墙墙体的隔声

B. 途经该房间的无机玻璃钢风管加包隔声材料，吊顶增加吸声材料

C. 使用区末端送风口增加消声器

D. 途经该房间的送风管截面面积加大一倍

参考答案： AC

分析： 根据题意，问题应该是由于风管途经相邻的空调房间后才加消声器引起的，风机的噪声通过风管后，传到相邻的空调房间，因此需要对机房至消声器入口段的风管进行噪声处理，选项 BD 是合适的方法；机房隔声正常，说明不需再加强机房与空调房间隔墙的隔声了，选项 A 错误；使用区噪声指标正常说明已设置的消声器已经足够，不需在使用区末端再设置消声器，选项 C 错误。

3.10-13.【多选】关于气流再生噪声，哪些说法是正确的？【2013-2-60】

A. 气流在输送过程中必定会产生再生噪声

B. 气流再生噪声与气流速度和管道系统的组成有关

C. 直风管管段不会产生气流再生噪声

D. 气流通过任何风管附件时，都存在气流噪声发生变化的状况

参考答案： ABD

分析： 根据《复习教材》第 3.9.2 节和《民规》第 10.2.2 条条文说明，空气在流过

直管段和局部构件时，由于部件受气流的冲击喘振或因气流发生偏斜和涡流，从而产生气流再生噪声。噪声与气流速度有密切关系，气流速度越大，再生噪声的影响也随之加大，同时噪声与管道系统的组成也有很大关系，故选项A、B正确，选项C错误；气流再生噪声和噪声自然衰减量是风速的函数，气流通过风管附件，如阀门、三通、弯头时都与风管内的流动不同。因此气流噪声也会发生变化，选项D正确。

3.10-14.【多选】某采用组合式空调机组的空调系统，为降低系统噪声，以下哪些措施是有效的？【2016-2-55】

    A. 选用叶片径向多叶型高效离心式风机

    B. 将原设计的阻抗复合消声器替换为阻性消声器

    C. 合理设计风管管路，降低风机全压

    D. 避免风管急剧转弯，降低涡流产生

参考答案：CD

分析： 根据《复习教材》第3.4.7节第4条"风机的选择"，离心式风机有前倾式和后倾式之分，无径向式，选项A错误；阻抗复合消声器对高、中、低各频段噪声均有较好的消声性能，而阻性消声器对中、高频有较好的消声性能，原设计的阻抗复合消声器替换为阻性消声器，消声范围降低，不利于降低系统噪声，选项B错误；合理设计风管管路，降低风机全压，风管风量及风速均降低，有利于消声，选项C正确；避免风管急剧转弯，降低涡流产生，从而降低局部噪声的产生，有利于消声，选项D正确。

3.10-15.【多选】某电视台演播室空调系统的消声设计，下列哪些做法是不正确的？【2017-1-57】

    A. 提高消声器内的风速，从而提高消声能力

    B. 将不同消声性能的消声器组合使用，提高各频段的消声量

    C. 在同一管段上将一个3m长的消声器改由两个相同类型的1.5m长消声器串联，以提高消声量

    D. 在连接风口的各分支管上加设消声器，降低再生噪声的影响

参考答案：AC

分析： 根据《复习教材》第3.9.3节第2条"消声器"，通过消声器的风速不宜过大，如通过室式消声器的风速不宜大于5m/s，故选项A错误；不同类型的消声器对低、中、高频率的消声性能不同，因此组合使用可以提高各频段的消声量，故选项B正确；同工况下，消声器的性能与长度相关，与数量无关，因此选项C不能提高消声量，错误；选项D在直观上加设消声器，可以降低再生噪声，正确。

3.10-16.【多选】某办公楼设计采用风冷热泵机组，室外机置于屋面，运行后，机组正下方顶层的办公室反应噪声较大，为解决噪声问题，应检查下列哪几项？【2018-2-55】

    A. 机组本体的噪声水平

    B. 机组与水管之间的隔振措施

    C. 机组与基础之间的隔振措施

D. 机组噪声的隔离措施

参考答案： ABCD

分析： 机组作为噪声源其噪声水平是室内噪声大的一个主要原因，选项 A 正确；根据《民规》第 10.1.6 条，当机房靠近对声环境要求高的房间时，应采取隔声、吸声和隔振的措施，选项 BCD 作为隔声、吸声和隔振措施是影响室内噪声的检查选项。

第 4 章　制冷与热泵技术专业知识题

本章知识点题目分布统计表

小节	考点名称		2012 年至 2020 年题目统计		近三年题目统计		2020 年题目统计
			题目数量	比例	题目数量	比例	
4.1	制冷理论	4.1.1　制冷循环	9	3%	4	4%	2
		4.1.2　制冷剂	21	8%	6	6%	1
		小计	30	12%	10	10%	3
4.2	制冷压缩机		16	6%	5	5%	1
4.3	制冷机组	4.3.1　制冷机组性能参数	20	8%	12	12%	3
		4.3.2　冷水机组能效等级	18	7%	9	9%	4
		4.3.3　冷水机组的 IPLV	3	1%	0	0%	0
		4.3.4　制冷系统运行调节	23	9%	8	8%	2
		小计	64	25%	29	29%	9
4.4	热泵技术	4.4.1　空气源热泵	19	7%	8	8%	5
		4.4.2　地源热泵	21	8%	6	6%	2
		4.4.3　多联式空调（热泵）	14	5%	3	3%	1
		小计	54	21%	17	17%	8
4.5	制冷系统管路设计		14	5%	3	3%	0
4.6	溴化锂吸收式制冷		26	10%	11	11%	3
4.7	蓄冷技术		18	7%	8	8%	3
4.8	冷库		29	11%	10	10%	5
4.9	冷热电三联供		9	3%	6	6%	1
合计			260		99		33

说明：2015 年停考 1 年，近三年真题为 2018 年至 2020 年。

4.1 制 冷 理 论

4.1.1　制冷循环

4.1-1.【单选】与单级蒸气压缩制冷循环相比，关于带节能器的多级蒸气压缩制冷循环的描述中，下列哪一项是错误的?【2012-2-30】

A. 节流损失减小　　B. 过热损失减小　　C. 排气温度升高　　D. 制冷系数提高

参考答案：C

分析：《复习教材》P582：这种带节能器的多级压缩制冷循环的优点：可减少压缩过程的过热损失和节流过程的节流损失，能耗少，性能系数高。选项 ABD 正确，故选 C。

4.1-2.【单选】以下哪个选项是实现蒸汽压缩制冷理想循环的必要条件?【2013-1-34】

A. 制冷剂和被冷却介质之间的传热无温差

B. 用膨胀阀代替膨胀机

C. 用干压缩代替湿压缩

D. 提高过冷度

参考答案：A

分析：选项 A 正确，根据《复习教材》P574，理想制冷循环及逆卡诺循环，由两个定温和两个绝热过程组成，而制冷剂和被冷却介质之间一旦有传热温差，就不能保证绝热过程。由 576 可知，选项 BC 为理论循环的必要条件；由 P579 可知，提高过冷度是为了减少理论循环温差损失、节流损失和过热损失，提高制冷系数。

4.1-3.【单选】蒸气压缩式制冷的理论循环与理想制冷循环比较，下列哪一项描述是错误的?【2016-1-33】

A. 理论循环和理想循环的冷凝器传热过程均存在传热温差

B. 理论循环和理想循环的蒸发器传热过程均为定压过程

C. 理论循环为干压缩过程，理想循环为湿压缩过程

D. 理论循环的制冷系数小于理想循环的制冷系数

参考答案：A

分析：根据《复习教材》第 4.1.3 节，理想制冷循环重要条件之一是制冷剂与被冷却物和冷却剂之间必须在无温差情况下相互传热，选项 A 错误；根据图 4.1-6 (C)，图 4.1-8 (C)，选项 B 正确；根据第 4.1.4 节第 1 条 "（2）干压缩代替湿压缩"，选项 C 正确；对于大多数制冷剂，采用干压缩后，制冷系数有所降低，即 $\varepsilon_{\mp} < \varepsilon_{湿}$，减少的程度称为过热损失。选项 D 正确。

4.1-4.【单选】采用下图图示制冷装置冷凝回收某种气体，其压缩式制冷循环在下方压焓图上的表示，哪张压焓图是正确的?【2017-1-33】

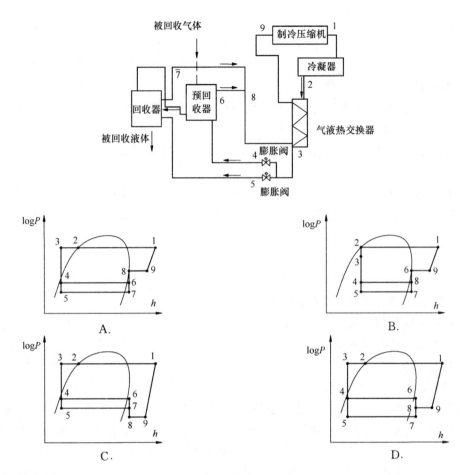

参考答案：D

分析：结合选项可知主要考察点为 2-3 过程的焓值关系及 6 与 7 混合后状态点 8 对应的压力值。2-3 过程经过气液热交换器，即冷凝器出口处的制冷剂与回收装置内的介质发生热量交换，使得处于状态点 2 的制冷剂进一步得到冷却，故选项 B 错；状态点 6 与状态点 7 混合后得到的制冷剂的压力值必然处于两者之间，故选 D。

4.1-5.【单选】热力膨胀阀是蒸汽压缩式制冷与热泵机组常用的节流装置。关于热力膨胀阀流量特性的描述，下列哪个选项是正确的？【2018-2-29】

A. 热力膨胀阀如果选型过大，容易出现频繁启闭（振荡）现象

B. 节流前后焓值相等，故膨胀阀入口存在气泡也不会影响机组的制冷量

C. 用于寒冷地区全年供冷的风冷式制冷机组，在冬季时，室外温度越低其制冷量越大

D. 低温空气源热泵机组保证夏季制冷与冬季制热工况能够高效运行的条件是：制冷系统节流装置的配置完全相同

参考答案：A

分析：热力膨胀阀选型过大，节流后压力过低，蒸发压力过低，负反馈至膨胀阀，造成膨胀阀频繁启闭，故选项 A 正确；膨胀阀入口存在气泡，影响了节流过程的质量流量，

故影响机组制冷量；寒冷地区当室外冬季低于 0℃ 时，翅片管表面会结霜，当温度过低时，影响机组正常运行，故选项 C 错误；一般情况下，制冷工况和制热工况制冷剂的循环量是不同的，故对节流装置的要求不同，故选项 D 错误。

4.1-6.【多选】以下有关蒸气压缩式制冷机组的制冷循环的名称，哪几幅是错误的？【2016-2-64】

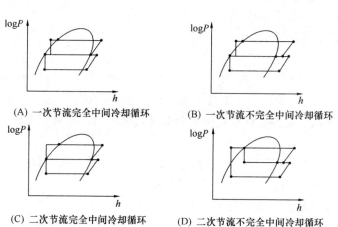

A. 一次节流完全中间冷却循环
B. 一次节流不完全中间冷却循环
C. 二次节流完全中间冷却循环
D. 二次节流不完全中间冷却循环

参考答案： ABD

分析： 根据《复习教材》图 4.1-13，选项 A 错误；根据图 4.1-14，选项 B 错误，选项 D 应为一次节流不完全中间冷却循环，故错误。根据陆亚俊、马最良、姚杨编著的《空调工程中的制冷技术》二次节流部分，选项 C 正确，选项 D 错误。由冷凝器出口至蒸发器入口的循环制冷剂，过程中经历一个膨胀阀为一次节流，经历两个膨胀阀为二次节流；高级压缩机吸入口冷剂为饱和蒸气状态时，为完全中间冷却，吸入口过热蒸气状态时，为不完全中间冷却。

4.1.2　制冷剂

4.1-7.【单选】在制冷剂选择时，正确的表述是下列哪一项？【2012-1-31】

A. 由于 R134a 的破坏臭氧潜值（ODP）低于 R123，所以 R134a 比 R123 更环保
B. 根据《蒙特利尔修正案》对 HCFC 的禁用时间规定，采用 HCFC 作为制冷剂的冷水机组在 2030 年以前仍可在我国工程设计中选用
C. 允许我国在 HCFC 类物质冻结后的一段时间可以保留 2.5% 的维修用量
D. 在中国逐步淘汰消耗 O_3 层物质的技术路线中，"选择 R134a 替代 R22" 是一项重要措施

参考答案： C

分析： 根据《复习教材》第 4.2.4 节：R123 的 $ODP=0.02$，$GWP=120$。R134a 的 $ODP=0$，$GWP=1300$，可见选项 A 仅从 ODP 判断 R123 比 R134a 更环保是片面的；根据《09 技术措施》由第 6.1.22.1 条可知，HCFC 的生产量与消费量都受到冻结，因此选

项 B 错误；由第 6.1.22-3 条可知，选项 C 正确；由第 6.1.21 条中表 6.1.21 可知，R134a 取代的是 R12、R11、R500，选项 D 错。

4.1-8.【单选】关于 R32 制冷剂的性能表述，下列哪一项是错误的？【2012-2-32】

A. R32 的 ODP 值与 R410A 基本相等

B. R32 的 GWP 值小于 R410A

C. R32 的工作压力小于 R410A

D. R32 具有低度可燃性

参考答案：C

分析：根据《复习教材》第 4.2.4 节：R32 的 $ODP=0$，$GWP=675$；R410A 的 $ODP=0$，$GWP=1730$，选项 AB 正确；制冷量相当时，R32 的压力略高于 R410A，且排气温度要高。使用 R32 要解决好排气温度和弱可燃性问题，选项 C 错误，选项 D 正确。

4.1-9.【单选】以下关于制冷剂的表述，正确的应为哪一项？【2013-1-32】

A. 二氧化碳属于具有温室气体效应的制冷剂

B. 制冷剂为碳氢化合物的编号属于 R500 序号

C. 非共沸混合物制冷剂在一定压力下冷凝或蒸发时为等温过程

D. 采用实现非等温制冷的制冷剂，对降低功耗，提高制冷系数有利

参考答案：D

分析：根据《复习教材》第 4.2.4 节：如果是利用原本要排入大气中的 CO_2，则可以认为对全球变暖无影响，选项 A 错误；已编号的共沸混合物制冷剂，依应用先后，在 R500 序号中顺序编号，选项 B 错误，非共沸混合物制冷剂的特性：冷凝和蒸发时为非等温过程，故可实现非等温制冷，对降低功耗，提高制冷系数有利，选项 C 错误，D 正确。

4.1-10.【单选】关于制冷剂的 ODP 和 GWP 指标（值）的说法，下列哪一项符合规定的定义？【2013-1-33】

A. 以 CO_2 的 ODP 为 1.0，作为评价各种制冷剂 ODP 的基准值

B. 以 R11 的 GWP 为 1.0，作为评价各种制冷剂 GWP 的基准值

C. 以 CO_2 的 GWP 为 1.0，作为评价各种制冷剂 GWP 的基准值

D. 以 R134a 的 ODP 为 1.0，作为评价各种制冷剂 ODP 的基准值

参考答案：C

分析：根据《复习教材》第 4.2.2 节可知，ODP 的大小是相对于 R11 进行比较的，GWP 定义为：在固定时间范围内 1kg 物质与 1kg CO_2 脉冲排放引起的时间累积辐射力的比例。选项 ABD 错误，选项 C 正确。

4.1-11.【单选】下列关于制冷剂 R32 的性能表述，错误的是哪一项？【2013-2-29】

A. R32 与 R410A 都属于混合物制冷剂

B. R32 的温室效应影响低于 R410A

C. R32 具有低度可燃性

D. 同样额定冷量的制冷压缩机，R32 的充注量较 R410A 要少

参考答案： A

分析： 根据《复习教材》第 4.2.4 节可知，R32 为单一制冷剂，R410A 为混合制冷剂，选项 A 错误，选项 BCD 正确。

4.1-12.【单选】根据我国现行标准，以下关于制冷剂环境友好的表述，哪项是错误的？【2013-2-30】

　　A. 丙烷属于环境友好的制冷剂

　　B. 氨不属于环境友好的制冷剂

　　C. R134a 属于环境友好的制冷剂

　　D. R410A 不属于环境友好的制冷剂

参考答案： B

分析： 根据《三版教材-2013》表 4.2-4 可知，丙烷、氨、R134a 均属于环境友好性制冷剂，R410A 不属于环境友好性制冷剂。选 B（《复习教材》表 4.2-4 中把环境友好性一列给删掉了）。

4.1-13.【单选】某电动螺杆式冷水机组在相同制冷工况、相同制冷量的条件下，下列对采用不同制冷剂的影响的表述，下列何项是正确的？【2014-1-31】

　　A. 由于冷凝温度相同，压缩机的冷凝压力也相同，与制冷剂种类无关

　　B. 采用制冷剂的单位容积制冷量越大，压缩机的外形尺寸会越小

　　C. 采用制冷剂单位质量的排气与吸气焓差越大时，压缩机的能耗越小

　　D. 采用制冷剂单位质量的排气与吸气焓差越大，表示压缩机的 COP 值越高

参考答案： B

分析： 根据《复习教材》P577 可知，节流损失的大小与制冷剂的物性有关；由 P578 可知，过热损失的大小与制冷剂的物性有关，只有在逆卡诺循环的条件下，选项 A 才成立，选项 A 错误；由 P587 可知，选项 B 的说法没有问题，但实际情况应该结合机组类型来确定，并不是单位容积制冷量越小越好，选项 B 正确；制冷剂单位质量的排气与吸气焓差越大，则压缩机功耗越大，选项 CD 错。

4.1-14.【单选】两级复叠式制冷系统是两种不同制冷剂组成的双级低温制冷系统，高温部分使用中温制冷剂，低温部分使用低温制冷剂，对于该系统的表述，下列哪一项是错误的？【2014-2-32】

　　A. 复叠式制冷系统高温级的蒸发器，就是低温级的冷凝器

　　B. CO_2 制冷剂可作为复叠式制冷系统的高温级制冷剂，且满足保护大气环境要求

　　C. R134a 制冷剂与 CO_2 制冷剂的组合可用于复叠式制冷系统

　　D. NH_3/CO_2 的组合可用于复叠式制冷系统，且满足保护大气环境要求

参考答案： B

分析： 根据《复习教材》第 4.2.4 节可知，在复叠式制冷系统中，CO_2 用作低温制冷剂，高温级则用 NH_3 或 HFC-134a 作制冷剂，实际运行情况表明在技术上可行，选项

ACD 正确，选项 B 错误。

4.1-15.【单选】中国政府于 1989 年核准加入的《蒙特利尔议定书》中，对制冷剂性能所提出的规定，主要针对的是以下哪个选项？【2016-1-31】

A. 制冷剂的热力学性能 　　　　　 B. 制冷剂的温室效应

C. 制冷剂的经济性 　　　　　　　 D. 制冷剂的 ODP

参考答案： D

分析： 根据《复习教材》第 4.2.2 节第 3 条，制冷剂环境友好性主要考虑参数为 ODP、GWP、大气寿命等；《蒙特利尔议定书》促进 HCFCs 替代选择对环境影响小的方案，特别是对气候的影响，同时也应满足健康、安全要求和考虑经济性。因此，降低 ODP 值，即是降低对大气臭氧层的消耗，纵观四个选项，选项 D 正确。

4.1-16.【单选】下列关于 R407C 和 R410A 制冷剂的说法，哪一项是错误的？【2017-1-31】

A. 两者都属于近共沸混合物制冷剂

B. R407C 的制冷性能与 R22 的制冷性能接近

C. 两者 ODP 数值相同

D. 两者的成分中都有 R32 制冷剂的组分

参考答案： A

分析： 根据《复习教材》第 4.2.1 节可知，选项 A 错误，R407C 属于非共沸混合物；根据《09 技术措施》表 6.1.18，R407C 与 R22 的制冷性能分别为 6.78 和 6.98，故选项 B 正确；R407C 和 R410A 制冷剂两者 ODP 数值均为 0，故选项 C 正确；R407C 由 R32/R125/R134a 组成，R410A 由 R32/R125 组成，选项 D 正确。

4.1-17.【单选】根据附表中的参数，下列关于采用 R32 和 R410A 制冷剂的说法（冷凝温度为 40℃，蒸发温度为 10℃），哪一项是错误的？【2017-2-36】

R32 和 R410A 的热物性参数

物性名称	R32		R410A	
	冷凝温度（40℃）	蒸发温度（10℃）	冷凝温度（40℃）	蒸发温度（10℃）
饱和蒸气压（MPa）	2.729	1.107	2.670	1.088
潜热（kJ/kg）	226.7	298.9	150.3	208.5

A. 就系统的耐压设计而言，R32 的系统当采用 R410A 时，可满足要求

B. 提供相同冷量条件下，R32 的质量流量要小于 R410A 的质量流量

C. 提供相同冷量且管路相同的条件下，R32 的管路流动压降要小于 R410A 的管路流动压降

D. 提供相同冷量条件下，仅考虑潜热部分，R32 的冷凝放热量要小于 R410A 的冷凝放热量

参考答案： D

分析：由题目表格可知，制冷剂最大饱和蒸汽压力 R410A＜R32，R32 的系统当采用 R410A 时，系统的耐压设计满足要求，故选项 A 正确；潜热 R32＞R410A，故单位制冷的制冷能力 R32＞R410A，质量流量 R32＜R410A，故选项 B 正确；由选项 B 可知，质量流量 R32＜R410A，在相同管路条件下，制冷剂为 R410A 相对 R32 的管路流速大，阻力损失大，故压降大，选项 C 正确；根据表格内对应的潜热部分数据，R32 的冷凝放热量＞R410A 的冷凝放热量，选项 D 错误。

4.1-18.【单选】下列哪一种制冷剂目前难以大规模应用于全封闭压缩机制冷系统中？【2018-1-32】

A. R32　　　　　　B. R290　　　　　　C. R717　　　　　　D. R744

参考答案：B

分析：根据《复习教材》第 4.2.4 节第 2 条可知，制冷系统尽量减少碳氢化合物的充注量，故选项 B 错误。

4.1-19.【单选】对采用 CO_2 为制冷剂的跨临界循环热泵热水机组，关于其性能与特点的描述，下列何项是错误的？【2018-1-33】

A. 由于 CO_2 排气温度高，CO_2 热泵热水机组适宜制取高温热水

B. 由于 CO_2 临界温度低，CO_2 热泵热水机组的系统工作压力比较低

C. 由于 CO_2 单位容积制冷能力大，CO_2 热泵热水机组的压缩机可以实现小型化

D. 由于排气压力和蒸发压力相差大，宜采用膨胀机构替代节流阀

参考答案：B

分析：根据《复习教材》第 4.2.4 节第 3 条可知，选项 ACD 正确；系统临界压力高，必须具备高承压能力、高可靠性等特点，故选项 B 错误。

4.1-20.【单选】某电动制冷系统因故发生了制冷剂部分泄露的情况。把系统重新维修并确保严密性达到要求后，需要重新补充添加一部分制冷剂：问：采取补充添加部分制冷剂的做法，不能适用于下列哪一项制冷剂？【2018-2-32】

A. R22　　　　　　B. R32　　　　　　C. R290　　　　　　D. R407C

参考答案：D

分析：根据《复习教材》第 4.2.4 节关于 R407C 的特性描述可知，选项 D 错误。

4.1-21.【多选】有关制冷剂和替代技术的表述，下列哪几项是错误的？【2013-1-66】

A. 以 R290 为制冷剂的房间空调器属于我国的制冷剂替代行动

B. R22 和 R134a 的检漏装置类型相同

C. 名义工况下，R290 的 *COP* 值略低于 R134a

D. R410A 不属于 $HCFC_s$ 制冷剂，因而，长期都不会淘汰

参考答案：BCD

分析：根据《复习教材》表 4.2-5 可知，选项 A 正确；由 P593、P594 可知，R134a 应采用 R134a 专用的检漏仪；由 P595 可知，R290 热力性能好，其 *COP* 值稍高于 R22，

比 R134a 高 10％～15％，选项 C 错误；由 P594 可知，R410A 属于 HFCs 制冷剂，选项 D 错误。

4.1-22.【多选】采用 R744 作制冷剂的优点，应是下列选项的哪几个？【2014-1-65】
A. $COP=0$
B. $GWP=1$
C. 化学稳定性好
D. 传热性能好

参考答案：BCD

分析：根据《复习教材》第 4.2.4 节可知，CO_2 的 $ODP=0$，$GWP=1$，传热性能好，化学稳定性好，选项 A 给出的 COP 属于混淆概念，选项 BCD 正确。

4.1-23.【多选】关于常用制冷剂性能的说法，正确的是下列哪几项？【2016-2-63】
A. R22 属于过渡性制冷剂
B. 对 R134a 检漏应采用氯检漏仪
C. 使用 R123 冷水机组的机房设计中，应设计制冷剂泄露传感器及事故报警
D. 丙烷是可作为房间空调器 HCFCs 制冷剂替代技术中适用的制冷剂之一

参考答案：ACD

分析：根据《复习教材》第 4.2.3 节，R22 属于过渡性制冷剂，选项 A 正确；根据第 4.2.4 节，对 R134a 无氯原子，检漏应采用 R134a 专用检漏仪，选项 B 错误；选项 C 正确；根据表 4.2-5，选项 D 正确。

4.1-24.【多选】下列关于 R134a 和 R123 制冷剂的说法，哪几项是正确的？【2017-2-67】
A. 就安全性比较，R134a 比 R123 相对更安全
B. 采用 R123 离心式冷水机组为正压机组
C. 对采用 R11 的已有离心式冷水机组进行改造，采用 R123 时，变更不大
D. R134a 属于混合制冷剂

参考答案：AC

分析：根据《复习教材》表 4.2-4，R123 毒性为 B1 级，R134a 毒性为 A1 级，R123 毒性更高，故选项 A 正确；因 R123 毒性高，其运行需加强安全措施，防止泄露，故选项 B 错误；选项 C 正确；根据表 4.2-4，选项 D 错误。

4.2 制冷压缩机

4.2-1.【单选】螺杆式压缩机转速不变、蒸发温度不同工况时，其理论输气量（体积流量）的变化表述，下列哪一项是正确的？【2012-2-33】
A. 蒸发温度高的工况较之蒸发温度低的工况，理论输气量变大
B. 蒸发温度高的工况较之蒸发温度低的工况，理论输气量变小
C. 蒸发温度变化的工况，理论输气量变化无一定规律可循
D. 蒸发温度变化的工况，理论输气量不变

参考答案：D

分析：根据《复习教材》第 4.3.3 节可知，理论输气量与压缩机的转数和压缩部分的机构等有关，由式（4.3-3）、式（4.3-4）可知，理论输气量不变，选项 D 正确。

4.2-2.【单选】有关制冷压缩机名义工况的说法，下列何项是正确的？【2014-2-33】

A. 采用不同制冷剂的制冷压缩机的名义工况参数与制冷剂的种类有关

B. 螺杆式单级制冷压缩机的名义工况参数与是否带经济器有关

C. 不同类型的制冷压缩机的名义工况中环境温度参数相同

D. 离心制冷压缩机的名义工况参数在国家标准 GB/T 18430.1 中可以查到

参考答案：A

分析：根据《复习教材》表 4.3-1～表 4.3-2，有机制冷剂与无机制冷剂压缩机名义工况不同，说明名义工况参数与制冷剂的种类有关，选项 A 正确，由表 4.3-4 可知，螺杆式单级制冷压缩机的名义工况参数与是否带经济器无关，选项 B 错误；由表 4.3.1～3 可知，不同类型的制冷压缩机的名义工况中环境温度参数不同，选项 C 错误；由于离心式制冷压缩机很少单独使用，一般都是以冷水机组的标准出现，无压缩机的名义工况规定，选项 D 错误。

扩展：本题选项 B 有争议，根据《二版教材》P539，带经济器的压缩机组的名义工况除吸入饱和温度为－35℃以外，其他均和压缩机的低温名义工况相同，故选项 B 正确。可与【2012-1-67】比较，故本题正确选项为 AB。但相比之下，本题单选答案建议选 A。

4.2-3.【单选】关于风冷冷水机组名义工况性能系数测试中消耗总电功率的内涵描述，下列何项是正确的？【2016-1-29】

A. 风冷冷水机组的压缩机装机电功率

B. 制冷名义工况下的压缩机的输入电功率

C. 制冷名义工况下的压缩机、油泵电动机、放热侧冷却风机的输入总电功率

D. 制冷名义工况下的压缩机、油泵电动机、操作控制电路、放热侧冷却风机的输入总电功率

参考答案：D

分析：根据《蒸气压缩循环冷水（热泵）机组　第 1 部分：工业或商业用及类似用途的冷水（热泵）机组》GB/T 18430.1—2007 第 6.3.3-b，选项 D 正确。

4.2-4.【多选】下列有关制冷压缩机的名义工况的说法，正确的应是哪几项？【2012-1-67】

A. 不同类别的制冷压缩机的名义工况参数与制冷剂的种类有关

B. 螺杆式单级制冷压缩机的名义工况参数与是否带经济器有关

C. 制冷压缩机的名义工况参数中都有环境温度参数

D. 采用 R22 的活塞式单级制冷压缩机的名义工况参数中，制冷剂的液体过冷度是 0℃

参考答案：ABD

分析：根据《二版教材》P539 表 4.3-1、表 4.3-2 可知，压缩机的名义工况参数是与

其对应下制冷剂的参数值，不同制冷剂的名义工况不同，故选项 A 是正确的；由《二版教材》P539，带经济器的压缩机组的名义工况除吸入饱和温度为－35℃以外，其他均和压缩机的低温名义工况相同，故选项 B 正确；选项 C 错误，活塞式压缩机与环境温度有关，离心式和螺杆式压缩机与环境温度无关；选项 D 正确，详《复习教材》P609 表4.3-4。

4.2-5.【多选】制冷压缩机运行时，引起排气压力过高的原因，正确的是下列的哪几项?【2012-2-64】

　　A. 水冷冷凝器冷却水量不足或风冷冷凝器冷却风量不足

　　B. 冷凝器管束表面污垢过多

　　C. 制冷剂灌注量过多

　　D. 制冷剂系统内有空气

参考答案：ABCD

分析：当冷凝器严重脏堵、风扇有故障、冷却风量不足、制冷剂过量、系统中混有空气或其他非凝气体时，会产生过高的排气压力，降低了空调器的工作效率，严重时会损坏压缩机。

扩展：详见附录5扩展4-12：制冷装置的常见故障及其排除方法。

4.2-6.【多选】关于离心式冷水机组的正确说法，应是下列哪几项?【2013-1-60】

　　A. 当单台制冷量大于1758kW时，相同冷量的离心式冷水机组的 COP 值一般高于螺杆式冷水机组

　　B. 离心式机组有开启式、半封闭式和封闭式三种

　　C. 离心式机组的电源只有 380V 一种

　　D. 离心式冷水机组的制冷剂流量过小时，易发生喘振

参考答案：ABD

分析：由《公建节能2015》表4.2.10可看出，在制冷量大于1163kW时，离心式冷水机组的性能系数要求高于螺杆式冷水机组，选项 A 正确；由《复习教材》P607可知，离心式压缩机也有开启式、半封闭式和封闭式之分，选项 B 正确；根据《复习教材》P608，离心式压缩机的额定电压可为 380V、6kV 和 10kV 三种，选项 C 错误；单级离心式制冷压缩机在低负荷下运行时，容易发生喘振，选项 D 正确。

4.2-7.【多选】下列关于单级压缩开启式与单级压缩半封闭式离心式冷水机组的说法，哪几项是正确的?【2013-1-63】

　　A. 开启式机组电机采用空气或水冷却

　　B. 半封闭式机组电机采用制冷剂冷却

　　C. 开启式机组没有轴封，不存在制冷剂与润滑油的泄漏

　　D. 轴封需定期更换，以防止制冷剂与润滑油的泄漏

参考答案：ABD

分析：根据《09技术措施》P134表6.1.15，开启式压缩机的电机冷却通常采用空气

冷却，很少选用水冷却的电机，选项 A 正确；半封闭压缩机的电机冷却通常利用液态制冷剂或气态制冷剂冷却，选项 B 正确；开启式压缩机采用轴封结构，因此存在着制冷剂与润滑油的泄漏可能，轴封易磨损，需定期更换轴封，故选项 C 错误，选项 D 正确。

4.2-8.【多选】空气源热泵热水机，采用涡旋式压缩机，当环境温度不变，机组的供回水温差不变，供水温度提高时，下列哪几项表述是正确的？【2013-1-67】

A. 压缩机的耗功增加　　　　　　　B. 压缩机的耗功减小

C. 压缩机的能效比增加　　　　　　D. 压缩机的能效比减小

参考答案： AD

分析： 根据《复习教材》第 6.1.3 节第 2 条，影响热泵热水机性能系数主要有四个因素：产品性能、环境温度（或水源温度）、初始水温和目标水温。目标水温越高，其性能系数会降低。即在制热工况下，机组供回水温差不变，供水温度提高，供回水平均温度增加，冷凝温度增加，耗功增加，制热量减小，能效比减小，故选项 AD 正确。

4.2-9.【多选】关于蒸汽压缩式机组的描述，下列哪几项是正确的？【2014-1-63】

A. 活塞式机组已经在制冷工程中属于淘汰机型

B. 多联式热泵机组的变频机型为数码涡旋机型

C. 大型水源热泵机组宜采用离心式水源热泵机组

D. 变频机组会产生电磁干扰

参考答案： CD

分析： 根据《复习教材》P602，"目前高度多缸活塞式制冷压缩机还广泛应用于制冷领域"，选项 A 错误；P620："多联式空调（热泵）机组的压缩机普遍采用涡旋式压缩机，按机组压缩机的调节方式分有定频、变频调速和数码涡旋调节方式等"，选项 B 错误；根据 P609："应用于水地源热泵机组的机型，有涡旋式压缩机、螺杆式压缩机和离心式压缩机"，大型水源热泵机组采用离心式压缩机，效率高，选项 C 正确；变频器会产生电磁干扰，选项 D 正确。

4.2-10.【多选】某大型综合商业建筑的离心式冷水机组（定频、制冷剂为 R134a、设计供/回水温度 7℃/12℃）运行两年后，第三个制冷期发现吸气压力值偏低，下列哪几项是可能引起该问题发生的原因？【2016-1-63】

A. 冷水流量偏小　　　　　　　　　B. 冷水流量偏大

C. 制冷剂的充注量过大　　　　　　D. 制冷剂的充注量过小

参考答案： AD

分析： 造成吸气压力偏低的原因较多，依据题中给出四个选项分析，当制冷剂充注量偏少或出现泄漏，会导致吸气压力偏低而吸气温度升高；当冷水流量偏小，或温度继电器失控，被冷却介质已低于设计温度，会导致吸气压力和吸气温度均偏低。选项 AD 正确。

4.2-11.【多选】导致往复活塞式压缩机容积效率低下的因素，正确的应是下列选项中的哪几项？【2016-1-66】

A. 气缸中存有余隙容积增大

B. 压缩机排气压力与吸气压力的比值降低

C. 气阀运动不正常（开闭不及时）

D. 活塞环磨损严重

参考答案： ACD

分析： 根据《复习教材》第4.3.3节第2条，影响活塞式压缩机容积效率因素可知，选项ACD正确；选项B错误。

4.2-12.【多选】在进行制冷机组设计时，需根据制冷侧的工况绘制了如右图所示的压焓图，其中1→2为等熵压缩过程，如果机组采用全封闭压缩机，已知：压缩机的理论输气量为V_h（m^3/s），吸气比容为v_1（m^3/kg），指示效率为η_i，容积效率为η_v，摩擦效率为η_m，电机效率为η_e。问：下列机组制冷量Q_e（kW）和电机输入功率P_{in}（kW）的计算公式，哪几项是正确的？【2018-1-66】

A. $Q_e = \eta_v \dfrac{V_h}{v_1}(h_1 - h_4)$

B. $Q_e = \eta_i \dfrac{V_h}{v_1}(h_1 - h_4)$

C. $P_{in} = \eta_i \dfrac{V_h}{v_1}(h_2 - h_1)/(\eta_v \eta_m \eta_e)$

D. $P_{in} = \eta_v \dfrac{V_h}{v_1}(h_2 - h_1)/(\eta_i \eta_m \eta_e)$

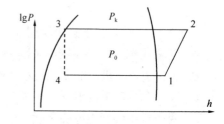

参考答案： AD

分析： 根据《复习教材》P613可知，选项A正确，选项B错误；$M_R = \eta_v \dfrac{V_h}{v_1}$，$P_{in} = M_R (h_2 - h_1)/(\eta_i \eta_m \eta_e)$，故选项C错误；选项D正确。

4.3 制 冷 机 组

4.3.1 制冷机组性能参数

4.3-1.【单选】下列电动压缩式制冷（热泵）机组的构成的说法，错误的应为哪一项？【2013-1-29】

A. 单台离心式冷水机组（单工况）只有一个节流装置

B. 房间空调器的节流元件多为毛细管

C. 一个多联机（热泵）空调系统只有一个节流装置

D. 单机头螺杆式冷水机组（单工况）只有一个节流装置

参考答案： C

分析： 根据《复习教材》图4.3-1及图4.3-2，对于单冷机组来说，仅仅需要一个节流装置即可，而对于热泵来说，由于分别用于制冷和供热工况，工况和容量不同需要设置两个节流阀，选项AD正确，选项C错误；选项B有些超纲，可参考《空气调节用制冷技术》P132，"毛细管已广泛用于小型全封闭式制冷装置，如家用冰箱、除湿机和房间空调器，当然，较大制冷量的机组也有采用"。

4.3-2.【单选】现行国家标准关于工业或商业用蒸汽压缩式冷水机组的名义工况，所规定的水冷式冷水机组的冷却水进口水温，下列哪项是正确的？【2013-2-33】

A. 28℃ 　　　　　B. 30℃ 　　　　　C. 32℃ 　　　　　D. 35℃

参考答案： B

分析： 根据《复习教材》表 4.3-5 或《蒸汽压缩循环冷水（热泵）机组　第 1 部分：工业或商业用及类似用途的冷水（热泵）机组》GB/T 18430—2007 表 2，进口水温为 30℃，选项 B 正确。

4.3-3.【单选】关于工业或商业用冷水（热泵）机组测试工况的基本参数，下列何项是错误的？【2014-1-33】

A. 新机组蒸发器和冷凝器测试时污垢系数应考虑为 $0.018m^2 \cdot ℃/kW$

B. 名义工况下热源侧（风冷式）制热时湿球温度为 6℃

C. 名义工况下热源侧（蒸发冷却式）制冷时湿球温度为 24℃

D. 名义工况下使用侧水流量为 $0.172m^3/(h \cdot kW)$

参考答案： A

分析： 根据《蒸汽压缩循环冷水（热泵）机组　第 1 部分：工业或商业用及类似用途的冷水（热泵）机组》GB/T 18430—2007 表 2 可知，选项 BCD 均正确；由第 4.3.2.2 条可知，选项 A 错误。

4.3-4.【单选】在严寒 A 地区某建筑设计冷负荷为 3000kW，设计采用污水源热泵冷热水机组，选择和计算机组参数错误的，是下列选项的哪一项？【2017-1-26】

A. 采用名义制冷量 1500kW 变频螺杆式机组 2 台，性能系数为 5.0

B. 采用名义制冷量 1000kW 变频螺杆式机组 3 台，性能系数为 4.8

C. 采用名义制冷量 1500kW 变频离心式机组 2 台，性能系数为 4.8

D. 采用名义制冷量 1000kW 变频离心式机组 3 台，性能系数为 4.7

参考答案： C

分析： 根据《公建节能 2015》第 4.2.10 条，名义制冷量为 1500kW 的变频螺杆式机组，COP 应不小于 4.94，故选项 A 正确；名义制冷量为 1000kW 的变频螺杆式机组，COP 应不小于 4.75，故选项 B 正确；名义制冷量为 1500kW 的变频离心式机组，COP 应不小于 4.93，故选项 C 错误；名义制冷量为 1000kW 的变频离心式机组，COP 应不小于 4.65，故选项 D 正确。

4.3-5.【单选】对于水冷式制冷机，冷凝器的冷凝温度选择正确的应是下列哪一项？【2017-1-35】

A. 宜比冷却水进出口平均温度高 5～7℃

B. 宜比冷却水进口温度高 5～7℃

C. 宜比冷却水出口温度高 5～7℃

D. 应比冷却水进出口水温差高 5~7℃

参考答案： A

分析： 根据《复习教材》第4.4.4节第1条"制冷机的选择"可知，选项A正确。

4.3-6.【单选】某离心式冷水机组国标名义工况满负荷性能系数（COP）为5.8，其设计工况为：冷冻水进/出口温度 14℃/9℃，冷却水进/出口温度 31℃/36℃，对该机组设计工况满负荷性能系数（COP）的判断，正确的是下列哪一项？【2017-2-31】

A. 不确定　　　　B. ＝5.8　　　　C. ＞5.8　　　　D. ＜5.8

参考答案： C

分析： 根据《复习教材》表4.3-5查得，名义工况下冷冻水出口温度为 $t_g=7℃$，$\Delta t=5℃$，$t_h=12℃$，平均温度为 9.5℃，实际工况平均蒸发温度 11.5℃；冷却水进口温度为 $t'_g=30℃$，$\Delta t=4℃$，$t'_h=34℃$，平均温度为 32℃，实际工况平均冷凝温度 33.5℃；即较名义工况，蒸发温度降低 2℃，冷凝器温度降低 1.5℃，变化幅度相同的情况下，蒸发温度的影响大于冷凝温度。故蒸发温度升高，COP增加，选项C正确。

4.3-7.【单选】关于水冷式蒸汽压缩循环冷水（热泵）机组设计和使用条件，以下不正确的是哪一项？【2018-1-31】

A. 制冷的最大负荷工况：蒸发器单位名义制冷量流量 0.172m³/(h·kW)，出口水温 15℃

B. 热泵制热的最大负荷工况：冷凝器单位名义制冷量流量 0.172m³/(h·kW)，进口水温 21℃

C. 制冷变工况性能温度范围：冷凝器进口水温 19~33℃

D. 热泵制热变工况性能温度范围：蒸发器进口水温 15~21℃

参考答案： B

分析： 根据《蒸汽压缩循环冷水（热泵）机组第1部分：工商业用和类似用途的冷水（热泵）机组》GB/T 18430.1—2007 表5可知，选项B错误，应为蒸发器的进口水温为 21℃。

4.3-8.【单选】寒冷地区某公共建筑，夏季空调计算冷负荷 3100kW，拟配置两台下述参数的水冷离心式冷水机组作为其空调冷源。关于冷水机组的选择，下列哪一项不符合节能设计的要求？【2018-2-21】

A. 单台设计工况制冷量 1750kW

B. 单台设计工况制冷性能系数（COP）5.80

C. 名义工况综合部分负荷系数（IPLV）7.60

D. 名义工况能效等级 2级

参考答案： A

分析： 根据《公建节能2015》第4.1.1条，机组总装机容量与计算冷负荷的比值不得超过1.1，选项A错误；计算冷负荷为 3100kW，则单台冷水机组制冷量为 1550kW，根据《公建节能2015》第4.2.10条，COP不应低于5.5，选项B正确；根据第4.2.11

条，*IPLV* 不应低于 5.6，选项 C 正确；根据《冷水机组能效限定值及能效等级》GB 19577—2015 表 2，节能评价值为能效等级 2 级，选项 D 正确。

4.3-9.【单选】某蒸汽压缩循环冷水机组，在制冷名义工况下进行性能试验，在下列试验结论中，不满足产品标准要求的是哪一项？【2018-2-30】

A. 制冷量为名义规定值的 95%

B. 机组消耗总电功率为机组名义消耗电功率的 110%

C. *COP* 为机组名义工况铭示值的 90%

D. 冷水、冷却水的压力损失为机组名义规定值的 115%

参考答案：C

分析：根据《蒸汽压缩循环冷水（热泵）机组 第 1 部分：工业或商业用及类似用途的冷水（热泵）机组》GB/T 18430.1—2007 第 5.4 条可知，选项 ABD 满足，选项 C 不满足，应不低于铭示值的 92%。

4.3-10.【多选】对水冷式冷水机组冷凝器的污垢系数的表述，下列哪几项是错误的？【2012-1-66】

A. 污垢系数是一个无量纲单位

B. 污垢系数加大，增加换热器的热阻

C. 污垢系数加大，水在冷凝器内的流动阻力增大

D. 机组冷凝器进出水温升降低，表明污垢严重程度加大

参考答案：AD

分析：污垢系数是一个有单位的量纲，选项 A 错误；选项 B、C 正确；选项 D 中机组冷凝器进出水温升降低并不是仅因为污垢的原因，也可能是由其他原因造成的，例如水流量过大等。

扩展：考生应注意区别冷水机组的"污垢系数"与《复习教材》第 1.8.12 节第 1 条换热器的"水垢系数"。前者是有量纲单位，而后者是无量纲单位。

4.3-11.【多选】某写字楼建筑设计为一个集中式中央空调系统，房间采用风机盘管＋新风系统方式，确定冷水机组制冷量（不计附加因素）的做法，下列哪几项是错误的？【2012-2-60】

A. 冷水机组的制冷量＝全部风机盘管（中速）的额定制冷量＋新风机组的冷量

B. 冷水机组的制冷量＝全部风机盘管（高速）的额定制冷量＋新风机组的冷量

C. 冷水机组的制冷量＝逐项逐时计算的最大小时冷负荷×大于 1 的同时使用系数

D. 冷水机组的制冷量＝逐项逐时计算的最大小时冷负荷×小于 1 的同时使用系数

参考答案：ABC

分析：根据《民规》第 8.2.2 条，冷水机组选型应根据计算的空调冷负荷直接选定，故选项 A、B 错误。根据《民规》第 7.2.11 条，选项 D 正确，选项 C 错误。

4.3-12.【多选】关于冷水机组的配置原则，下列哪几项说法是错误的？【2018-1-65】

A. 冷水机组的台数应至少为2台

B. 所选机组的总装机容量应比计算冷负荷大10％以上

C. 当选用一台或多台不小于1160kW的离心式冷水机组时，宜同时设置1～2台制冷量较小的、容量调节性能优良的冷水机组

D. 所配置的所有冷水机组的名义制冷量之和，应与实际工程所计算的建筑冷负荷相等

参考答案：ABD

分析：根据《民规》第8.1.5，第8.2.1条、8.2.2条及条文说明可知，选项ABD错误，选项C正确，有利于制冷机组高效运行。

4.3-13.【多选】按照空调冷源分类原则，下列空调系统中，属于直接膨胀式系统的是哪几项？【2018-2-63】

A. 水环热泵冷、热风空调系统

B. 多联机冷、热风空调系统

C. 蒸发冷却冷、热风空调系统

D. 家用分体式冷、热风空调机

参考答案：ABD

分析：根据《复习教材》第3.3.3节可知，选项ABD正确。

4.3.2　冷水机组能效等级

4.3-14.【单选】全年运行的空调制冷系统，对冷水机组冷却水最低进水温度进行控制（限制）的原因是什么？【2012-1-34】

A. 该水温低于最低限值时，会导致冷水机组的制冷系统运行不稳定

B. 该水温低于最低限值时，会导致冷水机组的 COP 降低

C. 该水温低于最低限值时，会导致冷水机组的制冷量下降

D. 该水温低于最低限值时，会导致冷却塔无法工作

参考答案：A

分析：根据《民规》第8.6.3.2条和《公建节能2015》第4.5.7.5条及其条文说明可知，"冷却水水温不稳定或过低，会造成压缩式制冷系统高低压差不够、系统运行不稳定、润滑系统不良运行等问题，造成吸收式冷（温）水机组出现结晶事故等"，选项A正确。

4.3-15.【单选】关于热泵机组，下列表述正确的是哪一项？【2012-2-34】

A. 国家标准《冷水机组能效限定值及能源效率等级》GB 19577—2004 的相关规定只适合冷水机组，不适合热泵机组

B. 用于评价热泵机组制冷性能的名义工况与冷水机组的名义工况不同

C. 水源热泵机组名义工况时的蒸发器、冷凝器水侧污垢系数均为 $0.086m^2 \cdot ℃/kW$

D. 具有两个以上独立制冷循环的风冷热泵机组，各独立循环融霜时间的总和不应超过各独立循环总运转时间的 20％

参考答案： D

分析： 根据《冷水机组能效限定值及能源效率等级》GB 19577—2004 的适用范围可知，此标准适用于电机驱动压缩机的蒸汽压缩循环冷水（热泵）机组，选项 A 错误；由《蒸汽压缩循环冷水（热泵）机组　第 1 部分：工业或商业用及类似用途的冷水（热泵）机组》GB/T 18430.1—2007 表 2 可知，名义工况相同，选项 B 错误；由《蒸汽压缩循环冷水（热泵）机组　第 1 部分：工业或商业用及类似用途的冷水（热泵）机组》GB/T 18430.1—2007 前言修订可知，选项 C 错误；由第 5.6.3 条可知，选项 D 正确。

4.3-16.【单选】关于热回收冷水机组的说法，下列哪一项是错误的？【2013-1-30】

A. 热回收冷水机组实际运行的热回收量是机组制冷量和压缩机做功量之和

B. 热水的出水温度越高（机组的蒸发温度不变），冷水机组的制冷性能系数 COP 越低

C. 宜采用控制热水回水温度的控制方式控制热量

D. 采用热水回水温度控制时，其控制对象为热水流量

参考答案： A

分析： 根据《07 节能专篇》第 6.1.4.2 条，"1）热回收冷水机组的热回收量，理论上是冷水机组制冷量与压缩机做功量之和，在部分负荷时其热回收量随冷水机组的制冷量减少而减少。3）宜采用控制热回水温度的方式控制热量"，选项 A 说的是实际，错误，选项 C 正确；由《07 节能专篇》P122～P126 可知，采用热水回水温度控制时，其控制对象为进入热回收冷凝器的水温设定值 $T_2{}'$，而不是热水流量，选项 D 错误。

4.3-17.【单选】以下列出的暖通空调设备的能效等级，未达到节能评价值的是哪一项？【2013-1-24】

A. 冷热源机组的能效等级达到国家标准规定的 2 级及 1 级

B. 单元式空气调节机组的能效等级达到国家现行标准规定的 2 级及 1 级

C. 多联机空调机组的能效等级达到国家现行标准规定的 3 级、2 级及 1 级

D. 房间空气调节器的能效等级达到国家现行标准规定的 2 级及 1 级

参考答案： C

分析： 根据《冷水机组能效限定值及能源效率等级》GB 19577—2015 表 1 表 2 及第 4.4 条可知，选项 A 正确；根据《单元式空气调节机能效限定值及能源效率等级》GB 19567—2004 表 2 及第 5.2 条可知，选项 B 正确；根据《多联式空调（热泵）机组能效限定值及能源效率等级》GB 21454—2008 第 6 条，只有 1、2 级满足国家节能要求，选项 C 错误；根据《房间空气调节器能效限定值及能源效率等级》GB 12021.3—2010 表 2 及第 6 条可知，选项 D 正确。

4.3-18.【单选】河北省某地的一办公建筑空调设计拟采用风冷热泵机组作为热源，从节能的角度，该工程空调系统的热源应选用下列哪一项机组？【2013-2-23】

A. A 机组：供暖日平均计算温度时，$COP=2.0$

B. B 机组：冬季室外空调计算温度时，$COP=1.8$

C. C机组：冬季室外供暖计算温度时，$COP=1.8$

D. D机组：冬季室外通风计算温度时，$COP=1.8$

参考答案： B

分析： 根据《民规》第8.3.1.2条，要求$COP \geqslant 1.8$；根据《民规》第4.1条，四个选项中冬季室外空调计算温度相对最低，故此时的$COP=1.8$相对最节能。

4.3-19.【单选】国家现行标准对制冷空调设备节能评价值的判定表述，下列何项是错误的？【2014-2-34】

A. 冷水机组的节能评价值为能效等级的2级

B. 单元式空调机的节能评价值为能效等级的2级

C. 房间空调器的节能评价值为能效等级的2级

D. 多联式空调机组的节能评价值为在制冷能力试验条件下，达到节能认证所允许的EER的最小值

参考答案： D

分析： 根据《冷水机组能效限定值及能源效率等级》GB 19517—2015表1表2及第4.4条可知，选项A正确；根据《单元式空气调节机能效限定值及能源效率等级》GB 19567—2004表2及第5.2条可知，选项B正确；根据《房间空气调节器能效限定值及能源效率等级》GB 12021.3—2010表2及第6条可知，选项C正确；根据《多联式空调（热泵）机组能效限定值及能源效率等级》GB 21454—2008第3.2条，选项D错误。

4.3-20.【单选】现进行夏热冬冷地区公共建筑的空调系统设计，对舒适性空调系统的水冷冷水机组选型，下列哪条要求不正确？【2016-1-34】

A. 应进行全年供冷运行工况分析以使机组实际运行效率保持在高水平

B. 冷水机组单台电机功率大于1200kW时采用高压电机

C. 设计条件下，所选择机组的总装机容量与计算负荷的比值不得大于1.1

D. 螺杆式冷水机组名义工况和规定条件下的性能系数（COP）按国际能效等级标准的4级选取

参考答案： D

分析： 对全年供冷工况下冷负荷的分布情况进行分析，选取符合逐时冷负荷变化规律的制冷机组台数及机组装机容量，优化群控策略，以使机组实际运行效率保持在高效率区间，选项A正确；根据《民规》第8.2.4-1条，选项B正确；根据第8.2.2条，选项C正确；根据《复习教材》表4.3-20，在夏热冬冷地区，螺杆式冷水机组因名义制冷量档位不同，冷水机组的最低制冷性能系数不同。各挡位的制冷性能系数（COP）对应表4.3-19，能源效率等级均不低于2级，选项D错误。

4.3-21.【单选】根据我国多联式空调（热泵）机组的生产现状、实际公布的产品性能数据资料以及国家能效标准现状，对国内主流制造商的产品能效水平的评价，说法正确的为下列何项？【2017-2-32】

A. 可达到 4 级能效水平

B. 可达到 3 级能效水平

C. 可达到 2 级能效水平

D. 可达到 1 级能效水平

参考答案： D

分析： 根据《公建节能 2015》第 4.2.17 条条文说明可知，选项 D 正确。

4.3-22.【单选】公共建筑中来用热泵热水机组制备生活热水时，下列说法何项是正确的？【2017-1-38】

A. 国家节能标准要求热泵热水机组的能效限定值为国家能效等级规定的 3 级

B. 国家节能标准对热泵热水机组的能效限定值规定适用于任何制热量的机组

C. 名义工况和规定条件下，一台 50kW 制热量的热泵热水机组，带供水泵的循环加热型和一次加热式的 COP 限值要求相同

D. 热泵热水机组低于 60℃供水温度的连续运行时间不宜超过 2 周

参考答案： D

分析： 根据《公建节能 2015》第 5.3.3 条及条文说明，国家节能标准要求对制热量大于或等于 10kW 的热泵热水机的能效限定值为《热泵热水机（器）能效限定值及能效等级》GB 29541 中规定的 2 级，故选项 AB 错误。根据《公建节能 2015》第 5.3.3 条条文说明，带供水泵的循环加热型和一次加热式的 COP 限值要求不同，故选项 C 错误。根据《公建节能 2015》第 5.3.3 条条文说明，一般空气源热泵热水机组热水出水温度低于 60℃，为避免热水管网中滋生军团菌，需要采取措施抑制细菌繁殖，如定期每隔 1～2 周采用 65℃的热水供水一天，抑制细菌繁殖生长，故可判断选项 D 正确。

4.3-23.【单选】关于冷水机组能效限定值，以下说法哪个是准确的？【2018-1-29】

A. 是节能型冷水机组名义制冷工况下应达到的性能系数（COP）或综合部分负荷性能系数（IPLV）的最小允许值

B. 是普通型冷水机组名义制冷工况下的冷水机组性能系数（COP）最小允许值

C. 是普通型冷水机组名义制冷工况下的冷水机组综合部分负荷性能系数（IPLV）的最小允许值

D. 是普通型冷水机组名义制冷工况下的冷水机组性能系数（COP）和综合部分负荷性能系数（IPLV）的最小允许值

参考答案： D

分析： 根据《冷水机组能效限定值及能效等级》GB 19577—2015 第 3.1 条可知，选项 D 正确；选项 A 为冷水机组节能评价值的要求。

4.3-24.【单选】关于电驱动蒸汽压缩式冷水机组产品的能效要求，以下说法正确的是哪一项？【2018-2-23】

A. 冷水机组能效限定值定义为："在名义制冷工况条件下，冷水机组性能系数（COP）或综合部分负荷性能系数（IPLV）的最小允许值"

B. 我国对电驱动蒸汽压缩式冷水机组产品能源效率等级的判定指标为 COP

C. 我国对电驱动蒸汽压缩式冷水机组产品能源效率等级的判定指标为 COP 和 $IPLV$

D. 某风冷式冷水机组产品，名义制冷量 80kW，其 COP 测试值为 2.75、$IPLV$ 测试值为 2.85，所以该机组符合现行国家标准关于机组能效限定值的要求

参考答案： C

分析： 根据《冷水机组能效限定值及能效等级》GB 19577—2015 第 3.1 条，选项 A 错误，应该是 COP 和 $IPLV$ 的最小允许值；根据第 4.2 条，选项 B 错误，选项 C 正确；根据第 4.2 条表 1 及第 4.3 条，COP 不应小 2.7，$IPLV$ 值不应小于 2.9，选项 D 错误。

4.3.3 冷水机组的 $IPLV$

4.3-25.【单选】当建筑内采用了两台或者多台冷水机组时，关于冷水机组的综合部分负荷性能系数 $IPLV$，以下哪种说法是正确的？【2013-2-34】

A. $IPLV$ 用于评价规定工况下冷水机组的能效

B. $IPLV$ 用于评价全年空调系统的实际能耗

C. $IPLV$ 用于评价全年冷水机组的实际能耗

D. $IPLV$ 用于评价规定工况下的空调系统全年能耗

参考答案： A

分析： 根据《公建节能 2015》第 4.2.13 条及条文说明。根据《09 技术措施》第 6.1.12 条，注：1. $IPLV$ 仅是评价单台冷水机组在满负荷及部分负荷条件下按时间百分比加权平均的能效指标，不能准确反映单台机组的全年能耗，因为它未考虑机组负荷对冷水机组全年耗电量的权重影响；2. $IPLV$ 计算法则不适用于多台冷水机组系统，若简单的比较冷水机组全年节能效果，则冷水机组满负荷能效（COP）的权重大于 $IPLV$ 的权重。可知选项 A 正确，选项 BCD 错误。

4.3-26.【单选】下列关于冷水机组的综合部分负荷性能系数（$IPLV$）值和冷水机组全运行能耗之间的关系表达，哪一种是错误的？【2014-2-29】

A. 采用多台同型号、同规格冷水机组的系统，不能直接用 $IPLV$ 值评价冷水机组的全年运行能耗

B. 冷水机组部分负荷运行时，当其冷却水供水温度不与 $IPLV$ 值计算的测试条件吻合时，不能直接用 $IPLV$ 值评价冷水机组的全年运行能耗

C. 采用单台冷水机组的空调系统，可以利用冷水机组的 $IPLV$ 值评价冷水机组的全年运行能耗

D. 冷水机组的 $IPLV$ 值只能用于评价冷水机组在部分负荷下的制冷性能，但是不能直接用于评价冷水机组的全年运行能耗

参考答案： C

分析： 根据《民规》第 8.2.3 条条文说明，$IPLV$ 重点在于产品性能的评价和比较，不宜直接采用 $IPLV$ 对某个实际工程机组全年能耗进行评价，故选项 A、D 正确，选项 C 错误。根据《复习教材》表 4.3-12，机组部分负荷工况条件下热源侧干球温度在四种不同负荷率节点上，都有明确的规定数值，或者说，$IPLV$ 值的最终得出，其热源侧干球温

度是固定值，不允许改变，故选项 B 正确。

4.3-27.【多选】我国规定的蒸汽压缩制冷冷水（热泵）机组的 *IPLV* 公式中的系数值，是根据下列哪几项确定的？【2014-2-65】

A. 我国 19 个城市气候条件下，典型公共建筑模型计算供冷负荷

B. 我国 19 个城市气候条件下，典型公共建筑模型各个负荷段的机组运行小时数

C. 参照美国空调制冷协会关于 *IPLV* 系数的计算方法

D. 按我国 4 个气候区分别统计平均计算

参考答案：ABCD

分析：根据《公建节能 2005》第 4.2.13 条条文说明。

扩展：根据考试年限及考题选项内容，本题只能按照《公建节能 2005》相关规定作答，出题者也是考察 2005 版内容。但是，《公建节能 2015》对 *IPLV* 公式的系数值，依据的范围做了重新设定。根据《公建节能 2015》第 4.2.13 条条文说明及王碧玲、邹瑜、孙德宇等撰写文章《冷水机组综合部分负荷性能系（*IPLV*）计算公式的更新》可知，*IPLV* 公式是基于我国各气候区各建筑类型内 21 个典型城市的 6 类 126 组常用冷水机组计算结果，以 2006～2011 年各典型城市冷水机组销售量和我国各气候区各类典型公共建筑建成面积的分布为权重综合计算得出；同时，参照美国空调制冷协会关于 *IPLV* 系数的计算方法，但对部分参数做了进一步完善和改进。根据《公建节能 2015》表 4.2.11，*IPLV* 按照我国 6 个气候区分别统计平均计算得出。按照《公建节能 2015》，本题无答案。

4.3.4　制冷系统运行调节

4.3-28.【单选】当电制冷冷水机组＋冷却塔系统运行出现不能制冷现象时，首先可以排除的原因是哪一项？【2012-2-31】

A. 制冷剂不足　　　　　　　　　　B. 室外空气干球温度过高

C. 压缩机压缩比下降　　　　　　　D. 室外空气湿球温度过高

参考答案：C

分析：选项 A，制冷剂不足，会导致压缩机吸气压力降低，造成低压保护；冷却塔出水温度与室外空气湿球温度直接相关，但在室外含湿量一定的情况下，干球温度过高同样会使湿球温度升高，从而影响冷却塔出水温度，选项 BD 为可能的原因；根据《复习教材》P582，"压缩比增大，在正常环境温度下，当蒸发温度 t_0 下降时，压缩比增加，压缩机容积效率降低，实际吸气量减少，制冷量下降，当压缩比达到某一个定值时，活塞式压缩机已不能进行制冷"，可见压缩比增加可能导致压缩机不能制冷，而压缩机及压缩比下降则不会导致不能制冷现象。

4.3-29.【单选】下列哪种因素不会导致水冷电动压缩式冷水机组发生停机？【2013-1-31】

A. 压缩机吸气压力过低　　　　　　B. 压缩机排气压力过高

C. 油压差过低　　　　　　　　　　D. 冷冻水回水温度高于设计工况值

参考答案：D

分析：排除法，选项 A、B、C 均能引起冷水机组发生停机。冷水机组停机保护的因

素包括：高压保护、低压保护、油压保护、过载保护等，以避免引起设备故障。

4.3-30.【单选】某螺杆式冷水机组，在制冷运行过程中制冷剂流量与蒸发温度保持不变；冷却水温度降低，其水量保持不变；若用户负荷侧可适应机组制冷量的变化，下列哪项结果是正确的？【2013-2-31】

  A. 冷水机组的制冷量减小，耗功率减小

  B. 冷水机组的制冷量增大，能效比增大

  C. 冷水机组的制冷量不变，耗功率减小

  D. 冷水机组的制冷量不变，耗功率增加

参考答案：B

分析：冷却时温度降低，冷凝温度降低，冷凝压力降低，节流前温度降低，单位制冷剂携带的冷量增加，由于制冷剂流量不变，制冷量增大，能效比增大。

4.3-31.【单选】以下关于某办公建筑的风冷螺杆式冷水机组（制冷剂为 R22、设计供/回水温度 7℃/12℃、机组和系统经过维护，满足运行要求）运行的说法，正确的为下列何项？【2016-1-35】

  A. 早晨上班前，机组启动运行时，吸气压力会偏低

  B. 机组正常运行后，膨胀阀表面会结冰

  C. 吸气压力会受到膨胀阀开度的影响

  D. 吸气压力大小与蒸发温度无关

参考答案：C

分析：根据题意，早晨上班前，机组启动运行时，蒸发温度较高，蒸发压力较高，压缩机吸气压力会偏高，选项 A 错误；膨胀阀表面结冰的主要原因是膨胀阀流量过小，当膨胀阀流量过小时，机组一定不会正常运行，与选项 B 相悖，错误；当膨胀阀开启度变小时，系统制冷剂流量变小、蒸发温度变小，吸气压力变小，因此，吸气压力会受到膨胀阀开度的影响，吸气压力大小与蒸发温度有关，选项 C 正确，选项 D 错误。

4.3-32.【单选】当水冷冷水机组的冷却水量与进口冷却水水温保持不变时，冷凝器污垢系数对机组性能影响的描述，哪一项是错误的？【2016-2-29】

  A. 冷凝器污垢系数增大，机组性能系数下降

  B. 冷凝器污垢系数增大，机组冷凝温度上升

  C. 冷凝器污垢系数增大，机组制冷量下降

  D. 冷凝器污垢系数增大，机组冷凝压力下降

参考答案：D

分析：根据《复习教材》P629，机组水冷冷凝器污垢系数的增加，机组的饱和冷凝温度增加，导致机组冷凝压力升高，选项 D 错误。

4.3-33.【单选】以下关于电动压缩式冷水机组运行状况的说法，错误的为哪一项？【2017-1-36】

A. 当压缩机排气质量不变时，排气管路的压降增大会使压缩机功耗增加

B. 当压缩机吸气管路的压降增大时，会使制冷剂质量流量增加

C. 冷凝器到膨胀阀的制冷剂液体管路发生的压降，仅使得膨胀阀前制冷剂液体的压力降低

D. 实际循环进入蒸发器的制冷剂一般为气液两相流

参考答案：B

分析：压缩机排气管路压降增大，增加了压缩机排气压力及排气温度，同时导致压缩机压比增加，耗功增加，故选项 A 正确；当压缩机吸气管路的压降增大时，导致压缩机吸气比容增加，压比增大，压缩机耗功增加，制冷量降低，质量流量减少，容积效率降低，制冷系数降低，故选项 B 错误；实际循环进入蒸发器的制冷剂一般为气液两相流，故选项 D 正确；冷凝器到膨胀阀的制冷剂液体管路发生压降时，产生的影响包括：膨胀阀前的制冷剂压力降低，膨胀阀前后压差变小，高压液管的压力损失将使阀前液体出现闪蒸气，影响膨胀阀的流通能力及其工作稳定性。选项 C 所表述的仅影响，严格意义上错误，但本题为单选题，相对而言，选项 B 的错误更加明显。

4.3-34.【单选】某冷水（热泵）机组冷凝器水侧污垢系数为 $0.086m^2/℃$，将此机组在这一工况条件下运行时的性能，与当前国家产品标准规定的标准工况条件下运行时的性能相比较，下列说法正确的是何项？【2018-2-33】

A. COP 下降

B. 饱和冷凝温度下降

C. 压缩机耗功率不变

D. 制冷量提高

参考答案：A

分析：根据《蒸汽压缩循环冷水（热泵）机组 第 1 部分工业或商业用及类似用途的冷水（热泵）机组》GB/T 18430.1—2007 第 4.3.2.2 条，标准工况下冷凝器水侧污垢系数为 $0.044m^2/℃$，污垢系数增加影响冷凝器换热，冷凝温度增加，功耗增加，COP 降低，制冷量降低，故选项 A 正确。

4.3-35.【多选】某办公建筑的舒适性空调采用风机盘管＋新风系统，设计方案比选时，若夏季将空调冷冻水供/回水温度由 7℃/12℃ 调整为 7℃/17℃，调整后与调整前相比，以下说法哪几项是正确的？【2013-1-61】

A. 空调系统的总能耗一定会减少

B. 空调系统的总能耗并不一定会减少

C. 空调系统的投资将增加

D. 空调系统的投资将减少

参考答案：AC

分析：随着冷水回水温度的提高，风机盘管的制冷量逐渐下降。为满足室内负荷的要求，可采用更换风机盘管规格或增加享有风机盘管数量的方法，均会带来初始投资的增加。冷水平均水温升高，冷水机组的制冷效率有所提高，水泵能耗降低，系统流量减少，因此系统总能耗一定会减少。可见选项 AC 正确，选项 BD 错误。

4.3-36.【多选】进行某空调水系统方案比选时，若将系统的供水温度从 7℃ 调整为低于 5℃，回水温度保持不变的情况下，为 12℃（系统的供冷负荷不变），调整后将出现下列哪几项结果?【2014-1-64】

A. 空调水系统的输送能耗有所减少

B. 采用相同形式和相同供冷负荷的电动式冷水机组时，机组制冷性能系数会降低

C. 若空气处理设备的表冷器的形式与风量都不变，其供冷负荷不变

D. 采用溴化锂吸收式冷水机组时，机组运行可能出现不正常

参考答案： ABD

分析： 在系统供冷负荷保持不变的前提下，冷水供回水温差由 5℃ 变为 7℃，温差增大，水流量减小，故选项 A 正确。根据《复习教材》图 4.1-8，冷水供水温度降低，蒸发温度降低，机组单位质量制冷量减少，在冷凝温度不变的情况下，单位质量耗功率变大，导致机组制冷性能系数降低，故选项 B 正确。由《复习教材》式（3.4-15）可知，当冷水初温降低时，热交换效率系数增大。说明随着供水温度的降低，在若空气处理设备的表冷器的形式与风量都不变的情况下，其供冷负荷发生变化，故选项 C 错误。根据《复习教材》P654，溴化锂水溶液温度过低或浓度过高均容易发生结晶，故选项 D 正确。

4.3-37.【多选】某建筑空调项目的 3 台水冷冷水机组并联安装，定流量运行，冷水机组的压缩机频繁出现高压保护停机。以下哪几项不是造成该现象的原因?【2014-2-63】

A. 冷却水实际流量高于机组额定值　　　B. 压缩机的压力传感器失灵

C. 采取定流量运行方式　　　　　　　　D. 冷凝器结垢严重

参考答案： AC

分析： 由于冷凝器缺水造成压力过高，高压继电器动作，导致压缩机频繁启停。冷却水实际流量高于机组额定值会引起机组制冷效率的波动，但不会出现压缩机频繁启停现象，故选项 A 错误。压力传感器失灵可能造成误报警，会导致机组频繁启停状况，故选项 B 正确。冷冻水定流量运行，是冷水机组常见的运行状态，不能作为机组频繁启停的原因，故选项 C 错误。冷凝器结垢，传热性能降低，冷凝温度升高，冷凝压力升高，机组自我保护停机，故选项 D 正确。

4.3-38.【多选】为了实现节能，实际工程中多有考虑空调冷水系统采用大温差小流量的系统设计，下列哪几项说法是不正确的?【2016-1-60】

A. 大温差小流量冷水系统更适宜于供冷半径较小的建筑

B. 大温差小流量冷水系统仅适用于商业建筑

C. 冰蓄冷系统更适于采用大温差小流量冷水系统

D. 采用大温差小流量冷水系统，要求冷水机组出力相同时，机组蒸发器的换热面积可显著减少

参考答案： ABD

分析： 采用大温差小流量冷水系统，可以降低水泵流量，缩小管网及管路水阀管径，降低初投资，节约输送能耗。根据《民规》第 8.8.2 条，区域供冷方式，宜采用冰蓄冷系统。空调冷水供回水采用不同大温差。而区域供冷供冷半径均较大，覆盖区域较广，供冷

用户建筑类型及功能多种多样，除商业建筑，娱乐、办公、居住建筑、工业建筑等均可包含在区域供冷中。因此选项 AB 错误，选项 C 正确；采用大温差小流量冷水系统，要求冷水机组出力相同时，只有机组蒸发器载冷剂与制冷剂有充分的换热面积，才能得到更低的供水温度。换热面积显著减少，无法保证机组出水温度要求，大温差供回水温度很难保证，选项 D 错误。

4.3-39.【多选】对某既有办公建筑的集中空调系统进行节能改造，该项目采用的冷源为两台离心式冷水机组（名义冷量 1575kW/台），实际运行时的冷负荷大多数时间为 600kW，下列说法哪几项是正确的？【2016-1-64】

　　A. 机组的总装机冷量过大，导致单台机组运行时 COP 偏低

　　B. 当夜间部分房间加班需要空调系统运行时，运行的冷水机组易出现喘振现象

　　C. 采用的定频离心式冷水机组的 COP 最高点是负荷率为 100％的工况

　　D. 节能改造设计应重点考虑更换冷水机组的容量和运行组合关系

参考答案： ABD

分析： 由题意知，实际运行时供冷负荷约占总装机负荷的 19％，占单台离心式制冷机组装机负荷的 38％。机组的总装机容量远高于实际所需冷负荷，制冷系统长时间处于低负荷运行状态，单台制冷机组运行即能充分满足末端需求。定频单机离心式制冷机组 COP 随负荷率从 100％～25％先增高再逐步降低的驼峰曲线，选项 C 错误；单台机组负荷率 38％，机组 COP 偏低，选项 A 正确；当夜间部分房间加班需要空调系统运行时，单台冷水机组的负荷率更低，低于 25％概率大大增加，易发生喘振，选项 B 正确；合理地选择制冷机组台数与装机负荷，实际运行阶段机组的灵活组合安排，是制冷系统稳定高效运行的前提保障，该办公楼集中空调系统主要问题是制冷机组装机容量及台数选择不合理造成，节能改造的重点是重新设置冷水机组容量和运行的组合，选项 D 正确。

4.3-40.【多选】某工程安装在地下制冷机房内的水冷冷水机组投入运行使用后，经常出现冷水机组高压报警现象，导致这一现象发生的原因，不可能是下列哪几项？【2017-2-63】

　　A. 冷却水泵扬程过高

　　B. 冷冻水系统未设置过滤器

　　C. 冷却水系统未设保证其水质的水处理装置

　　D. 制冷机房通风不畅

参考答案： ABD

分析： 冷却水泵扬程过高，系统循环能力增强，换热能力增强，冷却水温度降低，冷凝压力降低，不会出现高压报警现象，故选项 A 错误；冷冻水未设置过滤器，易导致系统管路堵塞，制冷剂流量降低，蒸发压力降低情况，故选项 B 错误；冷却水系统水质不符合要求，冷凝器管内部易结垢或产生不凝性气体，传热效果差，会出现高压报警，故选项 C 正确；题设为水冷冷水机组，高压报警的主导因素应为冷却水系统，机房通风不畅对冷凝器散热影响较小，故选项 D 错误。

扩展：冷水机组的冷凝压力高原因及解决措施主要有：

(1) 冷却水温度过高或流量过小（降低水温，增加冷却水流量）；

(2) 冷却水流通不畅、分布不均，污物堵塞（检查冷却水循环系统，及时清除、疏通）；

(3) 冷凝器管内部结垢严重或存在不凝性气体，传热效果差（加强日常水质处理，清除水垢，排除不凝性气体）；

(4) 制冷剂冲注过多（排除多余制冷剂）；

(5) 压力表故障，出现误报（校正或更换压力表，确保读数正确）；

(6) 排气管道阀门发生故障，造成排气压力过高（检查修复阀门）。

4.3-41.【多选】针对同一建筑分别采用 8 台风冷模块式冷水机组（采用全封闭蜗旋式压缩机）与 2 台水冷螺杆式冷水机组的方案进行比较，下列哪几项是错误的？【2017-2-64】

A. 比较调试工作量，风冷模块式冷水机组与水冷螺杆式冷水机组基本相同

B. 比较运行噪声和振动，风冷模块式冷水机组要大于水冷螺杆式冷水机组

C. 水冷螺杆式冷水机组需配置冷却塔和冷却泵，风冷模块式冷水机组则无需配置

D. 比较机组总电力安装容量，风冷模块式冷水机组要大于水冷螺杆式冷水机组

参考答案：AB

分析：调试机组数量上比较，风冷模块大于水冷螺杆式冷水机组，故选项 A 错误；根据《复习教材》第 4.3.4 节第 1 条"冷（热）水机组"可知，风冷模块式冷水机组（采用全封闭蜗旋式压缩机），机组外壳内壁均衬有隔声材料，机组噪声低，选项 B 错误，选项 CD 正确。

4.3-42.【多选】某写字楼的水冷螺杆式冷水机组处于夏季高温季节时，因排气压力过高频出现停机的故障，下列哪几项会成为引起该问题发生的原因？【2017-2-66】

A. 冷却塔的进风温度过高

B. 冷却塔风机的皮带松弛

C. 冷却水泵前过滤器堵塞

D. 冷冻水的回水温度偏低

参考答案：ABC

分析：冷却塔的进风温度过高会导致冷却水的出水温度高，冷凝器压力升高，压缩机排气压力升高，故选项 A 正确；冷却塔风机皮带松弛，风机风量降低，冷却水温出水温度升高，压缩机排气压力升高，故选项 B 正确；冷却水泵前过滤器堵塞，冷却水流量降低，冷凝压力升高，压缩机排气压力升高，故选项 C 正确；冷冻水回水温度偏低，蒸发压力降低，排气压力降低，故选项 D 错误。

4.3-43.【多选】某低温螺杆式制冷机组，蒸发器改造温度为 −38℃，开机运行后，机组显示进气压力过低，报警停机，问题发生的原因可能是下列哪几项？【2017-2-68】

A. 机组选型时冷凝器的污垢系数过大

B. 蒸发器供液管路上的过滤器堵塞

C. 制冷剂充注量过多

D. 膨胀阀堵塞

参考答案： BD

分析： 冷凝器内部的压力的影响会经过膨胀阀的调节恢复正常，故选项 A 错误；选项 BD 中系统堵塞，制冷剂流量降低，导致低压报警，正确；选项 C 中制冷剂充注量过多，系统压力增高，错误。

扩展：

1. 冷水机组冷凝压力低原因及解决措施主要有：

（1）冷却水温度偏低或流量过大，冷凝温度调节不当（设置冷却水旁通管路，降低水量，提高水温，冷却塔风机间歇运行）；

（2）压缩机卸载运行（查明原因并排除）；

（3）系统内制冷剂量不足或泄露、制冷剂流通管路堵塞（疏通系统，查漏补漏，补充制冷剂）；

（4）压力表读数错误（查明原因，排除故障或更换压力表）。

2. 冷水机组蒸发压力低原因及解决措施主要有：

（1）膨胀阀开启度过小或堵塞，制冷剂不足（排除膨胀阀故障，调整膨胀阀开度）；

（2）制冷剂充注量不足或泄露严重（查漏补漏，补充制冷剂）；

（3）回流管等液体管路上过滤网和干燥器污物堵塞（清洁过滤网，更换干燥剂）；

（4）外界负荷偏低致使蒸发器进水温度偏低（调节水量调节阀）；

（5）蒸发器表面霜层过厚或蒸发器管壁有油污，影响传热效果（定期除霜，清除油污）；

（6）冷凝温度偏低（提高冷凝温度）；

（7）制冷剂混入较多润滑油或杂质（更换或提纯制冷剂）。

4.3-44.【多选】采用满液式蒸发器的某水冷冷水机组，初调试后可以正常运行，但运行一段时间后，出水温度达不到设计要求，经检查发现冷媒过滤器处有结冰现象，压缩机吸气压力下降明显，冷却水进口温度 $25℃$，冷水流量超过额定流量 20%，蒸发器视窗显示液面降低，问：造成冷机出水温度不达标的原因，最有可能的是以下哪几项？【2018-2-64】

A. 冷水流量过大

B. 冷媒过滤器堵塞

C. 冷却水进口温度偏低

D. 冷媒泄露

参考答案： BD

分析： 结冰现象发生，蒸发温度降低，蒸发器视窗显示液面降低，则制冷剂不足，故选项 BD 正确；冷水流量过大，前后温差减小，蒸发温度升高，不会发生结冰现象，冷却水侧不会直接影响蒸发器侧温度，故选项 AC 错误。

4.4　热 泵 技 术

4.4.1　空气源热泵

4.4-1.【单选】某办公楼地处寒冷地区，对采用空气源热水热泵的风机盘管—水系统

和多联机进行论证比较，当冬季热泵需除霜时，下列哪一项说法是错误的？【2012-1-23】

A. 风机盘管供热效果好于多联机

B. 空气源热水热泵除霜运行时，风机盘管仍有一定供热

C. 多联机室外机除霜运行时，室内机停止供热

D. 室外温度越低，融霜周期越短

参考答案： D

分析： 空气源热泵除霜运行时，由于水的蓄热特性，风机盘管仍有一定供热量，而多联机则完全停止向室内供热，由此可以看出，风机盘管供热效果会略好于多联机，选项AB正确；多联室外机除霜运行时，室外机并没有停止供热，而是把热量用于室外冷凝器的除霜，由此可见，选项C的表述有问题，容易引起歧义；根据《民规》第8.3.2条及其条文说明可知，室外机的融霜周期不但和室外温度有关，还和室外空气湿度相关，如果温度较低，而湿度较小，那么融霜周期不一定变小，选项D错误。

扩展： 快速除霜技术的原理：

外机的除霜过程实际上是一种室外换热器的放热过程，而同时室内机换热器是吸热过程，即室内换热器在除霜过程中在吸收室内侧的热量，所以在除霜过程中室内侧温度将会降低。因此，系统除霜运行的时间越短，对室内侧制热效果影响也就越小。

采用快速除霜技术的多联机机组，在进入除霜运转后，各室外机自行判断其是否退出除霜运转，先达到退出除霜条件的外机先退出除霜运转，退出除霜运转后立即进入制热运转，而未达到退出除霜运转条件的外机继续进行除霜运转。先退出除霜运转的外机进入制热运转后，其室外换热器将从室外侧吸收热量，其排气侧的高温制冷剂进入仍在进行除霜运转的外机吸气侧，促进仍在除霜的外机吸气侧的制冷剂液体充分蒸发，从而提高仍在进行除霜运转的外机的吸气压力和吸气过热度，同时也减小了室内机蒸发器的吸热量。这样一来，仍在进行除霜运转的室外机的冷凝压力和排气温度都会迅速得到提高，从而使仍在进行除霜的室外机除霜速度加快，实现快速除霜的目的。

经过实验验证，采用快速除霜技术的多联机在外机多联时，除霜的时间最多可以缩短30%（从正常的10min缩短至7min）。单模块机型无此功能。

4.4-2.【单选】同一室外气候条件，有关空气源热泵机组的说法下列哪项是错误的？【2012-2-10】

A. 冬季供水温度低的机组比供水温度高的机组能效比更高

B. 冬季供水温度相同，供回水温差大的机组比供回水温差小的机组能效比更低

C. 供应卫生热水的空气源热泵热水机夏季的供热量要大于冬季的供热量

D. 向厂家订购热泵机组时，应明确项目所在地的气候条件

参考答案： B

分析： 根据《复习教材》第6.1.3节第2条，"影响热泵热水机性能系数主要有四个因素：产品性能、环境温度（或水源温度）、初始水温和目标水温。因而实际运行的能耗情况应结合热水机的性能特性、供热水需求和环境条件等综合分析。大体上，目标水温为55℃，初始水温越低，性能系数就越高。空气源热泵热水机冬季环境温度越高，性能系数就越高；夏季环境温度越高，对设备寿命会有影响。显然目标水温越高，其性能系数会降

低。"可知，选项 AC 均正确，选项 B 错误。选项 D 正确。

4.4-3.【单选】某冬季寒冷、潮湿地区的一个 2 层全日制幼儿园，要求较高的室内温度稳定性，设计采用空气源热泵机组供冷、供暖和供生活热水，正确的设计做法应是下列何项？【2016-1-9】

　　A. 选择热泵机组冬季工况时的性能系数不应小于 1.8

　　B. 热泵机组融霜时间总和不应超过运行时间的 30%

　　C. 设置辅助热源

　　D. 机组有效制热量仅考虑融霜修正系数修正

参考答案：C

分析：根据《民规》第 8.3.1-2 条，选项 A 错误；根据第 8.3.1-1 条，选项 B 错误；根据第 8.3.1-3 条，选项 C 正确；根据第 8.3.2 条，选项 D 错误。

4.4-4.【单选】某办公建筑采用空气源热泵供热时，冬季室外设计工况下的热泵性能系数（COP）的最低限值，应符合以下哪项规定？【2016-2-20】

　　A. 供热水时，$COP \not< 1.8$

　　B. 送热风时，$COP \not< 1.8$

　　C. 供热水时，$COP \not> 2.0$

　　D. 送热风时，$COP \not> 2.0$

参考答案：B

分析：根据《民规》第 8.3.1-2 条，冷热风机组不应小于 1.8，冷热水机组不应小于 2.0。选项 B 正确。

4.4-5.【单选】关于户式空气源热泵供暖系统的化霜水排放方式，正确的应是下列哪一项？【2017-2-05】

　　A. 分散排放　　　　　　　　　　B. 不考虑排放

　　C. 各室内机就地排放　　　　　　D. 集中排放

参考答案：D

分析：根据《民规》第 5.7.6 条及条文说明可知，热泵系统在供暖运行时产生的化霜水，需要避免无组织排放，应采取一定措施，如收集化霜水后集中排放至地漏或建筑集中排水管。因此，选项 ABC 均错误，仅选项 D 正确。

4.4-6.【单选】同一台空气源热泵机组，如果分别用于南京（冬季空调室外计算温度 -4.1℃）、常州（冬季空调室外计算温度 -3.5℃）、苏州（冬季空调室外计算温度 -2.5℃）三个城市的冬季空调供热，在不考虑除霜等修正的情况下，该热泵机组在这三个地点设计工况下的最大供热能力由小至大的排序，是下列何项？【2017-2-09】

　　A. 苏州、常州、南京　　　　　　B. 南京、常州、苏州

　　C. 常州、苏州、南京　　　　　　D. 苏州、南京、常州

参考答案：B

分析：根据《民规》第8.3.2条及其条文说明可知，空气源热泵的标准工况是：室外空气干球温度为7℃，湿球温度为6℃。三个城市的室外空调计算温度均低于标准工况，均需考虑干球温度修正系数。在制热工况下，室外部分相当于蒸发器，室外温度越低，从室外低温热源吸收的热量越少，制热量衰减越大，所以选项B的排序是正确的。

4.4-7.【多选】关于选择空气源热泵机组的说法，正确的是下列哪几项？【2012-2-47】

A. 严寒地区，不宜作为冬季供暖采用

B. 对于夏热冬冷和夏热冬暖地区，应根据冬季热负荷选型，不足冷量可由冷却水机组提供

C. 融霜时间总和不应超过运行周期时间的20%

D. 供暖时的允许最低室外温度，应与冬季供暖室外计算干球温度相适应

参考答案：ABC

分析：根据《09技术措施》第7.1.1条和《公建节能2005》第5.4.10条可知，选项A正确；选项B正确；选项D错误，应与冬季空调室外计算干球温度相适应。根据《09技术措施》第7.1.3.3条和《民规》第8.3.1条可知，选项C正确。

4.4-8.【多选】空气源热泵热水机，采用涡旋式压缩机，设其热水的供回水温度不变，当环境温度发生变化时，下列表述正确的应是哪几项？【2012-2-66】

A. 环境温度升高，表示压缩机的吸气压力升高，压缩比则变小

B. 环境温度升高，表示压缩机的吸气压力升高，压缩机的制冷剂质量流量增加

C. 环境温度升高，制热量增加的幅度大于压缩机功耗的增加，机组的能效比升高

D. 环境温度升高，压缩机吸入制冷剂的比容减小，机组的制热量增大

参考答案：ABCD

分析：涡旋机的容积效率几乎不受压缩比的影响，所以不考虑压缩比对容积效率的影响。环境温度升高时，提高了蒸发温度，热水供回水温度不变，自然吸气量不变，吸气温度会升高，压缩机比容变小（选项A正确），使得系统的工质质量流量增加（选项B正确），压力升高，机组制热量增大（选项D正确），同时冷凝器散热量增大，压缩机耗功率也增加，但可以判断 COP 的值是变大的（选项C正确）。

4.4-9.【多选】风冷热泵机组，制冷能效比为 EER，机组制冷量为 Q_e，由空气带走冷凝热量 Q_c，表述正确的是下列哪几项？【2013-2-64】

A. $Q_c = Q_e$　　　　　　　　　　　　B. $Q_c < Q_e$

C. $Q_c = Q_e (1 + 1/EER)$　　　　　　D. $Q_c > Q_e$

参考答案：CD

分析：根据制冷循环可知，空气带走的冷凝热量包括机组制冷量和压缩机耗功量，故选项A、B错误，选项C、D正确。

4.4-10.【多选】关于空气源热泵机组的设计和选型，下列哪些说法是正确的？【2014-1-66】

A. 只要热泵机组的制热性能系数大于 1.0，用它作为空调热源就是节能的

B. 当室外实际空气温度低于名义工况的室外空气温度时，机组的实际制热量会小于其名义制热量

C. 当室外侧换热器的表面温度低于 0℃时，换热器翅片管表面一定会出现结霜现象

D. 应根据建筑物的空调负荷全年变化规律来确定热泵机组的单台容量和台数

参考答案：BD

分析： 根据《民规》第 8.3.1.2 条，冬季设计工况是机组性能系数（COP），冷热风机组不应小于 1.8，冷热水机组不应小于 2.0，选项 A 错误；第 8.3.2 条及其条文解释可知，选项 B 正确；根据《复习教材》第 4.3.4 节第 3 条"风冷热泵冷（热）水机组室外侧换热器由于空气中含有水分，当其表面温度低于 0℃且低于空气露点温度时翅片管/表面上会结霜"，选项 C 错误；根据建筑物逐时冷负荷综合最大值选择机组总容量，根据部分负荷分布情况选择机组数量和大小搭配，选项 D 正确。

4.4-11.【多选】某风冷分体式空调（热泵）机组在额定工况下的性能如下：

（1）制冷工况：干球温度 35℃，湿球温度 28℃，额定制冷量 Q_L

（2）制热工况：干球温度 7℃，额定制热量 Q_R。

问：当该空调（热泵）机组用于天津市时，其夏季设计工况下的实际制冷量 Q_{LS} 和冬季设计工况下的制热量 Q_{RS} 与额定工况的关系，以下哪几项是正确的？【2016-1-59】

　A. $Q_{LS} < Q_L$ 　　　B. $Q_{LS} > Q_L$ 　　　C. $Q_{RS} > Q_R$ 　　　D. $Q_{RS} < Q_R$

参考答案：BD

分析： 根据《民规》附录 A，天津夏季空调室外计算干球温度为 33.9℃，冬季空调室外计算干球温度为 -9.6℃。而夏季/冬季空调室外计算干球温度即为风冷热泵制冷/制热工况对应设计工况下室外干球温度。

制冷工况，额定工况室外干球温度（35℃）大于设计工况室外干球温度（33.9℃），则风冷热泵设计工况机组冷凝温度小于额定工况机组冷凝温度，机组 COP 增大，制冷量增大，$Q_{LS} > Q_L$，选项 B 正确，选项 A 错误。

制热工况，额定工况室外干球温度（7℃）大于设计工况室外干球温度（-9.6℃），则风冷热泵设计工况机组蒸发温度小于额定工况机组蒸发温度，机组 COP 变小，制热量降低，$Q_{RS} < Q_R$，选项 D 正确，选项 C 错误。

4.4-12.【多选】下列关于采用空气源热泵供暖的说法，哪几项是错误的？【2018-1-47】

A. 北方寒冷地区室外机结霜现象比长江流域更严重

B. 对于热风型室内机，当室内温度相同时，北方寒冷地区需要的压缩机压缩比比长江流域地区高

C. 室内的供暖方式一般分成热水型和热风型

D. 热水型与热风型相比较，前者更适合于间歇供暖系统

参考答案：AD

分析： 根据《红宝书》P2347 表 30.1-1 可知，选项 C 正确；由 P2348 可知，"冬季室

外温度处于－5～5℃范围内时，蒸发器常会结霜，需频繁的进行融霜，供热能力会下降"，而长江流域年平均最低气温在2～－4℃，所以长江流域室外机结霜现象更严重，选项A错误；北方寒冷地区室外温度要低于长江流域，所以要达到同样的室内温度，北方寒冷地区的压缩机压缩比更大，选项B正确。热风型供热系统的优点是热惰性小，升温快，更适合于间歇供暖系统，选项D错误。

4.4-13.【多选】采用双级压缩机的空气源热泵机组，下列说法哪几项是正确的？【2018-2-65】

　　A. 有两个压缩机，可实现互为备用，提高系统供热的可靠性

　　B. 每台压缩机都应选择比单级压缩时更高的压缩比

　　C. 低压级压缩机排出的制冷剂气体全部进入高压级压缩机

　　D. 可应用于我国的寒冷或部分严寒地区的建筑供暖

参考答案：CD

分析：根据《复习教材》第4.1.5节，双级压缩机是串联两台压缩机，并非互相备用，选项A错误；高、低压级压缩机的压缩比相等为原则确定中间压力，并非要求每台压缩机压缩比更大，故选项B错误；根据图4.1-13可知，选项C正确；选项D正确。

4.4.2　地源热泵

4.4-14.【单选】某地埋管地源热泵系统需要进行岩土热响应实验，正确的做法是下列哪一项？【2012-1-24】

　　A. 应采用向土壤放热的方法进行实验

　　B. 应采用向土壤吸热的方法进行实验

　　C. 按照设计图对全部地埋管井做热响应实验

　　D. 应采用向土壤放热和自土壤吸热的两种方法进行实验

参考答案：A

分析：根据《地源热泵系统工程技术规范》GB 50366—2005（2009版）附录C可以明确得出，热响应实验是采用电加热器向土壤连续放热的方法进行实验（亦可参见第2.0.25条的术语解释），由此可知选项A是正确的（但在实际工作中，也有土壤吸热的方法，但不必两种方式都要同时进行，考试应以规范为准，由此选项D是错误的）。

　　扩展：在实际工作中，也有土壤吸热的方法，但不必两种方式都要同时进行，考试应以规范为准，由此选项D是错误的。题目宜改为"某地埋管地源热泵系统需要进行岩土热响应实验，按照《地源热泵系统工程技术规范》GB 50366—2005（2009版）的要求，正确的做法是下列何项？"另，四个选项中宜删去"应"字。

4.4-15.【单选】有关地源热泵（地埋管）系统用于建筑空调的说法正确的是下列哪一项？【2013-1-21】

　　A. 夏热冬暖地区适合采用地源热泵（地埋管）系统

　　B. 严寒地区适合采用地源热泵（地埋管）系统

　　C. 夏热冬冷地区设计工况下计算冷、热负荷相同的建筑，适合采用地源热泵系统

（地埋管）系统

    D. 全年释热量和吸热量相同的建筑，适合采用地源热泵（地埋管）系统

参考答案：D

分析：《地源热泵系统工程技术规范》GB 50366—2005（2009 年版）第 4.3.2 条。

4.4-16.【单选】下列对以岩土体为冷（热）源的地埋管地源热泵系统的表述，哪项是错误的？【2013-2-32】

    A. 同样工程条件，双 U 管与单 U 管相比较，前者单位长度埋管的换热性能为后者的 2 倍

    B. 当预计工程的地埋管系统最大释热量与最大吸热量相差不大时，仍应进行系统的全年动态负荷计算

    C. 夏季运行期间，地埋管换热器的出水温度宜低于 33℃

    D. 竖直地埋管换热器的孔间距宜为 3～6m

参考答案：A

分析：选项 A 错误，双 U 管与单 U 管的埋管单位长度的换热性能应通过计算确定，不是一个固定的比例关系；选项 B 正确，根据《地源热泵系统工程技术规范》GB 50366—2005（2009 版）第 4.3.2 条；选项 C 正确，参考第 4.3.5A-1 条；选项 D 正确，参考第 4.3.8 条。

4.4-17.【单选】某办公建筑的全年空调拟采用单一制式的地埋管地源热泵系统方案，试问此办公建筑位于下列哪个气候区时，方案是最不合理的？【2014-2-31】

    A. 严寒 A 区   B. 严寒 B 区   C. 寒冷地区   D. 夏热冬冷地区

参考答案：A

分析：根据《地源热泵系统工程技术规范》GB 50366—2005（2009 版）第 4.3.2 条，在最小计算周期为 1 年的全年动态负荷计算中，地源热泵的总释热量宜与其总吸热量相平衡。纵观四个选项，严寒 A 区的地源侧冬季供暖吸热量要远大于夏季制冷释热量，地源侧热平衡最难保证，需增加额外辅助热源解决。

4.4-18.【单选】某地下水源热泵系统的螺杆式热泵机组，夏季制冷运行初期，经常在启动后不久出现冷却水温度低温报警，并自动停机，只有手动复位后，方可重新启动。解决此问题的合理技术措施，应是下列哪一项？【2017-2-33】

    A. 地源侧水泵采用变流量调节

    B. 更换变频调速型螺杆式热泵机组

    C. 更改机组的自动控制逻辑

    D. 地源侧水系统进出水主管间设旁通阀

参考答案：D

分析：夏季制冷运行初期，冷负荷较低，机组出现冷却水低温报警停机，说明冷却水供水温度低于螺杆式热泵机组运行冷却水进水温度最低要求，需提高冷却水进水温度，在满足机组最低进水温度下限的基础上，保持机组高效运行。地源侧水泵采用变流量调节，

水泵低频率运行,不仅无法保证系统供水温度,同时降低冷却水流量,易加剧机组冷却水温度低温报警频率,不宜采用,故选项A错误;更换变频调速型螺杆式热泵机组,可降低冷却水进水温度及流量,但更换成本高,且运行能耗在制冷初期增加,不是合理技术措施,故选项B错误;更改机组的自动控制逻辑,降低冷却水进水温度下限,虽可解决机组的低温报警自动停机问题,但机组运行安全无法保证,且能耗升高,不合理,故选项C错误;地源侧水系统进出水主管间设旁通阀,不仅可满足机组运行初期冷却水最低允许温度情况下的循环水量,而且改造简单易行,故选项D正确。

4.4-19.【单选】地源热泵工程进行岩土热响应试验时,以下说法中不符合规定的是何项?【2017-2-34】
   A. 热响应试验的温度测量仪表误差不应大于±0.5℃
   B. 采用加热方法进行热响应试验
   C. 采用水作为介质
   D. 在地埋管埋设深度范围内,土壤温度测点布置的间隔不宜大于10m

参考答案: A

分析: 根据《地源热泵系统工程设计规范》GB 50366—2005(2009版)第C.2.3可知,选项A错误,不应大于±0.2℃;根据第C.1.3可知,选项BC正确;根据第C.3.4可知,选项D正确。

4.4-20.【单选】夏热冬冷地区某办公建筑采用地埋管地源热泵系统,地埋管侧采用膨胀水箱定压。以下对于地埋管侧管路故障的说法,哪一项是错误的?【2017-2-35】
   A. 地埋管侧管路循环水泵的工况是否正常,可作为地埋管侧管路是否需要补水的判据之一
   B. 地埋管侧管路当发生较大漏水时,循环水泵的功率会有较大下降
   C. 地埋管侧管路当发生较大漏水时,循环水泵的扬程基本不变
   D. 地埋管侧管路当发生较大漏水时,循环水泵的流量会有较大下降

参考答案: C

分析: 地埋管侧管路循环水泵进出水管路压力表读数异常,出现频繁波动,水泵异响或异常振动等非正常运行状态,可作为地埋管侧管路是否需要补水的判据之一,故选项A正确;地埋管侧管路当发生较大漏水时,说明地埋管系统有承压闭式系统变为开式系统,系统失水,水泵运行流量下降,扬程增大,功率下降,故选项BD正确,选项C错误。

4.4-21.【多选】关于热回收型地源热泵机组的说法,正确的是下列哪几项?【2012-2-65】
   A. 热回收型地源热泵机组(地埋管方式)在制冷工况条件下,减少了系统向土壤的排热
   B. 热回收型地源热泵机组(地埋管方式)在制冷工况条件下,回收了全部冷凝热,系统不向土壤排热
   C. 夏热冬冷地区的全年空调宜采用热回收型地源热泵机组(地埋管方式)
   D. 寒冷地区的全年空调宜采用热回收型地源热泵机组(地埋管方式)

参考答案：AC

分析：采用热回收型地源热泵机组，减少了向土壤的排热，故选项 A 正确；回收全部冷凝热，不向土壤排热，破坏了夏季排热和冬季取热的平衡，故选项 B 错误；夏热冬冷地区，由于冬季取热和夏季排热较不平衡，适宜采用热回收型机组，故选项 C 正确；寒冷地区由于夏季排热、冬季取热较少，不适宜采用热回收机组，故选项 D 错误。

4.4-22.【多选】地源热泵采用地下水换热系统时，热源井的说法下列哪几项是正确的？【2013-1-65】

A. 热源井设计采取减少空气入侵的措施主要原因是为了防止水泵气蚀现象发生

B. 热源井设计采取减少空气入侵的措施主要原因是为了防止回灌井堵塞现象发生

C. 回灌井数量应大于抽水井数量

D. 回灌井堵塞失效是地下水换热系统运行的最大问题

参考答案：BCD

分析：根据《地源热泵系统工程技术规范》GB 50366—2005（2009 年版）第 5.2.3 条条文说明，选项 A 错误、选项 B 正确；根据第 5.2.5 条条文说明，选项 C 正确；根据《民用建筑供暖通风与空气调节设计规范宣贯辅导教材》P218，选项 D 正确。

4.4-23.【多选】地源热泵机组的地埋管换热器管内应保持紊流状态，符合要求的管内流体的雷诺数应是下列哪几项？【2013-2-68】

A. $Re=1800$ B. $Re=2300$ C. $Re=2800$ D. $Re=3300$

参考答案：CD

分析：根据《地源热泵系统工程技术规范》GB 50366—2005（2009 年版）第 4.3.14 条条文说明，管内流体雷诺数 Re 应该大于 2300，以确保紊流，故选项 C、D 正确。

4.4-24.【多选】夏热冬冷地区某空调工程采用地埋管地源热泵系统。工程的夏季计算冷负荷与总释热量均大于冬季计算热负荷与总吸热量。为保持土壤全年热平衡，夏季配置冷却塔向空气排热。该工程的地埋管地源热泵系统设计，下列哪几项是正确的？【2014-2-64】

A. 以冬季计算热负荷配置热泵机组容量

B. 以冬季计算的吸热负荷确定地埋管换热器数量

C. 由夏季计算冷负荷确定地源热泵机组制冷量

D. 冷却塔排热热负荷为夏季空调冷负荷与热泵机组全部排热负荷之差

参考答案：BC

分析：根据《民规》第 8.3.4.5 条及其条文说明，"当地埋管系统的总释热量和总吸热量无法平衡时，不能将该系统作为建筑唯一的冷、热源（否则土壤年平均温度将发生变化），而应该设置相应的辅助冷热源，这时宜按地埋管长度的较小者作为设计长度"，虽然该项目处于夏热冬冷地区，但是可以判断该项目夏季释热量与冬季吸热量相差较大，所以有两种解决办法：（1）根据冬季热负荷配置热泵机组容量和计算地面管长度，夏季不足冷量由辅助冷源来解决。（2）根据夏季计算冷负荷确定地源热泵机组制冷量，多余释热量由冷却塔辅助向空气排热，地埋管长度按照冬季热负荷确定。但这样会造成机组选型和地面管长度不匹配，机组选型浪费。本题中并没有说明设置辅助冷源，只是说明用冷却塔辅助排热，所以选项BC更符合题意。冷却塔排热热负荷＝夏季空调冷负荷＋热泵机组制冷工况轴功率＋地源侧循环泵轴功率－地源侧吸热热负荷，选项D错误。

4.4-25.【多选】地处寒冷地区的某办公建筑采用地源热泵作为空调系统冷热源，夏季地源侧进/出水温度设计值为25℃/30℃，空调冷水设计供/回水温度为7℃/12℃。采用双U垂直埋管土壤换热器，埋管深度100m。试问下列设计做法哪几项是不合理的？【2016-1-65】

    A. 空调热水设计供/回水温度 80℃/60℃

    B. 冬季地源侧进/出水（未加防冻剂）温度设计值 4℃/12℃

    C. 地埋管水压试验需进行 4 次

    D. 地埋管内设计水流速为 0.3m/s

参考答案： ABD

分析： 根据《民规》第8.5.1-7条条文说明，地源热泵系统供热水温度较低，供回水温差不能太大，不做具体规定，按照设备能力确定。空调热水设计供/回水温度80℃/60℃，温度过高，高于根据第8.5.1-6条采用市政热力或锅炉供应的供回水温要求，选项A错误；根据《地源热泵系统工程技术规范》GB 50366—2005（2009版）第4.3.5A-2条，冬季地源侧进水（未加防冻剂）最低温度设计值宜高于4℃，不包括4℃，选项B错误；根据第4.5.2条，选项C正确；根据第4.3.9条条文说明及《09技术措施》第7.5.3-21条，双U形地埋管内设计水流速不宜小于0.4m/s，选项D错误。

4.4-26.【多选】有关地埋管地源热泵系统工程的表述，下列哪几项是错误的？【2017-2-43】

    A. 某别墅小区占地2万m²，共10栋单体建筑，单体建筑面积分别在1000~1200m²之间，每栋均独立配置地源热泵系统，可不进行热响应试验

    B. 工程进行热响应试验时，采用测试水吸热实验的方法

    C. 工程应用建筑面积小于3000m²时，可不设置测试孔

    D. 地埋管地源热泵系统应考虑全年土壤热平衡问题

参考答案： ABC

分析： 根据《地源热泵系统工程技术规范》GB 50366—2005（2009年版）第3.2.2A条及条文说明可知，应用建筑面积是指在同一个工程中，应用地埋管地源热泵系统的各个单体建筑面积的总和。选项A中各个单体建筑面积的总和在10000~12000m²之间，应用建筑面积大于5000m²，应进行岩土热响应试验，错误；根据附录C.3可知，采用的是测试水放热实验的方法，故选项B错误；根据第C.1.1可知，小于10000m²至少也得一个测试孔，故选项C错误；根据第4.3.2条可知，选项D正确。

4.4-27.【多选】当地勘工作发现土壤中无地下水径流时，下列哪些建筑不合适采用土壤源热泵作为空调系统冷热源？【2017-2-57】

A. 北京的办公建筑　　　　　　　　B. 哈尔滨的住宅建筑

C. 深圳的大型商场　　　　　　　　D. 上海的宾馆建筑

参考答案：BC

分析：根据《民规》8.3.4.4 条条文说明，对于地下水径流流速较小的地埋管区域，在计算周期内，地源热泵系统的总释热量和总吸热量应平衡。选项 A 中北京的办公建筑有供冷和供热需求，总释热量和总吸热量容易平衡，适合；选项 B 中哈尔滨住宅一般只有供热无供冷，总释热量和总吸热量不易平衡，不适合；选项 C 中深圳位于夏热冬暖地区，大型商场供冷需求要大于供热需求，总释热量和总吸热量不易平衡，不适合；选项 D 中上海位于夏热冬冷地区，宾馆建筑全年供冷和供暖需求相当，适合。

扩展：根据《民用建筑供暖通风与空气调节设计规范·技术指南》P468 中的地源热泵系统适宜性研究，针对办公建筑，寒冷气候区为适宜区，选项 A 适合；针对居住建筑，严寒气候区为不适宜区，选项 B 不合适。采用单一式地埋管地源热泵系统和有辅助冷热源的地埋管地源热泵系统情况下，各气候区的适应性有所不同，具体可参考本书扩展总结"地源热泵系统适应性总结"。

4.4-28.【多选】在供冷量和供热量都相同的情况下，关于江水源热泵机组的能耗说法，下列哪几项是正确的？【2017-1-64】

A. 当江水的取水温度降低时，机组供冷的能耗一定会降低

B. 当江水的取水温度增大时，机组供冷的能耗一定会降低

C. 当江水的取水温度一定时，机组冷凝器的进出江水温差增大，机组供冷的能耗一定会升高

D. 当机组蒸发器的进出江水温差一定时，江水取水温度升高，机组供热的能耗一定会减小

参考答案：CD

分析：根据《复习教材》第 4.1.3 节可知，蒸发器中被冷却物的平均温度（冷水）为蒸发温度，冷凝器中冷却剂的平均温度（冷却水）为冷凝温度，单从取水温度无法判断机组能耗，故选项 AB 错误；取水温度一定，温差增大，供冷工况时，冷凝器侧平均温度增大，冷凝温度增大，耗功增加，选项 C 正确；温差一定，取水温度升高，制热工况，蒸发温度增大，耗功减小，选项 D 正确。

4.4-29.【多选】在标准工况下，采用空气焓差法进行水（地）源热泵机组（室内机为冷热风型）制热量检测。下列说法中哪几项是错误的？【2018-2-46】

A. 实测的制热量应扣除循环风扇的热量

B. 实测的制热量应包括水泵的发热量

C. 试验时如果大气压低于 101kPa 时，每低 3.5kPa 实测的制热量可以增加 0.8%

D. 实测的制热量不应小于名义制热量的 92%

参考答案：ABD

分析：根据《水（地）源热泵机组》GB/T 19409—2013 第 6.2.1 条，"制冷量和制热量应为净值，对冷热风机组其包含循环风扇热量，但不包含水泵热量和辅助热量。制冷

（热）量由试验结果确定，在试验工况允许波动的范围之内不作修正，冷热风型机组，对试验时大气压的低于 101kPa 时，大气压读数每低 3.5kPa，实测的制冷（热）量可增加 0.8%。"可知选项 AB 错误，选项 C 正确。由第 5.3.5 条可知，选项 D 错误。

4.4.3 多联式空调（热泵）

4.4-30.【单选】下图为多联式空调（热泵）机组制冷量的测试图。问：根据产品标准进行测试时，室外机距第一个分液器（分配器）之间的冷媒管长度 L，应为下列哪一项？【2012-1-32】

A. 3m   B. 5m   C. 8m   D. 10m

参考答案： B

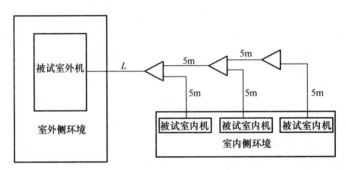

分析： 见《多联机空调系统工程技术规程》JGJ 174—2010 第 3.1.3 条文解释表 3 的"注：测试方法按照 GB/T 18837 的相关规定，其中，室内外机连接管道上冷媒分配器前、后的连接管长度为 5m 或按制造厂规定"，由此选项 B 正确；另可参考《多联式空调（热泵）机组》GB/T 18837—2002 第 6.3.5 条图 2、图 3。

4.4-31.【单选】下列对多联机（热泵）机组能效的提法中，哪一项是错误的？【2012-1-33】

A. 虽然《公共建筑节能设计标准》中没有提出对多联机（热泵）机组的能效要求，但在选用中仍应考虑机组的能效

B. 多联机以机组制冷综合性能系数（IPLV（C））值划分能源效率等级

C. 名义制冷量为 28000～84000W 的多联机的 2 级能效是 3.35W/W

D. 2012 年以现在的能源效率第 2 级作为实施的多联机能效限定值

参考答案： D

分析： 根据《公建节能 2005》第 5.4 节可知，选项 A 正确；根据《多联式空调（热泵）机组能效限定值及能效等级》GB 21454—2008 第 3.3 条，选项 B 正确；根据第 5.1 条表 2 及第 A.1 条，选项 C 正确，选项 D 错误，以第 3 级作为能效限定值。

扩展：《公建节能 2005》中并未对多联机（热泵）机组的能效提出要求，但《公建节能 2015》增加了对多联机（热泵）机组的能效要求，详见第 4.2.17 条、第 4.2.18 条。但是按照本考题的考察年限，即便按照《公建节能 2005》标准的规定，选项 A 正确。

4.4-32.【单选】关于相同设计冷负荷的多联机空调系统制冷工况下的运行能效，下

列说法哪项是错误的？【2013-1-35】

 A. 室外空气的干球温度越低则系统能效越高

 B. 室内空气的湿球温度越低则系统能效越高

 C. 室内机和室外机之间的配管长度越长则系统能效越低

 D. 室内机和室外机之间的安装高度差越小则系统能效越高

参考答案： B

分析： 分析选项 A，室外干球温度越低，则冷凝温度越低，制冷系数提高；选项 C、D 正确，则排除法选 B。多联机空调系统制冷工况运行，室外机相当于冷凝器，室外空气的干球温度越低，冷凝温度越低，则系统能效比越高；室内空气的湿球温度越低则说明蒸发温度越低，则系统能效比越低；室内机和室外机之间配管长度越短，安装长度越小，说明管路引起的压降越小，冷量衰减的越小，系统能效比就越高。

4.4-33.【单选】下列有关多联式空调（热泵）机组的能效与能效等级的说法，正确的是哪一项？【2013-1-36】

 A. 多联式空调（热泵）机组在规定的制冷能力试验条件下，制冷的性能系数越高则机组的能效等级就越高

 B. 多联式空调（热泵）机组在规定的制冷能力试验条件下，制冷的综合性能系数越高则机组的能效等级就越高

 C. 多联式空调（热泵）机组在规定的制热能力试验条件下，制热能效比越高则机组的能效等级就越高

 D. 多联式空调（热泵）机组在规定的制冷、制热能力试验条件下，制冷的性能系数和制热能效比得算术平均值越高则机组处于能源等级效率更高的能效等级

参考答案： B

分析：《多联式空调（热泵）机组能效限定值及能效等级》GB 21454—2008 第 3.2 条。多联机的能效定义是基于制冷综合性能系数定义的，因此评判能效等级的大小仅需考虑制冷的综合性能系数定义。

4.4-34.【单选】确定多联机空调系统的制冷剂管路等效管长的原因和有关说法，下列何项是不正确的？【2014-1-34】

 A. 等效管长与实际配管长度相关

 B. 当产品技术资料无法满足核算性能系数要求时，系统制冷剂管路等效管长不宜超过 70m

 C. 等效管长限制是对制冷剂在管路中压力损失的控制

 D. 实际工程中一般可不计算等效管长

参考答案： D

分析： 根据《多联机空调系统工程技术规程》JGJ 174—2010 第 2.0.4 条，等效管长为冷媒配管的管道长度与弯头、分歧等配件的当量长度之和，选项 A 正确；根据第 3.4.2-3 条、第 3.4.2-4 条及条文说明，选项 BC 正确；选项 D 明显错误。

4.4-35.【单选】关于多联式空调（热泵）机组制冷剂管路的说法，正确的为下列何项？【2016-1-32】

    A. 管路的铜管喇叭口与设备的螺柱连接采用固定扳手紧固

    B. 管路气密性试验保压时间不小于8h

    C. 管路气密性试验采用水进行

    D. 采用制冷剂R410A高压管路的试验压力比R407C高

    参考答案： D

    分析： 根据《多联机空调系统工程技术规程》JGJ 174—2010第4.2-3条：喇叭口与设备的螺栓连接应采用两把扳手进行螺母的紧固作业，选项A错误；第5.4.10-1条：气密性试验应采用干燥压缩空气或氮气进行，选项C错误；依据第5.4.10-1条：管路气密性试验保压时间不小于24h，选项B错误；依据表表5.4.10知，制冷剂R407C的试验压力3.3MPa，制冷剂R410A的试验压力4.0MPa，选项D正确。

4.4-36.【单选】以下关于多联式空调（热泵）机组系统的说法，错误的为何项？【2017-1-30】

    A. 多联式空调（热泵）机组有空气源机型和水源机型

    B. 多联式空调系统中的机组冬季运行时均应设置除霜功能

    C. 建筑物有内区时，冬季期间因具有热回收能力，水源多联机的运行更为节能

    D. 水源多联机的水源可采用地埋管循环水系统

    参考答案： B

    分析： 根据《复习教材》第3.4.5节第2条可知，选项A正确；选项B错误，带排风热回收型的新风机组集热泵机组与新风机组一体，名义工况条件下，冬季制热COP高达6.0及以上，因蒸发侧采用室内排风，基本无结霜；根据《民规》第7.3.11-1条及条文说明，可知热回收型多联机空调系统是高效节能型系统，冬季将内区热量转移至外区供热，外区空调供热不足部分，由外部热源提供。当热源采用水源相比空气源，取热温度更高且稳定，机组效率高，运行更为节能，故选项C正确；当外部条件适宜时，采用地埋管循环水系统作为水源多联机的水源，是一种较好的选择，故选项D正确。

4.4-37.【单选】某建筑（无地下室）采用无专用过冷回路设计的单冷型多联机空调系统，以下关于多联机室外机与室内机之间关系的说法，正确的为下列何项？【2017-1-34】

    A. 室外机在屋面安装时与室内机的高差值，与室外机在地面安装时与室内机的高差值的最大允许值相同

    B. 室外机在屋面安装时与室内机的最大允许高差值，大于室外机在地面安装时与室内机的最大允许高差值

    C. 室外机在屋面安装时与室内机的最大允许高差值，小于室外机在地面安装时与室内机的最大允许高差值

    D. 室外机与室内机的高差值不是设计中必须考虑的问题

    参考答案： C

    分析： 根据《复习教材》第4.3.4节第2条"（3）多联式空调（热泵）机组"可知，

室内机与室外机的最大高差为 110m（室外机在上时为 100m），故选项 C 正确。

4.4-38.【多选】多联机空调系统制冷剂管道的气密性试验做法，下列哪几项不符合规定？【2012-1-65】

A. R410A 高压系统试验压力为 3.0MPa

B. 应采用干燥压缩空气或氮气

C. 试验时要保证系统的手动阀和电磁阀全部开启

D. 系统保压经 24 小时后，当压力降大于试验压力 2‰时，应重新试验

参考答案：AD

分析：根据《多联机空调系统工程技术规程》JGJ 174—2010 第 5.4.10 条中表 5.4.10 可知，R410A 高压系统试验压力为 4.0MPa，故选项 A 是错误的；选项 B、C 是正确的；选项 D 中应该为：当压力降大于试验压力 1‰时，应重新试验，故选项 D 错误。

4.4-39.【多选】有关多联式空调（热泵）机组的说法，下列哪几项是错误的？【2012-2-67】

A. 多联式空调（热泵）机组压缩机采用数码涡旋压缩机优于变频压缩机，更节能

B. 室内机和新风机宜由一台多联式空调（热泵）室外机组拖动

C. 多联式空调（热泵）机组运行正常的关键之一，是要解决好系统的回油的问题

D. 多联式空调（热泵）机组使用地域基本不受限制

参考答案：ABD

分析：根据《复习教材》P606 相关描述，变频压缩与数码涡旋都有各自的优势，很难简单断言孰优孰劣，选项 A 错误；根据《09 技术措施》第 5.14.5 条，当无其他冷热源对新风进行处理时，变制冷剂流量多联分体式空调宜采用适应新风工况的专用直接蒸发式机组作为系统的新风处理机组，因此不宜与室内机合用外机，选项 B 错误；选项 C 正确；根据《多联机空调系统工程技术规程》JGJ 174—2010 第 3.1.2-1 条，选项 D 错误。

4.4-40.【多选】关于多联机空调系统工程的施工技术要求描述，下列哪几项是正确的？【2013-1-64】

A. 制冷剂铜管的焊接采用充氮焊接，焊接的部位保持清洁

B. 制冷剂为 R410A 的管道的气密性试验采用水进行

C. 设计文件和设备技术文件未规定时，R410A 制冷剂的高压管道的气密性试验压力为 4.0MPa

D. 气密性试验的保压时间为 24h，判断试验结束时的压降百分比是否符合要求，应考虑试验开始、结束的环境温度因素修正

参考答案：ACD

分析：根据《多联机空调系统工程技术规程》JGJ 174—2010 第 5.4.5 条，选项 A 正确；根据 JGJ 174—2010 第 5.4.10-1 条、第 4 条，选项 B 错误、选项 C 正确、选项 D 正确。

4.4-41.【多选】在多联机系统中，当压缩机的转速和室内外工况条件一定时，下列关于室内外机组之间的冷媒配管长度 L 对多联机系统性能影响的说法，哪几项是正确的？【2018-1-63】

A. L 越长，其制冷量越小，制热量也越小

B. L 的变化对多联机系统的制冷量衰减率和制热量衰减率都是相同的

C. L 越长，制冷时室内机中的蒸发压力越高，压缩机吸气压力越低

D. L 越长，制热时室内机中的冷凝压力越低，压缩机排气压力越高

参考答案：ACD

分析：题设中前提条件为室内外工况一定，则室内温度不变。制冷工况：室内侧有膨胀阀及蒸发器，L 变长，阻力增加，压缩机吸气压力减小，比容增加，质量流量减小，制冷量减小，同时为克服阻力损失蒸发温度增加，与室内温差减小，$Q=KF\Delta t$，故制冷量减小；制热工况：室内机为冷凝器，L 变长，压缩机出口至冷凝器的管道损失增加，冷凝压力降低，与室内空气温差减小，$Q=KF\Delta t$，故制热量减小。选项A正确。制冷量衰减率＞制热量衰减率。L 越长，阻力损失越大，蒸发压力及冷凝压力变小，故其制冷量与制热量均变小，选项A正确；根据 $T\text{-}s$ 图制热量为制冷量与功耗的和，故制冷量与制热量衰减率不同，选项B错误；L 越长，为克服阻力损失，蒸发压力应提高，压缩机吸气压力低，制热工况，克服助力损失压缩机排气压力增加，冷凝器内压力降低，选项CD正确。

4.5 制冷系统管路设计

4.5-1.【单选】关于制冷机房的设备布置要求，下列哪一项不符合规范规定？【2012-1-35】

A. 机组与墙之间的净距不小于 1m，与配电柜的距离不小于 1.5m

B. 机组与机组或其他设备之间的净距不小于 1.2m

C. 机组与其上方的电缆桥架的净距应大于 1m

D. 机房主要通道的宽度应大于 1.8m

参考答案：D

分析：根据《复习教材》第 4.4.4 节可知，选项ABC的说法均为正确的；选项D和"制冷机突出部分与配电柜之间的距离和主要通道的宽度，不应小于 1.5m"的说法不符，故此选项为错误的。

4.5-2.【单选】关于蒸汽压缩式制冷机组采用冷凝器的叙述，下列何项是正确的？【2014-1-32】

A. 采用风冷式冷凝器，其冷凝能力受到环境湿球温度的限制

B. 采用水冷式冷凝器（冷却塔供冷却水），冷却塔供水温度主要取决于环境空气干球温度

C. 采用蒸发式冷凝器，其冷凝能力受到环境湿球温度的限制

D. 蒸发冷却式冷水机组和水冷式冷水机组，名义工况条件，规定的放热侧的湿球温

度相同

参考答案： C

分析： 风冷式冷凝器的冷凝能力主要取决于空气的干球温度，选项 A 错误；冷却塔供水温度主要取决于湿球温度，选项 B 错误；蒸发式冷凝器的冷凝能力取决于空气湿球温度，选项 C 正确；根据《复习教材》表 4.3-5 可知，选项 D 错误。

4.5-3.【单选】某地下制冷机房设计为离心式冷水机组（制冷剂为 R134a），在机房设计时下列哪一项措施是不符合规定的？【2016-2-31】

　　A. 制冷机房应设置机械通风系统，其排风口应设于室外

　　B. 当蒸发器和冷凝器采用在线清洗系统时，冷水机组的任何一端可不要求预留清理管束的维修空间

　　C. 每台离心式冷水机组之间的间距应满足机组最大检修部件的尺寸要求

　　D. R134a 毒性较低，制冷剂安全阀不必设置连接室外的泄压管

参考答案： D

分析： 根据《复习教材》第 4.4.4 节，选项 A 正确；根据《民规》第 8.10.2 条条文说明，蒸发器和冷凝器采用在线清洗装置时，可以不考虑机组任何一端预留维修空间，选项 B 正确；离心式冷水机组之间的间距应满足机组最大检修部件的尺寸要求，选项 C 正确；根据《民规》第 8.10.1-5 条及条文说明，不论属于哪个安全分组的制冷剂，制冷剂安全阀一定要求接至室外安全处，选项 D 错误。

4.5-4.【单选】以下关于蒸气压缩式制冷机组中有关阀件的说法，错误的为何项？【2016-2-32】

　　A. 电子膨胀阀较热力膨胀阀会带来更好的运行节能效果

　　B. 制冷剂管路上的节流装置是各类蒸气压缩式冷水机组必有的部件

　　C. 房间空调器可采用毛细管作为节流装置

　　D. 制冷剂管路上的四通换向阀是各类蒸气压缩式冷水机组必有的部件

参考答案： D

分析： 热力膨胀阀是利用蒸发器出口处蒸汽过热度的变化调节供液量，分为内平衡式和外平衡式热力膨胀阀。电子膨胀阀是利用被调节参数产生的电信号，控制施加于膨胀阀的电压或电流，来达到调节供液量。电子膨胀阀比热力膨胀阀控制更为精确、稳定，选项 A 正确。节流装置是逆卡诺循环四大部件之一，不可或缺，选项 B 正确；毛细管是节流，利用孔径和长度变化产生压力差，主要用于负荷较小设备，不能控制制冷剂流量，选项 C 正确。电磁四通换向阀是采用改变制冷剂流向，使系统由制冷工况向热泵工况转换，主要用于热泵系统的制冷剂切换，选项 D 错误。

4.5-5.【单选】某制冷机房设置一小、二大，合计为三台冷水机组，小机组名义工况的制冷量为 389kW/台，大机组名义工况制冷量均为 1183kW/台，使用的制冷小时负荷率为：全开 10%；大机组两台开 20%；大机组一台开 60%；小机组一台开 10%。以下四个冷水机组的机房布置平面图中，相对合理的为何项？【2017-2-30】

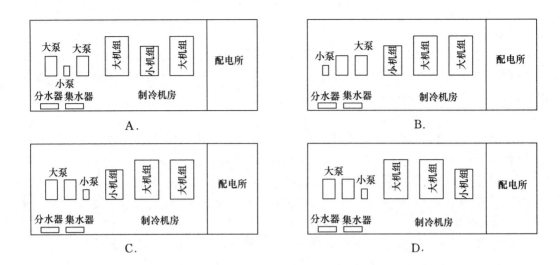

A. B.

C. D.

参考答案： B

分析： 由题设可知，大机组制冷运行小时数最多，大机组安放位置宜并排连续放置，故选项A错误；同时考虑便于日常运行维护管理，大机组对应大泵宜尽量靠近，故选项C错误；配电所位于制冷机房右侧，运营频率高的大机组宜靠近配电所，缩短配电线路安装长度，有利于降低输送能耗，同时便于施工安装和降低建设投资，故选项D错误，选项B正确。

4.5-6.【单选】关于制冷设备管道现场安装的要求，不符合现行规范规定的是下列哪一项？【2017-2-37】

A. 输送制冷剂碳素钢管的焊接应全部采用氩弧焊焊接工艺

B. 液体管上接支管，应从主管的底部或侧部接出

C. 气体管上接支管，应从主管的上部或侧部接出

D. 吸排气管道敷设时，其管道外壁之间的间距应大于200mm

参考答案： A

分析： 根据《复习教材》第4.4.2节或《制冷设备、空气分离设备安装工程施工及验收规范》GB 50274—2010第2.1.5条可知，选项A错误，采用氩弧焊封底，电弧焊盖面的焊接工艺；根据《通风与空调工程施工规范》GB 50738—2011第12.2.4条可知，选项BCD正确。

4.5-7.【单选】制冷设备管道在现场安装时，关于各设备之间制冷管道连接的坡向，下列何项是错误的？【2018-1-30】

A. 氟利昂压缩机的进气水平管坡向蒸发器

B. 氟利昂压缩机的排气水平管坡向油分离器

C. 冷凝器至贮液器的水平供液管坡向贮液器

D. 油分离器至冷凝器的水平管坡向油分离器

参考答案： A

分析： 根据《复习教材》第 4.4.2 节可知，选项 A 错误，应该坡向压缩机。

扩展： 详见本书第 4 篇第 18 章扩展 18-11：制冷设备及管道坡向坡度总结。

4.5-8.【多选】近些年蒸汽压缩式制冷机组采用满液式蒸发器（蒸发管完全浸润在沸腾的制冷剂中）属于节能技术，对它的描述，下列哪几项是正确的？【2012-1-64】

A. 满液式蒸发器的传热性能优于干式蒸发器

B. 蒸发管外侧的换热系数得到提高

C. 位于蒸发器底部的蒸发管的蒸发压力低于蒸发器上部的蒸发管的蒸发压力

D. 位于蒸发器底部的蒸发管的蒸发压力高于蒸发器上部的蒸发管的蒸发压力

参考答案： ABD

分析：（1）满液式机组与普通冷水机组的区别就在于蒸发器采用了满液式蒸发器，而普通冷水机组采用干式蒸发器，满液式蒸发器与干式蒸发器的明显区别在于制冷剂流程不同，满液式蒸发器制冷剂走壳程，制冷剂从壳体下部进入，在传热管外流动并受热沸腾，蒸汽从壳体上部排出。干式蒸发器中制冷剂走管程，即制冷剂从端盖下部进入传热管束，在管内流动受热蒸发，蒸汽从端盖上部排出。

（2）满液式蒸发器的优点：最大特点是靠液态制冷剂淹没大量换热管束，采用表面高度强化的满液式蒸发管，蒸发管完全浸泡在冷媒中，所以传热系数高；而且是制冷剂蒸汽无需过热度，从而蒸发温度可以大幅提升。

（3）满液式蒸发器制冷剂有一定的液位高度，因此下部制冷剂压力大，相对蒸发压力高。

4.5-9.【多选】冷库中制冷管道的敷设要求，下列哪几项是错误的？【2012-1-68】

A. 低压侧制冷管道的直管段超过 120m，应设置一处管道补偿装置

B. 高压侧制冷管道的直管段超过 50m，应设置一处管道补偿装置

C. 当水平敷设的回气管外径大于 108mm 时，其变径管接头应保证顶部平齐

D. 制冷系统的气液管道穿过建筑楼板、墙体时，均应加套管，套管空隙均应密封

参考答案： ACD

分析： 根据《冷库设计规范》GB 50072—2010 第 6.5.7 条第 1 款中所述，选项 A 中 "120m" 应为 "100m"，故选项 A 错误；选项 B 正确；第 6 款所述，选项 C 应为底部平齐，故选项 C 错误；第 2 款所述，制冷剂管道穿过建筑物的墙体（除防火墙外）、楼板、屋面时，应加套管，套管与管道间的空隙应密封但制冷压缩机的排气管道与套管间的间隙不应密封。从规范的意思可知：（1）穿越防火墙是不需要加套管，（2）制冷压缩机的排气管道与套管间的间隙不应密封，故选项 D 是错误的。

4.5-10.【多选】关于制冷压缩机吸气管和排气管的坡向，下列哪几项是正确的？【2014-2-66】

A. 氨压缩机排气管应坡向油分离器

B. 氟利昂压缩机排气管应坡向油分离器或冷凝器

C. 氨压缩机吸气管应坡向蒸发器、液体分离器或低压缩机储液器

D. 氟利昂压缩机吸气管应坡向压缩机

参考答案：ABCD

分析：根据《复习教材》第4.4.2节或《制冷设备、空气分离设备安装工程施工及验收规范》GB 50274—2010 表2.1.5 或《通风与空调工程施工质量验收规范》GB 50243—2016 第8.2.7-5条，均可得出ABCD均正确。

4.5-11.【多选】某办公建筑的制冷机房平均平面设计，下列哪几项是正确的?【2014-2-67】

A. 机房内主要通道宽度为1.6m

B. 制冷机与制冷机之间的净距为1.0m

C. 制冷机与电气柜之间的净距为1.2m

D. 制冷机与墙之间的净距为1.1m

参考答案：AD

分析：根据《复习教材》第4.4.4节，机房内主要通道宽度不应小于1.5m，故选项A正确。制冷机与制冷机之间的净距不应小于1.2m，故选项B错误。制冷机突出部分与电气柜之间的距离不应小于1.5m，故选项C错误。制冷机与墙之间的净距不应小于1.0m，故选项D正确。

4.5-12.【多选】当设置两台或两台以上蒸汽压缩式制冷机时，制冷机的制冷剂管道连接做法，下列哪几项是正确的?【2017-1-68】

A. 蒸发器可以连通   B. 冷凝器可以连通

C. 压缩机可以连通   D. 以上均不允许连通

参考答案：ABC

分析：根据《复习教材》图4.4-1、图4.4-2，选项AC正确；根据第4.4.2节第4条"R717制冷剂管道系统设计"，"当设计两台冷凝器共用一台储液器时"，选项B正确。

4.5-13.【多选】某小型冷库采用R404A直接膨胀制冷系统，有关热力膨胀阀与感温包的安装，下列哪几项说法是正确的?【2018-1-68】

A. 热力膨胀阀的安装位置应低于感温包

B. 热力膨胀阀的安装位置应高于感温包

C. 感温包应装在蒸发器的回气管上

D. 感温包应装在蒸发器的进液管上

参考答案：BC

分析：直膨系统感温包主要用于控制压缩机入口的吸气过热度，故应安装在回气管上，热力膨胀阀位置应高于感温包，能够得到可靠的吸气过热度。

4.6   溴化锂吸收式制冷

4.6-1.【单选】关于SXZ6-174Z溴化锂冷水机组的表述，正确的是下列哪一项?

【2012-2-34】

    A. 单效型，蒸汽压力 0.6MPa，名义制冷量 1740kW，冷水出水温度 7℃

    B. 双效型，蒸汽压力 0.6MPa，名义制冷量 1740kW，冷水出水温度 10℃

    C. 双效型，蒸汽压力 0.6MPa，加热热源 1740kg/h，冷水出水温度 10℃

    D. 双效型，蒸汽压力 0.6MPa，加热热源 1740kg/h，冷水出水温度 7℃

参考答案：B

分析：根据《蒸汽和热水型溴化锂吸收式冷水机组》GB/T 18431—2001 附录 G "机组型号表示方法"可得正确答案为选项 B。

4.6-2.【单选】制冷工况条件下，供/回水温度为 7/12℃，下列关于吸收式制冷机组的表述中哪一项是正确的？【2012-2-35】

    A. 同等的制冷量、同样的室外条件，吸收式制冷机组的冷却水耗量小于电机驱动压缩式冷水机组的冷却水量耗量

    B. 同等的制冷量、同样的室外条件，吸收式制冷机组的冷却水耗量等于电机驱动压缩式冷水机组的冷却水量耗量

    C. 同等的制冷量、同样的室外条件，吸收式制冷机组的冷却水耗量大于电机驱动压缩式冷水机组的冷却水量耗量

    D. 吸收式制冷机组的冷却水和电机驱动压缩式冷水机组一样只通过冷凝器

参考答案：C

分析：根据《红宝书》P2319，溴化锂吸收式冷却水温差为 5.5～8℃，有别于水冷螺杆式和离心式制冷机，二者均为 5℃，且单位制冷量的冷却水循环量约为后者的 1.2 倍，在选用冷却水泵及冷却塔是应注意，可见选项 AB 错误，选项 C 正确；根据《复习教材》图 4.5-1 及 P645 可知，冷却水要负担吸收器和冷凝器中两部分的热量，选项 D 错误。

扩展：本题也可以利用选择题的技巧，比较 ABC 三个选项是三个相互矛盾的情况，只可能一个正确，另外根据单选题，可以直接判定选项 D 不符合题意。

4.6-3.【单选】寒冷地区的某旅馆建筑全年设置集中空调系统，拟采用直燃机。问：直燃机选型时，正确的是何项？【2012-2-36】

    A. 按照建筑的空调冷负荷 Q_l 选择

    B. 按照建筑的空调热负荷 Q_r 选择

    C. 按照建筑的生活热水热负荷 Q_s 选择

    D. 按照建筑的空调热负荷与生活热水热负荷之和＝Q_r+Q_s 选择

参考答案：A

分析：根据《09 技术措施》第 6.5.4.1 条、第 6.5.4.3 条、第 6.5.4.4 条；根据《复习教材》P657，按冷负荷选型，并考虑冷、热负荷与机组供冷、供热量匹配。

扩展：《民规》第 8.4.3 条，按照冷负荷和热负荷较小者选型，寒冷地区冷负荷比热负荷及热水负荷小。

4.6-4.【单选】直燃双效溴化锂吸收式冷水机组，当冷却水温度过低时，最先发生结

晶的部位是下列哪一个装置？【2014-1-29】

  A. 高压发生器   B. 冷凝器

  C. 低温溶液热交换器   D. 吸收器

  参考答案：C

  分析：根据《复习教材》第 4.5.3 节，结晶现象一般先发生在溶液热交换器的浓溶液侧，因为那里溶液浓度最高，温度较低，通路狭窄。

4.6-5.【单选】有关吸收式制冷（热泵）装置的说法，正确的为下列何项？【2014-1-35】

  A. 氨吸收式机组与溴化锂吸收式机组比较，前者水为制冷剂、后者溴化锂为制冷剂

  B. 吸收式机组的冷却水仅供冷凝器使用

  C. 第二类吸收式热泵的冷却水仅供冷凝器使用

  D. 第一类吸收式热泵为增热型机组

  参考答案：D

  分析：根据《复习教材》第 4.5.1 节可知，氨吸收式机组氨为制冷剂，溴化锂吸收式机组，水为制冷剂，选项 A 错误；根据《复习教材》图 4.5-1 及 P645 可知，冷却水要负担吸收器和冷凝器中两部分的热量，选项 BC 错误；热电厂的余热回收利用，采用的吸收式热泵机组为第一类吸收式热泵机组为增热型，选项 D 正确。

4.6-6.【单选】下列关于溴化锂吸收式制冷机组冷却负荷的描述，哪一项是正确的？【2016-1-36】

  A. 等于发生器耗热量与蒸发器制冷量之和

  B. 等于蒸发器制冷量与吸收器放热量之和

  C. 等于冷凝器放热量与吸收器放热量之和

  D. 等于发生器耗热量与冷凝器放热量之和

  参考答案：C

  分析：根据《复习教材》图 4.5-1 可知，选项 C 正确。根据热平衡计算公式可知，当采用单效溴化锂吸收式制冷机组时，冷却负荷＝发生器耗热量＋蒸发器制冷量；当采用双效溴化锂吸收式制冷机组时，冷却负荷＝高压发生器耗热量＋蒸发器制冷量；选项 A 的说法不全面。

4.6-7.【单选】下列关于吸收式热泵的说法，正确的是哪一项？【2016-2-30】

  A. 吸收式热泵适用于余热回收的任何场合

  B. 当余热资源介质温度高于 200℃时，能更充分发挥吸收式热泵的作用

  C. 某工业炉窑运行中产生 95℃的高温水，需要冷却至 80℃，而另一工艺设备要求供应 0.2MPa 的蒸汽，可设计采用吸收式热泵

  D. 选项 C 的热回收采用吸收式热泵，需采用第一类吸收式热泵

  参考答案：C

  分析：根据《复习教材》表 4.5-1 可知，吸收式热泵对余热回收的温度有范围要求，不适用于任何场合，选项 A 错误；一类吸收式热泵驱动热源温度热水 100～160℃，蒸汽（0.1～

0.8MPa），对应蒸汽压力最高温度约为 170℃；二类吸收式热泵可利用的 60～100℃ 的废热资源。当余热资源介质温度高于 200℃ 时，并不能更加充分发挥吸收式热泵的作用，选项 B 错误；根据选项 C 工况条件，可采用第二类吸收式热泵，选项 C 正确，选项 D 错误。

4.6-8.【单选】下列关于吸收式制冷系统的描述，哪项是错误的？【2018-1-34】

A. 发生器是向制冷循环提供高品位能量的部件

B. 溶液泵是将低压溶液增压至高压溶液的部件

C. 吸收器是维持制冷系统蒸发压力的部件

D. 解决溶液热交换器浓溶液侧结晶问题的方法之一，是在发生器与蒸发器之间设置浓溶液溢液管（融晶管）

参考答案：D

分析：根据《复习教材》第 4.5.1 节可知，选项 AB 正确；在吸收器中，用液态吸收剂不断吸收蒸发器产生的低压气态制冷剂，以达到维持蒸发器内低压的目的，选项 C 正确；解决热交换器浓溶液侧结晶问题，在发生器中设有浓溶液溢流管，当热交换器浓溶液通路因结晶被阻塞时，发生器液位升高，浓溶液经溢流管直接进入吸收器，选项 D 错误。

4.6-9.【单选】在溴化锂吸收式制冷剂中，下列哪一项是制冷剂？【2018-2-34】

A. 固体溴化锂　　　　　　　　　　B. 水

C. 溴化锂浓溶液　　　　　　　　　D. 溴化锂稀溶液

参考答案：B

分析：根据《复习教材》第 4.5.1 节可知，选项 B 正确。

4.6-10.【单选】用于某几种供热换热站的大温差吸收式换热机组（取代原有直接换热器）的原理图如下图所示。其中 1 为换热器。已知一次网的供、回水温度分别为 130℃ 和 25℃，二次网的供、回水温度分别为 70℃ 和 50℃。问：图中部件 2、3、4、5 依次的名称下列给出的哪个选型是正确的？【2018-2-35】

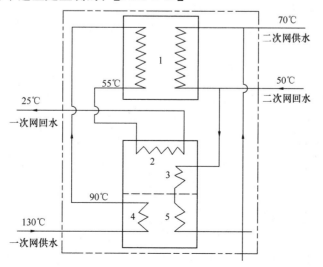

A. 蒸发器、吸收器、发生器、冷凝器

B. 吸收器、蒸发器、发生器、冷凝器

C. 冷凝器、发生器、蒸发器、吸收器

D. 发生器、冷凝器、蒸发器、吸收器

参考答案： A

分析： 根据《复习教材》图 4.5-1 可知，选项 A 正确。

4.6-11.【多选】下列关于吸收式制冷机热力系数的说法中，哪几项是错误的？【2012-2-68】

A. 吸收式制冷机热力系数是衡量制冷机制热能力大小的参数

B. 吸收式制冷机的最大热力系数与环境温度无关

C. 吸收式制冷机的热力系数仅与发生器中的热媒温度有关

D. 吸收式制冷机的热力系数仅与发生器中的热媒温度和蒸发器中的被冷却物的温度有关

参考答案： ABCD

分析： 根据《复习教材》第 4.5.1 节，吸收式制冷机的经济性常以热力系数作为评价指标。热力系数是吸收式制冷机中获得的制冷量与消耗的热量之比。选项 A 错误；根据《复习教材》P643，最大热力系数随热源温度的升高、环境温度的降低以及被冷却物质为目的的升高而增大，选项 BCD 错误。

4.6-12.【多选】制冷工况条件下，供/回水温度为 7℃/12℃，下列关于吸收式制冷机的说法中，哪几项是错误的？【2013-1-68】

A. 同等的制冷量，同样的室外条件，吸收式制冷机的冷却水耗量小于电机驱动压缩式冷水机组的冷却水耗量

B. 同等的制冷量，同样的室外条件，吸收式制冷机的冷却水耗量等于电机驱动压缩式冷水机组的冷却水耗量

C. 吸收式制冷机内部冷却水系统均为并联式系统

D. 吸收式制冷机的冷却水先流经冷凝器再流到吸收器

参考答案： ABCD

分析： 根据《红宝书》P2319，溴化锂吸收式冷却水温差为 5.5~8℃，有别于水冷螺杆式和离心式制冷机，二者均为 5℃。且单位制冷量的冷却水循环量约为后者的 1.2 倍，在选用冷却水泵及冷却塔是应注意，可见选项 AB 错误；根据《复习教材》图 4.5-1 及 P645 可知，吸收式制冷剂内部冷却水系统均为并联式系统，冷却水先流经吸收器在流到冷凝器，选项 CD 均错误。

4.6-13.【多选】以下关于直燃式溴化锂吸收式冷（温）水机组的名义工况各参数的叙述，与标准规定不完全符合的是哪几项？【2016-1-67】

A. 制冷：冷却水进口/出口温度 32℃/37℃

B. 制冷：冷水进口/出口温度 12℃/7℃

C. 供热：出口水温度 60℃

D. 污垢系数：0.086m² · ℃/kW

参考答案：AD

分析：根据《复习教材》表 4.5-3，选项 AD 错误。

4.6-14.【多选】关于溴化锂吸收式制冷机组的制冷量衰减的原因，正确的是下列哪几项？【2016-1-68】

A. 机组真空度保持不良

B. 喷淋系统堵塞

C. 传热管结垢

D. 冷剂水进入溴化锂溶液中

参考答案：ABCD

分析：根据《复习教材》第 4.5.3 节第 2 条，制冷机组的制冷量衰减的原因 1)～4) 条，选项 ABCD 皆正确。

4.6-15.【多选】以下关于直燃型溴化锂吸收式冷（温）水机组制冷工况实测性能的要求，正确的是哪几项？【2016-2-65】

A. 机组的冷水、冷却水的压力损失不大于名义压力损失的 105％

B. 机组实测性能系数不低于名义性能系数的 95％

C. 机组实测制冷量不低于名义制冷量的 95％

D. 机组实测热源消耗量，以单位制冷（供热）量或单位时间量表示，不应高于名义热消耗量的 105％

参考答案：BCD

分析：根据《直燃型溴化锂吸收式冷（温）水机组》GB/T 18362—2008 第 5.3.6 条，选项 A 错误；根据第 5.3.5 条，选项 B 正确；根据第 5.3.1 条，选项 C 正确；根据第 5.3.3 条，选项 D 正确。

4.6-16.【多选】以下列出的溴化锂吸收式冷（温）水机组实测性能参数的规定，符合现行国家标准的是哪几项？【2017-1-66】

A. 机组实测制冷量不应低于名义制冷量的 95％

B. 机组的电力消耗量不应高于名义电力消耗量的 105％

C. 机组实测的性能系数不应低于名义性能系数的 95％

D. 机组冷（温）水，冷却水的压力损失不应大于名义压力损失的 105％

参考答案：ABC

分析：根据《直燃型溴化锂吸收式冷（温）水机组》GBT 18362—2008 第 5.3.1 可知，选项 A 正确；根据第 5.3.4 可知，选项 B 正确；根据第 5.3.5 可知，选项 C 正确；根据第 5.3.6 可知，选项 D 错误，应为不大于 110％。

4.6-17.【多选】以下关于吸收式热泵的说法，正确的为哪几项？【2017-1-67】

A. 某热电厂运行中产生 39℃的冷却水，需经冷却塔冷却至 32℃。其供热管网的供/回水温度为 85℃/50℃，为了节能减排，可采用吸收式热泵

B. 采用吸收式热泵时，热回收系统采用第一类吸收式热泵

C. 采用吸收式热泵时，某驱动热源是 39℃的冷却水

D. 采用第一类吸收式热泵供热性能系数可大于 1.2

参考答案： ABD

分析： 一般而言，第一类溴化锂吸收式热泵机组获得热源的温度比废热出热泵温度高 30～60℃，且不高于 100℃。热源的温升幅度和热源的进口温度与驱动热源温度及余热出口温度有关，余热出口温度越高，热泵机组能够提供的供热温度越高。结合《复习教材》表 4.5-1 可知，选项 A 正确；利用高温热源，把低温热源的能力提高到中温，从而提高能源的利用效率，驱动热源（高品质热能）＋余热源（低温废热）＝中温热源，符合第一类吸收式热泵定义，故选项 B 正确；39℃的冷却水为余热源，驱动热源采用高品质热能，如蒸汽、热水、燃油、燃气等，故选项 C 错误；第一类吸收式热泵供热性能系数在 1.2～2.5 之间，故选项 D 正确。

扩展： 第二类溴化锂吸收式热泵机组采用中温废热源驱动，用冷却水冷却，对外提供温度高于废热源温度的供暖或工艺用热水或蒸汽，即中温废热源（1.0）＝获得高温热源（0.45～0.50）＋低温冷却水（0.55～0.50），实现从低温向高温输送热能的设备。它与第一类溴化锂吸收式热泵机组的区别在于，它不需要更高温度的热源来驱动，但需要较低温度的冷却水。第二类溴化锂吸收式热泵机组运行时不需要消耗高品质热能，能耗费用极低，应用该类机组具有良好的经济效益。第二类溴化锂吸收式热泵机组的供热热水出口温度及升温幅度与废热源出口温度及冷却水出口温度有关，废热源出口温度越高，冷却水出口温度越低，则供热热水出口温度及升温幅度越高，热水出口温度可超过 100℃。将二类热泵机组输出的高温热水送入闪发罐闪发，可获得工艺加热用蒸汽。

4.6-18.【多选】以下关于溴化锂吸收式冷水机组管理运行管控的说法和做法，正确的为哪几项？【2017-2-65】

A. 机组存在溶液结晶的风险

B. 吸收式冷水机组启动运行之前，冷水泵和冷却水应提前运行

C. 机组真空度对制冷效果无影响

D. 机组应设冷却水进水低限水温保护控制

参考答案： ABD

分析： 根据《复习教材》第 4.5.3 节第 2 条可知，选项 AD 正确；机组必须设有抽气装置，排除不凝性气体，保证机组正常运行，因此真空度对制冷效果有较大影响，故选项 C 错误；根据第 4.4.3 可知，选项 B 正确。

4.6-19.【多选】在同等名义制冷量条件下，下列关于电制冷离心式水冷冷水机组与燃气直燃型溴化锂吸收式冷水机组相对比的说法，哪几项是正确的？【2018-1-56】

A. 燃气直燃机的冷却水系统投资要高于电制冷离心机

B. 燃气直燃机制冷的一次能源消耗低于电制冷离心机

C. 燃气直燃机在建筑内的机房位置受到的限制条件多于电制冷离心机

D. 采用电制冷离心机的空调系统的电力负荷高于燃气直燃机

参考答案：ACD

分析： 根据《复习教材》表 4.5-7，直燃机的 COP 为 1.1～1.4，而电制冷离心机的 COP 远高于这个范围，因此在同等名义制冷量为条件下，直燃机的一次能源消耗及排热均要高于电制冷离心机，选项 A 正确、选项 B 错误；根据 P657～P658，直燃机机房布置受到很多因素限制，限制条件多于电制冷离心机，选项 C 正确；根据 P469 表 3.7-1，直燃机采用燃气，不使用电能，因此电制冷离心机的电力负荷高于直燃机，选项 D 正确。

4.6-20.【多选】某公共建筑选用直燃型溴化锂吸收式冷（温）机组。问：工程设计时，下列名义工况制冷系数中，满足现行节能设计标准规定的，是哪几项？【2018-1-67】

　　A. 1.10　　　　　　B. 1.20　　　　　　C. 1.30　　　　　　D. 1.40

参考答案：BCD

分析： 根据《公建节能 2015》表 4.2.19 可知，选项 BCD 正确。

4.7　蓄　冷　技　术

4.7-1.【单选】关于冰蓄冷内融冰和外融冰的说法，正确的应是下列哪一项？【2012-1-36】

　　A. 冰蓄冷的方式一般分成内融冰和外融冰两大类

　　B. 内融冰和外融冰蓄冰贮槽都是开式贮槽类型

　　C. 盘管式蓄冰系统有内融冰和外融冰两大类

　　D. 内融冰和外融冰的释冷流体都采用乙二醇水溶液

参考答案：C

分析： 根据《复习教材》表 4.7-4，选项 A 错误，选项 C 正确，选项 D 错误。外融冰采用开式蓄冰储槽，内融冰蓄冰储槽可采用闭式或开式。

4.7-2.【单选】有关冰蓄冷系统设计的表述，下列哪项是错误的？【2013-2-36】

　　A. 串联系统中多采用"制冷机上游"的蓄冰流程

　　B. 采用"制冷机上游"较"制冷机下游"进制冷机乙二醇液的温度要高

　　C. 当冷凝温度相同时，进制冷机的乙二醇液温度高，则制冷机能效比更高

　　D. 内融冰蓄冷系统的蓄冰流程只有串联形式

参考答案：D

分析： 根据《复习教材》第 4.7.2 节可知，选项 ABC 正确；《复习教材》图 4.7.5 可知，选项 D 错误，并联系统通常应用于乙二醇容易温差为 5℃ 的场合。

4.7-3.【单选】有关蓄冷装置与蓄冷系统的说法，下列哪一项是正确的？【2014-2-35】

　　A. 采用内融冰蓄冰槽应防止管簇间形成冰桥

　　B. 蓄冰槽应采用内保温

C. 水蓄冷系统的蓄冷水池可与消防水池兼用

D. 采用区域供冷时，应采用内融冰系统

参考答案：C

分析： 根据《蓄能空调工程技术规程》JGJ 158—2018 第 3.3.12 条第 1 款可知，选项 C 正确；由第 3.3.20 条可知，选项 B 应为"宜采用"，错误；由第 3.3.14 条第 2 款可知，选项 A 错误，应为"外融冰"；根据《复习教材》P687 可知，选项 D 错误。

4.7-4.【单选】夏热冬冷地区某大型综合建筑的集中空调系统分别设置高区（写字楼）和低区（餐饮、影剧院与 KTV，夜间使用为主）的两个制冷机房，高区冷源为一台离心式冷水机组，低区冷源为两台离心式冷水机组（名义冷量均为 1394kW/台）。为消除夜间加班时高区离心机组运行的喘振现象，同时提高低区机组的负荷率，在高区设置了板式换热器（即由低区冷水机组承担），夜间按该工况运行时，系统中的阀门 V1、V2 的启闭，哪一项是正确的？（V3、V4 分别与 V1、V2 同启闭）【2016-1-30】

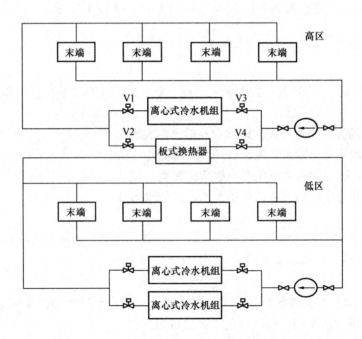

A. V1 开启、V2 关闭   B. V1 关闭、V2 开启

C. V1、V2 均开启   D. V1、V2 均关闭

参考答案：B

分析： 由题意知，夜间仅利用低区离心式冷水机组同时供给高低区，为了保证板式换热器换热时，高区循环冷冻水能全部流过板式换热器换热，而不通过冷水机组，需要将高区冷水机组前后阀门（V1、V3）全部关闭，板式换热器二次侧进出管路阀门 V2、V4 全部开启，方能实现。选项 B 正确。

4.7-5.【单选】下列关于水蓄冷和冰蓄冷的说法哪一项是错误的？【2016-2-33】

A. 在相同蓄冷量的情况下，冰蓄冷的蓄冷装置体积小于水蓄冷

B. 当乙烯乙二醇水溶液的凝固点为-10.7℃时，乙二醇的体积浓度为 27.7%

C. 冰蓄冷装置的释冷速率通常有两种定义法

D. 冰蓄冷系统比水蓄冷系统更适合应用于区域供冷工程

参考答案：B

分析：根据《复习教材》表 4.2-6，当乙烯乙二醇水溶液的凝固点为-10.7℃时，乙二醇的体积浓度为 22.9%，选项 B 错误。根据 P683，水蓄冷属于显热蓄冷方式，蓄冷密度小，水蓄冷槽体积相应庞大，冷损耗也大；冰蓄冷的蓄冷密度大，故在相同蓄冷量情况下，冰蓄冷的蓄冷装置体积小于水蓄冷，选项 A 正确。根据《民规》第 8.7.3 条条文说明，选项 C 正确；根据《民规》第 8.8.2 条，选项 D 正确。

4.7-6.【单选】某水蓄冷系统设计蓄冷与供冷合用一套水泵泵组，有关工况阀门（V1～V6）的启闭状态，下列哪一项是正确的？【2016-2-34】

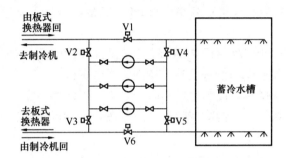

A. 蓄冷工况开启的阀门是：V2、V4、V6，其余阀关闭

B. 供冷工况开启的阀门是：V1、V4、V3，其余阀关闭

C. 蓄冷工况开启的阀门是：V1、V2、V5，其余阀关闭

D. 供冷工况开启的阀门是：V2、V4、V6，其余阀关闭

参考答案：A

分析：工况转化，阀门启闭详见下表：

工况	V1	V2	V3	V4	V5	V6
蓄冷工况	关	开	关	开	关	开
供冷工况	开	关	开	关	开	关

选项 A 正确。

4.7-7.【单选】关于冰蓄冷空调系统与非蓄冷空调系统不同之处，下列说法哪项是错误的？【2018-1-35】

A. 房间的空调冷负荷计算方法不同

B. 部分负荷冰蓄冷系统需采用双工况制冷机组

C. 冰蓄冷系统更适宜采用大温差和低温送风

D. 系统使用的载冷剂不同

参考答案：A

分析：根据《复习教材》表 4.7-6 可知，区别在于供冷负荷的取值不同，并不是空调负荷的计算不同，空调负荷的计算方法参见第3.2节；根据第4.7.2节第2条"蓄冷系统的设置原则"可知，选项BC正确；根据第4.7.1节第5条"蓄冷技术的分类与特点"可知，选项D正确。

4.7-8.【多选】水蓄冷系统的概述，下列哪几项说法是正确的？【2013-2-66】
A. 根据水蓄冷槽内水分层、热力特性等要求，蓄冷水的温度以4℃为宜
B. 温度分层型圆形水蓄冷槽的高径比宜为0.8~1.0
C. 温度分层型水蓄冷槽的测温点沿高度布置，测点间距为2.5~3.0m
D. 稳流器的设计既要控制弗洛德数Fr，又要控制雷诺数Re

参考答案：AD

分析：根据《民规》第8.7.7条，蓄冷温度不宜低于4℃的，而且4℃的水相对密度最大，便于利用温度分层储存，选项A正确；根据《复习教材》P691、P692可知，选项B错误；由表4.7-10可知，选项C错误；由P691可知，选项D正确。

4.7-9.【多选】下列哪几项对蓄冷系统的描述是正确的？【2013-2-67】
A. 全负荷蓄冷系统较部分负荷蓄冷系统的运行电费低
B. 全负荷蓄冷系统供冷时段制冷机不运行
C. 部分负荷蓄冷系统整个制冷期的非电力谷段，采用的是释冷＋制冷机同时供冷运行方式
D. 全负荷制冷系统较部分负荷制冷系统的初投资要高

参考答案：ABD

分析：全负荷蓄冷系统，用电全部来自于电谷时段，比部分负荷运行电费低，故选项A正确；全负荷蓄冷系统供冷时，制冷机不运行，故选项B正确；部分负荷蓄冷要求，可在过渡季节满足全蓄冷负荷运行，故选项C错误；全负荷制冷系统设备初投资要比部分负荷制冷系统初投资要高，故选项D正确。

4.7-10.【多选】关于冰蓄冷系统的设计表述，正确的应是下列哪几项？【2014-1-67】
A. 电动压缩式制冷机组的蒸发温度升高，则主机耗电量增加
B. IPF值要高，以减少冷损失
C. 蓄冰槽体积要小，占地空间要小
D. 蓄冷及释冷速率快

参考答案：BCD

分析：由制冷理论循环知，当冷凝温度T_k不变时，蒸发温度T_0升高，单位质量制冷量q_0增大，压缩机单位质量耗功率ω_c变小，则主机耗电量降低，选项A错误；根据《复习教材》第4.7.2节第2条可知，选项BCD均正确。

4.7-11.【多选】关于水蓄冷系统和冰蓄冷系统的说法，下列哪几项是正确的？【2014-2-68】
A. 水蓄冷槽可利用已有的消防水池

B. 水蓄冷槽可兼作水蓄热槽

C. 冰蓄冷槽可兼作水蓄热槽

D. 冰蓄冷系统中乙二醇溶液的管道内壁应镀锌

参考答案：AB

分析： 根据《蓄冷空调技术规程》JGJ 158—2018 第 3.3.12 条第 1 款，选项 A 正确。根据第 3.3.13 条第 2 款，水蓄冷槽可作水蓄热槽，故选项 B 正确。根据第 3.3.19 条条文说明表 1，冰蓄冷槽结构形式有开式或闭式，释冷液体介质有水或载冷剂，具体使用对象与蓄冰系统的方式有关，应区别对待。内融冰系统和封装冰系统蓄冰槽不能作为水蓄热槽。对于开式蓄冰槽中布满蓄冰用盘管，水蓄热过程中，布水器的设置及水温的分层问题难以解决，综合考虑，选项 C 错误。根据第 3.3.28 条可知，乙烯乙二醇的载冷剂管路系统不应选用内壁镀锌的管材及配件，故选项 D 错误。

4.7-12.【多选】下列关于蓄冷空调系统的做法，哪几项是合理的？【2018-1-61】

A. 某冰蓄冷空调系统，拟改为水蓄冷且要求蓄冷系统的蓄冷量保持不变，蓄冷温度为 5℃，为保证改造效果，新选型主机在空调工况下的制冷量，应比原主机加大

B. 某主体高度为 350m 的超高层建筑的空调冷源全部来自于地下室的冷源机房，宜采用外融冰冰蓄冷空调冷源系统

C. 某共计 8 层的办公楼，其冰蓄冷空调系统的机房设于地下室，开式蓄冷池，采用直供方式向空调末端供冷，水路设有防止水倒灌的措施

D. 某冰蓄冷空调系统的冷源设计冷负荷 2000kW，夜间（蓄冷运行时间段）建筑的最大冷负荷 800kW，设置基载制冷机一台

参考答案：BD

分析： 相同蓄冷量的情况，水蓄冷系统比冰蓄冷系统蒸发温度高，机组制冷量衰减小，故水蓄冷系统的空调工况制冷量较小，选项 A 错误；350m 的超高层建筑冷源设置于地下室，通过换热器进行换热从而保证系统不超压，外融冰系统的出水温度较低，故适合多次换热，选项 B 正确；根据《民规》第 8.7.7-2 条及其条文说明可知选项 C 错误；根据第 8.7.4 条可知，选项 D 正确。由冰蓄冷改为水蓄冷，蓄冷温度提高，系统释冷量减少，故需加大空调工况下主机的制冷量补充减少的释冷量。

4.8 冷 库

4.8-1.【单选】关于冷库隔汽层和隔潮层的构造设置要求与做法，下列哪一项是正确的？【2012-1-37】

A. 库房外墙的隔汽层应与地面隔热层上的隔汽层搭接

B. 楼面、地面的隔热层四周应做防水层或隔汽层

C. 隔墙隔热层底部应做防潮层，且应在其热侧上翻铺 0.12m

D. 围护结构两侧设计温差大于 5℃时应做隔汽层

参考答案：C

分析： 根据《复习教材》第 4.8.6 节及《冷库设计规范》GB 50072—2010 第 4.4.4

条，选项 AB 错误；选项 C 正确：库房外墙的隔汽层应与地面隔热层上下的隔汽层和防水层搭接；选项 D 错误，见《冷库设计规范》GB 50072—2010 第 4.4.1 条。

4.8-2.【单选】在对冷藏库制冷系统的多项安全保护措施中，下列哪项做法是错误的？【2012-1-38】

A. 制冷剂泵设断液自动停泵装置

B. 制冷剂泵排液管设止回阀

C. 各种压力容器上的安全阀泄压管出口应高于周围 60m 内最高建筑物的屋脊 5m，且应防雷、防雨水，防杂物进入

D. 在氨制冷系统设紧急泄氨器

参考答案：C

分析：根据《复习教材》表 4.9-30 可知，选项 AB 正确；由 P751 可知，选项 C 错误；根据《冷库设计规范》GB 50072—2010 第 6.4.15 条可知，选项 D 正确。

4.8-3.【单选】有关冷库冷间冷却设备，每一制冷剂通路的压力降的要求，正确的是下列哪一项？【2012-2-37】

A. 应控制在制冷剂饱和温度升高 1℃的范围内

B. 应控制在制冷剂饱和温度降低 1℃的范围内

C. 应控制在制冷剂饱和温度升高 1.5℃的范围内

D. 应控制在制冷剂饱和温度降低 1.5℃的范围内

参考答案：B

分析：《冷库设计规范》GB 50072—2010 第 6.2.11 条、第 6.5.6 条。

4.8-4.【单选】装配式冷库与土建冷库比较，下列何项说法是不合理的？【2013-2-37】

A. 装配式冷库比土建冷库组合灵活、安装方便

B. 装配式冷库比土建冷库的建设周期短

C. 装配式冷库比土建冷库的运行能耗显著降低

D. 制作过程中，装配式冷库的绝热材料比土建冷库的绝热材料隔热、防潮性能更易得到控制

参考答案：C

分析：根据《复习教材》P754 可知，选项 ABD 均为装配式冷库的优点。而装配式冷库比土建冷库的运行能耗显著降低教材中没有提到，不是装配式冷库的优点。

4.8-5.【单选】在广州市建设肉类 \ 鱼类大型冷库（一层），关于其围护结构的说法，下列何项是正确的？【2014-1-36】

A. 肉类冷却间的地面均应采取防冻胀处理措施

B. 鱼类冻结间的最小地面总热阻应为 $3.18m^2 \cdot \text{℃}/W$

C. 冷间隔墙的总热阻数值要求仅与设计采用的室内外温差数值相关

D. 冷间楼面的总热阻数值要求与设计采用的室内外温差数值无关

参考答案： D

分析： 根据《复习教材》表 4.8-2，表 4.8-8、表 4.8-9，肉类冷却间冷却温度按冷却时间长短，库温有所不同，库温可以大于 0℃，也可以小于 0℃，根据 P719 可知，冷库底层冷间设计温度大于或等于 0℃，地面可不做防止冻胀处理，但应设置隔热层，选项 A 错误；根据《冷库设计规范》GB 50072—2010 表 3.0.8 可知，鱼类冻结间库温一般为 −23～ −30℃，由《复习教材》表 4.8-32 可知，最小地面总热阻应为 $3.91m^2 \cdot \text{℃}/W$，选项 B 错误；由表 4.8-30 可知，冷间隔墙的总热阻数值要求不仅与设计采用的室内外温差数值相关，且与面积热流量有关，选项 C 错误；由表 4.8-31 可知，冷间楼面的总热阻数值要求仅与楼板上下冷间设计温度差有关，与设计采用的室内外温差数值无关，选项 D 正确。

4.8-6.【单选】某大型冷库采用氨制冷系统，主要由制冰间、肉类冻结间（带速冻装置）、肉类冷藏间、水果（西瓜、杧果等）冷藏间等组成。关于该冷库除霜的措施，下列说法何项是正确的？【2014-2-36】

A. 所有冷间的空气冷却器设备都应考虑除霜措施

B. 除霜系统只能选用一种除霜方式

C. 水除霜系统不适合用光滑墙排管

D. 除霜水的计算淋水延续时间按每次 15～20min

参考答案： D

分析： 根据《复习教材》表 4.8-10 可知，对不结霜的冷间，可不考虑除霜措施，选项 A 错误；由表 4.9-24 可知，除霜有 4 种方法，国内冷库大多数采用混合除霜的方法，即先热气除霜后再水除霜，选项 B 错误，教材以及相关资料并未提及水除霜不可以用于光滑墙排管，选项 C 错误；由第 4.9.5 节第 3 条可知，选项 D 正确。

4.8-7.【单选】关于冷库各冷间的设计温度的规定，下列哪一项是错误的？【2016-2-35】

A. 肉、蛋冷却间的设计温度为 0～4℃

B. 肉、禽冻结间的设计温度为 −18～−23℃

C. 肉、禽（冻结物）的冷藏间设计温度为 −15～−20℃

D. 鲜蛋（冷却物）冷藏间的设计温度为 −2～2℃

参考答案： D

分析： 根据《复习教材》表 4.8-35，鲜蛋（冷却物）冷藏间的设计温度为 −2～0℃，选项 D 错误。

4.8-8.【单选】设计某冷库（大气压 101325Pa），为防止墙体结露现象发生（墙体两侧房间设计温湿度与墙体构造见附图），需对墙体的结露温度验算点进行验算，现选取的两个结露温度验算点，下列何项是正确的（忽略聚苯乙烯，加气混凝土材料层的蒸汽渗透

阻)？【2016-2-36】

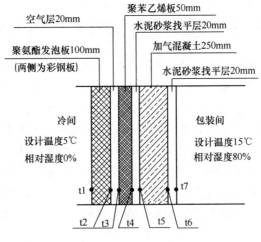

空气层20mm

聚苯乙烯板50mm
水泥砂浆找平层20mm

聚氨酯发泡板100mm
（两侧为彩钢板）

加气混凝土250mm
水泥砂浆找平层20mm

冷间
设计温度5℃
相对湿度0%

包装间
设计温度15℃
相对湿度80%

t1　　t7

t2　t3　t4　t5　t6

A. t1、t2　　　　　B. t6、t7　　　　　C. t7、t5　　　　　D. t7、t2

参考答案：D

分析：冷凝计算界面为保温层与外侧密实材料层的交界处，同时墙体结露发生于温度较高一侧。依据题意，忽略聚苯乙烯，加气混凝土材料层的蒸汽渗透阻，墙体的结露温度验算点 t2、t7，选项 D 正确。

4.8-9.【单选】关于冷库制冷剂管道系统设计的说法，下列何项是错误的？【2016-2-37】

A. 属于压力管道 GD 级　　　　　B. 需做承压强度设计

C. 需计算压力损失　　　　　　　D. 需做热补偿设计

参考答案：A

分析：根据《复习教材》第 4.9.6 节第 1 条"冷库制冷剂管道系统的设计资格"，冷库制冷剂管道系统设计属于压力管道 GC 级，选项 A 错误。

4.8-10.【单选】计算冷库冷间围护结构热流量时，室外计算温度应采用下列哪一项？【2017-1-29】

A. 夏季空调室外计算干球温度　　　B. 夏季空调室外计算日平均温度

C. 夏季通风室外计算干球温度　　　D. 夏季空调室外计算湿球温度

参考答案：B

分析：根据《冷库设计规范》GB 50072—2010 第 3.0.7-1 条可知，选项 B 正确。

4.8-11.【单选】小型冷库地面防止冻胀的措施，下列哪一项是正确的？【2017-1-32】

A. 加厚防潮层　　　　　　　　　B. 加大地坪含沙量

C. 地坪做膨胀缝　　　　　　　　D. 自然通风或机械通风

参考答案：D

分析：根据《复习教材》表 4.8-27 可知，选项 D 正确。

4.8-12.【单选】下列哪一种冷藏方式，在水产品冷藏中不应采用？【2017-2-29】

A. 冷却物冷藏 　　　　　　　　　B. 冰温冷藏

C. 冻结物冷藏 　　　　　　　　　D. 超低温冷藏

参考答案： A

分析： 根据《复习教材 2017》表 4.8-7 可知，冷却物冷藏温度大于 0℃，水产品冷藏应小于 0℃，故选项 A 不应采用。

4.8-13.【单选】冷间的设计温度、相对湿度与被贮藏的物品种类有关，下列哪个选项是正确的？【2018-2-36】

A. 冷却间的库温为 0～4℃，不能用于鲜蛋的预冷

B. 为防止冰块融化，块冰应贮藏在冻结物冷藏间，其库温为 −15～−20℃

C. 鲜蛋应贮藏在冷却物冷藏间内，其库温为 −2～0℃，相对湿度为 85％～90％

D. 香蕉在库温为 6～10℃、相对湿度为 85％～90％的冷却物冷藏间内贮藏

参考答案： C

分析： 根据《复习教材》表 4.8-35 可知选项 C 正确，选项 ABD 错误。

扩展： 注意选项 A 中为鲜蛋的预冷是可行的，若鲜蛋的冷藏应为 −2～0℃。选项 C 相对湿度应为 80％～85％，综合比较四个选项，相对最正确的答案选择 C。

4.8-14.【多选】有关冷库冷间的设备选择，正确的说法是下列哪几项？【2012-1-69】

A. 冷却间的冷却设备应采用空气冷却器

B. 冷却物冷藏间的冷却设备应采用空气冷却器

C. 冻结物冷藏间的冷却设备应采用空气冷却器

D. 包装间的冷却设备应采用空气冷却器

参考答案： AB

分析： 根据《冷库设计规范》GB 50072—2010 第 6.2.6 条第 2 款所述，选项 A、B 为正确选项；选项 CD 中的"应"根据规范应该为"宜"，故选项 C、D 是错误的。本题纯粹是在考查考生对"应"和"宜"在实际过程的理解和应用。

4.8-15.【多选】有关冷库制冷剂管路设计，正确的说法是下列哪几项？【2012-2-69】

A. 冷库制冷系统管路的设计压力应采用 2.5MPa

B. 冷库制冷系统管路的设计压力因工况状况不同而不同

C. 冷库制冷系统管路的设计压力因制冷剂不同而不同

D. 冷库制冷系统管路高压侧是指压缩机排气口到冷凝器入口的管道

参考答案： BC

分析： 根据《冷库设计规范》GB 50072—2010 第 6.5.2 条：制冷剂 R717、R404A、R507 不同冷剂的设计压力不同，故选项 A 错误；高压侧指自压缩机排气口经冷凝器、贮液器到节能装置入口的管道，故选项 D 错误。

4.8-16.【多选】关于冷库制冷系统热气融霜设计，正确的是哪几项？【2013-2-65】

A. 热气融霜用的热气管，应从压缩机排气管除油装置以后引出

B. 融霜用热气管应做保温

C. 热气融霜压力不应超过 1.0MPa

D. 热气融霜热气管上不应装设截止阀

参考答案： AB

分析： 根据《冷库设计规范》GB 50072—2010 第 6.5.7.2 条可知，选项 A 正确，选项 CD 错误；由第 6.6.4 条可知，选项 B 正确。

4.8-17.【多选】 关于夏热冬冷地区设置冷库除霜系统的说法，下列哪几项是错误的？【2014-1-68】

A. 荔枝冷藏间的空气冷却器设备应设置除霜系统

B. 红薯冷藏间的空气冷却器设备应设置除霜系统

C. 蘑菇冷藏间的空气冷却器设备应设置除霜系统

D. 全脂奶粉冷藏间的空气冷却器设备应设置除霜系统

参考答案： BD

分析： 根据《复习教材》表 4.8-10～表 4.8-12，存荔枝、红薯、蘑菇、全脂奶粉的室温分别是 1～2℃、15℃、0℃、21℃。根据《复习教材》P600，"室外环境温度在 5～7℃范围内，室外风冷换热器表面会结露，室外温度在 0～5℃范围内，机组运行一段时间后，风冷换热器表面会结霜。"可知室温在 5℃以下需设置除霜，选项 BD 错误。

4.8-18.【多选】 某冷库制冷压缩机采用 R404A 制冷剂，下列哪几项管路设计的要求是错误的？【2016-2-66】

A. 制冷压缩机的吸气管坡向压缩机

B. 制冷压缩机的排气管的坡度为 0.5%

C. 制冷剂管路采用无缝紫铜管，管材执行 GB/T 14976

D. 冷凝器至储液器的管路设计压力为 2.5MPa

参考答案： BC

分析： 依据《复习教材》第 4.4.2 节第 3 条"(1) 制冷压缩机吸气管道设计"1)，选项 A 正确；制冷压缩机的排气管的坡度为 ≥1.0%，选项 B 错误；GB/T 14976 为《流体输送用不锈钢无缝管》，与选项 C 制冷剂管路采用无缝紫铜管要求不符，错误；根据《复习教材》表 4.9-25，选项 D 正确。

扩展： 本题选项 C 考察规范《流体输送用不锈钢无缝管》GB/T 14976，为超纲规范。

4.8-19.【多选】 冷库围护结构的蒸汽渗透强度与下列哪些因素有关？【2016-2-67】

A. 围护结构的蒸汽渗透阻

B. 围护结构高温侧空气的水蒸气分压力

C. 围护结构低温侧空气的水蒸气分压力

D. 围护结构的朝向

参考答案： ABC

分析：根据《复习教材》式（4.8-14）～式（4.8-16），选项 ABC 正确，选项 D 错误。

4.8-20.【多选】下列关于冷藏库建筑围护结构的设置及热工计算的表述，错误的应是哪几项？【2016-2-68】

A. 冷间外墙设计室外温度应采用夏季空调室外计算温度

B. 冷藏间外墙仅在围护结构隔热层内侧设置隔汽层

C. 土建冷藏库隔热层可采用现场喷涂聚氨酯泡沫塑料

D. 冷却间或冻结间隔墙的隔汽层应设在隔热层的高温侧

参考答案：ABD

分析：根据《复习教材》第 4.8.7 节第 1 条，计算冷间围护结构热流量时，室外计算温度应采用夏季空气调节室外计算日平均温度，选项 A 错误；根据第 4.8.6 节第 1 条，应在温度较高的一侧设置隔汽层，即冷藏间外墙仅在围护结构隔热层外侧设置隔汽层，选项 B 错误；冷却间或冻结间隔墙的隔热层两侧均应做隔汽层，选项 D 错误；根据第 3.10.4 节和第 4.8.6 节第 1 条，选项 C 正确。

4.8-21.【多选】某新建成冷库中的西瓜冷藏间采用冷风机。使用时发现，库温一直无法降至设定的 12℃。问：下列哪几项可能是发生这一问题的原因？【2018-1-64】

A. 冷风机未能及时除霜

B. 冷风机选型蒸发器面积过小

C. 蒸发器内润滑油存留过多

D. 膨胀阀开度过大

参考答案：BCD

分析：根据题意，冷藏间库温设定为 12℃，蒸发温度会高于 0℃，不会达到结冰结霜的条件，对于新建冷库，选项 A 的情况不会发生，错误。选项 BC 导致蒸发器的冷量输出低于负荷需求，库温达不到设计要求，正确。选项 D 膨胀阀开度过大，蒸发压力升高，饱和压力增加，可能导致蒸发器内的制冷剂无法发生相变，库温无法降至 12℃，故正确。

4.8-22.【多选】在冷库吨位和公称容积换算时，下列选项中错误的是哪几项？【2018-2-67】

A. 计算公称容积时，其库内面积为扣除库内的柱、门斗、制冷设备占用面积后的净面积

B. 冷库的公称容积是其所有冻结物冷藏间和冷却物冷藏间的公称容积之和，不应包含冰库的公称容积

C. 公称容积相同的高温冷库的吨位小于低温冷库

D. 计算库容量时，食品的计算密度均应取其实际密度

参考答案：ABCD

分析：根据《冷库设计规范》GB 50072—2010 第 3.0.1 条可知，选项 AB 错误，根据公式（3.0.2）和第 3.0.6 条可知，选项 CD 错误。

4.9 冷热电三联供

4.9-1.【单选】关于燃气冷热电三联供系统设计，下列哪项结论是错误的？【2013-2-35】

A. 系统设计应根据燃气供应条件和能源价格进行技术经济比较

B. 系统宜采用并网的运行方式

C. 系统应用的燃气轮发电机的总容量不宜小于 15MW

D. 系统能源站应靠近冷热电的负荷区

参考答案：C

分析：根据《燃气冷热电三联供技术规程》CJJ 145—2010 第 3.1.8 条可知，选项 A 正确；根据《复习教材》P676 可知，选项 B 正确；由 P669 可知，选项 C 错误，应为"小于或等于 25MW"选项 D 正确。

4.9-2.【单选】燃气冷热电三联供系统中，下列哪一项说法是正确的？【2014-2-37】

A. 发电机组采用燃气内燃机，余热回收全部取自内燃机排放的高温烟气

B. 发电机组为燃气轮机，余热仅供吸收式冷温水机

C. 发电机组采用微型燃气轮机（微燃机）的余热利用的烟气温度一般在 600℃以上

D. 发电机组采用燃气轮机的余热利用的设备可采用蒸汽吸收式制冷机或烟气吸收式制冷机

参考答案：D

分析：根据《复习教材》图 4.6-6，燃气内燃机余热回收除了烟气余热回收装置，还包括回收缸套水中的热量，选项 A 错误；根据图 4.6-7、图 4.6-8 可知，余热除了供吸收式冷温水机外，余热蒸汽型还供给余热锅炉，燃气轮机润滑油冷却水还可供生活热水换热器，选项 B 错误，选项 D 正确；由 P675 可知，微燃机排烟温度为 200~300℃，选项 C 错误。

4.9-3.【单选】下列关于燃气冷热电三联供系统使用条件的表述中，不正确的是哪一项？【2018-1-36】

A. 联供系统年运行时间不宜小于 3500h

B. 年平均能源综合利用率应大于 60%

C. 按照排烟温度降低至 120℃来计算烟气可利用的热量

D. 燃气发电机组设置在屋顶时，单台容量不应大于 2MW

参考答案：B

分析：根据《复习教材》第 4.6.2 节可知，A 正确；选项 B 错误，选项 CD 正确。燃气冷热电联供系统的年平均能源综合利用率应大于 70%。

4.9-4.【单选】关于燃气冷电联供系统的设计原则，下列哪一项说法是错误的？【2018-2-37】

A. 发电机组容量的确定遵从"自发自用为主，余热利用最大化"原则

B. 年均能源综合利用率应大于 70%

C. 并网不上网运行模式时，发电机组容量根据基本电负荷与制冷、供热负荷需求确定

D. 供能对象主要为空调冷热负荷时，宜选用余热锅炉

参考答案： D

分析： 根据《燃气冷热电联供工程技术规范》GB 51131—2016 第 1.0.3 条及第 1.0.4 条可知，选项 AB 正确；由第 4.3.1 条可知，选项 C 正确；根据《复习教材》第 4.6.4 节可知，选项 D 错误，宜采用吸收式冷水机组，直接利用烟气和高温水热量。

4.9-5.【多选】在进行区域供能系统可行性研究时，下列提法哪几项是正确的？【2017-1-63】

A. 与传统的空调冷热源系统比较，区域供能系统若设计合理可以节省设备投资和机房面积

B. 假定热电联供系统，若天然气发电效率为 40%，余热利用效率为 40%，而采用天然气锅炉供热，热效率在 90% 以上，因此，后者更节能

C. 区域供能系统如果冷，热，电等需求的匹配合理，可实现比较好的运行经济性

D. 区域供能系统由于采用大功率，高效率的水泵，通过水系统输送能耗比一般楼宇冷热源系统的更低

参考答案： AC

分析： 根据《民规》第 8.1.3 条条文说明可知，选项 AC 正确；区域供冷系统由于作用半径大，其冷媒的输送能耗，一般比单栋建筑中的系统更大一些，故选项 D 错误；单纯地从热能的量的角度分析，供热锅炉热效率高于热电联产能源利用率，但从产生的能质上分析并非如此，从热力学第二定律一次能源㶲效率进行分析。假设将 $80℃$ 水加热至 $130℃$，则㶲的增量 $\Delta e = 47.54\mathrm{kJ/kg}$；1kg 水从 $80℃$ 加热至 $130℃$ 需耗热 $211.38\mathrm{kJ/kg}$（计算过程请另行参考相关书籍）。天然气的低位热值取 $35000\ \mathrm{kJ/m^3}$，根据选项 B 条件进行如下计算：

1. 当热电联产时，对于 $1\mathrm{m^3}$ 天然气：

发电量 $=35000×40\%=14000\mathrm{kJ}$，由于电能 100% 为㶲，则电的㶲 $=14000\mathrm{kJ}$

供热量 $=35000×40\%=14000\mathrm{kJ}$，可产生热水 $=14000/211.38=66.23\mathrm{kg}$

热水的㶲的增量 $=66.23×\Delta e=66.23×47.54=3148.6\mathrm{kJ}$

故热电联产，$1\mathrm{m^3}$ 天然气产生的㶲量 $E_1=14000+3148.6=17148.6\mathrm{kJ}$

2. 锅炉天然气供热，对于 $1\mathrm{m^3}$ 天然气：

供热量 $=35000×90\%=31500\mathrm{kJ}$，可产生热水 $=31500/211.38=149.02\mathrm{kg}$

热水的㶲的增量 $=149.02×\Delta e=149.02×47.54=7084.44\mathrm{kJ}$

故锅炉燃烧 $1\mathrm{m^3}$ 天然气产生的㶲量 $E_2=7084.44\mathrm{kJ}$

因此，$E_2/E_1=7084.44/17148.6=0.413$。

由上述分析得知，燃气锅炉供热，得到的能量全部为低品位热能，天然气所产生的㶲量仅相当于热电联产㶲量的 41.3%，所以，燃气锅炉供热时，天然气没有物尽其用，不

仅不节能，而且是对优质能源浪费，故选项 B 错误。

4.9-6.【多选】下列关于采用燃气冷热电三联供系统优点的说法中，哪几项是正确的？【2018-2-68】

A. 可提高发电效率

B. 可减少制冷用电的装机负荷（kW）

C. 可提高能源综合利用效率

D. 可减少一次投资、产生显著的经济效益

参考答案：BC

分析：根据《复习教材》第 4.6.1 节可知，选项 BC 正确，燃气冷热电联供系统可提高其平均能量的综合利用率，故选项 A 错误，实践证明系统初投资增加，投资回收期一般不超过 5 年，故选项 D 错误。

第5章 绿色建筑专业知识题

本章知识题目分布统计表

小节	考 点 名 称	2012年至2020年题目统计	近三年题目统计	2020年题目统计
	绿色建筑	25	9	4

说明：2015年停考1年，近三年题目统计为2018年至2020年。

5-1.【单选】根据国家现行的绿色建筑政策，下列表述中正确的为哪一项？【2013-1-37】

A. 我国绿色建筑的实施尚未提上国家建设领域的议事日程

B. 我国绿色建筑的实施要求与美国的认证标准完全相同

C. 绿色建筑的实施是由设计师全面、全过程负责完成

D. 按每一项评价条文的要求，将目前最先进的技术全部应用于某一建筑之中，该建筑不会成为名副其实的绿色建筑

参考答案： D

分析： 选项A错误，我国已经在2006年正式实施《绿色建筑评价标准》GB/T 50378—2006。选项B错误，见《复习教材》P795～801。选项C见《绿色建筑评价标准》GB/T 50378—2019第1.0.3条："绿色建筑评价应遵循因地制宜的原则，结合建筑所在地域的气候、环境、资源、经济和文化等特点，对建筑全寿命期内的安全耐久、健康舒适、生活便利、资源节约、环境宜居等性能进行综合评价。"建筑物从规划设计到施工，再到运行使用及最终的拆除，构成一个全寿命期，设计只是其中的一部分。选项D正确：绿色建筑应根据本身条件因素考虑，不能一味追求所有先进技术的应用，且先进技术并不一定是节能的。

5-2.【单选】根据国家现行绿色建筑评价标准，下列表述中错误的为哪一项？【2013-2-38】

A. 绿色建筑的评价等价分为一星级、二星级、三星级三个等级，其中一星级要求最高、二星级次之、三星级最低

B. 绿色建筑建设选址时，场地内不应存在超标的污染物（源）

C. 一般不得采用电热锅炉，电热水器作为直接供暖和空气调节系统的热源

D. 夏热冬冷地区的住宅，自然通风的开口面积不得小于房间地板面积的8%

参考答案： A

分析： 选项A错误，根据《绿色建筑评价标准》GB/T 50378—2019第3.2.6条，三星级为最高等级；选项B正确：见第8.1.6条；选项D正确：见第5.2.10条。选项C正确：原为《绿色建筑评价标准》GB/T 50378—2014第5.1.2条，同时可参照《公建节能2015》第4.2.2条。

5-3.【单选】绿色建筑的评价体系表述中，下列哪一项是不正确的？【2014-1-37】

A. 我国的《绿色工业建筑评价标准》已经颁布实施

B. 我国的绿色建筑评价标准中提出的控制项是必须满足的要求

C. 我国民用建筑和工业建筑进行绿色建筑评价时，评价标准各自有其相应标准规定

D. 美国 LEED 评价体系适用范围是新建建筑

参考答案： D

分析：《绿色工业建筑评价标准》GB/T 50878—2013 自 2014 年 3 月 1 日实施，故选项 A 正确。根据《绿色建筑评价标准》GB/T 50738—2019 第 3.2.7 条～第 3.2.8 条，基本级及 3 个星级的绿色建筑均应满足该标准所有控制项的要求，选项 B 正确。我国民用建筑和工业建筑绿色建筑评价标准分为《绿色建筑评价标准》GB/T 50738—2019 和《绿色工业建筑评价标准》GB/T 50878—2013，选项 C 正确。选项 D 错误，见《复习教材》P798，LEED—2009 体系有 NC（新建建筑）、CI（室内装修）等七大体系。

5-4.【单选】下列哪一项为不可再生能源？【2014-2-38】

A. 化石能   B. 太阳能   C. 海水潮汐能   D. 风能

参考答案： A

分析： 再生能源包括太阳能、水能、风能、生物质能、波浪能、潮汐能、海洋温差能、地热能等。它们在自然界可以循环再生，是取之不尽、用之不竭的非化石能源。可参考《复习教材》第 5.1.3 节第 2 条 "（1）碳排放强度"。

5-5.【单选】进行绿色工业建筑的评价，下列关于冷（热）源设备能效值的表述中，哪项是正确的？【2016-1-37】

A. 空调循环水泵效率值达到国家现行标准规定的 2 级及以上能效等级

B. 多联式空调机组的能效值达到现行国家标准规定的 3 级及以上能效等级

C. 冷水机组的能效值达到现行国家标准规定的 3 级以上能效等级

D. 冷（热）源设备的能效值均属于标准中的必达分项

参考答案： A

分析： 根据《绿色工业建筑评价标准》GB/T 50878—2013 第 5.1.2 条，选项 A 正确，选项 BC 错误，多联式空调机组和冷水机组的能效值皆需达到国家标准规定的 2 级及以上能效等级。根据第 3.2.7 条，绿色工业建筑没有必达分项的要求，只有必达分的分数要求。

5-6.【单选】下列不同种类能源碳强度的说法，哪一项是错误的？【2016-2-38】

A. 化石能源中，煤的碳强度最高

B. 化石能源中，石油的碳强度也较高

C. 可再生能源中，太阳能为零排放碳强度

D. 可再生能源中，生物质能为零排放碳强度

参考答案： D

分析： 根据《复习教材》第 5.1.3 节第 2 条 "（4）碳排放强度的内容" 可知，生物质

能源有一定的碳强度，故选项 D 错误。

5-7.【单选】根据中国的太阳能资源区划，某城市的太阳能年总辐照量为 6000MJ/ $(m^2 \cdot a)$ 时，其区划应属于下列何项？【2017-2-38】

A. Ⅰ类区　资源丰富区　　　　　　B. Ⅱ类区　资源较富区

C. Ⅲ类区　资源一般区　　　　　　D. Ⅳ类区　资源贫乏区

参考答案：B

分析：根据《07 节能专篇》附录Ⅰ表 1-1 可知，选项 B 正确。

5-8.【单选】某绿色工业建筑需要设全面空调的生产车间，车间尺寸长×宽×高为：60m×20m×10m，其生产工艺区对空气参数控制要求的高度范围为地面以上 0～2.5m。问：该车间气流组织设计方案中，最合理的是以下哪一项？【2018-1-37】

A. 下送上回　　　B. 上送下回　　　C. 上送上回　　　D. 分层空调

参考答案：D

分析：根据题意，车间高度为 10m，但空调控制区域仅为 2.5m 以下，故气流组织形式只需保证下部区域，上部区域无需空气调节措施，分层空调最合适，采用分层空调方式可节约冷负荷约 30%，详见《复习教材》P789。

5-9.【单选】现行《绿色建筑评价标准》关于节能与能源利用部分的评分项中，下列哪一项分值最高？【2018-2-38】

A. 建筑与围护结构　　　　　　　　B. 供暖、通风与空调

C. 照明与电气　　　　　　　　　　D. 能源综合利用

参考答案：B

分析：根据《绿色建筑评价标准》GB/T 50378—2014 第 5 章可知，建筑与围护结构、供暖、通风与空调、照明与电气、能源综合利用四个部分的总分分别为 22、37、21、20，则选项 B 正确。

扩展：根据《绿色建筑评价标准》GBT 50378—2019 中已节能与能源利用部分分别为：第 7.2.4 条　优化建筑围护结构的热工性能 15 分；第 7.2.5 条　供暖空调系统的冷、热源机组能效 10 分；第 7.2.6 条　采取有效措施降低供暖空调系统的末端系统及输配系统的能耗 5 分；第 7.2.7 条　采用节能型电气设备及节能控制措施 10 分；第 7.2.8 条　采取措施降低建筑能耗 10 分；第 7.2.9 条结合当地气候和自然资源条件合理利用可再生能源 10 分。

5-10.【多选】下列关于绿色建筑表述中，哪几项不符合国家标准中的正确定义？【2013-1-69】

A. 建筑物全寿命期是指建筑从规划设计到施工，再到运行使用及最终拆除的全过程

B. 绿色建筑一定是能耗指标最先进的建筑

C. 绿色建筑运行评价重点是评价设计采用的"绿色措施"所产生的实际性能和运行效果

D. 符合节约资源（节能、节地、节水、节材）的建筑就是绿色建筑

参考答案： BD

分析： 根据《绿色建筑评价标准》GB/T 50378—2019 第 1.0.3 条及条文说明，选项 A 正确、选项 C 正确；选项 B 错误，节能只是绿色建筑评价的一个方面，还需综合评价节材、节水等多方面指标；选项 D 错误，根据《绿色建筑评价标准》GB/T 50378—2019，绿色建筑还要求"安全耐久""健康舒适""生活便利"等。

5-11.【多选】根据现行标准，对绿色公共建筑进行评价的说法，哪几项是错误的？【2013-2-69】

A. 仅对建筑单体进行评价

B. 对合理利用太阳能等可再生能源的评价方法：审核有关设计文档、产品型式检验报告

C. 对合理采用蓄冷蓄热技术的评价方法：审核有关设计文档、产品型式检验报告

D. 空调系统的冷热源机组的能效比属于控制项

参考答案： ABC

分析： 根据《绿色建筑评价标准》GB/T 50738—2019 第 3.1.1 条，绿色建筑评价应以单栋建筑或建筑群为评价对象。目前，已申请绿色建筑标识的建筑群有很多，故选项 A 错误；根据第 7.2.9 条，选项 B 错误，评价方法为：预评价查阅相关设计文件、计算分析报告；评价查阅相关竣工图、计算分析报告、产品型式检验报告。根据《绿色建筑评价标准》GB/T 50738—2014 第 5.2.14 条，选项 C 错误，设计评价查阅相关设计文件、计算分析报告；运行评价查阅相关竣工图、主要产品型式检验报告、运行记录、计算分析报告，并现场核实。《绿色建筑评价标准》GB/T 50738—2019 中已无相关内容。根据《绿色建筑评价标准》GB/T 50738—2019 第 7.1.2 条，选项 D 正确。

5-12.【多选】关于绿色建筑的表述，下列哪几项是不正确的？【2014-1-69】

A. 绿色建筑中采用的暖通空调技术仅反映在节能与能源利用篇章的内容中

B. 根据德国提出的碳排放量技术方法，采用的材料碳排放量计算时间是按 50 年考虑的

C. 我国政府规定的二氧化碳减排计划的指标基数是国土面积，即每 km^2 的二氧化碳排放量

D. 绿色建筑设计应充分体现共享、平衡、集成的理念

参考答案： ABC

分析： 根据《绿色建筑评价标准》GB/T 50738—2019 第 3.2.4 条可知，绿色建筑评价指标体系安全耐久、健康舒适、生活便利、资源节约、环境宜居 5 类指标组成。其中暖通空调技术应用是节能与能源利用的主要组成部分，但并非全部内容。如健康舒适的第 5.1.2 条等许多条文等均和暖通空调关联密切，故选项 A 错误；根据 2019 年版《复习教材》P757～758，采用的材料碳排放量计算时间是按 100 年考虑，碳排放强度一般以 GDP 碳排放强度为标准，而减排计划是以 2005 年单位 GDP 的二氧化碳排放量为基数的，故选项 BC 错误。选项 BC 在 2020 年版《复习教材》中无直接表述。根据《民用建筑绿色设计规范》JGJ/T 229—2010 第 3.0.2 条和 2020 年版《复习教材》P766，选项 D 正确。

5-13.【多选】现行绿色建筑评价标准 GB/T 50378 适用于下列哪几类建筑?【2014-2-69】

A. 厂房建筑

B. 商场建筑

C. 公共建筑中的办公建筑

D. 住宅建筑

参考答案: BCD

分析: 根据《绿色建筑评价标准》GB/T 50738—2019 第 1.0.2 条:本标准适用于民用建筑绿色性能的评价。此条要求沿用了《绿色建筑评价标准》的 2006 版及 2014 版。

5-14.【多选】下列关于暖通空调系统节能环保技术的说法,哪几项是正确的?【2016-1-69】

A. 地源热泵系统制热节能效益显著,特别适用于严寒地区

B. 温湿度独立控制技术通过提高冷冻水温度实现节能

C. 电动压缩式冷水机组采用降膜蒸发技术,通过减少制冷剂充注量来实现保护环境

D. 直燃型溴化锂吸收式冷水机组不使用高品位能源(电能),因此其能源效率最高

参考答案: BC

分析: 根据本书第 4 篇扩展总结:地源热泵系统适应性总结-1,及《民规》第 9.4.3.4 条,地埋管地源热泵系统的总释热量与总吸热量在计算周期内(1 年)宜基本平衡,严寒地区的总吸热量通常大于总释热量,选项 A 错误;温湿度独立控制系统将室内显热冷负荷通过高温冷水承担,新风冷负荷与室内湿负荷由新风系统承担,避免采用统一的低温冷水担负整个系统的空调显热与潜热冷负荷,可大大提高高温冷水机组的性能系数,有利于节能,选项 B 正确;根据《复习教材》第 4.2.2 节第 4 条电动压缩式冷水机组采用降膜蒸发技术,减少制冷剂充注量,降低制冷剂泄露对大气的危害,以实现保护环境,选项 C 正确;根据《复习教材》表 4.5-3 直燃型溴化锂吸收式冷水机组虽不使用高品位能源,但是其机组制冷效率低,能源使用效率不高,相同制冷量情况下,一般低于离心式、螺杆式冷水机组,选项 D 错误。

5-15.【多选】关于绿色建筑的评价,下列表述中哪几项是正确的?【2016-2-69】

A.《绿色建筑评价标准》的核心内容是"四节一环保"

B. 绿色建筑评价采用条数法

C. 住宅建筑仅以单栋住宅为评价对象

D. 绿色建筑属于可持续发展建筑的组成部分

参考答案: AD

分析: 根据《复习教材》第 5.1.1 节第 2 条可知,选项 A 正确,以"四节一环保"为基本约束;由《绿色建筑评价标准》GB/T 50738—2019 第 3.2 节可知,绿色建筑评价采用评分法,而非条数法,选项 B 错误;由第 3.1.1 条可知,选项 C 错误,也可为建筑群为评价对象;根据《复习教材》第 5.1.1 节第 1 条,实现建筑业的可持续发展,必须走绿色建筑之路,因此选项 D 正确。

5-16.【多选】广州市某低碳园区拟采用分布式能源系统进行系统方案设计,下列哪几项属于方案中必须完成的内容?【2017-1-65】

A. 供冷负荷预测与分析

B. 供暖热负荷预测与分析

C. 生活给水流量预测与分析

D. 机组选型配置方案与分析

参考答案： ABD

分析： 结合《复习教材》第 4.6.4 节相关内容可知，选项 ABD 正确，同时需要对园区生活热水负荷、生产热负荷等用能负荷进行预测和分析，分布式能源系统主要是供给园区的冷、热、电能源，不包括生活给水流量预测与分析。

5-17.【多选】下列哪几项指标是符合人类居住环境健康要求的？【2017-1-69】

A. 氡 $222Rn$ 年平均值为 $385Bq/m^3$

B. 总挥发性有机物 TVOC 的 8h 均值为 $0.7g/m^3$

C. 二氧化碳日平均值为 0.1%

D. 室内空气流速为 $0.32m/s$

参考答案： AC

解析： 根据《复习教材》表 2.1-7 可知，选项 AC 正确，选项 B 应为 $\leqslant 0.6g/m^3$，选项 D 应为夏季空调 $\leqslant 0.30m/s$，冬季供暖 $\leqslant 0.20m/s$。

5-18.【多选】寒冷气候区建设被动式太阳能建筑时，下列哪些措施是应该考虑的？【2017-2-69】

A. 集热　　　　B. 蓄热　　　　C. 制冷　　　　D. 保温

参考答案： ABD

分析： 根据《复习教材》P779，集热、蓄热、保温是被动式太阳能建筑建设中不可或缺的三个要素，选项 ABD 正确。

5-19.【多选】关于绿色建筑设计，以下哪几项说法是错误的？【2018-1-69】

A. 严寒地区的住宅建筑，主要功能房间的西向外窗应设置外遮阳

B. 利用工业余热的吸收式热泵属于可再生能源利用技术

C. 新风机组、空调水系统的二级泵及冷却塔风机等，宜采用变频调速节能技术

D. 燃气冷热电联供系统能源综合利用率约 80%，而燃气锅炉热效率约 90%，因此在设计工况下，前者的节能性不如后者

参考答案： ABD

分析： 根据《严寒、寒冷地区居住建筑节能设计标准》JGJ 26—2018 第 4.2.4 条，选项 A 错误，寒冷 B 区建筑的南向外窗（包括阳台的透明部分）宜设置水平遮阳。东西向的外窗宜设置活动遮阳；根据《复习教材》P779，余热或废热利用不属于可再生能源利用技术，选项 B 错误；根据《复习教材》P787，选项 C 正确。选项 D 中燃气冷热电联供系统能源综合利用率与燃气锅炉热效率约 90% 不能进行直接的节能性比较，无法据此判断节能性，故选项 D 错误。

5-20.【多选】绿色建筑评价中，下列哪几项说法符合国家现行标准的控制项或评分

项的具体规定？【2018-2-69】

A. 住宅设有明卫时，可得分

B. 办公建筑在过渡季典型工况下，办公室平均自然通风换气次数不小于 $2h^{-1}$ 的面积比例为 50％时，可得分

C. 住宅按通风开口面积与房间地板面积达到的比例进行评分

D. 自然通风属于评价室内环境质量的控制项

参考答案： AC

分析： 根据《绿色建筑评价标准》GB/T 50378—2014 第 5.2.10 条可知，选项 AC 正确，选项 B 错误，不得分，应达到 60％；选项 D 错误，属于得分项。

扩展： 根据《绿色建筑评价标准》GB/T 50378—2019 第 5.2.10 条可知，选项 C 正确，选项 A 错误，不得分；选项 B 错误，不得分，应达到 70％；选项 D 错误，属于得分项。本题变为单选题。

第6章 民用建筑房屋卫生设备专业知识题

本章知识题目分布统计表

小节	考 点 名 称	2012 年至 2020 年题目统计		近三年题目统计		2020 年题目统计
		题目数量	比例	题目数量	比例	
6.1	室内给水排水	27	50%	10	50%	3
6.2	燃气供应	25	46%	10	50%	4
	消防给水（已不在大纲范围内）	2	—	—	—	—
合计		54		20		7

说明：2015 年停考 1 年，近三年题目统计为 2018 年至 2020 年。

6.1 室 内 给 水 排 水

6.1-1.【单选】卫生间的地漏水封的最小深度，应是下列何项？【2012-1-39】

A. 40mm
B. 50mm
C. 60mm
D. 80mm

参考答案：B

分析：根据《建筑给水排水设计标准》GB 50015—2019 第 4.3.11 条可知，选项 B 正确。

6.1-2.【单选】住宅小区给水设计用水量（指正常用水量）计算中，下列哪项不应计算在内？【2013-1-39】

A. 绿化用水量
B. 公共设施用水量
C. 管网漏失水量
D. 消防用水量

参考答案：D

分析：《建筑给水排水设计标准》GB 50015—2019 第 3.7.1 条条文说明。

6.1-3.【单选】下列有关热水供应的说法，正确的是哪一项？【2013-2-39】

A. 军团菌在 50℃以上的温水中可以被杀灭
B. 规范中所列的热水用水定额和卫生器具小时热水用水定额的热水温度不同
C. 规范中所列的热水用水定额和卫生器具小时热水用水定额的热水温度相同
D. 建筑内加热设备的出口水温与供到热水用水点的水温相同

参考答案：B

分析：根据《建筑给水排水设计标准》GB 50015—2019 第 6.2.1 条可知，选项 B 正确选项 C 错误。根据《复习教材》第 6.1.2 节第 2 条可知，选项 A 和选项 D 错误。

6.1-4.【单选】关于热泵热水机的表述，以下何项是正确的？【2014-1-38】

A. 空气源热泵热水机一般分为低温型、普通型和高温型三种

B. 当热水供应量和进、出水温度条件相同时，位于广州地区和三亚地区的同一型号、规格的空气源热泵热水机，二者全年用电量相同

C. 当热水供应量和进、出水温度条件相同时，位于广州地区和三亚地区的同一型号、规格的空气源热泵热水机的全年用电量，前者高于后者

D. 普通型空气源热泵热水机的试验工况规定的空气侧的干球温度为 20℃

参考答案：C

分析：根据《商业或工业用及类似用途的热泵热水机》GB/T 21362—2008 第 4.1.6 条，空气源热泵热水机一般分为普通型和低温型，故选项 A 错误。根据该标准第 4.3.1 条，名义工况干球温度为 20℃，但试验工况有很多种，温度不同，故选项 D 错误。全年耗电量与全年室外平均温度有关，广州全年室外平均温度低于三亚，所以广州耗电量高于三亚地区，故选项 B 错误，选项 C 正确。

6.1-5.【单选】以下关于建筑生活给水管道设计计算的表述，何项不正确？【2014-1-39】

A. 宿舍Ⅰ类和宿舍Ⅱ类的最高日生活用水定额不相同

B. 宿舍Ⅰ类和宿舍Ⅱ类其用水特点都属于分散型

C. 宿舍Ⅲ类和宿舍Ⅳ类其用水特点都属于密集型

D. 住宅建筑计算管段设计秒流量与该管段上的卫生器具给水当量的同时出流概率成正比

参考答案：A

分析：根据《建筑给水排水设计规范》GB 50015—2003（2009 年版）第 3.1.10 条，选项 A 错误，宿舍Ⅰ、Ⅱ类的最高日生活用水定额相同；根据《复习教材》P807，选项 BCD 正确。

6.1-6.【单选】关于建筑集中热水供应的表述，以下何项正确？【2014-1-40】

A. 容积式水加热器的设计小时供热量等于设计小时耗热量

B. 半即热式水加热器的设计小时供热量等于设计小时耗热量

C. 快速式水加热器的设计小时供热量等于设计小时耗热量

D. 设有集中热水供应时，宿舍Ⅰ类、宿舍Ⅱ类与宿舍Ⅲ类、宿舍Ⅳ类热水的设计小时耗热量计算公式不同

参考答案：D

分析：根据《复习教材》式（6.1-9），选项 A 错误。根据《复习教材》第 6.1.2 节第 3 条，半即热式、快速式水加热器的设计小时供热量按照设计秒流量所需耗热量计算，故选项 BC 错误。根据《复习教材》式（6.1-6）、式（6.1-7），选项 D 正确。

6.1-7.【单选】关于建筑排水的表述，以下何项正确？【2014-2-40】

A. 埋地排水管道的埋设深度是指排水管道的管顶部至地表面的垂直距离

B. 居民的生活排水指的是居民在日常生活中排出的生活污水

C. 排水立管是指垂直的排水管道

D. 生活排水管道系统应设置通气管

参考答案： D

分析： 根据《建筑给水排水设计标准》GB 50015—2019 第2.1.65条，埋设深度指管道内底至地表面垂直距离，故选项A错误；根据该标准第2.1.41条，生活排水指生活污水和废水的总称，故选项B错误；根据该标准第2.1.43条，立管指垂直或于垂线夹角45°以内的管道，故选项C错误；根据该标准第2.1.52条，选项D正确。

6.1-8.【单选】设计某住宅楼的户生活给水管道，已知其卫生器具的给水当量口数为5.75，卫生器具给水当量同时出流概率为0.6，则该管段的计算秒流量应为下列哪项？【2016-1-38】

A. 5.75L/s　　　　B. 3.45L/s　　　　C. 1.15L/s　　　　D. 0.69L/s

参考答案： D

分析： 根据《建筑给水排水设计标准》GB 50015—2019 第3.7.5-3条或《复习教材》式(6.1-3) 计算管段设计秒流量为：$q_g = 0.2 \cdot U \cdot N_g = 0.2 \times 0.6 \times 5.75 = 0.69$L/s。

6.1-9.【单选】设计某住宅楼的生活饮用水水箱时，以下说法哪一项是正确的？【2016-1-39】

A. 溢流管的间接排水口最小空气间隙与间接排水管的管径相关

B. 其下层的房间不应有厨房

C. 水箱的箱体可利用建筑物的本体结构作为水箱的壁板

D. 当进水管从最高水位以上进入时，管口应采取防虹吸回流措施

参考答案： A

分析： 根据《建筑给水排水设计标准》GB 50015—2019 第3.3.4条，最小空气间隙不得小于出水口直径的2.5倍，故选项A正确；根据第3.3.17条，选项B错误，其上层不应有厨房；根据第3.3.16条，生活饮用水水箱箱体应采用独立结构形式，不得利用建筑的本体结构作为板壁，选项C错误；根据第3.3.18条条文说明可知，进水管要高出水池溢流水位以上，已经为防回流措施，根据第3.3.18条可知，必要时应设导流装置，而选项D的内容是在已经采用了防回流措施后要求继续应用防虹吸回流措施，与规范要求不同，故选项D错误。

6.1-10.【单选】设计某住宅小区的集中供热水系统，下列哪个说法是不符合规范规定的？【2016-1-40】

A. 小区内的配套公共设施与住宅的设计小时耗热量，应将二者叠加计算

B. 全天供应热水的住宅和定时供应热水的住宅设计小时耗热量的计算公式不同

C. 全天供应热水的住宅计算小时耗热量的热水温度取为60℃

D. 定时供应热水的住宅户设有多个卫生间时，卫生器具用水可按 1 个卫生间计算

参考答案：A

分析：根据《建筑给水排水设计标准》GB 50015—2019 第 6.4.1-1 条，选项 A 错误，当居住小区内配套公共设施的最大用水时时段与住宅的最大用水时时段一致时，按设计小时耗热量叠加，不一致时，按设计小时耗热量和平均小时耗热量叠加；全天供应热水时设计小时耗热量按第 6.4.1-2 条的公式计算，定时供应时按第 6.4.1-3 条公式计算，两者不同，选项 B 正确；由式（6.4.1-1）参数说明中热水温度可知，选项 C 正确；根据式（6.4.1-2）有关"卫生器具的同时使用百分数"的说明可知，选项 D 正确。

6.1-11.【单选】室内给水管道施工中，有关水平管道与泄水装置之间的坡度要求的说法，正确的为下列何项？【2017-1-40】

A. 可无坡度敷设　　　　　　　　　B. 坡度应在 2‰～5‰

C. 坡度应在 6‰～1%　　　　　　　D. 坡度应大于 1%

参考答案：B

分析：根据《建筑给水排水设计标准》GB 50015—2019 第 3.6.16 条规定，选项 B 正确。

6.1-12.【单选】进行某住宅小区用水量计算时，下列做法何项是正确的？【2017-2-39】

A. 将消防用水量计入正常用水量

B. 将小区内的公用设施（非重大）用水量计入正常用水量

C. 将小区内的活动中心用水量计入正常用水量

D. 小区内道路、广场的用水量按浇洒面积 3.5L/($m^2 \cdot d$)

参考答案：C

分析：根据《建筑给水排水设计标准》GB 50015—2019 第 3.7.1 条及其条文说明，活动中心用水量属于公共建筑用水量，选项 C 正确；消防用水量仅用于校核管网计算，不计入正常用水量，选项 A 错误；根据第 3.7.1 条及第 3.2.10 条，居住小区内的公用设施用水量，应由该设施的管理部门提供用水量计算参数，选项 B 正确；根据第 3.2.4 条，小区内道路、广场的用水量按浇洒面积 2.0～3.0L/（$m^2 \cdot d$）计算，选项 D 错误。

扩展：根据《建筑给水排水设计规范》GB 50015—2003（2009 年版）第 3.1.8 条，居住小区内的公用设施用水量，当无重大公用设施时，不另计用水量，按原规范选项 B 错误。

6.1-13.【单选】无存水弯的卫生器具与生活污水管道相连时，排水口以下应设置的存水弯的水封最小深度（mm），正确的应是下列哪一项？【2018-1-38】

A. 40　　　　　　B. 50　　　　　　C. 60　　　　　　D. 80

参考答案：B

分析：根据《建筑给水排水设计标准》GB 50015—2019 第 4.3.11 条可知，选项 B 正确。

6.1-14.【单选】为防止室内生活饮用水水质污染，下列哪项给水系统的做法是错误的？【2018-1-40】

A. 从城镇生活给水管网直接抽水的水泵的吸水管上应设置倒流防止器

B. 从生活饮用水贮水池抽水的消防水泵出水管上应设置倒流防止器

C. 中水系统与生活饮用水系统管道连接时应设置倒流防止器

D. 小区锅炉房用软水器的给水支管与生活饮用水系统管道连接时设置倒流防止器

参考答案：C

分析：根据《建筑给水排水设计标准》GB 50015—2019 第 3.1.3 条，中水、回用雨水等非生活饮用水管道严禁与生活饮用水管道连接，故选项 C 错误。根据第 2.1.12 条及第 3.3.6 条～第 3.3.10 条，倒流防止器是一种采用止回部件组成的可防止给水管道水流倒流的装置，选项 ABD 皆为防水质污染的措施。

6.1-15.【单选】在太阳能生活热水加热系统的设计中，下列哪一项说法是错误的？【2018-2-39】

A. 直接加热供水系统的集热器总面积应根据日用水量、当地年平均日太阳辐射量、太阳能保证率和集热器集热效率等因素确定

B. 间接加热供水系统的集热器总面积应根据日用水量、当地年平均日太阳辐射量、太阳能保证率和集热器集热效率等因素确定

C. 太阳能生活热水系统辅助热源的供热量设计计算方法与常规热源系统的设计计算方法相同

D. 太阳能集热系统贮热水箱的有效容积，与集热器单位采光面积平均日产热水量无关

参考答案：D

分析：根据《建筑给水排水设计标准》GB 50015—2019 第 6.6.2 条可知，选项 AB 正确，选项 C 正确，选项 D 错误。

6.1-16.【多选】有关生活排水管路设计检修口和清扫口的做法，正确的应是下列哪几项？【2012-2-70】

A. 某居室的卫生间设有大便器、洗脸盆和淋浴器，于塑料排水横管上不设置清扫口

B. 某居室的卫生间设有大便器、洗脸盆和淋浴器，于铸铁排水横管上不设置清扫口

C. 普通住宅铸铁排水立管应每五层设置一个检修口

D. 某住宅 DN75 的排水立管底部至室外检查井中心的长度为 15m，在排出管上设清扫口

参考答案：AD

分析：根据《建筑给水排水设计标准》GB 50015—2019 第 4.6.3 条，选项 A 正确，选项 B 错误；选项 C，不宜大于 10m，约 4 层，故选项 C 错误；选项 D 正确。

6.1-17.【多选】以下关于水量、水温和给水管道的说法，哪几项是错误的？【2013-2-70】

A. 住宅的最高日生活用水定额等于规范中所列最高日生活用水定额与规范中所列的热水用水定额之和

B. 规范中所列卫生器具小时热水用水定额的使用温度按照 60℃计

C. 住宅入户给水管，公称直径不宜小于 20mm

D. 公共浴室采用闭式热水供应系统

参考答案： ABD

分析： 根据《复习教材》P809，热水用水定额是指水温为 60℃的热水用量，而此水量已包括在冷水用量的定额之内，故选项 A 错误；根据《建筑给水排水设计标准》GB 50015—2019 第 6.2.1 条，卫生器具热水用水定额的温度不是采用 60℃，故选项 B 错误；根据《复习教材》P807；住宅的入户管，公称直径不宜小于 20mm，故选项 C 正确；根据《建筑给水排水设计标准》GB 50015—2019 第 6.3.7-5 条；宜采用开式热水供应系统，故选项 D 错误。

6.1-18.【多选】关于建筑排水管道设计的表述，下列哪几项不正确？【2014-2-70】

A. 室外排水管道连接处的水流偏转角不得大于 90°

B. 当厨房与卫生间相邻设置时，可合用排水立管

C. 住宅小区干道下的排水管道，其覆土深度不宜小于 0.60m

D. 设备间接排水口最小空气间隙大小与间接排水管管径无关

参考答案： ABCD

分析： 根据《建筑给水排水设计标准》GB 50015—2019 第 4.10.4-1 中，当排水管管径小于或等于 300mm 且跌落差大于 0.3m 时，可不受角度的限制，选项 A 有特殊情况，错误。根据该规范第 4.4.3 条，厨房与卫生间应分设立管，故选项 B 错误。根据该规范第 4.10.2-1 条，住宅小区干道下的排水管道，其覆土深度不宜小于 0.70m，故选项 C 错误。根据该规范第 4.4-14 条，根据管径选择间隙大小，故选项 D 错误。

6.1-19.【多选】下列关于真空破坏器与倒流防止器的表述，哪几项是正确的？【2016-1-70】

A. 二者的功能相同之处是保护给水管，不产生给水管道水流倒流

B. 真空破坏器的基本部件是止回部件

C. 二者都是防止水质污染的装置

D. 二者安装在给水管道的部位不同

参考答案： ACD

分析： 根据《建筑给水排水设计标准》GB 50015—2019 第 2.1.12 条、第 2.1.13 条，选项 A 正确，均为防止倒流的装置；根据第 2.1.13 条可知，选项 B 错误，偷换概念，真空破坏器利用的大气压消除倒吸，利用止回部件的是倒流防止器；根据第 3.3 节有关防水质污染的内容可知，二者都是防止水质污染的装置，选项 C 正确；根据第 3.3.11 条，真空破坏器与倒流防止器选择应根据回流性质、回流污染的危害程度确定，选项 D 正确。

6.1-20.【多选】某建筑进行排水系统设计时，下列说法哪几项是正确的？【2017-2-70】

A. 小区生活排水系统排水定额可取为生活给水系统定额的95%

B. 小区生活排水系统小时变化系数与生活给水系统小时变化系数不应相同

C. 建筑生活排水管道设计秒流量计算，与建筑功能有关

D. 不同类型宿舍的生活排水管道设计秒流量，有两种计算方法

参考答案： ACD

分析： 根据《建筑给水排水设计标准》GB 50015—2019 第4.10.5条，小区生活排水系统排水定额宜为其相应的生活给水系统用水定额的85%～95%，小区生活排水系统小时变化系数应与其相应的生活给水系统小时变化系数相同，可知选项A正确，选项B错误。根据《建筑给水排水设计标准》GB 50015—2019 第4.5.2～4.5.3条，可知选项CD正确，按分散型和密集型不同计算。

6.1-21.【多选】太阳能集中热水供应系统应安全可靠，根据不同地区可采取的技术措施，下列哪几项措施是正确的？【2018-2-70】

A. 直接加热供水系统的集热器、贮热水箱及相应管道、阀门配件等应采取防过热措施

B. 闭式系统应设置膨胀罐、安全阀等安全设施

C. 系统有冰冻的可能时，应采用添加防冻液或热循环等措施

D. 应采取防雷、防雹、抗风和抗震等措施

参考答案： ABCD

分析： 根据《太阳能供热采暖工程技术规范》GB 50495—2009 第3.1.3条可知，选项AD正确。根据第3.4.6条可知，选项C正确。闭式太阳能热水系统中，应设置安全泄压阀和膨胀罐/箱等安全装置，选项B正确。

6.2 燃 气 供 应

6.2-1.【单选】处于建筑物内的燃气管道，下列哪一处属于严禁敷设的地方？【2012-2-39】

A. 居住建筑的楼梯间　　　　　　B. 电梯井

C. 建筑给水管道竖井　　　　　　D. 建筑送风竖井

参考答案： B

分析：《高规》第5.3.1条及《建规2014》第6.2.9.1条，电梯井应独立设置，井内严禁敷设可燃气体；《城镇燃气设计规范》GB 50028—2006（2020版）第10.2.14条，燃气引入管不得敷设在不使用燃气的进风道、垃圾道等地方（强条）；当有困难时，可从楼梯间引入（高层建筑除外），但应采用金属管道且引入管阀门宜设在室外。《城镇燃气设计规范》GB 50028—2006（2020版）第10.2.27条，燃气立管可与空气、惰性气体、上下水、热力管道等设在一个公用竖井内，但不得与电线、电气设备或氧气管、进风管、回风管、排气管、排烟管、垃圾道等共用一个竖井。另可参考《09技术措施》第12.6.9条关于燃气引入管敷设位置的规定。

6.2-2.【单选】某高层住宅用户燃气表的安装位置，做法符合要求的应是下列哪一

项?【2012-2-40】

　　A. 安装在更衣室内

　　B. 安装在高层建筑避难层

　　C. 安装在防烟楼梯间内

　　D. 安装在有开启外窗的封闭生活阳台内

　　参考答案： D

　　分析：《城镇燃气设计规范》GB 50028—2006（2020 版）第 10.3.2 条。

6.2-3.【单选】在居民住宅的燃气使用中，下列做法中哪项是错误的?【2013-1-38】

　　A. 住宅用管道的燃气管道的供气压力，不应高于 0.2MPa

　　B. 住宅中不得使用瓶装液化石油气的范围是十层以上的住户

　　C. 浴室内不得安装半封闭式燃气热水器

　　D. 灶具与热水器应分设烟道排气

　　参考答案： B

　　分析：《住宅建筑规范》GB 50368—2005 第 8.4.5 条：10 层及 10 层以上住宅内不得使用瓶装液化石油气，可知选项 B 错误。由《住宅建筑规范》GB 50368—2005 第 8.4.2 条、第 8.4.4 条、第 8.4.9 条可知，选项 ACD 正确。

6.2-4.【单选】某办公、商业综合楼设置天然气供应系统，燃气管道敷设于专门的管道井内，允许的燃气管道的最高压力应为下列哪一项?【2013-1-40】

　　A. 0.8MP　　　　　　　　　　　B. 0.6MP

　　C. 0.4MP　　　　　　　　　　　D. 0.2MP

　　参考答案： D

　　分析：《城镇燃气设计规范》GB 50028—2006（2020 版）第 10.2.1 注 2。

6.2-5.【单选】关于室内燃气管道的材质选用，下列哪项说法是错误的?【2013-2-40】

　　A. 室内燃气管道均可采用焊接钢管

　　B. 室内低压燃气管道采用钢管时，允许采用螺纹连接

　　C. 室内燃气管道均可采用符合国家标准的无缝铜水管和铜气管

　　D. 室内燃气管道宜选用钢管

　　参考答案： A

　　分析： 根据《城镇燃气设计规范》GB 50028—2006（2020 版）第 10.2.3～10.2.8 条，选项 BCD 是正确的。

6.2-6.【单选】某类燃气加热设备（两台）所用燃气的压力要求为 0.25MPa，现有市政燃气供应压力为 0.2MPa，故应对燃气实施加压，下列何项做法符合规范规定?【2014-2-39】

　　A. 进入加热设备前的供气管道上直接安装加压设备

　　B. 进入加热设备前的供气管道上间接安装加压设备，加压设备前设置低压储气罐

C. 进入加热设备前的供气管道上间接安装加压设备，加压设备前设置中压储气罐

D. 进入加热设备前的供气管道上直接安装加压设备，同时，设置低压储气罐

参考答案：B

分析： 根据《城镇燃气设计规范》GB 50028—2010（2020 版）第 10.6.2 条，间接安装加压设备，并设低压储气罐。

6.2-7.【单选】某建筑的厨房（半地下室）内敷设有天然气管道，以下哪一项说法是错误的?【2016-2-39】

A. 宜优先选用钢号为 10 的无缝钢管，故其承压能力高于钢号为 20 的无缝钢管

B. 钢管道的固定焊口应进行 100% 射线照相检验

C. 阀门公称压力应按提高一个压力等级选型

D. 燃气灶间应设置燃气浓度检测报警装置

参考答案：A

分析： 根据《城镇燃气设计规范》GB 50028—2006（2020 版）第 10.2.23 条，选项 A 错误，承压能力应提高一个压力等级进行设计，和钢号无直接关系；根据第 10.2.23 条，选项 BC 正确；根据第 10.8.1 条可知，选项 D 正确。

6.2-8.【单选】城镇天然气供应，关于采用加臭剂的描述，以下哪一项是正确的?【2016-2-40】

A. 加臭剂的采用与燃气种类有关

B. 有毒燃气中加臭剂的最小加入量与人是否察觉无关

C. 无毒燃气按达到燃气爆炸下限为 15% 时被人察觉，确定加臭剂的最小加入量

D. 无毒燃气按达到燃气爆炸下限为 20% 时被人察觉，确定加臭剂的最小加入量

参考答案：D

分析： 根据《城镇燃气设计规范》GB 50028—2006（2020 版）第 3.2.3 条，燃气中应加入加臭剂，而非与其他因素相关，选项 A 错误；由第 3.2.3-2 条可知，最小加入量与人能否察觉有关，选项 B 错误；由第 3.2.3-1 条，无毒燃气泄漏到空气中的，达到爆炸下限的 20% 时，应能察觉，选项 C 错误，选项 D 正确。

6.2-9.【单选】关于燃气管道系统设计的说法，下列何项是不正确的?【2017-1-39】

A. 民用低压用气设备燃烧器的额定压力与燃气种类有关

B. 中压燃气管道应采用加厚无缝钢管

C. 高层住宅燃气引入管可敷设在楼梯间

D. 天然气引入管的最小公称直径不应小于 20mm

参考答案：C

分析： 根据《城镇燃气设计规范》GB 50028—2006（2020 版）第 10.2.2 条表 10.2.2 可知，选项 A 正确；根据第 10.2.14 条，住宅燃气引入管宜设在厨房、外走廊、与厨房相连的阳台内（寒冷地区输送湿燃气时阳台应封闭）等便于检修的非居住房间内。当确有困难时可从楼梯间引入（高层建筑除外），但应采用金属管道且引入管阀门宜设在

室外，可知选项 C 错误，根据第 10.2.18 条，选项 D 正确；根据第 10.2.3～10.2.4 条，室内燃气管道宜选用钢管，也可选用铜管、不锈钢管、铝塑复合管和连接用软管，当室内燃气管道选用钢管时，中压和次高压燃气管道宜选用无缝钢管，其壁厚不得小于 3mm，用于引入管时不得小于 3.5mm。由此并不能得出选项 B 正确的结论，但相对于选项 C 来说，本题为单选题选择选项 C 最佳。

6.2-10.【单选】关于燃气系统设计的要求，下列何项是正确的？【2017-2-40】

A. 居民住宅楼用的悬挂式调压箱燃气进口压力不应大于 0.2MPa

B. 居民住宅楼用的悬挂式调压箱和落地式调压箱的燃气进口压力限值相同

C. 调压器的计算流量按所承担管网小时最大输送量的 1.10 倍确定

D. 液化石油气调压器不允许设于地下的单独箱体内

参考答案：D

分析：根据《城镇燃气设计规范》GB 50028—2006（2020 版）第 6.2.2 条，可知选项 AB 错误，设置在地上单独的调压箱（悬挂式）内时，对居民和商业用户燃气进口压力不应大于 0.4MPa，设置在地上单独的调压柜（落地式）内时，对居民、商业用户燃气进口压力不宜大于 1.6MPa。根据第 6.6.9 条，调压器的计算流量应按该调压器所承担的管网小时最大输送量的 1.2 倍确定，可知选项 C 错误。根据第 6.6.2.6 条，液化石油气和相对密度大于 0.75 的燃气调压装置不得设于地下室、半地下室和地下单独的箱体内，可知选项 D 正确。

6.2-11.【单选】户内燃气引入管设计，正确的应为下列何项？【2018-1-39】

A. 燃气引入管穿越住宅的卫生间

B. 高层住宅燃气引入管可从楼梯间引入

C. 穿墙套管与其中的燃气引入管之间的间隙采用水泥砂浆填实

D. 输送天然气的燃气引入管最小公称直径为 20mm

参考答案：D

分析：根据《城镇燃气设计规范》GB 50025—2006（2020 版）第 10.2.14.1 条，选项 A 错误；根据第 10.2.14.2 条，选项 B 错误；根据第 10.2.16 条，选项 C 错误，应采用柔性防腐、防水材料密封；根据第 10.2.18.3 条，选项 D 正确。

6.2-12.【单选】关于燃气冷热电三联供系统采用的发电机组前连接燃气管道的设计压力分级说法，以下哪一项是错误的？【2018-2-40】

A. 微燃机属于次高压 A 级

B. 微燃机属于次高压 B 级

C. 内燃机属于中压 B 级

D. 燃气轮机属于高压 B 级或次高压 A 级

参考答案：A

分析：根据《复习教材》表 4.6-1 及《城镇燃气设计规范》GB 50028—2006（2020 版）第 6.1.6 条可知，选项 A 错误。

6.2-13.【多选】燃气管道的选用和连接，下列做法错误的是哪几项？【2012-1-70】

A. 选用符合标准的焊接钢管时，低压、中压燃气管道宜采用普通管

B. 燃气管道的引入管选用无缝钢管时，其壁厚不得小于3mm

C. 室内燃气管道宜选用钢管，也可选用符合标准规定的其他管道

D. 位于地下车库中的低压燃气管道，可采用螺纹连接

参考答案：ABD

分析：根据《城镇燃气设计规范》GB 50028—2006（2020版）第10.2.4-1条，选项A错误，中压要求无缝钢管；根据该规范10.2.4-2条，选项B错误，应为3.5mm；根据该规范第10.2.5～第10.2.8条，选项C正确；根据该规范第10.2.23-3条，选项D错误。

6.2-14.【多选】某超高层住宅，其底层为架空层，住户的用户燃气表的安装位置，下列哪几项不符合要求？【2013-1-70】

A. 安装于疏散楼梯间内

B. 安装于底层架空层专设的表计室（围护结构为不燃材料、有通风措施）内

C. 小户型安装于其卫生间内

D. 安装于周边均有百叶窗的避难层中

参考答案：ACD

分析：《城镇燃气设计规范》GB 50028—2006（2020版）第10.3.2条。

6.2-15.【多选】关于工业企业生产用气设备燃烧装置的表述，下列哪几项是正确的？【2014-1-70】

A. 放散管应设置在燃烧器与燃烧器的阀门之间

B. 烟道和封闭式炉膛均应设置泄爆装置

C. 当空气管道设置静电接地装置时，其接地电阻不应大于150Ω

D. 当鼓风机设置静电接地装置时，其接地电阻不应大于100Ω

参考答案：BD

分析：根据《城镇燃气设计规范》GB 50028—2010（2020版）第10.6.6.4条，放散管应设在燃气总管与燃烧器阀门之间，故选项A错误。根据该规范第10.6.6.2条，选项B正确。根据该规范第10.6.6.3条，选项C错误，选项D正确，皆为100Ω。

6.2-16.【多选】下列哪几项装置属于城镇燃气设施的附属安全装置？【2016-2-70】

A. 紧急切断阀　　　　　　　　　　B. 可燃气体报警器

C. 安全放散装置　　　　　　　　　D. 燃气调压阀

参考答案：ABC

分析：根据《城镇燃气技术规范》GB 50494—2009第2.0.11条，附属安全装置包括紧急切断阀、安全放散装置和可燃气体报警器。

6.2-17.【多选】关于燃气管道系统室内管道设计的说法，下列哪几项是正确的？

【2017-1-70】

A. 暗设的燃气管道除与设备、阀门的连接外，不应有机械接头

B. 室内燃气管道的运行压力不应大于 0.05MPa

C. 设置燃气管道的地下室应设事故机械通风设施

D. 燃气立管不得敷设在卫生间

参考答案： ACD

分析： 根据《城镇燃气设计规范》GB 50028—2006（2020 版）第 10.2.31 条，选项 A 正确。根据表 10.2.1，可知选项 B 错误，中压进户的居民用户室内燃气管道最高压力可为 0.2MPa。根据第 10.2.21 条，选项 C 正确。根据第 10.2.26 条，选项 D 正确。

第 2 篇　专业案例题

第7章 供暖专业案例题

本章知识点题目分布统计表

小节	考点名称		2012年至2020年题目统计		近三年题目统计		2020年题目统计
			题目数量	比例	题目数量	比例	
7.1	建筑热工与热负荷		14	17%	9	27%	2
7.2	供暖系统形式	7.2.1 散热器	18	22%	6	18%	2
		7.2.2 辐射供暖	11	13%	4	12%	3
		7.2.3 热风供暖	4	5%	2	6%	0
		小计	33	40%	12	36%	5
7.3	供暖系统设计	7.3.1 供暖系统水力计算	9	11%	2	6%	1
		7.3.2 节能改造	4	5%	1	3%	0
		小计	13	16%	3	9%	1
7.4	热网	7.4.1 供热量与热力入口	5	6%	2	6%	0
		7.4.2 热水网路计算	5	6%	1	3%	0
		小计	10	12%	3	9%	0
7.5	锅炉房与换热站		4	5%	1	3%	1
7.6	供热相关设备		9	11%	5	15%	2
合计			83		33		11

说明：2015年停考1年，近三年真题为2018年至2020年。

7.1 建筑热工与热负荷

7.1-1. 设计严寒地区 A 区某正南北朝向的 9 层办公楼，外轮廓尺寸为 54m×15m，南外窗为 16 个通高竖向条形窗（每个窗宽 2.1m），整个顶层为多功能厅，顶部开设一天窗（24m×6m）。一层和顶层层高均为 5.4m，中间层层高均为 3.9m。问该建筑的南外窗及南外墙的传热系数 ［W/（m²·K）］应当是下列哪项？【2012-3-01】

A. $K_窗 \leqslant 1.7$，$K_墙 \leqslant 0.40$　　　　B. $K_窗 \leqslant 1.7$，$K_墙 \leqslant 0.45$

C. $K_窗 \leqslant 1.5$，$K_墙 \leqslant 0.40$　　　　D. $K_窗 \leqslant 1.5$，$K_墙 \leqslant 0.45$

参考答案： B

主要解题过程： 根据《公建节能 2005》第 4.1.2 条：

$$体形系数 = \frac{(54+15)\times(2\times5.4+3.9\times7)\times2+54\times15}{54\times15\times(2\times5.4+3.9\times7)} = \frac{5257.8+810}{30861}$$

$$= 0.1966 < 0.4$$

窗墙面积比 $= \dfrac{16 \times 2.1 \times (2 \times 5.4 + 3.9 \times 7)}{54 \times (2 \times 5.4 + 3.9 \times 7)} = 0.62$

查表 4.2.2-1：南外窗及外墙 $K_窗 \leqslant 1.7$；$K_墙 \leqslant 0.45$

扩展： 按照《公建节能 2015》表 3.3.1 查得 $K_窗 \leqslant 1.4$，$K_墙 \leqslant 0.35$。

7.1-2. 严寒地区 A 区拟建正南、北朝向的 10 层办公楼，外轮廓尺寸为 63m×15m，顶层为多功能厅，南侧外窗为 14 个条形落地窗（每个窗宽 2700mm），一层和顶层层高 5.4m，中间层层高均为 3.9m，其顶层多功能厅开设两个天窗，尺寸为 15m×6m，问该建筑的南外墙和南外窗的传热系数 ［W/（m²·K）］应为哪一项？【2013-4-01】

A. $K_窗 \leqslant 1.7$，$K_墙 \leqslant 0.40$　　　　　B. $K_窗 \leqslant 1.7$，$K_墙 \leqslant 0.45$

C. $K_窗 \leqslant 1.5$，$K_墙 \leqslant 0.40$　　　　　D. $K_窗 \leqslant 1.5$，$K_墙 \leqslant 0.45$

参考答案： B

主要解题过程：

建筑高度：$H = 5.4 \times 2 + 3.9 \times (10-2) = 42$m；

体形系数和窗墙面积比定义依据《严寒和寒冷地区居住建筑节能设计标准》JGJ 26—2010 第 2.1.5 条和第 2.1.10 条，计算如下：

体形系数：$S = \dfrac{A}{V} = \dfrac{63 \times 15 + (63+15) \times 2 \times 42}{63 \times 15 \times 42} = 0.1889$

南向窗墙面积比：$C_{MF} = \dfrac{A_窗}{A_立面} = \dfrac{2.7 \times 14 \times 42}{63 \times 42} = 0.6$

查《公建节能 2005》表 4.2.2-1，得：$K_窗 \leqslant 1.7$　$K_墙 \leqslant 0.45$

扩展： 按照《公建节能 2015》表 3.3.1 查得 $K_窗 \leqslant 1.6$，$K_墙 \leqslant 0.38$。

7.1-3. 某住宅楼节能外墙的做法（从内到外）：（1）水泥砂浆：厚度 $\delta_1 = 20$mm，导热系数 $\lambda_1 = 0.93$W/（m·K）；（2）蒸压加气混凝土砌块：$\delta_2 = 200$mm，$\lambda_2 = 0.20$W/（m·K），修正系数 $\alpha_2 = 1.25$；（3）单面钢丝网片岩棉板：$\delta_3 = 70$mm，$\lambda_3 = 0.045$W/（m·K），修正系数 $\alpha_3 = 1.20$；（4）保护层、饰面层，如忽略保护层、饰面层热阻影响，该外墙的传热系数 K 应为以下何项？【2014-3-01】

A. $0.29 \sim 0.33$W/（m²·K）；　　　　B. $0.35 \sim 0.37$W/（m²·K）；

C. $0.28 \sim 0.40$W/（m²·K）；　　　　D. $0.42 \sim 0.44$W/（m²·K）；

参考答案： D

主要解题过程： 根据《复习教材》表 1.1-4，表 1.1-5 得：$R_n = 0.115$m²·K/W，$R_w = 0.04$m²·K/W；

根据《复习教材》式（1.1-2）、式（1.1-3），将题目已知数据及查表数据代入公式，得

$$R_0 = R_n + R_w + R_j = 0.115 + 0.04 + \dfrac{0.02}{0.93} + \dfrac{0.2}{1.25 \times 0.2} + \dfrac{0.07}{0.045 \times 1.2}$$

$$= 2.2728 \text{m}^2 \cdot \text{K/W}$$

$$K = \frac{1}{R_0} = 0.4399\,\text{W/(m}^2 \cdot \text{K)}$$

7.1-4. 严寒 C 区某甲类公共建筑（平屋顶），建筑平面为矩形，地上 3 层，地下 1 层，层高均为 3.9m，平面尺寸为 43.6m×14.5m，建筑外墙构造与导热系数如下图，已知外墙（包括非透光幕墙）传热系数限值如下表，则计算岩棉厚度（mm）理论最小值最接近下列何项（忽略金属幕墙热阻，不计材料导热系数修正系数)？【2016-3-01】

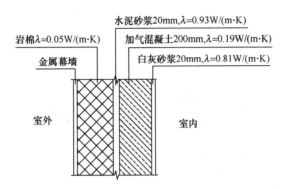

体形系数≤0.30	0.30<体形系数≤0.50	
传热系数 K [W/ (m² · K)]		
≤0.43	≤0.38	

A. 53.42　　　　　B. 61.34　　　　　C. 68.72　　　　　D. 43.74

参考答案： A

主要解题过程： 体形系数 $= \dfrac{(43.6 + 14.5) \times 2 \times 3.9 \times 3 + 43.6 \times 14.5}{43.6 \times 14.5 \times 3.9 \times 3} = 0.27 <$ 0.30。

根据《民规》第 5.1.8 条：

$$K = \frac{1}{R_0} = \frac{1}{\dfrac{1}{\alpha_n} + \sum \dfrac{\delta}{\alpha_\lambda \cdot \lambda} + R_k + \dfrac{1}{\alpha_w}}$$

$$= \frac{1}{\dfrac{1}{8.7} + \dfrac{0.02}{0.93} + \dfrac{0.2}{0.19} + \dfrac{0.02}{0.81} + \dfrac{\delta}{0.05} + \dfrac{1}{23}} \leqslant 0.43$$

解得：

$\delta \geqslant 0.0534\text{m} = 53.4\text{mm}$。

扩展： 根据《民规》表 5.1.8-3，若考虑加气混凝土和岩棉的材料导热修正系数 α_λ，则：

$$K = \frac{1}{\dfrac{1}{8.7} + \dfrac{0.02}{0.93} + \dfrac{0.2}{1.25 \times 0.19} + \dfrac{0.02}{0.81} + \dfrac{\delta}{1.2 \times 0.05} + \dfrac{1}{23}} \leqslant 0.43$$

解得，$\delta \geqslant 0.0639\text{m} = 63.9\text{mm}$，最接近的选项选 B。

7.1-5. 有一供暖房间的外墙由 3 层材料组成，其厚度与导热系数从外到内依次为：240mm 砖墙，导热系数为 0.49W/ (m·K)；200mm 泡沫混凝土砌块，导热系数为 0.19W/ (m·K)；20mm 石灰粉刷，导热系数为 0.76W/ (m·K)，则该外墙的传热系数 [W/ (m²·K)] 最接近下列哪一项？【2017-3-02】

A. 0.38   B. 0.66   C. 1.51   D. 1.73

参考答案： B

主要解题过程：

根据《民规》第 5.1.8 条，有：

$$K = \frac{1}{R_0} = \frac{1}{R_n + \Sigma \dfrac{\delta}{\alpha_\lambda \cdot \lambda} + R_k + R_w}$$

$$= \frac{1}{0.115 + \left(\dfrac{0.24}{0.49} + \dfrac{0.2}{1.25 \times 0.19} + \dfrac{0.02}{0.76}\right) + 0.04}$$

$$= 0.66 \text{W/(m}^2 \cdot \text{K)}$$

扩展：《民用建筑热工设计规范》GB 50176—2016 附录 B.2 及《复习教材》表 1.1-6 已经对常用保温材料导热系数的修正系数进行了较大的改动，2017 年以后的题目需按新资料求解。本题如按新资料，泡沫混凝土砌块不用进行导热系数修正，计算结果为 0.58，仍选 B。

7.1-6. 严寒地区 A 区某地计划建设一座朝向为正南正北的 12 层办公楼，外轮廓尺寸为 39000×15000 (mm)，顶层为多功能厅。每层南、北侧分别为 10 个外窗，外窗尺寸均为 2400×1500 (mm)，首层层高为 5.4m，顶层层高为 6.0m，中间层层高均为 3.9m，其顶层多功能厅设有两个天窗，尺寸均为 7800×7800 (mm)。问：该建筑正确的设计做法，应是下列选项的哪一个（K_c 为窗的传热系数，K_q 为墙的传热系数)？【2018-4-01】

A. 满足 $K_c \leqslant 2.5$，$K_q \leqslant 0.38$ 即可   B. 满足 $K_c \leqslant 2.7$，$K_q \leqslant 0.35$ 即可

C. 满足 $K_c \leqslant 2.2$，$K_q \leqslant 0.38$ 即可   D. 应通过权衡判断来确定 K_c 和 K_q

参考答案： D

主要解题过程：

根据《公建节能 2015》可知：

体形系数：

$$\frac{39 \times 15 + 2 \times (39 + 15) \times (5.4 + 6 + 3.9 \times 10)}{39 \times 15 \times (5.4 + 6 + 3.9 \times 10)} = 0.2045$$

所以体形系数满足《公建节能 2015》表 3.2.1 的要求。

南侧和北侧窗墙比：

$$\frac{2.4 \times 1.5 \times 10 \times 12}{39 \times (5.4 + 6 + 3.9 \times 10)} = 0.22$$

根据《公建节能 2015》第 3.3.1 条，表 3.3.1-1 可知：$K_c \leqslant 2.5 \text{W/(m}^2 \cdot \text{K)}$；$K_q \leqslant 0.38 \text{W/(m}^2 \cdot \text{K)}$。

屋顶透光部分面积占屋顶总面积的比例：

$$\frac{7.8 \times 7.8 \times 2}{39 \times 15} \times 100\% = 20.8\%$$

根据《公建节能 2015》第 3.2.7 条可知必须进行权衡判断。

7.1-7. 某夏热冬冷地区的甲类公共建筑，外墙做法如右图所示。各材料的热工参数为：（1）石膏板，导热系数 $\lambda_1 = 0.33W/(m \cdot K)$，蓄热系数 $S_1 = 5.28W/(m^2 \cdot K)$；（2）乳化膨胀珍珠岩，导热系数 $\lambda_2 = 0.093W/(m \cdot K)$，蓄热系数 $S_2 = 1.77W/(m^2 \cdot K)$；（3）大理石板，导热系数 $\lambda_3 = 2.91W/(m \cdot K)$，蓄热系数 $S_3 = 23.27W/(m^2 \cdot K)$。外墙

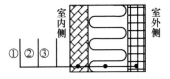

①15mm 厚大理石板
②乳化膨胀珍珠岩
③9mm 厚石膏板

内外表面的换热系数分别为 $8.7W/(m^2 \cdot K)$ 和 $23W/(m^2 \cdot K)$。问：为了满足现行节能设计标准对外墙热工性能的要求，乳化膨胀珍珠岩的最小厚度 δ（mm），最接近以下哪个选项？【2018-4-02】

A. 120   B. 140

C. 160   D. 180

参考答案：A

主要解题过程：

根据《公建节能 2015》第 3.3.1 条表 3.3.1-4 可知：夏热冬冷地区甲类公共建筑外墙，当 $D \leqslant 2.5$ 时，传热系数 $K \leqslant 0.6W/(m^2 \cdot K)$；当 $D > 2.5$ 时传热系数 $K \leqslant 0.8W/(m^2 \cdot K)$。

根据《民用建筑热工设计规范》GB 50176—2016 第 3.4.9 条，热惰性指标：

$$D = \sum S \frac{\delta}{\lambda} = 5.28 \times \frac{0.009}{0.33} + 1.77 \times \frac{\delta}{0.093} + 23.27 \times \frac{0.015}{2.91} = 19.03\delta + 0.2639$$

当 $D \leqslant 2.5$ 时，由 $D = 19.03\delta + 0.2639$，得：

$$\delta = \frac{D - 0.2639}{19.03} \leqslant 0.1175m = 117.5mm$$

根据《民规》第 5.1.8 条，得：

$$K = \frac{1}{\frac{1}{\alpha_n} + \sum \frac{\delta}{\alpha_\lambda \lambda} + R_k + \frac{1}{\alpha_w}} \geqslant \frac{1}{\frac{1}{8.7} + \frac{0.009}{0.33} + \frac{0.1175}{0.093} + \frac{0.015}{2.91} + \frac{1}{23}} = 0.688$$

不满足节能要求，即 $D \leqslant 2.5$ 时，传热系数 $K \leqslant 0.6W/(m^2 \cdot K)$。

当 $D > 2.5$ 时，有：

$$\delta = \frac{D - 0.2639}{19.03} > 0.1175m = 117.5mm$$

$$K = \frac{1}{\frac{1}{\alpha_n} + \sum \frac{\delta}{\alpha_\lambda \lambda} + R_k + \frac{1}{\alpha_w}} < \frac{1}{\frac{1}{8.7} + \frac{0.009}{0.33} + \frac{0.1175}{0.093} + \frac{0.015}{2.91} + \frac{1}{23}} = 0.688$$

满足节能要求，即 $D > 2.5$，传热系数 $K \leqslant 0.8W/(m^2 \cdot K)$。

所以最小厚度 $\delta > 117.5mm$，答案选 A。

7.2 供 暖 系 统 形 式

7.2.1 散热器

7.2-1. 某办公楼供暖系统原设计热媒为 85～60℃热水, 采用铸铁四柱型散热器, 室内温度为 18℃。因办公室进行围护结构节能改造, 其热负荷降至原来的 67%, 若散热器不变, 维持室内温度为 18℃（不超过 21℃）, 且供暖热媒温差采用 20℃, 选择热媒应是下列哪项?（已知散热器的传热系数公式 $K=2.81\Delta t^{0.276}$）【2012-3-02】

A. 75～55℃热水　　B. 70～50℃热水　　C. 65～45℃热水　　D. 60～40℃热水

参考答案: B

主要解题过程: 由题设可知, 改造前后原设计的散热器不变。

由《复习教材》式（1.8-1）可知:

$$F = \frac{Q}{K(t_{pj}-t_n)}\beta_1\beta_2\beta_3\beta_4$$

$$\frac{Q}{2.81\times\left(\frac{85+60}{2}-18\right)^{1.276}} = \frac{0.67Q}{2.81\times(t_{pj}-18)^{1.276}}$$

解得, $t_{pj}=57.9℃$。

则有, $\dfrac{t_g+t_h}{2}=57.9℃$。

由题意, $t_g-t_h=20℃$。

解得, $t_g=67.9℃$, $t_h=47.9℃$。

根据选项设置取供/回水温度为 70℃/50℃。

7.2-2. 某 5 层住宅为下供下回双管热水供暖系统, 设计条件下供/回水温度为 95℃/70℃, 顶层某房间设计室温为 20℃, 设计热负荷为 1148W。进入立管水温为 93℃。已知: 立管的平均流量为 250kg/h, 1～4 层立管高度为 10m, 立管散热量为 78W/m。设定条件下, 散热器散热量为 140W/片, 传热系数 $K=3.10\ (t_{pj}-t_n)^{0.278}\ W/(m^2\cdot K)$, 散热器散热回水温度维持 70℃, 该房间散热器的片数应为下列哪一项?（不计该层立管散热和有关修正系数）【2012-4-03】

A. 8 片　　　　B. 9 片　　　　C. 10 片　　　　D. 11 片

参考答案: B

主要解题过程: 热媒通过立管后, 进入顶层房间供水温度计算为:

$$Q = cm\Delta t = 4.18\times\frac{250}{3600}\times(93-t'_g)=0.780kW$$

解得, $t'_g=90.3℃$。

设计条件下, 单片散热器散热量计算为:

$$140 = KF(t_{pj}-t_n) = 3.1\times\left(\frac{95+70}{2}-20\right)^{1.278}F = 611.6F$$

实际条件下, 单片散热器散热量计算为:

$$q' = K'F(t_{pj} - t_n) = 3.1 \times \left(\frac{90.3 + 70}{2} - 20\right)^{1.278} F = 582.4F$$

即,
$$\frac{140}{q'} = \frac{611.6F}{582.4F}$$

解得:$q' = 133.3W$。

$$n = \frac{1148}{133.3} = 8.6 \text{ 片}$$

根据《09 技术措施》第 2.3.3 条取舍原则,$\frac{0.6}{8.6} = 7\% > 5\%$,故取整 9 片。

7.2-3. 某住宅楼设计供暖热媒为 $85 \sim 60℃$ 的热水,采用四柱型散热器,经住宅楼进行围护结构节能改造后,采用 $70 \sim 50℃$ 的热水,仍能满足原设计的室内温度 20℃(原供暖系统未作变更)。则改造后的热负荷应是下列哪一项? (散热器传热系数 $K = 2.81\Delta t^{0.297}$)【2012-4-05】

A. 为原热负荷的 $67.1\% \sim 68.8\%$ 　　　　B. 为原热负荷的 $69.1\% \sim 70.8\%$

C. 为原热负荷的 $71.1\% \sim 72.8\%$ 　　　　D. 为原热负荷的 $73.1\% \sim 74.8\%$

参考答案: B

主要解题过程:
$$K_1 = 2.81\Delta t_1^{0.297} = 2.81 \times [(85 + 60)/2 - 20]^{0.297}$$
$$K_2 = 2.81\Delta t_2^{0.297} = 2.81 \times [(75 + 50)/2 - 20]^{0.297}$$
$$Q_2/Q_1 = K_2 \times A_2 \times \Delta t_2 / (K_1 \times A_1 \times \Delta t_1)$$
$$= [(70 + 50) - 20]^{1.297} / [(85 + 60)/2 - 20]^{1.297}$$
$$= 40^{1.297}/52.5^{1.297} = 0.7028 = 70.28\%$$

7.2-4. 某住宅小区,住宅楼为 6 层,设分户热计量散热器供暖系统(异程双管下供下回式),设计室内温度为 20℃,户内为单管跨越式(户间共用立管)。原设计供暖热水的供/回水温度分别为 85℃/60℃。对小区住宅楼进行了围护结构节能改造后,该住宅小区的供暖热负荷降至原来的 65%,若维持原系统流量和设计室内温度不变,供暖热水供回水的平均温度和温差应是下列哪一项? (已知散热器传热系数计算公式为 $K = 2.81\Delta t^{0.276}$)【2013-3-02】

A. $t_{pj} = 59 \sim 60℃$,$\Delta t = 20℃$ 　　　　B. $t_{pj} = 55 \sim 58℃$,$\Delta t = 20℃$

C. $t_{pj} = 55 \sim 58℃$,$\Delta t = 16.25℃$ 　　　　D. $t_{pj} = 59 \sim 60℃$,$\Delta t = 16.25℃$

参考答案: C

主要解题过程:
$$G = \frac{Q}{c\Delta t}, G_1 = G_2, \frac{Q_1}{c\Delta t_1} = \frac{Q_2}{c\Delta t_2}, \frac{Q_1}{c \times 25} = \frac{0.65Q_1}{c\Delta t_2}, \text{解得:} \Delta t_2 = 16.25℃$$

只改造围护结构,散热器面积不变,则有 $F = \frac{Q}{K\Delta t_{pj}}\beta_1\beta_2\beta_3\beta_4$,改造前后 β_1、β_2、β_3 和

β_4 皆不变,

$$\frac{Q_1}{\left(\dfrac{85+60}{2}-20\right)^{1.276}}=\frac{0.65\,Q_1}{\Delta t_{\mathrm{pj},2}{}^{1.276}}$$

7.2-5. 某住宅楼系统原设计为 85～60℃的热媒，采用铸铁 600 型散热器，经对该楼进行围护结构节能改造后，室外供暖热水降至 65～45℃，仍能满足原室内设计温度 20℃（原供暖系统未做任何变动），围护结构改造后的供暖热负荷应是下列哪一项？（已知散热器传热系数计算公式 $K=2.81\Delta t^{0.297}$）【2013-4-03】

A. 为原设计热负荷的 56%～60%　　　　　B. 为原设计热负荷的 61%～65%
C. 为原设计热负荷的 66%～70%　　　　　D. 为原设计热负荷的 71%～75%

参考答案： A

主要解题过程： 由题意可知，原供暖系统未做任何变动，故散热器面积不变。

根据《复习教材》式（1.8-1）可知：

$$\frac{Q_2}{Q_1}=\frac{K_2 F\left(\dfrac{t_{\mathrm{g}}+t_{\mathrm{h}}}{2}-t_{\mathrm{n}}\right)}{K_1 F\left(\dfrac{t_{\mathrm{g}}'-t_{\mathrm{h}}'}{2}-t_{\mathrm{n}}\right)}=\left[\frac{\dfrac{65+45}{2}-20}{\dfrac{85+60}{2}-20}\right]^{1.297}=0.591=59.1\%$$

7.2-6. 某住宅小区住宅楼均为 6 层，设计为分户热计量散热器供暖系统（异程双管下供下回式）。设计供暖热媒为 85℃/60℃的热水，散热器为内腔无沙铸铁四柱 660 型，$K=2.81\Delta t^{0.276}$ [W/（m²·℃）]。因住宅楼进行了围护结构节能改造（供暖系统设计不变），改造后该住宅小区的供暖热水供/回水温度为 70℃/50℃，即可实现原室内设计温度 20℃。问：该住宅小区节能改造前与改造后供暖系统阻力之比应是下列哪一项？【2014-3-04】

A. 0.8～0.9　　　　B. 1.0～1.1　　　　C. 1.2～1.3　　　　D. 1.4～1.5

参考答案： C

主要解题过程： 由题意可知，供暖系统设计不变，则有散热面积 F 不变，系统管网特性曲线 S 不变。

由《复习教材》式（1.8-1）可知：

$$\frac{Q_1}{Q_2}=\frac{K_1 F\left(\dfrac{t_{\mathrm{g}}+t_{\mathrm{h}}}{2}-t_{\mathrm{n}}\right)}{K_2 F\left(\dfrac{t_{\mathrm{g}}'+t_{\mathrm{h}}'}{2}-t_{\mathrm{n}}\right)}=\left[\frac{\dfrac{85+60}{2}-20}{\dfrac{70+50}{2}-20}\right]^{1.276}=1.4$$

由　　　　　　　　　　　　$$\Delta P=SG^2,\quad G=\frac{Q}{c\Delta t}$$

$$\frac{\Delta P_1}{\Delta P_2}=\frac{G_1{}^2}{G_2{}^2}=\left[\left(\frac{Q_1}{Q_2}\right)\left(\frac{\Delta t_2}{\Delta t_2}\right)\right]^2=\left(1.4\times\frac{70-50}{85-60}\right)^2=1.25$$

7.2-7. 某住宅楼采用上供下回双管散热器供暖系统，室内设计温度为 20℃，热水供/回水温度 90℃/65℃，设计采用椭四柱 660 型散热器，其传热系数 $K=2.682\Delta t^{0.297}$ [W/（m²·℃）]。因对小区住宅楼进行了围护结构节能改造，该住宅小区的供暖热负荷降至原设计热负荷的 60%，若原设计供暖系统保持不变，要保持室内温度为 20～22℃，供暖热水供回水温度（供回水温差为 20℃）应是下列哪一项？并列出计算判断过程（忽略水流量变化对散热器散热量的影响）。【2014-4-02】

    A. 75℃/55℃   B. 70℃/50℃

    C. 65℃/45℃   D. 60℃/40℃

参考答案：B

主要解题过程：依题意知，原设计供暖系统保持不变，即散热器传热系数 K，散热面积 F 均保持不变，不考虑散热器修正系数。

$$Q = KF\Delta t_p = aF\Delta t_p^{1+b} \Rightarrow \frac{Q_1}{Q_2} = \left(\frac{\frac{90+65}{2}-20}{t_{pj}-(20\sim22)}\right)^{1.297} = \frac{1}{0.6}$$

$$t_{pj} = (59\sim61)℃ = \frac{t_{sg}+t_{sh}}{2} = \frac{t_{sh}+20+t_{sh}}{2} \Rightarrow t_{sh} = (48\sim51)℃$$

$$\Rightarrow t_{sg} = t_{sh}+20 = (48\sim51)+20 = (68\sim71)℃$$

7.2-8. 某住宅室内设计温度为 20℃，采用双管下供下回供暖系统，设计供/回水温度 85℃/60℃，铸铁柱形散热器明装，片厚 60mm，单片散热面积 0.24m²，连接方式如图所示。为使散热器组装长度≤1500mm，每组散热器负担的热负荷不应大于下列哪一项？（注：散热器传热系数 $K = 2.503\Delta t^{0.2973}$ [W/（m²·℃）]，$\beta_3 = \beta_4 = 1.0$）【2014-4-03】

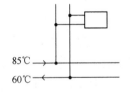

    A. 1600～1740W   B. 1750～1840W

    C. 2200～2300W   D. 3100～3200W

参考答案：A

主要解题过程：根据《复习教材》表 1.8-2～3 得 $\beta_1 = 1.10$，$\beta_2 = 1.42$；由式（1.4-5）以及题意知 $\beta_3 = \beta_4 = 1.0$，计算如下：

$$n = 1500/60 = 25\ 片 \Rightarrow F = 25 \times 0.24 = 6m^2$$

$$Q = \frac{KF\Delta t_p}{\beta_1\beta_2\beta_3\beta_4} = \frac{aF\Delta t_p^{1+b}}{\beta_1\beta_2\beta_3\beta_4} = \frac{2.503 \times 6 \times \left(\frac{85+60}{2}-20\right)^{1.2973}}{1.1 \times 1.42 \times 1 \times 1} = 1638W$$

7.2-9. 某住宅小区的住宅楼均为 6 层，设计为分户热计量散热器供暖系统，户内为单管跨越式、户外是异程双管下供下回式。原设计供暖热水温度为 85℃/60℃，设计采用铸铁四柱 660 型散热器。小区住宅楼进行围护结构节能改造，原设计系统不变，供暖热媒温度改为 65℃/45℃后，该住宅小区的实际供暖热负荷降为原来的 65%。改造后室内的温度（℃）最接近下列何项？（已知原室内温度为 20℃，散热器传热系数 $K = 2.81\Delta t^{0.276}$[W/（m²·K）]）【2016-4-1】

    A. 16.5   B. 17.5   C. 18.5   D. 19.5

参考答案：B

主要解题过程：根据题意，实际供暖热负荷降低至原来的 65%，供回水温度由 85～60℃降至 65～45℃，供回水温差由 25℃降至 20℃，导致散热器水流量降低。《复习教材》

第 1.8.1 节第 1 条所述内容为散热器设计选择计算方法,即系统未安装正式使用前的选取方法。系统安装运行后,修正系数 $\beta_1 \sim \beta_3$ 已确定,不会改变。关于 β_4,由《复习教材》表 1.8-5 知,随着温差的降低,β_4 逐渐变小,散热器的散热量逐渐增大,室温升高。此前提是散热器水流量逐渐增大,房间供暖热负荷≤供暖设计热负荷方能实现。与本题散热器水流量逐渐减少不符,因此,β_4 不考虑修正。根据《复习教材》式 (1.8-1)、式 (1.8-2),得:

$$Q\beta_1\beta_2\beta_3\beta_4 = KF(t_{pj} - t_n)$$

$$\frac{Q_1}{Q_2} = \left(\frac{\frac{85+60}{2} - 20}{\frac{65+45}{2} - t_n}\right)^{1.276} = \frac{1}{0.65}$$

因此,$t_n = 17.5℃$。

7.2-10. 某严寒地区(室外供暖计算温度 $-18℃$)住宅小区,既有住宅楼均为 6 层,设计为分户热计量散热器供暖系统,户内为单管跨越式、楼内的户外系统是异程式双管下供下回式。原设计供暖热媒为 95℃/70℃,设计室温为 18℃,采用铸铁四柱 660 型散热器(该散热器传热数计算公式 $K = 2.81\Delta t^{0.276}$)。后来政府对小区住宅楼进行了墙体外保温节能改造,现在供暖热媒降至 60℃/40℃ 即可使住宅楼的室内温度达到 20℃(在室外温度仍为 $-18℃$ 时)。如果按室内温度 18℃ 计算,该住宅小区节能率(%)(即:供暖热负荷改造后比改造前节省百分比)最接近下列选项的哪一项?【2017-3-03】

A. 35.7　　　　　　B. 37.6　　　　　　C. 62.3　　　　　　D. 64.3

参考答案: D

主要解题过程:

节能改造前:

$$Q_1 = K_1 F\Delta t_1 = F \times 2.81 \times \left(\frac{95+70}{2} - 18\right)^{1.276} = F \times 572.4$$

改造后:

$$Q_2 = K_2 F\Delta t_2 = F \times 2.81 \times \left(\frac{60+40}{2} - 20\right)^{1.276} = F \times 215.5$$

以上两式相比,可得:

$$\frac{Q_1}{Q_2} = \frac{572.4}{215.5} = 2.656 \Rightarrow Q_1 = 2.656Q_2$$

改造后按室内温度 18℃ 计算供暖热负荷:

$$\frac{Q'_2}{Q_2} = \frac{18+18}{20+18} \Rightarrow Q_2 = 1.055Q'_2$$

$$Q_1 = 2.656Q_2 = 2.656 \times 1.055Q'_2 = 2.8036Q'_2$$

节能率为:

$$\frac{Q_1 - Q'_2}{Q_1} \times 100\% = \frac{2.8036Q'_2 - Q'_2}{Q'_2} \times 100\% = 64.3\%$$

7.2-11. 寒冷地区某工厂食堂净高 4m,一面外墙,窗墙比为 0.4,无外门,设计室温为 18℃，食堂围护结构基本耗热量为 150kW（含朝向修正），冷风渗透热负荷为 19kW。采用铸铁四柱 760 散热器明装［单片散热器公式 $Q_1 = 0.5538\Delta t^{1.316}$（W）］，系统形式为下供下回单管同程式系统，该食堂仅白天使用，采用间歇供暖，散热器接管为异侧上进下出，供暖热媒为 95℃/70℃热水，该食堂每组散热器片数均为 25 片。问该食堂需要设置散热器的组数最接近下列选项的哪一项？【2017-4-02】

　　A. 56　　　　　　　　B. 62　　　　　　　　C. 66　　　　　　　　D. 73

参考答案：C

主要解题过程：

根据《复习教材》式（1.8-1），由题意可知：

$$\beta_1 = 1.1, \beta_2 = \beta_3 = \beta_4 = 1$$

$$\Delta t = \frac{95+70}{2} - 18 = 64.5℃$$

修正后的单片散热器散热量为：

$$Q_1' = \frac{Q_1}{\beta_1\beta_2\beta_3\beta_4} = \frac{0.5538 \times 64.5^{1.316}}{1.1 \times 1 \times 1 \times 1} = 121.155\text{W}$$

则每组散热器的散热量为：

$$Q_z = 25Q' = 25 \times 121.155 = 3028.875\text{W}$$

食堂供暖系统热负荷为：

$$Q = Q_1 + Q_2 = Q_j \times (1 + 20\%) + 19 = 150 \times 1.2 + 19 = 199\text{kW}$$

该食堂需要设置的散热器组数为：

$$n = \frac{199 \times 10^3}{3028.875} = 65.7$$

7.2-12. 严寒地区某建筑设置空调系统和值班供暖系统（工作时，两个系统同时使用），散热器出口设温控阀恒定散热器出水温度。冬季空调室外计算温度−25℃，值班供暖温度 10℃，室内设计温度 20℃。值班供暖负荷按室内设计温度 10℃计算的空调热负荷计算，散热器供/回水为 75℃/50℃。某房间值班供暖散热器负荷为 2000W，散热器传热系数 $K = 1.76\Delta t^{0.25}$。问：空调系统应负担的房间热负荷（W）为下列哪项？【2017-3-15】

　　A. 500～600　　　　　　　　　　　　B. 650～750

　　C. 1000～1100　　　　　　　　　　　D. 2500～2600

参考答案：C

主要解题过程：冬季热负荷主要为围护结构热负荷，根据围护结构耗热量计算公式，有：

$$\frac{Q_z}{Q_2} = \frac{\alpha \times K \times (t_{n2} - t_w)}{\alpha \times K \times (t_{n1} - t_w)} = \frac{20+25}{10+25} = 1.286, Q_2 = 2000\text{W}$$

$$Q_z = Q_2 \times 1.286 = 2000 \times 1.286 = 2572\text{W}$$

由于散热器实际工作时室内温度为 20℃，与值班供暖温度不同，散热量也不同，根据题意，散热器传热系数 $K = 1.76\Delta t^{0.25}$，其中 Δt 是散热器热水与室温的平均温差。

实际工作时温差 $\Delta t_1 = \frac{(75+50)}{2} - 20 = 42.5$，$K_1 = 1.76 \times 42.5^{0.25} = 4.494$；

值班供暖时 $\Delta t_2 = \dfrac{(75+50)}{2} - 10 = 52.5$，$K_2 = 1.76 \times 52.5^{0.25} = 4.738$；

散热器实际工作时供热量 Q_1 与值班时供热量 Q_2 有以下关系：

$$\frac{Q_1}{Q_2} = \frac{K_1 F \Delta t_1}{K_2 F \Delta t_2} = \frac{4.494 \times 42.5}{4.738 \times 52.5} = 0.768 \,,\, Q_2 = 2000\text{W}$$

$$Q_1 = 0.768 Q_2 = 0.768 \times 2000 = 1536\text{W}$$

故空调系统应承担的房间热负荷为：$Q = Q_z - Q_1 = 2572 - 1536 = 1036\text{W}$。

7.2-13. 某单层多功能礼堂建筑，设计温度为 18℃。供暖计算热负荷为 235kW，室内供暖系统为双管系统，采用明装铸铁四柱 760 型散热器，上进下出异侧连接，散热器单片散热量公式为：$Q = 0.5538 \Delta t^{1.316}$，供暖热媒为 85℃/60℃ 的热水，每组散热器片数均为 25 片。问：该礼堂需要设置散热器组数最接近下列选项的哪一项？【2018-3-01】

　　A. 63　　　　　　　B. 70　　　　　　　C. 88　　　　　　　D. 97

参考答案：D

主要解题过程：

由题目可知单片散热器的散热量：

$$Q_d = 0.5538 \times \Delta t^{1.316} = 0.5538 \times \left(\frac{85+60}{2} - 18\right)^{1.316} = 106.77\text{W}$$

根据《复习教材》表 1.8-2～表 1.8-4 得：$\beta_1 = 1.1$，$\beta_2 = 1$，$\beta_3 = 1$，$\beta_4 = 1$。

根据式 (1.8-3)，得：

$$n = \frac{Q}{Q_d} \cdot \beta_1 \cdot \beta_2 \cdot \beta_3 \cdot \beta_4 = \frac{235 \times 10^3 \times 1.1 \times 1 \times 1 \times 1}{106.77} = 2421 \text{ 片}$$

故，2421÷25＝96.8 组，选 97 组。

7.2-14. 某住宅小区，既有住宅楼均为 6 层，设计为分户热计量散热器供暖系统，室内设计温度为 20℃，户内为单管跨越式、户外是异程双管下供下回式。原设计供暖热媒为 95～70℃，设计采用内腔无沙铸铁四柱 660 型散热器。后来由于对小区住宅楼进行了围护结构节能改造，该住宅小区的供暖热负荷降至原来的 40%。已知散热器传热系数计算公式 $K = 2.81 \Delta t^{0.276}$，如果系统原设计流量不变，要保持室内温度为 20℃，合理的供暖热媒供/回温度（℃），最接近下列哪个选项（传热平均温差按照算术平均温差计算）？【2018-4-03】

　　A. 55.5/45.5　　　　B. 58.0/43.0　　　　C. 60.5/40.5　　　　D. 63.0/38.0

参考答案：A

主要解题过程：

改造前的热负荷：

$$Q_1 = FK_1 \Delta t = F \times 2.81 \times \left(\frac{95+70}{2} - 20\right)^{1.276}$$

$$Q_1 = G_1 C \times (95 - 70)$$

改造后的热负荷：

$$Q_2 = FK_2 \Delta t = F \times 2.81 \times \left(\frac{t_g + t_h}{2} - 20\right)^{1.276}$$

$$Q_2 = G_2 C \times (t_g - t_h)$$

改造后热负荷降至改造前热负荷的 40%，则有：

$$\frac{Q_2}{Q_1} = \frac{F \times 2.81 \times \left(\frac{t_g + t_h}{2} - 20\right)^{1.276}}{F \times 2.81 \times \left(\frac{95 + 70}{2} - 20\right)^{1.276}} = 0.4$$

$$t_g + t_h = 101℃$$

改造前后系统设计流量不变，$G_1 = G_2$，则有：

$$\frac{Q_2}{Q_1} = \frac{G_2 C \times (t_g - t_h)}{G_1 C \times (95 - 70)} = 0.4$$

$$t_g - t_h = 10℃$$

解得：$t_g = 55.5℃$　$t_h = 45.5℃$

7.2.2　辐射供暖

7.2-15. 低温热水地面辐射供暖系统的单位地面面积的散热量与地面面层材料有关，当设计供/回水温度为 60℃/50℃，室内空气温度为 16℃时，地面面层分别为陶瓷地砖与木地板，采用公称外径为 De20 的 PB 管，加热管间距为 200mm，填充层厚度为 50mm，聚苯乙烯绝热层厚度为 20mm，陶瓷地砖 [热阻 $R = 0.02$（$m^2 \cdot K/W$）] 与木地板 [热阻 $R = 0.1$（$m^2 \cdot K/W$）] 的单位地面面积的散热量之比，应是下列哪一项？【2012-4-02】

　　A. 1.70～1.79　　　　　　　　　　B. 1.60～1.69

　　C. 1.40～1.49　　　　　　　　　　D. 1.30～1.39

参考答案：C

主要解题过程：根据《辐射供暖供冷技术规程》JGJ 142—2012 附录 B 表 B.1.2.-1：当地面层为陶瓷地砖、热阻 $R = 0.02 m^2 \cdot k/W$ 时，供回水平均温度为（60＋50）/2＝55℃、间距为 200mm 时，查得 $q_{x1} = 182.8 W/m^2$。

同样道理，查该规程附录 B 表 B.1.2-3，当地面为木地板时，查得 $q_{x2} = 129.6 W/m^2$；$q_{x1} / q_{x2} = 182.8/129.6 = 1.41$。

7.2-16. 在浴室采用低温热水地面辐射供暖系统，设计室内温度为 25℃，且不超过地表面平均温度最高上限要求（32℃），敷设加热管单位地面积散热量且最大数值应为哪一项？【2013-4-04】

　　A. 60 W/m^2　　　　B. 70 W/m^2　　　　C. 80 W/m^2　　　　D. 100 W/m^2

参考答案：B

主要解题过程：根据《复习教材》式（1.4-9）：$t_{pj} = t_n + 9.82 \times \left(\frac{q_x}{100}\right)^{0.969}$

可知，$9.82 \times \left(\frac{q_x}{100}\right)^{0.969} = t_{pj} - t_n \leqslant 32 - 25 = 7$

$q_x \leqslant 70.5 W/m^2$

7.2-17. 寒冷地区某住宅楼采用热水地面辐射供暖系统（间歇供暖，修正系数 $\alpha_1 =$

1.3）各户热源为燃气壁挂炉，供/回水温度为 45℃/35℃，分室温控，加热管采用 PE-X 管，某户的起居室面积为 32m²，基本耗热量为 0.96kW，查规范水力计算表该环路的管径（mm）和设计流速应为下列中的哪一项？注：管径 D_O：X_1/X_2（管内径/管外径），mm。【2014-3-02】

    A. D_O：15.7/20 v：~0.17m/s

    B. D_O：15.7/20 v：~0.18m/s

    C. D_O：12.1/16 v：~0.26m/s

    D. D_O：12.1/16 v：~0.30m/s

参考答案：D

主要解题过程：由题意知，该住宅地暖系统采用间歇供暖方式，根据《辐射供冷供暖技术规程》JGJ 142—2012 第 3.3.7 条条文说明，计算该起居室实际房间热负荷及所需流量如下：

$$Q = \alpha Q_j + q_h \cdot M = 1.3 \times 960 + 7 \times 3.2 = 1472\text{W}$$

$$G = \frac{Q}{c\Delta t} = \frac{1472}{4187 \times (45-35)} \times 3600 = 126.56\text{kg/h}$$

由《辐射供冷供暖技术规程》JGJ 142—2012 第 3.5.11 条知，加热管输配流速不宜小于 0.25m/s，以及附录 D.0.1 可知，在流量 $G=126.56$kg/h，流速不小于 0.25m/s 的前提下，可知所需管径为 D_O：12.1/16，流速为 0.30m/s。

扩展：题目已明确说明采用查规范水力计算表的方法确定环路管径和设计流速，考试时间紧迫，不建议采用内插法或流量法计算选项所列管径对应的流速。在保证考试正确性的前提下，最大化的节约时间。

7.2-18. 某建筑首层门厅采用地面辐射供暖系统，门厅面积 $F=360$m²，可敷设加热管的地面面积 $F_j=270$m²，室内设计计算温度 20℃。以下何项房间计算热负荷数值满足保证地表面温度的规定上限值？【2014-4-01】

    A. 19.2kW   B. 21.2kW   C. 23.2kW   D. 33.2kW

参考答案：D

主要解题过程：根据《复习教材》式（1.4-5），得

$$t_{pj} = t_n + 9.82\left(\frac{q_x}{100}\right)^{0.969} \Rightarrow 32 = 25 + 9.82\left(\frac{q_x}{100}\right)^{0.969} \Rightarrow q_x = 123\text{W/m}^2$$

$$则：Q_n = q_x \times F = (123 \times 270)/1000 = 33.2\text{kW}$$

7.2-19. 严寒地区某展览馆采用燃气辐射供暖，气源为天然气，已知展览馆的内部空间尺寸为 60×60×18m（高），设计布置辐射器总辐射热量为 450kW，按经验公式计算发生器工作时所需最小空气量（m³/h）接近下列何值？并判断是否设置室外空气供应系统。【2016-3-4】

    A. 3140m³/h，不设置室外空气供应系统

    B. 6480m³/h，设置室外空气供应系统

    C. 9830m³/h，不设置室外空气供应系统

D. 11830m³/h，设置室外空气供应系统

参考答案：C

主要解题过程：根据《复习教材》式（1.4-25）得：

$$L = \frac{Q}{293} \cdot k = \frac{450 \times 1000}{293} \times 6.4 = 9829.3 \text{m}^3/\text{h}$$

房间体积：

$$V = 60 \times 60 \times 18 = 64800 \text{m}^3$$

换气次数：

$$n = \frac{L}{V} = \frac{9829.3}{64800} = 0.15 < 0.5$$

根据《民规》第5.6.6条及《复习教材》第1.4.3节第1条"（5）室外空气供应系统的计算和配置"可知，无需设置室外空气供应系统。

7.2-20. 地板热水供暖系统为保证足够的流速，热水流量应有一最小值。当系统的供回水温差为10℃，采用的地板埋管回形环路管径为De25×2.3时，该回路允许最小热负荷（W）最接近下列何值？［水的比热容取4.187kJ/（kg・K）］【2016-4-04】

A. 2869　　　　　B. 3420　　　　　C. 4233　　　　　D. 5133

参考答案：B

主要解题过程：根据《辐射供暖供冷技术规程》JGJ 142—2012 第3.5.11条，加热供冷管和输配管流速不宜小于0.25m/s。地板埋管回形环路管内径为：$d_i = \text{De} - 2 \times 2.3 = 20.4$mm。

管路最小流量：

$$G = \frac{1}{4} \pi d^2 v = \frac{1}{4} \times 3.14 \times 0.0204^2 \times 0.25 = 8.17 \times 10^{-5} \text{m}^3/\text{s}$$

允许最小负荷：

$$Q = c \cdot \rho \cdot G \cdot \Delta T = 4.18 \times 1000 \times 8.17 \times 10^{-5} \times 10 = 3.414 \text{kW} = 3414 \text{W}$$

7.2-21. 某办公室采用地板辐射供暖系统，室内计算温度为22℃。问：辐射供暖地板单位面积可承担的最大供暖热负荷（W/m²），最接近一下哪个选项？【2017-4-03】

A. 70　　　　　B. 91　　　　　C. 102　　　　　D. 123

参考答案：A

主要解题过程：根据《辐射供暖供冷技术规程》JGJ 142—2012 式（3.4.6），地表面平均温度为：

$$t_{\text{pj}} = t_{\text{n}} + 9.82 \times \left(\frac{q}{100}\right)^{0.969}$$

查表3.1.3可知，地表面平均温度的上限值为29℃，带入上式则有：

$$q = \left(\frac{29 - 22}{9.82}\right)^{\frac{1}{0.969}} \times 100 = 70.5 \text{W/m}^2$$

7.2.3 热风供暖

7.2-22. 某车间采用单侧单股平行射流集中送风方式供暖，每股射流作用的宽度范围为 24m。已知，车间的高度为 6m，送风口采用收缩的圆喷嘴，送风口高度为 3m，工作地带的最大平均回流速度 v_1 为 0.3m/s，射流末端最小平均回流速度 v_2 为 0.15m/s，试问该方案的送风射流的有效作用长度能够完全覆盖的车间是哪一项？【2013-3-03】

A. 长度为 60m 的车间　　　　　　　B. 长度为 54m 的车间

C. 长度为 48m 的车间　　　　　　　D. 长度为 36m 的车间

参考答案： D

主要解题过程： 根据《复习教材》式（1.5-2），作用半径 $L=9H=9\times6=54$m，送风口安装高度 $h=0.5H$，射流的有效作用长度 $l_x=\dfrac{0.7X}{a}\sqrt{A_h}=\dfrac{0.7\times0.33}{0.07}\sqrt{24\times6}=$

39.6m，取小值，选项 D 正确。

7.2-23. 某寒冷地区（室外供暖计算温度为 -11℃）工业厂房，原设计功能为货物存放，厂房内温度按 5℃设计，计算热负荷为 600kW，采用暖风机供暖系统，热媒温度为 95℃/70℃。现欲将货物存放供暖改为生产厂房，在原供暖系统及热媒不变的条件下，使厂房内温度达到 18℃，需要对厂房的围护结构进行节能改造。问：改造后厂房的热负荷限值（kW）最接近下列选项的哪一项？【2017-3-04】

A. 560　　　　　　B. 540　　　　　　C. 500　　　　　　D. 330

参考答案： C

主要解题过程： 根据《复习教材》式（1.5-18）、式（1.5-19），改造前：

$$Q_1 = nQ_d\eta = n\times\left(Q_0\times\frac{t_{pj}-t_n}{t_{pj}-15}\right)\times\eta$$

$$nQ_0 = \frac{Q_1}{\dfrac{t_{pj}-t_n}{t_{pj}-15}\times\eta} = \frac{600}{\dfrac{82.5-5}{82.5-15}\times0.8} = 653.23\text{kW}$$

改造后：

$$Q_2 = nQ_d\eta = n\times\left(Q_0\times\frac{82.5-18}{82.5-15}\right)\times0.8$$

$$= nQ_0\times0.8\times\frac{82.5-18}{82.5-15} = 0.76nQ_0$$

$$= 0.76\times653.23 = 499.36\text{kW}$$

7.2-24. 某工业厂房室内设计温度为 20℃，采用暖风机供暖。已知该暖风机在标准工况（进风温度为 15℃，热水供/回水温度为 80℃/60℃）时的散热量为 55kW。问：如果热水温度不变，向该暖风机提供的热水流量（kg/h），应最接近以下哪个选项（热媒平均温度按照算术平均温度计算）？【2018-3-03】

A. 2600　　　　　　B. 2365　　　　　　C. 2150　　　　　　D. 1770

参考答案： C

主要解题过程：

根据《复习教材》式（1.5-19）得：

$$\frac{Q_d}{Q_0} = \frac{t_{pj} - t_n}{t_{pj} - 15}$$

$$\frac{Q_d}{55} = \frac{\dfrac{80 + 60}{2} - 20}{\dfrac{80 + 60}{2} - 15}$$

$$Q_d = 50 \text{kW}$$

根据流量公式，有：

$$G = \frac{Q_d}{c_p \Delta t} = \frac{50}{4.187 \times (80 - 60)} = 0.597 \text{kg/s} = 2149.51 \text{kg/h}$$

7.2-25. 某车间热风供暖系统热源为饱和蒸汽，压力为 0.3MPa，流量为 600kg/h，安全阀排放压力为 0.33MPa。安全阀公称通径与喉部直径关系如下表所示。问：安全阀公称通径的选择，合理的应是下列何项？【2018-4-04】

公称通径 DN（mm）		25	32	40	50
微启式	d（mm）	20	25	32	40
	A（cm²）	3.14	4.18	8.04	12.57
全启式	d（mm）	—	—	25	32
	A（cm²）			4.81	8.04

A. DN25　　　　B. DN32　　　　C. DN40　　　　D. DN50

参考答案：C

主要解题过程：

根据《复习教材》式（1.8-9），安全阀喉部面积为：

$$A = \frac{q_m}{490.3 \times p_1} = \frac{600}{490.3 \times 0.33} = 3.71 \text{cm}^2$$

根据 P93，微启式安全阀一般适用于介质为液体条件，所以本题应选用全启式安全阀。

查表，全启式安全阀公称通径 DN40 对应的安全阀喉部面积为 4.81cm² ＞3.71 cm²，满足要求。

7.3 供 暖 系 统 设 计

7.3.1 供暖系统水力计算

7.3-1. 某厂房设计采用 50kPa 蒸汽供暖，供汽管道最大长度为 600m，选择供汽管径时，平均单位长度摩擦压力损失值以及供汽水平干管的管径，应是下列哪一项？【2012-4-04】

A. $\Delta P_m \leqslant 25 \text{Pa/m}$，$DN \leqslant 20 \text{mm}$　　　　B. $\Delta P_m \leqslant 48 \text{Pa/m}$，$DN \geqslant 25 \text{mm}$

C. $\Delta P_m \leqslant 50 \text{Pa/m}$，$DN \leqslant 20 \text{mm}$　　　　D. $\Delta P_m \leqslant 58 \text{Pa/m}$，$DN \geqslant 25 \text{mm}$

参考答案：B

主要解题过程：

根据《复习教材》式（1.6-4），$\Delta P_m = (P-2000) \cdot a/l = (50000-2000) \times 0.6/600 = 48\text{Pa/m}$。

又根据《复习教材》第1.6.1节第3条"计算要求"和《工规》第5.8.7条，供暖系统水平干管的末端管径的回水干管的始端管径不应小于20mm，故选B。

7.3-2. 如右图所示，重力循环上供下回供暖系统，已知：供/回水温度为95℃/70℃；对应的水密度分别为961.92kg/m³，977.81kg/m³。管道散热量忽略不计。问：系统的重力循环水头应为哪一项？【2013-3-01】

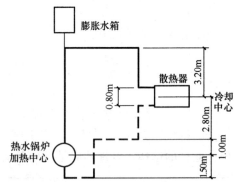

    A. 42～46kg/m²

    B. 48～52kg/m²

    C. 58～62kg/m²

    D. 82～86kg/m²

参考答案： C

主要解题过程： 根据《复习教材》式（1.3-3），

重力循环水头 $= \Delta\rho \cdot \Delta h = (977.81-961.92)(2.8+1.0) = 60.4\text{kg/m}^2$

扩展： 选项中单位为kg/m²，故计算过程不乘 g。

7.3-3. 某厂房设计采用60kPa蒸汽供暖，供汽管道最大长度为870m，选择供汽管道管径时平均单位长度摩擦压力损失值以及供汽水平干管末端管径，应是下列哪一项？【2013-4-02】

    A. $\Delta P \leqslant 25\text{Pa/m}$ $DN \leqslant 20\text{mm}$ B. $\Delta P \leqslant 35\text{Pa/m}$ $DN \geqslant 25\text{mm}$

    C. $\Delta P \leqslant 40\text{Pa/m}$ $DN \geqslant 25\text{mm}$ D. $\Delta P \leqslant 50\text{Pa/m}$ $DN \geqslant 25\text{mm}$

参考答案： C

主要解题过程：

根据《复习教材》第1.3.2节第2条"蒸汽供暖"可知：60kPa的蒸汽采暖系统属于低压蒸汽供暖，由式（1.6-4）得：

$$\Delta P = \frac{(p-2000)}{l}a = \frac{60 \times 10^3 - 2000}{870} \times 0.6 = 40\text{Pa/m}$$

根据《复习教材》第1.6.1节第3条"计算要求"可知，$DN \geqslant 25\text{mm}$，故选C。

7.3-4. 双管下供下回式系统如图所示，每层散热器间的垂直距离为6m，供水/回水温度为85℃/60℃，供水管ab段、bc段和cd段的阻力分别为0.5kPa、1.0kPa和1.0kPa（对应的回水管段阻力相同），散热器A1、A2和A3的水阻力分别为 $P_{A1} = P_{A2} = 7.5\text{kPa}$ 和 $P_{A3} = 5.5\text{kPa}$。忽略管道沿程冷却和散热器支管阻力，试问设计工况下散热器A3环路相对A1环路的阻力不平衡率（%）为多少？（取 $g = 9.8\text{m/s}^2$，热水密度 $\rho_{85℃} = 968.65\text{kg/m}^3$，$\rho_{60℃} = 983.75\text{kg/m}^3$）

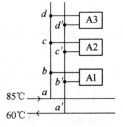

【2014-3-03】

A. 26～27   B. 2.8～3.0

C. 2.5～2.7   D. 10～11

参考答案: D

主要解题过程: 底层为最不利环路,先找并联关系:bA1b′和 bcdA3d′c′b′;三层环路的资用压力=和三层并联的一层环路压力损失+(三层减去一层重力循环作用压力)乘以 2/3;

$$\Delta P_{zy} = P_{A1} + g\Delta H(\rho_h - \rho_g)$$
$$= 7.5 + 9.8 \times 12 \times (983.75 - 968.65) \times 2/3 \times 10^{-3}$$
$$= 8.68 \text{kPa}$$
$$\Delta P_{sh} = 2 \times (1.0 + 1.0) + 5.5 = 9.5 \text{kPa}$$
$$x = \left| \frac{8.68 - 9.5}{8.68} \right| \times 100\% = 9.5\%$$

选接近的,是选项 D。

扩展: 关于不平衡率的理论,在教科书上水力计算部分,是这样定义的,首先要有一个最不利环路,做最不利环路的水力计算,然后以其为基准,其他环路先求出资用压力,然后做水力计算求出实际压力损失,按公式求出与最不利环路的不平衡率,即资用压力减去实际压力损失再除以资用压力得出不平衡率。在此类题中,一层环路是最不利环路,三层环路相对一层环路的不平衡率的计算方法就是按教科书上的那种方法。本题题目求解结果过程一直存在争议,因为题设表述存在两个问题:(1)未明确采暖系统是重力循环系统,还是机械循环系统;(2)对于"A3 环路相对 A1 环路的阻力不平衡率"的理解影响求解结果。

另外列举其他两种较多考生的做法供参考:

(1)考虑本题为机械循环系统

计算环路间不平衡率时不应考虑公共段,因此 A3 环路的管段只包括 bc、cd 及其对应回水段,同时 A3 的还需考虑重力循环作用压头。注意 A3 的重力循环作用压头实际抵消了一部分管路阻力,同时计算方式要考虑 2/3 的系数。另外,A1 环路也有重力循环作用压头,但是除去公共段后,A1 环路的垂直管段高度为 0,对应计算重力循环作用压头也为 0。

$$\Delta P_3 = [(1+1) \times 2 + 5.5] - \frac{2}{3} \times \frac{9.8 \times (6+6) \times (983.75 - 968.65)}{1000} = 8.32 \text{kPa}$$
$$\Delta P_1 = 7.5 \text{kPa}$$

不平衡率计算:

$$\varepsilon = \frac{\Delta P_3 - \Delta P_1}{\Delta P_3} \times 100\% = \frac{8.32 - 7.5}{8.32} \times 100\% = 9.86\%$$

无答案。

另一方面,考虑"A3 环路相对 A1 环路的阻力不平衡率"的含义以 A1 环路为参照,则不平衡率为:

$$\varepsilon = \frac{\Delta P_3 - \Delta P_1}{\Delta P_1} \times 100\% = \frac{8.32 - 7.5}{7.5} \times 100\% = 10.9\%$$

选 D。

（2）考虑本题为重力循环系统

与考虑为机械循环系统的差别在于重力作用压头计算时不必考虑 2/3 的系数。

$$\Delta P_3 = [(1+1)\times2+5.5] - \frac{9.8\times(6+6)\times(983.75-968.65)}{1000} = 7.72\text{kPa}$$

$$\Delta P_1 = 7.5\text{kPa}$$

不平衡率计算：

$$\varepsilon = \frac{\Delta P_3 - \Delta P_1}{\Delta P_3}\times100\% = \frac{7.72-7.5}{7.5}\times100\% = 2.8\%$$

此外，即使以 A1 环路为参照，计算结果为 2.9%，选 B。

7.3-5. 双管上供下回式供暖系统如图示，每层散热器间的垂直距离为 6m，供/回水温度 95℃/70℃，供水管 ab 段、bc 段的阻力均为 0.5kPa（对应的回水管段阻力相同），散热器 A1、A2 和 A3 的水阻力均分别为 7.5kPa。忽略管道沿程冷却与散热器支管阻力，试问：以 a 点和 c₂ 点为基准，设计工况下散热器 A3 环路阻力相对 A1 环路的阻力不平衡率接近下列何项？（取 $g = 9.81\text{m/s}^2$，热水密度 $\rho_{95℃} = 962\text{kg/m}^2$，$\rho_{70℃} = 977.9\text{kg/m}^3$）【2016-4-02】

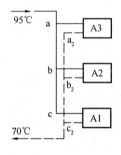

A. −22%
B. 0
C. 13%
D. 22%

参考答案：C

主要解题过程：根据题意，该供暖系统为双管上供下回式同程系统，A3，A1 高差 12m，根据《民规》第 5.9.14 条及条文说明，当重力水头的作用高差大于 10m 时，重力水头按 $H = \frac{2}{3}(\rho_h - \rho_g)gh$ 计算。以 a 点和 c2 点为基准，散热器 A3 环路的资用压力：

$$\Delta P_{(a-A3-c2)_{zy}} = \Delta P_{(a-A1-c2)} + \frac{2}{3}(\rho_h - \rho_g)gh$$

$$\Delta P_{(a-A3-C2)_{zy}} = \Delta P_{(a-A1-c2)} + \frac{2}{3}(\rho_h - \rho_g)gh$$

$$= 8.5 + \frac{2}{3}\times(977.9 - 962.7)\times9.81\times12\times10^{-3}$$

$$= 8.5 + 1.248$$

$$= 9.748\text{kPa}$$

散热器 A3 环路的阻力：

$$\Delta P_{(a-A3-c2)_{ys}} = \Delta P_{A3} + \Delta P_{a2-b2} + \Delta P_{b2-c2}$$

$$= 7.5 + 0.5 + 0.5$$

$$= 8.5\text{kPa}$$

散热器 A3 环路阻力相对 A1 环路的阻力不平衡率：

$$\chi_{1-3} = \frac{\Delta P_{(a-A3-c2)zy} - \Delta P_{(a-A3-c2)ys}}{\Delta P_{(a-A3-c2)zy}} \times 100\%$$

$$= \frac{9.748 - 8.5}{9.748} \times 100\%$$

$$= 12.8\%$$

扩展： 本题考点与【2014-3-03】相同。【2014-3-03】考察的是下供下回式异程双管系统不平衡率计算，本题考察的是上供下回式同程双管系统不平衡率计算。不平衡率计算思路及方法一致，需要注意的是：（1）底层散热器环路为最不利环路；（2）对任何一种供暖系统，无论是上供下回式双管，下供下回式双管系统，重力水头均对上层散热器有利，且重力水头均为正值；（3）将本题题干技术参数带入【2014-3-03】题双管下供下回式供暖系统，对比数据见下表：

	供暖方式	资用压力（kPa）	实际压力（kPa）	不平衡率（绝对值）
方式1	下供下回式双管	$\Delta P_{(b-A1-b')zy}=8.748$	$\Delta P_{(b-A3-b')sh}=9.5$	8.60%
方式2	上供下回式双管	$\Delta P_{(a-A3-c2)zy}=9.748$	$\Delta P_{(a-A3-c2)sh}=8.5$	12.80%

由上表可知，在相同的技术参数条件下（不包括分户热计量散热器供暖系统），下供下回式双管系统比上供下回式双管系统可降低系统的不平衡率，缓和了上供下回式系统的垂直失调现象。资用压力：方式1<方式2，实际压力：方式1>方式2，其主要原因是在资用压力与实际压力计算中，不同的供暖方式，立管的压力损失被包含范围不同导致。

7.3-6. 某住宅楼集中热水供暖系统，计算热负荷为 262kW，热媒为 75℃/50℃ 的热水，系统计算压力损失为 35.0kPa；而实际运行时测得：供/回水温度为 65℃/45℃，热力入口处供回水压力差 39.2kPa，则系统实际供热量（kW）最接近下列哪一项？【2017-4-05】

A. 210　　　　B. 220　　　　C. 230　　　　D. 244

参考答案： B

主要解题过程： 设计工况下设计流量为：

$$V_1 = 0.86\frac{Q_1}{\Delta t_1} = 0.86 \times \frac{262}{25} = 9.013\text{m}^3/\text{h}$$

根据《复习教材》式（1.10-23）可知，设计工况下 $\Delta P_1 = SV_1^2$；实际运行工况下 $\Delta P_2 = SV_2^2$，S 保持不变，两式相比为：

$$\frac{\Delta P_1}{\Delta P_2} = \frac{V_1^2}{V_2^2}$$

$$V_2 = \sqrt{\frac{\Delta P_2 \times V_1^2}{\Delta P_1}} = \sqrt{\frac{39.2 \times 9.013^2}{35.0}} = 9.538\text{m}^3/\text{h}$$

系统实际供热量为：

$$Q_2 = \frac{V_2 \times \Delta t_2}{0.86} = \frac{9.5383 \times (65-45)}{0.86} = 221.821\text{kW}$$

7.3-7. 某车间拟用蒸汽铸铁散热器供暖系统，余压回水，系统最不利环路的供气管长 400m，起始蒸汽压力为 200kPa，如果摩擦阻力占总压力损失的比例为 0.8，则该管段

选择管径依据的平均长度摩擦阻力（Pa/m）应最接近下列何项？【2017-4-06】

 A. 60   B. 80   C. 100   D. 120

 参考答案：C

 主要解题过程：根据《复习教材》表 1.3-1 注 1 可知，系统起始压力 200kPa＞70kPa，为高压蒸汽。

根据《复习教材》式（1.6-5），平均单位长度摩擦损失为：

$$\Delta P_m = \frac{0.25\alpha p}{l} = \frac{0.25 \times 0.8 \times 200 \times 10^3}{400} = 100\text{Pa/m}$$

7.3.2 节能改造

 7.3-8. 严寒地区某 200 万 m² 住宅小区，冬季供暖采用热水锅炉房容量为 140MW，满足供暖需求。城市规划在该区域再建 130 万 m² 节能住宅也需该锅炉房供暖。因该锅炉房无法扩建，故对既有住宅进行围护结构节能改造，满足全部住宅正常供暖。问：既有住宅节能改造后的供暖热指标应是下列哪项？（锅炉房自用负荷忽略不计。管网直埋附加 K_0 = 1.02；新建住宅供暖热指标 35W/m²）【2012-3-03】

 A. ≤44W/m²   B. ≤45W/m²   C. ≤46W/m²   D. ≤47W/m²

 参考答案：C

 主要解题过程：根据《严寒和寒冷地区居住建筑节能设计标准》JGJ 26－2010 式（5.2.5）可知：

$$Q_0 = Q_B\eta = 140 \times \frac{1}{1.02} = 137.25\text{MW}$$

新建建筑热负荷：

$$Q_X = \frac{130 \times 10^4 \times 35}{10^6} = 45.5\text{MW}$$

既有建筑改造后的热指标为：

$$\frac{137.25 \times 10^6 - 45.5 \times 10^6}{200 \times 10^4} = 45.88\text{W/m}^2$$

 7.3-9. 严寒地区某 200 万 m² 的住宅小区，冬季供暖用热水锅炉房总装机容量为 140MW，对该住宅小区进行围护结构节能改造后，供暖热指标降至 45W/m²，该锅炉房还能再负担新建节能住宅（供暖热指标 35W/m²）供暖的面积，应是下列哪一项？（锅炉房自用负荷忽略不计，管网输送效率为 0.94）【2013-4-05】

 A. 118×10⁴m²   B. 128×10⁴m²

 C. 134×10⁴m²   D. 142×10⁴m²

 参考答案：A

 主要解题过程：根据《严寒和寒冷地区居住建筑节能设计标准》JGJ 26－2010 式（5.2.5）可知：

$$Q_0 = Q_B\eta = 140 \times 0.94 = 131.6\text{MW}$$

改造后的原有建筑热负荷为：

$$\frac{200 \times 10^4 \times 45}{10^6} = 90\text{MW}$$

新建住宅面积：

$$S = \frac{(131.6 - 90) \times 10^6}{35} = 118.9 \times 10^4 \text{ m}^2$$

7.3-10. 严寒地区某住宅小区的冬季供暖用热水锅炉房，容量为 280MW，刚好满足 $400 \times 10^4 \text{ m}^2$ 既有住宅的供暖。因对既有住宅进行了围护结构节能改造，改造后该锅炉房又多担负了新建住宅 $270 \times 10^4 \text{ m}^2$，且能满足设计要求。请问既有住宅的供暖热指标和改造后既有住宅的供暖热指标分别应接近下列选项的哪一个？（锅炉房自用负荷可忽略不计，管网散热损失为供热量的 2%；新建住宅供暖热指标为 35W/ m²）【2014-4-04】

　　A. 70.0 W/m² 和 46.3 W/m²　　　　　　　B. 70.0 W/m² 和 45.0 W/m²
　　C. 68.6 W/m² 和 46.3 W/m²　　　　　　　D. 68.6 W/m² 和 45.0 W/m²

参考答案：D

主要解题过程：根据《严寒和寒冷地区居住建筑节能设计标准》JGJ 26－2010 式（5.2.5）可知：

$$Q_0 = Q_B \eta = 280 \times (1 - 2\%) = 274.4\text{MW}$$

改造前的既有建筑热指标为：

$$\frac{274.4 \times 10^6}{400 \times 10^4} = 68.6\text{W/m}^2$$

改造后的既有建筑热指标为：

$$\frac{274.4 \times 10^6 - 35 \times 270 \times 10^4}{400 \times 10^4} = 45\text{W/m}^2$$

7.3-11. 某住宅小区 A 为建筑面积为 230 万 m² 的住宅建筑，设有一座冬季供暖使用的热水锅炉房，安装总容量为 140MW，刚好能够满足其正常供暖。现将邻近的一个原供暖热指标和使用方式都与小区 A 相同、建筑面积为 100 万 m² 的住宅建筑小区 B 的供暖，划归由小区 A 的现有锅炉房承担（锅炉房安装总容量不变）。在对小区 A、B 的住宅建筑进行相应的节能改造后，刚好能同时满足两个小区的正常供暖。问：节能改造后整个区域（A 和 B）的供暖热指标（W/m²）和节能率应是下列选项的哪一个（锅炉房自用负荷以及管网热损失均忽略不计）？【2018-3-05】

　　A. 60.87 和 69.7%　　　　　　　　　　B. 60.87 和 30.3%
　　C. 42.42 和 69.7%　　　　　　　　　　D. 42.42 和 30.3%

参考答案：D

主要解题过程：

由于锅炉的自用负荷以及管网热损失均忽略不计，所以不再考虑。

改造前供暖热指标：

$$\frac{140 \times 10^6}{230 \times 10^4} = 60.87\text{W/m}^2$$

改造后供暖热指标：

$$\frac{140 \times 10^6}{230 \times 10^4 + 100 \times 10^4} = 42.42 \text{W/m}^2$$

节能率

$$\frac{60.87 - 42.42}{60.87} \times 100\% = 30.31\%$$

7.4 热 网

7.4.1 供热量与热力入口

7.4-1. 某工程的集中供暖系统，室内设计温度为 18℃，供暖室外计算温度－7℃，冬季通风室外计算温度－4℃，冬季空调室外计算温度－10℃，供暖期室外平均温度－1℃，供暖期为 120d。该工程供暖设计热负荷 1500kW，通风设计热负荷 800kW，通风系统每天平均运行 3h。另有，空调冬季设计热负荷 500kW，空调系统每天平均运行 8h，该工程全年最大耗热量应是下列哪一项？【2013-3-04】

A. 18750～18850GJ   B. 13800～14000GJ

C. 11850～11950GJ   D. 10650～10750GJ

参考答案：B

主要解题过程：根据《复习教材》式（1.10-8）～式（1.10-10）：

（1）供暖全年耗热量：

$Q_h^a = 0.0864 N Q_h (t_i - t_n) / (t_i - t_{o,h}) = 0.0864 \times 120 \times 1500 \times (18+1) / (18+7)$
$= 11819.52 \text{GJ}$

（2）供暖期通风耗热量：

$Q_v^a = 0.0036 T_v N Q_v (t_i - t_n) / (t_i - t_{o,v}) = 0.0036 \times 3 \times 120 \times 800 \times (18+1) / (18+4) = 895.42 \text{GJ}$

（3）空调供暖耗热量：

$Q_v^a = 0.0036 T_a N Q_n (t_i - t_n) / (t_i - t_{o,a}) = 0.0036 \times 8 \times 120 \times 500 \times (18+1) / (18+10) = 1172.57 \text{GJ}$

（4）年耗热量合计：$Q_z^a = 11819.52 + 895.42 + 1172.57 = 13887.51 \text{GJ}$

7.4-2. 坐落于北京市的某大型商业综合体的冬季热负荷包括供暖，空调和通风的耗热量，设计热负荷为：供暖 2MW，空调 6MW 和通风 3.5MW，室内计算温度为 20℃，供暖期内空调系统平均每天运行 12h，通风装置平均每天运行 6h，供暖期天数为 123d，该商业综合体供暖期耗热量（GJ）为多少？【2016-3-05】

A. 51400～51500   B. 46100～46200

C. 44900～45000   D. 38100～38200

参考答案：B

主要解题过程：查《民规》附录 A，得北京地区各气象参数：$t_a = -0.7℃, t_{o,h} = -7.6℃,$
$t_{o,a} = -9.9℃, t_{o,v} = -3.6℃$。

根据《复习教材》式（1.10-8～10）得：

$$Q_h^a = 0.00864 N Q_h \frac{t_i - t_a}{t_i - t_{o,h}} = 0.00864 \times 123 \times 2 \times 10^3 \times \frac{20 - (-0.7)}{20 - (-7.6)} = 15940.8 \text{GJ}$$

$$Q_a^a = 0.0036 T_a N Q_a \frac{t_i - t_a}{t_i - t_{o,a}} = 0.0036 \times 12 \times 123 \times 6 \times 10^3 \times \frac{20 - (-0.7)}{20 - (-9.9)}$$
$$= 22071.9 \text{GJ}$$

$$Q_v^a = 0.0036 T_v N Q_v \frac{t_i - t_a}{t_i - t_{o,v}} = 0.0036 \times 6 \times 123 \times 3.5 \times 10^3 \times \frac{20 - (-0.7)}{20 - (-3.6)}$$
$$= 8156.2 \text{GJ}$$

$$Q_h^a + Q_a^a + Q_v^a = 15940.8 + 22071.9 + 8156.2 = 46168.9 \text{GJ}$$

7.4-3. 某严寒地区一个六层综合楼，除一层门厅采用地面辐射供暖系统外，其他区域均采用散热器热水供暖系统，计算热负荷分别为：散热器系统 200kW、地面辐射系统 20kW。散热器供暖系统热媒为 75℃/50℃，地面辐射供暖系统采用混水泵方式，其一次热媒由散热器供暖系统提供，辐射地板供暖热媒为 60℃/50℃。问：该建筑物供暖系统水流量（t/h）和混水泵的流量（t/h）最接近系列哪一个选项？【2017-4-01】

A. 6.88 和 1.72　　　　　　　　　　　　B. 6.88 和 0.688

C. 7.568 和 1.032　　　　　　　　　　　D. 7.912 和 1.032

参考答案：C

主要解题过程： 建筑物供暖系统水流量：

$$G = 0.86 \times \frac{Q}{\Delta t} = 0.86 \times \frac{(200 + 20)}{75 - 50} = 7.568 \text{m}^3/\text{h}$$

辐射供暖系统所需高温侧热力网设计流量为：

$$G_h = 0.86 \times \frac{Q'}{\Delta t} = 0.86 \times \frac{20}{75 - 50} = 0.688 \text{m}^3/\text{h}$$

根据《复习教材》式（1.10-19），混水泵混合比为：

$$\theta = \frac{t_1 - \theta_1}{\theta_1 - t_2} = \frac{75 - 60}{60 - 50} = 1.5$$

根据式（1.10-18），混水泵设计流量为：

$$G_h' = \mu G_h = 1.5 \times 0.688 = 1.032 \text{m}^3/\text{h}$$

7.4-4. 严寒地区 A 区拟建小区，规划建设住宅 120 万 m²、商店 15 万 m² 和旅馆 10 万 m²（均指建筑面积，且均为节能建筑）。现新建一个热水锅炉房为以上建筑提供冬季供暖和空调热源，其中住宅不考虑空调，商店供暖建筑面积与空调建筑面积各为商店总面积的 50%，旅馆供暖建筑面积和空调建筑面积分别占旅馆总建筑面积的 40% 和 60%。问：锅炉房热负荷最大概算容量（MW），最接近下列何项（锅炉房自用负荷忽略不计）？【2018-4-05】

A. 61.25　　　　　B. 70.05　　　　　C. 77.85　　　　　D. 84.00

参考答案：C

主要解题过程：

根据《城镇供热管网设计规范》CJJ 34—2010 表 3.1.2-1 和表 3.1.2-2 可知：供暖热

指标：住宅—45W/m²；旅馆—60W/m²；商店—70W/m²；空调热指标：旅馆—120W/m²；商店—120W/m²。

对于供暖负荷：

$$Q_N = (120 \times 45 + 0.5 \times 15 \times 70 + 0.4 \times 10 \times 60) \times 10^4 \times 10^{-6} = 61.65 \text{MW}$$

对于空调负荷：

$$Q_K = (0.5 \times 15 \times 120 + 0.6 \times 10 \times 120) \times 10^4 \times 10^{-6} = 16.2 \text{MW}$$

锅炉房热负荷最大概算容量：

$$Q = Q_K + Q_N = 61.65 + 16.2 = 77.85 \text{MW}$$

7.4-5. 某地冬季供暖室外计算温度 $t_{WN} = -4℃$，冬季空调室外计算温度 $t_{WK} = -6℃$。冬季供暖期 $N=120$ 天，供暖期室外平均温度 $t_{WP}=3℃$。当地一公共建筑项目由A、B座组成，A座采用散热器24h连续供暖，室内设计温度 $t_N=18℃$，设计热负荷 $Q_A = 1000 \text{kW}$；B座由集中空调系统供暖，每天运行10h，室内空调设计温度 $t_K=20℃$，设计热负荷 $Q_B=600 \text{kW}$；该项目A、B座供暖热媒均由换热站供热。该项目全年耗热量（GJ）最接近下列何项？【2018-4-06】

A. 8690   B. 8764   C. 9039   D. 11137

参考答案：B

主要解题过程：

根据《城镇供热管网设计规范》CJJ 34—2010 第3.2.1条，供暖全年耗热量为：

$$Q_h^a = 0.0864 NQ_h \frac{t_i - t_a}{t_i - t'_{o.h}} = 0.0864 \times 120 \times 1000 \times \frac{18 - 3}{18 + 4} = 7069 \text{GJ}$$

空调供暖耗热量为：

$$Q_a^a = 0.0036 T_a NQ_a \frac{t_i - t_a}{t_i - t'_{o.a}} = 0.0036 \times 10 \times 120 \times 600 \times \frac{20 - 3}{20 + 6} = 1695 \text{GJ}$$

项目全年耗热量为：

$$Q = Q_h^a + Q_a^a = 7069 + 1695 = 8764 \text{GJ}$$

7.4.2 热水网路计算

7.4-6. 某热水供热管网的水压图如右图所示，设计供/回水温度为110℃/70℃，1号楼、2号楼、3号楼和4号楼的高度分别是：18m、36m、21m和21m，2号楼为间接连接，其余为直接连接。求循环水泵的扬程和系统停止运行时3号楼顶层的水系统的压力（不考虑顶层的层高因素）。【2013-3-05】

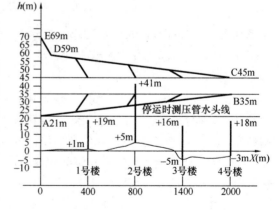

A. 水泵扬程38m，3号楼顶层水系统的压力5m

B. 水泵扬程48m，3号楼顶层水系统的压力5m

C. 水泵扬程38m，3号楼顶层水系统的压力19m

D. 水泵扬程 48m，3 号楼顶层水系统的压力 19m

参考答案：B

主要解题过程：

循环水泵扬程 $H=H_E-H_A=69-21=48m$；

循环水泵静止时，3 号楼的静水压力 $\Delta P=H_A-H_静=21-16=5m$

7.4-7. 某住宅小区热力管网有 4 个热用户，管网在正常工况时的水压图和各热用户的水流量见下图，如果关闭热用户 2、3、4，热用户 1 的水力失调度应是下列选项的哪一个？（假设循环水泵扬程不变）【2014-4-05】

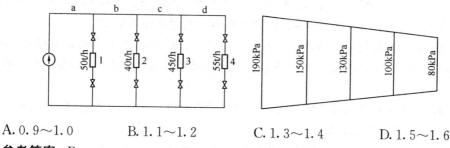

A. 0.9～1.0　　　　B. 1.1～1.2　　　　C. 1.3～1.4　　　　D. 1.5～1.6

参考答案：B

主要解题过程：根据《复习教材》式（1.10-20），水力失调度＝热用户的实际流量（V_s）/热用户规定流量（V_g）。求解热用户的实际流量（V_s）为本题关键。关闭热用户 2、3、4，系统水量全部经过用户 1。已知水泵扬程保持不变，仅需计算关闭阀门后系统总管网阻力 $S_总$ 即可，而 $S_总$ 为干管 S_a 与用户 1S_1 串联之和。依照 $\Delta P=S_总 Q^2$，求解热用户实际流量。具体过程如下：

$$S_a=\frac{\Delta P_总}{V_总^2}=\frac{(190kPa-150kPa)\times1000}{(50t/h+40t/h+45t/h+55t/h)^2}=1.11Pa/(t\cdot h)^2$$

$$S_1=\frac{\Delta P_1}{V_1^2}=\frac{150kPa\times1000}{50(t\cdot h)^2}=60Pa/(t\cdot h)^2$$

$$S_总=S_a+S_1=1.11+60=61.11Pa/(t\cdot h)^2$$

$$V_s=\sqrt{\frac{\Delta P_总}{S_总^2}}=\sqrt{\frac{190000}{61.11}}=55.8t/h\Rightarrow x=\frac{V_s}{V_g}=\frac{55.8}{50}=1.11$$

7.4-8. 某热水供热系统（上供下回）设计供/回水温度为 110℃/70℃，为 5 个用户供暖（见表），用户采用散热器承压 0.6MPa。试问设计选用的系统定压方式（留出了 3mH₂O 余量）及用户与外网连接方式，正确的应是下列何项？（汽化表压取 42kPa，1mH₂O＝9.8kPa，膨胀水箱架设高度小于 1m）【2014-4-06】

A. 在用户 1 屋面设置膨胀水箱，各用户与热网直接连接

B. 在用户 2 屋面设置膨胀水箱，用户 1 与外网分层连接，高区 28～48m 间接连接，低区 1～27m 直接连接，其余用户与热网直接连接

C. 取定压点压力 56m，各用户与热网直接连接，用户 4 散热器选用承压 0.8MPa

D. 取定压点压力 35m，用户 1 与外网分层连接，高区 23～48m 间接连接，低区 1～23m 直接连接，其余用户与热网直接连接

用户	1	2	3	4	5
用户底层地面标高（m）	+5	+3	−2	−5	0
用户楼高（m）	48	24	15	15	24

备注：以热网循环水泵中心高度为基准。

参考答案： D

主要解题过程： 根据《复习教材》第 1.10.6 节第 1 条，热水网路压力状况基本要求确定。即不超压、不倒空、不汽化、保证热用户足够资用压头、热水网路回水管内任何一点压力都应比大气压力至少高出 50kPa，以免吸入空气原则逐条确定。

选项 A，全部直接连接，热用户 1 层最高，定压点压力按照不汽化原则确定，即 48+5+3+4.2=60.2m，取整数定压点压力为 61m。而散热器承压为 0.6MPa，导致所有用户均超压，错误。

选项 B，如果用户 2 架设膨胀水箱，水箱高出屋面 4.2+3=7.2m，题中说膨胀水箱架设小于 1m，不符合要求，错误。

选项 C，定压点 56m 数据不对，要全部直连，保证不汽化、不倒空，应至少 61m。且用户 4 相对高度最低，选用承压能力 0.8MPa 散热器，其他用户均需采用 0.8MPa，与题干要求不符，错误。

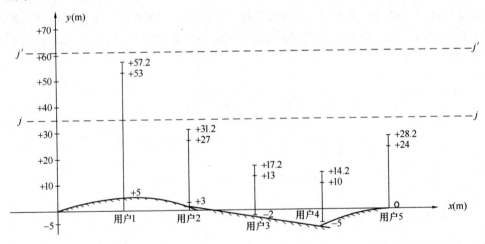

选项 D，从水压图中看出，用户 1 为高层，按照不超压原则，应采取分层连接。按其他 4 个用户定出静水压曲线高度。用户 2 层高最高，顶层标高即充水高度最大，为 24+3=27m；按用户 2 定出静水压线的最低位置：24+3+3+4.2=34.2m，取整数 35m，即定压点取 35m。同时，按照题干要求，膨胀水箱架设高度小于 1m，即用户 2 膨胀水箱应架设高度为 27+1=28m。若将膨胀水箱设置于用户 2 屋面，实际安装高度最小值为 34.2m，超过 28m 膨胀水箱要求安装高度，因此，为了满足题干设置条件，定压点高度应按 28m 设置。沿 28m 高度作水平线，即为用户 1 的分区高度，28m 以下用户 1 与外网直接连接（用户 1 低区实际高度为 28−5=23m），28m 以上用户 1 与外网间接连接（用户 1 的高区实际高度为 23～48m）。用户 4 底层地面标高−5m，为系统最低点，对应散热器承压为：

$$P_4 = \rho g h_4 = 1000 \times 9.8 \times (35 + 5) = 0.392 \text{MPa} < 0.60 \text{MPa}$$

满足要求，选项 D 正确。

注意：选项 D 中用户 1 高度为其绝对高度，而非相对高度。

7.4-9. 某住宅楼供暖系统，设计工况供暖热负荷为 300kW、热媒为 80℃/55℃热水、供暖系统压力损失为 41.2kPa。而实际运行时测得系统供热量为 251.2kW，供/回水温度 70℃/50℃，热力入口处供回水压力差（kPa）应最接近下列哪一项？〔水的比热容取 4.187kJ/（kg·K）、不计水的密度变化〕【2016-4-05】

A. 41.2   B. 42.5   C. 44.0   D. 45.0

参考答案： D

主要解答过程： 根据题意得：

$$\frac{Q_1}{Q_2} = \frac{G_1 \Delta t_1}{G_2 \Delta t_2}$$

$$\frac{G_1}{G_2} = \frac{Q_1 \Delta t_2}{Q_2 \Delta t_1} = \frac{300 \times 20}{251.2 \times 25} = 0.96$$

因负荷变化前后，管网综合阻力数 S 保持不变。

$$\frac{\Delta P_1}{\Delta P_2} = \frac{S}{S} \times \left(\frac{G_1}{G_2}\right)^2 = 0.96^2 = 0.92$$

故 $\Delta P_2 = \dfrac{\Delta P_1}{0.92} = 44.8 \text{kPa}$

7.4-10. 北京市某办公楼供暖系统采用一级泵系统，设计总热负荷为 3600kW，设置 2 台相同规格的循环水泵并联运行，供/回水温度为 75℃/50℃，水泵设计工作点的效率为 75%，从该楼换热站到供暖末端的管道单程长度为 97m。请问根据相关节能规范的要求循环水泵扬程（m），最接近下列哪一项（不考虑选择水泵时的流量安全系数）？【2018-3-02】

A. 17   B. 21   C. 25   D. 28

参考答案： B

主要解题过程：

单台泵的设计流量为：

$$G_1 = \frac{Q}{c_p \Delta t} = \frac{3600}{4.187 \times (75 - 50) \times 2} = 17.196 \text{kg/s} = 61.906 \text{m}^3/\text{h}$$

根据题意，北京某办公室供暖，由《复习教材》P565、《民规》第 8.11.13 条或《公建节能》第 4.3.3 条（注意空调与供暖部分计算参数不同），可知：$A = 0.003858$；$B = 17$；$\sum L = 97 \times 2 = 194$；$\alpha = 0.0115$。

$$EHR - h = 0.003096 \Sigma(G \times H/\eta_b)/Q \leqslant A(B + \alpha \Sigma L)/\Delta T$$

由此可得：

$$0.003096 \times \left(2 \times \frac{61.906 \times H}{0.75 \times 3600}\right) \leqslant \frac{0.003858 \times (17 + 0.0115 \times 194)}{75 - 50}$$

解得，$H \leqslant 20.9$，最接近选项 B。

7.5　锅炉房与换热站

7.5-1. 某居住小区的热源为燃煤锅炉，小区供暖热负荷为 10MW，冬季生活热水的最大小时耗热量为 4MW，夏季生活热水的最小小时耗热量为 2.5MW，室外供热管网的输送效率为 0.92，不计锅炉房的自用热。锅炉房的总设计容量以及最小锅炉容量的设计最大值应为下列哪项？（生活热水的同时使用率为 0.8）【2012-3-04】

　　A. 总设计容量为 11～13MW，最小锅炉容量的设计最大值为 5MW

　　B. 总设计容量为 11～13MW，最小锅炉容量的设计最大值为 8MW

　　C. 总设计容量为 13.1～14.5MW，最小锅炉容量的设计最大值为 5MW

　　D. 总设计容量为 13.1～14.5MW，最小锅炉容量的设计最大值为 8MW

参考答案：C

主要解题过程：根据《复习教材》式（1.11-4），有：

$$Q = K_0(K_1Q_1 + K_2Q_2 + K_3Q_3 + K_4Q_4) = (10 + 4 \times 0.8)/0.92 = 14.35\text{MW}$$

根据《民规》第 8.11.8-2 条，单台锅炉的设计容量实际运行负荷率不宜低于 50%，夏季锅炉需要提供的最小供热量为：

$$Q_{\min} = 2.5/0.92 = 2.72\text{MW}$$

则最小锅炉负荷设计容量最大值：

$$Q = \frac{2.72}{50\%} = 5.44\text{MW}$$

7.5-2. 某小区供暖锅炉房，设有 1 台燃气锅炉，其额定工况为：供水温度 95℃，回水温度 70℃，效率为 90%，实际运行中，锅炉供水温度变为 80℃，回水温度变为 60℃，同时测得水流量为 100t/h，天然气耗量为 260Nm³/h（当地天然气低位热值为 35000kJ/Nm³），该锅炉实际运行中的效率变化为下列哪一项？【2013-4-06】

　　A. 运行效率比额定效率降低了 1.5%～2.5%

　　B. 运行效率比额定效率降低了 4%～5%

　　C. 运行效率比额定效率提高了 1.5%～2.5%

　　D. 运行效率比额定效率提高了 4%～5%

参考答案：C

主要解题过程：根据《复习教材》第 1.11.2 节第 4 条锅炉热效率定义得：

实际运行效率：$\eta_1 = \dfrac{Q_r}{q_d B} = \dfrac{100 \times 10^4 \times (80 - 60) \times 4.18}{35000 \times 260} = 91.8\%$

运行效率比额定效率提高 91.8% − 90% = 1.8%

7.5-3. 某项目需设计一台热水锅炉，供/回水温度为 95℃/70℃，循环水量为 48t/h，设锅炉热效率为 90%，分别计算锅炉采用重油的燃料消耗量（kg/h）及采用天然气的燃料消耗量（Nm³/h）。正确的答案应是下列哪一项？（水的比热容取 4.18kJ/kg、重油的低

位热值为 40600kJ/kg、天然气的低位热值为 35000kJ/Nm³）【2014-3-05】

A. 135～140，155～160　　　　　　　B. 126～134，146～154

C. 120～125，140～145　　　　　　　D. 110～119，130～139

参考答案：A

主要解题过程：根据《复习教材》第 1.11.2 节第 4 条锅炉热效率定义得：

$$B_y = \frac{Q}{Q_{dw} \times \eta} = \frac{48 \times 1000 \times 4.187 \times (95-70)}{40600 \times 0.9} = 137.5 \text{kg/h}$$

$$B_q = \frac{Q}{Q_{dw} \times \eta} = \frac{48 \times 1000 \times 4.187 \times (95-70)}{35000 \times 0.9} = 159.5 \text{Nm}^3/\text{h}$$

7.6　供 热 相 关 设 备

7.6-1. 某蒸汽凝水回水管段，疏水阀后的压力 $P_2 = 100$kPa，疏水阀后管路系统的总压力损失 $\Delta P = 5$kPa，回水箱内的压力 $P_3 = 50$kPa，回水箱处于高位，凝水被余压压到回水箱内，疏水阀后余压可使凝水提升的计算高度（m）最接近下列何项？（取凝结水密度为 1000kg/m³、$g = 9.81$m/s²）【2016-3-03】

A. 4.0　　　　　　B. 4.5　　　　　　C. 5.1　　　　　　D. 9.6

参考答案：B

主要解题过程：根据《复习教材》式（1.8-17）得：

$$h_z = \frac{p_2 - p_3 - p_z}{0.001\rho g} = \frac{100 + 50 + 5}{0.001 \times 1000 \times 9.81} = 4.59 \text{m}$$

7.6-2. 严寒地区某 10 层办公楼，建筑面积 28000m²，供暖热负荷 1670kW，采用椭三柱645 型铸铁散热器系统供暖，热源位于本建筑物地下室换热站，热媒为 95℃/70℃，采用高位膨胀水箱定压。请问计算的膨胀水箱有效容积（m³）最接近下列何项？【2016-4-3】

A. 0.8　　　　　　B. 0.9　　　　　　C. 1.0　　　　　　D. 1.2

参考答案：C

主要解题过程：查《复习教材》表 1.8-8，查得系统供给 1kW 热量所需设备的水容量 V_c 值（L）分别为：室内机械循环管路 7.8，椭三柱 645 型 8.8；热交换器 1。根据 P95 膨胀水箱水容积 $V = 0.034V_c$ 得：

$$V = 0.034 \times (7.8 + 8.8 + 1) \times 1670 = 999.3 \text{L} \approx 1 \text{m}^3$$

7.6-3. 某逆流水-水热交换器热交换过程如下图所示，一次侧水流量为 120t/h，二次侧水流量为 100t/h，设计工况下一次侧供/回水温度为 80℃/60℃、二次水供/回水温度为 64℃/40℃。实际运行时由于污垢影响，热交换器传热系数下降了 20%。问：在一、二次侧水流量、

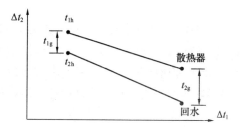

一次水供水温度、二次水回水温度不变的情况下，热交换器传热量与设计工况下传热量的比值（％）最接近下列何项（传热系数采用算数平均温差）【2017-3-01】

  A. 75   B. 80   C. 85   D. 90

参考答案：D

主要解题过程：设计工况下：

一次侧

$$Q = G_1 c \Delta t_1 = \frac{120 \times 1000}{3600} \times 4.187 \times 20 = 2791 \text{kW}$$

换热器

$$\Delta t_{pj} = \frac{(60-40)+(80-64)}{2} = 18\text{℃}$$

$$K_1 = \frac{Q}{F \Delta t_{pj}} = \frac{2791}{F \times 18} = \frac{155.1}{F}$$

实际运行工况下：由 $K'F \Delta t'_{pj} = G_1 c \Delta t'_1$ 对一次侧和换热器列热量平衡方程：

$$\left(0.8 \times \frac{155.1}{F}\right) \times F \times \frac{(t'_{1h}-40)+(80-t_{2g})}{2} = \frac{120 \times 1000}{3600} \times 4.187 \times (80-t'_{1h})$$

对二次侧和同理对换热器列热量平衡方程：

$$\left(0.8 \times \frac{155.1}{F}\right) \times F \times \frac{(t'_{1h}-40)+(80-t'_{2g})}{2} = \frac{100 \times 1000}{3600} \times 4.187 \times (t_{2g}-40)$$

联立以上两式可解得

$$\begin{cases} t_{2g} = 61.58\text{℃} \\ t_{1h} = 62.03\text{℃} \end{cases}$$

实际运行工况下的换热量为：

$$Q' = K'F \Delta t'_{pj} = \left(0.8 \times \frac{155.1}{F}\right) \times F \times \frac{(62.03-40)+(80-61.58)}{2} = 2510 \text{kW}$$

则实际运行工况下与设计工况下的换热量比为：

$$\frac{Q'}{Q} = \frac{2510}{2791} \times 100\% = 89.9\%$$

7.6-4. 某蒸汽供暖系统供气压力为 0.04MPa，散热器的集中回水管路拟采用 3 级串联水封替代疏水阀，已知：凝结水排水管处压力为 0.02MPa，凝结水密度为 958.4kg/m³，重力加速度为 9.81m/s²，水封连接点处蒸汽压力为供暖系统蒸汽压力的 0.7 倍。问：3 级串联水封高度（m）的合理选取值，最接近一下何项？【2017-4-04】

  A. 0.32   B. 0.43   C. 0.48   D. 1.18

参考答案：C

主要解题过程：根据《复习教材》式（1.8-18）可知，水封总高度为：

$$H = \frac{(P_1 - P_2) \times \beta}{\rho g} = \frac{(0.04 \times 0.7 - 0.02) \times 10^6 \times 1.1}{958.4 \times 9.81} = 0.936\text{m}$$

根据式（1.8-19），单级水封高度为：

$$h = 1.5\frac{H}{n} = 1.5 \times \frac{0.936}{3} = 0.468\text{m}$$

7.6-5. 某工厂因工艺要求设置蒸汽锅炉房，厂房相应采用蒸汽供暖形式。已知锅炉送至供暖用分汽缸的蒸汽量 2000kg/h，蒸汽工作压力为 100kPa。问：分汽缸选用的疏水阀的设计凝结水排量（kg/h）最接近下列何项？【2018-3-04】

A. 200　　　　　B. 300　　　　　C. 600　　　　　D. 900

参考答案：B

主要解题过程：

根据《复习教材》式（1.8-13）得：

$$G_{sh} = G \cdot C \cdot 10\% = 2000 \times 1.5 \times 0.1 = 300\text{kg/h}$$

第8章 通风专业案例题

本章知识点题目分布统计表

小节	考点名称		2012年至2020年题目统计		近三年题目统计		2020年题目统计
			题目数量	比例	题目数量	比例	
8.1	工业企业卫生与排放		3	3%	2	6%	1
8.2	工业厂房全面通风	8.2.1 全面通风量计算	16	19%	8	25%	2
		8.2.2 通风热平衡	11	13%	2	6%	1
		小计	27	31%	10	31%	3
8.3	自然通风		12	14%	4	13%	2
8.4	局部排风		6	7%	2	6%	1
8.5	除尘与吸附	8.5.1 除尘器	8	9%	4	13%	1
		8.5.2 吸收与吸附	3	3%	0	0%	0
		小计	11	13%	4	13%	1
8.6	通风系统	8.6.1 风机	4	5%	2	6%	0
		8.6.2 通风系统	14	16%	3	9%	1
		小计	18	21%	5	16%	1
8.7	其他考点	8.7.1 人防工程	1	1%	0	0%	0
		8.7.2 防排烟计算	5	6%	4	13%	1
		8.7.3 设备用房及其他房间通风	3	3%	1	3%	0
		小计	9	10%	5	16%	1
合计			86		32		10

说明：2015年停考1年，近三年真题为2018年至2020年。

8.1 工业企业卫生与排放

8.1-1. 在一般工业区内（非特定工业区）新建某除尘系统，排气筒的高度为20m，距其190m处有一高度为18m的建筑物。排放污染物为石英粉尘，排放浓度为 $y=50mg/m^3$，标准工况下，排气量 $V=60000m^3/h$。试问，以下依次列出排气筒的排放速率值以及排放是否达标的结论，正确者应为哪一项？【2012-4-07】

A. 3.5kg/h、排放不达标

B. 3.1kg/h、排放达标

C. 3.0kg/h、排放达标

D. 3.0kg/h、排放不达标

参考答案： D

主要解题过程：

（1）一般工业区内（非特定工业区）为二级区域，查《大气污染物综合排放标准》GB 16297—1996 可知：排气筒的排放速度为 $L=$ （50×60000）/10^6＝3kg/h。

（2）根据《大气污染物综合排放标准》GB 16297—1996 第 7.1 条：排气筒高度除须遵守表列排放速率标准值外，还应高出周围 200m 半径范围的建筑 5m 以上，不能达到该要求的排气筒，应按其高度对应的表列排放速率标准值 50%执行。目前仅高出 2m，应严格 50%后为 3.1×50%＝1.55kg/h。故排放不达标。

8.2　工业厂房全面通风

8.2.1　全面通风量计算

8.2-1. 某生产厂房采用自然进风、机械排风的全面通风方式，室内空气温度为 30℃，相对湿度为 60%，室外通风设计温度为 27℃，相对湿度为 50%。厂房内的余湿量为 25kg/h。厂房所在地为标准大气压，查 h-d 图计算，该厂房排风系统消除余湿的设计风量（按干空气计）应为下列哪一项？【2013-3-07】

    A. 3100～3500kg/h   B. 3600～4000kg/h

    C. 4100～4500kg/h   D. 4800～5200kg/h

参考答案： D

主要解题过程： 查 h-d 图，得室内含湿量为 $d_n=16.0$g/kg，室外含湿量为 $d_w=11.0$g/kg，按消除余湿计算排风量：

$$G = Q/(d_n - d_w) = 25 \times 10^3/(16 - 11.0) = 5000\text{kg/h}$$

8.2-2. 某生产厂房采用自然进风、机械排风的全面通风方式，室内设计空气温度为 30℃，含湿量为 17.4g/kg，室外通风设计温度为 26.5℃；含湿量为 15.5g/kg，厂房内的余热量 20kW，余湿量为 25kg/h；该厂房排风系统的设计风量应为下列哪一项？[空气比热容为 1.01kJ/(kg·K)]【2013-3-08】

    A. 12000～14000kg/h   B. 15000～17000kg/h

    C. 18000～19000kg/h   D. 20000～21000kg/h

参考答案： D

主要解题过程：

（1）按消除余热量计算排风量：

$$G_1 = 3600Q/C_p\Delta t = 3600 \times 20/[1.01 \times (30 - 26.5)] = 20368\text{kg/h}$$

（2）按消除余湿计算排风量：

$$G_2 = d_z/\Delta d = 25 \times 10^3/(17.4 - 15.5) = 13158\text{kg/h}$$

（3）取两者大值，因此，选项 D 正确。

8.2-3. 某化工车间内产生余热量 $Q=50$kW，余湿量 $W=50$kg/h，同时散发出硫酸气体 10mg/s。要求夏季室内工作地点温度不大于 33℃，相对湿度不大于 70%，问：所需要的全面通风量（m^3/h）最接近以下哪个选项？

已知条件：夏季通风室外计算温度 $t_{wf}=30℃$，相对湿度 62%。30℃时空气密度为 1.165kg/m^3。工作场所空气中硫酸的时间加权平均浓度为 1mg/m^3，短时间接触允许浓度 2mg/m^3。消除有害物通风量安全系数 $K=3$。【2017-4-09】

A. 36000　　　　　B. 51000　　　　　C. 72000　　　　　D. 108000

参考答案：D

主要解题过程：由焓湿图查得室内空气含湿量 $d_n=22.4$g/kg，室外空气含湿量 $d_w=16.6$g/kg。

消除余热所需通风量 [《复习教材》式（2.2-2）]：

$$L_1 = \frac{50}{1.165 \times 1.01 \times (33-30)} = 14.16m^3/s = 50992m^3/h$$

消除余湿所需通风量 [《复习教材》式（2.2-3）]：

$$L_2 = \frac{50}{1.165 \times (22.4-16.6)} = 7.40m^3/s = 26640m^3/h$$

消除有害物所需通风量 [《复习教材》式（2.2-16）]：

$$L_3 = \frac{10 \times 3}{1-0} = 30m^3/s = 108000m^3/h$$

根据《工规》第 6.1.14 条，三者取大值，选 D。

扩展：本题原卷中选项 D 给出答案为 10800，缺少一个 0，实际计算为 108000。选项答案问题为出题人检查不仔细所致。为防止备考考生误解，本卷选项 D 按 108000 给出。

8.2-4. 某车间采用自然送风、机械排风的全面通风方式，负压段排风管全部位于车间内且其总长度为 40m，室内空气温度为 30℃，空气含湿量为 17g/kg。夏季通风室外计算温度为 26.4℃，空气含湿量为 13.5g/kg。车间内余热量为 30kW，余湿量为 70kg/h。问：所选排风机的最小排风量（kg/h），最接近下列哪项数据？已知：空气比热容为 1.01kJ/(kg·℃)。【2018-3-07】

A. 29703　　　　　B. 31188　　　　　C. 32673　　　　　D. 49703

参考答案：A

主要解题过程：

根据《复习教材》式（2.2-2）和式（2.2-3），由题意，消除余热所需通风量为：

$$L_{余热} = \frac{Q}{C(t_p - t_\theta)} = \frac{30}{1.01 \times (30-26.4)} = 8.25kg/s = 29703kg/h$$

由题意，消除余湿所需通风量为：

$$L_{余湿} = \frac{W}{d_p - d_0} = \frac{70 \times 1000}{17-13.5} = 20000kg/h$$

所需通风量应满足两者最大值，故排风量为 29703kg/h。

根据《工规》第 6.7.4 条，选用风机风量漏风量取 5%，但根据该条条文说明，这样的附加百分率适用于最长正压管道总长度不大于 50m 的送风系统和最长负压管段总长度不大于 50m 的排风及除尘系统，对于更大的系统，其漏风百分率适当增加。有的全面排风系统直接布置在使用房间内，则不必考虑漏风的影响。故本题排风机风量仍为 29703kg/h。

8.2-5. 某车间同时散发苯、乙酸乙酯溶剂蒸汽和余热，设稀释苯、乙酸乙酯溶剂蒸汽的散发量所需的室外新风量分别为 200000m³/h、50000m³/h；满足排出余热的室外新风量为 220000m³/h。问同时满足排出苯、乙酸乙酯溶剂蒸汽和余热的最小新风量是下列哪一项？【2011-4-09】

　　A. 220000m³/h　　　B. 250000m³/h　　　C. 270000m³/h　　　D. 470000m³/h

参考答案：B

主要解题过程：由《复习教材》P172，稀释有害物所需通风量为：

$$L_1 = 200000 + 50000 = 250000 \text{m}^3/\text{h}$$

消除余热所需排风量为 220000m³/h＜250000m³/h，两者取大值，故最小新风量为 250000m³/h。

8.2-6. 某车间同时散发苯、醋酸乙酯、松节油溶剂蒸汽和余热，为稀释苯、醋酸乙酯、松节油溶剂蒸汽的散发量，所需的室外新风量分别为 500000m³/h、10000m³/h、2000m³/h，满足排除余热的室外新风量为 510000m³/h。则能刚满足排除苯、醋酸乙酯、松节油溶剂蒸汽和余热的最小新风量是下列哪一项？【2012-4-08】

　　A. 510000m³/h　　　　　　　　　B. 512000m³/h

　　C. 520000m³/h　　　　　　　　　D. 522000m³/h

参考答案：B

主要解题过程：根据《复习教材》P172 稀释有害物所需室外新风量：

$$500000 + 10000 + 2000 = 512000 \text{m}^3/\text{h}$$

当稀释有害气体与排除余热时，按最大值取值，即以 512000m³/h 及 510000m³/h 最大值，应为 512000m³/h。

扩展：本题中的松节油，属于可与醋酸乙酯混合，且有刺激性气味，因此计算稀释多种有害物时，应叠加各个有害物的稀释风量。

8.2-7. 某化工生产车间内，生产过程中散发苯、丙酮、醋酸乙酯和醋酸丁酯的有机溶剂蒸气，需设置通风系统，已知其散发量分别为：苯 $M_1 = 200\text{g/h}$、丙酮 $M_2 = 150\text{g/h}$、醋酸乙酯 $M_3 = 180\text{g/h}$、醋酸丁酯 $M_4 = 260\text{g/h}$，车间内四种溶剂的最高允许浓度分别为苯 $S_1 = 50\text{mg/m}^3$、丙酮 $S_2 = 400\text{mg/m}^3$、醋酸乙酯 $S_3 = 200\text{mg/m}^3$、醋酸丁酯 $S_4 = 200\text{mg/m}^3$。试问该车间的通风量为下列哪一项？【2013-4-08】

　　A. 4000m³/h　　　B. 4900m³/h　　　C. 5300m³/h　　　D. 6575m³/h

参考答案：D

主要解题过程：由《复习教材》P172，需将稀释苯、丙酮、醋酸乙酯和醋酸丁酯所需空气量进行叠加。稀释污染物所需空气量按下式计算

$$L_i = \frac{x_i}{y_2 - y_0}$$

其中，x_i 为各个有害物的散发量，y_2 为室内允许质量浓度，y_0 为稀释新风中有害物的含量。由于各个有害物为生产产生，故考虑稀释新风中不含有有害物，即 $y_0=0$。综上所述，车间所需通风量为：

$$L = L_{苯} + L_{丙酮} + L_{醋酸乙酯} + L_{醋酸丁酯}$$
$$= \frac{200 \times 10^3}{50 - 0} + \frac{150 \times 10^3}{400 - 0} + \frac{180 \times 10^3}{200 - 0} + \frac{260 \times 10^3}{200 - 0}$$
$$= 6575 \text{m}^3/\text{h}$$

扩展：本题计算中，若不清楚丙酮为刺激性气体，需要重复考虑消除丙酮的风量是否叠加。初步计算时，若按丙酮不叠加处理，则无答案。复验叠加丙酮后，得到正确答案 D。

8.2-8. 某产生易燃易爆粉尘车间的面积为 3000m^2、高 6m。已知，粉尘在空气中爆炸极限的下限是 37mg/m^3，易燃易爆粉尘的发尘量为 4.5kg/h。设计排除易燃易爆粉尘的局部通风除尘系统（排除发尘量的 90%），则车间的计算除尘风量（m^3/h）的最小值最接近下列何项？【2016-3-09】

    A. 219000   B. 243000   C. 365000   D. 438000

参考答案：A

主要解题过程：需设计排除易燃易爆粉尘的局部通风除尘系统有害物的量：$x = 0.9 \times 4.5 = 4.05\text{kg/h} = 4.05 \times 10^6 \text{mg/h}$。

根据《工规》第 6.9.5 条，排除有爆炸危险的气体、蒸气或粉尘的局部排风系统，其风量应按在正常运行情况下，风管内有爆炸危险的气体、蒸气或粉尘的浓度不大于爆炸下限值的 50% 计算。则排风风管内有害物的浓度为：

车间的计算除尘风量的最小值：

$$L \geqslant \frac{x}{y} = \frac{4.05 \times 10^6}{18.5} = 218919 \text{m}^3/\text{h}$$

8.2-9. 含有 SO_2 的有害气体流量为 $5000\text{m}^3/\text{h}$，其中有害物成分 SO_2 的浓度为 8.75ml/m^3，有害物成分克摩尔数 $M=64$。选用效率为 90% 的固定床活性炭吸附装置净化后排放，则排放浓度（mg/m^3）最接近下列何项？【2017-3-06】

    A. 2.0   B. 2.5   C. 3.0   D. 3.5

参考答案：B

主要解题过程：根据《复习教材》式（2.6-1），吸附装置净化前有害物质量浓度为：

$$y_1 = \frac{C \times M}{22.4} = \frac{8.75 \times 64}{22.4} = 25 \text{ mg/m}^3$$

根据《复习教材》式（2.5-3），净化后排风浓度为：

$$y_2 = y_1 \times (1 - \eta) = 25 \times (1 - 90\%) = 2.5 \text{ mg/m}^3$$

8.2-10. 按照现行国家标准 GB 50072 的规定，氨制冷机房空气中氨气瓶浓度报警的上限为 150ppm，若将其与现行国家标准《国家职业卫生标准》GBZ 2.1 规定的短时间接触允许浓度相比较，前者与后者的浓度数值之比最接近下列何项？（氨气分子量为 17，按标准状况条件计算）【2017-4-08】

A. 0. 26   B. 1. 00   C. 2. 53   D. 3. 79

参考答案：D

主要解题过程：由题意，根据《复习教材》式（2.6-1），氨制冷机房允许浓度为：

$$y_1 = \frac{150 \times 17}{22.4} = 113.84 \text{ mg/m}^3$$

由《工作场所有害因素职业接触限值 第 1 部分：化学有害因素》GBZ 2.1—2019 表 1 查得氨短时间接触浓度 *PC-STEL* 为 30mg/m³，有：

$$\frac{y_1}{PC-STEL} = \frac{113.84}{30} = 3.79$$

8.2-11. 某化工车间内散发到空气中的苯、甲苯、二甲苯、二氧化碳等有害物的散发量分别为 12g/h、75g/h、50g/h、4500g/h，工作场所苯、甲苯、二甲苯、二氧化碳 PC-TWA 允许浓度分别为 6mg/m³、50mg/m³、50mg/m³、9000mg/m³，假定补充空气中上述有害物浓度均为零，取安全系数 *K*=5。问：该车间的全面通风量（m³/h），最接近以下哪一项？【2018-3-10】

A. 10000   B. 17500   C. 22500   D. 25000

参考答案：C

主要解题过程：

根据《复习教材》第 2.2.3 节消除有害物全面通风量公式：$L = \dfrac{Kx}{y_2 - y_0}$

排出各种污染物所需通风量为：

$$L_{苯} = 5 \times \frac{12 \times 1000}{6} = 10000 \text{m}^3/\text{h}$$

$$L_{甲苯} = 5 \times \frac{75 \times 1000}{50} = 7500 \text{m}^3/\text{h}$$

$$L_{二甲苯} = 5 \times \frac{50 \times 1000}{50} = 5000 \text{m}^3/\text{h}$$

$$L_{CO_2} = 5 \times \frac{4500 \times 1000}{9000} = 2500 \text{m}^3/\text{h}$$

根据《工规》第 6.1.4 条，数种溶剂及有刺激性气体应叠加：
$$L = L_{苯} + L_{甲苯} + L_{二甲苯} = 10000 + 7500 + 5000 = 22500 \text{m}^3/\text{h}$$

8.2-12. 某车间面积 100m²，净高 8m，存在热和有害气体的散放。不设置局部排风，而采用全面排风的方式来保证车间环境，工艺要求的全面排风换气次数为 6h⁻¹，同时还设置事故排风系统。问：该车间上述排风系统的风机选择方案中，最合理的是以下何项？（注：风机选择时风量附加安全系数为 1.1）【2018-4-11】

     A. 两台风量为 2640m³/h 的定速风机   B. 两台风量为 3960m³/h 的定速风机

     C. 一台风量为 7920m³/h 的定速风机   D. 一台风量为 10560m³/h 的定速风机

参考答案：B

主要解题过程：

全面通风时风机风量为（根据《工规》第 6.3.8 条条文说明，高度按 6m 计算）：

$$L_1 = A \times H \times n_1 \times 1.1 = 100 \times 6 \times 6 \times 1.1 = 3960 \text{m}^3/\text{h}$$

事故通风时风机风量为（根据《工规》第 6.4.3 条）：

$$L_2 = A \times H \times n_2 \times 1.1 = 100 \times 6 \times 12 \times 1.1 = 7920 \text{m}^3/\text{h}$$

设置两台风量为 3960m³/h 的定速风机，平时运行一台全面排风，事故时运行两台满足事故通风的要求。

8.2.2 通风热平衡

8.2-13. 某车间设有局部排风系统，局部排风量为 0.56kg/s，冬季室内工作区温度为 15℃，冬季通风室外计算温度为 −15℃，采暖室外计算温度为 −25℃〔大气压为标准大气压），空气定压比热 1.01kJ/（kg·℃）〕。围护结构耗热量为 8.8kW，室内维持负压，机械进风量为排风量的 90%，试求机械通风量和送风温度为下列哪一项？【2012-3-06】

A. 0.3～0.53kg/s，29～32℃   B. 0.54～0.65kg/s，29～32℃

C. 0.54～0.65kg/s，33～36.5℃   D. 0.3～0.53kg/s，36.6～38.5℃

参考答案：D

主要解题过程：根据《复习教材》式（2.2-6）：

（1）机械通风量计算

机械进风量，$G_{jj} = 90\% G_p = 90\% \times 0.56 = 0.504 \text{kg/s}$

自然进风量，$G_{zj} = G_p - G_{jj} = 0.56 - 0.504 = 0.056 \text{kg/s}$

（2）车间设局部排风，故 t_w 采用供暖室外计算温度，由热量平衡得：

$$Q + c_p G_p t_n = c_p G_{jj} t_{jj} + c_p G_{zj} t_w$$

$$8.8 + 1.01 \times 0.56 \times 15 = 1.01 \times 0.504 t_{jj} + 1.01 \times 0.056 \times (-25)$$

解得 $\quad\quad\quad\quad\quad\quad t_{jj} = 36.73℃$

8.2-14. 某地夏季为标准大气压，室外通风计算温度为 32℃，设计车间内一高温设备的排风系统，已知：排风罩吸入口的热空气温度为 500℃，排风量为 1500m³/h。因排风机承受的温度最高为 250℃，采用风机入口段混入室外空气做法，满足要求的最小室外空气风量应是下列哪一项？〔空气比热容按 1.01kJ/（kg·K）记取，不计风管与外界的热交换〕【2012-3-08】

A. 600～700m³/h   B. 900～1100m³/h

C. 1400～1600m³/h   D. 1700～1800m³/h

参考答案：A

主要解题过程：【解法一】

由题意，工艺要求保证的排风参数为 500℃，排风量为 1500m³/h，这部分空气为基本排风罩排风量；另外，为了保护风机，需要再混合部分室外空气；因此，总排风量为排风罩排风量与混合空气量的和。

不同温度下空气的密度为：

$$\rho_{500} = \frac{353}{273 + 500} = 0.457 \text{kg/m}^3$$

$$\rho_{250} = \frac{353}{273 + 250} = 0.675 \text{kg/m}^3$$

$$\rho_{32} = \frac{353}{273 + 32} = 1.157 \text{kg/m}^3$$

排风罩排风量：

$$G_n = L_n \rho_{500} = 1500 \times 0.457 = 685.5 \text{kg/h}$$

混合过程满足风量平衡与热平衡，G_w 表示室外混合风量，则总排风量为 $G_w + G_n$。

混合过程的热平衡关系为：

$$G_w t_w + G_n t_n = (G_w + G_n) t_p，代入数值，得：$$
$$G_w \times 32 + 685.5 \times 500 = (G_w + 685.5) \times 250$$

解得引入室外空气量 $G_w = 786.1$ kg/h

$$L_w = G_w / \rho_{32} = 786.1 / 1.157 = 679.4 \text{m}^3/\text{h}$$

【解法二】利用传热热流量平衡方程计算，高温气体放出的热流量等于掺入的新风得到的热量：

$$\rho_p L_p c (t_x - t_p) = \rho_w L_w c (t_p - t_w)$$

$$\rho_{500} = \frac{101325}{287 \times (273 + 500)} = 0.4567 \text{ kg/m}^3，\rho_{32} = \frac{101325}{287 \times (273 + 32)} = 1.1575 \text{ kg/m}^3$$

$$0.4567 \times 1500 \times 1.01 \times (500 - 250) = 1.1575 \times L_w \times 1.01 \times (250 - 32)$$

解得 $L_w = 678.71 \text{m}^3/\text{h}$

扩展：该题的主要知识点是热量平衡、质量平衡。建议做该类的题目时，首先画出简单的热量平衡和质量平衡图；再列出两个平衡式，联立求解。

8.2-15. 某乙类厂房，冬季工作区供暖计算温度 15℃，厂房围护结构耗热量 $Q = 313.1 \text{kW}$，厂房全面排风量 $L = 42000 \text{m}^3/\text{h}$；厂房采用集中热风供暖系统，设计送风量 $G = 12 \text{kg/s}$，则该系统冬季的设计送风温度 t_{jj} 应为下列哪一项？注：当地标准大气压力，室内外空气密度取均为 1.2kg/m^3，空气比热容 $c_p = 1.01 \text{kJ/（kg·℃）}$，冬季通风室外计算温度 $-10℃$。【2012-4-01】

A. 40～41.9℃   B. 42～43.9℃

C. 44～45.9℃   D. 46～48.9℃

参考答案：C

主要解题过程：由题意，排风量为：

$$G_p = 42000 \times 1.2 / 3600 = 14 \text{kg/s}$$

由风量平衡关系：

$$G_{zj} = G_p - G = 14 - 12 = 2 \text{kg/s}$$

列热平衡关系式 [《复习教材》式 (2.2-6)]：

$$Q + c_p \cdot G_p \cdot t_n = c \cdot G_{zj} \cdot t_w + c_p \cdot G \cdot t_{jj}$$

代入数值后：$313.1 + 1.01 \times 14 \times 15 = 1.01 \times 2 \times (-10) + 1.01 \times 12 \times t_{jj}$

解得：$t_{jj} = 45℃$。

8.2-16. 某层高 4m 的一栋散发有害气体的厂房，室内供暖计算温度 15℃，车间围护结构耗热量 200kW，室内为消除有害气体的全面机械排风量 10kg/s，拟采用全新风集中热风供暖系统，送风量 9kg/s，则车间热风供暖系统的送风温度应为下列哪一项？［当地室外供暖计算温度－10℃，冬季通风室外计算温度－5℃，空气比热容为 1.01kJ/(kg・K)］【2013-4-09】

　　A. 33.0～34.9℃　　B. 35.0～36.9℃　　C. 37.0～38.9℃　　D. 39.0～40.9℃

　　参考答案： D

　　主要解题过程： 本题厂房通风用于消除有害气体，故室外计算温度采用室外供暖计算温度。

　　列空气平衡方程式：$G_{zj} + G_{jj} = G_{zp} + G_{jp}$

　　列热平衡方程式：$Q_1 + c G_{jj} t_j + c G_{zj} t_w = Q_2 + c G_{zp} t_p + c G_{jp} t_n$

　　将已知条件代入上述平衡方程式，有：$G_{zj} + 9 = 0 + 10$

　　　　$0 + 1.01 \times 9 t_j + 1.01 \times G_{zj} \times (-10) = 200 + 0 + 1.01 \times 10 \times 15$

　　因此，求得机械送风温度 t_j 为 39.8℃。

　　扩展： 详见本书第 4 篇第 15 章扩展 15-6：室外计算温度使用情况总结。

8.2-17. 某车间，室内设计温度为 15℃，车间围护结构设计耗热量 200kW，工作区局部排风量 10kg/s；车间采用混合供暖系统（散热器＋新风集中热风供暖），设计散热器散热量等于室内＋5℃的值班采暖热负荷。新风送风系统风量 7 kg/s，送风温度 t（℃）为下列何项？（已知：供暖室外计算温度为－10℃，空气比热容为 1.01kJ/kg，值班供暖时，通风系统不运行）【2014-4-08】

　　A. 35.5～36.5　　　　B. 36.6～37.5　　　　C. 37.6～38.5　　　　D. 38.6～39.5

　　参考答案： B

　　主要解题过程： 由风量平衡，得：

$$G_{zj} = G_p - G_{jj} = 10 - 7 = 3kg/s$$

　　散热器值班供暖提供的热量按围护结构热负荷进行换算，由于围护结构热负荷计算式均为 $Q_i = K_i F_i (t_n - t_w)$，因此当室内设计温度 t_n 发生变化时，围护结构仅与 $(t_n - t_w)$ 成比例变化，故当散热器散热量等于室内 5℃值班供暖热负荷时其散热量为：

$$\sum Q_f = 200 \times \frac{5 - (-10)}{15 - (-10)} = 120kW$$

　　列热平衡关系［《复习教材》式 (2.2-6)］：

　　　　$200 + 1.01 \times 10 \times 15 = 120 + 1.01 \times 7 t_{jj} + 1.01 \times 3 \times (-10)$

　　解得 $t_{jj} = 37.03$℃，选 B。

8.2-18. 某厂房冬季的围护结构耗热量为 200kW，由散热器供暖系统承担。设备散热量为 5kW，厂房内设置局部排风系统排除有害气体，排风量为 10000m³/h，排风系统设置热回收装置，显热热回收效率为 60%，自然进风量为 3000m³/h，热回收装置的送风系统计算的送风温度（℃）最接近下列何项？［室内设计温度 18℃，冬季通风室外计算温度－13.5℃；供暖室外计算温度－20℃；空气密度 $\rho_{-20} = 1.365kg/m^3$；$\rho_{-13.5} = 1.328kg/m^3$；$\rho_{18} = 1.172kg/m^3$；空气定压比热容取 1.01kJ/(kg・K)］【2016-3-02】

　　A. 34.5　　　　　　B. 36.0　　　　　　C. 48.1　　　　　　D. 60.5

参考答案: B

主要解题过程: 根据《复习教材》式 (2.2-5),风量平衡得:

$$G_{zp} + G_{jp} = G_{zj} + G_{jj}$$

$$0 + \frac{10000}{3600} \times 1.172 = \frac{3000}{3600} \times 1.365 + G_{jj}$$

$$G_{jj} = 2.118 \text{kg/s}$$

根据式 (2.2-6) 热量平衡得:

$$\sum Q_h + c_p L_n \rho_n t_n = \sum Q_f + c_p L_{jj} \rho_{jj} t_{jj} + c_p L_{zj} \rho_w t_w$$

$$200 + 1.01 \times \frac{10000}{3600} \times 1.172 \times 18 = 200 + 5 + 1.01 \times 2.118 \times t_{jj} + 1.01 \times \frac{3000}{3600} \times 1.365 \times (-20)$$

解得:

$$t_{jj} = 36℃$$

扩展: 本题有 2 点值得注意:

(1) 冬季的围护结构耗热量为 200kW,由散热器供暖系统承担,即 200kW 在热平衡计算中,相互抵消,并未实际使用。

(2) 热回收装置的送风系统计算送风温度为加热后温度,热回收装置虽然降低了机械进风系统的加热量,但对送风温度的确定并无影响,与系统是否采用热回收装置无关。此外,纵观历年考题,风平衡及热平衡历来是考试考察重点。但考察方式、深度发生变化,由以往考察教材计算公式直接应用,逐渐向热平衡计算参数发生变化,确定变化后的具体参数后,再灵活运用平衡计算公式,最终得出所需结果的过程转变。

考试对常规考点的掌握程度、知识点的点面结合提出了更高要求。譬如,【2016-4-08】题与本题比较,均考察了 $\sum Q_h$ 及 $\sum Q_f$ 之间的关系。当围护结构耗热量保持不变时,【2014-4-08】题考察了围护结构耗热量与供暖设备间如何分配问题(散热器+新风集中热风供暖);本题考察了围护结构耗热量全部由独立供暖设备承担,如何应用热平衡计算公式问题;而【2016-4-08】题考察围护结构耗热量发生变化,原有供暖设备供热量保持不变,新增热负荷由其他供暖设备承担并如何计算问题。此外,【2016-4-08】题与本题均对机械送风系统加热量不计入热平衡计算进行了考察。因此,考生在备考过程中,对热门考点,应多对比总结,举一反三,掌握精髓,灵活运用,方能在考试中,百战不殆。

8.2-19. 某地一车间室内供暖计算温度 14℃,室外供暖计算温度 −10℃,车间供暖耗热量 339.36kW(室内无热源),采用散热器供暖。后来工作区增设局部排风量 10kg/s,拟用全新风热风系统补热并提高室温至 16℃,若送风量为 6kg/s,送风温度(℃)最接近下列何项?[空气定压比热容取 1.01kJ/(kg·K)、散热器供热量维持不变]【2016-4-08】

A. 37　　　　B. 38　　　　C. 39　　　　D. 40

参考答案: B

主要解题过程: 根据题意,车间室温由 14℃ 提高至 16℃,车间供暖需要总耗热量为:

$$\frac{Q_0}{Q_1} = \frac{K \times F \times (T_0 - T_w)}{K \times F \times (T_1 - T_w)}$$

$$\frac{Q_0}{339.36} = \frac{16 - 10}{14 - 10}$$

$$Q_0 = 367.64\text{kW}$$

增加供暖耗热量 ΔQ 由新风热风系统供给：

$$\Delta Q = Q_0 - Q_1 = 367.64 - 339.36 = 28.3\text{kW}$$

【解法一】（风量、热量平衡计算）

根据《复习教材》式（2.2-5）得：

$$G_{zj} + G_{jj} = G_{zp} + G_{jp}$$
$$G_{zj} = G_{jp} - G_{jj} = 10 - 6 = 4\text{kg/s}$$

根据式（2.2-6）得：

$$\sum Q_h + c \cdot L_p \cdot \rho_n \cdot t_n = \sum Q_f + c \cdot L_{jj} \cdot \rho_{jj} \cdot t_{jj} + c \cdot L_{zj} \cdot \rho_w \cdot t_w$$
$$367.64 + 1.01 \times 10 \times 16 = 339.36 + 1.01 \times 6 \times t_{jj} + 1.01 \times 4 \times (-10)$$
$$t_{jj} = 38\text{℃}$$

【解法二】（供暖热负荷计算）

车间冷风渗透耗热量：

$$Q_2 = c \cdot G_{zj} \cdot (t_n - t_w) = 1.01 \times 4 \times (16 + 10) = 105.4\text{kW}$$

因散热器供热量维持不变，车间室温由 14℃ 提高至 16℃，由新风热风系统担负围护结构传热耗热量 ΔQ，则刨除散热器所担负的室内供暖热负荷为：

$$Q'_0 = \Delta Q + Q_2 = 28.3 + 105.4 = 133.34\text{kW}$$
$$Q'_0 = c \cdot G_{jj} \cdot (t_{jj} - t_n)$$
$$133.34 = 1.01 \times 6 \times (t_{jj} - 16)$$
$$t_{jj} = 38\text{℃}$$

8.2-20. 河南安阳某车间，冬季室内设计温度为 16℃，围护结构耗热量为 260kW，车间有 2 台相同的通风柜，每台排风量为 0.75kg/s，车间采用全面机械排风系统排除有害气体，排风量为 16kg/s，采用全新风集中热风供暖补风，热风补风量为 14kg/s。问：送风温度 t_{jj}（℃）最接近下列哪一组数据？[空气比热容为 1.01kJ/（kg·℃）]【2017-3-09】

A. 36.8　　　　　B. 37.6　　　　　C. 38.6　　　　　D. 39.6

参考答案： D

主要解题过程： 由题意，采用对于稀释有害气体的全面通风时，室外计算温度采用供暖室外计算温度，由《工规》附录 A.1 可知，河南安阳供暖室外计算温度为 -4.7℃。

根据《复习教材》式（2.2-5），列风量平衡：

$$G_{zj} = G_{jp} + G_{zp} - G_{jj} = 2 \times 0.75 + 16 - 14 = 3.5\text{kg/s}$$

根据《复习教材》式（2.2-6），列通风热平衡方程：

$$260 + 1.01 \times (2 \times 0.75 + 16) \times 16 = 1.01 \times 14 t_{jj} + 1.01 \times 3.5 \times (-4.7)$$

解得，送风温度为：

$$t_{jj} = 39.6\text{℃}$$

扩展： 详见本书第 4 篇第 15 章扩展 15-6：室外计算温度使用情况总结。

8.2-21. 某车间生产设备发热量 11.6kJ/s，工作区的局部排风量 0.86kg/s，机械补风量 0.56kg/s，室外空气温度为 30℃，机械补风温度为 25℃，室内工作区温度为 32℃。天窗排风温度为 38℃，若采用天窗自然通风方式排出余热。问：所需的自然进风量（kg/s）和自然排风量（kg/s）最接近下列哪一项？【2017-4-07】

A. 0.96 和 0.68　　B. 1.66 和 0.78　　C. 1.16 和 0.88　　D. 1.26 和 0.98

参考答案：C

主要解题过程：由题意，室内采用天窗排风，排风温度为 38℃，同时室内局部排风为室内工作区温度为 32℃，根据《复习教材》式（2.2-5）、式（2.2-6）列风量平衡与热量平衡方程：

$$\begin{cases} G_{zj} + 0.56 = G_{zp} + 0.86 \\ 1.01 \times G_{zp} \times 38 + 1.01 \times 0.86 \times 32 = 11.6 + 1.01 \times 0.56 \times 25 + 1.01 \times G_{zj} \times 30 \end{cases}$$

即：

$$\begin{cases} G_{zj} = G_{zp} + 0.3 \\ 30 G_{zj} = 38 G_{zp} + 2 \end{cases}$$

可解得：

$$G_{zj} = 1.171, G_{zp} = 0.871$$

8.3 自　然　通　风

8.3-1. 某厂房利用风帽进行自然排风，总排风量 $L = 13842 \text{m}^3/\text{h}$，室外风速 $v = 3.16 \text{m/s}$，不考虑热压作用，压差修正系数 $A = 1.43$，拟选用直径 $d = 800 \text{mm}$ 的筒形风帽，不接风管，风帽入口的局部阻力系数 $\xi = 0.5$。问：设计配置的风帽个数为下列哪一项？（当地为标准大气压）【2012-3-09】

A. 4（个）　　B. 5（个）　　C. 6（个）　　D. 7（个）

参考答案：D

主要解题过程：

根据《复习教材》式（2.3-22），单个风帽风量为：

$$L_0 = 2827 d^2 \frac{A}{\sqrt{1.2 + \Sigma \xi + \dfrac{0.02l}{d}}} = 2827 \times 0.8^2 \times \frac{1.43}{\sqrt{1.2 + 0.5}} = 1984 \text{m}^3/\text{h}$$

风帽个数 $n = 13842/1984 = 7$ 个

8.3-2. 某生产厂房全面通风量为 20kg/s，采用自然通风，进风为厂房外墙 F 的侧窗（$\mu_j = 0.56$，窗的面积 $F_j = 260 \text{m}^2$），排风为顶面的矩形通风天窗（$\mu_p = 0.46$），通风天窗为进风窗之间的中心距离 $H = 15 \text{m}$。夏季室内工作地点空气计算温度 35℃，室内平均空气温度接近下列哪一项？（注：当地大气压为 101.3kPa，夏季通风室外空气计算温度 32℃，厂房有效热量系数 $m = 0.4$）【2012-4-09】

A. 32. 5℃　　B. 35. 4℃　　C. 37. 5℃　　D. 39. 5℃

参考答案：C

主要解题过程：由题意，根据《复习教材》式（2.3-18），得：

根据有效热量系数 $m=0.4$ 可知：$t_p = t_w + (t_n - t_w)/m = 32 + (35-32)/0.4 = 39.5℃$；

室内平均温度为：$t_{pj} = (t_p + t_n)/2 = (39.5+35) = 37.25℃$。

8.3-3. 某厂房采用自然通风排除室内余热，要求进风窗的进风量与天窗的排风量均为 $G_j = 850\text{kg/s}$；排风天窗窗孔两侧的密度差为 0.055kg/m^3，进风窗的面积为 $F_j = 800\text{m}^2$、局部阻力系数 $\zeta_j = 3.18$；设：天窗与进风窗之间中心距为 $h=15\text{m}$，天窗中心与中和面的距离为 $h_j = 10\text{m}$，天窗局部阻力系数为 $\zeta_p = 4.2$，天窗排风口空气密度为 $\rho_p = 1.125\text{kg/m}^3$，则所需天窗面积为下列哪一项？【2013-3-10】

A. $410\sim470\text{m}^2$ 　　　　　　　　B. $471\sim530\text{m}^2$

C. $531\sim591\text{m}^2$ 　　　　　　　　D. $591\sim640\text{m}^2$

参考答案：B

主要解题过程：

本题的做法与"排风天窗窗孔两侧的密度差为 0.055kg/m^3"的理解有关，若按其本意，该密度差应为 $(\rho_w - \rho_p)$，但是如此理解后本题无答案。后重新矫正计算后得知，该密度差实际为 $(\rho_w - \rho_{np})$。

根据《复习教材》式（2.3-15），并考虑到 $\mu_b = \sqrt{\dfrac{1}{\xi_b}}$ 得：

$$F_b = \frac{G_b}{\mu_b \sqrt{2h_2 g(\rho_w - \rho_{np})\rho_p}}$$

$$= \frac{850}{\sqrt{\dfrac{1}{4.2}} \times \sqrt{2 \times 10 \times 9.8 \times 0.055 \times 1.125}}$$

$$= 500.2\text{m}^2$$

扩展：本题题设实际表述有误，正常思路求解方式应理解"排风天窗窗孔两侧的密度差为 0.055kg/m^3"为排天窗处密度与室外密度的差，即"$\rho_w - \rho_p$"，但无法获得合理答案。具体过程如下：

$$\rho_w = 1.125 + 0.055 = 1.18\text{kg/m}^3$$

由 $G_j = \mu_j F_j \sqrt{2h_1 g(\rho_w - \rho_{np})\rho_w}$ 得：

$$(\rho_w - \rho_{np}) = \frac{\left(\dfrac{G_j}{\mu_j F_j}\right)^2}{2h_1 g \rho_w} = \frac{\left(\dfrac{850}{\sqrt{\dfrac{1}{3.18}} \times 800}\right)^2}{2 \times (15-10) \times 9.8 \times 1.18} = 0.031\text{kg/m}^3$$

考虑到 $G_p = G_j = 850\text{kg/s}$，由 $G_p = \mu_p F_p \sqrt{2h_2 g(\rho_w - \rho_{np})\rho_p}$ 得：

$$F_b = \frac{G_b}{\mu_b \sqrt{2h_2 g(\rho_w - \rho_{np})\rho_p}}$$

$$= \frac{850}{\sqrt{\frac{1}{4.2}} \times \sqrt{2 \times 10 \times 9.8 \times 0.031 \times 1.125}}$$

$$= 666.3 \text{m}^2$$

此外，也可直接利用 $G_p = G_j$ 列方程求解 F_p。

8.3-4. 某屋面高为 14m 的厂房，室内散热均匀，余热量为 1374kW，温度梯度为 0.4℃/m，夏季室外通风计算温度为 30℃，室内工作区（高 2m）设计温度为 32℃。拟采用屋面天窗排风、外墙侧窗进风的自然通风方式排除室内余热，自然通风量为下列哪一项？[空气比热容为 1.01kJ/(kg·K)]【2013-4-10】

A. 171～190kg/s　　B. 191～210kg/s　　C. 211～230kg/s　　D. 231～250kg/s

参考答案：B

主要解题过程：

根据《复习教材》式（2.3-17）：

排风温度：$t_p = t_n + a(h-2) = 32 + 0.4 \times (14-2) = 36.8℃$

全面换气量：$G = \dfrac{Q}{c(t_p - t_j)} = \dfrac{1374}{1.01(36.8-30)} = 200 \text{kg/s}$

8.3-5. 已知室内有强热源的某厂房，工艺设备总散热量为 1136kJ/s，有效热量系数 $m = 0.4$；夏季室内工作地点设计温度为 33℃；采用天窗排风、侧窗进风的自然通风方式排除室内余热，其全面通风量 G 应是下列何项？[注：当地大气压 101.3kPa，夏季通风室外空气计算温度 30℃，取空气的定压比热为 1.0kJ/(kg·K)]【2014-3-10】

A. 80～120kg/s　　B. 125～165kg/s　　C. 175～215kg/s　　D. 220～260kg/s

参考答案：B

主要解题过程：根据《复习教材》式（2.3-18），室内上部排风温度：

$$t_p = t_w + \frac{t_n - t_w}{m} = 30 + \frac{33-30}{0.4} = 37.5℃$$

根据《复习教材》式（2.3-13），全面通风量：

$$G = \frac{Q}{c_p(t_p - t_j)} = \frac{1136}{1 \times (37.5-30)} = 151.5 \text{kg/s}$$

8.3-6. 北京地区某厂房的显热余热量为 300kW，散热强度 50W/m³，厂房高度为 10m，若采用屋顶水平天窗自然通风方式，保证夏季车间内温度不高于 32℃，车间自然通风全面换气的最小风量（kg/h）最接近下列何项？[当地夏季通风计算温度 29.7℃，空气定压比热容取 1.01kJ/(kg·K)]【2016-4-09】

A. 120450　　　　B. 122910　　　　C. 123590　　　　D. 125700

参考答案：B

主要解题过程：根据《复习教材》表 2.3-3，由散热强度 50W/m³，厂房高度 10m，

查表得 $a=0.8$。

由式（2.3-17）得：

$$t_p = t_n + a(h-2) = 32 + 0.8(10-2) = 38.4℃$$

由式（2.2-2）得

$$G = \frac{Q \times 3600}{c(t_p - t_w)} = \frac{300 \times 3600}{1.01 \times (38.4 - 29.7)} = 122909 kg/h$$

8.3-7. 某地夏季室外通风温度 $t_w = 31℃$，有 2000m² 热车间高 9m，室内散热量 116W/m²，工作点设计温度 $t_n = 33℃$。设计采用热压自然通风方式：车间侧墙下、上部分别设置进、排风常开无扇窗孔；排风窗孔中心距屋顶 1m，进排窗孔面积比为 0.5，中心距 7m，流量系数均为 0.43。问：上部排风的窗口总面积（m²）应为以下哪项？〔注：用温度梯度法求排风温度，空气定压比热取 1.01kJ/（kg·℃）〕【2017-3-11】

温度（℃）	30	31	32	33	34	35	36	37
空气密度（kg/m³）	1.165	1.161	1.157	1.154	1.150	1.146	1.142	1.139
温度（℃）	38	39	40	41	42	43	44	45
空气密度（kg/m³）	1.135	1.132	1.128	1.124	1.121	1.117	1.114	1.110

    A. 71~80   B. 51~60   C. 41~50   D. 31~40

参考答案： C

主要解题过程： 室内散热量：

$$q = \frac{116}{9} = 12.9 \ W/m^3$$

根据《复习教材》表 2.3-3 查得 9m 高建筑温度梯度为 0.6℃/m，可计算排风温度：

$$t_p = t_n + a(h-2) = 33 + 0.6 \times (8-2) = 36.6℃$$

根据《复习教材》式（2.3-12），室内平均温度：

$$t_{np} = \frac{t_n + t_p}{2} = \frac{33 + 36.6}{2} = 34.8℃$$

由题所给密度表可查得 $\rho_w = 1.161 \ kg/m^3$，$\rho_{np} = 1.1468 \ kg/m^3$，$\rho_p = 1.139 \ kg/m^3$。

分别设进风窗与中和面距离为 h_1，排风窗户中和面距离 h_2，结合式（2.3-14）～式（2.3-16），可得：

$$\begin{cases} h_1 + h_2 = 7 \\ \dfrac{h_2 \rho_p}{h_1 \rho_w} = \left(\dfrac{F_j}{F_p}\right)^2 = 0.5^2 = 0.25 \end{cases}$$

即：

$$\begin{cases} h_1 + h_2 = 7 \\ \dfrac{h_2}{h_1} = 0.25 \dfrac{\rho_w}{\rho_p} = 0.25 \times \dfrac{1.161}{1.139} = 0.2548 \end{cases}$$

可解得 $h_2 = 1.422m$。

由式（2.3-13）计算排风量：

$$G = \frac{Q}{c(t_p - t_w)} = \frac{\frac{2000 \times 116}{1000}}{1.01 \times (36.6 - 31)} = 41.02 \text{kg/s}$$

由式（2.3-15）计算排风窗面积：

$$F_p = \frac{G}{\mu\sqrt{2h_2 g(\rho_w - \rho_{np})\rho_p}} = \frac{41.02}{0.43 \times \sqrt{2 \times 1.422 \times 9.8 \times (1.161 - 1.1468) \times 1.139}}$$
$$= 138.3 \text{m}^2$$

由上述过程可知，本题无答案。

扩展：本题考试中出题为错题，按正确求解思路无答案，以上解析按正确过程求解。本题出题错误问题来源主要是室内散热量 116W/m^2 的条件。反向分析后可发现，出题人本身错误地认识了室内散热量的单位，出题人认为教材表格的单位为 W/m^2，实际应为 W/m^3。如果按照室内散热量单位为 W/m^2 作为教材和规范的依据单位，可查得 116 W/m^2 在 9m 高时，对应温度梯度为 1.5℃/m。同时按照 $116 \times 2000 = 232000\text{W}$ 作为室内散热量以及所给空气密度可求解出排风窗面积为 45m^2，选择答案 C（实际考试时即使已明确题目出错，无答案，也要选择一个最可能的答案）。但是这一过程建立在对室内散热量的错误认识，因此本题实际考试中出现题目错误。

8.3-8. 河北衡水某车间内有强热源，工艺设备的总散热量为 2000kW，热源占地面积和地板面积之比为 0.155，热源高度 4m，热源的辐射散热量为 1000kW，室内工作区温度 33.5℃。采用自然通风方式，屋面设排风天窗，外墙侧窗送风，消除室内余热，全面通风量（kg/s）最接近下列哪一项？[空气比热容为 1.01kJ/ (kg·℃)]【2017-4-10】

    A. 240   B. 270   C. 300   D. 330

参考答案：A

主要解题过程：由题意，热源辐射散热量与总散热量的比值为：

$$Q_f/Q = 1000/2000 = 0.5$$

根据《复习教材》第 2.3.3 节第 3 条分别查得 $m_1 = 0.4$，$m_2 = 0.85$，$m_3 = 1.07$。

$$m = m_1 \cdot m_2 \cdot m_3 = 0.4 \times 0.85 \times 1.07 = 0.3638$$

由题意，对于消除余热余湿的机械通风系统，室外计算温度采用夏季通风室外计算温度，查《工规》附录 A.1 可知河北衡水夏季通风室外计算温度为 30.5℃。

由《复习教材》式（2.3-19），得：

$$t_p = t_w + \frac{t_n - t_w}{m} = 30.5 + \frac{33.5 - 30.5}{0.3638} = 38.75\text{℃}$$

由式（2.3-13），全面通风量为：

$$G = \frac{Q}{c(t_p - t_o)} = \frac{2000}{1.01 \times (38.75 - 30.5)} = 240 \text{kg/s}$$

8.3-9. 某地夏季室外计算风速 $v = 2.5\text{m/s}$，该地一厂房拟采用风帽直径 $d = 0.70\text{m}$ 的筒形风帽，以自然排风形式排除夏季室内余热，其排除室内余热的计算排风量为 $37500\text{m}^3/\text{h}$。设：室内热压 $\Delta P_g = 2\text{Pa}$，室内外压差 $\Delta P_{ch} = 0\text{Pa}$。风帽直接安装在屋面上

（无竖风道和接管），风帽入口的阻力系数 $\Sigma\xi=0.5$。问：需安装该筒形风帽的最少数量（个）为下列何项？【2018-3-08】

A. 8   B. 11   C. 15   D. 20

参考答案： C

主要解题过程：

根据《复习教材》式（2.3-22）和式（2.3-23），有：

$$A=\sqrt{0.4\times V_{\mathrm{w}}^2+1.63\times(\Delta P_{\mathrm{g}}+\Delta P_{\mathrm{ch}})}=\sqrt{0.4\times2.5^2+1.63\times(2+0)}=2.4$$

$$L=\frac{2827d^2\times A}{\sqrt{1.2+\Sigma g+0.02l/d}}=\frac{2827\times0.7^2\times2.4}{\sqrt{1.2+0.5+0.02\times\dfrac{0}{0.7}}}=2550\mathrm{m^3/h}$$

$$N=\frac{37500}{2550}=14.7=15\ \text{个}$$

8.3-10. 某车间窗户有效流通面积 $0.8\mathrm{m^2}$，窗孔口室内外压差 3Pa，窗孔口局部阻力系数 0.2，空气密度取 1.2（$\mathrm{kg/m^3}$）。问：该窗孔口的通风量（$\mathrm{m^3/h}$），最接近下列何项？【2018-3-09】

A. 13700   B. 14400   C. 15800   D. 17280

参考答案： B

主要解题过程：

根据《复习教材》式（2.3-16），有：

$$\mu=\sqrt{\frac{1}{g}}\cdot\sqrt{\frac{1}{0.2}}=2.24$$

$$L=\mu F\sqrt{\frac{2\Delta P}{\rho}}=2.24\times0.8\times\sqrt{\frac{2\times3}{1.2}}=4.007\mathrm{m^3/s}=14425\mathrm{m^3/h}$$

8.4 局 部 排 风

8.4-1. 某水平圆形热源（散热面直径 $B=1.0\mathrm{m}$）的对流散热量为 $Q=5.466\mathrm{kJ/s}$，拟在热源上部 1.0m 处设直径为 $D=1.2\mathrm{m}$ 的圆伞形接受罩排除余热。设室内有轻微的横向气流干扰，则计算排风量应是下列哪一项？（罩口扩大面积的空气吸入流速 $v=0.5\mathrm{m/s}$）【2012-3-10】

A. $1001\sim1200\mathrm{m^3/h}$ B. $1201\sim1400\mathrm{m^3/h}$

C. $1401\sim1600\mathrm{m^3/h}$ D. $1601\sim1800\mathrm{m^3/h}$

参考答案： D

主要解题过程： 由题意，根据《复习教材》P197：

$$1.5\sqrt{A_{\mathrm{p}}}=1.5\times\sqrt{\frac{\pi B^2}{4}}=1.5\times\sqrt{\frac{3.14\times1^2}{4}}=1.329\mathrm{m}>H$$

由《复习教材》式（2.4-24）计算热射流收缩断面流量：

$$L_0=0.167Q^{1/3}B^{3/2}=0.167\times5.466^{1/3}\times1^{3/2}=0.294\mathrm{m^3/s}$$

由《复习教材》式（2.4-31）计算排风量：

$$L = L_z + v'F'$$

$$= 0.294 + 0.5 \times \frac{\pi}{4}(1.2^2 - 1^2)$$

$$= 0.467 \mathrm{m^3/s}$$

$$= 1681 \mathrm{m^3/h}$$

对比选项，应为 D。

扩展：详见本书第 4 篇第 16 章扩展 16-6：密闭罩、通风柜、吸气罩及接受罩的相关总结。

8.4-2. 某车间的一个工作平台上装有带法兰边的矩形吸气罩，罩口的净尺寸为 320mm×640mm，工作距罩口的距离 640mm，要求于工作处形成 0.52m/s 的吸入速度，排气罩的排风量应为下列哪一项？【2012-4-10】

A. 1800～2160m³/s
B. 2200～2500m³/s
C. 2650～2950m³/s
D. 3000～3360m³/s

参考答案：B

主要解题过程：本题有两种做法，结果不同。考虑到《二版教材》以及《工业通风》对此类问题均采用的图解法，因此当题目未作规定时，推荐采用图解法求解。

【解法一】采用图解法

由题意，工作台上的吸气罩看成一个假想大排风罩的一半，即假想大排风罩为 640mm×640mm。则 $a/b = 640/640 = 1$，$x/b = 640/640 = 1$，由《复习教材》图 2.4-15 查得 $v_x/v_0 = 0.125$。

$$v_0 = \frac{v_x}{0.125} = \frac{0.52}{0.125} = 4.16 \mathrm{m/s}$$

由于带法兰的排风罩风量为无法兰风罩的 75%，故排风量为：

$$L = 75\% v_0 F = 75\% \times 4.16 \times (0.32 \times 0.64) = 0.639 \mathrm{m^3/s} = 2300 \mathrm{m^3/h}$$

选 B。

【解法二】采用公式法

由题意工作台上的吸气罩看成一个假想大排风罩的一半，由《复习教材》式（2.4-7），式中 F 为 2 倍罩口面积，计算风量为 2 倍排风量，则实际罩口排风量为：

$$L = 0.75 \times (5x^2 + F)v_x$$

$$= 0.75 \times (5 \times 0.64^2 + 0.32 \times 0.64) \times 0.52$$

$$= 0.879 \mathrm{m^3/s}$$

$$= 3164 \mathrm{m^3/h}$$

选 D。

8.4-3. 有一设在工作台上尺寸为 300mm×600mm 的矩形侧吸罩，要求在距罩口 $X = 900$mm 处，形成 $v_x = 0.3$m/s 的吸入速度，根据公式计算该排风罩的排风量（m³/h）最接近下列何项？【2016-4-10】

A. 8942　　　　　　B. 4658　　　　　　C. 195　　　　　　D. 396

参考答案：B

主要解题过程：根据《复习教材》式（2.4-8）得：

$$L = \frac{1}{2}L' = (5x^2 + F)v_x$$

$$= (5 \times 0.9^2 + 0.3 \times 0.6) \times 0.3$$

$$= 1.269\text{m}^3/\text{s} = 4568.4\text{m}^3/\text{h}$$

与选项 B 最为接近。

8.4-4. 某化学实验室局部通风采用通风柜，通风柜工作孔开口尺寸为：长 0.8m、宽 0.5m，柜内污染物为苯，其气体发生量为 0.055m³/s；另一个某些特定工艺（车间）局部通风也采用通风柜，通风柜工作孔开口尺寸为：长 1m、宽 0.6m，柜内污染物为苯，其气体发生量为 0.095m³/s。问：以上两个通风柜分别要求的最小排风量（m³/h）最接近下列哪一项？【2017-4-11】

A. 800，1062　　　B. 832，1530　　　C. 1062，1530　　　D. 1062，2156

参考答案：B

主要解题过程：苯属于有毒污染物，但非剧毒，根据《复习教材》表 2.4-1 查得苯的控制风速（下限）为 0.4m/s，根据式（2.4-3）可计算化学实验室排风柜排风量为：

$$L_1 = L_{0,1} + v_1 F_1 \beta = 0.055 + 0.4 \times (0.8 \times 0.5) \times 1.1 = 0.231\text{m}^3/\text{s} = 831.6\text{m}^3/\text{h}$$

根据《复习教材》表 2.4-2 查得序号 24 项苯的控制风速（下限）为 0.5m/s，根据式（2.4-3）可计算特定工艺（车间）排风柜排风量为：

$$L_2 = L_{0,2} + v_2 F_2 \beta = 0.095 + 0.5 \times (1 \times 0.6) \times 1.1 = 0.425\text{m}^3/\text{s} = 1530\text{m}^3/\text{h}$$

扩展：本题对于气体发生量的单位，原题给出错误，原题给出 m³/h，计算后无答案，应为 m³/s。本书题目已经纠正此错误。需注意的是，控制风速选取有所区别，化学试验室通风，工作孔上的控制风速按《复习教材》表 2.4-1 选取，对某些特定的工艺过程，排风柜控制风速参照表 2.4-2 确定。

8.4-5. 某工业槽尺寸为 3m×1.5m（长×宽），采用吹吸式槽边排风罩，其风量按照美国联邦工业卫生委员会推荐的方法计算。问：计算出该排风罩的最小吹风量（m³/h）和最小吸风量（m³/h）最接近下列何项？【2018-4-08】

A. 1793 和 12375　　B. 1250 和 12375　　C. 1174 和 8100　　D. 818 和 8100

参考答案：D

主要解题过程：

根据《复习教材》式（2.4-19）计算排风量（吸风量）：

$$L_{排} = (1800 \sim 2750)A = (1800 \sim 2750) \times (3 \times 1.5) = 8100 \sim 12375\text{m}^3/\text{h}$$

最小吸风量为 8100m³/h。

根据式（2.4-20）计算吹风量：

$$L_1 = \frac{1}{BE}L_2 = \frac{1}{1.5 \times 6.6} \times (8100 \sim 12375) = 818 \sim 1250\text{m}^3/\text{h}$$

最小吹风量为 818m³/h。

8.5　除尘与吸附

8.5.1　除尘器

8.5-1. 对某环隙脉冲袋式除尘器进行漏风率的测试，已知测试时除尘器的净化箱中的负压稳定为 2500Pa，测试的漏风率为 2.5%。试求在标准测试条件下，该除尘器的漏风率更接近下列何项?【2014-3-11】

A. 2.0%　　　　　B. 2.2%　　　　　C. 2.5%　　　　　D. 5.0%

参考答案: B

主要解题过程: 根据《脉冲喷吹类袋式除尘器》JB/T 8532—2008 第 5.2 条:

$$\varepsilon = \frac{44.72\varepsilon_1}{\sqrt{p}} = \frac{44.72 \times 0.025}{\sqrt{2500}} = 0.02236 = 2.236\%$$

因此更接近 2.2%。

8.5-2. 某风系统风量 4000m³/h，系统全年运行 180d、每天运行 8h，拟比较选择纤维填充式过滤器和静电过滤器两种方案（二者实现同样的过滤级别）的用能情况。已知: 纤维填充式过滤器的运行阻力为 120Pa，静电过滤器的运行阻力为 20 Pa，静电过滤器的耗电功率为 40W，风机机组的效率为 0.75，问采用静电过滤器方案，一年节约的电量（kWh）应为下列何项?【2014-4-07】

A. 140~170　　　B. 175~505　　　C. 201~240　　　D. 250~280

参考答案: A

主要解题过程: 根据《复习教材》式 (2.8-3)，计算各过滤器电机功率:

纤维填充式过滤器电机功率: $N_{纤维} = \dfrac{Lp}{\eta 3600} = \dfrac{4000 \times 120}{0.75 \times 3600} = 177.8\text{W}$;

静电过滤器电机功率: $N_{静电} = \dfrac{Lp}{\eta 3600} + N' = \dfrac{4000 \times 20}{0.75 \times 3600} + 40 = 69.6\text{W}$;

则年节约电量: $(N_{纤维} - N_{静电}) \times 180 \times 8/1000 = (177.8 - 69.6) \times 180 \times 8/1000 = 155.8\text{kWh}$。

8.5-3. 某除尘系统由旋风除尘器（除尘总效率 85%）＋脉冲袋式除尘器（除尘总效率 99%）组成，已知除尘系统进入风量为 10000m³/h，入口含尘浓度为 5.0g/m³，漏风率: 旋风除尘器为 1.5%，脉冲袋式除尘器为 3%，求该除尘器系统的出口含尘浓度应接近下列何项（环境空气的含尘量忽略不计）?【2014-4-09】

A. 7.0 mg/m³　　　B. 7.2mg/m³　　　C. 7.4 mg/m³　　　D. 7.5 mg/m³

参考答案: B

主要解题过程: 根据《复习教材》式 (2.5-4)，计算除尘器串联运行时总效率:

$\eta_T = 1 - (1 - \eta_1)(1 - \eta_2) = 1 - (1 - 0.85)(1 - 0.99) = 0.9985$;

串联除尘器出口风量: $L_2 = L_1(1 + 0.015)(1 + 0.03) = 10000 \times 1.015 \times 1.03 = $

$10454.5\text{m}^3/\text{h}$;

根据《复习教材》式（2.5-3），计算除尘器出口含尘浓度 η_2：

$$\eta_\text{T} = (L_1 y_1 - L_2 y_2)/L_1 y_1 \Rightarrow y_2 = L_1 y_1 (1 - \eta_\text{T})/L_2$$
$$= 10000 \times 5000(1 - 0.9985)/10454.5 = 7.17\text{mg/m}^3$$

8.5-4. 某地新建一染料工厂，一车间内的除尘系统，其排风温度为 250℃（空气密度为 0.675kg/m^3），排风量为 $12000\text{m}^3/\text{h}$，采用一级袋式除尘器处理。要求混入室外空气（温度为 20℃、空气密度为 1.2kg/m^3），使进入袋式除尘器的气流温度不高于 120℃ [空气密度 0.898kg/m^3，不考虑染料尘的热影响，空气定压比热容取 1.01kJ/（kg·K）]，则该除尘系统的计算混入新风量（m^3/h）最小值最接近下列何项？【2016-3-11】

A. 8800   B. 9500   C. 10200   D. 12000

参考答案：A

主要解题过程：【解法一】设引入的室外空气、工艺排风及排风机的空气质量流量分别为 G_w、G_n、G_p（kg/h）：

$$G_\text{n} = L_\text{n} \times \rho_{250} = 12000 \times 0.675 = 8100\text{kg/h}$$

根据排风系统的空气平衡及热平衡关系式以及不同温度下气体质量流量相同原则得：

$$C \times G_\text{w} \times t_\text{w} + C \times G_\text{n} \times t_\text{n} = C \times G_\text{p} \times t_\text{p} = C \times (G_\text{w} + G_\text{n}) \times t_\text{p}$$

$$G_\text{w} \times 20 + 8100 \times 250 = (G_\text{w} + 8100) \times 120$$

$$G_\text{w} = 10530\text{kg/h}$$

$$L'_\text{w} = \frac{G_\text{w}}{\rho_\text{w}} = \frac{10530}{1.2} = 8775\text{m}^3/\text{h}$$

【解法二】根据传热过程，建立热平衡，排风损失掉的热流量等于新风得到的热流量：

$$\rho_\text{p} L_\text{p} c(t_\text{p} - t_\text{h}) = \rho_\text{w} L_\text{w} c(t_\text{h} - t_\text{w})$$

$$0.675 \times 12000 \times 1.01 \times (250 - 120) = 1.2 \times L_\text{w} \times 1.01 \times (120 - 20)$$

解得 $L_\text{w} = 8775\text{m}^3/\text{h}$

8.5-5. 某除尘系统，由两个除尘器串联运行，除尘器位于除尘系统风机的吸入段。入口风量 $15000\text{m}^3/\text{h}$，入口含尘浓度 38g/m^3。第一级采用旋风除尘器，除尘效率 86%，漏风率 1.8%；第二级采用回转反吹袋式除尘器。问：回转反吹袋式除尘器主要技术性能指标中，满足技术参数上限值所要求的回转反吹袋式除尘器效率，最接近下列何项？【2018-4-09】

A. 90%   B. 95%   C. 97%   D. 99%

参考答案：D

主要解题过程：

根据《回转反吹类袋式除尘器》JB/T 8533—2010 表 1 可知，对于回转反吹袋式除尘器出口浓度不高于 50mg/m^3，漏风率不超过 3%。除尘器位于风机吸入段，即负压段，因此袋式除尘器因漏风增加的风量不超过 3%。由题意可列出满足袋式除尘器出口浓度的关系式：

$$C_{出口} = \frac{出口粉尘量}{出口风量} = \frac{(38 \times 1000) \times 15000 \times (1 - 85\%)(1 - \eta)}{15000 \times (1 + 1.8\%)(1 + 3\%)} \leqslant 50$$

解得 $\eta \geqslant 99.08\%$。

8.5.2 吸收与吸附

8.5-6. 含有 SO_2 有害气体流速 $2500m^3/h$，其中 SO_2 的浓度 $4.48ml/m^3$；采用固定床活性炭吸附装置净化该有害气体，设平衡吸附量为 $0.15kg/kg$ 碳，吸附效率为 94.5%，如装炭量为 $50kg$，有效使用时间（穿透时间）T 为下列哪一值？【2012-3-11】

A. $216 \sim 225h$ B. $226 \sim 235h$

C. $236 \sim 245h$ D. $245 \sim 255h$

参考答案： A

主要解题过程：

$$y = \frac{CM}{22.4} = \frac{4.48 \times 64}{22.4} = 12.8 mg/m^3$$

根据《工规》第 7.3.5 条：

$$T = \frac{10^6 \times S \times W \times E}{L \times y_1 \times \eta} = \frac{10^6 \times 50 \times 0.15 \times (0.8 \sim 0.9)}{2500 \times 12.8 \times 10^{-6} \times 0.945} = (198 \sim 223)h$$

8.5-7. 含有 SO_2 浓度为 $100ppm$ 的有害气体，流量为 $5000m^3$，选用净化装置的净化效率为 95%，净化后的 SO_2 浓度（mg/m^3）为下列何项（大气压为 $101325Pa$）?【2014-4-10】

A. $12.0 \sim 13.0$ B. $13.1 \sim 14.0$

C. $14.1 \sim 15.0$ D. $15.1 \sim 16.0$

参考答案： C

主要解题过程： 根据《复习教材》式（2.6-1）计算质量浓度，已知 SO_2 的摩尔质量为 64，

$$Y_1 = CM/22.4 = 100 \times 64/22.4 = 285.5 mg/m^3$$
$$Y_2 = Y_1(1 - \eta) = 285.7 \times (1 - 0.95) = 14.3 mg/m^3$$

8.5-8. 某活性炭吸附装置，处理有害气体量 $V = 100m^3/min$，体积溶度 $C_0 = 5ppm$，气体分子的克摩尔数 $M = 94$，活性炭平衡吸附时吸附量 $q_0 = 0.15kg/kg_{炭}$，装置吸附率 $\eta = 95\%$，有效使用时间（穿透时间）$T = 200h$，求所需最小装炭量（kg）最接近下列何项？（标准状况条件）【2016-4-11】

A. 85   B. 105   C. 160   D. 177

参考答案： D

主要解题过程： 根据《复习教材》式（2.6-1）得：

$$Y = \frac{C \cdot M}{22.4} = \frac{5 \times 94}{22.4} = 21 mg/m^3$$

由《工规》第 7.3.5 条条文说明计算活性炭装碳量：

$$W = V \cdot Y \cdot T \cdot \eta / (q_0 \cdot E)$$

$$= 100 \times 60 \times 21 \times 10^{-6} \times 200 \times 0.95 / [0.15 \cdot (0.8 \sim 0.9)]$$

$$= 177.3 \sim 199.5 \text{kg}$$

最接近的答案为选项 D。

扩展： 详见本书第 4 篇第 16 章扩展 16-10：吸附量计算。

8.6 通 风 系 统

8.6.1 风机

8.6-1. 某民用建筑的全面通风系统，系统计算总风量为 10000m³/h，系统计算总压力损失 300Pa，当地大气压力为 101.3kPa，假设空气温度为 20℃。若选用风系统全压效率为 0.65、机械效率为 0.98，在选择确定通风机时，风机的配用电机容量至少应为下列哪一项？（风机风量按计算风量附加 5%，风压按计算阻力附加 10%）【2012-4-11】

A. 1.25～1.4kW
B. 1.45～1.50kW
C. 1.6～1.75kW
D. 1.85～2.0kW

参考答案： D

主要解题过程： 轴功率为：$N_z = LP/3600/(\eta_1 \eta_2) = (10000 \times 1.05) \times (300 \times 1.1)/3600/(0.65 \times 0.98) = 1511W = 1.5kW$，根据《复习教材》表 2.8-5，配用电机的功率因数应取 $K = 1.30$，所以风机配用电机功率：$N = KN_z = 1.30 \times 1.511 = 1.964kW$。

8.6-2. 某台离心式风机在标准工况下的参数为：风量 9900m³/h，风压 350Pa，在实际工程中用于输送 10℃ 的空气，当地大气压力为标准大气压力时，则该风机的实际风量和风压值为下列哪一项？【2013-3-11】

A. 风量不变，风压为 335～340Pa
B. 风量不变，风压为 360～365Pa
C. 风量为 8650～8700m³/h，风压为 335～340Pa
D. 风量为 9310～9320m³/h，风压为 360～365Pa

参考答案： B

主要解题过程： 由《复习教材》式（2.8-6）计算实际输送 10℃ 空气的密度为：

$$\rho = \frac{353}{273 + 10} = 1.247 \text{ kg/m}^3$$

由《复习教材》式（2.8-4）可知，修正时风量不变，风压变化：

$$P = P_N \times \frac{\rho}{1.2} = 350 \times \frac{1.247}{1.2} = 363.8 \text{Pa}$$

8.6-3. 在严寒地区某厂房通风设计时，新风补风系统的加热器设置在风机出口，已知当地冬季室外通风计算温度为 −25℃，冬季室外大气压力为 943hPa。新风补风系统选用风机的样本上标出标准状态下的流量为 30000m³/h、全压为 1000Pa、全压效率为 75%，标准工况的大气压力、温度和空气密度分别按 1013hPa、20℃ 和 1.2kg/m³ 计算，忽略空气温度对风机效率的影响，问：该风机冬季通风设计工况下的功率与标准工况下功率的比值，最接近下列哪项？【2018-4-07】

　　A. 0.79　　　　　　　B. 1.00　　　　　　　C. 1.10　　　　　　　D. 1.27

参考答案：C

主要解题过程：

根据《复习教材》第 2.8.2 节可知，工况改变后风量不变，风压按空气密度的变化修正。

由式（2.8-5）计算冬季设计工况密度为：

$$\rho = 1.293 \times \frac{273}{273-25} \times \frac{94.3}{101.3} = 1.325 \text{kg/m}^3$$

$$\frac{N}{N_B} = \frac{\dfrac{LP}{3600\eta}}{\dfrac{L_B P_B}{3600\eta}} = \frac{P}{P_B} = \frac{P}{1.2} = \frac{1.325}{1.2} = 1.10$$

8.6-4. 某通风系统采用调频变速离心风机。在风机转速 $n_1 = 710$r/min 时，测得的参数为：流量 $L_1 = 23650$m³/h，全压 $P_1 = 760$Pa，内效率 $\eta = 93\%$。问：如果该通风系统不做任何调整和变化，风机在转速 $n_2 = 1000$r/min 时的声功率级（dB），最接近下列何项？【2018-4-10】

　　A. 114　　　　　　　B. 104　　　　　　　C. 94　　　　　　　D. 84

参考答案：A

主要解题过程：

根据《复习教材》表 2.8-6，转速 n 变化时风机性能变化关系：

$$L_2 = L_1 \frac{n_2}{n_1} = 23650 \times \frac{1000}{710} = 33310 \text{m}^3/\text{h}$$

$$H_2 = H_1 \left(\frac{n_2}{n_1}\right)^2 = 760 \times \left(\frac{1000}{710}\right)^2 = 1507 \text{Pa}$$

由式（3.9-7），得：

$$L_W = 5 + 10\lg L + 20\lg H = 5 + 10\lg 33310 + 20\lg 1507$$

$$= 5 + 45.2 + 63.6$$

$$= 113.9 \text{dB(A)}$$

8.6.2　通风系统

8.6-5. 某厂房内一排风系统设置变频调速风机，当风机低速运行时，测得系统风量 $Q_1 = 30000$m³/h，系统的压力损失 $\Delta P_1 = 300$Pa；当将风机转速提高，系统风量增大到 $Q_2 = 60000$m³/h 时，系统的压力损失 ΔP_2 将为下列何项？【2013-3-06】

　　A. 600Pa　　　　　　B. 900Pa　　　　　　C. 1200Pa　　　　　　D. 2400Pa

参考答案：C

主要解题过程： 由题意，风机变转速后系统阻力发生变化，在这一过程中，风管阻抗不变。

由 $\Delta P = SQ^2$ 得：

$$\Delta P_2 = \Delta P_1 \left(\frac{Q_2}{Q_1}\right)^2 = 300 \times \left(\frac{60000}{30000}\right)^2 = 1200\text{Pa}$$

8.6-6. 某车间除尘通风系统的圆形风管制作完毕，需对其漏风量进行测试，风管设计工作压力为 1500Pa，风管设计工作压力下的最大允许漏风量接近下列哪一项？（按 GB 50738）【2013-4-07】

    A. $1.03\text{m}^3/(\text{h} \cdot \text{m}^2)$ B. $2.04\text{m}^3/(\text{h} \cdot \text{m}^2)$

    C. $4.08\text{m}^3/(\text{h} \cdot \text{m}^2)$ D. $6.12\text{m}^3/(\text{h} \cdot \text{m}^2)$

参考答案： B

主要解题过程： 根据《通风与空调工程施工规范》GB 50738—2011 表 4.1.6-2 查得 1500Pa 属于中压系统。由第 15.2.3 条可知，圆形风管为矩形风管允许漏风量的 50%。

$$Q_{\text{M,y}} = 50\% \times 0.0352P^{0.65} = 50\% \times 0.0352 \times 1500^{0.65} = 2.04\text{m}^3/(\text{h} \cdot \text{m}^2)$$

8.6-7. 某送风管（镀锌薄钢板制作，管道壁面粗糙度 0.15mm）长 30m，断面尺寸为 800mm×313mm；当管内空气流速为 16m/s、温度为 50℃时，该段风管的长度摩擦阻力损失是多少？（注：大气压力 101.3kPa；忽略空气密度和黏性变化的影响）【2014-3-06】

    A. 80～100Pa   B. 120～140Pa   C. 155～170Pa   D. 175～195Pa

参考答案： C

主要解题过程： 根据《复习教材》式（2.7-7）计算速度当量直径。

$$D_v = \frac{2ab}{a+b} = \frac{2 \times 0.8 \times 0.313}{0.8 + 0.313} = 0.450\text{m} = 450\text{mm}$$

由速度当量直径 450mm 及空气流速 16m/s，查《复习教材》图 2.7-1 得单位长度摩擦阻力损失为 6Pa/m。

由题意，需要修正温度变化，由式（2.7-5）得温度修正系数为：

$$K_t = \left(\frac{273+20}{273+50}\right)^{0.825} = 0.923$$

由式（2.7-4）得修正后的比摩阻为：

$$R_m = K_t K_B R_{m0} = 0.923 \times 1 \times 6 = 5.538\text{Pa/m}$$

风管长度摩擦阻力损失为：

$$\Delta P = R_m l = 5.538 \times 30 = 166.1\text{Pa}$$

8.6-8. 某均匀送风管采用保持孔口前静压相同原理实现均匀送风（如图示），有 4 个间距为 2.5m 的送风孔口（每个孔口送风量为 1000m³/h）。已知：每个孔口的平均流速为 5m/s，孔口的流量系数均为 0.6，断面 1 处风管的空气

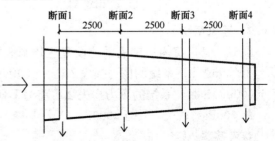

平均流速为 4.5m/s。该段风管断面 1 处的全压应是以下何项，并计算说明是否保证出流角 $\alpha \geqslant 60°$？（注：大气压力 101.3kPa、空气密度取 1.20kg/m³）【2014-3-07】

　　A. 10～15Pa 不满足保证出流角的条件

　　B. 16～30Pa 不满足保证出流角的条件

　　C. 31～45Pa 满足保证出流角的条件

　　D. 46～60Pa 满足保证出流角的条件

参考答案：D

主要解题过程：本题计算断面 1 的全压及出流角，根据《复习教材》式（2.7-12），需要计算孔口静压流速和动压流速。

由《复习教材》式（2.7-15）得孔口静压流速为：

$$v_j = \frac{v_0}{\mu} = \frac{5}{0.6} = 8.33 \text{m/s}$$

断面 1 风管空气平均流速即为动压流速，$v_d = 4.5$m/s。

由式（2.7-10）计算静压：

$$P_j = \frac{1}{2}\rho v_j^2 = \frac{1}{2} \times 1.2 \times 8.33^2 = 41.6 \text{Pa}$$

由式（2.7-11）计算动压：

$$P_d = \frac{1}{2}\rho v_d^2 = \frac{1}{2} \times 1.2 \times 4.5^2 = 12.15 \text{Pa}$$

风管断面 1 的全压：

$$P = P_j + P_d = 41.6 + 12.15 = 53.75 \text{Pa}$$

出流角：

$$\alpha = \arctan\left(\frac{v_j}{v_d}\right) = \arctan\left(\frac{8.33}{4.5}\right) = 61.6° > 60°$$

综上所述选 D，全压 53.75Pa，满足出流角条件。

8.6-9. 接上题，孔口出流的实际流速应为下列何项？【2014-3-08】

A. 9.1～10m/s　　　B. 8.1～9m/s　　　C. 5.1～6m/s　　　D. 4.1～5m/s

参考答案：A

主要解题过程：根据《复习教材》式（2.7-13），孔口实际流速：$v = \dfrac{v_j}{\sin\alpha} = \dfrac{8.33}{\sin 61.61}$ $= 9.47$m/s。

8.6-10. 某房间设置一机械送风系统，房间与室外压差为零。当通风机在设计工况下运行时，系统送风量为 5000m³/h，系统的阻力为 380Pa。现改变风机转速，系统送风量降为 4000m³/h，此时该机械送风系统的阻力（Pa）应为下列何项？【2014-4-11】

　　A. 210～215　　　　B. 240～245　　　　C. 300～305　　　　D. 系统阻力不变

参考答案：B

主要解题过程：根据《复习教材》表 2.8-6：

转速之比：$n_2/n_1 = 4000/5000 = 0.8$；

阻力之比：$P_2/P_1 = (n_2/n_1)^2 = 0.8^2 = 0.64$；

$$P_2 = P_1 \times 0.64 = 380 \times 0.64 = 243.2\text{Pa}。$$

8.6-11. 某地下汽车库机械排风系统，一台小风机和一台大风机并联安装，互换交替运行，分别为两个工况服务，设小风机运行系统风量为 24000m³/h，压力损失为 300Pa，如大风机运行时系统风量为 36000m³/h，并设风机的全压效率为 0.75，则大风机的轴功率（kW）最接近下列何项？【2016-3-6】

　A. 4.0　　　　　　B. 6.8　　　　　　C. 9.0　　　　　　D. 10.1

参考答案：C

主要解题过程：根据题意，大小风机并联运行，共用机械排风系统，排风系统管网特性曲线保持不变。

小风机单独运行时

$$S = \frac{P_小}{Q_小^2} = \frac{300}{24000^2} = 5.208 \times 10^{-7}\,\text{Pa}/(\text{m}^3/\text{h})^2$$

大风机单独运行时

$$P_大 = SQ_大^2 = 5.208 \times 10^{-7} \times 36000^2 = 675\text{Pa}$$

根据《复习教材》式（2.8-1）得电机的有效功率为：

$$N_y = \frac{Lp}{3600} = \frac{36000 \times 675}{3600} = 6750\text{W} = 6.75\text{kW}$$

根据式（2.8-2）得电机的轴功率为：

$$N_z = \frac{N_y}{\eta} = \frac{6.75}{0.75} = 9.0\text{kW}$$

8.6-12. 一单层厂房（屋面高度 10m）迎风面高 10m，长 40m，厂房内有设备产生烟气，厂房背风面 4m 高处已设有进风口，为避免排风进入屋顶上部的回流空腔，则机械排风立管设置高出屋面的高度（m）至少应是下列何项？【2016-3-08】

　A. 20　　　　　　B. 15　　　　　　C. 10　　　　　　D. 5

参考答案：C

主要解题过程：根据《复习教材》式（2.3-7），高出屋面的空气动力阴影区的最大高度为：

$$H_c \approx 0.3\sqrt{A} = 0.3 \times \sqrt{10 \times 40} = 0.3 \times 20 = 6\text{m}$$

为了防止污染物通过进风口进入室内，排风立管的最小高度只需要高于动力阴影区（回流空腔）即可，即高出屋面至少 6m，根据选项的数值，只能选 C。

扩展：根据《复习教材》式（2.3-8），屋顶上方受建筑影响的气流最大高度（不含建筑物高度，注：此处《复习教材》错误，可参考本书第 4 篇第 16 章扩展 16-5 自然通风公式总结）：$H_K \approx \sqrt{A} = \sqrt{10 \times 40} = 20\text{m}$，但题中排风立管只需要高于动力阴影区（回流空腔）即可，不需高出屋顶上方受建筑影响的气流区，故如选项中有 6m，则最佳答案是 6m 而不是 10m。

8.6-13. 下图所示的机械排烟（风）系统采用双速风机，设 A、B 两个 1400mm×1000mm 的排烟防火阀。A 阀常闭，火灾时开启，负担 A 防烟分区排烟，排烟量为54000m³/h；B 阀平时常开，排风量 36000m³/h，火灾时开启负担 B 防烟分区排烟，排烟量为 72000m³/h；系统仅满足 A、B 中任一防烟分区的排烟需求，除排烟防火阀外，不计其他漏风［排烟防火阀关闭时，250Pa 静压差下漏风量为 700m³/（h·m²），漏风量与压差的平方根成正比］。经计算：风机低速运行时设计全压 400Pa，近风机进口处 P 点管内静压−250Pa；问：风机高速排烟时排风风量（m³/h）最接近下列何项？（不考虑防火阀漏风对管道阻力的影响）【2016-3-10】

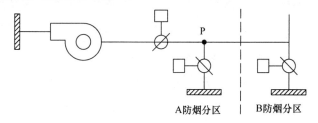

| A. 72000 | B. 72980 | C. 73550 | D. 73960 |

参考答案： D

主要解题过程： 根据题意，防烟分区 B 负担平时排风（低速）兼消防排烟（高速）。根据《复习教材》表 2.8-6，风机转速 n 变化时，高速运行风机全压为：

$$P_2 = P_1 \left(\frac{n_2}{n_1}\right)^2 = P_1 \left(\frac{L_2}{L_1}\right)^2 = 400 \times \left(\frac{72000}{36000}\right)^2 = 1600\text{Pa}$$

因排烟防火阀关闭时，250Pa 静压差下漏风量为 700m³/（h·m²），所以 1400mm×1000mm 的排烟防火阀漏风量为：

$$L_漏 = 1.4 \times 1 \times 700 = 980\text{m}^3/\text{h}$$

又因漏风量与压差的平方根成正比，且在低速运行状态 $P_低 = 400\text{Pa}$ 时（仅防烟分区 B 使用），近风机进口处 P 点管内静压−250Pa，与上述排烟防火阀计算漏风量 $L_漏$ 相关联，因此，建立如下关系式：

$$\frac{L_漏}{\sqrt{P_低}} = \frac{L'_漏}{\sqrt{P_高}}$$

$$\frac{980}{\sqrt{400}} = \frac{L'_漏}{\sqrt{1600}}$$

$$L'_漏 = \sqrt{\frac{1600}{400}} \times 980 = 1960\text{m}^3/\text{h}$$

所以，风机高速排烟时排风风量为：

$$G'_{PY} = L'_漏 + G_{PY} = 1960 + 72000 = 73960\text{m}^3/\text{h}$$

8.6-14. 某均匀送风管采用保持孔口前静压相同原理实现均匀送风（如下图所示），有 4 个送风孔口（间距为 2.5m），断面 1 处风管的空气平均流速为 5m/s，且每段风管的阻力损失为 3.5Pa。该段风管断面 4 处的平均风速（m/s）应最接近以下何项？（注：大气

压力为 101.3kPa，空气密度取 1.20kg/m³）【2017-3-07】

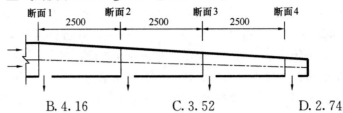

A. 4.50 　　　　 B. 4.16 　　　　 C. 3.52 　　　　 D. 2.74

参考答案： D

主要解题过程： 根据《复习教材》式（2.7-10）可计算断面 1 处空气动压为：

$$P_{d1} = \frac{1}{2}\rho v_{d1}^2 = \frac{1}{2} \times 1.2 \times 5^2 = 15Pa$$

经过 3 段风管后，静压损失，故断面 4 处动压为：

$$P_{d4} = P_{d1} - \Delta P = 15 - 3 \times 3.5 = 4.5Pa$$

断面 4 处平均风速为：

$$v_4 = \sqrt{\frac{2P_{d4}}{\rho}} = \sqrt{\frac{2 \times 4.5}{1.2}} = 2.74m/s$$

8.6-15. 一排风系统共有外形相同的两个排风罩（如下图），排风罩的支管（管径均为 200mm）通过合流三通连接排风总管（管径 300mm）。在 2 个排风支管上（设置位置如下图所示）测得管内静压分别为 −169Pa、−144Pa。设排风罩的阻力系数均为 1.0，则该系统的总排风量（m³/h）最接近下列何项？（空气密度按 1.2kg/m³ 计）【2017-3-10】

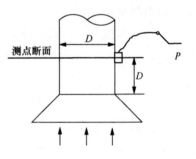

A. 2480 　　　　　 B. 2580

C. 3080 　　　　　 D. 3340

参考答案： B

主要解题过程： 根据《复习教材》式（2.9-9），排风罩排风量分别为：

$$L_1 = \frac{1}{\sqrt{1+\xi}} \cdot F \cdot \sqrt{\frac{2|P_1|}{\rho}} = \frac{1}{\sqrt{1+1}} \times \left(\frac{\pi}{4} \times 0.2^2\right) \times \sqrt{\frac{2 \times |-169|}{1.2}}$$
$$= 0.373m^3/s = 1341m^3/h$$

$$L_2 = \frac{1}{\sqrt{1+\xi}} \cdot F \cdot \sqrt{\frac{2|P_2|}{\rho}} = \frac{1}{\sqrt{1+1}} \times \left(\frac{\pi}{4} \times 0.2^2\right) \times \sqrt{\frac{2 \times |-144|}{1.2}}$$
$$= 0.344m^3/s = 1238m^3/h$$

总排风量为：

$$L = L_1 + L_2 = 1341 + 1238 = 2579m^3/h$$

8.6-16. 某送风系统的设计工作压力为 1000Pa，风管总面积为 1000m²，由各出风口测得的风量累计值为 20000m³/h。如果风管漏风量符合规范要求，问：该系统风机的最大送风量（m³/h），最接近以下哪一项？【2018-3-06】

A. 23140　　　　B. 16860　　　　C. 19997　　　　D. 21000

参考答案： A

主要解题过程：

由题意，送风系统风管呈正压，根据《通风与空调工程施工质量验收规范》GB 50243—2016 表 4.1.4，该风管为中压风管。根据表 4.2.1 计算允许漏风率为：

$$Q_m \leq 0.0352\ P^{0.65} = 0.0352 \times 1000^{0.65} = 3.137 \text{m}^3/(\text{h} \cdot \text{m}^2)$$

风机风量应满足所需送风量和漏风量的和：

$$Q = 20000 + 1000 \times 3.137 = 23137 \text{m}^3/\text{h}$$

8.7　其 他 考 点

8.7.1　人防工程

8.7-1. 某人防地下室战时为二等人员掩蔽所，清洁区有效体积为320m³，掩蔽人数为 420 人，清洁式通风的新风量标准为6m³/(p·h)，滤毒式通风的新风量标准为 2.5m³/(p·h)，最小防毒通道体积为 20m³。设计滤毒通风时的最小新风量，应是下列哪一项？【2013-3-09】

A. 2510~2530m³/h　　　　　　　B. 1040~1060m³/h

C. 920~940m³/h　　　　　　　　D. 790~810m³/h

参考答案： B

主要解题过程：

(1) 按掩蔽人员计算新风量

根据已知条件，有：$L_R = L_2 \cdot n = 2.5 \times 420 = 1050 \text{m}^3/\text{h}$

(2) 按室内保持超压值的新风量

查《人民防空地下室设计规范》GB 50038—2005 表 5.2.6，K_H 为 40h^{-1}，再由其他已知条件，有：$L_H = V_F \cdot K_H + L_f = 20 \times 40 + 320 \times 4\% = 812.8 \text{m}^3/\text{h}$。

(3) 取两者较大值，因此，选项 B 正确。

8.7.2　防排烟计算

8.7-2. 一个地下二层汽车库，建筑面积 3500m²，层高 3m，设置通风兼排烟系统，排烟时机械补风，试问计算的排烟量和补风量为下列哪组时符合要求？【2013-4-11】

A. 排烟量 52500m³/h，补风量 21000m³/h；

B. 排烟量 52500m³/h，补风量 26250m³/h；

C. 排烟量 63000m³/h，补风量 25200m³/h；

D. 排烟量 63000m³/h，补风量 31500m³/h

参考答案： D

主要解题过程：

根据《汽车库、修车库、停车场设计防火规范》GB 50067—97 第 8.2.4 条和第 8.2.7 条，本库排烟量不小于 6 次换气次数，根据第 8.2.7 条，设置补风量不小于排烟量的 50%。

排烟量（≥ 6 次）：$L_p = V \times n = 3500 \times 3 \times 6$ 次/h $= 63000$ m³/h

补风量（$\geqslant 50\%$）：$L_b \geqslant 50\% \times L_p = 50\% \times 63000 = 31500 \ \mathrm{m^3/h}$

扩展：根据《汽车库、修车库、停车场设计规范》GB 50067—2014 第 8.2.5 条，排烟量已由计算法改为查表法，经查表插值计算得排烟量为 $60000\mathrm{m^3/h}$，答案仍选 D。

8.7.3　设备用房及其他房间通风

8.7-3. 某配电室的变压器功率为 1000kVA，变压器功率因数为 0.95，效率为 0.98，负荷率为 0.75。配电室要求夏季室内设计温度不大于 40℃，当地夏季室外通风计算温度为 32℃，采用机械通风，自然进风的通风方式。能消除夏季变压器发热量的风机最小排风量是下列哪一项？［风机计算风量为标准状态，空气比热容 $C_P = 1.01\mathrm{kJ/（kg \cdot ℃）}$］【2012-3-07】

　　A. $5200 \sim 5400\mathrm{m^3/h}$　　　　　　　　　　B. $5500 \sim 5700\mathrm{m^3/h}$
　　C. $5800 \sim 6000\mathrm{m^3/h}$　　　　　　　　　　D. $6100 \sim 6300\mathrm{m^3/h}$

参考答案：A

主要解题过程：由《复习教材》式（2.12-5）计算变压器发热量：

$$Q = (1-\eta_1) \cdot \eta_2 \cdot \Phi \cdot W = (1-0.98) \times 0.75 \times 0.95 \times 1000 = 14.25\mathrm{kW}$$

由式（2.12-4）计算通风量：

$$L = \frac{Q}{0.337(t_p - t_s)} = \frac{14.25 \times 1000}{0.337 \times (40-32)} = 5286\mathrm{m^3/h}$$

扩展：注意其中 Q 的单位应为 W，本题排风量也可采用《复习教材》式（2.2-2）有关消除余热通风量的方法，结果一致。

8.7-4. 某大厦的地下变压器室安装有 2 台 500kVA 变压器。设计全面通风系统，当排风温度为 40℃，送风温度为 28℃时，变压器室的计算通风量（$\mathrm{m^3/h}$）应最接近下列何项？（变压器负荷率和功率因素均按上限取值）【2017-3-08】

　　A. 1860　　　　　B. 2960　　　　　C. 3760　　　　　D. 4280

参考答案：C

主要解题过程：根据《复习教材》第 2.12.2 节可知，变压器效率取 0.98，变压器负荷率取 0.8，变压器功率因数取 0.95。由式（2.12-5）和式（2.12-4），得

$$Q = (1-\eta_1)\eta_2\Phi W = (1-0.98) \times 0.8 \times 0.95 \times (500 \times 2) = 15.2\mathrm{kW}$$

$$L = \frac{Q}{\rho c_p(t_p - t_s)} = \frac{15.2}{1.2 \times 1.01 \times (40-28)} = 1.045\mathrm{m^3/s} = 3762\mathrm{m^3/h}$$

8.7-5. 某地面上一变配电室，安装有两台容量 $W=1000\mathrm{kVA}$ 的变压器（变压器功率因数 $\varphi = 0.95$，效率 $\eta_1 = 0.98$，负荷率 $\eta_2 = 0.78$），当地夏季通风室外计算温度为 30℃，变压器室的室内设计温度为 40℃。拟采用机械通风方式排除变压器余热（不考虑变压器室围护结构的传热），室外空气容重按 $1.20\mathrm{kg/m^3}$，空气比热按 $1.01\mathrm{kJ/（kg \cdot K）}$ 计算。问：该变电室的最小通风量（$\mathrm{m^3/h}$），最接近下列何项？【2018-3-11】

　　A. 8800　　　　　B. 9270　　　　　C. 10500　　　　　D. 11300

参考答案：A

主要解题过程：

根据《复习教材》式 (2.12-5)，变压器发热量为：

$$Q = (1 - \eta_1)\eta_2\varphi W = (1 - 0.98) \times 0.78 \times 0.95 \times 1000 \times 2 = 29.64 \text{kW}$$

变配电室的最小通风量为：

$$L = \frac{Q}{0.337 \times (t_p - t_s)} = \frac{26.94 \times 1000}{0.337 \times (40 - 30)} = 8795.3 \text{m}^3/\text{h}$$

第 9 章　空气调节与洁净技术专业案例题

本章知识点题目分布统计表

小节	考点名称		2012 年至 2020 年题目统计		近三年题目统计		2020 年题目统计
			题目数量	比例	题目数量	比例	
9.1	空调负荷		9	7%	1	2%	0
9.2	空调风量	9.2.1　空调新风量	3	2%	0	0%	0
		9.2.2　空调系统送风量	5	4%	0	0%	0
		小计	8	6%	0	0%	0
9.3	空调风系统	9.3.1　全空气空调系统	16	13%	9	20%	4
		9.3.2　风机盘管加新风系统	4	3%	1	2%	1
		9.3.3　温湿度独立控制	11	9%	4	9%	0
		9.3.4　直流式空调与独立新风处理系统	5	4%	4	9%	1
		小计	36	28%	18	41%	6
9.4	热湿处理设备		10	8%	3	7%	0
9.5	空调水系统	9.5.1　水泵问题	9	7%	2	5%	0
		9.5.2　冷热水系统	17	13%	9	20%	3
		9.5.3　冷却水系统	3	2%	0	0%	0
		小计	29	23%	11	25%	3
9.6	节能措施	9.6.1　风机能耗	4	3%	2	5%	1
		9.6.2　热回收	8	6%	1	2%	1
		小计	12	9%	3	7%	2
9.7	空气洁净技术		8	6%	3	7%	1
9.8	其他考点	9.8.1　气流组织	6	5%	2	5%	1
		9.8.2　管道保温与保冷	5	4%	2	5%	1
		9.8.3　隔声与减振	5	4%	1	2%	0
		小计	16	13%	5	11%	2
合计			128		44		14

说明：2015 年停考 1 年，近三年真题为 2018 年至 2020 年。

9.1　空 调 负 荷

9.1-1. 某地为标准大气压，有一变风量空调系统，所服务的各空调区室内逐时显热冷负荷如下表所示，取送风温差为 10℃，该空调系统的送风量为下列何项？【2012-3-13】

时刻 房间	逐时显热负荷（W）								
	9：00	10：00	11：00	12：00	13：00	14：00	15：00	16：00	17：00
房间 1	4340	4560	4535	4410	4190	4050	4000	3960	3935
房间 2	8870	9125	8655	7725	6065	6145	6130	5990	5800
房间 3	2440	2600	2730	2950	3245	3630	3900	3930	3730

　　A. 1.40～1.50kg/s
　　C. 1.60～1.70kg/s
　　B. 1.50～1.60kg/s
　　D. 1.70～1.80kg/s

参考答案：C

主要解题过程：上午 10：00 逐时冷负荷最大 $Q=16.285$kW

$$新风量 = \frac{Q}{c\Delta t} = \frac{16.285}{1.01 \times 10} = 1.61\text{kg/s}$$

9.1-2. 某空调系统采用全空气空调方案，冬季房间总热负荷为 150kW，室内计算温度为 18℃，需要的新风量为 3600m³/h，冬季室外空调计算温度为 −12℃，冬季大气压力按 1013hPa 计算，空气的密度为 1.2kg/m³，定压比热容为 1.01kJ/（kg·K），热水的平均比热容为 4.18kJ/（kg·K），空调热源为 80/60℃ 的热水，则该房间空调需要的热水量为何值？【2012-3-17】

　　A. 5000～5800kg/h
　　C. 6800～7600kg/h
　　B. 5900～6700kg/h
　　D. 7700～8500kg/h

参考答案：D

主要解题过程：

　　(1) 新风负荷 $Q_x = C \times G_w \times (t_n - t_w) = 1.01 \times 3600 \times 1.2 \div 3600 \times (18 + 12) = 36.36$kW。

　　(2) 热水量 $G = (Q_x + Q_y)/[C \times (t_1 - t_2)] = (36.36 + 150)/[4.18 \times (80 - 60)] \times 3600 = 8025.1$kg/h。

9.1-3. 某空调机组从风机出口至房间送风口的空气送风阻力为 1800Pa，机组出口处的送风温度为 15℃，且送风管保温良好（不计风管的传热）。问：该系统送至房间送风出口处的空气温度，最接近以下哪个选项？[取空气的定压比热为 1.01kJ/（kg·K）、空气密度为 1.20kg/m³]（注：风机电机外置）【2014-3-09】

　　A. 15℃　　　　　　B. 15.5℃　　　　　　C. 16℃　　　　　　D. 16.5℃

参考答案：D

主要解题过程：根据题意，只考虑风机温升。根据《09技术措施》第 5.2.5 条或《红宝书》P1498 式（19.6-5），电动机安装在气流外时，$\eta = \eta_2$，风机全压效率不大于 1。

$$\Delta t = \frac{0.0008H \cdot \eta}{\eta_1 \eta_2} = \frac{0.0008H}{\eta_1} \geqslant 0.0008H = 0.0008 \times 1800 = 1.44\text{℃}$$

因此，出风温度 $t > 15 + 1.44 = 16.44\text{℃}$

考虑到全压效率一般不高于 0.9，故选项 D 更合理。

9.1-4. 某空调工程位于天津市，夏季空调室外计算日 16：00 的空调室外计算温度最接近以下哪个选项？并写出判断过程。【2014-3-14】

A. 29.4℃   B. 33.1℃   C. 33.9℃   D. 38.1℃

参考答案：B

主要解题过程：查《民规》附录 A，得天津市夏季空调室外计算干球温度 $t_{wg} = 33.9\text{℃}$，夏季空调室外计算日平均温度 $t_{wp} = 29.4\text{℃}$。

根据《民规》式（4.1.11-2）计算日较差，$\Delta t_r = \dfrac{t_{wg} - t_{wp}}{0.52} = \dfrac{33.9 - 29.4}{0.52} = 8.654\text{℃}$

查《民规》表 4.1.11 得 16：00 室外温度逐时变化系数 $\beta = 0.43$。

根据《民规》式（4.1.11-1）16：00 室外逐时温度：$t_{sh} = t_{wp} + \beta\Delta t_r = 29.4 + 0.43 \times 8.654 = 33.1\text{℃}$

9.1-5. 某空调房间经计算在设计状态时，显热冷负荷为 10kW，房间湿负荷为 0.01kg/s。则该房间空调送风的设计热湿比接近下列何项？【2014-4-13】

A. 800   B. 1000   C. 2500   D. 3500

参考答案：D

主要解题过程：由热湿比定义可得两种解法：

【解法一】

$$\varepsilon = \frac{\Delta h}{\Delta d} = \frac{1.01\Delta t + 2500\Delta d}{\Delta d} = \frac{1.01\Delta t}{\Delta d} + 2500 = \frac{1.01G\Delta t}{G\Delta d} + 2500 = \frac{Q_x}{W} + 2500$$

$$= \frac{10}{0.01} + 2500 = 3500\text{kJ/kg}$$

【解法二】

$Q_{全} = Q_x + Q_q$，湿空气中水蒸气汽化潜热 $r = 2500 - 2.35t$，因设计状态温度一般为 24~26℃，$r \approx 2500\text{kJ/kg}$，

$$Q_{潜} = W \cdot r = 0.01 \times 2500 = 25\text{kW}; \Rightarrow \varepsilon = \frac{Q}{W} \approx \frac{10 + 25}{0.01} = 3500\text{kJ/kg}$$

9.1-6. 某既有建筑房间空调冷负荷计算结果见下表（假定其他围护结构传热负荷和内部热、湿负荷为恒定值），该建筑进行节能改造后，外窗太阳得热系数由 0.75 降为 0.48，外窗传热系数由 6.0W/（m²·K）变为 2.8W/（m²·K），其他条件不变。请问：改造后该房间设计空调冷负荷（W）最接近下列何项？【2016-3-15】

时间	外窗传热负荷 (W)	外窗太阳辐射负荷 (W)	其他围护结构传热负荷 (W)	内部发热散湿负荷 (W)
8：00	151	344		
9：00	186	458		
10：00	216	630		
11：00	251	821		
12：00	281	802	160	1200
13：00	306	1050		
14：00	320	1050		
15：00	320	993		
16：00	315	878		
17：00	302	572		

A. 1820   B. 2180   C. 2300   D. 2500

参考答案：B

主要解题过程：由题意知，14：00 的逐时冷负荷最大，为该房间设计空调冷负荷。改造后，外窗传热冷负荷为：

$$Q_{wccr} = 320 \times \frac{K_2}{K_1} = 320 \times \frac{2.8}{6} = 149.3W$$

改造后，外窗太阳辐射冷负荷为：

$$Q_{wcfs} = 1050 \times \frac{SHGC_2}{SHGC_1} = 1050 \times \frac{0.48}{0.75} = 672W$$

改造后，总冷负荷为：

$$Q = Q_{wccr} + Q_{wcfs} + Q_{qt} + Q_s = 149.3 + 672 + 160 + 1200 = 2181.3W$$

9.1-7. 在空气处理室内，将 100℃ 的饱和干蒸汽喷入干球温度等于 22℃ 的空气中，对空气进行加湿，且不使空气的含湿量达到饱和状态，则该空气状态变化过程的热湿比最接近下列何项？【2017-3-17】

A. 2768   B. 2684   C. 2540   D. 2500

参考答案：B

主要解题过程：根据《复习教材》式（3.1-11），热湿比为：

$$\varepsilon = \frac{\Delta h}{\Delta d} = 2500 + 1.84 t_q = 2500 + 1.84 \times 100 = 2684 kJ/kg$$

扩展：本题 t_q 计算取值与【2016-3-12】题比较，易让考生产生困惑，其实不然。根据潘云刚著《高层民用建筑空调设计》P34 可知，干蒸汽加湿，干蒸汽必须是低压饱和蒸汽，其最理想的是与空气温度相同的蒸汽。实际上要做到这一点比较困难，因为大多数蒸汽都是超过 100℃ 的，因此一般要求使用蒸汽压力不超过 70kPa，否则其过程将明显成为升温加湿过程。根据《高层民用建筑空调设计》P36，目前所有集中供应蒸汽的加湿过程均为增焓升温加湿过程，其原因是加湿所用的蒸汽温度都高于被加湿的空气温度，导致实际过程的斜率大于等温线的斜率。本题考查的是将 100℃ 的饱和干蒸汽喷入干球温度等于

22℃的空气中，加湿过程为增焓升温加湿实际过程（一般情况下低压蒸汽加湿，空气温升不超过1℃，实际温升较小）。【2016-3-12】题考查的是理想状态下，干蒸汽温度等于空气温度的标准干蒸汽等温加湿过程。《空气调节》（第四版）P15所述的蒸汽温度为100℃，该过程"近似于"沿等温线变化。

9.1-8. 某室内游泳馆面积600m²，平均净高4.8m，按换气次数6h⁻¹确定空调设计送风量，设计新风量为送风量的20%，室内计算人数为50人，室内泳池水面面积310m²。室外设计参数：干球温度34℃、湿球温度28℃；室内设计参数：干球温度28℃、相对湿度65%；室内人员散湿量400g/（P·h）；水面散湿量150g/（m²·h）。当地为标准大气压，问空调系统计算湿负荷（kg/h）最接近下列何项？（空气密度取1.2kg/m³）【2017-4-14】

A. 55　　　　　　B. 66　　　　　　C. 82　　　　　　D. 92

参考答案： D

主要解题过程： 设计新风量为：

$$L_x = 600 \times 4.8 \times 6 \times 20\% = 3456 \text{m}^3/\text{h}$$

查 $h\text{-}d$ 图，室内含湿量 $d_n = 15.5\text{g/kg}$，室外含湿量 $d_w = 21.6\text{g/kg}$，则新风湿负荷为：

$$W_{xf} = \rho L \Delta d = 1.2 \times 3456 \times \frac{21.6 - 15.5}{1000} = 25.3 \text{kg/h}$$

室内人员湿负荷为：

$$W_p = \frac{50 \times 400}{1000} = 20 \text{kg/h}$$

室内水面湿负荷为：

$$W_w = \frac{310 \times 150}{1000} = 46.5 \text{kg/h}$$

空调系统计算湿负荷为：

$$W = W_{xf} + W_p + W_w = 25.3 + 20 + 46.5 = 91.8 \text{kg/h}$$

9.2 空 调 风 量

9.2.1 空调新风量

9.2-1. 某总风量为40000m³/h的全空气低速空调系统服务于总人数为180人的多个房间，其中新风要求比最大的房间为50人，送风量为7500m³/h。新风标准为30m³/（h·人）。试问该系统的总新风量最接近下列何项？【2014-4-12】

A. 5050m³/h　　　　B. 5250m³/h　　　　C. 5450m³/h　　　　D. 5800m³/h

参考答案： D

主要解题过程： 根据《公建节能2015》第4.3.12条及条文说明：$Z = 50 \times 30/7500 = 0.2$，

$X = 180 \times 30/40000 = 0.135$，所以，$Y = X/(1 + X - Z) = 0.135/(1 + 0.135 - 0.2) = 0.144385$。

计算新风量为：$V_{ot} = Y \times 40000 = 0.144385 \times 40000 = 5775 \text{m}^3/\text{h}$。

9.2-2. 某工艺用空调房间共有 10 名工作人员，人均最小新风量要求不少于 $30 \text{m}^3/(\text{h} \cdot \text{人})$。该房间设置了工艺要求的局部排风系统，其排风量为 $250 \text{m}^3/\text{h}$，保持房间正压所要求的风量为 $200 \text{m}^3/\text{h}$。问：该房间空调系统最小的设计新风量应为多少？【2014-3-13】

　　A. $300 \text{m}^3/\text{h}$　　　　B. $450 \text{m}^3/\text{h}$　　　　C. $500 \text{m}^3/\text{h}$　　　　D. $550 \text{m}^3/\text{h}$

参考答案：B

主要解题过程：根据《工规》第 8.3.18 条或《民规》第 7.3.9 条：

人员所需新风量 $L_1 = 30 \times 10 = 300 \text{m}^3/\text{h}$；

补偿排风和保持空调区空气压力所需新风量 $L_2 = 250 + 200 = 450 \text{m}^3/\text{h} > L_1$。

　　题目未提及新风除湿所需新风量，故不考虑。选取上述两者中风量较大者为空调系统最小设计新风量。因此，所需最小新风量为 L_2，$450 \text{m}^3/\text{h}$。

9.2-3. 某办公建筑有若干间办公室，房间设计温度为 25℃、相对湿度≤60%，设计室内人数为 100 人，每人的散湿量为 61.0g/h。拟采用风机盘管＋新风的温湿度独立控制空调系统，空调室内湿度由新风系统承担。若新风机组送入室内的空气含湿量最低可为 9.0g/kg，问：新风机组的最小设计风量（m^3/h）最接近下列何项？（标准大气压，空气密度取 1.2kg/m^3）【2017-4-13】

　　A. 1750　　　　　　B. 1980　　　　　　C. 2510　　　　　　D. 3000

参考答案：D

主要解题过程：应按《民规》第 7.3.19 条确定新风机组最小新风量。

（1）人员所需新风量：查《民规》第 3.0.6 条，办公室按每人 $30 \text{m}^3/\text{h}$ 计算，$100 \times 30 = 3000 \text{m}^3/\text{h}$；

（2）新风除湿所需新风量：室内湿负荷为 $W = 100 \times 61 = 6100 \text{g/h}$；

查 $h\text{-}d$ 图，室内含湿量 $d_n = 11.9\text{g/kg}$，则新风机组最小设计风量为：

$$L = \frac{W}{1.2 \times (d_n - d_o)} = \frac{6100}{1.2 \times (11.9 - 9.0)} = 1753 \text{m}^3/\text{h}$$

新风机组最小新风量按上述二者取最大，应为 $3000 \text{m}^3/\text{h}$。

9.2.2　空调系统送风量

9.2-4. 某地大型商场为定风量空调系统，冬季采用变新风供冷、湿膜加湿方式。室内设计温度 22℃、相对湿度 50%；室外空调设计温度 −1.2℃，相对湿度 74%；要求送风参数为 13℃，相对湿度为 80%，系统送风量 $30000 \text{m}^3/\text{h}$。查焓湿图（$B = 101325\text{Pa}$）求新风量和加湿量为下列哪一项？（空气密度取 1.20kg/m^3）【2013-3-13】

　　A. $20000 \sim 23000 \text{m}^3/\text{h}$，$130 \sim 150 \text{kg/h}$

　　B. $10000 \sim 13000 \text{m}^3/\text{h}$，$45 \sim 55 \text{kg/h}$

　　C. $7500 \sim 9000 \text{m}^3/\text{h}$，$30 \sim 40 \text{kg/h}$

　　D. $2500 \sim 4000 \text{m}^3/\text{h}$，$20 \sim 25 \text{kg/h}$

参考答案：C

主要解题过程：湿膜加湿过程是等焓加湿，室内空气状态 N 与室外空气状态 W 混合至 C 点，经等焓加湿至送风状态点 O，焓湿图处理过程如图所示：

查得：$h_N = 43\text{kJ/kg}$，$h_W = 5\text{kJ/kg}$，$h_C = h_O = 31.9\text{kJ/kg}$，$d_C = 6.5\text{g/kg}$，$d_O = 7.4\text{g/kg}$。

新风量为：

$$L_W = \frac{h_N - h_C}{h_N - h_W} \times L = \frac{43 - 31.9}{43 - 5} \times 30000 = 8763\text{m}^3/\text{h}$$

加湿量为：

$$W = \rho L(d_O - d_C) = \frac{1.2 \times 30000 \times (7.4 - 6.5)}{1000}$$

$$= 32.4\text{kg/h}$$

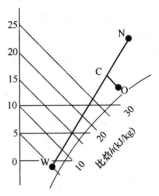

9.2-5. 位于我国西部某厂的空调系统，当地夏季大气压力为 70kPa，车间的总余热为 100kW，空调系统的送风焓差为 15kJ/kg干空气。试问，设空气密度与温度无关，该空调系统的送风量最接近下列哪一项？（标准大气压下，空气的密度 $\rho = 1.2\text{kg/m}^3$）【2013-3-14】

A. 29000m³/h   B. 31000m³/h

C. 33000m³/h   D. 35000m³/h

参考答案：A

主要解题过程：

在标况下空调系统的送风量为：$L = 3600Q/(\rho \cdot \Delta h) = 3600 \times 100/(15 \times 1.2) = 20000\text{m}^3/\text{h}$

当 $B = 70\text{kPa}$ 时系统的送风量为：$L' = 20000 \times 101.3/70 = 28942\text{m}^3/\text{h}$

9.2-6. 某建筑设置 VAV＋外区风机盘管空调系统。其中一个外区房间外墙面积 8m²，外墙传热系数为 0.6W/（m²·K）；外窗面积 16m²，外窗传热系数为 2.3 W/（m²·K）；室外空调计算温度−12℃，室内设计温度 20℃；房间变风量末端最大送风量 1000m³/h，最小送风量 500m³/h，送风温度 15℃；取空气密度为 1.2kg/m³，比热容为 1.01kJ/kg。不考虑围护结构附加耗热量及房间内部热量。问：该房间风机盘管应承担的热负荷为下列何项？【2014-4-14】

A. 830～850W   B. 1320～1340W   C. 2160～2180W   D. 3000～3020W

参考答案：C

主要解题过程：根据题意，不考虑房间内部得热，则 VAV 只需按最小风量运行，以维持室内的新风需求，同时因不考虑围护结构的附加热负荷，故风机盘管需承担围护结构耗热量及 VAV 送风带来的热负荷。

$$Q_{风盘} = Q_{围护结构} + Q_{VAV\ 再热}$$

$$= K_{外墙}F_{外墙}(t_n - t_w) + K_{外窗}F_{外窗}(t_n - t_w) + cG_{VAV}(t_n - t_s)$$

$$= [0.6 \times 8 \times (20 + 12)] + [2.3 \times 16 \times (20 + 12)]$$

$$+ [1.01 \times 1.2 \times 500 \times (20 - 15)/3.6]$$

$$= 2172.9\text{W}$$

9.2-7. 某空调房间室内设计参数为：$t_n=26℃$，$\varphi_n=50\%$，$d_n=10.5\mathrm{g/kg}$干空气；房间热湿比为 8500kJ/kg，设计送风温差为 9℃。要求应用公式计算空气焓值，则设计送风状态点的空气焓值应为下列何项（空气比热容为 1.01kJ/kg）？【2014-4-15】

A. $38.2\sim38.7\mathrm{kJ/kg}$干空气　　　　B. $39.5\sim40\mathrm{kJ/kg}$干空气

C. $41.0\sim41.5\mathrm{kJ/kg}$干空气　　　　D. $42.3\sim42.8\mathrm{kJ/kg}$干空气

参考答案： B

主要解题过程： 室内状态点 N 的焓值：

$$h_N=1.01t_N+(2500+1.84t_N)d_N=1.01\times26+(2500+1.84\times26)\times10.5/1000$$
$$=53.01\mathrm{kJ/kg}$$

设送风状态为 O，　$t_o=26-9=17℃$

$$h_O=1.01t_o+(2500+1.84t_o)d_o=1.01\times17+(2500+1.84\times17)d_O$$
$$=17.17+2531.28d_O$$

由热湿比 ε 定义式得：$\varepsilon=\dfrac{h_N-h_O}{d_N-d_O}=8500$，解得 $d_O=0.00893\mathrm{kg/kg}$干空气，代入上式求得 $h_O=39.66\mathrm{kJ/kg}$。

9.2-8. 某实验室室内维持负压，设置室内循环式空调机组。实验室的空调负荷为50kW，室内状态焓值50kJ/kg，送风状态焓值 35 kJ/kg，室外新风设计状态焓值85kJ/kg，设置的排风量为 0.3kg/s（新风经围护结构渗透进入室内）。实验室空调机组送风量（kg/s）和机组冷负荷（kW）最接近下列何组数据？【2016-4-18】

A. 4.03；60.5　　　B. 3.30；60.5　　　C. 4.03；50　　　D. 3.30；50

参考答案： A

主要解题过程： 由题意知，实验室室内维持负压，根据空调房间空气系统平衡关系：新风量＝排风量－渗透风量，新风为渗透进入房间（无新风系统），则渗透风量＝排风量。因渗透风量带来的新风冷负荷约为：

$$Q_{xf}=G_{xf}(h_w-h_n)=0.3\times(85-50)=10.5\mathrm{kW}$$

则需要室内循环式空调机组担负冷负荷为：

$$Q=Q_{xf}+Q_n=10.5+50=60.5\mathrm{kW}$$

因室内状态点及送风状态点已确定，空调机组承担多余负荷只能增加空调机组送风量方能满足要求，因此，空调机组的送风量为：

$$G=\frac{Q}{h_n-h_l}=\frac{60.5}{50-35}=4.03\mathrm{kg/s}$$

9.3　空　调　风　系　统

9.3.1　全空气空调系统

9.3-1. 某恒温车间采用一次回风空调系统，设计室温为 $22\pm0.5℃$，相对湿度为50%。室外设计计算参数：干球温度 36℃、湿球温度 27℃，夏季室内仅有显热冷负荷109.08kW，新风比为 20%，表冷器机器露点取相对湿度为 90%。当采用最大送风温差时，该车间的组合式空调器的设计冷量（当地为标准大气压，空气容重按 1.20kg/m³，不考虑风机与管道升温）应为下列哪一项？查 *h-d* 图计算。【2013-3-12】

    A. 200～230kW   B. 240～280kW   C. 300～350kW   D. 380～420kW

参考答案： C

主要解题过程： 空气处理过程如右图所示，

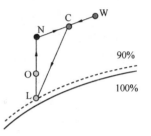

根据《工规》第 8.4.9 条，空调精度为 ±0.5℃ 时的最大送风温差为 6℃，最低送风温度 $t_O = 22-6=16℃$，室内仅有显热负荷，过室内 N 点做等湿线与 16℃ 温度线交于送风状态点 O，与 90% 相对湿度线交于机器露点 L，查焓湿图得 $h_N = 43kJ/kg$，$h_W = 85kJ/kg$，$h_L = 33.2kJ/kg$。

混合点焓值：

$$h_C = (1-0.2)h_N + 0.2h_W = 0.8 \times 43 + 0.2 \times 85 = 51.4kJ/kg$$

系统送风量为：

$$G = \frac{Q}{c\Delta t} = \frac{109.08}{1.01 \times 6} = 18kg/s$$

表冷器设计冷量为：

$$Q = G \times (h_C - h_L) = 18 \times (51.4 - 33.2) = 327.6kW$$

9.3-2. 某一次回风全空气空调系统负担 4 个空调房间（房间 A～房间 D），各房间设计状态下的新风量和送风量详见下表。已知 4 个房间的总室内冷负荷为 18kW，各房间的室内设计参数均为：$t=25℃$，$\varphi=55\%$，$h=52.9kJ/kg$，室外新风状态点为 $t=34℃$，$\varphi=65\%$，$h=90.4kJ/kg$，无再热负荷，且忽略风机、管道温升，该系统的空调器所需冷量应为下列哪一项？（空气密度 $\rho=1.2kg/m^3$）【2013-3-16】

	房间 A	房间 B	房间 C	房间 D	合计
新风量（m³/h）	180	270	180	150	780
送风量（m³/h）	1250	1500	1500	1200	5450
新风比	14.4%	18%	12%	12.5%	14.3%

    A. 25～25.9kW   B. 26～26.9kW

    C. 27～27.9kW   D. 28～28.9kW

参考答案： D

主要解题过程： 根据《公建节能 2015》第 4.3.12 条及条文说明：

系统新风比 $Y = X/(1+X-Z) = 0.143/(1+0.143-0.18) = 0.148$

新风负荷为：$Q_X = 5450 \times 0.148 \times 1.2 \times (90.4-52.9)/3600 = 10.1kW$

系统总负荷为：$Q = 18 + 10.1 = 28.1kW$

9.3-3. 某建筑一房间空调系统为全空气一次回风定风量、定新风比系统（全年送风量不变），新风比为 40%。系统设计的基本参数除下表列值外，其余见后：

（1）夏季房间全热冷负荷 40kW，送风机器露点确定为 95%（不考虑风机和风管温升）。

　　(2) 冬季室外设计状态：室外温度 $-5℃$，相对湿度为 30%，冬季送风温度为 $28℃$，冬季加湿方式为高压喷雾等焓加湿。

　　(3) 大气压力为 101325Pa。

　　问该系统空调机组的加热盘管在冬季设计状态下所需要的加热量，接近下列哪一项？(查 $h\text{-}d$ 图得)【2013-4-17】

季节	室内设计参数		热湿比（kJ/kg）
	温度	相对湿度	
夏季	25℃	50%	20000
冬季	20℃	40%	−20000

　　A. 72～78kW　　　　B. 60～71kW　　　　C. 55～59kW　　　　D. 43～54kW

参考答案：B

主要解题过程：空气处理过程如图所示，

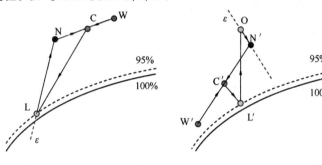

夏季空气处理过程　　　　　　　　冬季空气处理过程

　　夏季工况：过室内 N 点做 $\varepsilon=20000$ 热湿比线与 95% 相对湿度线支于机器露点 L，查焓湿图得 $h_N=50.2$kJ/kg，$h_L=37$kJ/kg。

　　系统送风量为：

$$G=\frac{Q}{\Delta h}=\frac{40}{50.2-37}=3.03\text{kg/s}$$

　　冬季工况：过室内 N' 点做 $\varepsilon=-20000$ 热湿比线与 $28℃$ 温度线交于送风状态点 O，查焓湿图得 $h'_L=19.5$kJ/kg，$h_O=42$kJ/kg。

　　加热盘管所需加热量为：

$$Q'=G\times(h_O-h_{L'})=3.03\times(42-19.5)=68.2\text{kW}$$

　　9.3-4. 某二次回风空调系统，房间设计温度为 $23℃$，相对湿度为 45%，室内显热负荷为 17kW，室内散湿量为 9kg/h。系统新风量为 2000m³/h，表冷器出风相对湿度为 95%（焓值为 23.3kJ/kg干空气）；二次回风混合后经风机及送风管道温升 $1℃$，送风温度为 $19℃$；夏季室外设计计算温度为 $34℃$，湿球温度为 $26℃$，大气压力为 101.325kPa。新风与一次回风混合点的焓值接近下列何项？并于焓湿图绘制空气处理过程线（空气密度取 1.2kg/m³，比热取 1.01kJ/kg/℃，忽略回风温差。过程点参数：室内 $d_N=7.9$g/kg，$h_N=43.1$kJ/kg干空气，室外 $d_W=18.1$g/kg，$h_W=80.6$kJ/kg干空气）【2014-3-15】

　　A. 67kJ/kg干空气　　　　　　　　　　B. 61kJ/kg干空气

C. 55kJ/kg$_{干空气}$ D. 51kJ/kg$_{干空气}$

参考答案：B

主要解题过程：

空气处理过程焓湿图如右图所示：

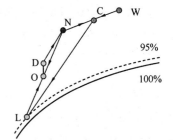

由题意，根据显热负荷及送风温差计算总送风量 $G =$

$$\frac{Q}{c\Delta t} = \frac{17}{1.01 \times (23-19)} = 4.21\text{kg/s}.$$

由湿负荷计算及总送风量送风状态点 O 的含湿量 $d_O =$

$$d_O = d_N - \frac{W}{G} = 7.9 - \frac{9 \times 1000}{4.21 \times 3600} = 7.31\text{g/kg}.$$

二次回风混合后状态点 D，考虑到混合后经过 1℃ 温升送入室内，故 D 点的干球温度 $t_D = 19-1 = 18℃$。

风机温升为等湿加热过程，故 D 点的含湿量 $d_D = d_O = 7.3\text{g/kg}$。

由焓湿图查得，混合后的焓值 $h_D = 36.7\text{kJ/kg}$。

由题意可知露点 L 的焓值，$h_L = 23.3\ \text{kJ/kg}$。

二次回风比 $m_2 = \dfrac{h_N - h_D}{h_N - h_L} = \dfrac{43.1 - 36.7}{43.1 - 23.3} = 0.323$。

一次回风混合后的风量 $G_L = m_2 G_0 = 0.323 \times 4.2 = 1.357\text{kg/s}$。

$$G_W = \rho L_W = 1.2 \times 2000/3600 = 0.67\text{kg/s}$$

一次回风比，$m_1 = \dfrac{G_W}{G_L} = \dfrac{0.67}{1.357} = 0.494$。

$$h_C = h_N + m_1(h_W - h_N) = 43.1 + 0.494 \times (80.6 - 43.1) = 61.6\text{kJ/kg}$$

9.3-5. 某具有工艺空调要求的房间，室内设计参数为：温度 22℃，相对湿度 60%（室内空气比焓 47.4kJ/kg$_{干空气}$），室温允许波动值为 ±0.5℃，送风温差取 6℃。房间计算总冷负荷为 50kW，湿负荷为 0.005kg/s（热湿比 ε=10000）。为了满足恒温精度要求，空调机组对空气降温达到 90% 的"机器露点"之后，利用热水加热器再热而达到送风状态点。查 $h-d$ 图计算，再热盘管计算的设计加热量（kW）最接近下列何项？（室外大气压为 101325Pa）【2016-3-16】

　　A. 3.5~8.5　　　　B. 9.4~15.0　　　　C. 20.0~25.0　　　　D. 25.5~30.5

参考答案：B

主要解题过程：因风温差取 6℃，送风温度为：$t_O = t_N - 6 = 22 - 6 = 16℃$。

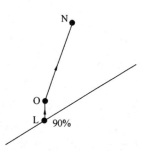

由焓湿图可知，过 N 点做热湿比线 ε=10000，与 $t_O = 16℃$ 做等温线相交于 O 点，过 O 点做垂线与相对湿度 $\varphi = 90\%$ 相交于 L 点，查焓湿图得：$t_L = 14.3℃, h_O = 39.1\text{kJ/kg}$，$h_l = 37.2\text{kJ/kg}$。

空调送风量为：

$$G = \frac{Q}{h_N - h_O} = \frac{50}{47.4 - 39.1} = 6.024\text{kg/s}$$

再热盘管计算的设计加热量为：

$$Q_{zr} = G \times (h_O - h_L) = 6.024 \times (39.1 - 37.2) = 11.45 \text{kW}$$

9.3-6. 某餐厅计算空调冷负荷的热湿比为 5000kJ/kg，室内设计温度为 $t_n = 25℃$。在设计冷水温度条件下，空气处理机组能够达到的最低送风点参数为 $t_s = 12.5℃$、$d_s = 9.0$ g/kg干空气。设水蒸气的焓值为定值：2500kJ/kg水蒸气，请计算在设计冷负荷条件下室内空气含湿量（g/kg干空气）最接近下列何项？　〔大气压力 101325Pa，空气定压比热容为 1.01kJ/（kg·K），采用公式法计算〕【2016-4-15】

A. 10.5　　　　　　B. 12.6　　　　　　C. 13.7　　　　　　D. 14.1

参考答案：D

主要解题过程：根据题意，水蒸气的焓值为 2500kJ/kg水蒸气，则湿空气的焓值为：

$$h = 1.01t + d(2500 + 1.84t)$$

$$\varepsilon = \frac{\Delta h}{\Delta d} = \frac{1.01\Delta t + 2500\Delta d + 1.84(t_N d_N - t_s d_s)}{\Delta d}$$

$$5000 = \frac{1.01(25 - 12.5) + 2500(d_N - 9) \times 10^{-3} + 1.84(25 d_N - 12.5 \times 9) \times 10^{-3}}{(d_N - 9) \times 10^{-3}}$$

$$d_N = 14.23 \text{g/kg干空气}$$

9.3-7. 某办公楼采用了单风道节流型末端的变风量空调系统，由各房间温控器控制对应变风量末端的风量。在系统设计工况下各房间空调冷负荷如下表，其中湿负荷全部为人员散湿形成的湿负荷。各空调房间设计温度 25℃、相对湿度 50%。表冷器机器露点相对湿度为 90%，不考虑风机温升。问在上述设计工况下相对湿度最大的房间，其相对湿度值（%）最接近一下哪个选项？（用标准大气压湿空气焓湿图作答）【2017-3-19】

	房间 1	房间 2	房间 3	房间 4	房间 5	房间 6
显热负荷（W）	10000	8000	6000	8000	4000	10000
潜热负荷（W）	2500	2500	2500	2500	2500	2500

A. 50　　　　　　B. 58　　　　　　C. 65　　　　　　D. 72

参考答案：B

主要解题过程：该单风道节流型末端的变风量空调系统，所有房间的送风状态点和送风温差是相同的，不同的是送风量，由于各房间热湿比不同，所以各房间室内状态点的温度尽管相同，但相对湿度不同，过程线如下图所示，房间热湿比越小，其相对湿度值越高。由此判定因房间 5 热湿比最小其相对湿度值最高。

（1）确定设计送风状态点：

6 个房间总显热为：$Q_t = 10 + 8 + 6 + 8 + 4 + 10 = 46 \text{kW}$；

总潜热：$Q_d = 2.5 \times 6 = 15 \text{kW}$；

计算湿负荷时水蒸气的比焓近似按 $h_q \approx 2500 \text{kJ/kg}$；

湿负荷 $W = \dfrac{Q_d}{h_q} = \dfrac{15}{2500} = 0.006 \text{kg/s}$；

设计工况的热湿比 $\varepsilon = \dfrac{Q_t + Q_d}{W} = \dfrac{46 + 15}{0.006} = 10167\text{kJ/kg}$。

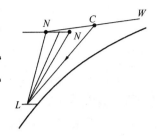

查 h-d 图，过室内 N 点做 ε 线与 $\varphi = 90\%$ 相对湿度线交于机器露点 L，查得 $t_L = 11.2℃$，$h_L = 33.9\text{kJ/kg}$，由于不考虑风机温升，L 点即为送风状态点。

（2）计算房间最小热湿比：

房间 5 热湿比最小 $\varepsilon = \dfrac{4000 + 2500}{2500/2500} = 6500\text{kJ/kg}$；

过 L 点做热湿比为 6500 的线与 25℃ 干球温度线交点，其相对湿度为 57.5%。

9.3-8. 某一次回风空气调节系统，新风量为 100kg/h，新风焓值为 90kJ/kg；回风量为 500kg/h 回风焓值为 50kJ/kg，新风与回风直接混合。问混合后的空气焓值（kJ/kg）最接近下列何项？【2018-3-12】

  A. 48   B. 57   C. 90   D. 95

参考答案：B

主要解题过程：

根据《复习教材》P347 混合前后热平衡原理可知：

$$G_x h_x + G_h h_h = (G_x + G_h)h_c \Rightarrow h_c = \frac{100 \times 90 + 500 \times 50}{100 + 500} = 56.7\text{kJ/kg}$$

9.3-9. 某空调房间采用变风量全空气系统，由房间温度控制变风量末端的送风量。该房间计算全热冷负荷 50kW，余湿 15kg/h，设计送风温差为 8℃。问：当仅仅由于日射负荷变化使得房间全热冷负荷为 40kW（其他参数不变）时，该房间的空调送风量（kg/s），应接近下列哪一项？［送风空气比热取 1.01kJ/(kg·K)，水的汽化潜热取 2500kJ/kg］【2018-4-13】

  A. 6.19   B. 4.95   C. 4.28   D. 3.66

参考答案：D

主要解题过程：根据《红宝书》P1838~1839，变风量末端送风量按显热—温差法计算，由于日射负荷变化后房间显热冷负荷为：

$$Q_x = Q - Q_r = 40 - \frac{2500 \times 15}{3600} = 29.58\text{kW}$$

该房间的空调送风量为：

$$G = \frac{Q_x}{c\Delta t} = \frac{29.58}{1.01 \times 8} = 3.66\text{kg/s}$$

9.3.2 风机盘管加新风系统

9.3-10. 某空调房间采用风机盘管（回水管上设置电动两通阀）加新风空调系统。房间空气设计参数为：干球温度 26℃，相对湿度 50%。房间的计算冷负荷为 8kW，计算湿负荷为 3.72kg/h，设计新风量为 1000m³/h，新风进入房间的温度为 14℃（新风机组的机器露点 95%）。风机盘管送风量为 2000m³/h。问若运行时，除室内相对湿度外，其他参

数保持不变，则该房间实际的相对湿度接近下列哪一项？【2012-4-16】

  A. 45%   B. 50%   C. 55%   D. 60%

参考答案： C

主要解题过程：

  查焓湿图得室内焓值 $h_N=52.8\text{kJ/kg}$，新风
机器露点焓值 $h_{L_W}=38\text{kJ/kg}$，则新风承担的室内
负荷为：

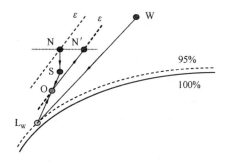

$$Q_X=\rho L_X(h_N-h_{L_W})$$
$$=\frac{1.2\times1000\times(52.8-38)}{3600}$$
$$=4.93\text{kW}$$

风机盘管承担的冷负荷应为：

$$Q_F=Q_{总}-Q_X=8-4.93=3.07\text{kW}$$

风机盘管的机器露点出风焓值应该为：

$$h_{LF}=h_N-\frac{Q_F}{\rho L_F}=52.8-\frac{3.07\times3600}{1.2\times2000}=48.2\text{kJ/kg}$$

  查焓湿图可知，当 L_F 点的焓值为 48.2kJ/kg，相对湿度为 95% 时，$d_{LF}>d_N$，因为风
机盘管回风经过表冷器降温处理，含湿量不可能增加，最多只能维持不变，因此风机盘管
无法将室内回风处理到 L_F 点，故判断风机盘管实际为干工况运行，重新计算风机盘管的
出风温度为：

$$t_S=t_N-\frac{Q_F}{c\rho L_F}=26-\frac{3.07\times3600}{1.01\times1.2\times2000}=21.4℃$$

  风机盘管送风与新风混合后送入室内，沿热湿比线方向变化至 N' 点，有 $t_{N'}=t_N$，查
焓湿图可得 $\varphi_{N'}$ 约为 55%（若按风机盘管与新风分别送入室内再混合结果相同）。空气处
理过程如图所示。

  9.3-11. 某地大气压力 101.3kPa，夏季室外空气设计参数：干球温度 34℃，湿球温
度 20℃，一房间的室内空气设计参数 $t_n=26℃$，$\varphi_n=55\%$，室内余湿量为 1.6kg/h，采用
新风机组＋干式风机盘管，新风机组由表冷段＋循环喷雾段组成。已知：表冷段供水温度
为 16℃，热交换效率系数为 0.75，新风机组出风的相对湿度 $\varphi_x=90\%$，查 h-d 图计算并
绘制出空气处理过程，送入房间的新风量应是下列哪项？【2013-4-16】

  A. 1280~1680kg/h   B. 1700~2300kg/h

  C. 2400~3000kg/h   D. 3100~3600kg/h

参考答案： A

主要解题过程： 空气处理过程如图所示。

根据《复习教材》式（3.4-15），有：

$$\eta=\frac{t_W-t_{W'}}{t_W-t_g}\Rightarrow t_{W'}=t_W-\eta\times(t_W-t_g)$$

$=34-0.75\times(34-16)=20.5℃$

循环喷雾为等焓加湿，查焓湿图得 $d_{\mathrm{L}}=$ 10.5g/kg，$d_{\mathrm{N}}=11.6$g/kg。余湿全部由新风机组承担，则新风量为：

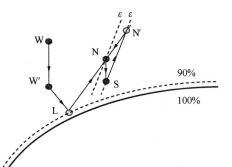

$$G_{\mathrm{X}}=\frac{W}{d_{\mathrm{N}}-d_{\mathrm{L}}}=\frac{1.6\times1000}{(11.6-10.5)}=1455\mathrm{kg/h}$$

9.3-12. 某房间设置风机盘管加新风空调系统。室内设计温度为 25℃，含湿量为 9.8g/kg干空气；将新风处理到与室内空气等焓的状态点后送入室内，新风送风温度 19℃。已知该房间设计计算空调冷负荷为 2.8kW，热湿比为 12000kJ/kg，新风送风量 180m³/h。风机盘管应该承担的除湿量（g/s）最接近下列何项？（按标准大气压计算，空气密度为 1.2kg/m³，且不考虑风机与管路的温升）【2016-4-17】

　　A. 0.15　　　　　　B. 0.23　　　　　　C. 0.38　　　　　　D. 0.46

参考答案：C

主要解题过程：查焓湿图得，新风处理到室内空气等焓状态点的含湿量 $d_{\mathrm{xf}}=12.23$g/kg干空气，d_{xf} 与室内含湿量 d_{n} 差额，即为新风系统带入室内的湿负荷，需由风机盘管系统承担。

$$W_1=G\cdot(d_{\mathrm{xf}}-d_{\mathrm{n}})=\frac{180\times1.2}{3600}\times(12.23-9.8)=0.1458\mathrm{g/s}$$

室内原有湿负荷为：

$$W_{\mathrm{n}}=\frac{Q}{\varepsilon}=\frac{2.8}{12000}\times1000=0.233\mathrm{g/s}$$

风机盘管应该承担的除湿量为：
$$W=W_{\mathrm{n}}+W_1=0.233+0.1458=0.3788\mathrm{g/s}$$

9.3.3　温湿度独立控制

9.3-13. 某医院病房区采用理想的温湿度独立控制空调系统，夏季室内设计参数 $t_{\mathrm{n}}=$ 27℃，$\varphi_{\mathrm{n}}=60\%$。室外设计参数：干球温度 36℃、湿球温度 28.9℃ [标准大气压、空气定压比热容为 1.01kJ/（kg·K），空气密度为 1.2kg/m³]。已知：室内总散湿量为 29.16kg/h，设计总送风量为 30000m³/h，新风量为 4500m³/h，新风处理后含湿量为 8.0g/kg干空气，问：新风空调机组的除湿量应为下列何项？查 h-d 图计算。【2012-4-13】

　　A. 25～35kg/h　　　　　　　　　　　B. 40～50kg/h

　　C. 55～65kg/h　　　　　　　　　　　D. 70～80kg/h

参考答案：D

主要解题过程：

查室外参数可知：$d_{\mathrm{w}}=22.46$g/kg干空气；

新风机组的送风量为：$4500\times1.2=5400$kg/h；

新风机组除湿量应为：（22.46－8.0）×5400＝78084g/h＝78.084kg/h。

9.3-14. 接上题，问：系统的室内干式风机盘管承担的冷负荷应为下列何项（盘管处理后空气相对湿度为90%）？查h-d图计算，并绘制空气处理的全过程（新风空调机组的出风的相对湿度为70%）。【2012-4-14】

A. 39～49kW

B. 50～60kW

C. 61～71kW

D. 72～82kW

参考答案：B

主要解题过程：空气处理过程如图所示。

风机盘管为干工况运行，过室内N点做等湿线与90%相对湿度线交于送风状态点L，新风处理到S点后与风盘送风混合至O点后送入室内。

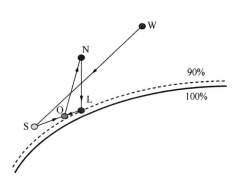

风机盘管的送风量为：

$$L_F = L_总 - L_X = 30000 - 4500 = 25500 m^3/h$$

查焓湿图得$t_L = 20.2℃$，则风机盘管承担的冷量为：

$$Q_F = c\rho L_F(t_N - t_L) = \frac{1.01 \times 1.2 \times 25500 \times (27 - 20.2)}{3600} = 58.4kW$$

9.3-15. 某房间采用温湿度独立控制方式的新风干式风机盘管空调系统，房间各项冷负荷逐时计算结果汇总如下表所示。问：在设备选型时，新风机组的设计冷负荷Q_k和干工况风机盘管的设计冷负荷Q_r应为以下哪一项？【2013-3-19】

各项冷负荷逐时计算结果汇总表（单位：W）

时刻	10：00	11：00	12：00	13：00	14：00	15：00	16：00
围护结构冷负荷	1800	2300	2700	2900	3000	3100	3000
照明冷负荷	200	210	220	230	240	250	260
人员潜热冷负荷	200	200	200	200	200	200	200
人员显热冷负荷	100	110	120	130	140	150	160
新风冷负荷	900	1000	1100	1200	1300	1200	1100

A. $Q_k = 1300W$，$Q_r = 3580W$

B. $Q_k = 1300W$，$Q_r = 3650W$

C. $Q_k = 1500W$，$Q_r = 3380W$

D. $Q_k = 1500W$，$Q_r = 3500W$

参考答案：D

主要解题过程：

（1）新风机组承担新风冷负荷和人员潜热冷负荷：

$$Q_k = 200 + 1300 = 1500W$$

（2）干式风机盘管承担其他冷负荷：

$$Q_r = 3100 + 250 + 150 = 3500W$$

9.3-16. 已知某地一空调房间采用辐射顶板＋新风系统供冷（新风系统采用 7℃/12℃ 冷水冷却除湿）设计室内参数，干球温度 26℃，相对湿度 60%，室内无余湿。当地气象条件：标准大气压、室外空调计算干球温度 34℃，计算含湿量 20g/kg$_{干空气}$，送入房间的新风处理方式中，设计合理的是下列哪一项？（新风处理后的相对湿度为 90%）【2013-4-15】

A. 直接送入室外 34℃ 的新风
B. 新风处理到约 18℃ 送入室内
C. 新风处理到约 19.5℃ 送入室内
D. 新风处理到约 26℃ 送入室内

参考答案： C

主要解题过程：

根据辐射顶板＋新风系统，室内无余湿，查焓湿图得，

$d_N=12.64$g/kg，$d_N<d_w$；新风需处理到室内等含湿量线；

由 $d_L=d_N=12.64$g/kg，$d_N=d_L$，$\varphi_L=90\%$ 查焓湿图，$t_L=19.3$℃。

9.3-17. 某空调办公室采用温湿度独立控制系统，设计室内空气温度 24℃。房间热湿负荷的计算结果为：围护结构冷负荷 1500W，人体显热冷负荷 550W，人体潜热冷负荷 300W，室内照明及用电设备冷负荷 1150W。房间设计新风量合计为 300m³/h，送入房间的新风温度要求为 20℃。问：室内干工况末端装置的最小供冷量应为下列何项？〔空气密度为 1.2kg/m³，空气的定压比热为按 1.01kJ/(kg·K) 计算〕【2014-3-18】

A. 2650W
B. 2796W
C. 3096W
D. 3200W

参考答案： B

主要解题过程： 房间总显热冷负荷 $Q_x=1500+550+1150=3200$W。

新风送风干球温度低于室内干球温度，新风系统承担一部分室内显热冷负荷：

$$Q_{x,w}=1.01\times300/3600\times1.2\times(24-20)=0.404\text{kW}=404\text{W}。$$

室内干工况承担其他显热冷负荷：

$$Q_{x,g}=Q_x-Q_{x,w}=3200-404=2796\text{W}。$$

扩展： 此题陷阱为容易忽略新风需承担室内部分显热冷负荷，而选择选项 D。

9.3-18. 某办公楼采用温湿度独立控制空调系统，夏季室内设计参数为 $t=26$℃，$\varphi_n=60\%$，室内总显热冷负荷为 35kW。湿度控制系统（新风系统）的送风量为 2000m³/h，送风温度为 19℃；温度控制系统由若干台干式风机盘管构成，风机盘管的送风温度为 20℃。试问温度控制系统的总风量应为下列何项？（取空气密度为 1.2kg/m³，比热容为 1.01kJ/(kg·K)。不计风机、管道温升）【2014-4-17】

A. 14800～14900m³/h
B. 14900～15000m³/h
C. 16500～16600m³/h
D. 17300～17400m³/h

参考答案： B

主要解题过程： 新风系统送风干球温度低于室内干球温度，因此新风系统承担一部分室内显热冷负荷：

$$Q_{x,w} = c_p \rho L_x (t_n - t_{w,o}) = 1.01 \times 1.2 \times \frac{2000}{3600} \times (26-19) = 4.71\text{kW}$$

温度控制系统实际承担冷负荷：

$$Q_{x,g} = Q_x - Q_{x,w} = 35 - 4.71 = 30.29\text{kW}$$

温度控制系统送风量：

$$L_g = \frac{3600 Q_{x,g}}{\rho c_p (t_n - t_{g,o})} = \frac{3600 \times 30.29}{1.2 \times 1.01 \times (26-20)} = 14995\text{m}^3/\text{h}$$

9.3-19. 某演艺厅的空调室内显热冷负荷为 54kW，潜热冷负荷为 16.4kW，湿负荷为 24kg/h；室内设计参数为 $t=25℃$，$\varphi=60\%$（$h=55.5$kJ/kg，$d=11.89$kg/kg），室外设计参数为干球温度 31.5℃、湿球温度 26℃（$h=80.4$kJ/kg，$d=18.98$kg/kg）；若采用温湿度独立控制空调系统，湿度控制系统为全新风系统，设计送风量为 6000m³/h，新风处理采用冷却除湿方式，露点送风（机器露点相对湿度为 95%）；温度控制系统采用干式显热处理末端。问：湿度控制系统的设计冷量 $[Q_H\ (\text{kW})]$ 和温度控制系统的设计冷量 $[Q_T\ (\text{kW})]$ 最接近下列何项？（标准大气压，空气密度取 1.2kg/m³）【2017-4-19】

A. $Q_H=49.8$，$Q_T=54$ 　　　　　　　　B. $Q_H=49.8$，$Q_T=29$

C. $Q_H=92$，$Q_T=29$ 　　　　　　　　D. $Q_H=92$，$Q_T=11$

参考答案：C

主要解题过程：新风系统送风含湿量为：

$$d_L = d_n - \frac{W \times 1000}{\rho \times L} = 11.89 - \frac{24 \times 1000}{1.2 \times 6000} = 8.6\text{g/kg}$$

查 h-d 图，d_L 与 $\varphi=95\%$ 相对湿度线的交点为机器露点 L，$t_L=12.5℃$，$h_L=34.5$kJ/kg。

湿度控制系统的设计冷量为：

$$Q_H = \frac{\rho \times L \times (h_w - h_L)}{3600} = \frac{1.2 \times 6000 \times (80.4 - 34.5)}{3600} = 91.8\text{kW}$$

由于新风送风温度低于室内温度，因此负担了一部分显热负荷，湿度控制系统承担的室内显热负荷为：

$$Q_{H,t} = \frac{c \times \rho \times L \times (t_n - t_L)}{3600} = \frac{1.01 \times 1.2 \times 6000 \times (25 - 12.5)}{3600} = 25.25\text{kW}$$

温度控制系统的设计冷量为：

$$Q_T = Q_t - Q_{H,t} = 54 - 25.25 = 28.75\text{kW}$$

9.3-20. 某图书阅览室采用一套温湿度独立控制系统。温度控制系统采用风机盘管，湿度控制系统（新风系统）处理后空气温度为 13.9℃，含湿量为 9g/kg，比焓为 36.78kJ/K。阅览室总面积 300m²，总在室人员 120 人。总热湿负荷计算结果为：围护结构冷负荷 8400W，人员显热冷负荷 8040W，人员散湿量 7320g/h，照明及用电设备冷负荷 6000W。室内设计参数为：干球温度 25℃，相对湿度 60%，室内空气含湿量 12.04g/kg。室外空气计算参数为：干球温度 32℃，比焓 81kJ/kg。问新风机组耗冷量（kW）和风机盘管供冷量（kW），最接近下列哪项（不考虑风机温升和管道冷损耗）？[空气密度为 1.2kg/m³，比热为 1.01kJ/(kg·K)]【2018-4-17】

    A. 新风机组耗冷量 35.4，风机盘管供冷量 13.5

    B. 新风机组耗冷量 29.6，风机盘管供冷量 13.5

    C. 新风机组耗冷量 35.4，风机盘管供冷量 22.4

    D. 新风机组耗冷量 29.6，风机盘管供冷量 22.4

参考答案： A

主要解题过程：

室内人员密度为：

$$q = \frac{120}{300} = 0.4 \text{人}/\text{m}^2$$

根据《民规》表 3.0.6-4 查得，人均最小新风量为 20m³/h，则人员需求新风量为：

$$L_1 = 120 \times 20 = 2400 \text{m}^3/\text{h}$$

除湿需求新风量为：

$$L_2 = \frac{W}{\rho \Delta d} = \frac{7320}{(12.04 - 9) \times 1.2} = 2007 \text{m}^3/\text{h}$$

二者对比取大值，新风量应为 2400m³/h，则新风机组耗冷量为：

$$Q_X = \frac{\rho m (h_W - h_O)}{3600} = \frac{1.2 \times 2400 \times (81 - 36.78)}{3600} = 35.4 \text{kW}$$

新风机组承担的室内显热冷负荷为：

$$Q_{X-sh} = \frac{c\rho m (t_N - h_O)}{3600} = \frac{1.01 \times 1.2 \times 2400 \times (25 - 13.9)}{3600} = 8.97 \text{kW}$$

风机盘管供冷量为：

$$Q_F = Q_{sh} - Q_{X-sh} = 8.4 + 8.04 + 6 - 8.97 = 13.5 \text{kW}$$

9.3.4 直流式空调与独立新风处理系统

9.3-21. 已知某地室外设计计算参数：干球温度 35℃、湿球温度 28℃（标准大气压），需设计直流全新风系统，风量为 1000m³/h（空气密度取为 1.2kg/m³），要求提供新风的参数为：干球温度 15℃、相对湿度 30%。试问：采用一级冷却除湿（处理到相对湿度 95%，焓降 45kJ/kg 干空气）＋转轮除湿（冷凝水带走热量忽略不计）＋二级冷却方案，符合要求的转轮除湿器后空气温度应为下列何项？查 h-d 图，并绘制出全部处理过程。【2012-4-15】

    A. 15℃   B. 15.8～16.8℃

    C. 35℃   D. 35.2～36.2℃

参考答案：D

主要解题过程： 查焓湿图得 $h_w=89.5\mathrm{kJ/kg}$，根据题意，一级冷却除湿后达到 W_1 点，焓值降低了 $45\mathrm{kJ/kg}$，则 $h_{W_1}=89.5-45=44.5\mathrm{kJ/kg}$ 与 95% 相对湿度线的交点即为 W_1 点，根据《复习教材》第 3.3.4 节第 1 条"湿度控制系统"，转轮除湿过程接近于等焓过程，过送风状态点 S 做等湿线与 W_1 点的等焓线相交于 W_2 点，查得 $t_{W_2}=36.3℃$，空气处理过程如图所示。

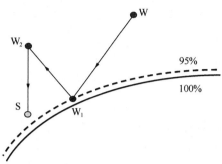

9.3-22. 某设置送、回风机的双风机全空气定风量系统设计风量为 $40000\mathrm{m^3/h}$，最小新风比为 20%，室内设计温度 26℃，室内冷负荷 293.3kW，湿负荷 144kg/h，空气处理机组表冷器出风参数 12℃/95%。若不考虑风机、管道及回风温升，试计算：当室外新风参数为 20℃/85% 时，如果室内冷负荷和湿负荷不随室外空气参数变化且室内空气参数保持不变，则全新风工况相比最小新风工况每小时的节能量（kW·h），最接近下列哪项？【2018-3-14】

A. 340　　　　　　B. 283　　　　　　C. 87　　　　　　D. 30

参考答案：D

主要解题过程：

【解法一】

热湿比 $\varepsilon=\dfrac{\Delta h}{\Delta d}=\dfrac{293.3\times3600}{144}=7332.5\mathrm{kJ/kg}$。

过表冷器送风状态点 O 做热湿比线，与 26℃ 等温线交于 N 点（见下图），查焓湿图，$h_N=55\mathrm{kJ/kg}$，$h_W=51.7\mathrm{kJ/kg}$，$h_O=33\mathrm{kJ/kg}$，则全新风工况相比最小新风工况每小时的节能量为：

$$\Delta Q=\dfrac{L\times(1-m)\times\rho}{3600}\times(h_N-h_W)=\dfrac{40000\times(1-20\%)\times1.2}{3600}\times(55-51.7)$$
$$=35.2\mathrm{kW}$$

【解法二】 查焓湿图，$h_W=51.7\mathrm{kJ/kg}$，$h_O=33\mathrm{kJ/kg}$。

根据室内冷负荷计算室内状态点焓值为：

$$h_N=\dfrac{Q\times3600}{L\times\rho}+h_O=\dfrac{293.3\times3600}{40000\times1.2}+33=55\mathrm{kJ/kg}$$

则全新风工况相比最小新风工况每小时的节能量为：

$$\Delta Q=\dfrac{L\times(1-m)\times\rho}{3600}\times(h_N-h_W)$$

$$= \frac{40000 \times (1-20\%) \times 1.2}{3600} \times (55-51.7) = 35.2 \text{kW}$$

【解法三】 热湿比：$\varepsilon = \dfrac{\Delta h}{\Delta d} = \dfrac{293.3 \times 3600}{144} = 7332.5 \text{kJ/kg}$。

由于该热湿比值不易从焓湿图中精确确定，因此本题不宜用作图法确定室内状态点 N。

根据题意，查焓湿图：$h_W = 51.7 \text{kJ/kg}$，$h_L = 33 \text{kJ/kg}$。根据热平衡方程 $Q = \rho L(h_N - h_L)$ 计算：

$$h_N = \frac{Q}{\rho L} + h_L = \frac{293.3}{1.2 \times 40000/3600} + 33 = 55 \text{kJ/kg}$$

（1）回风工况

确定回风、新风混合状态点 C，$h_C = 80\% h_N + 20\% h_W$ $= 0.8 \times 55 + 0.2 \times 51.7 = 54.34 \text{kJ/kg}$。

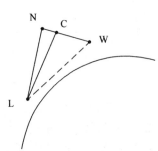

所需冷量：$Q_1 = \rho L(h_C - h_L) = 1.2 \times 40000/3600(54.43 - 33) = 285.73 \text{kW}$。

（2）全新风工况

所需冷量：$Q_2 = \rho L(h_W - h_L) = 1.2 \times 40000/3600(51.7 - 33) = 249.33 \text{kW}$。

则全新风工况相比最小新风工况每小时的节能量为：$\Delta Q = Q_1 - Q_2 = 285.73 - 249.33 = 36.4 \text{kW}$。

或：计算完混合状态点 C 的焓值后，直接计算节能量 $\Delta Q = \rho L(h_W - h_C)$。

9.3-23. 已知某空调房间送风量为 $1000 \text{m}^3/\text{h}$，空气处理过程、送风状态点 S、过程状态点 S_1、S_2 的有关参数如下图所示。问：S_1 到 S 过程的加热量（kW）和加湿量（kg/h），最接近下列何项？［室外大气压 101325Pa、空气密度 1.2kg/m^3、空气比热容 $1.01 \text{kJ}/(\text{kg} \cdot \text{K})$］。【2018-3-17】

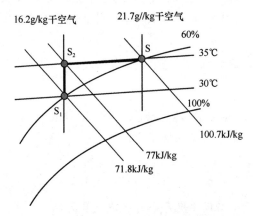

A. 加热量 1.4、加湿量 5.4   B. 加热量 1.4、加湿量 6.6

C. 加热量 1.7、加湿量 5.4   D. 加热量 1.7、加湿量 6.6

参考答案： D

主要解题过程：

加热量为：

$$Q = \frac{cL\rho(t_s - t_{S1})}{3600} = \frac{1.01 \times 1000 \times 1.2 \times (35 - 30)}{3600} = 1.68 \text{kW}$$

加湿量为：

$$W = \frac{L\rho(d_s - d_{S1})}{1000} = \frac{1000 \times 1.2 \times (21.7 - 16.2)}{1000} = 6.6 \text{kg/h}$$

9.4　热 湿 处 理 设 备

9.4-1. 某地一室内游泳池的夏季室内设计参数 $t_n = 32℃$，$\varphi_n = 70\%$。室外计算参数：干球温度 35℃，湿球温度 28.9℃ [标准大气压，空气定压比热容为 1.01kJ/(kg·K)。空气密度为 1.2kg/m³]。已知：室内总散湿量为 160kg/h，夏季设计总送风量为 50000m³/h，新风量为送风量的 15%。问：组合式空调机组表冷器的冷量应为下列何项（表冷器处理后的空气相对湿度为 90%）？查 h-d 图计算，有关参数见下表。【2012-3-14】

室内 d_n (g/kg干空气)	室内 h_n (kJ/kg干空气)	室外 d_w (g/kg干空气)	室内 h_w (kJ/kg干空气)
21.2	86.4	22.8	94

A. 170～185kW　　B. 195～210kW　　C. 215～230kW　　D. 235～250kW

参考答案： D

主要解题过程：

【解法一】

(1) 新风负荷 $Q_w = G_w(h_w - h_n) = 0.15 \times 50000 \times 1.2 \div 3600 \times (94 - 86.4) = 19 \text{kW}$。

(2) $W \times 1000 \div (d_n - d_o) = G$，即 $160 \times 1000 \div (21.2 - d_o) = 50000 \times 1.2$，故 $d_o = 18.53 \text{g/kg}$。

(3) 根据题意，查焓湿表 $d_o (d_o = d_L)$，90% 对应 $h_L = 73.07 \text{kJ/kg}$。

(4) 室内负荷（包括再热）：$Q_y = G \times (h_n - h) = 50000 \times 1.2 \times (86.4 - 73.07) \div 3600 = 222.17 \text{kW}$。

(5) 表冷器的冷量：$Q = Q_w + Q_y = 19 + 222.17 = 241.17 \text{kW}$。

【解法二】

(1) $G_w/G = (h_c - h_n)/(h_w - h_n) = 15\%$，得出 $h_c = h_n + (h_w - h_n) \times 15\% = 86.4 + (94 - 86.4) \times 0.15 = 87.54 \text{kJ/kg}$。

(2) $Q = G \times (h_c - h_L) = 50000 \times 1.2 \div 3600 \times (87.54 - 73.07) = 241.17 \text{kW}$。

9.4-2. 接上题。为维持室内游泳池夏季设计室温 32℃，设计相对湿度 70% 的条件。已知：计算的夏季显热冷负荷为 80kW。问：空气经组合式空调机组的表冷器冷却除湿

后，空气的再热量应为何项？并用 h-d 图绘制该游泳池空气处理的全部过程。【2012-3-15】

A. 25～40kW

B. 46～56kW

C. 85～95kW

D. 170～190kW

参考答案：A

主要解题过程：

(1) 显热冷负荷 $Q_x = G \times 1.01(t_n - t_o)$，$80 = 50000 \times 1.2 \div 3600 \times 1.01(32 - t_o)$，$t_o = 27.25℃$。

(2) 由上题算出 $d_o = 18.53 \text{g/kg}(d_o = d_L)$ 及 90%，查焓湿图：$t_L = 25.5℃$。

(3) $Q_{再热} = C \times G \times (t_o - t_L)$，$Q_{再热} = 1.01 \times 50000 \times 1.2 \div 3600 \times (27.25 - 25.5) = 29.5 \text{kW}$。

9.4-3. 某空调系统用表冷器处理空气，表冷器进口温度为 34℃，出口温度为 11℃，冷水进口温度为 7℃，则表冷器的热交换效率系数应为下列哪一项？【2013-3-15】

A. 0.58～0.64

B. 0.66～0.72

C. 0.73～0.79

D. 0.80～0.86

参考答案：D

主要解题过程：根据《复习教材》式 (3.4-15)：

表冷器的热交换效率系数 $\varepsilon_1 = (t_1 - t_2)/(t_1 - t_{w1}) = (34 - 11)/(34 - 7) = 0.852$

9.4-4. 某空调机组内，空气经过低压饱和干蒸汽加湿器处理后，空气的比焓值增加了 12.75kJ/kg$_{干空气}$，含湿量增加了 5g/kg$_{干空气}$，请问空气流经干蒸汽加湿器前后的干球温度最接近下列哪一项？【2016-3-12】

A. 加湿前为 26.5℃，加湿后为 27.2℃

B. 加湿前为 27.2℃，加湿后为 27.2℃

C. 加湿前为 27.2℃，加湿后为 30.2℃

D. 加湿前为 30.5℃，加湿后为 30.5℃

参考答案：B

主要解题过程：根据《复习教材》第 3.4.7 节第 5 条 "加湿器的选择"，干蒸汽加湿器属于等温加湿过程，根据式 (3.1-10) 得：

$$\Delta h = \Delta d(2500 + 1.84t)$$

$$12.75 = \frac{5}{1000} \times (2500 + 1.84t)$$

$$t = 27.17℃$$

9.4-5. 某空调房间采用辐射顶板供冷。新风（1500m³/h）承担室内湿负荷和部分室内显热冷负荷，新风的处理过程为：进风—排风/新风空气热回收设备（全热交换效率 70%）—表冷器（机器露点 90%）—诱导送风口（混入部分的室内空气），有关设计计算参数见下表（当地大气压为 101.3hPa，空气密度为 1.2kg/m³）：

室内温度与相对湿度	室内湿负荷（kg/h）	室外温度（℃）/湿球温度（℃）
26℃、55%	3.6	35/27

查 h-d 图，计算新风表冷器的计算冷量（kW）应接近下列何项？【2016-3-13】

A. 9.5　　　　　　　B. 12.5

C. 20.5　　　　　　D. 26.5

参考答案：B

主要解题过程：

【解法一】

室内潜热负荷为：

$$Q_q = \frac{W}{3600} \times (2500 + 1.84 \times t_n) = \frac{3.6}{3600} \times (2500 + 1.84 \times 26) = 2.548\text{kW}$$

查焓湿图得：$h_w = 85.7\text{kJ/kg}$，$d_w = 19.69\text{g/kg}$，$h_n = 56\text{kJ/kg}$，$d_n = 11.65\text{g/kg}$。

新风热回收后新风出风状态点：

$$\frac{h_w - h'_w}{h_w - h_n} \times 100\% = 70\%$$

$$\frac{85.7 - h'_w}{85.7 - 56} \times 100\% = 70\%$$

$$h'_w = 64.91\text{kJ/kg}$$

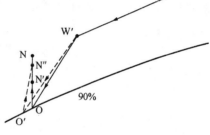

因室内湿负荷较低，并由诱导风口诱导室内空气与新风送风进行混合后送入室内，无法确定诱导送风量及诱导后送风状态点，暂且认为新风经表冷器处理后送风状态 $d_o = d_n = 11.65\text{g/kg}$（而实际送风状态点 $d'_n < d_n$，室内湿负荷由新风系统承担），查焓湿图得 $h_o = 47\text{kJ/kg}$，则新风表冷器不承担室内潜热负荷时的冷量为：

$$Q' = G_{xf}(h'_w - h_o) = \frac{1500 \times 1.2}{3600} \times (64.91 - 47) = 8.955\text{kW}$$

因新风系统承担室内潜热负荷，所以新风表冷器实际需承担冷量为：

$$Q = Q' + Q_q = 8.955 + 2.548 = 11.503\text{kW}$$

与选项 B 最为接近。

【解法二】

(1) 根据题意，新风送风量为：$G_w = 1.2 \times 1500 = 1800\text{kg/h}$，湿负荷 $W = 3.6\text{kg/h}$。

查焓湿图确定 $h_w = 85.7\text{kJ/kg}$，$d_w = 19.69\text{g/kg}$，$h_n = 56\text{kJ/kg}$，$d_n = 11.65\text{g/kg}$。

(2) 根据全热交换效率公式，确定新风经热回收后出风状态点 W'。

$$\frac{h_w - h'_w}{h_w - h_n} \times 100\% = 70\%$$

$$\frac{85.7 - h'_w}{85.7 - 56} \times 100\% = 70\%$$

$$h'_w = 64.91\text{kJ/kg}$$

(3) 根据新风负担全部湿负荷，确定新风经表冷器冷却去湿处理后的送风状态点 O'：

$$G_{\mathrm{w}} = \frac{W}{d_{\mathrm{n}} - d_{\mathrm{o}'}}$$

$$d_{\mathrm{o}'} = d_{\mathrm{n}} - \frac{W}{G_{\mathrm{w}}} = 11.65 - \frac{3.6 \times 1000}{1800} = 9.65 \mathrm{g/kg}$$

$d_{\mathrm{o}'} = 9.65 \mathrm{g/kg}$ 与相对湿度 90% 交点即为新风送风状态点 O'，查焓湿图 $h_{\mathrm{o}'} = 39.5 \mathrm{kJ/kg}$。

（4）计算新风机组表冷器计算冷量 Q。进入新风机表冷器前后状态分别为 W'，Q'。

$$Q = G_{\mathrm{w}}(h_{\mathrm{w}'} - h_{\mathrm{o}'}) = \frac{1800}{3600} \times (64.91 - 39.5) = 12.7 \mathrm{kW}$$

9.4-6. 某空调区的室内设计参数为 $t = 25^{\circ}\mathrm{C}$，$\varphi = 55\%$，其显热冷负荷为 30kW，湿负荷为 5kg/h。为其服务的空调系统的总送风量为 10000m³/h，新风量为 1500m³/h。空气处理流程如下图所示，其中表冷器 1 承担了空调区的全部湿负荷，且机器露点为 90%。问：表冷器 2 需要的冷量（kW）应为下列哪一项？[按标准大气压条件查 h-d 图计算，空气密度为 1.2kg/m³，定压比热容为 1.01kJ/(kg·K)，且不考虑风机与管路的温升]【2016-4-14】

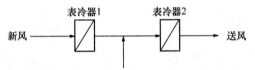

A. 表冷器 1 的冷量已能满足要求，表冷器 2 所需冷量为 0

B. 表冷器 2 所需冷量为 20.5～22.0

C. 表冷器 2 所需冷量为 22.5～24.0

D. 表冷器 2 所需冷量为 25.5～26.0

参考答案：C

主要解题过程：查焓湿图得 $d_{\mathrm{n}} = 11.01 \mathrm{g/kg_{干空气}}$，室内湿负荷全部由表冷器 1 承担，则有：

$$W = G_{\mathrm{xf}} \times (d_{\mathrm{n}} - d_l)$$

$$\frac{5}{3600} = \frac{1500 \times 1.2}{3600} \times (11.01 - d_l) \times 10^{-3}$$

$$d_l = 8.23 \mathrm{g/kg_{干空气}}$$

过 $d_l = 8.23 \mathrm{g/kg_{干空气}}$ 做等湿线与相对湿度 90% 交点即为新风经表冷器 1 处理后的送风状态点，查图得 $t_l = 12.6^{\circ}\mathrm{C}$，则新风承担部分室内显热负荷为：

$$Q_{\mathrm{x,w}} = cm\Delta t = 1.01 \times \frac{1500 \times 1.2}{3600} \times (25 - 12.6) = 6.26 \mathrm{kW}$$

表冷器 2 承担室内显热冷负荷为：

$$Q_2 = Q_{\mathrm{x}} - Q_{\mathrm{x,w}} = 30 - 6.26 = 23.74 \mathrm{kW}$$

9.4-7. 某空调工程采用设计风量为 80000m³/h 的组合式空调机组，样本提供机组的漏风率为 0.3%（标准空气状态），实际使用条件：温度为 15℃，大气压力为 81200Pa。
问：该空调机组的实际设计漏风量（kg/h）应最接近下列何项？【2017-3-12】

A. 196　　　　　　　B. 235　　　　　　　C. 240　　　　　　　D. 1600

参考答案： B

主要解题过程： 标准状态下的漏风量为：

$$L = 80000 \times 0.3\% = 240 \text{m}^3/\text{h}$$

根据《复习教材》式（2.8-5），实际空气的密度为：

$$\rho = 1.293 \times [273/(273+t)] \times (B/101.3)$$
$$= 1.293 \times [273/(273+15)] \times (81.2/101.3)$$
$$= 0.982 \text{kg/m}^3$$

实际设计漏风量为：

$$G = L \times \rho = 240 \times 0.982 = 235.7 \text{kg/h}$$

9.5　空调水系统

9.5.1　水泵问题

9.5-1. 实测某空调冷水系统（水泵）流量为 200m³/h，供水温度为 7.5℃，回水温度为 11.5℃，系统压力损失为 325kPa。后采用变频调节技术将水泵流量调小到 160m³/h。如加装变频器前后的水泵效率不变（$\eta=0.75$），并不计变频器能量损耗，水泵轴功率减少的数值应为下列何项？【2012-3-12】

A. 8.0～8.9kW　　　　　　　　　　B. 9.0～9.9kW

C. 10.0～10.9kW　　　　　　　　　D. 11.0～12.0kW

参考答案： D

主要解题过程：

$$H_2 = H_1 \left(\frac{G_2}{G_1}\right)^2 = 325 \times \left(\frac{160}{200}\right)^2 = 208 \text{kPa} = 21.2 \text{mH}_2\text{O}$$

$$N = \frac{G_1 H_1 - G_2 H_2}{367.3\eta} = \frac{200 \times 33.2 - 160 \times 21.2}{367.3 \times 0.75} = 11.8 \text{kW}$$

9.5-2. 某高层酒店采用集中空调系统，冷水机组设在地下室，采用离心式循环水泵输送冷水，单台水泵流量为 400m³/h，扬程为 50mH₂O，系统运行后，发现水泵出现过载现象，水泵阀门要关至 1/4 水泵才可正常进行，且满足供冷要求。经测试，系统实际循环水泵流量为 300m³/h。查该水泵样本见下表，若采用改变水泵转速的方式，则满足供冷要求时，水泵转速应接近何项？【2012-3-20】

型号	流量（m³/h）	扬程（mH₂O）	转速（r/min）	功率（kW）
200/400	280	54.5	1460	75
	400	50		
	480	39		

A. 980r/min		B. 1100r/min
C. 2960r/min		D. 760r/min

参考答案： B

主要解题过程： $n_2 = G_2 \div G_1 \times n_1$，$n_2 = 300 \div 400 \times 1460 = 1095 \text{r/min}$。

9.5-3. 某酒店集中空调系统采用离心式循环水泵输送冷水，设计选用水泵额定流量 $200 \text{m}^3/\text{h}$，扬程 $50 \text{mH}_2\text{O}$，配套电机功率 45kW，系统运行后，水泵常因故障停泵。经实测，水泵扬程为 30m 水柱，该水泵性能的有关数据见下表，实际运行时，水泵轴功率接近下列哪一项？并说明停泵原因。【2013-4-12】

型号	流量（m³/h）	扬程（m）	效率 η
200/400	140	53	68%
200/400	200	50	75%
200/400	260	46	71%
200/400	370	30	60%

A. ～45kW		B. ～50kW
C. ～55kW		D. ～75kW

参考答案： B

主要解题过程： 根据《红宝书》P1177：

$$水泵功率 N = \frac{\rho g G_v H}{1000\eta} = \frac{GH}{367.3\eta} = \frac{370 \times 30}{367.3 \times 60\%} = 50\text{kW} > 配套电机功率 45\text{kW}$$

停泵原因为：水泵选型不正确，实际阻力小于设计值，实际流量大于设计值，实际功率大于设计值水泵超载，所以停泵。

9.5-4. 某空调冷水系统如右图所示，设计工况下，二次侧水泵的运行效率为 75%，水泵轴功率为 10kW，当末端及系统处于低负荷时，该系统采用恒定水泵出口压力的方式来自动控制水泵的转速，当系统所需的流量为设计工况的 50% 时，假设二次侧水泵在此工况下的效率为 60%。问：此时二次侧水泵所需的轴功率接近下列哪一项（膨胀管连接在水泵吸入口）？【2013-4-19】

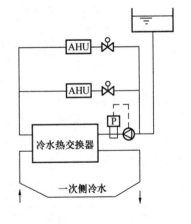

A. 12.5kW		B. 6.3kW
C. 5.0kW		D. 1.6kW

参考答案： B

主要解题过程：

根据《红宝书》P1177：

$$水泵功率 N = \frac{\rho g G_v H}{1000\eta} = \frac{GH}{367.3\eta} \Rightarrow N_2 = N_1 \frac{G_2}{G_1} \frac{\eta_1}{\eta_2} = 10 \times 50\% \times \frac{75\%}{60\%} = 6.25\text{kW}$$

9.5-5. 成都市某 12 层的办公建筑，设计总冷负荷为 850kW，冷水机组采用 2 台水冷螺杆式冷水机组。空调水系统采用二管制一级泵系统，选用 2 台设计流量为 100m³/h，设计扬程为 30m 的冷水循环泵并联运行。冷冻机房至系统最远用户的供回水管道的总输送长度为 350m，那么冷水循环泵的设计工作点效率应不小于多少？【2014-3-17】

A. 58.3%　　　　　　　　　　　　B. 69.0%

C. 76.4%　　　　　　　　　　　　D. 80.9%

参考答案：D

主要解题过程：根据《民规》第 8.5.12 条，由表 8.5.12-1，对于冷水系统，$\Delta T = 5\ ℃$。

由《民规》表 8.5.12-2，对于设计流量 100m³/h 的冷水泵，$A = 0.003858$；

由《民规》表 8.5.12-3，一级泵冷水系统单冷管道，$B = 28$；

供回水管道总输送长度，$\sum L = 350\text{m}$，由《民规》表 8.5.12-4，对于冷水系统，$\alpha = 0.02$。

$$ECR \leqslant A(B + \alpha \sum L)/\Delta T = 0.003858 \times (28 + 0.02 \times 350)/5 = 0.027006$$

$$\eta \geqslant \frac{0.003096 \sum (GH)}{ECR \cdot \sum Q} = \frac{0.003096 \times 2 \times 100 \times 30}{0.027006 \times 850} = 0.809 = 80.9\%$$

9.5-6. 某集中空调冷水系统的设计流量为 200m³/h，计算阻力为 300kPa，设计选择水泵扬程 H（kPa）与流量 Q（m³/h）的关系式为 $H = 410 + 0.49Q - 0.0032Q^2$。投入运行后，实测实际工作点的水泵流量为 220m³/h。问：与采用变频调速（达到系统设计工况）理论计算的水泵轴功率相比，该水泵实际运行所增加的功率（kW）最接近以下何项？（水泵效率均为 70%）【2016-3-14】

A. 2.4　　　　　　　　　　　　　B. 2.9

C. 7.9　　　　　　　　　　　　　D. 23.8

参考答案：C

主要解题过程：理论计算时水泵轴功率：

$$N_1 = \frac{G_1 \cdot H_1}{367.3 \times \eta} = \frac{200 \times \dfrac{300}{9.81}}{367.3 \times 0.7} = 23.8\text{kW}$$

实际工作时水泵扬程：

$$H_2 = 410 + 0.49Q - 0.0032Q^2 = 410 + 0.49 \times 220 - 0.0032 \times 220^2 = 362.92\text{kPa}$$

$$H = \frac{362.92}{9.81} = 37\ \text{mH}_2\text{O}$$

实际运行时水泵轴功率：

$$N_2 = \frac{G_2 \cdot H_2}{367.3 \times \eta} = \frac{220 \times 37}{367.3 \times 0.7} = 31.66\text{kW}$$

水泵实际运行所增加的功率：

$$\Delta N = N_2 - N_1 = 31.66 - 23.8 = 7.86\text{kW}$$

9.5-7. 某空调水系统在设计冷负荷下处于小温差运行，实测参数为：水泵流量

150m³/h，水泵扬程 35m，水泵轴功率 19kW，供回水温差 3.5℃。拟通过水泵变频运行将系统的供回水温差调整至 5℃。水泵变频后其效率为 70%。则水泵变频运行后，其运行轴功率比变频前降低的理论计算数值（kW）最接近下列何项？（重力加速度取 9.81m/s²）【2016-4-19】

A. 7.0　　　　　B. 8.5　　　　　C. 10.5　　　　　D. 12.0

参考答案：D

主要解题过程：水泵变频前后，输送冷量保持不变，即

$$cG_1\Delta t_1 = cG_2\Delta t_2$$
$$150 \times 3.5 = G_2 \times 5$$
$$G_2 = 105\text{m}^3/\text{h}$$

变频后水泵扬程为：

$$H_2 = H_1 \cdot \left(\frac{G_2}{G_1}\right)^2 = 35 \times \left(\frac{105}{150}\right)^2 = 17.15\text{m}$$

变频后水泵轴功率为：

$$N_2 = \frac{G \cdot H}{367.3 \times \eta} = \frac{105 \times 17.15}{367.3 \times 0.7} = 7\text{kW}$$

水泵轴功率最低值为：

$$\Delta N = N_1 - N_2 = 19 - 7 = 12\text{kW}$$

9.5-8. 某办公楼空调设计采用集中供冷方案，总供冷负荷 $Q_0 = 2300\text{kW}$，设计工况下冷水供水温度 $t_g = 7℃$、回水温度 $t_h = 12℃$，选用两台容量相等的冷水机组，设置 3 台型号相同的冷水泵（两用一备），水力计算已得知冷水循环管路系统（未含冷水机组）的压力损失 $P_1 = 275\text{kPa}$，产品样本查知冷冻水流经冷水机组的压力损失 $P_2 = 75\text{kPa}$。问：若水泵效率 $\eta = 76\%$，则每台水泵的轴功率值（kW）最接近下列哪一项？【2018-4-19】

A. 19.2　　　　　B. 19.9　　　　　C. 25.3　　　　　D. 38.5

参考答案：C

主要解题过程：

单台水泵水流量为：

$$G = \frac{Q \times 3600}{2c\rho\Delta t} = \frac{2300 \times 3600}{2 \times 4.18 \times 1000 \times (12-7)} = 198.1\text{m}^3/\text{h}$$

水泵扬程为：

$$H = \frac{275+75}{9.8} = 35.7\text{m}$$

单台水泵轴功率为：

$$N = \frac{GH}{367.3\eta} = \frac{198.1 \times 35.7}{367.3 \times 76\%} = 25.3\text{kW}$$

9.5.2　冷热水系统

9.5-9. 某空调水系统的某段管道如图所示。管道内径为 200mm，A、B 点之间的管

长为 10m，管道的摩擦系数为 0.02。管道上阀门的局部阻力系数（以流速计算）为 2，水管弯头的局部阻力系数（以流速计算）为 0.7。当输送水量为 180m³/h 时，问：A、B 点之间的水流阻力最接近下列哪一项？（水的容重取 1000kg/m³）？【2012-4-18】

　　A. 2.53kPa　　　　　　　　　　　B. 3.41kPa

　　C. 3.79kPa　　　　　　　　　　　D. 4.67kPa

参考答案： D

主要解题过程： 水管内冷水流速为：

$$v = \frac{G}{A} = \frac{180}{\frac{\pi}{4} \times 0.2^2 \times 3600} = 1.59\text{m/s}$$

根据《复习教材》式（3.7-5）、式（3.7-6），AB 间水流总阻力为：

$$\Delta P = \Delta P_\text{m} + \Delta P_\text{j} = l \cdot \frac{\lambda}{d} \cdot \frac{\rho v^2}{2} + \sum \xi \cdot \frac{\rho v^2}{2}$$

$$= 10 \times \frac{0.02}{0.2} \times \frac{1000 \times 1.59^2}{2} + (2+0.7) \times \frac{1000 \times 1.59^2}{2}$$

$$= 4677\text{Pa} = 4.677\text{kPa}$$

9.5-10. 某酒店的集中空调系统为闭式水系统，冷水机组及冷水循环水泵（处于机组的进水口前）设于地下室，回水干管最高点至水泵吸入口水阻力为 15kPa，系统最大高差为 50m（回水干管最高点至水泵吸入口），定压点设于水泵吸入口管路上。试问系统最低定压压力值，正确的是下列何项（取 $g=9.8\text{m/s}^2$）？【2014-3-12】

　　A. 510kPa　　　　　　　　　　　B. 495kPa

　　C. 25kPa　　　　　　　　　　　　D. 15kPa

参考答案： B

主要解题过程： 根据《民规》第 8.5.18 条，系统定压点最低压力宜使管道系统任何一点的表压均高于 5kPa 以上。当系统未运行时，若保证系统最高点表压力大于 5kPa，则最低点定压值为：

$$P_1 = 5 + \frac{50 \times 9.8 \times 1000}{1000} = 495\text{kPa}$$

校核系统运行时最高点压力，系统运行时回水干管至水泵吸入口阻力为 15kPa，根据伯努利方程有：

$$P_2 = P_1 - \frac{50 \times 9.8 \times 1000}{1000} + 15 = 20\text{kPa} > 5\text{kPa}$$

因此最低点定压 495kPa 满足定压要求，选 B。

扩展： 本题的考察点是《复习教材》式（3.7-13），但教材此处出现错误，对于《复习教材》图 3.7-26 的系统来说，对定压点的最低要求不应该加上 ΔH_AB，本题需按照伯努利方程求解。结合《复习教材》图 3.7-26（b）做如下分析：按照《复习教材》第 3.7.8 节第 3 条 "（2）定压点及压力" 定压点确定原则是：保证系统内任何一点不出现负压或热水汽化。在空调水系统中，定压点的最低运行压力应保证水系统最高点压力为

5kPa 以上。A，B点列伯努利方程：

$$P_A + h_A = P_B + \Delta H_{A-B}, 得 P_B = P_A + h_A - \Delta H_{A-B}$$

P_A值的确定，决定了P_B值大小。定压点确定原则可知，P_A的最小值应为 5kPa，当 $P_A = 5$kPa 时，系统一定是处于静止状态，此时 A~B 管路的沿程阻力＋局部阻力＝0，带入上式：

$$P_B = 5\text{kPa} + 9.8 \times 50\text{kPa} - 0 = 495\text{kPa}$$

当系统运行时，$P_A = 5$kPa 是否可以满足系统安全运行要求？显然是不可以的，因回水干管最高点至水泵吸入口水阻力为 15kPa 需要 P_A克服，5kPa 无法满足，导致水系统运行时停滞。故 $P_A = 5$kPa 在定压点在 B 点的情况下不可能出现。从另一个角度分析，如若运行时，一定让 $P_A = 5$kPa，则相当于将定压点由 B 点移至 A 点。为了能保证系统正常安全运行，$P_A = (P_A + h_A)_{min} + \Delta H_{A-B} = 5\text{kPa} + 15\text{kPa} = 20\text{kPa}$，即定压点在系统最低点时 $P_A \geqslant 20$kPa，则运行时 $P_B = 20\text{kPa} + 9.8 \times 50\text{kPa} - 15\text{kPa} = 495\text{kPa}$；综上所述，系统无论运行还是静止状态，系统最低定压压力值均为 495 kPa。

当定压点设置于 A 点时，A，B 点列伯努利方程：$P'_A + h'_A = P'_B + \Delta H'_{A-B}$，得 $P'_B = P'_A + h'_A - \Delta H'_{A-B} = 5\text{kPa} + 9.8 \times 50\text{kPa} - 15\text{kPa} = 480\text{kPa}$。

水系统调节过程中，$\Delta H'_{A-B}$随水量变化而出现波动；引起 P'_B的值也随之变化，因此易引起水系统压力不稳定，不建议将定压点设置于系统最高点。

总结：

(1) 当定压点位于最低点 B 点，运行时，$P_A = 20$kPa，$P_B = 495$kPa；停止时，$P_A = 5$kPa，$P_B = 495$kPa；

(2) 当定压点位于最高点 A 点，运行时，$P_A = 5$kPa，$P_B = 480$kPa；停止时，$P_A = 5$kPa，$P_B = 495$kPa。

9.5-11. 如右图所示的集中空调冷水系统为由两台主机和两台冷水泵组成的一级泵变频变流量水系统，一级泵转速由供回水总管压差进行控制。已知条件是：每台冷水机组的额定设计冷量为 1163kW，供回水温差为 5℃，冷水机组允许的最小安全运行流量为额定设计流量的 60%，供回水总管恒定控制压差为 150kPa。问：供回水总管之间的旁通电动阀所需要的流通能力，最接近下列何项？【2014-4-18】

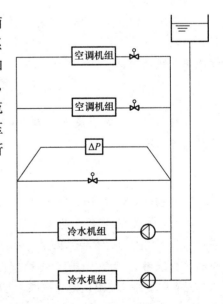

A. 326   B. 196

C. 163   D. 98

参考答案：D

主要解题过程：单台机组额定设计流量：

$$G_0 = \frac{3600Q}{\rho c_p \Delta t} = \frac{3600 \times 1163}{1000 \times 4.18 \times 5} = 200.3 \text{m}^3/\text{h}$$

根据《民规》第 8.5.9-2 条：旁通调节阀的设计流量应取各台冷水机组允许的最小流量的最大值，因此调节阀流量为：

$$G = 60\% G_0 = 0.6 \times 200.3 = 120.2 \text{m}^3/\text{h}$$

根据《复习教材》式（3.8-1），调节阀的流通能力为：

$$C = \frac{316G}{\sqrt{\Delta P}} = \frac{316 \times 120.2}{\sqrt{150000}} = 98.1$$

9.5-12. 某空调机组的表冷器设计工况为：制冷量 $Q = 60$kW，冷水供回水温差 5℃，水阻力 $\Delta P_B = 50$kPa。要求为其配置电动的通阀的阀权度 $P_v = 0.3$（不考虑冷水供回水总管的压力损失）。现有阀门口径 Dg（mm）与其流通能力 C 的关系如下表所示。

阀门口径 Dg	20	25	32	40	50	65	80	100
流通能力 C	6.3	10	16	23	40	63	100	160

问：按照上表选择阀门口径时，以下哪一项是正确的？并给出计算根据。【2016-3-19】

A. $Dg32$ B. $Dg40$

C. $Dg50$ D. $Dg65$

参考答案：B

主要解题过程：根据《复习教材》式（3.8-7）得：

$$P_v = \frac{\Delta P_v}{\Delta P_v + \Delta P_b}$$

$$0.3 = \frac{\Delta P_v}{\Delta P_v + 50}$$

$$\Delta P_v = 21.43 \text{kPa}$$

表冷器设计流量为：

$$G = \frac{Q \times 0.86}{\Delta T} = \frac{60 \times 0.86}{5} = 10.32 \text{m}^3/\text{h}$$

根据《复习教材》式（3.8-1）得：

$$C = \frac{316 \times G}{\sqrt{\Delta P_v}} = \frac{316 \times 10.32}{\sqrt{21.43 \times 10^3}} = 22.277$$

查表得阀门口径 $Dg = 40$。

9.5-13. 武汉市某 12 层的办公建筑，设计总冷负荷为 1260kW，采用 2 台水冷螺杆式冷水机组。空调水系统采用两管制一级泵系统，选用 2 台设计流量为 100m³/h、设计扬程为 30m 的冷水循环泵并联运行。冷冻机房至系统最远用户的供回水管道的总输送长度为 248m，那么冷水循环泵的设计工作点效率应不小于多少？【2016-4-13】

A. 58.0%

B. 63.0%

C. 76.0%

D. 80.0%

参考答案：A

主要解题过程：根据《公建节能2015》第4.3.9条，表4.3.9-1～表4.3.9-5得以下参数：$\Delta T=5℃$，$A=0.003858$，$B=28$，$\alpha=0.02$。

根据式（4.3.9），得：

$$ECR_{-a}=\frac{0.003096\sum(G\times H)}{\eta_b\cdot\sum Q}\leqslant\frac{A(B+\alpha\sum L)}{\Delta T}$$

$$ECR_{-a}=\frac{0.003096\times(2\times100\times30)}{1260\times\eta_b}\leqslant\frac{0.003858(28+0.02\times248)}{5}$$

$$\eta_b\geqslant58\%$$

9.5-14. 某空调水系统采用两管制一级泵系统，设计总冷负荷为300kW，设计供/回水温度为6℃/12℃，从冷冻机房至最远用户的供回水管道总长度为95m。假定选用1台冷水循环泵，其设计工作点效率为60%，则冷水循环泵设计扬程最大限值（m）最接近下列何项？【2017-3-16】

A. 26.7   B. 28.4   C. 33.6   D. 38.5

参考答案：C

主要解题过程：水泵流量为：

$$G=\frac{0.86Q}{\Delta t}=\frac{0.86\times300}{6}=43m^3/h$$

根据《公建节能2015》第4.3.9条，取$A=0.004225$，$B=28$，$\alpha=0.02$，$\Delta T=5℃$，则

$$H\leqslant\frac{A(B+\alpha\sum L)Q\eta_b}{0.003096\Delta TG}=\frac{0.004225\times(28+0.02\times95)\times300\times60\%}{0.003096\times5\times43}=34.1m$$

扩展：本题考察的是对ECR-a公式的理解，需注意的是：（1）水泵设计流量按照设计温差6℃选取；（2）《公建节能2015》式（4.3.9）中的供回水温差按表4.3.9-1选取，$\Delta T=5℃$，即ECR-a计算值不高于系统冷冻水温差最小值时（5℃）的计算值。

9.5-15. 某冷冻站采用一级泵主机定流量、末端变流量的空调冷水系统，设有3台型号相同的冷水机组，冷冻水系统并联配置三台型号相同的循环水泵。单台水泵运行时的参数为：流量300m³/h，扬程350kPa。分集水器设计供回水压差为250kPa。问：分水器与集水器之间的旁通压差调节阀的流通能力K_v，应最接近下列何项？【2017-4-17】

A. 300   B. 190   C. 160   D. 140

参考答案：B

主要解题过程：根据《民规》第8.5.8条，旁通阀流量取单台主机的额定流量，根据《复习教材》式（3.8-1）有：

$$K_v = \frac{316 \times G}{\sqrt{\Delta P}} = \frac{316 \times 300}{\sqrt{250 \times 1000}} = 189.6$$

9.5-16. 两管制空调水系统，设计供/回水温度为：供热工况 45℃/35℃、供冷工况 7℃/12℃，在系统低位设置容纳膨胀水量的隔膜式气压罐定压（低位定压），补水泵平时运行流量为 3m³/h，空调水系统最高点位置高于定压点 50m，系统安全阀开启压力设为 0.8MPa，系统水容量 $V_c = 50m^3$。假定系统膨胀的起始计算温度为 20℃。问：气压罐最小总容积（m³），最接近以下哪个选项？[不同温度时水的密度（kg/m³）为：7℃，999.88、12℃，999.43、20℃，998.23、35℃，993.96、45℃，990.25]【2017-4-16】

A. 0.6　　　　B. 1.8　　　　C. 3.0　　　　D. 3.6

参考答案： B

主要解题过程： 根据《09 技术措施》第 6.9.6-2 条，水箱的调节容积为：

$$V_t = \frac{3G}{60} = \frac{3 \times 3}{60} = 0.15m^3$$

供热工况下平均水温密度为：

$$\rho_{40} = \frac{\rho_{35} + \rho_{45}}{2} = \frac{993.96 + 990.25}{2} = 992.1 \, kg/m^3$$

系统最大膨胀水量为：

$$V_p = 1.1 \times \frac{\rho_{20} - \rho_{40}}{\rho_{40}} \times V_c = 1.1 \times \frac{998.23 - 992.1}{992.1} \times 50 = 0.34m^3$$

根据《09 技术措施》第 6.9.8 条，气压罐应容纳的最小水容积为：

$$V_{xmin} = V_t + V_p = 0.15 + 0.34 = 0.49m^3$$

气压罐正常运行时最高压力为：

$$P_{2max} = 0.9P_3 = 0.9 \times 0.8 = 0.72MPa = 720kPa$$

气压罐起始充气压力为：

$$P_0 = 50 \times 9.8 \times \frac{998.23}{1000} + 5 = 494kPa$$

气压罐最小总容积为：

$$V_{zmin} = V_{xmin} \frac{P_{2max} + 100}{P_{2max} - P_0} = 0.49 \times \frac{720 + 100}{720 - 494} = 1.78m^3$$

扩展： 详见本书第 4 篇第 17 章扩展 17-17：气压罐的选型计算。

9.5-17. 某建筑设置间歇运行集中冷热源空调系统，空调冷热水系统最大膨胀量为 1m³，采用闭式气压罐定压，定压点工作压力等于补水泵启泵压力 0.5MPa，停泵压力 0.6MPa，泄压阀动作压力 0.65MPa。要求在系统不泄漏的情况下补水泵不得运行。问：在定压点工作压力下闭式气压罐最小气体容积（m³），最接近以下哪一项？（定压罐内空气温度不变）【2018-3-15】

A. 5.0　　　　B. 6.0　　　　C. 7.0　　　　D. 8.0

参考答案： B

主要解题过程：

根据《09 技术措施》第 6.9.8 条可知，气压罐最小总容积为：

$$V_{Zmin} = V_{Xmin} \frac{P_{2max} + 100}{P_{2max} - P_0} = 1 \times \frac{0.6 \times 1000 + 100}{0.6 \times 1000 - 0.5 \times 1000} = 7m^3$$

则最小气体容积为：

$$V = V_{Zmin} - V_{Xmin} = 7 - 1 = 6m^3$$

9.5-18. 某空调冷水系统共有 5 个空调末端，各末端在设计工况下的冷水流量均为 50m³/h，水流阻力均为 40kPa，主管路及末端支管路的设计水流阻力如下图所示。运行过程中，控制 A、B 点的压差一直维持在设计工况的压差。问：如果回路 2 的阀门关闭（其他阀门不动作），则系统的总循环水量（m³/h）最接近下列何项？【2018-3-16】

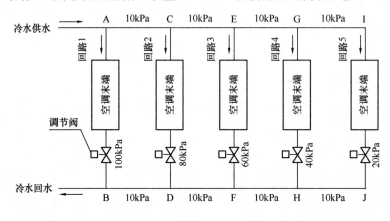

A. 250 B. 205 C. 187 D. 156

参考答案： B

主要解题过程：

$\Delta P_{CD} = 80 + 40 = 120kPa$，$\Delta P_{AC} = \Delta P_{BD} = 10kPa$，$\Delta P_{AB} = 100 + 40 = 140kPa$。

回路 2 后边所有管路的阻力数为。

$$S_{CD-2} = \frac{\Delta P_{CD}}{G_{CD-2}^2} = \frac{120 \times 10^3}{(50 \times 3)^2} = 5.33$$

AC 段及 BD 段阻力数为：

$$S_{AC} = S_{BD} = \frac{\Delta P_{AC}}{G_{AC}^2} = \frac{10 \times 10^3}{(50 \times 4)^2} = 0.25$$

回路 2 关闭后，回路 1 后边所有管路的阻力数为：

$$S'_{AB-2} = S_{AC} + S_{BD} + S_{CD-2} = 0.25 + 0.25 + 5.33 = 5.83$$

回路 1 的阻力数为：

$$S_{AB-1} = \frac{\Delta P_{AB}}{G_{AB}^2} = \frac{140 \times 10^3}{50^2} = 56$$

回路 2 关闭后，AB 段总阻力数为：

$$\frac{1}{\sqrt{S'_{AB}}} = \frac{1}{\sqrt{S_{AB-1}}} + \frac{1}{\sqrt{S'_{AB-2}}}$$

$$S'_{AB} = \frac{S_{AB-1}S'_{AB-2}}{(\sqrt{S_{AB-1}} + \sqrt{S'_{AB-2}})^2} = \frac{56 \times 5.83}{(\sqrt{56} + \sqrt{5.83})^2} = 3.33$$

回路 2 关闭后，系统总流量为：

$$G'_{AB} = \sqrt{\frac{\Delta P_{AB}}{S'_{AB}}} = \sqrt{\frac{140 \times 10^3}{3.33}} = 205 \mathrm{m^3/h}$$

9.5-19. 夏热冬冷地区某建筑的空调水系统采用两管制一级泵系统，空调热负荷为 2800kW，空调热水的设计供/回水温度为 65℃/50℃。锅炉房至最远用户供回水管总输送长度为 800m，拟设置两台热水循环泵，系统水力计算所需水泵扬程为 25m。水的密度取值 1000kg/m³，定压比热取值 4.18kJ/(kg·K)。问：热水循环泵设计点的工作效率的最低限值，最接近下列哪项【2018-3-18】

A. 51% 　　　　B. 69% 　　　　C. 71% 　　　　D. 76%

参考答案：A

主要解题过程：

$$G = \frac{Q \times 3600}{c\rho\Delta t} = \frac{2800 \times 3600}{4.18 \times 1000 \times (65-50)} = 160.8 \mathrm{m^3/h}$$

根据《公建节能 2015》第 4.3.9 条和《民规》第 8.5.12 条，根据单台泵流量 80.4m³/h，查得：$A = 0.003858$，$B = 21$，$\alpha = 0.002 + \frac{0.16}{\sum L} = 0.002 + \frac{0.16}{800} = 0.0022$，$\Delta T = 10℃$。

$$0.003096 \sum(GH/\eta_b)/Q \leqslant A(B + \alpha\sum L)/\Delta T$$

$$\eta_b \geqslant \frac{0.003096 \sum(GH)\Delta T}{QA(B + \alpha\sum L)} = \frac{0.003096 \times 160.8 \times 25 \times 10}{2800 \times 0.003858 \times (21 + 0.0022 \times 800)} = 0.506 = 51\%$$

扩展：注意题目是问的"最低限值"，《民规》第 8.5.12 条对于耗电输热比限值 $A(B + \alpha\sum L)/\Delta T$ 中的 ΔT 定义为规定的供回水温差，按表 8.5.12-1 选取，但对于空气源热泵、溴化锂机组、水源热泵等机组的热水供回水温差按机组实际参数确定；对直接提供高温冷水的机组，冷水供回水温差按机组实际参数确定。更多详情可参考《民用建筑供暖通风与空调调节设计规范技术指南》中寿炜炜、潘云钢、孙敏生《空调水系统耗电输冷（热）比（EC（H）R）编制情况介绍和实施要点》一文中的例题。

9.5-20. 如下图所示的一级泵变流量空调水系统，主机侧定流量末端变流量，图中标识出主要管段的管径和设计工况下的水流阻力；每台冷水机组的额定冷量为 650kW，供/回水温度为 7℃/12℃。各不同口径电动阀的流通能力如下表所示。问：供回水总管之间（A、B 点之间）的旁通电动阀，以下哪个阀门口径是最合理的？［水的密度为 1000kg/m³，定压比热值为 4.18kJ/(kg·K)］【2018-4-15】

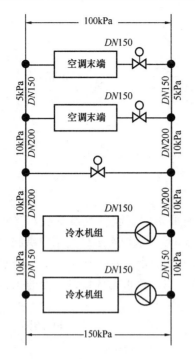

阀门口径	阀门流通能力
*DN*50	40
*DN*65	63
*DN*80	100
*DN*100	160
*DN*125	250
*DN*150	400

A. *DN*80　　　　B. *DN*100　　　　C. *DN*125　　　　D. *DN*150

参考答案：A

主要解题过程：

根据《民规》第 8.5.8 条可知，旁通电动阀的设计流量为：

$$G = \frac{Q \times 3600}{c\rho\Delta t} = \frac{650 \times 3600}{4.18 \times 1000 \times (12-7)} = 112 \text{m}^3/\text{h}$$

调节阀两端的压差为：

$$\Delta P = (10 + 5 + 100 + 5 + 10) = 130 \text{kPa}$$

根据《复习教材》式（3.8-1），旁通电动阀的流通能力为：

$$C = \frac{316 \times G}{\sqrt{\Delta P}} = \frac{316 \times 112}{\sqrt{130 \times 10^3}} = 98.1$$

根据电动阀流通能力，应选择 *DN*80 口径，选 A。

9.5.3　冷却水系统

9.5-21. 有一冷却水系统采用逆流式玻璃钢冷却塔，冷却塔池面喷淋器高差 3.5m，系统管路总阻力损失 45kPa。冷水机组的冷凝器阻力损失 80kPa，冷却塔进水压力要求为 30kPa，选用冷却水泵的扬程应为哪一项？【2012-4-24】

A. 16.8～19.1　　　　　　　　　　B. 19.2～21.5

C. 21.6～23.9　　　　　　　　　　D. 24.0～26.3

参考答案：B

主要解题过程：根据《09 技术措施》第 6.6.3 条，《复习教材》式（3.7-7），冷却水泵扬程为：

$$H = (1.05 \sim 1.1) \times \left(45 + 80 + 30 + \frac{3.5 \times 9.8 \times 1000}{1000} \right)$$

$$= 198.8 \sim 208.2 \text{kPa} = 20.3 \sim 21.2 \text{mH}_2\text{O}$$

扩展：《复习教材》P496：进塔水压已包含提升高度、布水器阻力和出口动压。但本题中进塔水压力 0.03MPa 数值根据分析未包含提升高度 3.5m。

9.5-22. 某空调系统的水冷式冷水机组的运行工况与国家标准 GB/T 18430.1—2007 规定的名义工况时的温度/流量条件完全相同，其制冷性能系数为 COP＝6.25kW/kW。如果按照该冷水机组名义工况的要求来配备冷却水泵的水流量，此时冷却塔进塔与出塔水温最接近以下哪个选项（不考虑冷却水供回水管和冷却水泵的温升）？【2013-3-17】

A. 进塔水温 34.6℃，出塔水温 30℃

B. 进塔水温 35.0℃，出塔水温 30℃

C. 进塔水温 36.0℃，出塔水温 31℃

D. 进塔水温 37.0℃，出塔水温 32℃

参考答案： A

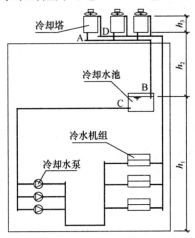

主要解题过程： 设机组制冷量为 Q，由《蒸气压缩循环冷水（热泵）机组 第1部分　工业或商业用及类似用途的冷水（热泵）机组》GB/T 18430.1—2007 表 2 可知机组进口水温（冷却塔出塔水温）30℃，水冷式制冷制冷机组水流量为 0.215m³/（h·kW），则冷水流量为 0.215Q m³/h。

根据机组放热量与冷却塔散热量相等，列平衡方程：

$$Q \times \left(1 + \frac{1}{COP} \right) = c_\text{p}(0.215Q)\rho\Delta t$$

带入参数，得：

$$Q \times \left(1 + \frac{1}{6.25} \right) = 4.18 \times \left(\frac{0.215Q}{3600} \right) \times 1000 \times (t_1 - 30)$$

解得冷却塔进塔水温 $t_1 = 34.6$℃。

9.5-23. 某常年运行的冷却水系统如右图所示，h_1、h_2、h_3 为高差，$h_1 = 8$m、$h_2 = 6$m、$h_3 = 3$m，各段阻力见下表。计算的冷却水循环泵的扬程应为下列何项？（不考虑安全系数，取 $g = 9.8$m/s²）【2014-3-16】

设备及管段	阻力（kPa）
A～B 管道及附件	30
C～D 管道及附件	150
冷水机组	50
冷却塔布水器	20

A. 280～295kPa   B. 300～315kPa

C. 330～345kPa   D. 380～395kPa

参考答案：B

主要解题过程： 冷却水泵扬程包括：（1）水泵吸入管道与压出管道阻力，即 CD 段管道及附件阻力（注意 AB 管道阻力无需计入水泵扬程，靠重力流流入冷却水池）；（2）冷却水提升高差 h_2+h_3，即垂直高度上的静压损失，其中 h_1 静压并未损失；（3）冷却塔布水器阻力。

整理得：

$$H = \Delta P_{CD} + (h_2 + h_3) \times 9.8 + \Delta P_{机组} + \Delta P_{布水器} = 150 + 9 \times 9.8 + 50 + 20 = 308.2 \text{kPa}$$

扩展： 此题有2处陷阱，管道 AB 阻力及垂直高差 h_1 很容易计入水泵扬程中，应引起注意。

9.6 节 能 措 施

9.6.1 风机能耗

9.6-1. 某办公楼普通机械送风系统风机与电机采用直联方式，设计工况下的电机及传动效率为 92.8%，风管的长度为 124m，通风系统单位长度平均风压为 5Pa/m，（包含摩擦阻力和局部阻力）。问：在通风系统设计时，所选择的风机在设计工况下效率的最小值应接近以下效率值，才能满足节能要求？【2012-3-19】

A. 52%   B. 53%

C. 56%   D. 58%

参考答案：D

主要解题过程：

（1）根据《公建节能 2005》第 5.3.26 条：式 $W_s = P/(3600\eta_t)$。

（2）代入数值，$0.32 = (5 \times 124)/(3600 \times 0.928 \times \eta)$，故 $\eta = 58\%$。

扩展：《公建节能 2015》第 4.3.22 条对风道系统单位风量耗功率 W_s 计算公式做了重新规定。

9.6-2. 严寒地区的某办公建筑中的两管制定风量全空气空调系统，其空调机组的功能段如右图所示。设风机（包含电机及传动效率）的总效率 η_t 为 55% 问：该系统送风机符合节能设计要求所允许的最大全压限值接近哪项？【2013-4-14】

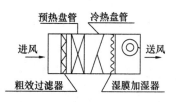

A. 832Pa   B. 901Pa   C. 937Pa   D. 1006Pa

参考答案：D

主要解题过程：

根据《公建节能 2005》第 5.3.26 条，W_s 二管制定风量系统粗效过滤 0.42，严寒地区增设预热盘管加 0.035，湿膜加湿加 0.053；$W_s = 0.42 + 0.035 + 0.053 = \dfrac{P}{3600\eta_t} \Rightarrow$

$P=1006$Pa。

扩展：《公建节能 2015》第 4.3.22 条对风道系统单位风量耗功率 W_s 计算公式做了重新规定。其中办公建筑定风量系统 $W_s=0.27$，带入计算 $P=534.6$Pa，无答案。

9.6-3. 某办公建筑采用全空气变风量空调系统，空气处理机组的风量为 25000m³/h，机外余压为 560Pa，风机效率为 0.65，该系统的单位风量耗功率 [W/(m³·h)] 最接近下列哪项，并判断能否满足节能标准的要求？【2018-4-16】

A. 0.22，符合节能设计标准要求　　　　B. 0.24，符合节能设计标准要求

C. 0.26，符合节能设计标准要求　　　　D. 0.28，符合节能设计标准要求

参考答案：D

主要解题过程：

根据《公建节能 2015》第 4.3.22 条，有：

$$W_S=\frac{P}{3600\eta_{CD}\eta_F}=\frac{560}{3600\times0.855\times0.65}=0.28<0.29$$

符合节能设计标准要求，选 D。

9.6.2　热回收

9.6-4. 某空调系统新排风设全热交换器，夏季显热回收效率均为 60%，全热回收效率均为 55%。若夏季新风进风干球温度 34℃，进风焓值 90kJ/kg干空气，排风温度 27℃，排风焓值 60kJ/kg干空气。夏季新风出风的干球温度和焓值应为下列何项？【2012-3-16】

A. 33～34℃、85～90kJ/kg干空气　　　　B. 31～32℃、77～83kJ/kg干空气

C. 29～30℃、70～75kJ/kg干空气　　　　D. 27～28℃、63～68kJ/kg干空气

参考答案：C

主要解题过程：《复习教材》式（3.11-5）～式（3.11-9）：

$$L_P=L_X$$
$$t_2=t_w-(t_w-t_n)\eta_t=34-(34-27)\times0.6=29.8℃$$
$$h_2=h_w-(h_w-h_n)\eta_h=90-(90-60)\times0.55=73.5kJ/kg$$

9.6-5. 某空调房间采用风机盘管加新风空调系统（新风不承担室内显热负荷）。该房间冬季设计湿负荷为零，房间设计参数：干球温度 20℃、相对湿度 30%。室外新风计算参数为：干球温度 0℃、相对湿度为 20%。房间设计新风量 1000m³/h，新风系统采用空气显热回热换热器，显热回收效率为 60%，新风机组的处理流程如图所示。问：新风机组的加热盘管的加热量约为下列何项？（按照标准大气压力计算，空气密度为 1.2kg/m³）【2012-3-18】

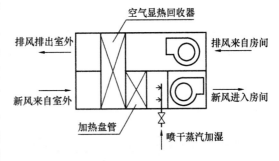

A. 2.7kW　　　　B. 5.4kW　　　　C. 6.7kW　　　　D. 9.4kW

参考答案：A

主要解题过程：根据题意：新风不承担室内显热负荷确定本题的加湿方式为等温加湿；再由《复习教材》式 (3.11-5) ～式 (3.11-9) 可得：

(1) 等温加湿新风加热量为 $Q_x = G_w \times C_p \times \rho \times \Delta t = 1000 \div 3600 \times 1.01 \times 1.2 \times (20-0) = 6.73\text{kW}$。

(2) 显热回收热量为 $Q_h = G_w \times C_p \times \rho \times \Delta t' \times \eta_t = 1000 \div 3600 \times 1.01 \times 1.2 \times (20-0) \times 60\% = 4.03\text{kW}$。

(3) 新风机组盘管加热量为 $Q_x - Q_h = 6.73 - 4.03 = 2.7\text{kW}$。

9.6-6. 某空调房间设置全热回收装置，新风量与排风量均为 200m³/h，室内温度为 24℃，相对湿度为 60%、焓值为 56.2kJ/kg，室外温度为 35℃、相对湿度为 60%，焓值为 90.2 kJ/kg，全热回收效率为 62%。试求新风带入室内的冷负荷为下列何项？（空气密度为 1.2kg/m³）【2014-4-19】

A. 260～320W   B. 430～470W

C. 840～880W   D. 1380～1420W

参考答案：C

主要解题过程：该房间采用全热回收装置，由《复习教材》式 (3.11-5) ～式 (3.11-9) 可知：

$$Q_h = \rho L (h_w - h_n) \eta_h = 1.2 \times \frac{2000}{3600} \times (90.2 - 56.2) \times 62\% = 1.405\text{kW} = 1405\text{W}$$

新风冷负荷：

$$Q_w = \rho L (h_w - h_n) = 1.2 \times \frac{2000}{3600} \times (90.2 - 56.2) = 2.267\text{kW} = 2267\text{W}$$

新风系统带入冷负荷：

$$Q = Q_w - Q_h = 2267 - 1405 = 862\text{W}$$

9.6-7. 全热型排风热回收装置，额定新风量为 50000m³/h，新排风比为 1∶0.8，风机总效率均为 65%，两侧额定风量阻力均为 200Pa，夏季设计工况回收冷量为 192kW，设空气的密度为 1.2kg/m³，制冷系统保持 $COP = 4.5$，则所给工况下每小时节电量 (kWh) 最接近下列何项？【2016-3-07】

A. 34.98   B. 42.67

C. 45.65   D. 53.34

参考答案：A

主要解题过程：根据题意，全热型排风热回收装置排风量为：$L_p = L_x \times 0.8 = 50000 \times 0.8 = 40000\text{m}^3/\text{h}$。

全热型排风热回收装置新风侧电机功率为：$N_x = \dfrac{L_x P}{3600 \times \eta_\text{总}} = \dfrac{50000 \times 200}{3600 \times 0.65} = 4273.5\text{W} = 4.273\text{kW}$。

全热型排风热回收装置排风侧电机功率为：$N_p = \dfrac{L_p P}{3600 \times \eta_\text{总}} = \dfrac{40000 \times 200}{3600 \times 0.65} = 3418.8\text{W} = 3.42\text{kW}$。

全热型排风热回收装置电机总功率为：$N_z = N_p + N_x = 3.42 + 4.273 = 7.693\text{kW}$。

设制冷系统总制冷量为 Q，未设置全热型排风热回收装置时，总电功率为：$N_1 = \dfrac{Q}{COP} = \dfrac{Q}{4.5}$。

设置全热型排风热回收装置时，总电功率为：$N_2 = \dfrac{Q-192}{COP} + N_z = \dfrac{Q-192}{4.5} + 7.693$。

每小时节电量为：

$$\Delta W = (N_1 - N_2) \times 1 = \frac{Q}{4.5} - \left(\frac{Q-192}{4.5} + 7.693 \right) = \frac{192}{4.5} - 7.693 = 34.97\text{kWh}$$

9.6-8. 某新风转轮式热回收装置新风进风温度为 35℃，含湿量为 22g/kg干空气，焓值为 92kJ/kg；排风进风温度为 26℃，含湿量为 13g/kg干空气，焓值为 70.52kJ/kg，全热交换效率为 60%，新、排风量均为 20000m³/h，风侧阻力为 300Pa，风机总效率均为 70%，风机全压均为 1000Pa，转轮拖动电机功率为 2kW。试计算该装置的性能系数 COP（COP ＝装置的回收热量与消耗功率之比值）最接近下列何项？（空气密度取为 1.20kg/m³）【2016-4-07】

A. 12.7　　　　　　　　　　　　B. 16.4

C. 21.2　　　　　　　　　　　　D. 30.0

参考答案：A

主要解题过程：根据《复习教材》式（3.11-9），全热回收量为：$Q_h = \rho \cdot L_p \cdot (h_1 - h_3) \cdot \eta_h = 1.2 \times \dfrac{2000}{3600} \times (92 - 70.5) \times 0.6 = 86\text{kW}$。

风侧阻力即为转轮阻力 300Pa（风机全压 1000Pa，300Pa 克服热回收装置阻力，700Pa 克服系统管路阻力），因此新排风风机（共 2 台）消耗的总功率为：

$$N_1 = \frac{L \times P \times 2}{1000 \times \eta} = \frac{(20000/3600) \times 300 \times 2}{1000 \times 0.7} = 4.76\text{kW}$$

$$COP = \frac{Q_h}{N_1 + N_2} = \frac{86}{4.76 + 2} = 12.72$$

9.6-9. 空调房间设有从排风回收显热冷量的新风换气装置，新风量为 3250m³/h，排风量为 3000m³/h。室内空气温度为 25℃，室外空气温度为 35℃。设：装置对排风侧的显热回收效率为 0.65，则该新风换气装置的新风送风温度 t_x（℃）最接近下列何项？【2017-3-13】

A. 27　　　　　B. 28　　　　　C. 29　　　　　D. 30

参考答案：C

分析：根据《复习教材》式（3.11-8），得：

$$t_x = t_w - \frac{L_p \times (t_w - t_n) \times \eta_t}{L_x} = 35 - \frac{3000 \times (35 - 25) \times 0.65}{3250} = 29℃$$

9.6-10. 地处温和地区的某建筑，供冷期为 50 天，空调系统每天运行时间为 8h。供冷期室外空气的平均焓值为 56.8kJ/kg，室内设计参数对应的焓值为 55.5kJ/kg，建筑内设有 1 套风量为 10000m³/h 的集中新风系统和风量为 8500m³/h 的集中排风系统配套使用，空调冷源系统（含主机、冷水系统和冷却水系统）的制冷季节能效比为 4.0kWh/kWh。若增设排风热回收系统用于新风预冷，则新风系统的风机全压需增加 100Pa，排风系统的风机全压需增加 80Pa。假如热回收装置基于排风的全热交换效率为 65%，两个系统改造前后的风机总效率均为 75%。试分析建筑增设排风热回收装置的节能性，增设热回收系统前后供冷期的空调运行总能耗变化量为下列哪项？（不考虑其他附加，空气密度取 1.2kg/m³）【2017-3-18】

 A. 可节能，增设后总能耗减少了 33～34kWh

 B. 可节能，增设后总能耗减少了 709～800kWh

 C. 不节能，增设后总能耗增加了 8～10kWh

 D. 不节能，增设后总能耗增加了 91～92kWh

参考答案： C

主要解题过程： 根据《复习教材》式（2.8-3），增加热回收装置后，新风机能耗增加为：

$$N_x = \frac{L_x \times \Delta P_x}{3600 \times 1000 \times \eta_x} = \frac{10000 \times 100}{3600 \times 1000 \times 75\%} = 0.370\text{kW}$$

排风机能耗增加为：

$$N_p = \frac{L_p \times \Delta P_p}{3600 \times 1000 \times \eta_p} = \frac{8500 \times 80}{3600 \times 1000 \times 75\%} = 0.252\text{kW}$$

供冷期风机总能耗增加为：

$$N_{总} = (\Delta N_x + \Delta N_p) \times 8\text{h} \times 50\text{d} = 248.8\text{kWh}$$

根据式（3.11-9），回收冷量为：

$$Q = \frac{\rho \times L_p \times (h_w - h_n) \times \eta_h}{3600} = \frac{1.2 \times 8500 \times (56.8 - 55.5) \times 65\%}{3600} = 2.394\text{kW}$$

供冷期回收总冷量为：

$$Q_{总} = Q \times 8\text{h} \times 50\text{d} = 957.6\text{kWh}$$

制冷系统提供与热回收总冷量相当的冷量时耗功为：

$$N = \frac{957.6}{4} = 239.4\text{kWh}$$

故，增设热回收装置后，能耗变化量为：

$$\Delta N = N_{总} - N = 248.8 - 239.4 = 9.4\text{kWh}$$

不节能，总能耗增加了 9.4kWh。

9.7　空气洁净技术

9.7-1. 某净化室空调系统新风比为 0.15，设置了粗、中、高效过滤器，对于粒径≥0.5 微粒的计数效率分别为 20%、65%、99.9%，回风含尘浓度为 500000 粒/m³，新风

含尘浓度为 1000000 粒/m³，高效过滤器下游的空气含尘浓度（保留整数）为下列哪一项？【2012-4-20】

A. 43 粒

B. 119 粒

C. 161 粒

D. 259 粒

参考答案：C

主要解题过程：根据题意，设送风为 1 单位量，新风为 0.15 单位量，回风为 0.85 单位量，则：

$$(0.85 \times 500000 + 0.15 \times 1000000)(1-20\%)(1-65\%)(1-99.9\%) = 161PC$$

扩展：此题不严谨，应明确回风是否经过粗效过滤器，上述解题过程的图示如下：

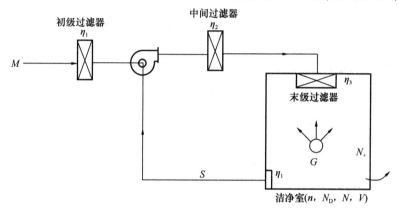

9.7-2. 某空调机组内设有粗、中效两级空气过滤器，按质量浓度计，粗效过滤器的效率为 70%，中效过滤器的效率为 80%。若粗效过滤器入口空气的含尘浓度为 150mg/m³，中效过滤器的出口含尘浓度为下列哪一项？【2013-4-20】

A. 3mg/m³

B. 5mg/m³

C. 7mg/m³

D. 9mg/m³

参考答案：D

主要解题过程：

根据《复习教材》第 3.6.2 节第 3 条"空气过滤器性能"：最终含尘浓度 $W_3 = W_1 \times [(1-E_1)(1-E_2)] = 150 \times (1-70\%)(1-80\%) = 9mg/m³$

9.7-3. 某洁净室按照发尘量和洁净度等级要求计算送风量 12000m³/h，根据热湿负荷计算送风量 15000m³/h，排风量 14000m³/h，正压风量 1500 m³/h，室内 25 人，该洁净室的送风量应为下列何项？【2014-4-20】

A. 12000m³/h

B. 15000m³/h

C. 15500m³/h

D. 16500m³/h

参考答案：C

主要解题过程：补偿室内排风量和保持室内正压值所需新鲜空气量：$L_1 = 14000 + 1500 = 15500m³/h$；保证供给洁净室人员新风量：$L_2 = 25 \times 40 = 1000m³/h$；所以 $L_1 > L_2$。由《洁净厂房设计规范》GB 50073—2013 第 6.1.5 条，洁净室新风量取二者最大为

$15500\text{m}^3/\text{h}$。满足空气洁净度等级要求的送风量：$L_3=12000\text{m}^3/\text{h}$；根据热湿负荷计算确定的送风量：$L_4=15000\text{m}^3/\text{h}$；洁净室所需新鲜空气量：$L_1=15500\text{m}^3/\text{h}$；$L_1>L_4>L_3$。

根据该规范第6.3.2条，送风量取保证洁净度等级送风量、根据热湿负荷确定的送风量以及新风量三者最大值，所以洁净室的送风量为 $15500\text{m}^3/\text{h}$。

9.7-4. 某工厂一正压洁净室的工作人员为3人，室内外压差为10Pa，房间内有一扇密闭门 $1.5\text{m}\times2.2\text{m}$，三扇单层固定密闭钢窗 $1.8\text{m}\times1.5\text{m}$，设备排风量为 $30\text{m}^3/\text{h}$，洁净室内最小新风量（m^3/h）应最接近下列何项？（门窗气密性安全系数取1.20、按缝隙法计算）【2016-4-20】

A. 150 　　　　　　　　　　　　B. 138

C. 120 　　　　　　　　　　　　D. 108

参考答案： C

主要解题过程： 根据《洁净厂房设计规范》GB 50073—2013 第6.1.5条，正压洁净室人员所需新风量 $G_{xf1}=40\times3=120\text{m}^3/\text{h}$。

根据第6.2.3条条文说明，按照缝隙法维持正压所需新风量为：

$$
\begin{aligned}
G_{zy} &= a\cdot\Sigma(q\cdot L) \\
&= 1.2\times[6\times2\times(1.5+2.2)+1\times2\times(1.8+1.5)\times3] \\
&= 77.04\text{m}^3/\text{h}
\end{aligned}
$$

根据6.1.5-1条，有

$$
G_{xf2}=G_{zy}+G_{pf}=77.04+30=107.04\text{m}^3/\text{h}
$$

取两者中大值，即 $120\text{m}^3/\text{h}$。

9.7-5. 如果生产工艺要求洁净环境 $\geqslant0.3\mu\text{m}$ 粒子的最大浓度限值为 $352\text{pc}/\text{m}^3$。问：$\geqslant0.5\mu\text{m}$ 粒子的最大浓度限值（pc/m^3），最接近下列何项？【2017-4-20】

A. 122 　　　　　　　　　　　　B. 212

C. 352 　　　　　　　　　　　　D. 588

参考答案： A

主要解题过程： 根据《复习教材》式（3.6-1），得：

$$
\frac{C_{0.3}}{C_{0.5}}=\frac{10^N\times\left(\dfrac{0.1}{0.3}\right)^{2.08}}{10^N\times\left(\dfrac{0.1}{0.5}\right)^{2.08}}
$$

故：

$$
C_{0.5}=C_{0.3}\times\left(\frac{0.3}{0.5}\right)^{2.08}=352\times\left(\frac{0.3}{0.5}\right)^{2.08}=121.6
$$

9.7-6. 某洁净室要求室内空气中 $\geqslant0.5\mu\text{m}$ 尘粒的浓度 $\leqslant35.2\text{pc}/\text{L}$。室外大气中 $\geqslant0.5\mu\text{m}$ 尘粒的含尘浓度为 $10\times10^7\text{pc}/\text{m}^3$，该洁净室内单位容积发尘量为 2.08×10^4 pc/（$\text{m}^3\cdot\text{min}$），净化空调系统设计新风比为10%。新风经粗效过滤（效率20%，效率为对 $\geqslant0.5\mu\text{m}$ 尘粒的效率，以下同）、中效过滤（效率70%）后，与经过中效过滤（效率70%）的回风混合并经高效过滤（效率99.99%）后送入洁净室。若安全系数取0.6，按

非单向流均匀分布计算法算出的该洁净室所需的最小换气次数（h⁻¹），最接近下列何项？【2018-4-20】

A. 60　　　　　　B. 70　　　　　　C. 80　　　　　　D. 90

参考答案： A

主要解题过程：

新风经过粗、中效过滤后的含尘浓度为：

$$N_{S1} = 10 \times 10^7 \times (1 - 20\%) \times (1 - 70\%) = 2.4 \times 10^7 \mathrm{pc/m^3}$$

回风经过中效过滤后的含尘浓度为：

$$N_{S2} = 35.2 \times 10^3 \times (1 - 70\%) = 1.056 \times 10^4 \mathrm{pc/m^3}$$

新回风混合并经过高效过滤后的送风含尘浓度为：

$$N_{S3} = [2.4 \times 10^7 \times 10\% + 1.056 \times 10^4 \times (1 - 10\%)] \times (1 - 99.99\%) = 241 \mathrm{pc/m^3}$$

根据《复习教材》式（3.6-8），换气次数为：

$$n = 60 \times \frac{G}{a \times N - N_{S3}} = 60 \times \frac{2.08 \times 10^4}{0.6 \times 35.2 \times 10^3 - 241} = 60 \mathrm{h^{-1}}$$

9.8　其　他　考　点

9.8.1　气流组织

9.8-1. 某办公室 1000m²，层高 4m，吊顶高度 3m，空调换气次数 8 次/h，要求采用面尺寸 500mm，颈部尺寸 400mm 的方形散流器送风，试计算散流器的最少个数？（已知：散流器的安装高度为 3m 时，颈部最大风速要求为 4.65m/s；安装高度为 4m 时，颈部最大风速要求为 5.60m/s）【2013-4-18】

A. 6 个　　　　　　　　　　　　B. 9 个

C. 10 个　　　　　　　　　　　D. 12 个

参考答案： B

主要解题过程：

空调体积送风量：$L = n \times V = 8 \times 1000 \times 3 = 24000 \mathrm{m^3/h}$

散流器个数：$m \geqslant \dfrac{L}{F \times v} = \dfrac{24000}{3600 \times 0.4 \times 0.4 \times 4.65} = 8.96$ 个

9.8-2. 某局部岗位冷却送风系统，采用紊流系数为 0.076 的圆管送风口，送风出口温度 $t_s = 20℃$，房间温度 $t_n = 35℃$，送风口至工作岗位的距离为 3m。工艺要求为：送风至岗位处的射流轴心温度 $t = 29℃$、射流轴心速度为 0.5m/s。问：该圆管风口的送风量，应最接近下列何项（送风口直径采用计算值）？【2014-4-16】

A. 160m³/h　　　　　　　　　　B. 200m³/h

C. 250m³/h　　　　　　　　　　D. 300m³/h

参考答案： C

主要解题过程： 由《复习教材》轴心温差公式（3.5-3）得，送风口当量直径为：

$$d_0 = \frac{ax}{\dfrac{0.35}{\dfrac{\Delta T_x}{\Delta T_0}} - 0.145} = \frac{0.076 \times 3}{\dfrac{0.35}{\dfrac{29-35}{20-35}} - 0.145} = 0.312 \text{m}$$

由《复习教材》轴心速度公式（3.5-1）得，送风口速度为：

$$v_0 = \frac{v_x \cdot \left(\dfrac{ax}{d_0} + 0.145 \right)}{0.48} = \frac{0.5 \times \left(\dfrac{0.076 \times 3}{0.312} + 0.145 \right)}{0.48} = 0.912 \text{m/s}$$

风口送风口风量为：

$$L = 3600 \times \frac{\pi}{4} d_0^2 \cdot v_0 = 3600 \times \frac{3.14}{4} \times 0.312^2 \times 0.912 = 250.9 \text{m}^3/\text{h}$$

9.8-3. 某酒店客房采用侧送贴附方式的气流组织形式，侧送风口（一个）尺寸为 800mm（长）×200mm（高），垂直于射流方向的房间净高为 3.5m，宽度为 4m。人员活动区的允许风速为 0.2m/s。则送风口最大允许风速（m/s）最接近下列何项？（风口当量直径按面积当量直径计算）【2016-4-16】

A. 2.41   B. 2.53

C. 2.70   D. 3.39

参考答案：A

主要解题过程：面积当量直径 $d_0 = 1.13\sqrt{a \times b} = 1.13\sqrt{0.8 \times 0.2} = 0.452$m。

根据《复习教材》式（3.5-12）得：

$$\frac{v_{p,h}}{v_0} = \frac{0.69}{\sqrt{\dfrac{F_n}{d_0}}}$$

$$\frac{0.2}{v_0} = \frac{0.69}{\dfrac{\sqrt{(4 \times 3.5)/1}}{0.452}}$$

$$v_0 = 2.41 \text{m/s}$$

扩展：本题所采用教材的公式与《民规》第 7.4.11 条条文说明式（32）系数不同，计算结果若采用《民规》公式，对应选项为 B（感兴趣读者请自行带入计算）。但从题目计算结果的精度可以看出，出题人按《复习教材》的公式出题。

9.8-4. 某候机厅拟采用单侧圆形喷口送风，初选喷口直径为 250mm，喷口送风速度为 8m/s，此时发现供冷时空调区的平均风速达到 0.50m/s，不能满足空调区平均风速不大于 0.25m/s 的室内环境控制要求。若要满足室内环境控制要求，同时维持喷口安装高度、射程和送风速度不变，则喷口的射程（m）和直径（mm）选择应最接近下列哪项？（圆形喷口的紊流系数取 0.07）【2017-3-14】

A. 射程 13.2，直径为 100   B. 射程 13.2，直径为 125

C. 射程 26.9，直径为 125   D. 射程 26.9，直径为 200

参考答案：B

主要解题过程：根据题意，空调区平均风速为 $v_{pl} = 0.5$m/s，根据《复习教材》式

（3.5-32），则射流末端轴心速度为 $v_{x1}=2v_{p1}=1\mathrm{m/s}$。

根据式（3.5-1），得：

$$\frac{v_{x1}}{v_0}=\frac{0.48}{\dfrac{ax}{d_1}+0.145}$$

$$x=\frac{\left(\dfrac{0.48\times v_0}{v_{x1}}-0.145\right)\times d_1}{a}=\frac{\left(\dfrac{0.48\times 8}{1}-0.145\right)\times 0.25}{0.07}=13.2\mathrm{m}$$

欲控制空调区平均风速为 $v_{p2}=0.25\mathrm{m/s}$，则射流末端轴心速度为 $v_{x2}=2v_{p2}=0.5\mathrm{m/s}$，则有：

$$\frac{v_{x2}}{v_0}=\frac{0.48}{\dfrac{ax}{d_2}+0.145}$$

$$d_2=\frac{ax}{\dfrac{0.48\times v_0}{v_{x2}}-0.145}=\frac{0.07\times 13.2}{\dfrac{0.48\times 8}{0.5}-0.145}=0.123\mathrm{m}$$

9.8-5. 空调房间净尺寸为：长 4.8m、宽 4.8m、高 3.6m，室内温度控制要求 $22\pm0.5℃$，恒温区高度 2.0m。采用一个平送风散流器送风，送风口喉部尺寸 300×300（mm），房间冷负荷 900W。问：该空调房间的最小送风量（kg/h），最接近下列哪一项？【2018-3-19】

A. 500　　　B. 600　　　C. 800　　　D. 1100

参考答案：D

主要解题过程：

散流器喉部尺寸为：$F_0=0.3\times0.3=0.09\mathrm{m^2}$。

散流器水平射程为：$l=4.8/2=2.4\mathrm{m}$，垂直射程 $h_x=3.6-2=1.6\mathrm{m}$。

根据《复习教材》图 3.5-23，有：$0.1\dfrac{l}{\sqrt{F_0}}=0.1\times\dfrac{2.4}{\sqrt{0.09}}=0.8$，$\dfrac{l}{h_x}=\dfrac{2.4}{1.6}=1.5$，查得 $K=0.47$。

根据式（3.5-19），有：

$$\frac{\Delta t_x}{\Delta t_0}=1.1\frac{\sqrt{F_0}}{K(h_x+l)}=1.1\times\frac{\sqrt{0.09}}{0.47\times(1.6+2.4)}=0.176$$

散流器送风轴心温差 Δt_x 应小于空调精度，则：

$$\Delta t_0\leqslant\frac{\Delta t_x}{0.176}=\frac{0.5}{0.176}=2.84℃$$

散流器最小送风量为：

$$G=\frac{Q\times3.6}{c\Delta t_0}=\frac{900\times3.6}{1.01\times2.84}=1130\mathrm{kg/h}$$

9.8.2　管道保温与保冷

9.8-6. 一空调矩形钢板送风管（风管内空气温度 15℃），途经一非空调场所（场所空气干球温度 35℃，露点温度 31℃），拟选用离心玻璃棉保温防止结露，则该风管防止结露的最小计算保温厚度是下列哪一项？（注：离心玻璃棉的导热系数为 $0.039\mathrm{W/(m^2 \cdot K)}$，不考虑导热系数的温度修正，保温层外表面换热系数为 $8.14\mathrm{W/(m^2 \cdot K)}$，保冷厚度修正系数为 1.2）【2013-4-13】

A. $19.3 \sim 20.3\mathrm{mm}$ B. $21.4 \sim 22.4\mathrm{mm}$
C. $22.5 \sim 23.5\mathrm{mm}$ D. $23.6 \sim 24.6\mathrm{mm}$

参考答案：C

主要解题过程：查《复习教材》式（3.10-3），得：

$$\delta_\mathrm{m} = \frac{\lambda}{\alpha_\mathrm{w}} \frac{(t_\mathrm{L} - t_\mathrm{n})}{(t_\mathrm{w} - t_\mathrm{L})} = \frac{0.039}{8.14} \times \frac{(31-15)}{(35-31)} = 0.0192$$

考虑保冷厚度修正系数为 1.2，

$$\delta_\mathrm{m} = 0.0192 \times 1.2 = 0.023 = 23\mathrm{mm}$$

9.8-7. 某办公楼的空气调节系统，系统风管的绝热材料采用柔性泡沫橡塑材料，其导热系数为 $0.0365\mathrm{W/(m \cdot K)}$，根据有关节能设计标准，采用柔性泡沫橡塑板材的厚度规格，最合理的应是下列选项的哪一个？并列出判断过程。（计算中不考虑修正系数）【2014-4-12】

A. 19mm B. 25mm
C. 32mm D. 38mm

参考答案：C

主要解题过程：根据《民规》附录 K 表 K.0.4-1 查得，一般空调风管绝热层最小热阻为 $0.81\ \mathrm{m^2 \cdot K/W}$。最小绝热层厚度 $\delta \geqslant 0.0365 \times 0.81 = 0.0296\mathrm{m} = 29.6\mathrm{mm}$。

因此，32mm 绝热层厚度合理。

9.8-8. 某地夏季空调室外计算干球温度 35℃，最热月月平均相对湿度 80%，某公共建筑敷设在架空层中的矩形钢板风管（高 500mm，宽 1000mm），板厚 0.5mm，风管内输送的空气温度为 15℃。选用离心玻璃棉保温。问：该风管的防结露计算的保温厚度（mm）最接近下列何项？ ［注：大气压力为 101325Pa，离心玻璃棉的导热系数 $\lambda = 0.035\mathrm{W/(m \cdot K)}$；保温层外表面换热系数 $\alpha = 8.141\mathrm{W/(m^2 \cdot K)}$，保冷厚度计算修正系数 $K = 1.2$］【2017-4-15】

A. 19 B. 21
C. 23 D. 26

参考答案：B

主要解题过程：查 h-d 图，室外露点温度 $t_\mathrm{L} = 31℃$，根据热流密度相等原理，得：

$$\frac{t_\mathrm{L} - t_\mathrm{O}}{\frac{\delta}{\lambda}} = h(t_\mathrm{w} - t_\mathrm{L})$$

$$\delta = \frac{\lambda(t_\mathrm{L} - t_\mathrm{O})}{h(t_\mathrm{w} - t_\mathrm{L})} = \frac{0.035 \times (31-15)}{8.141 \times (35-31)} = 0.0172\mathrm{m}$$

防结露保温厚度为：

$$\delta' = k\delta = 1.2 \times 0.0172 = 0.021\mathrm{m} = 21\mathrm{mm}$$

9.8.3　隔声与减振

9.8-9. 某变频水泵的额定转速为 960r/min，变频控制的最小转速为额定转速的 60%。现要求该水泵隔振设计时的振动传递比不大于 0.05。问：选用下列哪种隔振器更合理？并写出推断过程。【2014-3-19】

A. 非预应力阻尼型金属弹簧隔振器　　　B. 橡胶剪切隔振器

C. 预应力阻尼型金属弹簧隔振器　　　　D. 橡胶隔振垫

参考答案：C

主要解题过程：根据《复习教材》式（3.9-15），振动设备的扰动频率 $f = 960/60 = 16\mathrm{Hz}$。

所需要的隔振器的自振频率为：

$$f_0 = f \times \sqrt{\frac{T}{1-T}} = 16 \times \sqrt{\frac{0.05}{1-0.05}} = 3.67\mathrm{Hz} < 5\mathrm{Hz}$$

由《复习教材》第 3.9.5 节第 3 条 "5）选择合理的隔振器"，可知应采用预应力阻尼型金属弹簧隔振器。

9.8-10. 某离心式风机，其运行参数为：风量 10000m³/h，全压 550Pa，转速 1450r/min。现将风机转速调整为 960r/min，调整后风机的估算声功率级 [dB（A）] 最接近下列何项？【2016-3-17】

A. 88.5　　　　　　　　　　　　B. 90.8

C. 96.5　　　　　　　　　　　　D. 99.8

参考答案：B

主要解题过程：根据《复习教材》表 2.8-6 得，风量变为：$L_2 = L_1 \dfrac{n_2}{n_1}$，$L_2 = 1000 \times \dfrac{960}{1450} = 6621\mathrm{m^3/h}$。

风压变为：$P_2 = P_1 \left(\dfrac{n_2}{n_1}\right)^2$，$P_2 = 550 \left(\dfrac{960}{1450}\right)^2 = 241\mathrm{Pa}$。

根据式（3.9-7），得：

$$L_\mathrm{w} = 5 + 10(\lg L) + 20(\lg H) = 5 + 10(\lg 6621) + 20(\lg 241) = 90.8\mathrm{dB(A)}$$

9.8-11. 现有一台离心风机的风量为 30000m³/h，全压为 600Pa，转速为 1120r/min，经计算其噪声超出要求。现更换一台风机，保持风机风量不变，计算噪声要求为 100.33dB，则新更换风机的全压（Pa）应最接近下列何项？【2016-4-12】

A. 337　　　　　　　　　　　　B. 365

C. 450　　　　　　　　　　　　D. 535

参考答案：A

主要解题过程：根据《复习教材》式（3.9-7）得：

$$L_\mathrm{w} = 5 + 10(\lg L) + 20(\lg H)$$

$$100.33 = 5 + 10(\lg 30000) + 20(\lg H)$$

$$H = 337\text{Pa}$$

9.8-12. 某空调房间尺寸为 4m×5m×3m，室内平均吸声系数为 0.15，指向性因素为 4，送风口距测量点的距离为 3m，送风口进入室内的声功率级为 40dB，试问测量点的声压级（dB）最接近下列何项？【2017-4-12】

A. 25   B. 30

C. 35   D. 40

参考答案：C

主要解题过程：根据《复习教材》式（3.9-13），得：

$$L_{\text{p}} = L_{\text{w}} + 10\lg\left[\frac{Q}{4\pi r^2} + \frac{4(1-a_{\text{m}})}{Sa_{\text{m}}}\right]$$

$$= 40 + 10 \times \lg\left[\frac{4}{4 \times 3.14 \times 3^2} + \frac{4 \times (1-0.15)}{(4 \times 5 + 4 \times 3 + 5 \times 3) \times 2 \times 0.15}\right] = 34.4\text{dB}$$

第 10 章　制冷与热泵技术专业案例题

本章知识点题目分布统计表

小节	考点名称		2012 年至 2020 年题目统计		近三年题目统计		2020 年题目统计
			题目数量	比例	题目数量	比例	
10.1	制冷循环		15	17%	5	14%	2
10.2	制冷设备	10.2.1　制冷压缩机	3	3%	1	3%	1
		10.2.2　机组变流量	2	2%	0	0%	0
		10.2.3　冷凝器/蒸发器	4	5%	0	0%	0
		小计	9	10%	1	3%	1
10.3	冷热源	10.3.1　机组功耗与搭配	23	26%	8	23%	5
		10.3.2　热泵能耗	18	21%	9	26%	1
		10.3.3　吸收式制冷	4	5%	2	6%	0
		小计	45	52%	19	54%	6
10.4	其他考点	10.4.1　蓄冷	8	9%	5	14%	1
		10.4.2　冷库热工与冷库工艺	7	8%	3	9%	2
		10.4.3　冷热电三联供	3	3%	2	6%	1
		小计	18	21%	10	29%	4
合计			87		35		13

说明：2015 年停考 1 年，近三年真题为 2018 年至 2020 年。

10.1　制　冷　循　环

10.1-1. 下图为带闪分蒸发器的（制冷剂为 R134a）双级压缩制冷循环，已知：循环主要状态点制冷剂的比焓（kJ/kg）为：$h_3 = 410.25$，$h_7 = 228.50$。当流经蒸发器与流经闪分蒸发器的制冷剂质量流量之比为 5.5 时，h_5 应为下列哪一值？【2012-4-23】

  A. 231～256kJ/kg   B. 251～270kJ/kg

  C. 271～280kJ/kg   D. 281～310kJ/kg

参考答案：B

主要解题过程：根据质量守恒：$m_6 = m_3 + m_7$；根据能量守恒：$m_6 h_6 = m_3 h_3 + m_7 h_7$；

  所以 $h_6 = (h_3 + 5.5 h_7)/6.5 = 256.5 kJ/kg$，因此 $h_5 = h_6 = 256.5 kJ/kg$。

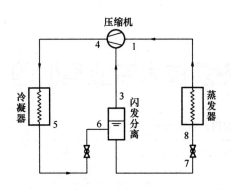

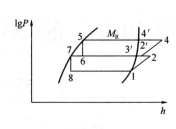

10.1-2. 下图所示为采用热力膨胀阀的回热式制冷循环，点 1 为蒸发器的出口状态，1-2 和 5-6 为气液在回热器的换热过程，试问该循环制冷剂的单位质量压缩耗功应是下列哪一个选项？（注：各点比焓见下表）【2013-4-21】

状态点号	1	2	3	4	5	6
比焓（kJ/kg）	340	346.3	349.3	376.5	285.6	279.3

A. 6.8kJ/kg

B. 9.8kJ/kg

C. 27.2kJ/kg

D. 30.2kJ/kg

参考答案：C

主要解题过程：根据《复习教材》式（4.1-11），压缩机过程为 3-4：

$$w_c = h_4 - h_3 = 376.5 - 349.3 = 27.2 \text{kJ/kg}$$

其中 2-3 为温升过程（热损失）。

10.1-3. 某带回热器的压缩式制冷机组，制冷剂为 CO_2，下图所示为系统组成和制冷循环，点 1 为蒸发器出口状态，该循环回热器的出口（点 5）焓值为下列哪一项？（注：各点比焓见下表）【2013-4-22】

状态点号	1	2	3	4	7	8	9
比焓（kJ/kg）	434.6	485.2	537.3	327.6	437.6	484.7	434.2

A. 277kJ/kg

B. 277.5kJ/kg

C. 280kJ/kg

D. 280.5kJ/kg

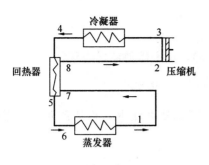

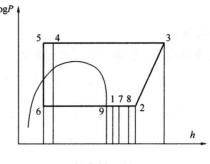

系统组成图　　　　　　　　　　　制冷循环图

参考答案： D

主要解题过程： 根据《复习教材》P581，回热器内换热过程为绝热过程：$h_8 - h_7 = h_4 - h_5 \rightarrow h_5 = h_4 - (h_8 - h_7) = 327.6 - (484.7 - 437.6) = 280.5\text{kJ/kg}$

10.1-4. 右图所示为一次节流完全中间冷却的双级氨制冷理论循环，各状态点比焓为：$h_1 = 1408.41\text{kJ/kg}$，$h_2 = 1590.12\text{kJ/kg}$，$h_3 = 1450.42\text{kJ/kg}$，$h_4 = 1648.82\text{kJ/kg}$，$h_5 = 342.08\text{kJ/kg}$，$h_6 = 181.54\text{kJ/kg}$，试问在该工况下，理论制冷系数为下列何项？【2014-3-22】

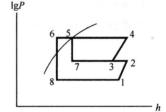

A. 1.9～2.2　　　　　　B. 2.3～2.6

C. 2.7～3.0　　　　　　D. 3.1～3.4

参考答案： C

主要解题过程： 根据《复习教材》第 4.1.5 节第 1 条，一次节流完全中间冷却，设通过蒸发器的制冷剂质量流量为 M_{R1}，节流进入中间冷却器的制冷剂质量流量为 M_{R2}，根据进出中间冷却器的热量，列出中间冷却器的热平衡方程为：$M_{R1}(h_2 - h_3) + M_{R1}(h_5 - h_6) = M_{R2}(h_3 - h_7)$；得到：

$$\frac{M_{R2}}{M_{R1}} = \frac{(h_2 - h_3) + (h_5 - h_6)}{(h_3 - h_7)} = \frac{(1590.12 - 1450.42) + (342.08 - 181.54)}{(1450.42 - 342.08)} = 0.27$$

则制冷量 $\Phi_0 = M_{R1}(h_1 - h_8)$；高低压级压缩机的理论总耗功率 $P_{th} = M_{R1}(h_2 - h_1) + (M_{R1} + M_{R2})(h_4 - h_3)$；

由上述条件得理论制冷系数：

$$\varepsilon = \frac{\Phi_0}{P_{th}} = \frac{M_{R1}(h_1 - h_8)}{M_{R1}(h_2 - h_1) + (M_{R1} + M_{R2})(h_4 - h_3)} = \frac{(h_1 - h_8)}{(h_2 - h_1) + (1 + \frac{M_{R2}}{M_{R1}})(h_4 - h_3)}$$

$$= \frac{(1408.4 - 181.54)}{(1590.12 - 1408.41) + (1 + 0.27)(1648.82 - 1450.42)} = 2.83$$

10.1-5. 已知某电动压缩式制冷机组处于额定负荷出力的运行工况：冷凝温度为 30℃，蒸发温度为 2℃，不同的销售人员介绍该工况下机组的制冷系数数值，不可取信的为下列何项？并说明原因。【2014-3-23】

A. 5.85　　　　　　　　　　　　B. 6.52

C. 6.80　　　　　　　　　　　　D. 9.82

参考答案：D

主要解题过程：根据《复习教材》式（4.1-5），逆卡诺循环制冷系数：

$$\varepsilon = \frac{T_0}{T_k - T_0} = \frac{2+273}{30-2} = 9.82$$

而实际循环有传热温差等损失，制冷系数不可能达到逆卡诺循环系数，故选项 D 不可信。

10.1-6. 一个由两个定温过程和两个绝热过程组成的理论制冷循环，低温热源恒定为 $-15℃$，高温热源恒定为 $30℃$。试求传热温差均为 $5℃$ 时，热泵循环的制热系数最接近下列何项？【2016-3-20】

A. 6.7　　　　　　　　　　　　B. 5.6

C. 4.6　　　　　　　　　　　　D. 3.5

参考答案：B

主要解题过程：根据《复习教材》式（4.1-6）得有传热温差的制冷系数：

$$\varepsilon'_c = \frac{T_0}{T_k - T_0} = \frac{(T'_0 - \Delta T_0)}{[(T'_k + \Delta T_k) - (T'_0 - \Delta T_0)]}$$

$$= \frac{(-15+273-5)}{[(30+273+5)-(-15+273-5)]} = 4.6$$

根据式（4.1-36）有传热温差的制热系数：

$$\varepsilon'_h = 1 + \varepsilon'_c = 1 + 4.6 = 5.6$$

10.1-7. 下图为某带经济器的制冷循环，已知：$h_1=390kJ/kg$，$h_3=410kJ/kg$，$h_4=430kJ/kg$，$h_5=250kJ/kg$，$h_7=220\ kJ/kg$。蒸发器制冷量为 50kW，求冷凝器散热量（kW）最接近下列何项？（忽略管路等传热的影响）【2016-3-22】

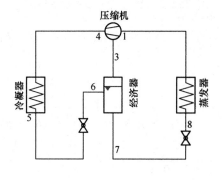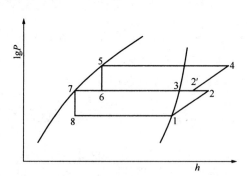

A. 50　　　　　　　　　　　　B. 56

C. 62　　　　　　　　　　　　D. 66

参考答案：C

主要解题过程：

【解法一】

以经济器为对象，进入和流出经济器的质量、能量守恒得：

$$M_R = M_{R1} + M_{R2}$$

$$M_{R1} = \frac{Q_0}{h_1 - h_7} = \frac{50}{(390 - 220)} = 0.294 \text{kg/s}$$

$$(M_{R1} + M_{R2})h_6 = M_{R1}h_7 + M_{R2}h_3$$

$$M_{R1}(h_5 - h_7) = M_{R2}(h_3 - h_5)$$

$$M_{R2} = M_{R1} \frac{h_5 - h_7}{h_3 - h_5} = 0.294 \times \frac{250 - 220}{410 - 250} = 0.055 \text{kg/s}$$

$$Q_k = (M_{R1} + M_{R2}) \times (h_4 - h_5) = (0.294 + 0.055) \times (430 - 250) = 62.82 \text{kW}$$

【解法二】

6 点的干度

$$\chi_6 = \frac{h_6 - h_7}{h_3 - h_7} = \frac{250 - 220}{410 - 220} = 0.158$$

$$M_R = M_{R1} + M_{R2} = \frac{M_{R1}}{1 - \chi_6} = \frac{0.294}{1 - 0.158} = 0.349 \text{kg/s}$$

$$Q_k = M_R \times (h_4 - h_5) = 0.349 \times (430 - 250) = 62.82 \text{kW}$$

10.1-8. 已知某热泵装置运行时，从室外低温环境中的吸热量为 3.5kW，根据运行工况查得各状态点的焓值为：蒸发器出口制冷剂比焓 359kJ/kg；压缩机出口气态制冷剂的比焓 380 kJ/kg；冷凝器出口液态制冷剂的比焓 229 kJ/kg；则该装置向室内的理论计算供热量（kW）最接近下列何项？（系统的放热均全部视为向室内供热）【2016-4-21】

A. 3.90　　　　　　　　　　　B. 4.10

C. 4.30　　　　　　　　　　　D. 4.50

参考答案： B

主要解题过程：

【解法一】

依据制冷剂质量流量保持不变得：

$$M_R = \frac{Q_0}{h_1 - h_4} = \frac{Q_K}{h_2 - h_3}$$

$$\frac{3.5}{359 - 229} = \frac{Q_K}{380 - 229}$$

$$Q_K = 4.06 \text{kW}$$

【解法二】

根据热量平衡计算公式得：

$$Q_K = Q_0 + \frac{Q_K}{COP_h} = Q_0 + \frac{Q_K(h_2 - h_1)}{(h_2 - h_3)}$$

$$Q_K = 3.5 + \frac{Q_K(380 - 359)}{380 - 229}$$

$$Q_K = 4.06kW$$

10.1-9. 下图为带闪发分离器的双级压缩制冷循环，该循环部分节点的制冷剂比焓如下面已知条件，流经一级压缩机的制冷剂质量流量为10kg/s。问：二级压缩机质量流量（kg/s）为以下哪个选项？已知：$h_3 = 415kJ/kg$；$h_6 = 250kJ/kg$；$h_7 = 230kJ/kg$。【2017-3-23】

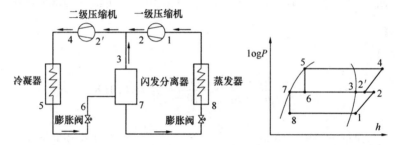

A. 9.0～9.5

B. 10.0～10.5

C. 11.0～11.5

D. 12.0～12.5

参考答案：C

主要解题过程：根据能量守恒公式得：

$$M_6 h_6 = (M_6 - M_7)h_3 + M_7 h_7 = (M_6 - 10) \times 415 + 10 \times 230 = M_2 \times 250$$

解得：

$$M_2 = 11.2kJ/s$$

10.1-10. 下图所示为采用R134a制冷剂的蒸汽压缩制冷理论循环，采用将压缩后的高压气体分流一部分（8→6）与来自蒸发器的制冷剂混合（4+6→5）后再压缩的方式实现变制冷量调节。已知，蒸发温度为0℃、冷凝温度为40℃，有关状态点的焓值（kJ/kg）如下表所列，该循环的理论制冷量与不调节分流的理论制冷量之比值（%）最接近下列何项？【2017-3-24】

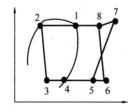

h_1	h_2	h_4	h_5	h_7	h_8
417.2	256.8	395.6	420.2	449.8	439.8

A. 44.3

B. 51.1

C. 54.2

D. 58.6

参考答案：A

主要解题过程：系统分流出去的高压气体质量为 M_a，剩余的气体质量为 M_b，则有：

$$M_a h_6 + M_b h_4 = (M_a + M_b) h_5$$

又 $h_6 = h_8$

$$439.8 M_a + 395.6 M_b = 420.2 (M_a + M_b)$$

解得：

$$M_b = 0.8 M_a$$

调节前后制冷量之比：

$$n = \frac{M_b (h_4 - h_3)}{(M_a + M_b)(h_4 - h_3)} = \frac{0.8 M_a}{(1 + 0.8) M_b} = 0.443 = 44.3\%$$

10.1-11. 一种空气源热泵机组的工作原理图如下图所示。已知：图中一些状态点的比焓值：$h_1 = 418\text{kJ/kg}$，$h_2 = 439\text{kJ/kg}$，$h_4 = 458\text{kJ/kg}$，$h_5 = 276\text{kJ/kg}$，$h_7 = 223\text{kJ/kg}$，$h_9 = 425\text{kJ/kg}$。问：该热泵机组的制热能效比 COP，最接近下列哪项？【2018-3-21】

A. 3.8　　　　　　B. 4.4　　　　　　C. 4.8　　　　　　D. 5.1

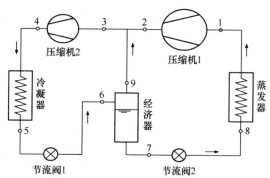

参考答案：C

主要解题过程：

针对经济器列质量守恒和能量守恒方程：

$$MR = MR_1 + MR_2$$

$$MR\,h_6 = MR_1 h_7 + MR_2 h_9 \Rightarrow MR \times 276 = MR_1 \times 223 + MR_2 \times 425$$

以上两式联立，可求得：

$$MR = 1.356 MR_1$$

制热量为：

$$Q_k = MR(h_4 - h_5) = 1.356 MR_1 \times (458 - 276) = 246.79 MR_1$$

对 2+9→3 列能量守恒方程，有：

$$MR_2 h_9 + MR_1 h_2 = MR h_3$$

$$(1.356 MR_1 - MR_1) \times 425 + MR_1 \times 439 = 1.356 MR_1 \times h_3$$

$$h_3 = 435.32\text{kJ/kg}$$

制热功率为：

$$P_{th} = P_{th1} + P_{th2} = MR_1 (h_2 - h_1) + MR(h_4 - h_3)$$

$$= MR_1(439 - 418) + 1.356MR_1(458 - 435.32) = 51.75MR_1$$

制热能效比为：

$$COP = \frac{Q_k}{P_{th}} = \frac{246.79MR_1}{51.75MR_1} = 4.77$$

10.2 制 冷 设 备

10.2.1 制冷压缩机

10.2-1. 有一台制冷剂为 R717 的 8 缸活塞压缩机，缸径为 100mm，活塞行程为 80mm，压缩机转速为 720r/min，压缩比为 6，压缩机的实际输气量是下列哪一项？【2012-3-21】

  A. 0.04~0.042m³/s   B. 0.049~0.051m³/s

  C. 0.058~0.06m³/s   D. 0.067~0.069m³/s

参考答案： A

主要解题过程： 根据《复习教材》式 (4.3-8)，容积效率为：

$$\eta_v = 0.94 - 0.085\left[\left(\frac{p_2}{p_1}\right)^{\frac{1}{m}} - 1\right] = 0.94 - 0.085(6^{\frac{1}{1.28}} - 1) = 0.68$$

理论输气量为：

$$V_h = \frac{\pi}{240}D^2 \cdot S \cdot n \cdot Z = \frac{3.14}{240} \times 0.1^2 \times 0.08 \times 720 \times 8 = 0.0603\text{m}^3/\text{s}$$

实际输气量为：

$$V_r = V_h \times \eta_v = 0.0603 \times 0.68 = 0.041\text{m}^3/\text{s}$$

10.2-2. 蒸汽压缩式制冷冷水机组，制冷剂为 R134a，各点热力参数见下表，计算时考虑如下效率：压缩机指示效率为 0.92，摩擦效率为 0.99，电动机效率为 0.98，该状态下的制冷系数 COP 最接近下列何项？【2016-3-21】

状态点	绝对压力（Pa）	温度（℃）	液体比焓（kJ/kg）	蒸汽比焓（kJ/kg）
压缩机入口	273000	10		407.8
压缩机出口	1017000	53		438.5
蒸发器入口	313000	0	257.3	
蒸发器出口	293000	5		401.6

  A. 4.20   B. 4.28

  C. 4.56   D. 4.70

参考答案： B

主要解题过程： 根据《复习教材》式 (4.3-9) 得单位质量制冷量为：$q_0 = h_1 - h_5 = 401.6 - 257.3 = 144.3\text{kJ/kg}$。

根据式 (4.3-14) 得理论压缩耗功量为：$\omega_{th} = h_3 - h_2 = 438.5 - 407.8 = 30.7\text{kJ/kg}$。

由式 (4.3-18) 得制冷压缩机比轴功为：$\omega_e = \frac{\omega_{th}}{\eta_i \eta_m} = \frac{30.7}{0.92 \times 0.99} = 33.71\text{kJ/kg}$。

由式 (4.3-22) 得制冷压缩机的制冷性能系数为：$COP = \dfrac{q_0}{\omega_e} = \dfrac{144.3}{33.71} = 4.28$。

10.2.2 机组变流量

10.2-3. 某离心式冷水制冷机组允许变流量运行，允许蒸发器最小流量是额定流量的 65%，蒸发器在额定流量时，水压降为 60kPa，蒸发侧（冷水回路侧）设有压差保护装置（当压差低于设定数值时，表明水量过小，实现机组自动停机保护）。问：满足变流量要求设定的保护压差数值应为下列哪一项？【2013-3-22】

A. 60kPa
B. 48～52kPa
C. 38～42kPa
D. 24～28kPa

参考答案： D

主要解题过程： 由 $\Delta P = SQ^2$，$S = \Delta P_1 / Q_1^2 = \Delta P_2 / Q_2^2$，得：

$$\Delta P_2 = \Delta P_1 (Q_2 / Q_1)^2 = 60 \times 0.65^2 = 25.35 \text{kPa}。$$

10.2-4. 某活塞式制冷压缩机的轴功率为 100kW，摩擦效率为 0.85。压缩机制冷负荷卸载 50% 运行时（设压缩机进出口的制冷剂比焓、指示效率与摩擦功率维持不变），压缩机所需的轴功率为下列何项？【2014-4-22】

A. 50kW
B. 50.5～54.0kW
C. 54.5～60.0kW
D. 60.5～65.0kW

参考答案： C

主要解题过程： 根据《复习教材》式 (4.3-17)，压缩机指示功率为：

$$P_i = P_e \times \eta_m = 100 \times 0.85 = 85 \text{kW}$$

根据式 (4.3-16)，摩擦功率为：

$$P_m = P_i - P_e = 100 - 85 = 15 \text{kW}$$

冷负荷卸载 50% 运行时，压缩机制冷剂流量减半根据式 (4.3-15) 可知，指示效率变为：

$$P'_i = \frac{1}{2} M_{R0} (h_3 - h_2) / \eta_i = \frac{1}{2} P_i = 42.5 \text{kW}$$

轴功率为：

$$P'_e = P'_i + P_m = 42.5 + 15 = 57.5 \text{kW}$$

10.2.3 冷凝器/蒸发器

10.2-5. 使用电热水器和热泵热水器将 50kg 的水从 15℃ 加热到 55℃，如果电热水器的电效率为 90%，热泵 $COP=3$，试问热泵热水器耗电量与电热水器耗电量之比约为下列何值？【2013-3-21】

A. 20% 左右
B. 30% 左右
C. 45% 左右
D. 60% 左右

参考答案： B

主要解题过程： 根据《商业或工业用及类似用途的热泵热水机》GB/T 21362－2008

第 3.11 条，设加热量为 Q，则

电热耗电量：$N_1 = \dfrac{Q}{90\%}$；热泵耗电量：$N_2 = \dfrac{Q}{3}$

比值：$\dfrac{N_2}{N_1} = \dfrac{Q/3}{Q/0.9} = 0.3 = 30\%$

10.2-6. 已知某电动压缩式制冷机组的冷凝器设计的放热量为 1500kW，分别采用温差为 5℃冷却水冷却和采用常温下水完全蒸发冷却（不考虑显热），前者与后者相同单位时间的水量之比值是下列何项？【2014-4-23】

  A. 10～12   B. 50～90

  C. 100～120   D. 130～150

参考答案：C

主要解题过程：冷却水冷却所需水量：$G_1 = \dfrac{Q}{c\Delta t} = \dfrac{1500}{4.187 \times 5} = 71.9\text{kg/s}$

蒸发冷却所需水量：$G_2 = \dfrac{Q}{q_{潜}} = \dfrac{1500}{2500} = 0.6\text{kg/s}$

水量之比：$\dfrac{G_1}{G_2} = \dfrac{71.9}{0.6} = 119.8$

10.2-7. 某工程设计冷负荷为 3000kW，拟采购 2 台离心式冷水机组，由于当地冷却水水质较差，设计选用冷凝器时的污垢系数为 0.13m² · ℃/kW。机组污垢系数对其制冷量的影响详见附表，则机组在出厂检测时单台制冷量（kW）应达到下列哪一项才是合格的？（设计温度同名义工况）【2016-3-23】

污垢系数（m² · ℃/kW）	0	0.044	0.086	0.13
制冷量变化	1.02	1.00	0.98	0.96

  A. 1500   B. 1535

  C. 1563   D. 1594

参考答案：D

主要解题过程：根据《复习教材》第 4.3.5 节第 1 条 "（1）名义工况"，新机组测试时，冷凝器和蒸发器的水侧应被认为是清洁的，测试时污垢系数应考虑为 0 m² · ℃/kW。为满足工程设计冷负荷要求，机组出厂检测时单台制冷量为：$Q = \dfrac{3000}{2 \times 0.96} \times 1.02 = 1593.75\text{kW}$。

10.2-8. 某空调系统采用的空气冷却式冷凝器，其传热系数 $K = 30\text{W/}(\text{m}^2 \cdot ℃)$（以空气侧为准），冷凝器的热负荷 $\Phi_k = 60\text{kW}$，冷凝器入口空气温度 $t_{a1} = 35℃$，流量为 15kg/s，如果冷凝温度 $t_k = 48℃$，设空气的定压比热 $c_p = 1.0\text{kJ/}(\text{kg} \cdot ℃)$，则该冷凝器的空气侧传热面积（m²）应为以下哪个选项？（注：按照对数平均温差计算）【2017-3-21】

A. 170~172 B. 174~176

C. 180~182 D. 183~185

参考答案： D

主要解题过程：

$$\varPhi_K = c_p m \Delta t = 1.0 \times 15 \times (t_{a2} - 35) = 60\text{kW}$$

解得：

$$t_{a2} = 39\text{℃}$$

根据《复习教材》式（1.8-28）及式（4.9-10）可知：

$$\Delta t_{pj} = \frac{\Delta t_a - \Delta t_b}{\ln \dfrac{\Delta t_a}{\Delta t_b}} = \frac{\left[(48-35)-(48-39)\right]}{\ln \dfrac{48-35}{48-39}} = 10.9 \text{ ℃}$$

$$A = \frac{\varPhi_K}{K \Delta t_{pj}} = \frac{60 \times 10^3}{30 \times 10.9} = 183.5\text{m}^2$$

10.3 冷 热 源

10.3.1 机组功耗与搭配

10.3-1. 某办公楼拟选择 2 台风冷螺杆式冷热水机组，已知：机组名义制热量为 462kW，建设地室外空调计算干球温度为 -5℃，室外供暖计算干球温度为 0℃，空调设计供水温度为 50℃，该机组制热量修正系数如右表所示，机组每小时化霜二次。该机组在设计工况下的供热量为下列哪一项？【2012-3-05】

A. 210~220kW

B. 240~250kW

C. 260~275kW

D. 280~305kW

进风温度	出水温度（℃）			
（℃）	35	40	45	50
-5	0.71	0.69	0.65	0.59
0	0.85	0.83	0.79	0.73
5	1.01	0.97	0.93	0.87

参考答案： A

主要解题过程：《复习教材》式（4.3-27）：

$$q_0 = 462, k_1 = 0.59, k_2 = 0.8$$

$$\varphi_h = q_0 k_1 k_2 = 462 \times 0.59 \times 0.8 = 218\text{kW}$$

10.3-2. 某建筑设置的集中空调系统中，采用的离心式冷水机组为国家标准《冷水机组能效限制及能源效率等级》GB 19577—2004 规定的 3 级能效等级的机组，其蒸发器的制冷量为 1530kW，冷凝器冷却供回水设计温差为 5℃。冷却水水泵的设计参数如下：扬程为 40mH$_2$O，水泵效率为 70%。问：冷却塔的排热量（不考虑冷却水管路的外排热）应接近下列何项值？【2012-4-17】

A. 1530kW B. 1580kW C. 1830kW D. 1880kW

参考答案： D

主要解题过程：

根据《冷水机组能效限定值及能源效率等级》GB 19577—2004 表 2 可知，当 $CC=$ 1530 时，能效等级为 3 时，$COP=5.1$。

实际水泵功率最终转化为热能，这部分热能被冷水吸收，即为水泵温升的影响。

计算冷却水泵单位排热量的消耗功率为：

$$N = \frac{GH}{367.3 \cdot \eta_s} = \frac{1.2 \times 0.86 \times Q \times H}{367.3 \cdot \Delta T \cdot \eta_s} = \frac{1.2 \times 0.86 \times 1530 \times 40}{367.3 \times 5 \times 0.7} = 49\text{kW}$$

不考虑水泵温升时，冷却塔排热量为：

$$Q_p = Q + \frac{Q}{COP} = 1530 + \frac{1530}{5.1} = 1830\text{kW}$$

考虑水泵温升后，冷却塔的排热量为：

$$Q'_p = 1830 + 49 = 1879\text{kW}$$

扩展： 根据《冷水机组能效限定值及能源效率等级》GB 19577—2015 表 1，当 $CC=$ 1530 时，能效等级为 3 时，$COP=5.2$。

10.3-3. 夏热冬暖地区的某旅馆为集中空调二管制水系统。空调冷负荷为 6000kW，空调热负荷为 1000kW。全年当量满负荷运行时间，制冷为 1000h，供热为 300h。四种可供选择的制冷、制热设备方案。其数据如下表所示：

设备类型 性能系数	风冷式冷、 热水热泵	离心式冷 水机组	溴化锂吸收式冷 （热）水机组	燃气热水锅炉
当量满负荷制 冷性能系数	4.5	6.0	1.6	
当量满负荷制 热性能系数	4.0	—	1.0	当量满负荷 平均系数为 0.7

建筑所在区域的一次能源换算为用户电能耗换算系数为 0.35。问：全年最节省一次能源的冷、热源组合，为下列哪一项（不考虑水泵等的能耗）？【2012-4-19】

A. 配置制冷量为 2000kW 的离心机 3 台与 1000kW 的热水锅炉 1 台

B. 配置制冷量为 2500kW 的离心机 2 台与夏季制冷量和冬季供热量均为 1000kW 的风冷式冷、热水机组 1 台

C. 配置制冷量为 2000kW 的风冷式冷（热）水机组 3 台

D. 配置制冷量为 2000kW 的直燃式冷（热）水机组 3 台

参考答案： B

主要解题过程： 均采用一次能源换算比较，即"一次能源消耗量＝设备耗电量/电能耗换算系数"，其中燃气直燃机组直接消耗一次能源，故计算消耗燃气量即可。

选项 A 方案：

$$M_1 = (3 \times 2000/6) \times 1000/0.35 + 1000 \times 300/0.7 = 3285714\text{kWh}$$

$$= 3.28 \times 10^6 \text{kWh}$$

选项 B 方案：

$M_2 = (2 \times 2500/6 + 1000/4.5) \times 1000/0.35 + (1000 \times 4) \times 300/0.35 = 3230158\text{kWh}$
$\qquad = 3.23 \times 10^6 \text{kWh}$

选项 C 方案：

$M_3 = (3 \times 2000/4.5) \times 1000/0.35 + (1000 \times 4) \times 300/0.35 = 4023809\text{kWh}$
$\qquad = 4.02 \times 10^6 \text{kWh}$

选项 D 方案：

$M_4 = (3 \times 2000/1.6) \times 1000 + (1000/1) \times 300 = 4050000\text{kWh} = 4.05 \times 10^6 \text{kWh}$

因此，选项 B 方案耗能最低。

扩展：选项 C 和选项 D 设备容量超出冬季热负荷需求，冬季在非满负荷运行。为便于计算默认非满负荷制热时性能系数与满负荷制热时性能系数相同。

10.3-4. 某项目设计采用国外进口的离心式冷水机组，机组名义制冷量 1055kW，名义输入功率为 209kW，污垢系数为 0.044m² · ℃/kW。项目所在地水质较差，污垢系数为 0.18m² · ℃/kW，查得设备的性能系数变化比值：冷水机组实际制冷量/冷水机组设计制冷量＝0.935，压缩机实际耗功率/压缩机设计耗功率＝1.095，试求机组实际 COP 值接近下列哪一项？【2012-4-21】

A. 4.2　　　　　　B. 4.3　　　　　　C. 4.5　　　　　　D. 4.7

参考答案：B

主要解题过程：

根据题意，压缩机实际耗功率/压缩机设计耗功率＝1.095，得：

压缩机实际耗功率：$P_{实际} = 1.095 \times 209\text{kW}$；

冷水机组实际制冷量：$Q_{实际} = 0.935 \times 1055\text{kW}$；

机组实际 $COP = Q_{实际} / P_{实际} = 0.935 \times 1055\text{kW}/(1.095 \times 209\text{kW}) = 4.3$。

10.3-5. 某处一公共建筑，空调系统冷源选用两台离心式水冷冷水机组和一台螺杆式水冷冷水机组，其参数分别为：

离心式水冷冷水机组：额定制冷量为 3203kW，额定输入功率 605kW；

螺杆式水冷冷水机组：额定制冷量为 1338kW，额定输入功率 277kW。

问：下列性能系数及能源效率等级的选项哪项正确？【2012-4-22】

A. 离心式：性能系数 5.4，能源效率等级为 3 级
　　螺杆式：性能系数 4.8，能源效率等级为 4 级

B. 离心式：性能系数 5.8，能源效率等级为 2 级
　　螺杆式：性能系数 4.8，能源效率等级为 3 级

C. 离心式：性能系数 5.0，能源效率等级为 4 级
　　螺杆式：性能系数 4.8，能源效率等级为 4 级

D. 离心式：性能系数 5.4，能源效率等级为 2 级
　　螺杆式：性能系数 4.5，能源效率等级为 3 级

参考答案：A

主要解题过程： 根据性能系数的定义可知：

$COP_{离心}=3203/605=5.3$；

$COP_{螺杆}=1338/277=4.8$

根据《冷水机组能效限定值及能源效率等级》GB 19577—2004 表2：当 $CC>1163kW$，$4.2{\leqslant}COP<4.6$ 时，应为5级；$4.6{\leqslant}COP<5.1$ 时应为4级；$5.1{\leqslant}COP<5.6$ 时应为3级。所以，离心式冷水机组应为3级；螺杆式冷水机组应为4级。

扩展：《冷水机组能效限定值及能效等级》GB 19577—2015 对能效等级进行了调整。

10.3-6. 一台名义制冷量2110kW的离心式制冷机组，其性能参数见下表。试问其综合部分负荷系数（$IPLV$）值，接近下列何值？【2013-3-18】

负荷（%）	制冷量（kW）	冷却水进水温度（℃）	COP（kW/kW）
25	528	19	5.22
50	1055	23	6.39
75	1582	26	6.46
100	2110	30	5.84

  A. 5.33   B. 5.69   C. 6.10   D. 6.59

参考答案： C

主要解题过程： 根据《公建节能2015》第4.2.13条 $IPLV=1.2\%\times A+32.8\%\times B+39.7\%\times C+26.3\%\times D=1.2\%\times5.84+32.8\%\times6.46+39.7\%\times6.39+26.3\%\times5.22=6.10$。

10.3-7. 某户用风冷冷水机组，按照现行国家标准规定的方法，出厂时测得机组名义工况的制冷量为35.4kW，制冷总耗功率为12.5kW。试问，该机组能源效率按国家能效等级标准判断，下列哪项是正确的？【2013-3-20】

  A. 1级   B. 2级   C. 3级   D. 4级

参考答案： C

主要解题过程： 此风冷机组的 $COP=35.4/12.5=2.832$；

制冷量 $Q=35.4<50kW$；

根据《冷水机组能效限定值及能源效率等级》GB 19577—2004 表2，属于3级能效。

10.3-8. 某全新的离心式冷水机组（冷量3100kW，$COP=5.0$）的冷凝器温差为1.2℃（100%负荷），经过一个周期的运行，冷凝器温差为3.6℃（100%负荷），设机组冷凝温差每升高1℃机组能效降低4%。问该机组目前的 COP 最接近下列哪一项？【2013-3-23】

  A. 4.8   B. 4.5   C. 4.0   D. 3.4

参考答案： B

主要解题过程： 由题意，冷凝器温差增大，故 COP 按照1℃温差降低4%，则

$$COP_2=COP_1\times[1-(t_2-t_1)\times4\%]=5\times[1-(3.6-1.2)\times4\%]=4.52$$

10.3-9. 地处夏热冬冷地区的某信息中心工程项目采用一台热回收冷水机组进行冬季期间的供冷、供热；供冷负荷为 3500kW，供热负荷为 2400kW。设机组的能效不变，其 $COP=5.2$，忽略水泵和管道系统的冷、热损失，试求该运行工况下由循环冷却水带走的热量。【2013-4-24】

A. 4173kW B. 3500kW C. 1773kW D. 2400kW

参考答案：C

主要解题过程：

$$Q_1 = 3500 \times (1 + 1/5.2) = 4173\text{kW}$$

$$Q_2 = 4173 - 2400 = 1773\text{kW}$$

10.3-10. 已知不同制冷方案的一次能源利用效率见下表，表列方案中的最高一次能源利用效率制冷方案与最低一次能源利用效率制冷方案之比值接近下列何项？【2014-3-20】

序号	制 冷 方 案	效 率
1	燃气蒸汽锅炉＋蒸汽型溴化锂吸收式制冷	锅炉效率 88%、吸收式制冷 $COP=1.3$
2	燃煤发电＋电压缩制冷	发电效率（计入传输损失）25%；电压缩制冷 $COP=5.5$
3	燃气直燃溴化锂吸收式制冷	$COP=1.3$
4	燃气发电＋电压缩制冷	发电效率（计入传输损失）45%；电压缩制冷 $COP=5.5$

A. 1.8 B. 1.90 C. 2.16 D. 2.48

参考答案：C

主要解题过程：设制冷量为 Q，在方案 1～4 中，计算一次能源利用率：

方案 1：$\varepsilon_1 = 88\% \times 1.3 = 1.144$；方案 2：$\varepsilon_2 = 25\% \times 5.5 = 1.375$；

方案 3：$\varepsilon_3 = 1.3$；方案 4：$\varepsilon_4 = 45\% \times 5.5 = 2.475$；

计算最大与最小的比值：$A = \dfrac{\varepsilon_4}{\varepsilon_1} = \dfrac{2.475}{1.144} = 2.16$。

10.3-11. 已知用于全年累计工况评价的某空调系统的冷水机组运行效率限值 $COP_{LV} = 4.8$、冷却水输送系数限值 $WTF_{CW_{LV}} = 25$，用于评价该空调系统的制冷子系统的能效比限值（$EERr_{LV}$）应是下列何值？【2014-3-21】

A. 2.80～3.50 B. 3.51～4.00

C. 4.01～4.50 D. 4.51～5.00

参考答案：B

主要解题过程：根据《空气调节系统经济运行》GB/T 17981—2007 第 5.4.2 条：

$$EERr_{LV} = \cfrac{1}{\cfrac{1}{COP_{LV}} + \cfrac{1}{WTF_{CW_{LV}}} + 0.02} = \cfrac{1}{\cfrac{1}{4.8} + \cfrac{1}{25} + 0.02} = 3.73$$

10.3-12. 某多联式制冷机组（制冷剂为 R410A），布置如图所示。已知，蒸发温度为 5℃（对应蒸发压力为 934kPa、饱和液体密度为 795kg/m³）；冷凝温度为 55℃（对应冷凝压力 2602kPa、饱和液体密度为 1162.8kg/m³），根据电子膨胀阀的动作要求，其压差不应超过 2.26MPa。如不计制冷剂的流动阻力和制冷剂的温度变化，则理论上，图中的 H 数值最大为下列何项（g 取为 9.81m/s²）。【2014-3-24】

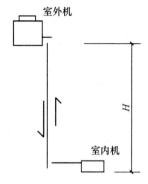

A. 49～55m B. 56～62m

C. 63～69m D. 70～76m

参考答案：A

主要解题过程：设电子膨胀阀两侧压差为 ΔP＝液柱静压力＋两器高低压力差，即

$$\Delta P = P_k - P_0 + \rho_k gH \leqslant 2260\text{kPa}$$

$$H \leqslant \frac{2260 - (P_k - P_0)}{\rho_k g/1000} = \frac{2260 - (2602 - 934)}{1162.8 \times 9.81/1000} = 51.9\text{m}$$

10.3-13. 某建筑空调冷源配置 2 台同规格冷水机组，表 1 为不同负荷率下冷水机组的制冷 COP，表 2 为供冷季节负荷率。冷水机组供冷季节制冷的 COP 应为下列何项？【2014-4-21】

冷水机组制冷 COP 表 1

负荷率	12.50%	25%	37.50%	50%	75%	100%
COP	3.2	5.6	6.2	6	6.2	6

供冷季节负荷率 表 2

负荷率	100%	75%	50%	37.50%	25%	12.50%
时间比例	5%	25%	30%	20%	15%	5%

A. 5.20～5.30 B. 5.55～5.65 C. 5.95～6.05 D. 6.15～6.25

参考答案：C

主要解题过程：设单台制冷机组而定制冷量为 Q，则机组总制冷量为 $2Q$，空调运行时间为 T，两台制冷机组总电量 N，总制冷负荷 W：

$$W = 5\%T \times 100\% \times 2Q + 25\%T \times 75\% \times 2Q + 30\%T \times 50\% \times 2Q + 20\%T \times 37.5\%$$
$$\times 2Q + 15\%T \times 25\% \times 2Q + 5\%T \times 12.5\% \times 2Q = 1.0125QT$$

为了达到题干所需供冷季节负荷率，机组的开启台数优化组合方式有如下几种：

方式 1：供冷季节负荷率为 75% 时，2 台机组负荷率相同，均在单台机组 75% 负荷下运行；供冷季节负荷率为 50% 时，2 台机组负荷率不同，1 台机组在 75% 负荷下运行，另 1 台机组在 25% 负荷下运行：

$$N_1 = 5\%T\left(\frac{Q}{6} + \frac{Q}{6}\right) + 25\%T\left(\frac{75\%Q}{6.2} + \frac{75\%Q}{6.2}\right) + 30\%T\left(\frac{75\%Q}{6.2} + \frac{25\%Q}{5.6}\right)$$

$$+ 20\%T\left(\frac{75\%Q}{6.2}\right) + 15\%T\left(\frac{50\%Q}{6}\right) + 5\%T\left(\frac{25\%Q}{5.6}\right) = 0.1658QT$$

$$COP_1 = \frac{W}{N_1} = \frac{1.0125QT}{0.1658QT} = 6.108$$

方式 2：供冷季节在负荷率为 75% 时，2 台机组负荷率不同，1 台机组在 75% 负荷下运行，另 1 台机组在 50% 负荷下运行；供冷季节负荷率为 50% 时，仅 1 台机组在满负荷率状态下运行：

$$N_2 = 5\%T\left(\frac{Q}{6} + \frac{Q}{6}\right) + 25\%T\left(\frac{100\%Q}{6} + \frac{50\%Q}{6}\right) + 30\%T\left(\frac{100\%Q}{6}\right)$$

$$+ 20\%T\left(\frac{75\%Q}{6.2}\right) + 15\%T\left(\frac{50\%Q}{6}\right) + 5\%T\left(\frac{25\%Q}{5.6}\right) = 0.168QT$$

$$COP_2 = \frac{W}{N_2} = \frac{1.0125QT}{0.168QT} = 6.03$$

方式 3：供冷季节负荷率为 75% 时，2 台机组负荷率相同，均在单台机组 75% 负荷下运行；供冷季节负荷率为 50% 时，仅 1 台机组在满负荷率状态下运行：

$$N_3 = 5\%T\left(\frac{Q}{6} + \frac{Q}{6}\right) + 25\%T\left(\frac{75\%Q}{6.2} + \frac{75\%Q}{6.2}\right) + 30\%T\left(\frac{100\%Q}{6}\right)$$

$$+ 20\%T\left(\frac{75\%Q}{6.2}\right) + 15\%T\left(\frac{50\%Q}{6}\right) + 5\%T\left(\frac{25\%Q}{5.6}\right) = 0.1661QT$$

$$COP_3 = \frac{W}{N_3} = \frac{1.0125QT}{0.1661QT} = 6.09$$

方式 4：供冷季节负荷率为 75% 时，2 台机组负荷率不同，1 台机组在 75% 负荷下运行，另 1 台机组在 50% 负荷下运行；供冷季节负荷率为 50% 时，2 台机组负荷率不同，1 台机组在 75% 负荷下运行，另 1 台机组在 25% 负荷下运行：

$$N_4 = 5\%T\left(\frac{Q}{6} + \frac{Q}{6}\right) + 25\%T\left(\frac{100\%Q}{6} + \frac{50\%Q}{6}\right) + 30\%T\left(\frac{75\%Q}{6.2} + \frac{25\%Q}{5.6}\right)$$

$$+ 20\%T\left(\frac{75\%Q}{6.2}\right) + 15\%T\left(\frac{50\%Q}{6}\right) + 5\%T\left(\frac{25\%Q}{5.6}\right) = 0.1678QT$$

$$COP_4 = \frac{W}{N_4} = \frac{1.0125QT}{0.1678QT} = 6.03$$

在制冷机组群控策略中，当供冷负荷位于供冷季节负荷率 75% 时，2 台制冷机组均处于部分负荷率工况下运行，通常情况下，运行效率要高于 1 台满负荷率，另 1 台部分负荷运行；当供冷负荷位于供冷季节负荷率 50% 时，单台制冷机组满负荷运行，通常来讲，运行效率较高。由此，排除方案 1 和方案 4，优先选择方案 3，其次为方案 2。综合考虑，答案选 C。

10.3-14. 夏热冬冷地区某办公楼设计集中空调系统，选用 3 台单台名义制冷量为 1055kW 的螺杆式冷水机组，名义制冷性能系数 $COP = 5.7$，系统配 3 台冷水循环泵，设计工况时的轴功率为 30kW/台；3 台冷却水循环泵，设计工况时的轴功率为 45kW/台；3 台冷却塔，配置的电机额定功率为 5.5kW/台。问：该空调系统设计工况下的冷源综合制冷性能系数，最接近以下何项？【2017-4-18】

　　A. 4.0　　　　　　　B. 4.5　　　　　　　C. 5.0　　　　　　　D. 5.7

参考答案：B

主要解题过程：根据《公建节能 2015》第 2.0.11 条，冷源综合制冷性能系数为：

$$SCOP = \frac{1055 \times 3}{\frac{1055}{5.7} \times 3 + 45 \times 3 + 5.5 \times 3} = 4.48$$

10.3-15. 某热回收离心冷水机组运行工况下 $COP = 5.7$，冬季空调冷负荷为 1300kW，冬季空调热负荷为 800kW，忽略冷冻水泵、冷却水泵的热量和管道热损失。问：冬季制冷时该冷水机组的循环冷却水热负荷（kW）最接近下列何项？【2017-3-22】

　　A. 50　　　　　　B. 728　　　　　　C. 1300　　　　　　D. 1528

参考答案：B

主要解题过程：离心冷水机组制取冬季空调冷负荷时机组冷凝热为：

$$Q_1 = Q_H\left(1 + \frac{1}{COP}\right) = 1300 \times \left(1 + \frac{1}{5.7}\right) = 1528.1\text{kW}$$

冷却水的热负荷为：

$$Q = Q_1 - 800 = 1528.1 - 800 = 728\text{kW}$$

10.3-16. 一台水冷式冷水机组，其满负荷名义制冷量为 33kW，其部分负荷工况性能按标准测试规程进行测试，得到的数据如下表所示：

冷凝器进水温度（℃）	负荷率（100%）	制冷量（kW）	输入功率（kW）	COP
30	100	32.8	11.23	2.92
27.4	82	27.06	7.67	3.53
23	48.2	15.9	5.08	3.13
20.0	30.8	10.16	3.43	2.96

　　问：按照产品标准规定的 $IPLV = 2.3\% \times A + 41.5\% \times B + 46.1\% \times C + 10.1\% \times D$ 公式计算，该机组的 $IPLV$ 最接近以下哪个选项？（忽略检测工况点冷凝器进水温差偏差影响）【2018-3-22】

　　A. 3.35　　　　　　B. 3.25　　　　　　C. 3.15　　　　　　D. 3.05

参考答案：B

主要解题过程：

根据《蒸气压缩循环冷水（热泵）机组　第 2 部分：户用及类似用途的冷水（热泵）机组》GB/T 18430.2—2016 附录 A 可知：

（1）因为机组 50% 负荷点试验实测制冷量偏差在满负荷点名义制冷量 −2% 以内，故该性能系数可作为 C 点（50%）的性能系数。

（2）因机组无法卸载到 25%，按照 GB/T 18430.2—2016 计算：

$$LF = \frac{\left(\frac{LD}{100}\right) \times Q_{FL}}{Q_{PL}} = \frac{0.25 \times 32.8}{10.16} = 0.807$$

$$C_D = (-0.13 \times LF) + 1.13 = -0.13 \times 0.807 + 1.13 = 1.025$$

D 点的性能系数为：

$$COP = \frac{Q_m}{C_D \times P_m} = \frac{10.16}{1.025 \times 3.43} = 2.89$$

根据内插法，得：

$$B = 3.53 - \frac{82-75}{82-50} \times (3.53-3.13) = 3.44$$

$A=2.92$，$C=3.13$

$IPLV = 2.3\% \times A + 41.5\% \times B + 46.1\% \times C + 10.1\% \times D$

$\qquad = 2.3\% \times 2.92 + 41.5\% \times 3.44 + 46.1\% \times 3.13 + 10.1\% \times 2.89 = 3.23$

10.3-17. 在使用侧和放热侧水温差均为 5℃ 的情况下，现行蒸气压缩循环冷水（热泵）机组国家标准 GB/T 18430.1—2007 和 GB/T 18430.2—2016 在其规定的使用侧和放热侧水流量条件下，冷水机组的制冷性能系数 COP_c，最接近以下哪个选项？【2018-4-21】

A. 3.5 　　　　　 B. 4.0 　　　　　 C. 4.5 　　　　　 D. 5.0

参考答案：B

主要解题过程：

根据《蒸气压缩循环冷水（热泵）机组　第 1 部分：工商业用和类似用途的冷水（热泵）机组》GB/T 18430.1—2007 和《蒸气压缩循环冷水（热泵）机组　第 2 部分：户用和类似用途的冷水（热泵）机组》GB/T 18430.2—2016 表格内容查得：使用侧水流量 $q_1 = 0.172\text{m}^3/(\text{h} \cdot \text{K})$，放热侧水流量 $q_2 = 0.215\text{m}^3/(\text{h} \cdot \text{K})$。

制冷系数为：

$$COP_c = \frac{0.172 \cdot \Delta t}{0.215\Delta t - 0.172\Delta t} = 4$$

10.3.2　热泵能耗

10.3-18. 某项目采用地源热泵进行集中供冷、供热，经测量，有效换热深度为 90m，敷设单 U 形换热管，设夏、冬季单位管长的换热量均为 $q=30\text{W/m}$，夏季冷负荷和冬季热负荷均为 450kW，所选热泵机组夏季性能系数 $EER=5$，冬季性能系数 $COP=4$，在理想换热状态下，所需孔数应为下列哪一项？【2012-3-22】

A. 63 孔 　　　　　 B. 84 孔 　　　　　 C. 100 孔 　　　　　 D. 167 孔

参考答案：A

主要解题过程：（1）根据《地源热泵系统工程技术规范》GB 50366—2005（2009 年版）第 4.3.3 条：

夏季释热量 $Q_x = 450 \times (1 + 1/5) = 540\text{kW}$；冬季释热量 $Q_d = 450 \times (1 - 1/4) = 337.5\text{kW}$

（2）采用单 U 管，故单个孔的换热量为 30 W/m×2=60W/m。

（3）根据《民规》第 8.3.4 条："应分别按供冷与供热工况进行地埋管换热器的长度计算。当地埋管系统最大释热量和最大吸热量相差较大时，宜取其计算长度的较小者作为地埋管换热器的长度。"337.5/540=0.625＜0.8～1.25，故需要打孔数 $n=337.5/(60×90)=63$ 孔。

10.3-19. 某写字楼冬季拟采用水环热泵空调系统,运行工况:采暖热负荷为 3000kW,冷负荷为 2100kW,系统采用水环热泵机组,制热系数为 4.0,制冷系数为 3.76,若要满足冬季运行要求,辅助设备应是辅助热源还是散热设备,加热量(散热量)(预留 10% 富余量)应为下列哪一项(忽略水泵和管道系统的冷、热损失)。【2013-4-23】

A. 排热设备 455kW
B. 辅助热源 455kW
C. 辅助热源 999kW
D. 排热设备 999kW

参考答案: A

主要解题过程: 剩余得热量(正值为需加热,负值为需排热):

$$Q_1 = 3000 - \left(2100 + \frac{2100}{3.76} + \frac{3000}{4.0}\right) = -410 \text{kW},\text{ 需排热设备;}$$

设备容量:$Q_2 = Q_1 \times 1.1 = 410 \times 1.1 = 451 \text{kW}$。

10.3-20. 某寒冷地区一办公建筑,冬季采用空气源热泵机组和锅炉房联合提供空调热水。空气源热泵热水机组的供热性能系数 COP_R 如下表所示。

室外温度(℃)	1	2	3	4	5	6	7	8	9
COP_R	2.0	2.1	2.2	2.3	2.5	2.7	3	3.4	3.7

假定发电及配电系统对一次能源利用率为 32%,锅炉房的供热总效率为 80%。问:以下哪种运行策略对于一次能源利用率是最高的?并给出计算根据。【2016-3-18】

A. 附表所有室外温度条件下,均由空气源热泵供应热水
B. 附表所有室外温度条件下,均由锅炉房供应热水
C. 室外温度 <7℃时,由锅炉房供应热水
D. 室外温度 >5℃时,均由空气源热泵供应热水

参考答案: D

主要解题过程:

【解法一】设冬季空调供热量为 Q,则风冷热泵系统一次能源利用效率为 $\eta = \dfrac{Q}{\dfrac{Q}{COP_R \times 0.32}} = COP_R \times 0.32$。

空气源热泵 $\eta = COP_R \times 0.32 = (2.0 \sim 3.7) \times 0.32 = 0.64 \sim 1.184$。

当 $t_w = 5℃$ 时,$\eta_{5℃} = COP_R \times 0.32 = 2.5 \times 0.32 = 0.80$。

选项 A,当 $t_w = 4℃$,$\eta_{4℃} = COP_R \times 0.32 = 2.3 \times 0.32 = 0.736$,小于锅炉供热总效率 0.8,错误;

选项 B,当 $t_w = 6℃$,$\eta_{6℃} = COP_R \times 0.32 = 2.7 \times 0.32 = 0.864$,大于锅炉供热总效率 0.8,错误;

选项 C,当 $t_w = 7℃$,$\eta_{6℃} = COP_R \times 0.32 = 3 \times 0.32 = 0.96$;$t_w = 6℃$,$\eta_{6℃} = 0.864$,均大于锅炉供热总效率 0.8,错误;

选项 D,$t_w > 5℃$ 时,空气源热泵效率大于锅炉效率,正确。

【解法二】发电及配电系统的供热效率与锅炉房的供热效率相等时有:

$$32\% \times COP_R = 80\%, \Rightarrow COP_R = 2.5$$

由题目表中数据可知，当室外温度 $t = 5℃$ 时，发电及配电系统的供热效率与锅炉房的供热效率相等；当 t 大于 $5℃$ 时，$32\% \times COP_R \geqslant 80\%$，此时采用空气源热泵供应热水效率更高，故选项 D 合理。

10.3-21. 已知额定工况下，埋管换热器吸热量为 5000kW，热泵机组制热性能系数 $COP = 5.0$，地源侧循环泵总轴功率 150kW，如不计地上管路的热损失，且全部制热量经冷凝器供出，热泵机组制热量（kW）的正确值最接近下列哪一项？【2016-4-6】

A. 6437.5　　　　　B. 6400　　　　　C. 6250　　　　　D. 6180

参考答案：A

主要解题过程：

【解法一】

热泵机组制热量 = 热泵机组耗功率 + 埋管换热器吸热量 + 地源侧循环泵总轴功率，即

$$Q_r = \frac{Q_r}{COP} + Q_{dm} + Q_b$$

$$Q_r = \frac{Q_r}{5.0} + 5000 + 150$$

$$Q_r = 6437.5 \text{kW}$$

【解法二】

根据《地源热泵系统工程技术规范》GB 50366—2005（2009 年版）第 4.3.3 条条文说明，最大吸热量 $= \Sigma \left[空调区热负荷 \times \left(1 - \frac{1}{COP} \right) \right] + \Sigma 输送过程失热量 - \Sigma 水泵释放热量$。因此，热泵机组制热量 = 空调区热负荷，即：$Q_r = \dfrac{5000 + 150}{1 - \dfrac{1}{5}} = 6437.5 \text{kW}$。

扩展：题干中热泵机组制热性能系数 $COP = 5.0$，易误认为热泵机组的耗功率 =（埋管换热器吸热量 + 地源侧循环泵总轴功率）/COP，从而得出：

$$Q_r = (Q_{dm} + Q_b) \times \left(1 + \frac{1}{COP} \right)$$

$$Q_r = (5000 + 150) \times \left(1 + \frac{1}{5} \right) = 6180 \text{kW}$$

误选 D。

10.3-22. 某乙醇制造厂采用第二类吸收式热泵机组将高温水从 106℃ 提高到 111℃，所获得热量为 $Q_A = 2675 \text{kW}$；驱动热源为生产过程的乙醇蒸气，提供的热量 $Q_C = 5570 \text{kW}$；热泵机组的冷凝器经冷却水带走的热量 $Q_K = 2895 \text{kW}$。问该热泵机组的性能系数 COP 最接近下列何项？【2016-4-22】

A. 0.48　　　　　B. 0.52　　　　　C. 0.924　　　　　D. 1.924

参考答案：A

主要解题过程：第二类吸收式热泵热平衡公式：$Q_c = Q_g + Q_o = Q_a + Q_k$

其工作原理为：发生器及蒸发器共同消耗大量的中温热能（$Q_g + Q_o$），制取热量少，但温度高于中温热源的热量 Q_a（吸收器内升温输出），剩余低温热量 Q_k 在冷凝器中由冷却水带入环境排放。因此，热泵机组的性能系数为：$COP = \dfrac{Q_A}{Q_C} = \dfrac{2675}{5570} = 0.48$。

扩展：一类、二类吸收式热泵对比分析见下表。

序号	二类吸收式热泵	一类吸收式热泵
1	蒸发器和吸收器处在相对高压区，中温余热均进入	蒸发器和吸收器处在相对低压区，低温余热只进蒸发器，高温驱动热源仅进发生器
2	蒸发器吸收中低温度热使制冷剂蒸发	蒸发器可以利用低温余热使制冷剂蒸发
3	在吸收器中放出高吸收热，可重新被利用	在冷凝器中凝结，将热量传给外部加以利用
4	吸收器与冷凝器进出管路分设，冷凝水进出水温在合适范围内可作为空调冷冻水使用	吸收器与冷凝器进出管路串联
5	$COP = Q_a/(Q_g + Q_o) < 1$	$COP = (Q_a + Q_k)/Q_g > 1$

10.3-23. 某商场建筑设计采用水环热泵空调系统，内区全年供冷，外区夏季供冷，冬季供暖。该建筑冬季空调设计热负荷 $Q_R = 3000\mathrm{kW}$，内区冬季设计冷负荷 $800\mathrm{kW}$；水环热泵机组冬季额定运行工况下的制冷 $COP = 3.9$、制热 $COP = 4.4$；系统冬季设计工况三台循环水泵并联运行，总流量 $G = 600\mathrm{m^3/h}$，扬程 $H = 25\mathrm{mH_2O}$，效率 $\eta = 75\%$。问忽略系统管道热损失的情况下，该系统辅助热源容量（kW），最接近以下哪一项？【2017-3-05】

    A. 2200.0   B. 1940.4   C. 1258.6   D. 1313.2

参考答案：C

主要解题过程：由题意可知冬季外区从水环热泵循环水系统中所得的热量为：

$$Q_w = Q_R\left(1 - \frac{1}{COP}\right) = 3000 \times \left(1 - \frac{1}{4.4}\right) = 2318.2\mathrm{kW}$$

内区提供的热量为：

$$Q_n = Q\left(1 + \frac{1}{COP}\right) = 800 \times \left(1 + \frac{1}{3.9}\right) = 1005.1\mathrm{kW}$$

根据《民规》第8.11.13条条文说明可知循环泵提供的热量为：

$$Q_p = 0.002725GH/\eta_b = 0.002725 \times 600 \times 25/0.75 = 54.5\mathrm{kW}$$

故辅助热源容量为：

$$Q_f = Q_w - Q_n - Q_p = 2318.2 - 1005.1 - 54.5 = 1258.6\mathrm{kW}$$

10.3-24. 建筑采用土壤源热泵机组进行制冷并通过冷凝热回收提供生活热水。建筑空调设计冷负荷为 $1800\mathrm{kW}$，生活热水负荷为 $300\mathrm{kW}$。热泵机组制冷性能系数 EER 为 4.5。计算地埋管排热负荷（kW），最接近下列何项？【2017-3-20】

    A. 1800   B. 1900   C. 2100   D. 2200

参考答案：B

主要解题过程：根据《地源热泵系统工程技术规范》GB 50366—2005（2009年版）

第4.3.3条条文说明：

$$Q = Q_H \left(1 + \frac{1}{EER}\right) - Q_R = 1800 \times \left(1 + \frac{1}{4.5}\right) - 300 = 1900\text{kW}$$

10.3-25. 某建筑采用土壤源热泵为供暖和生活热水系统提供热源，冬季建筑供暖热负荷为 1200kW，生活热负荷为 230kW，热泵机组的性能系数 COP 为 3.2，问地源热泵的取热（kW），最接近下列何项？【2017-4-21】

A. 663　　　　　　 B. 826　　　　　　 C. 983　　　　　　 D. 1167

参考答案：C

主要解题过程：根据《地源热泵系统工程技术规范》GB 50366—2005（2009 年版）第4.3.3条条文说明：

$$Q = Q_H \left(1 - \frac{1}{COP}\right) = (1200 + 230) \times \left(1 - \frac{1}{3.2}\right) = 983.1\text{kW}$$

10.3-26. 某平面进深较大的商业建筑拟采用水环热泵空调系统，冬季内区设计冷负荷为 50kW，外区设计热负荷为 100kW；内外区均采用相同型号的水环热泵机组，其设计工况下的制冷性能系数为 4.2W/W，制热性能系数为 3.5W/W，则该水环系统辅助热源的设计容量（kW）最接近下列何项？【2017-4-24】

A. 9.5　　　　　　 B. 28.6　　　　　　 C. 38.1　　　　　　 D. 50

参考答案：A

主要解题过程：由题意可知外区冬季所需的供热量为：

$$Q_w = Q_R \left(1 - \frac{1}{COP}\right) = 100 \times \left(1 - \frac{1}{3.5}\right) = 71.43\text{kW}$$

内区提供的热量为：

$$Q_n = Q_c \left(1 + \frac{1}{EER}\right) = 50 \times \left(1 + \frac{1}{4.2}\right) = 61.9\text{kW}$$

故辅助热源容量为：

$$Q_f = Q_w - Q_n = 71.43 - 61.9 = 9.53\text{kW}$$

10.3-27. 某住宅采用风冷热泵机组，额定制热量为 150kW，供水温度为 50℃，室外空调计算干球温度为 0℃，室外通风计算干球温度为 4℃，假定每小时化霜一次。该机组在设计工况下的供热能力（kW）最接近下列哪项？该机组制热量温度修正系数见下表【2018-3-13】

出水温度	进入盘管的空气温度（℃）								
（℃）	0	1	2	3	4	5	6	7	8
50	0.803	0.827	0.851	0.875	0.899	0.899	0.940	0.981	1.008

A. 95.5　　　　　　 B. 108.5　　　　　　 C. 120.5　　　　　　 D. 130.5

参考答案：B

主要解题过程：

根据《复习教材》式（4.3-27）有：

$$Q = qK_1K_2 = 150 \times 0.803 \times 0.9 = 108.4 \text{kW}$$

10.3-28. 上海地区某工程选用空气源热泵冷热水机组，产品样本给出名义工况下的制热量为 1000kW。

已知：（1）室外空调计算干球温度 T_w（℃）的修正系数 $K_1 = 1 - 0.02(7 - T_w)$；

（2）机组每小组化霜 1 次；

（3）性能系数 COP 的修正系数 $K_c = 1 - 0.01(7 - T_w)$。

问：在本工程的供热设计工况（供水 45℃、回水 40℃）下，满足规范最低性能系数要求时的机组制热量 Q_h（kW）和机组输入电功率 N_h（kW），应最接近以下哪项？【2018-3-20】

A. $Q_h = 816$，$N_h = 450$ B. $Q_h = 814$，$N_h = 550$

C. $Q_h = 735$，$N_h = 405$ D. $Q_h = 735$，$N_h = 450$

参考答案： C

主要解题过程：

根据《民规》附录 A 查得上海地区冬季室外空调计算温度 $T_w = -2.2$℃。

$$Q = qK_1K_2 = 1000 \times [1 - 0.02 \times (7 + 2.2)] \times 0.9 = 734.4 \text{kW}$$

上海属于夏热冬冷地区，根据《民规》第 8.3.1 条，机组 COP 不应低于 2.0，则耗功率应为：

$$W = \frac{Q}{COP \times K_c} = \frac{734.4}{2.0 \times [1 - 0.01 \times (7 + 2.2)]} = 404.4 \text{kW}$$

10.3-29. 设计某地埋管热泵空调系统，热泵机组带有制各卫生热水的热回收功能，已知夏季设计工况条件下，热泵机组承担的冷负荷为 3150kW，热泵机组的制冷 $EER = 5.5$，制备卫生热水的热负荷为 540kW。问：在此条件下，热泵机组排入土壤中的热量（kW），最接近下列何项？（注：不考虑机房管路的热损失及地源侧水泵的功率）【2018-3-23】

A. 2038   B. 2610   C. 3183   D. 3723

参考答案： C

主要解题过程：

根据《地源热泵系统工程技术规范》GB 50366—2005（2009 年版）第 4.3.3 条条文说明。

冷凝器释放的总热量为：

$$Q_k = Q_0 \times \left(1 + \frac{1}{COP}\right) = 3150 \times \left(1 + \frac{1}{5.5}\right) = 3722.73 \text{kW}$$

冷凝器向土壤释放的热量为：

$$Q = Q_k - 540 = 3722.73 - 540 = 3182.73 \text{kW}$$

10.3-30. 某一地热水梯级利用系统流程及部分参数如下图所示，已知设计工况下水

源热泵制热 $COP=5.0$。问：水源热泵设计供热量（kW），最接近下列哪一项？【2018-4-12】

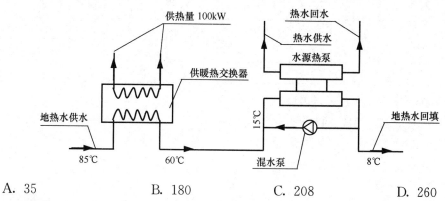

A. 35　　　　　　　B. 180　　　　　　C. 208　　　　　　D. 260

参考答案： D

主要解题过程：

【解法一】根据热交换器供热量和一次侧供回水温差，可计算地热水侧循环流量为：

$$G_1 = \frac{Q_1}{c\Delta t_1} = \frac{100}{4.18 \times (85-60)} = 0.957 \text{kg/s}$$

根据能量守恒可得混水泵的流量为：

$$60G_1 + 8G_2 = 15(G_1 + G_2), \; G_2 = 6.152 \text{kg/s}$$

水源热泵的水源吸热量为：

$$Q_2 = c(G_1 + G_2)\Delta t = (0.957 + 6.152) \times 4.18 \times (15-8) = 208 \text{kW}$$

水源热泵设计供热量为：

$$Q_r = \frac{COP}{COP-1} \times Q_2 = \frac{5}{5-1} \times 208 = 260 \text{kW}$$

【解法二】根据热交换器供热量和一次侧供回水温差，可计算地热水侧循环流量为：

$$G_1 = \frac{Q_1}{c\Delta t_1} = \frac{100}{4.18 \times (85-60)} = 0.957 \text{kg/s}$$

水源热泵的水源吸热量为：

$$Q_2 = cG_1\Delta t_2 = 4.18 \times 0.957 \times (60-8) = 208 \text{kW}$$

水源热泵设计供热量为：

$$Q_r = \frac{COP}{COP-1} \times Q_2 = \frac{5}{5-1} \times 208 = 260 \text{kW}$$

10.3-31. 某建筑空调设计冷负荷为 120kW，空调设计热负荷为 100kW。采用空气源热泵机组作为空调冷热源，夏季供水温度为 7℃，冬季供水温度为 50 ℃。建设地点的夏季室外空调计算干球温度为 37.5℃，冬季室外空调计算干球温度为−5℃。不同工况下的热泵机组制冷/制热出力修正系数如下表所示。冬季机组制热时每小时融霜 2 次。问：满足要求的热泵机组，其名义工况下的制冷量（kW）和制热量（kW）至少应达到下列哪一项？（计算过程中，不在下表所列值时，采用插值法计算确定）【2018-4-18】

空气源热泵机组工况修正系数表

出水温度	空气侧温度（℃）				空气侧温度（℃）		
（℃）	−5	0	7		45	40	35
40	0.7	0.82	1.02	5	0.8	0.87	0.95
45	0.69	0.74	1	7	0.87	0.95	1
50	0.67	0.72	0.89	9	0.95	1	1.05

A. 名义制冷量 120，名义制热量 100

B. 名义制冷量 120，名义制热量 145

C. 名义制冷量 123，名义制热量 149

D. 名义制冷量 123，名义制热量 187

参考答案：D

主要解题过程：

夏季出水温度为 7℃，室外空调计算干球温度为 37.5℃，采用插值法计算夏季修正系数为 $K_1 = \dfrac{0.95 + 1}{2} = 0.975$，融霜修正系数取 $K_2 = 1$，冬季出水温度为 50℃，室外空调计算干球温度为 −5℃，冬季修正系数为 $K_1' = 0.67$，融霜修正系数取 $K_2' = 0.8$。

根据《民规》第 8.3.2 条条文说明，夏季供冷量为：

$$Q_C = \frac{q_C}{K_1 K_2} = \frac{120}{0.975 \times 1} = 123 \text{kW}$$

冬季供热量为：

$$Q_r = \frac{q_r}{K_1' K_2'} = \frac{100}{0.67 \times 0.8} = 187 \text{kW}$$

10.3-32. 夏热冬冷地区某土壤源热泵空调系统，同时配置有辅助冷却塔。已知：设计工况下，机组制冷和制热的性能系数均为 5.0，且夏季空调负荷为 3000kW，冬季供热负荷为 2100kW，要求地埋管系统容量按照冬季供暖负荷设计。问：冷却塔夏季设计工况时的排热负荷（kW），最接近下列何项？（注：设计工况下，地埋管冬、夏季单位管长换热量按相等考虑）【2018-4-22】

A. 900   B. 1320   C. 1920   D. 3600

参考答案：C

主要解题过程：

土壤源热泵冬季吸热量：

$$Q_1 = 2100 \times \left(1 - \frac{1}{5}\right) = 1680 \text{kW}$$

故释热量为：

$$Q_2 = Q_1 = 1680 \text{kW}$$

夏季总排热量为：

$$Q = 3000 \times \left(1 + \frac{1}{5}\right) = 3600 \text{kW}$$

$$\Delta Q = 3600 - 1680 = 1920 \text{kW}$$

10.3.3　吸收式制冷

10.3-33. 某商业综合体内办公建筑面积 135000m²、商业建筑面积 75000m²、宾馆建筑面积 50000m²，其夏季空调冷负荷建筑面积指标分别为：90W/m²、140W/m²、110W/m²（已考虑各种因素的影响），冷源为蒸汽溴化锂吸收式制冷机组，市政热网供应 0.4MPa 蒸汽，市政热网的供热负荷是下列哪一项？【2012-4-06】

A. 46920～40220kW　　　　　　　　B. 31280～37530kW

C. 28150～23460kW　　　　　　　　D. 20110～21650kW

参考答案：C

主要解题过程：建筑总冷负荷为：

$Q = (135000\text{m}^2 \times 90\text{W/m}^2 + 75000\text{m}^2 \times 140\text{W/m}^2 + 50000\text{m}^2 \times 110\text{W/m}^2)/1000 = 28150\text{kW}$

0.4MPa 蒸汽双效型溴化锂吸收式制冷机组性能系数，根据《蒸汽和热水型溴化锂吸收式冷水机组》GB/T 18431—2014 第 4.3.1 条表 1 可知，单位制冷量加热源耗量最大为 1.4kg/（h・kW）。

则市政热网供热负荷为：$Q' = 28150\text{kW} \times 1.4 \times 0.7 = 27587\text{kW}$。

扩展：1t/h 蒸汽量≈0.7MW 供热量。

10.3-34. 某乙醇制造厂的蒸馏塔 111℃的高温水，由采用蒸汽加热塔底 106℃的回水而得到，为节能，现应用第二类吸收式热泵机组将水温从 106℃提高到 111℃，机组所获得热量为 $Q_\text{A} = 2765\text{kW}$，设每天工作 20h，年运行 365 天，年节约的蒸汽用量（t）接近下列何项？（设原来蒸汽的焓值是 2706kJ/kg）【2017-4-23】

A. 7511　　　　　　B. 8629　　　　　　C. 27038　　　　　　D. 31065

参考答案：C

主要解题过程：根据第二类吸收式热泵定义得：

中温废热源(1.0)＝获得高温热源(0.45～0.50)＋低温冷却水(0.55～0.5)；

题干所示，第二类吸收式热泵机组所获得热量 $Q_\text{A} = 2765\text{kW}$，即为单位小时内将蒸汽加热塔底 106℃的回水加热至 111℃所需热量。此热量如若改为蒸汽加热，则蒸汽单位小时消耗量为：

$$W = \frac{Q_\text{A}}{h_{蒸汽}} = \frac{2765}{2706} = 1.0218\text{kg/s} = 3.6785\text{t/h}$$

而采用第二类吸收式热泵，无需外部任何高温驱动源，因此按照热泵机组所获得热量折算出蒸汽消耗量即为节约量：

$$W_\text{z} = W \times 20 \times 365 = 3.6785 \times 20 \times 365 = 26852\text{t}$$

最接近答案选项 C。

10.3-35. 某办公楼空调冷热源采用了两台名义制冷量为 1000kW 的直燃型溴化锂吸收式冷热水机组，在机组出厂验收时，对其中一台进行了性能测试。在名义工况下，实测冷水流量为 169m³/h，天然气消耗量为 89m³/h，天然气低位热值为 35700kJ/m³，机组耗电量为 11kW，水的密度为 1000kg/ m³，水比热为 4.2kJ/（kg・K）。

问：下列对这台机组性能的评价选项中，正确的是哪一项？【2018-3-24】

A. 名义制冷量不合格、性能系数满足节能设计要求

B. 名义制冷量不合格、性能系数不满足节能设计要求

C. 名义制冷量合格、性能系数满足节能设计要求

D. 名义制冷量合格、性能系数不满足节能设计要求

参考答案：D

主要解题过程：

实测制冷量为：

$$Q = GC\Delta t = 4.187 \times \frac{169 \times 1000}{3600} \times (12 - 7) = 982.78\text{kW}$$

根据《直燃型溴化锂吸收式冷（温）水机组》GB/T 18362—2008 第 5.3.1 条，982.78＞1000×95％＝950kW，名义制冷量合格。

$$Q_{燃气} = \frac{89}{3600} \times 35700 = 882.58\text{kW}$$

$$COP = \frac{Q}{Q_{燃气} + P} = \frac{982.78}{882.58 + 11} = 1.0998 < 1.2$$

根据《公建节能 2015》第 4.2.19 条可知，不满足节能设计要求。

10.3-36. 制冷量与使用侧工况条件均相同的直燃型溴化锂吸收式冷水机组和离心式冷水机组，前者的制冷能效比 $COP_1 = 1.2$，后者的 $COP_2 = 6.0$。如果二者的冷却水进、出口温度相同，则前者与后者所要求的冷却水流量之比，最接近以下哪项？【2018-4-23】

A. 0.2   B. 1.0   C. 1.6   D. 5.0

参考答案：C

主要解题过程：

直燃机组冷却水承担的冷量为：

$$Q_1 = \frac{1}{COP_1} + 1 = \frac{1}{1.2} + 1 = \frac{2.2}{1.2}$$

离心式冷水机组冷却水承担的冷量为：

$$Q_2 = \frac{1}{COP_2} + 1 = \frac{1}{6} + 1 = \frac{7}{6}$$

$$\frac{Q_1}{Q_2} = 1.6。$$

10.4 其 他 考 点

10.4.1 蓄冷

10.4-1. 某办公楼空调制冷系统拟采用冰蓄冷方式，制冷系统的白天运行 10h，当地谷价电时间为 23：00～7：00，计算日总冷负荷 $Q = 53000\text{kWh}$，采用部分负荷蓄冷方式（制冷机制冰时制冷能力变化率 $C_f = 0.7$），则蓄冷装置有效容量为下列哪一项？

【2012-3-23】

A. 5300～5400kW
B. 7500～7600kW

C. 19000～19100kWh
D. 23700～23800kWh

参考答案： C

主要解题过程： 根据《复习教材》式（4.7-7）制冷机的空调工况制冷量为：

$$q_c = \frac{Q}{(n_2 + n_i \times C_f)} = \frac{53000}{(10 + 8 \times 0.7)} = 3397.44\text{kW}$$

蓄冷装置有效容量：

$$Q_s = n_1 \times C_f \times q_c = 8 \times 0.7 \times 3397.44 = 19025.6\text{kWh}$$

10.4-2. 下图为冰蓄冷＋冷水机组供冷的系统流程示意图，该系统共设 3 台双工况主机，空调供冷工况：两台主机制冷量为 2500kW，一台主机空调供冷工况制冷量为 1000kW。空调冷水循环泵根据回水温度（12℃）进行变频控制；主机出口空调冷水温度为 7℃，供水温度恒定为 5℃，当空调冷负荷为 4500kW 时，采用最合理的供冷主机运行组合，运行主机承担的负荷占其运行主机额定负荷的比率最接近下列哪项？【2016-3-25】

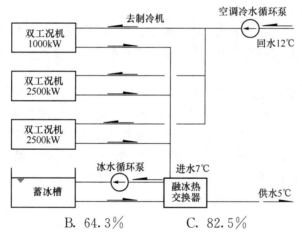

A. 53.6%
B. 64.3%
C. 82.5%
D. 91.8%

参考答案： D

主要解题过程： 根据题意，末端空调冷负荷由供冷主机与蓄冰槽共同承担。系统供回水温差为 7℃（系统供/回水温度为 5℃/12℃），其中供冷机组进出水温差为 5℃（机组供/回水温度为 7℃/12℃），串联蓄冰系统换热温差为 2℃（融冰热交换器二次侧进/出水温度为 7℃/5℃）。供冷主机与蓄冰热交换器二次侧串联，冷冻水流量保持不变，因此，当空调冷负荷为 4500kW 时，由冷水机组及蓄冰系统承担冷负荷分别为：

$$Q_{jz} = Q_0 \times \frac{12-7}{12-5} = 4500 \times \frac{5}{7} = 3214.3\text{kW}$$

$$Q_{xb} = Q_0 \times \frac{7-5}{12-5} = 4500 \times \frac{2}{7} = 1285.7\text{kW}$$

$$Q_{jz} = 3214.3\text{kW}$$

可有冷水机组提供的供冷运行策略及对应负荷率详见下表。

	2500kW	1000kW	额定负荷（kW）	负荷率＝主机负荷/额定负荷
方案一	1台	1台	3500	91.8%
方案二	2台	0	5000	64.3%
方案三	2台	1台	6000	53.6%

方案三中，三台供冷机组均需全部开启，负荷率最低，机组能耗最高，应首先排除，选项A错误。方案二与方案一种均开启2台供冷机组，同时满足冷负荷需求，方案二中开启2台2500kW的冷水机组，根据《红宝书》P2302图29.7-17，在冷却水进水温度保持不变时，机组负荷百分比在65%～75%区间内，COP值较高，略高于机组满负荷状态时COP。虽机组运行COP值高于设计工况COP，但是相对方案一，方案二中开启主机额定制冷量均大，COP值的提高不足以抵消耗电量绝对值的降低。由《公建节能2015》表4.2.10可知，同一类型制冷机组，同一气候区的不同制冷量档位，COP值相差不大，约0.3～0.4，而机组制冷量的大小，对机组耗电量的影响起到决定性作用。机组额定制冷量，方案二比方案一多出1500kW，方案二的机组耗电量之和大于方案一。因此，方案一相对方案二更为合理，选D。

最合理的供冷主机运行组合是以满足空调负荷的前提下，机组耗电量之和最小为首要目标，同时兼顾运行机组性能系数，尤其是在大小配冷水机组的运行策略中，至关重要。

10.4-3. 某办公楼采用蓄冷系统供冷（部分负荷蓄冰方式），空调系统全天运行12h，空调设计冷负荷为3000kW，设计日平均负荷系数为0.75。根据当地电力政策，23：00～7：00为低谷电价，当进行夜间制冰，冷水机组采用双工况螺杆式冷水机组（制冰工况下制冷能力的变化率为0.7），则选定的蓄冷装置有效容量全天所提供的总冷量（kWh）占设计日总冷量（kW·h）的百分比最接近下列何项？【2016-4-23】

　　A. 25.5%　　　　　B. 29.6%　　　　　C. 31.8%　　　　　D. 35.5%

参考答案：C

主要解题过程： 根据《复习教材》式（4.7-7）得制冷机标定制冷量为：$q_c = \dfrac{\sum\limits_{i=1}^{24} q_i}{n_2 + n_i c_f}$

$= \dfrac{12 \times 3000 \times 0.75}{12 + 8 \times 0.7} = 1534.1\text{kW}$。

根据式（4.7-6）得蓄冰装置有效容量为：$Q_s = n_i c_f q_c = 8 \times 0.7 \times 1534.1 = 8591\text{kWh}$。

蓄冷装置供给冷量占设计日总冷负荷占比为：$x = \dfrac{Q_s}{\sum\limits_{i=1}^{24} q_i} \times 100\% = \dfrac{8591}{12 \times 3000 \times 0.75}$

$\times 100\% = 31.8\%$。

10.4-4. 某冰蓄冷空调冷源系统，设计日全天供冷量为18000kWh，最大冷负荷为2000kW，空调季最低冷负荷650kW。选用双工况冷水机组两台，单台机组空调工况制冷量为725kW、蓄冰工况制冷量为500kW，低谷电时段8h，假定蓄冰装置有效容量等于机

组 8h 制冰能力。问：本项目对蓄冰装置的名义容量和释冷速率的最低要求，最接近下列哪项？【2018-4-14】

　　A. 8000kWh 和 650kWh　　　　　　　B. 8600kWh 和 650kWh

　　C. 8600kWh 和 550kWh　　　　　　　D. 9600kWh 和 650kWh

参考答案：B

主要解题过程：

根据《09 技术措施》第 6.4.9 条：

蓄冰装置有效容量为：

$$Q_s = 2 \times 500 \times 8 = 8000\text{kWh}$$

蓄冰装置名义容量为：

$$Q_{so} = \varepsilon Q_s = (1.03 \sim 1.05) \times 8000 = (8240 \sim 8400)\text{kWh}$$

最低释冷速率为：

最大冷负荷时：$Q_1 = 2000 - 725 \times 2 = 550\text{kWh}$。

最小冷负荷时：$Q_2 = 650\text{kWh}$。

二者取大值，故最小释放速率为 650kWh。

10.4-5. 某办公楼的工作模式为 9:00～17:00，设计日工作期间的平均小时冷负荷为 600kW，采用部分负荷水蓄冷方案，蓄冷负荷率为 50%，蓄冷槽的容积率取 1.2，可利用的进出水温差取 5℃，蓄冷槽效率取 0.8，制冷站设计日附加系数取 10%。问蓄冷槽的最小设计容积（m³），最接近下列哪项？【2018-4-24】

　　A. 500　　　　　B. 600　　　　　C. 700　　　　　D. 800

参考答案：C

主要解题过程：

直燃机组冷却水承担的冷量为：

蓄冷负荷：

$$Q_r = 8 \times 600 \times 1.1 \times 50\% = 2640\text{kW}$$

根据《复习教材》式（4.7-11）可知：

$$V = \frac{Q_s \cdot P}{1.163\eta \cdot \Delta t} = 680\text{m}^3$$

10.4.2　冷库热工与冷库工艺

10.4-6. 某水果冷藏库的总贮藏量为 1300t，带包装的容积利用系数为 0.75，该冷藏库的公称容积正确的应是下列哪一项？【2012-3-24】

　　A. 4560～4570m³　　　　　　　　　B. 4950～4960m³

　　C. 6190～6200m³　　　　　　　　　D. 7530～7540m³

参考答案：B

主要解题过程：根据《冷库设计规范》GB 50072—2010 第 3.0.6 条、《三版教材》式（4.8-11）冷库吨位计算：

$$G = \frac{V\rho\eta}{1000} = \frac{500 \times 230 \times 0.4 \times 0.8}{1000} = 36.8\text{t}$$

其中 η 为冷库体积利用系数，取 0.75；ρ 为食品计算密度，查《三版教材》表 4.8-17 为 350 kg/m³，则有：

$$V = \frac{G1000}{\rho\eta} = \frac{1300 \times 1000}{350 \times 0.75} = 4952.4\text{m}^3$$

10.4-7. 1t 含水率为 60% 的猪肉从 15℃ 冷却至 0℃，需用时 1h，货物耗冷量应为下列何项？【2014-4-24】

A. 11.0~11.2kW

B. 13.4~13.6kW

C. 14.0~14.2kW

D. 15.4~15.6kW

参考答案： B

主要解题过程： 根据《复习教材》式（4.8-1）和式（4.8-4）、式（4.9-1）：猪肉在冻结点以上，则猪肉的冻结点比热容为：

$$C_r = 4.19 - 2.30X_s - 0.628X_s^3 = 4.19 - 2.30 \times 0.4 - 0.628 \times 0.4^3 = 3.23\text{kJ/(kg·K)}$$

货物耗冷量：$Q = \frac{1}{3.6}\left[\frac{M\Delta t C_r}{t}\right] = \frac{1}{3.6}\left[\frac{1 \times (15-0) \times 3.23}{1}\right] = 13.5\text{kW}$。

10.4-8. 某地夏季空气调节室外计算温度 34℃，夏季空调室外计算日平均温度 29.4℃，冻结物冷藏库设计计算温度 -20℃。冻结物冷藏库外墙结构见下表（表中自上而下依次为室外至室内）：

材料名称	导热系数 [W/ (m·K)]	蓄热系数 [W/ (m²·K)]	厚度（mm）
水泥砂浆抹面	0.93	11.37	20
砖墙	0.81	9.96	180
水泥砂浆抹面	0.93	11.37	20
隔汽层	0.20	16.39	2.0
聚苯乙烯挤塑板	0.03	0.28	200
水泥砂浆抹面	0.93	11.37	20

取聚苯乙烯挤塑板导热系数修正系数为 1.3，已知冻结物冷藏库外墙总热阻为 5.55 (m²·K) /W，外墙单位面积热流量（W/m²）最接近下列何项？【2016-4-25】

A. 8.90

B. 9.35

C. 9.80

D. 11.60

参考答案： B

主要解题过程： 根据《复习教材》式（4.8-18）得：$D = R_1S_1 + R_2S_2 + \cdots + R_nS_n$

$$D = \frac{0.02}{0.93} \times 11.37 + \frac{0.18}{0.81} \times 9.96 + \frac{0.02}{0.93} \times 11.37 + \frac{0.002}{0.2}$$

$$\times 16.39 + \frac{0.2}{1.3 \times 0.03} \times 0.28 + \frac{0.02}{0.93} \times 11.37$$

$$= 4.54$$

查表 4.8-29，得温差修正系数 $\alpha=1.05$；根据式（4.8-20）得：

$$q = K(t_w - t_n)\alpha = \frac{1}{5.55} \times (29.4 + 20) \times 1.05 = 9.35 \text{ W/m}^2$$

10.4-9. 设计某卷心菜的预冷设备，已知进入预冷的卷心菜温度为 35℃，需预冷到 20℃，冷却能力为 2000kg/h，卷心菜的固形质量分数为 13%，问：计算的预冷冷量 （kW）最接近下列何项？【2017-4-22】

　　A. 27.6　　　　　　B. 32.4　　　　　　C. 38.1　　　　　　D. 42.5

参考答案：B

主要解题过程：根据《复习教材》式（4.8-1）可知：

$$C_r = 4.19 - 2.3X_s - 0.628X_s^3 = 3.89 \text{kJ/(kg} \cdot \text{K)}$$

则预冷量为：

$$Q = C_r m \Delta t = 3.89 \times \frac{2000}{3600} \times (35 - 20) = 32.4 \text{kW}$$

10.4.3　冷热电三联供

10.4-10. 某燃气三联供项目的发电量全部用于冷水机组供冷。设内燃发电机组额定功率 1MW×2 台，发电效率 40%；发电后燃气余热可利用 67%，若离心式冷水机组 *COP* 为 5.6，余热溴化锂吸收式冷水机组性能系数为 1.1；系统供冷量为下列哪一项？【2013-3-24】

　　A. 12.52MW　　　　B. 13.4MW　　　　C. 5.36MW　　　　D. 10MW

参考答案：B

主要解题过程：根据《复习教材》第 4.6.3 节相关内容可知，题干中提到的内燃发电机组额定功率即为发电机组的装机容量，简单地说就是发电机组的发电功率。

（1）离心式冷水机组制冷量：

$$Q_1 = 2 \times 5.6 = 11.2 \text{MW}$$

（2）吸收式冷水机组制冷量：

$$Q_2 = 2 \div 40\% \times (1 - 40\%) \times 67\% \times 1.1 = 2.2 \text{MW}$$

（3）制冷量合计为：

$$Q_2 = Q_1 + Q_2 = 11.2 + 2.2 = 13.4 \text{MW}$$

第 11 章　民用建筑房屋卫生设备专业案例题

本章案例题目分布统计表

小节	考点名称	2012 年至 2020 年题目统计		近几年题目统计		2020 年题目统计
		题量	比例	题量	比例	
11.1	生活给水排水	10	63%	4	67%	2
11.2	燃气	5	31%	2	33%	0
	消防给水（已不在大纲范围内）	1	—	0	—	0
合计		16		6		2

说明：2015 年停考 1 年，近几年题目统计为 2018 年至 2020 年。

11.1　生活给水排水

11.1-1. 某住宅楼设有大便器、洗脸盆、洗涤盆、洗衣机、热水器和沐浴设备，已知该住宅楼人数为 600 人，最高日生活用水定额为 200L/（人·d），最高日热水定额为 60 L/（人·d），问：该住宅楼的最大日用水量为下列哪一项？【2013-3-25】

A. 120t/d　　　　　B. 132t/d　　　　　C. 144t/d　　　　　D. 156t/d

参考答案： A

主要解题过程： 根据《建筑给水排水及采暖工程施工质量验收规范》GB 50242—2002 第 5.1.1 条及《复习教材》第 6.1.2 节第 2 条"（2）热水用水定额"冷水定额已包含热水定额部分，则 $Q_d = 600 \times 200 = 120000$ L/d=120t/d。

11.1-2. 某地一宾馆的卫生热水供应方案：方案一采用热回收热水热泵机组 2 台；方案二采用燃气锅炉 1 台。已知，热回收热水热泵机组供冷期（运行 185d）既满足空调制冷又同时满足卫生热水的需求，其他有关数据见下表：

卫生热水用量（t/d）	自来水温度（℃）	卫生热水温度（℃）	热回收机组产热量(kW/台)/耗电量(kW/台)	燃气锅炉效率（%）
160	10	50	455/118	90

注：1. 电费 1 元/kWh，燃气费 4 元/Nm³，燃气低位热值为 39840kJ/Nm³；

2. 热回收机组产热量、耗电量为过渡季节和冬季制备卫生热水的数值。

关于两个方案年运行能源费用的论证结果，正确的是下列哪项？【2013-4-25】

A. 方案一比方案二年节约运行能源费用 350000～380000 元

B. 方案一比方案二年节约运行能源费用 720000～750000 元

C. 方案二比方案一年节约运行能源费用 350000～380000 元

D. 方案一比方案二年节约能源费用基本一致

参考答案：B

主要解题过程：

分析得知：方案一需要在过渡季节和冬季供热水时耗电（365－185＝180d）；方案二全年供热水（365d）；

每天需热量：$q = Gc\Delta t = 4.18 \times 160 \times 10^3 \times (50-10) = 2675.2 \times 10^4$ kJ；

方案二费用：$F_2 = \dfrac{2675.2 \times 10^4 \times 365 \times 4}{0.9 \times 39840} = 108.9 \times 10^4$ 元；

方案一费用：$F_1 = \dfrac{2675.2 \times 10^4 \times 180 \times 1}{3600 \times \dfrac{455}{118}} = 34.7 \times 10^4$ 元；

方案一比方案二节省费用：$\Delta F = F_2 - F_1 = 108.9 \times 10^4 - 34.7 \times 10^4 = 74.2 \times 10^4$ 元。

11.1-3. 某半即热式水加热器，要求小时供热量不低于 1250000kJ/h，热媒为 50kPa 的饱和蒸汽（饱和蒸汽温度为 100℃），进入加热器的最低水温为 7℃，出水终温为 60℃，加热器的传热系数为 5000kJ/(m² · h · K)，则加热器的最小加热面积应为下列何项？（取热损失系数为 1.10，ε 为 0.8）【2014-4-25】

A. 7.55～7.85m²　　　　　　　　　　　B. 7.20～7.50m²

C. 5.40～5.70m²　　　　　　　　　　　D. 5.05～5.35m²

参考答案：C

主要解题过程：根据《建筑给水排水设计标准》GB 50015—2019 第 6.5.7～6.5.8 条：

计算换热温度差：$\Delta t = \dfrac{\Delta t_{\max} - \Delta t_{\min}}{\ln \dfrac{\Delta t_{\max}}{\Delta t_{\min}}} = \dfrac{(100-7) - (100-60)}{\ln \dfrac{100-7}{100-60}} = 62.8$ ℃

加热器最小加热面积：$F_{jr} = \dfrac{C_r Q_R}{\varepsilon K \Delta t} = \dfrac{1.10 \times 1250000}{0.8 \times 5000 \times 62.8} = 5.47$ m²

11.1-4. 已知某图书馆的一计算管段的卫生器具给水当量总数 N_g 为 5，问：该计算管段的给水设计秒流量（L/s）最接近下列何项？【2016-3-24】

A. 0.54　　　　　　B. 0.72　　　　　　C. 0.81　　　　　　D. 1.12

参考答案：B

主要解题过程：根据《建筑给水排水设计标准》GB 50015—2019，图书馆计算给水秒流量系数为 1.6，则由式（3.7.6），该管段给水设计秒流量为：$q_g = 0.2\alpha\sqrt{N_g} = 0.2 \times 1.6 \times \sqrt{5} = 0.716$L/s。

11.1-5. 设计某宿舍的排水系统，已知用水定额为 120L/(d · p)、小时变化系数为 3.10，某一层的一段生活排水管道汇集有 12 个相同房间，房间卫生间的配置均为洗脸盆 1 个（同时排水百分数为 80%）、冲洗水箱大便器 1 个，问：该段排水管道的排水设计秒

流量（L/s）最接近下列何项？【2017-3-25】

    A. 1.50   B. 3.40   C. 3.88   D. 4.56

    参考答案：D

    主要解题过程：根据《建筑给水排水设计标准》GB 50015—2019 表 3.2.2，由题中数据用水定额 120L/(d·p) 及小时变化系数 3.10，可知该宿舍属于没公用盥洗卫生间类型。

    由《建筑给水排水设计标准》GB 50015—2019 第 4.5.3 条：

$$q_p = \sum q_0 n_0 b = 12 \times (0.25 \times 80\% + 1.5 \times 12\%) = 4.56$$

    式中 0.25 和 1.5 分别为洗脸盆和冲洗水箱大便器排水流量，按表 4.5.1 查得。

    11.1-6. 设计某宾馆的全日供应热水系统，已知床位数为 800 床、小时变化系数为 3.10，热水用水定额 140L/(d·床)，冷水温度为 7℃，热水密度为 1kg/L，问：计算的设计耗热量（kW）最接近下列何项？【2017-4-25】

    A. 2675   B. 1784   C. 1264   D. 892

    参考答案：D

    主要解题过程：根据《建筑给水排水设计标准》GB 50015—2019 第 6.4.1-2 条或《复习教材》式（6.1-6）：

$$Q_h = K_h \frac{m q_r C(t_r - t_1) \rho_r}{T} = 3.10 \times \frac{800 \times 140 \times 4.187 \times (60 - 7) \times 1.0}{24} = 892 \text{kW}$$

    11.1-7. 某宾馆建筑设置集中生活热水系统，已知宾馆客房 400 床位，最高日热水用水定额 120L/（床位·d），使用时间 24h，小时变化系数 K_h 为 3.33，热水温度为 60℃，冷水温度为 10℃，热水密度为 1.0kg/L，问：该宾馆客房部分生活热水的最高日平均小时耗热量（kW）最接近下列何项？【2018-3-25】

    A. 116   B. 232   C. 349   D. 387

    参考答案：A

    主要解题过程：

    根据《建筑给水排水设计标准》GB 50015—2019 可知：

$$Q_h = \frac{m q_r c(t_r - t_1) \rho_r}{T} = \frac{400 \times 120 \times 4.187 \times (60 - 10) \times 1}{24 \times 3600} = 116.3 \text{kW}$$

    扩展：本题题目所求为平均小时耗热量而非设计小时耗热量，故无需乘以小时变化系数，可与【2017-4-11】比较。

11.2 燃 气

    11.2-1. 武汉市某二十层住宅（层高 2.8m）接入用户的天然气管道引入管高于一层室内地面 1.8m。供气立管沿外墙敷设，立管顶端高于二十层住宅室内地坪 0.8m，立管管道的热伸长量应为哪一项？【2012-4-25】

    A. 10～18mm   B. 20～28mm

C. 30～38mm   D. 40～48mm

参考答案： D

主要解题过程： 根据《复习教材》式（1.8-23）：$\Delta X = 0.012 \times (t_1 - t_2) \times L$

根据《城镇燃气设计规范》GB 50028—2006（2020 版）第 10.2.29 条规定：沿外墙和屋面敷设时补偿量计算温差可取 70℃。又管道安装时的温度一般按 5℃ 计算，故：

$$\Delta X = 0.012 \times (t_1 - t_2) \times L = 0.012 \times 70 \times (19 \times 2.8 + 0.8 - 1.8)$$
$$= 43.848 \text{mm}$$

11.2-2. 已知某住宅校区燃气用户为 250 户，每户均设置燃气双眼灶和快速热水器各一台，其额定流量分别为 2.4m³/h 和 1.75m³/h，该小区的燃气计算流量应接近下列何项？【2012-4-25】

A. 156m³/h   B. 161m³/h   C. 166m³/h   D. 170m³/h

参考答案： B

主要解题过程： 根据《复习教材》式（6.3-2）及表 6.3-4 得：

$$Q_h = \sum kNQ_n = 0.155 \times 250 \times (2.4 + 1.75) = 160.8 \text{m}^3/\text{h}$$

11.2-3. 某住宅小区的燃气管网为天然气低压分配管网（采用区域调压站），燃气供气压力为 0.008MPa，问燃气管段到达最远住户的燃具管道的允许阻力损失（Pa）最接近下列何项？【2016-4-24】

A. 900   B. 1650   C. 2250   D. 6150

参考答案： B

主要解题过程： 根据《城镇燃气设计规范》GB 50028—2006（2020 版）第 10.2.2 条，天然气低压用气设备用具额定压力为 2kPa。由第 6.2.8 条，低压燃气管道到最远燃具的允许阻力损失为：$\Delta P_d = 0.75 P_n + 150 = 0.75 \times (2 \times 10^3) + 150 = 1650 \text{Pa}$。

11.2-4. 某小区共有 5 栋公寓楼，每栋楼 20 户，另有一栋小区会所。小区采用低压天然气供应，拟考虑每户公寓厨房设置一台快速燃气热水器和一台燃气双眼灶。其中单台热水器燃气流量为 2.86（m³/h），单台双眼灶燃气流量为 0.7（m³/h），小区会所燃气计算流量为 12（m³/h）。问：该小区天然气的总计算流量（m³/h），最接近以下哪个选项？【2018-4-25】

A. 60.52   B. 72.52   C. 74.76   D. 86.76

参考答案： B

主要解题过程：

根据《复习教材》式（6.3-2）可知：$Q_h = \sum kNQ_n$，其中 $N = 20 \times 5 = 100$，查表 6.3-4，得 $k = 0.17$。则，$Q = Q_h + 12 = 100 \times 0.17 \times (2.86 + 0.7) + 12 = 60.52 + 12 = 72.52 \text{m}^3/\text{h}$。

全国勘察设计注册公用设备工程师
暖通空调专业考试备考应试指南

（2021版）
（下册）

林星春　房天宇　主编

中国建筑工业出版社

目　录

（上　册）

第1篇　专　业　知　识　题

第2篇 专业案例题

（下　册）

第3篇　实战试卷及解析

第4篇　扩　展　总　结

附　　录

第 3 篇　实战试卷及解析

第 12 章 实 战 试 卷

12.1 2019 年实战试卷

专业知识考试（上）

一、单项选择题（共 40 题，每题 1 分，每题的备选项中只有一个符合题意）

2019-1-1. 进行某寒冷地区住宅的散热器集中热水供暖系统的设计时，下列哪一项不符合现行节能设计标准的要求？

    A. 卧室、起居室室内设计温度为 18℃   B. 冬季供暖计算室内换气次数取 $1h^{-1}$

    C. 热水供、回水温差为 25℃   D. 按热水连续供暖进行设计

2019-1-2. 建筑辐射供暖系统辐射面传热量计算时，以下哪一项是错误的？

A. 辐射面传热量应为辐射面辐射传热量与辐射面对流传热量之和

B. 辐射面辐射传热量，与辐射面表面平均温度和室内空气温度的差值呈线性相关

C. 当辐射面的面积相等时，墙面供暖的辐射面对流传热量小于地面供暖的辐射面对流传热量

D. 当辐射面温度恒定时，室温越高，同一辐射面传热量越小

2019-1-3. 当设计无规定时，以下关于管道材料及连接方式的说法，哪一项是错误的？

A. 当住宅小区室外供热管道的管径大于 $DN200$ 时，如果设计无规定，应使用无缝钢管

B. 空调冷水管采用热镀锌钢管时，当管径小于或等于 $DN100$ 时采用螺纹连接；当管径大于 $DN100$ 时可采用卡箍或法兰连接

C. 供暖管道采用焊接钢管时，当管径小于或等于 32mm 时应采用螺纹连接；当管径大于 32mm 时采用焊接连接

D. 室内低压燃气管道应选用热镀锌钢管，管径不大于 100mm 时，可采用螺纹连接

2019-1-4. 应设置供暖设施并宜采用集中供暖的地区，其累年日平均温度稳定低于或等于 5℃ 的日数应大于或等于多少天？

    A. 30   B. 60   C. 90   D. 120

2019-1-5. 进行高层住宅低温热水地面辐射供暖系统设计时，下列哪项做法是正确的？

A. 高度超过 40m 的建筑必须对供暖热水系统进行竖向分区

B. 地面加热盘管中的设计水流速度为 0.20m/s

C. 每个加热盘管的设计环路阻力为 40kPa

D. 分集水器的分支环路按 8 个回路设计

2019-1-6. 民用建筑垂直单管串联式散热器供暖系统，对于楼层的适用层数有限定。下列关于该规定原因的说法，哪项是正确的?

A. 使散热器的流量与散热器的散热量更接近线性关系

B. 受到散热器接口管径的限制

C. 与双管式系统相比较，可显著减少整个建筑采用的散热器的总散热面积

D. 可显著降低供暖系统的供水温度需求

2019-1-7. 既有建筑居住小区的集中供暖系统为共用立管分户水平双管散热器供暖系统，拟进行热计量改造，热量结算点设在各单元的热力入口处。下列哪项热计量改造设计是正确的?

A. 在各散热器供水管上保留手动调节阀，采用户用热量表法计量

B. 在各散热器供水管上保留手动调节阀，采用通断时间面积法计量

C. 在各散热器供水管上设恒温控制阀，采用户用热量表法计量

D. 在各散热器供水管上设恒温控制阀，采用通断时间面积法计量

2019-1-8. 流量平衡阀具体选型时，下列哪一项做法是正确的?

A. 按照与其接管管径相等的原则选择

B. 根据热用户水力失调度选择

C. 根据设计流量和平衡阀前后的设计压差选择

D. 根据热用户水力稳定性系数选择

2019-1-9. 关于供热管网水力工况的说法，下列哪一项是正确的?

A. 管网中各并联支路的流量与各支路的阻力系数成正比关系

B. 管网中所有运行的热用户的水力失调度都在 0～1 之间

C. 将正常运行系统中循环水泵出口的阀门关小，会引起管网中各热用户的不一致水力失调

D. 供热管网干管的阻力占供热系统总阻力的比例越低则热用户的水力稳定性越好

2019-1-10. 某医院药品库需要通风换气，下列系统设计正确的是何项?

A. 与杂物间合用排风系统   B. 采用独立的一次回风空调系统

C. 采用独立排风系统   D. 与卫生间合用排风系统

2019-1-11. 某办公楼的建筑高度为 54m，请问其下列哪个部位可以不设置防排烟设施?

A. 具有不同朝向可开启外窗，且其可开启面积满足自然排烟要求的前室或合用前室的楼梯间

B. 办公建筑中高度不大于 12m 的中庭

C. 位于一层，建筑面积为 90m² 的学术报告厅

D. 地下室中三个建筑面积均为 60m² 的文件资料档案存放室

2019-1-12. 下列关于排烟防火阀、排烟阀和排烟口的设置或描述，哪一项是错误的？

A. 排烟风机入口处的排烟管道上应设置排烟阀，当温度达到 280℃时开启，进行排烟

B. 排烟防火阀安装在机械排烟系统的管道上，当排烟管道内烟气温度达到 280℃时关闭

C. 排烟口设置在侧墙时，吊顶与其最近边缘的距离不应大于 0.5m

D. 排烟阀安装在机械排烟系统各支管端部，平时呈关闭状态

2019-1-13. 某学校实验室采用自然通风和机械通风相结合的复合通风系统，其设计总风量为 1000m³/h，下列何项风量设计是符合现行规范要求的？

A. 自然通风量 200m³/h

B. 自然通风量 500m³/h

C. 机械通风量 750m³/h

D. 机械通风量 900m³/h

2019-1-14. 下列关于通风系统镀锌钢板风管内的设计风速，哪一项做法是错误的？

A. 一般公共建筑的排风系统的干管，8m/s

B. 地下汽车库排风系统的干管，10m/s

C. 工业建筑非除尘系统的干管，15m/s

D. 室内允许噪声级 35～50dB（A）的通风系统主管，7m/s

2019-1-15. 设计排除有爆炸危险物质的风管时，下列做法错误的是何项？

A. 采用圆形金属风管

B. 采取防静电接地措施

C. 采用明装风管并倾斜设置

D. 穿越防火墙处装防火阀

2019-1-16. 下列关于进风口位置的设置叙述，哪一项是错误的？

A. 民用建筑夏季自然通风用的进风口，其下缘距室内地面的高度不宜大于 1.2m

B. 地下车库机械补风系统的室外进风口，其下缘距该车库地面的高度不宜大于 1.2m

C. 空调新风系统新风进风口，其下缘距室外地坪不宜小 2m，当设在绿化地带时，不宜小于 1m

D. 机械送风系统的进风口与事故排风系统排风口的水平距离不足 20m 时，机械送风系统的进风口的标高宜比事故排风口的标高低 6m

2019-1-17. 当室内的总发热恒定时，针对工业建筑在热压作用下的天窗自然通风时，关于天窗排风温度的说法，下列哪一项是错误的？

A. 热源占地面积与地板面积比值越大，天窗排风温度越低

   B. 热源高度越大，天窗排风温度越低

   C. 热源的辐射散热量与总散热量比值越大，天窗排风温度越低

   D. 室外温度越低，天窗排风温度越低

2019-1-18. 下列关于建筑通风系统设计要求的说法，哪一项是错误的？

   A. 对散发粉尘的污染源应优先采用吹吸式局部密闭罩

   B. 供暖室外计算温度≤－15℃的地区的住宅，应设置可开启的气窗进行定期换气

   C. 可以利用建筑内部的非污染空气作为全面通风补风，以减少补风耗热量

   D. 发热量大的通风柜可利用热压自然排风

2019-1-19. 广西南宁市某会展中心采用集中式空调系统，空调冷源设计选用两台型号相同的水冷变频离心式冷水机组，每台机组名义制冷量为 1250kW。问：该冷水机组名义工况下性能系数（COP）的最低限值，应最接近下列哪项？

   A. 5.022   B. 5.301   C. 5.487   D. 5.700

2019-1-20. 某高层建筑空调冷水系统，冷水泵设置于系统最低处，系统的最大工作压力为 1.2MPa。对该水系统进行水压试验时，下列何项是正确的？

   A. 在水系统最高点进行试验，试验压力为 1.8MPa，升至试验压力后，应稳压 10min，压力不得下降，再将系统压力降至该部位的工作压力，在 60min 内压力不得下降、外观检查无泄漏为合格

   B. 在水系统最低点进行试验，试验压力为 1.8MPa，升至试验压力后，应稳压 10min，压力下降不应大于 0.02MPa，然后应将系统压力降至工作压力，外观检查无泄漏为合格

   C. 在水系统最低点进行试验，试验压力为 1.7MPa，开至试验压力后，应稳压 10min，压力不得下降，再将系统压力降至该部位的工作压力，在 60min 内压力不得下降、外观检查无泄漏为合格

   D. 在水系统最低点进行试验，试验压力为 1.2MPa，升至试验压力后，应稳压 10min，压力下降不应大于 0.02MPa，然后应将系统压力降至工作压力，外观检查无泄漏为合格

2019-1-21. 位于寒冷地区的某数据中心，室内设备发热量为 1.5kW/m²，其围护结构热工设计符合《公共建筑节能设计标准》GB 50819—2015 的要求，空调系统的新风经冷却除湿后独立送入，室内采用循环式空调机组。要使得该数据中心正常运行，下列哪一项说法是错误的？

   A. 全年都需要对室内供冷

   B. 送风温度应高于室内空气的露点温度

   C. 室内循环式空调机组表冷器的供/回水温度为 7℃/12℃

   D. 应以机柜排热为重点来进行室内气流组织设计

2019-1-22. 某办公建筑采用二级泵变频变流量空调水系统，空调末端为变风量空调机组。空调系统在部分负荷运行时，冷水机组出口温度实测为 7℃，二级泵出口温度实测为 9℃。造成这种现象的原因可能是下列哪一项？

A. 空调末端控制正常，但二级泵扬程过大

B. 冷水机组的蒸发器阻力远大于设计计算值

C. 一级泵扬程过大

D. 平衡管管径过大

2019-1-23. 对溶液除湿方式，以下哪一项说法是正确的？

A. 除湿溶液浓度相同时，溶液温度越高除湿性能越好

B. 除湿溶液黏度越高，除湿性能越好

C. 溶液除湿一定是等温减湿过程

D. 除湿溶液应具有高沸点、低凝固点的特性

2019-1-24. 当全空气定风量空调系统按空调负荷热湿比计算得到的机器露点温度低于空调房间要求的送风温度时，可采用送风再热或二次回风这两种方式来实现需要的送风温度。这两种方式相比，下列哪项说法是正确的？

A. 表冷器进口空气参数相同　　　　　　B. 通过表冷器的风量相同

C. 空调系统的新风比不同　　　　　　　D. 表冷器设计冷量不同

2019-1-25. 某建筑的贵宾会议室使用方式为间歇使用，其外墙为厚 200mm 的钢筋混凝土主墙体加 70mm 厚玻璃棉板外保温。计算该会议室的夏季冷负荷时，以下方法中，哪一项是错误的？

A. 按稳态方法计算由设备、照明散热量形成的冷负荷

B. 按非稳态方法计算由人体散热量形成的冷负荷

C. 按稳态方法计算出外墙传入热量形成的冷负荷

D. 按非稳态方法计算由外窗进入的太阳辐射热量形成的冷负荷

2019-1-26. 海南省某厂房室内空气温度要求为 25℃±0.5℃。在下列围护结构热工参数取值选项中，哪一项满足相关现行规范要求？[K 值的单位为 $W/(m^2 \cdot K)$]

A. 外墙 D 值为 4.0、K 值为 1.0；顶棚 D 值为 3.0、K 值为 0.6

B. 外墙 D 值为 3.0、K 值为 0.8；顶棚 D 值为 4.0、K 值为 0.7

C. 外墙 D 值为 4.0、K 值为 1.0；顶棚 D 值为 3.0、K 值为 0.7

D. 外墙 D 值为 4.0、K 值为 0.8；顶棚 D 值为 3.0、K 值为 0.8

2019-1-27. 空气洁净度等级所处状态的确定方法，下列哪一项是最合理的？

A. 与业主协商确定　　　　　　　　　　B. 应为动态

C. 应为静态　　　　　　　　　　　　　D. 应为空态

2019-1-28. 某高大洁净厂房建成后，测试时发现其室内正压没有达到要求，下列哪项不是导致该问题的原因？

A. 厂房的密封性不好

B. 新风量小于设计值

C. 室内回风量小于设计值

D. 测试时的室外风速过大

2019-1-29. 某民用建筑采用直接膨胀式空调机组。问：该机组不能采用下列哪一种制冷剂？

A. R134a
B. R407C
C. R123
D. R717

2019-1-30. 下列制冷剂管道材料选择中，不合理的是哪一项？

A. $DN20$ 的 R134a 制冷剂管道采用黄铜管

B. $DN80$ 的 R410A 制冷剂管道采用未镀锌的无缝钢管

C. $DN20$ 的 R410A 制冷剂管道采用紫铜管

D. $DN80$ 的 R134a 制冷剂管道采用热镀锌无缝钢管

2019-1-31. 关于燃气冷热电联供系统常用的燃气轮机、内燃机、微燃机发电机组的特性，下列哪一项说法是错误的？

A. 内燃机的发电效率最高

B. 微燃机排放的氮氧化物最少

C. 内燃机可提供的余热类型最丰富

D. 燃气轮机可满足的发电容量值最低

2019-1-32. 位于夏热冬冷地区的某小型酒店，设计采用水源热泵系统作为集中空调水系统的冷热源，下列哪一项做法是错误的？

A. 采用原生污水直接换热的水源热泵系统，水侧切换冷热工况

B. 采用原生污水直接换热的水源热泵系统，制冷剂侧切换冷热工况

C. 采用地埋管换热的水源热泵系统，水侧切换冷热工况

D. 采用地埋管换热的水源热泵系统，制冷剂侧切换冷热工况

2019-1-33. 在冷水机组进行设计选型时，错误的是下列何项？

A. 北京地区某办公楼，采用2台名义制冷量均为1000kW的水冷变频螺杆式冷水机组，该冷水机组名义工况下的制冷性能系数为4.86，且综合部分负荷性能系数 $IPLV$ 为6.68

B. 选择用地源热泵冷热水机组时，该机组在冬季设计工况下的制热性能系数不应低于2.0

C. 选择直燃型溴化锂吸收式机组作为空调冷热源时，如果热负荷需求为机组额定供热量的1.3倍，可采取加大高压发生器和燃烧器的措施来满足要求

D. 某小型快捷酒店仅设一台冷水机组时，机组的部分负荷性能系数 $IPLV$ 的重要性高于机组的制冷性能系数 COP

2019-1-34. 关于蓄冷系统的特征表述，以下何项是错误的？

A. 水蓄冷仅发生显热交换

B. 动态型制冰与静态型制冰两种方式，若它们的融冰空间体积相同，则其蓄冷量也相同

C. 同一台螺杆式制冷机组，用于水蓄冷系统时的机组 *COP* 高于用于冰蓄冷系统时的机组 *COP*

D. 水蓄冷的冷水温度最低为 4℃

2019-1-35. 有关吸收式制冷机组或吸收式热泵机组的说法，以下哪一项是正确的？

A. 氨吸收式制冷机组和溴化锂吸收式制冷机组的制冷剂分别是氨和水

B. 吸收式制冷机组的冷却水仅供冷凝器使用

C. 第一类吸收式热泵为升温型热泵，可利用中温热源作为驱动源制取比中温热源更高温度的热水或蒸汽

D. 第二类吸收式热泵的冷却水温度越高，所能制取的高温热源的温度也就越高

2019-1-36. 某项目利用电厂抽凝 0.8MPa 的蒸汽和 30℃冷却水，通过蒸汽型溴化锂吸收式热泵机组制取 60℃热水供热，以下何种做法是正确的？

A. 采用性能系数大于 1.0 的升温型吸收式热泵机组

B. 采用性能系数为 0.4～0.5 的增热性吸收式热泵机组

C. 电厂冷却水与吸收式热泵机组的蒸发器相连接

D. 供热水与发生器和冷凝器先后串联连接

2019-1-37. 有关进行绿色建筑评价工作，下列说法何项是正确的？

A. 对工业建筑进行绿色评价时，其能耗指标水平分为 5 个级别

B. 工业建筑绿色评价的申请，必须在该建筑正常运行一年后方可提出

C. 民用建筑绿色评价体系的各类指标中，均包含了"控制项"、"评分项"和"加分项"

D. 《绿色工业建筑评价标准》，不适用于对"绿色制造工艺"的评价

2019-1-38. 关于建筑给水防污染的做法，下列何项做法是错误的？

A. 屋面结构板用作在屋面设置的生活饮用水水箱本体的底板

B. 从生活饮用水管网向消防水池补水的补水管管口的最低点高出溢流边沿的空气间隙的距离不应小于规范规定值

C. 生活饮用水池是否设置水消毒装置与水池用贮水更新的时间有关

D. 用于绿化用的中水管道设置接有水嘴时，应采取防止误饮误用的措施

2019-1-39. 某设于建筑地下一层的燃气直燃机房燃气与通风系统设计，以下哪一项措施是错误的？

A. 直燃机房内设置的燃气管道采用壁厚为 3.5mm 的无缝钢管

B. 燃气引入管设手动快速切断阀和停电时处于关闭状态的紧急自动切断阀

C. 设置与地下室其他设备间合用的通风系统，正常通风换气次数 $6h^{-1}$、事故通风换气次数 $12h^{-1}$

D. 直燃机房设集中监视与控制的燃气浓度检测报警器

2019-1-40. 某商业综合体项目，在设计阶段计算燃气小时计算流量时，下列说法哪项是错误的？

　　A. 计算年燃气最大负荷利用小时数时，应考虑月高峰系数、日高峰系数和小时高峰系数

　　B. 月高峰系数为计算月中的日最大用气量和年的日平均用气量之比

　　C. 日高峰系数为计算月中的日最大用气量和该月日平均用气量之比

　　D. 小时高峰系数为计算月中最大用气量日的小时最大用气量和该日小时平均用气量之比

二、多项选择题（共30题，每题2分，每题的各选项中有两个或两个以上符合题意，错选、少选、多选均不得分）

2019-1-41. 某住宅小区热水供暖系统的设计供/回水温度为75℃/50℃，设计室温为20℃，采用柱式散热器供暖且已知柱式散热器传热温差64.5℃时的传热系数。问：在设计计算室内散热器的片数时，应考虑下列哪些主要因素？

　　A. 散热器的设计供/回水温度　　　　　B. 散热器的供回水支管连接方式
　　C. 散热器在房间内的安装位置　　　　　D. 进入散热器的流量

2019-1-42. 在公共建筑中，下列关于散热器供暖系统压力损失计算与水力平衡的做法，哪几项是错误的？

　　A. 压力调节装置装设于压力损失较大的环路上

　　B. 压力损失计算中，采用最不利环路的压力损失计算值求取每一环路的比摩阻

　　C. 水泵扬程的选择应该是热源系统、末端系统与各个环路压力损失的算术平均值之和

　　D. 最不利环路设计时，起始管段的比摩阻取值应大于末端管段的比摩阻取值

2019-1-43. 严寒地区A区某正南正北布置的20层写字楼，如果设计的建筑体形系数为0.3，且建筑每个朝向的窗墙比均为0.4。问：下列哪几个选项符合相关节能设计标准对围护结构热工性能的要求？

　　A. 建筑外墙的传热系数为 0.35W/(m² · K)

　　B. 建筑外窗的传热系数为 2.0W/(m² · K)

　　C. 大堂天窗的传热系数为 2.5W/(m² · K)

　　D. 地下车库与供暖房间之间的楼板传热系数为 0.4 W/(m² · K)

2019-1-44. 关于供暖空调系统中膨胀水箱的配置，下列哪几项是正确的？

　　A. 膨胀管上不得设置阀门

　　B. 为便于观察，信号管上不应设置阀门

　　C. 水箱没有冻结危险时，可不设置循环管

　　D. 为便于控制和维修，循环管上应设置阀门

2019-1-45. 某酒店厨房和洗衣房要一定量的蒸汽，下列哪些选项允许采用蒸汽锅炉作为供暖系统的热源？

A. 建筑总热负荷 1.0MW，其中蒸汽热负荷 0.75MW

B. 建筑总热负荷 1.4MW，其中蒸汽热负荷 1.00MW

C. 建筑总热负荷 1.4MW，其中蒸汽热负荷 0.75MW

D. 建筑总热负荷 2.0MW，其中蒸汽热负荷 1.00MW

2019-1-46. 某区域供热工程采用异程式管网供热，在回水干管的中部位置加设一台回水增压泵（如下图所示）。与不设置回水增压泵的运行情况相比较，关于管网压力与流量发生的变化，下列哪几项是正确的？

A. 供水干管压力随着供水干管长度下降

B. 回水增压泵吸水侧的回水干管压力下降

C. 管网总循环流量不变

D. 回水增压泵出口侧的用户资用压头减小

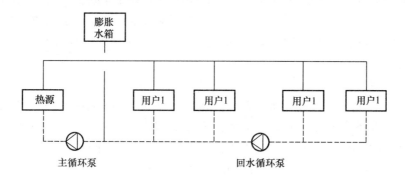

2019-1-46 题图

2019-1-47. 寒冷地区的某低层住宅根据煤改电的要求，冬季采用空气源热泵热水机组供暖。下列有关采用定频压缩机的空气源热泵机组供暖运行时的说法，哪几项是错误的？

A. 当维持机组出水温度不变时，随着室外气温下降，压缩机的压缩比会减少

B. 室外气温下降时，压缩机的润滑油会导致起节流作用的毛细管内的制冷剂流动不畅

C. 当维持机组出水温度不变时，随着室外气温下降，机组压缩机制冷剂的制热量减少

D. 当维持机组出水温度不变时，随着室外气温下降，机组压缩机制冷剂的质量流量增加

2019-1-48. 某工业厂房跨度 24m，采用无窗扇、有挡雨片的横向下沉式天窗，天窗垂直口高度 2.5m。问：在设计计算中，该天窗的局部阻力系数的选取，下列哪几项是正确的？

A. 3.0　　　　　　B. 3.2　　　　　　C. 3.4　　　　　　D. 3.6

2019-1-49. 下图所示的送风风管管段上设计两个相同规格、相同送风量的旋流风口。当不采取任何调节措施（风口全开）时，在下列给定条件下，各风口的风量比较，下列哪几项说法是错误的？

A. 当 $V_2 > V_1$ 时，$L_2 > L_1$　　　　　　　　B. 当 $V_2 > V_1$ 时，$L_2 = L_1$

C. 当 $V_2 = V_1$ 时，$L_2 = L_1$　　　　　　D. 当 $V_1 > V_2$ 时，L_2 与 L_2 有可能相等

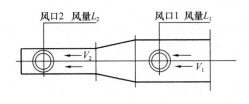

2019-1-49 题图

2019-1-50. 在通风机性能可确保的条件下，关于通风机选择计算，以下哪几项是正确的？

A. 在高原地区选择风机时，应对风机的体积流量和风压进行相对于标准工况的修正

B. 在高原地区选择风机时，应对其轴功率进行相对于标准工况的修正

C. 车间全面排风系统的风机与其吸入侧的排风管道均设于车间内；当风机出口侧的排风管道设置于车间外时，风机风量应为：需求的车间全面排风量与风管漏风量之和

D. 室内游泳馆的排风系统采用变频风机，其额定风压应为设计工况时计算的排风系统总压力损失

2019-1-51. 某高层办公楼总高 150m；标准层层高 4.15m；在裙房三层设置的会议中心层高 6.1m，空间净高 4m。问以下防排烟系统设计哪几项是不符合规范的？

A. 办公标准层中，2.0m 宽的回形内走道总长为 200m，设置 3 道挡烟垂壁

B. 办公室面积 120m²，沿外墙均匀布置上悬窗自然排烟

C. 标准层每 12 层设置一套走道排烟排风兼用系统

D. 裙房会议中心机械排烟系统按任意两个最大的防烟分区的排烟量之和计算

2019-1-52. 采用吸附法净化有害气体时，可以作为吸附剂的是下列哪几个选项？

A. 硅胶　　　　B. 分子筛　　　　C. 活性炭　　　　D. 活性氧化铝

2019-1-53. 以下对通风、除尘与空调风系统各环路的水力平衡参数的规定，哪几项是符合相关规范要求的？

A. 某民用建筑空调送风系统，各并联环路压力损失的相对差额为 10%

B. 某民用建筑一般通风系统，各并联环路压力损失的相对差额为 15%

C. 某工业建筑空调通风系统，各并联环路压力损失的相对差额为 10%

D. 某工业建筑除尘系统，各并联环路压力损失的相对差额为 15%

2019-1-54. 对于同一台冷水机组，其他运行条件均不变时，下列关于水冷冷凝器污垢系数对冷水机组性能的影响的说法，哪些是正确的？

A. 污垢系数增加，冷凝器饱和冷凝温度提高

B. 污垢系数增加，制冷量不变

C. 污垢系数增加，消耗功增加

D. 污垢系数增加，机组性能系数下降

2019-1-55. 公共建筑空调系统设计时，下列哪几项说法是错误的？
A. 所有公共建筑的施工图设计时，必须进行逐项、逐时的冷负荷计算
B. 当冬季室内相对湿度控制精度要求高时，只允许采用直接电热式加湿器
C. 冷水机组选择时，其在设计工况下的性能系数（COP）应符合节能标准中的限值要求
D. 水系统设计时应计算空调冷（热）水系统耗电输冷（热）比，并满足节能设计标准的规定

2019-1-56. 为保证空调系统经济运行，下列哪些要求是正确的？
A. 采用二级泵系统时，冷水供回水温差不小于 4℃
B. 变频控制的冷却水系统，总供回水温差不小于 4℃
C. 对于新风＋风机盘管系统，全年累计工况下的空调末端能效比不小于 7
D. 额定制冷量大于 1163kW 的电制冷机组，全年累计工况下的机组运行效率不小于 4.8

2019-1-57. 关于多联空调系统的应用，下列哪几项是最为正确的？
A. 近年来多联空调产品的最大配管长度及单机容量均大幅提升，且具有独立调节的优势，因此，当任何建筑采取多联机系统时，其季节能效比均会高于采用集中冷源的空调系统形式
B. 某办公楼采用多联空调系统，机组的制冷综合系数 IPLV（C）只要满足《多联式空调（热泵）机组能效限定值及能源效率等级》GB 21454—2008 中 1 级能效等级要求即可
C. 多联空调机组容量的确定，不仅应根据系统空调负荷，还应考虑室外温度、室内温度、冷媒管长度、室内机与室外机的容量配比、室内机与室外机的高差、融霜等修正因素
D. 同一个多联空调系统的服务区域中同一时刻部分房间要求供冷、部分房间要求供热时，宜采取热回收多联机空调系统

2019-1-58. 下列图中，关于空气处理过程的解释，哪几项是正确的？
A. 图 A　　　　　　　B. 图 B　　　　　　　C. 图 C　　　　　　　D. 图 D

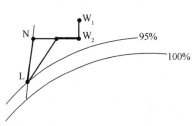

图 A　新风间接蒸发冷却＋
混合＋表冷器图

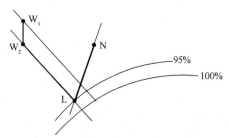

图 B　全新风间接蒸发冷却＋
直接蒸发冷却

2019-1-58 题图（一）

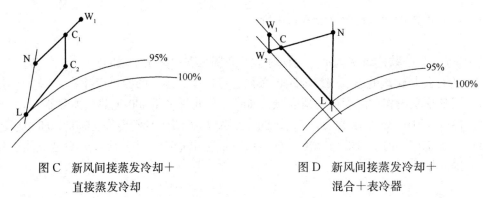

图 C 新风间接蒸发冷却＋
直接蒸发冷却

图 D 新风间接蒸发冷却＋
混合＋表冷器

2019-1-58 题图（二）

2019-1-59. 冬季室外空调设计温度－10℃，室外空气计算相对湿度 40％，加热热媒为 45℃/40℃热水，要求新风机组送风参数为：温度 22℃、相对湿度 50％。问：采取下列哪几种空气处理方式的空调机组，可以实现这一处理过程的要求？

A. 一级热水盘管加热＋电热加湿
B. 一级热水盘管加热＋蒸汽加湿
C. 一级热水盘管加热＋湿膜加湿
D. 一级热水盘管加热＋超声波加湿

2019-1-60. 地处克拉玛依的某建筑，夏季来自冷水机组的冷却水经冷却塔喷淋降温。下列有关夏季设计状态下冷却塔内空气状态变化的说法哪些不正确？

A. 冷却塔进出口空气的焓值相同
B. 冷却塔出口空气温度高于入口空气
C. 冷却塔出口空气含湿量大于入口空气
D. 冷却塔出口空气的相对湿度高于入口空气

2019-1-61. 某冷库采用 R717 制冷系统。其干管与直管支管的连接方式，哪几项设计图是正确的？

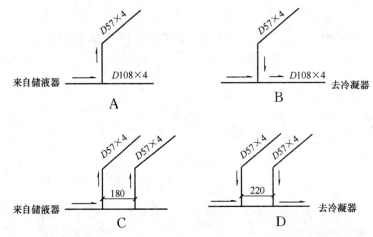

2019-1-62. 某严寒地区厂房的空调新风，采取蒸汽盘管对空气进行加热，送风温度由阀门的开度调节进行控制，为其设计的控制系统为直接数字控制系统。关于阀门的选用与控制，下列哪几项说法是错误的？

A. 电动阀宜采用三通阀

B. 电动阀的理想特性宜为等百分比特性

C. 电动阀的控制信号为模拟量输出信号

D. 电动阀的阀位开度反馈信号为开关量输入信号

2019-1-63. 通过下列哪几种方法可以实现洁净室的正压控制？

A. 调节送风量
B. 调节回/排风量

C. 调解新风量
D. 余压阀控制

2019-1-64. 采用电为能源对房间进行供暖时，下列说法中，正确的是哪几项？

A. 电暖器直接供暖时，系统能效比 $COP_s = 1$

B. 热泵型房间空调器供暖时，系统能效比 $COP_s > 1$

C. 集中电锅炉房＋散热器供暖时，系统能效比 $COP_s < 1$

D. 发热电缆地板供暖时，系统能效比 $COP_s > 1$

2019-1-65. 空气源热泵机组冬季供热时，蒸发器如果出现结霜，会产生的不良后果，可能是下列哪几项？

A. 蒸发器的换热性能下降

B. 流经蒸发器的空气流量下降

C. 热泵机组供热量下降

D. 机组制热性能系数 COP 下降

2019-1-66. 某建筑采用盘管蓄冰式冰蓄冷空调系统，冷水设计供水温度 2.5℃。以下哪几项设计要求是错误的？

A. 采用外融冰释冷

B. 冰蓄冷系统采用乙烯乙二醇作为载冷剂，其浓度为 20%

C. 空调冷水供回水温差 9℃

D. 载冷剂系统管材为内外冷镀锌钢管

2019-1-67. 关于冷库制冷系统设计的选项，下列哪几个选项是正确的？

A. 计算冷间冷却设备负荷的目的是为了确定冷间的冷却设备容量并进行选型

B. 冷库中的压缩机应根据不同蒸发温度系统的冷间机械负荷大小进行选型

C. 确定光钢管蒸发式冷凝器的传热面积时，如果以外表面积为基准的传热系数取 $600 \sim 750 W/(m^2 \cdot K)$，则高压制冷剂与传热管外侧水膜的传热温度差宜取 $4 \sim 5℃$

D. 在液泵供液系统中，对于负荷较稳定，蒸发器组数较少，不易积油的蒸发器，采

用下进上出供液方式时，其制冷剂泵的体积流量按循环倍率 3～4 确定

2019-1-68. 冷水（热泵）机组选择和使用，以下说法和做法，哪几项是错误的？

A. 夏热冬冷地区采用名义工况制冷量 3000kW、能效等级为 2 级的变频离心式冷水机组

B. 冬季采用风冷热泵用于商业建筑内区供冷

C. 用于青岛的某项目，空调冷水 7℃/12℃，如果机组冷却水进水温度比当地湿球温度高 4℃，且污垢系数同名义工况，则按名义工况选择的冷水机组不能满足设计工况的冷量需求

D. 在名义工况下，对新安装的冷水机组带负荷进行初调试时，机组的制冷性能系数 COP 有可能高于名义值

2019-1-69. 对以下区域的环境空气质量要求中，哪几项是正确的？

A. 城市居住区的颗粒物 PM10 的年平均浓度限值为 $80\mu g/m^3$

B. 自然保护区的颗粒物 PM10 的年平均浓度限值为 $40\mu g/m^3$

C. 城市居住区的 NO_x 的年平均浓度限值为 $50\mu g/m^3$

D. 自然保护区的 NO_x 的年平均浓度限值为 $50\mu g/m^3$

2019-1-70. 某 11 层住宅，下图所示为地上同一层的局部平面图，该位置上的室内住宅单元完全相同，燃气输配系统的地上调压箱（悬挂式）于一楼外墙面布置，图示 A、B、C、D 的布置做法，仅仅依据符合安全规定判断，下列哪几个选项是正确的？

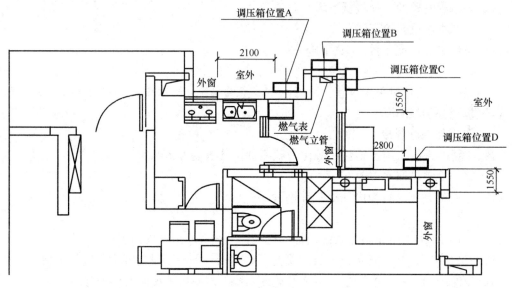

2019-1-70 题图

A. 调压箱位置 A

B. 调压箱位置 B

C. 调压箱位置 C

D. 调压箱位置 D

专业知识考试（下）

一、单项选择题（共 40 题，每题 1 分，每题的备选项中只有一个符合题意）

2019-2-1. 在对严寒地区幼儿园活动室进行供暖设计时，下列哪一项是不合理的？

A. 采用铸铁散热器（加设散热器防护罩供暖）

B. 采用明装钢制散热器供暖

C. 采用卧式吊顶风机盘管供暖

D. 采用地面辐射供暖

2019-2-2. 下列关于热水管道保温的说法，哪一项是错误的？

A. 超过临界绝热直径后，保温层厚度越厚，热损失越小

B. 保温材料含水率增加后，保温性能下降

C. 供水温度为 75℃时，可采用发泡橡塑材料保温

D. 保温层厚度越厚，经济性必定越好

2019-2-3. 下列关于蒸汽供暖系统的说法，哪一项是错误的？

A. 高压蒸汽供暖系统作用半径宜大于 300m

B. 蒸汽供暖系统不应采用钢制板型散热器

C. 低压蒸汽供暖系统作用半径不宜超过 60m

D. 蒸汽供暖系统应考虑空气排出

2019-2-4. 某住宅建筑设计为地面辐射供暖系统，并采用户式空气源热泵冷热水机组供暖，以下哪一项设计要求是错误的？

A. 系统供/回水温度为 45℃/35℃

B. 卧室地面平均温度为 26℃

C. 冬季设计工况时机组性能系数（*COP*）为 1.7

D. 分水器、集水器分支环路为 6 路

2019-2-5. 下列层高的房间中，哪一个选项不宜采用热水吊顶辐射供暖系统？

A. 10m   B. 20m   C. 30m   D. 40m

2019-2-6. 严寒地区某办公建筑的大堂为净高度 20m 的高大空间。下列供暖设计方案中，哪一项是最不合适的？

A. 全空气系统热风供暖＋地面辐射供暖

B. 全空气系统热风供暖＋沿外围护结构布置的钢制柱式散热器供暖

C. 只设置沿外围护结构布置的钢串片对流式散热器供暖

D. 地面辐射供暖＋沿外围护结构布置的钢制柱式散热器供暖

2019-2-7. 某小区住宅楼采用地面热水辐射供暖,实际室温为 18℃。以下哪一项设计参数是错误的?

A. 卧室的室内设计计算温度为 16℃

B. 起居室的地面平均温度为 33℃

C. 供暖系统供/回水温度为 45℃/35℃

D. 供暖热水系统的工作压力为 0.6MPa

2019-2-8. 某异程式供热管网,直接连接了 10 个热用户。为提高用户间的水力稳定性,下列哪一项措施是最合理的?

A. 减小热用户内部系统的阻力

B. 加大散热器面积

C. 加大热网系统的水泵扬程

D. 减小热网供回水干管的阻力

2019-2-9. 采用空气源热泵冷热水机组对某建筑物供热时,下列哪一项与热泵的有效制热量计算值无直接相关?

A. 室内空气湿球温度

B. 室外空气湿球温度

C. 室外空气干球温度

D. 机组的融霜方式

2019-2-10. 通风柜的设计通风量与下列哪个参数无关?

A. 柜内污染气体发生量

B. 工作孔的面积

C. 工作孔上的控制风速

D. 通风柜的体积

2019-2-11. 以自然通风为主的厂房,下列何项表述是错误的?

A. 为保证自然通风的设计效果,在实际计算自然通风面积时,一般仅考虑热压的作用

B. 实际工程中采用的自然通风计算方法,存在一定的简化条件

C. 如果该厂房内同时设有机械通风系统,在风平衡计算时不考虑自然通风的影响

D. 影响热车间自然通风的主要因素有:厂房形式、工艺设备布置、设备散热等

2019-2-12. 关于事故通风手动控制装置的设置位置,下列何项是正确的?

A. 仅设置于室外

B. 仅设置于室内

C. 室内外均设置

D. 仅在走廊设置

2019-2-13. 同时放散苯、甲苯、二甲苯蒸汽的车间全面通风量计算,下述描述中哪一项是正确的?

A. 分别计算苯、甲苯、二甲苯稀释至规定接触限值所需要的空气量,并以三者中的最大值作为全面通风量

B. 按照苯稀释至规定的接触限值所需要的空气量的最大值计算全面通风换气量

C. 按照二甲苯稀释至规定的接触限值所需要的空气量的最大值计算全面通风换气量

D. 计算苯、甲苯、二甲苯分别稀释至规定接触限值所需要的空气量，并以三者之和作为全面通风换气量

2019-2-14. 下列关于袋式除尘器过滤风速对其性能影响的描述，哪一项是错误的？

A. 袋式除尘器过滤速度越高，处理相同流量的含尘气体所需的滤料面积越小，耗电量越小

B. 袋式除尘器过滤速度越高，处理相同流量的含尘气体压力损失越大，运行费用越大

C. 袋式除尘器过滤速度取值，对其滤料损伤及滤料使用寿命有影响

D. 袋式除尘器过滤速度取值，与其清灰方式有关

2019-2-15. 原地处天津市区的某工厂，整体迁址至青海省西宁市。搬迁过程中，工艺条件不变，且所有的通风系统（包括风机型号规格和风道尺寸等）均采用原有配置。问：搬迁后使用时，其车间排风机性能变化，以下哪一项说法是正确的？

A. 风机的容积风量将降低
B. 风机的全压将提高
C. 风机的轴功率降低
D. 风机的全压保持不变

2019-2-16. 某通风系统用离心式风机，设计采用变频调速进行运行调节。问：当其他条件不变、驱动风机的电动机电源频率降低时，下列说法不正确的是哪一项？

A. 风机的风压降低

B. 风机的功率减小

C. 风机的效率不变

D. 风机所在通风系统的综合阻力数减小

2019-2-17. 下列有关通风机能效等级的描述，哪一项是正确的？

A. 离心式通风机能效等级分级时，1 级能效最低，3 级能效最高

B. 轴流式通风机能效等级分级时，1 级能效最低，3 级能效最高

C. 离心式通风机进口有进气箱时，其各等级效率比其最高效率下降 4%

D. 轴流式通风机进口有进气箱时，其各等级效率比其最高效率下降 4%

2019-2-18. 下列关于空调自动控制方法及运行调节的做法，哪项是正确的？

A. 多台冷水机组和冷水泵之间通过共用集管连接时，冷水机组出水管上设置电动流量调节阀

B. 负荷侧变流量水系统，其空调机组回水管上设置电动二通调节阀

C. 一级泵变频变流量水系统，水泵与冷水机组通过共用集管连接时，冷水泵的运行台数应与冷水机组运行台数对应

D. 一级泵压差旁通变流量水系统，总供回水管间的旁通电动调节阀设计流量应取各台冷水机组中单台容量最小主机的设计流量

2019-2-19. 某3层办公楼的内疏散走道设计机械排烟系统，每个走道的排烟口为板式排烟口两个（常闭，与排烟风机联动）。下列设计原理图中，哪一项是正确的？

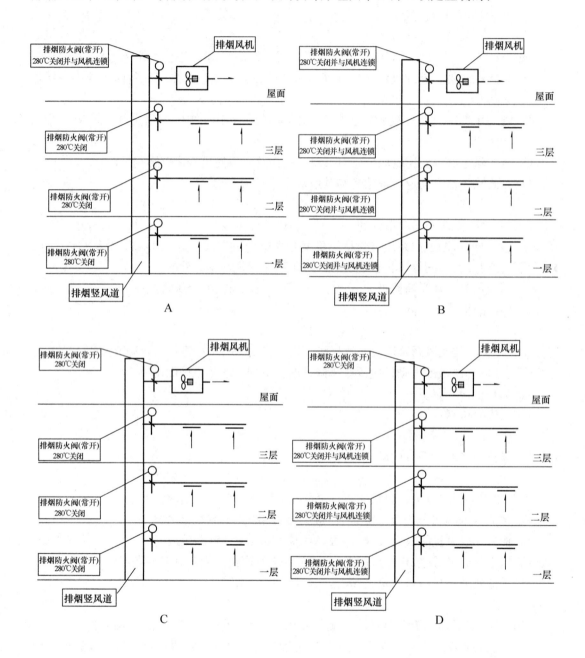

2019-2-20. 在其他条件相同时，下列关于室内人员显热冷负荷的说法，哪一项是错误的？

A. 人员的群集系数越大，室内人员的显热冷负荷越大

B. 围护结构的放热衰减倍数越大，室内人员显热冷负荷越大

C. 人员在室时间越长，室内人员显热冷负荷越大

D. 随着室内温度的增高，室内人员的显热散热量减少

2019-2-21. 海口市研究所计量室，设计室温要求为 23℃±0.5℃，与计量室相邻房间的空调设计室温为 25℃。对该计量室围护结构的热工要求，正确的是以下哪一项？

A. 允许有南向外墙

B. 允许有西向外墙

C. 允许有东向外墙

D. 与邻室之间的内隔墙的传热系数不大于 0.9W/(m²·K)

2019-2-22. 某全空气空调系统夏季投入使用初期，室内空气温湿度均满足设计要求，但约 1 个月后温度开始不达标并伴有轻微送风口结露。经"诊断"发现：空调供水温度、水系统运行及室内冷负荷均正常，但表冷器进出水温差明显减小、送风温度有所降低、送风机实测功率有下降。下列选项中哪一项可能是该问题的原因？

A. 表冷器水过滤器堵塞较严重

B. 表冷器表面积尘较严重

C. 送风机转速过大

D. 空气过滤器积尘堵塞

2019-2-23. 某办公建筑现场组装的组合式空调机组，按现行国家标准进行漏风量检测。在机组正压段静压为 700Pa、负压段最大静压为 −400Pa 的条件下，下列关于漏风率的说法哪项是正确的？

A. 漏风率不应大于 1%

B. 漏风率不应大于 2%

C. 漏风率不应大于 3%

D. 漏风率不应大于 5%

2019-2-24. 下列关于空调负荷及空气处理计算的说法，哪一项是正确的？

A. 计算人员停留时间较短场所（如：剧场观众厅等）的空调负荷时，应逐时计算室内人员湿负荷

B. 空调箱内送风机（含电机）造成的送风温升由输入电功率与风机输出机械功之间的差值引起

C. 采用干式风机盘管加冷却除湿的新风系统时，风机盘管承担的负荷不应超过室内全部显热负荷

D. 大型公共建筑内区全年供冷系统，在计算内区空调冷负荷时应扣除内区的稳定设备发热量

2019-2-25. 下列关于空气状态变化过程的热湿比的说法，哪一项是错误的？

A. 冷冻除湿空气状态变化过程的热湿比为负值

B. 采用喷雾加湿时，空气状态变化过程的热湿比为 0

C. 采用干式风机盘管供冷时，表冷器中的空气状态变化过程的热湿比为 −∞

D. 无余湿的数据机房，夏季空调系统送风空气状态变化的热湿比为近似∞

2019-2-26. 下列关于噪声的说法，哪项是错误的？
A. 室内允许噪声标准通常用 A 声级 dB（A）或 NR 噪声评价曲线来表示
B. 室外环境噪声环境功能区昼夜或夜间的最大声级用 dB（A）来表示
C. 通风机的噪声通常用声功率级来表示
D. 组合式空调机组的噪声通常用声压级来表示

2019-2-27. 某写字楼的办公房间采用风机盘管＋新风系统。夏季将新风减湿冷却后处理到室内设计状态点的等焓线处。下列说法中哪一项是正确的？
A. 新风的全部潜热负荷由新风机组承担
B. 房间的全部显热负荷由风机盘管承担
C. 风机盘管仅承担房间的全部潜热负荷
D. 新风机组承担了房间的部分显热负荷

2019-2-28. 下列关于洁净室系统过滤器选择和安装的做法，哪项是错误的？
A. 空气过滤器选型时，实际处理风量不小于其额定风量
B. 中效（高中效）空气过滤器集中设置在空调系统的正压段
C. 高效过滤器、超高效过滤器安装在净化空调系统的末端
D. 同一洁净室内的高效空气过滤器阻力和效率应相近

2019-2-29. 在工程设计中，制冷剂的选择由热力学性质、物理化学性质、安全性和环境友好性、经济性和充注量几个方面决定。下列关于制冷剂的说法中，哪项是错误的？
A. R407C 和 R410A 都是非共沸混合制冷剂
B. 根据《京都议定书》R744 属于受管制的温室气体，不属于环境友好型制冷剂
C. R123 制冷剂的毒性属 B1，要加强通风和安全保护措施
D. 蒸汽压缩式制冷机组用于低温工艺制冷时，可采用 R717 作为制冷剂

2019-2-30. 对于同型号螺杆式冷水机组性能，下列何项说法是错误的？
A. 冷却水进/出水温度相同时，冷水出水温度升高，机组 COP 增加
B. 冷冻水进/出水温度相同时，冷却水出水温度降低，机组 COP 增加
C. 冷水进水温度不变时，随着冷却水流量增加，机组 COP 增加
D. 冷水进水温度不变时，随着冷冻水流量增加，机组制冷量减少

2019-2-31. 某项目拟选用电动水冷变频螺杆式机组，下列哪项说法是错误的？
A. COP 及 IPLV 应同时满足对应的能效等级 2 级指标值
B. COP 及 IPLV 应同时满足对应的能效限定指标值
C. COP 不应低于线性节能设计标准要求数值的 0.95 倍
D. IPLV 不应低于线性节能设计标准要求数值的 1.15 倍

2019-2-32. 北京市某建筑空调系统冷负荷为 22500kW，设计选用 3 台同样制冷量的单压缩机水冷变频离心式冷水机组。供/回水温度为 7℃/12℃。关于冷水机组的选型参数与供电方式要求的说法，以下哪一项是正确的？

 A. 每台机组的制冷量为 8400kW

 B. 机组供电电压 380V

 C. 机组名义制冷工况性能系数（COP）为 5.5，综合部分负荷性能系数（IPLV）为 8.0

 D. 机组名义制冷工况性能系数（COP）为 5.8，综合部分负荷性能系数（IPLV）为 6.5

2019-2-33. 对于螺杆压缩机而言，在《螺杆式制冷压缩机》GB/T 19410 规定的高温型压缩机，名义工况下，如果压缩机的制冷量相同，请问：采用不同制冷剂时，下列表述中哪一项是正确的？

 A. 如果两种制冷剂的冷凝温度和蒸发温度分别相同，则冷凝压力和蒸发压力也分别相同，压缩机的输入功率与制冷剂种类无关

 B. 在常用的制冷量范围和保证制造精度的情况下，制冷剂的单位容积制冷量越大，其压缩机的吸气腔容积越小

 C. 所采用的制冷剂，如果它的单位制冷量（蒸发器出口与进口的比焓差）越大，其压缩机的输入功率越小

 D. 所采用的制冷剂，如果它的冷凝压力与蒸发压力的比值越小，其压缩机的容积效率越小

2019-2-34. 某空调工程采用温度分层型水蓄冷系统，地上圆形钢制蓄冷水槽位于地面，高度 12m。下列哪一项参数是错误的？

 A. 蓄冷槽的高径比为 0.7

 B. 上部稳流器设计时，只需要将其进口的雷诺数控制在 400～850 即可

 C. 稳流器扩散口的流速不大于 0.1m/s

 D. 稳流器开口截面积不大于接管截面积的 50%

2019-2-35. 关于溴化锂吸收式冷水机组的性能改善问题，下列说法哪一项正确的？

 A. 在溴化锂溶液（LiBr）中加入 0.1%～0.3% 的乙醇作为表面活化剂，可提高吸收器的换热性能

 B. 在溶液中加入缓蚀剂 0.1%～0.3% 的铬酸锂（Li_2CrO_4）和 0.02% 的氢氧化锂后，对机组的防腐蚀不利

 C. 在机组中需设置抽气装置，可提高机组真空度，有利于机组性能改善

 D. 在发生器和吸收器之间设置融晶管和电磁阀，电磁阀平时关闭，需要融晶时打开

2019-2-36. 关于多联机空调系统的特性问题，下列哪个选项是错误的？

 A. 多联机的压缩机转速越低，其制冷性能系数 EER 越高

  B. 风冷热泵式多联机空调系统的制冷性能系数 *EER* 随室外温度的升高而降低

  C. 现行多联机标准中，其能效分级指标采用 *IPLV*（*C*）

  D. 随着室外机与室内机之间连接管长度的增加，多联机空调系统制冷量衰减率大于制热量衰减率

2019-2-37. 两台制冷量和蒸发温度均相同的房间空调器，且均采用了毛细管节流方式。问：当制冷剂分别采用 R32 和 R410A 时，下列有关表述中，何项是正确的？

  A. R32 和 R410A 的 GWP 值均为零

  B. R32 压缩机的排气温度高于 R410A 压缩机的排气温度

  C. R32 的单位质量制冷量高于 R410A 的单位质量制冷量

  D. 节流用毛细管的长度，采用 R32 者比采用 R410A 者短

2019-2-38. 关于地源热泵系统地埋管换热器设计，以下哪一项与现行规范的要求是不一致的？

  A. 地埋管长度应根据岩土热响应试验得到的每米换热量确定

  B. 地源热泵系统应用的建筑面积为 $5000m^2$ 以上时，应进行岩土热响应试验

  C. 地埋管冬/夏要求的换热能力相差较大时，宜按照冬/夏分别计算的地埋管长度需求的较小者来设计

  D. 对全年动态负荷的模拟计算周期不应小于 1 年

2019-2-39. 以下关于室内燃气管道敷设的要求与做法，哪一项不符合相关规范的规定？

  A. 当建筑物设计沉降量大于 50mm 时，燃气引入管应采取有关补偿措施

  B. 在设备层内敷设燃气管道时，对该设备层的净高要求不小于 2.0m

  C. 设备层体积为 $900m^3$ 时，设计的事故通风量为 $6000m^3/h$

  D. 燃气引入管穿过建筑物基础时，应设置在套管中

2019-2-40. 公共建筑中采用空气源热泵热水机组制备生活热水时，下列说法哪一项是错误的？

  A. 热泵热水机组可选择采用循环加热式和一次加热式

  B. 循环加热式热泵热水机组，热泵运行过程中的冷凝压力基本维持不变

  C. 一次加热式热泵热水机组，热泵运行过程中的冷凝压力基本维持不变

  D. 同一台热泵热水机组在成都地区和重庆地区分别应用时，冬季设计工况下的 *COP* 值，成都低于重庆

二、多项选择题（共 30 题，每题 2 分，每题的各选项中有两个或两个以上符合题意，错选、少选、多选均不得分）

2019-2-41. 使用天然气为燃料的锅炉房，当与其他建筑相连或设置在建筑物内部时，关于锅炉房设置位置的要求，下列哪些选项是正确的？

A. 避开人员密集场所

B. 与主要通道、疏散口相邻设置

C. 设置在首层或地下一层，且不与人员密集场所相邻

D. 靠建筑物外墙部位，且不与人员密集场所相邻

2019-2-42. 位于寒冷地区某住宅小区设计供暖热负荷为 1000kW，一次热源来自于城市热网，并由热交换系统提供二次供暖热水。下列热交换器配置中，不正确的是哪几项？

A. 设置两台单台供热量为 550kW 的热交换器

B. 设置两台单位供热量为 650kW 的热交换器

C. 设置三台单台供热量为 325kW 的热交换器

D. 设置三台单台供热量为 350kW 的热交换器

2019-2-43. 对于公共建筑外窗热工性能限值的要求中，关于太阳得热系数，以下哪几项是正确的？

A. 无外遮阳构件时，太阳得热系数限值应为外窗的太阳得热系数

B. 外窗的太阳得热系数应为玻璃自身的太阳得热系数

C. 太阳得热系数中已包括太阳辐射被非透光构件吸收再传入室内的得热量

D. 外窗的太阳得热系数限值应为外窗本身的太阳得热系数与内遮阳构件遮阳系数的乘积

2019-2-44. 关于供暖系统散热器恒温阀选择，下列哪些选项是正确的？

A. 室内供暖系统为双管系统时，每组散热器的供水支管上安装低阻恒温控制阀

B. 室内供暖系统为双管系统时，每组散热器的供水支管上安装高阻恒温控制阀

C. 室内供暖系统为单管跨越式系统时，每组散热器的供水支管上安装低阻二通恒温控制阀

D. 室内供暖系统为单管跨越式系统时，每组散热器的供水支管上安装低阻三通恒温控制阀

2019-2-45. 关于热水供热管网水力工况与热力工况，下列哪几项说法是错误的？

A. 水力失调的程度用水力失调度来表示，分为不一致失调和一致失调

B. 提高水力稳定性的主要方法是相对地减少管网干管和用户系统的压降

C. 设有末端自动控制阀的变流量供热管网，如果不对管网的总供/回管之间的水压差进行自控控制，当以变流量运行时，其管网特性曲线不变

D. 供热管网通过加大运行流量（超设计流量）的措施，可以完全解决水力工况失调问题

2019-2-46. 公共建筑中设置锅炉房作为其供暖系统的热源时，关于锅炉的配置，下列哪些选项是正确的？

A. 单台锅炉的设计容量应以保证其具有长时间较高运行效率的原则确定，实际运行

负荷率不宜低于 50%

B. 在保证锅炉具有长时间较高运行效率的前提下，各台锅炉的容量宜相等

C. 当供暖系统的设计供水温度大于 90℃时，可采用真空锅炉

D. 当供暖系统的设计回水温度小于 50℃时，宜采用冷凝锅炉

2019-2-47. 关于活性炭吸附有机溶剂蒸汽的特点，下列哪些说法是正确的？

A. 吸附剂内表面积越大，吸附量越高

B. 空气湿度增大，会使吸附的负荷降低

C. 吸附量随温度的上升而下降

D. 化合物的分子量越小、沸点越低，则吸附能力越强

2019-2-48. 以下关于固定床活性炭吸附装置设计措施和设计参数的规定，哪些项是错误的？

A. 当有害气体中含尘浓度大于 $5mg/m^3$ 时，必须采取过滤等预处理措施

B. 吸附装置宜按最大废气排放量考虑

C. 吸附装置净化效率不宜小于 90%

D. 吸附剂连续工作时间不应少于 1 个月

2019-2-49. 某设置封闭吊顶的商场，以商场地面为基准，其余相关的高度如下：吊顶底标高 5.4m，顶板梁底标高 5.8m。问：其防烟分区和排烟系统设计，下列哪几项是错误的？

A. 划分的 5 个防烟分区的面积分别为 $800m^2$、$650m^2$、$1150m^2$、$500m^2$、$900m^2$

B. 挡烟垂壁底标高比梁底标高低 0.54m

C. $500m^2$ 防烟分区计算排烟量为 $30000m^3/h$

D. 负担 $800m^2$、$650m^2$ 两防烟分区的合用机械排烟系统设计风量为 $87000m^3/h$

2019-2-50. 下列表述的各类风帽的安装位置，哪些是正确的？

A. 原伞形风帽安装在一般机械排风系统出口

B. 筒形风帽安装在排除室内余热的自然排风系统出口

C. 锥形风帽安装在除尘系统排放口

D. 避风风帽安装在建筑物屋顶自然排风系统的出口

2019-2-51. 关于通风系统设计降低输配能耗的措施，下列哪几个选项是错误的？

A. 风路调节阀采用自力式定风量阀

B. 优先采用内弧外直的线形弯头，且选择合理的曲率半径

C. 尽量减小风管断面的长、短边之比

D. 用流通截面积相同的椭圆风管替代矩形风管

2019-2-52. 风机安装时，下列哪些项是错误的？

A. 平时通风系统使用的风机，落地安装时应按设计要求设置减震装置

B. 防排烟系统专用风机，落地安装时不设置减震装置

C. 排烟系统与通风系统共用风机时，采用橡胶减震装置

D. 风机的叶轮旋转应平稳，每次停转后应停止在同一位置上

2019-2-53. 以下关于建筑防排烟设计的表述，哪几项是正确的？

A. 某丁类车间，建筑面积为 6000m²，可不设置排烟设施

B. 某 5 层棉花库房，占地面积为 800m²，可不设置排烟设施

C. 多层建筑应优先采用自然排烟系统

D. 火灾时中庭内烟层与周围空气温差小于 15℃时，应设置机械排烟

2019-2-54. 下列关于空调、通风系统的消声、隔振设计的做法，哪些是正确的？

A. 为转速 1450r/min 的离心式通风机配置弹簧隔振器

B. 演播区空调系统的消声，全部由组合式空调器配置的送、回风消声段承担

C. 采用变频风机的变风量空调系统，送回风管设阻抗复合式消声器

D. 广播电视大楼设备层安装的通风机与水泵均采用浮筑双隔振台座

2019-2-55. 下列关于空调区气流组织选择的说法中，哪几项是正确的？

A. 采用地板送风方式时，送风温度不宜低于 15℃

B. 在满足舒适性或工艺要求的前提下应尽可能加大送风温差

C. 舒适性空调送风口高度大于 5m 时，送风温差不宜大于 10℃

D. 温度精度要求为 ±1℃ 的工艺性空调，送风温差不宜超过 9℃

2019-2-56. 某夏热冬冷地区的空调房间（室内保持正压），其全年运行的空调系统采用如下图所示的双风机定风量空调系统，要求过渡季全新风运行。设计时，下列哪些是正确？

A. 送风机设计风量为回风机设计风量与房间正压风量之和

B. 回风机设计风量为排风管设计排风量与最小新风量与之和

C. 新风管应按照系统设计最小新风量来设计

D. 排风管设计风量为送风机设计风量与房间正压风量之差

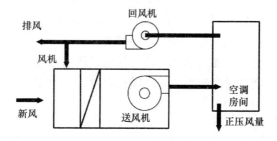

2019-2-56 题图

2019-2-57. 某18层（地上）写字楼设计集中空调水系统，冷源和冷水循环泵布置在建筑地下一层机房，空调冷水系统采用膨胀水箱定压，水箱膨胀管连接在冷水循环泵的吸入口处。问：下列有关水压力的说法，哪项是正确的（不考虑水泵产品高度尺寸引起的高差变化）？

 A. 水泵不运行时，冷水循环泵所承受的水压力为膨胀水箱水位与冷水循环泵之间的高差造成的压力

 B. 水泵正常运行时，冷水循环泵入口处的工作压力为膨胀水箱水位与冷水循环泵之间的高差造成的压力

 C. 水泵正常运行时，冷水循环泵出口处的工作压力为膨胀水箱水位与冷水循环泵之间的高差造成的压力

 D. 水泵正常运行时，冷水循环泵入口处的工作压力为该水系统内工作压力的最低点

2019-2-58. 某工程空调水系统采取3台相同型号的水泵作为循环泵并联运行，设计工况下，总流量 $300m^3/h$，水系统计算阻力 250kPa。选用的水泵铭牌参数为 $100m^3/h$，250kPa。实际运行中，3台水泵同时运行时，实测系统总流量为 $260m^3/h$，问：造成系统流量不足的原因，应是下列哪些选项？

 A. 水泵存在并联衰减损失

 B. 水系统阻力计算值偏小

 C. 水泵实际性能没有达到铭牌值

 D. 水系统中局部存在较多的杂质或气堵等情况

2019-2-59. 某办公室建筑内设计参数为 28℃、55%。设计时采用"干式风机盘管＋新风冷却除湿"的温度湿度独立控制系统，与采用 7/12℃冷水的"常规的风机盘管＋新风"空调系统进行了方案比较，以下说法哪几项是错误的？

 A. 为新风机组提供冷水的冷水机组的制冷性能系数，前者高于后者

 B. 为风机盘管提供冷水的冷水机组的制冷性能系数，前者高于后者

 C. 空调区的总设计冷负荷，前者高于后者

 D. 风机盘管的换热面积，前者高于后者

2019-2-60. 某机场候机厅空调系统采用喷口送风，上侧送下侧回。问：为提高冬季候机厅人员活动区的空气温度，分别独立采取下列四项措施时，哪几项是有效的？

 A. 送风量和送风温度不变，加大喷口向下角度

 B. 保持原有喷口角度，并加大送风温度，降低送风量

 C. 保持原有喷口角度和送风温差，减少喷口尺寸，加大送风速度

 D. 增加一部分顶部回风口

2019-2-61. 洁净室室内发生源，包括下列哪几项？

 A. 人员   B. 装饰材料   C. 设备   D. 室外空气

2019-2-62. 下列洁净室与空气洁净度的说法，哪几项是正确的？

A. 我国洁净厂房的洁净室及洁净区空气洁净度整数等级（N）共分 9 级

B. 医院手术室空气洁净度等级 5 级相当于原 100 级

C. 洁净室内状态分为静态、动态两种状态

D. 洁净室移交前的空气洁净度测试应在静态下测试

2019-2-63. 关于燃气热冷电联供系统的应用，下列哪几项说法是正确的？

A. 在建筑的电力负荷与冷/热负荷之间匹配较好时，燃气冷热电联供系统可提高能源利用效率

B. 燃气冷热电联供系统冷热源选择时，宜全部采取余热回收带补燃的吸收式机组作为冷热源，这是能源利用效率最高的一种形式

C. 燃气冷热电联供系统的应用有利于电网和气网的热负荷峰谷互补

D. 燃气冷热电联供系统的经济性与当地执行电价、气价具有密切的关联性

2019-2-64. 对普通型商用空气源热泵热水机组，用于一次制热时，相关产品标准对以下状况或参数的表述中，哪几项是正确的？

A. 普通型机组的名义工况为：室外干球温度 21℃，湿球温度 15℃

B. 所有机组的融霜工况为：室外干球温度 2℃，湿球温度 1℃

C. 普通型机组的低温工况为：室外干球温度 7℃，湿球温度 6℃

D. 某一次加热式普通型机组，标示的 COP 值为 4.05，按规定方法实测为 3.7，可判定为性能系数合格

2019-2-65. 蒸汽压缩式制冷压缩机的排气温度与下列哪几项因素有关？

A. 压缩机的吸气压力　　　　　　　B. 压缩机的吸气温度

C. 制冷剂的绝热指数　　　　　　　D. 压缩机的压缩比

2019-2-66. 在地埋管地源热泵系统应用时，如无地下水径流，下列哪些说法是正确的？

A. 广州地区的酒店建筑，可采用地源热泵作为建筑唯一的冷热源

B. 哈尔滨地区的居住建筑，可采用地源热泵作为建筑唯一的冷热源

C. 设计地源热泵系统时，应同时满足全年土壤热平衡和最大供热（冷）量的要求

D. 全年仅供热的建筑采用地源热泵时，非供暖季应采取补热措施

2019-2-67. 位于寒冷地区的某民用建筑，采用离心式冷水机组作为冷源，夏季运行正常，冬季建筑内区需要供冷时，冷水机组却无法正常运行。下列哪几项是导致这一问题的原因？

A. 冷却水供水温度过低

B. 单台冷水机组的额定制冷量选择过大

C. 冷却水进水温度与冷却水出水温度的差值过小

D. 冷却塔填料结垢，影响换热能力

2019-2-68. 空气源热泵机组在低温供热时，通常采用两种技术：一种是带经济器的喷气控制技术，一种是喷液冷却技术。下列附图中，哪几项的图是正确的？

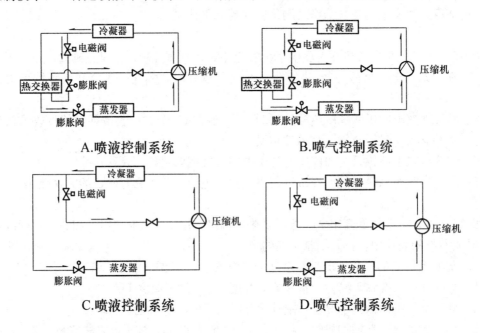

2019-2-69. 空调新风系统设计中，当采用"新风－排风热回收装置"时，下列哪些选项是错误的？

A. 位于新疆乌鲁木齐市的办公建筑，夏季宜选用显热回收装置

B. 全热回收装置的显热回收效率和潜热回收效率总是相等

C. 全热回收效率等于显热回收效率与潜热回收效率的算术和

D. 位于北京市的游泳馆，夏季应采用全热回收装置

2019-2-70. 关于空气源热泵热水机组的说法，下列哪几项是错误的？

A. 名义工况规定的出水温度为 55℃

B. 试验工况分为 4 种

C. 现行空气源热泵热水机组的能效等级分为 3 级

D. 出水目标温度为 55℃时，初始水温越低，性能系数就越高

专业案例考试（上）

2019-3-1. 某居住小区供暖换热站，采用 120℃/70℃的城市热网热水作为一次热源，城市热力管接入管道外径为 219mm，管道采用地沟敷设方式；采用 $\lambda=0.035W/(m \cdot K)$ 的玻璃棉管壳保温，要求供水管的单位长度散热量不大于 40W/m。问：供水管最小保温层厚度（mm）应为下列哪一项？

A. 50　　　　　　　B. 55　　　　　　　C. 60　　　　　　　D. 65

答案：【　　】

主要解题过程：

2019-3-2. 某测试厂房的室内高度为 12m，采用地面辐射供暖方式，要求工作地点的空气温度为 18℃。计算该厂房的外墙供暖热负荷时，其室内空气计算平均温度（℃）最接近下列哪一项？

A. 16　　　　　　　B. 18　　　　　　　C. 19.2　　　　　　D. 20.3

答案：【　　】

主要解题过程：

2019-3-3. 某严寒地区（室外供暖计算温度为 −16℃）住宅小区，既有住宅楼均为 6 层，设计为分户热计量散热器供暖系统，户内为单管跨越式、户外是异程双管下供下回式，原设计供暖热水供/回水温度为 85℃/60℃，设计室温为 18℃。对小区住宅楼进行了墙体外保温节能改造后，供暖热水供/回水温度为 60℃/40℃，且供暖热水泵的总流量降至改造前的 60%，室内温度达到了 20℃。问：如果按室内温度 18℃ 计算（室外温度相同），该住宅小区节能改造后的供暖热负荷比改造前节省的百分比（%），最接近下列哪一个选项？

    A. 55   B. 59   C. 65   D. 69

答案：【　　】

主要解题过程：

2019-3-4. 某厂区架空敷设的供热蒸汽管线主管末端设置疏水阀。已知：疏水阀前蒸汽主管长度为 120m，蒸汽管保温层外径为 250mm，管道传热系数为 20W/(m²·℃)，蒸汽温度和环境空气温度分别为 150℃ 和 −12℃，蒸汽管的保温效率为 75%，蒸汽潜热为 2118kJ/kg。问该疏水阀的设计排出凝结水流量（kg/h）应最接近下列选项的哪一个？

    A. 97.3   B. 162.7   C. 259.4   D. 389.1

答案：【　　】

主要解题过程：

2019-3-5. 某居住小区供暖系统的热媒供/回水温度为 85℃/60℃，安装于地下车库的供水总管有一段长度为 160m 的直管段需要设置方形补偿器，要求补偿器安装时的预拉量为补偿量的 1/3，问：该方形补偿器的最小预拉伸量（mm），应最接近以下哪个选项？〔注：管材的线膨胀系数 α_t 为 0.0118mm/(m·℃)〕

　　A. 16　　　　　　　B. 36　　　　　　　C. 41　　　　　　　D. 52

答案：【　　】

主要解题过程：

2019-3-6. 某化工厂车间，同时散发苯、醋酸乙酯、松节油溶剂蒸汽和余热。通过计算，为消除这些污染物所需的室外新风量分别为 40000m³/h、10000m³/h、10000m³/h 和 30000m³/h。问该车间全面换气所需要的最小新风量（m³/h）应是下列选项的哪一项？

　　A. 60000　　　　　　B. 70000　　　　　　C. 80000　　　　　　D. 90000

答案：【　　】

主要解题过程：

2019-3-7. 某办公楼内的十二层无外窗防烟楼梯间及其前室均设置机械加压进风系统。并在防烟楼梯间设余压阀以保证防烟楼梯间关闭时门两侧压差为 25Pa（前室采取同样措施保证其与室内的压差）。设计计算时：（1）按 3 扇门开启计算保持门洞风速的风量为 $4.2\ m^3/s$；（2）其他非开启的防烟楼梯间门，按照门两侧压差 6Pa 计算，得到的门缝渗透风量为 $0.8m^3/s$。问：防烟楼梯间需要通过余压阀泄出的最大风量（m^3/s），最接近下列哪一项？

A. 2.2　　　　　　B. 2.8　　　　　　C. 3.4　　　　　　D. 4.2

答案：【　　】

主要解题过程：

2019-3-8. 某工业厂房的房间长度为 30m，宽度为 20m，高度为 10m，要求设置事故排风系统。问：该厂房事故排风系统的最低通风量（m^3/h），最接近以下何项？

A. 43200　　　　　B. 54000　　　　　C. 60000　　　　　D. 72000

答案：【　　】

主要解题过程：

2019-3-9. 某工厂拟在室外设置一套两级除尘系统（除尘器均为负压运行）：第一级为离心除尘器（除尘效率 80%，漏风率 2%），第二级为袋式除尘器（除尘效率 99.1%，漏风率 3%）。已知：含尘气体的风量为 20000m³/h、含尘浓度为 20g/m³。除尘系统入口含尘空气的气压为 101325Pa、温度为 20℃。问：在大气压力 101325Pa、空气温度 273K 的标准状态下，该除尘系统的排放浓度（mg/m³），最接近下列何项？

　　A. 34.3　　　　　　B. 36.0　　　　　　C. 36.9　　　　　　D. 38.7

答案：【　　】

主要解题过程：

2019-3-10. 实验测得某除尘器在不同粒径下，分级效率及分组质量百分数如下表所示。问：该除尘器的全效率（%）最接近下列何项？

粉尘粒径（μm）	0~4	5~8	9~24	25~42	>43
分级效率（%）	70.0	92.5	96.0	99.0	100.0
分组质量百分数（%）	13	17	25	23	22

　　A. 91.5　　　　　　B. 96.0　　　　　　C. 85.0　　　　　　D. 93.6

答案：【　　】

主要解题过程：

2019-3-11. 某铝制品表面处理设备，铝粉产尘量 7400g/h，铝粉尘爆炸下限浓度为 37g/m³，排风系统设备为防爆型。假定排风的捕集效率为 100%，补风中铝粉尘含尘量为零。该排风系统的最小排风量（m³/h），最接近下列哪一项？

A. 2000   B. 800   C. 400   D. 200

答案：【   】

主要解题过程：

2019-3-12. 某风机房内设置两台风机，其中一台风机噪声声功率级为 70dB（A），另一台风机噪声声功率级为 60dB（A），则该风机房内总的噪声声功率级（dB（A））最接近下列哪项？

A. 60.4   B. 70.4   C. 80.0   D. 130.0

答案：【   】

主要解题过程：

2019-3-13. 标准大气压下，空气需由状态 1 (t_1=1℃，φ_1=65%) 处理到状态 2 (t_2=20℃，φ_2=30%)，采取的处理过程是：空气依次经过热盘管和湿膜加湿器。问：流量为 1000m³/h 的空气，经热盘管的加热量 (kW) 最接近下列哪项？

A. 6.4 　　　　　　B. 7.8 　　　　　　C. 8.5 　　　　　　D. 9.6

答案：【　　】

主要解题过程：

2019-3-14. 某空调机组混水流程如下图所示。混水泵流量 50m³/h，扬程 80kPa，空调机组水压降 50kPa，一次侧供/回水温度 7℃/17℃。设计流量下电动调节阀全开，阀门进出口压差为 100kPa。问：电动调节阀所需的流通能力最接近下列哪一项？

A. 25

B. 35

C. 50

D. 56

答案：【　　】

主要解题过程：

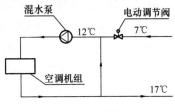

2019-3-14 题图

2019-3-15. 北京市某办公建筑采用带排风热回收的温湿度独立控制空调系统。室内设计参数 $t_n=26℃$，$\varphi_n=55\%$，新风量 $G_n=5m^3/(h \cdot m^2)$，室内湿负荷 $W=12g/(h \cdot m^2)$，新风机组风量 $G=20000m^3/h$。热回收装置的新排风比为 1.25，热回收设备基于排风量条件下的显热效率和全热效率均为 65%。已知：室内设计工况的空气焓值 $h_n=56kJ/kg$，室外空气计算焓值 $h_w=84kJ/kg$，新风机组表冷器出口空气相对湿度为 95%，新风机组表冷器设计冷负荷 Q_c（kW）最接近下列哪项？

A. 172 　　　　　　 B. 182 　　　　　　 C. 206 　　　　　　 D. 303

答案：【　　】

主要解题过程：

2019-3-16. 严寒地区某商业网点，冬季空调室外计算温度为 $-22℃$，室内设计温度为 $18℃$，新风冬季设计送风温度与室温相等。新风与排风之间设置显热热回收装置（热回收效率 $\eta=60\%$）进行热回收，新风量和排风量分别为 $3000m^3/h$ 和 $2700m^3/h$。为防止排风侧结露，排风出口温度控制为 $1℃$，空气密度按 $1.26kg/m^3$ 计算（不考虑密度修正）。问在不考虑加湿情况下冬季新风加热盘管的总设计加热量（kW）最接近下列哪个选项？

A. 19.5 　　　　　　 B. 26.2 　　　　　　 C. 28.4 　　　　　　 D. 32.7

答案：【　　】

主要解题过程：

2019-3-17. 某空调系统采用转轮固体除湿，已知转轮处理风量为 $10000\text{m}^3/\text{h}$，进入转轮的空气参数：温度 13℃、含湿量 $8.9\text{g/kg}_{干空气}$；流出转轮的空气参数：含湿量 $6.2\text{g/kg}_{干空气}$，忽略转轮与周围环境的热交换，水蒸气冷凝放热值等同气化潜热值。问：流出转轮的空气的干球温度（℃）最接近下列何项？［室外大气压 101325Pa、空气密度取 1.2kg/m^3，空气比热容 1.0kJ/(kg·℃)，水蒸气汽化潜热取 2500kJ/kg］

　　A. 23.2　　　　　　B. 19.5　　　　　　C. 13.1　　　　　　D. 7.0

答案：【　　】

主要解题过程：

2019-3-18. 某集中新风系统如右图所示，每层新风送风量相同，每层支管上设置定风量阀和双位电动风阀。新风系统设计送风量 $18000\text{m}^3/\text{h}$，送风机全压为 600Pa，设计工况下 a 点管道内风速 9m/s。对送风机进行定静压变频控制，a 点设定静压为 250Pa。送风机工频（50Hz）时，风机的全压－风量关系为：$H=681+1.98\times10^{-2}\times L-1.35\times10^{-6}\times L^2$（式中：$H$－Pa，$L$－$\text{m}^3/\text{h}$）。问：当有三层新风支管电动风阀开启时送风机频率（Hz）最接近下列哪项？

　　A. 25　　　　　　B. 32.3

　　C. 34.5　　　　　D. 37.5

答案：【　　】

主要解题过程：

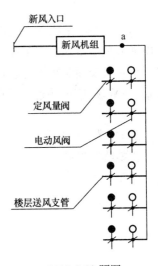

2019-3-18 题图

2019-3-19. 上海地区某建筑内一个全空气空调系统负担两个办公室，室内设计参数为 25℃，相对湿度为 55％（室内空气焓值 54.8kJ/kg）；两个房间的室内总冷负荷为 32.6kW。1 号房间的面积 200m²，在室人员 30 人，设计空调送风量为 3000m³/h；2 号房间的面积 200m²，在室人员 25 人，设计空调送风量为 5000m³/h。空调系统设计送风量为 8000m³/h，此空气处理机组的设计冷负荷（kW）最接近下列何项（新风焓值 90.6kJ/kg，空气密度 1.2kg/m³）？

A. 39.1　　　　　　B. 52.3　　　　　　C. 54.4　　　　　　D. 61.2

答案:【　　】

主要解题过程:

2019-3-20. 某冰蓄冷空调系统夏季冷负荷为 3000kW，典型设计日冷量为 30000kWh；采用部分负荷蓄冰，双工况主机制冰工况制冷能力为其中空调工况下的制冷能力的 0.65 倍，该主机夜间制冰工况运行 8h，日间空调工况运行 10h，则双工况主机空调工况制冷能力 q_c（kW），应最接近以下哪项数值？

A. 5769　　　　　　B. 1974　　　　　　C. 2070　　　　　　D. 1667

答案:【　　】

主要解题过程:

2019-3-21. 设计某速冷装置，要求在 1h 内将 50kg 饮料水冷却到 10℃。已知：饮料水的初始温度为 32℃，其比热容为 4.18kJ/(kg·K)。该速冷装置的制冷量（W）（不考虑包装材料部分），最接近下列何项？

A. 580   B. 1280   C. 1740   D. 2250

答案：【　　】

主要解题过程：

2019-3-22. 某地下水源热泵工程，需对采用电动蒸汽压缩式热泵和直燃型吸收式热泵两种机组时地下水开采量进行比较。已知：电动热泵的制热能效比 $COP_{h1}=5.0$，吸收式热泵的制热能效比 $COP_{h2}=1.67$。请问：当地下水的利用温差相同时，采用电动热泵与采用吸收式热泵所需的地下水开采量的比值（前者比后者），最接近以下哪个选项？

A. 1.0   B. 2.0   C. 0.5   D. 0.75

答案：【　　】

主要解题过程：

2019-3-23. 某办公楼空调冷源采用全负荷蓄冷的水蓄冷方式，设计冷负荷为 5600kW，空调设计日总冷量为 50000kWh，蓄冷罐进出口温差为 8℃，蓄冷罐冷损失为 3％，蓄冷罐的容积率取 1.05，蓄冷罐效率为 0.9。每昼夜的蓄冷时间为 8h。合理的蓄冷罐容积（m³）和冷水机组的总制冷能力（kW）选择，最接近下列何项？

    A. 6500, 6440   B. 6500, 5600   C. 6300, 6250   D. 730, 5600

答案：【   】

主要解题过程：

2019-3-24. 一台 R134a 半封闭螺杆冷水机组，采用热气旁通调节其容量，原理如下图所示。已知图中主要状态点的比焓 $h_1 = 410 \text{kJ/kg}$，$h_2 = 430 \text{kJ/kg}$，$h_3 = 260 \text{kJ/kg}$，当采用热气旁通时，旁通率 $\alpha = 0.20$。设：无热气旁通时的制冷量为 Q_{01}、能效比为 COP_1；热气旁通时的制冷量为 Q_{02}、能效比为 COP_2，且压缩机的摩擦效率、电机效率均为 1。问：Q_{02}/Q_{01} 和 COP_2/COP_1 的比值，最接近以下哪个选项？

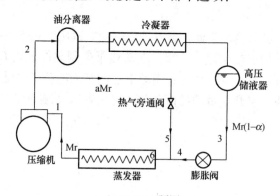

2019-3-24 题图

    A. $Q_{02}/Q_{01} = 0.80$，$COP_2/COP_1 = 0.80$ B. $Q_{02}/Q_{01} = 0.80$，$COP_2/COP_1 = 1.00$

    C. $Q_{02}/Q_{01} = 0.77$，$COP_2/COP_1 = 1.00$ D. $Q_{02}/Q_{01} = 0.77$，$COP_2/COP_1 = 0.77$

答案：【   】

主要解题过程：

2019-3-25. 长春市某住宅小区，原设计 200 住户，每户居民装设一个燃气双眼灶和一个快速热水器，所设计的燃气管道计算流量为 38.4m^3/h。后因方案变更，住户数增加到 400 户，每户居民的燃具配置相同。问：变更后的燃气管道计算流量（m^3/h），最接近下列何项？

A. 82 　　　　　　 B. 77 　　　　　　 C. 72 　　　　　　 D. 67

答案：【　　】

主要解题过程：

专业案例考试（下）

2019-4-1. 严寒 C 区某 5 层办公建筑，建筑面积为 $5000m^2$，建筑造型规整，建筑体形系数为 0.35，外墙采用外保温，从室内到室外的有关传热系数计算的热物性参数与材料厚度数值见下表。问：关于该外墙计算的平均传热系数 K [W/（$m^2 \cdot K$）] 和判断是否满足相关节能设计标准规定值的要求，下列哪一项是正确的？

内表面放热系数 α_n[W/(m²·K)]	水泥砂浆 20mm 厚，导热系数 λ[W/(m·K)]	加气混凝土砌块 400mm 厚，导热系数 λ[W/(m·K)]	岩棉板 75mm 厚，导热系数 λ[W/(m·K)]	外表面放热系数 α_w[W/(m²·K)]
8.7	0.93	0.19	0.04	23
修正系数		1.25	1.30	

A. 0.27，满足性能限值规定
B. 0.31，满足性能限值规定
C. 0.36，满足性能限值规定
D. 0.39，不满足性能限值规定

答案：【 　 】

主要解题过程：

2019-4-2. 某设置散热器连续供暖的多层建筑的中间层房间(其上下房间均为正常供暖房间)，房间高度 9m(无吊顶)，只有一面东外墙及东外窗，东向的窗墙比小于 1：1，东外窗及东外墙基本耗热量分别为 1200W、400W，通过东外窗的冷风渗透热负荷为 300W，则房间的计算总热负荷(W)最接近下列哪一项？

A. 1805　　　　　B. 1900　　　　　C. 1972　　　　　D. 1986

答案：【 　 】

主要解题过程：

2019-4-3. 某严寒地区 8 层办公建筑，设置了散热器供暖系统，系统管道的最高标高为 30m，热源由城市热网换热后的二次热水管网供给，并设置高位开式膨胀水箱定压，膨胀水箱的设计水位标高为 35m，换热设备及二次热水循环泵均设置于标高为 -5.0m 的地下室设备间的地面上；膨胀管连接在二次管网热水循环泵的吸入口处，热水循环泵的扬程为 $10mH_2O$。问：该供暖系统底部的试验压力（MPa），以下哪个选项是合理的（注：水压力换算时，按照 $1mH_2O = 10kPa$ 计算）？

A. 0.40   B. 0.50   C. 0.60   D. 0.65

答案：【   】

主要解题过程：

2019-4-4. 某住宅建筑共 6 层，每层分为 A、B、C 三种户型（各户型的面积均相同），平面简图如下图所示（粗实线为外墙，细实线为内隔墙），各户每一面楼板和内隔墙的户间传热量分别为 400W 和 200W，各户的供暖热负荷（W）的计算如下表所示（不含户间传热量）。问：该建筑供暖系统的总热负荷 Q（kW）和位于 3 层的 B 户型的室内供暖设备容量 Q_B（kW），最接近以下何项？

楼层	A 型	B 型	C 型
6 层	2500	2000	2400
19002～5 层(每层)	2000	1500	1900
1 层	2400	1900	2300

A. 34.10，2.10

B. 35.10，2.25

C. 52.65，2.25

D. 52.65，2.70

2019-4-4 题图

答案：【   】

主要解题过程：

2019-4-5. 河南省洛阳市(供暖室外计算温度为-3℃)的某厂房总面积为10000m²，该厂房原设计散热器连续供暖，室内设计温度19℃，供暖设计热负荷1200kW。现拟改为局部辐射供暖，实际供暖区域的面积为4000m²，仅白天工作使用。问该辐射供暖系统最小设计热负荷(kW)，应最接近以下哪一项？

　　A. 1244　　　　　　　B. 778　　　　　　　C. 672　　　　　　　D. 560

答案:【　　】

主要解题过程:

2019-4-6. 某严寒地区供暖室外计算温度为-22.4℃，累年最低日平均温度为-30.9℃，室内设计计算温度20℃，设计计算相对湿度60%，设计计算露点温度12℃，外墙结构(自内向外)如下表所示。问：满足基本热舒适($\Delta t_w \leqslant 3$℃)所需要的挤塑聚苯板的最小厚度(mm)，最接近下列哪一项？

序号	材料名称	厚度 mm	密度 kg/m³	导热系数 W/m·K	热阻 m²·K/W	蓄热系数 W/m²·K	热惰性指标
1	室内表面				0.11		
2	内墙水泥砂浆抹灰	20	1800	0.03	0.02	11.37	0.23
3	粉煤灰陶粒混凝土	240	1500	0.7	0.34	9.16	3.11
4	挤塑聚苯板		35	0.032		0.34	
5	外墙水泥砂浆抹灰	20	1800	0.03	0.02	11.37	0.23
6	室外表面				0.04		

　　A. 70　　　　　　　　B. 55　　　　　　　　C. 45　　　　　　　　D. 35

答案:【　　】

主要解题过程:

2019-4-7. 某除尘系统有 5 个排风点，每个点排风量为 2000m³/h，其中 3 个点为同时工作，2 个点为非同时工作(不工作时用风阀关闭)。该除尘系统需要的最小排风量 L(m³/h)，最接近下列何项?

A. 6000   B. 6600   C. 6800   D. 10000

答案:【　　】

主要解题过程:

2019-4-8. 某建筑材料生产车间生产石灰石粉尘，采用净化除尘方式。问：如果希望该车间的空气循环使用，净化后循环空气中粉尘浓度的最高限值(mg/m³)，最接近下列何项?

A. 8. 0   B. 4. 0   C. 3. 6   D. 2. 4

答案:【　　】

主要解题过程:

2019-4-9. 某车间冬季机械排风量 $L_p = 5m^3/s$，自然进风 $L_{sj} = 1m^3/s$，车间温度 $t_n = 18℃$，室内空气密度 $\rho_n = 1.2kg/m^3$，冬季供暖室外计算温度 $t_w = -15℃$，室外空气密度 $\rho_w = 1.36kg/m^3$，车间散热器散热量 $Q_1 = 20kW$，围护结构耗热量 $Q_2 = 60kW$。问：该车间机械补风的加热量（kW），最接近下列何项？

A. 180   B. 220   C. 240   D. 260

答案：【　　】

主要解题过程：

2019-4-10. 某高大空间高 20m（有喷淋），面积 $900m^2$，火灾热释放速率 $Q = 3MW$，计算得到的轴对称烟羽流质量流量为 $M_\rho = 110kg/s$。问：该高大空间的机械排烟量（m^3/h），最接近下列何项？

A. 5.40×10^4 B. 12.2×10^4 C. 20.2×10^4 D. 35.2×10^4

答案：【　　】

主要解题过程：

2019-4-11. 某商业综合体建筑的地下二层为机动车库，车库净高 3.6m，其中一个防火分区的面积为 3600m²，无通向室外的疏散口。该防火分区火灾时所有的排烟系统均可能投入运行。问：该防火分区的排烟补风系统最小总风量(m³/h)要求，最接近下列何项?

  A. 15750   B. 21600   C. 31500   D. 38880

答案:【　　】

主要解题过程:

2019-4-12. 某闭式空调冷水系统采用卧式双吸泵(泵进出口中心标高相同)，水泵扬程 28mH₂O(274kPa)，采用膨胀水箱定压，膨胀管接至循环水泵进水口处，膨胀水箱水面至水泵中心垂直高度 30m。试问水泵正常运转时，水泵出口的表压力(kPa)最接近下列哪项?(水泵入口流速 1.5m/s，出口流速 4.0m/s，水的密度 $\rho = 1000\text{kg/m}^3$，忽略水泵进出口接管阻力)

  A. 274   B. 294   C. 561   D. 568

答案:【　　】

主要解题过程:

2019-4-13. 某公共建筑内需要常年供冷的房间，设计室温为 26℃。其空调系统采用的矩形送风管布置在空调房间内，送风空气温度为 15℃，风管绝热设计采用柔性泡沫橡塑。问：满足节能设计要求的绝热层最小厚度(mm)，最接近以下哪项？

A. 28   B. 29   C. 30   D. 31

答案：【　　】

主要解题过程：

2019-4-14. 某办公楼采用一次回风变风量空调系统，共有 A、B、C、D 四个房间，设计工况下各房间逐时显冷负荷(W)见下表。室内设计计算温度 24℃，送风温度 15℃。该系统设计计算送风量(m³/h)与下列哪一项最为接近？

注：空气计算参数：密度 1.2kg/m³，比容热 1.01kJ/(kg·K)

	11：00	12：00	13：00	14：00	15：00	16：00	17：00	18：00	最大值
房间 A	2400	2500	2400	2200	2100	2000	1800	1500	2500
房间 B	1200	1400	1800	2000	2400	2000	1800	1400	2400
房间 C	1500	1800	2000	2100	2200	2400	2300	2200	2400
房间 D	1200	1300	1300	1200	1200	1200	1100	1000	1300
合计	6300	7000	7500	7500	7900	7600	7000	6100	8600

A. 2100   B. 2600   C. 2800   D. 3100

答案：【　　】

主要解题过程：

2019-4-15. 某建筑集中空调系统空调冷水设计供/回水温度为 6℃/12℃，室内设计温度 25℃，相对湿度 50%。选用某型号的风机盘管，该型号风机盘管样本中提供的供水温度为 6℃时的供冷能力（W）如下表所示，问：在本项目设计工况下，该型号风机盘管的供冷能力（W）最接近下列哪一项？

水流量	回风参数			
(L/s)	27℃/50%	26℃/50%	25℃/50%	24℃/50%
0.080	2920	2760	2560	2430
0.120	3515	3275	3015	2840
0.160	3895	3655	3340	3115
0.200	4200	3870	3585	3305

A. 2560   B. 3015   C. 3340   D. 3585

答案：【   】

主要解题过程：

2019-4-16. 某工厂采用毛细管顶棚辐射供冷，室外大气压力 101325Pa。室内设计工况为干球温度 25℃，相对湿度 60℃，单位面积毛细管顶棚的设计供冷能力为 $21W/m^2$，辐射体自身热阻为 $0.07K \cdot m^2/W$。设计管内最低供水温度（℃）最接近下列何项？

A. 15.2   B. 18.3   C. 20.2   D. 21.4

答案：【   】

主要解题过程：

2019-4-17. 某空调车间室内计算冷负荷为 20.25kW，室内无湿负荷。拟采用全新风空调系统，空调设备采用溶液调湿空调机组。室内空气计算参数：温度 25℃、空气含湿量 11g/kg$_{干空气}$，要求送风温差为 8℃。问：空调系统的计算冷量(kW)，最接近下列何项？（解答过程要求不使用 h-d 图）

注：室外空气计算参数：大气压力 101.3kPa、空气温度 30℃，空气熔值 68.2kJ/kg。

A. 57.5　　　　　　B. 51.29　　　　　　C. 37.25　　　　　　D. 20.25

答案：【　　】

主要解题过程：

2019-4-18. 某房间的空调室内显热冷负荷为 75kW，潜热冷负荷为 16.4kW，湿负荷为 24kg/h；室内设计参数为 $t=25℃$、$\varphi=60\%$($h=55.5$kJ/kg，$d=11.89$g/kg)；室外计算参数为干球温度 31.5℃，湿球温度 26℃($h=80.4$kJ/kg，$d=18.98$g/kg)；若采用温湿度独立控制空调系统，湿度控制系统为全新风系统，其送风参数为：$d=8.00$g/kg、$\varphi=95\%$。温度控制系统采用带干盘管的置换通风型空气分布末端。问：温度控制系统的设计最小风量(m³/h)和设计冷量(kW)，应最接近下列何项？（标准大气压，空气密度取 1.2kg/m³）

A. 19000 和 51　　　B. 21800 和 51　　　C. 26300 和 62　　　D. 31800 和 75

答案：【　　】

主要解题过程：

2019-4-19. 某一次泵变频变流量冷源系统如下图所示，三台主机制冷量均为 1500kW，并配置三台冷水循环泵。设计供/回水温度为 6℃/12℃，主机允许最小流量为设计流量的 50%，水泵允许最低频率为 15Hz(工频为 50Hz)，设计工况时，分集水器供回水压差为 200kPa。问：所选配的压差旁通阀的流通能力，应最接近下列哪一项？

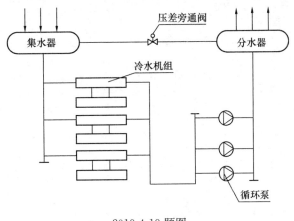

2019-4-19 题图

A. 46　　　　　B. 76　　　　　C. 152　　　　　D. 215

答案：【　　】

主要解题过程：

2019-4-20. 某洁净厂房的洁净大厅长度为 54m、宽度为 18m、高度为 4m，要求洁净度为 8 级，室内工作人员为 200 人，采用顶送下回的气流组织形式，在空调机组的回风处引入新风，以维持室内正压。洁净大厅内空气颗粒物浓度按均匀计算。按大于或等于 $0.5\mu m$ 粒径的悬浮颗粒物进行计算，生产工艺产尘量为 5.0×10^8 pc/min，单位面积洁净室的装饰材料发尘量取 1.25×10^4 pc/(min·m²)，人员发尘量取 100×10^4 pc/(p·min)，含尘浓度限值的安全系数取 0.5，送风悬浮颗粒物浓度为 3000pc/m³。问：该洁净大厅的净化换气次数(h^{-1})，最接近下列哪项？

A. 1.9　　　　　B. 4.5　　　　　C. 6.3　　　　　D. 7.8

答案：【　　】

主要解题过程：

2019-4-21. 设计某地埋管地源热泵空调系统，冬季设计工况条件为：热泵机组承担的热负荷为 1150kW，热泵机组制热性能系数 $COP_H=4.5$，地埋管侧系统循环水泵的输出功率为 18.5kW。问：设计工况下热泵机组自土壤中吸收的热量(kW)，最接近下列何项(不考虑源自机房内管路的冷热交换)？

    A. 876   B. 894   C. 1387   D. 1406

答案：【　　】

主要解题过程：

2019-4-22. 某工程采用发电机为燃气轮机的冷热电联供系统，燃气轮机排烟温度为 550℃，经余热锅炉产生高温蒸汽，分别供应溴化锂制冷机组制冷和生活热水换热器。余热锅炉无补燃，余热锅炉排烟温度为 110℃，全年平均热效率为 0.85；溴化锂制冷机组的全年平均制冷效率 $COP=1.1$。生活热水换热器因保温不好产生的散热损失为 5%。燃气轮机烟气全年实际提供的总热量为 9800MJ，余热锅炉提供的热量中，50% 提供给生活热水，50% 提供给溴化锂机组。该项目的年平均余热利用率，最接近下列何项？

    A. 87%   B. 89%   C. 91%   D. 105%

答案：【　　】

主要解题过程：

2019-4-23. 某冷水机组名义工况和规定条件下的 $COP=5.4$、$IPLV=6.2$；在 75%、50%、25%负荷时的性能系数分别为 6.6、6.7 和 4.95。机组制冷季总计运行 1500h，全年总制冷量为 450MWh，其中 100%、75%、50%负荷率的运行时间分别为 150h、600h、750h，且其冷却水条件与性能测试条件相同。问：该机组制冷机制冷季的总耗电量（MWh），最接近以下哪个选项？

A. 83.3　　　　　B. 79.1　　　　　C. 72.5　　　　　D. 69.2

答案：【　　】

主要解题过程：

2019-4-24. 已知某低温复叠制冷循环（如下图所示），低温级制冷剂为 CO_2，高温级制冷剂为 R134a，有关各点的参数见下表所示。问：该制冷循环计算的理论制冷系数应最接近下列何项？

工况点号	1	2	3	5	6	7
比焓值(kJ/kg)	436.5	460.5	179.5	289.5	428.5	254.5

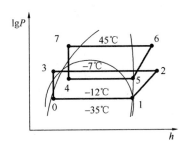

2019-4-24 题图

A. 2.44　　　　　B. 4.08　　　　　C. 6.59　　　　　D. 10.71

答案：【　　】

主要解题过程：

2019-4-25. 某宾馆项目设置集中生活热水系统,为主要用水部门(客房)及其他用水部门(如健身、酒吧、餐厅、美容、员工等)提供生活热水供应,经计算主要用水部门设计小时耗热量为 387kW,平均小时耗热量为 116kW。在同一时间内,其他用水部门设计小时耗热量为 168kW,平均小时耗热量为 84kW。问:该宾馆生活热水系统的设计小时耗热量(kW),最接近下列何项?

A. 200   B. 284   C. 471   D. 555

答案:【   】

主要解题过程:

12.2　2020 年实战试卷

专业知识考试（上）

一、单项选择题（共 40 题，每题 1 分，每题的备选项中只有一个符合题意）

2020-1-1. 在设计散热器供暖系统时，下列哪一种说法是错误的？

A. 水平双管系统时，在每组散热器的供水支管上安装高阻恒温控制阀

B. 当室内供暖系统为垂直双管系统且超过 5 层时，宜在每组散热器的供水支管上安装有预设阻力调节功能的恒温控制阀

C. 当室内供暖系统为单管跨越式系统时，应采用高阻恒温控制阀

D. 当散热器有罩时，应采用温包外置式恒温控制阀

2020-1-2. 某散热器集中供暖系统，供/回水温度 85℃/60℃，系统循环水 pH 为 11，不应采用下列哪种散热器？

 A. 铸铁内腔无砂型   B. 钢制柱式型

 C. 铜管穿铝片型   D. 铸铝合金型

2020-1-3. 安装户用热量表，下列要求中哪一项是正确的？

 A. 热量表前直管段长度不应小于 5 倍管径，热量表后直管段不应小于 2 倍管径

 B. 热量表前直管段长度不应小于 2 倍管径，热量表后直管段不应小于 2 倍管径

 C. 热量表前直管段长度不应小于 5 倍管径，热量表后直管段不应小于 5 倍管径

 D. 热量表前直管段长度不应小于 2 倍管径，热量表后直管段不应小于 5 倍管径

2020-1-4. 进行严寒 A 区一栋采用集中连续供暖的住宅楼设计时，拟采用的下列节能措施中，不正确的是哪一项？

 A. 外墙采用外保温措施   B. 屋面表面刷上白色涂料

 C. 适当减小北向卧室的外窗面积   D. 楼梯间的外墙采用保温措施

2020-1-5. 以水作为热煤的集中供热系统与蒸汽系统相比，下列哪一项说法不正确？

 A. 热能利用率高，一般可节约热能 20%～40%

 B. 可以改变供水温度进行质调节

 C. 蓄热能力高，舒适感好

 D. 输送距离和半径受限并增加管理难度

2020-1-6. 进行集中供热系统规划设计时，下列哪种热负荷计算方法是错误的？

 A. 体积热指标法   B. 面积指标法

C. 城市规划指标法   D. 供热指标百分数法

2020-1-7. 采用空气源热泵热水机组供热时，影响机组在设计工况下有效制热量的主要相关因素，下列表述中，哪一项是准确的？

A. 机组出水温度、环境温度、除霜次数

B. 机组出水温度、环境温度、太阳辐射强度

C. 太阳辐射强度、环境温度、除霜次数

D. 机组出水温度、除霜次数、机组水阻力

2020-1-8. 某供暖小区的热用户为高度相近的多层建筑，供热管网设计供/回水温度 110℃/70℃，其在热用户引入口处的资用压差为 60kPa；热用户设计供/回水温度 95℃/70℃，压力损失 30kPa。问：热网与热用户的连接方式中，技术经济相对最佳的是下列选项中的哪一项？

A. 通过板式换热器间接连接   B. 通过混水泵直接连接

C. 通过水喷射器直接连接   D. 无混合装置直接连接

2020-1-9. 关于降低燃气热水锅炉热损失的措施，下列哪一项是错误的？

A. 在锅炉烟道中设置热回收装置，用烟气预热锅炉进水

B. 采用冷凝式锅炉，利用烟气中蒸汽冷凝潜热

C. 利用锅炉热水供水，对锅炉进口的空气预热

D. 根据负荷变化动态控制燃烧的过量空气系数，减少部分负荷工况排烟量

2020-1-10. 设计局部排风罩时，下述说法中哪一项是错误的？

A. 对污染源应尽可能采取密闭排风罩，减少排风量，降低系统运行费

B. 排风罩吸气口吸取污染物越多，系统设计越合理

C. 对发热量不稳定的污染源的有害气体捕集，采用罩内上部抽风和下部抽风二者结合

D. 接受式排风罩吸气口应尽可能设置在污染气流的流动方向上

2020-1-11. 某建筑地下室一房间需要设计机械排烟系统，关于其补风系统的设计，以下哪一项是正确的？

A. 补风自贴临该房间的地下车库引入

B. 补风系统与机械排烟系统联动开启

C. 该房间的排烟口与补风口设置标高相同

D. 补风风机在该房间内吊装设置

2020-1-12. 某生产厂房采用管道气力输送粉尘，管道中的弯管曲率半径与管道公称直径的比值，下列哪个选项是合理的？

A. 2 倍   B. 4 倍   C. 6 倍   D. 8 倍

2020-1-13. 下述圆形风管的规格（风管直径 D），哪一项不属于基本规格系列？

A. $D=200\text{mm}$ 　　　　　　　　　　B. $D=250\text{mm}$

C. $D=300\text{mm}$ 　　　　　　　　　　D. $D=400\text{mm}$

2020-1-14. 大型商场中庭通风系统设计和运行，其自然通风同时考虑风压和热压作用，下列说法哪一项是正确的？

A. 自然通风量不足时可与机械通风系统联合运行

B. 当室外气温高于 18℃ 时不宜采用热压通风方式

C. 当气温适当时，室外风速越大越有利于自然通风

D. 其自然通风量可采用多区域网络法进行计算

2020-1-15. 下列哪种风机不是按通风机的工作原理进行分类的？

A. 离心式通风机 　　　　　　　　　　B. 轴流式通风机

C. 贯流式通风机 　　　　　　　　　　D. 诱导式通风机

2020-1-16. 某物料输送过程采用除尘密闭罩进行排风。物料温度低于 100℃，其吸风口的布置，下列哪一项是正确的？

A. 布置在含尘浓度高的部位 　　　　　B. 只布置在密闭罩上部位置

C. 布置在物料的飞溅区 　　　　　　　D. 布置在罩内压力高的部位

2020-1-17. 工业建筑计算冬季通风耗热量时，关于室外新风计算温度取值，以下说法正确的是哪一项？

A. 冬季供暖室外计算温度 　　　　　　B. 冬季通风室外计算温度

C. 冬季空调室外计算温度 　　　　　　D. 冬季最冷日室外平均温度

2020-1-18. 某生产车间事故时会产生爆炸性气体，设计事故通风系统，下列何项是错误的？

A. 采用防爆型通风机

B. 排风口与同一层新风口的间距为 12m

C. 事故通风由平时使用的通风系统和事故通风系统共同保证

D. 风机采用防爆电机，需考虑使用环境及爆炸性气体引燃温度

2020-1-19. 室内空调气流组织采用置换通风方式时，下列说法中正确的是哪项？

A. 送风温度不宜低于 18℃

B. 适用于冷负荷指标大于 120W/m² 的空调区

C. 空调区应同时考虑贴附射流送风方式

D. 适用于净高小于 2.7m 的房间

2020-1-20. 当一个空调风系统服务于多个不同朝向的房间时，关于变风量空调系统与

定风量空调系统的特点对比，下列哪一项说法是错误的？

    A. 变风量系统的送风量小于定风量系统的送风量

    B. 变风量系统比定风量系统更有利于缓解房间过冷过热现象

    C. 变风量系统的全年运行能耗低于定风量系统的全年运行能耗

    D. 变风量系统的初投资低于定风量系统的初投资

2020-1-21. 采用"末端＋新风"的温湿度独立控制空调系统，在供冷工况时，下列说法哪一项是错误的？

    A. 温度控制系统的冷水供水温度应低于室内空气的设计干球温度

    B. 采用辐射末端时应监测室内空气露点温度，并采取保障辐射末端不结露的措施

    C. 当室内湿负荷较大时，湿度控制系统须通过加大新风量的方式来满足除湿要求

    D. 温度控制系统采用对流末端形式时，末端的送风温度宜高于室内空气露点温度

2020-1-22. 带有变风量末端装置的变风量空调系统，在送风机变频运行的过程中，其夏季运行的自动控制要求，下列表述中，哪一项最准确的？

    A. 表冷器设双位控制电动两通阀，控制送风温度为设定值；送风机变转速调节，控制静压测试点处静压为设定值

    B. 表冷器设连续调节式电动两通阀，控制送风温度为设定值；送风机变转速调节，控制静压测试点处静压为设定值

    C. 表冷器设连续调节式电动两通阀，控制送风温度为设定值；送风机变转速调节，控制回风温度为设定值

    D. 表冷器设连续调节式电动两通阀，控制回风温度为设定值；送风机变转速调节，控制静压测试点处静压为设定值

2020-1-23. 关于空调系统的自动控制，以下设计要求中，哪一项是正确的？

    A. 检测室内空气相对湿度的湿度传感器可设置在该房间的空调回风风道内

    B. 某车间室内设计温度要求为 $25℃\pm0.5℃$，其组合式空调箱表冷器温控系统采用比例（P）调节器

    C. 冷水机组进水管设连续调节式电动两通阀

    D. 水-水换热器的一次水侧，设置理想特性为直线型的电动两通调节阀

2020-1-24. 某高层建筑的空调水系统，其多台冷却塔设于塔楼屋面，为保证冷却水系统可靠且节能运行，下列系统或技术应用措施中，哪一项是错误的？

    A. 冷却塔设于空气流通顺畅的区域

    B. 冷却塔的存水盘适当加深

    C. 冷却水先流入在地下室设置的蓄水池后，冷却水泵从该蓄水池中抽取冷却水

    D. 将多台冷却塔的存水盘底部用连通管联通，且联通管标高低于存水盘

2020-1-25. 在各类建筑空调中，下列说法中，哪一项是不准确的？

A. 在其他条件不变的情况下，空调送风高度越高，要求的空调送风温差越小

B. 在其他条件不变的情况下，空调送风温差越小，空调的舒适性越好

C. 在其他条件不变的情况下，室温控制精度要求越高，空调送风温差应越小

D. 在其他条件不变的情况下，空调送风温差越小，送风口越不容易结露

2020-1-26. 夏热冬暖地区的某办公建筑设集中空调，夏季空调冷负荷 6300kW，下列水冷定频冷水机组配置方案中，哪一项不满足节能设计要求？

A. 离心式冷水机组 2 台，每台名义工况制冷量 3150kW，功率 516kW

B. 离心式冷水机组 3 台，每台名义工况制冷量 2100kW，功率 357kW

C. 离心式冷水机组 3 台，"2 大＋1 小"配置，每台大机名义工况制冷量 2630kW，功率 440kW；小机额定制冷量 1160kW，功率 220kW

D. 螺杆式冷水机组 4 台，每台额定制冷量 1600kW，功率 280kW

2020-1-27. 某舒适性空调系统的新风和回风，设置粗效过滤器和中效过滤器，进行两级过滤处理。关于空气过滤器类别的选择和组合，下列哪项叙述是错误的？

A. 按照中国标准（GB/T 14295—2008）可选粗效类＋中效 1 类

B. 按照美国标准（ASHRAE 52.2—2007）可选：MERV6＋MERV11

C. 按照欧洲标准（EN 779—2011）可选：G4＋F7

D. 所有粗效、中效过滤器标准中其过滤效率均为计数效率

2020-1-28. 关于洁净室室压控制的说法，下列哪一项是错误的？

A. 当某个洁净室的送风量大于回风量、排风量之和时，该洁净室为相对正压

B. 当某个洁净室的送风量小于回风量、排风量之和时，该洁净室为相对负压

C. 负担多个洁净室的洁净空调系统，当系统的总送风量大于总回风量与总排风量之和时，该系统内各洁净室均为相对正压

D. 洁净室设置余压阀的目的，是为了一定范围内维持室内压力稳定

2020-1-29. 根据现行国家标准对冷水机组能效限定值及能效等级的规定，下列何项是正确的？

A. 机组的能效等级划分为 5 级

B. 评价机组各能效等级时，应同时满足各对应级别的 COP 和 IPLV 指标

C. 机组能效的数值越大，则表示该机组在名义工况下越节能

D. 机组能效限定值应同时满足 COP 和 IPLV 指标

2020-1-30. 某建筑在空调冷源方案比较时，对冰蓄冷系统和常规的冷水机组直接供应冷水（一般为 7℃/12℃）的系统进行了比较，下列哪一项说法是错误的？

A. 冰蓄冷系统比常规冷水系统全年运行耗电量低

B. 当地峰谷电价合理时，可以降低系统的运行费用

C. 采用冰蓄冷系统，可以减小制冷机组的装机容量

D. 冰蓄冷系统可以提供更低温度的空调冷水供水

2020-1-31. 关于水（地）源热泵机组性能试验方法，下列哪项是错误的？

A. 水（地）源热泵机组的各种试验工况对热源侧进水温度要求相同

B. 冷热水式机组使用侧的试验流体应使用当地生活用水

C. 冷热风机组的实测制热量中包含了送风机功率

D. 对于冷热风机组，当试验时的大气压力低于101kPa时，应对实测制冷（热）量进行修正

2020-1-32. 下列关于 CO_2 制冷剂的表述，哪一项是错误的？

A. CO_2 属于环境友好型制冷剂

B. CO_2 的制冷剂编号是 R744

C. 当采用 CO_2 作为复叠式制冷系统的低温级制冷剂时，CO_2 侧的制冷循环为跨临界循环

D. 热泵热水机采用 CO_2 制冷剂，可以获得比 R134a 热泵热水机更高的出水温度

2020-1-33. 关于蓄冷空调技术的应用，下列何项说法是错误的？

A. 区域供冷系统宜采用冰蓄冷技术

B. 数据机房的空调系统宜采用冰蓄冷技术

C. 单层展览建筑空调供冷系统可采用直供式水蓄冷技术

D. 夏季供电负荷有限制的既有办公建筑，在增设集中空调系统时宜采用冰蓄冷技术

2020-1-34. 一台名义制冷量为40kW，名义制热量为50kW的空气源热泵冷（热）水机组，其名义制冷能效比 $COP_C=3.1$、制冷综合部分负荷性能系数 $IPLV_C=3.4$，其名义制热能效比 $COP_H=3.8$、制热综合部分负荷性能系数 $IPLV_H=3.2$。问：关于该机组的能效等级，以下那个说法是最准确的？

    A. 无法判定该机组的能效等级   B. 机组的能效等级为3级

    C. 机组的能效等级为2级   D. 机组的能效等级为1级

2020-1-35. 下列关于采用蒸汽压缩式热泵机组供热的说法，哪项是错误的？

A. 某工况下热泵机组的制热量等于该工况下蒸发器的吸热量与压缩机输入功率之和

B. 工程设计时，应按名义工况下的供热量进行热泵机组选型

C. 当空气源热泵机组的平衡点温度低于冬季室外设计温度时，空调系统不应设置辅助热源

D. 当室外空气温度相同时，提高室内温度将导致热泵的供热性能系数下降

2020-1-36. 关于溴化锂吸收式冷水机组，下列说法中正确的是哪一项？

A. 直燃型溴化锂吸收式冷水机组为单效型机组

B. 溴化锂吸收式冷水机组的蒸发器通常使用满液式蒸发器

C. 吸收器中稀溶液经过发生器的溶液泵后，溶液泵出口溶液为过冷溶液

D. 溴化锂吸收式制冷系统中最容易出现溶液结晶的部位是吸收器内的溶液侧

2020-1-37. 根据现行绿色建筑评价标准，一星级绿色民用建筑对室内主要空气污染物浓度的要求，下列哪一项是最准确的？

A. 应符合现行国家标准《室内空气质量标准》GB/T 18883 规定

B. 应在现行国家标准《室内空气质量标准》GB/T 18883 规定的限值基础上降低 10％

C. 应在现行国家标准《室内空气质量标准》GB/T 18883 规定的限值基础上降低 15％

D. 应在现行国家标准《室内空气质量标准》GB/T 18883 规定的限值基础上降低 20％

2020-1-38. 在进行室内给水排水系统设计时，下列哪一项说法是错误的？

A. 公共建筑给水设计用水量应包括供暖空调系统补水量

B. 集中热水供应系统的水加热器的热量计算方法与加热器的形式无关

C. 卫生器具以 0.33L/s 排水量作为 1 个排水当量

D. 进行室内生活给水管道水力计算时，采用生活给水设计秒流量计算

2020-1-39. 下列关于工业企业生产用热设备燃烧装置设置静电接地的说法中，哪一项是最准确的？

A. 鼓风机和空气管道设置静电接地装置

B. 鼓风机和燃气管道设置静电接地装置

C. 仅鼓风机设置静电接地装置

D. 静电接地装置的接地电阻为 150Ω

2020-1-40. 某住宅排水系统只设置了伸顶透气管。下列说法中哪一项是正确的？

A. 排水由排水横支管进入排水立管时，流速会迅速下降

B. 排水过程中卫生器具下部设置的排水水封的高度始终保持不变

C. 排水过程中排水系统的排水立管的压力均处于正压状态

D. 排水过程中排水系统的排水立管底部的压力为正压

二、多项选择题（共 30 题，每题 2 分，每题的各选项中有两个或两个以上符合题意，错选、少选、多选均不得分）

2020-1-41. 某建筑采用太阳能热水直接式供暖系统，为提高集热系统的集热量，采用下列哪些设计方法是正确的？

A. 降低供暖系统的回水温度

B. 按全年集热量最大设计集热器的安装倾角

C. 按全年集热量最大设计集热器的安装方位角

D. 避免周边建筑物、构筑物等对集热器的遮挡

2020-1-42. 某高度为 15m 的单层厂房，设计采用集中热风供暖系统，下列哪几项设计做法是正确的？
A. 采用 3 套热风加热装置（含风机）
B. 热风气流组织形式为上送下回
C. 工作区计算平均风速为 0.10m/s
D. 选择空气加热器时，加热能力为热负荷的 120％

2020-1-43. 一栋 6 层住宅楼各层户型完全相同，采用分户热计量供暖系统，在计算二层某一住户卧室的散热器供暖负荷时，下列哪些选项是错误的？
A. 不计算卧室与隔壁住户隔墙的传热耗热量
B. 不计算卧室与其客厅隔墙的传热耗热量
C. 不计算卧室地板的传热耗热量
D. 邻室传热附加热负荷应计入供暖系统总负荷

2020-1-44. 严寒地区某城市居民住宅区均设置地面辐射集中供暖系统，由城市热网提供热源，下列一次网热媒参数，哪几项可以满足该供暖系统的要求？
A. 130℃/70℃ 热水   B. 110℃/70℃ 热水
C. 95℃/70℃ 热水   D. 85℃/60℃ 热水

2020-1-45. 关于供暖系统换热器设计原则，下列哪几项说法是正确的？
A. 换热面积可根据流量及一、二次热媒参数等进行计算
B. 水垢系数与总热量附加系数不应叠加修正
C. 换热器总装机换热量不应大于设计供暖负荷
D. 通常换热器总台数不应多于 4 台

2020-1-46. 哈尔滨市某新建住宅小区设置一个燃气热水锅炉房进行集中供暖，锅炉房的设计热负荷为 16800kW，该锅炉房的锅炉设置错误的是下列哪几项？
A. 设置 2 台额定供热量为 8400kW 的锅炉
B. 设置 3 台额定供热量为 5600kW 的锅炉
C. 设置 4 台额定供热量为 4200kW 的锅炉
D. 设置 6 台额定供热量为 2800kW 的锅炉

2020-1-47. 为降低锅炉氮氧化物排放，在燃气锅炉低氮燃烧技术的应用中，下列哪几项是正确的？
A. 降低混合物的含氧量   B. 加大再燃区空气供应量
C. 降低过剩空气系数供应空气   D. 高温空气燃烧技术

2020-1-48. 某车间拟将除尘系统净化后的空气送入室内循环使用。问：净化后允许循环使用的空气的含尘浓度为以下哪几项？

A. 工作区容许浓度的 36%

B. 工作区容许浓度的 31%

C. 工作区容许浓度的 26%

D. 工作区容许浓度的 21%

2020-1-49. 下列关于测定风管内风量和风口风量的规定，哪几项是正确的？

A. 风管内风量的测定宜用热风速仪直接测量风管断面平均风速，然后求取风量

B. 散流器风口风量宜采用风量罩法测量

C. 格栅风口风量宜采用风口风速法测量

D. 条缝式风口风量宜采用风口风速法测量

2020-1-50. 当有数种溶剂的蒸汽，或数种刺激性气体同时放散到空气中时，对于全面通风换气量的确定原则，下列哪几项是错误的？

A. 将各种气体分别稀释到允许浓度所需空气量的总和

B. 将毒性最大的有害物稀释到允许浓度所需要的空气量

C. 按照规定的房间换气次数计算

D. 将各种气体分别稀释到允许浓度，并选择其中最大的通风量

2020-1-51. 利用热压作用对热车间进行自然通风时，下列哪几项说法是正确的？

A. 下部窗进风量与上部窗排风量的质量流量相等

B. 上部窗排风压差与下部窗的进风压差数值相等

C. 中和面处的室内空气压力与室外空气压力相同

D. 当上下窗的面积和做法完全相同时，中和面近似位于上下窗户中心高差的中部位置

2020-1-52. 以下关于建筑自然通风设计的规定，哪些项是错误的？

A. 利用穿堂风自然通风的建筑，其迎风面与夏季最多风向宜成 60°~90°角

B. 夏季自然通风用的进风口，其下缘距室内地坪的高度不宜小于 1.2m

C. 采用自然通风的生活、工作的房间的通风开口有效面积不应小于该房间地板面积的 5%

D. 采用自然通风的建筑，自然通风量应根据热压作用进行计算

2020-1-53. 以下有关有害气体净化系统排气筒做法的规定，哪些项是错误的？

A. 排气筒出风口风速宜为 15~20m/s

B. 排气筒出口不应设在动力阴影区，可设在正压区

C. 排气筒出口宜采用防雨风帽，不宜采用锥形风帽

D. 一定范围内的排气点宜合并设置集中排气筒

2020-1-54. 关于空调水系统自动控制用阀门选择的说法，下列哪几项是错误的？

A. 阀权度选择越大，空调冷水输送系统的节能效果越好

    B. 变流量空调水系统中，空调末端的电动两通阀口径应与末端的接管直径相同

    C. 主机定流量的一级泵变流量系统中，供回水总管之间的压差电动旁通调节阀宜采用直线流量特性

    D. 变流量水系统中，空调末端的电动两通阀宜采用等百分比流量特性

2020-1-55. 某气密性良好的办公室，采用"风机盘管＋新风"的空调形式将新风处理到室内空气的等含湿量状态后送入房间，且房间保持正压。问：该房间风机盘管所负担的湿负荷，包括下列哪几项？

    A. 室内人员散湿量   B. 室内绿植散湿量

    C. 新风送风带入的湿负荷   D. 室外空气渗透带入的散湿量

2020-1-56. 某实验室空调室内设计温度 25℃±0.5℃，相对湿度 60％±3％，室内存在空调余湿负荷，且房间围护结构有一面为外墙。设：实验室空调送风量为 L_s；空调回风量为 L_h；工艺排风量为 L_p。下列做法中，错误的是哪几项？

    A. 设计送风量 $L_s = L_h + L_p$

    B. 设计送风温度为 17℃

    C. 采用机器露点送风

    D. 夏季空调系统的冷负荷应包含再热冷负荷

2020-1-57. 兰州市某办公建筑的舒适性空调系统节能设计时，下列哪些措施是合理的？

    A. 为达到较好的除湿效果，冷水的供水温度宜低于常规的 7℃

    B. 进深较大的开敞式办公区域宜划分内区和外区，不同朝向宜划分独立区域

    C. 各办公室可采用变风量空调系统或风机盘管＋新风系统

    D. 门厅的全空气系统可采用蒸发冷却式空调系统

2020-1-58. 甲、乙两个夏季空调降温减湿空气处理过程，如下图所示。已知：空气初始状态 A 点相同，处理空气量相同，表冷器的冷水参数均为 7℃/12℃，且两个处理过程最终空气的含湿量相等（$H_{B1} = H_{B2}$）。问：下列关于这两个空气处理过程的说法，哪几项是不正确的？

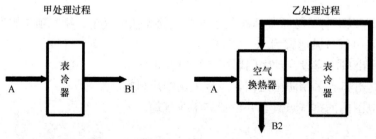

    A. 两个处理过程表冷器的总冷量相等

    B. 两个处理过程终状态点的空气温度关系为：$t_{B2} > t_{B1}$

C. 两个处理过程中，表冷器负担的显热冷量相等

D. 两个处理过程中状态点的空气相对湿度关系为：$\varphi_{B2} > \varphi_{B1}$

2020-1-59. 某空调房间采用"辐射供冷末端＋冷却除湿新风"的系统形式。下列说法哪几项是错误的？

A. 辐射供冷末端承担显热负荷与室内部分潜热负荷

B. 辐射供冷末端与新风处理机组应采用不同的冷水供水温度

C. 房间冷指标大于 $250W/m^2$ 时，采用吊顶式毛细管辐射板

D. 与吊顶内布置风机盘管相比，吊顶式辐射供冷有可能降低对房间层高的要求

2020-1-60. 关于民用建筑室内空气设计参数的确定，以下说法中哪几项是错误的？

A. 空调室内舒适度分级仅按室内温度的高低评价

B. 供暖室内设计温度的确定与建筑所在地区无关

C. 供冷工况下人员短期逗留区域的空调室内设计参数宜比长期逗留区域提高 1~2℃

D. 高密人群建筑人员密度越大，每人所需最小新风量越大

2020-1-61. 以下关于通风与空调系统消声与隔振的说法，哪些是错误的？

A. 风管消声器设置在风速较高的主风管上，其消声效果优于设置在风速相对低的主分支管上

B. 冷却塔、空气源热泵机组等室内设备设置隔声屏障时，与设备的距离越远，隔声效果越好

C. 隔振器的自振频率越高，隔振效果越好

D. 大型设备机房应考虑机房隔声和吸声降噪措施

2020-1-62. 高大洁净厂房大型空调净化系统的风管，可选择下列哪些材料制作的风管？

A. 镀锌钢板风管 　　　　　　　　　B. 不锈钢板风管

C. 酚醛泡沫复合保温风管 　　　　　D. 玻纤复合内保温风管

2020-1-63. 溴化锂吸收式机组在制冷运行时，不会发生溶液结晶的位置，下列哪几个选项是正确的？

A. 蒸发器的制冷剂出口处 　　　　　B. 冷凝器的制冷剂出口处

C. 蒸发器的制冷剂进口处 　　　　　D. 热交换器浓溶液出口处

2020-1-64. 某大型空调工程选用一批水冷式蒸发压缩循环冷水（热泵）机组，应用户要求需要对机组质量进行抽检，抽检测试按名义制热工况在实验室中进行。问：下列哪些工况参数不符合国家标准的相关规定？

A. 冷凝器出水温度 45℃

B. 蒸发器进水温度 15℃

C. 冷凝器侧的水流量 $0.134\text{m}^3/(\text{h}\cdot\text{kW})$

D. 蒸发器侧的水流量 $0.172\text{m}^3/(\text{h}\cdot\text{kW})$

2020-1-65. 电制冷活塞式压缩机采用普通手动膨胀阀，运行中出现了压缩机吸气温度过高的现象。问：下列哪几项可能是造成该现象发生的原因？

A. 膨胀阀的开度过大
B. 膨胀阀的开度过小
C. 系统制冷剂充注量过多
D. 系统制冷剂充注量过少

2020-1-66. 针对市场现有的低环境温度空气源热泵（冷水）机组，下列说法哪些是正确的？

A. 制热量 30kW，出水温度 41℃，能效等级为 1 级的机组，$IPLV（H）$ 应不低于 32

B. 能效等级为 1 级或 2 级的机组，应对 COP_h 进行考核

C. 产品的能效限定值需对 COP_h 和 $IPLV（H）$ 进行双重考核

D. 制热量 50kW、出水温度 35℃ 的机组，考核其能效限定值时，COP_h 应不低于 3.0

2020-1-67. 某项目拟采用燃气发动机驱动压缩机制冷制热。已知：燃气发动机的效率为 30%，电厂的燃气发电效率为 50%。问：下列关于燃气热泵的说法，哪几项是正确的？

A. 相同工况下燃气热泵制冷的一次能源效率低于电热泵制冷

B. 如果不回收燃气发动机缸套水热量和烟气余热，燃气热泵制热的一次能源效率低于电动热泵的一次能源效率

C. 假定冬季热泵制热系数均为 2.0，如果回收缸套水热量和烟气余热的 70%，则燃气热泵一次能源效率高于电动热泵的一次能源效率

D. 燃气热泵多联机系统适用于夏热冬暖地区需设置空调系统的建筑

2020-1-68. 关于空调系统冷热源的说法，下列哪几项是正确的？

A. 任何民用建筑均不得采用电直接加热设备作为空调系统的供暖热源

B. 对于空气源热泵冷（热）水机组，在冬季设计工况时的性能系数不应小于 2.0

C. 热水单效溴化锂吸收式制冷机组的热力系数一般不大于 1.0

D. 燃气冷热电联供系统的燃气轮发电机的总容量宜大于 25MW

2020-1-69. 武汉市某 3 层饭店建筑，建筑面积 12000m²，每层设大、小宴会厅各一间，10 人包间若干。采用两台名义工况制冷量为 720kW 的水冷螺杆式冷水机组作为空调系统冷源。下列哪几项暖通空调系统设计，会导致该建筑失去参评绿色建筑的资格？

A. 每层各设一套单风道定风量全空气空调系统

B. 设电能计量装置监测冷水机组和冷水循环泵的合计总电耗

C. 冷水机组 $IPLV=6.0$，冷源 $SCOP=4.3$

D. 地下车库设定时开启的机械通风系统

2020-1-70. 集中生活热水系统的设计中，关于设计参数的选择，下列哪几项说法是错误的？

A. 生活热水最高日用水定额以热水温度 60℃ 为计算温度

B. 卫生器具生活热水小时用水定额以热水温度 60℃ 为计算温度

C. 设置集中生活热水系统的单体建筑，要求配水点最低水温 45℃ 时，水加热器出口设计温度为 60℃

D. 单体建筑全日热水供应系统的热水循环流量按 3%～5% 设计小时热水量考虑

专业知识考试（下）

一、单项选择题（共 40 题，每题 1 分，每题的备选项中只有一个符合题意）

2020-2-1. 寒冷地区某居住建筑设计集中供暖系统，对于供/回水设计水温，下列选项中哪一项是最合理的？

　　A. 地面辐射供暖系统的热媒可采用 45℃/37℃ 热水

　　B. 散热器供暖系统的热媒可采用 75℃/65℃ 热水

　　C. 地面辐射供暖系统的热媒可采用 60℃/10℃ 热水

　　D. 散热器供暖系统的热媒可采用 90℃/70℃ 热水

2020-2-2. 某既有 3 层办公建筑供暖系统（各散热器均未配置恒温阀），其供暖循环水泵为定速度运行，建筑内采用下供下回双管系统。问：当二层的某个散热器的阀门关闭后，以下说法中错误的是哪一项？

　　A. 其余各散热器的流量均增加

　　B. 已关闭散热器所在立管的总流量减少

　　C. 已关闭散热器所在立管的一层散热器流量增加

　　D. 已关闭散热器所在立管的三层散热器流量减少

2020-2-3. 分户热计量热水集中供暖系统设计中，下列哪一项表述是错误的？

　　A. 应设置室温调控装置

　　B. 室外热网系统应设置自力式定流量阀

　　C. 居住建筑设置分户式热量表

　　D. 居住建筑热力入口设置楼栋式热量表

2020-2-4. 严寒地区某一厂房，室内设计温度为 20℃，冬季采用机械补风（新风）系统送风量为 54000kg/h，新风加热到 30℃ 送入室内，其室外供暖计算温度 −16.9℃，冬季通风计算温度 −11℃，问：送风系统的耗热量（kW）最接近下列何项？

　　A. 450　　　　　　B. 615　　　　　　C. 704　　　　　　D. 915

2020-2-5. 关于集中供暖系统热计量设计的做法，正确的应是下列何项？

　　A. 热量表接口口径与供暖管道的管径相同

　　B. 变流量水系统的热力入口采用自力式流量控制阀

　　C. 既有供暖系统进行热计量改造，必要时可增设加压泵

　　D. 换热机房热计量装置的流量传感器安装在二次管网的回水管上

2020-2-6. 某 12 层住宅楼采用分户供暖系统，供回水干管设置于地下室。关于供暖系统的设计，下列何项是正确的？

A. 为减小重力循环附加压力带来的户间压差的差异，立管应采用同程式系统

B. 为减小各户流量失调，应减少户内供暖系统的流动阻力

C. 进户处应安装热计量表及静态调节阀等设备，同时增加各户流量的稳定性

D. 为适应用户随机调节，进户处应安装自力式定流量阀

2020-2-7. 重力循环热水供暖系统的循环作用压力大小，与下列哪项参数无关？

A. 热水循环流量

B. 加热中心与冷却中心的垂直高差

C. 热水供/回水的密度

D. 重力加速度

2020-2-8. 下列关于热水供暖管道的热补偿设计，哪项是正确的？

A. 直埋敷设的热水管道宜采用无补偿敷设方式

B. 各类补偿器的安装与室外环境温度无关

C. 非直埋管宜优先采用波纹管补偿器

D. 各类补偿器采用时均应安装导向支座

2020-2-9. 严寒 B 区地上 4 层、地下 2 层的商业建筑，其中地下二层为设备用房和停车场，一～四层的面积均为 1.2 万 m^2（120m×100m），层高 5m。下列围护结构做法或热工性能，哪一项是错误的？

A. 屋面传热系数为 0.4W/（m^2·K）

B. 建筑物入口大堂采用中空全玻璃幕墙

C. 外墙传热系数为 0.42W/（m^2·K）

D. 屋顶设置 3 个尺寸为 45m×18m 的天窗

2020-2-10. 事故通风系统中室外排风口的位置，下列哪一项是错误的？

A. 排风口与机械送风系统的进风口的水平位置不应小于 20m

B. 排风中含有可燃气体时，事故通风系统排风口应距火花可能溅落点 20m 之外

C. 不应布置在人员经常停留或经常通行的地点

D. 排风口应朝向室外空气动力阴影区和正压区

2020-2-11. 某公共建筑内净高为 8m 的大空间房间，其烟羽类型为轴对称烟羽流，在计算房间排烟量时，下列哪项说法是错误的？

A. 排烟量大小与房间内家具、装修等材料有关

B. 排烟量大小与房间净高有关

C. 烟层的平均温度越高则排烟量越小

D. 其他条件相同时，按自然排烟计算的排烟量大于按机械排烟计算的排烟量

2020-2-12. 某地下室净高高度 5m，机械排烟系统承担 2 个防烟分区的排烟。其排烟

系统的设计，下列何项是错误的？

    A. 防烟分区排烟支管上的排烟防火阀熔断关闭连锁关闭排烟风机和补风机

    B. 排烟口具有人工开启功能，排烟口开启时连锁排烟风机和补风机开启

    C. 火灾时，火灾所在的防烟分区内的所有排烟口开启

    D. 系统排烟量为两个防烟分区排烟量之和

2020-2-13. 下列哪种场合采用自然排烟窗时需要设置自动开启设施？

    A. 净高 8m 的厂房

    B. 五星级宾馆的客房

    C. 面积 2500m² 的展览厅

    D. 面积 500m² 的开敞式办公区

2020-2-14. 工业车间进行通风空调系统设计时，对送风进行净化用的空气过滤器对 0.5μm 以上的颗粒物过滤效率达到 70%～95%，初阻力 100Pa，该空气过滤器的类型是下列何项？

    A. 粗效过滤器   B. 中效过滤器

    C. 高中效过滤器   D. 亚高效过滤器

2020-2-15. 某工艺过程发热量小，物料含水率低，其设置的密闭罩排风量，可不包括下列何项？

    A. 物料下落时代入罩内的诱导空气量

    B. 因工艺需要鼓入罩内的诱导空气量

    C. 从孔口或不严密缝隙处吸入的空气量

    D. 在生产过程中因受热使空气膨胀或水分蒸发而增加的空气量

2020-2-16. 关于通风、空调系统的噪声控制，下列哪项说法是正确的？

    A. 相同的 A 声级噪声限值，噪声倍频带越高，允许的声压级越高

    B. 噪声倍频带相同时，允许声压级与 A 声级噪声限值成正比

    C. 隔声设计的各倍频带的插入损失与隔声构件的透声面积无关

    D. 某处的声强与该处的声压线性相关

2020-2-17. 关于空调通风系统的消声、隔振设计，下列哪一项说法是正确的？

    A. 直风管管内风速大于 8m/s 时，可不计算管道中气流的再生噪声

    B. 风机风量和风压变化的百分率相同时，前者对风机噪声的影响比后者大

    C. 微穿孔板消声器可用于洁净车间的空调通风系统的消声

    D. 阻性消声器比抗性消声器对低频噪声有更好的消声能力

2020-2-18. 对于有消声要求的空调系统，下列关于通过消声器及连接管件的风速规定，哪一项是错误的？

A. 通风机与消声装置之间的风管风速可采用 12m/s

B. 通过片式消声器的风速不宜大于 10m/s

C. 通过消声弯管的风速不宜大于 8m/s

D. 通过室式消声器的风速不宜大于 5m/s

2020-2-19. 下列哪项得热会立即全部成为空调区的冷负荷？

A. 人员显热得热

B. 人员潜热得热

C. 玻璃窗辐射得热

D. 照明灯具得热

2020-2-20. 某高层建筑内的集中空调水系统，从运行能耗和定压的稳定性上评价，以下哪种做法是最合理的？

A. 采用"开式水系统＋底部蓄水池"

B. 采用"闭式水系统＋变频水泵定压"

C. 采用"闭式水系统＋定压罐定压"

D. 采用"闭式水系统＋高位膨胀水箱定压"

2020-2-21. 某空调冷源系统采用了两台同容量的冷水机组。设计时考虑冷水机组可变流量运行，每台冷水机组的允许流量变化均为其设计工况流量的 $50\%\sim100\%$，冷水泵根据末端压差进行变频控制，并在分集水器之间设置了旁通电动阀。问：该旁通电动阀选择计算时，其设计流量应按下列哪一项确定？

A. 按照两台冷水机组的设计流量之和确定

B. 按照两台冷水机组设计流量之和的 50％确定

C. 按照一台冷水机组的设计流量确定

D. 按照一台冷水机组设计流量的 50％确定

2020-2-22. 制冷机房施工和运行时，下列哪项说法是错误的？

A. 系统部分负荷时，为降低冷却水供水温度，可采用一台冷水机组和多台冷却塔风机变速的联合运行模式

B. 控制冷却水水质，减少冷凝器结垢，从而提高冷水机组的饱和冷凝温度和冷水机组能效

C. 系统部分负荷时，可通过优化冷水机组的运行台数，使所运行的冷水机组均处于高效区

D. 水泵的出口止回阀选型时，采用旋启式止回阀比采用蝶式双瓣弹簧止回阀，可提高系统整体能效

2020-2-23. 关于地埋管地源热泵系统的岩土热响应试验要求，下列哪项表述是错误的？

A. 热响应试验测试孔的数量与地源热泵系统的应用面积有关

B. 测试孔的深度应与设计使用的换热器孔深相同

C. 热响应试验应在测试孔施工完成后即刻进行

D. 换热器内流速不应低于 0.2m/s

2020-2-24. 某高层建筑地面以上高度 103m，室外地面标高为 ±0.00m。设计一套闭式空调冷水系统，冷水系统最高点标高 100m，冷水机组设于地下一层（标高 −5.0m）；膨胀水箱水面标高 102m，膨胀管连接在水泵进水口处。下列说法正确的是何项？（按照 1m＝10kPa 计）

A. 冷水泵扬程应大于 105m 水柱，冷水机组工作压力应不小于 1.6MPa
B. 冷水泵扬程应大于 100m 水柱，冷水机组工作压力应不小于 1.0MPa
C. 冷水机组连接在冷水泵的进水口时，冷水机组工作压力为 1.07MPa
D. 冷水机组连接在冷水泵的出水口时，冷水机组工作压力为 1.07MPa

2020-2-25. 下列多联机空调系统的设计原则，哪一项是错误的？

A. 系统内室内机配置的总能力，应为室外机能力的 100%～130%
B. 系统冷媒管等效长度应满足对应制冷工况下满负荷的性能系数不低于 2.8
C. 当采用空气源多联机空调系统供热时，冬季运行性能系数不应低于 1.8
D. 室内机的送风量宜满足房间换气次数不少于 5h⁻¹ 的要求

2020-2-26. 某空调机组安装了粗效和中效过滤器，在系统运行期间风道阻力特性保持不变，风机风压按过滤器终阻力计算、风量为设计风量。以下说法哪一项是错误的？

A. 该空调机组初投入运行时，可满足设计风量要求
B. 该空调机组更换同型号的新换过滤器后，开始运行时的风量会超过设计风量
C. 可根据过滤器两端压差的检测数值，清洗或更换过滤器
D. 只要过滤器有积尘，该空调机组就无法满足设计风量要求

2020-2-27. 某房间空调系统采用贴附侧送风气流组织。关于其气流分布，下列何项说法是正确的？

A. 与自由空间相比，气流主体段轴心速度的衰减速度较慢
B. 当两股射流气流重合时，与单股射流气流相比，气流轴心速度衰减加快
C. 单股射流气流轴心速度与射流距离的平方成反比
D. 单股射流气流轴心的温度与速度的扩散角相同

2020-2-28. 关于洁净室性能测试要求，正确的应是下列何项？

A. 所有洁净室性能测试时，均应包括洁净度、静压差、风速或风量及浮游菌、沉降菌
B. 所有洁净室的空气洁净度测试最长时间间隔应不超过 6 个月
C. 洁净室的静压差测定可与风速、风量测定同时进行
D. 空气洁净度检测的每一采样点的每次采样量与被测洁净室空气洁净度等级的被测粒径的限值成反比，且不小于 2L

2020-2-29. 下列关于制冷剂的表述，哪一项是错误的？

A. 溴化锂吸收式制冷机组中，水是制冷剂

B. 氨吸收式制冷机组中，水是制冷剂

C. 氨吸收式制冷机组适用于低温制冷

D. 水是环境友好型的自然工质

2020-2-30. 下列哪一项不是螺杆式制冷压缩机的容量调节方法？

A. 导流叶片调节　　　　　　　　　B. 滑阀调节

C. 柱塞阀调节　　　　　　　　　　D. 变频调速调节

2020-2-31. 关于蒸汽压缩式制冷（热泵）机组的工况条件或能效要求的说法，下列哪一项是错误的？

A. 水冷式热泵机组制热的名义工况是：使用侧出水水温 $45℃$，水流量 $0.172m^3/(h \cdot kW)$；热源侧进口水温 $15℃$，水流量 $0.134m^3/(h \cdot kW)$

B. 名义制冷量为 $3000kW$ 的水冷离心式冷水机组，机组的能效限定值中的性能系数（COP）不应小于 $5.9W/W$

C. 名义制冷量 $2000kW$ 的水冷离心式冷水机组，其节能评价值为性能系数（COP）为 $5.8W/W$ 或者综合部分符合性能系数（$IPLV$）为 $7.6W/W$

D. 在使用侧进/出口水温为 $12℃/7℃$、放热侧进/出口水温为 $32℃/37℃$ 的工程设计工况下，水冷离心式冷水机组的性能系数（COP）将低于名义工况下的性能系数

2020-2-32. 下列关于制冷循环的说法，哪一项是正确的？

A. 逆卡诺循环制冷系数与制冷剂性质有关

B. 在蒸汽压缩制冷实际循环中，制冷剂在冷凝器中为等温过程

C. 在蒸汽压缩制冷理论循环中，其吸热过程为定压过程

D. 膨胀阀代替膨胀机造成的节流损失与制冷剂性质无关

2020-2-33. 关于电驱动冷水机组能效限定值及能效等级的表述，下列哪一项是错误的？

A. 冷水机组节能评价值可以依据机组 COP 值或 $IPLV$ 值判定

B. 能效等级 2 级为节能评价值

C. 设计应用给的水冷变频螺杆式冷水机组的 COP 值，不应低于相关节能设计标准规定的同类机组 COP 的 0.95 倍

D. 设计应用的水冷变频离心式冷水机组的 COP 值和 $IPLV$ 值，较相关节能设计标准规定的同类机组的 COP 值和 $IPLV$ 值均可有一定幅度的降低

2020-2-34. 在设计计算冷库冷间的冷负荷时，关于计算温度的取值，下列哪一项说法是错误的？

A. 冷间的设计温度应根据所冷藏食品的工艺要求确定

B. 室外计算温度应采用夏季空调室外计算日平均温度

C. 计算通风换气量时，室外计算温度应采用夏季空调室外计算干球温度

D. 计算开门热流量时，室外计算温度应采用夏季通风室外计算温度

2020-2-35. 关于蒸汽压缩式冷水机组采用的冷凝器，下列哪一项说法是正确的？

A. 采用风冷式冷凝器时，其冷凝温度主要取决于环境空气的湿球温度

B. 采用蒸发式冷凝器时，其冷凝温度主要取决于环境空气的干球温度

C. 采用水冷式冷凝器和冷却塔时，冷却塔出水温度主要取决于环境空气的干球温度

D. 在冷水机组的现行能效标准中，对采用蒸发冷却式冷凝器和风冷式冷凝器的机组，其能效等级划分所依据的性能指标值相同

2020-2-36. 下列关于制冷装置设计的说法，哪一项是错误的？

A. 采用涡旋式、螺杆式和离心式压缩机的冷水机组容易实现带经济器的双级压缩制冷循环，可增加制冷量、减少功耗和提高制冷系数

B. 采用回热循环是提高 R717 制冷系统性能系数的有效途径

C. R22 制冷系统的回气管应该坡向压缩机，R717 制冷系统的吸气管应坡向蒸发器

D. 用于冷库的氟利昂制冷系统，其压缩机吸气压力对应饱和温度应不低于蒸发温度减 1℃

2020-2-37. 寒冷地区某住宅小区采用地板热水辐射供暖。当地冬季的供暖设计室外计算温度为 −10℃，设计供暖负荷 1000kW。关于该工程供暖热源设计方案，以下哪一项不能满足供热需求？

A. 采用名义制冷量为 1500kW、制冷 $COP=1.2$ 的直燃型溴化锂吸收式冷（热）水机组

B. 采用环境空气温度 −12℃时制热达到 800kW 的空气源热泵机组

C. 采用发动机功率为 300kW（机械功转换效率为 30%、缸套水热量为燃气发热量的 40%）、制热能效比为 2.5 的燃气机驱动热泵机组加缸套联合供热的系统

D. 采用名义制热量为 1000kW 的低温空气源热泵机组

2020-2-38. 在进行工业建筑节能设计时，下列哪一项做法或说法是正确的？

A. 对恒温恒湿环境的金属围护系统气密性应提出具体要求

B. 严寒和寒冷地区的所有工业建筑建筑体形系数均应符合限值要求

C. 一类工业建筑必须采用权衡判断方法确定围护结构热工性能

D. 二类工业建筑节能设计途径是限制围护结构的传热系数

2020-2-39. 某商业大厦地下一层设有使用燃气的厨房，下列做法正确的是何项？

A. 采用钢号为 10 的无缝钢管（非加厚管），管道连接为螺纹连接

B. 设置通风、燃气泄漏报警等安全设施

C. 燃气管道运行压力为 0.45MPa

D. 燃气管道穿过配电间后进入厨房

2020-2-40. 某住宅小区燃气干管与高层住宅的燃气立管相连接时，关于管道补偿的做法，下列哪一项说法是错误的？

　　A. 有条件时，采用自然补偿
　　B. 采用带填料的套筒式补偿器
　　C. 采用不锈钢波纹补偿器
　　D. 采用方形补偿器

二、多项选择题（共 30 题，每题 2 分，每题的各选项中有两个或两个以上符合题意，错选、少选、多选均不得分）

2020-2-41、关于公共建筑供暖热负荷计算，下列哪几项论述是正确的？

　　A. 间歇供暖系统，仅白天使用的建筑物，间歇附加率可取 20%
　　B. 散热器供暖房间高度大于 4m 时，每高出 1m，围护结构耗热量高度附加率应附加 1%
　　C. 窗墙面积比超过 1：1 时，对窗的基本耗热量附加 10%
　　D. 当房间有两面外墙时，外墙、窗、门的基本耗热增加 5%

2020-2-42. 严寒地区某居住小区的多栋建筑采用散热器集中供暖，由市政热力站供暖，供回水温度 75℃/50℃，节能设计时，供暖系统循环水泵的耗电输热比（EHR）限值应按 $EHR \leqslant A(B + \alpha \Sigma L)/\Delta T$ 计算确定，下列哪几项是错误的？

　　A. A 值与水泵流量有关
　　B. HER 限值，多级泵系统的允许值大于一级泵系统的允许值
　　C. L 应按热力站出口至最远端散热器的供回水管道总长度减去 100m 确定
　　D. 市政热力站的数量与 EHR 无关联

2020-2-43. 下列关于散热器性能和使用要求的说法，哪几项是正确的？

　　A. 散热器的散热量与传热温差呈线性关系
　　B. 钢板制散热器应充水养护
　　C. 散热器的外表面应涂非金属性涂料
　　D. 散热器组对后的单组试验压力应为其工作压力的 1.1 倍

2020-2-44. 初步设计时，建筑物的热负荷可采用概算指标法确定。下列做法哪几项是正确的？

　　A. 工业建筑供暖热负荷可采用体积热指标法
　　B. 民用建筑供暖热负荷可采用面积热指标法
　　C. 工业建筑通风热负荷可采用通风体积热指标法
　　D. 民用建筑通风热负荷可采用供暖设计热负荷的百分数法

2020-2-45. 某厂区采用高压蒸汽供暖，其系统热力入口的设计，下列哪些是正确的？

　　A. 热力入口应设关断阀、过滤器、减压阀、温度计、压力表
　　B. 疏水器前的凝结水管不应向上抬升
　　C. 疏水器出口凝结水干管向上抬升时应设止回阀

D. 蒸汽凝结水回收装置应设在供暖系统的最低点

2020-2-46. 某燃油锅炉房采用轻柴油为燃料，对于室内油箱的设置，下列哪几项做法是正确的？

A. 其总容积不应超过 5m³
B. 应安装在单独的房间内
C. 应采用闭式油箱
D. 其通气管应直通室外，并应设阻火器

2020-2-47. 下列关于排风罩的说法，哪几项是错误的？

A. 用于粗颗粒物料破碎工艺的密闭罩，应设置新风口消除罩内正压，吸风口风速不宜小于 2m/s
B. 相同排风量下，应尽量减小外部吸气罩吸气口的吸气范围以更好地控制污染物逸散
C. 对于接受式排风罩，当其安装位置至热源距离 $H > 1.5A_p^{1/2}$（A_p 为热源的水平投影面积）且横向气流影响较小时，排风罩尺寸应比热源尺寸扩大 150～200mm
D. 对于槽宽为 600mm 的工业槽局部排风罩，可采用单侧槽边排风罩

2020-2-48. 当发生事故向室内散发有害气体时，以下关于事故排风系统室内吸风口的规定，哪些项是错误的？

A. 室内吸风口应设在有害气体或爆炸危险性物质放散量可能最大或聚集量最多的地点
B. 氟制冷机房事故排风系统的室内吸风口应设在距地面不少于 1.2m 处
C. 应均匀布置事故排风室内吸风口，使室内任一点到最近吸风口的距离不超过 30m
D. 当放散密度比空气小的可燃气体时，室内吸风口上缘距顶棚不得大于 0.5m

2020-2-49. 某甲类仓库，在仓库内直接设置防爆型离心风机事故通风系统，排除有爆炸危险的可燃气体，以下哪几项是正确的？

A. 离心风机应分别在室内外设置电气开关
B. 事故通风系统与火灾报警系统连锁
C. 事故排风系统应采用金属管道
D. 离心风机采用皮带传动，加设防护罩

2020-2-50. 某商业综合体建筑，按照国家标准规范设置了防排烟系统，当火灾位置确认后，下列关于防排烟系统控制的叙述，哪几项是错误的？

A. 应在 15s 内联动开启该防火分区内楼梯间的全部加压送风机
B. 消防应急广播后，应在 15s 内联动开启广播区域所有楼梯间的全部加压送风机
C. 应在 15s 内联动开启该防火分区内的全部排烟阀、排烟口、排烟风机和补风设施
D. 应在 30s 内完成与通风、空调系统合用排烟系统的转换

2020-2-51. 下列防烟分区做法，哪几项不正确？

A. 长 40m、宽 25m、净高 5m 的大宴会厅作为一个防烟分区

B. 采用开孔吊顶的房间设置防烟分区，档烟垂壁上缘与吊顶板平齐

C. 长 100m、宽 40m、净高 10m 的展览厅不设置挡烟垂壁

D. 步行街除最上层外的上部各层楼板洞口周边设置挡烟垂壁

2020-2-52. 某工业设备的通风排气中含有一定量的有害气体，关于净化方法的论述，下列哪几项是正确的？

A. 如为小风量、低温、低浓度的有机废气，可采用活性炭吸附法

B. 若采用洗涤吸收设备进行排气处理，应尽量选用蒸气压高的吸收剂

C. 若有害气体浓度较低，可采用吸附法净化，吸附装置宜按最大废气排放量的 110% 进行设计

D. 若采用吸附法净化，空气湿度增大，会使吸附的负荷降低

2020-2-53. 下列关于通风机运行调节方法的表述，哪几项是正确的？

A. 改变风机出口管道上的阀门开度，可改变通风机的性能曲线

B. 仅改变通风机转速时，通风机的效率基本不变

C. 改变通风机进口导流叶片角度比改变通风机转速节能效果差

D. 变极调速是通过改变电源的频率和电压调节电动机转速

2020-2-54. 关于空调通风系统的气流组织，下列哪几项说法是正确的？

A. 工业建筑中低温送风口的表面温度应高于室内露点温度 $1 \sim 2°C$

B. 对于舒适性空调，送风口高度为 5m 时，送风温差不宜大于 $15°C$

C. 当空调房间送风射流的断面积与房间垂直于射流的横断面积之比大于 1：5 时，可按受限射流考虑

D. 房间上部回风口的吸风速度应不小于 5m/s

2020-2-55. 某服务多分区的双风道定风量、定新风比空调系统如下图所示。问：当各分区的负荷分别变化时，下列说法哪几项是正确的？

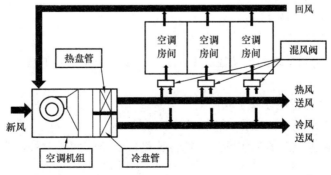

A. 各分区的送风量保持不变

B. 各分区的新风送风量保持不变

C. 各分区的送风温度保持不变

D. 空调机组冷/热盘管的出风温度不变

2020-2-56. 某新风空调机组的送风机采用直接数字控制系统（DDC）进行控制，设置了 4 个功能的监控点，分别为：启停、故障、状态和手/自动模式状态。问：不同功能的监控点类型（DO、DI）设计，下列哪几项是错误的？

A. 启停（DI）；故障（DI）；状态（DI）；手/自动模式状态（DO）

B. 启停（DO）；故障（DI）；状态（DI）；手/自动模式状态（DI）

C. 启停（DI）；故障（DO）；状态（DO）；手/自动模式状态（DI）

D. 启停（DI）；故障（DI）；状态（DI）；手/自动模式状态（DI）

2020-2-57. 某组合式空调箱带粗、中效过滤器。问：该空调系统运行时，以下哪些选项是可能造成房间噪声偏大的原因？

A. 风管内的空气流速过高　　　　　　　B. 空调送风机的转速低于设计要求

C. 空调机组的机外余压选择过高　　　　D. 空调送风机的比声功率级过高

2020-2-58. 公共建筑设计时，关于围护结构热工性能要求的说法，下列哪几项是正确的？

A. 面积大于 800m² 的公共建筑，其体形系数均不得大于 0.4

B. 夏热冬冷地区甲类建筑应同时考虑外墙的传热系数和热惰性

C. 寒冷地区建筑外墙传热系数不得超过 $0.6W/(m^2 \cdot K)$

D. 应用权衡判断时，参照建筑的各外围护结构面积大小应与设计建筑相同

2020-2-59. 长春市某车间采用全空气空调系统，仅为夏季使用；设计送风干球温度为 9℃。下列组合式空调机组的选型和配置要求，哪几项是正确的？

A. 空调冷水供/回水温度应为 7℃/12℃

B. 额定风量下中效空气过滤器计算阻力值取 80Pa

C. 表冷器设防冻泄水装置

D. 表冷器迎面风速取 1.8m/s

2020-2-60. 在空调系统的自动控制中，关于电动两通调节阀的选择，正确的说法应是下列哪几项？

A. 调节阀的理想特性取决于阀门的结构参数

B. 阀权度是影响调节阀工作特性的主要因素之一

C. 通常末端两通调节阀的实际工作特性比供回水总管间压差控制旁通阀的畸变情况严重

D. 调节阀的额定流通能力与水系统管道阻力以及末端设计流量有关

2020-2-61. 下列哪几种洁净室气流设计是正确的？
A. 洁净度等级为 3 级洁净室采用单向流气流流型
B. 洁净度等级为 6 级洁净室采用单向流气流流型
C. 洁净度等级为 7 级洁净室采用非单向流气流流型
D. 洁净度等级为 3 级洁净室内应布置洁净工作台

2020-2-62. 空气净化系统的空气过滤器选择与安装，下列哪几项做法是正确的？
A. 空气过滤器的实际处理风量应小于其额定风量
B. 高中效过滤器宜集中安装在空调箱的正压段
C. 超高效空气过滤器应安装在净化空调系统的末端
D. 三级生物安全实验室排风系统的高效过滤器应集中安装在排风机吸入口

2020-2-63. 下列关于蓄冰设备的释冷速率的表述中，哪几项是正确的？
A. 随着融冰过程的延续，冰球的释冷速率逐渐下降
B. 随着融冰过程的延续，内融冰盘管的释冷速率逐渐升高
C. 融冰初期，外融冰盘管的释冷速率高于完全冻结式内融冰式盘管
D. 融冰初期，冰球的释冷速率高于完全冻结式内融冰式盘管

2020-2-64. 北京地区某居住建筑，采用空气源热泵机组作为冬季供暖热源，室内采用热水地板辐射供暖系统选择空气源热泵机组时，下列哪几个说法是错误的？
A. 设计工况下，制热性能系数（COP）不应小于 2.2
B. 设计工况下，制热性能系数（COP）不应小于 2.0
C. 设计工况下，制热性能系数（COP）不宜小于 2.0
D. 设计工况下，确定机组平衡点温度时，应考虑室外温度修正和融霜修正

2020-2-65. 下列关于蒸汽压缩制冷理论循环的说法，哪几项是正确的？
A. 设置再冷器将提高制冷循环的制冷系数
B. 设置回热器将提高制冷循环的制冷系数
C. 膨胀阀节流是等焓过程，不存在节流损失
D. 多级压缩制冷循环可以获得比单级压缩制冷循环更低的蒸发温度

2020-2-66. 上海地区某空调工程设计计算冷负荷为 6900kW。选用的水冷冷水机组在设计工况下的性能系数 COP 和制冷量 Q 均是名义工况的 0.95 倍。以下关于机组配置的说法，哪些是错误的？
A. 所有冷水机组全部采用螺杆式冷水机组
B. 配置名义工况下 $COP=5.7$ 的 3 台定频离心式冷水机组
C. 配置名义工况下 $COP=5.5$ 的 3 台变频离心式冷水机组
D. 配置电驱动冷水机组时需附加 5% 的安全系数

2020-2-67. 关于土建冷库建筑围护结构的说法，下列哪几项是正确的？

A. 正铺贴于地面、楼面的隔热材料的抗压强度不小于 0.25MPa

B. 两侧分别为冻结物冷藏间与冷却物冷藏间之间的隔墙，其隔热层的两侧均应设置隔汽层

C. 冷间外墙两侧的设计温差，应取夏季空气调节室外计算日平均温度与室内温度差

D. 冷库楼面的隔热层上、下、四周应做防水层或隔汽层，且其防水层或隔汽层应全封闭

2020-2-68. 某氨制冷系统的设计蒸发温度为－25℃、冷凝温度为 35℃，各温度对应的饱和压力如下表所示。在压缩机的吸、排气管的管径设计中，下列哪几项是符合规范要求的？

温度（℃）	－26	－25	－24	……	34	35	36
绝对压力（MPa）	0.1446	0.1516	0.15864	……	1.3124	1.3512	1.3900

A. 压缩机吸气管的阻力小于 7.00kPa

B. 压缩机排气管的阻力小于 19.80kPa

C. 压缩机吸气压力不低于 0.1481MPa

D. 压缩机排气压力不高于 1.390MPa

2020-2-69. 上海某办公建筑空调系统冷源采用变频水冷螺杆式冷水机组，末端为变风量系统。单台机组名义制冷量 1000kW，办公建筑按照绿色建筑评价标准建设，下列哪几项满足绿色建筑评价标准评分项的得分要求？

A. 选用冷水机组的综合部分负荷性能系数（*IPLV*）为 6.90

B. 选用名义制冷工况下制冷性能系数（*COP*）达到 5.60 的冷水机组

C. 空调冷水循环水泵耗电输冷比符合现行国家标准《民用建筑供暖通风与空气调节设计规范》GB 50736 的规定数值

D. 降低风系统阻力，单位风量耗功率为 0.22W/(m³/h)

2020-2-70. 民用建筑燃气输配系统的地上调压箱（悬挂式），当安装在用气建筑的外墙上时，下列哪几项做法是正确的？

A. 调压器燃气进口压力 0.25MPa

B. 调压箱进出口管径为 *DN*40

C. 调压箱密闭以防止燃气泄漏

D. 调压箱设置于阳台下方实体墙上

专业案例考试（上）

2020-3-1. 河南洛阳某住宅小区，供暖热源为城市集中供热热水，其中一个供暖系统的设计热负荷为 3000kW，该供暖系统热力站设 2 台换热器。问，每台换热器的最小换热量（kW）最接近下列何项？（计算取值过程要完整）

　　A. 1650　　　　　　B. 1950　　　　　　C. 2100　　　　　　D. 2145

答案：【　　】

主要解题过程：

2020-3-2. 某工业厂房建筑面积 3300m²，采用燃气红外线辐射供暖系统供暖。已知辐射管安装高度距离人体头部为 10m，假定室内舒适温度为 16℃、室外供暖计算温度 t_w ＝ −9℃、围护结构热负荷为 750kW，其中辐射供暖系统效率 η_1＝0.9、空气效率 η_2＝0.84、辐射系数 ε＝0.44、常数 c＝11W/（m² · K）。问：辐射供暖系统的热负荷（kW）应最接近以下何项？

　　A. 750　　　　　　B. 675　　　　　　C. 630　　　　　　D. 590

答案：【　　】

主要解题过程：

2020-3-3. 某严寒 C 区大型商业综合体建筑的冬季各项设计热负荷为：供暖 5MW、空调 10MW（以上均含管网热损失），冬季供暖热源采用热水锅炉。问：下列锅炉台数和容量的确定，哪一项正确的？

    A. 3 台 5.5MW 锅炉　　　　　　　　　　B. 3 台 5.25MW 锅炉

    C. 3 台 5.0MW 锅炉　　　　　　　　　　D. 3 台 7.5MW 锅炉

答案:【 　 】

主要解题过程:

2020-3-4. 某公共建筑供暖房间设计室内温度 $t_n = 20℃$，其外墙热惰性指标 $D = 4.1$，墙体材料密度为 $1250kg/m^3$。建筑所在地供暖室外计算温度 $t_w = -7℃$，累年最低日平均温度为 $-11.8℃$，外墙内表面热阻 $R_0 = 0.11m^2 \cdot K/W$，外表面热阻 $R_w = 0.04m^2 \cdot K/W$。问：该外墙满足基本热舒适要求的最小墙体热阻 R_{min}（$m^2 \cdot K/W$）最接近以下哪一项？

    A. 0.91　　　　　　B. 1.02　　　　　　C. 0.84　　　　　　D. 0.96

答案:【 　 】

主要解题过程:

2020-3-5. 某热水集中供暖系统按设计工况供/回水温度为 75℃/50℃ 运行时测得的系统用户侧压力损失 $\Delta P_1 = 42.5\text{kPa}$、供暖负荷 $Q_1 = 350\text{kW}$，但用户室温偏高，调整系统热源供回水温度和流量（各用户侧阀门开启度均未改变）使室温负荷要求后测得：系统供/回水温度为 72.5℃/47.5℃，系统用户侧压力损失 $\Delta P_1 = 40.0\text{kPa}$。问：此时系统的供暖负荷 Q_2（kW）最接近下列何项？

　　A. 340　　　　　　　B. 336　　　　　　　C. 330　　　　　　　D. 320

答案：【　　】

主要解题过程：

2020-3-6. 输煤通廊工作场所产生扬尘。问采用净化除尘后，下列哪一组数据的含尘气体允许在通廊工作场所内排放？

　　A. 总尘 10mg/m^3，呼吸性粉尘 5.0mg/m^3

　　B. 总尘 4.0mg/m^3，呼吸性粉尘 2.5mg/m^3

　　C. 总尘 2.0mg/m^3，呼吸性粉尘 1.0mg/m^3

　　D. 总尘 1.0mg/m^3，呼吸性粉尘 0.05mg/m^3

答案：【　　】

主要解题过程：

2020-3-7. 某车间，冬季机械排风量 $L_p = 5.55 \text{m}^3/\text{s}$，自然通风风量 $L_{zj} = 1.0 \text{m}^3/\text{s}$，车间温度 $t_n = 18℃$，$\rho_s = 1.2 \text{kg/m}^3$，冬季供暖室外计算温度 $t_n = -15℃$，$\rho_n = 1.36 \text{kg/m}^3$，车间散热器散热量 $Q_1 = 40 \text{kW}$，围护结构耗热量 $Q_j = 86 \text{kW}$，问：车间加热进风的耗热量（kW）最接近下列何项？

A. 202   B. 268   C. 204   D. 164

答案：【　　】

主要解题过程：

2020-3-8. 某车间采用自然通风方式，车间内有强热源，工艺设备的总散热量为 3000kW，热源占地面积和地板面积的比值为 0.20，热源高度 4.0m，热源辐射散热量为 2100kW。问：车间的有效热量系数 m 值最接近下列何项？

A. 0.20   B. 0.40   C. 0.60   D. 0.80

答案：【　　】

主要解题过程：

2020-3-9. 某散发大量热量的车间采用自然通风排热，车间净高为 9m，设计上部用户有效通风面积为 50m²，窗户中心距地高度为 8m；下部窗户有效通风面积为 25m²，窗户中心距地高度为 2m。已知上、下部窗户的流量系数相等。问：中河面高度（m）最接近下列哪一项？（注：近似认为 $\rho_w = \rho_p$）

A. 4.5　　　　　B. 5.7　　　　　C. 6.0　　　　　D. 6.8

答案:【　　】

主要解题过程：

2020-3-10. 某车间总余热量为 450kW，夏季通风室外计算温度 27℃，要求室内工作温度不高于室外 5℃，采用天窗自然通风方式对车间降温，已知车间有效热量系数为 0.4。问：车间的全面换气量（kg/h）最接近下列何项？［注：取夏季室外空气比热容 $C = 1.01\text{kJ}/(\text{kg}\cdot\text{℃})$］

A. 113550　　　　B. 128300　　　　C. 145000　　　　D. 183300

答案:【　　】

主要解题过程：

2020-3-11. 某酸性排风系统如下图所示，两套湿式洗涤塔和风机并联。单套设备工频运转时，系统压力降1000Pa，其中洗涤塔压力降500Pa，风机风量25000m³/h，输入功率10kW，两套设备同时运行，要求调节风机转速保持系统总风量不变。问：总的风机输入功率（kW）最接近下列哪一项？（假定不同工况下的风机效率不变）

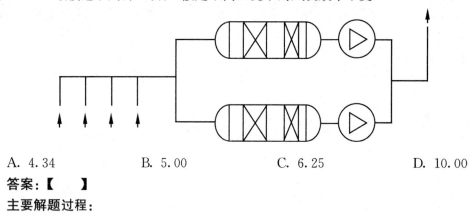

A. 4.34　　　　　B. 5.00　　　　　C. 6.25　　　　　D. 10.00

答案:【　　】

主要解题过程：

2020-3-12. 某办公层采用变风量空调系统，在空调机组的新风管上设置了定风量装置，每个办公室采用变风量末端装置，系统设计参数为：总送风量20000m³/h，新风比20%，为某房间服务的变风量末端A的一次设计风量为2000m³/h。某时刻的系统运行实测参数：系统总送风量为16000m³/h，A末端的一次风风量为1400m³/h。问：此时A末端送入房间的新风量（m³/h）最接近下列哪一项？

A. 350　　　　　B. 224　　　　　C. 280　　　　　D. 400

答案:【　　】

主要解题过程：

2020-3-13. 某空调系统的钢制矩形送风管位于地下车库内,夏季工况时设计送风温度为 12℃,地下车库的空气平均温度为 32℃,保温材料为柔性泡沫橡塑,其导热系数为 0.0342W/(m·K),保温层外表面放热系数为 11.63W/(m·K)。问:如果要求送风管单位面积的传热量不大于 25W/m²,则送风管保温层的最小计算厚度(mm)最接近下列何项?(不考虑保温材料导热系数的温度修正,不考虑风管管材和风管内空气放热热阻)

    A. 19.0   B. 24.5   C. 30.3   D. 39.8

答案:【   】
主要解题过程:

2020-3-14. 某商厦的全空气空调系统风机参数为:风量 $L=20010\text{m}^3/\text{h}$、全压 990Pa、效率 $\eta_f=75\%$,电机功率 $N=11\text{kW}$,电机及传动效率 $\eta_{cd}=85.5\%$,组合式空调机组的机内阻力为 390Pa。问:该空调系统的单位风量耗功率 $[\text{W}/(\text{m}^2 \cdot \text{h})]$ 最接近下列何项?

    A. 0.55   B. 0.43   C. 0.26   D. 0.17

答案:【   】
主要解题过程:

2020-3-15. 广州市某彩印车间工艺要求空调设计温度 24℃±0.5℃，相对湿度 55%±5%，设计采用一次回风全空气系统，设计工况下空调区热湿比为 8000kJ/kg，送风温差为 5℃，送风量为 36000m³/h，空气处理的机器露点相对湿度取 90%，利用冷水机组的冷却水作热源（冷却水再热器的进/出温度为 37℃/32℃）进行送风再热，考虑风机、管道温升为 1℃。问：空气再热处理需要的冷却水流量（kg/h）最接近下列哪一项？（空气密度按 1.2kg/m³ 计算）

  A. 9500   B. 7300   C. 5100   D. 3100

  答案：【 】

  主要解题过程：

2020-3-16. 某高大空间厂房采用区域变风量空调系统，风机在设计工况下为工频风（50Hz）运行，其空调系统如下图所示。当风机控制频率为 40Hz 时，实测送风机的进出口静压差 400Pa、送风管阻力 200Pa。问：为保证表冷器凝结水正常排出，机组凝结水接管的底部距存水弯管顶部的最小高度 H（mm）（见下图）最接近以下列何项？（按照 1mm＝10Pa 计算，凝结水接管处与送风机段的空气阻力、空调房间的正压值，均忽略不计）

  A. 40   B. 63   C. 81   D. 163

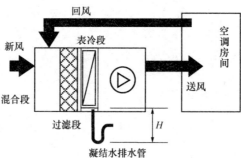

  答案：【 】

  主要解题过程：

2020-3-17. 夏热冬暖地区某办公楼,采用集中空调系统,设计冷负荷为 7500kW,拟选择 3 台同样规格的变频离心式冷水机组,设计冷冻水供/回水温度 7℃/12℃,冷却水供/回水温度 32℃/37℃,按绿色建筑要求,该项目的冷水机组必须达到冷水机组 1 级能效等级的规定值。问:设计工况下,所选离心式冷水机应进到的 *NPLV* 最接近下列何项?

    A. 5.90　　　　　　B. 6.20　　　　　　C. 7.70　　　　　　D. 8.10

答案:【　　】

主要解题过程:

2020-3-18. 某测试厂房室内空调设计参数为:干球温度 25℃、相对湿度 60%。室内有 23 个工作人员,每人散湿量按 100g/h 计算,室内工艺散湿量为 2kg/h,人均新风量按 30m³/h 计算。该厂房采用温湿度独立控制空调方案,由空调新风负担对室内的除湿。夏季工况新风处理采用冷却除湿方式,表冷器将新风处理到干球温度 15℃、相对湿度 95% 后送风,问:新风系统的设计风量(m³/h)最接近下列哪项?(大气压按 1013hPa 计算,空气密度按 1.2kg/m³ 计算)

    A. 690　　　　　　B. 1060　　　　　　C. 1500　　　　　　D. 1990

答案:【　　】

主要解题过程:

2020-3-19. 某一级泵变频变流量空调水系统如下图左图所示。设计工况下，循环水泵流量为100t/h、扬程为250kPa。旁通阀 V1 两端压差 100kPa，冷水机组最低允许流量为设计流量的50%，循环水泵变频电机允许最低频率为20Hz，空调机组最低负荷为设计负荷的30%，空调机组表冷器静特性如下图右图所示。该系统控制逻辑要求为：负荷变化时首先调节循环水泵转速，当其无法满足要求时再调节水阀。问：旁通阀 V1 的流通能力最接近下列哪一项？（电源工频50Hz，不考虑电机转差率）

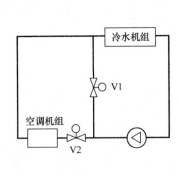
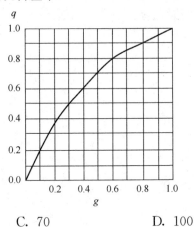

A. 35   B. 50   C. 70   D. 100

答案：【   】
主要解题过程：

2020-3-20. 已知某单级蒸汽压缩制冷循环有关参数为：膨胀阀前制冷剂的比焓值为287.3kJ/kg，压缩机吸气的比焓值为406.8kJ/kg，压缩机的转速为56r/s（每一转完成一次压缩行程），容积效率为0.61，压缩机吸气状态的制冷剂比容为0.0723m³/kg。问：当制冷量为15kW时，压缩机的理论输气量（mL/r）最接近下列何项？

A. 98.9   B. 201.7   C. 265.7   D. 318.8

答案：【   】
主要解题过程：

2020-3-21. 一台单元式空调机，采用了两台完全封闭压缩机（C_1 和 C_2）并联压缩的技术方案（见下图），其中 C_2 压缩机从再冷器重抽吸中压气态制冷剂，使再冷器为主回路制冷剂提供更大的再冷度。已知压缩机 C_1、C_2 的理论循环输气量分别为 $V_{h1}=2.5\times10^{-3}$ m^3/s，$V_{h2}=0.5\times10^{-3}m^3/s$，二者的容积效率均为 $\eta_v=0.9$，压缩机的总效率均为 $\eta_{el}=0.7$。图中各点制冷剂的状态参数为 $h_1=430.0kJ/kg$，比容 $V_1=0.0248m^3/kg$，$h_2=455.7\ kJ/kg$，$h_3=275.8kJ/kg$，$h_7=426.4kJ/kg$、比容 $V_7=0.0145m^3/kg$，$h_8=438.0kJ/kg$。问：该单元式空调机的制冷量 Q_e（kW）和制冷能效比 EER，最接近一下哪个选项？

A. $Q_e=16.8$，$EER=4.0$　　　　　　B. $Q_e=16.8$，$EER=5.5$

C. $Q_e=18.6$，$EER=4.9$　　　　　　D. $Q_e=18.6$，$EER=6.0$

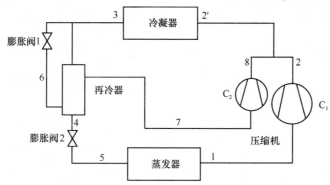

答案：【　　】

主要解题过程：

2020-3-22. 某冷库冻结间的空气温度为 $-25℃$，内置平板状牛肉，其厚度为 $0.10m$，食品含水量为 $650kg/m^3$，表面传热系数为 $17W/（m^2 \cdot K）$，食品冻结后的热导率为 $1.11W/（m \cdot K）$。问：当该食品冻结终了热中心的温度为 $-10℃$ 时，其冻结时间（h）最接近下列何项？

A. 8.8　　　　　　B. 9.6　　　　　　C. 10.7　　　　　　D. 11.8

答案：【　　】

主要解题过程：

2020-3-23. 北京市某写字楼的集中空调系统需设置两台相同的水冷式变频螺杆式冷水机组，其单机的名义制冷量为 580kW，为了检验产品是否满足相关建筑节能设计标准的要求，按相关产品标准规定的试验条件对其中一台机组进行了性能测试，其测试结果为：在 25％，50％，75％，100％ 负荷率下，机组的电功率分别为 21kW，49kW，75kW，108kW。问：该机组的测试结论应为下列哪个选项？

A. 机组的 COP 达到要求，IPLV 未达到要求

B. 机组的 COP 未达到要求，IPLV 达到要求

C. 机组的 COP 和 IPLV 均达到要求

D. 机组的 COP 和 IPLV 均未达到要求

答案：【　　】

主要解题过程：

2020-3-24. 某区域能源站有燃气热电联供系统和辅助冷热源设备如下：（1）燃气内燃发电机组，采用并网上网方式，发电有限自用、余电上网出售，发电效率 0.42，高温余热可利用率 0.4，50℃ 以下的低温余热可利用率 0.12；（2）烟气型余热锅炉：制热效率 0.9；（3）水源热泵热水机组：制热 COP＝6.0；（4）空气源热泵热水机组：制热 COP＝4.0。天然气的低位发热量为 10kWh/Nm³。问：当自发电完全供给水源热泵热水机组和空气源热泵机组时，能源站单位体积天然气（1Nm³）的最大供热量（kWh）最接近下列何项？

A. 16.0　　　　　　B. 17.4　　　　　　C. 21.0　　　　　　D. 23.5

答案：【　　】

主要解题过程：

2020-3-25. 某科研教学实验室给水管道，配置单联化验水嘴 4 个，三联化验水嘴 2 个，已知单联化验水嘴给水额定流量 0.07L/s，给水当量 0.35；三联化验水嘴给水额定流量 0.20L/s，给水当量 1.00。问：该管道的设计流量（L/s）最近下列何项？

A. 0.056   B. 0.12   C. 0.18   D. 0.20

答案：【   】

主要解题过程：

专业案例考试（下）

2020-4-1. 某室内游泳池池边区 150㎡ 的地面设置低温热水地板辐射供暖。室内设计温度为 28℃。问该低温热水地板辐射供暖系统能够承担的最大供暖负荷（W）最接近下列哪一项？

A. 22350　　　　　B. 17230　　　　　C. 12150　　　　　D. 5940

答案：【　　】

主要解题过程：

2020-4-2. 北京某 5 层的住宅围护结构热工性能不需要进行权衡判断，其南向封闭阳台如下图所示。阳台和直接连通的房间之间设置的隔墙和全透光阳台门、窗的热工性能负荷《严寒和寒冷地区居住建筑节能设计标准》JGJ 26—2018 第 4.2.1 条、第 4.2.6 条和第 4.1.4 条的规定。问：该围护结构最大基本耗热量（W）最接近下列哪一项？（注：阳台温差修改系数 α：凸阳台 0.44；凹阳台 0.32）

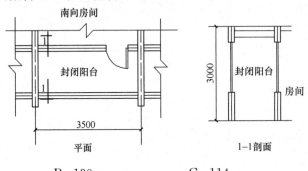

A. 179　　　　　B. 130　　　　　C. 114　　　　　D. 104

答案：【　　】

主要解题过程：

2020-4-3. 某严寒地区（室外供暖计算温度－20℃）住宅小区，住宅楼均为 20 世纪 90 年代初建的 6 层楼，供暖系统为分户热计量散热器供暖系统，户内为双管下供下回同程式、户外是异程双管下供下回式。原设计供/回水温度为 95℃/70℃、室内设计温度为 18℃，采用铸铁四柱 660 型散热器（该散热器传热系数计算公式 $K=2.81\Delta t^{0.276}$）。政府计划对该小区住宅楼进行墙体外保温，并要求住宅楼的室内设计温度在达到 20℃的情况下，供暖热负荷节省 62%。问：下列采用的热媒供/回水温度（℃）选项中，哪一项是正确的？

    A. 60/40   B. 55/35   C. 55/45   D. 60/35

答案：【　　】

主要解题过程：

2020-4-4. 已知某钢制柱形散热器传热系数的计算公式 $K=3.02\Delta t^{0.304}\left[W/(m^2\cdot℃)\right]$；该散热器在 $\Delta T=64.5℃$时，10 片一组的散热量为 1210（W）。问：当供/回水温度为 75℃/50℃、室温为 20℃时，20 片一组散热器的散热量（W）最接近下列何项？（注：散热器明装，散热器支管连接方式为异侧上进下出）

    A. 1350   B. 1417   C. 2328   D. 2444

答案：【　　】

主要解题过程：

2020-4-5. 某热交换站二次热媒为 60℃/45℃的空调热水，一次热媒的设计供/回水温度为 120℃/70℃；实际运行时的供水温度为 105℃。问：如果要求二次热媒参数和出力不变，一次热媒流量与原设计流量的比值，最接近下列哪一项？（忽略水流速对热交换器换热系数的影响）

A. 1. 14   B. 1. 19   C. 1. 55   D. 2. 00

答案：【   】

主要解题过程：

2020-4-6. 某办公建筑空调热负荷为 2700kW，当地冬季空调设计计算温度为 0℃。其空调热源拟采用 3 台空气源热泵冷（热）水机组＋辅助热水换热器补热。现有 A、B 两种类型的热泵机组，其相关参数见下表。问：热泵机组的类型（A 型或 B 型）和辅助热水换热器的补热量（kW），正确的是下列哪一项？（热泵机组相关参数表）

热泵机组	名义制热量 q （kW）	名义制热输入功率 （kW）	温度（0℃时）制热量修正系数 K_1	化霜对制热量修正系数 K_2	功率修正系数 K_3
A 型	900	350	0.95	0.9	1.05
B 型	900	370	0.97	0.9	1.15

A. 选 A 型，补热量 0

B. 选 A 型，补热量 391.5

C. 选 B 型，补热量 0

D. 选 B 型，补热量 391.5

答案：【   】

主要解题过程：

2020-4-7. 某设置有空调系统的化学实验室，实验过程中会产生有毒污染物，实验台设计采用送风式通风柜。已知实验过程中通风柜内有毒污染气体的发生量为 $0.25m^3/s$，设计采用送风式通风柜的工作孔面积为 $0.50m^2$。问：送风式通风柜的最小设计送风量（m^3/h）最接近下列哪项？

A. 1800　　　　　B. 1700　　　　　C. 1200　　　　　D. 900

答案：【　　】

主要解题过程：

2020-4-8. 某工程氢气站，面积 $300m^2$，净高 4.5m。已知氢气站有余热 15kW、夏季通风室外计算温度 30℃，要求站内温度不超过 34℃。问该氢气站设置的机械排风兼事故通风系统，其计算排风量（m^3/h）的最小值应最接近下列何项？（注：空气密度按 $1.15kg/m^3$ 计算）

A. 16200　　　　　B. 13500　　　　　C. 13370　　　　　D. 11620

答案：【　　】

主要解题过程：

2020-4-9. 上海市某化工车间内产生余热量 $Q=150kW$，余湿量 $W=100kg/h$，同时散发出硫酸气体 10mg/s。要求夏季室内工作地点温度不大于 33℃，相对湿度不大于 70%。已知：夏季通风室外计算温度 30℃，夏季通风室外计算相对湿度 62%。30℃时空气密度为 $1.165kg/m^3$。工作场所空气中硫酸的时间加权平均允许浓度 $1mg/m^3$，消除有害通风量安全系数取 $K=3$。问：该车间全面通风量（m^3/s）最接近下列何项？

A. 4.1   B. 30.0   C. 42.5   D. 76.6

答案:【　　】

主要解题过程：

2020-4-10. 某丙类仓库长、宽、高分别为 42m、30m、7m，设自动喷淋系统，采用机械排烟系统，假定燃料面距地面高度为 1m，按最小储烟仓厚度设计。问：排烟系统排烟量设计值（m^3/h）最接近哪一项？

A. 80000   B. 920000   C. 115000   D. 130000

答案:【　　】

主要解题过程：

2020-4-11. 某除尘系统采用内滤分室反吹袋式除尘器，除尘器位于除尘系统风机的吸入段，除尘器入口风量 18000m³/h，入口含尘浓度 5.15g/m³，除尘效率 99.10%，出口粉尘浓度 45mg/m³。问：该除尘器漏风率最接近下列何项？

A. 4%　　　　　B. 3%　　　　　C. 2%　　　　　D. 1%

答案:【　　】

主要解题过程:

2020-4-12. 武汉地区某宾馆空调设计冷负荷为 2168kW，冷源设计选用两台型号相同的水冷变频螺杆式冷水机组。问：所选冷水机组满足节能设计要求的综合部分负荷性能系数最小值应最接近下列哪一项？

A. 5.60　　　　　B. 5.90　　　　　C. 6.80　　　　　D. 7.20

答案:【　　】

主要解题过程:

2020-4-13. 上海市某办公建筑采用"风机盘管＋新风"空调系统。系统的新风经冷却减湿处理后的状态点为：$t_{x2}=12℃$，$h_{x2}=33kJ/kg_{干空气}$。问：新风处理过程的热湿比（kJ/kg）最接近下列何项？（注：室外大气压101325Pa、空气密度1.2kg/m³）

  A. 5190   B. −5190   C. −4320   D. 4320

答案：【 】

主要解题过程：

2020-4-14. 已知某房间采用一次回风全空气系统。房间冷负荷为100kW，室外空气焓值85kJ/kg，室内空气焓值56kJ/kg，设计送风点空气焓值40kJ/kg，设计新风比为30％。问：当采用最大送风温差送风时，空调机组处理空气所需的设计冷量（kW）最接近下列何项？（注：送风机和风管温升忽略不计）

  A. 130   B. 155   C. 185   D. 281

答案：【 】

主要解题过程：

2020-4-15. 某空调系统设置新风—排风空气换热器，新风量和排风量均为 5000m³/h，夏季新风进风干球温度 33℃，进风焓值 88kJ/kg，排风干球温度 26℃，排风焓值 54kJ/kg。在此工况下，显热回收效率为 0.6，全热回收效率为 0.65。问：夏季新风经换热器后出风干球温度（℃）和回收的全热量（kW）最接近下列哪一个选项？ 〔注：空气密度按 1.2kg/m³，空气比热按 1.01kJ/（kg·℃）计算〕

　　A. 28.8 和 36.8　　　　　　　　　　B. 28.8 和 7.1

　　C. 28.5 和 36.8　　　　　　　　　　D. 28.5 和 7.1

　　答案：【　　】

　　主要解题过程：

2020-4-16. 某冷冻站为冷水机组定流量、负荷侧变流量的一级泵空调水系统。设计工况下采用单台制冷量为 3500kW、COP 值为 6.35 的冷水机组 3 台，冷却水泵和冷却塔与主机接管均一一对应连接。冷水水泵功率为 45kW，冷却水泵功率为 65kW，冷却塔功率为 25kW。假定：冷却水泵、冷却塔风机均为定速运行，且忽略冷却水侧参数变化对冷水机组 COP 的影响。问：在系统供冷量需求为 6825kW 时，为实现制冷系统能效比最优的运行目标，合理的主机运行台数及相应的制冷系统能效比（COP_a）应为下列哪个选项？

　　（注：不同负荷率下主机的能效比的计算公式为：

$$COP_n = \frac{PLR}{0.223 + 0.313PLR + 0.464PLR^2}COP，其中\ PLR\ 为主机负荷率）$$

　　A. 2 台，5.10　　　　　　　　　　B. 2 台，5.47

　　C. 3 台，5.25　　　　　　　　　　D. 3 台，5.57

　　答案：【　　】

　　主要解题过程：

2020-4-17. 某净高为 8m 的高大空调空间气流组织设计为侧向风口水平射流送风,采用 400mm×150mm 的送风口,送风中心高度为 5m,房间设计温度为 26℃,设计送风温度为 16℃,送风口出口风速为 12m/s。问:送风口中心与水平射程 15m 处射流轴心的高差(m)最接近下列何项?(注:送风口当量直径按流速当量直径计算,送风口紊流系数取系数取 0.1,重力加速度取 9.8m/s²)

    A. 0.57   B. 1.35   C. 1.58   D. 1.98

答案:【   】
主要解题过程:

2020-4-18. 某一级泵变流量空调水系统,其系统流程及设计流量下各管段的阻力(含设备及阀件)如下图所示。设计时拟对变频水泵的变流量控制方式进行方案比较,方式 1 为末端压差控制(控制压差为 ΔP_1),方式 2 为总管压差控制(控制压差为 ΔP_2)。问:当所有末端流量同时下降为设计流量的 70% 时,控制方式 1 与控制方式 2 的水泵耗功率比值(P_1/P_2)最接近下列哪一项?(假定:两种控制方式下水泵总效率相同)

    A. $P_1/P_2=1$ B. $P_1/P_2=0.95$
    C. $P_1/P_2=0.86$ D. $P_1/P_2=0.64$

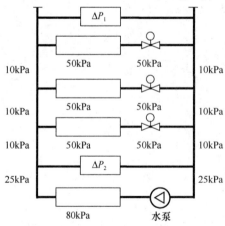

答案:【   】
主要解题过程:

2020-4-19. 夏热冬冷地区某中庭空间采用全空气定风量系统，设计拟对系统采用常温送风和低温送风两种方案进行比较，空气送风过程如下图所示，已知：（1）室内冷负荷为 150kW，新风负荷为 60kW；（2）两种工况下空调箱的单位风量耗电功率均为 0.3W / (m³·h)；（3）冷源采用单台制冷量为 3500kW 的离心式冷水机组，其名义工况下制冷性能系数 COP 为《公共建筑节能设计标准》GB 50189—2015 的最低限值；（4）两种工况下冷水系统的供水设计温度均比相应空调箱出风温度低 5℃，其冷水机组 COP 随着出水温度的变化为 2%/℃（以标准工况下的水温计算）；（5）不计水系统、风系统的冷量损失及其他附加负荷。问：在常温送风和低温送风两种工况下，空调机组耗电量和冷水机组为该房间服务的耗电量的合计值（kW）最接近于下列哪一项？

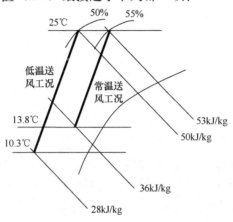

A. 常温工况 32.5，低温工况 32.5
B. 常温工况 42.3，低温工况 43.0
C. 常温工况 43.5，低温工况 43.0
D. 常温工况 45.5，低温工况 45.4
答案：【　　】
主要解题过程：

2020-4-20. 已知某非单向流洁室面积 20m²，吊顶下净高度 2.5m，采用上送下回的气流组织形式，有 2 名工作人员（1 名静止，1 名活动状态），设计新风比为 20%，送风含尘浓度 1pc/L，洁净室要求室内含尘浓度不大于 80pc/L。问：按不均匀分布方法计算，需要的最小换气次数（h⁻¹）最接近下列何项？（注，不均匀系数按照插值法计算）
A. 13　　　　　　　B. 19　　　　　　　C. 24　　　　　　　D. 32
答案：【　　】
主要解题过程：

2020-4-21. 某单级蒸汽压缩式制冷循环，其冷凝温度为 40℃，蒸发温度为－20℃，理论循环制冷系数为 3.16。问：该制冷循环的制冷效率最接近下列何项？

A. 0.75   B. 0.81   C. 0.50   D. 1.34

答案：【　　】

主要解题过程：

2020-4-22. 某工厂需全年供冷，冬季工况时，冷负荷 12800kW、热负荷 6000kW；冷却水供水温度为 19℃，冷水的供/回水温度为 7℃/12℃；冬季拟采用冷水机组的冷凝水（37℃/32℃）为新风机组提供热源，共设置 5 台额定制冷量为 4000kW 的离心式热回收冷水机组。假定各运行机组的冷水流量相同，冷水机组在冷却水温度 19℃/24℃和 32℃/37℃时的制冷性能系数如下表所示。问：冬季工况运行时，采用（几台）机组只供冷＋（几台）机组同时供冷供热的运行模式，冷水机组的耗电功率（kW）最低？

冷却水温度（℃） \ 冷负荷率	64%	80%	100%
32/37	5.2	5.3	5.1
19/24	7.2	7.4	7.2

A. 2+3   B. 1+3   C. 2+2   D. 3+2

答案：【　　】

主要解题过程：

2020-4-23. 设计某日间使用的办公楼的水蓄冷空调系统，日间空调设计总冷量为 36000kWh。该水蓄冷系统的设计要求是：在满足设计日总冷量的条件下，日间冷水机组供冷期总耗电功率均值与夜间冷水机组蓄冷期总耗电功率均值相同。已知：日间冷水机组运行时间为 10h；夜间蓄冷机组的运行时间为 8h；假定日间与夜间冷水机组平均 COP 均为 5.5，水蓄冷槽效率为 0.85，容积率为 1.25，进出水温差为 6℃。问：水蓄冷槽设计容积（m³）最近下列何项？（不考虑蓄冷装置附加负荷）

A. 2293　　　　　　B. 2866　　　　　　C. 3368　　　　　　D. 7594

答案:【　　　】

主要解题过程:

2020-4-24. 当氨冷库制冷系统的管道系统焊接完成后，需采用干燥氮气对其进行气密性试验，当氮气的质量泄漏率不大于 5％时则判定为合格。试验开始时刻的氮气温度为 27℃，表压为 2.0MPa；试验结束时刻的氮气温度和表压测量数据分别为 t_2 和 P_2，问：下列哪个试验结果可判定为合格？（注：试验用氮气可视为理想气体）

A. $t_2 = 35℃, P_2 = 2.20\text{MPa}$　　　　　　B. $t_2 = 30℃, P_2 = 1.94\text{MPa}$

C. $t_2 = 25℃, P_2 = 1.83\text{MPa}$　　　　　　D. $t_2 = 20℃, P_2 = 1.75\text{MPa}$

答案:【　　　】

主要解题过程:

2020-4-25. 某住宅的一层为架空层，上部设置有一塑料排水横管（粗糙系数为0.009），外径 200mm，壁厚 7.5mm。已知：设计排水充满度为 0.50，排水管坡度为 0.01。问：其设计排水流速（m/s）最接近下列何项？（排水管的水力半径＝过水面积/湿周）

A. 0.90   B. 0.95   C. 1.43   D. 1.51

答案：【   】

主要解题过程：

第 13 章 实战试卷参考答案及解析

13.1 2019 年实战试卷参考答案及解析

专业知识考试（上）

一、单项选择题（共 40 题，每题 1 分，每题的备选项中只有一个符合题意）

2019-1-1. 参考答案：B

分析： 根据《严寒和寒冷地区居住建筑节能设计标准》JGJ 26—2018 第 4.3.6 条可知，选项 A 符合节能要求，选项 B 不符合节能要求，换气次数应取 $0.5h^{-1}$；根据第 5.1.7 条可知，选项 D 符合节能要求；根据第 5.3.3 条及其条文说明可知，选项 C 符合节能要求。

2019-1-2. 参考答案：B

分析： 根据《复习教材》第 1.4.1 节第 3 条"辐射面传热量计算"可知，选项 A 正确；根据式 (1.4-2) 可知，选项 B 错误；对比式 (1.4-4) 及式 (1.4-5) 可知，选项 CD 均正确。

2019-1-3. 参考答案：A

分析： 根据《建筑给水排水及采暖工程施工质量验收规范》GB 50242—2002 第 11.1.2 条可知，选项 A 错误；根据《通风与空调工程验收规范》GB/T 50243—2016 第 9.1.1 条可知，选项 B 正确；根据《建筑给水排水及采暖工程施工质量验收规范》GB 50242—2002 第 8.1.2 条可知，选项 C 正确；根据《城镇燃气设计规范》GB 50028—2006 (2020 版) 第 10.2.4 可知，选项 D 正确。

2019-1-4. 参考答案：C

分析： 根据《民规》第 5.1.2 条可知，选项 C 正确。

2019-1-5. 参考答案：D

分析： 根据《辐射供暖供冷技术规程》JGJ 142—2012 第 3.1.9 条、《民规》GB 50736—2012 第 5.4.5 条及《复习教材》第 1.4.1 节第 5 条"地面辐射供暖系统设计中有关技术措施"可知，选项 A 错误；根据《辐射供暖供冷技术规程》JGJ 142—2012 第 3.5.11 条可知，选项 B 错误；由《辐射供暖供冷技术规程》JGJ 142—2012 第 3.6.7 条可知，选项 C 正确；由《辐射供暖供冷技术规程》JGJ 142—2012 第 3.5.13 条可知，选项 D 正确。选 D。

2019-1-6. 参考答案：A

分析： 根据《民规》第 5.3.4 条及其条文说明可知，散热器组数过多会导致每组散热温差过小，散热器面积增加较大，散热器流量和散热量越偏离线性关系，与散热器接口管径无关，更不会显著降低供暖系统的供水温度，故选项 A 正确，选项 BCD 错误。

2019-1-7. 参考答案：C

分析： 根据《既有建筑节能改造技术规程》JGJ 129—2012 第 6.4.3 条可知，每组散热器的供水支管宜设散热器恒温控制阀，选项 AB 错误；根据第 6.4.4 条及其条文说明可知，选项 C 正确，选项 D 错误。

2019-1-8. 参考答案：C

分析： 根据《复习教材》第 1.8.9 节可知，已知设计流量和平衡阀前后压差，可计算出其 K_v 值，根据阀门的 K_v 值，查找厂家提供的平衡阀的阀门系数值，选择符合要求规格的平衡阀，应当指出的是，按照管径选择同等公称管径规格的平衡阀是错误的做法，选项 ABD 错误，选项 C 正确。

2019-1-9. 参考答案：D

分析： 根据《复习教材》式（1.10-23）可知，并联支路的压力相等，流量和阻力数成反比关系，选项 A 错误；根据式（1.10-20）可知，当热用户的实际流量大于热用户的规定流量时，水力失调度是大于 1 的，根据式（1.10-22）可知，水力稳定性的极限值是 1 和 0，选项 B 错误；根据第 1.10.7 节可知，当循环泵出口的阀门关小，系统流量会整体减小，网路中个用户流量都减少，引起一致失调，选项 C 错误；根据式（1.10-22）及提高水力稳定性的条件可知，选项 D 正确。

2019-1-10. 参考答案：C

分析： 根据《民规》第 3.0.6 条，医药库类功能房间要求通风次数不小于 $5h^{-1}$。同时根据《民规》第 6.1.6-5 条，建筑物内设有储存易燃易爆物质的单独房间或有防火防爆要求的单独房间（如放映室、药品库等）应单独设置排风系统，且设计需避免医药库房间内空气被污染或污染其他房间空气，故需采取独立通风系统，选项 C 正确。

2019-1-11. 参考答案：C

分析： 根据《防排烟规》第 3.1.2 条可知，建筑高度大于 50m 的公共建筑应采用机械加压送风防烟设施，因此选项 A 采用自然通风防排烟方式错误；根据《建规 2014》第 8.5.3-2 条，中庭均应设置排烟设施，选项 B 错误；根据《建规 2014》第 8.5.3-3 条可知，建筑面积大于 $100m^2$ 且经常有人停留的地上房间需要排烟，因此选项 C 可不设排烟设施；根据《建规 2014》第 8.5.4 条可知，单个房间建筑面积超过 $50m^2$，应设排烟设施，选项 D 错误。但是，本题选项 C 不严谨，若为无窗房间，需要执行《建规 2014》第 8.5.4 条设置排烟设施，但综合评判选项 CD 可知，出题人默认选项 C 带有外窗。

2019-1-12. **参考答案：** A

分析： 根据《复习教材》第 2.10.9 节及《建筑通风和排烟系统用防火阀门》GB 15930—2007 中关于排烟阀的内容，排烟阀为平时关闭，火灾开启，温度达到 280℃时熔断关闭。因此选项 A 错误，选项 BD 正确。根据《复习教材》表 2.10-22 关于"其他部位排烟口"的内容可知，选项 C 正确。

2019-1-13. **参考答案：** B

分析： 根据《民规》第 6.4.2 条可知，复合通风中的自然通风量不宜低于联合运行风量的 30%，对应机械通风量不宜高于 70%。因此自然通风量最低 300m³/h，机械通风量最高 700m³/h，因此选项 B 正确。

2019-1-14. **参考答案：** C

分析： 本题需要综合对比《民规》第 6.6.3 条、第 10.1.5 条以及《工规》第 6.7.6 条。其中选项 B 可参考《民规》第 6.6.3 条条文说明，地库排风干管风速最大可达 10m/s。因此，经对比可知，选项 C 错误。

2019-1-15. **参考答案：** D

分析： 根据《工规》第 6.9.27 条和第 6.9.21 条可知，选项 A 正确；根据《建规 2014》第 9.3.9 条可知，选项 B 正确；根据《建规 2014》第 9.3.9 条可知，选项 C 正确；根据《建规 2014》第 9.3.2 条可知，选项 D 错误，应直接排出室外。

2019-1-16. **参考答案：** B

分析： 根据《民规》第 6.2.3 条可知，选项 A 正确；根据第 6.3.1 条可知，选项 C 正确，选项 B 错误，选项 B 的高度为自然进风口要求，机械补风进风口应满足第 6.3.1 条规定；根据第 6.3.9-6 条可知，选项 D 正确，不足 20m 时，排风口高出进风口 6m。

2019-1-17. **参考答案：** B

分析： 根据《复习教材》式（2.3-19）与式（2.3-20）可知，m 越大，t_p 越低。对比式（2.3-20）的参数说明可知，选项 B 错误，热源高度越高，m_2 越小，m 越小，则 t_p 越高；选项 AC 均正确；根据式（2.3-19）可知，t_w 越低，t_p 越低，因此选项 D 正确。

2019-1-18. **参考答案：** A

分析： 选项 A，将粉尘污染源控制在密闭罩是一种可行方式，但根据《复习教材》第 2.4.1 节关于吹吸式排风罩的内容可知，吹吸罩需要利用射流和吸气气流结合的方式控制污染物，粉尘散发过程不一定具有定向射流，因此优先采用吹吸式排风罩不合理，综合来看，选项 A 错误；根据《复习教材》第 2.2.1 节可知，选项 BC 正确；根据第 2.4.3 节第

2 条"柜式排风罩（通风柜）"可知，选项 D 可行。

2019-1-19. 参考答案：B

分析：根据《公建节能 2015》第 3.1.2 条，南宁属于夏热冬暖地区，又根据第 4.2.10-2 条，水冷变频离心机的最低 COP 为 5.7×0.93＝5.301，选 B。

2019-1-20. 参考答案：C

分析：根据《通风与空调工程施工质量验收规范》GB 50243－2016 第 9.2.3 条第 1 款，当工作压力大于 1.0MPa 时，试验压力为工作压力加 0.5MPa，试验压力以最低点的压力为准，选 C。

2019-1-21. 参考答案：C

分析：根据《复习教材》第 3.4.9 节，数据中心冷负荷强度高，需全年供冷运行，选项 A 正确；数据中心对温湿度的要求较高，根据表 3.4-18，机房内不得结露，选项 C 采用 7℃冷水换热，将产生低于室内露点温度的空调风，故选项 B 正确、选项 C 错误；数据中心显热比高，其中设备散热是空调负荷的主要来源，选项 D 正确。

2019-1-22. 参考答案：A

分析：根据题意，冷水机组出口水温为 7℃，经过二级泵后温度升到了 9℃，可能是二级泵功率大，散热高导致了温升，而二级泵扬程过大则说明选型偏大，功率偏高，选项 A 正确；蒸发器阻力大于设计值，会影响水泵扬程和系统循环水量，与水温无关，选项 B 错误；一级泵一般位于冷水机组入口处，不影响冷水机组出口至二级泵管段的水温，选项 C 错误；平衡管管径大，有利于一级泵与二级泵之间的压力平衡，不影响二级泵出口水温，选项 D 错误。

2019-1-23. 参考答案：D

分析：根据《复习教材》第 3.4.6 节可知，溶液的温度越低，其等效含湿量也越低，故选项 A 错误；根据除湿溶液特性可知，选项 B 错误、选项 D 正确；根据 P567 可知，选项 C 错误。

2019-1-24. 参考答案：D

分析：根据《复习教材》图 3.4-3 及图 3.4-5，二次回风需要的机器露点温度更低，故表冷器出口空气参数不同，选项 A 错误；由于空调负荷相同，送风状态点也相同，根据 $Q=G_总$ (h_n-h_o)，一次回风系统和二次回风系统送入房间的总风量相同，因有二次回风，故二次回风系统通过表冷器的风量低于一次回风系统，选项 B 错误；一次回风系统与二次回风系统的新风量相同，总风量相同，新风比相同，选项 C 错误；对于一次回风系统而言，表冷器供冷量包括室内冷负荷、新风冷负荷及再热负荷三部分，而二次回风系统表冷器供冷量只包括室内冷负荷及新风量负荷两部分，故表冷器设计冷量不同，选项 D 正确。

2019-1-25. **参考答案：** A

分析： 由于会议室为间歇使用，根据《民规》第 7.2.4 条第 4 款，选项 A 错误，应按非稳态方法计算。根据第 7.2.4 条第 3 款，选项 B 正确；会议室间歇使用，其室温波动范围必定大于 ±1℃，根据第 7.2.5 条第 1 款，选项 C 正确；根据第 7.2.4 条第 2 款，选项 D 正确。

2019-1-26. **参考答案：** A

分析： 根据《工规》第 8.1.7 条及第 8.1.8 条，控制精度为 ±0.5℃，外墙 D 限值为 4，K 限值为 0.8，顶棚 D 限值为 3，K 限值为 0.8，选项 D 正确。

2019-1-27. **参考答案：** A

分析： 根据《复习教材》第 3.6.1 节第 3 条"室内环境状态"，设计人员应与业主协商，明确洁净室或洁净区空气洁净度测试状态。选 A。

2019-1-28. **参考答案：** C

分析： 根据《复习教材》第 3.6.4 节，室内正压的建立，需要有较好的密封性，且需要向室内送入足量的新风，而室外风速的大小影响室内外压差值，故选项 ABD 均是可能的因素；回风小于设计值，更有利于室内建立正压，选项 C 不是导致问题的原因。

2019-1-29. **参考答案：** D

分析： 根据《复习教材》第 4.2.4 节可知，氨制冷剂的缺点是毒性大（B2 级），当直接膨胀系统发生泄漏时，制冷剂直接进入室内对空调使用者造成伤害，故不能采用 R717。

2019-1-30. **参考答案：** D

分析： 根据《复习教材》第 4.4.2 节第 2 条"制冷剂管道的材质"可知，选项 D 错误，"R134a，R410A 等制冷剂管道采用黄铜管、紫铜管或无缝钢管，管内壁不宜镀锌。公称直径在 25mm 以下，用黄铜管、紫铜管；25mm 和 25mm 以上用无缝钢管"。

2019-1-31. **参考答案：** D

分析： 根据《复习教材》表 4.6-1 可知，选项 D 错误。

2019-1-32. **参考答案：** A

分析： 根据《民规》第 8.3.8-3 条可知，选项 A 错误。

2019-1-33. **参考答案：** A

分析： 根据《公建节能 2015》第 3.1.2 条可知，北京属于寒冷地区，根据第 4.2.10 条可知，COP 限值为 5.1×0.95＝4.85，满足要求，根据第 4.2.11 条可知，$IPLV$ 限值为 5.85×1.15＝6.73，不满足要求，故选项 A 错误；根据第 4.2.15-2 可知，选项 B 正确；根据《民规》第 8.4.3-2 可知，选项 C 正确；根据《复习教材》P505 及《民规》第

8.2.3条可知，选项D正确。

2019-1-34. **参考答案：** B

分析： 根据《蓄冷空调工程技术标准》JGJ 158—2018第2.0.6条可知，选项A正确；根据《复习教材》第4.7.3节第5条"冰蓄冷系统的设计要求"可知，不同形式的蓄冰方式其蓄冰槽容积要求不同，故选项B错误；选项C正确，系统用于水蓄冷时的蒸发温度要高于冰蓄冷系统，故水蓄冷的COP更高些；根据《复习教材》第4.7.2节第2条"蓄冷系统的设计原则"可知，选项D正确。

2019-1-35. **参考答案：** A

分析： 根据《复习教材》第4.5.1节可知，选项A正确；根据图4.5-1可知，选项B错误，冷却水供冷凝器和吸收器使用；根据第4.5.2节可知，选项C错误，第一类吸收热泵为增热型热泵；根据第4.5.5节可知，第二类吸收式热泵冷却水用于冷凝器，制取的高温水为吸收器出水，故选项D错误。

2019-1-36. **参考答案：** C

分析： 根据《复习教材》表4.5-1可知，题设机组类型为第一类吸收式热泵，其为增热型热泵，故选项A错误；由表4.5-1可知，性能系数为1.2～2.5，选项B错误；根据图4.5-1可知，电厂冷却水作为低温热源与蒸发器相连，故选项C正确。根据表4.5-1可知，热水管路与吸收器和冷凝器串联，故选项D错误。

2019-1-37. **参考答案：** D

分析： 根据《绿色工业建筑评价标准》GB/T 50878—2013第5.1.1条，单位建筑面积的工业建筑能耗标准分为国际基本水平、国内先进水平和国内领先水平三个等级，选项A错误；根据《绿色工业建筑评价标准》GB/T 50878—2013第3.2.2条，工业建筑项目分为规划设计和全面评价两个阶段，全面评价是在建筑正常运行管理一年后进行，规划设计评价可在设计文件通过相关审查后进行，选项B错误；根据《绿色建筑评价标准》GB/T 50378—2019，安全耐久、健康舒适、生活便利、资源节约、环境宜居包含控制项和评分项，"提高和创新"包含加分项，故选项C错误；根据《绿色工业建筑评价标准》GB/T 50878—2013第1.0.2条条文说明可知，选项D正确，"绿色产品"和"绿色制造工艺"不应采用该标准。

2019-1-38. **参考答案：** A

分析： 根据《建筑给水排水设计标准》GB 50015—2019第3.3.16条可知，选项A错误，建筑物内的生活饮用水水池（箱）体，应采用独立结构形式，不得利用建筑物的本体结构作为水池（箱）的壁板、底板及顶盖；根据第3.3.6条可知，选项B正确，不应小于150mm；根据第3.3.19条可知，选项C正确，当生活饮用水水池（箱）内的贮水48h内不能得到更新时，应设置水消毒处理装置；根据第3.3.21条可知，选项D正确。

2019-1-39. **参考答案：** C

分析： 根据《城镇燃气设计规范》GB 50028—2006（2020 版）第 10.2.4 条和第 10.2.23 条可知，选项 A 正确。根据第 10.5.3 条可知，选项 B、选项 D 正确，选项 C 错误，应设有独立的事故机械通风设施，不应与其他设备间合用系统。

2019-1-40. **参考答案：** B

分析： 根据《复习教材》式（6.3-3）或《城镇燃气设计规范》GB 50028—2006（2020 版）第 6.2.2 条，选项 ACD 正确，选项 B 错误，月高峰系数为计算月中的日平均用气量和年的日平均用气量之比。

二、多项选择题（共 30 题，每题 2 分，每题的各选项中有两个或两个以上符合题意，错选、少选、多选均不得分）

2019-1-41. **参考答案：** ABCD

分析： 根据《复习教材》式（1.8-1）及式（1.8-2）、式（1.8-3）可知，计算散热器片数时要考虑供暖热媒参数、散热器组装片数、散热器支管连接方式、散热器安装方式、进入散热器的流量，选项 ABCD 均需考虑。

2019-1-42. **参考答案：** ABCD

分析： 压力调节装置调节的是环路的资用压力，压力损失较小的环路上会富余过多的资用压力，需要压力装置来消耗掉，以达到并联环路的平衡，故选项 A 错误；压力损失计算中根据所求环路与最不利环路的并联段阻力求出该环路的平均比摩阻，根据平均比摩阻和所求环路各管段的流量查水力计算表，选择最接近平均比摩阻的管径，根据确定的管径确定准确的比摩阻进而计算准确的阻力损失，故选项 B 错误；根据《城镇供热管网设计规范》CJJ 34—2010 第 7.5.1.2 条可知，选项 C 错误；最不利环路计算时起始管段的比摩阻取值应小于末端管段的比摩阻取值，这样可以减少与最不利环路起始管段相连环路的资用压力，有利于环路间的平衡，故选项 D 错误。

2019-1-43. **参考答案：** ABD

分析： 根据《公建节能 2015》表 3.3.1 可知，当建筑体形系数为 0.3，每个朝向的窗墙比为 0.4 时，外墙传热系数限值为 0.38 W/(m²·K)，外窗传热系数限值为 2.2 W/(m²·K)，天窗的传热系数限值为 2.2 W/(m²·K)，地下车库与供暖房间之间的楼板传热系数限值为 0.50 W/(m²·K)，选项 ABD 符合节能要求，选项 C 不符合节能要求。

2019-1-44. **参考答案：** AC

分析： 根据《复习教材》第 1.8.4 节第 1 条"（3）膨胀水箱设计要点"可知，选项 AC 正确，选项 BD 错误。

2019-1-45. **参考答案：** AB

分析： 根据《民规》第 8.11.9 条，"当蒸汽热负荷在总热负荷中的比例大于 70％且总热负荷≤1.4MW 时，可采用蒸汽锅炉"，选项 AB 符合要求，选项 CD 不符合要求。

2019-1-46. 参考答案：ACD

分析： 主循环泵和回水循环泵是串联设置，回水循环泵只是增加了其后面回水管路的工作压力，对流量没有影响，并且其流量也应保证系统在设计工况流量下运行，设置回水循环泵后水压图变化如下图所示。选项 A，供水干管上没有增设新的循环泵，干管压力降随着长度下降，正确；选项 B，设置增压泵影响的是增压泵下游的工作压力，下游工作压力增大，上游不变，因此错误；选项 C，循环流量不变是串联水泵运行的基本条件，正确；选项 D，增压泵出口侧的用户回水管工作压力增大，供水管压力不变，则供回水管道间的压差减小，因此循环泵出口侧用户的资用压头会降低，正确。

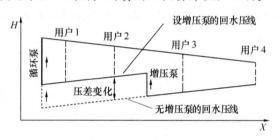

2019-1-46 题解析图

2019-1-47. 参考答案：ABD

分析： 根据《复习教材》第 6.1.3 节第 2 条"热泵热水机的应用"可知，环境温度越低，性能系数越低，蒸发温度降低，维持机组出水温度不变，会导致蒸发压力降低，压缩机吸气口比容增加，质量流量减小，功耗增大，制热量减少，选项 AD 错误，选项 C 正确；压缩机的润滑油不会进入到起节流作用的毛细管内，选项 B 错误。

2019-1-48. 参考答案：BC

分析： 本题为天窗阻力系数的选取，参考《复习教材》第 2.3.3 节自然通风相关内容，根据表 2.3-6，对于下沉式天窗，高度 2.5m，跨度 24m 的天窗，局部阻力系数为 3.4～3.18，因此选项 BC 正确。

2019-1-49. 参考答案：ABC

分析： 全压＝静压＋动压。风管内流动速度 v 的大小关系与动压一致，侧壁流出风量 L 关系与静压一致。当 v_1 与 v_2 相等时，表明动压相等，1-2 的过程经过变径和沿程损失全压下降，静压将降低，对应风量是不等的，因此选项 C 错误。当 $v_1 > v_2$ 时，说明 1-2 的过程动压降低，当全压降低时，静压是否降低不一定，因此 L_1 与 L_2 可能相等也可能不等，因此选项 BC 错误，选项 D 正确。

2019-1-50. 参考答案：BD

分析： 本题为风机参数的确定，选项 AB 均为高原地区的情况，此时大气压低于标准状态，根据《复习教材》第 2.8.2 节第 1 条下方，使用工况与样本工况不一致时，风量不变，风压按密度修正，因此选项 A 错误；功率需要进行验算，因此选项 B 正确；根据《工规》第 6.7.4 条条文说明可知，风管设置在车间内时，不必考虑漏风影响，选项 C 错误；根据《复习教材》第 2.8.2 节第 1 条，风压按计算总压力损失作为额定风压，因此选项 D 正确。

2019-1-51. 参考答案：ACD

分析：走道宽度为 2m，根据《防排烟规》第 4.2.4 条表下注 1，单个防烟分区长度不应大于 60m，因此需要划分 4 个防烟分区，对于回形走廊，首尾相接，需要设置 4 道挡烟垂壁才能划分成功，故选项 A 错误；办公室属于经常有人停留场所，超过 100m² 需要设置排烟设施，因此选项 B 正确；根据《防排烟规》第 4.4.3 条，公共建筑排烟系统垂直每段高度不应超过 50m，负担 12 层的排烟系统负担高度为 $H = 4.15 \times 12 = 49.8$m，满足要求，但根据第 4.4.3 条，排风排烟兼用系统时，合用系统的管道上需联动关闭的通风控制阀门不应超过 10 个，故选项 C 错误；根据《防排烟规》第 4.6.4 条，选项 D 中净高为 4m 要按照两个防烟分区的排烟量计算，但选项 D 错在这两个排烟系统要是相邻的两个防烟分区排烟量的最大值，而不是按任意两个最大的防烟分区。

2019-1-52. 参考答案：ABCD

分析：根据《复习教材》表 2.6-3 可知，选项 ABCD 均正确。

2019-1-53. 参考答案：ABC

分析：根据《民规》第 6.6.6 条，风系统各环路压力损失差额不宜超过 15%，选项 AB 正确；根据《工规》第 6.7.5 条，非除尘系统风系统各环路压力损失差额不宜超过 15%，除尘系统不宜超过 10%，选项 C 正确，选项 D 错误。

2019-1-54. 参考答案：ACD

分析：污垢系数增加，冷凝器传热热阻增加，传热温差增加，故冷凝器内冷凝压力增加，对应制冷剂的饱和冷凝温度提高，故选项 A 正确；根据《复习教材》第 4.1.2 节第 3 条结合有传热温差的制冷循内容可知，选项 CD 正确，选项 B 错误。

2019-1-55. 参考答案：AB

分析：根据《公建节能 2015》第 4.1.1 条，选项 A 错误，甲类公共建筑才需要进行逐项、逐时的冷负荷计算；根据第 4.2.3 条，选项 B 错误，无加湿用的蒸汽源时，且湿度控制精度要求高时，才允许采用电热式加湿器；根据第 4.2.10 条，选项 C 正确；根据第 4.3.9 条，选项 D 正确。

2019-1-56. 参考答案：AD

分析：根据《空气调节系统经济运行》GB/T 17981—2007 第 4.4.4 条，选项 A 正确；根据第 4.4.3 条，选项 B 错误，不应小于 5℃；根据第 5.6.2 条，选项 C 错误，应为不小于 9；根据第 5.7.2 条，选项 D 正确。

2019-1-57. 参考答案：CD

分析： 根据《多联机空调系统工程技术规程》JGJ 174—2010 第 3.1.2 条，选项 A 错误，不是所有建筑都适用多联机；根据《公建节能 2015》第 4.2.17 条，选项 B 错误，根据不同地区，还不应低于节能限值；根据《多联机空调系统工程技术规程》JGJ 174—2010 第 3.4.4 条第 3 款，选项 C 正确；根据 JGJ 174—2010 第 3.4.3 条，选项 D 正确。

2019-1-58. 参考答案：AB

分析： 选项 AB 过程描述正确；选项 C 错误，W_1-N 为混合过程，C_2-L 为表冷器冷却降温过程；选项 D 错误，C-L 为直接蒸发冷却过程。

2019-1-59. 参考答案：AB

分析： 根据焓湿图空气处理过程，可以选择先加热后加湿的方式达到题干要求的送风参数，电热加湿和蒸汽加湿属于等温加湿，可以达到，选项 AB 正确；湿膜加湿和超声波加湿属于等焓加湿，若采用等焓加湿，需先将室外空气加热到 41℃，但热媒供/回水温度为 45℃/40℃，无法达到，选项 CD 错误。

2019-1-60. 参考答案：AB

分析： 冷却塔是空调系统的排热设备，用户侧冷负荷及冷水机组的耗功热量，最终都通过冷却塔排除，故冷却塔出口空气焓值高于进口空气，选项 A 错误；冷却塔部分喷淋水蒸发吸热，会导致空气温度下降，故出口空气温度不一定高于入口空气，选项 B 错误；部分喷淋水蒸发后被空气吸收，湿度增加，选项 CD 正确。

2019-1-61. 参考答案：BD

分析： 根据储液器后侧管道内的制冷剂状态为液态，冷凝器前侧管道内的制冷剂状态为气态，由《复习教材》第 4.4.2 节第 6 条"制冷剂管道系统的安装"可知，"液体支管时，必须从干管底部或侧面接出；气体支管引出时，应从干管顶部或侧面接出。有两根以上的支管从干管引出时，连接部位应相互错开，间距不应小于 2 倍支管管径，且不应小于 200mm"，故选项 BD 正确。

2019-1-62. 参考答案：ABD

分析： 根据《民规》第 9.2.5 条，蒸汽宜采用二通阀，阀权度大于或等于 0.6 时宜采用线性热性，阀权度小于 0.6 时，阀权度宜采用等百分比特性，选项 AB 错误；电动调节阀为连续调节，因此控制信号为模拟量输出，阀位反馈为模拟量输入，选项 C 正确，选项 D 错误。

2019-1-63. 参考答案：BCD

分析： 根据《复习教材》第 3.6.4 节，选项 BCD 正确，选项 A 错误。

2019-1-64. **参考答案：**ABC

分析：电暖气直接供暖，电能转化为热能直接作用于室内，故选项 A 正确；热泵型空调器供暖，其能效比为 $COP = \dfrac{Q_0 + W}{W} > 1$，故选项 B 正确；选项 C 中，电锅炉本体及热量传输过程中都会有能耗损失，故其 $COP < 1$；同理，发热电缆地板供暖，传递给室内的热量低于其消耗的电能，故其 $COP < 1$。

2019-1-65. **参考答案：**ABCD

分析：空气源热泵在冬季供热时，蒸发器结霜，其结霜层相当于增加了蒸发器传热热阻，传热系数减少，蒸发器的换热性能下降，蒸发器内温度降低，冷剂蒸汽质量流量减少，供热量下降，功耗增加，COP 下降；蒸发器结霜，会减小室外空气过流面积。故选 ABCD。

2019-1-66. **参考答案：**BD

分析：根据《复习教材》表 4.7-4 可知，选项 A 正确，选项 B 错误；根据第 4.7.2 节第 2 条"蓄冷系统的设置原则"可知，选项 C 正确；根据 P700 可知，"乙烯乙二醇溶液的制冷机管路系统严禁选用内壁镀锌或含锌的管材及配件"，故选项 D 错误。

2019-1-67. **参考答案：**ABD

分析：根据《冷库设计规范》GB 50072—2010 第 6.1.1～6.1.6 条可知，选项 A 正确；根据第 6.3.2 条可知，选项 B 正确；根据第 6.3.7 条可知，选项 D 正确；根据《复习教材》表 4.9-17 可知，选项 C 错误。

2019-1-68. **参考答案：**ABC

分析：根据《冷水机组能效限定值机能效等级》GB 19577—2015 表 1～表 2 可知，能效等级为 2 级时需满足 COP 及 $IPLV$ 有一个数值为 2 级，另外一个数值需满足 3 级，当其 $IPLV$ 取最低限值 5.5 时，不满足《公建节能 2015》表 4.2.11 的要求，故选项 A 错误；冬季风冷热泵供冷，室外侧换热器为冷凝器，对于严寒、寒冷区域需要衡量室外温度是否满足机组运行工况，故选项 B 错误；由根据《民规》附录 A 查得青岛湿球温度为 26℃，故冷却水进水温度为 30℃，根据《蒸气压缩循环冷水（热泵）机组 第 1 部分：工业或商业用及类似用途的冷水（热泵）机组》GB/T 18430.1—2007 表 5 可知，名义工况下冷却水进水温度为 30℃，故其冷却水进水温度相同，选项 C 错误；蒸发器水侧污垢系数为 $0.018\text{m}^2 \cdot \text{℃/kW}$，冷凝器水侧污垢系数为 $0.044\text{m}^2 \cdot \text{℃/kW}$，新冷水机组认为是全新机组，不存在污垢系数，故 COP 可能高于名义值，选项 D 正确。

2019-1-69. **参考答案：**BCD

分析：根据《环境空气质量标准》GB 3095—2012 第 4.1、4.2 条可知，选项 A 错误，应为 70ug/m^3，选项 BCD 正确。

2019-1-70. **参考答案：**ABCD

分析：根据《城镇燃气设计规范》GB 50028—2006（2020 版）第 6.6.4 条，当进口燃气压力不大于 0.4MPa 时，调压箱到建筑物的门、窗或其他通向室内的孔槽的水平净距不应小于 1.5m；调压箱不应安装在建筑物的窗下和阳台下的墙上；不应安装在室内通风机进风口墙上。故可判断选项 ABCD 皆正确。

专业知识考试（下）

一、单项选择题（共 40 题，每题 1 分，每题的备选项中只有一个符合题意）

2019-2-1. **参考答案：**B

分析：根据《民规》第 5.3.10 条及其条文说明可知，采用散热器供暖时必须安装或加防护罩，选项 A 合理，选项 B 不合理；采用风机盘管供暖或地面辐射供暖方式均满足幼儿园供暖设计的要求，能够避免烫伤和碰伤，选项 CD 合理。

2019-2-2. **参考答案：**D

分析：通过分析传热速率随保温层直径的增加而变化的规律可得出结论，只有在保温层厚度大于其临界直径时，增加保温层厚度才会减少热损失，选项 A 正确；根据《复习教材》第 3.10.2 节可知，选项 BC 正确；根据第 3.10.3 节可知，保温层存在一个合理的厚度即经济厚度，选项 D 错误。

2019-2-3. **参考答案：**A

分析：根据《复习教材》第 1.7.2 节可知，高压蒸汽作用半径宜控制在 200m 范围以内，低压蒸汽作用半径宜控制在 60m 范围内，选项 A 错误，选项 C 正确；由 P88 可知，蒸汽供暖系统不应采用钢制柱形、板型和扁管等散热器，选项 B 正确；根据图 1.3-18、图 1.3-19 及图 1.3-25 可知，低压蒸汽和高压蒸汽系统均应考虑空气排出，选项 D 正确。

2019-2-4. **参考答案：**C

分析：根据《辐射供暖供冷技术规程》JGJ 142—2012 第 3.1.1 条可知，选项 A 正确；根据表 3.1.3 可知，选项 B 正确；根据第 3.5.13 条可知，选项 D 正确；根据《民规》第 8.3.1.2 可知，冷热水机组冬季 COP 不应小于 2.0，选项 C 错误。

2019-2-5. **参考答案：**D

分析：根据《民规》第 5.4.11 可知，热水吊顶辐射供暖系统可用于层高为 3～30m 的建筑物，故选项 ABC 均可采用，选项 D 不宜采用。

2019-2-6. **参考答案：**C

分析：根据《民规》第 5.3.6 条及其条文说明可知，采用常规的对流供暖方式，室内沿高度方向会形成很大的温度梯度，很难保持设计温度。采用辐射供暖时，既可以创造比较理想的热舒适环境，又可以比对流供暖时减少能耗，故选项 C 最不合适。

2019-2-7. 参考答案：B

分析： 根据《辐射供暖供冷技术规程》JGJ 142—2012 第 3.3.2 条及其条文说明可知，选项 A 正确；根据表 3.1.3 可知，选项 B 错误；根据第 3.1.1 条可知，选项 C 正确；根据《民规》第 5.4.5 条及其条文说明可知，热水地面辐射供暖系统的工作压力不宜大于 0.8MPa，选项 D 正确。

2019-2-8. 参考答案：D

分析： 根据《复习教材》式（1.10-23）可知，提高热水网路水力稳定性的主要方法是相对减小网路干管的压降，或相对增大用户系统的压降。选项 A 会导致水力稳定性变差，选项 BC 无利于提高水力稳定性，选项 D 是最合理的提高用户水力稳定性的措施。

2019-2-9. 参考答案：A

分析： 根据《民规》第 8.3.2 条及其条文说明可知，空气源热泵机组的冬季制热量会受到室外空气温度、湿度和机组本身融霜性能的影响。选项 BCD 均与热泵的有效制热量计算值有关，而选项 A 则无直接关系。

2019-2-10. 参考答案：D

分析： 根据《复习教材》式（2.4-3）可知，与通风柜体积无关，选 D。

2019-2-11. 参考答案：C

分析： 根据《复习教材》第 2.3.3 节可知，选项 ABD 正确；热风平衡需要进行风量平衡计算，故选项 C 错误。

2019-2-12. 参考答案：C

分析： 根据《民规》第 6.3.9 条第 2 款可知，选项 C 正确。

2019-2-13. 参考答案：D

分析： 根据《复习教材》第 2.2.3 节中关于消除有害物所需通风量可知，对于数种溶剂（苯及其同系物，或醇类或醋酸酯类）或数种刺激性气体所需通风量应叠加求和，因此选项 D 正确。

2019-2-14. 参考答案：A

分析： 根据《复习教材》P215 可知，过滤速度是袋式除尘器的重要技术经济指标，过滤速度越高，耗电量增加，因此选项 A 错误，其他选项均正确。

2019-2-15. 参考答案：C

分析： 本题为分析型问题。题目强调"工艺条件不变"、"原有配置"表明风系统不变。工作地点从天津迁至青海，其中青海属于青藏高原区域，海拔高、气压低，此时风机运行性能将发生改变。根据《复习教材》第 2.8.2 节关于选择通风机注意事项可知，风机风量不变（体积风量），风压按工况空气密度修正。青海大气压低，空气密度低，因此运行风压将降低，风量不变时运行功率下降，因此选项 C 正确。

2019-2-16. 参考答案：D

分析： 变频调节过程可参考《复习教材》表 2.8-6 中风机转速 n 变化时风机性能的变化，可知选项 ABC 正确；调速过程管网不变，管网阻力数不变，因此选项 D 错误。

2019-2-17. 参考答案：C

分析： 根据《通风机能效限定值及能效等级》GB/T 19761—2009 第 4.3.1 条可知，1 级能效最高，因此选项 AB 均错误；根据第 4.3.2.1 可知，离心风机进口有进气箱时，效率下降 4%，选项 C 正确；根据第 4.3.2.3 条可知，选项 D 错误，下降 3%。

2019-2-18. 参考答案：B

分析： 根据《民规》第 8.5.6 条第 1 款，选项 A 错误，应设置开关型的电动二通阀，而不是调节阀；根据第 8.5.6 条第 2 款及条文说明，选项 B 正确；根据第 8.5.13 条第 1 款条文说明，选项 C 错误，变流量一级泵系统冷水机组变流量运行时，水泵和冷水机组独立控制，不要求必须对应设置；根据第 8.5.8 条，选项 D 错误，宜取流量最大的单台冷水机组的额定流量。

2019-2-19. 参考答案：A

分析： 根据《防排烟规》第 4.4.10 条可知，排烟风机入口、垂直风管与每层水平风管交接的水平管段上，应设排烟防火阀。根据第 4.4.6 条可知，排烟风机应能满足在 280℃时连续工作 30min 的要求，排烟风机应与风机入口处的排烟防火阀连锁，当该阀关闭时，排烟风机应能停止运行。因此选项 A 正确。

扩展： 根据《防排烟规》第 5.2.2-4 条，排烟防火阀在 280℃应自行关闭，并应连锁关闭排烟风机和补风机，字面理解选项 B 正确。但此做法与实际设计相悖。根据《防排烟规》第 4.4.6 条可知，排烟风机应与风机入口处的排烟防火阀连锁，当该阀关闭时，排烟风机应能停止运转。根据《防排烟规》第 4.4.10 条、第 5.2.1 条及《火灾自动报警系统设计规范》GB 50116—2013 第 4.5.5 条，排烟风机入口总管上设置 280℃排烟防火阀在关闭后应直接联动控制风机停止；根据《火灾自动报警系统设计规范》GB 50116—2013 第 4.5.4 条，其他阀门只需要反馈信号到消防控制中心，不需要连锁关闭风机。同时，根据 2018 年 11 月 7 日应急管理部四川消防研究所《关于咨询〈建筑防烟排烟系统技术标准〉的复函》：根据 GB 51251 第 5.1.1 条的精神，应以《火灾自动报警系统设计规范》GB 50116 的相关规定为准执行。因此按各地对于该条的解释及实际设计做法，选项 A 正确，选项 BCD 错误（仅且必须是风机入口处的排烟防火阀连锁风机关闭）。目前笔者无法猜测出题者是想考实际设计做法还是故意考《防排烟规》第 5.2.2-4 条这条本身未交代清晰的条文。

2019-2-20. **参考答案**：B

分析：根据《复习教材》式（3.2-11a）或《民规》式（7.2.7-6），选项 AC 正确，群集系数越大，则人员显热冷负荷越大，人员在室时间越长，人体冷负荷系数越大，则人员显热冷负荷也越大；人体散热中的辐射部分先与围护结构换等换热，经围护结构蓄热后再以对流方式释放至室内，当围护结构的放热衰减倍数越大，则此部分散热量越小，选项 B 错误；根据《红宝书》表 20.7-3，室温越高，人员显热散热量越少，选项 D 正确。

2019-2-21. **参考答案**：A

分析：计量室的控制精度要求为 ±0.5℃，根据《复习教材》表 3.1-10，海南处于北纬 23.5° 以南，如有外墙时，宜南向，故选项 A 正确，选项 BC 错误；根据表 3.1-8，当相应空调区温差不大于 3℃ 时，内墙和楼板传热系数无要求，故选项 D 错误。

2019-2-22. **参考答案**：D

分析：根据题意表述，水系统运行正常，送风机功率下降可推断风机风量降低，因此导致室温不达标，选项 AC 错误；送风温度降低了，表明表冷器换热效率没有降低，选项 B 错误，因送风温度低于室内露点温度，因此虽然室温无法达标且伴随送风结露的现象发生；过滤器堵塞会直接影响设备送风量，选项 D 正确。

2019-2-23. **参考答案**：B

分析：根据《组合式空调机组》GB/T 14294—2008 第 6.3.4 条，选项 B 正确。

2019-2-24. **参考答案**：C

分析：人员湿负荷计算为：散湿量 q×群集系数×人数，其中人数采用定值，因此不需计算逐时负荷，选项 A 错误；根据《09 技术措施》第 5.2.5 条风机温升公式可知，风机的全部功率都将产生温升，选项 B 错误；根据温湿度独立控制系统原理，干式盘管为温度控制系统，最多承担室内全部显热负荷，选项 C 正确；根据《民规》第 7.2.2 条，空调负荷计算应包括设备发热量，不应扣除，选项 D 错误。

2019-2-25. **参考答案**：A

分析：冷冻除湿为降焓减湿过程，热湿比为正，选项 A 错误；喷雾加湿为等焓加湿过程，热湿比为 0，选项 B 正确；干式盘管供冷，空气处理过程为等湿冷却，热湿比为 $-\infty$，选项 C 正确。

2019-2-26. **参考答案**：D

分析：根据《复习教材》P539，由于人耳的感觉特性与 40 方等响曲线很接近，因此多使用 A 计权网络进行音频测量，选项 A 正确；根据《声环境质量标准》GB 3096—2008 第 5.1 条，选项 B 正确；根据《复习教材》第 3.9.2 节，选项 C 正确；组合式空调机组的噪声也是来源于通风机，因此选项 D 错误。

2019-2-27. 参考答案：D

分析： 新风等焓送入室内，送风温度低于室内设计温度，因此新风承担了房间的部分显热。选 D。

2019-2-28. 参考答案：A

分析： 根据《洁净厂房设计规范》GB 50073—2013 第 6.4.1 条第 2 款，选项 A 错误；根据第 6.4.1 条第 3 款，选项 B 正确；根据第 6.4.1 条第 4 款，选项 C 正确；根据第 6.4.1 条第 5 款，选项 D 正确。

2019-2-29. 参考答案：B

分析： 根据《复习教材》第 4.2.4 节可知，选项 A 正确；《京都议案书》中，确定 CO_2 为受管制的温室气体，并非其为受管制的制冷剂，故选项 B 错误；根据第 4.2.3 节可知，选项 B 正确；根据第 4.2.4 节第 1 条可知，选项 C 正确；根据第 4.2.4 节第 4 条可知，R717 在我国冷藏行业中得到了广泛应用，故选项 D 正确。

2019-2-30. 参考答案：D

分析： 根据《复习教材》图 4.1-8 可知，冷凝温度不变，蒸发温度升高时，COP 增加；蒸发温度不变，冷凝温度降低，COP 增加，故选项 AB 正确；冷却水进水温度不变，流量增加，出水温度降低，冷凝温度降低，故 COP 增加，选项 C 正确；冷冻水进水温度不变，冷冻水流量增加，蒸发温度增加，故机组制冷量增加，选项 D 错误。

2019-2-31. 参考答案：A

分析： 根据《冷水机组能效限定值及能效等级》GB 19577—2015 第 4.3 条及第 4.4 条可知，选项 A 错误；根据《公建节能 2015》第 4.2.10 条及表 4.2.11 可知，选项 BCD 正确。

2019-2-32. 参考答案：C

分析： 选项 A 中每台机组的制冷量为 8400kW，3 台总制冷量为 25200kW；根据《公建节能 2015》第 4.2.8 条可知，$\frac{25200}{22500} = 1.12 > 1.1$，不满足要求，故选项 A 错误；单体制冷机组的制冷量应为 $\frac{22500}{3} = 7500kW$。

根据《民规》第 8.2.4 条可知，应采用高压供电方式，即 380～10kV，故选项 B 错误；根据《公建节能 2015》第 3.1.2 条可知，北京属于寒冷地区，根据表 4.2.10 及表 4.2.11 查得其 COP 限值为 5.8×0.93＝5.394，$IPLV$ 限值为 6.1×1.3＝7.93，故选项 C 正确。

2019-2-33. 参考答案：B

分析： 根据《复习教材》第 4.2.2 节可知，选项 A 错误，选项 B 正确，不同制冷剂其容积制冷量不同，故相同冷量时压缩机的输入功率也不同；压缩机输入功率与多种因素有关，如冷凝压力、蒸发压力、系统实际运行时的效率等，故选项 C 错误；P_K/P_0 小，对减小压缩机的功耗、降低排气温度和提高压缩机的实际吸气量十分有益，选项 D 错误。

2019-2-34.　**参考答案：** B

分析： 根据《复习教材》P693 可知，选项 ACD 正确；稳流器的设计要控制弗鲁德数 Fr 与雷诺数 Re，故选项 B 错误。

2019-2-35.　**参考答案：** C

分析： 根据《复习教材》第 4.5.3 节可知，选项 A 错误，应为异辛醇；选项 B 的做法使溶液呈碱性，保持 pH 在 9.5～10.5 范围内，对碳钢—铜的组合结构防腐蚀效果良好，故选项 B 错误，选项 C 正确；融晶管时在发生器中设有的浓溶液溢流管，当热交换器浓溶液通路因结晶被阻塞时，发生器的液位升高，浓溶液经溢流管直接进入吸收器，提高进入热交换器的稀溶液温度，有助于浓溶液侧结晶的缓解，故不需要设置电磁阀进行开闭控制，选项 D 错误。

2019-2-36.　**参考答案：** A

分析： 多联机压缩机转速低，其理论输气量减小，但是其实际输气量未知，耗功和制冷量之间的比值关系未知，故无法判断其制冷性能系数的变化关系，选项 A 错误；热泵式多联机制冷工况，室外温度升高，冷凝温度升高，性能系数降低，选项 B 正确；根据《多联式空调（热泵）机组能效限定值及能源效率等级》GB 21454—2008 可知，选项 C 正确；室内机与室外机连接管长度增加，制冷工况压缩机的吸气比容变化，对于系统的制冷剂循环质量影响较大，故制冷量衰减率大于制热，选项 D 正确。

2019-2-37.　**参考答案：** C

分析： 根据《复习教材》第 4.2.4 节可知，R410A 的 GWP 值为 1730，故选项 A 错误；制冷量相当时，R32 的压力略高于 R410A，故选项 B 错误，选项 C 正确；题设给出制冷量和蒸发温度相同，故 R32 的节流降压程度较大，毛细管的长度长，选项 D 错误。

2019-2-38.　**参考答案：** A

分析： 根据《民规》第 8.3.4 条可知，选项 BCD 正确，选项 A 错误。

2019-2-39.　**参考答案：** B

分析： 根据《城镇燃气设计规范》GB 50028—2006（2020 版）第 10.2.16 条和第 10.2.17 条，选项 A 和选项 D 正确；根据第 10.2.21.1 条，选项 B 错误，不宜小于 2.2m；根据第 10.2.21.2 条，选项 C 正确，按不小于 $6h^{-1}$ 换气次数计算。

2019-2-40.　**参考答案：** B

分析： 根据《商业或工业用及类似用途的热泵热水机》GB 21362—2008 第 4.1.2 条，

选项 A 正确；根据第 3.4 条和第 3.5 条，循环加热式热泵热水机组进水温度逐步提高，故热泵运行过程中的冷凝压力会变化，选项 B 错误，选项 C 正确；根据《复习教材》第 6.1.3 节第 2 条 "热泵热水机应用"，环境温度越高，热泵热水机组性能系数越高，根据《民规》附录 A，成都地区室外环境温度低于重庆地区，故冬季设计工况下的 COP 值，低于重庆，选项 D 正确。

二、多项选择题（共 30 题，每题 2 分，每题的各选项中有两个或两个以上符合题意，错选、少选、多选均不得分）

2019-2-41. 参考答案：ACD

分析：根据《锅炉房设计标准》GB 50041—2020 第 4.1.3 条，"当锅炉房和其他建筑物相连或设置在其内部时，严禁设置在人员密集场所和重要部门的上一层、下一层、贴邻位置以及主要通道、疏散口的两旁，并应设置在首层或地下室一层靠建筑外墙部位"，结合其条文说明，选项 A 正确，选项 B 错误；选项 CD 表述均不完整，严格来说选项 CD 均错误，但本题为多选题，从出题人考察的角度来看，选项 CD 是作为正确选项来设置的，只是表达不够严谨。选 ACD。

2019-2-42. 参考答案：ACD

分析：根据《民规》第 8.11.3 条及其条文说明，"对于供热来说，按照本条第 3 款计算出的换热器的单台能力如果大于第 2 款计算值的要求，表明换热器已经具备了一定的余额，因此就不用再乘以附加系数"。设置两台时，单台换热器的换热量取 $1000 \times (1.1 \sim 1.15)/2 = (550 \sim 575)$kW 和 $1000 \times 65\% = 650$kW 两者中的较大值，选项 A 错误，选项 B 正确；设置三台时，单台换热器的换热量取 $1000 \times (1.1 \sim 1.15)/3 = (366 \sim 384)$kW 和 $1000 \times 65\%/2 = 325$kW 两者中的较大值，选项 CD 均错误。

2019-2-43. 参考答案：AC

分析：根据《公建节能 2015》第 3.3.3 条及其条文说明可知，选项 A 正确，选项 BD 错误；根据《公建节能 2015》第 2.0.4 条及其条文说明可知，选项 C 正确。

2019-2-44. 参考答案：BCD

分析：根据《民规》第 5.10.4 条可知，选项 A 错误，选项 BCD 正确。

2019-2-45. 参考答案：BCD

分析：根据《复习教材》第 1.10.7 节可知，选项 A 正确；选项 B 错误；如果不能对总供/回水管之间的水压差进行自控控制，管网特性曲线随着末端自动控制阀开度的变化而变化，选项 C 错误；根据第 1.10.7 节第 5 条 "（4）解决水力失调的途径" 可知，加大运行流量只能加大解决水力失调，只有采取合理的设计和运行调节控制措施，消除水力失调，才能从根本上解决热力失调，选项 D 错误。

2019-2-46. 参考答案：ABD

分析：根据《公建节能 2015》第 4.2.4 条及其条文说明可知，选项 ABD 正确；根据《复习教材》第 1.11.2 节第 2 条"对于常压、真空热水锅炉，额定出口水温小于或等于 90℃"，选项 C 错误。

2019-2-47. **参考答案**：ABC

分析：根据《复习教材》第 2.6.4 节关于活性炭的特点可知，选项 ABC 正确。选项 D 错误，参见第（4）款。

2019-2-48. **参考答案**：ABD

分析：根据《复习教材》第 2.6.4 节关于活性炭特点可知，选项 A 错误，大于 $10mg/m^3$ 才考虑预处理；根据《工规》第 7.3.5 条可知，选项 B 错误，按最大废气排放量的 120% 考虑；选项 C 正确，选项 D 错误，不应少于 3 个月。

2019-2-49. **参考答案**：ABD

分析：吊顶底标高 5.4m，根据《防排烟规》第 4.2.4 条可知，最大允许面积为 $1000m^2$，选项 A 错误；按机械排烟考虑，挡烟垂壁在吊顶下至少 $5.4×10\%=0.54m$，但吊顶下与梁底高差 400mm，应从梁下低 $0.4+0.54=0.94m$，选项 B 错误；根据 4.6.3 条第 1 款，计算排烟量为 $60×500=30000m^3/h$，选项 C 正确；两个防烟分区计算排烟量分别为 $48000m^3/h$ 和 $39000m^3/h$，计算排烟量 $87000m^3/h$，设计排烟量为计算排烟量的 1.2 倍，设计排烟量不小于 $104400m^3/h$，选项 D 错误。

2019-2-50. **参考答案**：ABCD

分析：本题需要平时做好总结，除尘系统出口采用锥形风帽，自然通风出口采用避风风帽，其中筒形风帽属于避风风帽，伞形风帽为普通风帽不可用于自然通风出口，也不可用于除尘系统出口，因此选项 ABCD 正确。避风风帽可根据《复习教材》第 2.3.3 节第 4 条，其他三类风帽可参照国家标准图集 14K117-1～3。

2019-2-51. **参考答案**：AB

分析：选项 A，采用定风量阀，能够保证风量恒定，但是随着系统的改变，为了保证风量，定风量阀会增加额外阻力，因此不会降低系统能耗，根据《民规》第 6.6.8 条，装设调节阀即可。选项 B，采用合理的曲率半径能够降低转弯阻力，但根据《民规》第 6.6.11 条，弯头推荐采用同心弧形弯管。选项 B 优先采用内弧外直不合理；选项 C，减小长短边之比，风管截面接近正方形，有利于降低阻力，合理。选项 D，采用椭圆风管的阻力比矩形低，合理。

2019-2-52. **参考答案**：CD

分析：选项 A 合理，落地安装需要设置减震。根据《防排烟规》第 6.5.3 条，选项 B 正确，选项 C 错误，排烟通风共用的风机不应采用橡胶减震。根据《通风与空调工程施工质量验收规范》GB 50243－2016 第 7.2.1 条第 2 款，选项 D 错误，每次不应停止在同一位置。

2019-2-53. 参考答案：BC

分析： 根据《建规 2014》第 8.5.2 条第 2 款可知，选项 A 应设排烟设施，错误；根据《建规 2014》条文说明表 3 可知，棉为丙类物质，根据第 8.5.2-3 条可知，选项 B 不必设置排烟设施，正确；根据《防排烟规》第 4.1.1 条可知，优先采用自然排烟，选项 C 正确。根据《防排烟规》第 4.1.3 条条文说明可知，当温差小于 15℃时中庭中烟气可能出现"层化"，此时应设置机械排烟并合理设置排烟口，选项 D 仅采用机械排烟的措施是不够的，还要降低排烟口高度，以有效排出烟气。

2019-2-54. 参考答案：ACD

分析： 根据《民规》第 10.3.2 条，选项 A 正确；演播区对噪声要求较高，属于消声量比较大的情况，根据第 10.2.5 条条文说明，可在支管或风口上设置消声设备，全部靠机组送回风消声段承担无法满足需求，选项 B 错误；根据第 10.2.4 条条文说明，选项 C 正确；根据第 10.3.8 条，选项 D 正确。

2019-2-55. 参考答案：BD

分析： 根据《民规》第 7.4.8 条第 1 款，选项 A 错误，不宜低于 16℃；根据第 7.4.10 条第 1 款，选项 B 正确；根据第 7.4.10 条第 2 款，选项 C 错误，不宜大于 15℃；根据第 7.4.10 条第 3 款，选项 D 正确。

2019-2-56. 参考答案：AD

分析： 根据风量平衡原理，选项 AD 正确；选项 B 错误，应为排风与回风量之和；选项 C 错误，因过渡季要求全新风运行，故新风管应按最大送风量设计。

2019-2-57. 参考答案：AB

分析： 冷水循环泵入口处为定压点，无论水泵是否运行，该点所承受的水压均为膨胀水箱水位与循环泵的高差，选项 AB 正确；水泵正常运行时，出口压力为膨胀水箱水位与循环泵的高差和水泵扬程之和，选项 C 错误；水泵正常运行时，定压点并非系统压力最低点，最低点应为水系统最高水平管段的尾端，选项 D 错误。

2019-2-58. 参考答案：BCD

分析： 水泵并联运行，存在并联衰减，但设计选用的水泵是考虑水泵并联运行曲线后的工作点流量（即水泵选型的铭牌参数 100m³/h 已考虑并联衰减损失），选项 A 错误；若阻力计算值偏小，则水泵扬程选型不足以克服实际阻力，根据水泵特性曲线可知，会导致流量不足，选项 B 正确；水泵实际性能不足，导致无法克服管网阻力，造成流量不足，选项 C 正确；水系统中存在过多杂质或气堵，增加了系统阻力，导致流量不足，选项 D 正确。

2019-2-59. **参考答案：AC**

分析： 题干中没有明确温湿度独立控制系统中的新风冷却除湿采用的供回水温度，故无法判断与常规系统冷水机组的制冷性能系数，选项 A 错误；温湿度独立控制系统中的干式风机盘管采用高温冷源，故冷水机组制冷性能系数高于常规冷水机组，选项 B 正确；空调区的设计冷负荷与空调系统形式无关，选项 C 错误；干式盘管一般选取较大的换热面积，较小的盘管排数以降低空气流动阻力，选项 D 正确。

2019-2-60. **参考答案：AC**

分析： 加大喷口向下角度，有利于热风直接送到人员活动区，选项 A 正确；降低送风量则导致出口风速降低，加大送风温度导致送风更易发生上浮，不利于提高活动区的温度，选项 B 错误；加大送风速度有利于将热风送至人员活动区，选项 C 正确；增加顶部回风口将导致热风分流，不利于提高活动区温度，选项 D 错误。

2019-2-61. **参考答案：ABC**

分析： 根据《复习教材》第 3.6.3 节第 2 条"室内发尘"，选项 ABC 正确。

2019-2-62. **参考答案：AB**

分析： 根据《复习教材》第 3.6.1 节，选项 A 正确，选项 C 错误，洁净室室内状态分为静态、动态、空态三种状态；选项 D 错误，测试状态应与业主协商；根据《红宝书》表 27.3-1，选项 B 正确。

2019-2-63. **参考答案：ACD**

分析： 根据《复习教材》第 4.6.1 节可知，选项 A 正确；根据第 4.6.4 节可知，选项 B 错误；根据第 4.6.1 节可知，选项 C 正确，选项 D 正确。

2019-2-64. **参考答案：BC**

分析： 根据《商业或工业用及类似用途的热泵热水机》GB/T 21362—2008 表 1 可知，选项 A 错误，选项 BC 正确；根据第 5.4 条可知，所测机组不低于机组明示值的 92%，$4.05 \times 92\% = 3.726 > 3.7$，故选项 D 错误。

2019-2-65. **参考答案：ABCD**

分析： 根据《复习教材》第 4.2.2 节可知，选项 ABCD 正确。

2019-2-66. **参考答案：CD**

分析： 根据《公建节能 2015》第 3.1.2 条可知，广州属于夏热冬暖地区，哈尔滨属于严寒地区，根据第 4.2.1 条第 11 款条文说明可知，对于大型工程，由于规模等方面的原因，系统的应用可能会受到一些限制，故将地源热泵作为其唯一的冷热源会影响系统稳定性。同时需要校核从土壤中的释热量与吸热量是否满足平衡要求，故选项 AB 错误，选项 CD 正确。

2019-2-67. **参考答案：** AB

分析： 寒冷地区冬季湿球温度较低，故其冷却水温度过低，冷凝器压力过低，与蒸发器的压力差变小，循环动力变小，故会导致机组无法运行，选项 A 正确；单台冷水机组的额定制冷量选择过大时，冬季室内冷负荷较小时，无法卸载到所需冷量，故选项 B 正确；冷凝器的冷凝温度取冷却水的平均温度，其差值影响冷却水泵的循环流量，故选项 C 错误；寒冷地区冬季室外温度较低，由于其夏季可以正常运行，故冬季所需填料换热量减小，不足以影响机组无法运行，故选项 D 错误。

2019-2-68. **参考答案：** BC

分析： 喷气控制机输送至压缩机的冷剂状态为饱和蒸汽，选项 A 中，膨胀阀节流后冷剂状态为气液共存，与冷凝器出口侧冷剂进行热量交换，变为饱和蒸汽，故其应为喷气控制，选项 A 正确，选项 B 错误；选项 C 中，冷凝器出口制冷剂状态为饱和液或者过冷液状态，故其图示为喷液控制，选项 C 正确，选项 D 错误。

2019-2-69. **参考答案：** BCD

分析： 根据《公建节能 2015》第 3.1.2 条可知，新疆乌鲁木齐市为严寒 C 区，根据《民规》第 7.3.24 条条文说明可知，选项 A 正确；显热回收效率与其温度相关，潜热回收效率含湿量相关，故选项 B 错误；全热回收效率应为二者的加权值，故选项 C 错误；游泳馆自身产湿量大，用潜热回收会使一部分排出的水蒸气重新回到空调区，增加了室内的湿负荷，故其不应回收潜热，选项 D 错误。

2019-2-70. **参考答案：** BC

分析： 根据《商业或工业用及类似用途的热泵热水机》GB 21362—2008 第 4.3.1 条，选项 A 正确，选项 B 错误，空气源热泵热水机组试验工况为 5 种：名义工况、最大负荷工况、融霜工况、低温工况、变工况运行。水源热泵热水机组试验工况为 4 种，无融霜工况。根据《复习教材》P810，选项 D 正确；根据《热泵热水机（器）能效限定值及能效等级》GB 29541—2013，能效等级分为 5 级，选项 C 错误。

专业案例考试（上）

2019-3-1. **参考答案：** D

主要解题过程： 根据《工业设备及管道绝热工程设计规范》GB 50264—2013 第 5.3.3-2 条、第 5.8.2-3 条和第 5.8.4-2 条：

$$\ln \frac{D_1}{D_0} = \frac{2\pi\lambda(T_0 - T_a)}{[q]} - \frac{2\lambda}{D_1\alpha_s}$$

$$\ln \frac{D_1}{219} = \frac{2 \times 3.14 \times 0.035 \times (120 - 40)}{[q]} - \frac{2 \times 0.035}{D_1 \times 8.141}$$

$$\ln \frac{D_1}{219} + \frac{0.07}{D_1 \times 8.141} \geqslant \frac{17.584}{40} = 0.4396$$

所获得的方程为超越方程，无法直接求解，因此分别将选项厚度带入上述不等式，验证结果，确定最小保温厚度：

选项 A：

$$\ln\frac{D_1}{219} + \frac{0.07}{D_1 \times 8.141} = \ln\frac{319}{219} + \frac{0.07}{319 \times 8.141} = 0.3761 < 0.4396$$

不符合要求。

选项 B：

$$\ln\frac{D_1}{219} + \frac{0.07}{D_1 \times 8.141} = \ln\frac{329}{219} + \frac{0.07}{329 \times 8.141} = 0.4070 < 0.4396$$

不符合要求。

选项 C：

$$\ln\frac{D_1}{219} + \frac{0.07}{D_1 \times 8.141} = \ln\frac{339}{219} + \frac{0.07}{339 \times 8.141} = 0.4370 < 0.4396$$

不符合要求。

选项 D：

$$\ln\frac{D_1}{219} + \frac{0.07}{D_1 \times 8.141} = \ln\frac{349}{219} + \frac{0.07}{349 \times 8.141} = 0.4660 > 0.4396$$

符合要求。

2019-3-2. 参考答案：C

主要解题过程： 根据《复习教材》P18，屋顶下的温度为：

$$t_d = t_g + \Delta t_H (H-2) = 18 + 0.23 \times (12-2) = 20.3℃$$

室内平均温度为：

$$t_{np} = \frac{t_d + t_g}{2} = \frac{20.3 + 18}{2} = 19.15℃$$

2019-3-3. 参考答案：A

主要解题过程： 小区改造前和改造后的供暖热负荷分别为 $Q_{1,18}$、$Q_{2,20}$，则有：

$$\frac{Q_{1,18}}{Q_{2,20}} = \frac{G_1 \times c_p \times \Delta t_1}{G_2 \times c_p \times \Delta t_2} = \frac{G_1 \times c_p \times (85-60)}{60\% \times G_1 \times c_p \times (60-40)} = \frac{25}{12}$$

节能改造后室内温度为 18℃ 时的热负荷为、$Q_{2,18}$，则有：

$$\frac{Q_{2,20}}{Q_{2,18}} = \frac{20-(-16)}{18-(-16)} = \frac{18}{17}$$

该住宅小区节能改造后的供暖热负荷比改造前的节能百分比为：

$$\frac{Q_{1,18}}{Q_{2,18}} = \frac{Q_{1,18}}{Q_{2,20}} \times \frac{Q_{2,20}}{Q_{2,18}} = \frac{25}{12} \times \frac{18}{17} = \frac{75}{34}$$

$$\varepsilon = \frac{Q_{1,18} - Q_{2,18}}{Q_{1,18}} = \frac{75-34}{75} = 54.6\%$$

2019-3-4. 参考答案：D

主要解题过程： 根据《复习教材》式（1.8-14），疏水阀设在末端安全系数取 3，该疏水阀的设计排出凝结流量为：

$$G_{sh} = \frac{FK(t_1 - t_2)CE}{H}$$

$$= \frac{(0.25 \times 3.14 \times 120) \times (20 \times 10^{-3} \times 3600) \times (150 - (-12)) \times 3 \times (1 - 75\%)}{2118}$$

$$= 389.1 \text{kg/h}$$

2019-3-5. 参考答案：D

主要解题过程： 根据《复习教材》式（1.8-23），管道的受热膨胀量为：

$$\Delta x = 0.0118 \times (t_1 - t_2) \times L$$

$$= 0.0118 \times (85 - 5) \times 160$$

$$= 151.04 \text{mm}$$

由题意，最小预拉伸量为：

$$\Delta x' = \frac{\Delta x}{3} = 50.3 \text{mm}$$

2019-3-6. 参考答案：A

主要解题过程： 根据《复习教材》第2.2.3节，消除有害物需要将多种有害物和刺激性气体进行叠加，通风量按消除余热、余湿、消除有害物所需通风量三者取最大值。

$$L_1 = 40000 + 10000 + 10000 = 60000 \text{m}^3/\text{h} > 30000 \text{m}^3/\text{h}$$

所需通风量为 $60000 \text{m}^3/\text{h}$。

2019-3-7. 参考答案：C

主要解题过程： 余压阀目的在于通过旁通风量，保证楼梯间与前室之间的压力状态，正压送风条件下楼梯间压力状态高于前室压力状态。根据风量平衡，送入楼梯间的风量在压差作用下泄漏到前室，因此保证25Pa压差的门洞漏风量和保证洞口的风量应该相等。若计算25Pa保证压差的门洞风量低于保持门洞的风速的风量，在系统运行时，漏风量将增大，实际表征为两侧压差大于25Pa，此时需要通过余压阀把超过25Pa缝隙风量泄到前室。此处可结合《红宝书》式（13.4-3）理解。解题过程如下：

由题意，根据《防排烟规》第3.4.5条，楼梯间送入的正压送风量为：

$$L_j = 4.2 + 0.8 = 5 \text{ m}^3/\text{s}$$

按《防排烟规》式（3.4.7）折算压差为25Pa时的漏风量：

$$L_{25pa} = L_{6Pa} \times \sqrt{\frac{25}{6}} = 0.8 \times \sqrt{\frac{25}{6}} = 1.6 \text{m}^3/\text{s} < 5.0 \text{m}^3/\text{s}$$

因此，多余的部分为余压阀泄出风量：

$$L_{yu} = L_j - L_{25Pa} = 5.0 - 1.6 = 3.4 \text{m}^3/\text{s}$$

2019-3-8. 参考答案：A

主要解题过程： 根据《工规》第6.4.3条：事故通风量按房间高度不大于6m的体积

计算，不低于 $12h^{-1}$：

$$L = (30 \times 20 \times 6) \times 12 = 43200 \text{m}^3/\text{h}$$

2019-3-9. 参考答案：C

主要解题过程： 除尘器为负压运行，经过除尘器，风量增加，粉尘量下降，可计算除尘器出口空气含尘浓度为：

$$C_0 = \frac{x}{L_c} = \frac{(20 \times 20000) \times (1 - 80\%) \times (1 - 99.1\%)}{20000 \times (1 + 2\%) \times (1 + 3\%)} = 0.0343 \text{g}/\text{m}^3$$

出口环境状态非标准状态，出口状态空气密度为：

$$\rho = \frac{353}{273 + 20} = 1.205 \text{kg}/\text{m}^3$$

折算为标准状态排放浓度为：

$$C_N = \frac{1.293 \, C_0}{\rho} = \frac{1.293 \times 0.0343}{1.205} = 0.0368 \text{g}/\text{m}^3 = 36.8 \text{mg}/\text{m}^3$$

2019-3-10. 参考答案：D

主要解题过程： 全效率为全部粒径颗粒过滤颗粒量的总和，可参考《复习教材》式（2.5-17）。

$\eta = \sum \eta_i \, x_i = 70\% \times 13\% + 92.5\% \times 17\% + 96\% \times 25\% + 99\% \times 23\% + 100\% \times 22\%$
$= 93.595\%$

2019-3-11. 参考答案：C

主要解题过程： 根据《工规》第 6.9.5 条，风管内有爆炸危险粉尘浓度不大于爆炸下限的 50%，设排风量为 L，则有：

$$\frac{7400}{L} \leqslant 50\% \times 37$$

即最小排风量为：

$$L \geqslant \frac{7400}{50\% \times 37} = 400 \text{m}^3/\text{h}$$

2019-3-12. 参考答案：B

主要解题过程： 根据《复习教材》表 3.9-6，两台风机声功率相差 10dB（A），附加值为 0.4 dB（A），故总噪声声功率级为 $70 + 0.4 = 70.4$dB（A）。

2019-3-13. 参考答案：B

主要解题过程： 做 h-d 图，过状态点 1 做等含湿量线与状态点 2 的等焓线相交于状态点 3，查得 $t_3 = 24.2$℃，盘管加热量为：

$$Q = c_p G \Delta t = \frac{1.01 \times 1.2 \times 1000 \times (24.2 - 1)}{3600} = 7.8 \text{kW}$$

2019-3-14. 参考答案：A

主要解题过程： 7℃与17℃水混合为12℃，根据能量守恒与质量守恒方程，可求得通过电动阀的水流量为50/2＝25m³/h，根据《复习教材》式（3.8-1），电动阀流通能力为：

$$C = \frac{316G}{\sqrt{\Delta P}} = \frac{316 \times 25}{\sqrt{100 \times 1000}} = 25$$

2019-3-15. 参考答案：C

主要解题过程： 温湿度独立控制系统，新风负担室内全部湿负荷，则送风状态点 L 与室内状态点 N 的湿差为：

$$\Delta d = d_N - d_L = \frac{W}{G} = \frac{12}{5 \times 1.2} = 2\text{g/kg}$$

查 h-d 图，室内含湿量 d_N＝11.5g/kg，故送风状态点含湿量为 d_L＝11.5－2＝9.5g/kg，与 φ＝95% 相对湿度线交于机器露点 L，查得 h_L＝38.3kJ/kg，室内焓值为 h_N＝55.5kJ/kg。

根据《复习教材》式（3.11-9）有：

$$\rho L_P (h_w - h_N) \eta_h = \rho L_X (h_w - h_{w'})$$

新风经热回收后的焓值为：

$$h_{w'} = h_w - \frac{\rho L_P (h_w - h_N) \eta_h}{\rho L_X} = 84 - \frac{1.2 \times 1 \times (84 - 55.5) \times 65\%}{1.2 \times 1.25} = 14.8\text{kJ/kg}$$

新风机组表冷器的供冷量为：

$$Q = \rho L_X (h_{w'} - h_L) = \frac{1.2 \times 20000 \times (69.2 - 38.3)}{3600} = 206\text{kW}$$

2019-3-16. 参考答案：B

主要解题过程： 控制排风出口为1℃，则排风热回收量为：

$$Q_1 = \frac{c_p \rho L_p (t_n - t_p)}{3600} = \frac{1.01 \times 1.26 \times 2700 \times (18 - 1)}{3600} = 16.23\text{kW}$$

热回收后的新风温度为：

$$t'_w = t_w + \frac{Q_1 \times 3600}{c_p \rho L_x} = -22 + \frac{16.23 \times 3600}{1.01 \times 1.26 \times 3000} = -6.7℃$$

新风等温送入室内，加热盘管的加热量为：

$$Q_2 = \frac{c_p \rho L_x (t_n - t'_w)}{3600} = \frac{1.01 \times 1.26 \times 3000 \times (18 + 6.7)}{3600} = 26.2\text{kW}$$

2019-3-17. 参考答案：B

主要解题过程： 转轮除湿量为：

$$W = \frac{\rho L \Delta d}{3600} = \frac{1.2 \times 10000 \times (8.9 - 6.2)}{1000} = 32.4 \text{kg/h}$$

水蒸气冷凝放热量为：

$$Q = \frac{rW}{3600} = \frac{2500 \times 32.4}{3600} = 22.5 \text{kW}$$

流出转轮的空气干球温度为：

$$t_2 = t_1 + \frac{Q \times 3600}{c_p \rho L} = 13 + \frac{22.5 \times 3600}{1.01 \times 1.2 \times 10000} = 19.7 \text{℃}$$

2019-3-18. 参考答案：C

主要解题过程：

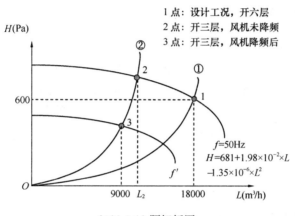

2019-3-18 题解析图

如上图所示，设计工况时，风机处于 1 点运行，六层新风支管电动阀全开，此时系统总运行风量 $L_1 = 18000 \text{m}^3/\text{h}$，系统总压力损失 $H_1 = 600 \text{Pa}$，a 点静压为 250Pa，a 点全压即 a 点至用户侧的压力损失，为：

$$\Delta P_{\text{a点-用户侧}} = P_{\text{a点全压}} = P_{\text{a点静压}} + P_{\text{a点动压}} = 250 + \frac{1.2 \times 9^2}{2} = 298.6 \text{Pa}$$

则新风入口至 a 点的压力损失为：

$$\Delta P_{\text{新风入口-a点}} = P_{\text{风机全压}} - P_{\text{a点全压}} = 600 - 298.6 = 301.4 \text{Pa}$$

计算风管阻力数为：

$$S_{\text{a点-用户侧}} = \frac{\Delta P_{\text{a点-用户侧}}}{L_1^2} = \frac{298.6}{18000^2} = 9.216 \times 10^{-7}$$

$$S_{\text{新风入口-a点}} = \frac{\Delta P_{\text{新风入口-a点}}}{L_1^2} = \frac{301.4}{18000^2} = 9.302 \times 10^{-7}$$

当用户侧只开三层时，另外三层电动阀关闭，管网阻力增大，由①变为②，风机运行工况沿 L-H 特性曲线向左上方移动至 2 点，a 点静压高于设定值（250Pa），此时风机还未进行降频，则风机性能仍满足工频时的全压—风量关系式，即有：

$$H_2 = 681 + 1.98 \times 10^{-2} \times L_2 - 1.35 \times 10^{-6} \times L_2^2 \tag{1}$$

因每层支管上设有定风量阀，风机降频稳定后位于工况点 3，系统运行风量为 $L_3 =$ 9000m³/h，a 点静压维持 250Pa 不变，a 点全压仍即 a 点至用户侧的压力损失，为：

$$\Delta P'_{a点-用户侧} = P'_{a点全压} = P_{a点静压} + P'_{a点动压} = 250 + \frac{1.2 \times 4.5^2}{2} = 262.15\text{Pa}$$

则只开三层时，a 点至用户侧的阻力数变为：

$$S'_{a点-用户侧} = \frac{\Delta P'_{a点-用户侧}}{L_3^2} = \frac{262.15}{9000^2} = 3.236 \times 10^{-6}$$

则只开三层时，系统总阻力数变为：

$$S'_{总} = S_{新风入口-a点} + S'_{a点-用户侧} = 4.17 \times 10^{-6}$$

运行工况点 2 满足下列关系式：

$$H_2 = S'_{总} L_2^2 = 4.17 \times 10^{-6} \times L_2^2 \tag{2}$$

联立式（1）和式（2），解得 $L_2 = 13043.5$m³/h。

风机由工况点 2 变频至工况点 3，有：

$$f' = \frac{L_3}{L_2} f = \frac{9000}{13043.5} \times 50 = 34.5\text{Hz}$$

扩展： 解答本题，核心是绘制 H-L 图，下列各点需要理解：

首先，明确设计工况下的 1 点和变频工况下的 3 点，是分别由不同风机曲线和管路特性曲线交叉得到的点；

其次，明确风管点 a 的全压组成：

$$\text{a 点全压} = \text{a 点的静压 250Pa} + \text{a 点的动压}\frac{1}{2}\rho v^2$$

这其中静压 250Pa 设定全程不变，动压随流速变化；

再次，明确各曲线之间的转换关系：

① 相同管路特性曲线、不同风机特性曲线（f 和 f'）之间的转换关系是由转速构成的；

② 题干给出的公式 $H = 681 + 1.98 \times 10^{-2} \times L - 1.35 \times 10^{-6} \times L^2$ 是设计工况 50Hz 下才成立的，因此公式只能应用于 1 点和 2 点。

③ 要明白只要管路情况不变，管路阻力数 S 就不会变。

最后，如果想通过"设计工况"下的风机曲线和"变频工况"下的风机曲线之间关系来求解频率 f'，只有位于相同管路特性曲线上才可以使用《复习教材》表 2.8-6 的公式，即只有 2 和 3 之间才具有可比性。

2019-3-19. 参考答案：C

主要解题过程： 根据《公建节能 2015》第 4.3.12 条，有

$$X = \frac{V_{on}}{V_{st}} = \frac{30 \times 30 + 25 \times 30}{8000} = 0.20625$$

$$Z = \frac{V_{oc}}{V_{sc}} = \frac{30 \times 30}{3000} = 0.3$$

$$Y = \frac{X}{1 + X - Y} = \frac{0.20625}{1 + 0.20625 - 0.3} = 0.228$$

则系统新风量为：　　　　　　　$G_X = 8000 \times 0.228 = 1824 \text{m}^3/\text{h}$

新风负荷为：

$$Q_X = \frac{\rho G_X (h_w - h_n)}{3600} = \frac{1.2 \times 1824 \times (90.6 - 54.8)}{3600} = 21.8 \text{kW}$$

空气处理机组的设计冷负荷应为：

$$Q_总 = Q_X + Q_n = 21.8 + 32.6 = 54.4 \text{kW}$$

2019-3-20. 参考答案：B

主要解题过程：根据《复习教材》式（4.7-7）可知：

$$q_c = \frac{\sum_{i=1}^{24} q_i}{n_2 + n_i \cdot c_f} = \frac{30000}{10 + 8 \times 0.65} = 1974 \text{kW}$$

2019-3-21. 参考答案：B

主要解题过程：

$$Q = cm\Delta t = \frac{4.18 \times 50 \times (32 - 10) \times 10^3}{3600} = 1277 \text{W}$$

2019-3-22. 参考答案：B

主要解题过程：电动蒸汽压缩式热泵机组对土壤的吸热量为：

$$Q_1 = Q\left(1 - \frac{1}{5}\right) = 0.8Q$$

直燃型吸收式热泵机组对土壤的吸热量为：

$$Q_2 = Q\left(1 - \frac{1}{1.67}\right) = 0.4Q$$

故 $Q_1/Q_2 = 0.8Q/0.4Q = 2$。

2019-3-23. 参考答案：A

主要解题过程：根据《复习教材》式（4.7-11）可知：

空调设计日总制冷量 $Q_s = 50000 \text{kWh}$。

蓄冷槽容积：

$$V = \frac{Q \times P}{1.163 \times \eta \times \Delta t} = \frac{50000 \times (1 + 3\%) \times 1.05}{1.163 \times 0.9 \times 8} = 6458 \text{m}^3$$

机组的总制冷能力为：

$$q = \frac{50000 \times (1 + 3\%)}{8} = 6437.5 \text{kW}$$

2019-3-24. 参考答案：D

主要解题过程：设系统的制冷剂流量为 M。

无热气旁通时：

$$h_6 = h_4 = h_3$$

$$Q_1 = M(h_1 - h_6) = M(410 - 260) = 150M$$

$$COP_1 = \frac{Q_1}{W} = \frac{M(h_1 - h_6)}{M(h_2 - h_1)} = \frac{150M}{20M} = 7.5$$

有热气旁通时：

$$Q_2 = M[h_1 - (0.2 \times h_2 + 0.8 \times h_4)]$$
$$= M[410 - (0.2 \times 430 + 0.8 \times 260)] = 116M$$

$$COP_2 = \frac{Q_2}{W} = \frac{116M}{(430 - 410)M} = 5.8$$

$$\frac{Q_2}{Q_1} = \frac{116M}{150M} = 0.77$$

$$\frac{COP_2}{COP_1} = \frac{5.8}{7.5} = 0.77$$

2019-3-25. **参考答案：**D

主要解题过程：根据《复习教材》式（6.3.2）可知：

$$Q_h = \sum kN Q_n$$

变更前，$N = 200$，查表 6.3-4，得 $k = 0.16$。则：

$$Q_n = \frac{Q_h}{\sum kN Q_n} = \frac{38.4}{0.16 \times 200} = 1.2 \text{m}^3/\text{h}$$

变更后，$N = 400$，查表 6.3-4，得 $k = 0.14$。

$$Q_h = \sum kN Q_n = 0.14 \times 400 \times 1.2 = 67.2 \text{m}^3/\text{h}$$

专业案例考试（下）

2019-4-1. **参考答案：**D

主要解题过程：根据《复习教材》式（1.1-3），该外墙的主体部位传热系数为：

$$K_p = \frac{1}{\frac{1}{8.7} + \frac{0.02}{0.95} + \frac{0.4}{0.19 \times 1.25} + \frac{0.075}{0.04 \times 1.3} + \frac{1}{23}} = 0.302 \text{W}/(\text{m}^2 \cdot \text{K})$$

根据《公建节能 2015》附录 A 第 A.0.2 可知，外墙的平均传热系数为：

$$K = \phi \times K_p = 1.3 \times 0.302 = 0.3926 \text{W}/(\text{m}^2 \cdot \text{K})$$

根据《公建节能 2015》第 3.3.1 条表 3.3.1-2 结合题干条件可知，该办公建筑的外墙传热系数限值为 $\leqslant 0.38$，计算值为 0.3926，所以不满足性能限值规定，选 D。

说明：本题首次强调了"平均传热系数"的概念，这在往年是没有考虑的。

2019-4-2. **参考答案：**C

主要解题过程：根据《复习教材》P19，房间高度大于 4m 时，每高出 1m 应附加 2%，总附加率不应大于 15%；窗墙面积比不超过 1:1，不考虑窗墙比附加。房间的计算总热负荷为：

$$Q = (1200+400)\times(1-5\%)\times(1+(9-4)\times2\%)+300 = 1972\text{W}$$

2019-4-3. 参考答案：D

主要解题过程： 循环水泵扬程为 $10\text{mH}_2\text{O}$，则在系统顶点处考虑经过了一半流程，动压损失一半，则系统定点工作压力为：

$$P_1 = P_j + P_d = (35-30)+\frac{10}{2} = 10\text{m H}_2\text{O} = 0.1\text{MPa}$$

根据《建筑给水排水及采暖工程施工质量验收规范》GB 5242—2002 第 8.6.1.1 条，该系统的顶点试验压力为：

$$P_{1,s} = P_1 + 0.1 = 0.2\text{MPa} < 0.3\text{MPa}$$

顶点试验压力为 0.3MPa，以该系统底部进行试验时，试验压力为：

$$P_{2,s} = P_{1,s} + (30+5)\times10\times10^{-3} = 0.65\text{MPa}$$

2019-4-4. 参考答案：B

主要解题过程： 根据《复习教材》第 1.9.1 节可知"在确定分户热计量供暖系统的户内供暖设备容量和户内管道时，应考虑户间传热对供暖设备的附加，但附加量不应超过50%，且不应计入供暖系统的总热负荷内"，则该建筑供暖系统的总热负荷为：

$$\begin{aligned}\sum Q &= Q_1 + Q_{2\sim5} + Q_6\\ &= (2400+1900+2300)+(2000+1500+1900)\times4+(2500+2000+2400)\\ &= 35100\text{W} = 35.1\text{kW}\end{aligned}$$

3 层的 B 户型室内全部户间传热若计入其中，则其附加比例为：

$$\varepsilon = \frac{400\times2+200\times2}{1500}\times100\% = 80\% > 50\%$$

3 层的 B 户型户间传热量按不超过 50% 考虑，因此 3 层 B 户型散热器供热量为：

$$Q_B = 1500\times(1+50\%) = 2250\text{W} = 2.25\text{kW}$$

扩展： 本题部分考生认为户间传热量不超过 50% 附加需要按照户间传热量本身综合的 50% 计算，即 $(800\times2+200\times2)\times50\% = 1000\text{W}$，因此 3 层 B 户型供热量为 2.5kW。这种考虑是错误的，首先这种核算没有参考答案，其次注册考试的参考资料为《复习教材》，教材只给出按不超过 50% 热负荷附加，这种按户间传热本身 50% 的做法来自于《红宝书》的说法，但是《红宝书》不是考试大纲要求的内容，不能作为依据。此题进一步印证，考题内容优先考虑《复习教材》。

2019-4-5. 参考答案：C

主要解题过程： 根据《复习教材》P38 可知"辐射供暖房间的设计温度可以比对流供暖时降低 2~3℃"，改为局部辐射供暖后仅白天使用，根据 P19 可知，要考虑 20% 的间歇附加，则该厂房全面辐射供暖热负荷为：

$$Q_{qm} = 1200\times(1+20\%)\times\frac{(19-3)-(-3)}{19-(-3)} = 1244\text{kW}$$

根据《复习教材》P42 局部辐射供暖热负荷计算系数：

$$f = \frac{4000}{10000} = 0.4$$

由表 1.4-4 可知，计算系数取 0.54，该供暖系统的最小热负荷为：

$$Q_j = 1244 \times 0.54 = 671.71\text{W}$$

2019-4-6. **参考答案：C**

主要解题过程：不考虑保温材料，其他材料的总热惰性指标为：

$$D' = \sum RS = 0.23 + 3.11 + 0.23 = 3.57$$

若围护结构总热惰性指标超过 4.1，则聚苯板厚度为：

$$\delta > \frac{4.1 - 3.57}{0.34} \times (0.032 \times 1.1) = 0.0549\text{m} = 54.9\text{mm}$$

当厚度不超过 54.9mm 时，总热惰性指标介于 1.6 和 4.1 之间，根据《复习教材》表 1.1-12，室外计算温度为：

$$t_w = 0.3 t_{wn} + 0.7 t_{p\cdot min} = 0.3 \times (-22.4) + 0.7 \times (-30.9) = -28.35\text{℃}$$

根据《复习教材》式（1.1-5）：

$$R_{0.\,min} = \frac{18 - (-28.35)}{3} \times 0.11 - (0.11 + 0.04) = 1.55\text{m}^2 \cdot \text{K/W}$$

聚苯板设在混凝土结构层外侧，按外侧查取修正系数为 1.1，因此所需要的挤塑聚苯板的最小厚度为：

$$R_{0.\,min} = R_j = 0.02 + 0.34 + \frac{\delta}{0.032 \times 1.1} + 0.02 > 1.55$$

$$\delta > 0.041\text{m} = 41\text{mm}$$

对于厚度超过 54.9mm 的情况不必计算，即使成立，满足计算条件的保温材料厚度也将超过 41mm，因此选项 C 满足最小厚度的要求。

2019-4-7. **参考答案：B**

主要解题过程：根据《工规》第 7.1.5 条，除尘系统排风量应按同时工作的最大排风量以及间歇工作的排风点漏风量之和计算，间歇工作阀门关闭时漏风量取正常排风量的 15%～20%。根据条文说明，对于 4 个除尘系统，按 15% 附加效果良好，因此本题参考条文说明，按 15% 附加非同时工作的漏风量：

$$L = (2000 \times 3) + 15\% \times (2000 \times 2) = 6600 \text{ m}^3/\text{h}$$

2019-4-8. **参考答案：D**

主要解题过程：根据《工业企业卫生标准》GBZ 1—2010 第 6.1.5.1-g 条，"局部通风除尘、排毒系统，在排风净化后，循环空气中粉尘、有害气体浓度大于或等于其职业接触限值的 30%"时不宜采用循环空气，因此需要保证石灰石净化后浓度不高于职业接触限值的 30%。

根据《工作场所有害因素职业接触限值 第 1 部分：化学有害因素》GBZ 2.1—2007 表 2 查得石灰石总尘限值为 8mg/m²，因此循环空气中粉尘浓度最高限值为：

$$C = 30\% \times 8 = 2.4\text{mg/m}^3$$

2019-4-9. **参考答案：C**

主要解题过程： 根据风量平衡，可计算机械进风量为：

$$G_{jj} = G_{jp} - G_{zj} = 5 \times 1.2 - 1 \times 1.36 = 4.64 \text{kg/s}$$

设机械补风送风温度为 t_{jj}，列热平衡方程：

$$60 + 1.01 \times 5 \times 1.2 \times 18 = 20 + 1.01 \times 4.64 \times t_{jj} + 1.01 \times 1 \times 1.36 \times (-15)$$

可得，补风送风温度为 $t_{jj} = 36.2℃$。室外温度 $-15℃$，可计算补风加热量：

$$Q_b = G \cdot c_p \cdot (t_{jj} - t_w) = 4.64 \times 1.01 \times (36.2 - (-15)) = 240 \text{kW}$$

扩展： 本题不可直接采用热平衡方程求解补热量，热平衡方程等号右边第 2 项的补热量为房间本身为了维持室内供暖温度所需的补热，不是补风的加热量。

2019-4-10. **参考答案：D**

主要解题过程： 由题意，根据《防排烟规》式（4.6.11-1）的 Q_c 说明，计算热释放速率的对流部分：

$$Q_c = 3000 \times 0.7 = 2100 \text{kW}$$

由式（4.6.12）计算烟层平均温度与环境温度的差：

$$\Delta T = \frac{K Q_c}{M_\rho C_\rho} = \frac{1 \times 2100}{110 \times 1.01} = 18.9℃$$

按式（4.6.13-1）计算排烟量：

$$V = \frac{M_\rho T}{\rho_0 T_0} = \frac{110 \times (293.15 + 18.9)}{1.2 \times 293.15} = 97.58 \text{ m}^3/\text{s} = 35.13 \times 10^4 \text{m}^3/\text{h}$$

扩展： 本题不清楚高大空间类型，是否按照其他公共建筑的热释放速率来计算。按照热释放速率 3MW 有喷淋情况，由《防排烟规》表 4.6.7 可知，题目情况相当于带有喷淋的商店。计算结果已经远远超过《防排烟规》表 4.6.3 中净高 9m 商店的排烟量，不必进一步对比表格值。

2019-4-11. **参考答案：C**

主要解题过程： 由题意，根据《汽车库、修车库、停车场设计防火规范》GB 50067—2014 第 8.2.5 条，可计算净高 3.6m 单个防烟分区排烟量：

$$L_{p,1} = 30000 + (3.6 - 3) \times \frac{31500 - 30000}{4 - 3} = 30900 \text{m}^3/\text{h}$$

根据第 8.2.10 条，补风量不小于排烟量 50%：

$$L_{b,1} = 30900 \times 50\% = 15450 \text{m}^3/\text{h}$$

由题意，所有排烟系统均可能投入运行，单个防烟分区不超过 2000m²，对于 3600m² 防火分区至少 2 个防烟分区，均需要设置一个排烟系统，当所有排烟系统均可运行时，补风量需要满足 2 个防烟分区的总和。

$$L_b = 15450 \times 2 = 30900 \text{m}^3/\text{h}$$

因此补风系统最小总风量最接近选项 C。

2019-4-12. **参考答案：C**

主要解题过程： 膨胀水箱定压静水高度为：

$$P_{静} = \frac{\rho g h}{1000} = \frac{1000 \times 9.8 \times 30}{1000} = 294 \text{kPa}$$

水泵出口表压为：

$$P_{出口} = P_{静} + H - \Delta P = 294 + 274 - \frac{1}{2} \times 1000 \times (4^2 - 1.5^2) \times 10^3 = 561.1 \text{kPa}$$

2019-4-13. 参考答案：C

主要解题过程： 根据《公建节能 2015》第 D.0.4 条，保温最小热阻为 $0.81 \text{m}^2 \cdot \text{K}/\text{W}$，根据《复习教材》式（3.10-5），柔性泡沫橡塑的传热系数为：

$$\lambda = 0.0341 + 0.00013 t_m = 0.0341 + 0.00013 \times \frac{26 + 15}{2} = 0.0368 \text{W}/(\text{m} \cdot \text{K})$$

绝热层最小厚度为：

$$\delta = R\lambda = 0.81 \times 0.0368 = 0.0298 \text{m} = 30 \text{mm}$$

2019-4-14. 参考答案：B

主要解题过程： 空调系统的冷负荷应为各空调区逐时冷负荷的综合最大值，对应 15：00，系统负荷为 7900W，该时刻各房间所需送风量为：

$$G = \frac{Q \times 3.6}{c_p \rho (t_n - t_o)} = \frac{7900 \times 3.6}{1.01 \times 1.2 \times (24 - 15)} = 2607 \text{m}^3/\text{h}$$

2019-4-15. 参考答案：B

主要解题过程： 空调供回水温差为 $12 - 6 = 6℃$，校核不同水流量时，风盘供冷量不应小于下列数值：

水流量为 0.080L/s 时：$Q_1 \geqslant c_p m_1 \Delta t = 4.18 \times 0.080 \times 6 = 2006 \text{W}$；

水流量为 0.120L/s 时：$Q_2 \geqslant c_p m_2 \Delta t = 4.18 \times 0.120 \times 6 = 3010 \text{W}$；

水流量为 0.160L/s 时：$Q_3 \geqslant c_p m_3 \Delta t = 4.18 \times 0.160 \times 6 = 4013 \text{W}$；

水流量为 0.200L/s 时：$Q_4 \geqslant c_p m_4 \Delta t = 4.18 \times 0.200 \times 6 = 5016 \text{W}$。

对比 25℃/50% 一列的风机盘管供冷能力，最接近 3015W，选 B。

2019-4-16. 参考答案：C

主要解题过程：

（1）查 h-d 图，室内露点温度为 16.7℃，根据《辐射供暖供冷技术规程》JGJ 142—2012 第 3.1.4 条，需要控制辐射供冷表面温度。按表面温度高于室内空气露点温度计算供水温度为：

$$t_g \geqslant t_b + 2 - qR = 16.7 + 2 - 21 \times 0.07 = 17.23℃$$

（2）根据 JGJ 142—2012 第 3.4.7-1 条，得辐射供冷表面平均温度为：

$$t_{pj} = t_n - 0.175 q^{0.976} = 25 - 0.175 \times 21^{0.976} = 21.5℃$$

$t_{pj} = 21.5℃$ 满足 JGJ 142—2012 第 3.1.4 条平均温度下限值。则有：

$$t_g \geqslant t_{pj} - qR = 21.5 - 21 \times 0.07 = 20.03℃$$

（3）两种控制方法皆需满足，故取 $t_g \geqslant 20.03℃$。

2019-4-17. 参考答案：A

主要解题过程：室内无湿负荷，则空调送风状态点位于室内点等含湿量线上，送风温度为 $25-8=17℃$，送风含湿量为 $11g/kg_{干空气}$，根据《复习教材》式（3.1-4），送风焓值为：

$$h_o = 1.01t_o + d_o(2500 + 1.84t_o) = 1.01 \times 17 + \frac{11 \times (2500 + 1.84 \times 17)}{1000} = 45kJ/kg$$

空调系统送风量为

$$G = \frac{Q}{c_p \Delta t} = \frac{20.25}{1.01 \times 8} = 2.51kg/s$$

空调系统计算冷量为

$$Q_c = G(h_w - h_o) = 2.51 \times (68.2 - 45) = 58.2kW$$

2019-4-18. 参考答案：B

主要解题过程：湿度控制系统负担室内全部湿负荷，则新风量为：

$$G_1 = \frac{1000 \times W}{3600 \times (d_n - d_0)} = \frac{1000 \times 24}{3600 \times (11.89 - 8)} = 1.714kg/s$$

查 $h-d$ 图可知，新风送风温度为 $t_o = 11.5℃$，湿度控制承担的室内显热负荷为：

$$Q_{s1} = c_p G_1(t_n - t_{o1}) = 1.01 \times 1.714 \times (25 - 11.5) = 23.37kW$$

温度控制系统采用承担的冷量为：

$$Q_{s2} = 75 - 23.37 = 51.63kW$$

温度控制系统采用置换通风，根据《民规》第 7.4.7 条第 2 款，送风温度取 18℃ 时为最小设计风量，为：

$$G_2 = \frac{Q_2 \times 3600}{c_p \rho(t_n - t_{o2})} = \frac{51.63 \times 3600}{1.01 \times 1.2 \times (25 - 18)} = 21908m^3/h$$

2019-4-19. 参考答案：B

主要解题过程：根据《民规》第 8.5.9 条第 2 款，压差旁通阀流量应为：

$$G = \frac{3600Q}{2c\rho\Delta t} = \frac{3600 \times 1500}{2 \times 4.18 \times 1000 \times (12 - 6)} = 107.7m^3/h$$

根据《复习教材》式（3.8-1），旁通阀流通能力为：

$$C = \frac{316G}{\sqrt{\Delta P}} = \frac{316 \times 107.7}{\sqrt{200 \times 1000}} = 76m^3/h$$

2019-4-20. 参考答案：C

主要解题过程：根据《复习教材》式（3.6-7），室内单位容积发沉量为：

$$G_{人员+装饰} = \frac{\left(q + \frac{q'P}{F}\right)}{H} = \frac{\left(1.25 \times 10^4 + \frac{100 \times 10^4 \times 200}{54 \times 18}\right)}{4} = 54565pc/(min \cdot m^3)$$

室内总发尘量为：

$$G_总 = G_{人员+装饰} + G_{工艺} = 54565 + \frac{5.0 \times 10^8}{54 \times 18 \times 4} = 183165.8pc/(min \cdot m^3)$$

根据式（3.6-8），换气次数为：

$$n = 60 \times \frac{G_总}{a \times N - N_s} = 60 \times \frac{183165.8}{0.5 \times 3520000 - 3000} = 6.3 \text{h}^{-1}$$

2019-4-21. 参考答案：A

主要解题过程： 根据《地源热泵系统工程技术规范》GB 50366—2005（2009 年版）第 4.3.3 条条文说明可知：

$$Q = 1150 \times \left(1 - \frac{1}{4.5}\right) - 18.5 = 876 \text{kW}$$

2019-4-22. 参考答案：A

主要解题过程： 系统总热量利用量为：

$$Q_1 = 9800 \times 0.85 = 8330 \text{MJ}$$

热水热量利用量：

$$Q_2 = 0.5 Q_1 \times \eta_1 = 0.5 \times 8330 \times (1 - 5\%) = 3956.75 \text{MJ}$$

溴化锂机组热量利用量：

$$Q_3 = 0.5 Q_1 \times COP = 0.5 \times 8330 \times 1.1 = 4581.5 \text{MJ}$$

年平均余热利用率：

$$\eta = \frac{Q_2 + Q_3}{Q_z} \times 100\% = 87.1\%$$

2019-4-23. 参考答案：D

主要解题过程： 根据《公建节能 2015》第 4.2.13 条可知：

$$IPLV = 1.2\% \times A + 32.8\% \times B + 39.7\% \times C + 26.3\% \times D = 6.2$$

$$A = \frac{6.2 - (32.8\% \times 6.6 + 39.7\% \times 6.7 + 4.95 \times 26.3\%)}{1.2\%} = 6.13$$

$$W = \frac{450}{6.13} \times \frac{150}{1500} + \frac{450}{6.6} \times \frac{600}{1500} + \frac{450}{6.7} \times \frac{750}{1500} = 68.2 \text{kWh}$$

2019-4-24. 参考答案：A

主要解题过程： 根据能量守恒可知：

$$M_1(h_2 - h_3) = M_2(h_5 - h_4)$$

则有：

$$\frac{M_1}{M_2} = \frac{h_5 - h_4}{h_2 - h_3} = \frac{389.5 - 254.5}{460.5 - 179.5} = 0.48$$

$$COP = \frac{M_1(h_1 - h_0)}{M_1(h_2 - h_1) + M_2(h_6 - h_5)} = \frac{436.5 - 179.5}{460.5 - 436.5 + \dfrac{428.5 - 389.5}{0.48}} = 2.44$$

2019-4-25. 参考答案：C

主要解题过程：

根据《建筑给水排水设计标准》GB 50015—2009 第 6.4.1-4 条，具有多个不同使用热水部门的单一建筑或具有多种使用功能的综合性建筑，当其热水由同一热水供应系统供应时，设计小时耗热量可按同一时间内出现用水高峰的主要用水部门的设计小时耗热量，加其他用水部门的平均小时耗热量计算：

$$q = q_1 + q_2 = 387 + 84 = 471\text{kW}$$

13.2　2020 年实战试卷参考答案及解析

专业知识考试（上）

一、单项选择题（共 40 题，每题 1 分，每题的备选项中只有一个符合题意）

2020-1-1. 参考答案：C

分析： 根据《民规》第 5.10.4 条可知，选项 AB 正确；选项 C 错误，"应采用低阻力二通或三通恒温控制阀"；选项 D 正确。

2020-1-2. 参考答案：D

分析： 根据《复习教材》第 1.8.1 节"一般铝制散热器 pH＝5～8.5，pH 大于 10 的连续供暖系统中，不应采用铝合金散热器。"可知不应采用铸铝散热器。选项 D 正确。

2020-1-3. 参考答案：A

分析： 根据《供热计量技术规程》JGJ 173—2009 第 6.3.4 条可知，"户用热量表前直管段长度不应小于 5 倍管径，户用热量表后直管段长度不应小于 2 倍管径"，选项 A 正确。

2020-1-4. 参考答案：B

分析： 根据《民用建筑热工设计规范》GB 50176—2016 表 4.1.2，"严寒 A 区冬季保温要求极高，必须满足保温设计要求，不考虑防热设计"，选项 AD 均采取了保温措施，正确；一般普通窗户的保温隔热性能比外墙差很多，而且窗和墙连接的周边又是保温的薄弱环节，窗墙面积比越小，供暖能耗也越小，选项 C 正确；根据表 6.2.3 条可知，屋面表面刷上白色涂料属隔热措施，选项 B 错误。

2020-1-5. 参考答案：D

分析： 根据《复习教材》第 1.10.2 节第 2 条可知，选项 ABC 正确，选项 D 错误，应为"输送距离长，供热半径大，有利于集中管理"。

2020-1-6. 参考答案：D

分析： 根据《复习教材》第 1.10.1 节可知，集中供热系统规划设计时，供暖热负荷可采用体积热指标、面积指标法，城市规划指标法，选项ABC正确；通风热负荷可采用通风体积热指标或百分数法，这里的百分数法指的是供暖设计热负荷的百分数，而不是供热指标的百分数，选项D错误。

2020-1-7. 参考答案：A

分析： 根据《民规》第8.3.2条及其条文说明可知，"空气源热泵机组的冬季制热量会受到室外空气温度、湿度和机组本身的融霜性能的影响。"根据《复习教材》第6.1.3节第2条，"目标水温越高，其性能系数会降低"，机组出水温度会影响机组性能系数，进而影响机组的有效制热量，故选项A正确。

2020-1-8. 参考答案：B

分析： 根据《复习教材》第1.10.4节可知，采用板式换热器造价比直接连接高许多；通过水喷射器直接连接，供回水管之间的压差需要达到$80\sim120kPa$；无混合装置的直接连接热网设计供回水温度不符合热用户的设计要求；当热网的供回水压差较小，不能满足喷射器正常工作所需压差，或降高温水转为低温水时，可通过回水泵直接连接。综上，技术经济相对最佳的是选项B。

2020-1-9. 参考答案：C

分析： 根据《复习教材》第1.11.6节"燃气锅炉节能与减排措施"可知，选项AB为实现回收蒸汽冷凝潜热的途径，正确；选项D为采用比例控制的燃烧器后可降低排烟热损失，正确；选项C，利用锅炉本身热水去预热进口空气，不但不节能还存在损失，错误。

2020-1-10. 参考答案：B

分析： 根据《复习教材》第2.4.2节可知，设置局部排风罩时，宜采用密闭罩，选项A合理；根据设计原则第（3）条可知，排风量按照防止粉尘或有害物扩散到周围空间原则确定，同时根据第（1）条可知，散发粉尘的污染源，因管壁面过多地抽取粉尘，因此选项B按吸取污染物越多为原则不合理；根据第2.4.3节密闭罩"（3）吸风口（点）位置的确定"第1）款可知，选项C合理；高温热源应在上不设接受罩，产生诱导气流时应把排风罩设在污染气流前方，因此选项D合理。

2020-1-11. 参考答案：B

分析： 根据《防排烟规》第4.5.2条可知，选项A错误，补风应直接从室外引入；根据第4.5.5条可知，选项B正确；根据第4.5.4条可知，选项C不合理，补风口与排烟口在同一空间内时，补风口应设在储烟仓以下；根据第4.5.3条可知，补风机应设置在专用机房内，选项D错误。

2020-1-12. 参考答案：D

分析： 根据《工规》第7.7.2-5条可知，气力输送管道中弯管的弯曲半径不宜小于8

倍公称直径，故选项 D 正确。

2020-1-13. **参考答案：** C

分析： 根据《通风与空调工程施工质量验收规范》GB 50423—2016 表 4.1.3-1 可知，选项 C 中的 300mm 属于辅助系列，非基本系列。

2020-1-14. **参考答案：** A

分析： 根据《民规》第 6.4.3-2 条可知，选项 A 正确；根据第 6.2.5 条条文说明可知，热压通风的气候条件宜为 12~20℃，因此选项 B 的说法不合理；根据第 6.2.5 条条文说明可知，自然通风的室外风速有控制要求，当风速大于 3m 时会引起纸张飞扬，因此选项 C 的说法不合理；根据第 6.2.7 条条文说明可知，多区域网格法属于从宏观上把整个建筑作为系统，每个房间作为一个区进行通风设计，但是题设为单一中庭的通风设计，即仅研究某一个房间而非整个建筑，因此单一房间的自然通风设计不适合多区域网格法，选项 D 错误。

2020-1-15. **参考答案：** D

分析： 根据《复习教材》第 2.8.1 节可知，按通风机作用原理分只有离心式通风机、轴流式通风机和贯流式通风机三种，选项 D 中诱导式通风机为按通风机用途分类。

2020-1-16. **参考答案：** D

分析： 根据《复习教材》第 2.4.3 节密闭罩中"（3）吸风口（点）位置的确定"第 3）条可知，吸风口不应设在含尘浓度高或物料飞溅区，故选项 AC 错误；根据第 1）条可知，设置排风口的位置与环境有关，但应设在罩内压力较高的部位，因此选项 B 错误，选项 D 正确。

2020-1-17. **参考答案：** A

分析： 根据《工规》第 6.3.4-1 条可知，应采用冬季供暖室外计算温度。

2020-1-18. **参考答案：** B

分析： 根据《工规》第 6.9.15 条可知，应采用防爆型设备，选项 A 正确；根据第 6.4.5 条，事故通风排风口与机械送风系统进风口水平距离不应小于 20m，故选项 B 错误；根据第 6.4.2-3 条可知，选项 C 正确；根据《复习教材》第 2.8.1 节"（2）按通风机的用途分类"中"3）防爆通风机"的内容可知，选项 D 正确。

2020-1-19. **参考答案：** A

分析： 根据《民规》第 7.4.7-2 条，选项 A 正确；根据第 7.4.7-3 条，选项 B 错误，不宜大于 120W/m²；根据第 7.4.7-6 条，选项 C 错误，不宜有其他气流组织；根据第 7.4.7-1 条，选项 D 错误，宜大于 2.7m。

2020-1-20. 参考答案：D

分析：根据《复习教材》P384，变风量系统可根据房间负荷变化自动调节送风量，其送风量小于定风量系统，选项 A 正确；由于每个房间内的变风量末端装置可随房间温度的变化自动控制送风量，使房间过冷过过热现象得以消除，能量得以合理利用，选项 BC 正确；根据《民规》第 7.3.7 条条文说明，变风量空调系统与其他空调系统相比，投资大、控制复杂，选项 D 错误。

2020-1-21. 参考答案：D

分析：根据《民规》第 7.3.15-2 条条文说明，温度控制系统要求的冷水温度应低于室内空气的干球温度，选项 A 正确；根据第 7.3.15-4 条，选项 B 正确；根据《复习教材》第 3.3.4 节可知，湿度控制系统通过改变新风量来调节除湿能力，选项 C 正确；根据《民规》第 7.4.2-5 条，送风口表面温度应高于室内露点温度，选项 D 错误。

2020-1-22. 参考答案：B

分析：根据《民规》第 9.4.4-2 条及第 8.5.6 条，全空气系统水路控制阀宜采用模拟量电动两通调节阀，选项 A 错误；根据《复习教材》第 3.8.4 节相关内容，送风机变转速调节，控制设定的送风静压值不变，选项 C 错误；根据变风量系统控制原理，通过表冷器水阀调节，控制送风温度为设定值，选项 D 错误，可参考《红宝书》P1854 系统控制要求实例及标准图集《暖通空调系统的检测与监控（通风空调系统分册）》17K803 P51。

2020-1-23. 参考答案：A

分析：根据《民规》第 9.2.2-3 条，风道内温、湿度传感器应保证插入深度，选项 A 正确；室温允许波动范围为 ±0.5℃，精度要求较高，根据《复习教材》P521，比例积分微分调节器适用于精度要求较高的环节，可以尽快克服偏差，避免偏差超过控制进度，因此选项 B 适合采用比例积分微分调节器，故选项 B 错误；根据标准图集《暖通空调系统的检测与监控（冷热源系统分册)》18K801 P59～P60，冷水机组电动阀为通断型，选项 C 错误；根据《复习教材》P529，宜采用等百分比特性，选项 D 错误。

2020-1-24. 参考答案：C

分析：根据《民规》第 8.6.6-4 条，选项 A 正确；根据《复习教材》P491，多台冷却塔并联，通过供回水总管与制冷机房相连接时，需要通过加深存水盘或设置连通管来防止抽空，选项 BD 正确；根据《民规》第 8.6.8 条，当必须在室内设置集水箱时，集水箱宜设置在冷却塔的下一层，且冷却塔布水器与集水箱设计水位之间的高差不应超过 8m，选项 C 错误。

2020-1-25. 参考答案：A

分析：根据《民规》第 7.4.10-2 条和第 7.4.10-3 条，高度越高，允许送风温差越大，而送风温差越大，则房间温度波动越大，舒适性越差，选项 A 错误，选项 BC 正确；送风温差小，则送风温度高，不易结露，选项 D 正确。

2020-1-26. 参考答案：C

分析：根据《公建节能 2015》第 4.2.10 条：

选项 A：离心机 $COP=3150/516=6.10>5.90$，满足节能要求；

选项 B：离心机 $COP=2100/357=5.88>5.70$，满足节能要求；

选项 C：大离心机 $COP=2630/440=5.98>5.90$，满足节能要求，小离心机 $COP=1160/220=5.27<5.40$，不满足节能要求；

选项 D：螺杆机 $COP=1600/280=5.71>5.30$，满足节能要求。

2020-1-27. 参考答案：D

分析：根据《复习教材》表 3.6-2～表 3.6-5，粗效过滤器还有计重效率等，选项 D 错误。

2020-1-28. 参考答案：C

分析：根据《复习教材》第 3.6.4 节，选项 AB 正确，根据房间空气平衡关系：$L_{渗漏}=L_{送}-（L_{回}+L_{排}）$，送风量大于回风量与排风量之和时，该洁净室为相对正压，送风量小于回风量与排风量之和时，该洁净室为相对负压；正压与负压是一个相对概念，总送风量大于总回风量与总排风量之和，不能保证各房间均为相对正压，选项 C 错误；选项 D 正确。

2020-1-29. 参考答案：D

分析：根据《冷水机组能效限定值及能效等级》GB 19577—2015 第 4.2 条可知，冷水机组能效等级分为 3 个等级，1 级表示能效最高，选项 AC 错误；根据《复习教材》表 4.3-18 的表注可知，冷水机组的实测 $IPLV$ 和 COP 值应同时大于或等于表中 3 级所对应的指示值，节能评价值应满足对应的能效等级 2 级中 $IPLV$ 或 COP 的指标值，故选项 B 错误，选项 D 正确。

2020-1-30. 参考答案：A

分析：根据《复习教材》第 4.7.1 节可知，选项 BCD 正确，根据 P684 可知，蒸发温度低，系统 COP 降低，相同冷量下，耗功增加，故耗电量增加，选项 A 错误。

2020-1-31. 参考答案：A

分析：根据《水（地）源热泵机组》GB/T 19409—2013 表 4 及表 5 可知，选项 A 错误，各种试验工况对热源侧进水温度要求不同；根据 6.3.2.1 条可知，选项 B 正确；根据 6.2.1 条可知，选项 CD 正确。

2020-1-32. 参考答案：C

分析：根据《复习教材》P597 可知，CO_2 的制冷剂编号为 R744，同时可称其为理想的天然制冷剂，选项 AB 正确；CO_2 作为低温级制冷剂，其冷凝器侧为高温级制冷剂的蒸发器，冷凝温度及冷凝压力比单级系统低，非跨临界循环，选项 C 错误；根据 P598 可知，CO_2 用作热泵系统运行时，水温从 8℃ 升高到 60℃，根据 P810 可知，采用 R134a 制冷剂的热泵可制取 80℃左右的热水，故选项 D 正确。

2020-1-33. 参考答案：B

分析： 根据《民规》第 8.7.1 条可知，选项 AD 正确；冰蓄冷系统供水温度较低，除湿能力强，不适用于除湿机房，易产生静电，选项 B 错误；单层展览建筑采用直供式水蓄冷技术，供回水温度增加，循环水量减小，有利于系统节能，选项 C 正确。

2020-1-34. 参考答案：A

分析： 根据《复习教材》表 4.3-19，风冷式机组的类型分为活塞式、涡旋式和螺杆式，题设中未明确其机组类型，故无法判定该机组的能效等级，选项 A 正确。

2020-1-35. 参考答案：B

分析： 根据《复习教材》式（4.1-36）可知，选项 A 正确；根据 P628 可知，冷水（热泵）机组在设计工况或使用工况下的制冷（热）量和耗功率应根据设计工况或使用工况，按照相关资料进行系数修正，故选项 B 错误；根据《民规》第 8.3.1-3 条可知，选项 C 正确；室外温度相同，室内温度升高，冷凝温度升高，性能系数降低，选项 D 正确。

2020-1-36. 参考答案：C

分析： 根据《复习教材》P649 可知，选项 A 错误，其为双效型溴化锂吸收式制冷机；根据 P655，对于蒸发器的要求为喷淋式，故选项 B 错误；吸收器中的稀溶液为饱和液，经过溶液泵后，压力增加，稀溶液由饱和液变为过冷液，选项 C 正确；根据第 4.5.3 节可知，结晶部位发生在溶液热交换器的浓溶液侧，故选项 D 错误。

2020-1-37. 参考答案：B

分析： 根据《绿色建筑评价标准》GB/T 50378—2019 表 3.2.8 可知，选项 B 正确。

2020-1-38. 参考答案：B

分析： 根据《建筑给水排水设计标准》GB 50015—2019 第 3.7.1-2 条可知，选项 A 正确；根据第 6.4.3 条，选项 B 错误，导流型容积式水加热器和半容积式水加热器和半即热式、快速试水加热器的设计小史供热量计算方法不同；根据第 4.5.1 条，选项 C 正确；根据第 3.7.14 条，选项 D 正确。

2020-1-39. 参考答案：A

分析： 根据《城镇燃气设计规范》GB 50028—2006（2020 版）第 10.6.6 条，选项 A 正确，选项 B 错误，选项 C 错误，选项 D 错误，接地电阻不应大于 100Ω。

2020-1-40. 参考答案：D

分析： 根据《复习教材》图 6.2-1 及 P813 可知，选项 A 错误，流速迅速增加；选项 B 错误，在横支管中，当立管大量排水，而横支管上某卫生器具也同时排水时，就会在支管内造成压力波动，有时出现正压，有时为负压，使不排水的卫生器具水封高度降低；选项 C 错误；选项 D 正确，排水加速区为负压状态。

二、多项选择题（共 30 题，每题 2 分，每题的各选项中有两个或两个以上符合题意，错选、少选、多选均不得分）

2020-1-41. **参考答案：**BCD

分析：根据《民用建筑太阳能热水系统应用技术标准》第 5.4.7 条可知，太阳能集热器的集热量与其安装倾角有关，选项 B 正确；根据第 5.4.8 条可知，太阳能集热器的集热量与其安装方位角及周边的遮光物、集热器前后排之间的距离有关，选项 CD 正确；太阳能集热器的集热量与供暖系统的回水温度无关，选项 A 错误。

2020-1-42. **参考答案：**ABD

分析：根据《工规》第 5.6.3 条可知，选项 AB 正确；根据第 5.6.6-1 条可知，选项 C 错误；根据第 5.6.4 条可知，项 D 正确。

2020-1-43. **参考答案：**ABCD

分析：根据《复习教材》第 1.9.1 节"2. 户间传热计算"可知，实行计量和温控后，应适当考虑分户计量出现的分室温控情况。否则，会造成用户室内达不到所设定的温度。实行计量和温控后，就会造成各户之间、各室之间的温差加大，不考虑此情况，会使系统运行时达不到用户所要求的温度。目前的处理办法是：在确定分户热计量供暖系统的户内供暖设备容量和户内管道时，应考虑户间传热对供暖热负荷的附加，但附加量不应超过 50%，且不应计入供暖系统的总热负荷内。选项 ABCD 均错误。

2020-1-44. **参考答案：**AB

分析：根据《城镇供热管网设计规范》CJJ 34—2010 第 4.2.2 条可知，一次网设计供水温度可取 110~150℃，回水温度不应高于 70℃，选项 AB 正确。

2020-1-45. **参考答案：**AD

分析：根据《复习教材》式（1.8-27）可知，换热器面积与一、二次热媒参数有关，与换热量有关，换热量可以根据流量及一、二次热媒参数确定，选项 A 正确；装机容量由于考虑了水垢系数和热负荷附加系数，因此，总装机容量大于设计热负荷，选项 C 错误；总热量附加系数是考虑供暖系统的热损失而附加的系数，水垢系数是由于管道内壁水垢等因素影响传热系数 K 值而附加的系数，二者考虑的角度不同，选项 B 错误；根据《复习教材》第 1.8.12 节第 2 条设计选型要点可知，换热器的总台数不应多余 4 台，选项 D 正确。

2020-1-46. **参考答案：**ABD

分析：根据《复习教材》第 1.11.1 节第 2 条可知，新建锅炉房锅炉合理台数为 2~5 台，选项 D 错误；哈尔滨为严寒地区，满足 70% 比例，即为：$16800 \times 70\% = 11760$kW。

当一台额定蒸发量或热功率最大的锅炉检修时，剩余锅炉的设计供热量，选项 A 为 8400kW，不满足要求；选项 B 为 $5600 \times 2 = 11200$，不满足要求；选项 C 为 $4200 \times 3 = 12600$，满足要求。

2020-1-47. 参考答案：ACD

分析： 根据《复习教材》第 1.11.6 节燃气锅炉节能与减排措施中第 5 条降低锅炉氮氧化物 NO_x 的排风内容可知，选项 ACD 均为正确应用；选项 B 对于再燃区，需要不供应空气。

2020-1-48. 参考答案：AB

分析： 根据《工规》第 6.3.2-3 条可知，净化后允许循环使用的空气含尘浓度不应低于 30％，因此仅选项 AB 满足要求。

2020-1-49. 参考答案：ABC

分析： 根据《通风与空调工程施工质量验收规范》GB 50243—2016 第 E.1.1 条可知，选项 A 正确；根据 E.2.1-1 条可知，选项 B 正确；根据 E.2.1-2 条可知，选项 C 正确；根据 E.2.1-3 条可知，选项 D 错误，宜采用辅助风管法测量。

2020-1-50. 参考答案：BCD

分析： 根据《工业企业设计卫生标准》BZ1-2010 第 6.1.5.1-a 条或《工规》第 6.1.4 条可知，仅选项 A 正确。

2020-1-51. 参考答案：ACD

分析： 根据《复习教材》式（2.2-5）关于风量平衡的概念可知，选项 A 正确；根据式（2.3-5）及式（2.3-6）可知，选项 B 错误，窗孔余压与窗孔至中和面的距离有关，而非简单数值相等；根据式（2.3-5）上方文字可知，选项 C 正确，中和面处余压为 0，即室内与室外空气压力相同；根据式（2.6-16）可知，当上下窗面积和做法相同时，中和面到上下窗的高差比为 1，即近似于中部位置。

2020-1-52. 参考答案：ABD

分析： 根据《民规》第 6.2.1-1 条可知，选项 A 错误，还应不小于 $45°$；根据第 6.2.3 条可知，下缘距地坪高度不宜大于 1.2m，选项 B 错误；根据第 6.2.4 条可知，选项 C 正确；根据 6.2.6 条可知，自然通风量应同时考虑热压以及风压作用，选项 D 错误。

2020-1-53. 参考答案：BD

分析： 根据《工规》第 7.5.2 条可知，选项 A 正确；根据《复习教材》第 2.7.5 节 "2. 风管布置" 中 "（7）进、排风口布置" 有关 "排风口布置" 可知，选项 B 错误，排风口应位于建筑空气动力阴影区和正压区以上；根据《复习教材》第 2.7.5 节 "（8）其他" 第 4）条可知，选项 C 错误，排风口宜采用锥形风帽或防雨风帽；根据《工规》第 7.5.5

条可知，选项 D 正确。

2020-1-54．**参考答案：** AB

分析： 根据《民规》第 9.2.5-1 条条文说明，阀权度 S 过高可能导致通过阀门的水流速过高，水泵能耗增大，选项 A 错误，另外，根据《复习教材》P528 阀权度定义，阀权度选择越大，空调水系统阻力越大，水泵能耗越大，不节能，也可判断选项 A 错误；根据第 9.2.5-3 条，应根据对象要求的流通能力通过计算确定，选项 B 错误；根据《复习教材》P529，选项 CD 正确。

2020-1-55．**参考答案：** AB

分析： 新风处理到室内等含湿量状态送入房间，不承担室内的湿负荷，此时风机盘管负担室内全部湿负荷，新风湿负荷由新风机负担，选项 AB 正确，选项 C 错误；由于房间气密性良好，且房间保持正压，无室外空气渗透，选项 D 错误。

2020-1-56．**参考答案：** ABC

分析： 根据《民规》第 7.1.5 条，空调房间要求维持微正压，需要 $L_s > L_h + L_p$，选项 A 错误；根据《民规》第 7.4.10-3 条，房间允许温度波动为 ±0.5℃ 时，最大送风温差为 6℃，选项 B 错误；房间空调精度为 ±0.5℃，要求送风温差为 3～6℃，采用机器露点送风无法满足要求，选项 C 错误；根据《民规》第 7.2.11-3 条，选项 D 正确。

2020-1-57．**参考答案：** BCD

分析： 按夏季空调室内计算参数干球温度 26℃、相对湿度 50% 估算，查 h-d 图得对应的露点温度为 14.8℃，含湿量为 10.6g/kg，冷水的供水温度不必低于常规的 7℃，降低冷水的供水温度将导致冷水机组 COP 降低，对节能不利，选项 A 错误；根据《民规》第 7.3.2 条及条文说明，选项 B 符合节能要求，正确；根据第 7.3.8 条、第 7.3.9 条，选项 C 正确；兰州湿球温度为 20.1℃，根据《民规》第 7.3.17 条条文说明，室外计算湿球温度较高的地区可采用组合式蒸发冷却方式，选项 D 正确，《09 技术措施》表 5.15.1-3 也证明了兰州适合采用组合式蒸发冷却。

2020-1-58．**参考答案：** ACD

分析： 根据题干，甲乙两个表冷器的冷水参数均为 7℃/12℃，两个处理过程最终空气含湿量相等，决定了两个处理过程机器露点相同，即表冷器出口空气状态相同。如下图

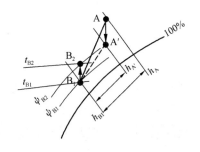

所示，甲过程 A→B$_1$，乙过程 A→A′→B$_1$→B$_2$。由于乙过程初始状态空气 A 先经过空气换热器与表冷器出口状态空气进行显热交换，致使 $t_{B2}>t_{B1}$，选项 B 正确；乙过程的表冷器进口温度低于甲过程，所以两个处理过程表冷器总冷量不同；又由于两表冷器负担的湿负荷相同，所以两表冷器负担的显热冷负荷也不同；选项 AC 错误；B$_1$、B$_2$ 状态含湿量相同温度不同，查焓湿图，$\psi_{B2}<\psi_{B1}$，选项 D 错误。

2020-1-59. **参考答案：** AC

分析： 本题为温湿度独立控制系统，辐射末端为温度控制系统，不承担室内潜热负荷，选项 A 错误；温度独立控制系统采用高温冷水有利于节能，湿度控制系统采用低温冷水才能除湿，选项 B 正确；根据《复习教材》图 1.4-13，吊顶毛细管供冷能力无法达到 250W/m^2，根据《红宝书》P494，平顶辐射板供冷时，单位面积供冷量一般为 90～115W/m^2，选项 C 错误；根据辐射原理，辐射供冷是辐射板直接向人体辐射冷量，与高度无关，而对流系统可能因为高度增加而影响供冷效果，故选项 D 正确。

2020-1-60. **参考答案：** ABD

分析： 根据《民规》第 3.0.2 条，选项 A 错误，还与相对湿度和风速有关；根据第 3.0.1 条，选项 B 错误；根据第 3.0.2-2 条，选项 C 正确；根据第 3.0.6-4 条，选项 D 错误，人员密度越大，每人所需新风量越小。

2020-1-61. **参考答案：** ABC

分析： 根据《复习教材》第 3.9.3 节第 4 条消声器使用中应注意的问题，若主风管内风速太大，势必增加消音器的气流再生噪声，这时分别在气流速度较低的分支管上设置消音器为宜，选项 A 错误；根据第 3.9.4 节设备噪声控制，屏障离声源越近，或屏障越高，隔声越有利，选项 B 错误；应根据设备转速不同，选择不同的隔振器，并非自振频率越高越好，选项 C 错误；选项 D 正确。

2020-1-62. **参考答案：** AB

分析： 根据《洁净厂房设计规范》第 6.6.6 条及条文说明，风管应选用不燃材料，选项 AB 正确，选项 CD 错误，选项 CD 均为 B1 级难燃。

2020-1-63. **参考答案：** ABC

分析： 根据《复习教材》第 4.5.3 节可知，结晶部位发生在溶液热交换器的浓溶液侧，选项 D 正确，选项 ABC 错误。

2020-1-64. **参考答案：** CD

分析： 名义制热工况下，室内侧换热器为冷凝器，即使用侧；室外侧换热器为蒸发器，即热源侧。根据《复习教材》表 4.3-6 可知，选项 AB 正确，选项 CD 错误，冷凝器侧的水流量为 0.172m^3/(h·kW)，蒸发器侧的水流量 0.134m^3/(h·kW)。

2020-1-65. 参考答案：AC

分析： 压缩机吸气温度过高，即蒸发温度升高，蒸发压力升高，制冷剂流量增加。

2020-1-66. 参考答案：AC

分析： 根据《复习教材》表 4.3-25 可知，选项 A 正确，选项 B 错误；3 级能效等级，同时对 COP_h 和 $IPLV$（H）有相关限值要求；制热量为 50kW，出水温度为 35℃的机组，COP_h 的限值要求为 2.4，故选项 D 错误。

2020-1-67. 参考答案：BC

分析： 根据《复习教材》图 4.6-6 及图 4.6-7 可知，选项 A 错误、选项 B 正确，除需考虑机组效率外，还需比较二者的余热利用效率；燃气发动机燃气输入量为 Q，则其可利用的余热量为 $Q_2 = Q(1-30\%)70\% = 49\%Q$，总利用效率为 $\eta = 30\% + 49\% = 79\%$，选项 C 正确；选项 D 错误，无相关要求。

2020-1-68. 参考答案：BC

分析： 根据《民规》第 8.1.2 条可知，选项 A 错误；根据第 8.3.1 可知，选项 B 正确；跟《复习教材》第 4.5.2 节第 1 条可知，单效型溴化锂吸收式制冷机的热力系数范围一般为 0.65～0.7，故选项 C 正确；根据《复习教材》第 4.6.2 节第 2 条可知，燃气轮发电机的总容量小于或等于 25MW，故选项 D 错误。

2020-1-69. 参考答案：ABD

分析： 根据《绿色建筑评价标准》GB/T 50378—2019 第 7.1.2-1 条，应区分房间的朝向细分供暖、空调区域，并应对系统进行分区控制，选项 A 未对宴会厅和包间分设系统，且单风道定风量全空气空调系统无法进行分区控制，不符合控制项要求；根据第 7.1.5 条，冷热源、输配系统和照明等各部分能耗应进行分项计量，选项 B 不符合控制项要求；根据第 5.1.9 条，地下车库应设置于排风设备联动的一氧化碳浓度监测装置，选项 D 不满足控制项联动要求；选项 C 大于《公建节能 2015》第 4.2.11 条夏热冬冷地区 $IPLV$ 限值 5.9 和第 4.2.12 条夏热冬冷地区 $SCOP$ 限值 4.1 的要求，满足《绿色建筑评价标准》GB/T 50378—2019 第 7.1.2-2 条控制项要求。根据 GB/T 50378—2019 第 3.2.7 条和第 3.2.8 条，选项 ABD 错误。

2020-1-70. 参考答案：BCD

分析： 根据《建筑给水排水设计标准》GB 50015—2019 表 6.2.1-1 注 2，选项 A 正确；根据表 6.2.1-2，选项 B 错误，表格规定有不同的计算温度；根据第 5.5.7 条，选项 C 错误，热水供应系统中，水加热器的出水温度与配水点的最低水温温度差，单体建筑不得大于 10℃；根据第 5.5.5 条，选项 D 错误，3‰～5‰设计小时热水量考虑的为配水管道的热损失，热水循环流量按式（5.5.5）计算。

专业知识考试（下）

一、单项选择题（共 40 题，每题 1 分，每题的备选项中只有一个符合题意）

2020-2-1. 参考答案：A

分析： 根据《民规》第 5.3.1 条可知，散热器供暖系统供回水温差不宜小于 20℃，供水温度不宜大于 85℃，选项 BD 不合理；根据第 5.4.1 条可知，热水地面辐射供暖系统供水温度宜采用 35～45℃，不应大于 60℃，供回水温差不宜大于 10℃且不宜小于 5℃，选项 A 合理，选项 C 不合理。

2020-2-2. 参考答案：D

分析： 根据《复习教材》第 1.9.4 节第 3 条双立管的户内独立环路系统的水力工况可知，把户内独立系统等效为一组散热器就是本题的解释，当关闭任一散热器后，其余散热器的流量均增大，选项 A 正确、选项 C 正确、选项 D 错误；在等流量情况下，某立管有散热器关闭时，该立管总流量减少，选项 B 正确。

2020-2-3. 参考答案：B

分析： 根据《民规》第 5.10.1 条、第 5.10.4 条、第 5.10.5 条可知，选项 A 正确；根据第 5.10.6 可知，选项 B 错误；根据第 5.10.2 条及其条文说明可知，选项 CD 正确。

2020-2-4. 参考答案：C

分析： 根据《复习教材》式（1.5-16）可知，送风系统的耗热量相当于加热空气所需热量：$Q = Gc_p(t_2 - t_1) = 54000 \div 3600 \times 1.01 \times (30 + 16.9) = 703.5 \text{kW}$，选项 C 正确。

2020-2-5. 参考答案：C

分析： 根据《供热计量技术规程》JGJ 173—2009 第 3.0.6 条及其条文说明可知，热量表选项不可按照管道直径直接选用，应按照流量和压降选用，选项 A 错误；根据第 5.2.3 条可知，变流量系统的热力入口不应设自力式流量控制阀，选项 B 错误；根据第 5.2.5 条可知，当热力入口资用压差不能满足既有供暖系统要求时，应采取提高管网循环泵扬程或增设局部加压系统等补偿措施，选项 C 正确；根据第 4.1.2 条，热力站的流量传感器应安装在一次管网的回水管上，选项 D 错误。

2020-2-6. 参考答案：C

分析： 为减少重力循环附加压力带来的户间压差的差异，立管应采用异程式，选项 A 错误；为减小用户流量失调，应增大各户内供暖系统的阻力，比如采用高阻型温控阀等，选项 B 错误；用户处安装热量表实现分户计量，同时安装静态调节阀，有利于调节平衡，选项 C 正确；分户供暖系统为便于用户随机调节，进户出不应设置自力式订流量阀，选项 D 错误。

2020-2-7. **参考答案：A**

分析：根据《复习教材》式（1.3-3）可知，重力循环作用压力与加热中心至冷却中心的垂直距离有关，与供回水密度差有关，与重力加速度有关，与系统热水循环流量无关。

2020-2-8. **参考答案：A**

分析：根据《供热计量技术规程》CJJ 34—2010 第 8.4.8 条可知，选项 A 正确；根据第 8.4.4 条可知，套筒补偿器应计算各种安装温度下的补偿器安装长度，选项 B 错误；根据第 8.4.1 条，供热管道的温度变形应充分利用管道的自然补偿，选项 C 错误；根据第 8.4.5 条可知，采用波纹管轴向补偿器时应安装导向制作，选项 D 错误。

2020-2-9. **参考答案：A**

分析：根据《公建节能 2015》表 3.3.1-1 及表 3.4.1-1 可知，选项 A 错误，不满足权衡判断的基本要求，应重新调整做法；根据第 3.3.7 条可知，选项 B 正确；根据表 3.3.1-1 及表 3.4.1-2 可知，选项 C 正确；根据第 3.2.7 条可知，屋顶透光部分面积大于屋顶总面积的 20% 时，可进行权衡判断，选项 D 正确。

2020-2-10. **参考答案：D**

分析：根据《工规》第 6.4.5 条，选项 ABC 均正确，选项 D 错误，不得朝向室外空气动力阴影区和正压区。

2020-2-11. **参考答案：D**

分析：根据《防排烟规》第 4.6.10 条可知，火灾热释放速率与家具、装饰材料有关，火灾热释放速率决定烟羽流质量流量的大小，因此选项 A 正确；根据第 4.6.11 条可知，燃料面到烟层底部的高度与计算排烟量大小有关，因此排烟量与房间净高有间接关系，选项 B 正确；根据第 4.6.12 条可知，烟羽流质量流量越大，烟尘管平均温度与环境温度的差越小，因此选项 C 正确；根据 4.6.12 条可知，因烟气中对流放热量因子的不同，自然排烟的烟层平均温度与环境温度的差为相同条件机械排烟的一半，即自然排烟的烟尘平均温度比机械排烟低，由式（4.6.13-1）可知，烟尘平均温度越时，计算排烟量越小，因此选项 D 错误。

2020-2-12. **参考答案：A**

分析：根据《防排烟规》第 5.2.2-4 条可知，选项 B 正确；根据第 5.2.3 条可知，火灾确认后应在 15s 内联动开启相应防烟分区的全部排烟阀、排烟口、排烟风机和补风设施，选项 C 正确；根据第 4.6.4-1 条可知，选项 D 正确；根据第 5.2.2-5 条，排烟防火阀熔断时，连锁关闭排烟风机和补风机，但根据第 4.4.6 条，明确连锁关闭排烟风机的排烟防火阀为排烟风机入口上的阀门，因此选项 A 错误。

2020-2-13. **参考答案：C**

分析：根据《防排烟规》第 4.3.6 条可知，净空高度大于 9m 的中庭、建筑面积大于

2000m² 的营业厅、展览厅、多功能厅等场所，应设置集中手动开启装置和自动开启设施。一般的自然排烟场所，只需要设置手动开启装置，选项C正确。

2020-2-14. 参考答案：C
分析： 根据《复习教材》表 3.6-2 可知，过滤效率达到 70%～95% 的过滤器属于高中效过滤器，选项C正确。

2020-2-15. 参考答案：D
分析： 根据《复习教材》式（2.4-1）可知，选项 AC 均应考虑；选项 B 有工艺设备的配置决定，题目并没有明确是否需要考虑；选项 D 适合"工艺过程发热量大、物料含水率高"的情况，题设属于"工艺过程发热量小，物料含水率低"的情况，与需要考虑的因素相反，因此选项 D 可不包括在排风量计算之中。

2020-2-16. 参考答案：B
分析： 根据 NR 噪声评价曲线，噪声频率越高，允许的声压级越低，选项 A 错误；相同倍频带允许的声压级与 A 声级噪声限值成正比，选项 B 正确；插入损失的定义为：离声源一定距离某处测得的隔声结构设置前的声功率级和设置后的声功率级之差值。根据《红宝书》式（17.3-9），隔声量与透声面积有关，选项 C 错误；根据《复习教材》式（3.9-2），声强与声压非线性相关，选项 D 错误。

2020-2-17. 参考答案：C
分析： 根据《复习教材》第 3.9.3 节，选项 A 错误，小于 5m/s 时，可不计算再生噪声，大于 8m/s 时，可不计算噪声的自然衰减；微穿孔消声器没有填料，不起灰尘，适合洁净车间，选项 C 正确；阻性消声器对中高频有较好的消声性能，抗性消声器对低频和低中频有较好的消声性能，选项 D 错误；根据式（3.9-7），变化率相同时，风压变化的影响更大，选项 B 错误。

2020-2-18. 参考答案：A
分析： 根据《复习教材》第 3.9.3 节，若主风管内风速过大，消声器靠近通风机设置，势必增加消声器的再生噪声，根据《民规》第 10.1.5 条表注，通风机与消声装置之间的风管，风速可采用 8～10m/s，选项 A 错误；根据《复习教材》第 3.9.3 节，选项 BCD 均正确。

2020-2-19. 参考答案：B
分析： 根据《复习教材》第 3.2.1 节第 3 条冷负荷形成机理，只有得热量中的对流成分才能被室内空气立即吸收，选项 B 正确，选项 ACD 错误。

2020-2-20. 参考答案：D
分析： 根据《复习教材》第 3.7.2 节第 2 条开式系统和闭式系统，开式水系统需要克服静水高度，运行能耗会高于闭式系统，选项 A 错误；根据第 3.7.8 节第 3 条定压设备，膨胀水箱的优点是结构简单、造价低、对系统的水压稳定性极好，根据《民规》第 8.5.16 条，膨胀水箱定压还具有省电的优点，选项 BC 错误、选项 D 正确。

2020-2-21. **参考答案：** D

分析： 根据《民规》第 8.5.9-2 条，旁通阀设计流量取各台冷水机组允许最小流量中的最大值，选项 D 正确。

2020-2-22. **参考答案：** B

分析： 部分负荷时冷水机组冷凝器负荷小，多台冷却塔联合运行可达到降低冷却水供水温度的目的，选项 A 正确；减少冷凝器结垢，可保证冷凝器的换热效率，避免冷凝温度升高并维持冷水机组高效运行，选项 B 错误；冷水机组不同负载率下能效比不同，当系统部分负荷时，通过冷水机组台数调节，可使运行的冷机处于高效区，选项 C 正确；旋启式止回阀的阻力系数低于蝶式止回阀，因此选用旋启式可提高系统整体能效，选项 D 正确。

2020-2-23. **参考答案：** C

分析： 根据《地源热泵系统工程技术规范》GB 50366—2005（2009 年版）第 C.1.1 条，选项 A 正确；根据第 C.3.2 条，选项 B 正确；根据第 C.3.3 条，选项 C 错误，测试孔完成并放置至少 48h 以后进行；根据第 C.3.6 条，选项 D 正确。

2020-2-24. **参考答案：** C

分析： 冷水泵扬程是根据管网阻力计算选择的，不是根据膨胀水箱高度进行选择，选项 AB 错误；冷水机组连接在冷水泵进水口时，不必承受水泵扬程的压力，承压为静水高度 102－（－5）＝107m，选项 C 正确；冷水机组连接在冷水泵的出水口时，需要承受静水压力和水泵扬程，大于 107m，选项 D 错误。

2020-2-25. **参考答案：** A

分析： 根据《复习教材》第 3.4.5 节，系统的连接率从 50％到 130％，选项 A 错误，选项 C 正确；选项 D 正确。根据《多联机空调系统工程技术规程》JGJ 174—2010 第 3.4.2 条，选项 B 正确。

2020-2-26. **参考答案：** D

分析： 风机风压按过滤器终阻力计算，初运行时，过滤器阻力小于设计值，系统运行风量会大于设计风量，选项 AB 正确；根据《民规》第 9.4.1-4 条，选项 C 正确；由于过滤器按终阻力计算，运行中过滤器达到终阻力前，实际阻力值均小于设计值，系统运行风量都会大于设计风量，选项 D 错误。

2020-2-27. **参考答案：** A

分析： 根据《复习教材》第 3.5.1 节第 1 条第（4）款，贴附射流由于仅一面卷吸室内空气，故衰减较慢，选项A正确；平行射流相互搭接后轴心速度还会增大，选项B错误；温度衰减较速度快，射流温度的扩散角大于速度扩散角；根据式（3.5-1），选项C错误。

2020-2-28. **参考答案：**D

分析：根据《洁净厂房设计规范》GB 50073—2013第A.2.1条，选项A错误，生物洁净室才测试浮游菌、沉降菌；根据第A.2.2条，选项B错误，最长12个月；根据第A.3.2-1条，静压差测定应在风量、风速测定合格后进行，选项C错误；根据第A.3.5—4条，选项D正确。

2020-2-29. **参考答案：**B

分析：根据《复习教材》第4.5.1节可知，选项AC正确、选项B错误，溴化锂吸收式制冷机组中，水是制冷剂，溴化锂是吸收剂，氨吸收式制冷机组中，氨是制冷剂，水是吸收剂；选项D正确。

2020-2-30. **参考答案：**A

分析：根据《复习教材》第4.3.2节第2条第（3）款螺杆式制冷压缩机相关内容可知，选项BCD正确。

2020-2-31. **参考答案：**B

分析：名义制热工况下，室内侧换热器为冷凝器，即使用侧；室外侧换热器为蒸发器，即热源侧。根据《复习教材》表4.3-6可知，选项A正确；根据表4.3-19可知，除机组类型、名义制冷量外，还需明确气候区，故选项B错误；根据表4.3-18可知，选项C正确，但是不够完善，需以满足能效限定值要求为前提；根据表4.3-6可知，名义工况下放热侧进水水温为30℃/34℃，故工程设计工况下冷凝器侧平均温度升高，机组性能系数降低，选项D正确。

2020-2-32. **参考答案：**C

分析：根据《复习教材》第4.1.4节可知，选项A错误、选项B错误、选项C正确，制冷剂在冷凝器中为等压变温过程；节流损失与制冷剂的物性有关，选项D错误。

2020-2-33. **参考答案：**D

分析：根据《复习教材》表4.3-18及表4.3-19可知，选项ABC正确，机组的能效等级限值需要同时满足COP和IPLV的3级能效值；节能评价值需满足IPLV值或COP值。对于变频离心冷水机组COP的限值降低，IPLV的限值增加，选项D错误。

2020-2-34. **参考答案：**C

分析：根据《冷库设计规范》GB 50072—2010第3.0.8条可知，选项A正确；根据第3.0.7条可知，选项BD正确、选项C错误，计算通风换气量时，室外计算温度应采用夏季通风室外计算温度。

2020-2-35. 参考答案：D

分析：对于冷凝温度的决定因素，冷却介质相变带走热量的换热方式，冷凝温度取决于环境空气湿球温度，直接与空气进行热量交换的换热方式，冷凝温度取决于环境空气的干球温度，故选项 ABC 均不正确；冷水机组能效标准中，能效划分依据《冷水机组能效限定值及能效等级》GB 19577—2015 表 2，可知选项 D 正确。

2020-2-36. 参考答案：B

分析：根据《复习教材》P581 可知，选项 A 正确、选项 B 错误，R717 决不能采用回热循环，不仅其性能系数降低多，还会引起温度高等其他不利因素；根据第 4.4.2 节可知，选项 CD 正确。

2020-2-37. 参考答案：A

分析：根据《直燃型溴化锂吸收式冷（温）水机组》GB/T 18362—2008 表 1 可知，制冷工况下性能系数满足要求，但是题设中的运行工况为制热工况，故选项 A 的表述与题设不符，错误；室外环境温度为 -12℃ 时，制热量可达 800kW，温度为 -10℃，蒸发温度增加，制热量增加，选项 B 可能满足供热需求；选项 C 中，缸套水的发热量为 $Q_g = \frac{300}{30\%} \times (1-30\%) \times 40\% = 280 \text{kW}$；热泵制热量为 $Q_h = 300 \times 2.5 = 750 \text{kW}$，总供热量为 $Q = Q_g + Q_h = 280 + 750 = 1030 \text{kW}$，满足要求，故选项 C 正确；根据《复习教材》表 4.3-24 可知，100% 负荷下，室外空气干球温度为 -12℃，故室外温度为 -10℃，蒸发温度增加，制热量增加，选项 D 正确。

2020-2-38. 参考答案：A

分析：根据《复习教材》第 5.3.2 节第 1 条工业建筑体形系数与建筑围护结构热工设计，选项 A 正确，恒温恒湿环境的金属围护系统气密性不大于 1.2m³/(m²·h)；选项 B 错误，仅对严寒和寒冷地区的一类工业建筑的体形系数提出了要求；选项 C 错误，一类工业建筑总窗墙面积比大于 0.5 以及屋顶透光部分的面积与屋顶总面积之比大于 0.15 时，才必须进行权衡判断；选项 D 错误，可以限制围护结构传热系数和余热强度值。

2020-2-39. 参考答案：B

分析：根据《城镇燃气设计规范》GB 50028—2006（2020 版）第 10.5.3-3 条和第 10.5.3-5 条，选项 B 正确；根据第 10.2.23-3 条，选项 A 错误，应焊接和法兰连接；根据第 10.2.1 条，选项 C 错误，商业用户中压最高压力为 0.4MPa；根据第 10.2.14-1 条和第 10.2.24 条，选项 D 错误，燃气引入管和水平干管不得敷设在配电间。

2020-2-40. 参考答案：B

分析：根据《城镇燃气设计规范》GB 50028—2006（2020 版）第 10.2.29 条，选项 B 错误，选项 ACD 正确。

二、多项选择题（共 30 题，每题 2 分，每题的各选项中有两个或两个以上符合题意，错选、少选、多选均不得分）

2020-2-41. 参考答案：ACD

分析：根据《复习教材》第 1.2.1 节第 2 条"围护结构附加耗热量第（7）款"可知，间歇附加率，仅白天供暖者可取 20%，选项 A 正确；根据第（4）款可知，散热器供暖房间高度附加，每高出 1m 应附加 2%，选项 B 错误；根据第（5）、（6）款可知，选项 CD 正确。

2020-2-42. 参考答案：CD

分析：根据《严寒和寒冷地区居住建筑节能设计标准》JGJ 26—2018 式（5.2.11-1）、式（5.2.11-2）可知，A 值是与水泵流量有关的计算系数，选项 A 正确；多级泵的 B 值大于一级泵，所以多级泵的限值大于一级泵，选项 B 正确；L 为室外主干线的长度，选项 C 错误；市政热力站的数量影响到供暖主干线长度、循环泵的选型等，均会影响到 HER 的计算，选项 D 错误。

2020-2-43. 参考答案：BC

分析：根据《复习教材》图 1.10-9 可知，散热器散热量与流量的关系为非线性关系，选项 A 错误；根据第 1.8.1 节第 1 条第（1）、（5）款可知，选项 BC 正确；根据第 1.8.1 节第 4 条可知，选项 D 错误，试验压力应为工作压力的 1.5 倍，但不小于 0.6MPa。

2020-2-44. 参考答案：ABCD

分析：根据《复习教材》第 1.10.1 节可知，供暖设计热负荷的概算，可采用体积热指标或面积热指标法，选项 AB 正确；建筑物的通风设计热负荷，可采用通风体积热指标或百分数法进行概算，选项 CD 正确。

2020-2-45. 参考答案：AB

分析：根据《工规》第 5.8.4-1 条可知，选项 A 错误，缺失安全阀、旁通等；根据第 5.8.4-2 条可知，有的疏水阀有止回功能，其后可不设止回阀，选项 C 错误；根据第 5.8.12 条可知，选项 B 正确；蒸汽凝结水回收装置可装设在干管末端，可设置与立管末端，也可设置于每组散热器末端，不一定设置在系统的最低点，选项 D 错误。

2020-2-46. 参考答案：BCD

分析：根据《锅炉房设计标准》GB 50041—2020 第 6.1.7 条，当燃料为轻柴油时，其总容积不应超过 1m³，选项 A 错误、选项 B 正确；根据第 6.1.9 条可知，选项 CD 正确。

2020-2-47. 参考答案：AC

分析：根据《复习教材》第 2.4.3 节"密闭罩"中"（3）吸风口位置的确定"的最后一部分可知，粗颗粒物料破碎的吸风口风速不宜大于 3m/s，没有最小风速限值，选项 A 错误；根据"外部吸气罩"（1）前面无障碍的排风罩排风量计算的内容可知，选项 B 正确；根据"接受式排风罩"中（2）热源上部接受罩排风量计算可知，当 $H > 1.5A_p^{1/2}$ 时，接受罩属于高悬罩，由式（2.4-20）可知，高悬罩罩口尺寸需要计算确定，题设内容为低悬罩的罩口尺寸要求，选项 C 错误；根据"槽边排风罩"相关内容可知，选项 D 正确，槽宽小于 700mm 时，适合采用单侧排风。

2020-2-48. **参考答案：** BCD

分析： 根据《复习教材》第 2.2.5 节第（4）条可知，选项 A 正确；根据第 2.2.2 节"（6）建筑物全面排风系统吸风口的布置"可知，位于房间下部区域的排风口，下缘至地板的间距不大于 0.3m，选项 B 错误；根据第 2.2.5 节第（4）条可知，吸风口设置无需均匀设置，应尽可能设置在有害气体放散量可能最大或聚集最多的场所，选项 C 错误；根据第 2.2.2 节"（6）建筑物全面排风系统吸风口的布置"可知，位于房间上部区域的排风口，吸风口上缘至顶棚的距离不大于 0.4m，选项 D 错误。

2020-2-49. **参考答案：** AC

分析： 根据《工规》第 6.4.7 条可知，选项 A 正确；根据第 6.4.6 条可知，事故通风系统需要设置连锁的泄漏报警装置，而不是与火灾报警系统连锁，选项 B 错误；事故排风属于排出有爆炸危险气体，根据第 6.9.21 可知，排风管应采用金属管道，选项 C 正确；根据第 6.9.17-2 条可知，有爆炸危险区域的送排风设备，风机和电机之间不得采用皮带传动，选项 D 错误。

2020-2-50. **参考答案：** BC

分析： 根据《防排烟规》第 5.1.3 条可知，选项 A 正确；根据第 5.1.3-1 条可知，只需要开启着火防火分区楼梯间的全部加压送风系统，而非开启广播的区域，选项 B 错误；根据第 5.2.3 条可知，机械排烟系统需要开启相应"防烟分区"的相关设施，而非"防火分区"，选项 C 错误；根据第 5.2.3 条可知，30s 内需要关闭与排烟无关的通风、空调系统，15s 内相关排烟设施均联动开启，因此 30s 才完成与通风、空调合用的排烟系统的转换，选项 D 正确。

2020-2-51. **参考答案：** ABD

分析： 根据《防排烟规》第 4.2.4 条可知，长边最大允许长度为 36m，因此选项 A 中需要划分至少 2 个防烟分区，故选项 A 错误；根据第 4.2.3 条条文说明图 4 可知，挡烟垂壁上缘需要自梁或上方楼板开始制作，不可仅做到吊顶，选项 B 错误；根据表 4.2.4 注 2 可知，选项 C 正确；根据《建规 2014》第 5.3.6 条可知，步行街与中庭不同，需要防止火灾在步行街内沿水平方向蔓延，需要每层楼板开口面积不小于地面面积的 37%，顶部设不小于地面面积的 25% 的自然排烟口，需要利用开口面积将步行街的烟气排出，若设置了挡烟垂壁，则破坏了步行街的排烟效果，导致烟气在步行街内聚集，故选项 D 错误。

2020-2-52. **参考答案：** AD

分析： 根据《复习教材》第 2.6.4 节可知，活性炭适合有机溶剂蒸汽吸附，特别是温度升高时吸附量下降，低温时反而吸附量较大，因此选项 A 正确；根据第 2.6.5 节"3. 吸收剂"第2)条可知，蒸气压应尽量低，选项 B 错误；根据图 2.6-1 下方关于固定床活性炭吸附装置的计算顺序第2)步可知，处理风量取最大处理废气量的 120%，选项 C 错误；根据第 2.6.4 节第 1 条第（5）款可知选项 D 正确。

2020-2-53. 参考答案：BC

分析： 改变风机出口上的阀门开度仅改变了管网的总阻抗，对通风机本身没有影响，选项 A 错误；根据《复习教材》表 2.8-6 可知，选项 B 正确；根据第 2.8.5 节"2. 改变通风机特性曲线的调节方法"第（2）条内容可知，选项 C 正确；根据"2. 改变通风机特性曲线的调节方法"第（1）条内容可知，变极调速是利用双速电动机，通过接触器转换变极得到两档转速，选项 D 的调速方法为变频调节，错误。

2020-2-54. 参考答案：AC

分析： 根据《工规》第 8.4.2-8 条，选项 A 正确；根据《民规》第 7.4.10 条，选项 B 错误，送风温差不宜大于 10℃；根据《复习教材》第 3.5.1 节第 1 条第（4）款可知，选项 C 正确；根据《民规》第 7.4.13 条或《工规》第 8.4.13 条，选项 D 错误，顶部回风口吸风速度宜≤4.0m/s。

2020-2-55. 参考答案：ABD

分析： 双风道空调系统通过调节冷热风的比例控制送风参数，调节过程中总风量和新风比均不变，选项 ABD 正确，选项 C 错误。

2020-2-56. 参考答案：ACD

分析： 根据《复习教材》第 3.8.6 节，输入与输出是以控制器为核心判断的，进入控制器的信号为输入，控制器输出的信号为输出，选项 ACD 错误，选项 B 正确。

2020-2-57. 参考答案：ACD

分析： 根据《复习教材》第 3.9.2 节，流速过高将产生气流噪声，选项 A 正确；参考赵荣义主编的《空气调节》P239，风机声功率随转速 5 次方增长，风机转速低于设计值，噪声会降低，选项 B 错误；机组余压高将导致通风机声功率级过高即机组噪声增加，选项 C 正确；根据《红宝书》P1359，风机比声功率定义，空调送风机的比声功率级过高同样会导致通风机声功率级过高，机组噪声增加，选项 D 正确。

2020-2-58. 参考答案：BC

分析： 根据《公建节能 2015》第 3.1.1 条，面积超过 300m² 即为甲类建筑，根据第 3.2.1 条及条文说明，夏热冬冷和夏热冬暖地区不对体形系数提出具体要求，选项 A 错误；根据表 3.3.1-4，选项 B 正确；根据表 3.4.1-2，选项 C 正确；根据第 3.4.3 条条文说明，参照建筑有可能缩小窗户面积，导致外围护结构面积与设计建筑不同，选项 D 错误。

2020-2-59. 参考答案：CD

分析： 送风温度低于 10℃ 为低温送风系统，根据《工规》第 8.3.13-1 条，冷媒的进口温度应比空气的出口干球温度至少低 3℃，选项 A 错误；根据《复习教材》表 3.6-2，中效过滤器初阻力≤80Pa，根据《工规》第 8.5.13-3 条，过滤器阻力按终阻力计算，选项 B 错误；根据第 8.5.4-5 条，选项 C 正确；根据第 8.3.13-3 条，选项 D 正确。

2020-2-60. 参考答案：ABC

分析： 根据《复习教材》P525 调节阀相关内容，调节阀的理想特性定义是两端压差不变时的流量特性，而阀门的结构不同，导致阀门的相对开度变化引起的相对流量变化不同，即为不同的理想特性，选项 A 正确；选项 B 正确；压差旁通阀的工作特性与理想特性非常接近，即畸变较小，选项 C 正确，调节阀阀权度通常小于 1，而压差旁通阀的阀权度≈1，阀权度越偏离 1，其工作特性发生的畸变越大；根据式（3.8-1），选项 D 错误，与调节阀两端压差有关，而不是水系统管道阻力。

2020-2-61. 参考答案：AC

分析： 根据《洁净厂房设计规范》GB 50073—2013 表 6.3.3，选项 AC 正确，选项 B 错误；根据第 6.3.4-1 条，选项 D 错误，单向流洁净室内不宜布置洁净工作台。

2020-2-62. 参考答案：ABC

分析： 根据《洁净厂房设计规范》GB 50073—2013 第 6.4.1-1 条，选项 A 正确；根据第 6.4.1-3 条，选项 B 正确；根据第 6.4.1-4 条，选项 C 正确；根据《复习教材》P463，选项 D 错误，应设在室内排风口处。

2020-2-63. 参考答案：ACD

分析： 根据《蓄能空调工程技术标准》JGJ 158—2018 第 3.3.9 条条文说明可知，选项 A 正确、选项 B 错误；根据第 3.3.9 条表 1 可知，选项 CD 正确。

2020-2-64. 参考答案：BC

分析： 根据《严寒和寒冷地区居住建筑节能设计标准》JGJ 26—2018 第 5.2.5 条可知，选项 AD 正确、选项 BC 错误。

2020-2-65. 参考答案：AD

分析： 根据《复习教材》式（4.1-23）可知，选项 A 正确，根据 P580 可知，选项 B 错误，制冷系数是否提高，根据 $\Delta q_0 / \Delta w_c$ 的比值是否大于原 EER 进行确定；根据 P577 可知，选项 C 错误；根据 P582 可知，选项 D 正确。

2020-2-66. 参考答案：BD

分析： 根据《民规》第 8.2.1 条可知，螺杆式冷水机组的单机名义工况制冷量为 116～

1758kW，则最小台数 $n = \dfrac{6900}{1758} = 4$ 台，根据《公建节能 2015》第 4.2.7 条，选项 A 满足要求，根据第 4.2.7 条条文说明可知，选项 B 错误、选项 C 正确；根据《公建节能 2015》第 4.2.8 条可知，选项 D 错误。

2020-2-67. 参考答案：ACD
分析： 根据《冷库设计规范》GB 50072—2010 第 4.3.1-6 可知，选项 A 正确；根据第 4.4.4-4 可知，设置隔汽层的隔墙房间为冷却间或冻结间，非冷藏间，故选项 B 错误；根据式（4.3-4）可知，选项 C 正确；根据第 4.4.4-2 条可知，选项 D 正确。

2020-2-68. 参考答案：AB
分析： 根据《复习教材》第 4.4.2 节第 5 条"制冷剂管道直径的选择"可知，制冷剂蒸汽吸气管，饱和蒸发温度降低应不大于 1℃，制冷剂排气管，饱和冷凝温度升高应不大于 0.5℃，蒸发温度 −25℃ 对应的绝对压力为 0.1516MPa，−26℃ 对应的绝对压力为 0.1446MPa，故吸气管阻力为 0.1516−0.1446＝0.007MPa，选项 A 正确、选项 C 错误；同理排气阻力应为 $\Delta P = \dfrac{1.3512 + 1.3900}{2} - 1.3512 = 0.0194\text{MPa}$，选项 B 正确、选项 D 错误。

2020-2-69. 参考答案：BD
分析： 根据《绿色建筑评价标准》GB/T 50378—2019 第 7.1.5 条，选项 A 比《公建节能 2015》第 4.2.11 条夏热冬冷地区的 $IPLV$ 限值 6.782 提高了 1.6%，不能得分，错误；选项 B 比《公建节能 2015》第 4.2.10 条夏热冬冷地区的 COP 限值 4.94 提高了 13.36%，可得 10 分，正确；根据第 7.2.6 条，选项 C 未比《公建节能 2015》要求的循环水泵耗电输冷比规定低 20%，不能得分，错误；选项 D 比《公建节能 2015》第 4.3.22 条的 W_s 值 0.29 降低了 24.1%，可得 2 分，正确。

2020-2-70. 参考答案：AB
分析： 根据《城镇燃气设计规范》GB 50028—2006（2020 版）第 6.6.2-2 条，选项 A 正确；根据第 6.6.4-1-1) 条，选项 B 正确；根据第 6.6.4-1-4) 条，选项 C 错误，调压箱上应有自然通风孔；根据第 6.6.4-1-2) 条，选项 D 错误，调压箱不应安装在建筑物的窗下和阳台下的墙上。

专业案例考试（上）

2020-3-1. 参考答案：B
主要解题过程：

（1）根据《民规》第 8.11.3-2 条可知：换热器总换热量为：(1.1～1.15)×3000＝3300～3450kW，单台换热器换热量为：$\dfrac{3300 \sim 3450\text{kW}}{2} = 1650 \sim 1725\text{kW}$。

（2）根据《民规》第8.11.3-3条可知：其中一台停止工作时，剩余一台换热器的换热量不应低于设计供热量（此处为设计热负荷）的65％（河南为寒冷地区）：3000×65％＝1950kW。

（3）第1项和第2项比较取两者大值，所以每台换热器的最小换热量为1950kW。

扩展：关于换热器的选型计算，《民规》第8.11.3条没有具体计算实例，导致读者对第8.11.3条第3款有多种错误解读。换热器计算可参考标准图集《换热器选用与安装》14R105P10"2板式换热器选型计算实例"，做出了对《民规》第8.11.3条第2、3款的正确解读。

2020-3-2. 参考答案：D

主要解题过程：根据《复习教材》第1.4.3节：

（1）燃气红外线辐射供暖系统总效率为：$\eta = \varepsilon \eta_1 \eta_2 = 0.44 \times 0.84 \times 0.9 = 0.3326$。

（2）燃气红外线辐射供暖系统特征值为：$R = \dfrac{Q}{\dfrac{CA}{\eta}(t_{sh} - t_w)} = \dfrac{750 \times 10^3}{\dfrac{11 \times 3300}{0.33264}(16 + 9)} = 0.275$。

（3）燃气红外线辐射供暖系统热负荷为：$Q_f = \dfrac{Q}{1 + R} = \dfrac{750}{1 + 0.275} = 588 \text{kW}$。

2020-3-3. 参考答案：B

主要解题过程：根据《民规》第8.11.8条：

（1）锅炉房的设计容量为：$Q = 5 + 10 = 15 \text{MW}$。

（2）其中一台锅炉停止工作时，剩余锅炉的供热量不应低于总供热量的70％。根据选项，则单台锅炉容量为：$Q = 15 \times 70\% \div 2 = 5.25 \text{MW}$。

（3）单台锅炉实际运行负荷率为：$\eta_Q = \dfrac{5}{5.25} \times 100\% = 0.95$，符合规范要求。

2020-3-4. 参考答案：C

主要解题过程：

（1）根据《民用建筑热工设计规范》GB 50176—2016第5.1.5条，墙体的内表面温度与室内空气温度的温差$\Delta t_w = 3℃$。

（2）根据第3.2.2条，冬季室外热工计算温度：$t_e = 0.6 \times (-7) + 0.4 \times (-11.8) = -8.92℃$。

（3）根据5.1.3条，墙体热阻最小值为：$R_{min \cdot w} = \dfrac{(t_i - t_e)}{\Delta t_w} R_i - (R_i + R_e) = \dfrac{18 - (-8.92)}{3} \times 0.11 - (0.11 + 0.04) = 0.837$

扩展：根据《民用建筑热工设计规范》GB 50176—2016第3.3.1条，冬季室内热工参数计算，供暖房间温度应取18℃。该参数既不是建筑运行时的实际情况，也不是建筑室内热环境的控制目标。

2020-3-5. **参考答案：** A

主要解题过程：

根据《复习教材》式（1.10-23），由题意可知，用户侧管网阻力数不变，则有：

$$\frac{\Delta p_1}{\Delta p_2} = \frac{S_1 G_1^2}{S_2 G_2^2} = \frac{G_1^2}{G_2^2} = \frac{\left(\frac{Q_1}{\Delta t_1}\right)^2}{\left(\frac{Q_2}{\Delta t_2}\right)^2} = \left(\frac{Q_1}{Q_2}\right)^2 \times \left(\frac{\Delta t_2}{\Delta t_1}\right)^2$$

$$Q_2 = \sqrt{\frac{\Delta p_1}{\Delta p_2}} \times \frac{Q_1 \times \Delta t_2}{\Delta t_1} = \sqrt{\frac{40}{42.5}} \times \frac{350 \times (72.5 - 47.5)}{75 - 50} = 339.5 \text{kW}$$

2020-3-6. **参考答案：** D

主要解题过程：

根据《工作场所有害因素职业接触限值 第一部分：化学有害因素》GBZ 2.1—2019 表 2 查得煤尘的控制总尘为 4mg/m³，呼尘为 2.5mg/m³。

根据《工规》第 6.3.2 条，除尘净化后，排风含尘浓度应大于或等于容许浓度的 30%，可计算排放的允许浓度为：

$$C_{总尘} = 4 \times 30\% = 1.2 \text{mg/m}^3$$

$$C_{呼尘} = 2.5 \times 30\% = 0.75 \text{mg/m}^3$$

因此，仅选项 D 满足上述允许浓度要求。

2020-3-7. **参考答案：** B

主要解题过程：

由题意可计算排风量与进风量：

$$G_p = 5.55 \times 1.2 = 6.66 \text{kg/s}$$

$$G_{zj} = 1 \times 1.36 = 1.36 \text{kg/s}$$

由风量平衡可计算机械进风量：

$$G_{jj} = G_p - G_{zj} = 6.66 - 1.36 = 5.3 \text{kg/s}$$

设机械进风温度为 t_{jj}，由题意列车间的通风热平衡方程

$$86 + 6.66 \times 1.01 \times 18 = 40 + 5.3 \times 1.01 \times t_{jj} + 1.36 \times 1.01 \times (-15)$$

可解得 $t_{jj} = 35.06℃$

可计算车间加热进风的耗热量

$$Q_{jj} = G_{jj} c_p (t_{jj} - t_w) = 5.3 \times 1.01 \times (35.06 - (-15)) = 268 \text{kW}$$

2020-3-8. **参考答案：** C

主要解题过程：

由热源占地面积比 0.2 查《复习教材》图 2.3-5 可知 $m_1 = 0.5$。

由热源高度 4m 查表 2.3-4 可知 $m_2 = 0.85$。

$$\frac{Q_f}{Q} = \frac{2100}{3000} = 0.7$$

查表 2.3-5 可知，$m_3 = 1.45$。

可计算有效热量系数 $m = m_1 m_2 m_3 = 0.5 \times 0.85 \times 1.45 = 0.58$。

2020-3-9. **参考答案：** D

主要解题过程：

设中和面高度为 h，由题意，根据《复习教材》式（2.3-16）可知：

$$\frac{F_a}{F_b} = \sqrt{\frac{h_2}{h_1}}$$

$$\frac{25}{50} = \sqrt{\frac{8-h}{h-2}}$$

解得 $h = 6.8\text{m}$。

2020-3-10. **参考答案：** B

主要解题过程：

由题意，可计算室内工作温度：

$$t_n = t_w + 5 = 27 + 5 = 32℃$$

由有效热量系数 0.4 可计算排风温度：

$$t_p = t_w + \frac{t_n - t_w}{m} = 27 + \frac{32 - 27}{0.4} = 39.5℃$$

可计算车间的全面换气量：

$$G = \frac{Q}{c_p(t_p - t_w)} = \frac{450}{1.01 \times (39.5 - 27)} = 35.64\text{kg/s} = 128304\text{kg/h}$$

2020-3-11. **参考答案：** C

主要解题过程：

计算风机效率

$$\eta = \frac{LP}{3600N} = \frac{25000 \times 10000}{3600 \times (10 \times 1000)} = 0.694$$

并联运行后，系统总送风量不变，则单台风机风量降为单台运行的一半。洗涤塔阻抗不变，阻力随风量变化而变化。排风末端因阻抗不变且排风量保持不变，故排风末端总阻力不变。并联运行后，单台风机排风量：

$$L' = \frac{25000}{2} = 12500 \text{ m}^3/\text{h}$$

并联运行后洗涤塔的阻力：

$$\Delta P'_1 = \left(\frac{L'}{L}\right)^2 \times \Delta P_1 = \left(\frac{12500}{25000}\right)^2 \times 500 = 125\text{Pa}$$

排风末端总阻力：

$$\Delta P_2 = 1000 - 500 = 500\text{Pa}$$

可计算并联运行后系统总阻力：

$$\Delta P = \Delta P'_1 + \Delta P_2 = 500 + 125 = 625\text{Pa}$$

并联运行时单台风机承担的阻力均为 625Pa，风机效率不变，可计算单台风机的运行功率：

$$N' = \frac{L'\Delta P'}{3600\eta} = \frac{12500 \times 625}{3600 \times 0.694} = 3127W = 3.127kW$$

两台风机的总功率为：

$$2 \times 3.127 = 6.254kW$$

2020-3-12. **参考答案：** A

主要解题过程：

系统新风风量恒定，为 $L_X = L_总 \times m = 20000 \times 20\% = 4000m^3/h$。

实测时刻系统新风比为：$m' = \dfrac{L_X}{L'_总} = \dfrac{4000}{16000} = 0.25$。

A 末端的新风量为：$L_{AX} = 1400 \times 0.25 = 350 \ m^3/h$

2020-3-13. **参考答案：** B

主要解题过程：

根据《复习教材》式（3.1-10），有：

$$q = \frac{t_2 - t_1}{\dfrac{\delta}{\lambda} + \dfrac{1}{11.63}} \leqslant 25$$

则保温厚度为：

$$\delta = \lambda\left(\frac{t_2 - t_1}{q} - \frac{1}{11.63}\right) \geqslant 0.0342 \times \left(\frac{32 - 12}{25} - \frac{1}{11.63}\right) = 0.0244m = 24.4mm$$

2020-3-14. **参考答案：** C

主要解题过程：

根据《公建节能 2015》第 4.3.22 条，单位风量耗功率为：

$$W_S = \frac{P}{3600 \ \eta_{CD} \ \eta_F} = \frac{990 - 390}{3600 \times 85.5\% \times 75\%} = 0.26$$

2020-3-15. **参考答案：** B

主要解题过程：

作 $h-d$ 空气处理过程，送风温度为 24−5＝19℃，过 N 点作热湿比线，与 19℃温度线相较于 O 点，O 点为送风状态点，过 O 点作等含湿量线，交 90% 相对湿度线于 L 点，L 点向上 1℃为 L'点，L'−O 过程即为利用冷却水再热的过程，查的 $t'_L = 15.5$℃，则再热量为：

$$Q = \frac{c_p \rho L (t_o - t'_L)}{3600} = \frac{1.01 \times 1.2 \times 36000 \times (19 - 15.5)}{3600} = 42.42kW$$

冷却水流量为：

$$G = \frac{3600Q}{c\Delta t} = \frac{3600 \times 42.42}{4.187 \times (37 - 32)} = 7295kg/h$$

2020-3-16. **参考答案：** D

主要解题过程：

根据《复习教材》P265，转数与频率成正比，再根据表 2.8-6，风压与转速之关系可得，工频运转时，风机全压为：

$$P_{50Hz} = P_{40Hz} \left(\frac{50}{40}\right)^2 = 400 \times \left(\frac{50}{40}\right)^2 = 625\text{Pa}$$

根据表 2.8-6，有：

$$\frac{L_{50Hz}}{L_{40Hz}} = \frac{n_{50Hz}}{n_{40Hz}} = \frac{50}{40}$$

根据式（2.8-7），$\Delta P = SL^2$，工频运转时，风管阻力损失为：

$$\frac{\Delta P_{50Hz}}{\Delta P_{40Hz}} = \left(\frac{L_{50Hz}}{L_{40Hz}}\right)^2 = \left(\frac{50}{40}\right)^2$$

$$\Delta P_{50Hz} = \Delta P_{40Hz} \times \left(\frac{50}{40}\right)^2 = 200 \times \left(\frac{50}{40}\right)^2 = 312.5\text{Pa}$$

机组内部最大负压为：

$$P = P_{50Hz} - \Delta P_{50Hz} = 625 - 312.5 = 312.5\text{Pa}$$

根据《工规》第 8.3.21 条条文说明，有：

$$H = A + B = 2 \times \left(\frac{P}{10} + 50\right) = 2 \times \left(\frac{312.5}{10} + 50\right) = 162.5\text{mm}$$

2020-3-17. **参考答案：** C

主要解题过程：

选用 3 台同规格变频离心式冷水机组，单机冷量为 2500kW，根据《冷水机组能效限定值及能效等级》GB 19577—2015 表 1，冷水机组 1 级能效 $IPLV$ 限值为 8.1，根据《公建节能 2015》第 4.2.11 条条文说明，$L_C = 37℃$，$L_E = 7℃$，有：

$$LIFT = L_C - L_E = 37 - 7 = 30℃$$

$$\begin{aligned}A &= 0.000000346579568 \times (LIFT)^4 - 0.00121959777 \times (LIFT)^2 \\ &\quad + 0.0142513850 \times (LIFT) + 1.33546833 \\ &= 0.9461013371\end{aligned}$$

$$B = 0.00197 \times L_E + 0.986211 = 1.000001$$

$$K_n = A \times B = 0.9461022832$$

$$NPLV = IPLV \cdot K_n = 8.1 \times 0.9461022832 = 7.66$$

2020-3-18. **参考答案：** D

主要解题过程：

室内湿负荷为：

$$W = \frac{23 \times 100}{1000} + 2 = 4.3\text{kg/h}$$

查 h-d 图得，$d_n = 11.9\text{g/kg}$，$d_o = 10.1\text{g/kg}$，满足除湿需求新风量为：

$$L_{x1} = \frac{1000 \times W}{1.2 \times (d_n - d_o)} = \frac{1000 \times 4.3}{1.2 \times (11.9 - 10.1)} = 1991 \text{ m}^3/\text{h}$$

满足人员需求新风量为：

$$L_{x2} = 23 \times 30 = 690 \text{ m}^3/\text{h}$$

二者取大值，新风量为 1991m³/h。

2020-3-19. 参考答案：B

主要解题过程：

此空调系统为一级泵变频变流量系统，根据《民规》8.5.9 条，旁通阀设计流量应选冷水机组允许的最小流量 0.5G，则旁通阀流通能力根据《复习教材》式（3.8-1）计算，

$$C = \frac{316 \times G_{v1}}{\sqrt{\Delta P}} = \frac{316 \times 0.5 \times 100}{\sqrt{100 \times 1000}} \approx 50$$

2020-3-20. 参考答案：C

主要解题过程：

制冷剂质量流量为：$M_R = \dfrac{Q}{\Delta h} = \dfrac{15}{406.8 - 287.3} = 0.1255 \text{kg/s}$

根据《复习教材》式（4.3-9）可知，制冷剂的理论输气量为：

$$V_h = \frac{M_R v_2}{\eta_v} = \frac{0.1255 \times 0.0723}{0.61} = 0.01488 \text{ m}^3/\text{s}$$

压缩机的转速为 56r/s，故有：

$$V'_h = \frac{V_h \times 10^6}{56} = 265.7 \text{mL/r}$$

2020-3-21. 参考答案：C

主要解题过程：

根据《复习教材》第 4.3.3 节，有：

$$M_1 = \frac{V_{h1} \eta_v}{v_1} = \frac{2.5 \times 10^{-3} \times 0.9}{0.0248} = 0.0907 \text{kg/s}$$

$$M_2 = \frac{V_{h2} \eta_v}{v_7} = \frac{0.5 \times 10^{-3} \times 0.9}{0.0145} = 0.0310 \text{kg/s}$$

根据能量守恒可知：

$$M_3 h_3 = M_7 h_7 + M_5 h_5$$

$$h_5 = \frac{M_3 h_3 - M_7 h_7}{M_5} = \frac{(M_1 + M_2) h_3 - M_2 h_7}{M_1}$$

$$= \frac{(0.0907 + 0.0310) \times 275.8 - 0.0310 \times 426.4}{0.0907} = 224.3 \text{kJ/kg}$$

制冷量：$Q = M_1(h_1 - h_5) = 0.0907 \times (430 - 224.3) = 18.66 \text{kW}$

压缩机耗功：$W = \dfrac{M_1(h_2 - h_1)}{\eta_{el}} + \dfrac{M_2(h_8 - h_7)}{\eta_{el}} = \dfrac{0.0907 \times (455.7 - 430)}{0.7} +$

$$\frac{0.031 \times (438 - 426.4)}{0.7} = 3.84\text{kW}$$

制冷能效比：$EER = \dfrac{Q}{W} = \dfrac{18.66}{3.84} = 4.86$

2020-3-22. **参考答案：** B

主要解题过程：

根据《复习教材》式(4.8-8)可知：

$$\tau_{-15} = \frac{W(105 + 0.42\, t_c)}{10.7\lambda(-1 - t_c)} \delta\left(\delta + \frac{5.3\lambda}{\alpha}\right)$$

$$= \frac{650 \times [105 + 0.42 \times (-25)]}{10.7 \times 1.11 \times [-1 - (-25)]} \times 0.1 \times \left(0.1 + \frac{5.3 \times 1.11}{17}\right) = 9.6\text{h}$$

根据图 4.8-1 可知，冻结时间修正系数 m 值为 0.9，$\tau_{-10} = 9.61 \times 0.9 = 8.65\text{h}$。

2020-3-23. **参考答案：** A

主要解题过程：

$$COP = \frac{Q}{W} = \frac{580}{108} = 5.37$$

$$IPLV = 1.2\%A + 32.8\%B + 39.7\%C + 26.3\%D$$

$$= 1.2\% \times 5.37 + 32.8\% \times \frac{580 \times 75\%}{75} + 39.7\% \times \frac{580 \times 50\%}{49}$$

$$+ 26.3\% \times \frac{580 \times 250\%}{21}$$

$$= 6.13$$

根据《公建节能 2015》第 3.1.2 条可知，北京属于寒冷地区；根据第 4.2.10 条可知，水冷变频螺杆机组的 COP 修正系数为 0.95，根据第 4.2.11 条可知，$IPLV$ 的修正系数为 1.15，结合表格，其限值 $COP_n = 5.1 \times 0.95 = 4.845 < 5.37$，满足要求；$IPLV_n = 6.13 \times 1.15 = 7.05 > 6.13$，不满足要求。

2020-3-24. **参考答案：** B

主要解题过程：

系统能量分配如下图所示：

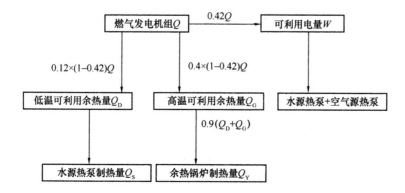

天然气总发热量 $Q_燃 = 10 \times 1 = 10\text{kWh}$。

可利用电量 $W = 0.42 Q_燃 = 0.42 \times 10 = 4.2\text{kWh}$。

余热锅炉制热量：$Q_Y = 10 \times 0.4 \times (1 - 0.42) \times 0.9 = 2.088\text{kWh}$。

低温余热量：$Q_D = 10 \times 0.12 \times (1 - 0.42) = 0.696\text{kWh}$。

低温余热量用于水源热泵系统，系统需消耗的电能 $W = \dfrac{Q_S}{COP} = \dfrac{W + Q_D}{COP}$，即 $W_S =$

$\dfrac{Q_D}{COP - 1} = \dfrac{0.696}{6 - 1} = 0.139 \text{ kWh}$。

供热量为：$Q_S = W + Q_D = 0.139 + 0.696 = 0.835\text{kWh}$。

则用于空气源热泵的电量为 $W_K = W - W_S = 4.2 - 0.139 = 4.061\text{kWh}$。

空气源热泵的制热量为 $Q_k = W_k \times COP_k = 4.061 \times 4 = 16.244\text{kWh}$。

能源站最大供热量为：$Q_z = Q_Y + Q_S + Q_K = 2.088 + 0.835 + 16.244 = 19.167\text{kWh}$。

2020-3-25. 参考答案：D

主要解题过程：

根据《建筑给水排水设计标准》GB 50015—2019 第 3.7.8 条及表 3.7.8-3，有：

$$q_g = \sum q_{g0} \, n_0 \, b_g = 0.07 \times 4 \times 20\% + 0.20 \times 2 \times 30\% = 0.176\text{L/s} < 0.2\text{L/s}$$

根据 GB 50015—2019 第 3.7.9-1 条，当计算值 0.176L/s 小于该管段上一个最大器具给水额定流量 0.2L/s 时，应采用一个最大的器具给水额定流量 0.2L/s 作为设计秒流量，故选 D。

专业案例考试（下）

2020-4-1. 参考答案：D

主要解题过程：

（1）根据《辐射供暖供冷技术规程》JGJ 142—2012 表 3.1.3 可知，游泳池边区为人员短期停留区，$t_{pj} = 32℃$。

（2）根据第 3.4.6 条，游泳池边区单位地面面积向上的供热量为：

$$q = \left(\frac{t_{pj} - t_n}{9.82}\right)^{\frac{1}{0.969}} \times 100 = \left(\frac{32 - 28}{9.82}\right)^{\frac{1}{0.969}} \times 100 = 39.6\text{W/m}^2$$

（3）该辐射供暖系统能够承担的最大热负荷为：

$$Q = q \times s = 39.6 \times 150 = 5940\text{W}$$

2020-4-2. 参考答案：D

主要解题过程：

（1）根据《严寒和寒冷地区居住建筑节能设计标准》JGJ 26—2018 附录 A 可知，北京为寒冷 B 区（2B）；根据第 4.3.6 条，室内温度取 18℃；查表 4.2.1-5，$K_{外墙} = 0.45\text{W/}$（$\text{m}^2 \cdot \text{K}$），查表 4.1.4 及表 4.2.1-5，窗墙比 0.5，$K_{外窗} = 2 \text{ W/}(\text{m}^2 \cdot \text{K})$，$F_窗 = F_墙 =$

$3.5 \times 3 \times 0.5 = 5.25 \mathrm{m}^2$。

（2）该围护结构的最大基本耗热量为：

$Q = \sum \alpha \times K \times F \times \Delta t = 0.32 \times 0.45 \times 5.25 \times (18 + 7.6) + 0.32 \times 2 \times 5.25 \times (18 + 7.6)$

$= 19.3536 + 81.016 = 105.3696 \mathrm{W}$

2020-4-3. 参考答案：A

主要解题过程：

（1）若改造前热负荷为 Q_1，则改造后热负荷为 $Q_2 = (1 - 62\%) Q_1 = 38\% Q_1$。

（2）根据《复习教材》式（1.8-1）有

$$\frac{Q_2}{Q_1} = \frac{\dfrac{\mathrm{KF}(t_{pj2} - t_{n2})}{\beta_1 \beta_2 \beta_3 \beta_4}}{\dfrac{\mathrm{KF}(t_{pj1} - t_{n1})}{\beta_1 \beta_2 \beta_3 \beta_4}} = \frac{(t_{pj2} - t_{n2})^{1.276}}{(t_{pj1} - t_{n1})^{1.276} \times \beta_4} = \frac{\left(\dfrac{t_{g2} + t_{h2}}{2} - 20\right)^{1.276}}{\left(\dfrac{95 + 70}{2} - 18\right)^{1.276} \times \beta_4}$$

选项 A：$t_{2g} - t_{2h} = 60 - 40 = 20℃$，流量增加倍数为：$\dfrac{G_2}{G_1} = \dfrac{\dfrac{Q_2}{\Delta t_2}}{\dfrac{Q_1}{\Delta t_1}} = \dfrac{\dfrac{0.38 Q_1}{20}}{\dfrac{Q_1}{25}} = 0.475$，

$\beta_4 = 1$。求得：$t_{2g} + t_{2h} = 100.4℃$，供回水温度满足改造要求。

选项 B：$t_{2g} - t_{2h} = 55 - 35 = 20℃$，流量增加倍数为：$\dfrac{G_2}{G_1} = \dfrac{\dfrac{Q_2}{\Delta t_2}}{\dfrac{Q_1}{\Delta t_1}} = \dfrac{\dfrac{0.38 Q_1}{20}}{\dfrac{Q_1}{25}} = 0.475$，

$\beta_4 = 1$，求得：$t_{2g} + t_{2h} = 100.4℃$，供回水温度不满足改造要求。

选项 C：$t_{2g} - t_{2h} = 55 - 45 = 10℃$，流量增加倍数：$\dfrac{G_2}{G_1} = \dfrac{\dfrac{Q_2}{\Delta t_2}}{\dfrac{Q_1}{\Delta t_1}} = \dfrac{\dfrac{0.38 Q_1}{10}}{\dfrac{Q_1}{25}} = 0.95$，$\beta_4$

$= 1$，求得：$t_{2g} + t_{2h} = 100.4℃$，供回水温度不满足改造要求。

选项 D：$t_{2g} - t_{2h} = 60 - 45 = 25℃$，流量增加倍数为：$\dfrac{G_2}{G_1} = \dfrac{\dfrac{Q_2}{\Delta t_2}}{\dfrac{Q_1}{\Delta t_1}} = \dfrac{\dfrac{0.38 Q_1}{25}}{\dfrac{Q_1}{25}} = 0.38$，$\beta_4$

$= 1$，求得：$t_{2g} + t_{2h} = 100.4℃$，供回水温度不满足改造要求。

2020-4-4. 参考答案：A

主要解题过程：

（1）根据《复习教材》式（1.8-1），该钢制柱形散热器单片面积为：

$$f = \frac{1210}{3.02 \times 64.5^{1.304} \times 10} = 0.175 \mathrm{m}^2$$

（2）根据题意，由《复习教材》表 1.8-2，得 $\beta_1 = 1.05$，由表 1.8-3，得 $\beta_2 = 0.99$，明装 $\beta_3 = 0.99$，由表 1.8-5，得 $\beta_4 = 1.00$：

$$Q = \frac{3.02 \times \left(\frac{75+50}{2} - 20\right)^{1.304} \times 0.175 \times 20}{1.05 \times 0.99 \times 1 \times 1} = 1351\text{W}$$

2020-4-5. **参考答案：**D

主要解题过程：

(1) 根据《复习教材》式 (1.8-27)：

$$K \times F \times \Delta t_1 = K \times F \times \Delta t_2 \Rightarrow \frac{(120-60)-(70-45)}{\ln\dfrac{120-60}{70-45}} = \frac{(105-60)-(t-45)}{\ln\dfrac{105-60}{t-45}}$$

解得 $t = 80.3℃$

(2) 由题意知，一次热媒出力前后也不变：

$$G_1 c \Delta t_1 = G_2 c \Delta t_2 \Rightarrow G_1(120-70) = G_2(105-80.3) \Rightarrow \frac{G_2}{G_1} = \frac{120-70}{105-80.3} = 2.02$$

2020-4-6. **参考答案：**B

主要解题过程：

(1) 机组在设计工况下的制热量分别为：

$$Q_\text{A} = q_\text{A} \times K_1 \times K_2 = 900 \times 0.95 \times 0.9 \times 3 = 2308.5\text{kW}$$

$$Q_\text{B} = q_\text{B} \times K_1 \times K_2 = 900 \times 0.97 \times 0.9 \times 3 = 2357.1\text{kW}$$

(2) 补热量（电补热）为：

$$W_\text{A补} = 2700 - 2308.5 = 391.5\text{kW}$$

$$W_\text{B} = 2700 - 2357.1 = 342.9\text{kW}$$

(3) 机组的实际耗电功率为：

$$W_\text{A} = 350 \times 1.05 \times 3 = 1102.5\text{kW}$$

$$W_\text{B} = 370 \times 1.15 \times 3 = 1276.5\text{kW}$$

(4) 机组总耗电功率为：

$$W_\text{A总} = W_\text{A} + W_\text{A补} = 391.5 + 1102.5 = 1494\text{kW}$$

$$W_\text{B总} = W_\text{B} + W_\text{B补} = 342.9 + 1276.5 = 1619.4\text{kW}$$

$W_\text{A总} < W_\text{B总}$。选 A 型热泵机组，补热 391.5kW。

2020-4-7. **参考答案：**C

主要解题过程：

由《复习教材》表 2.4-1，有毒污染物在通风柜的控制风速为 $0.4 \sim 0.5\text{m/s}$：

$$L_\text{p} = 0.25 + (0.4 \sim 0.5) \times 0.5 \times (1.1 \sim 1.2) = 0.47 \sim 0.55 \text{ m}^3/\text{s}$$

送风式通风柜送风量为排风量的 70%：

$L_s = 70\% L_p = 70\% \times (0.47 \sim 0.55) = 0.329 \sim 0.385 \ \text{m}^3/\text{s} = 1184 \sim 1386 \ \text{m}^3/\text{h}$

最小设计送风量接近选项 C。

2020-4-8. 参考答案：A

主要解题过程：

根据《复习教材》式（2.2-2），消除余热通风量为：

$$L_1 = \frac{Q}{c_p \rho (t_n - t_w)} = \frac{15}{1.01 \times 1.15 \times (34 - 30)} = 3.229 \text{m}^3/\text{s} = 11623 \text{m}^3/\text{h}$$

根据《工规》第6.4.3条，没有相关资料时，事故通风按 12h^{-1} 换气次数计算，换气气体按实际空间净且不大于6m净高计算。

$$L_2 = 12 \times (300 \times 4.5) = 16200 \text{m}^3/\text{h} > L_1$$

当机械排风与事故通风合用时，排风量取两者较大值，即不低于 $16200 \text{m}^3/\text{h}$。

2020-4-9. 参考答案：C

主要解题过程：

根据《复习教材》式（2.2-1b）、式（2.2-2）和式（2.2-3），消除余热通风量：

$$L_1 = \frac{Q}{c_p \rho (t_n - t_w)} = \frac{15}{1.01 \times 1.165 \times (33 - 30)} = 42.5 \text{m}^3/\text{s}$$

由焓湿图，室内干球温度33℃，相对湿度70%时，室内空气含湿量22.7g/kg；室外干球温度30℃，相对湿度62%时，室外空气含湿量16.8g/kg。可计算消除余湿所需通风量：

$$L_2 = \frac{W}{\rho (d_n - d_w)} = \frac{150 \times 1000}{1.165 \times (22.7 - 16.8)} = 21823 \ \text{m}^3/\text{h} = 6.1 \text{m}^3/\text{s}$$

消除有害物所需通风量：

$$L_3 = \frac{Kx}{y_2 - y_0} = \frac{3 \times 10}{1 - 0} = 30 \text{m}^3/\text{s}$$

房间通风量取 L_1、L_2、L_3 三者较大值，即 $42.5 \text{m}^3/\text{s}$。

2020-4-10. 参考答案：D

主要解题过程：

由《防排烟规》表4.6.7可查得设有喷淋的仓库的热释放速率为4MW，由表4.6.3查得净高7m有喷淋仓库的计算排烟量为 $108000 \text{m}^3/\text{h}$。

由题意，按最小储烟仓厚度设计火灾，则烟层厚度为：

$$h = 7 \times 10\% = 0.7 \text{m}$$

由题意，燃料面距地高度为1m，可计算燃料面到烟层底部间距离为：

$$Z = 7 - 1 - 0.7 = 5.3 \text{m}$$

由第4.6.11条计算轴对称性烟羽流质量流量。

设计火灾热释放速率的对流部分为：

$$Q_c = 0.7 \times 4000 = 2800 \text{kW}$$

火焰极限高度为：

$$Z_1 = 0.166 Q_c^{\frac{2}{5}} = 0.166 \times 2800^{\frac{2}{5}} = 3.97\text{m} < Z$$

按式（4.6.11-1）计算烟羽流质量流量：

$$M_\rho = 0.071 Q_c^{\frac{1}{3}} Z^{\frac{5}{3}} + 0.0018 Q_c$$

$$= 0.071 \times 2800^{\frac{1}{3}} \times 5.3^{\frac{5}{3}} + 0.0018 \times 2800 = 21.16\text{kg/s}$$

由式（4.6.12）计算烟尘管平均温度与环境温度的差：

$$\Delta T = \frac{K Q_c}{M_\rho C_\rho} = \frac{1 \times 2800}{21.16 \times 1.01} = 131\text{K}$$

根据式（4.6.13-1）计算防烟分区排烟量：

$$V = \frac{M_\rho T}{\rho_0 T_0} = \frac{21.16 \times (293.15 + 131)}{1.2 \times 293.15} = 25.51\text{m}^3/\text{s} = 91847\text{m}^3/\text{h}$$

根据规定的计算值小于表 4.6.3 查得的计算排烟量，因此该防烟分区的计算排烟量为 108000m³/h。由第 4.6.1 条，排烟系统排烟量不应小于计算排烟量的 1.2 倍，可计算系统排烟量：

$$V' = 1.2V = 1.2 \times 108000 = 129600\text{m}^3/\text{h}$$

扩展：本题应对防烟分区排烟量进行理论计算并与查表值进行对比，若仅查表确定计算排烟量，则案例复评不得分。

2020-4-11. 参考答案：B

主要解题过程：

设漏风率为 ε。除尘器位于除尘系统风机吸入段，风机排出口风量为除尘器入口风量与漏风量之和。由题意，入口粉尘经过过滤后的粉尘流量与出口考虑漏风率的排风量之比即为出口粉尘浓度，按此列含有漏风率的方程。

厚度为：

$$\frac{(5.15 \times 1000) \times 18000 \times (1 - 99.1\%)}{18000 \times (1 + \varepsilon)} = 45$$

解得漏风率为 3%。

2020-4-12. 参考答案：C

主要解题过程：

单台水冷机组冷量为 2168/2 = 1084kW，武汉为夏热冬冷地区，根据《公建节能 2015》第 4.2.11 条，IPLV 最小值应为：

$$IPLV = 1.15 \times 5.90 = 6.79$$

2020-4-13. 参考答案：D

主要解题过程：

根据《民规》附录 A 查得，上海夏季室外计算空调干球温度 $t_w = 34.4℃$，湿球温 $t_g = 27.9℃$，查 h-d 图，$d_w = 20.5\text{g/kg}$，$h_w = 87\text{kJ/kg}$，$d_{x2} = 8.3\text{g/kg}$，则新风处理过程热湿比为：

$$\varepsilon = \frac{h_{x2} - h_w}{d_{x2} - d_w} = \frac{33 - 87}{8.3 - 20.5} \times 1000 = 4426\text{kJ/kg}$$

2020-4-14. **参考答案**：B

主要解题过程：

根据《复习教材》式（3.2-18），空调机组送风量为：

$$G = \frac{Q_n}{h_n - h_o} = \frac{100}{56 - 40} = 6.25\text{kg/s}$$

新风负荷为：

$$Q_x = 30\% \times G \times (h_w - h_n) = 30\% \times 6.25 \times (85 - 56) = 54.38\text{kW}$$

空调机组设计冷量为：

$$Q = Q_n + Q_x = 100 + 54.38 = 154.38\text{kW}$$

2020-4-15. **参考答案**：A

主要解题过程：

根据《复习教材》式（3.11-9），回收的全热量为：

$$Q_h = \frac{\rho L (h_1 - h_3) \eta_h}{3600} = \frac{1.2 \times 5000 \times (88 - 54) \times 0.65}{3600} = 36.8\text{kJ/kg}$$

根据式（3.11-5），热回收后的送风温度为：

$$t_2 = t_1 - (t_1 - t_3) \eta_t = 33 - (33 - 26) \times 0.6 = 28.8℃$$

2020-4-16. **参考答案**：B

主要解题过程：

供冷量为 6825kW，开 2 台冷水机组，则冷水机组负载率为：

$$PLR_1 = \frac{6825}{3500 \times 2} = 0.975$$

部分负载率下的能效比为：

$$COP_{n1} = \frac{PLR_1 \times COP}{0.223 + 0.313 PLR_1 + 0.464 PLR_1^2} = \frac{0.975 \times 6.35}{0.223 + 0.313 \times 0.975 + 0.464 \times 0.975^2}$$
$$= 6.388$$

根据《空气调节系统经济运行》GB/T 17981—2007 第 5.4.1 条，制冷系统能效比不包括冷水泵，为：

$$COP_{a1} = \frac{6825}{\dfrac{6825}{6.388} + 65 \times 2 + 25 \times 2} = 5.47$$

开 3 台冷水机组，则冷水机组负载率为：

$$PLR_2 = \frac{6825}{3500 \times 3} = 0.651$$

制冷系统部分负载率下的能效比为：

$$COP_{n2} = \frac{PLR_2 \times COP}{0.223 + 0.313 PLR_2 + 0.464 PLR_2^2} = \frac{0.651 \times 6.35}{0.223 + 0.313 \times 0.651 + 0.464 \times 0.651^2}$$
$$= 6.631$$

制冷系统能效比为：

$$COP_{a2} = \frac{6825}{\dfrac{6825}{6.631} + 65 \times 3 + 25 \times 3} = 5.25$$

$COP_{a1} > COP_{a2}$，选 B。

扩展： 本题要求计算 COP_a 是制冷系统能效比，根据《空气调节系统经济运行》GB/T 17981—2007 中的概念，制冷系统能效比是不包括冷水泵的，包括冷水机组、冷却水泵和冷却塔的耗电功率，其实就是 $SCOP$ 的概念，但不知为何出题人要问 COP_a 而不是 $SCOP$，笔者曾怀疑 COP_a 的下标是 all 的意思，即本题考查的制冷系统能效比包括冷水泵，但 COP_a 并无资料依据，只能按《空气调节系统经济运行》GB/T 17981—2007 中的概念进行解析。

2020-4-17. 参考答案：D

主要解题过程：

根据《复习教材》式（3.5-5），送风口当量直径为：

$$d_n = \frac{2 \times 0.4 \times 0.15}{0.4 + 0.15} = 0.218\text{m}$$

阿基米德数为：

$$Ar = \frac{g d_0 (t_0 - t_n)}{v_0^2 T_n} = \frac{9.8 \times 0.218 \times (16 - 26)}{12^2 \times (26 + 273.15)} = -4.96 \times 10^{-4}$$

根据式（3.5-4），有：

$$y = \left\{ \frac{x}{d_0} \tan\alpha + Ar \left(\frac{x}{d_0 \cos\alpha} \right)^2 \left(0.51 \frac{ax}{d_0 \cos\alpha} + 0.35 \right) \right\} \times d_0$$

$$= \left\{ \frac{15}{0.063} \times \tan 0 - 4.96 \times 10^{-4} \times \left(\frac{15}{0.218 \times \cos 0} \right)^2 \right.$$

$$\left. \times \left(0.51 \times \frac{0.1 \times 15}{0.218 \times \cos 0} + 0.35 \right) \right\} \times 0.218$$

$$= -1.98$$

负号表示冷射流向下弯曲。

2020-4-18. 参考答案：C

主要解题过程：

【解法一】： $\Delta P_1 = 50 + 50 = 100\text{kPa}$，$\Delta P_2 = 10 \times 6 + 50 + 50 = 160\text{kPa}$。

根据公式 $\Delta P = SG^2$ 可知，当所有末端流量降为设计流量的 70% 时，所有沿程阻力和局部阻力均降为原来的 0.49 倍，控制末端压差 ΔP_1 不变时，水泵扬程变为：

$$P_1 = 0.49 \times (80 + 25 \times 2 + 10 \times 6) + 100 = 193.1\text{kPa}$$

控制干管压差 ΔP_2 不变时，水泵扬程变为：

$$P_2 = 0.49 \times (80 + 25 \times 2) + 160 = 223.7\text{kPa}$$

$$\frac{P_1}{P_2} = \frac{193.1}{223.7} = 0.86$$

选 C。

【解法二】：设计工况下 $\Delta P_1 = 50 + 50 = 100\text{kPa}$，$\Delta P_2 = 10 \times 6 + 50 + 50 = 160\text{kPa}$。

水泵扬程：$H_{泵} = \Delta P_2 + 80 + 25 \times 2 = 160 + 80 + 50 = 290\text{kPa}$。

因为是变频变流量的变流量系统，无论哪种控制方式，流量都是变化的。水泵的功耗是随扬程和流量减少而变化。

方式 1：当进行流量减到 70% 调节时，末端控制压差 ΔP_1 保持不变，由水泵至末端之间的管路阻抗不变，假设设计流量为 G，阻抗 S，水泵至末端之间的管路阻力 H_1，则有

$$H_1 = 80 + 25 \times 2 + 10 \times 6 = 190\text{kPa}$$

调节后水泵至末端之间的管路阻力 H_1'，根据公式 $\Delta P = SG^2$，得：

$$\frac{H_1'}{H_1} = \frac{S \times (0.7G)^2}{SG^2} \Rightarrow H_1' = 0.49\, H_1 = 93.1\text{kPa}$$

变频调节后水泵扬程变为 $H_{泵1}$：

$$H_{泵1} = H_1' + \Delta P_1 = 93.1 + 100 = 193.1\text{kPa}$$

方式 2：当进行流量减到 70% 调节时，总管压差控制 ΔP_2 保持不变，变频调节后水泵扬程变为 $H_{泵2}$。

$$H_{泵2} = 0.49 \times (80 + 25 \times 2) + 160 = 223.7\text{kPa}$$

此时水泵能耗按下式计算

$$\frac{P_1}{P_2} = \frac{0.7G \times H_{泵1}}{0.7G \times H_{泵2}} = \frac{H_{泵1}}{H_{泵2}} = \frac{193.1}{223.7} = 0.86$$

2020-4-19. 参考答案：B

主要解题过程：

根据《公建节能 2015》第 4.2.10 条，冷水机组名义工况 COP 为 5.9，根据《蒸汽压缩循环冷水（热泵）机组 第 1 部分》GB/T 18430.1—2007 表 2，机组名义工况出水温度为 7℃。

(1) 常温送风工况：

冷水机组送风温度为 $13.8 - 5 = 8.8℃$，则冷水机组性能系数为：

$$COP_1 = 5.9 \times [1 + (8.8 - 7) \times 0.02] = 6.1124$$

冷水机组为该房间服务的耗电量为：

$$W_1 = \frac{Q_n + Q_x}{COP_1} = \frac{150 + 60}{6.1124} = 34.36\text{kW}$$

空调机组送风量为：

$$L_1 = \frac{3600 \times Q_n}{1.2 \times (h_{n1} - h_{01})} = \frac{3600 \times 150}{1.2 \times (53 - 36)} = 26471\ \text{m}^3/\text{h}$$

空调机组耗功率为：

$$N_1 = \frac{0.3 L_1}{1000} = \frac{0.3 \times 26471}{1000} = 7.94\text{kW}$$

冷水机组和空调机组耗电量合计为：

$$W_1 + N_1 = 34.36 + 7.94 = 42.3 \text{kW}$$

（2）低温送风工况：

冷水机组送风温度为 $10.3 - 5 = 5.3℃$，则冷水机组性能系数为：

$$COP_2 = 5.9 \times [1 + (5.3 - 7) \times 0.02] = 5.6994$$

冷水机组为该房间服务的耗电量为：

$$W_2 = \frac{Q_n + Q_x}{COP_2} = \frac{150 + 60}{5.6994} = 36.85 \text{kW}$$

空调机组送风量为：

$$L_2 = \frac{3600 \times Q_n}{1.2 \times (h_{n1} - h_{01})} = \frac{3600 \times 150}{1.2 \times (50 - 28)} = 20455 \text{m}^3/\text{h}$$

空调机组耗功率为：

$$N_2 = \frac{0.3 L_2}{1000} = \frac{0.3 \times 20455}{1000} = 6.14 \text{kW}$$

冷水机组和空调机组耗电量合计为：

$$W_2 + N_2 = 36.85 + 6.14 = 43.0 \text{kW}$$

2020-4-20. 参考答案：C

主要解题过程：

根据《复习教材》式（3.6-7），有：

$$G = \frac{\left(q + \frac{q'P}{F}\right)}{H} = \frac{\left(12500 + \frac{500000 \times 2}{20}\right)}{2.5} = 25000 \text{pc/(min·m}^3)$$

根据式（3.6-9），有：

$$n = 60 \times \frac{G}{N - N_s} = 60 \times \frac{25000}{80000 - 1000} = 19 \text{h}^{-1}$$

根据表 3.6-14，按插值法得：

$$\phi = 1.22 + \frac{(1.55 - 1.22)}{10} = 1.253$$

$$n_v = \phi n = 1.253 \times 19 = 23.8 \text{h}^{-1}$$

2020-4-21. 参考答案：A

主要解题过程：

根据《复习教材》式（4.1-6）及式（4.1-22）可知：

$$\eta_R = \frac{\varepsilon_{th}}{\varepsilon'_c} = \frac{3.16}{\dfrac{273 + (-20)}{(273 + 40) - (273 - 20)}} = 0.75$$

2020-4-22. 参考答案：D

主要解题过程：

热回收机组冷却水温度为 $32℃/37℃$，满足热负荷 6000kW 要求时的机组配置为 2 台机组同时供热供冷，机组负荷率为 64%。此时供热量 $Q_R = 4000 \times 2 \times 80\% \times \left(1 + \dfrac{1}{5.2}\right) = $

$6500kW$，满足要求。

供冷量 $Q_1 = 4000 \times 2 \times 65\% = 5200kW$。

由剩余机组承担的冷量为 $Q_2 = 12800 - 5200 = 7600kW$。

若采用两台机组，机组负荷率为 100%，机组总耗功为：

$$W = \frac{4000 \times 2}{7.2} = 1111.11kW$$

若采用 3 台机组，机组负荷率为 64%：

$$W = \frac{4000 \times 3 \times 64\%}{7.2} = 1066.67kW$$

2020-4-23. **参考答案：** C

主要解题过程：

日间冷水机组小时供冷量为 Q_1，则日间总制冷量为 $10Q_1$。

夜间蓄存的总冷量为：$Q_2 = 36000 - 10Q_1$。

日间与夜间总耗功率相同，COP 相同则有：

$$\frac{10Q_1}{10} = \frac{36000 - 10Q_1}{8}$$

解得：$Q_1 = 2000kWh$

夜间有效设计蓄冷量 $Q_2 = 36000 - 2000 \times 10 = 16000kWh$。

根据《复习教材》式（4.7-11）可知：

$$V = \frac{Q_s P}{1.163 \eta \Delta t} = \frac{16000 \times 1.25}{1.163 \times 0.85 \times 6} = 3371.94$$

日间冷水机组小时供冷量为 Q_1，夜间蓄冷槽小时释冷量为 Q_2 则有：

$$\frac{Q_1}{COP_1} \times 10 = \frac{Q_2}{COP_2} \times 8$$

2020-4-24. **参考答案：** B

主要解题过程：

由 $P = mRT$ 可知，$m = \dfrac{P}{RT}$。

选项 A：$|\Delta_A| = \left| 1 - \dfrac{\dfrac{P_2}{T_2}}{\dfrac{P_1}{T_1}} \right| = \left| 1 - \dfrac{\dfrac{2.2}{(273+35)}}{\dfrac{2}{(273+27)_1}} \right| = 0.07 = 7\% > 5\%$，故不满足要求。

同理，选项 B 中 $|\Delta_B| = 4\% < 5\%$，满足要求；选项 C 中 $|\Delta_C| = 7.9\% > 5\%$，不满足要求；选项 D 中 $|\Delta_D| = 10.4\% > 5\%$，不满足要求。

2020-4-25. **参考答案：** C

主要解题过程：

根据《建筑给水排水设计标准》GB 50015—2019 第 4.5.4 条：

$$D = 200 - 7.5 \times 2 = 185\text{mm} = 0.185\text{m}$$

$$R = \frac{\text{过水面积}}{\text{湿周}} = \frac{0.5 \times \frac{1}{4} \pi D^2}{0.5 \times \pi D} = \frac{1}{4}D = \frac{1}{4} \times 0.185 = 0.0465\text{m}$$

$$v = \frac{1}{n} R^{2/3} I^{1/2} = \frac{1}{0.009} \times 0.0465^{2/3} \times 0.01^{1/2} = 1.432\text{m/s}$$

第4篇 扩 展 总 结

扩展知识点速查指引

第 14 章 通用知识点

扩展 14-1 民用建筑与工业建筑的区分

民用建筑（《民规》）：包括公共建筑与居住建筑。

工业建筑（《工规》）：生产厂房、仓库、公用附属建筑以及生活、行政辅助建筑（公用辅助建筑指生产主工艺提供水、电、气、热力的建筑，以及试验、化验类建筑；生活、行政辅助建筑包括食堂、浴室、活动中心、宿舍、办公楼）。

注意：为厂房服务的食堂、浴室、活动中心、宿舍、办公楼，应执行《工规》。

扩展 14-2 单 位 换 算

常用物理量及其单位见表 14-1、表 14-2，当题目给出相关常数时以题目为准。

国际单位制的基本单位　　　　表 14-1

量的名称	单位名称	单位符号	量的名称	单位名称	单位符号
长度	米	m	热力学温度	开（尔文）	K
质量	千克	kg	物质的量	摩（尔）	mol
时间	秒	s	发光强度	坎（德拉）	cd
电流	安（培）	A			

用于构成十进制倍数和分数单词的词头　　　　表 14-2

量的名称	单位名称	单位符号	量的名称	单位名称	单位符号
10^{18}	艾	E	10^{-1}	分	d
10^{15}	拍	P	10^{-2}	厘	c
10^{12}	太	T	10^{-3}	毫	m
10^{9}	吉	G	10^{-6}	微	μ
10^{6}	兆	M	10^{-9}	纳	n
10^{3}	千	k	10^{-12}	皮	p
10^{2}	百	h	10^{-15}	飞	f
10^{1}	十	d	10^{-18}	阿	a

部分常见单位换算

长度

　　$1m＝100cm＝10^3 mm＝10^6 \mu m$

时间

　　$1h＝60min＝3600s$

　　$1 天＝24h$

质量

　　$1kg＝1000g＝10^6 mg$

体积

　　$1m^3＝1000dm^3＝10^6 cm^3＝10^9 mm^3$

　　$1m^3＝1kL＝1000\ L$

浓度

　　$1ppm＝0.0001\%＝10^{-6}\ m^3/m^3＝0.001\ L/kL＝1mL/m^3$

功率

　　$1W＝1J/s$

　　$1MW＝1000kW＝10^6 W$

　　$1kcal/h＝1.163W$

能量

　　$1J＝1W \cdot s$

　　$1kWh＝3600kJ＝3.6MJ$

　　$1kcal＝4180J＝4.18kJ$（大卡）

流量换算

　　$1kg/s＝3600kg/h$

　　$1m^3/s＝3600m^3/h$

压强换算

　　$1atm$（标准大气压）

　　$＝101325Pa＝101.325kPa＝10.33mH_2O＝760mmHg$

　　$1bar＝10^5 Pa＝0.1MPa$

　　$1mmHg＝133.32Pa$

　　$1mmH_2O＝9.8Pa$

　　$1mH_2O＝9.8kPa$

扩展 14-3　常　用　计　算

1. 空气密度计算

空气
$$\rho = \frac{353}{273+t} \times \frac{B}{101.325}$$

式中　t——摄氏温度，℃；

B——当地大气压，kPa；

ρ——密度，kg/m³。

2. 风机、水泵功率计算（详见扩展 17-12）

风机功率

$$N = \frac{LP}{3600\eta \cdot \eta_m}$$

式中　L——风量，m³/h；

P——风机风压，Pa；

η——风机效率；

η_m——机械效率。

水泵功率

$$N_z = \frac{GH}{367.3\eta \cdot \eta_m}$$

式中　G——水流量，m³/h；

H——水泵扬程，mH₂O；

η——水泵效率；

η_m——机械效率。

3. 热量与流量换算

风量的换算

$$L = \frac{Q}{\rho c_p \Delta t} \ (\text{m}^3/\text{s})$$

式中　L——体积流量，m³/s；

Q——热量，kW；

Δt——温差，℃；

ρ——密度，kg/m³；

c_p——比热容，kJ/(kg·℃)。

水量的换算

$$G = \frac{0.86Q}{\Delta t} \ (\text{m}^3/\text{h})$$

式中　G——体积流量，m³/h；

Q——热量，kW；

Δt——温差，℃。

4. 管道热膨胀量

$$\Delta X = 0.012(t_1 - t_2)L$$

式中　ΔX——热伸长量，mm；

t_1——热媒温度，℃；

t_2——管道安装温度，室内 0～5℃，室外取供暖室外计算温度；

L——计算管道长度（自固定点至自由端），m。

例：水平供暖管道允许热伸长量为 40mm，若供水温度为 60℃，安装温度为 5℃，试计算不采用补偿器的金属直管道长度。

最大自然补偿长度为：

$$L_0 = \frac{\Delta X}{0.012 \times (t_1 - t_2)} = \frac{40}{0.012 \times (60 - 5)} = 60.6\text{m}$$

固定支架设置在金属直管段中间部位时，左右两段的伸长量都能分别达到 40mm，因此最长直管段为：

$$L_0 = 2L_0 = 2 \times 60.6 = 121.2\text{m}$$

5. 标准工况换算

$$C_N = \frac{1.293C}{\rho}$$

式中　C_N——标准工况排放浓度；

$\quad\quad\quad C$——测试工况排放浓度；

$\quad\quad\quad \rho$——测试工况空气密度，kg/m^3。

6. 制冷设备中，回热设备的质量守恒与能量守恒（参考扩展，18-2）
7. 压缩机耗功率、制冷量、冷凝热之间的关系（参考扩展 18-1）
8. 污染物质量分数与体积分数（详见扩展 16-2）

扩展 14-4　热 工 表 格

表 14-3、表 14-4 参考自《红宝书》，相关数据当题目直接给出时，以题目数据为准。

水的热物理参数　　　　　　　　　　表 14-3

温度 (℃)	比热容 [kJ/(kg·K)]	运动黏度 ($10^{-6}\text{m}^2/\text{s}$)	温度 (℃)	比热容 [kJ/(kg·K)]	运动黏度 ($10^{-6}\text{m}^2/\text{s}$)
0	4.2077	1.790	60	4.1826	0.479
10	4.1910	1.300	70	4.1910	0.415
20	4.1826	1.000	80	4.1952	0.366
30	4.1784	0.805	90	4.2077	0.326
40	4.1784	0.659	100	4.2161	0.295
50	4.1826	0.556			

水的密度（当题目给出密度时以题目为准）　　　　　表 14-4

温度 (℃)	密度 (kg/m^3)	温度 (℃)	密度 (kg/m^3)	温度 (℃)	密度 (kg/m^3)	温度 (℃)	密度 (kg/m^3)
10	999.73	44	990.66	51	998.62	58	984.25
20	998.23	45	990.25	52	987.15	59	983.75
30	995.67	46	989.82	53	986.69	60	983.24
40	992.24	47	989.40	54	986.21	61	982.72
41	991.86	48	988.69	55	985.73	62	982.20
42	991.47	49	988.52	56	985.25	63	981.67
43	991.07	50	988.07	57	984.75	64	981.13

笔记区

续表

温度 (℃)	密度 (kg/m³)	温度 (℃)	密度 (kg/m³)	温度 (℃)	密度 (kg/m³)	温度 (℃)	密度 (kg/m³)
65	980.59	74	975.48	83	969.94	92	963.99
66	980.05	75	974.84	84	968.30	93	963.30
67	979.50	76	974.29	85	968.65	94	962.61
68	978.94	77	973.68	86	968.00	95	961.92
69	978.38	78	973.07	87	967.34	96	961.22
70	977.81	79	972.45	88	966.68	97	960.51
71	977.23	80	971.83	89	966.01	98	959.81
72	976.66	81	971.21	90	965.34	99	959.09
73	976.07	82	970.57	91	964.67	100	958.38

扩展 14-5 《民规》《工规》附录室外计算参数音序页码索引

《民规》《工规》室外计算参数页码索引 ❶

音序	《民规》	《工规》	音序	《民规》	《工规》
A 阿坝洲	155	173	B 宝鸡	165	183
A 阿克苏	177	195	B 宝清	117	135
A 阿勒泰	175	193	B 保定	103	121
A 阿里地区	163	181	B 保山	158	176
A 安康	165	183	B 北海	148	166
A 安庆	125	143	B 北京	102	120
A 安顺	156	174	B 本溪	112	130
A 安阳	135	153	B 毕节	156	174
A 鞍山	111	129	B 滨州	134	152
B 巴彦淖尔	109	127	B 亳 (bo) 州	125	143
B 巴中	155	173	C 沧州	105	123
B 霸州	105	123	C 昌都	162	180
B 白城	115	133	C 长沙	140	158
B 白山	115	133	C 长春	114	132
B 白银	168	186	C 常德	141	159
B 百色	148	166	C 常州	120	138
B 蚌埠	125	143	C 巢湖	127	145
B 包头	108	126	C 朝阳	113	131

❶ 说明：表格中的页数为规范单行本对应页码。

续表

音序	《民规》	《工规》	音序	《民规》	《工规》
C 郴州	141	159	G 赣榆	120	138
C 成都	151	169	G 赣州	129	147
C 承德	104	122	G 高要	145	163
C 重庆	151	169	G 高邮	121	139
C 赤峰	109	127	G 格尔木	171	189
C 崇左	150	168	G 共和	171	189
C 滁州	125	143	G 固原	173	191
C 楚雄	161	179	G 广昌	131	149
C 错那	163	181	G 广水	140	158
D 达日	171	189	G 广元	151	169
D 达州	154	172	G 广州	143	161
D 大理	161	179	G 贵溪	131	149
D 大连	111	129	G 贵阳	155	173
D 大同	105	123	G 桂林	147	165
D 大兴安岭	119	137	G 果洛州	171	189
D 丹东	112	130	H 哈尔滨	116	134
D 德宏州	161	179	H 哈密	175	193
D 德州	133	151	H 海北州	171	189
D 迪庆州	161	179	H 海东地区	172	190
D 定海	123	141	H 海口	150	168
D 定西	169	187	H 海拉尔	109	127
D 东胜	109	127	H 海南州	171	189
D 东兴	149	167	H 海西州	171	189
D 东营	134	152	H 汉中	165	183
E 鄂尔多斯	109	127	H 杭州	121	139
E 恩施	138	156	H 合肥	124	142
E 二连浩特	111	129	H 合作	169	187
F 防城港	149	167	H 和田	175	193
F 房县	139	157	H 河池	149	167
F 奉节	151	169	H 河南	171	189
F 福州	127	145	H 河源	146	164
F 抚顺	111	129	H 菏泽	133	151
F 抚州	131	149	H 贺州	149	167
F 阜新	113	131	H 鹤岗	117	135
F 阜阳	126	144	H 黑河	118	136
G 甘南州	169	187	H 衡水	105	123
G 甘孜州	152	170	H 衡阳	141	159

笔记区

音序	《民规》	《工规》	音序	《民规》	《工规》
H 红河州	159	177	J 景德镇	129	147
H 呼和浩特	108	126	J 景洪	159	177
H 呼伦贝尔	109	127	J 靖远	168	186
H 葫芦岛	113	131	J 九江	129	147
H 怀化	143	161	J 酒泉	167	185
H 淮安	121	139	K 喀什	175	193
H 淮阴	121	139	K 开封	135	153
H 黄冈	139	157	K 开原	113	131
H 黄南州	171	189	K 凯里	157	175
H 黄山	125	143	K 康定	152	170
H 黄石	137	155	K 克拉玛依	174	192
H 惠来	147	165	K 库尔勒	176	194
H 惠民	134	152	K 昆明	157	175
H 惠农	173	191	L 拉萨	162	180
H 惠阳	145	163	L 来宾	149	167
H 惠州	145	163	L 兰州	166	184
J 鸡西	117	135	L 廊坊	105	123
J 吉安	130	148	L 乐山	153	171
J 吉林	114	132	L 离石	107	125
J 吉首	143	161	L 丽江	159	177
J 集宁	110	128	L 丽水	123	141
J 济南	131	149	L 连云港	120	138
J 济宁	133	151	L 连州	147	165
J 加格达奇	119	137	L 凉山州	153	171
J 佳木斯	117	135	L 林芝	163	181
J 嘉兴	123	141	L 临沧	160	178
J 嘉鱼	139	157	L 临汾	107	125
J 江门	145	163	L 临河	109	127
J 揭阳	147	165	L 临江	115	133
J 金昌	168	186	L 临洮	169	187
J 金华	122	140	L 临夏	169	187
J 锦州	113	131	L 临沂	132	150
J 晋城	106	124	L 零陵	142	160
J 晋中	107	125	L 柳州	147	165
J 荆门	139	157	L 六安	125	143
J 荆州	139	157	L 六盘水	157	175
J 精河	177	195	L 龙岩	128	146

续表

音序	《民规》	《工规》	音序	《民规》	《工规》
L 龙州	150	168	P 普洱	159	177
L 陇南	167	185	Q 齐齐哈尔	116	134
L 娄底	143	161	Q 祁连	171	189
L 泸水	161	179	Q 奇台	177	195
L 泸州	153	171	Q 乾安	115	133
L 罗甸	157	175	Q 黔东南州	157	175
L 洛阳	135	153	Q 黔西南州	157	175
L 吕梁	107	125	Q 黔南州	157	175
M 麻城	139	157	Q 钦州	149	167
M 马尔康	155	173	Q 秦皇岛	104	122
M 马坡岭	140	158	Q 青岛	131	149
M 满洲里	109	127	Q 清远	147	165
M 茂名	145	163	Q 庆阳	169	187
M 梅州	145	163	Q 衢州	122	140
M 蒙自	159	177	Q 曲靖	159	177
M 绵阳	154	172	R 饶阳	105	123
M 民和	172	190	R 日喀则	163	181
M 漠河	119	137	R 日照	133	151
M 牡丹江	117	135	R 瑞丽	161	179
N 那曲	163	181	S 三门峡	135	153
N 南昌	129	147	S 三明	127	145
N 南充	153	171	S 三亚	151	169
N 南京	119	137	S 桑植	141	159
N 南宁	147	165	S 山南地区	163	181
N 南平	128	146	S 汕头	143	161
N 南坪区	153	171	S 汕尾	146	164
N 南通	119	137	S 商洛	166	184
N 南阳	136	154	S 商丘	136	154
N 内江	153	171	S 商州	166	184
N 宁波	123	141	S 上海	119	137
N 宁德	129	147	S 上饶	129	147
N 宁国	127	145	S 韶关	144	162
N 怒江州	161	179	S 邵通	158	176
P 盘县	157	175	S 邵阳	141	159
P 平湖	123	141	S 绍兴	123	141
P 平凉	167	185	S 射阳	121	139
P 屏南	129	147	S 深圳	145	163

笔记区

音序	《民规》	《工规》	音序	《民规》	《工规》
S 沈阳	111	129	W 温州	121	139
S 嵊州	123	141	W 文山州	159	177
S 狮泉河	163	181	W 乌兰察布	110	128
S 十堰	139	157	W 乌兰浩特	110	128
S 石家庄	103	121	W 乌鲁木齐	174	192
S 石嘴山	173	191	W 乌恰	177	195
S 双峰	143	161	W 芜湖	124	142
S 双鸭山	117	135	W 吴县东山	121	139
S 朔州	107	125	W 吴忠	173	191
S 思茅	159	177	W 梧州	147	165
S 四平	115	133	W 武都	167	185
S 松原	115	133	W 武功	165	183
S 苏州	121	139	W 武汉	137	155
S 绥化	118	136	W 武威	169	187
S 随州	140	158	X 西安	164	182
S 遂宁	153	171	X 西昌	153	171
S 宿州	126	144	X 西峰镇	169	187
T 塔城	177	195	X 西华	137	155
T 台山	145	163	X 西宁	170	188
T 台州	123	141	X 西双版纳	159	177
T 太原	105	123	X 锡林郭勒	111	129
T 泰安	133	151	X 锡林浩特	111	129
T 泰宁	127	145	X 厦门	127	145
T 唐山	103	121	X 咸宁	139	157
T 塘沽	103	121	X 咸阳	165	183
T 天津	102	120	X 香格里拉	161	179
T 天水	167	185	X 湘西州	143	161
T 铁岭	113	131	X 襄樊	139	157
T 通化	115	133	X 忻州	107	125
T 通辽	109	127	X 新乡	135	153
T 铜仁	157	175	X 信阳	137	155
T 同心	173	191	X 信宜	145	163
T 铜川	165	183	X 邢台	103	121
T 吐鲁番	175	193	X 兴安盟	110	128
W 万州	151	169	X 兴城	113	131
W 威海	133	151	X 兴仁	157	175
W 潍坊	132	150	X 徐汇	119	137

续表　　　　　　笔记区

音序	《民规》	《工规》	音序	《民规》	《工规》
X 徐家汇	119	137	Y 榆社	107	125
X 徐州	119	137	Y 玉环	123	141
X 许昌	137	155	Y 玉林	149	167
X 宣城	127	145	Y 玉山	129	147
Y 雅安	155	173	Y 玉树	170	188
Y 烟台	131	149	Y 玉溪	160	178
Y 延安	164	182	Y 沅江	142	160
Y 延边	115	133	Y 原平	107	125
Y 延吉	115	133	Y 岳阳	141	159
Y 盐城	121	139	Y 运城	106	124
Y 兖州	133	151	Z 枣阳	139	157
Y 扬州	121	139	Z 沾益	159	177
Y 阳城	106	124	Z 湛江	143	161
Y 阳江	144	162	Z 张家界	141	159
Y 阳泉	105	123	Z 张家口	103	121
Y 伊春	117	135	Z 张掖	167	185
Y 伊宁	176	194	Z 漳州	127	145
Y 宜宾	152	170	Z 肇庆	145	163
Y 宜昌	138	156	Z 郑州	135	153
Y 宜春	130	148	Z 芷江	143	161
Y 益阳	142	160	Z 中卫	173	191
Y 银川	172	190	Z 钟祥	139	157
Y 鄞州	123	141	Z 舟山	123	141
Y 鹰潭	131	149	Z 周口	137	155
Y 营口	113	131	Z 驻马店	137	155
Y 永昌	168	186	Z 资阳	155	173
Y 永州	142	160	Z 淄博	131	149
Y 右玉	107	125	Z 遵义	155	173
Y 榆林	165	183			

第15章 供暖知识点

扩展 15-1 绝热保温原则与计算

1. 保温保冷原则

(1) 单热管道：需满足经济厚度，同时参考《民规》表 K.0.1 下注。

(2) 单冷管道：需进行防结露计算，并核算经济厚度，同时参考《民规》表 K.0.2 注。

(3) 冷热合用管道：需分别按照冷、热管道计算厚度，对比后取较大值。

(4) 凝结水管：需进行防结露计算（《民规》第 11.1.5-2 条）。

(5) 设备保温：可采用经济厚度、表面热损失法或允许温降法（《设备及管道绝热设计导则》GB/T 8175—2008）；

防止表面结露：表面温度法计算厚度；

工程允许热损失：采用热平衡法计算厚度，并校核表面温度高于露点；

保温厚度：按最大口径管道的保温厚度再增加 5mm。如供水温度 60℃，采用柔性泡沫橡塑保温，则设备保温层厚度为最大接口管径对应绝热层厚度 40mm 再加 5mm，即 45mm。

2. 水管、风管防结露计算

基本原理：热流量相等。

$$q = \frac{\lambda}{\delta}(t_w - t_p) = \alpha_w(t_f - t_w)$$
$$= K(t_f - t_n)$$

式中 t_f——外环境温度，℃

t_w——绝热层外表面温度，℃

t_n——工质内环境温度，℃

t_p——绝热层内表面温度，℃

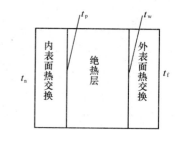

说明：

(1) 一般对于管内流动，若题目未提及内表面换热系数，则可以忽略内表面换热系数，且认为绝热层内表面或内壁面温度为工质温度，即 $t_p = t_n$（特别的，金属风管管壁热阻一般可忽略）。

(2) 保证表面不结露，则 T_w 不可小于外环境露点温度。或者直接带入露点温度计算厚度，所得结果为最小厚度（注意：如求解为

22.3mm，则选项 22mm 不可用，25mm 可用）。

（3）《民规》附录 K.0.4 及《公建节能 2015》附录 D.0.4 条均给出了风管绝热层的最小热阻。

（4）热流量计算原理为牛顿冷却公式 $Q = hF(t_1 - t_2)$，注意传热系数 h 为综合传热系数，为 t_1 温度界面与 t_2 温度界面间所夹介质的综合传热系数（因此，传热系数采用 $\dfrac{\lambda}{\delta}$ 时，应对应温差为内外表面温度；采用 α_w 时，应对应温差为外表面温度与外环境温度差）。

（5）建筑房间围护结构防结露计算可直接参照上述计算原理，其中绝热层为围护结构，但应考虑内/外表面换热系数。

扩展 15-2　最小传热阻的计算

《工规》第 5.1.6 条以及《民用建筑热工设计规范》GB 50176—2016 均有最小传热阻的计算方法。根据《复习教材》的内容，民用建筑与工业建筑的最小传热阻：

1. 室内计算温度确定

民用建筑：供暖房间取 18℃，非供暖房间取 12℃，与室内设计温度无关。

工业建筑：取冬季室内计算温度

2. 室外计算温度确定

围护结构热惰性指标不同取值不同（见表 15-1）。

室外计算温度的确定　　　　　　表 15-1

围护结构类型	热惰性指标 D 值《工规》《民用建筑热工设计规范》GB 50176—2016	t_e 的取值
Ⅰ	＞6.0	$t_w = t_{wn}$
Ⅱ	4.1～6.0	$t_w = 0.6t_{wn} + 0.4t_{p,min}$
Ⅲ	1.6～4.0（4.1）	$t_w = 0.3t_{wn} + 0.7t_{p,min}$
Ⅳ	≤1.5（1.6）	$t_w = t_{p,min}$

注：t_{wn} 为供暖室外计算温度，根据《民用建筑热工设计规范》GB 50176—2016 附录表 A.0.1 查取；$t_{p,min}$ 为累年最低日平均温度，根据《民用建筑热工设计规范》GB 50176—2016 附录表 A.0.1 查取。上表为《工规》表 5.1.6-2，注意《民用热工》表 3.2.2 的 D 取值范围有轻微区别：Ⅲ：1.6～4.1；Ⅳ：≤1.6

3. 民用建筑围护结构最小传热阻计算

修正后的围护结构热阻最小值：

$$R_{min} = \varepsilon_1 \varepsilon_2 R_{min \cdot \Delta t}$$

围护结构热阻最小值：最小传热阻大小应按公式计算，或按《民用建筑热工设计规范》GB 50176—2016 附录 D 表 D.1 选用。

$$R_{min \cdot \Delta t} = \frac{(t_i - t_e)}{\Delta t} R_i - (R_i + R_e)$$

式中 $R_{\min}$——不同材料和建筑不同部位的热阻最小值，$\text{m}^2 \cdot \text{K/W}$；

    $R_{\min \cdot \Delta t}$——满足 Δt 要求的热阻最小值，$\text{m}^2 \cdot \text{K/W}$；

    R_i——内表面换热阻，$\text{m}^2 \cdot \text{K/W}$；

    R_e——外表面换热阻，$\text{m}^2 \cdot \text{K/W}$；

    Δt——允许温差，$\Delta t = t_i - \theta_{i,\text{w}} = \dfrac{R_i}{R_0}(t_i - t_e) = KR_i(t_i - t_e)$。

防结露设计 $\Delta t \leqslant t_i - \theta_i$，基本热舒适性要求 $\Delta t \leqslant 3℃$（墙体、地下室）、$4℃$（屋面）、$2℃$（地面）。

$$\theta_i = \begin{cases} t_i - \dfrac{R_i}{R_0}(t_i - t_e) & \text{墙体、屋面} \\[3mm] \dfrac{t_i R_{\text{地面}} + t_e R_i}{R_{\text{地面}} + R_i} & \text{地面、地下室} \end{cases}$$

    ε_1——热阻最小值的密度修正系数，见《民用建筑热工设计规范》GB 50176—2016 第 5.1.4 条；

    ε_2——热阻最小值的温度修正系数，见《民用建筑热工设计规范》GB 50176—2016 第 5.1.4 条。

4. 工业建筑围护结构最小传热阻

$$R_{\text{o,min}} = k \frac{a(t_n - t_e)}{\Delta t_y} R_n$$

式中 $R_{\text{o,min}}$——围护结构最小传热阻，$\text{m}^2 \cdot \text{K/W}$；

    R_n——内表面换热阻，$\text{m}^2 \cdot \text{K/W}$；

    t_n——冬季室内计算温度，℃；

    t_e——冬季室外计算温度，℃；

    Δt_y——允许温差，℃；

    a——围护结构温差修正系数；

    k——修正系数，砖石墙体取 0.95，外门取 0.60，其他取 1

说明：（1）参考《工规》第 5.1.6 条；

（2）最小传热阻的计算不适用窗、阳台门和天窗；

（3）当临室温差大于 10℃时，内围护结构最小传热阻也应通过计算确定。

扩展 15-3   关于围护结构传热系数计算的总结

围护结构传热系数按下式计算

$$K = \frac{1}{R_0} = \cfrac{1}{\dfrac{1}{\alpha_n} + \sum \dfrac{\delta}{\alpha_\lambda \cdot \lambda} + R_k + \dfrac{1}{\alpha_w}}$$

1. 概念说明

（1）围护结构传热系数是综合传热系数，在描述热流量时，需要采用室内温度和室外温度的差值，与围护结构表面温度无关。

（2）围护结构传热系数的倒数是围护结构传热阻，因此围护结构传热阻包含内外表面传热阻，对于不包含表面传热阻的部分称为"围护结构平壁的热阻"。

2. 计算中的常见问题

（1）内外表面传热系数/内外表面传热阻（见表 15-2）

1）题目未说明海拔高度时，内外表面传热系数采用常规的 8.7W/（m² · K）和 23W/（m² · K）；对于海拔 3000m 以上的地区，应根据海拔高度查取《民用建筑热工设计规范》GB 50176—2016 表 B.4.2。

2）常用的内表面传热阻为 0.11（m² · K）/W，外表面传热阻为 0.04（m² · K）/W，该近似值与采用传热系数换算有误差，此误差不影响答题，不必纠结。

关于围护结构内外表面传热系数和传热组　　表 15-2

内外表面	表面特征	表面传热系数 W/（m² · K）	表面换热阻 （m² · K）/W
内表面	墙面、地面、表面平整 有肋状突出物的顶棚，$h/s \leqslant 0.3$	8.7	0.11
	有肋状突出物的顶棚，$h/s > 0.3$	7.6	0.13
外表面	外墙、屋面与室外空气直接接触的地面	23	0.04
	与室外空气相通的不供暖地下室上面的楼板	17	0.06
	闷顶和外墙上有窗的不供暖地下室上面的楼板	12	0.08
	外墙上无窗的不供暖地下室上面的楼板	6	0.17

（2）封闭空气层热阻

因《民用建筑热工设计规范》GB 50176—2016 的改版，通过查表确定封闭空气层热阻很复杂，因此考试时会直接给出传热阻大小，不必换算。

（3）材料导热系数

1）《复习教材》仅保留了保温材料的修正系数，但原《复习教材》关于混凝土等材料的修正系数在《民规》第 5.1.8 条依然存在。考试时，若题目给出某些材料层的修正系数，需要直接带入。保温材料的修正系数必须考虑。

2）导热系数修正系数见表 15-3 和表 15-4。

保温材料的导热系数修正系数　　表 15-3

材料	部位	修正系数 α_λ			
		严寒寒冷	夏热冬冷	夏热冬暖	温和地区
聚苯板	室外	1.05	1.05	1.10	1.05
	室内	1.00	1.00	1.05	1.00

续表

材料	部位	修正系数 α_λ			
		严寒寒冷	夏热冬冷	夏热冬暖	温和地区
挤塑聚苯板	室外	1.10	1.10	1.20	1.05
	室内	1.05	1.05	1.10	1.05
聚氨酯	室外	1.15	1.15	1.25	1.15
	室内	1.05	1.10	1.15	1.10
酚醛	室外	1.15	1.20	1.30	1.15
	室内	1.05	1.05	1.10	1.05
岩棉、玻璃棉	室外	1.10	1.20	1.30	1.20
	室内	1.05	1.15	1.25	1.20
泡沫玻璃	室外	1.05	1.05	1.10	1.05
	室内	1.00	1.05	1.05	1.05

注：本表引自《民用建筑热工设计规范》GB 50176—2016 表 B.2。保温部位按结构层区分室内外，围护结构外侧贴保温属于室外，围护结构内侧贴保温属于室内。

其他材料的导热系数修正系数 表 15-4

序号	材料、构造、施工、地区及说明	α_λ
1	作为夹心层浇筑在混凝土墙体及屋面构件中的块状多孔保温材料（如加气混凝土、泡沫混凝土及水泥膨胀珍珠岩），因干燥缓慢及灰缝影响	1.60
2	铺设在密闭屋面中的多孔保温材料（如加气混凝土、泡沫混凝土、水泥膨胀珍珠岩、石灰炉渣等），因干燥缓慢	1.50
3	铺设在密闭屋面中及作为夹心层浇筑在混凝土构件中的半硬质矿棉、岩棉、玻璃棉板等，因压缩及吸湿	1.20
4	作为夹心层浇筑在混凝土构件中的泡沫塑料等，因压缩	1.20
5	开孔型保温材料（如水泥刨花板、木丝板、稻草板等），表面抹灰或混凝土浇筑在一起，因灰浆渗入	1.30
6	加气混凝土、泡沫混凝土砌块墙体及加气混凝土条板墙体、屋面，因灰缝影响	1.25
7	填充在空心墙体及屋面构件中的松散保温材料（如稻壳、木、矿棉、岩棉等），因下沉	1.20
8	矿渣混凝土、炉渣混凝土、浮石混凝土、粉煤灰陶粒混凝土、加气混凝土等实心墙体及屋面构件，在严寒地区，且在室内平均相对湿度超过65%的供暖房间内使用，因干燥缓慢	1.15

注：本表引自《民规》表 5.1.8-3。

扩展 15-4　关于围护结构权衡判断方法的汇总总结

关于围护结构权衡判断方法的汇总总结

规范	权衡判断内容	前提条件	判断要求	判断依据
公共建筑	体形系数是强条，不能权衡判断。【第3.2.1条】			
	甲类公共建筑的屋顶透光部分面积不应大于屋顶总面积的20%。不满足时必须权衡判断。【第3.2.7条】	权衡判断前，当满足以下条件时方可判断：(1)屋面、外墙 K；(2)单一立面的窗墙面积比≥0.4 时，外窗 K 和太阳得热系数满足表格要求。【第3.4.1条】	参照建筑的屋顶透光部分面积符合本条（20%）规定。外墙与屋面的构造、外窗（含透光幕墙）的太阳得热系数完全一致。【第3.4.4条】形状、大小、朝向、窗墙比、内部空间划分和使用功能完全一致。【第3.4.3条】	在相同的外部环境、相同的室内参数设定、相同的供暖空调系统的条件下，参照建筑和设计建筑的供暖、空调的总能耗。【第3.4.2条】
	甲类公共建筑的围护结构热工性能符合表中规定。否则必须权衡判断。【第3.3.1条】			
工业建筑	严寒和寒冷地区一类工业建筑体形系数应符合规定，不能权衡判断。【第4.1.10条】　一类工业建筑总窗墙面积比不应大于0.5。不满足时必须进行权衡判断。【第4.1.11条】　一类工业建筑屋顶透光部分的面积与屋顶总面积之比不应大于0.15。否则必须权衡判断。【第4.1.12条】	当一类工业建筑进行权衡判断时，设计建筑围护结构的屋面、外墙、外窗、屋顶透光部分的传热系数不应超过最大限制值。【第4.4.1条】	一类工业建筑参照建筑的形状、大小、朝向、窗墙面积比、内部的空间划分、使用功能应与设计建筑完全一致。【第4.4.3条】	一类工业建筑围护结构热工性能权衡判断计算应采用参照建筑对比法【第4.4.4条】　二类工业建筑围护结构热工性能计算可采用稳态计算方法。【第4.4.6条】

笔记区

规范	权衡判断内容	前提条件	判断要求	判断依据
严寒寒冷居住建筑	【第4.1.3条】体形系数； 【第4.1.4条】窗墙比； 【第4.1.5条】屋面天窗与该房间屋面面积比值是强条，不能权衡判断； 【第4.2.1条】围护结构传热系数、周边地面和地下室外墙的保温材料层热阻； 【第4.2.2条】内围护结构传热系数和寒冷B区(2B区)夏季外窗太阳得热系数是强条，不能权衡判断	窗墙面积比最大值，屋面、地面、地下室外墙的热工性能，外墙、架空或外挑楼板和外窗传热系数的最大值满足表格要求【第4.3.2条】	设计建筑的功能能耗不大于参照建筑【第4.3.1条】； 参照建筑的形状、大小、朝向、内部的空间划分、使用功能应与设计建筑完全一致【第4.3.3条】	应采用对比评定法。【第4.3.1条】。
夏热冬冷居住建筑	【第4.0.3条】体形系数； 【第4.0.4条】屋面、外墙、架空楼板或外挑楼板、外窗的K和D。 【第4.0.5条】窗墙比或传热系数、遮阳系数	【第5.0.4条】有具体的取值方法。和不同情况的处理。 【第5.0.5条】用同一动态计算软件计算供暖空调年耗电量	建筑形状、大小、朝向以及平面划分完全一致。 【第5.0.4条】由于控制体形系数的实际意义在于控制相对传热面积，所以可通过将参照建筑的一部分表面面积定义为绝热面积达到控制体形系数相同的目的。 允许设计建筑在体形系数、窗墙比、围护结构热工性能之间进行强弱调整和弥补	【第5.0.2条】在规定条件下计算得出的采暖耗电量和空调耗电量之和。 【第5.0.6条】规定了计算供暖和空调年耗电量时的几条简单的基本条件
夏热冬暖居住建筑	【第4.0.4条】外窗的窗墙比。 【第4.0.6条】天窗的面积。 【第4.0.7条】南、北外墙传热系数、热惰性指标。 【第4.0.8条】外窗的平均传热系数、平均综合遮阳系数	【第5.0.1条】天窗的遮阳系数、传热系数，屋顶、东西墙的传热系数、热惰性指标必须符合【第4.0.6条】【第4.0.7条】规定	【第5.0.2条】形状、大小、朝向完全相同；各朝向和屋顶的开窗洞口面积相同；参照建筑某个朝向的窗洞应减小至满足规范。 参照建筑外墙、外窗和屋顶的各项性能满足规范最低限值。【第5.0.2条】有取值	【第5.0.1条】空调供暖年耗电指数，也可直接采用空调供暖年耗电量。 【第5.0.3条】综合评价指标的计算条件。 【第5.0.4条】南区内的建筑可忽略采暖年耗电量。

其他说明：

（1）《公建节能 2015》第 3.4.2 条：建筑围护结构的权衡判断只针对建筑围护结构，允许建筑围护结构热工性能的互相补偿（如墙达不到标准，窗高于标准），不允许使用高效的暖通空调系统对不符合本标准要求的围护结构进行补偿。

（2）《公建节能 2015》第 3.4.3 条：与实际设计的建筑相比，参照建筑除了在实际设计建筑不满足本标准的一些重要规定之处作了调整以满足本标准要求外，其他方面都相同。参照建筑在建筑围护结构的各个方面均应完全符合本标准的规定。

（3）《严寒和寒冷地区居住建筑节能设计标准》JGJ 26—2018 第 3.4.1 条：建筑围护结构热工性能的权衡判断应采用对比评定法。当设计建筑的供暖能耗不大于参照建筑时，应判定围护结构的热工性能符合本标准的要求。当设计建筑的供暖能耗大于参照建筑时，应调整围护结构热工性能重新计算，直至设计建筑的供暖能耗不大于参照建筑。

（4）《夏热冬冷地区居住建筑节能设计标准》JGJ 134—2010 第 4.0.5 条：窗墙面积比：窗户洞口面积与房间立面单元面积（即建筑层高与开间定位线围城的面积）之比。

（5）《工业建筑节能设计统一标准》GB 51245—2017 第 3.1.1 条：一类工业建筑环境控制及能耗方式为供暖、空调；二类工业建筑环境控制及能耗方式为通风。

扩展 15-5　自然作用压头在水力平衡中的考虑

1. 不平衡率的正确计算方法

不平衡率表示系统在实际运行时两并联管路偏离设计工况的程度。实际运行流量受到运行时的运行动力（即资用压力）影响，当资用压力与设计阻力匹配时（不平衡率<15%），实际运行流量基本与设计流量相等。资用压力过大，会使得分支环路流量偏大，反之偏小。

因此，不平衡率实际是受到并联环路影响，自身环路自用压力与自身环路阻力之间重新匹配的关系。设计中首先保证最不利环路的流量，因此以最不利环路阻力为基准进行计算。

一些直接用阻力与动力进行相减的做法（如用环路阻力减去自然压头），从原理上就是错误的。阻力与动力只能比较，不能加减。

对于上述文字无法理解的，可直接按照下面计算步骤计算：

计算步骤：题目未说明系统类型，均按机械循环考虑

（1）求最不利环路的阻力 P_1（最不利环路都是最远立管最底层），P_1 作为系统资用压头；

（2）计算自然作用压头，最不利环路与并联环路冷却中心高差为 h：

$$P_Z = \frac{2}{3} gh(\rho_h - \rho_g)$$

（3）计算资用压力 $P_{ZY} = P_1 + P_Z$；

（4）计算与最不利环路相并联环路阻力 P；

（5）不平衡率 $=(P_{ZY} - P)/P_{ZY}$。

2.《复习教材》中不平衡率计算公式的说明

《复习教材》表 1.6-7 中给出一个有关"环路压力平衡"的计算公式，此公式实际为上述不平衡率计算方法的特例，即"当不考虑自然作用压头或者两环路等高的情况下，可以直接用相对阻力差计算"。

$$\frac{不平}{衡率} = \frac{\sum \Delta P_1 - \sum \Delta P_2}{\sum \Delta P_1} \times 100\% \left(\begin{array}{l} 双管系统：不考虑自然作用压头时 \\ 单管系统：对比环路高度等 \end{array} \right)$$

3. 自然作用压头的处理与计算

（1）自然作用压头包括两部分：1）管道内水冷却产生的自然循环压力；2）散热器中水冷却的自然循环压力。

（2）重力循环中，第 1）类和第 2）类自然循环压力都需考虑，这是其循环的主动力。

（3）机械循环中，不考虑第 1）类自然循环压力，对于第 2）类自然循环压力按照最大值的 2/3 考虑。其主动力是循环水泵，自然循环压力是附加压力。

（4）机械循环单管系统，当各部分层数不同时，需要考虑第 2 类自然循环压力最大值的 2/3；当各部分层数相同时，则不考虑自然循环作用压力。考虑自然作用压头时，资用压力按对比环路本身的自然作用压头计入（考虑 2/3），非最不利环路的自然作用压头。

（5）自然循环作用压力最大值按下式计算：

$$\Delta p = gh(\rho_h - \rho_g)$$

式中　　h——加热中心至冷却中心的距离，密度差为回水密度减去供水密度。

扩展 15-6　室外计算温度使用情况总结

室外计算温度使用情况总结

室外计算温度	适用情况	出处
1. 夏季空调室外计算温度	1.1　夏季新风状态参数、蒸发冷却室外空气温度	
	1.2　外墙和屋顶夏季计算逐时冷负荷时；外窗温差传热的逐时冷负荷	《民规》第 7.2 节
	1.3　夏季消除余热余湿通风量或通风系统新风冷却量（室内最高温度限值要求较高时）	《工规》第 6.3.4.3 条第 4 款

续表 　　笔记区

室外计算温度	适用情况	出处
2. 夏季通风室外计算温度	2.1 热压通风计算	《民规》第 6.2.7 条
	2.2 当局部送风系统的空气需要冷却时	《09 技术措施》第 1.3.18 条
	2.3 夏季消除余热余湿的机械、自然通风、复合通风	《复习教材》P182、《工规》第 6.3.4.3-4 条《09 技术措施》第 4.1.6 条
	2.4 人防地下室升温通风降湿和吸湿剂除湿计算	《复习教材》P320
3. 冬季供暖室外计算温度	3.1 最小传热阻的计算,当围护结构的热惰性指标 $D>6.0$ 时	《复习教材》P7
	3.2 防潮计算中,用于计算冷凝计算界面温度时,采用供暖期室外平均温度	《复习教材》P8《民用建筑热工设计规范》GB 50176—2016 第 7.1.5 条
	3.3 冬季计算供暖系统围护结构耗热量、冷风渗入耗热量计算时	《民规》第 5.2.4 条
	3.4 供暖热负荷体积热指标法	《复习教材》P119
	3.5 选择机械送风系统的空气加热器时	《民规》第 6.3.3 条
	3.6 热风供暖系统空气加热器计算、燃气红外线辐射供暖中,发生器的选择计算	《复习教材》P54、P66
	3.7 工业建筑全面通风计算中,机械送风耗热量计算时	《工规》第 6.3.4.1 条
	3.8 冬季当局部送风系统的空气需要加热时	《复习教材》P175
	3.9 冬季对于局部排风及稀释污染气体的全面通风时	《复习教材》P175、《工业通风》第四版 P21
	3.10 求管道的热伸长量时,t_2—当管道架空敷设于室外时的取值	《复习教材》P102
4. 冬季通风室外计算温度	4.1 选择机械送风系统的空气加热器时,当用于补偿全面排风耗热量时	《民规》第 6.3.3 条
	4.2 对于消除余热、余湿及稀释低毒性污染物的全面通风	《民规》第 4.1.3 条、《工规》第 6.3.3 条、《工业通风》第四版 P21
	4.3 通风热负荷通风体积指标法	《复习教材》P120
5. 冬季空调室外计算温度	5.1 冬季计算空调系统热负荷时	《民规》第 7.2.13 条

（1）通风热平衡计算时 t_w 的选用

热量平衡　$Q_{负荷,失热}+c_p \cdot G_p \cdot t_n = Q_{放热}+c_p \cdot G_{jj} \cdot t_{jj}+c_p \cdot G_{zj} \cdot t_w + c_p \cdot L_{循环} \cdot \rho_n(t_s - t_n)$

t_w 取值（《工规》第 6.3.4 条）；

1）冬季供暖室外计算温度：冬季通风耗热量（考虑消除余热余湿以外因素时，按此计算）；

2）冬季通风室外计算温度：消除余热、余湿的全面通风；

3）夏季通风室外计算温度：夏季消除余热余湿、通风系统新风冷却量；

4）夏季空调室外计算温度：夏季消除余热余湿、通风系统新风冷却量，且室内最高温度限值要求严格。

（2）冷库问题温度选取（《复习教材》第 4.8.7 节第 1 条，《冷库设计规范》GB 50072—2010 第 3.0.7 条）：

1）计算围护结构热流量：室外温度，采用夏季空调室外计算温度日平均值，t_{wp}。

2）计算围护结构最小热阻：室外相对湿度取最热月平均相对湿度。

3）计算开门热流量/通风换气流量：室外计算温度采用夏季通风室外计算温度，室外相对湿度采用夏季通风室外计算相对湿度。

4）计算内墙和楼面：围护结构外侧温度取邻室室温（冷却间 10℃，冻结间 -10℃）。

5）地面隔热层外侧温度：有加热装置，取 1～2℃；无加热装置/架空层，外侧采用夏季空调日平均温度，t_{wp}。

扩展 15-7　供暖围护结构热负荷计算总结

1. 冬季供暖热负荷组成

冬季供暖热负荷主要由围护结构耗热量、冷风渗入耗热量及其他耗热量组成。其中围护结构耗热量包括围护结构基本耗热量和附加耗热量，外门附加耗热量属于冷风侵入耗热量。

供暖室内计算温度改变后，热负荷折算：

$$\frac{Q_1}{Q_2} = \frac{t_{n,1} - t_w}{t_{n,2} - t_w}$$

2. 围护结构耗热量计算

$$Q_i = Q_{i,y}\left[1+\beta_{朝向}+\beta_{风力}+(\beta_{两面墙}+\beta_{窗墙比\cdot窗})\right] \cdot (1+\beta_{层高}) \cdot (1+\beta_{间歇})+Q_{外门 i,y} \cdot \beta_{外门}$$

注意：外门附加为冷风侵入耗热量，仅为考虑按围护结构基本热负荷进行折算，但并非围护结构耗热量。

3. 围护结构基本热负荷

$$Q_j = \alpha F K(t_n - t_w)$$

说明：低温辐射供暖系统的热负荷计算，供暖室内设计温度可比散热器供暖方式低 2℃。工业建筑，室内温度比设计温度低 2～3℃。

4. 围护结构附加耗热量（见表 15-5）

围护结构附加耗热量要点　　　　　　　　表 15-5

附加耗热量	附加条件	附加方式
朝向修正	外墙/外窗	日照率小于 35%地区的修正率不同
风力修正	旷野、河边、建筑过高	附加在垂直围护结构
高度修正	层高大于 4m	总附加率有极大值，附加在其他附加耗热量之上
两面外墙修正	有两面相邻外墙	
窗墙比修正	窗墙比大于 0.5	仅对窗附加
间歇附加	明确说明间歇运行	附加在围护结构耗热量上

（1）朝向附加，$\beta_{朝向}$（见表 15-6）

围护结构负荷计算朝向附加系数　　　　　　表 15-6

朝向	一般情况	日照率小于 35%的地区
北、东北、西北	0～10%	0～10%
东、西	−5%	0%
东南、西南	−10%～−15%	−10%～0%
南	−15%～30%	−10%～0%

（2）风力附加，$\beta_{风力}$：设在不避风的高地、河边、岸边、旷野上的建筑物，以及城镇中高出其他建筑物的建筑，其垂直外围护结构附加 5%～10%。

（3）两面外墙附加，$\beta_{两面墙}$：对于公共建筑，当房间有两面及两面以上外墙时，将外墙、窗、门的基本耗热量附加 5%。

（4）窗墙面积比附加，$\beta_{窗墙比·窗}$。：当窗墙面积比（不含窗）大于 1：1 时，对窗的基本热负荷附加 10%。

（5）高度附加，$\beta_{层高}$：高度附加在其他耗热量附加之上房间高度大于 4m 时附加（楼梯间除外）。

《民规》第 5.2.6 条：

散热器供暖，房间高度大于 4m 时，每高出 1m 应附加 2%，但不应大于 15%；

地面辐射供暖，的房间高度大于 4m 时，每高出 1m 宜附加 1%，但不应大于 8%。

《工规》第 5.2.7 条：

地面辐射供暖，高度附加率（$H-4$）%，总附加率不宜大于 8%；

热水吊顶辐射或燃气红外辐射供暖：高度附加率（$H-4$）%，总附加率不宜大于 15%；

其他形式供暖，高度附加率（$2H-8$）%，总附加率不宜大于 15%。

（6）间歇附加，$\beta_{间歇}$：间歇附加只针对间歇供暖的建筑物，题目未提及则不考虑。一般对于仅白天使用的办公室、教学楼，对围护结构耗热量附加 20%；对于不经常使用的礼堂，对围护结构耗热量附加 30%。

（7）外门附加，$\beta_{外门}$；外门附加只适用于短时间开启的，无热风幕的外门，阳台门不考虑外门附加。外门附加属于冷风侵入耗热量，非围护结构附加耗热量，附加于外门基本耗热量之上。

$$建筑楼层数为\ n\ 时，\beta_{外门}=\begin{cases}65\%\times n，一道门\\80\%\times n，两道门（有门斗）\\60\%\times n，三道门（有两个门斗）\\500\%，公共建筑的主要出入口\end{cases}$$

（8）低温辐射供暖系统的热负荷计算，供暖室内设计温度可比散热器供暖方式低 2℃。

5. 冷风渗入耗热量

缝隙法计算逻辑关系如图 15-1 所示。

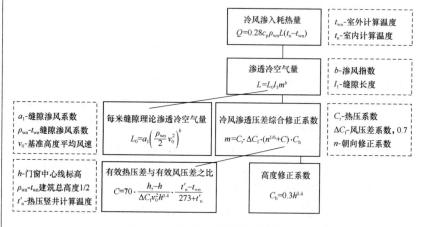

图 15-1　缝隙法计算逻辑关系图示

（1）计算方法适用情况

缝隙法：民用建筑、工业建筑；

换气次数法：工业建筑无相关数据时；

百分率法：生产厂房、仓库、公用辅助建筑物。

（2）关于缝隙法计算过程的注意事项

单层热压作用下，建筑物中和面标高可取建筑物总高度的 1/2；

当冷风渗透压差综合修正系数 $m>0$ 时，冷空气深入，此时存在渗风深入耗热量；当 $m\leqslant0$ 时，冷风渗入耗热量为 0。

冷风渗透量计入原则，所述几面围护结构为具有外门外窗的外围护结构。例，围护结构有 2 面相邻外墙，仅有一面具有外窗，按照"房间仅有一面外围护结构"考虑计入原则；围护结构由 3 面外围护结构，其中只有一面由外窗，按照"房间仅有一面外围护结构"考虑计入原则。

外门窗缝隙计算方法，见图 15-2。（题目所给门窗大小为洞口大小，W—总宽度，H—总高度）。

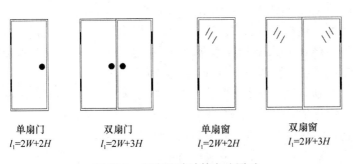

单扇门	双扇门	单扇窗	双扇窗
$l_1=2W+2H$	$l_1=2W+3H$	$l_1=2W+2H$	$l_1=2W+3H$

图 15-2　门窗缝隙计算方法图示

扩展 15-8　供暖系统设计相关总计

1. 室内热水供暖系统

系统形式：

垂直双管：小于或等于 4 层，优先下供下回，散热器同侧上进下出；

垂直单管跨越：不宜超过 6 层，优先上供下回跨越；

水平双管：低层大空间、共用立管分户计量多层或高层，优先下供下回，散热器异侧上进下出；

水平单管：缺乏立管的多层或高层，散热器异侧上进下出或 H 型阀；

分户热计量中应共用立管的分户独立系统，宜双管下供下回。

阀件（顶部自动排气阀，《复习教材》第 1.7.2 节第 6 条）

关闭用：高压蒸汽——截止阀；低压蒸汽与热水——闸阀、球阀；

调节用：截止阀、对夹式蝶阀、调节阀；

放水用：旋塞、闸阀；

放气用：排气阀、钥匙气阀、旋塞、手动放风。

立管：设于管井内，户用装置入管井（单层 3 户以上层内分集水器分户），分集水器入户，单立管连接不多于 40 户单层 3 户。

分区：南北分环，竖直高度 50m 以上，竖直分区。

水力平衡：立管比摩阻 30～60Pa/m，户内损失＜30kPa，并联环路对比不包括公共段。

节能运行：防止"大流量小温差"。

2. 供暖系统坡度总结

通常情况，重力循环利用膨胀水箱排气，机械循环系统利用末端排气。

$i=0.003$：热水供回水、汽水同向的蒸汽管、凝结水管（坡向供水与水流相反，回水与水流相同）；

$i=0.01$：散热器支管与立管（供水坡向散热器，回水坡向立管）；

$i=0.005$：汽水异向；

$i=0.01$：自然循环供回水管（坡向与水流相同）；

无坡：热水供回水内流速 $0.25m/s$ 以上。

重力循环上供下回，水平支干管，$0.005\sim0.01$，与水流同向（供水与空气流动方向相反，回水坡向锅炉）。

3. 供暖系统补偿器设置要点总结（《民规》第5.9.5条条文说明）

固定支架：水平或总立管最大位移不大于 $40mm$；

连接散热器的立管，最大位移不大于 $20mm$；

垂直双管及跨越管与立管同轴的单管，连接散热器立管小于 20m 时，可仅立管中间设固定卡。

膨胀量计算温度：冬季环境温度，$0\sim5℃$；

补偿器形式：优先自然补偿，L形、Z形；

补偿器：优先方形补偿器；

套筒补偿器、波纹管补偿器：需设导向支架，管径大于 $DN50$ 应进行固定支架推力计算。

4. 排气总结（《工规》第5.8.16条）

基本原则：有可能积聚空气高点排气。

热水系统：重力循环在供水主干管顶端设膨胀水箱，可兼作排气；

机械热水干管抬头走；

下行上供系统最上层散热器设排气阀或排气管；

水平单管串联每组散热器设排气；

水平单管串联上进上出系统，最后散热器设排气阀。

蒸汽系统：

干式回水：凝结水管末端，疏水器入口前排气。

湿式回水：各立管设排气管，集中在排气管末端排气，无排气管，在散热器和干管末端设排气。

扩展 15-9　各种供暖系统形式特点

各种供暖系统形式如表 15-7 所示。

各种供暖系统形式特点　　　　　　　　　　表 15-7

序号	形式名称	适用范围	重力循环热水供暖系统特点
重力循环供暖系统			
1	单管上供下回式	作用半径不超过 50m 的多层建筑	升温慢、作用压力小、管径大、系统简单、不消耗电能；水力稳定性好；可缩小锅炉中心与散热器中心的距离

　笔记区

序号	形式名称	适用范围	重力循环热水供暖系统特点
2	双管上供下回式	作用半径不超过 50m 的 3 层（≤10m）以下建筑	升温慢、作用压力小、管径大、系统简单、不消耗电能；易产生垂直失调；室温可调
3	单户式	单户单层建筑	一般锅炉与散热器在同一平面，故散热器安装至少提高到 300～400mm 高度；尽量缩小配管长度，减少阻力
机械循环供暖系统（多层建筑）			
1	双管上供下回式	室温有调节要求的建筑	最常用的双管系统做法；排气方便；室温可调节；易产生垂直失调
2	双管下供下回式	室温有调节要求且顶层不能敷设干管时的建筑	缓和了上供下回式系统的垂直失调现象；安装供回水干管需设置地沟；室内无供水干管，顶层房间美观；排气不便
3	双管中供式	顶层供水干管无法敷设或边施工边使用的建筑	可解决一般供水干管挡窗问题；解决垂直失调比上供下回有利；对楼层、扩建有利；排气不利
4	双管下供上回式	热媒为高温水、室温有调节要求的建筑	对解决垂直失调有利；排气方便；能适应高温水热媒，可降低散热器表面温度；降低散热器传热系数，浪费散热器
5	垂直单管上供下回式	一般多层建筑	常用的一般单管系统做法；水力稳定性好；排气方便；安装构造简单
6	垂直单管下供上回式	热媒为高温水的多层建筑	可降低散热器的表面温度；降低散热器传热量、浪费散热器
7	水平单管跨越式	单层建筑串联散热器组数过多时	每个环路串联散热器数量不受限制；每组散热器可调节；排气不便
机械循环供暖系统（高层建筑）			
1	分层式	高温水热源	入口设换热装置，造价高
2	双水箱分层式	低温水热源	管理较复杂；采用开式水箱，空气进入系统，易腐蚀管道
3	单双管式	8 层以上建筑	避免垂直失调现象产生；可解决散热器立管管径过大的问题；克服单管系统不能调节的问题
4	垂直单管上供中回式	不易设置地沟的多层建筑	节约地沟造价；系统泄水不方便；影响室内底层房屋美观；排气不便；检修方便
5	混合式	热媒为高温水的多层建筑	解决高温水热媒直接系统的最佳方法之一
6	高低层无水箱直连	低温水热源	直接用低温水供暖；便于进行管理；用于旧建筑高低层并网改造，投资少；微机变频增压泵，精确控制流量与压力，供暖系统平稳可靠。 （1）设阀前压力调节器的分层系统； （2）设断流器和阻旋器的分层系统。阻旋器设于外网静水压线高度

笔记区

扩展 15-10 供暖系统的水力稳定性问题

对于散热器供暖系统，供水量或供水温度变化后，末端散热量将受到影响，具体影响结论按表 15-8 查取。

变工况调节室内温度的变化 表 15-8

	变供水流量	变供水温度
垂直单管系统	下层相对上层变化大 （散热面积）	上层相对下层变化大 （传热系数）
垂直双管系统	上层相对下层变化大 （稳定性系数）	上层相对下层变化大 （自然作用压头）
变化趋势	$G > G_0$，整体供热量增加 $G < G_0$，整体供热量降低	$t_g > t_{g0}$，整体供热量增加 $t_g < t_{g0}$，整体供热量降低

注：G—水流量；t_g—供水温度；角标 0 表示设计工况；括号内为造成此变化的主要原因。

例 1：单管系统供水流量降低，由表查得，下层比上层变化大，下层室内温度更低。

例 2：双管系统供水温度升高，由表查得，上层比下层变化大，上层室内温度更高。

例 3：室外温度升高时，房间热负荷将降低，对于双管系统，需降低供水温度，或降低供水流量。以降低供水温度为例，系统产生垂直失调，查表可知上层供热量降低更多。若保证顶层室内温度，则底层室内温度将超过设计值；若保证底层室内温度，则顶层室内温度将低于设计值。

扩展 15-11 散热器相关总结

1. 散热器计算

散热器散热面积（《复习教材》第 1.8.1 节）：

$$F = \frac{Q}{K(t_{pj} - t_n)} \beta_1 \beta_2 \beta_3 \beta_4$$

（1）关于 β 修正系数：数值越大表示传热性能越差，所需散热器片数越多。修正系数参照《复习教材》第 1.8.1 节。

（2）关于 β_4 流量修正：流量增加倍数，$m = 25/(t_g - t_h)$，根据 m 查取 β_4；当 m 不为整数时，可在 1~7 之间使用内插法计算。

（3）改造问题中一般不考虑修正系数的变化。

（4）片数近似问题，《09 技术措施》第 2.3.3 条给出了一组尾数取舍法：

双管系统：尾数不大于耗热量 5％时舍去，大于或等于 5％时进位。

单管系统：按照上游（1/3），中游，下游（1/3）分别对待各组散热器，每类不超过所需散热量 7.5％，5％及 2.5％时舍去，反之进位。

例：双管系统计算片数为 19.5 片，尾数占比例为 0.5/19.5＝0.026＜0.05，所以尾数舍去，取 19 片。

对于无法利用《09 技术措施》尾数取舍的题目，按照进位考虑，即 14.2 片考虑为 15 片。此种处理方式主要考虑到要保证室内供暖温度，散热器散热量不能小于室内所需热负荷。

2. 参数改变后散热器计算相关计算思路

说明：对于改变供回水温度的系统，改变后的室内温度由散热器供热量决定，不一定达到新的室内设计温度。如原室内温度为 5℃，改变供回水温度后，散热器供热量按平均换热温差重新获得平衡。若平衡后的 $t_{n,2}$ 比新的设计温度低，则说明散热器片数/组数不够，需要增加散热器。

热负荷发生变化的隐含条件（注意下列 $t_{n,2}$ 为系统可达到的室内温度）

$$\frac{Q_1}{Q_2} = \frac{F\alpha(t_{pj,1} - t_{n,1})^{1+b}}{F\alpha(t_{pj,2} - t_{n,2})^{1+b}} = \left(\frac{t_{pj,1} - t_{n,1}}{t_{pj,2} - t_{n,2}}\right)^{1+b}$$

对供水量的影响的隐含条件

$$\frac{Q_1}{Q_2} = \frac{G_1 c_p \Delta t_1}{G_2 c_p \Delta t_2} = \frac{G_1}{G_2} \times \frac{\Delta t_1}{\Delta t_2}$$

散热器供热量与热负荷相等的成立条件

散热量计算时的室内设计温度与热负荷计算的室内计算温度相等。当散热器计算温度为 A，所需热负荷为 B 温度时，散热器散热量只能达到计算温度为 A 的热负荷。此时，可以按照下式计算散热器供热量与 B 温度下热负荷的比值：

$$\frac{Q_{散,A}}{Q_B} = \frac{A - t_w}{B - t_w}$$

3. 散热器系统形式

《民规》第 5.3.2 条：

居住建筑：垂直双管、公用立管分户独立循环双管、垂直单管跨越式；

公共建筑：双管系统，也可单管跨越式系统；

《既有居住建筑节能改造技术规程》JGJ/T 129—2012 第5.3.4 条：

室内垂直单管顺流→垂直双管、垂直单管跨越式；

不宜分户独立循环。

4. 恒温控制阀设置要求（《民规》第5.10.4条）

垂直或水平双管→供水支管设高阻阀；

5层以上垂直双管→设有预设阻力调节能力的恒温控制阀；

单管跨越式→低阻两通或三通恒温控制阀；

有罩散热器→温包外置式恒温控制阀；

低温热水地面辐射→热点控制阀、自力式恒温阀；

分环控制：分集水路，分路设阀；

总体控制：分集水器供回水干管设阀。

热计量室内变流量系统：不应设自力式流量控制阀。

扩展 15-12　全面辐射供暖与局部辐射供暖比较

全面辐射供暖与局部辐射供暖对比　　　　　　表 15-9

比较	全面辐射供暖	局部辐射供暖
适用建筑	一般为民用建筑	一般为工业厂房和车间
供暖要求	保证整个房间温度要求（不管盘管是不是全部面积敷设）	只保证房间内局部区域温度要求（如工人工作点），耗能比全面供暖低
附加系数	无需附加	考虑与非供暖区域的热量传递，需考虑附加系数：《工规》第5.2.10条、《复习教材》P43、《辐射供暖供冷技术规程》JGJ142—2012第3.3.3条
面积取值	仅敷设面积（如扣除固定家具部分）（《复习教材》P43）	局部敷设面积

局部供暖与全面供暖局部散热的概念区分（见表15-9）：

局部供暖：是指在一个有限的大空间内，只对其中的某一个部分进行供暖，而其余的部分无供暖要求。

全面供暖：是指整个空间都有供暖要求，只是受到实际条件的限制只能在局部区域采取供暖方式。

例如：

（1）一间办公室，地热盘管只能布置50%的面积，另外一半有固定设施，这种情况就是全面供暖局部散热。负荷仍然为办公室的总负荷。

（2）一个车间，中间为人员操作区，占车间面积的50%，这部分有供暖要求，而其余50%的面积，没有人员，可以不供暖。这种情况就属于局部供暖，只对操作区供暖。负荷应该按照《辐射供暖供冷技术规程》JGJ 142—2012 表 3.3.3 在车间总负荷上乘以一个系数。由于局部供暖区域与不供暖区域的空气是流通的，局部供暖区与不供暖区存在热对流，所以这个系数是比局部供暖区占房间面积的比高一些。

扩展 15-13　辐射换热相关计算问题总结

1. 辐射供暖供冷房间所需单位地面面积向上供热量或供冷量（参照《辐射供暖供冷技术规程》JGJ 142—2012 第 3.4.5 条）

$$q_x = \beta \frac{Q_1}{F_r}$$

式中　β——考虑家具等遮挡的安全系数；

Q_1——房间所需地面向上的供热量或供冷量 $Q_1 = Q - Q_2$，W；

F_r——房间内敷设供热供冷部件的地面面积，m；

Q——房间热负荷或冷负荷，W；

Q_2——自上层房间地面向下传热量，W。

2. 辐射供热/供冷设计校验（《辐射供暖供冷技术规程》JGJ 142—2012 第 3.4.6 条，第 3.4.7 条）

辐射供热地表平均温度验算：$t_{pj} = t_n + 9.82 \times \left(\dfrac{q}{100}\right)^{0.969}$

辐射供冷顶棚平均温度验算：$t_{pj} = t_n - 0.175 \times q^{0.976}$

辐射供冷地面平均温度验算：$t_{pj} = t_n - 0.171 \times q^{0.989}$

用上式计算后，对照《辐射供暖供冷技术规程》JGJ 142—2012 表 3.1.3 及表 3.1.4，不满足要求则重新设计。

3. 热水辐射供暖系统供热量计算（参见《辐射供暖供冷技术规程》JGJ 142—2012 第 3.3.7 条文说明）

热负荷计算时需考虑间歇供暖附加值和户间传热负荷

$$Q = \alpha \cdot Q_j + q_h \cdot M$$

式中　Q_j——房间热负荷；

α——间歇供暖修正系数，见《辐射供暖供冷技术规程》JGJ 142—2012 第 3.3.7 条表 3；

q_h——单位面积平均户间传热，$7W/m^2$；

M——房间使用面积。

4.《辐射供暖供冷技术规程》JGJ 142—2012 第 4 章材料与第 5 章施工要点

（1）绝热层、填充层、水管材料的选择

（2）分集水器及阀件的材料，宜铜质。连接方式，宜采用卡套式、卡压式、滑紧卡套冷扩式。

（3）分集水器安装，分水器在上，分集水器中心距 200mm，集水器距地不应小于 300mm。

（4）加热管敷设的弯曲半径、墙面间距、外露套管高度、固定装置间距。

（5）填充层内的加热供冷管及输配管不应有接头。

（6）混凝土填充层施工时，加热管内应保持不低于0.6MPa；养护过程中，不应低于0.4MPa。

（7）伸缩缝的设置要求（第5.4.14条、第5.8.1-2条）。盘管不宜穿越填充层内的，必须穿越时，伸缩缝处应设长度不小于200mm的柔性套管。

（8）卫生间应做两层隔离层（楼板上方、填充层上方）。

（9）地面辐射供暖地面构造示意图见图15-3。

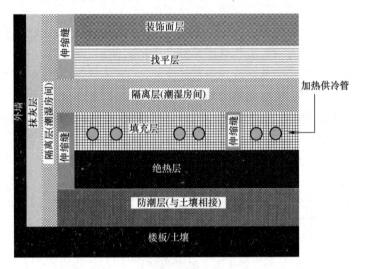

图15-3 地面辐射供暖地面构造示意图

（10）系统接管与阀门示意图见图15-4。

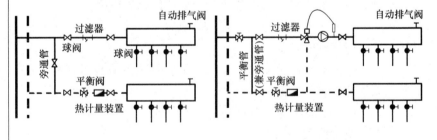

图15-4 系统接管与阀门示意图

5.《辐射供暖供冷技术规程》JGJ 142—2012 附录的用法

（1）附录 B 单位面积散热量

根据加热管间距、平均水温 $\left(\dfrac{t_g+t_h}{2}\right)$ 以及要求的室内空气温度确定供热量。

管道供热量＝向上供热量＋向下传热量

室内热负荷＝本层向上供热量＋上层向下传热量（注：顶层没有上一层向下传热量）

地表温度面积核算，只采用表中查取的向上供热量。

（2）附录 C 管材选择

1）管道内径计算

$$d_{内径} = \sqrt{\frac{Q}{c_p \cdot \rho \cdot \Delta t \cdot v} \cdot \frac{4}{\pi}} \text{ (m)}$$

注意：根据管道材质、设计压力等查取管道壁厚。$d_{外径} = d_{内径} + 2 \times \delta_{壁厚}$；管径壁厚不应小于 2mm，热熔焊接壁厚不小于 1.9mm；流速可以查取附录 D。

2）最大允许工作压力计算

$$PPMS = \frac{\sigma_D \cdot 2e_n}{d_n - e_n} \text{ (MPa)}$$

注意：σ_D 为对应使用条件级别下设计应力，MPa；d_n 为公称外径，mm；e_n 为公称壁厚，mm。

（3）附录 D 管道水力计算表

设计水流量 $G = \dfrac{3600Q}{c_p \Delta t}$ （kg/h）

式中 G——设计水流量，kg/h；

Q——盘管供热量，kW；

c_p——水定压比热，4.18kJ/（kg·℃）；

Δt——供回水温差，℃。

确定管径时，先根据供热量及设计供回水温差计算设计水流量，再根据此设计流量及所选的管径确定管内流速，该流速不应低于 0.25m/s。

扩展 15-14 工业建筑辐射供暖

1. 热水吊顶辐射案例计算

（1）热负荷计算时，高度附加取（$H-4$）％，且不大于 15％。

（2）辐射板散热量＝供暖热负荷×安装角度修正系数（见表 15-10）

安装角度修正系数 表 15-10

辐射板与水平面的夹角	0	10	20	30	40
修正系数	1	1.022	1.043	1.066	1.088

（3）管内流速应为紊流，非紊流时乘以 0.85～0.9 的修正系数（《工规》第 5.4.15 条第（2）款）。

【案例】 北京某厂房，面积为 $500m^2$，层高为 6m，室内设计温度为 18℃。采用 110℃/70℃ 的热水吊顶辐射供暖，为配合精装造型，辐射板倾斜 30°安装。已知该房间围护结构耗热量为 30kW，门窗缝隙渗入冷空气耗热量为 5kW，则所需辐射板面积为下列何项？（辐射板标准散热量 $0.5kW/m^2$，最小流量 0.8t/h）

(A) $73\sim77m^2$ (B) $68\sim72m^2$

(C) $78\sim82m^2$ (D) $83\sim87m^2$

【答案】 D

【解析】 根据《工规》第 5.4.15-1 条，热水吊顶辐射板倾斜 30°安装，安装角度修正系数为 1.066。

假设辐射板满足最小流量要求，则有效散热量应为（题目给出的围护结构耗热量，已经考虑过各种附加，不必重新进行高度附加）：

$$Q = (30+5) \times 1.066 = 37.31kW$$

辐射板流量：

$$G = \frac{Q}{c_p \Delta t} = \frac{37.31}{4.2 \times (110-70)} = 0.222kg/s = 0.799t/h < 0.8t/h$$

辐射板达不到最小流量，需要考虑流量修正，计算所需辐射板面积：

$$F = \frac{Q}{(0.85\sim0.90) \times q} = \frac{37.31}{(0.85\sim0.90) \times 0.5} = 83\sim88m^2$$

2. 燃气红外线辐射（《工规》第 5.5 节）

(1) 系统设备的布置要求

1) 发生器与其下游弯头需保持一定距离。

2) 合理设置调节风量阀（设置位置：公共尾管前的系统分支末端，公共尾管与真空泵之间）。

3) 系统运行时，必须先启动真空泵保证系统真空度，再启动发生器。

4) 系统可根据实际需要选择定温控制、定时控制或定区域控制。

5) 燃气红外线辐射供暖严禁用于甲乙类生产厂房和仓库。经技术经济比较合理时，可用于无线电气防爆要求的场所，易燃物质可出现的最高浓度不超过爆炸下限 10% 时，燃烧器宜布置在室外。

6) 辐射器安装高度，除工艺特殊要求外，不应低于 3m。

(2) 连续式燃气红外线辐射供暖案例计算

1) 供热量计算（详见《复习教材》第 1.4.3 节）

$$Q_f = \frac{Q}{1+R}$$

式中 $R = \dfrac{Q}{\dfrac{CA}{\eta}(t_{sh}-t_w)}$；

$\eta = \varepsilon\eta_1\eta_2$；

Q——围护结构耗热量（比对流低 $2\sim3℃$）；

　　$C=11$；

A——供暖面积；

t_{sh}——舒适温度，$15\sim20℃$。

2）发生器所需最小空气量计算

$$L = \frac{Q}{293} \cdot K$$

式中　Q——总辐射热量；

　　K——常数（天然气取 $6.4\mathrm{m^3/h}$，液化石油气取 $7.7\mathrm{m^3/h}$）。

计算空气量小于 $0.5\mathrm{h^{-1}}$ 房间换气次数时，可采用自然补风。超过 $0.5\mathrm{h^{-1}}$ 时，应设置室外空气供给系统。

3. 室内排风量计算

室内排风量按 $20\sim30\mathrm{m^3/(h \cdot kW)}$ 计算。房间净高小于 6m 时，尚应满足不小于 $0.5\mathrm{h^{-1}}$ 的换气次数。

扩展 15-15　暖风机计算总结

1. 热风供暖设计总结

设计要求：送风温度 $35\sim70℃$，可以独立设置。

热媒：$0.1\sim0.4\mathrm{MPa}$ 高压蒸汽，$90℃$ 以上热水。

安装位置：区分送风口中心高度与暖风机安装标高；

送风口中心高度 $h = f(H)$；

暖风机安装标高：

小型暖风机：$v\leqslant5\mathrm{m/s}$，$2.5\sim3.5\mathrm{m}$；

$v>5\mathrm{m/s}$，$4\sim4.5\mathrm{m}$；

落地式大暖风机出口高度 $H\leqslant8\mathrm{m}$，$3.5\sim6\mathrm{m}$；

$H>8\mathrm{m}$，$5\sim7\mathrm{m}$。

送风速度：房间上部 $5\sim15\mathrm{m/s}$，离地不高处 $0.3\sim0.7\mathrm{m/s}$。

2. 暖风机计算

《复习教材》式（1.5-18）和式（1.5-19），根据《复习教材》所列参数说明带入计算即可。注意 n 值计算若为非整数，只进位，不舍尾数。

台数计算：$n=\dfrac{Q}{Q_d \cdot \eta}$

室内设计温度改变后，暖风机供热量的折算：$\dfrac{Q_1}{Q_2} = \dfrac{t_{pj} - t_1}{t_{pj} - t_2}$

暖风机实际散热量：$\dfrac{Q_d}{Q_0} = \dfrac{t_{pj} - t_n}{t_{pj} - 15}$

3. 热风供暖气流组织计算（见表 15-11 和图 15-5）

热风供暖气流组织计算　　　　　　　　　　　表 **15-11**

计算参数	平行送风射流	扇形送风射流
射流有效作用长度（m）	$h \geqslant 0.7H$ 时，$l_x = \dfrac{X}{a}\sqrt{A_h}$ $h = 0.5H$ 时，$l_x = \dfrac{0.7X}{a}\sqrt{A_h}$	$R_x = \left(\dfrac{X_1}{\alpha}\right)^2 H$
换气次数	$n = \dfrac{380v_1^2}{l_x} = \dfrac{5950v_1^2}{v_0 l_x}$	$n = \dfrac{18.8v_1^2}{X_1^2 R_x} = \dfrac{294v_1^2}{X_1^2 v_0 R_x}$
每股射流的空气量（m³/s）	$L = \dfrac{nV}{3600 \cdot m_p m_c}$	$L = \dfrac{nV}{3600 \cdot m}$
送风口直径（m）	$d_0 = \dfrac{0.88L}{v_1\sqrt{A_h}}$	$d_0 = 6.25\dfrac{aL}{v_1 H}$
送风口出风速度	$v_0 = 1.27\dfrac{L}{d_0^2}$	

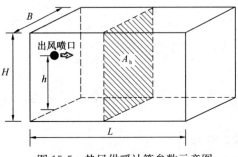

图 15-5　热风供暖计算参数示意图

扩展 15-16　换热器计算

换热器内传热关系：

$$Q_{换热} = Q_{高温} = Q_{低温}$$
$$KFB\Delta t_{pj} = G_{高温}c_p(t_1' - t_1'') = G_{低温}c_p(t_2' - t_2'')$$

换热器面积的确定

换热器面积需要在采用热负荷计算所需的基本换热面积后，考虑供热附加系数和安全保证率两方面问题。根据《民规》表 8.11.3，供暖及空调供热需要考虑 1.1~1.5 的换热器附加系数；同时一台换热器停止工作后，剩余换热器的设计换热量需要保证供热量的要求，即寒冷地区不低于设计供热量的 65%，严寒地区不低于设计供热量的 70%。若换热器台数为 N，则单台换热器面积 F_1 需要满足下述计算要求：

$$\begin{cases} F = \dfrac{Q}{K \cdot B \cdot \Delta t_{pj}} \\[2mm] F_1 \geqslant \dfrac{(1.1 \sim 1.15)F}{N} \\[2mm] F_1 \geqslant \dfrac{(65\% \sim 70\%)F}{(N-1)} \end{cases}$$

说明：

（1）当题目未给出水程换热方式时，可以由进出口温度进行判断，如无法判断，则一般换热器优先考虑为"逆流"。

（2）当 $\Delta t_a / \Delta t_b \leqslant 2$ 时，加热器内换热流体之间的对数平均温度差，可简化为按算术平均温差计算，即 $\Delta t_{pj} = (\Delta t_a + \Delta t_b)/2$，这时误差$<4\%$。

（3）容积式水换热器，用算术平均温差（见《建筑给水排水设计标准》GB 50015—2019 第 6.5.8 条）。

（4）汽水换热时，$t'_1 = t''_1 = $ 蒸汽饱和温度。

（5）换热器对数平均温差（见图 15-6）

$$\Delta t_{pj} = \frac{\Delta t_a - \Delta t_b}{\ln \dfrac{\Delta t_a}{\Delta t_b}}$$

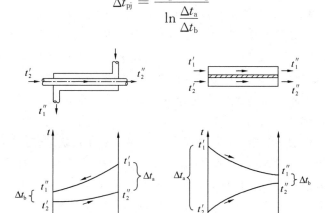

图 15-6 换热器中流体温度沿程变化示意图

（a）逆流换热器中流体温度沿程变化；（b）顺流换热器中流体温度沿程变化

扩展 15-17 供暖系统平衡阀的设置要求

（1）热力站和建筑入口均应根据要求考虑是否设置平衡阀，两者是不同的热量结算点，是否设置应独立考虑。

（2）热力站

1）当室外管网水力平衡计算达不到上述要求时，应在热力站和建筑物热力入口处设静态水力平衡阀（《严寒和寒冷地区居住建筑节能设计标准》JGJ 26—2018 第 5.2.10 条条文说明）。

2）出口总管，不应串联设置自力式流量控制阀；多个分环路时，分环总管根据水力平衡设置静态水力平衡阀（《严寒和寒冷地区居住建筑节能设计标准》JGJ 26—2018 第 5.2.9 条）。

3）热力网供、回水总管上应设阀门。当供暖系统采用质调节时，宜在热力网供水或回水总管上装设自动流量调节阀；当供暖系统采用变流量调节时宜装设自力式压差调节阀（《城镇供热管网设计规范》CJJ 34—2010 第 10.3.13 条）。

（3）建筑热力入口

1）静态水力平衡阀：

①当室外管网水力平衡计算达不到上述要求时，应在热力站和建筑物热力入口处设静态水力平衡阀（《严寒和寒冷地区居住建筑节能设计标准》JGJ 26－2018 第 5.2.10 条条文说明）。

②集中供热系统中，建筑热力入口应安装静态水力平衡阀，并应对系统进行水力平衡调试（《供热计量技术规程》JGJ 173－2009 第 5.2.2 条）。

2）根据水力平衡要求和室内调节要求，决定是否采用自力式流量控制阀、自力式压差控制阀或其他（《严寒和寒冷地区居住建筑节能设计标准》JGJ 26－2018 第 5.2.9 条《公建节能 2015》第 4.3.2 条）。

3）定流量系统：按规定设置静态水力平衡阀，或自力式流量控制阀（《严寒和寒冷地区居住建筑节能设计标准》JGJ 26－2018 第 5.2.9-2 条）。

4）变流量系统：应根据水力平衡的要求和系统总体控制设置情况，设置压差控制阀，但不应设置自力式定流量阀（《严寒和寒冷地区居住建筑节能设计标准》JGJ 26－2018 第 5.2.9-3 条）是否设置自力式压差控制阀应通过计算热力入口的压差变化幅度确定（《供热计量技术规程》JGJ 173－2009 第 5.2.3 条，《民规》第 5.10.6 条）。

（4）选型与安装：

1）平衡阀的选型要求（《严寒和寒冷地区居住建筑节能设计标准》JGJ 26－2018 第 5.2.10 条 ）。

2）阀前直管段不应小于 5 倍管径，阀后直管段长度不应小于 2 倍管径(《供热计量技术规程》JGJ 173－2009 第 5.2.4 条，《民规》第 5.9.16 条）。

扩展 15-18　其他供暖系统附件相关计算

1. 减压阀

（1）流量计算

减压比 $m = \dfrac{p_2}{p_1}$

临界压力 $\beta_L = \dfrac{p_L}{p_1}$，饱和蒸汽 $\beta_L = 0.577$，过热蒸汽 $\beta_L = 0.546$。

减压阀减压比大于临界压力比（$m > \beta_L$）：

饱和蒸汽　　　$q = 462 \sqrt{\dfrac{10 p_1}{V_1} \left[\left(\dfrac{p_2}{p_1} \right)^{1.76} - \left(\dfrac{p_2}{p_1} \right)^{1.88} \right]}$

过热蒸汽　　$q = 332 \sqrt{\dfrac{10 p_1}{V_1} \left[\left(\dfrac{p_2}{p_1} \right)^{1.54} - \left(\dfrac{p_2}{p_1} \right)^{1.77} \right]}$

减压阀减压比小于等于临界压力比（$m \leqslant \beta_L$）：

饱和蒸汽　　$q = 71 \sqrt{\dfrac{10 p_1}{V_1}}$

过热蒸汽　　$q = 75 \sqrt{\dfrac{10 p_1}{V_1}}$

（2）减压阀阀孔面积（cm²）

$$A = \frac{q_m}{\mu q}$$

式中　μ——流量系数，0.45~0.6；

　　　q——减压阀计算流量，kg/（cm²·h），见《复习教材》第
　　　　　1.8.2 节；

　　　q_m——通过减压阀的蒸汽流量，kg/h。

2. 安全阀喉部面积计算

饱和蒸汽　$A = \dfrac{q_m}{490.3 P_1}$

过热蒸汽　$A = \dfrac{q_m}{490.3 \phi \cdot P_1}$

水　　　　$A = \dfrac{q_m}{102.1 \sqrt{p_1}}$

式中　A——喉部面积，cm²；

　　　q_m——安全阀额定排量，kg/h；

　　　p_1——排放压力，MPa；

　　　ϕ——过热蒸汽矫正系数，0.8~0.88

3. 疏水阀凝结水排量计算

（1）安装在锅炉分气缸时（C 安全系数取 1.5）

$$G_{sh} = G \cdot C \cdot 10\%$$

（2）安装在蒸汽主管及主管末端，安装在管提升处、各类阀门之
前及膨胀管或弯管之前

$$G_{sh} = \frac{F \cdot K (t_1 - t_2) C \cdot E}{H}$$

式中　C——安全系数，一般取 2，末端取 3；

　　　t_1——蒸汽温度；

　　　t_2——空气温度。

（3）安装在蒸汽伴热管线（安全系数 C 取 2，Δt 为蒸汽与空气
的温差）

$$G_{sh} = \frac{L \cdot K \cdot \Delta t \cdot E \cdot C}{P \cdot H}$$

（4）安装在管壳式热交换器（安全系数 C 取 2，Δt 为水侧温差）

$$G_{sh} = \frac{m \cdot \Delta t \cdot C_g \cdot \rho_g \cdot C}{H}$$

其中，G_{sh}—排除凝结水流量，kg/h；$E=0.25=1$—保温效率；F—蒸汽管外表面面积，m^2；K—管道传热系数，$kJ/(m^2 \cdot ℃ \cdot h)$；H—蒸汽潜热，kJ/kg；t_1—蒸汽温度，℃；t_2—空气温度，℃；Δt 温差，℃；L—伴热管上疏水阀间管线长度，m；P—管道单位外表面积的线性长度，m/m^2；m—被加热流体流量，m^3/h；C_g—液体比热，$kJ/(kg \cdot ℃)$；ρ_g—液体密度，kg/m^3

4. 调压装置计算

（1）调压板孔径（建筑入口供水干管，$p < 1000kPa=1MPa$）

$$d=\sqrt{\frac{GD^2}{f}}$$

$$f=23.21 \times 10^{-4}D^2\sqrt{\rho H}+0.812G$$

其中，d—调压板孔径，mm；D—管道内径，mm；H—消耗压头，Pa；G—热水流量，kg/h；ρ—热水密度，kg/m^3。

（2）调压用截止阀内径（系统不大时采用）

$$d=16.3\sqrt[4]{\xi}\sqrt{\frac{G^2}{\Delta p}}$$

其中，d—截止阀内径，mm；G—用户入口流量，m^3/h；Δp—用户入口压力差，kPa；ξ—局部阻力系数

5. 管线热膨胀量计算

$$\Delta X=0.012(t_1-t_2)L$$

其中，ΔX—管线热伸长量，mm；t_1—热媒温度，℃；t_2—管道安装温度，一般取 $0 \sim 5℃$，架空室外时取供暖室外计算温度；L—计算管道长度，m

6. 阀门阻力系数计算

$$K_v=\alpha\frac{G}{\sqrt{\Delta p}}$$

其中，G—通过流量（平衡阀设计流量），m^3/h；Δp—阀门前后压力差，MPa；α—系数。

说明：

（1）平衡阀应根据阀门系数 K_v 选择符合要求的平衡阀，而非按管径选型。

（2）恒温控制阀一般可按管道公称直径直接选择口径，再用阀门系数校核压力降。采用公称直径直接选择恒温控制阀的说法是错误的，公称直径仅能确定口径。

扩展 15-19 关于热量计量相关问题的总结

1. 设置热计量表是否属于运行节能的问题

《民规》第 5.10.1 条条文说明提到：设置热量表是主观行为节

能，实际运行节能的措施是设置室温控制装置。采用热计量，是行为节能，不是运行节能。

2. 关于热量表的安装位置总结：

(1)《复习教材》第 1.9.7 节：从计量原理上讲，热量计安装在供、回水管上均可以达到计量的目的，有关规范规定流量传感器宜安装在回水管上，原因是流量传感器安装在回水管上，有利于降低仪表所处环境温度，延长电池寿命和改善仪表使用工况。而温度传感器应安装在进出户的供回水管路上。

(2)《供热计量技术规程》JGJ 173—2009 第 3.0.6.2 条：热量表的流量传感器的安装位置应符合仪表安装要求，且宜安装在回水管上。流量传感器安装在回水管上，有利于降低仪表所处环境温度，延长电池寿命和改善仪表使用工况。

第 4.1.2 条水－水热力站的热量测量装置的流量传感器应安装在一次管网的回水管上。

(3)《民规》第 5.10.3 条：用于热量结算的热量表的流量传感器应符合仪表安装要求，且宜安装在回水管上。

条文解释说明中提到热源、换热机房热量计量装置的流量传感器应安装在一次管网的回水管上。因为一次管网温差大、流量小、管径较小，流量传感器安装在一次管网上可以节省计量设备投资；考虑到回水温度较低，建议流量传感器安装在回水管路上。如果计量结算有具体要求，应按照需要选择计量位置。

3. 热计量方式适用性总结（见表 15-12）

热计量方式适用性总结　　　　　表 15-12

热分配计法	适用新建改建各种散热器系统 特别适合室内垂直单管顺流改造为 垂直单管跨越式系统	地面辐射 供暖	仅用于散热器
流量温度法	垂直单管跨越式 水平单管跨越式共用立管分户循环		
通断时间 面积法	共用立管分户循环 分户循环的水平串联式系统 水平单管跨越式和地板辐射供暖系统		户内为一个独立的 水平串联式系统； 无法分室或分 区温控
户用热量 表法	分户独立室内供暖 分户地面辐射供暖	传统垂直系统 既有建筑改造	适用范围广
温度面积法	新建建筑的各种系统 改造建筑		
户用热水表法	温度较小的分户地面辐射		

注：本表参考《民规》第 5.10.2 条、《供热计量技术规程》JGJ 173—2009 第 6.1.2 条、《09 技术措施》第 2.5.8 条。

扩展 15-20　热网与水压图问题总结

1. **热网年耗热量**（见表 15-13）

热网年耗热量计算公式 表 15-13

供暖全年耗热量	$Q_h^a = 0.0864 N Q_h \dfrac{t_i - t_a}{t_i - t_{o,h}}$
供暖期通风耗热量	$Q_v^a = 0.0036 T_v N Q_v \dfrac{t_i - t_a}{t_i - t_{o,v}}$
空调供暖耗热量	$Q_a^a = 0.0036 T_a N Q_a \dfrac{t_i - t_a}{t_i - t_{o,a}}$
供冷期制冷耗热量	$Q_c^a = 0.0036 Q_c T_{c,max}$
生活热水全年耗热量	$Q_w^a = 30.24 Q_{w,a}$

说明：

（1）上述全年耗热量计算时，注意带入数值的正误，t_i 为室内计算温度，$t_{o,x}$ 为对应方式室外计算温度，t_a 为供暖期室外平均温度。

（2）关于供暖期室外平均温度及供暖期天数一般情况题目将直接给出；若未给出，一般可按照《民用建筑热工设计规范》GB 50176—2016 附录 A.0.1 查取。但是，当题目给出供暖期条件（一般为室外温度低于 5℃ 或低于 8℃）时，按此条件查取《民规》附录 A 表"设计计算用供暖期天数及其平均温度"中的平均温度和天数。

（3）全年耗热量 Q_a（单位 GJ）与热负荷不同 Q（单位 kW），锅炉选型时采用热负荷 Q 计算，锅炉房计算容量按下式计算 [《复习教材》式（1.11-3）]

$$Q = K_0 [Q_h + (0.7 \sim 1.0)(Q_v + Q_a) + (0.7 \sim 0.9)Q_{生产} + (0.5 \sim 0.8)Q_{生活}]$$

2. **热网水力计算**

热网水力计算主要根据题意列出管网流量计算式及阻力计算式。求解的关键是基于管路开闭前后，未动作管段阻抗不变。

热网水力工况分析可直接参考《复习教材》第 1.10.7 节相关内容。

基本关系式：

流量与供热量　　　$Q = G \cdot c_p \cdot \rho (t_g - t_h)$

流量与阻力/扬程　$P = S \cdot G^2$

其他计算关系式见表 15-14。

热网水力计算主要关系式列表 表 15-14

串联关系	并联关系
$G = G_1 = G_2 = G_i$	$G = G_1 + G_2 + \Lambda + G_i$
$P = P_1 + P_2 + \Lambda + P_i$	$P = P_1 = P_2 = P_i$
$S = S_1 + S_2 + \Lambda + S_i$	$\dfrac{1}{\sqrt{S}} = \dfrac{1}{\sqrt{S_1}} + \dfrac{1}{\sqrt{S_2}} + \Lambda + \dfrac{1}{\sqrt{S_i}}$
$\dfrac{P_1}{S_1} = \dfrac{P_2}{S_2}$	$S_1 G_1^2 = S_2 G_2^2$

水力失调度：$x = \dfrac{V_s}{v_g}$
水力稳定度：$y = \dfrac{V_g}{V_{max}} = \dfrac{1}{x_{max}}$

3. 混水装置的设计流量（《复习教材》第1.10.5节）

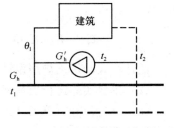

混水泵设计流量按下式计算：

$$G'_h = \mu G_h$$

其中，$\mu = \dfrac{t_1 - \theta_1}{\theta_1 - t_2}$，各参数具体见

图15-7。

图15-7　混水泵参数示意图

4. 热网水压图（见图15-8）

热网连接基本原则（《复习教材》第1.10.6节）：不超压（检验回水压力）、不倒空（静水压线）、不汽化（顶层供水压力）、有富余（30~50kPa）。

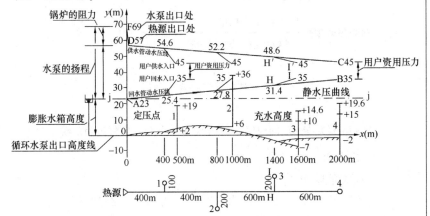

图15-8　热网水压图

扩展 15-21　锅炉房与换热站常考问题总结

1. 换热器

选型：热泵空调，应采用板式换热器；水—水换热器宜采用板式换热器（《民规》第8.11.2条）。

配置：总数不应多于4台；全年不应少于2台；非全年不宜少于2台。

容量：(1) 换热器总容量＝设计热负荷×附加系数（《民规》表8.11.3）；

(2) 一台停止，寒冷地区剩余换热器换热量不低于65%供热量，严寒地区不低于70%。

2. 锅炉房容量

配置：全年使用不应少于2台，非全年不宜少于2台，中小型建筑单台能满足负荷和检修可设1台。

容量：(1) 锅炉房设计容量由系统综合最大热负荷确定[《复习教

笔记区 | 材》式(1.11-3)]:

$$Q = K_0 (K_1 Q_1 + K_2 Q_2 + K_3 Q_3 + K_4 Q_4)$$

此计算式确定锅炉房设计容量,锅炉房实际总容量不小于 Q;

(2)单台实际运行负荷率不宜低于 50%;

(3)一台停止,寒冷地区剩余锅炉供热量不低于 65%供热量,严寒地区不低于 70%。

额定热效率:《公建节能 2015》第 4.2.5 条(锅炉热效率:每小时送进锅炉的燃料所能产生的热量被用来产生蒸汽或加热水的百分率。)

3. 与锅炉热效率有关的计算

$$锅炉热效率 = \frac{锅炉产热量}{燃料热值 \times 燃料耗量} \times 100\%$$

$$\downarrow 消耗空气助燃$$

$$锅炉房送风量 = 房间换气量 + 燃料燃烧空气量 \times 空气过剩系数$$

4. 锅炉房通风与消防

(1)火灾危险分类

详见"扩展 16-16"中"常用的建筑火灾危险性等级列举"。

(2)锅炉房防爆的泄压面积不小于锅炉间占地面积 10%

可计入泄压面积的部分:玻璃窗、天窗、质量小于或等于 120kg/m^3 的轻质屋顶和薄弱墙等。

5. 小区进行节能改造后,锅炉房还可负担多少供暖面积

这类题的解题核心在于:供热面积指标仅用于计算户内热负荷,总热负荷与锅炉容量间相差一个室外管网输送效率(《严寒和寒冷地区居住建筑节能设计标准》JGJ 26−2010 第 5.2.5 条)。因此,应采用下式计算锅炉容量:

$$Q = k_0 \times (A_{改造} q_{改造} + A_{新建} q_{新建})$$

$$= \frac{A_{改造} q_{改造} + A_{新建} q_{新建}}{\eta}$$

$$= (1 + a)(A_{改造} q_{改造} + A_{新建} q_{新建})$$

式中 Q——热源装机容量;

q——热负荷;

η——管网输送效率;

$1 + a$——锅炉自用系数。

6. 锅炉房的通风,如表 15-15 所示。

锅炉房通风量要求 表 15-15

设置位置			平时通风	事故通风
首层		燃油锅炉	3h⁻¹	6h⁻¹
		燃气锅炉	6h⁻¹	12h⁻¹
半地下或半地下室	地下一层	不得采用相对密度大于 0.75 的可燃气体燃料	6h⁻¹	12h⁻¹
地下或地下室			12h⁻¹	12h⁻¹
常（负）压燃油锅炉 常（负）压燃气锅炉		首层	同上	
		地下一层、地下二层		
		屋顶，距离安全出口不应小于 6m		
燃气调压间等爆炸危险房间			3h⁻¹	12h⁻¹
燃油泵房（按 4m 高计算）			12h⁻¹	12h⁻¹
油库（按 4m 高计算）			6h⁻¹	12h⁻¹

说明：（1）锅炉房应设置在首层或地下一层靠外墙部位，不应贴邻人员密集场所。

（2）送排风设备应采用"防爆型"。

（3）主要参考《锅炉房设计标准》GB 50041—2020 第 15 章，《建规 2014》第 9.3.16 条。

锅炉房新风量>3h⁻¹（不包括锅炉房燃烧空气量）；

控制室新风量>最大班操作人员新风量。

7. 《严寒和寒冷地区居住建筑节能设计标准》JGJ 26—2010 与《公建节能 2015》有关关于管网热损失是否计入问题的说明

由《严寒和寒冷地区居住建筑节能设计标准》JGJ 26—2010 第 5.2.5 条条文说明，管网损失包括：

（1）管网向外散热造成散热损失；

（2）管网上附件及设备漏水和用户防水而导致的补水耗热损失；

（3）通过管网送到各热用户的热量由于管路失调而导致的各处室温不等造成的多余热损失。

《公建节能 2015》第 4.2.4 条条文说明提及"灯光等得热远大于管道热损失，所以确定锅炉房容量时无需计入管道热损失"，实际表明远大于"散热损失"，管网损失仍需计入。另外，本条为条文说明，没有执行力，因此对于管网损失，仍需在装机容量中考虑。

扩展 15-22 户用燃气炉相关问题总结

1. 适用性问题

不适合直接作地热供暖热源（会导致热效率下降，烟气结露腐蚀系统）；

宜采用混水罐的热水供暖（《复习教材》第 1.12.2 节），宜采用混水的方式调节（《民规》第 5.7.4 条）；

居住建筑利用燃气供暖，宜采用户式燃气炉（可免去管网损失，输送能耗)(《民规》第 5.7.1 条。)

2. 设计要点

(1) 热负荷

采用一般性热负荷计算，还需考虑生活习惯、建筑特点、间歇运行等附加(《民规》第 5.7.2 条)。

供暖负荷应包括户间传热，且可再留有余量(《严寒和寒冷地区居住建筑节能设计标准》JGJ 26－2018 第 5.2.3 条条文说明)。

(2) 相关设备选型

应选用全封闭、平衡式，强制排烟系统(《民规》第 5.7.3 条，强条)；

宜采用节能环保壁挂冷凝式燃气锅炉(《复习教材》第 1.12.2 节，《民规》第 5.7.4 条)；

户式燃气炉额定热效率按照《家用燃气快速热水器和燃气采暖热水炉能效限定值及能效等级》GB 20665—2015 规定：壁挂冷凝式燃气锅炉供暖，可提供达到 1 级能效的产品。(《复习教材》第 1.12.2 节)：

1 级：$\eta_1 = 99\%$，$\eta_2 = 95\%$；

2 级：$\eta_1 = 89\%$，$\eta_2 = 85\%$；

3 级：$\eta_1 = 86\%$，$\eta_2 = 82\%$；

其中，η_1—供暖额定热负荷下的热效率值，η_2—30%供暖额定热负荷下的热效率值。

末端与供回水温应匹配，散热器与地面供暖等均可采用(《民规》第 5.7.4 条条文说明、第 5.7.7 条)。

(3) 高层中的要求

有条件采用集中供热或楼内集中设燃气热水器机组的高层中，不宜采用户式燃气炉(《严寒和寒冷地区居住建筑节能设计标准》JGJ 26－2018 第 5.2.13 条)。

高层中采用户式燃气炉，应满足下列要求：

1) 应设专用进气及排气通道；

2) 自身有自动安全装置；

3) 具有自调燃气量、空气量的功能，有室温控制器；

4) 循环水泵参数，应与供暖系统匹配。

3. 运行与保养

运行：排烟温度不宜过低，排烟口应保持畅通，远离人群和新风口(《民规》第 5.7.5 条)。

保养：为了保证可靠运行，应定期清洗保养(防水垢)(《复习教材》第 1.12.2 节)；

应具有防冻保护、室温调控功能，并应设置排气泄水装置(《民规》第 5.7.8 条)。

扩展 15-23 《建筑给水排水及采暖工程施工质量验收规范》GB 50242—2002 压力试验小结

《建筑给水排水及采暖工程施工质量验收规范》
GB 50242—2002 压力试验小结

对象		实验类别	试验压力	检验方法	条文
阀门		强度试验	公称压力的 1.5 倍	试验压力在试验持续时间内应保持不变,且壳体填料及阀瓣密封面无渗漏	3.2.5
		严密性试验	公称压力的 1.1 倍		
散热器		水压试验	工作压力的 1.5 倍,但不小于 0.6MPa	试验时间为 2～3min,压力不降且不渗不漏	8.3.1
辐射板		水压试验	工作压力的 1.5 倍,但不得小于 0.6MPa	试验压力下 2～3min 压力不降且不渗不漏	8.4.1
盘管		水压试验	工作压力的 1.5 倍,但不小于 0.6MPa	稳压 1h 内压力降不大于 0.05MPa 且不渗不漏	8.5.2
供暖系统	蒸汽、热水供暖系统	水压试验	系统顶点工作压力加 0.1MPa,同时在系统顶点的试验压力不小于 0.3MPa	使用钢管及复合管的供暖系统应在试验压力下 10min 内压力降不大于 0.02MPa,降至工作压力后检查,不渗、不漏。 使用塑料管的供暖系统应在试验压力下 1h 内压力降不大于 0.05MPa,然后降至工作压力的 1.15 倍,稳压 2h,压力降不大于 0.03MPa,同时各连接处不渗、不漏	8.6.1
	高温热水供暖系统	水压试验	系统顶点工作压力加 0.4MPa		
	使用塑料管及复合管的热水供暖系统	水压试验	系统顶点工作压力加 0.2MPa,同时在系统顶点的试验压力不小于 0.4MPa		
供热管道		水压试验	工作压力的 1.5 倍,但不得小于 0.6MPa	在试验压力下 10min 内压力降不大于 0.05MPa,然后降至工作压力下检查,不渗不漏	11.3.1
锅炉	锅炉本体	水压试验	工作压力 $P < 0.59$MPa 时,试验压力为 $1.5P$ 但不小于 0.2MPa	在试验压力下 10min 内压力降不超过 0.02MPa;然后降至工作压力进行检查,压力不降,不渗、不漏; 观察检查,不得有残余变形,受压元件金属壁和焊缝上不得有水珠和水雾	13.2.6
			工作压力 $0.59 \leqslant P \leqslant 1.18$MPa 时,试验压力为 $P + 0.3$MPa		
			工作压力 $P > 1.18$MPa 时,试验压力为 $1.25P$		
	可分式省煤器	水压试验	$1.25P + 0.5$MPa		
	非承压锅炉	水压试验	0.2MPa		

笔记区

对象	实验类别	试验压力	检验方法	条文
分气缸（分水器、集水器）	水压试验	工作压力的 1.5 倍，但不得小于 0.6MPa	试验压力下 10min 内无压降、无渗漏	13.3.3
敞口箱、罐	满水试验	—	满水后静置 24h 不渗不漏。	13.3.4
密闭箱、罐	水压试验	工作压力的 1.5 倍，但不得小于 0.4MPa	试验压力下 10min 内无压降，不渗不漏	
地下直埋油罐	气密性试验	不应小于 0.03MPa	试验压力下观察 30min 不渗、不漏，无压降	13.3.5
连接锅炉及辅助设备的工艺管道	水压试验	系统中最大工作压力的 1.5 倍	在试验压力 10min 内压力降不超过 0.05MPa，然后降至工作压力进行检查，不渗不漏	13.3.6
热交换器	水压试验	应以最大工作压力的 1.5 倍作水压试验，蒸汽部分应不低于蒸汽供气压力加 0.3MPa；热水部分应不低于 0.4MPa	在试验压力下，保持 10min 压力不降	13.6.1

第 16 章　通风知识点

扩展 16-1　环　境　问　题

1. 大气污染排放

大气污染排放内容主要参考《大气污染物综合排放标准》GB 16297—1996，是考试热点内容。其中第 3 节、第 7 节以及附录 A—C 应重点学习。

注意的问题：

（1）一些基本的概念要学习该规范的第 3 节；

（2）分清既有排气筒（表 1）和新建排气筒（表 2），所用表格不同；

（3）排气筒高度的限制（第 7.1 条、第 7.4 条），下列情况排放速率还应再严格 50%：

1）（既有和新建）排气筒无法高出周围 200m 半径范围的建筑 5m 以上时；

2）新污染源排气筒高度低于 15m 时。

（4）氯气、氰化氢、光气的既有和新建排气筒，均不得低于 25m。

（5）等效排气筒：当 2 个排气筒排放同一种污染物，其距离小于两个排气筒高度之和时，应以一个等效排气筒代表这两个排气筒进行评价。允许限值为等效排气筒高度对应限值。等效排气筒排放速率：

$$Q = Q_1 + Q_2$$

等效排气筒高度：

$$h = \sqrt{\frac{1}{2}(h_1^2 + h_2^2)}$$

2. 空气质量指数 AQI（《复习教材》第 2.1.1 节）

（1）定义

AQI：空气质量指数（现行参数）；

API：空气污染指数（不再使用）。

（2）两者区别

AQI 评价 6 项污染物，增加 PM2.5，按"小时均值（1 小时 1 次）＋日报"进行发布，增加了小时均值；

API 评价 5 项污染物，按"日均值（1 天 1 次）"进行发布。

（3）空气质量指数级别

AQI分一～六级的六个指数等级,指数级别越大,污染越严重(《复习教材》表2.1-4及表2.1-5)。

扩展16-2　消除有害物所需通风量

对于消除有害物所需通风量计算,要参考《工业企业设计卫生标准》GBZ 1—2019以及《工作场所有害因素职业接触限值　第1部分:化学有害因素》GBZ 2.1—2019的规定。

(1)当数种溶剂(苯及其同系物、醇类或醋酸酯类)蒸汽或数种刺激性气体同时放散空气中时,应按各种气体分别稀释至规定的接触限值所需要的空气量的总和计算全面通风换气量。

常见刺激性气体:氯气、氨气、光气、双光气、二氧化硫、三氧化硫、氮氧化物、甲醛、硫酸二甲酯、氯化氢、氟化氢、溴化氢、氨、臭氧、松节油、丙酮。

刺激性气体种类举例:

1)酸:硫酸、盐酸、硝酸、铬酸;

2)氧化物:二氧化硫、三氧化硫、二氧化氮、臭氧、环氧氯丙烷;

3)氢化物:氯化氢、氟化氢、溴化氢、氨;

4)卤族元素:氟、氯、溴、碘;

5)无机氯化物:光气、二氧化砜、三氯化磷、三氯化硼;

6)卤烃类:溴甲烷、氯化苦;

7)酯类:硫酸二甲酯、二异氰酸甲苯酯、甲酸甲酯;

8)醛类:甲醛、乙醛、丙烯醛;

9)金属化合物:氧化镉、硒化氢、羟基镍。

(2)PC-TWA以及PC-STEL:

关于有害物限值的计算是历年常考题,建议务必熟悉GBZ 2.1—2019,特别是其附录。

PC-TWA:某物质8h时间加权平均容许浓度,使得计算值C_{TWA}不大于表列PC-TWA。

平均容许浓度(TWA)计算式

$$C_{TWA} = \frac{\sum C_i T_i}{8}$$

PC-STEL:短时间接触容许浓度,应在满足PC-TWA基础上进一步考察该限值(化学物质,根据PC-TWA查取最大超限倍数;粉尘,超限倍数为PC-TWA的2倍)。

多种有毒物质共同作用限值,应满足下式:

$$\sum \frac{C_i}{L_i} \leqslant 1$$

（3）单位换算：

在标准状态下，质量浓度和体积浓度可按下式进行换算：

$$Y = \frac{MC}{22.4}$$

其中，Y—污染气体的质量浓度；M—污染气体的摩尔质量，即分子量；C—污染气体的体积浓度。计算时经常会用到 ppm，ml/m³，mg/m³ 等单位。单位换算时注意使用《复习教材》式（2.6-1）。另外，关于这个公式的计算，有体积质量比和体积质量流量两套单位，这里给出计算单位的对照表，如表 16-1 和表 16-2 所示。

关于质量浓度和体积浓度换算公式
的单位的对照表   表 16-1

参数	单位系列 1	单位系列 2
Y	mg/m³	mg/s
C	mL/m³（＝ ppm）	mL/s

常用化学物质分子量列表   表 16-2

物质名称	化学式	分子量	元素	代号	分子量
二氧化硫	SO_2	64	氢	H	1
三氧化硫	SO_3	80	炭	C	12
一氧化碳	CO	28	氮	N	14
二氧化碳	CO_2	44	氧	O	16
硫化氢	H_2S	34	硫	S	32
氨气	NH_3	17			

例：在标准状态下，换算 10ppm 的二氧化硫的质量浓度。

$$Y = \frac{MC}{22.4} = \frac{64 \times 10}{22.4} = 28.5 \text{mg/m}^3$$

扩展 16-3　通风热平衡计算

热平衡计算按《复习教材》式（2.2-6）进行：

$$\Sigma Q_h + G_p \rho_n t_n = \Sigma Q_f + G_{jj} \rho_{jj} t_{jj} + G_{zj} \rho_{zj} t_w + G_{xh} \rho_n (t_s - t_n)$$

此计算式控制体为建筑内部环境（如图 16-1 所示灰色区域）

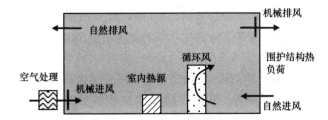

图 16-1　热风平衡计算示意图

笔记区

注意：控制体外部情况不考虑其中，机械进风过程中空气处理环节与热平衡计算无关（无论是经过热回收还是空气加热器，机械进风 t_{jj} 仅表示进入室内时的温度），相关温度参数仅考虑从围护结构处进出室内的空气参数以及室内热源和循环风参数。

t_w 取值：（《工规》第6.3.4条）：

（1）冬季供暖室外计算温度：冬季通风耗热量（考虑消除余热余湿以外因素时，按此计算）；

（2）冬季通风室外计算温度：消除余热、余湿的全面通风；

（3）夏季通风室外计算温度：夏季消除余热余湿、通风系统新风冷却量；

（4）夏季空调室外计算温度：夏季消除余热余湿、通风系统新风冷却量，且室内最高温度限值要求严格。

扩展 16-4 通风防爆问题总结

1. 防爆相关规范

防爆相关规范中，因为工业建筑的特殊性，《工规》是最主要的规范。相比较而言，《民规》相关要求较少。另外，防爆与消防息息相关，因此《建规2014》有很多与防爆有关的要求。

（1）《工规》

第6.3.2、6.3.11、6.6.9、7.2.9条、第6.4节、第6.9节。

（2）《民规》

第6.3.2-4、6.3.9、6.5.9、6.5.10、6.6.16条。

（3）《工业企业设计卫生标准》GBZ 1—2010

第6.1节 防尘、防毒。

（4）《建规2014》

第9.1.2、 9.1.3、 9.1.4、 9.2.3、 9.3.2、 9.3.4、 9.3.5、9.3.6、9.3.7、9.3.8、9.3.9条。

2. 常考问题

（1）关于空气中各类物质的浓度限值

此考点考查极为频繁，比较简单，但是核心考点主要为《工规》第6.9.2条、第6.9.5条及第6.9.15条，且为条文正文。

第6.9.2条 凡属下列情况之一时，不得采用循环空气：

1 甲、乙类厂房或仓库；

2 空气中含有爆炸危险粉尘、纤维，且含尘浓度大于或等于其爆炸下限的25%的丙类厂房或仓库；

3 空气中含有易燃易爆气体，且气体浓度大于或等于其爆炸下限值的10%的其他厂房或仓库。

4 建筑物内的甲、乙类火灾危险性的房间。

第 6.9.5 条　排除有爆炸危险的气体、蒸汽和粉尘的局部排风系统，其风量应按在正常运行和事故情况下，风管内有爆炸危险的气体、蒸汽或粉尘的浓度不大于爆炸下限的 50% 计算。

第 6.9.15 条　在下列任一情况下，供暖、通风与空调设备均应采用防爆型：

1　直接布置在爆炸危险性区域内时；

2　排除、输送或处理有甲、乙类物质，其浓度为爆炸下限 10% 及以上时；

3　排除、输送或处理含有燃烧或爆炸危险的粉尘、纤维等物质，其含尘浓度为其爆炸下限的 25% 及以上时。

注意事项：

1）分清楚具体要求为"爆炸下限的 25%"、"爆炸下限的 50%"，还是"爆炸下限 10%"；

2）注意计算限制浓度时所对应的是"工作区容许浓度"还是"爆炸下限"。

3）上述所列甲乙类物质可通过《建规 2014》查取。

（2）对风系统及设备的要求

循环空气：《工规》第 6.9.2 条。

风系统划分：《工规》第 6.9.3、7.1.3、6.9.16 条，
　　　　　　《建规 2014》第 9.3.11 条。

扩展 16-5　自然通风公式总结

1. 自然通风量计算

（1）全面换气量法　　$G = \dfrac{Q}{c_p \cdot (t_p - t_w)}$

（2）按照进风窗计算　　$G = \mu_a F_a \sqrt{2 h_1 g (\rho_w - \rho_{np}) \rho_w}$

（3）按照排风窗计算　　$G = \mu_b F_b \sqrt{2 h_2 g (\rho_w - \rho_{np}) \rho_p}$

流量系数　　　　　　　$\mu = \dfrac{1}{\sqrt{g}}$

2. 各种自然通风计算相关温度

排风温度

（1）允许温度差法（特定车间）$t_p = t_w + \Delta t$

（2）温度梯度法（高度不大于 15m，室内散热均匀，散热量不大于 116W/m³）$t_p = t_n + a(h - 2)$

说明：按房间高度查梯度，按排风口中心高度计算排风温度。查取表格时采用房间高度查取 a 值，带入公式时采用排风口中心高度带入 h。例，室内散热量为 30W/m³，室内温度为 20℃，房间高度为 10m，排风窗中心高度为 8m，按房间高度 10m 查得 $a = 0.6$，则排风

温度为 $t_p = 20 + 0.6 \times (8-2) = 23.6℃$。

（3）有效热量系数法（有强烈热源车间）$t_p = t_w + \dfrac{t_n - t_w}{m}$

室内平均温度　　$t_{np} = \dfrac{t_n + t_p}{2}$

3. 有关热压、风压、余压相关问题

（1）窗孔 c 的余压计算

$$\Delta p_{cx} = g(h_c - h_{中和})(\rho_w - \rho_{np})$$

式中　h_c——窗孔 c 距离地面的高度；

　　　h——中和面距离地面高度；

　　　ρ_w——室外空气温度对应密度；

　　　ρ_{np}——车间平均温度对应密度。

（2）建筑外某一点风压

$$\Delta p_f = K \frac{v_w^2}{2} \rho_w$$

式中　K——空气动力系数（有正负）；

　　　v_w——室外风速；

　　　ρ_w——室外空气温度对应密度。

（3）窗孔内外压差计算

$$\Delta p_i = \Delta p_{xi} - \Delta p_f = \Delta p_{xi} - K_i \frac{v_w^2}{2} \rho_w$$

式中　Δp_i——窗孔的内外压差；

　　　Δp_{xi}——窗孔的余压；

　　　K_i——空气动力系数（有正负）；

　　　v_w——室外风速；

　　　ρ_w——室外空气温度对应密度。

（4）自然通风计算基本原理

$$G = \mu F \sqrt{2 \Delta p \rho_w}$$

式中　Δp——窗孔的内外压差；

　　　ρ_w——室外空气温度对应密度。

《复习教材》中有关进排风量的计算是以此公式为基础推倒而来。当无法使用《复习教材》式（2.3-14）及式（2.3-15）时，可从此基本公式入手分析问题。

4. 窗面积与距中和面位置

窗面积与距中和面位置有如下关系（流量系数 $\mu = \dfrac{1}{\sqrt{\xi}}$，密度计算 $\rho_t = \dfrac{353}{273 + t}$）

$$\left(\frac{F_排}{F_进}\right)^2 = \frac{h_进}{h_排} \frac{\rho_w}{\rho_p} \frac{\mu_进^2}{\mu_排^2}$$

特别的，若近似认为 $\mu_{进} = \mu_{排}$，$\rho_w = \rho_p$，则有：

$$\left(\frac{F_{排}}{F_{进}}\right)^2 = \frac{h_{进}}{h_{排}}$$

5. 建筑物周围气流流型

风吹向和流经建筑物时，按在其屋顶和四周形成的气流流形及空气动力特性不同可分为稳定气流区、正压区、空气动力阴影区以及尾流区 4 个区域。另外，对于静压低于稳定气流区静压的区域被称为负压区（通常指动力阴影区和尾流区，见图 16-2 和图 16-3）。

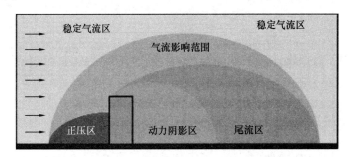

图 16-2　建筑周围气流区示意图

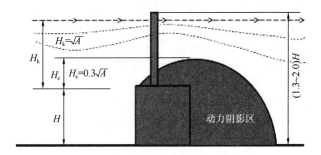

图 16-3　建筑周围气流区计算图示

H_c——空气动力阴影区最大高度。

H_k——屋顶上方受建筑影响气流最大高度。

排除有剧毒物质排风系统高度宜为 $1.3H \sim 2.0H$（H 为建筑高度）。

排风口不得朝室外空气动力阴影区和正压区。

6. 各种风帽适用情况总结

（1）常见的避风风帽有筒形风帽、锥形风帽，伞形风貌不具有避风性。

（2）排除粉尘或有害气体的机械通风排风口采用锥形风帽或防雨风帽。

（3）禁止风帽布置在正压区内或窝风地带。

排风装置要点见表 16-3。

笔记区

排风装置要点列表 表 16-3

排风装置	要点
屋顶通风器	① 全避风型新型自然通风装置； ② 不通电，局部阻力小，尤其适合高大工业建筑
天窗	① 不适用于散发大量余热、粉尘和有害气体的车间使用，适用于以采光为主的清洁厂房； ② 阻力系数大，流量系数小，开启关闭繁琐； ③ 易产生倒灌； ④ 无挡风板（与避风天窗的区别）
避风天窗	① 空气动力性能良好，天窗排风口不受风向影响，均处于负压状态； ② 能稳定排风，防止倒灌
	采用避风天窗或屋顶通风器： ① 夏热冬冷，夏热冬暖地区：室内散热量大于 23w/m³时； ② 其他地区：室内散热量大于 35w/m³时； ③ 不允许气流倒灌时
	可不设避风天窗 ① 利用天窗能稳定排风时； ② 夏季室外平均风速小于或等于 1m/s
	多跨厂房的相邻天窗或天窗两侧与建筑物邻接，且处于负压时，无挡风板的天窗可视为避风天窗。当建筑物一侧与较离建筑物相邻接时，应防止避风天窗或风帽倒灌。避风天窗或建筑物的相关尺寸应符合规定，详见《工规》P38
避风风帽	① 在自然排风的出口装设避风风帽可以增大系统的抽力； ② 用于自然排风系统，有时风帽也装在屋顶上，进行全面排风； ③ 适合自然通风系统，不适合用在机械排风系统
简形风帽	① 自然通风的一种避风风帽；既可安装在具有热压作用的室内（如浴室），或装在有热烟气产生的炉口或炉子上（如加热炉、锻炉等），亦可装在没有热压作用房间（如库房）； ② 禁止风帽布置在正压区内或窝风地带，防止风帽产生倒灌； ③ 用于保证通风环境（不应设阀门），适用于工业和民用建筑自然通风，属于避风风帽的一种 简形风帽选择计算： $$L = 2827d^2 \cdot A \Big/ \sqrt{1.2 + \sum \xi + 0.02l/d}$$ $$A = \sqrt{0.4v_{\mathrm{w}}^2 + 1.63(\Delta p_{\mathrm{g}} + \Delta p_{\mathrm{ch}})}$$ 风压　　热压　　送排风风压（余压）
锥形风帽	适用于除尘系统和有毒有害气体高空排放，宜与风管同材质
伞形风帽	适用无毒无害气体机械通风系统（无粉尘）

扩展 16-6　密闭罩、通风柜、吸气罩及接受罩的相关总结

1. 接入风管系统的排风罩计算（《复习教材》第 2.9.5 节）

接入风管排风罩流量　　$L = v_1 F = \mu F \sqrt{\dfrac{2|p_j'|}{\rho}}$　（m^3/s）

流量系数　　$\mu = \dfrac{1}{\sqrt{1+\xi}}$

注意：该公式中流量系数 μ 的计算与自然通风的不同（两者流体力学基本模型不同）。

2. 排气罩适用情况

密闭罩：运输机卸粉状物料处、局部排风；

通风柜：金属热处理、金属电镀、涂料或溶解油漆、使用粉尘材料的生产过程；

外部吸气罩：槽内液体蒸发、气体或烟外溢、喷漆、倾倒尘屑物料、焊接、快速装袋、运输器给料、磨削、重破碎、滚筒清理；

槽边排风罩：不影响人员操作；

吹吸式排风罩：抗干扰墙，不影响工艺操作；

接受式排风罩：高温热源上部气流、砂轮磨削抛出的磨屑、大颗粒粉尘诱导的气流。

3. 密闭罩排风量计算（《复习教材》第 2.4.3 节）

排风量＝物料下落带入罩内诱导空气量＋从孔口或不严密缝隙吸入的空气量＋因工艺需要鼓入罩内空气量＋生产过程增加的空气量＝$V \cdot F$

4. 通风柜

通风柜设置要求：

冷过程应将排风口设在通风柜下部；

热过程，应在上部排风；

发热不稳定过程，应上下均设排风；

温湿度和供暖有要求房间内，可用送风式通风柜。

送排风量计算参考《复习教材》第 2.4.3 节

排风量：$L = L_1 + vF\beta$

补风量：$L_补 = 70\%L$

5. 吸气罩计算相关问题说明

(1) 控制风速

这一参数的选取参考《复习教材》表 2.4-3 和表 2.4-4。

(2) 矩形吸气口速度计算

根据《复习教材》图 2.4-15，可以对应查得矩形排风罩吸气口的速度与控制点速度的比值。注意最下面一条线为圆形。

（3）关于 a 和 b 的取值。

《复习教材》图 2.4-15 中 b/a，a 表示长边，b 表示短边。对于 $A \times B$ 的排风罩，A 表示高，B 表示宽。

（4）关于何时考虑为假想罩

若题目未提及任何放置方式，则不考虑假想罩；若题目提及工作台上的某吸气罩，不论是否说明是侧吸罩，均建议按照假想大排风罩进行计算。

（5）排风量计算

$$L = v_0 F$$

《复习教材》给出了计算实际排风量的方法，可以通过吸入口风速计算也可以用控制点风速进行计算。但是，实际操作中，这两种方法计算的结果经常是不一致的。《二版教材》以及《工业通风》给出的例题均采用吸入口风速进行计算的。因此，2013 年以前的教材，其中包含侧吸罩的例题，采用的是图解法。现在的教材已经删除了例题，考试为了避免歧义会直接要求采用图解法或公式法，具体需以实际考试表述为准。

6. 槽边排风罩

（1）槽边排风罩是吸气罩的一种，控制风速 v_0 若题目未给，可参考《复习教材》表 2.4-3。

（2）形式区分

单侧双侧：$B \leqslant 700\text{mm}$ 单侧；$B > 700\text{mm}$ 双侧。$B > 1200\text{mm}$ 双侧吹吸（吹吸类无法考案例）；

高低截面：吸风口高度 $E < 250\text{mm}$ 为低截面；$E \geqslant 250\text{mm}$ 为高截面。

（3）案例计算

条风口高度计算（《复习教材》式 2.4-10）：

$$h = \frac{L}{3600 v_0 l}$$

排风量计算，《复习教材》式（2.4-11）～式（2.4-16），注意计算结果为总风量，即双侧时是两侧风量之和。

槽边排风罩阻力 [《复习教材》式（2.4-17）]：

$$\Delta p = \xi \frac{v_0^2}{2} \rho$$

7. 接受罩

关于接受罩排风量计算需要注意的问题：

（1）收缩断面是热气流上升时的一个特征面，这个断面以下气流以微角度向上收缩（近似认为断面面积不变）；这个断面以上，气流截面迅速扩大。如此就有了形象化的收缩断面，如图 16-4 所示。

（2）热源对流散热量计算：

$$Q = \alpha \cdot \Delta t \cdot F = (A \cdot \Delta t^{1/3}) \cdot \Delta t \cdot F$$

$$= A \cdot \Delta t^{4/3} \pi \cdot B^2 / 4 (\text{J/s})$$

（注意此处 Q 的单位为 W，$J/S = W$）

其中，水平散热面 $A = 1.7$，垂直散热面 $A = 1.13$。

（3）高悬罩排风量计算。收缩断面以上热流流动过程中会吸引周边气流一同向上运动，所以应采用《复习教材》式（2.4-21）计算 L_z，并且用式（2.4-23）计算对应罩口高度热射流直径，从而利用式（2.4-31）计算高悬罩排风量。

（4）低悬罩排风量计算。上升气流还未充分发展到理论的收缩断面，但是在气流收缩过程中，热射流整体流量不变，因此采用理论上的收缩断面流量式（2.4-24）计算罩口热流断面流量。同时，由于收缩断面下气流以微角度收缩，近似认为罩口热射流直径为热源直径，从而利用式（2.4-31）计算高悬罩排风量。

（5）高低罩判别只采用 $1.5\sqrt{A_p} = 1.5\sqrt{\dfrac{\pi B^2}{4}}$ 或 1m。

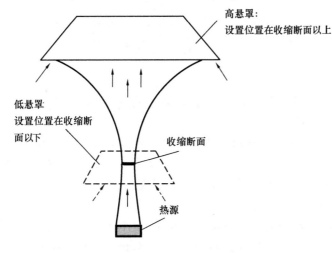

图 16-4　接受罩下热气流流动原理图示

计算排风量：$L = L_z + v'F' = L_z + (0.5 \sim 0.75) \cdot F'$，具体如表 16-4 所示，区分计算。

接受罩排风量计算　　　　　　　　　　　　　　表 16-4

参数	低悬罩 $H \leqslant 1.5\sqrt{A_p}$	高悬罩 $1.5\sqrt{A_p} < H$
L_Z	收缩断面计算公式	罩口断面计算公式
F'	罩口面积－热源面积	罩口面积－热射流面积

收缩断面［式（2.4-24）］$L_0 = 0.167Q^{1/3}B^{3/2}$（注意 Q 的单位为 kW）

热射流断面［式（2.4-21）］$L_Z=0.04Q^{1/3}Z^{3/2}$（注意 Q 的单位为 kW）

热射流断面直径［式（2.4-23）］$D_Z=0.36H+B$

（6）关于接受罩罩口尺寸设计：

1）低悬罩

横向气流影响较小时，排风罩口断面直径：

$$D_1=B+(0.15\sim0.2)(\mathrm{m})$$

横向气流影响较大时，罩口尺寸按《复习教材》式（2.4-27）～式（2.4-29）计算。

圆形　　　$D_1=B+0.5H$　　（m）

矩形　　　$A_1=a+0.5H$　　（m）

　　　　　$B_1=b+0.5H$　　（m）

2）高悬罩

高悬排风罩口断面直径

$$D=D_Z+0.8H$$

$$=(0.36H+B)+0.8H$$

$$=1.16H+B(\mathrm{m})$$

扩展 16-7　几种标准状态定义总结

一般情况，排放到室外空气的标准状态为大气压 $B=101.3\mathrm{kPa}$，空气温度为 0℃（273K）；送入室内空气的标准状态及室内所用设备标准状态为 $B=101.3\mathrm{kPa}$，空气干球温度为 20℃，相对湿度为 65%。具体标准状态定义如下：

（1）《锅炉大气污染物排放标准》GB 13271—2014、《环境空气质量标准》GB 3095—2012 规定：标准状态是指锅炉烟气在温度为 273K，压力为 101325Pa 时的状态，简称标态。

（2）《环境空气质量标准》GB 3095—2012 第 3.14 条：标准状态指温度为 273K，压力为 101.325kPa 时的状态。

（3）《复习教材》第 2.8.1 节第 2 条：通风机样本或铭牌实验测试数据标准状态指：大气压力 $B=101.3\mathrm{kPa}$、空气温度 $t=20℃$、空气密度为 $\rho=1.2\mathrm{kg/m^3}$。对于锅炉引风机的实验测试条件为：大气压力 $B=101.3\mathrm{kPa}$，空气温度 $t=200℃$。

（4）《风机盘管机组》GB/T 19232—2019 规定：标准状态空气指大气压力为 101.3kPa、温度为 20℃、密度为 1.2kg/m³ 条件下的空气。

（5）《组合式空调机组》GB/T 14294—2008 规定：标准空气状态指温度 20℃、相对湿度 65%、大气压力 101.3kPa、密度 1.2kg/m³ 的空气状态。

（6）《风管送风式空调（热泵）机组》GB/T 18836—2002：风量是指在制造厂规定的机外静压送风运行时，空调机单位时间内向封闭空间、房间或区域送入的空气量。该风量应换算成 20℃、101kPa、相对湿度 65% 的状态下的数值，单位：m^3/h。

扩展 16-8 除尘器分级效率计算

1. 符号含义

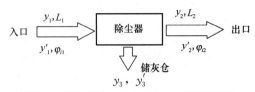

参数	入口	出口	储灰仓
通风量	L_1	L_2	—
颗粒质量流量	y_1	y_2	$y_3 = y_1 - y_2$
颗粒分级质量流量	y_1'	y_2'	$y_3' = y_1' - y_2'$
颗粒分级质量分数	$\varphi_{i1} = \dfrac{y_1'}{y_1}$	$\varphi_{i2} = \dfrac{y_2'}{y_2}$	$\varphi_{i3} = \dfrac{y_3'}{y_3}$

注：通常除尘器位于风机进风段（或称谓负压段），若除尘器漏风率为 ε，则除尘器进出口通风量存在计算关系 $L_2 = L_1(1+\varepsilon)$。

2. 相关计算

（1）总除尘效率

$$\eta = \frac{y_1 - y_2}{y_1'} = \frac{y_3}{y_1} = 1 - P$$

（2）通过入口及出口参数表达分级效率

$$\eta_i = \frac{y_1' - y_2'}{y_1'} = \frac{y_1 \times \varphi_{i1} - y_2 \times \varphi_{i2}}{y_1 \times \varphi_{i1}} = 1 - P_i$$

（3）通过入口与储灰仓参数表达分级效率

$$\eta_i = \frac{y_3'}{y_1'} = \frac{y_3 \times \varphi_{i3}}{y_1 \times \varphi_{i1}} = \eta \times \frac{\varphi_{i3}}{\varphi_{i1}}$$

说明：

（1）除尘器的过滤效率是描述粉尘质量流量变化程度的参数，不可简单地采用通风量或者粉尘浓度进行计算。

（2）分级质量分数 φ_i，用于描述在一定粒径区间范围内粉尘的质量占全部粉尘质量的百分比。

扩展 16-9　各类除尘器特点及计算总结

1. 标准状态浓度 C_N 转换

$$C_N = \frac{1.293C_0}{\rho} \qquad (\text{mg/m}^3)$$

其中，ρ 为密度，kg/m^3，$\rho_t = \dfrac{353}{273+t}$；$C_0$ 是非标准状态质量浓度（体积浓度与质量浓度换算参见"扩展 16-2 消除有害物所需通风量"）。

2. 各过滤器过滤效率计算

(1) 过滤器串联

$$\eta_t = 1 - (1-\eta_1)(1-\eta_2)\cdots(1-\eta_n)$$

(2) 重力除尘器过滤效率 [《复习教材》式（2.5-12）]

$$\eta = \frac{y}{H} = \frac{Lv_s}{Hv} = \frac{LWv_s}{Q}$$

式中　L——沉降室长度，m；

$\quad\quad\ W$——沉降室宽度，m；

$\quad\quad\ v_s$——沉降速度，m/s；

$\quad\quad\ Q$——沉降室空气流量，m^3/s；

$\quad\quad\ H$——沉降室高度，m；

$\quad\quad\ v$——气流速度，m/s。

重力沉降室尺寸示意如图 16-5 所示。

最小捕集粒径（%）[《复习教材》式（2.5-13）]

$$d_{min} = \sqrt{\frac{18\mu v H}{g\rho_p L}} = \sqrt{\frac{18\mu Q}{g\rho_p LW}}$$

式中　d_{min}——最小捕集粒径，m；

$\quad\quad\ \mu$——空气动力黏度，Pa·s；

$\quad\quad\ H$——沉降室高度，m；

$\quad\quad\ v$——气流速度，m/s；

$\quad\quad\ \rho_p$——尘粒密度，kg/m^3；

$\quad\quad\ L$——沉降室长度，m；

$\quad\quad\ W$——沉降室宽度，m；

$\quad\quad\ Q$——沉降室空气流量，m^3/s。

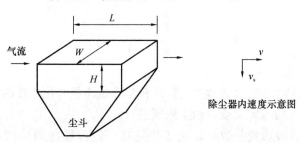

除尘器内速度示意图

图 16-5　重力沉降室尺寸示意图

（3）袋式除尘器

袋式除尘器的过滤清灰时间 ［由《复习教材》式（2.5-24）、式（2.5-25）计算］

$$t = \frac{m}{C_i v_i} = \frac{\Delta p_d}{\alpha \mu C_i v_i^2} (\text{min})$$

式中　t——过滤清灰时间，min；

$\quad\quad m$——滤料上的粉尘负荷，kg/m^2；

$\quad\quad C_i$——入口含尘浓度，kg/m^3；

$\quad\quad v_i$——入口过滤风速，v_i＝气流量/60 滤料总面积，m/min；

$\quad\quad \Delta p_d$——过滤层预定压力损失，《复习教材》表 2.5-5，Pa；

$\quad\quad \alpha$——比阻力，m/kg；

$\quad\quad \mu$——气体黏性系数，Pa·min。

（4）静电除尘器 ［《复习教材》式（2.5-27）］

$$\eta = 1 - \exp\left(-\frac{A}{L}\omega_e\right)$$

式中　A——集尘极板总面积，m^2；

$\quad\quad \omega_e$——电除尘器有效驱进速度，m/s；

$\quad\quad L$——除尘器处理风量，m^3/s，$L = vF$；

$\quad\quad v$——电场风速，m/s；

$\quad\quad F$——电除尘器横断面积，m^2。

（5）除尘系统耗电量

$$N = N_{风机} + N_{除尘器} = \frac{L(P_{管路} + P_{除尘})}{3600\eta_b\eta_m} + N_{除尘器}$$

3. 各种形式除尘器比较

（1）重力沉降室（过滤 $50\mu\text{m}$ 以上）

1）原理：利用重力作用使粉尘自然沉降；

2）使用条件：密度大、颗粒粗，特别是耐磨性强的粉尘；

3）除尘效率：效率低，不大于 50%；

4）压力损失：$50\sim150\text{Pa}$；

5）改善效率途径：降低室内气流速度、降低沉降室高度、增长沉降室长度；

6）优点：结构简单，投资少，维护管理容易，压力损失小一般；

7）缺点：占地面积大，除尘效率低。

（2）旋风除尘器（过滤 $20\sim40\mu\text{m}$）

1）原理：借助离心力作用将粉尘颗粒从空气中分离捕集；

2）使用条件：工业炉窑烟气除尘和工厂通风除尘；工业气力输送系统气固两相分离与物料气力烘干回收；

3）除尘效率：$60\%\sim85\%$（不大于 $450℃$ 高温高压含尘气体）；

4）影响过滤效率因素：①结构形式（相对尺寸）增大，效率降低；②提高入口流速，效率提高，过高会返混，效率下降；③入口含尘浓度增高效率增高；气体温度提高和黏性系数增大，效率下降；

④灰斗气密性对效率影响大；

5）过滤速度：面风速 3～5m/s；入口流速 12～25m/s，不小于 10m/s；

6）压力损失：800～1000Pa（工规 800～1500Pa）；

7）优点：结构简单，造价便宜，维护管理方便，适用面宽；

8）缺点：高温高压含尘气体，常作为预除尘。

（3）袋式除尘器（过滤 0.1μm 以上）

1）原理：利用多孔袋状过滤元件从含尘气体中捕集粉尘；

2）使用条件：对各类性质的粉尘都有很高的除尘效率，不受比电阻等性质影响（250℃以下，设备运行温度下限应高于露点温度 15～20℃）；

3）除尘效率：＞1μm，99.5%；＜1μm 的尘粒中，0.2～0.4μm 除尘效率最低；

4）影响过滤效率因素：粉尘特性、滤料特性、滤袋上堆积粉尘负荷、过滤风速等；过滤风速增大 1 倍，粉尘通过率可能增大 2 倍；

5）过滤速度：脉冲清灰过滤风速不宜大于 1.2m/min，其他清灰，过滤风速不宜大于 0.6m/min；

6）压力损失：运行阻力宜 1200～2000Pa，过滤层压损 700～1700Pa；

7）优点：除尘效果好，适应性强，规格多样，应用灵活，便于回收干物料，随所用滤料耐温性能不同；

8）缺点：捕集黏性强及吸湿性强的粉尘，或处理露点很高的烟气时，滤袋宜被堵塞，须采取保温或加热防范措施；压力损失大；设备庞大；滤袋宜坏，换袋困难。

（4）滤筒式除尘；

1）使用条件：粒径小、低浓度含尘气体，某些回风含尘浓度较高的工业空调系统应用，如卷烟厂；

2）除尘效率：≥99%；

3）过滤速度：过滤风速 0.3～1.2m/min，PM2.5 过滤检验时，过滤风速 1.0±0.05m/min；

4）压力损失：设备阻力 1300～1900Pa；

5）优点：滤筒面积较大，除尘效率高，易于更换减轻工人劳动；

6）缺点：净化粘结性颗粒物时，滤筒式除尘器要谨慎使用。

（5）静电除尘器（1～2μm）

1）原理：利用静电将气体中粉尘分离；

2）使用条件：适用于大型烟气或含尘气体净化系统（350℃以下）；

3）除尘效率：1～2μm 以上效率 98%～99%；0.1～1μm 为最难

捕集范围；

4）影响过滤效率因素：粉尘比电阻；入口含尘浓度高，粉尘越细，形成电晕闭塞，效率下降；风场风速过大，易二次扬尘，效率下降，电场风速 1.5～2m/s，除尘效率要求高不宜大于 1m/s；除尘效率大于 99％时长高比不小于 1～1.5；

5）压力损失：本体阻力 100～200Pa；

6）优点：适用于微粒控制；本体阻力低，仅 100～200Pa；处理气体温度高（350℃以下）；

7）缺点：一次投资高，钢材消耗多，管理维护相对复杂，并要求较高的安装精度；对净化的粉尘比电阻有一定要求，通常最适宜的范围是 10^4～10^{11} Ω·cm；《工规》7.2.8 条与《复习教材》不同，注意根据考题内容定位。

（6）湿式除尘器

1）原理：含尘气体与液滴或液膜的相对高速运动时的相互作用；

2）使用条件：同时进行有害气体净化；

3）除尘效率：水浴 85％～95％；冲激式，5μm 以上效率 95％；旋风水膜 85％～95％；

4）过滤速度：旋风水膜气流入口速度 16～20m/s；

5）压力损失：水浴 500～800Pa，冲激式 1000～1600Pa，旋风水膜 600～900Pa，文丘里设备阻力 4000～10000Pa；

6）优点：结构简单，投资低，占地面积小，除尘效率高，同时进行有害气体净化；

7）缺点：干物料不能回收，泥浆处理比较困难，有时要设置专门的废水处理系统。

扩展 16-10 吸附量计算

建议参考《工规》第 7.3.5 条条文说明的相关公式，教材的计算方法可以略过。

$$t = \frac{10^6 \times S \times W \times E}{\eta \times L \times y_1}$$

其中，W—最小装碳量，kg；t—吸附剂连续工作时间，h；S—平衡保持量；η—吸附效率，通常取 1；L—通风量，m³/h；y_1—吸附器进口处有害气体浓度，mg/m³；E—动活性与静活性之比，近似取 $E=0.8$～0.9（若采用 0.8～0.9 无答案，则按《工业通风（第四版）》取值为 1）。

笔记区

扩展 16-11 通风机等设备的风量、风压等参数的附加系数总结

1. 工业建筑

(1)《工规》第 6.8.2 条：选择通风机时，应按下列因素确定：

1) 通风机风量：系统计算总风量上附加风管和设备漏风率

系统漏风率：非除尘系统　不宜超过 5%；

　　　　　　　除尘系统　　不宜超过 3%。

排烟风机，按照《防排烟规》第 4.6.1 条，排风量应考虑 20% 漏风量。

2) 通风机风压：系统计算的压力损失上附加 10%~15%。

3) 通风机配电机功率：

定转速风机：按工况参数确定；

变频通风机：按工况参数计算确定，且应在 100% 转速计算值上再附加 15%~20%。

4) 风机的选用设计工况效率，不应低于风机最高效率的 90%。

(2)《工规》第 6.7.5 条：通风、除尘、空气调节系统各环路的压力损失应进行水力平衡计算。各并联环路压力损失的相对差额宜符合下列规定。

非除尘系统，不宜超过 15%；

除尘系统，不宜超过 10%。

2. 民用建筑

(1)《民规》第 6.5.1 条：通风机应根据管路特性曲线和风机性能曲线进行选择，并应符合下列规定：

1) 通风机风量应附加风管和设备的漏风量：

送、排风系统　可附加 5%~10%；

排烟兼排风系统　应附加 20%。

2) 通风机风压：

通风机采用定速时：在计算系统压力损失上宜附加 10%~15%；

通风机采用变速时：以计算系统总压力损失作为额定压力。

3) 通风机设计效率：不应低于其最高效率的 90%。

(2)《民规》第 6.6.6 条：通风与空调系统各环路的压力损失应进行水力平衡计算。各并联环路压力损失的相对差额，不宜超过 15%。

扩展 16-12 通风机与水泵问题总结

《复习教材》式（2.8-3）中给出了通风机电机功率，但并未具体

给出所提及的轴功率公式，这里对通风机与水泵功率计算相关公式进行总结（见图 16-6）。

通风机的性能（水泵类比）：有效功率→风机轴功率→耗电（电机轴功率）→配电机功率。

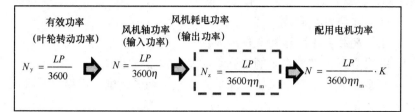

图 16-6　通风机（水泵）各中关系示意图

（1）有效功率，N_y

风机　$N_y = L \cdot p/3600$　　（W）

水泵　$N_y = G \cdot H \cdot /367.3$　　（kW）

（2）通风机的耗电功率（$N_Z = N_y/y \cdot y_m$）

$$N = \frac{Lp}{\eta \cdot 3600 \cdot \eta_m}　　（W）$$

其中，L—通风机的风量，m^3/h；p—通风机风压，Pa；η—全压效率；η_m—机械效率。

（3）水泵的耗电功率，N_Z（《红宝书》P1177）：$N_Z = N_y/\eta_m \eta$

$$N = \frac{\rho LH}{\eta_m \cdot \eta} = \frac{GH}{367.3 \eta_m \cdot \eta}　　（kW）$$

其中，ρ—密度，kg/m^3；L—秒体积流量，m^3/s；H—扬程，mH_2O；G—小时体积流量，m^3/h，$G = 0.86Q/\Delta t$；Q—冷量，kW；Δt—供回水温差，℃；η—余压效率；η_m—机械效率。

说明：当 $\eta_m = 0.88$ 时，水泵耗电功率可写成 $N_Z = \dfrac{GH}{323\eta}$。

（4）通风机/水泵的电机功率——与运行能耗无关：

$$N' = N \cdot K$$

其中，K—电机容量安全系数，一般取 1.15～1.5，根据轴功率不同取值不同。

（5）对于风机水泵变工况问题

1）风机/水泵变速调节时，各变量满足下列关系：

$$\frac{n_1}{n_2} = \frac{Q_1}{Q_2} = \left(\frac{H_1}{H_2}\right)^{1/2} = \left(\frac{N_1}{N_2}\right)^{1/3}$$

其中，Q—流量；H—水泵扬程；N—水泵功率。

2）对于已经与系统匹配的风机/水泵，应考虑实际系统中的流量与扬程，此时应计算系统阻抗，进而导出其他参量变化情况：

$$P = SG^2$$

其中，P—系统阻力，相当于水泵扬程；S—系统阻抗，为不变量；G—系统流量，相当于水泵水量。

（6）水泵常见问题总结

水泵超载：水泵运行流量过大。

解决方案：增大水泵额定流量，或加大系统阻力。

水泵喘振：水泵有进气，应加大膨胀水箱的高度，使得水泵吸入口压力为正压。

水泵并联：水泵并联后会有并联衰减，但不可因此影响选型。

扩展 16-13　风管材料及连接形式

风管材料及连接形式如表 16-5 所示。

风管材料及连接形式　　　　表 16-5

风管类型		材质要求	连接形式
风管板材		拼接方法（按类型、板厚）详见《通风与空调工程施工规范》GB 50738—2011 第 4.2.4 条	
		当咬口连接时，咬口连接形式适用《通风与空调工程施工规范》GB 50738—2011 第 4.2.6 条	
风管连接	焊接	当焊接时，应符合《通风与空调工程施工规范》GB 50738—2011 第 4.2.7 条	
	法兰连接	圆风管与扁钢法兰连接参见《通风与空调工程施工规范》GB 50738—2011 第 4.2.9 条	应采用直接翻边
		≤1.2mm 的风管与角钢法兰	应采用翻边铆接
		>1.2mm 的风管与角钢法兰	可采用间断焊或连接焊
		不锈钢风管与法兰铆接时法兰及连接螺栓为碳素钢时，其表面应采用镀铬或镀锌等防腐措施	应采用不锈钢铆钉
		铝板风管与法兰连接法兰为碳素钢时，其表面应按设计做防腐处理	宜采用铝铆钉

续表

风管类型		材质要求	连接形式
风管连接	薄钢板法兰	连接参见《通风与空调工程施工规范》GB 50738—2011 第 4.2.10 条	宜采用冲压连续或铆接
	无法兰	采用 C 形平插条、S 形平插条连接的风管边长不应大于 630mm。(《通风与空调工程施工规范》GB 50738—2011 第 4.2.12 条); 　C 形直角插条可用于支管与主干管连接; 　采用 C 形立插条、S 形立插条连接的风管边长不宜大于 1250mm; 　铝板矩形风管不宜采用 C 形、S 形平插条连接	
	圆形风管		连接形式适用范围参见《通风与空调工程施工规范》GB 50738—2011 第 4.2.14 条
非金属风管与复合风管		密度、厚度、强度及适用范围参见《通风与空调工程施工规范》GB 50738—2011 第 5.1.2 条	连接形式及适用范围参见《通风与空调工程施工规范》GB 50738—2011 第 5.1.4 条
有酸性腐蚀作用的通风系统		硬聚氯乙烯塑料板(《复习教材》P247)	
卫生间潮湿		玻镁复合风管[2012-1-49]	
除尘系统		一般有薄钢板、硬氯乙烯塑料板、纤维板、矿渣石膏板、砖及混凝土等[2012-1-49]	宜采用内侧满焊、外侧间断焊形式,风管端面距法兰接口平面不应小于 5mm(《通风与空调工程施工质量验收规范》GB 50243—2016 第 4.3.2 条); 宜垂直或倾斜敷设,与水平夹角宜大于或等于 45°,小坡度和水平管应尽量短(《通风与空调工程施工质量验收规范》GB 50243—2016 第 6.3.3 条)
洁净空调系统		宜选用优质镀锌钢板、不锈钢板、铝合金板、复合钢板等(《通风与空调工程施工规范》GB 50738—2011 第 4.1.3 条)	1~5 级不应采用按扣式咬口连接铆接时不应采用抽芯铆钉

续表

风管类型	材质要求	连接形式
厨房锅灶排烟罩	应采用不易锈蚀材料制作,其下部集水槽应严密不漏水(《通风与空调工程施工质量验收规范》GB 50243—2016 第 5.3.6 条)	

注: 1. 镀锌钢板镀锌层不耐磨,一般只用在普通通风系统中。
    2. 锌的熔点温度为 420℃,在温度达到 225℃后,将会剧烈氧化。不适用于排除高温。

扩展 16-14 关于进、排风口等距离的规范条文小结

有关规范条文如表 16-6 所示。

进、排风口等距离的规范条文   表 16-6

规范	条文	条文内容
《民规》	6.2.3	夏季自然通风用的进风口,其下缘距室内地面的高度不宜大于 1.2m。 自然通风进风口应远离污染源 3m 以上;冬季自然通风用的进风口,当其下缘距室内地面的高度小于 4m 时,宜采取防止冷风吹向人员活动区的措施
	6.3.1	机械送风系统进风口的位置,应符合下列规定: 进风口的下缘距室外地坪不宜小于 2m,当设在绿化地带时,不宜小于 1m
	6.3.2	建筑物全面排风系统吸风口的布置,应符合下列规定: 位于房间上部区域的吸风口,除用于排除氢气与空气混合物时,吸风口上缘至顶棚平面或屋顶的距离不大于 0.4m; 用于排除氢气与空气混合物时,吸风口上缘至顶棚平面或屋顶的距离不大于 0.1m; 用于排出密度大于空气的有害气体时,位于房间下部区域的排风口,其下缘至地板距离不大于 0.3m
	6.3.7	制冷机房的通风应符合下列规定: 氟制冷机房……事故排风口上沿距室内地坪的距离不应大于 1.2m

续表

规范	条文	条文内容
《民规》	6.3.9	事故排风的室外排风口应符合下列规定： 排风口与机械送风系统的进风口的水平距离不应小于20m；当水平距离不足20m时，排风口应高出进风口，并不宜小于6m； 当排气中含有可燃气体时，事故通风系统排风口应远离火源30m以上，距可能火花溅落地点应大于20m
	6.4.4	高度大于15m的大空间采用复合通风系统时，宜考虑温度分层等问题
	6.6.7	风管与通风机及空气处理机组等振动设备的连接处，应装设柔性接头，其长度宜为150～300mm
	6.6.11	矩形风管采取内外同心弧形弯管时，曲率半径宜大于1.5倍的平面边长；当平面边长大于500mm，且曲率半径小于1.5倍的平面边长时，应设置弯管导流叶片
	6.6.15	当风管内设有电加热器时，电加热器前后各800mm范围内的风管和穿过设有火源等容易起火房间的风管及其保温材料均应采用不燃材料
《工规》	6.2.6	夏季自然通风用的进风口，其下缘距室内地面的高度不应大于1.2m； 冬季自然通风用的进风口，当其下缘距室内地面的高度小于4m时，应采取防止冷风吹向工作地点的措施
	6.2.11	挡风板与天窗中间，以及作为避风天窗的多跨厂房相邻天窗之间，其端部均应封闭。 当天窗较长时，应设置横向隔板，其间距不应大于挡风板上缘至地坪高度的3倍，且不应大于50m。 在挡风板或封闭物上应设置检查门。 挡风板下缘至屋面的距离宜为0.1～0.3m
	6.3.5	机械送风系统进风口的位置应符合以下要求： 进风口的下缘距室外地坪不宜小于2m，当设在绿化地带时，不宜小于1m
	6.3.10	排除氢气与空气混合物时，建筑物全面排风系统室内吸风口的布置应符合下列规定： 吸风口上缘至顶棚平面或屋顶的距离不大于0.1m； 因建筑构造形成的有爆炸危险气体排出的死角处应设置导流设施

续表

规范	条文	条文内容
《工规》	6.4.5	事故排风的排风口，应符合下列规定： 排风口与机械送风系统的进风口的水平距离不应小于20m；当水平距离不足20m时，排风口应高出进风口，并不得小于6m； 当排气中含有可燃气体时，事故通风系统排风口距可能火花溅落地点应大于20m
	6.9.29	输入温度高于80℃的空气或气体混合物的非保温风管、烟道，与输送有爆炸危险的风管及管道应有安全距离，当管道互为上下布置时，表面温度较高者应布置在上面； 应与建筑可燃或难燃结构之间保持不小于150mm的安全距离，或采用厚度不小于50mm的不燃材料隔热
	6.9.31	当风管内设有电加热器时，电加热器前、后各800mm范围内的风管和穿过设有火源等容易起火房间的风管及其保温材料均应采用不燃材料
《人民防空工程设计防火规范》GB 50098—2009	6.2.2	避难走道的前室宜设置条缝送风口，并应靠近前室入口门，且通向避难走道的前室两侧宽度均应大于门洞宽度0.1m
	6.2.7	机械加压送风系统和排烟补风系统应采用室外新风，采风口与排烟口的水平距离宜大于15m，并宜低于排烟口。当采风口与排烟口垂直布置时，宜低于排烟口3m
	6.4.2	排烟口宜在该防烟分区内均匀布置，并应与疏散出口的水平距离大于2m，且与该分区内最远点的水平距离不应大于30m
	6.5.2	排烟管道与可燃物的距离不应小于0.15m，或应采取隔热防火措施
	6.7.3	通风、空气调节系统⋯⋯穿过防火分区前、后0.2m范围内的钢板通风管道，其厚度不应小于2mm
	6.7.9	当通风系统中设置电加热器时，通风机应与电加热器连锁；电加热器前、后0.8m范围内，不应设置消声器、过滤器等设备
《人民防空地下室设计规范》GB 50038—2005	3.4.2	室外进风口宜设置在排风口和柴油机排烟口的上风侧。进风口与排风口之间的水平距离不宜小于10m；进风口与柴油机排烟口之间的水平距离不宜小于15m，或高差不宜小于6m。位于倒塌范围以外的室外进风口，其下缘距室外地平面的高度不宜小于0.50m；位于倒塌范围以内的室外进风口，其下缘距室外地平面的高度不宜小于1.00m

续表　　　笔记区

规范	条文	条文内容
《汽车库、修车库、停车场设计防火规范》GB 50067—2014	8.1.6	风管的保温材料应采用不燃烧材料制作，且不应穿过防火墙、防火隔墙，当必须穿过时，除应符合本规范第 5.2.5 条的规定外，尚应符合下列规定： 应在穿过处设置防火阀，防火阀的动作温度宜为 70℃； 位于防火墙、防火隔墙两侧各 2m 范围内的风管绝热材料应为不燃材料
	8.2.4	当采用自然方式时，可采用手动排烟窗、自动排烟窗、孔洞等作为自然排烟口，并应符合下列规定： 自然排烟口的总面积不应小于室内地面面积的 2%； 自然排烟口应设置在外墙上方或屋顶上，并应设置方便开启的装置； 房间外墙上的排烟口（窗）宜沿外墙周长方向均匀分布，排烟口（窗）的下沿不应低于室内净高的 1/2，并应沿气流方向开启
	8.2.6	每个防烟分区应设置排烟口，排烟口宜设在顶棚或靠近顶棚的墙面上。排烟口距该防烟分区内最远点的水平距离不应大于 30m
《建规 2014》	9.2.5	供暖管道与可燃物之间应保持一定距离。当供暖管道的表面温度大于 100℃时，不应小于 100mm 或采用不燃材料隔热；当供暖管道的表面温度小于或等于 100℃时，不应小于 50mm 或采用不燃材料隔热
	9.3.7	处理有爆炸危险粉尘的干式除尘器和过滤器宜布置在厂房外的独立建筑中。建筑外墙与所属厂房的防火间距不应小于 10m
	9.3.10	排除和输送温度超过 80℃的空气或其他气体以及易燃碎屑的管道，与可燃或难燃物体之间应保持不小于 150mm 的间隙，或采用厚度不小于 50mm 的不燃材料隔热；当管道上下布置时，表面温度较高者应布置在上面
	9.3.13	防火阀的设置应符合下列规定： 在防火阀两侧各 2.0m 范围内的风管及其绝热材料应采用不燃材料
	9.3.15	电加热器前后各 0.8m 范围内的风管和穿过有高温、火源等容易起火房间的风管，均应采用不燃材料

续表

规范	条文	条文内容
《防排烟规》	3.3.5	机械加压送风风机宜采用轴流风机或中、低压离心风机，其设置应符合下列规定： 送风机的进风口不应与排烟风机的出风口设在同一面上。当确有困难时，送风机的进风口与排烟风机的出风口应分开布置，且竖向布置时，送风机的进风口应设置在排烟出口的下方，其两者边缘最小垂直距离不应小于6.0m；水平布置时，两者边缘最小水平距离不应小于20.0m
	4.4.12	排烟口宜设置在顶棚或靠近顶棚的墙面上； 排烟口应设在储烟仓内，但走道、室内空间净高不大于3m的区域，排烟口可设置在其净空高度的1/2以上；当设置在侧墙时，吊顶与其最近的边缘的距离不应大于0.5m； 排烟口的设置宜使烟流方向与人员疏散方向相反，排烟口与附近安全出口相邻边缘之间的水平距离不应小于1.5m
	4.5.4	补风口与排烟口设置在同一空间内相邻的防烟分区时，补风口位置不限；当补风口与排烟口位置设置在同一防烟分区时，补风口应设在储烟仓下沿以下；补风口与排烟口水平距离不应少于5m

扩展 16-15　防排烟系统相关问题总结

《建筑防烟排烟系统技术标准》GB 51251—2017 为 2019 年考试新增规范。此规范考点繁多，应认真研读，但是注意，此规范实施时间较短，实际问题较多，作为考生尽量减少条文间穿插理解，尽可能以某条条文为选项的考察依据。

1. 防排烟设置场所（见表16-7和表16-8）

防排烟场所设置　　表 16-7

设置防排烟设施部位	面积要求	其他要求	说明
封闭楼梯间	—	不能自然通风或自然通风不能满足要求	《建规 2014》第 6.4.2.1 条
防烟楼梯间及其前室	—		《建规 2014》第 8.5.1 条防烟楼梯间可不设防烟系统的条件：（1）前室或合用前室采用敞开的阳台、凹廊；（2）前室或合用前室具有不同朝向的可开启外窗，且可开启外窗的面积满足自然排烟。《防排烟规》第3章给出防烟系统的设置要求
消防电梯间前室	—		
防烟楼梯间与消防电梯间合用前室	—		
防烟楼梯间与消防电梯间合用前室	—		

续表

设置防排烟设施部位			面积要求	其他要求	说明
避难走道的前室、层（间）			—		《建规 2014》第 8.5.1 条
工业厂房与仓库	丙类厂房	地上房间的建筑面积	＞300m²	且经常有人停留或可燃物较多	1. 厂房危险等级分类（《建规 2014》条文说明 P179，表 1）　洁净厂房、电子、纺织、造纸厂房、钢铁与汽车制造厂房。　2. 人员密集场所　营业厅、观众厅，礼堂、电影院、剧院和体育场馆的观众厅，公共娱乐场所中出入大厅、舞厅、候机厅及医院的门诊大厅等面积较大、同一时间聚集人数较多的场所。　3. 歌舞娱乐放映游艺场所　歌厅、舞厅、录像厅、夜总会、卡拉 OK 厅和具有卡拉 OK 功能的餐厅或包房、各类游艺厅、桑拿浴室的休息室和具有桑拿服务功能的客房、网吧等场所，不包括电影院和剧场的观众厅
	丁类生产车间	建筑面积	＞5000m²		
	丙类仓库	占地面积	＞1000m²		
	疏散走道	高度大于 32m 的高层厂房（仓库）	＞20m		
		其他厂房（仓库）	＞40m		
民用建筑	公共建筑	地上房间且经常有人停留	＞100m²		
		地上房间且可燃物较多	＞300m²		
	中庭				
	疏散走道		＞20m		
	歌舞娱乐放映游艺场所	房间设在一～三层，房间建筑面积	＞100m²		
		四层及以上楼层地下、半地下			
地下或半地下建筑（室）地上建筑无窗房间			总建筑面积＞200m²或房间面积＞50m²	且经常有人停留或可燃物较多	应设置排烟设施
避难层			应设独立防烟		

续表

设置防排烟设施部位		面积要求	其他要求	说明
人防工程	防烟楼梯间及其前室或合用前室			应设机械加压送风
	避难走道的前室			
	总面积	>200m²		应设机械排烟
	单个房间	>50m²	且经常有人停留或可燃物较多	
	疏散走道	>20m		
	歌舞娱乐放映游艺场所			
	中庭			
汽车库、修车库	地下一层，面积<1000m²或开敞式汽车库			可不设置排烟系统
	>1000m²			应设置排烟设施

注：1. 本表主要根据《建规 2014》，《汽车库、修车库、停车场设计防火规范》GB 50067—2014，《人民防空工程设计防火规范》GB 50098—2009 编制。

2. 防烟设施包括自然通风防烟和机械加压送风，排烟设施包括自然排烟和机械排烟。

3. 疏散走道≠内走道。内走道与疏散走道概念上是相互独立事件的关系，对于内走道设置或不设置排烟的论断均是错误的！但部分考题没有区分这个概念，因为从使用上，特别是民用建筑，一般的内走道都会作为疏散走道。建议：当题目选项发生争议时，考虑区分疏散走道与内走道。

常用的建筑火灾危险性等级列举　　　　　　　表 16-8

房间功能		火灾危险性等级
锅炉房	锅炉间	丁类生产厂房
	重油油箱间、油泵间、油加热器及轻柴油的油箱间、油泵间	丙类生产厂房
	燃气调压间	甲类生产厂房
能源站	主机间	丁类生产厂房
	燃气增压间、调压间	甲类生产厂房
氨制冷站		乙类生产厂房
氟利昂制冷站		戊类生产厂房

注：本表主要参考依据：《建规 2014》P131 表 1，《锅炉房设计标准》GB 50041—2020 第 15.1.1 条，《燃气冷热电三联供技术规程》CJJ 145—2010 第 4.1.2 条，《冷库设计规范》GB 50072—2010 第 4.7.1 条。

2. 防烟系统的设计

(1) 防烟系统的设计逻辑

建筑高度大于 50m 的公共建筑、工业建筑和建筑高度大于 100m 的住宅建筑，其防烟楼梯间、独立前室、共用前室、合用前室及消防电梯前室应采用机械加压送风系统。

建筑高度未达到上述要求的建筑，可采用自然通风系统或机械加压送风系统，系统的设置逻辑根据《防排烟规》第 3.1 节相关内容，整理如表 16-9 所示。

防烟系统的设计逻辑 表 16-9

序号	前室	楼梯间
1	全敞开、两面外窗	不设防烟
2	满足自然通风条件	自然或机械加压
3	无自然通风条件，采用机械加压送风	具体方式与前室有关： （1）前室加压送风口未设置在前室的顶部或正对前室入口墙面时，楼梯间应采用机械加压送风系统； （2）独立前室且仅有一个门与走道或房间相同，可仅在楼梯间设置机械加压送风系统
4	特殊情况	（1）建筑高度为 50m 的公共建筑、工业建筑和建筑高度不大于 100m 的住宅建筑，当采用独立前室且仅有一个门与走道或房间相通，可仅在楼梯间设置机械加压送风系统； （2）地下、半地下的封闭楼梯间不与地上楼梯间共用且地下仅为一层时，可不设置机械加压送风系统，但首层应设置有效面积不小于 1.2m² 的可开启外窗，或有直通室外的疏散门

（2）自然通风设施（见表 16-10）

自然通风设施的设置要求 表 16-10

位置		做法
封闭楼梯间、防烟楼梯间	建筑高度不大于 10m	最高部位设置开窗面积不小于 1m²
	建筑高度大于 10m	每 5 层总开窗面积不小于 2m² 开窗间隔不大于 3 层 最高部位设置开窗面积不小于 1m²
独立前室、消防电梯前室	无自然通风条件，采用机械加压送风	不小于 2m²
	共用前室、合用前室	不小于 3m²
	避难层、避难间	有不同朝向的可开启外窗 总有效面积不小于地面面积 2% 每个朝向的开启面积不应小于 2m²

（3）机械加压送风量的计算

机械加压送风量按下式计算：

$$L_{楼梯间} = L_1 + L_2$$

$$L_{前室} = L_1 + L_3$$

系统负担高度不大于 24m 时，上述计算风量即为系统计算风量。系统负担高度大于 24m 时，应按计算值与《防排烟规》表 3.4.2-1～表 3.4.2-4 值中的较大值确定（见表 16-11）。设计送风机风量不小于该较大值的 1.2 倍。

当采用直灌式机械加压送风系统时，计算风量为上述较大值的 1.2 倍，其送风机在此基础上再考虑 1.2 倍。

《防排烟规》表 3.4.2-1～表 3.4.2-4 值的整理汇集 表 16-11

系统负担高度（m）	消防电梯前室（m³/h）	楼梯间自然通风，独立前室、合用前室加压送风（m³/h）	前室不送风，楼梯间加压送风（m³/h）	楼梯间、前室均加压送风（m³/h）	
				楼梯间	前室
24＜h≤50	35400～36900	42400～44700	36100～39200	25300～27500	24800～25800
50＜h≤100	37100～40200	45000～48600	39600～45800	27800～32200	26000～28100

注: 1. 当采用单扇门时，其风量可以乘以系数 0.75 计算。
    2. 风机风量需按计算风量和表列风量之间取较大值后乘以 1.2 倍。

L_1 表示门开启时达到规定风速值所需的送风量（见表 16-12）:

$$L_1 = A_k \cdot v \cdot N_1$$

门开启时达到规定风速值所需送风量（L_1）的计算参数

表 16-12

参数	楼梯间	前室
A_k	一层内进入楼梯间的门面积 住宅可按一个门取值	一层内进入前室的门面积； 前室进入楼梯间的门不计入； 电梯门不计入； 住宅可按一个门取值
N_1	地下楼梯间，$N_1=1$ 地上楼梯间，24m 以下，$N_1=2$ 地上楼梯间，24m 及以上，$N_1=3$	$N_1=3$ 前室数少于 3 时，按实际前室数取 N_1

门洞断面风速取值表

	前室	楼梯间	v（m/s）
	送风	送风	0.7
	不送风	送风	1
v	消防电梯前室	—	1
	送风	自然	0.6×（$A_{楼梯}/A_{前室}$＋1）

L_2 表示门开启时规定风速值下的其他门漏风总量：

$$L_2 = 0.827 \times A \times \Delta P^{\frac{1}{n}} \times 1.25 N_2$$

式中　A——疏散门的有效漏风面积，$A = \Sigma L \times \delta$，$\Sigma L$ 为门缝长度，
　　　　δ 为门缝宽度，取 $0.002 \sim 0.004$m；

　　　ΔP——平均压力差，取值见下表：

开启门洞处风速 v	平均压力差，ΔP
0.7m/s	6Pa
1.0m/s	12Pa
1.2m/s	17Pa

　　　n——指数，$n = 2$；

　　　N_2——漏风疏散门数量，$N_2 = $ 楼梯间总门数 $- N_1$；

　　　L_3 表示未开启的常闭阀的漏风总量：

$$L_3 = 0.083 \times A_f \times N_3$$

式中　A_f——单个送风阀门的面积，一般初选时阀门面积未知，A_f
　　　　需经过试算确定；

　　　N_3——漏风阀门的数量，$N_3 = $ 楼层数 $- N_1$

（4）余压阀的计算原则

余压阀的目的在于通过旁通风量，保证楼梯间与前室之间的压力状态，正压送风条件下楼梯间压力状态高于前室压力状态。根据风量平衡，送入楼梯间的风量在压差作用下泄漏到前室，因此保证压差的门洞漏风量和保证洞口的风量应该相等。设计计算时的 L_2 假定了楼梯间有 N_1 个门开启，计算此时满足压差的漏风量。但实际运行时会出现楼梯间没有门开启，此时楼梯间送风将通过所有的门泄入前室，楼梯间会出现超压。因此，需要按压差法核算规定的楼梯间与前室的压差状态下的门缝漏风量，若此漏风量小于楼梯间送风量，则需要余压阀泄压。泄压风量为楼梯间送风量与规定压差漏风量的差。

计算步骤：

1）计算楼梯间加压送风量，按规范要求计算 $L = N_1 + N_2$，并满足《防排烟规》第 3.4.2 条规定确定 L_s。

2）根据压差要求计算门缝漏风量 L_p（楼梯间与前室允许压差为 ΔP_p，计算门开启时规定风速值下的其他门漏风总量时的压差为 ΔP_{L2}）

$$L_p = L_2 \times \sqrt{\frac{\Delta P_p}{\Delta P_{L2}}}$$

3）计算余压阀所需泄压风量：

$$L_{yu} = L_s - L_p$$

3. 排烟系统的组成与相关概念间的关系（见图 16-7）

笔记区

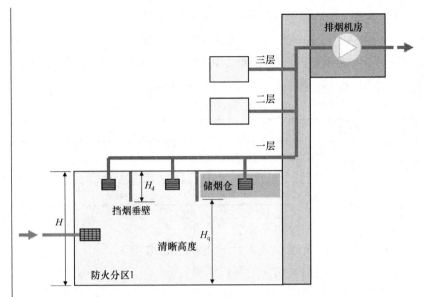

图 16-7 排烟系统的组成与相关概念间的关系示意图

4. 排烟系统排烟量计算

《防排烟规》第 4.6 节具体给出了排烟量计算方法，注意排烟系统设计风量（即风机风量）不应小于系统计算风量的 1.2 倍，但是车库和人防地下室因有专用的防火规范，按其专用规范实施。

（1）自然排烟与机械排烟的选择原则

采用何种排烟方式由烟气是否出现"层化"现象决定。即当烟层与周围空气温差小于 15℃时应采用机械排烟方式，不得采用自然排烟；当烟层与周围空气温差大于 15℃时，不会出现"层化"现象，可采用自然排烟方式，也可采用机械排烟方式。

（2）防烟分区排烟量计算（见表 16-13）

防烟分区的排烟量 表 16-13

防烟分区		机械排烟	自然排烟
一般场所	净高小于或等于 6m	$60\text{m}^3/(\text{h}\cdot\text{m}^2)$ 且不小于 $15000\text{m}^3/\text{h}$	不小于建筑面积的 2%
	净高大于 6m	按热释放速率计算排烟量 且不小于《防排烟规》表 4.6.3	
走道	仅走道或回廊设置排烟	不小于 $13000\text{m}^3/\text{h}$	两端（侧）均设置面积不小于 2m^2 的排烟窗且两侧排烟窗距离不小于走道长度的 2/3
	房间与走道均设置排烟	$60\text{m}^3/(\text{h}\cdot\text{m}^2)$ 且不小于 $13000\text{m}^3/\text{h}$	不小于建筑面积的 2%

续表　　　　　笔记区

防烟分区		机械排烟	自然排烟
中庭	周围场所设置排烟设施	周围场所防烟分区最大排烟量的 2 倍且不小于 107000m³/h	按机械排烟的排烟量，且自然排烟窗风速不大于 0.5m/s
	周围场所未设置排烟设施	排烟量不小于 40000m³/h	排烟量不小于 40000m³/h，且自然排烟窗风速不大于 0.4m/s

注：本表参考《防排烟规》第 4.6.3 条、第 4.6.5 条编写。

（3）排烟系统排烟量计算

净高不大于 6m 的场所，按同一防火分区中任意两个相邻防烟分区的排烟量之和的最大值计算。

例1：如下图所示防火分区1，空间净高均为 5m，ABCD 四个防烟分区计算排烟量分别为 18000m³/h，15000m³/h，24000m³/h，15000m³/h。相邻防烟分区有 AB、BC、CD，可计算 BC 及 CD 排烟量相等且均为最大排烟量，即 39000m³/h。因此，防火分区1排烟量为 39000m³/h。

A	B	C	D
300m²	200m²	400m²	100m²

防火分区 1

净高大于 6m 的场所，应按排烟量最大的一个防烟分区的排烟量计算。

例2：防火分区2空间净高为 8m，其中防烟分区 A 为 500m² 展览厅，防烟分区 B 为 100m² 仓库，防烟分区 C 为 200m² 办公室。若防火分区2设有喷淋，根据《防排烟规》表 4.6.3 可知，A 的排烟量为 10.6×10^4 m³/h，B 的排烟量为 12.4×10^4 m³/h，C 的排烟量为 7.4×10^4 m³/h。防火分区2的排烟量为 ABC 三者最大值 B，12.4×10^4 m³/h。

当系统负担具有不同净高场所时，应采用上述方法对系统每个场所所需的排烟量进行计算，并取其中的最大值作为系统排烟量。

说明：先分别处理每个防火分区的排烟量，然后取各个防火分区排烟量的最大值为系统排烟量。

（4）人防地下室排烟量

负担 1 个或 2 个防烟分区：$G =$ 全部分区面积 $\times 60$，单位为 m³/h。

负担 3 个或 3 个以上防烟分区：$G =$ 最大分区面积 $\times 120$，单位

为 m^3/h。

(5) 车库排烟量

根据《汽车库、修车库、停车场设计防火规范》GB 50067—2014 表 8.2.5，按车库净高查取最小排烟量，不再采用换气次数法。表 16-14 中查取的数值即为排烟风机排烟量，不必乘以 1.2 倍。

汽车库、修车库内每个防烟分区排烟风机的排烟量 表 16-14

汽车库、修车库的净高（m）	汽车库、修车库的排烟量（m³/h）	汽车库、修车库的净高（m）	汽车库、修车库的排烟量（m³/h）
3.0 及以下	30000	7.0	36000
4.0	31500	8.0	37500
5.0	33000	9.0	39000
6.0	34500	9.0 以上	40500

注：建筑空间净高位于表中两个高度之间的，按线性插值法取值。

5. 防火阀、排烟防火阀、排烟口、送风口总结（见表 16-15）

防火阀、排烟防火阀、排烟口、送风口总结 表 16-15

风管类型	阀门	状态	动作温度
空调	防火阀	常开	70℃
通风	防火阀	常开	70℃
排油烟	防火阀	常开	150℃
正压送风	防火阀	常开	70℃
	加压送风阀（口）	常闭（指电动的，联动正压送风及开启）	70℃（若需要）
消防补风	防火阀	常开	70℃
消防排烟	排烟防火阀	常开	280℃（风机入口总管上的联动排烟风机关闭）
	排烟阀（口）	常闭	联动排烟风机打开，阀无动作温度，排烟口可设置280℃动作温度

6. 防排烟系统设计注意事项

(1) 机械加压送风系统、机械排烟系统应采用管道送排风，且不应采用土建风道。送风和排烟管道应采用不燃材料制作且内壁应光滑。当内壁为金属时，管道设计风速不应大于20m/s；内壁为非金属时，管道设计风速不应大于15m/s。

(2) 固定窗的设计：

　　设计机械加压送风系统的封闭楼梯间、防烟楼梯间，尚应在其顶部设置不小于 $1m^2$ 的固定窗。靠外墙的防烟楼梯间，尚应在其外墙上每 5 层内设置总面积不小于 $2m^2$ 的固定窗。

　　大型公共建筑（商业、展览等）、工业厂房（仓库）等建筑，当设置机械排烟系统时，尚应设置固定窗。固定窗的设置既可为人员疏散提供安全环境，又可在排烟过程中导出热量。

　　固定窗不能作为火灾初期保证人员安全疏散的排烟窗。

　　（3）关于储烟仓：

　　储烟仓时位于建筑空间顶部，由挡烟垂壁、梁或隔墙等形成的用于蓄积火灾烟气的空间。

　　储烟仓高度即设计烟层厚度。

　　对于有吊顶的空间，当吊顶开孔不均匀或开孔率小于或等于 25％时，吊顶内空间高度不得计入储烟仓厚度。

　　储烟仓厚度不应小于 500mm，且自然排烟时不应小于空间净高 20％，机械排烟时不应小于空间净高 10％，同时储烟仓底部到地面的距离应大于最小清晰高度。

　　自然排烟窗和机械排烟口均应设置在储烟仓内，但走道、室内净高不大于 3m 的区域可设置在净高 1/2 以上。

　　（4）防排烟系统耐火极限的要求如表 16-16 所示。

防排烟系统耐火极限的要求　　　　　　　表 16-16

部位	情况	耐火极限
加压送风风管	加压送风管未设置在管井内或与其他管道合用管道井	应≥1.00h
	设置在吊顶内	应≥0.50h
	未设置在吊顶内	应≥1.00h
排烟管道	设置在独立管道井内	应≥0.50h
	设置在吊顶内（非走道）	应≥0.50h
	直接设置在室内	应≥1.00h
	设置在走道吊顶内	应≥1.00h
	穿越防火分区	应≥1.00h
	设备用房和汽车库内	可≥0.50h
机械加压送风管道井		应≥1.00h，乙级防火门
排烟管道管道井		应≥1.00h，乙级防火门

　　（5）防排烟系统运行及控制如表 16-17 所示。

防排烟系统运行及控制 表 16-17

系统	启动方式	15s 内联动	30s 内联动	60s 内联动
防烟系统	现场手动启动 自动报警系统自动启动 消防控制室手动启动 常闭加压送风口开启，联动风机自动启动	开启常闭加压送风口和送风机 开启该防火分区楼梯间全部加压送风机 开启该防火分区内找火车及相邻上下层前室及合用前室常闭送风口，同时开启加压送风机		
排烟系统	现场手动启动 自动报警系统自动启动 消防控制室手动启动 系统任意排烟阀或排烟口开启时，排烟风机、补风机自动启动			
常闭排烟阀、排烟口	现场手动启动 自动报警系统自动启动 消防控制室手动启动 开启信号与排烟风机联动	开启相应防烟分区的全部排烟阀、排烟口、排烟风机、补风设施	自动关闭与排烟无关的通风、空调系统	
活动挡烟垂壁	现场手动启动 自动报警系统自动启动	相应防烟分区的全部活动挡烟垂壁		挡烟垂壁应开启到位
自动排烟窗	自动报警系统联动			60s 内或小于烟气充满储烟仓时间内开启完毕
	带有温控功能			

扩展 16-16 绝热材料的防火性能

1. 建筑材料燃烧性能分级（见表 16-18）

建筑材料燃烧性能分级 表 16-18

燃烧性能分级	A	B1	B2	B3
燃烧性能要求	不燃材料(制品)	难燃材料(制品)	可燃材料(制品)	易燃材料(制品)

说明：分级依据《建筑材料及制品燃烧性能分级》GB 8624—2012 第 4 条

2. 关于绝热材料及制品燃烧性能等级的规定

《工业设备及管道绝热工程设计规范》GB 50264—2013 第 4.1.6 条（强制性条文）：关于设备或管道绝热保温材料的燃烧性能等级规定。

《建规 2014》中有关建筑材料燃烧性能的要求：

第 9.2.5 条：供暖管道与可燃物的间距规定及无法保证间距要求时保温材料的燃烧性能要求；

第 9.2.6 条：供暖管道及设备绝热材料的燃烧性能要求；

第 9.3.10 条：排除输送温度超过 80℃空气或其他气体及易燃碎屑管道与可燃物的间距规定及无法保证间距要求时保温材料的燃烧性能要求，管道上下布置原则；

第 9.3.13-3 条：防火阀两侧 2m 范围内风管及绝热材料应采用不燃材料；

第 9.3.14 条：通风、空气调节系统风管材料燃烧等级的要求（除特殊情况外，应采用不燃材料）；

第 9.3.15 条：绝热材料、加湿材料、消声材料及其胶粘剂的燃烧性能等级要求；电加热器前后 0.8m 范围内风管和穿过有高温、火源等容易起火房间的风管，均应采用不燃材料。

3. 保温材料燃烧性能列举（见表 16-19）

部分建筑保温材料燃烧性能列举　　　　　表 16-19

材料名称	燃烧性能等级	材料名称	燃烧性能等级
岩棉	A	胶粉聚苯颗粒浆料	B1
矿棉	A	酚醛树脂板	B1
泡沫玻璃	A	EPS 板模塑聚苯	B2
加气混凝土	A	XPS 板挤塑聚苯	B2
玻璃棉	A	PU 聚氨酯	B2
玻化微珠	A	PE 聚乙烯	B2
无机保温砂浆	A		

扩展 16-17　《人民防空地下室设计规范》 GB 50038—2005 相关总结

1. 人防相关计算

（1）人防地下室滤毒通风时新风量（第 5.2.7 条）取下列两者大值：

掩蔽人员新风量　　$L_R = L_2 \cdot n$

保持室内超压所需新风量　$L_H = V_F \cdot K_H + L_F$

（2）超压排风风量

$$L_{DP} = L_D - L_F$$

（3）最小防毒通道的换气次数

$$K_H = \frac{L_H - L_F}{V_F}$$

（4）隔绝防护时间（第5.2.5条）

$$\tau = \frac{1000 V_0 (C - C_0)}{n C_1}$$

注意：1）C 与 C_0 均为体积浓度，计算时应带入百分号，且表5.2.5查得的 C_0 是百分数，即表中0.13表示0.13%；2）C_1 不是体积浓度，而是人均 CO_2 呼出量；3）计算 C_0 时需要查取隔绝防护前的新风量，相当于清洁通风的新风量，新风量可由表5.2.2查得或由题目给定，代入时 C_0 可根据新风量进行线性插值。

2. 人防相关通风风量的要求总结

人防通风整体分为平时通风与战时通风，战时通风应有清洁通风、滤毒通风和隔绝通风三种通风形式，只有战时为物资库的防空地下室可不设置滤毒通风（第5.2.1-2条）。隔绝通风阶段是全回风方式，即无新风的通风。

（1）新风量

平时新风量：通风时不应小于 $30 m^3/(P \cdot h)$，空调时有具体规定，详见第5.3.9条。

战时新风量：清洁通风时满足人员新风量，见第5.2.2条。

滤毒通风时，根据第5.2.7条取人员新风量和超压所需新风量两者最大值。

（2）人防设施设备风量要求

过滤吸收器：过滤吸收器额定风量严禁小于（必须大于）通过该过滤器的风量（第5.2.16条）；

滤毒进风量不超过滤毒通风管路上过滤吸收器的额定风量。（第5.2.8条）。

防爆活波门：额定风量不小于战时清洁通风量（第5.2.10条）。

防爆超压自动排气活门：根据排风口的设计压力值和滤毒通风排风量确定（第5.2.14条）。

自动排气活门：应根据滤毒通风时的排风量确定（第5.2.15条）。

（3）平时与战时通风系统风量要求

1）平时战时合用通风系统（第5.3.3条）

最大计算新风量→选用清洁通风风管管径、粗过滤器、密闭阀门、通风机等设备；

清洁通风新风量→选用门式防爆活波门，且按门扇开启时平时通风量进行核算；

滤毒通风新风量→选用滤毒进（排）风管路上的过滤吸收器、滤毒风机、滤毒通风管及密闭阀门；

2）平时和战时分设通风系统（第 5.3.4 条）

平时通风新风量→选用平时的通风管、通风机及其他设备；

清洁通风新风量→选用防爆波活门、战时通风管、密闭阀门、通风机等；

滤毒通风量→选用滤毒通风管路上的设备。

3. 测压管与取样管总结

（1）平时战时合用进风系统，设增压管，用于防治染毒空气沿清洁通风管进入工程内，采用 DN25 热镀锌钢管，应设铜球阀（图 5.2.8a）。

（2）防化通信值班室设置的测压管应采用 DN15 热镀锌钢管，一端在防化通信值班室通过铜球阀、橡胶软管与倾斜式微压计连接室外空气零压点，且管口向下（第 5.2.17 条）。

（3）尾气监测取样管采用 DN15 热镀锌钢管，管末端应设截止阀。（第 5.2.18-1 条）。

（4）放射性监测取样管采用 DN32 热镀锌钢管，取样口应位于风管中心，且末端应设球阀（第 5.2.18-2 条）。

（5）压差测量管采用 DN15 热镀锌钢管，末端应设球阀（第 5.2.18-3 条）。

（6）气密测量管采用 DN50 热镀锌钢管，管两端战时应有防护、密闭措施（管帽、丝堵或盖板）（第 5.2.19 条）。

扩展 16-18　关于平时通风和事故通风换气次数的一些规定

《工规》第 6.4.3 条对于事故排风的风量计算增加了计算要求，即"房间高度小于或等于 6m 时，应按房间实际体积计算；当房间高度大于 6m 时，应按 6m 的空间体积计算。"此要求在《民规》中没有体现，因此民用建筑不必考虑高度对算法的影响。相关规定如表 16-20 所示。

关于平时通风和事故通风换气次数的一些规定　　　　　　表 16-20

场所与设备	平时通风	事故排风	参考规范
同时放散热、蒸汽和有害气体，或仅放散密度比空气小的有害气体的厂房，除应设置局部排风外的上部自然或机械排风	当车间高度≤6m 时，不应小于按 1h⁻¹；当车间高度 >6m 时，按 6m³/（h·m²）计算	不应小于 12h⁻¹。当房间高度≤6m 时，应按房间实际体积计算，当房间高度 >6m 时，应按 6m 的空间体积计算	《工规》第 6.3.8 条、第 6.4.3 条

笔记区

续表

场所与设备		平时通风	事故排风	参考规范
氨制冷机房[①]		严禁明火供暖 不应小于3h⁻¹	不小于 183m³/(m²·h) 且最小排风量 不小于34000m³/h	《民规》第6.3.7-2条, 《民规》第8.10.3-3条, 《冷库设计规范》GB 50072—2010第9.0.2条
氟制冷机房		4~6h⁻¹	不应小于12h⁻¹	《工规》第6.4.3条, 《民规》第6.3.7-2条, 《冷库设计规范》GB 50072—2010 第 9.0.2 条
燃气直燃溴化锂 制冷机房		不应小于6h⁻¹	不应小于12h⁻¹	《工规》第6.4.3条, 《民规》第6.3.7-2条
燃油直燃溴化锂 制冷机房		不应小于3h⁻¹	不应小于6h⁻¹	
首层	燃油锅炉[①]	不应小于3h⁻¹	不应小于6h⁻¹	《工规》第6.4.3条, 《锅炉房设计标准》GB 50041—2020 第 15.3.7 条,《建 规 2014》第 9.3.16条
	燃气锅炉[①]	不应小于6h⁻¹	不应小于12h⁻¹	
半地下或半地下 室锅炉房[①]		不应小于6h⁻¹	不应小于12h⁻¹	《工规》第6.4.3条, 《锅炉房设计标准》GB 50041—2008 第 15.3.7 条
地下或地下室 锅炉房[①]		不应小于12h⁻¹		
锅炉房新风总量[①]		必须大于3h⁻¹		
锅炉控制室新风量[①]		按照最大班操作 人员数计算		
地下室、半地下室 或地上封闭房间 商业用气[①] (除液化石油气)		不应小于6h⁻¹	不应小于12h⁻¹ 不工作时,不应 小于3h⁻¹	《工规》第6.4.3条, 《城镇燃气设计规范》 GB 50028—2006(2020 版)第10.5.3条
燃油泵房[①]		不应小于12h⁻¹		《锅炉房设计标准》GB 50041—2020 第 15.3.9 条,房间高度按4m计 算
油库[①]		不小于6h⁻¹		

续表

场所与设备		平时通风	事故排风	参考规范
汽车库	单层车库	稀释法或排风 不小于 $6h^{-1}$ 送风不小于 $5h^{-1}$	—	《民规》第 6.3.8 条 稀释法计算时，送风 量取 80%～90% 排风量 换气次数法计算时， 按照不超过 3m 的层高 计算通风量
	双/多层车库	稀释法		

① 此标示的通风设备应采用"防爆型"。

注：1. 变配电室、热力机房、中水处理机房、电梯机房等采用机械通风的换气次数见《民规》第 6.3.7 条规定。

2. 锅炉房通风的有关规定详见"扩展 15-21 锅炉房与换热站常考问题总结"。

3.《工规》第 6.4.3 条对于按 $12h^{-1}$ 事故排风的风量计算增加了计算要求，即"房间高度小于或等于 6m 时，应按房间实际体积计算；当房间高度大于 6m 时，应按 6m 的空间体积计算。"此要求在《民规》中没有体现，因此民用建筑不必考虑高度对算法的影响，但《工规》中新变化的部分应引起注意。

扩展 16-19　暖通空调系统、燃气系统的抗震设计要点

1.《建筑机电工程抗震设计规范》GB 50981—2014 强条

抗震设防烈度为 6 度及 6 度以上地区的建筑机电工程必须进行抗震设计。

防排烟风道、事故通风风道及相关设备应采用抗震支吊架。

2. 抗震支吊架相关

重力不大于 1.8kN 的设备或吊杆计算长度不大于 300mm 的吊杆悬挂管道，可不设防护。

重量与质量换算：

$$G[N] = m[kg]g$$
$$G[kN] = \frac{m[kg]g}{1000}$$
$$g = 9.8m/s^2$$

超过下列情况，应设抗震支吊架：

(1) 设备 183kg、水管 $DN65$、矩形风管 $0.38m^2$，圆风管直径 0.7m；

(2) 燃气内径 $DN25$。

3. 对管材的要求

高层建筑及 9 度地区的供暖、空调水管，应采用金属管道。

防排烟、事故通风风道：

(1) 8 度及 8 度以下的多层，宜采用钢板或镀锌钢板；

(2) 高层及 9 度地区，应采用钢板或热镀锌钢板；

(3) 燃气管道，宜采用焊接钢管或无缝钢管。

第 17 章　空调知识点

扩展 17-1　焓湿图的相关问题总结

（1）空调计算中假定空气密度不变，均为 $1.2\ \mathrm{kg/m^3}$。等温线为近似平行线、等焓线为近似等湿球温度线、水蒸气分压力线与等含湿量线重合。在给定的一张焓湿图上，任意的两个独立参数即可确定一个状态点及其他参数。

（2）由湿空气的压力、干球温度、含湿量、相对湿度、焓、水蒸气压力即可确定一张焓湿图。一张做好的焓湿图与图上的热湿比尺一一对应，当图上单位长度大小或相间角（等含湿量线与等焓线夹角）不同的焓湿图其热湿比尺不同。因此一些软件做出的焓湿图与教材的焓湿图看起来不同。

（3）湿球温度：空气状态点沿等焓线与 100％相对湿度饱和线的交点即为该状态点；

露点温度：空气状态点沿等含湿量线与 100％相对湿度饱和线的交点即为该状态点，露点温度是判断湿空气是否结露的判据。

（4）焓湿图上风量 G_A 的状态点 A（t_A，h_A）与风量 G_B 的状态点 B（t_B，h_B）的混合后风量 G_C 与状态点 C 的求解：

$$G_C = G_A + G_B$$

$$t_C = \frac{G_A t_A + G_B t_B}{G_C}$$

$$h_C = \frac{G_A h_A + G_B h_B}{G_C}$$

（5）焓值与热湿比计算（注意：计算时，d、Δd 单位需换算为 $\mathrm{kg/kg}$）

焓定义式　$h = 1.01t + d(2500 + 1.84t)(\mathrm{kJ/kg})$

焓差计算公式　$\Delta h = 1.01\Delta t + 2500\Delta d$

热湿比定义式　$\varepsilon = \dfrac{\Delta h}{\Delta d}$　$(\mathrm{kJ/kg})$

热湿比推导

$$\varepsilon = \frac{\Delta h}{\Delta d} = \frac{1.01\Delta t + 2500\Delta d + 1.84\Delta(td)}{\Delta d}$$

$$= \frac{1.01\Delta t}{\Delta d} + 2500 + \frac{1.84\Delta (td)}{\Delta d}$$

$$\approx \frac{Q_显}{W} + 2500$$

（6）热湿比线的做法：

1）直接利用焓湿图中的热湿比尺，借助直尺三角板做平行线；

2）采用硫酸纸打印常用热湿比及过万热湿比尺，则可将其放与焓湿图上绘制热湿比线；

3）利用热湿比定义式换算热湿比。如绘制 20000kJ/kg 热湿比，相当于处理过程含湿量差 1g/kg，焓差 20kJ/kg。因此，只需要做与原状态点 A 间距 20kJ/kg 的等焓线和间距 1g/kg 的等含湿量线，得到的交点 B，连接 AB 后的直线就是热湿比 20000kJ/kg 的热湿比线，以此类推。

利用定义过定点绘制任意热湿比

$$\varepsilon = \frac{\Delta h}{\Delta d} = \frac{h_1 - h_2}{d_1 - d_2}$$

$$12000 = \frac{12\text{kJ/kg}}{0.001\text{kg/kg}} = \frac{12\text{kJ/kg}}{1\text{g/kg}} = \frac{24\text{kJ/kg}}{2\text{g/kg}}$$

$$= \frac{-24\text{kJ/kg}}{-2\text{g/kg}}$$

$$-12000 = \frac{-12\text{kJ/kg}}{0.001\text{kg/kg}} = \frac{-12\text{kJ/kg}}{1\text{g/kg}} = \frac{-24\text{kJ/kg}}{2\text{g/kg}} = \frac{24\text{kJ/kg}}{-2\text{g/kg}}$$

（7）基本焓湿图

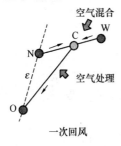

一次回风

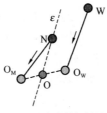

风机盘管加新风

核心：①焓湿图与处理段相对应；
　　　②确定状态点，确定处理过程
特殊问题：
①新风系统＋一次回风→新风热回收；
②温升问题＝干加热空气处理；
③冬季空调预热问题→加湿量有限

核心：①确定状态点，确定处理过程；
　　　②按终状态混合计算总风量和风量比

（8）送风温差的要求（《民规》第 7.4.10 条），工艺性空调≠工业用空调。

第 7.4.10 条　上送风方式的夏季送风温差，应根据送风口类型、安装高度、气流射程长度以及是否帖服等确定，并宜符合下列规定：

1 在满足舒适、工艺要求的条件下，宜加大送风温差；

2 舒适性空调，宜按下表采用：

舒适性空调的送风温差

送风口高度（m）	送风温差（℃）
≤5.0	5~10
>5.0	10~15

注：表中所列的送风温差不适用于低温送风空调系统以及置换通风采用上送风方式

3 工艺性空调，宜按下表采用：

工艺性空调的送风温差

送风口高度（m）	送风温差（℃）
>±1.0	≤15
±1.0	6~9
±0.5	3~6
±0.1~0.2	2~3

扩展 17-2 空调系统承担负荷问题总结

（1）对于承担负荷问题，都是基于假定送风状态不变的前提进行计算，是系统集中参数分析方法。真题中常见的风机盘管加新风系统负荷承担问题，2014 年新增的焓值与热湿比计算问题，以及温湿度独立控制负荷问题等，均可利用这一原理解决。承担各类负荷为通过下式计算（核心原理）：

显热负荷 $Q_显 = G \cdot c_p(t_N - t_O) = 1.01G \cdot (t_N - t_O)$

全热负荷 $Q_全 = G \cdot (h_N - h_O)$

潜热负荷 $Q_潜 = Q_全 - Q_显$

湿负荷 $W = G \cdot (d_N - d_O)$

说明：若计算结果为正，则说明该送风点为室内承担了负荷；为零，则表明未承担负荷；为负则表明送风点不仅未承担负荷，还为室内带来了新的对应负荷。

（2）假设有七类空气处理后状态点，如图 17-1 所示，则通过上式计算可汇集，如表 17-1 所示。

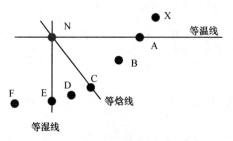

图 17-1 七类空气处理状态示意图

七类空气处理状态的负荷承担情况　　表 17-1

负荷类型	特征状态点						
	X	A	B	C	D	E	F
		等温线		等焓线		等湿线	
室内显热	—	0	+	+	+	+	+
室内全热	—	—	—	0	+	+	+
室内潜热	—	—	—	—	—	0	+
室内湿负荷	—	—	—	—	—	0	+

结论:

1) 等温线是承担室内显热的分界点。空调系统处理至等温线或高于等温线时 ($t_{g,o} \geq t_n$),不承担室内显热冷负荷;处理至等温线以下时 ($t_{g,o} < t_n$),将承担一部分室内显热冷负荷。

2) 等焓线为承担室内全热冷负荷的分界点。处理至等焓线或高于等焓线时 ($h_o \geq h_n$, $t_{s,o} \geq t_{s,n}$),不承担室内全热冷负荷;处理至等焓线以下时 ($h_o < h_n$, $t_{s,o} < t_{s,n}$),将承担一部分室内全热冷负荷。

3) 等湿线为承担室内湿负荷或潜热负荷的分界点。处理至等湿线时或高于等湿线 ($d_o \geq d_n$),不承担室内湿负荷或潜热冷负荷;处理至等湿线以下时 ($d_o < d_n$),将承担一部分室内湿负荷或一部分潜热冷负荷。

4) 负荷如何承担,主要分析送风系统送风状态与室内状态的温差、焓差、含湿量差的正负。

5) 对于风机盘管加新风空调系统,新风系统与室内状态的温差、焓差、含湿量差为正时,这些正值对应的负荷将被风机盘管所承担。

扩展 17-3　空气热湿处理

喷水室:升温加湿 ($t_w > t_g$)、等温加湿 ($t_w = t_g$)、降温升焓 ($t_s < t_w < t_g$)、绝热加湿 ($t_w = t_s$)、减焓加湿 ($t_l < t_w < t_s$)、等湿冷却 ($t_w = t_l$)、减湿冷却 ($t_w < t_l$)。

表面式空气换热器:等湿加热、等湿冷却、减湿冷却。

溶液除湿:(三甘油(基本被取代)、溴化锂溶液、氯化锂溶液、氯化钙溶液、乙二醇溶液)处理过程与溶液的温度有关,可处理等焓除湿、等温除湿、降温除湿。

等温加湿:干式蒸汽加湿器、低压饱和蒸汽直接混合、电极式加湿器、电热式加湿器。

等焓加湿:循环水喷淋、高压喷雾加湿器、离心加湿器、超声波加湿器、表面蒸发式加湿器、湿膜加湿器。

冷却减湿:表面式冷却器、喷低于露点温度水的喷水室、冷冻去湿机。

等焓减湿：转轮除湿（干式除湿），固体吸附减湿（$CaCl_2$，$LiCl$）。

表面式空气冷却器热工过程焓湿图如图 17-2 所示。

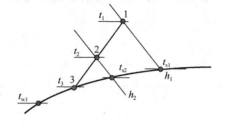

图 17-2 表面式空气冷却器热工过程焓湿图示意

表冷器析湿系数： $\xi = \dfrac{h_1 - h_2}{c_p(t_1 - t_2)}$

热交换系数： $\varepsilon_1 = \dfrac{t_1 - t_2}{t_1 - t_{w1}}$

接触系数： $\varepsilon_2 = \dfrac{t_1 - t_2}{t_1 - t_3}$

加湿器饱和效率：

加湿器饱和效率＝

$$\frac{加湿前空气含湿量－加湿后空气含湿量}{\substack{加湿前空气含湿量－加湿过程线与100\%相对湿度线\\相交状态点的空气含湿量}}$$

扩展 17-4　风机温升、管道温升等附加冷负荷计算

（1）空调系统的计算冷负荷，综合考虑下列各附加冷负荷，通过焓湿图分析和计算确定：

1）系统所服务的空调建筑的计算冷负荷；

2）该空调建筑的新风计算冷负荷；

3）风系统由于风机、风管产生温升以及系统漏风等引起的附加冷负荷；

4）水系统由于水泵、水管、水箱产生温升以及系统补水引起的附加冷负荷；

5）当空气处理过程产生冷、热抵消现象时，尚应考虑由此引起的附加冷负荷。

（2）温升负荷实际为风机或水泵功率全部转化为热而对冷水或送风的加热量，故风机温升负荷数值上等于风机轴功率，水泵附加冷负荷数值上等于水泵轴功率。

（3）空气通过风机时的温升

$$\Delta t = \frac{0.0008H \cdot \eta}{\eta_1 \cdot \eta_2}$$

其中，H—风机全压；η_1—风机全压效率；η_2—电动机效率；η—电动机安装位置修正系数，当电动机安装在气流内时，$\eta = 1$，当电动机安装在气流外时，$\eta = \eta_2$。

（4）冷水通过水泵后水的温升

1）基本原理，水泵功率＝水泵单位时间发热量（焦耳定律）：

$$\Delta t = \frac{N}{\dfrac{G}{3600}\alpha_p} = \frac{1}{\alpha_p} \cdot \frac{3600GH}{367.3\eta \cdot \eta_m}$$

2）也可按下式计算（《红宝书》P 1498）：

$$\Delta t = \frac{0.0023 \cdot H}{\eta_s}$$

其中，H—水泵扬程，mH_2O；η_s—水泵的效率

（5）通过风管内空气的温升（降）（《红宝书》P1496 及《空气调节设计手册》（第二版）P178）：

$$\Delta t = \frac{3.6u \cdot K \cdot l}{c \cdot \rho \cdot L}(t_1 - t_2)$$

$$K = \frac{1}{1/\alpha_n + \delta/\lambda + 1/\alpha_s}$$

其中，Δt—介质通过管道的温降（升），正值为温降，负值为温升，℃；c—空气的比热容，一般取 $c = 1.01kJ/(kg \cdot ℃)$；u—风管的周长，m；l—风管的长度，m；L—空气流量，m^3/h；ρ—空气的密度，一般取 $\rho = 1.2kg/m^3$；t_1—风管外空气的温度，℃；t_2—风管内空气的温度，当管道为钢质材料时，可视作为管道表面温度，℃；K—绝热管道的管壁和绝热层的传热系数，$W/(m^2 \cdot K)$；δ—绝热层厚度，m；λ—绝热材料在平均设计温度下的导热系数；α_s—绝热层外表面向周围环境的放热系数，防烫和防结露计算中可取 $8.14W/(m^2 \cdot K)$。

（6）通过冷水管道壁传热而引起的温升，可按下式计算：

$$\Delta t = \frac{q_l \cdot L}{1.16 \cdot W}$$

$$q_l = \frac{t_1 - t_2}{\dfrac{1}{2\pi \cdot \lambda}\ln\dfrac{D}{d} + \dfrac{1}{\alpha \cdot \pi \cdot D}}$$

其中，q_l—单位长度冷水管道的冷损失，W/m；L—冷水管的长度，m；W—冷水流量，kg/h；λ—绝热层材料的导热系数，W/(m·℃)；α—表面换热系数，W/(m²·℃)；d—管道外径，m；D—管道加绝热层以后的外径，m；t_1—管内冷水的温度，℃；t_2—管外的空气温度，℃。

扩展 17-5　新风量计算

新风一般是为保证室内卫生、保证生产、保证人员呼吸所用新鲜空气而设置的。

1. 设计最小新风量——《民规》第 3.0.6 条

(1) 公共建筑每人最小新风量（办公室、客房、大堂、四季厅）；

(2) 居住建筑新风系统换气次数（与人均居住面积有关）；

(3) 医院建筑最小换气次数；

(4) 高密人群建筑每人最小新风量（与人员密度有关）；

(5) 工业建筑保证每人不小于 30m³/h 新风量（《工规》第 4.1.9条）。

2. 空调区、空调系统新风量——《民规》第 7.3.19 条

空调区新风量按下列三者最大值确定：

(1) 人员新风量；

(2) 补偿排风和保持压差新风量之和；

(3) 除湿所需新风量。

1) 全空气空调系统服务多个空调区，系统新风比按《公建节能2015》第 4.3.12 条确定。

对于全空气系统，系统新风比不是各个房间所需新风量之和，而是要经过计算确定。具体参考《公建节能 2015》第 4.3.12 条以及《民规》第 7.3.19 条。

$$Y = \frac{X}{1 + X - Z}$$

式中　Y——修正后系统新风比；

$\qquad$ X——未修正系统的新风比；

$\qquad$ Z——新风比需求最大房间的新风比，通过对比统一系统内各房间新风比，新风比最大的房间为新风比需求最大房间。

说明：《公建节能 2015》第 4.3.12 条已经明确 Z 为新风比最大的房间。

2) 新风系统新风量，按服务空调区或系统新风量的累计值确定。

3. 关于稀释污染物在新风量计算中的应用

参见"扩展 17-2 消除有害物所需通风量"。

扩展 17-6 风机盘管加新风系统相关规范内容及运行分析总结

（1）风机盘管加新风系统的设置要求如表 17-2 所示。

风机盘管加新风系统的设置要求 表 17-2

规范	条文内容
《民规》	第 7.3.9 条 空调区较多，建筑层高较低且各区温度要求独立控制时，宜采用风机盘管加新风空调系统；空调区的空气质量、温湿度波动要求严格或空气中含有较多油烟时，不宜采用风机盘管加新风系统
《工规》	第 8.3.8 条 空气调节区较多、各空气调节区要求单独调节，且层高较低的建筑物宜采用风机盘管加新风系统，经处理的新风应直接送入室内。 当空气调节区空气质量和温、湿度波动范围要求严格或空气中含有较多油烟等有害物质时，不宜采用风机盘管
《09 技术措施》	第 5.3.3-3 条 空调房间较多、房间内人员密度不大，建筑层高较低，各房间温度需单独调节时，可采用风机盘管加新风系统。厨房灯空气中含有较多油烟的房间，不宜采用风机盘管

（2）新风系统配置方式相关要求如表 17-3 所示。

新风系统配置方式相关要求 表 17-3

规范	条文内容
《民规》	第 7.3.10 条 风机盘管加新风空调系统设计，应符合下列规定： 新风宜直接送入人员活动区； 空气质量标准要求高时，新风宜承担空调区全部的散湿量。低温新风系统设计，应符合本规范第 7.3.13 条规定的要求； 宜选用出口余压低的风机盘管机组。 早期余压只有 0Pa 和 12Pa 两种形式。常规风机盘管机组的换热盘管位于送风机出风侧，余压高会导致机组漏风严重以及噪声、能耗增加，故不宜选择高出余压的风机盘管机组
《公建节能 2015》	第 4.3.16 条 风机盘管加新风空调系统的新风宜直接送入各空气调节区，不宜经过风机盘管机组后再送出。 条文说明：如果新风经过风机盘管后送出，风机盘管的运行与否对新风量的变化有较大影响，易造成能源浪费或新风不足

（3）温度控制方式相关要求如表 17-4 所示。

温度控制方式相关要求　　　　　　　表 17-4

规范	条文内容
《民规》	第 9.4.5 条　新风机组的控制应符合下列规定： 新风机组水路电动阀的设置应符合 8.5.6 条要求，宜采用模拟量调节阀； 水路电动阀的控制和调节应保证需要的送风温度设定值，送风温度设定值应根据新风承担室内负荷情况进行确定； 当新风系统进行加湿处理时，加湿量的控制和调节可根据加湿精度要求，采用送风湿度恒定或室内湿度恒定的控制方式； 配合风机盘管等末端的新风系统，不承担冷热负荷时，室温由风机盘管控制，新风控制送风温度恒定即可 新风承担房间主要或全部冷负荷时，机组送风温度应根据室内温度进行调节。 新风承担室内潜热负荷（湿负荷）时，送风温度根据室内湿度设计值确定
	第 9.4.6 条　风机盘管水路电动阀的设置应符合第 8.5.6 条的要求，并宜设置常闭式电动通断阀。 自动控制方式：采用带风机三速开关、可冬夏转换的室温控制器，联动水路两通电动阀的自动控制装置。可实现整个水系统变水量调节。 采用常闭式水阀有利于水系统运行节能。 不采用带风机三速选择开关，可冬夏转换的室温控制器连动风机开停的自动控制配置。舒适性和节能不完善，不利于水系统稳定运行
	第 8.5.6 条　空调水系统自控阀门的设置应符合下列规定： 除定流量一级泵系统外，空调末端装置应设置水路两通阀（可使系统实时改变流量，按水量需求供应）
《工规》	第 11.6.5 条　新风机组的控制应符合下列规定： 送风温度应根据新风负担室内负荷确定，并应在水系统设调节阀； 当新风系统需要加湿时，加湿量应满足室内湿度要求； 对于湿热地区的全新风系统，水路阀宜采用模拟量调节阀
	第 11.6.6 条　风机盘管水路控制阀宜为常闭式通断阀，控制阀开启与关闭应分别与风机启动与停止连锁
《公建节能 2015》	第 4.5.9 条　风机盘管应采用电动水阀和风速相结合的控制方式，宜设置常闭式电动通断阀。公共区域风机盘管的控制应符合下列规定： 应能对室内温度设定值范围进行限制； 应能按使用时间进行定时启停控制，宜对启停时间进行优化调整

（4）风机盘管加新风系统运行分析汇集

1）风机盘管出风量不足：查验通风通道是否阻塞。

2）新风对风盘风量的影响：

新风单独接入：风盘风量不受新风影响；

新风通过风盘送出：新风接至风机盘管送风管/风机盘管回风口。

3）室内温度偏高/偏低：

① 夏季室温高于设计值：

供回水温度偏高；

风机盘管风量偏低（风盘外静压不足）；

冷水供水流量偏小。

② 冬季室温低于设计值：

风机盘管风量偏低（风盘空气过滤器未清洗）（参考本书【2012-1-57】题，A 选项）；

热水供水量不足（水过滤器未及时清洗）（参考本书【2012-1-57】题，A 选项）。

③ 其他因素：新风负荷偏大。

当新风处理后的焓值不等于室内焓值时，若实际送风时新风送风量偏大或新风焓值偏高，均导致夏季室内温度偏高；冬季相反。当新风处理后的焓值等于室内焓值，则新风负荷对室内没有影响。

扩展 17-7　温湿度独立控制系统

温湿度独立控制系统不是一类空调，而是一种控制思路，求解这个问题相关的焓湿图直接参照"风机盘管加新风系统"即可，只需注意各类空气处理设备的空气处理过程。

（1）温湿度独立控制系统常用末端形式：

温度控制末端：干式风机盘管、辐射板；

湿度控制末端：新风系统。

（2）干式风机盘管与风机盘管干工况是不同末端设备（《复习教材》P402）。

扩展 17-8　气流组织计算有关总结

有关当量直径的选取若考题无要求，按照下面原则选取：

（1）有关 Ar 原理计算的当量直径先参考题目所给要求，或根据题目情况求解 d_0，上述两者均无法确定 d_0 时，可采用的水力当量直径 $d_0 = \dfrac{4AB}{2(A+B)}$。

（2）侧送风当量直径未明确，应采用《复习教材》图 3.5-19 与

图 3.5-20 确定，或采用风量折算：

$$L = \frac{\pi d_0^2}{4} v_0 N \cdot 3600$$

（3）散流器送风当量直径参考《复习教材》式（3.5-21），采用水力当量直径［详见《复习教材》式（3.5-5）］：

$$Ar = 11.1 \frac{\Delta t_0 \sqrt{F_n}}{v_0^2 T_n}$$

（4）孔板送风的当量直径按面积当量直径，详见《复习教材》式（3.5-28）参数说明：

$$D = \sqrt{\frac{4f}{\pi}}$$

（5）大空间集中送风（喷口送风）当量直径采用喷口直径 d_0。

扩展 17-9　空调水系统

1. 机组与阀门设置要求（《民规》第 8.5 节）：

（1）定流量一级泵：应有室内温度控制或其他自动控制措施。

（2）一级泵变流量（系统阻力小，各环阻力相差不大，宜用一次泵）；

系统末端宜采用两通调节阀，系统总供回水管设压差控制的旁通阀。

流量可通过负荷对台数控制。

关于旁通调节阀设计流量：

冷水机组定流量方式运行，取容量最大单台冷水机组额定流量，设压差旁通阀；

冷水机组变流量方式运行，取各冷水机组允许的最小流量的最大值，设压差旁通阀。

关于变速变频：

变频调速不可使原处于低效区域运行进入高效区；

变频工况对提高电网功率因素有作用；

受到最小流量的限制，压差旁通阀控制仍是必需的控制措施。

变流量系统，一级泵机组变流量，水泵应采用变速泵

（3）二级泵系统（阻力较大，应采用二次泵）：

二级泵可采用变速变流量运行，水泵应采用变速泵；

通过台数控制二次泵流量，在各二级泵供回水管间设压差控制旁通阀；

盈亏管不设任何阀门，管径不小于总供回水管管径。

笔记区

2. 一次泵与二次泵水系统设置（见表 17-5）

一次泵与二次泵水系统设置　　　　　　　表 17-5

水系统类型		设置条件
一级泵	定流量	只用于设置一台冷水机组的小型工程
	变流量	冷水水温和供回水温度要求一致； 且各区域管路压力损失相差不大的中小型工程（总长 500m 以内）
变流量二级泵		系统作用半径较大、设计水流阻力较高的大型工程； 各环设计水温一致，且水流阻力接近（<0.05MPa），二级泵集中设置； 水路阻力相差较大，或各级水温或温差要求不同，二级泵按区域或系统分别设置
多级泵		冷源设备集中； 且用户分散的区域供冷的大规模空调冷水系统

3. 空调水系统的控制（《民规》第 9.5 节）

（1）末端阀门：应设水路电动两通阀（定流量一级泵可用三通）。

（2）变流量一级泵：

机组总供回水管间旁通调节阀：

冷水机组定流量：应压差控制；

冷水机组变流量：流量、温差、压差控制均可。

压差旁通控制：压差升高、水需求量下降、加大旁通阀、减少供水量。

（3）水泵控制：

水泵台数控制，宜流量控制；

水泵变速控制，宜压差控制；

水泵变频控制：压差升高，降低输出频率，降低转速，减少供水量。

（4）冷却水系统：

冷却塔风机控制：台数或转速控制，宜由冷却塔出水温度控制；

冷却水总供回水管压差旁通阀，应根据最低冷却水温度调节旁通水量（电压缩机组，若停开风机满足要求，可不设旁通）。

（5）冷水机组：

根据系统冷量变化控制运行台数，传感器设在负荷侧供回水总管。

机组能量调节，机组自身控制；机组台数控制、启停顺序监控、参数连续监控。

4. 关于三通阀在水系统运行中的作用

（1）除了只设一台机组的小型机组，末端均应采用两通阀。

（2）系统运行状态由用户侧总干管流量描述，采用三通阀，用户侧总干管为定流量运行，故系统为定流量系统。

（3）对于三通阀连通的末端回路，依靠三通阀的分流调节作用，末端回路为变流量。

空调水系统控制方式相关规范条文如表 17-6 所示。

空调水系统控制方式相关规范条文汇集　　　表 17-6

规范	条文内容
《公建节能 2015》	第 4.5.7-4 条：二级泵应能进行自动变速控制，宜根据管道压差控制转速，且压差宜能优化调节。 条文说明：压差点选择方案：(1) 取水泵出口主供、回水管道的压力信号，此法易于实施，但采用定压差控制则与水泵定速运行相似；(2) 取二级泵环路中最不利末端回路支管上的压差信号，此法节能效果好，但要有可靠的信号传输技术保证
《民规》	第 9.5.5 条：变流量一级泵系统冷水机组定流量运行时，空调水系统总供、回水管之间的旁通调节阀采用压差控制
	第 9.5.7 条：变流量一级泵系统冷水机组变流量运行时，空调水系统总供、回水管之间的旁通调节阀可采用流量、温差或压差控制。 冷水温差在 5℃时，蒸发器内水流速在 2.4~2.8m/s 之间，冷机效率和水泵耗功都达到较佳值。一般蒸发器内最小流速控制在 1.45m/s 左右，相当于最小流量为额定流量的 50%~60% 左右。蒸发器内水流速过缓可能出现局部冰冻。从使用上看，蒸发器流量过大会对管道造成冲刷侵蚀，过小会使传热管内液态变成层流而影响冷机性能并有可能增加结垢速度。另一方面流量过小会导致制冷机和水泵的效率下降，从而抵消了部分水泵变频节约的能耗，使整个系统节能效果不明显甚至不节能。
	①常用的水泵定流量控制方式：一次泵定流量控制方式为冷源侧定流量、负荷侧变流量，通过恒定负荷侧供、回水压差，调节供、回水干管之间的压差控制阀的开度，从而使负荷侧的压差始终保持恒定，水泵的流量及压力始终处在设计工况点。 ②压差控制变流量：保持供、回水干管压差恒定。当泵转速下降至工频转速的限定值时，系统转换为定流量控制方式（冷机最小流量限制）。 ③负荷侧压差控制变流量：保持负荷侧供、回水干管压差恒定。 ④最不利环路末端压差控制变流量：保持最不利环路末端压差恒定。应用最为广泛。 ⑤温差控制变流量：保持供、回水干管温差恒定。适用于末端全为风机盘管，且不设调节阀的系统，其部分负荷下系统阻抗不变或变化很小。 ⑥最小阻力控制变流量：保证空调系统的最小阻力。节能性最好，要求末端全部使用比例型调节阀，并对每个调节阀开度信号进行实时监测。 一次泵冷机侧定流量：采用压差控制阀，保证冷机流量恒定和冷水泵流量恒定，此时压差传感器设在机房供、回水干管，且采用直线特性的双阀座压差控制阀。 一次泵冷机侧变流量：冷机和冷水泵变流量运行，可以在机房供、回水干管，也可在末端设置压差传感器保证冷机最小安全流量，也可以设置流量控制、温差控制等。 二级泵用户侧分台数控制和变频控制：台数控制：压差传感器与一级泵冷源侧定流量的控制方法相同。变频控制：与一级泵冷源变流量的控制方法相同，在末端设置压差控制比在供、回水干管设置压差控制要节能

扩展 17-10　水系统运行问题分析

（1）水泵噪声大：水系统进气，定压不足，应提高膨胀水箱高度或保证水泵入口压力为正。

（2）水泵过载：水泵扬程过大，应换小扬程水泵或增大阻力。

（3）水泵节能：阀门调节最不节能。

（4）无法补水：补水泵扬程不足，应高于补水点压力 30～50kPa。

（5）单机运行供水量不足：局部短路，未运行机组阀门未关闭，未运行水泵止回阀未关闭。

（6）冷却塔出水温度过高：循环水量过大，风机风量不足，布水不均匀，冷却水出水管保温不足。

扩展 17-11　循环水泵输热比（$EC(H)R$，EHR）

《民规》及《公建节能 2015》针对空调系统及供热系统，分别给出了各自的水泵耗电输热比计算公式。其中集中供暖系统见《民规》第 8.11.13 条和《公建节能 2015》第 4.3.3 条，空调冷热水系统见《民规》第 8.5.12 条和《公建节能 2015》第 4.3.9 条（见表 17-7）。具体使用时，应根据题意采用正确的公式。从计算方法上，两个公式是相同的，但是所用参数有区别。为了方便论述，下文采用统一的公式说明各个参数的取值。另外，《严寒和寒冷地区居住建筑节能设计标准》JGJ 26—2018 第 5.2.11 条也给出了一组 EHR 计算方法，此公式主要适用于如住宅小区换热站等严寒和寒冷地区居住建筑的供热系统热水循环泵选型，此公式并未被《公建节能 2015》第 4.3.3 条替代，注意区分对待（两者的区别请读者自行对比《严寒和寒冷地区居住建筑节能设计标准》JGJ 26—2018 第 1.0.2 条条文说明与《公建节能 2015》第 1.0.2 条条文说明有关居住建筑和公共建筑的范围）。

$$EC(H)R = \frac{0.003096\sum(GH/\eta_b)}{\sum Q} \leqslant \frac{A(B+\alpha\sum L)}{\Delta T}$$

循环水泵输热比计算　　　　　　　　　　**表 17-7**

符号	《公建节能 2015》第 4.3.9 条（空调）	《公建节能 2015》第 4.3.3 条（供暖）
G	每台运行水泵的设计流量，m³/h	
H	每台运行水泵对应的设计扬程，mH₂O	
η_b	每台水泵对应的设计工作点效率	《公共建筑》： 每台水泵对应的设计工作点效率。 严寒寒冷居住建筑： 热负荷＜2000kW： 直连方式，0.87； 联轴器连接方式，0.85； 热负荷≥2000kW： 直连方式，0.89； 联轴器连接方式，0.87

笔记区

符号	《公建节能 2015》第 4.3.9 条（空调）	《公建节能 2015》第 4.3.3 条（供暖）
Q	设计冷（热）负荷，kW	设计热负荷，kW

| ΔT | 规定供回水温差，℃ | 设计供回水温差 |

规定供回水温差，℃

冷水系统	热水系统			
	严寒	寒冷	夏热冬冷	夏热冬暖
5	15	15	10	5

空气源热泵、溴化锂机组、水源热泵，热水供回水温差按机组实际参数计算；

直接提供高温冷水机组，冷水供回水温差按照实际参数计算；

注意区分冷水系统与热水系统

| ΣL | 从机房出口至系统最远用户供回水管道总长；
大面积单层或多层建筑式用户为风机盘管时，ΣL 应减去 100m（《公建节能 2015》对减去 100m 的说明） | 公共建筑：热力站至供暖末端（散热器或辐射供暖分集水器）供回水管道的总长度，m；
严寒寒冷居住建筑：
室外主干线（包括供回水管）总长度，m |

| A | 与水泵流量有关系数 | 公共建筑：同"左边"。
严寒寒冷居住建筑：
热负荷<2000kW，$A=0.0062$；
热负荷≥2000kW，$A=0.0054$ |

与水泵流量有关系数

设计水泵流量	<60m³/h	60～200m³/h	>200m³/h
A	0.004225	0.003858	0.003749

多台水泵并联，按照较大流量取值

| B | 与机房及用户水阻力有关计算系数 | 《公共建筑》：
一级泵系统，$B=17$；
二级泵系统，$B=21$。
《民规》第 8.11.13 条：
一级泵系统，$B=20.4$；
二级泵系统，$B=24.4$ |

与机房及用户水阻力有关计算系数

系统组成		四管制（单冷、单热）两管制冷水	两管制热水
一级泵	冷水系统	28	/
	热水系统	22	21
二级泵	冷水系统	33	/
	热水系统	27	25

多级泵冷水，每增加一级泵，B 增加 5；

多级泵热水，每增加一级泵，B 增加 4

续表

符号	《公建节能 2015》第 4.3.9 条（空调）	《公建节能 2015》第 4.3.3 条（供暖）
a	与 ΣL 相关的计算系数 四管制（冷水、热水） 	系统	管道长度范围		
	<400m	400~1000m	>1000m
冷水	0.02	$0.016+\dfrac{1.6}{\Sigma L}$	$0.013+\dfrac{4.6}{\Sigma L}$
热水	0.014	$0.0125+\dfrac{0.6}{\Sigma L}$	$0.009+\dfrac{4.1}{\Sigma L}$ | 两管制冷水、热水 | 系统	地区	管道长度范围		
		<400m	400~1000m	>1000m
冷水		0.02	$0.016+\dfrac{1.6}{\Sigma L}$	$0.013+\dfrac{4.6}{\Sigma L}$
热水	严寒	0.009	$0.0072+\dfrac{0.72}{\Sigma L}$	$0.0059+\dfrac{2.02}{\Sigma L}$
	寒冷 夏热冬冷	0.0024	$0.002+\dfrac{0.16}{\Sigma L}$	$0.0016+\dfrac{0.56}{\Sigma L}$
	夏热冬暖	0.0032	$0.0026+\dfrac{0.24}{\Sigma L}$	$0.0021+\dfrac{0.74}{\Sigma L}$		$\Sigma L \leqslant 400\text{m}$，取 0.0115（《民规》应勘误）； $400<\Sigma L<1000\text{m}$：$0.003833+\dfrac{3.067}{\Sigma L}$； $\Sigma L\geqslant 1000\text{m}$，取 0.0069； 《民规》表 8.5.12-5：两管制冷水系统 a 计算式与表 8.5.13-4 四管制冷水系统相同

扩展 17-12　空调系统节能

1. 风道系统单位风机耗功率（W_s）

风量大于 10000m³/h 的空调系统和通风系统需要考虑单位风量耗功率。

$$W_s = \frac{P}{3600 \times \eta_{CD} \times \eta_F}$$

说明：1）本公式可以通过 W_s 反向确定最大允许的风机风压 P；

2）W_s 计算式中 η_{CD} 为规定条件的电机及传动效率，实际条件电机及传动效率可与其不同；

3）W_s 限值见表 17-8。

风道系统单位风量耗功率 W_s　　　　表 17-8

系统形式	机械通风	新风系统	办公建筑		商业、酒店全空气系统
			定风量	变风量	
W_s 限值 [W/(m³·h)]	0.27	0.24	0.27	0.29	0.30

2. 通风热回收计算

风量及热量计算参考《复习教材》第 3.11.5 节；热回收设置要求参考《07 节能专篇》P16。严寒地区、寒冷地区宜用显热回收；其他地区尤其夏热冬冷地区宜用全热回收。室内空气品质要求高，宜用全热或显热回收。潜热大，可全热回收。有人长期停留（3h）房间可设置带回热的双向换气（会议室非此类房间）。热回收计算如表 17-9 所示。

热回收计算　　　　表 17-9

	显热回收	全热回收
基本原理	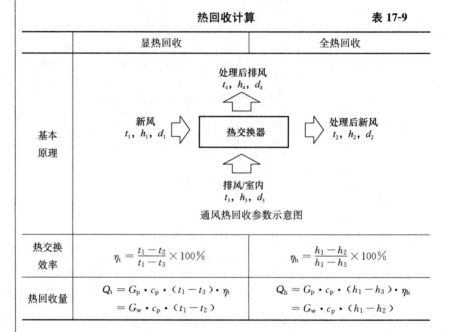 通风热回收参数示意图	
热交换效率	$\eta_t = \dfrac{t_1 - t_2}{t_1 - t_3} \times 100\%$	$\eta_h = \dfrac{h_1 - h_2}{h_1 - h_3} \times 100\%$
热回收量	$Q_t = G_p \cdot c_p \cdot (t_1 - t_3) \cdot \eta_t$ $= G_w \cdot c_p \cdot (t_1 - t_2)$	$Q_h = G_p \cdot c_p \cdot (h_1 - h_3) \cdot \eta_h$ $= G_w \cdot c_p \cdot (h_1 - h_2)$

扩展 17-13　洁净室洁净度计算

1. 由测试浓度判别满足洁净度等级

对于给出测试颗粒浓度用来判别满足何种洁净度，需要保证测试浓度不大于洁净度允许浓度。因此，如果按照测试浓度计算为 4.05 级，那么能满足的洁净度等级为 4.1 级。

2. 由洁净度等级计算允许颗粒数

按公式计算允许颗粒数，结果进行四舍五入，然后保留不超过 3 位有效数字。

扩展 17-14　空调冷水系统要点

参考《复习教材》第 3.7.2 节和第 3.7.4 节；《民规》第 8.5，8.6，9.5 节；《工规》第 9.9，9.10，11.7 节；《公建节能 2015》第 4.5.7 条，如表 17-10 所示。

空调冷水系统要点　　　　　　　　　　表 17-10

一级泵定流量 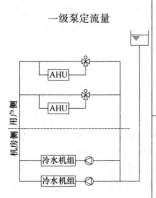	房间温度控制： ① 改变末端装置的风量或风机启停； ② 通过三通阀改变进入末端的水量，由房间温度自动控制通过末端装置和旁流支路的流量比例来实现（理论上通过三通阀的总流量恒定，实际上三通阀存在流量波动，波动情况与三通阀直流支路和旁流支路的工作特性以及三通阀阀权度有关，波动范围在 0.9～1.05 之间）
	系统缺点： ① 末端负荷减少与冷水机组负荷减少不一致会使冷量需求大的末端供冷不足，冷量需求小的末端过冷； ② 多台水泵时，随着负荷减小，机组和水泵运行台数减少，易发生单台水泵运行超载
一级泵压差旁通控制变流量系统（主机定流量）、一级泵变频变流量系统（主机变流量） 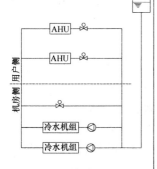	旁通管设置（安装在总供回水管之间）： 主机定流量：取最大单台冷水机组的额定流量； 主机变流量：取各台冷水机组允许最小流量中的最大值
	系统运行控制： ① 水泵台数的控制宜采用流量控制，水泵变速的控制宜采用压差控制（也适用于二级泵）；压差升高，降低输出频率，降低转速，减少供水量，加大旁通阀开度； ② a：恒压差控制：压差测点设在旁通阀两端，保持供回水干管压差恒定； 　　b：变压差控制：压差测点设在最不利环路靠近末端的干管上，需要在各末端设置压力传感器（更优）； ③ 主机定流量：总供回水管间有压差旁通阀，应压差控制； 　　主机变流量：总供回水管有压差旁通阀，流量、温差（供回水干管温度恒定，适用于末端全为风机盘管，且不设调节阀）、压差控制均可； ④ 定流量系统时，只有当负荷侧流量低于最大单台冷水机组的额定流量时，控制阀才打开；变流量系统时，只有当负荷侧流量低于单台冷水机组允许的最小流量的最大值时控制阀才打开； ⑤温差控制法比压差控制法反应慢，不适用于特大型空调系统； ⑥常见的集中空调冷水系统的主要特点参考《复习教材》P482

笔记区

水泵与机组连接：

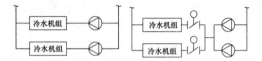

① 水泵和机组台数与流量应一一对应，宜一对一连接（左上图）；

② 当水泵和机组采用共用集管连接时，每台机组进水管或出水管道上应装与对应的机组、水泵连锁开关的电动二通阀；大小机组搭配方式不宜采用（右上图）

一级泵压差旁通控制变流量系统（主机定流量）

一级泵变频变流量系统（主机变流量）

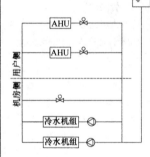

冷水机组要求：

① 应选择允许水流量变化范围大、适应冷水流量快速变化（机组允许的每分钟流量变化率不低于 10%）、具有减少出水温度波动的控制功能的冷水机组；

② 冷水机组对最小允许的冷水流量有限制，在水泵变频调速过程中，必须保证其供水量不低于冷水机组的最低允许值，通常采取的措施是对水泵转速的最低值进行限制；

③ 应考虑蒸发器最大许可的水压降和水流对蒸发器管束的侵蚀因素，确定冷水机组的最大流量；冷水机组的最小流量不应影响到蒸发器换热效果和运行安全性；

④ 多台冷水机组应选在设计流量下，蒸发器水压降相同或相近的机组

系统优缺点：

① 主机定流量：在末端负荷变化不同步时，可以较好地实现各用户"按需供应"，但除了依靠水泵运行台数变化改变能耗外，不能做到实时降低能耗；

② 主机变流量：

a. 当冷负荷需求很少时，为保证冷水机组的安全运行，冷水泵仍需"全速"运行，冷水机组供回水温差将随着空调冷负荷的变小而越来越小，冷水泵所做的"功"，被冷水机组自身消耗的比例也越来越大；

b. 由于蒸发器流量减少，冷水机组制冷效率会有所下降，使冷水机组的能耗可能有些增大，但系统全年运行的总体能耗依然会下降；

c. 水泵变频工况对提高电网功率因素有作用，但不可使低效率区域运行进入高效区；

d. 受到水泵最小流量限制，压差旁通阀仍是必要的设置的自控环节

续表　｜　笔记区

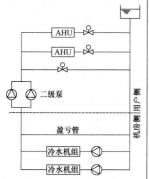

二级泵变流量系统
（主机定流量）

平衡管设置：

① 在供回水总管之间冷源侧和负荷侧分界处设平衡管，平衡管宜设置在冷源机房内；

② 平衡管流量不超过最大单台制冷机的额定流量；管径不宜小于总供回水管管径；

③ 平衡管上不能装任何阀门；

平衡管内严禁发生"倒流"（原因是二级泵扬程过大）

二级泵设置：

① 二级泵采用定数台数变流量控制时，根据旁通管压差开启旁通阀，当旁通阀流量为单台水泵流量时，可以停一台泵；旁通管最大设计流量按照一台二级泵设计流量确定；

② 二级泵采用变频变流量控制时，根据压差调节泵的转速，压差测点设在最不利环路干管靠近末端处；当减到最后一台水泵变频至最小允许流量时，压差旁通阀开启；压差旁通阀最大设计流量按照一台二级泵最小允许流量确定（优选）；

③ 二级泵采用变速泵

系统优缺点：

可能会比一级泵压差旁通控制系统节约一部分二级泵的运行能耗（前提：二级泵变速控制，系统压差控制）

冷却水系统

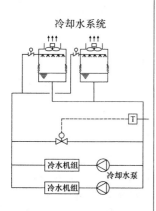

冷却水进口水温及温差：

冷水机组类型	冷却水进口最低温差（℃）	冷却水进口最高温差（℃）	名义工况冷却水进出口温差（℃）
电动压缩式	15.5	33	5
直燃型吸收式	—	—	5～5.5
蒸汽单效型吸收式	24	34	5～7

冷却水温度不能过低，过低会造成压缩式制冷机组高低压差过低，润滑系统运行不良；吸收式冷水机组出现结晶事故等

续表

冷却塔水温控制：

① 冷却塔出水温度＝夏季空气调节室外计算湿球温度＋(4~5℃)；

② a. 风机控制法，冷却塔出水温度由塔风机台数和风机转速来控制；(《公规》4.5.7.5：冷却塔风机台数控制，根据室外气象参数进行变速控制；《民规》9.5.8.1：冷却塔风机开启台数或转速宜根据冷却塔出水温度控制)；

b. 旁通控制法，室外气温很低，即使停开风机冷却水温仍低于最低温度限值时，通过旁通阀调节保证冷却水温高于最低限值 (冷却水供回水管间设置旁通管＋旁通调节阀)

选择冷却塔时应考虑的因素：

① 冷却塔标准工况与冷水机组的额定工况冷却水温通常有差异，因此在选择冷却塔时应进行修正；

② 影响冷却塔冷却能力的主要因素：

a. 室外空气的湿球温度；

b. 冷却塔出口水温度及温差；

c. 冷却水循环量；

③ 对进口水压有要求的冷却塔的台数，应与冷却水泵台数相对应；

④ 供暖室外计算温度在 0℃ 以下的地区，冬季运行的冷却塔应采取防冻措施，冬季不运行的冷却塔及室外管道应泄空；

⑤ 冷却塔应采用阻燃型材料制作；

⑥ 对于双工况制冷机组，若机组在两种工况下对于冷却水温的参数要求有所不同，应分别进行两种工况下冷却塔热工性能的复核计算；

⑦ 冷却塔应能进行自动排污控制

冷却塔进塔水压：

① 进塔水压包括冷却塔水位差以及布水器等冷却塔的全部水流阻力 (冷却水泵扬程＝系统阻力＋系统高差＋布水器进塔水压)；

② 有进塔水压要求的冷却塔的台数应与冷却水泵台数相对应，否则可以合用

冷水机组、冷却水泵、冷却塔或集水箱之间的位置和连接规定：

① 冷却水泵应自灌吸水，冷却塔集水盘或集水箱最低水位与冷却水泵吸水口的高差应大于管道、管件、设备的阻力 (防止水泵入口负压产生气蚀)；如果高差较小时，应把冷水机组连接在冷却水泵的出水管端；

② 多台水泵与冷却塔采用集管连接时，每台冷却塔进水管和回水管上宜设与水泵连锁的电动阀；

续表

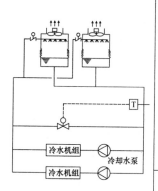

③当每台冷却塔进水管上设置电动阀时，除设置集水箱或冷却塔底部为共用集水盘的情况外，每台冷却塔出水管上也应设置与冷却水管连锁开闭的电动阀；

④多台冷却塔与冷却水泵或冷水机组之间通过共用集管连接时应使各台冷却塔并联环路的压力损失大致相同；

⑤冷却塔防止抽空措施：提高安装高度或加深存水盘（存水盘的设计水位与总管顶部的高差大于最不利环路冷却塔回水至最有利冷却塔回水支管与总管接口处的设计水流阻力）；设置连通管（在每个冷却塔底部设置专门的连通管，将各冷却塔存水盘连通）；

⑥当采用开式冷却塔时，冷却塔存水盘的水面高度必须大于冷却水系统内最高点的高度；

集水箱安装位置：

当集水箱必须布置在室内时，集水箱宜设在冷却塔的下一层，且冷却塔布水器与集水箱设计水位之间不应超过 8m

扩展 17-15　空调水系统调节阀调节特性总结

1. 流通能力与阀权度计算

阀门流通能力：

$$C = \frac{316G}{\sqrt{\Delta P}}$$

其中，G——流体流量，m^3/h；ΔP——调节阀两端压差，Pa。计算压差旁通阀流通能力时，一级泵变流量机组定流量系统，按最大的单台冷水机组的额定流量取 G 值；一级泵变流量机组变流量系统，按各台冷水机组允许的最小流量中的最大值确定 G 值。

阀权度计算：

$$P_v = \frac{\Delta P_v}{\Delta P} = \frac{\Delta P_v}{\Delta P_b + \Delta P_v}$$

其中，ΔP 为系统总压降，ΔP_v 为阀门压降，ΔP_b 为串联调节设备压降。一般阀权度控制在 $0.3 \sim 0.7$。阀权度表明调节阀工作特性偏离理想特性的程度。

2. 调节阀控工作特性的选取

（1）蒸汽换热器，理想特性采用直线特性调节阀（当阀权度小于 0.6 时，控制阀应采用等百分比；当阀权度较大时，宜采用直线型阀门）。

（2）水换热器（水—水换热器、水—空气换热器：表冷器、冷热盘管）为非线性，采用等百分比型阀门（两通阀＋表冷器的组合尽可能实现线性调节）。

（3）蒸汽加湿控制阀：双位控制时——双位调节阀；比例控制—直

线特性阀。

（4）压差旁通阀：工作特性与理想特性非常接近或者完全相同，所以压差旁通阀采用直线特性阀门。

扩展 17-16 空调系统的控制策略

1. 通风空调检测控制要求

通风和空调系统常用监测点及其要求如表 17-11 所示。

通风和空调系统常用监测点及其要求　　　　表 17-11

检测位置	信息点	参数要求	检测位置	信息点	参数要求
环境参数新风、室内、室外	温度	AI	风机（工频）	手/自动状态反馈	DI
				运行状态反馈	DI
	湿度	AI		故障状态反馈	DI
室内	室内静压	AI		启停控制	DO
	有害气体浓度报警开关	DI		用电量	AI
风阀（新风、回风、排风）	阀位反馈	AI	风机（变频）	手/自动状态反馈	DI
	开度调节	AO		运行状态反馈	DI
	状态反馈	DI		故障状态反馈	DI
	通断控制	DO		启停控制	DO
二次回风阀	阀位反馈	AI		变频器状态反馈	DI
	开度调节	AO		变频器故障反馈	DI
机组风道	排风温度	AI		变频器自动控制	DO
	盘管后空气温度	AI		变频器转速反馈	AI
	盘管后空气湿度	AI		变频器转速调节	AO
	风道末端压力	AI		用电量	AI
	加热后空气温度	AI	双速风机	手/自动状态反馈	DI
	粗效过滤器压差	DI		低速运行状态反馈	DI
	中效过滤器压差	DI		高速运行状态反馈	DI
	风机压差	DI		低速故障状态反馈	DI
	盘管温度防冻开关	DI		高速故障状态反馈	DI
盘管	水阀阀位反馈	AI		低速启停控制	DO
	水阀开度调节	AO		高速启停控制	DO
加湿器（通断型）	状态反馈	DI		用电量	AI
	通断控制	DO	排风排烟风机	手/自动状态反馈	DI
加湿器（调节型）	阀位反馈	AI		低速运行状态反馈	DI
	阀门开度调节	AO		低速故障状态反馈	DI
				低速启停控制	DO
				用电量	AI

说明：本表引自国家标准图集 17K803。

2. 变风量空调系统常见控制策略

（1）变风量空调系统的风量

变风量空调系统一般涉及 4 个风量：新风量 W、回风量 R、变风量空调系统送风量 O、变风量末端装置的一次风风量 O_i。上述风量的关系如图 17-3 所示，其中新风可以直引室外新风也可单设新风机组处理后接入变风量空调机组。

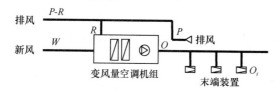

图 17-3　变风量空调系统组成以及风量示意图

系统送风量的范围：最大送风量根据系统逐时冷负荷综合最大值确定；最小送风量不小于系统最小新风量、气流组织要求的最小风量、末端装置风量调节范围最小值以及风机调速范围最小值（《变风量空调系统工程技术规程》JGJ 343—2014 第 3.4.4 条）。

变风量末端装置一次风风量范围：最大送风量根据空调区逐时显热负荷综合最大值和送风温差确定；最小值根据末端装置调节范围、控制区最小新风量以及气流组织要求确定。

（2）有关变风量末端的总结

变风量常见末端形式：单风道型 VAV 末端（见图 17-4）、风机动力型 VAV 末端。

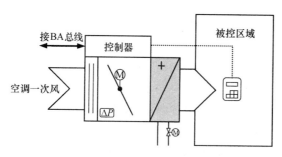

图 17-4　单风道 VAV 末端示意图

注：再热装置根据实际需要考虑是否增设，余同

单风道型 VAV 末端：实际为带有风速传感器和风量调节阀的调控装置，一般风阀开度可以反馈给楼宇控制系统风机动力型 VAV 末端：有串联型和并联型两种。

串联式风机末端：形式为变风量系统送风支管进入变风量末端后串联设置内置风机。运行时，无论何种工况内置风机始终运行，内置风机风量为系统一次风风量与吊顶回风风量的和，且内置风机，总送风量恒定（见图 17-5）。

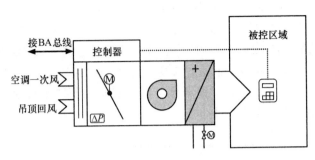

图 17-5 串联风机动力型 VAV 末端示意图

并联式风机末端：形式为变风量系统送风支管进入变风量末端后并联设置内置风机。运行时，内置风机仅在供冷小风量和供热时运行，供冷大风量时内置风机不运行，末端总送风量变化（见图 17-6）。

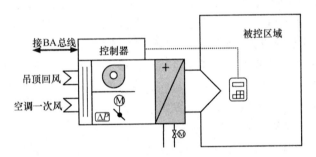

图 17-6 并联风机动力型 VAV 末端示意图

（3）变风量空调系统的控制

变风量空调系统主要有定静压法、变定静压法、总风量法三种风量控制策略。

定静压法：

在送风管最低静压处设置静压传感器（一般设于送风机与最远末端装置间 75%）。

末端阀门关闭→风管曲线变陡→工作点压力增大→风管内静压增大→达到设定值→降低转速。

缺点：若静压设定值过大，风机无法降速；设定值偏小，风机始终低速运行。

变静压法：在定静压基础上，静压设定值可以调整。

总风量法：设定阀门开闭数量与风机转速的函数。

3. 有关通风空调系统的安全保护

常用安全保护包括：盘管防冻保护、空气过滤器阻塞保护、风机故障报警与保护、风机丢转报警与保护、变频器故障报警与保护、电加热器保护。具体安全保护措施如表 17-12 所示。

通风空调系统常见安全保护　　　　表 17-12

保护名称	信息点	触发条件	功能操作
盘管防冻保护	盘管温度	冬季工况，温度 ≤5℃	停止风机，关闭新风阀，热水阀全开并给出警报提示，可人工或自动恢复
空气过滤器阻塞保护	过滤器压差	压差≥2 倍初阻力	给出报警提示，机组仍运行
风机故障报警与保护	风机故障信号	故障信号开关吸合	给出报警提示，不能开机
风机丢转报警与保护	风机风压差	压差小于设定值	给出报警提示，不能开机
变频器故障报警与保护	变频器故障信号	故障信号开关吸合	不能变频调节，可启动风机定速运行

空调系统中采用电加热器时，电加热器应与送风机连锁，并应设无风断电、超温断电保护装置（用监视风机运行的风压差开关信号及电加热器后面设超温断电信号与风机启停连锁）；电加热器必须采取接地及剩余电流保护措施，避免漏电造成触电类事故（《民规》第 9.4.9 条）。

扩展 17-17　气压罐的选型计算

1. 气压罐定压但不容纳膨胀水量的补水系统设计流程

（1）确定补水泵启动压力 P_1（《09 技术措施》第 6.9.7-2-3）条）

$$P_1 = H + A + 10\,(\mathrm{kPa})$$

式中　H——补水箱与系统最高点间的高差，kPa；$1\mathrm{kPa} = 9.8 \times \mathrm{mH_2O}$；

　　　A——$60℃ < t \leqslant 90℃$ 时取 $10\mathrm{kPa}$，$t \leqslant 60℃$ 时取 $5\mathrm{kPa}$。

（2）确定安全阀开启压力 P_4，取最高点允许工作压力，kPa（《09 技术措施》第 C.1.3-3-1）条）。

（3）系统膨胀水量开始流回补水箱时的压力，即电磁阀开启压力 P_3（《09 技术措施》第 6.9.7-2-2）条）。

$$P_3 = 0.9 P_4\,(\mathrm{kPa})$$

（4）补水泵停泵压力 P_2（《09 技术措施》第 6.9.7-2-4）条）：

$$P_2 = 0.9 P_3\,(\mathrm{kPa})$$

（5）由确定的 P_1 和 P_2 确定压力比 a_t（《09 技术措施》第 6.9.7-1 条）：

$$a_t = \frac{P_1 + 100}{P_2 + 100}$$

应综合考虑气压罐容积和系统的最高工作压力的因素，宜取 $0.65 \sim 0.85$。

(6) 确定气压罐调节容积 V_t 或启停补水泵间维持水量（《09 技术措施》第 6.9.7-1 条）：

定速泵 $\qquad V_t \geqslant G \times \dfrac{3}{60} \times 1000$ (L)

变频泵 $\qquad V_t \geqslant G \times \left(\dfrac{1}{4} : \dfrac{1}{4}\right) \times \dfrac{3}{60} \times 1000$ (L)

式中 G——单台补水泵流量，m^3/h。

(7) 确定系统最大膨胀水量 V_p（《09 技术措施》第 6.9.6 条）：

$$V_p = 1.1 \times \frac{\rho_1 - \rho_2}{\rho_2} \times 1000 \times V_C \text{ (L)}$$

其中，ρ_1 为水受热膨胀前的密度（kg/m^3，以题目为准，题目未提及时，供暖和空调热水加热前水温按 5℃ 计），ρ_2 为水受热膨胀后的密度（kg/m^3，供暖和空调热水加热后水温可按供回水温度算数平均值计算，空调冷水受热后按 30℃ 计），V_C 为系统水容量（可由《复习教材》表 1.8-8 确定）。

(8) 补水泵选型：

水泵扬程确定（P 应高出系统补水点压力 30~50kPa）：

$$P = \frac{P_1 + P_2}{2}$$

水泵总流量为系统水容量的 5%，设置两台水泵，初期上水或事故补水保证总流量，平时补水运行 1 台水泵。

(9) 气压罐最小总容积（《09 技术措施》第 6.9.7-1 条）：

$$V \geqslant V_{min} = \frac{\beta \times V_t}{1 - a_t} \text{ (L)}$$

式中 V_{min}——气压罐最小总容积，L。

2. 气压罐定压且容纳膨胀水量的补水系统设计流程

(1) 确定补水泵启动压力 P_1 及无水时气压罐充气压力 P_0，与"不容纳膨胀水量"相同，$P_1 = P_0$。

(2) 确定安全阀开启压力 P_3，与"不容纳膨胀水量"的 P_4 相同。

(3) 补水泵停泵压力 $P_{2,max}$，与"不容纳膨胀水量" P_2 相同。

(4) 确定气压罐调节容积 V_t，与"不容纳膨胀水量" V_t 相同。

(5) 确定系统最大膨胀水量 V_p，与"不容纳膨胀水量" V_p 相同。

(6) 确定气压罐能够吸纳的最小水容积 V_{xmin}（即启停补水泵间

维持水量、系统最大膨胀量）：

$$V_{xmin} = V_t + V_p \text{ (L)}$$

（7）补水泵选型，与"不容纳膨胀水量"相同。

（8）气压罐最小总容积 V_{zmin}：

$$V_{zmin} = V_{xmin} \times \frac{P_{2,max} + 100}{P_{2,max} - P_0}$$

（9）确定型号后复得实际设备的最小水容积 V'_{xmin} 和实际调节容积 V'_t

气压罐实际能够吸纳的最小水容积：

$$V'_{xmin} = V_x = V'_{zmin} \times \frac{P_{2,max} - P_0}{P_{2,max} + 100}$$

气压罐实际调节容积 V'_t：

$$V'_t = V'_{xmin} - V_p$$

例题：【2017-4-16】两管制空调水系统，设计供/回水温度：供热工况 45℃/35℃、供冷工况 7℃/12℃，在系统低位设置容纳膨胀水量的隔膜式气压罐定压（低位定压），补水泵平时运行流量为 3m²/h，空调水系统最高位置高于定压点 50m，系统安全阀开启压力设为 0.8MPa，系统水容量 $V_c = 5m^3$。假定系统膨胀的起始计算温度为 20℃。问：气压罐最小总容积（m³），最接近以下哪个选项？（不同温度时水的密度（kg/m³）为：7℃，999.88、12℃，999.43、20℃，998.23、35℃，993.96、45℃，990.25）

(A) 0.6　　　　(B) 1.8　　　　(C) 3.0　　　　(D) 3.6

【解析】

确定已知条件，定速泵，$H = 50m$，$G' = 3m^3/h$，$P_3 = 0.8MPa = 800kPa$，$V_c = 50m^3$，$t_1 = 20℃$（起始温度），$t_2 = 45℃$（膨胀最大温度），对应的密度见题干。

确定气压罐调节容积 V_t：

$$V_t \geqslant G \times \frac{3}{60} \times 1000 = 3 \times \frac{3}{60} \times 1000 = 150L$$

确定系统最大膨胀水量 V_p：

$$V_p = 1.1 \times \frac{\rho_1 - \rho_2}{\rho_2} \times 1000 \times V_C$$

$$= 1.1 \times \frac{\rho_{20} - \rho_{30}}{\rho_{30}} \times 1000 \times V_C$$

$$= 1.1 \times \frac{998.23 - 992.1}{992.1} \times 1000 \times 50$$

$$= 339.56L$$

补水泵停泵压力 $P_{2,max}$：

$$P_{2\max} = 0.9P_3 = 0.9 \times 800 = 720\text{kPa}$$

确定无水时气压罐充气压力 P_0：

$$P_0 = 50 \times 9.8 + 5 = 495\text{kPa}$$

气压罐最小总容积 $V_{z\min}$：

$$V_{z\min} = V_{x\min} \times \frac{P_{2,\max} + 100}{P_{2,\max} - P_0} = (150 + 339.56) \times \frac{720 + 100}{720 - 495}$$

$$= 1784.2\text{L} \approx 1.8\text{m}^3$$

选 B。

第 18 章　制冷知识点

扩展 18-1　制冷性能系数总结

逆卡诺循环制冷效率：$\varepsilon_c = \dfrac{T'_0}{T'_k - T'_0}$（注意 T 为开氏温度，K）

理论制冷效率：$\varepsilon_{th} = \dfrac{\phi_0}{P_{th}} = \dfrac{q_0}{w_{th}} = \dfrac{h_1 - h_4}{h_2 - h_1}$

热泵循环：$\varepsilon_h = \dfrac{\phi_h}{P} = \varepsilon_c + 1$

性能系数：$COP = \dfrac{\phi_0}{P_e} = \dfrac{M_{蒸发器} \cdot \Delta h}{\left(\sum \dfrac{M_i \omega_i}{\eta_i \eta_m}\right)_{全部压缩机}}$

一般蒸汽压缩制冷循环：$COP = \dfrac{M_{蒸发器} \cdot \Delta h}{M_{压缩机} \cdot \omega} = \dfrac{\Delta h}{\omega}$

基本制冷循环过程（见图 18-1～图 18-3）：

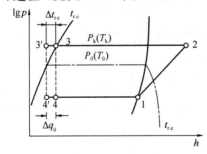

图 18-1　带过热过程的一级压缩循环

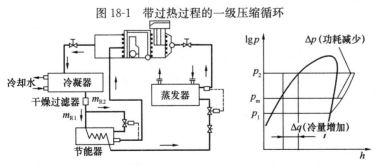

图 18-2　带节能器的一级压缩循环

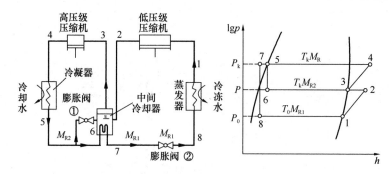

图 18-3 双级压缩循环

一级完全中间冷却：高级压缩机进口冷媒从中间冷却器直接进入。

一级不完全中间冷却：高级压缩机进口冷媒为低级压缩机出口与中间冷却器出口冷媒的混合。

一级节流与二级节流以工质自冷凝器出口至压缩机入口经过几个串联膨胀阀进行区分，一个膨胀阀为一级节流，串联两个为二级节流，并联两个膨胀阀依然为一级节流。

扩展 18-2 制冷热泵循环分析

此类分析的前提要看好题设变化的是蒸发温度还是冷凝温度，蒸发温度直接影响压缩比和吸气压力，冷凝温度一般只影响制冷系数（见图 18-4）。

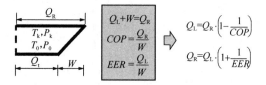

图 18-4 常用对应关系：（部分题目求解释，根据题意可直接取等）

1. 热工参数变化趋势（图 18-5 箭头方向为参数数值增大方向）

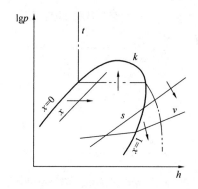

图 18-5 热工参数变化趋势

2. 冷凝温度和蒸发温度的影响因素（见表 18-1 和表 18-2）

冷凝温度和蒸发温度的影响因素　表 18-1

影响因素		冷凝温度变化	影响因素		蒸发温度变化
冷凝器	冷却水温度↑	↑	蒸发器	冷水温度↑	↑
	冷凝器结垢	↑		蒸发器结垢	↓
制冷剂	不凝性气体	↑	制冷剂	不凝性气体	↓
	制冷剂充注量↑	↑		制冷剂充注量↑	↓

注：1. 直接影响冷凝温度和蒸发温度的参数，只有冷却水/冷冻水参数和制冷剂情况；
　　2. 但凡是能影响到冷却水/冷冻水和制冷剂的情况，也都会影响到冷凝温度和蒸发温度。

冷凝温度和蒸发温度变化导致的影响　表 18-2

因素		变化	因素		变化
蒸发温度↓	比容（压缩机入口）	↑	冷凝温度↑	比容（压缩机入口）	—
	单位质量制冷量	↓		单位质量制冷量	↓
	压缩机耗功	↑		压缩机耗功	↑
	质量流量	↓		质量流量	—
	压缩机吸气温度	↓		压缩机排气温度	↑
	总制冷量	↓		总制冷量	↓
	制冷性能系数	↓		制冷性能系数	↓
	压缩比	↑		压缩比	↑

注：参考《复习教材》图 4.1-4、图 4.1-8。

3. 冷水机组制冷性能系数分析依据

$$\varepsilon = \frac{T_0}{T_k - T_0}$$

4. 热泵机组制热性能系数分析依据

$$\varepsilon_h = \frac{T_k}{T_k - T_0}$$

扩展 18-3　溴化锂吸收式制冷热泵机组相关总结

1. 溴化锂吸收式制冷四大性能系数

最大热力系数：$\xi_{max} = \dfrac{T_0}{T_e - T_0} \cdot \dfrac{T_g - T_e}{T_g} = \varepsilon_c \cdot \eta_c$（注意 T 为开氏温度，K）

热力完善度：$\eta_d = \dfrac{\xi}{\xi_{max}}$

循环倍率：$f = \dfrac{m_3}{m_7} = \dfrac{\xi_s}{\xi_s - \zeta_w}$

放气范围：$\Delta\xi = \xi_s - \xi_w$

热平衡：$Q_{冷凝器}＋Q_{吸收器}＝Q_{蒸发器}＋Q_{发生器}$

其中，T_0—蒸发器中被冷却物的温度，K；T_g—发生器中热媒的温度，K；T_e—环境温度，K；m_7—制冷剂水蒸气流量；m_4—饱和浓溶液流量；m_3—稀溶液流量，$m_3＝m_7＋m_4$；ξ_s—稀溶液/吸收器出口浓度；ξ_w—饱和浓溶液/发生器出口浓度。

2. 溴化锂吸收式制冷热泵机组相关概念

（1）吸收式制冷机组与蒸汽压缩制冷机组可对照联想。吸收式机组的吸收器和发生器组成溶液浓度换热过程，替代了压缩时机组的压缩机。对于冷凝温度和蒸发温度对系统运行的影响可对照联想。

（2）单效型吸收式制冷机与双效型吸收式制冷机的差别，可对照单级压缩与双极压缩冷水机组的差别。

（3）溴化锂吸收式热泵分为第一类热泵与第二类热泵，其区别除《复习教材》表 4.5-1 之外，原理上的区别在于加热热水的位置。第一类热泵加热热水由冷凝器和吸收器共同组成，第二类热泵加热热水仅在吸收器内。一类、二类吸收式热泵对比分析如表 18-3 所示。

第一类吸收式热泵：

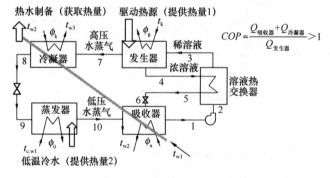

第二类吸收式热泵（升温型）：

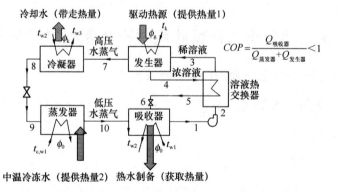

表 18-3

一类、二类吸收式热泵对比分析

序号	二类吸收式热泵	一类吸收式热泵
1	蒸发器和吸收器处在相对高压区，中温余热均进入	蒸发器和吸收器处在相对低压区，低温余热只进蒸发器，高温驱动热源仅进发生器
2	蒸发器吸收中低温度热使制冷剂蒸发	蒸发器可以利用低温余热使制冷剂蒸发
3	在吸收器中放出高温吸收热，可重新被利用	在冷凝器中凝结，将热量传给外部加以利用
4	吸收器与冷凝器进出管路分设，冷凝水进出水温在合适范围内科作为空调冷水使用	吸收器与冷凝器进出管路串联
5	$COP = \dfrac{Q_a}{Q_g + Q_0} < 1$	$COP = \dfrac{Q_a + Q_k}{Q_g} > 1$

扩展 18-4　回热器计算

回热器计算详见图 18-6。

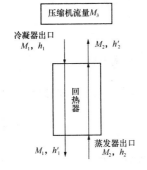

压缩机流量 M_3

冷凝器出口
M_1, h_1　　　　M_2, h'_2

回热器

M_1, h'_1　　　　蒸发器出口　M_2, h_2

质量守恒：$M_3 = M_1 + M_2$
能量守恒（流入＝流出）：
$M_1 h_1 + M_2 h_2 = M_1 h'_1 + M_2 h'_2$
推论：
$M_1(h_1 - h'_1) = M_2(h'_2 - h_2)$

$$\frac{M_1}{M_2} = \frac{h'_2 - h_2}{h_1 - h'_1}$$

图 18-6　热回收器计算示意图

扩展 18-5　压缩机性能计算

1. 压缩机理论输气量（《复习教材》第 4.3.3 节）

活塞式：$V_h = \dfrac{\pi}{240} D^2 S n Z$　　（m^3/s）

转子式：$V_h = \dfrac{\pi}{60} n (R^2 - r^2) L Z$　　（cm^3/s）

螺杆式：$V_h = \dfrac{1}{60} C_n C_\varphi D L n$　　（m^3/s）

涡旋式：$V_h = \dfrac{1}{30} n \pi P_h H (P_h - 2\delta)\left(2N - 1 - \dfrac{\theta^*}{\pi}\right)$　　（m^3/s）

2. 压缩机实际输气量

压缩机实际输气量

$$V_R = \eta_v \cdot V_h$$

压缩机质量流量：$M_R = \dfrac{\eta_V \cdot V_h}{\nu_2}$

容积效率：$\eta_v = 0.94 - 0.085\left[\left(\dfrac{p_2}{p_1}\right)^{\frac{1}{m}} - 1\right]$

其中，m 是多变指数，氨取 1.28，R22 取 1.18。

3. 压缩机耗功率（《复习教材》P614）

制冷设备各种功率关系如图 18-7 所示。

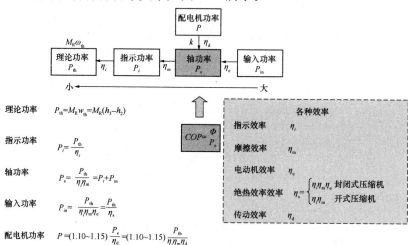

理论功率 $P_{th} = M_R w_{th} = M_R(h_3 - h_2)$

指示功率 $P_i = \dfrac{P_{th}}{\eta_i}$

轴功率 $P_e = \dfrac{P_{th}}{\eta_i \eta_m} = P_i + P_m$

输入功率 $P_{in} = \dfrac{P_{th}}{\eta_i \eta_m \eta_e} = \dfrac{P_{th}}{\eta_s}$

配电机功率 $P = (1.10 \sim 1.15)\dfrac{P_e}{\eta_d} = (1.10 \sim 1.15)\dfrac{P_{th}}{\eta_i \eta_m \eta_d}$

图 18-7　制冷设备各种功率关系图

2016 年开始，《复习教材》已经取消了有关开式和闭式的差异计算，现在统一除以压缩机轴功率 P_e。

4. 压缩机制冷装置性能调节（见表 18-4）

压缩机制冷装置性能调节   表 18-4

压缩机类型		制冷装置性能调节方式
容积式制冷压缩机	转速调节	
	台数控制	用于控温精度不高场所
	容量调节 — 吸气节流	压缩机吸气管设调节阀，降低吸气压力增大吸气比容，减小制冷剂质量流量，改变制冷量。经济性差，适合制冷量较小的系统
	容量调节 — 排气旁通	压缩机进、排气管之间设旁通管，并设调节阀。减小系统制冷剂质量流量，降低制冷量。但是对蒸发器回油不利，且压缩机排气温度高
	可变行程	常用于汽车空调，实现容量调节
	吸气旁通	用于滚动转子式、螺杆式和涡旋式压缩机。减少压缩机制冷剂流量。相当于可变行程容量调节

压缩机类型	制冷装置性能调节方式
离心式制冷压缩机	叶轮入口导叶阀转角调节； 压缩机转速调节； 叶轮出口扩压器宽度调节； 热气旁通阀调节
冷凝压力调节	冷凝压力/冷凝温度偏高：压缩比增大，容积效率减小，制冷量减小，耗功率增大，排气温度升高。 冷凝压力下降过低：导致膨胀阀供液动力不足，制冷量下降，系统回油困难
	冷却剂流量的调节： 水冷式冷凝器：水量调节阀； 风冷式冷凝器：风量调节（变转速、调节冷凝风扇台数、进出风口设调节阀）。 冷凝器传热面积调节（用于多联机，应设置足够大的高压贮液器）
蒸发压力调节	蒸发压力波动：被控对象精度降低，系统稳定性下降； 蒸发压力过低：导致系统能效降低，蒸发器结霜，冷冻水冻结； 蒸发压力过高：导致压缩机过载，除湿能力下降
	调节蒸发器容量：增大被冷却介质流量及蒸发器传热面积，使蒸发压力升高；反之，降低； 采用蒸发压力调节阀：蒸发压力降低时，减小阀门开度，使制冷剂流量减小，蒸发压力回升；反之，使之升高
制冷装置自动保护	问题：液击，排气压力过高，润滑油供应不足，蒸发器内制冷剂冻结，压缩机电动机过载。 高低压开关：防止压缩机排气压力过高及吸气压力过低； 油压差控制器：防止油压过低，压缩机润滑不良； 温度控制器：设在冷冻水管，防止冷冻水冻结；设在压缩机排气腔或排气管，防止排气温度过高，润滑恶化（控制压缩机降容或停机，回温后恢复正常运行）； 水流开关：设在进出水管间，当冷冻水/冷却水流量过低时停机保护，防止蒸发器冻结或冷凝压力过高； 吸气压力调节阀：设在压缩机吸气管，通过调节吸气流量，增大吸气比容，减小制冷剂循环量，防止吸气压力过高，压缩机过载； 给液管设电磁阀与压缩机联动（小型冷库）：防止压缩机停机后，高压侧液体进入蒸发器；防止压缩机启动过载

扩展 18-6　地源热泵系统适应性总结

1. 地源热泵适宜性总结（见表 18-5）

笔记区

地源热泵适宜性研究 表 18-5

热泵形式			气候区				
			严寒 A	严寒 B	寒冷	夏热冬冷	夏热冬暖
地埋管地源热泵	办公建筑	单一式地源热泵	不适宜	较适宜	适宜	一般适宜	不适宜
		地埋管+其他冷源	一般适宜	较适宜	适宜	较适宜	不适宜
	居住建筑	地埋管+其他冷源	不适宜	不适宜	适宜	较适宜	不适宜
地下水源热泵	公共建筑		勉强适宜	较适宜	适宜	一般适宜	不适宜
	居住建筑		勉强适宜	一般适宜	适宜	较适宜	不适宜
江河湖水源热泵			技术经济分析			适宜	一般适宜
海水源地源热泵						南部适宜北部可以使用	南部较适宜北部一般适宜	—

说明：本表参考《民用建筑供暖通风与空气调节设计规范技术指南》。

2. **地埋管地源热泵热量平衡**

按下式分别计算全年释热量和全年吸热量：

全年释热量：

$$E_1 = T_{制冷} \cdot Q_{释热量}$$

$$= T_{制冷} \cdot \left[Q_{冷水系统冷负荷} \times \left(1 + \frac{1}{EER} \right) + Q_{输送得热} + Q_{冷却水泵释热} \right]$$

全年吸热量：

$$E_2 = T_{制热} \cdot Q_{吸热量}$$

$$= T_{制热} \cdot \left[Q_{热水系热冷负荷} \times \left(1 - \frac{1}{COP} \right) + Q_{输送失热} - Q_{换热水泵释热} \right]$$

其中，系统负荷包括空调冷热水系统中围护结构负荷、冷热水系统输送负荷和冷热水系统输送损失；输送得/失热表示制冷冷却水及制热冷冻水输送水管的损失。

地埋管长度计算：

（1）当全年释热量和全年吸热量之比在 0.8～1.25 时，认为两者基本平衡；

（2）两者平衡时，按照最大释热量和最大吸热量较大者，作为地埋管换热器长度；

（3）两者不平衡时，取计算长度较小者为地埋管换热器长度，并增设辅助冷（热）源。

3. 案例计算图

（1）制冷

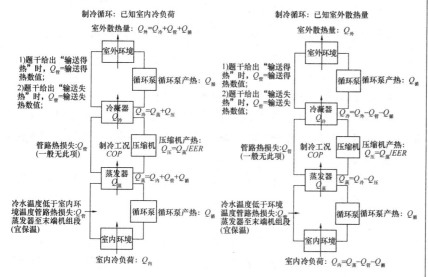

（2）制热

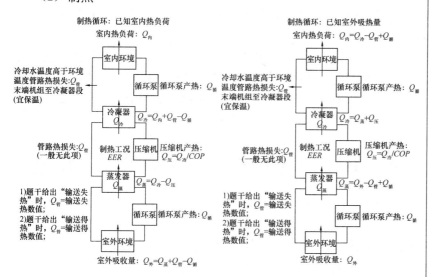

扩展 18-7　多联式空调系统相关问题总结

1. 多联机空调机组的适用条件：

（1）《民规》第 7.3.11 条规定："空调区内震动较大、油污蒸汽较多以及产生电磁波或高频波等场所，不宜采用多联机空调系统"。

（2）《红宝书》："通常不适合商场、展厅、候车室等人员密集场所"，"不宜在大型公共建筑，特别是大型办公建筑中采用"。

（3）《红宝书》："适用于中小型规模建筑，如办公楼、饭店、学校、高档住宅"。

2. 在有内区建筑中，多联机相对传统空调的劣势

（1）不能充分利用过渡季自然风降温。

（2）风冷多联机冬季结霜。

（3）制热不稳定性、制冷剂管长、室内外机高差使得能效比降低。

3. 常考问题

（1）结霜问题（空气源热泵冬季运行共性问题）

融霜时，一般由制热工况转换为制冷工况，如此机组制热量下降，影响室内空气温度稳定性。融霜时间段，融霜修正系数高（实际制热量越大）。

产生原因：换热盘管低于露点温度时，翅片上就会结霜（《民规》第8.3.1条文说明）。

（2）配管长度与室内外机高差

《多联机空调系统工程技术规程》JGJ 174—2010第3.4.2条：

基本要求：配管长度可以保证制冷工况下满负荷性能系数不低于2.8；

最低要求：技术参数无法满足要求时，冷媒管等效长度不宜超过70m。

《公建节能2015》第4.2.18条：除具有热回收功能型或低温热泵型多联机系统外，多联机空调系统的制冷剂连接管等效长度应满足对应制冷工况下满负荷时的能效比（EER）不低于2.8的要求。

扩展18-8 有关COP、$SCOP$及$IPLV$的总结

1. COP的正确认识

《民规》第8.2.3条：冷水机组的选型应采用名义工况制冷性能系数（COP）较高的产品，并同时考虑满负荷和部分负荷因素。

不可单一表述为"应选用COP较高的设备"，只能表述为"选用COP较高并考虑$IPLV$值"

2. 空调系统的电冷源综合制冷性能系数（$SCOP$）的计算

《公建节能2015》第4.2.12条中对空调系统提出了"空调系统的电冷源综合制冷性能系数（$SCOP$）"的要求，$SCOP$是电驱动的制冷量与制冷机、冷却水泵及冷却塔净输入能量之比，反映了冷源系统效率的高低（《公建节能2015》第2.0.10条及条文说明）。

制冷机组机组选型相同时，限值不应低于《公建节能 2015》表 4.2.12。SCOP 按下式计算：

$$SCOP = \frac{Q_c}{E_e}$$

其中，Q_c—冷源设计供冷量，kW；E_e—冷源设计耗电功率，见表 18-6。

不同机组类型的冷源设计耗电功率计算　　表 18-6

机组类型	冷源设计耗电功率
水冷式机组 （离心式、螺杆式、涡旋/活塞式）	E_e＝冷水机组＋冷却水泵＋冷却塔
风冷式机组	E_e＝冷水机组＋冷却水泵＋冷却塔＋放热侧冷却风机电功率
蒸发冷却式机组	E_e＝冷水机组＋冷却水泵＋冷却塔＋放热侧冷却风机电功率＋水泵＋风机

注：E_e 不包括"冷冻水循环泵"的耗功率；所有参数均为名义工况下的参数。

制冷机组选型不同时，应按制冷量加权计算，如下式：

$$SCOP = \Sigma(Q_i/P_i) \geqslant \Sigma(\omega_i \cdot SCOP_i)$$

其中，Q_i—第 i 台电制冷机组的名义制冷量，kW；P_i—第 i 台电制冷机组名义工况下的耗电功率和配套冷却水泵和冷却水塔的总耗电量，kW；$SCOP_i$—查《公建节能 2015》表 4.2.12，取对应制冷机组的电冷源综合制冷性能系数；ω_i—第 i 台电制冷机组的权重，$\omega_i = Q_i / \Sigma Q_i$。

说明：（1）不等式左边为设计的 SCOP，右边为最低限制。

（2）Q_i 应采用名义工况运行条件下的技术参数，当设计与此不一致时，应修正。一般情况下题目会直接给出名义工况的制冷量和耗电功率。

（3）机组耗电功率可采用名义制冷量除以名义性能系数（COP）获得。

（4）冷却塔风机配置电功率，按实际参与冷却塔的电机配置功率计入。

（5）冷却水泵的耗电功率按设计水泵流量、扬程和水泵效率计算，当给出设备表时直接按设备表选取。

$$P = \frac{G \cdot H}{367.3 \eta_b \eta_m}$$

其中，G—设计要求水泵流量，m^3/h；H—水泵扬程，mH_2O；η_b—水泵效率，%。

（6）SCOP 太低，系统能效必然低，但是实际运行不是 SCOP 越高，系统能效一定越好。

（7）SCOP 的目的是督促重视节能，但是 SCOP 数值的高低不能直接判别机组选项和配置是否合理。

（8）SCOP 计算没有冷冻水泵。

（9）SCOP 不适用地表水、地下水或地埋管等循环水通过换热器换得冷却水的冷源系统。

案例求解关键性步骤说明：

（1）关于水泵公式：η_b 表示水泵样本效率，m 表示机械效率，题目未给出机械效率时可按 1 考虑。

$$N = \frac{GH}{367.3\eta} = \frac{GH}{367.3 \times 0.88 \times \eta_b} = \frac{GH}{323 \times \eta_b}$$

（2）SCOP 是针对冷源侧的能耗问题，因此 SCOP 中不计入空调水水泵能耗。

考虑能耗包括：机组能耗、冷却水水泵能耗、冷却塔能耗。

（3）关于 SCOP 限值的冷量平均。

$$SCOP_b = \frac{Q_1 SCOP_{b.1} + Q_2 SCOP_{b.2} + Q_3 SCOP_{b.3}}{Q_1 + Q_2 + Q_3}$$

（4）判别：实际冷机系统的 SCOP 应大于或等于规定系统的 SCOP 限值。

【SCOP 参考例题】

（1）某商业综合体空调冷源采用一台螺杆式冷水机组 1408kW 和三台离心式冷水机组 3164kW，空调冷水泵、冷却水系统的冷却水泵与冷却塔与制冷机组一一对应，具体参数如下表所示。试计算该综合体空调系统的电冷源综合制冷性能系数为下列何项？（电机效率与传动效率为 0.88）

设备参数表

制冷主机				空调水泵			
压缩机类型	额定制冷量（kW）	性能系数（COP）	台数	设计流量（m³/h）	设计扬程（mH₂O）	水泵效率（%）	台数
螺杆式	1408	5.71	1	245	35	75%	1
离心式	3164	5.93	3	545	35	75%	3

制冷主机	冷却水泵				冷却水塔		
压缩机类型	台数	设计流量（m³/h）	设计扬程（mH₂O）	水泵效率（%）	名义工况下冷却水量（m³/h）	样本风机配置功率（kW）	台数
螺杆式	1	285	30	75	350	15	1
离心式	3	636	32	75	800	30	3

(A) 4.34　　　　(B) 4.49　　　　(C) 4.87　　　　(D) 5.90

【参考答案】C

【解析】冷源设计供冷冷量为：$Q_C = 1408 + 3164 \times 3 = 10900\text{kW}$。

螺杆机和离心机冷却水泵耗功率分别为：

$$N_1 = \frac{G_1 H_1}{367.3\eta_1} = \frac{285 \times 30}{367.3 \times 0.88 \times 0.75} = 35.3\text{kW}$$

$$N_2 = \frac{G_2 H_2}{367.3\eta_2} = \frac{636 \times 32}{367.3 \times 0.88 \times 0.75} = 84\text{kW}$$

冷源设计耗电功率为：$E_C = \dfrac{1408}{5.71} + \dfrac{3164 \times 3}{5.93} + 35.3 + 84 \times 3 + 15 + 30 \times 3 = 2239.6\text{kW}$。

根据《公建节能 2015》第 2.0.11 条及条文说明，有：

$$SCOP = \frac{Q_C}{E_C} = \frac{10900}{2239.6} = 4.87$$

选项 C 正确。

(2) 接上题，若该商业综合体位于北京市，试计算电冷源综合制冷性能系数限值并判断该空调系统是否满足相关节能标准要求？

(A) 4.49，不满足节能要求　　　　(B) 4.49，满足节能要求

(C) 4.57，不满足节能要求　　　　(D) 4.57，满足节能要求

【参考答案】B

【解析】北京属于寒冷地区，根据《公建节能 2015》第 4.2.12 条，螺杆机 $SCOP$ 限值为 4.4，离心机 $SCOP$ 限值为 4.5，按照冷量加权，系统限值为：

$$SCOP_0 = \frac{1408}{10900} \times 4.4 + \frac{3164 \times 3}{10900} \times 4.5 = 4.49 < 4.87$$

满足节能要求，选项 B 正确。

3. 综合部分负荷性能系数（IPLV）的计算

《公建节能 2015》第 4.2.13 条重新定义了 $IPLV$ 计算式：

$$IPLV = 1.2\% \times A + 32.8\% \times B + 39.7\% \times C + 26.3\% \times D$$

其中，A、B、C、D 对应负荷率和相关参数如表 18-7 所示。

综合部分负荷性能系数的计算参数和相关参数　　　　表 18-7

性能系数	对应负荷率	冷却水进水温度	冷凝器进气干球温度
A	100%	30℃	35℃
B	75%	26℃	31.5℃
C	50%	23℃	28℃
D	25%	19℃	24.5℃

IPLV的适用范围：

（1）IPLV只能用于评价单台冷水机组在名义工况下的综合部分负荷性能水平。

（2）IPLV不能用于评价单台冷水机组实际运行工况下的运行水平，不能用于计算单台冷水机组的实际运行能耗。

（3）IPLV不能用于评价多台冷水机组综合部分负荷性能水平。

关于IPLV使用和理解的误区的说明：

（1）IPLV的4个部分负荷工况权重系数，不是4个部分负荷对应的运行时间百分比。

（2）不能用于IPLV计算冷水机组全年能耗，或用IPLV进行实际项目中冷水机组的能耗分析。

（3）不能用IPLV评价多台冷水机组系统中单台或冷机系统的实际运行能效水平。

当机组样本只给出设计工况（非名义工况）的NPLV及COP_n值时，需要折算回IPLV和标准工况的COP进行评判，其中水冷离心式机组可按照《公建节能2015》第4.2.11条条文说明公式（2）～（8）折算IPLV和标准工况的COP。此组公式仅适用于水冷离心式机组。

4. 各种冷热源能效限值要求情况总结（见表18-8）

各种冷热源能效限值要求情况总结　　　　　　表18-8

冷热源	限值参数	规范条文
锅炉	热效率	《公建节能2015》第4.2.5条
电机驱动的蒸汽压缩循环冷水（热泵）机组	性能系数[1][2]（COP） 综合部分负荷性能系数[2]（IPLV）	《公建节能2015》第4.2.10条、第4.2.11条
空调系统	电冷源综合制冷性能系数[1]（SCOP）	《公建节能2015》第4.2.12条
单元式空气调节机（$Q>7.1$kW电机驱动，风管式送风，屋顶式）	能效比 EER[1]	《公建节能2015》第4.2.14条
多联式空调（热泵）机组	制冷综合性能系数 IPLV（C）[1]	《公建节能2015》第4.2.17条
直燃型溴化锂吸收式冷（温）水机组	性能系数[1]	《公建节能2015》第4.2.19条

①在名义制冷工况和规定条件下计算。

②水冷变频离心式和水冷变频螺杆式机组的COP与IPLV，注意相关性能系数的限值需按表列值乘以系数，详见相关条文。

扩展 18-9　各类制冷压缩机的特性对比

各类制冷压缩机的特性对比如表 18-9 所示。

各类制冷压缩机的特性对比　　　　　　　　　　表 18-9

	活塞式压缩机	滚动转子式压缩机	螺杆式压缩机	涡旋式压缩机	离心式压缩机
类型	容积型—往复式	容积型—回转式			速度型
单机功率	0.1～150kW	0.3～20kW	三转子 1055～1913kW	0.75～22kW	最大可达 30MW
封闭方式	开启、半封闭、全封闭		开启、半封闭、全封闭		开启、半封闭、全封闭
余隙容积	有	有	无	无	无
容量调节方式	气缸数量调节	变频调节；吸气旁通；间断停开	滑阀调节 10%～100% 连续调节；柱塞阀调节（半封闭常用）；变频调节	变频调节（电机变速）；直流变速，更好；交流变频；数码涡旋（机械调节）	进口导流叶片调节；出口扩压管宽度可调；变频调节；热气旁通调节
吸气阀	有	无	无	无	无
排气阀	有	有	无	无	无
经济器	无	无	双螺杆，可设	可设	多级压缩，可设
润滑方式	飞溅润滑 压差供油		压差供油 油泵供油	数码涡旋 无需油分离器	磁悬浮＋变频机型 无需润滑油
密封要求及精度要求	半封闭：螺栓连接密封（不完全消除泄漏）；全封闭：焊接密封，装配要求高	气缸密封要求高 精度高，需大批量生产条件	双转子：压缩腔内喷油密封（开启式体积大，精度高）；单转子：树脂材料制作精度高；三转子：精度高，前景好	轴向和径向柔性密封；高精度加工及装配条件	结构复杂，装配难度大；精度高，要求严

续表

	活塞式压缩机	滚动转子式压缩机	螺杆式压缩机	涡旋式压缩机	离心式压缩机
压缩比与容积效率	压缩比≤8~10 容积效率低	压缩比较大时，容积效率和等熵效率比活塞式高	压缩比为20时，容积效率变化不大容积效率较高，无液击危险	容积效率高可以带液运行	见《09技措》P130各类型机组比较表，P133~134离心和螺杆机组比较表
其他	惯性大	720°回转，减少了流动损失	无往复惯性，变工况时用可变容积比压缩机。单螺杆在50%~100%部分负荷下节能	数码涡旋可以再10%~100%范围内连续调节	低负荷下易喘振。磁悬浮和防喘振离心机可在10%低负荷下客服喘振

容积效率：螺杆式＞涡旋式＞滚动转子＞活塞式。

等熵效率：涡旋式＞滚动转子＞活塞式（压缩比大于3时）。

扩展 18-10　离心机喘振原因总结

离心式压缩机在低负荷下运行时（额定负荷的25%以下），容易发生喘振，造成周期性的增大噪声和振动。但磁悬浮型离心式压缩机以及有防喘振专利技术的离心式压缩机，克服发生喘振的能力好，低负荷可为额定负荷的10%。

"喘振"为离心机的固有特性，其他机组没有！产生喘振的原因：

（1）主要是由于制冷剂的"倒灌"产生的！产生倒灌的内部原因是负荷过低（制冷剂流量突然变低，导致突变失速，离心机出口瞬时压力变低，而冷凝器中的压力还没反应过来，这样导致制冷剂从冷凝器中倒灌进入压缩机）和冷凝压力过高（冷凝压力过高，超过压缩机出口排气压力，冷凝器中制冷剂气体会倒灌进入压缩机）。

（2）冷凝器积垢导致的喘振：冷凝器换热管内表水质积垢（开式循环的冷却水系统最容易积垢），而导致传热热阻增大，换热效果降低，使冷凝温度升高或蒸发温度降低，另外，由于水质未经处理和维护不善，同样造成换热管内表面沉积砂土、杂质、藻类等物，造成冷凝压力升高而导致离心机喘振发生。

（3）制冷系统有空气导致的喘振：当离心机组运行时，由于蒸发器和低压管路都处于真空状态，所以连接处极容易渗入空气，另外空气属不凝性气体，绝热指数很高（为1.4），当空气凝聚在冷凝器上部时，造成冷凝压力和冷凝温度升高，而导致离心机喘振发生。

（4）冷却塔冷却水循环量不足，进水温度过高等。由于冷却塔冷却效果不佳而造成冷凝压力过高，而导致喘振发生。

（5）蒸发器蒸发温度过低：由于系统制冷剂不足、制冷量负荷减小，球阀开启度过小，造成蒸发压力过低而喘振。

（6）关机时未关小导叶角度和降低离心机排气口压力。当离心机停机时，由于增压突然消失，蜗壳及冷凝器中的高压制冷剂蒸气倒灌，容易喘振。

扩展 18-11　制冷设备及管道坡向坡度总结

制冷设备及管道坡向坡度总结如表 18-10 所示。

制冷设备及管道坡向坡度总结　　　　　表 18-10

管道名称		坡度方向	坡度参考值
氟利昂	压缩机进气/吸气水平管	压缩机	≥0.01
	压缩机排气管	油分离器或冷凝器	≥0.01
氨	压缩机进气水平管	蒸发器	≥0.003
	压缩机吸气管	液体分离器或低压循环贮液器	≥0.003
	压缩机吸气管	蒸发器	≥0.003
	压缩机排气	油分离器或冷凝器	≥0.01
	压缩机至油分离器的排气管	油分离器	0.003~0.005
	冷凝器至贮液器的出液管	贮液器	0.001~0.005
	与安装在室外冷凝器相连接的排气管	冷凝器	0.003~0.005
	液体分配站至蒸发器（排管）的供液管	蒸发器（排管）	0.001~0.003
	蒸发器（排管）至气体分配站的回气管	蒸发器（排管）	0.001~0.003
R22	压缩机吸气管	压缩机	≥0.02
	压缩机排气管	油分离器或冷凝器	≥0.01
	壳管式冷凝器至储液器的排液管	储液器	≥0.01
其他[①]	压缩机排气水平管	油分离器	≥0.01
	冷凝器水平供液管	贮液器	0.001~0.003
	冷凝器贮液器的水平供液管	贮液器	0.001~0.003
	油分离器至冷凝器的水平管	油分离器	0.003~0.005
	机器间调节站的供液管	调节站	0.001~0.003
	调节站至机器间的加气管	调节站	0.001~0.003

① 表示氟利昂、氨、R22 的管道类型中未包含的部分，参见"其他"。

扩展 18-12　制冷装置常见故障及其排除方法

制冷装置常见故障及其排除方法如表 18-11 所示。

制冷装置常见故障机及其排除方法　　　　表 18-11

故障情况	主要原因	排除方法
吸气压力过低而吸气温度过高	膨胀阀或过滤干燥器堵塞，制冷剂循环量不足	清洗膨胀阀或过滤干燥器
	分液器部分管路堵塞	拆下分液器，通气试验
	制冷剂充加量过少或已泄漏	寻找泄漏点，补足制冷剂
	膨胀阀容量过小或失控	更换合适的膨胀阀
吸气压力和吸气温度均过低	蒸发器面积过小	增大蒸发器面积
	蒸发器结霜或积灰过厚	清除蒸发器表面的结霜与积灰
	温度继电器失控，被冷却介质低于设计温度	检修或更换温度继电器
吸气压力和吸气温度均过高	低压吸气阀片损坏	更换吸气阀片
	冷负荷过大	适当减少冷负荷。如果仍不能降低吸气压力和温度，可能是由于选用的制冷装置冷量过小
排气压力过高	冷却水或风量不足	增大水量或风量
	冷却水温或风温过高	检查原因，降低水温或风温
	冷凝器传热面积过小	适当增大传热面积或更换冷凝器
	冷凝器传热面积被污染	清洗传热面积
	制冷系统内有空气	按操作要求排出空气
	制冷剂充加量过多	回收部分制冷剂
	冷负荷过大	适当减少冷负荷
	油分离器部分堵塞	排除堵塞
排气压力过低	冷却水量或风量过大	适当调小水量或风量
	冷却水温或风温过低	适当调小水量或风量
	制冷剂循环量过少	检查膨胀阀，过滤干燥器是否堵塞，或者制冷剂泄漏
	高压或低压吸气阀片损坏	更换阀片

扩展 18-13 空调系统的经济运行

描述空调系统、制冷系统的节能问题有各种限值参数。已知的 *ECHR*、*COP*、*SCOP*、*IPLV* 等参数可以直接从《公共建筑节能设计标准》查取。但如制冷系统能效、冷却水输送系数等概念，从注册考试的角度，只有《空气调节系统经济运行》GB/T 17981—2007 附录 1 给出的规定，考试中应以此定义为标准进行计算。实际工程和研究中，还有其他各种描述方式，不建议将非规范规定的内容纳入考试的范围。

对于各部分能效评价和相关限值如何考虑机组、冷水、冷却水以及末端电量的问题，参考图 18-8，具体计算方法请直接查阅《空气调节系统经济运行》GB/T 17981—2007 有关内容。

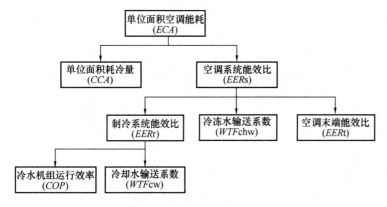

图 18-8 空调系统经济运行评价指标体系结构

上述空调系统经济运行评价体系完全适合电驱动水冷式冷水机组的空调系统。当系统冷源不同时，部分指标不适用，具体如表 18-12 所示。

空调系统经济运行评价指标的适用范围（针对不同的冷源）

表 18-12

指标名称	电驱动冷水机组		吸收式冷水机组
	水冷式	风冷式	
ECA	适用	适用	适用
CCA	适用	适用	适用
*EER*s	适用	适用	不适用
*EER*r	适用	适用	不适用
*EER*t	适用	适用	适用
*WTF*chw	适用	适用	适用
*WTF*cw	适用	不适用	适用
COP	适用	不适用	适用

扩展 18-14 冷热电三联供系统相关总结

冷热电三联供热量转移示意图如图 18-9 所示。

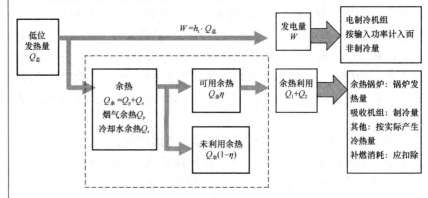

图 18-9 冷热电三联供热量转移示意图

（1）年平均能源综合利用率

$$\nu = \frac{W + Q_1 + Q_2}{Q_总} \times 100\%$$

$$= \frac{W + ((Q_余 \ \eta)k_{吸收} - Q_{1.补}) + ((Q_余 \ \eta)\eta_{2.锅炉} - Q_{2.补})}{Q_总} \times 100\%$$

（2）年平均余热利用率

$$\mu = \frac{Q_1 + Q_2}{Q_p + Q_s} \times 100\%$$

（3）发电量 W 与发热量 Q 的单位为 MJ，是能量单位，非功率单位。1kWh＝3.6MJ。

扩展 18-15 蓄冷相关问题总结

1. 蓄冷系统对比

水蓄冷年制冷用电低，供水温度高，适用于利用已有消防水池的已有建筑，维护费用更低，投资回收期短。

冰蓄冷蓄冷密度大，蓄冷储槽小，冷损耗小，供水温度（冷冻水温度）低，节费不节能。

2. 冰蓄冷特点

削峰填谷，减低运行费用，初投资高；

机载制冷剂：有固定稳定冷负荷，设置机载制冷剂；

串并联系统：降低供水温度，可并联系统；

节能计算与其他制冷技术不同。

3. 水蓄冷特点

绝热处理：保证由底部传入的热量必须小于从侧壁传入的热量。

4. 冰蓄冷计算

参考《复习教材》第 4.7.1 节第 3 条"蓄冷系统的基本运行方式"，区分全负荷蓄冰与部分负荷蓄冰。注意区分《复习教材》式（4.7-1）和式（4.7-2）中"Q——设备选用日总冷负荷"与"Q_d——设备计算日总冷负荷"。

全负荷蓄冰蓄冰装置有效容量：$Q_s = \sum_{i=1}^{24} q_i = n_i c_f q_c$

部分负荷蓄冰蓄冰装置容量：$Q_s = n_i c_f q_c = n_i c_f \dfrac{\sum\limits_{i=1}^{24} q_i}{n_2 + n_i c_f}$

5. 水蓄冷贮槽容积设计计算

$$V = \frac{Q_s \cdot P}{1.163 \cdot \eta \cdot \Delta t}$$

其中，V—所需贮槽容积，m³；Q_s—设计日所需制冷量，kWh；P—容积率，一般为 1.08～1.30；η—蓄冷槽效率，见《复习教材》式（4.7-11）、表 4.7-8；Δt—蓄冷槽可利用进出水温差，一般为 5～8℃。

扩展 18-16　冷　　库

1. 冷库热工

计算方法，参考《复习教材》第 3.10 节保温与保冷计算相关内容。

注意冷库问题温度选取（《复习教材》第 4.8.7 节第 1 条，《冷库设计规范》GB 50072—2010 第 3.0.7 条）：

计算围护结构热流量：室外温度—夏季空调室外计算温度日平均值，t_{wp}；

计算围护结构最小热阻：室外相对湿度取最热月平均相对湿度；

计算开门热流量/通风换气流量：室外计算温度采用夏季通风室外计算温度；

室外相对湿度采用夏季通风室外计算相对湿度；

计算内墙和楼面：围护结构外侧温度取邻室室温（冷却间 10℃，冻结间－10℃）；

地面隔热层外侧温度：有加热装置，取 1～2℃；

无加热装置/架空层，外侧采用夏季空调日平均温度，t_{wp}。

2. 冷库工艺

冷库大小（计算吨位），计算见《复习教材》第 4.8.3 节，《冷库设计规范》GB 50072—2010 第 3.0.2 条。

$$G = \Sigma V_i \rho_s \eta / 1000 \qquad (\text{吨}, t)$$

　　进货量计算见《复习教材》第 4.9.1 节，《冷库设计规范》GB 50072—2010 第 6.1.5 条。

　　果蔬冷藏间　$m \leqslant 10\% G$

　　鲜蛋冷藏间　$m \leqslant 5\% G$

　　有外调冻结物冷藏间　$m \leqslant (5\% \sim 15\%)G$

　　无外调冻结物冷藏间：进货热流量不大于 $5\% G$，按照每日冻结加工量计算（参考冷加工能力，《复习教材》第 4.8.4 节）；

　　大于 $5\% G$，则　$m \leqslant (5\% \sim 10\%)G$。

　　冷加工能力见《复习教材》第 4.8.4 节，吊挂式（《冷库设计规范》GB 50072—2010 第 6.2.1 条）与搁架排管式（《冷库设计规范》GB 50072—2010 第 6.2.4 条）。

第 19 章 其 他

扩展 19-1 水燃气部分《复习教材》公式与规范条文对照表

水燃气部分《复习教材》公式与规范条文对照如表 19-1 所示。

水燃气部分《复习教材》公式与规范条文对照表 表 19-1

《建筑给水排水设计标准》GB 50015—2019

最高日用水量	式（6.1-1）
最大小时用水量	式（6.1-2）
计算管段给水设计秒流量	式（6.1-3）→第 3.7.5-3 条
宿舍（居室内设卫生间）等生活给水设计秒流量	式（6.1-4）→第 3.7.6 条
宿舍（设公用盥洗卫生间）等生活给水设计秒流量	式（6.1-5）→第 3.7.8 条
全日供应热水供应系统设计小时耗热量	式（6.1-6）→第 6.4.1-2 条
定时供应热水供应系统设计小时耗热量	式（6.1-7）→第 6.4.1-3 条
设计小时热水量	式（6.1-8）→第 6.4.2 条
导流型容积式水加热器设计小时供热量	式（6.1-9）→第 6.4.3-1 条
水源热泵热水机设计小时供热量	式（6.1-10）→第 6.6.7-1 条
贮热水箱（罐）溶剂	式（6.1-11）→第 6.6.7-2 条
宿舍（居室内设卫生间）等计算管段排水设计秒流量	式（6.2-1）→第 4.5.2 条
宿舍（设公用盥洗卫生间）等计算管段排水设计秒流量	式（6.2-2）→第 4.5.3 条

《城镇燃气设计规范》GB 50028—2006（2020 版）

燃气的高差附加压力	式（6.3-1）→第 10.2.13 条，注意 $\rho_k = 1.293 \text{kg/m}^3$
居民生活用燃气计算流量	式（6.3-2）→第 10.2.9 条
燃气小时计算流量·估算	式（6.3-3）→第 6.2.2 条

扩展 19-2 《公建节能 2015》考点总结

本考点总结主要针对规范变化和可能涉及的新考点内容进行梳理，具体内容请读者自行翻阅规范。

1. 公共建筑围护结构节能限值及权衡判断方法修改（见图 19-1）

笔记区

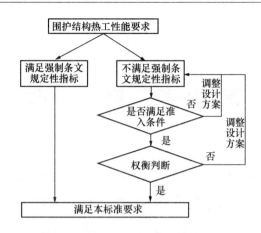

图 19-1 围护结构热工性能权衡判断框架图

围护结构热工性能权衡判断基本条件总结

（1）基本条件仅针对屋面、外墙、非透光幕墙、窗墙比不小于0.4的窗，四种情况。其他热工限值一旦超标则进行权衡判断。

（2）对于窗，若窗墙比小于0.4，则一旦热工性能超过限值，就要权衡判断。

（3）依据第3.4.1条。不满足基本条件的应先采取措施提高热工参数满足基本条件。

2. 遮阳问题参数变化

采用太阳得热系数 $SHGC$ 规定遮阳。根据条文说明，可以有两个思路计算 $SHGC$。

（1）利用遮阳系数（SC）计算

$$SHGC = 0.87 \cdot SC$$

（2）利用条文说明公式计算

$$SHGC = \frac{\Sigma g \cdot A_g + \Sigma \rho \cdot \dfrac{K}{\alpha_e} A_f}{A_w}$$

注意各个参数在条文说明中均已给出，完全可以出案例题。

3. 机组能效指标修改

（1）$IPLV$ 计算公式改变（详见"扩展18-8"）。

（2）COP 及 $IPLV$ 限值区分定流量与变流量。《公建节能2015》对变频机组提出了修正要求，但是注意仅对"水冷变频"有修正，对于风冷和蒸发冷却的，直接对应表格值。另外，题目可能会隐含除表列限值以外的问题，对于这种问题，首先应将所有限值均校对一遍，随后注意题设中数值的特殊性，是否单独提到了温差、计算空调冷负荷等问题，若提到要小心对待。如《公建节能2015》第4.2.8条，冷机装机容量与冷负荷的比不得大于1：1，当题目给出系统冷负荷时，注意判别此强条。

4. 新增能效指标 *SCOP*

（详见"扩展 18-8"）

5. 输配系统节能指标 *EC*（*H*）*R* 及 *W*ₛ

（1）注意供暖 *ECR* 查《公建节能 2015》第 4.3.3 条，而空调查第 4.3.9 条。

（2）空调 *EC*（*H*）*R* 与《民规》一致，《公建节能 2015》第 4.3.9 条中表 4.3.9-5 以《民规》为准，对应勘误。

（3）风道系统单位风量耗功率 W_s 修改。修改后，此限制仅针对风量大于 $10000\text{m}^3/\text{h}$ 的空调风系统和风量大于 $10000\text{m}^3/\text{h}$ 的通风系统，风量小于 $10000\text{m}^3/\text{h}$ 的不约定限值。同时，耗功率修正并未直接给出余压或风压限制要求，具体风压和余压限制应计算确定；在已知风量的情况下，可按照 $P = L \times W_s$ 计算限制的风机耗功率。

6. 公共建筑节能控制要求

（1）第 4.5.5 条，锅炉房和换热机房的控制设计规定：供水温度应根据室外温度进行调节，供水流量应根据末端需求进行调节，水泵台数和转速宜根据末端需求进行控制。

（2）空调系统控制要求：

第 4.5.7 条，冷热源机房的控制功能要点：

启停与连锁：冷水机组、水泵、阀门、冷却塔；

机组台数控制：冷量优化控制；

二级泵变速控制：根据管道压差控制转速，压差宜能优化调节；

冷却塔风机控制：应能进行台数控制，同时宜根据室外气候参数进行变速控制；

冷却水水温控制措施：冷却塔风机台数调节、冷却塔风机转速调节、供回水总管设旁通电动阀，其中前两种有利于降低风机总能耗；

冷却塔：应由自动排污控制；

机组供水温度：根据室外气象参数和末端需求进行优化调节。

第 4.5.8 条，全空气空调系统控制要求要点：

启停与连锁：风机、风阀和水阀；

风机控制：变风量系统，风机应变速控制；

室内温度：宜根据室外气象参数优化调节室内温度；

控制：全新风系统末端宜设人离延时关闭控制。

第 4.5.9 条，风机盘管控制要求：

阀门：电动水阀与风速相结合控制，宜设常闭式电动通断阀；

室温：应对室温调整范围进行限制；

启停：应能按使用时间进行启停控制。

7. 离心式冷水机组非标准工况与标准工况的 *COP* 及 *IPLV* 转换计算

《公建节能 2015》第 4.2.10 条条文说明对水冷离心机组的当已

笔记区

笔记区

知非规定工况 *COP* 和 *NPLV* 时，如何折算名义工况 *COP* 和 *IPLV* 的拟合公式。最终应按照名义工况 *COP* 和 *IPLV* 对应《公建节能 2015》第 4.2.10 条和第 4.2.11 条限值。

$$\begin{cases} COP = \dfrac{COP_n}{K_a} \\[2mm] IPLV = \dfrac{NPLV}{K_a} \\[2mm] K_a = A \times B \end{cases}$$

其中 $A = f(LIFT)$，$B = g(LE)$。具体 A 与 B 的表达式请参见《公建节能 2015》P111。$LIFT = L_C - L_E$。其中，L_C 为设计工况下冷凝器出口温度，L_E 为设计工况下蒸发器出口温度。

解题注意事项：注意题目是否强调如下两点：（1）机组为水冷离心机组；（2）设计工况下的 *COP*，设计工况与名义工况不同。若题目未如此强调，则不必考虑修正。

扩展 19-3 《工规》考点总结

1. 工业建筑与民用建筑的区分（参考扩展 15-1）

2. 工业建筑供暖热媒

第 5.1.7 条 集中供暖系统的热媒应根据建筑物的用途、供热情况和当地气候特点等条件，经技术经济比较确定，并应符合下列规定：

1 当厂区只有供暖用热或以供暖用热为主时，应采用热水作热媒；

2 当厂区供热以工艺用蒸汽为主时，生产厂房、仓库、公用辅助建筑可采用蒸汽做热媒，生活、行政辅助建筑物应采用热水做热媒；

3 利用余热或可再生能源供暖时，热媒及参数可根据具体情况确定；

4 热水辐射供暖系统热媒应负荷本规范第 5.4 节的规定。

3. 工业建筑辐射供暖

（1）第 5.4.6 条，生产厂房、仓库、生产辅助建筑物采用地面辐射供暖时，地面承载力应满足建筑的需要。

（2）热水吊顶辐射板面积计算（参考扩展 16-14）

（3）燃气红外线辐射供暖注意《工规》与《民规》区别。考试时，首先参考《复习教材》原文，当考题 4 个选项都与《工规》对应时，考虑出题来自《工规》。

4. 工业建筑通风防爆要求（参考扩展 17-4）

强制性条文：6.9.2、6.9.3、6.9.9、6.9.12、6.9.13、6.9.15、

6.9.19、6.9.31。

5. 局部送风

第 6.5.7 条　当局部送风系统的空气需要冷却处理时，其室外计算参数应采用夏季通风室外计算温度及相对湿度。

第 6.5.8 条　局部送风宜符合下列规定（详见规范）

附录 J 公式摘录（见表 19-2 和表 19-3），具体符号请参见《工规》P297 附录 J。

附录 J 公式摘录　　　　　　　　　　　　　　　　表 19-2

计算内容	计算公式
气流宽度	$d_s = \begin{cases} 6.8(as + 0.145d_0) & \text{圆形风管} \\ 6.8(as + 0.164\sqrt{AB}) & \text{矩形风管} \end{cases}$
送风口出风速度	$v_0 = \dfrac{v_g}{b}\left(\dfrac{as}{d_0} + 0.145\right)$
送风量	$L = 3600F_0 v_0$
送风口出风温度	$t_0 = t_n - \dfrac{t_n - t_g}{c}\left(\dfrac{as}{d_0} + 0.145\right)$

注：t_g——工作地点温度，按《工规》P8 第 4.1.7 条取值。

工作地点温度和平均风速　　　　　　　　　　　　表 19-3

热辐射照度	冬季		夏季	
W/m²	温度（℃）	风速（m/s）	温度（℃）	风速（m/s）
350～700	20～25	1～2	26～31	1.5～3
701～1400	20～25	1～3	26～30	2～4
1401～2100	18～22	2～3	25～29	3～5
2101～2800	18～22	3～4	24～28	4～6

其中，轻劳动取高温度低风速，重劳动取低温度高风速。对夏热冬冷或夏热冬暖，夏季可提高 2℃；而热平均温度小于 25℃ 地区，夏季可降低 2℃。

6. 事故通风风量计算变化

第 6.4 节，事故通风有关事故通风量计算，增加 6m 高度限制。即高度不大于 6m 的环境按实际高度计算风量，高度大于 6m 的按 6m 高度计算。

7. 风管有关变化内容

第 6.7 节，风管长宽比不应超过 10，风管壁厚规定焊接不应小于 1.5mm，漏风量规定提高要求。

扩展 19-4　规范要点总结

规范作答原则：出现两个规范相矛盾时，4 个选项来自同一个规范；《复习教材》与规范相矛盾时，总原则是以规范为准，除非 4 个选项都出自《复习教材》。

1.《建规 2014》

何处设置排烟设施查该规范，总结详见"扩展 17-15"

2.《汽车库、修车库、停车场设计防火规范》GB 50067－2014

（1）自然排烟要求。

（2）单个排烟分区排烟风机风量按表要求分不同高度进行线性插值。

（3）机械排烟时，当防火分区内无直通室外汽车疏散出口时，应用时设补风系统，且补风量不宜小于排烟量的 5%，见第 8.2.10 条。

3.《公建节能 2015》

详见"扩展 19-2"。

4.《工业企业噪声控制设计规范》GB/T 50087－2013

环境噪声控制室本规范的考查重点，后面有关消声、隔振的要求过于理论，仅作为遇到相关问题的储备资料。

第 3.0.1 条　工业企业内各类工作场所噪声限值应符合表 3.0.1 的规定

表 3.0.1　各类工作场所噪声限值

工作场所	噪声限值（dB（A））
生产车技	85
车价内值班室、观察室、休息室、办公室、实验室、设计室内背景噪声级	70
正常工作状态下精密装配线、精密加工间、计算机房	70
主控室、集中控制室、通信室、电话总机室、消防值班室、一般办公室、会议室、设计室、实验室室内背景噪声级	60
医务室、教室、值班宿舍室内背景噪声级	55

注：1. 生产车间噪声限值为每周工作 5d，每天工作 8h 等效声级；对于每周工作 5d，每天工作时间不是 8h，需计算 8h 等效声级；对于每周工作日不是 5d，需计算 40h 等效声级。

2. 室内背景噪声级指室外传入室内的噪声级。

5.《锅炉大气污染物排放标准》GB 13271－2014

（1）注意关于新建燃煤锅炉房烟囱的要求。燃煤锅炉房只能设一根烟囱，而燃油燃气锅炉没有一根烟囱限值要求。注意新建锅炉房烟囱周围半径 200m 有建筑时，烟囱应高出最高建筑物 3m 以上。燃油燃气锅炉烟囱高度按照环评文件确定。

第 4.5 条　每个新建燃煤锅炉房只能设一根烟囱，烟囱高度应根据锅炉房装机总容量，按表 4 规定执行，燃油、燃气锅炉房烟囱不低于 8m，锅炉烟囱的具体高度按复批的环境影响评价文件确定。新建锅炉房的烟囱周围半径 200m 距离内有建筑物时，其烟囱应高出建筑物 3m 以上。

笔记区

表 4 燃煤锅炉房烟囱最低允许高度

锅炉房装机总容量	MW	<0.7	0.7~<1.4	1.4~<2.8	2.8~<7	7~<1.4	≥14
	t/h	<1	1~<2	2~<4	4~<10	10~<20	≥20
烟囱最低允许高度	m	20	25	30	35	40	45

（2）规范中的表 1 与表 2 分别对应既有锅炉与新建锅炉排放浓度限值（见表 19-4、表 19-5），另外规定重点地区锅炉执行表 19-6。当题目给出实测氧含量时，需要折算至基准氧含量再比较限值。

在用锅炉大气污染物排放浓度限值（单位：mg/m^3）　　**表 19-4**

污染物项目	限值			污染物排放监控位置
	燃煤锅炉	燃油锅炉	燃气锅炉	
颗粒物	80	60	30	烟囱或烟道
二氧化硫	440 550[1]	300	100	
氮氧化物	400	400	400	
汞及其化合物	0.05	—	—	
烟气黑度（林格曼黑度，级）	≤1 级			烟囱排放口

注：位于广西壮族自治区、重庆市、四川省和贵州省的燃煤锅炉执行该值。

新建锅炉大气污染物排放浓度限值（单位：mg/m^3）　　**表 19-5**

污染物项目	限值			污染物排放监控位置
	燃煤锅炉	燃油锅炉	燃气锅炉	
颗粒物	50	30	20	烟囱或烟道
二氧化硫	300	200	50	
氮氧化物	300	250	200	
汞及其化合物	0.05	—	—	
烟气黑度（林格曼黑度，级）	≤1 级			烟囱排放口

重点地区大气污染物特别排放限值（单位：mg/m^3）　　**表 19-6**

污染物项目	限值			污染物排放监控位置
	燃煤锅炉	燃油锅炉	燃气锅炉	
颗粒物	30	30	20	烟囱或烟道
二氧化硫	200	100	50	
氮氧化物	200	200	200	
汞及其化合物	0.05	—	—	
烟气黑度（林格曼黑度，级）	≤1 级			烟囱排放口

重点地区：根据环保要求需要严格控制大气污染物排放的地区，如果考到重点地区，会直接说明此地区为重点地区。

氧含量：燃料燃烧后，烟气中含有的多余的自由氧，通常以干基容积百分数来表示。

第5.2条　实测的锅炉的颗粒物、SO_2、氮氧化物、汞及其化合物等排放浓度，应折算为基准氧含量排放浓度。

$$\rho = \rho' \times \frac{21 - \varphi(O_2)}{21 - \varphi'(O_2)}$$

其中，ρ—大气污染物基准氧含量排放浓度，mg/m^3；ρ'—实测浓度，mg/m^3；$\varphi'(O_2)$—实测氧含量；$\varphi(O_2)$—基准氧含量，见表19-7。

基准氧含量　　　　　　　　　　　　　　表19-7

锅炉类型	基准氧含量（%）
燃煤锅炉	9
燃油、燃气锅炉	3.5

例：某既有燃煤锅炉，实测二氧化硫排放浓度 $250mg/m^3$，实测氧含量为12%，试问该锅炉基准氧含量排放浓度为多少？

解：燃煤锅炉基准氧含量为9%，其基准氧含量排放浓度为：

$$\rho = 250 \times \frac{21 - 9}{21 - 12} = 333.3 \, mg/m^3$$

说明：关于基准氧含量的问题，需要注意题目是否给出氧含量浓度，如果给出，需要知道锅炉排放规范有这么一个折算公式。

6.《蒸汽和热水型溴化锂吸收式冷水机组》GB/T 18431—2014

本规范主要考察名义工况与变工况性能要求，注意第4.3.1条、第4.3.2条、第5.4节的要求。

7.《水（地）源热泵机组》GB/T 19409—2013

全年综合性能系数（ACOP）是本规范单独提出的一个概念，仅适用于水（地）源热泵机组，注意ACOP按照EER与COP进行线性计算。

全年综合性能系数（ACOP）：水（地）源热泵机组在额定制冷工况和额定制热工况下满负荷运行时的能效，与多个典型城市办公建筑按制冷、制热时间比例进行综合加权而来的全年性能系数。

$$ACOP = 0.56EER + 0.44COP$$

式中　EER——额定制冷工况下满负荷运行时的能效；

COP——额定制热工况下满负荷运行时的能效。

8.《工业建筑节能设计统一标准》GB 51245—2017 对工业建筑的考点小结

（1）工业建筑节能设计分为一类和二类工业建筑。一类工业建筑环境控制及能耗方式为供暖、空调；二类工业建筑换进该控制及能耗方式为通风。

（2）节能限值。一类工业建筑围护结构热工性能对严寒、寒冷、夏热冬冷、夏热冬暖地区均有限值要求；二类工业建筑围护结构热工性能仅对严寒、寒冷地区有推荐值要求，注意非限值。

（3）工业建筑集中供热系统内的循环水泵应计算耗电输热比：

集中供热系统

$$EHR - h = \frac{0.003096 \sum (GH/\eta_b)}{\sum Q} \leqslant \frac{A(B + \alpha \sum L)}{\Delta T}$$

计算参数见表 19-8。

工业建筑集中供热系统内的循环水泵应计算耗电输热比计算参数

表 19-8

热负荷 Q （kW）		＜2000	≥2000
电机和传动部分的效率	直联方式	0.87	0.89
	联轴器连接方式	0.85	0.87
计算系数 A		0.0062	0.0054
计算系数 B		一级泵，17 二级泵，21	
室外管网供回水管道总长度$\sum L$		$\sum L \leqslant 400m$，$\alpha = 0.0115$ $400m < \sum L < 1000m$，$\alpha = 0.003833 + 3.067/\sum L$ $\sum L \geqslant 1000m$，$\alpha = 0.0069$	

空调冷（热）水系统计算公式及计算参数与《公建节能》相一致，详见扩展 17-11 循环水泵输热比（$EC(H)R$，EHR）。

9. 《通风与空调工程施工质量验收规范》GB 50243—2016

（1）风管系统工作压力等级

2016 版规范对于风管压力等级由原先的"低压、中压、高压"改为"微压、低压、中压、高压"。同时对各压力等级风管系统提出不同的密封要求（见表 19-9，规范第 4.1.4 条）。注意正压和负压范围并非完全对称。

关于漏风量检查可详见第 4.2.1 条，其中对于微压风管，规范规定：风管系统工作压力绝对值不大于 125Pa 的微压风管，在外观和制造工艺检验合格的基础上，不应进行漏风量的验证试验。

强度试验要求发生变化：第 4.2.1-1 条，风管在试验压力保持 5min 及以上时，接缝处应无开裂，整体结构应无永久性的变形及损伤。试验压力与旧版不同，低压风管试验压力为 1.5 倍工作压力；中压风管应为 1.2 倍的工作压力，且不低于 750Pa；高压风管应为 1.2

笔记区　｜倍的工作压力。

风管类别　　　　　　　　　表19-9

类别	风管系统工作压力 P (Pa)		密封要求
	管内正压	管内负压	
微压	$P \leqslant 125$	$P \geqslant -125$	接缝及接管连接处应严密
低压	$125 < P \leqslant 500$	$-500 \leqslant P < -125$	接缝及接管连接处应严密，密封面宜设在风管的正压侧
中压	$500 < P \leqslant 1500$	$-1000 \leqslant P < -500$	接缝及接管连接处应加设密封措施
高压	$1500 < P \leqslant 2500$	$-2000 \leqslant P < -1000$	所有的拼接缝及接管连接处，均应采用密封措施

（2）限制了金属矩形薄钢板法兰风管的使用口径

按规范第4.3.1-2（2）条要求，薄钢板法兰弹簧夹连接风管，边长不宜大于1500mm。对于法兰采取相应的加固措施时（相应加固措施：①在薄矩形薄钢板法兰翻边的近处加支撑；②风管法兰四角部位采取斜45°内支撑加固），风管变长不得大于2000m。条文说明指出，薄钢板法兰风管不得用于高压风管。

（3）对多台水泵出口支管接入总管形式做出要求

第9.2.2-2条，并联水泵的出口管道进入总管应采用顺水流斜向插接的连接形式，夹角不应大于60°。

10.《工作场所有害因素职业接触限值 第1部分：化学有害因素》GBZ 2.1—2019

（1）接触限值查取表1，其中增加了"临界不良健康效应"，对各种化学物质影响的器官部位进行了说明。

（2）增加了生物因素职业接触限值（表3）和生物监测指标和职业接触生物限值（表4），相关参数和要求直接查表即可。

（3）对于未规定PC-STEL的物质，取消超限倍数的概念，采用峰接触浓度概念进行描述。未规定PC-STEL的物质，短时间接触浓度需要满足下列要求：

1）实际测得当日的 C_{TWA}（日平均接触值）不得超过对应的PC-TWA值

2）劳动接触水平瞬时超过PC-TWA值3倍的接触每次不得超过15min，一个工作日不得超过4次，相继间隔不断于1h

3）任何情况下不能超过PC-TWA值的5倍

（4）每日工作时间超过8h或每周工作时间超过40h时，采用长时间工作OEL描述接触限值，即对PC-TWA值用折减因子（RF）进行修正

长时间工作OEL＝标准限值×折减因子（RF）

$$RF = \begin{cases} \dfrac{8}{h} \times \dfrac{24-h}{128} & \text{每天工作超过 8h} \\ \dfrac{40}{h} \times \dfrac{168-h}{128} & \text{每周工作超过 5d 或超过 40h} \end{cases}$$

11.《风机盘管机组》GB/T 19232—2019 升版的主要变化

（1）规范适用范围扩大为送风量不大于 3400m³/h，出口静压不大于 120Pa 的机组。

（2）高转速基本规格对于供热量增加供水温度为 45℃时的规格，同时额定供热量分为两管制和四管制两种情况，四管制额定供热量同时适用仅用热水盘管供热的情况。

（3）增加高静压机组在 120Pa 静压下的输入功率、噪声的要求，盘管水阻力分为两管制和四管制两种情况。

（4）增加机组的能效限值要求，即供冷能效系数（$FCEER$）和供热能效系数（$FCCOP$）：

供冷能效系数（$FCEER$）：

$$FCEER = \frac{Q_L}{N_L + N_{ZL}}$$

$$N_{ZL} = \frac{\Delta P_L L_L}{\eta}$$

式中：Q_L——供冷量，W；

　　N_L——供冷模式下的输入功率，W；

　　N_{ZL}——水阻力折算的输入功率，W；

　　ΔP_L——供冷模式下的水阻，Pa；

　　L_L——供冷模式下的水流量，m³/s；

　　η——水泵能效限值，取 0.75。

供热能效系数（$FCCOP$）：

$$FCCOP = \frac{Q_H}{N_H + N_{ZH}}$$

$$N_{ZL} = \frac{\Delta P_H L_H}{\eta}$$

式中　Q_H——供热量，W；

　　N_H——供热模式下的输入功率，W；

　　N_{ZH}——水阻力折算的输入功率，W；

　　ΔP_H——供热模式下的水阻，Pa；

　　L_H——供热模式下的水流量，m³/s；

　　η——水泵能效限值，取 0.75。

（5）增加了永磁同步电机风机盘管、干式风机盘管、单供热风机盘管机组的规格参数和能效限值。

扩展19-5　《通风与空调工程施工质量验收规范》
GB 50243—2016 总结

1. 风管系统工作压力等级变化——新增"微压等级"

2016版规范对于风管压力等级由原先的"低压、中压、高压"改为"微压、低压、中压、高压"。同时对各压力等级风管系统提出不同的密封要求（第4.1.4条），见表19-10。注意正压和负压范围并非完全对称。

风管类别　　　　　　　　　　表 19-10

类别	风管系统工作压力 P (Pa)		密封要求
	管内正压	管内负压	
微压	$P \leqslant 125$	$P \geqslant -125$	接缝及接管连接处应严密
低压	$125 < P \leqslant 500$	$-500 \leqslant P < -125$	接缝及接管连接处应严密，密封面宜设在风管的正压侧
中压	$500 < P \leqslant 1500$	$-1000 \leqslant P < -500$	接缝及接管连接处应加设密封措施
高压	$1500 < P \leqslant 2500$	$-2000 \leqslant P < -1000$	所有的拼接缝及接管连接处，均应采用密封措施

关于漏风量检查可详见第4.2.1条，其中对于微压风管，规范规定：风管系统工作压力绝对值不大于125Pa的微压风管，在外观和制造工艺检验合格的基础上，不应进行漏风量的验证试验。

强度试验要求发生变化：第4.2.1-1条：风管在试验压力保持5min及以上时，接缝处应无开裂，整体结构应无永久性的变形及损伤。试验压力与2004版不同，低压风管试验压力为1.5倍工作压力；中压风管应为1.2倍的工作压力，且不低于750Pa；高压风管应为1.2倍的工作压力。

2. 钢板风管板材厚度

钢板风管板材厚度发生改变（第4.2.3条），此处《通风与空调工程施工规范》GB 50738—2011与《通风与空调工程施工质量验收规范》GB 50243—2002一致，考试以及实际工程中应按照《通风与空调工程施工质量验收规范》GB 50243—2016实施。

对于镀锌钢板镀锌层提出要求。"镀锌钢板的镀锌层厚度应负荷设计或合同的规定，当设计无规定时，不应采用低于80g/m² 板材"。

3. 限制了金属矩形薄钢板法兰风管的使用口径

按规范第4.3.1-2（2）条要求，薄钢板法兰弹簧夹连接风管，边长不宜大于1500mm。对于法兰采取相应的加固措施时，风管变长不得大于2000m［相应加固措施：1）在薄矩形薄钢板法兰翻边的近处加支撑；2）风管法兰四角部位采取斜 45°内支撑加固］。条文说明指出，薄钢板法兰风管不得用于高压风管。

4. 对多台水泵出口支管接入总管形式做出要求

第 9.2.2-2 条，并联水泵的出口管道进入总管应采用顺水流斜向插接的连接形式，夹角不应大于 60°。

5. 检验批质量验收抽样方案

2016 版规范最大的改变是抽样方案更科学，将所有抽样检验方法统一为"第Ⅰ抽样方案""第Ⅱ抽样方案"以及"全数检验方案"。

第Ⅰ抽样方案：适用于主控项目，产品合格率大于或等于 95%的抽样评定方案。第Ⅱ抽样方案：适用于一般项目，产品合格率大于或等于 85%的抽样评定方案。全数检验方案：强制性条款的检验应采用此方案，检验方案详见该规范附录 B，其中表格中 N 表示检验批的产品数量，n 为样本量，DQL 为检验批总体不合格品数的上限值。下面给出《〈通风与空调工程施工质量验收规范〉GB 50243—2016 实施指南》中的抽样程序使用示例，辅助认识。此部分不要理解，直接套用下方例题的方法。

【例1】某建筑工程中安装了 45 个通风系统，受检方声称风量不满足设计要求的系统数量不大于 3 个，试确定抽样方案。

答：系统风量为主控项目，使用表 B.1 确定抽样方案，由 N=45，DQL=3，查表得到抽样方案为 $(n, L) = (6, 1)$，即从 45 个通风系统中随机抽取 6 个系统进行风量检查，若没有或只有 1 个系统的风量小于设计风量，则判"检查通过"；否则判"检查总体不合格"。

【例2】某审批中由 115 台风机盘管机组，根据经验估计该批的风量合格率在 95%以上，欲采用抽样方法确定该声称质量水平是否符合实际。

答：计算声称的不合格品数 DQL=115×（1－0.95）=5（向下取整）。风机盘管机组风量为主控项目，按表 B.1 确定抽样方案。N=115，介于 110 和 120 之间，查表按上限 N=120，DQL=5，查表得到抽样方案 $(n, L) = (10, 1)$。

【例3】某建筑的通风、空调、防排烟系统的中压风管面积总和为 12500m²，声称风管漏风量的质量水平为合格率 95%以上。使用漏风仪抽查风管的漏风量是否满足规范的要求，漏风仪的风机风量适用于每次检验中压风管 100m²，试确定抽样方案。答：假定以 100m² 风管为单位产品，需核查的产品批量 N=12500/100=125，对应的不合格品数 DQL=125×（1=0.95）=6。中压风管漏风量为主控项目，使用表 B.1 确定抽样方案，查表取 N=130，得到抽样方案 $(n, L) = (8, 1)$。若为低压系统则为一般方案，按表 B.2 确定抽样方案，DQL=125×（1－0.85）=19，得到抽样方案 $(n, L) = (3, 1)$

扩展 19-6　设备安装总结

（1）机械式热量表流量传感器安装位置（超声波式无此限制）（见图 19-2）

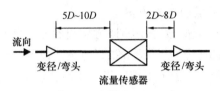

图 19-2　机械式流量表流量传感器安装位置示意图

（2）风管测定孔设置要求（《民规》第 6.6.12 条条文说明）

1）与前局部配件间距离保持大于或等于 4D，与后局部配件保持 1.5D。

2）与通风机进口保持 1.5 倍进口当量直径，与通风机出口保持 2 倍出口当量直径。

（3）漏风量测量（《通风空调工程施工质量验收规范》GB 50243—2006 第 C.2.6 条），见图 19-3 和图 19-4。

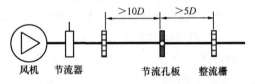

图 19-3　正压风管式漏风量测量

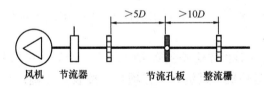

图 19-4　负压风管式漏风量测量

第 20 章　本书各章节思维导图

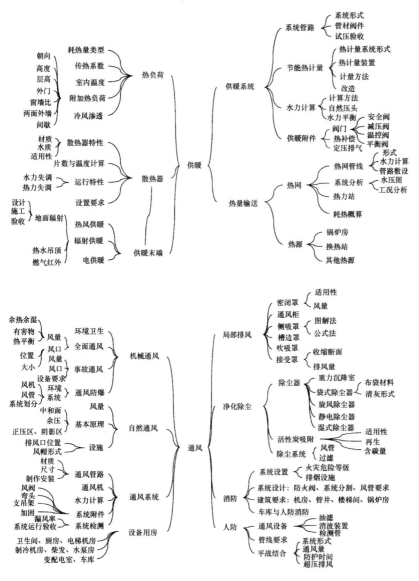

图 20-1　供暖及通风部分思维导图

注：仅供知识点回想梳理使用。

笔记区

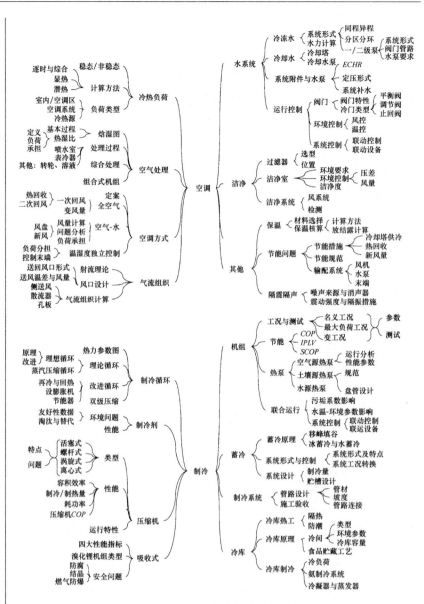

图 20-2 空调及制冷部分思维导图
注：仅供知识点回想梳理使用。

附　录

附录 1　注册公用设备工程师（暖通空调）
执业资格考试专业考试大纲

1　总则

1.1　熟悉暖通空调制冷设计规范，掌握规范的强制性条文。

1.2　熟悉绿色建筑设计规范、人民防空工程设计规范、建筑设计防火规范和高层民用建筑设计防火规范中的暖通空调部分，掌握规范中关于本专业的强制性条文。

1.3　熟悉建筑节能设计标准中有关暖通空调制冷部分、暖通空调制冷设备产品标准中设计选用部分、环境保护及卫生标准中有关本专业的规定条文；掌握上述标准中有关本专业的强制性条文。

1.4　熟悉暖通空调制冷系统的类型、构成及选用。

1.5　了解暖通空调设备的构造及性能；掌握国家现行产品标准以及节能标准对暖通空调设备的能效等级的要求。

1.6　掌握暖通空调制冷系统的设计方法、暖通空调设备选择计算、管网计算。正确采用设计计算公式及取值。

1.7　掌握防排烟设计及设备、附件、材料的选择。

1.8　熟悉暖通空调制冷设备及系统的自控要求及一般方法。

1.9　熟悉暖通空调制冷施工和施工质量验收规范。

1.10　熟悉暖通空调制冷设备及系统的测试方法。

1.11　了解绝热材料及制品的性能；掌握管道和设备的绝热计算。

1.12　掌握暖通空调设计的节能技术；熟悉暖通空调系统的节能诊断和经济运行。

1.13　熟悉暖通空调制冷系统运行常见故障分析及解决方法。

1.14　了解可再生能源在暖通空调制冷系统中的应用。

2　供暖（含小区供热设备和热网）

2.1　熟悉供暖建筑物围护结构建筑热工要求，建筑热工节能设计；掌握对公共建筑围护结构建筑热工限值的强制性规定。

2.2　掌握建筑冬季供暖通风系统热负荷计算方法。

2.3　掌握热水、蒸汽供暖系统设计计算方法；掌握热水供暖系统的节能设计要求和设计方法。

2.4　熟悉各类散热设备主要性能；熟悉各种供暖方式；掌握散热器供暖、辐射供暖和热风供暖的设计方法和设备、附件的选用；掌握空气幕的选用方法。

2.5　掌握分户热计量热水集中供暖设计方法。

2.6　掌握热媒及其参数选择和小区集中供热热负荷的概算方法；了解热电厂集中供热

方式。

2.7　熟悉热水、蒸汽供热系统管网设计方法；掌握管网与热用户连接装置的设计方法；熟悉汽—水、水—水换热器选择计算方法；掌握热力站设计方法。

2.8　掌握小区锅炉房设置及工艺设计基本方法；了解供热用燃煤、燃油、燃气锅炉的主要性能；熟悉小区锅炉房设备的选择计算方法。

2.9　熟悉热泵机组供热的设计方法和正确取值。

3　通风

3.1　掌握通风设计方法、通风量计算以及空气平衡和热平衡计算。

3.2　熟悉天窗、风帽的选择方法；掌握自然通风设计计算方法。

3.3　熟悉排风罩种类及选择方法；掌握局部排风系统设计计算方法及设备选择。

3.4　熟悉机械全面通风、事故通风的条件；掌握其计算方法。

3.5　掌握防烟分区划分方法；熟悉防火和防排烟设备和部件的基本性能及防排烟系统的基本要求；熟悉防火控制程序；掌握防排烟方式的选择及自然排烟系统及机械防排烟系统的设计计算方法。

3.6　熟悉除尘和有害气体净化设备的种类和应用；掌握设计选用方法。

3.7　熟悉通风机的类型、性能和特性；掌握通风机的选用、计算方法。

4　空气调节

4.1　熟悉空调房间围护结构建筑热工要求；掌握对公共建筑围护结构建筑热工限值的强制性规定；了解人体舒适性机理，掌握舒适性空调和工艺性空调室内空气参数的确定方法。

4.2　了解空调冷（热）、湿负荷形成机理；掌握空调冷（热）、湿负荷以及热湿平衡、空气平衡计算。

4.3　熟悉空气处理过程；掌握湿空气参数计算和焓湿图的应用。

4.4　熟悉常用空调系统的特点和设计方法。

4.5　掌握常用气流组织形式的选择及其设计计算方法。

4.6　熟悉常用空调设备的主要性能；掌握空调设备的选择计算方法。

4.7　熟悉常用冷热源设备的主要性能；熟悉冷热源设备的选择计算方法。

4.8　掌握空调水系统的设计要求及计算方法。

4.9　熟悉空调自动控制方法及运行调节。

4.10　掌握空调系统的节能设计要求和设计方法。

4.11　熟悉空调、通风系统的消声、隔振措施。

5　制冷与热泵技术

5.1　熟悉热力学制冷（热泵）循环的计算、制冷剂的性能和选择以及 CFCs 及 HCFCs 的淘汰和替代。

5.2　了解蒸汽压缩式制冷（热泵）的工作过程；熟悉各类冷水机组、热泵机组（空气源、水源和地源）的选择计算方法和正确取值；掌握现行国家标准对蒸汽压缩式制冷（热泵）机组的能效等级的规定。

5.3　了解溴化锂吸收式制冷（热泵）的工作过程；熟悉蒸汽型和直燃式双效溴化锂吸收式制冷（热泵）装置的组成和性能；掌握现行国家标准对溴化锂吸收式机组的性能系数的

规定。

5.4　了解蒸汽压缩式制冷（热泵）系统的组成、制冷剂管路设计基本方法；熟悉制冷自动控制的技术要求；掌握制冷机房设备布置方法。

5.5　了解燃气冷热电三联供的系统使用条件、系统组成和设备选择。

5.6　了解蓄冷、蓄热的类型、系统组成以及设置要求。

5.7　了解冷藏库温、湿度要求；掌握冷藏库建筑围护结构的设置以及热工计算。

5.8　掌握冷藏库制冷系统的组成、设备选择与制冷剂管路系统设计；熟悉装配式冷藏库的选择与计算。

6　空气洁净技术

6.1　掌握常用洁净室空气洁净度等级标准及选用方法；了解与建筑及其他专业的配合。

6.2　熟悉空气过滤器的分类、性能、组合方法及计算。

6.3　了解室内外尘源，熟悉各种气流流型的适用条件和风量确定。

6.4　掌握洁净室的室压控制设计。

7　绿色建筑

7.1　了解绿色建筑的基本要求。

7.2　掌握暖通空调技术在绿色建筑的运用。

7.3　熟悉绿色建筑评价标准。

8　民用建筑房屋卫生设备和燃气供应

8.1　熟悉室内给水水质和用水量计算。

8.2　熟悉室内热水耗热量和热水量计算；掌握热泵热水机的设计方法和正确取值。

8.3　了解太阳能热水器的应用。

8.4　熟悉室内排水系统设计与计算。

8.5　掌握室内燃气供应系统设计与计算。

编者说明：

　　最新《注册公用设备工程师（暖通空调）执业资格考试专业考试大纲》以住房和城乡建设部执业资格注册中心颁布为准。

附录2 2021年注册暖通专业考试
规范清单及重要性总结

序号	名　　称	标准号	重要性分类	备　注
1	民用建筑供暖通风与空气调节设计规范	GB 50736—2012	A类	2013年考试新增
2	工业建筑供暖通风与空气调节设计规范	GB 50019—2015	A类	2017年考试更新
3	建筑设计防火规范	GB 50016—2014(2018年版)	A类	2019年考试更新
4	汽车库、修车库、停车场设计防火规范	GB 50067—2014	B类	2016年考试更新
5	人民防空工程设计防火规范	GB 50098—2009	B类	
6	人民防空地下室设计规范	GB 50038—2005	B类	
7	住宅设计规范	GB 50096—2011	B类	2013年考试新增
8	住宅建筑规范	GB 50368—2005	B类	
9	严寒和寒冷地区居住建筑节能设计标准	JGJ 26—2018	B类	2020年考试更新
10	夏热冬冷地区居住建筑节能设计标准	JGJ 134—2010	B类	
11	夏热冬暖地区居住建筑节能设计标准	JGJ 75—2012	B类	2014年考试更新
12	公共建筑节能设计标准	GB 50189—2015	A类	2016年考试更新
13	民用建筑热工设计规范	GB 50176—2016	B类	2018年考试更新
14	辐射供暖供冷技术规程	JGJ 142—2012	A类	2014年考试更新
15	供热计量技术规程	JGJ 173—2009	B类	2011年考试新增
16	工业设备及管道绝热工程设计规范	GB 50264—2013	C类	2016年考试更新
17	既有居住建筑节能改造技术规程	JGJ/T 129—2012	B类	2016年考试更新
18	公共建筑节能改造技术规范	JGJ 176—2009	C类	2013年考试新增
19	环境空气质量标准	GB 3095—2012	C类	2013年考试新增
20	声环境质量标准	GB 3096—2008	C类	
21	工业企业厂界环境噪声排放标准	GB 12348—2008	C类	
22	工业企业噪声控制设计规范	GB/T 50087—2013	C类	2016年考试更新
23	大气污染物综合排放标准	GB 16297—1996	C类	
24	工业企业设计卫生标准	GBZ 1—2010	C类	
25	工作场所有害因素职业接触限值　第一部分：化学有害因素	GBZ 2.1—2019	C类	2020年考试更新
26	工作场所有害因素职业接触限值　第二部分：物理因素	GBZ 2.2—2007	C类	
27	洁净厂房设计规范	GB 50073—2013	A类	2014年考试更新
28	地源热泵系统工程技术规范	GB 50366—2005(2009年版)	A类	
29	燃气冷热电联供工程技术规范	GB 51131—2016	B类	2018年考试新增
30	蓄能空调工程技术标准	JGJ 158—2018	B类	2020年考试更新
31	多联机空调系统工程技术规程	JGJ 174—2010	B类	2011年考试新增

序号	名　称	标准号	重要性分类	备　注
32	冷库设计规范	GB 50072—2010	B类	
33	锅炉房设计标准	GB 50041—2020	B类	2021 年考试预测更新
34	锅炉大气污染物排放标准	GB 13271—2014	C类	2016 年考试更新
35	城镇供热管网设计规范	CJJ 34—2010	A类	
36	城镇燃气设计规范	GB 50028—2006(2020 版)	B类	2021 年考试预测更新
37	城镇燃气技术规范	GB 50494—2009	C类	2012 年考试新增
38	建筑给水排水设计标准	GB 50015—2019	B类	2021 年考试预测更新
39	建筑给水排水及采暖工程施工质量验收规范	GB 50242—2002	B类	
40	通风与空调工程施工质量验收规范	GB 50243—2016	B类	2018 年考试更新
41	制冷设备、空气分离设备安装工程施工及验收规范	GB 50274—2010	C类	2012 年考试新增
42	建筑节能工程施工质量验收标准	GB 50411—2019	B类	2020 年考试更新
43	绿色建筑评价标准	GB/T 50378—2019	B类	2020 年考试更新
44	绿色工业建筑评价标准	GB/T 50878—2013	C类	2016 年考试新增
45	民用建筑绿色设计规范	JGJ/T 229—2010	C类	2013 年考试新增
46	空气调节系统经济运行	GB/T 17981—2007	C类	2013 年考试新增
47	冷水机组能效限定值及能源效率等级	GB 19577—2015	C类	2018 年考试更新
48	单元式空气调节机能效限定值及能源效率等级	GB 19576—2019	C类	2021 年考试预测更新
49	风管送风式空调机组能效限定值及能效等级	GB 37479—2019	C类	2020 年考试新增
50	房间空气调节器能效限定值及能源效率等级	GB 21455—2019	C类	2021 年考试预测更新
51	多联式空调(热泵)机组能效限定值及能源效率等级	GB 21454—2008	C类	2012 年考试新增
52	蒸汽压缩循环冷水(热泵)机组　第 1 部分：工商业用和类似用途的冷水(热泵)机组	GB/T 18430.1—2007	C类	2012 年考试新增
53	蒸汽压缩循环冷水(热泵)机组　第 2 部分：户用和类似用途的冷水(热泵)机组	GB/T 18430.2—2016	C类	2018 年考试更新
54	溴化锂吸收式冷(温)水机组安全要求	GB 18361—2001	C类	
55	直燃型溴化锂吸收式冷(温)水机组	GB/T 18362—2008	C类	
56	蒸汽和热水型溴化锂吸收式冷水机组	GB/T 18431—2014	C类	2016 年考试更新

序号	名 称	标 准 号	重要性分类	备 注
57	水(地)源热泵机组	GB/T 19409—2013	C类	2016 年考试更新
58	商业或工业用及类似用途的热泵热水机	GB/T 21362—2008	C类	2013 年考试新增
59	组合式空调机组	GB/T 14294—2008	C类	
60	柜式风机盘管机组	JB/T 9066—1999	C类	
61	风机盘管机组	GB/T 19232—2019	C类	2021 年考试预测更新
62	通风机能效限定值及能效等级	GB/T 19761—2009	C类	
63	清水离心泵能效限定值及节能评价值	GB/T 19762—2007	C类	
64	离心式除尘器	JB/T 9054—2015	C类	2020 年考试更新
65	回转反吹类袋式除尘器	JB/T 8533—2010	C类	
66	脉冲喷吹类袋式除尘器	JB/T 8532—2008	C类	
67	内滤分室反吹类袋式除尘器	JB/T 8534—2010	C类	
68	建筑通风和排烟系统用防火阀门	GB 15930—2007	B类	2013 年考试新增
69	干式风机盘管	JB/T 11524—2013	C类	2018 年考试新增
70	高出水温度冷水机组	JB/T 12325—2015	C类	2018 年考试新增
71	建筑防烟排烟系统技术标准	GB 51251—2017	A类	2019 年考试新增
72	工业建筑节能设计统一标准	GB 51245—2017	B类	2021 年考试预测新增
73	低环境温度空气源热泵(冷水)机组能效限定值及能效等级	GB 37480—2019	C类	2021 年考试预测新增

编者说明：

1. 规范重要性分类：

A类(9本)：重要规范，建议以单行本形式专门安排时间复习，并在教材复习和做题过程中强化；

B类(24本)：一般规范，建议以规范汇编或单行本的形式在复习教材和做题过程中配合查找复习熟悉；

C类(40本)：其他规范，建议不用复习，熟悉目录即可，可在做题过程和正式考试中直接查找答案。

2. 表格中"重要性分类"和"备注"栏为考生总结，非官方信息，仅供参考指导复习。

3. 表格中"新增"或"更新"部分建议与规范汇编核对，补充单行本。

4. 执业资格考试适用的规范、规程及标准按时间划分原则：考试年度的试题中所采用的规范、规程及标准均以前一年十月一日前公布生效的规范、规程及标准为准。

5.《通风与空调工程施工规范》GB 50738—2011 已在 2020 年清单中删除。

6. 2021 年《注册公用设备工程师(暖通空调)专业考试主要规范、标准、规程目录》需以 8 月份左右住房和城乡建设部执业资格注册中心正式颁布的为准，本表格仅供参考。

7. 2021 年考试建议配齐所有单行本规范，除选用中国建筑工业出版社《全国勘察设计注册公用设备工程师暖通空调专业考试必备规范精要选编（2020 年版）》（以下简称《规范精编 2020》）外至少需另行准备的单行本详见下表：

2021 年考试建议除《规范精编 2020》外另行准备的单行本

序号	名　　称	标准号	备注
1	民用建筑供暖通风与空气调节设计规范	GB 50736—2012	A 类规范
2	工业建筑供暖通风与空气调节设计规范	GB 50019—2015	A 类规范
3	建筑设计防火规范	GB 50016—2014(2018 版)	2019 年考试更新/A 类规范
4	公共建筑节能设计标准	GB 50189—2015	A 类规范
5	辐射供暖供冷技术规程	JGJ 142—2012	A 类规范
6	地源热泵系统工程技术规范	GB 50366—2005(2009 年版)	A 类规范
7	城镇供热管网设计规范	CJJ 34—2010	A 类规范
8	洁净厂房设计规范	GB 50073—2013	A 类规范
9	建筑防烟排烟系统技术标准	GB 51251—2017	2019 年考试新增/ A 类规范
10	人民防空地下室设计规范	GB 50038—2005	规范精编未收录
11	工作场所有害因素职业接触限值　第一部分：化学有害因素	GBZ 2.1—2019	规范精编未收录
12	建筑节能工程施工质量验收标准	GB 50411—2019	规范精编未收录
13	城镇燃气设计规范	GB 50028—2006(2020 版)	2021 年考试预测更新
14	单元式空气调节机能效限定值及能源效率等级	GB 19576—2019	2021 年考试预测更新
15	房间空气调节器能效限定值及能源效率等级	GB 21455—2019	2021 年考试预测更新
16	风机盘管机组	GB/T 19232—2019	2021 年考试预测更新
17	建筑给水排水设计标准	GB 50015—2019	2021 年考试预测更新
18	锅炉房设计标准	GB 50041—2020	2021 年考试预测更新
19	工业建筑节能设计统一标准	GB 51245—2017	2021 年考试预测新增
20	低环境温度空气源热泵(冷水)机组能效限定值及能效等级	GB 37480—2019	2021 年考试预测新增

附录3　注册公用设备工程师执业资格考试实施办法

第一条　建设部、人事部共同负责注册公用设备工程师执业资格考试工作。

第二条　全国勘察设计注册工程师管理委员会负责审定考试大纲、年度试题、评分标准与合格标准。全国勘察设计注册工程师公用设备专业管理委员会（以下简称公用设备专业委员会）负责具体组织实施考试工作。考务工作委托人事部人事考试中心负责。各地的考试工作，由当地人事行政部门会同建设行政部门组织实施，具体职责分工由各地协商确定。

第三条　考试分为基础考试和专业考试。参加基础考试合格并按规定完成职业实践年限者，方能报名参加专业考试。专业考试合格后，方可获得《中华人民共和国注册公用设备工程师执业资格证书》。

第四条　符合《注册公用设备工程师执业资格制度暂行规定》第十条的要求，并具备以下条件之一者，可申请参加基础考试：

（一）取得本专业或相近专业大学本科及以上学历或学位。

（二）取得本专业或相近专业大学专科学历，累计从事公用设备专业工程设计工作满1年。

（三）取得其他工科专业大学本科及以上学历或学位，累计从事公用设备专业工程设计工作满1年。

第五条　基础考试合格，并具备以下条件之一者，可申请参加专业考试：

（一）取得本专业博士学位后，累计从事公用设备专业工程设计工作满2年；或取得相近专业博士学位后，累计从事公用设备专业工程设计工作满3年。

（二）取得本专业硕士学位后，累计从事公用设备专业工程设计工作满3年；或取得相近专业硕士学位后，累计从事公用设备专业工程设计工作满4年。

（三）取得含本专业在内的双学士学位或本专业研究生班毕业后，累计从事公用设备专业工程设计工作满4年；或取得相近专业双学士学位或研究生班毕业后，累计从事公用设备专业工程设计工作满5年。

（四）取得通过本专业教育评估的大学本科学历或学位后，累计从事公用设备专业工程设计工作满4年；或取得未通过本专业教育评估的大学本科学历或学位后，累计从事公用设备专业工程设计工作满5年；或取得相近专业大学本科学历或学位后，累计从事公用设备专业工程设计工作满6年。

（五）取得本专业大学专科学历后，累计从事公用设备专业工程设计工作满6年；或取得相近专业大学专科学历后，累计从事公用设备专业工程设计工作满7年。

（六）取得其他工科专业大学本科及以上学历或学位后，累计从事公用设备专业工程设计工作满8年。

第六条　截止到2002年12月31日前，符合下列条件之一者，可免基础考试，只需参加专业考试：

（一）取得本专业博士学位后，累计从事公用设备专业工程设计工作满5年；或取得相近专业博士学位后，累计从事公用设备专业工程设计工作满6年。

（二）取得本专业硕士学位后，累计从事公用设备专业工程设计工作满 6 年；或取得相近专业硕士学位后，累计从事公用设备专业工程设计工作满 7 年。

（三）取得含本专业在内的双学士学位或本专业研究生班毕业后，累计从事公用设备专业工程设计工作满 7 年；或取得相近专业双学士学位或研究生班毕业后，累计从事公用设备专业工程设计工作满 8 年。

（四）取得本专业大学本科学历或学位后，累计从事公用设备专业工程设计工作满 8 年；或取得相近专业大学本科学历或学位后，累计从事公用设备专业工程设计工作满 9 年。

（五）取得本专业大学专科学历后，累计从事公用设备专业工程设计工作满 9 年；或取得相近专业大学专科学历后，累计从事公用设备专业工程设计工作满 10 年。

（六）取得其他工科专业大学本科及以上学历或学位后，累计从事公用设备专业工程设计工作满 12 年。

（七）取得其他工科专业大学专科学历后，累计从事公用设备专业工程设计工作满 15 年。

（八）取得本专业中专学历后，累计从事公用设备专业工程设计工作满 25 年；或取得相近专业中专学历后，累计从事公用设备专业工程设计工作满 30 年。

第七条　参加考试由本人提出申请，所在单位审核同意，到当地考试管理机构报名。考试管理机构按规定程序和报名条件审核合格后，发给准考证。参加考试人员在准考证指定的时间、地点参加考试。国务院各部门所属单位和中央管理的企业的专业技术人员按属地原则报名参加考试。

第八条　考点原则上设在省会城市和直辖市，如确需在其他城市设置，须经建设部和人事部批准。

第九条　坚持考试与培训分开的原则。考试工作人员认真执行考试回避制度，参加命题和考试组织管理的人员，不得参与考试有关的培训工作和参加考试。

第十条　严格执行考试考务工作的有关规章制度，做好试卷命题、印刷、发送过程中的保密工作，严格遵守保密制度，严防泄密。

第十一条　严格考场纪律，严禁弄虚作假，对违反考试纪律和有关规定者，要严肃处理，并追究当事人和领导责任。

附录 4　全国勘察设计注册工程师
专业考试考生须知

1. 全国注册公用设备工程师专业考试均分为 2 天，第一天为专业知识考试，成绩上、下午合并计分；第二天为专业案例考试，成绩上、下午合并计分。考试时间每天上、下午各 3 小时。专业考试为非滚动管理考试，考生应在一个考试年度内通过全部考试。第一天为客观题，上、下午各 70 道题，其中单选题 40 题，每题分值为 1 分，多选题 30 题，每题分值为 2 分，试卷满分 200 分；第二天为案例题，上午 25 道必答题，下午 25 道必答题，每题分值为 2 分，试卷满分 100 分。

2. 试卷作答用笔：黑色墨水笔。考生在试卷上作答时，必须使用试卷作答用笔，不得使用铅笔等非作答用笔，否则视为无效试卷。

填涂答题卡用笔：2B 铅笔。

3. 考生应考时应携带试卷作答用笔，2B 铅笔，三角板，橡皮和无声、无文本编程功能的计算器。

4. 参加专业考试的考生允许携带正规出版社出版的各种专业规范、参考书和复习手册。

5. 考生须用试卷作答用笔将工作单位、姓名、准考证号分别填写在答题卡和试卷相应栏目内。在其他位置书写单位、姓名、考号等信息的作为违纪试卷，不予评分。

6. 对于 2 天的考试，考生都必须按题号在答题卡上将所选选项对应的字母用 2B 铅笔涂黑。如有改动，请考生务必用橡皮将原选项的填涂痕迹擦净，以免造成电脑读卡时误读。在答题卡上书写与题意无关的语言，或在答题卡上作标记的，均按违纪试卷处理。

7. 考生在作答专业案例考试题时，必须在每道试题对应的答案（　）位置处填写上该试题所选答案（即在规定的"（　）"内填写上所选选项对应的字母），并必须在相应试题"解答过程"下面的空白处写明该题的案例分析或计算过程、计算结果，同时还须将所选答案用 2B 铅笔填涂在答题卡上。考生在试卷上书写案例分析过程及公式时，字迹应工整、清晰，以免影响专家阅卷评分工作。对不按上述要求作答的，如：未在试卷上试题答案（　）内填写所选项对应的字母，仅在答案选项 A、B、C、D 处画"√"等情况，视为违规，该试题不予复评计分。

附录 5 湿空气焓湿表 ❶

大气压＝101325Pa

干球温度(℃)		2%	4%	6%	8%	10%	12%	14%	16%	18%	20%	22%	24%	26%	28%	30%	32%	34%	36%	38%	40%	42%	44%	46%	48%	50%
−20.0	相对湿度	2%	4%	6%	8%	10%	12%	14%	16%	18%	20%	22%	24%	26%	28%	30%	32%	34%	36%	38%	40%	42%	44%	46%	48%	50%
	含湿量(g/kg)	0.01	0.03	0.04	0.05	0.06	0.08	0.09	0.10	0.11	0.13	0.14	0.15	0.16	0.18	0.19	0.20	0.22	0.23	0.24	0.25	0.27	0.28	0.29	0.30	0.32
	焓(kJ/kg)	−20.17	−20.14	−20.11	−20.08	−20.04	−20.01	−19.98	−19.95	−19.92	−19.89	−19.86	−19.83	−19.79	−19.76	−19.73	−19.70	−19.67	−19.64	−19.61	−19.58	−19.54	−19.51	−19.48	−19.45	−19.42
	露点温度(℃)	−55.11	−49.62	−46.27	−43.84	−41.91	−40.32	−38.95	−37.75	−36.69	−35.73	−34.85	−34.04	−33.30	−32.60	−31.95	−31.34	−30.76	−30.22	−29.70	−29.20	−28.73	−28.27	−27.84	−27.42	−27.02
	湿球温度(℃)	−21.37	−21.34	−21.31	−21.29	−21.26	−21.23	−21.20	−21.17	−21.15	−21.12	−21.09	−21.06	−21.03	−21.01	−20.98	−20.95	−20.92	−20.89	−20.86	−20.84	−20.81	−20.78	−20.75	−20.72	−20.70

		52%	54%	56%	58%	60%	62%	64%	66%	68%	70%	72%	74%	76%	78%	80%	82%	84%	86%	88%	90%	92%	94%	96%	98%	100%
	相对湿度	52%	54%	56%	58%	60%	62%	64%	66%	68%	70%	72%	74%	76%	78%	80%	82%	84%	86%	88%	90%	92%	94%	96%	98%	100%
	含湿量(g/kg)	0.33	0.34	0.36	0.37	0.38	0.39	0.41	0.42	0.43	0.44	0.46	0.47	0.48	0.49	0.51	0.52	0.53	0.55	0.56	0.57	0.58	0.60	0.61	0.62	0.63
	焓(kJ/kg)	−19.39	−19.36	−19.33	−19.29	−19.26	−19.23	−19.20	−19.17	−19.14	−19.11	−19.07	−19.04	−19.01	−18.98	−18.95	−18.92	−18.89	−18.86	−18.82	−18.79	−18.76	−18.73	−18.70	−18.67	−18.64
	露点温度(℃)	−26.63	−26.26	−25.90	−25.55	−25.21	−24.88	−24.57	−24.26	−23.96	−23.66	−23.38	−23.10	−22.83	−22.56	−22.30	−22.05	−21.80	−21.56	−21.33	−21.09	−20.87	−20.64	−20.42	−20.21	−20.00
	湿球温度(℃)	−20.67	−20.64	−20.61	−20.58	−20.56	−20.53	−20.50	−20.47	−20.45	−20.42	−20.39	−20.36	−20.33	−20.31	−20.28	−20.25	−20.22	−20.19	−20.17	−20.14	−20.11	−20.08	−20.06	−20.03	−20.00

P_{qb}＝103.26Pa

干球温度(℃)		2%	4%	6%	8%	10%	12%	14%	16%	18%	20%	22%	24%	26%	28%	30%	32%	34%	36%	38%	40%	42%	44%	46%	48%	50%
−19.5	相对湿度	2%	4%	6%	8%	10%	12%	14%	16%	18%	20%	22%	24%	26%	28%	30%	32%	34%	36%	38%	40%	42%	44%	46%	48%	50%
	含湿量(g/kg)	0.01	0.03	0.04	0.05	0.07	0.08	0.09	0.11	0.12	0.13	0.15	0.16	0.17	0.19	0.20	0.21	0.23	0.24	0.25	0.27	0.28	0.29	0.31	0.32	0.33
	焓(kJ/kg)	−19.66	−19.63	−19.60	−19.56	−19.53	−19.50	−19.47	−19.43	−19.40	−19.37	−19.33	−19.30	−19.27	−19.24	−19.20	−19.17	−19.14	−19.10	−19.07	−19.04	−19.01	−18.97	−18.94	−18.91	−18.88
	露点温度(℃)	−54.74	−49.23	−45.87	−43.43	−41.50	−39.89	−38.52	−37.32	−36.25	−35.29	−34.41	−33.60	−32.85	−32.15	−31.50	−30.88	−30.30	−29.75	−29.23	−28.74	−28.26	−27.81	−27.37	−26.95	−26.55
	湿球温度(℃)	−20.93	−20.90	−20.87	−20.84	−20.81	−20.78	−20.75	−20.72	−20.70	−20.67	−20.64	−20.61	−20.58	−20.55	−20.52	−20.49	−20.46	−20.43	−20.40	−20.37	−20.34	−20.31	−20.28	−20.26	−20.23

		52%	54%	56%	58%	60%	62%	64%	66%	68%	70%	72%	74%	76%	78%	80%	82%	84%	86%	88%	90%	92%	94%	96%	98%	100%
	相对湿度	52%	54%	56%	58%	60%	62%	64%	66%	68%	70%	72%	74%	76%	78%	80%	82%	84%	86%	88%	90%	92%	94%	96%	98%	100%
	含湿量(g/kg)	0.35	0.36	0.37	0.39	0.40	0.41	0.43	0.44	0.45	0.47	0.48	0.49	0.51	0.52	0.53	0.55	0.56	0.57	0.59	0.60	0.61	0.63	0.64	0.65	0.67
	焓(kJ/kg)	−18.84	−18.81	−18.78	−18.74	−18.71	−18.68	−18.65	−18.61	−18.58	−18.55	−18.51	−18.48	−18.45	−18.42	−18.38	−18.35	−18.32	−18.28	−18.25	−18.22	−18.19	−18.15	−18.12	−18.09	−18.05
	露点温度(℃)	−26.16	−25.79	−25.42	−25.07	−24.73	−24.40	−24.08	−23.77	−23.47	−23.18	−22.89	−22.61	−22.34	−22.07	−21.81	−21.56	−21.31	−21.07	−20.83	−20.60	−20.37	−20.15	−19.93	−19.71	−19.50
	湿球温度(℃)	−20.20	−20.17	−20.14	−20.11	−20.08	−20.05	−20.02	−19.99	−19.96	−19.94	−19.91	−19.88	−19.85	−19.82	−19.79	−19.76	−19.73	−19.70	−19.67	−19.64	−19.62	−19.59	−19.56	−19.53	−19.50

P_{qb}＝108.33Pa

干球温度(℃)		2%	4%	6%	8%	10%	12%	14%	16%	18%	20%	22%	24%	26%	28%	30%	32%	34%	36%	38%	40%	42%	44%	46%	48%	50%
−19.0	相对湿度	2%	4%	6%	8%	10%	12%	14%	16%	18%	20%	22%	24%	26%	28%	30%	32%	34%	36%	38%	40%	42%	44%	46%	48%	50%
	含湿量(g/kg)	0.01	0.03	0.04	0.06	0.07	0.08	0.10	0.11	0.13	0.14	0.15	0.17	0.18	0.20	0.21	0.22	0.24	0.25	0.27	0.28	0.29	0.31	0.32	0.33	0.35
	焓(kJ/kg)	−19.16	−19.12	−19.09	−19.05	−19.02	−18.98	−18.95	−18.91	−18.88	−18.85	−18.81	−18.78	−18.74	−18.71	−18.67	−18.64	−18.61	−18.57	−18.54	−18.50	−18.47	−18.43	−18.40	−18.36	−18.33
	露点温度(℃)	−54.37	−48.84	−45.47	−43.02	−41.08	−39.47	−38.10	−36.89	−35.82	−34.85	−33.96	−33.15	−32.40	−31.70	−31.04	−30.43	−29.85	−29.29	−28.77	−28.27	−27.80	−27.34	−26.90	−26.48	−26.08
	湿球温度(℃)	−19.73	−19.70	−19.67	−19.64	−19.61	−19.57	−19.54	−19.51	−19.48	−19.45	−19.42	−19.39	−19.36	−19.33	−19.30	−19.27	−19.24	−19.21	−19.18	−19.15	−19.12	−19.09	−19.06	−19.03	−19.00

		52%	54%	56%	58%	60%	62%	64%	66%	68%	70%	72%	74%	76%	78%	80%	82%	84%	86%	88%	90%	92%	94%	96%	98%	100%
	相对湿度	52%	54%	56%	58%	60%	62%	64%	66%	68%	70%	72%	74%	76%	78%	80%	82%	84%	86%	88%	90%	92%	94%	96%	98%	100%
	含湿量(g/kg)	0.36	0.38	0.39	0.40	0.42	0.43	0.45	0.46	0.47	0.49	0.50	0.52	0.53	0.54	0.56	0.57	0.59	0.60	0.61	0.63	0.64	0.66	0.67	0.68	0.70
	焓(kJ/kg)	−18.30	−18.26	−18.23	−18.19	−18.16	−18.12	−18.09	−18.05	−18.02	−17.99	−17.95	−17.92	−17.88	−17.85	−17.81	−17.78	−17.74	−17.71	−17.68	−17.64	−17.61	−17.57	−17.54	−17.50	−17.47
	露点温度(℃)	−25.69	−25.31	−24.95	−24.59	−24.25	−23.92	−23.60	−23.29	−22.99	−22.69	−22.40	−22.12	−21.85	−21.58	−21.32	−21.07	−20.82	−20.57	−20.34	−20.10	−19.87	−19.65	−19.43	−19.21	−19.00
	湿球温度(℃)	−19.73	−19.70	−19.67	−19.64	−19.61	−19.57	−19.54	−19.51	−19.48	−19.45	−19.42	−19.39	−19.36	−19.33	−19.30	−19.27	−19.24	−19.21	−19.18	−19.15	−19.12	−19.09	−19.06	−19.03	−19.00

P_{qb}＝113.62Pa

❶ 本焓湿表为本书编委杨英明所创，并独家授权本书收录。

干球温度(℃) −18.5　（P_{qb}=119.15Pa）

相对湿度	2%	4%	6%	8%	10%	12%	14%	16%	18%	20%	22%	24%	26%	28%	30%	32%	34%	36%	38%	40%	42%	44%	46%	48%	50%
含湿量(g/kg)	0.01	0.03	0.04	0.06	0.07	0.09	0.10	0.12	0.13	0.15	0.16	0.18	0.19	0.20	0.22	0.23	0.25	0.26	0.28	0.29	0.31	0.32	0.34	0.35	0.37
焓(kJ/kg)	−18.65	−18.61	−18.58	−18.54	−18.50	−18.47	−18.43	−18.40	−18.36	−18.32	−18.29	−18.25	−18.22	−18.18	−18.14	−18.11	−18.07	−18.04	−18.00	−17.96	−17.93	−17.89	−17.85	−17.82	−17.78
露点温度(℃)	−54.00	−48.45	−45.07	−42.61	−40.66	−39.05	−37.67	−36.46	−35.38	−34.41	−33.52	−32.71	−31.95	−31.25	−30.59	−29.97	−29.39	−28.83	−28.31	−27.81	−27.33	−26.87	−26.43	−26.01	−25.60
湿球温度(℃)	−20.05	−20.02	−19.99	−19.96	−19.93	−19.89	−19.86	−19.83	−19.80	−19.77	−19.73	−19.70	−19.67	−19.64	−19.61	−19.58	−19.54	−19.51	−19.48	−19.45	−19.42	−19.38	−19.35	−19.32	−19.29

相对湿度	52%	54%	56%	58%	60%	62%	64%	66%	68%	70%	72%	74%	76%	78%	80%	82%	84%	86%	88%	90%	92%	94%	96%	98%	100%
含湿量(g/kg)	0.38	0.40	0.41	0.42	0.44	0.45	0.47	0.48	0.50	0.51	0.53	0.54	0.56	0.57	0.59	0.60	0.61	0.63	0.64	0.66	0.67	0.69	0.70	0.72	0.73
焓(kJ/kg)	−17.75	−17.71	−17.67	−17.64	−17.60	−17.57	−17.53	−17.49	−17.46	−17.42	−17.39	−17.35	−17.31	−17.28	−17.24	−17.20	−17.17	−17.13	−17.10	−17.06	−17.02	−16.99	−16.95	−16.92	−16.88
露点温度(℃)	−25.21	−24.84	−24.47	−24.12	−23.77	−23.44	−23.12	−22.81	−22.50	−22.21	−21.92	−21.64	−21.36	−21.09	−20.83	−20.58	−20.33	−20.08	−19.84	−19.61	−19.38	−19.15	−18.93	−18.71	−18.50
湿球温度(℃)	−19.26	−19.23	−19.19	−19.16	−19.13	−19.10	−19.07	−19.04	−19.00	−18.97	−18.94	−18.91	−18.88	−18.85	−18.81	−18.78	−18.75	−18.72	−18.69	−18.66	−18.63	−18.59	−18.56	−18.53	−18.50

干球温度(℃) −18.0　（P_{qb}=124.92Pa）

相对湿度	2%	4%	6%	8%	10%	12%	14%	16%	18%	20%	22%	24%	26%	28%	30%	32%	34%	36%	38%	40%	42%	44%	46%	48%	50%
含湿量(g/kg)	0.02	0.03	0.05	0.06	0.08	0.09	0.11	0.12	0.14	0.15	0.17	0.18	0.20	0.21	0.23	0.25	0.26	0.28	0.29	0.31	0.32	0.34	0.35	0.37	0.38
焓(kJ/kg)	−18.14	−18.10	−18.07	−18.03	−17.99	−17.95	−17.92	−17.88	−17.84	−17.80	−17.76	−17.73	−17.69	−17.65	−17.61	−17.57	−17.54	−17.50	−17.46	−17.42	−17.39	−17.35	−17.31	−17.27	−17.23
露点温度(℃)	−53.63	−48.06	−44.67	−42.20	−40.25	−38.63	−37.24	−36.03	−34.94	−33.97	−33.08	−32.26	−31.50	−30.80	−30.14	−29.52	−28.93	−28.37	−27.85	−27.34	−26.86	−26.40	−25.96	−25.54	−25.13
湿球温度(℃)	−19.62	−19.59	−19.55	−19.52	−19.49	−19.45	−19.42	−19.39	−19.35	−19.32	−19.29	−19.25	−19.22	−19.19	−19.15	−19.12	−19.09	−19.05	−19.02	−18.99	−18.95	−18.92	−18.89	−18.86	−18.82

相对湿度	52%	54%	56%	58%	60%	62%	64%	66%	68%	70%	72%	74%	76%	78%	80%	82%	84%	86%	88%	90%	92%	94%	96%	98%	100%
含湿量(g/kg)	0.40	0.41	0.43	0.45	0.46	0.48	0.49	0.51	0.52	0.54	0.55	0.57	0.58	0.60	0.61	0.63	0.64	0.66	0.68	0.69	0.71	0.72	0.74	0.75	0.77
焓(kJ/kg)	−17.20	−17.16	−17.12	−17.08	−17.04	−17.01	−16.97	−16.93	−16.89	−16.85	−16.82	−16.78	−16.74	−16.70	−16.67	−16.63	−16.59	−16.55	−16.51	−16.48	−16.44	−16.40	−16.36	−16.32	−16.29
露点温度(℃)	−24.74	−24.36	−23.99	−23.64	−23.29	−22.96	−22.64	−22.32	−22.02	−21.72	−21.43	−21.15	−20.87	−20.60	−20.34	−20.08	−19.83	−19.59	−19.35	−19.11	−18.88	−18.65	−18.43	−18.21	−18.00
湿球温度(℃)	−18.79	−18.76	−18.72	−18.69	−18.66	−18.62	−18.59	−18.56	−18.52	−18.49	−18.46	−18.43	−18.39	−18.36	−18.33	−18.29	−18.26	−18.23	−18.20	−18.16	−18.13	−18.10	−18.07	−18.03	−18.00

干球温度(℃) −17.5　（P_{qb}=130.95Pa）

相对湿度	2%	4%	6%	8%	10%	12%	14%	16%	18%	20%	22%	24%	26%	28%	30%	32%	34%	36%	38%	40%	42%	44%	46%	48%	50%
含湿量(g/kg)	0.02	0.03	0.05	0.06	0.08	0.10	0.11	0.12	0.14	0.16	0.18	0.19	0.21	0.23	0.24	0.26	0.27	0.29	0.31	0.32	0.34	0.35	0.37	0.39	0.40
焓(kJ/kg)	−17.64	−17.60	−17.56	−17.52	−17.48	−17.44	−17.40	−17.36	−17.32	−17.28	−17.24	−17.20	−17.16	−17.12	−17.08	−17.04	−17.00	−16.96	−16.92	−16.88	−16.84	−16.80	−16.76	−16.72	−16.68
露点温度(℃)	−53.26	−47.67	−44.27	−41.79	−39.83	−38.20	−36.81	−35.59	−34.51	−33.53	−32.64	−31.82	−31.06	−30.35	−29.68	−29.06	−28.47	−27.91	−27.38	−26.88	−26.40	−25.94	−25.49	−25.07	−24.66
湿球温度(℃)	−19.19	−19.15	−19.12	−19.08	−19.05	−19.01	−18.98	−18.94	−18.91	−18.87	−18.84	−18.81	−18.77	−18.74	−18.70	−18.67	−18.63	−18.60	−18.56	−18.53	−18.49	−18.46	−18.42	−18.39	−18.36

相对湿度	52%	54%	56%	58%	60%	62%	64%	66%	68%	70%	72%	74%	76%	78%	80%	82%	84%	86%	88%	90%	92%	94%	96%	98%	100%
含湿量(g/kg)	0.42	0.43	0.45	0.47	0.48	0.50	0.51	0.53	0.55	0.56	0.58	0.60	0.61	0.63	0.64	0.66	0.68	0.69	0.71	0.72	0.74	0.76	0.77	0.79	0.80
焓(kJ/kg)	−16.64	−16.60	−16.56	−16.52	−16.48	−16.44	−16.40	−16.36	−16.32	−16.29	−16.25	−16.21	−16.17	−16.13	−16.09	−16.05	−16.01	−15.97	−15.93	−15.89	−15.85	−15.81	−15.77	−15.73	−15.69
露点温度(℃)	−24.27	−23.88	−23.52	−23.16	−22.82	−22.48	−22.16	−21.84	−21.53	−21.24	−20.94	−20.66	−20.38	−20.11	−19.85	−19.59	−19.34	−19.09	−18.85	−18.61	−18.38	−18.16	−17.93	−17.71	−17.50
湿球温度(℃)	−18.32	−18.29	−18.25	−18.22	−18.18	−18.15	−18.12	−18.08	−18.05	−18.01	−17.98	−17.94	−17.91	−17.88	−17.84	−17.81	−17.77	−17.74	−17.70	−17.67	−17.64	−17.60	−17.57	−17.53	−17.50

干球温度 −17.0℃

相对湿度	2%	4%	6%	8%	10%	12%	14%	16%	18%	20%	22%	24%	26%	28%	30%	32%	34%	36%	38%	40%	42%	44%	46%	48%	50%
含湿量 (g/kg)	0.02	0.03	0.05	0.07	0.08	0.10	0.12	0.13	0.15	0.17	0.19	0.20	0.22	0.24	0.25	0.27	0.29	0.30	0.32	0.34	0.35	0.37	0.39	0.40	0.42
焓 (kJ/kg)	−17.13	−17.09	−17.05	−17.00	−16.96	−16.92	−16.88	−16.84	−16.80	−16.75	−16.71	−16.67	−16.63	−16.59	−16.55	−16.50	−16.46	−16.42	−16.38	−16.34	−16.30	−16.25	−16.21	−16.17	−16.13
露点温度 (℃)	−52.89	−47.28	−43.86	−41.38	−39.41	−37.78	−36.39	−35.16	−34.07	−33.09	−32.19	−31.37	−30.61	−29.90	−29.23	−28.60	−28.01	−27.45	−26.92	−26.42	−25.93	−25.47	−25.02	−24.60	−24.19
湿球温度 (℃)	−18.76	−18.72	−18.68	−18.65	−18.61	−18.58	−18.54	−18.50	−18.47	−18.43	−18.39	−18.36	−18.32	−18.29	−18.25	−18.21	−18.18	−18.14	−18.11	−18.07	−18.03	−18.00	−17.96	−17.93	−17.89

相对湿度	52%	54%	56%	58%	60%	62%	64%	66%	68%	70%	72%	74%	76%	78%	80%	82%	84%	86%	88%	90%	92%	94%	96%	98%	100%
含湿量 (g/kg)	0.44	0.46	0.47	0.49	0.51	0.52	0.54	0.56	0.57	0.59	0.61	0.62	0.64	0.66	0.67	0.69	0.71	0.73	0.74	0.76	0.78	0.79	0.81	0.83	0.84
焓 (kJ/kg)	−16.09	−16.05	−16.00	−15.96	−15.92	−15.88	−15.84	−15.80	−15.75	−15.71	−15.67	−15.63	−15.59	−15.55	−15.50	−15.46	−15.42	−15.38	−15.34	−15.30	−15.25	−15.21	−15.17	−15.13	−15.09
露点温度 (℃)	−23.79	−23.41	−23.04	−22.68	−22.34	−22.00	−21.67	−21.36	−21.05	−20.75	−20.46	−20.17	−19.89	−19.62	−19.36	−19.10	−18.85	−18.60	−18.36	−18.12	−17.89	−17.66	−17.43	−17.22	−17.00
湿球温度 (℃)	−17.85	−17.82	−17.78	−17.75	−17.71	−17.68	−17.64	−17.60	−17.57	−17.53	−17.50	−17.46	−17.43	−17.39	−17.35	−17.32	−17.28	−17.25	−17.21	−17.18	−17.14	−17.11	−17.07	−17.04	−17.00

$P_{qb}=137.25\text{Pa}$

干球温度 −16.5℃

相对湿度	2%	4%	6%	8%	10%	12%	14%	16%	18%	20%	22%	24%	26%	28%	30%	32%	34%	36%	38%	40%	42%	44%	46%	48%	50%
含湿量 (g/kg)	0.02	0.04	0.05	0.07	0.09	0.11	0.12	0.14	0.16	0.18	0.19	0.21	0.23	0.25	0.26	0.28	0.30	0.32	0.34	0.35	0.37	0.39	0.41	0.42	0.44
焓 (kJ/kg)	−16.62	−16.58	−16.53	−16.49	−16.45	−16.40	−16.36	−16.32	−16.27	−16.23	−16.19	−16.14	−16.10	−16.05	−16.01	−15.97	−15.92	−15.88	−15.84	−15.79	−15.75	−15.71	−15.66	−15.62	−15.57
露点温度 (℃)	−52.52	−46.89	−43.46	−40.97	−39.00	−37.36	−35.96	−34.73	−33.64	−32.65	−31.75	−30.92	−30.16	−29.45	−28.78	−28.15	−27.56	−26.99	−26.46	−25.95	−25.47	−25.00	−24.56	−24.13	−23.72
湿球温度 (℃)	−18.33	−18.29	−18.25	−18.22	−18.18	−18.14	−18.10	−18.06	−18.03	−17.99	−17.95	−17.91	−17.88	−17.84	−17.80	−17.76	−17.73	−17.69	−17.65	−17.61	−17.58	−17.54	−17.50	−17.46	−17.43

相对湿度	52%	54%	56%	58%	60%	62%	64%	66%	68%	70%	72%	74%	76%	78%	80%	82%	84%	86%	88%	90%	92%	94%	96%	98%	100%
含湿量 (g/kg)	0.46	0.48	0.49	0.51	0.53	0.55	0.57	0.58	0.60	0.62	0.64	0.65	0.67	0.69	0.71	0.72	0.74	0.76	0.78	0.80	0.81	0.83	0.85	0.87	0.88
焓 (kJ/kg)	−15.53	−15.49	−15.44	−15.40	−15.36	−15.31	−15.27	−15.22	−15.18	−15.14	−15.09	−15.05	−15.01	−14.96	−14.92	−14.88	−14.83	−14.79	−14.74	−14.70	−14.66	−14.61	−14.57	−14.53	−14.48
露点温度 (℃)	−23.32	−22.93	−22.56	−22.20	−21.86	−21.52	−21.19	−20.87	−20.57	−20.26	−19.97	−19.69	−19.41	−19.13	−18.87	−18.61	−18.35	−18.11	−17.86	−17.62	−17.39	−17.16	−16.94	−16.72	−16.50
湿球温度 (℃)	−17.39	−17.35	−17.31	−17.28	−17.24	−17.20	−17.17	−17.13	−17.09	−17.05	−17.02	−16.98	−16.94	−16.91	−16.87	−16.83	−16.80	−16.76	−16.72	−16.68	−16.65	−16.61	−16.57	−16.54	−16.50

$P_{qb}=143.82\text{Pa}$

干球温度 −16.0℃

相对湿度	2%	4%	6%	8%	10%	12%	14%	16%	18%	20%	22%	24%	26%	28%	30%	32%	34%	36%	38%	40%	42%	44%	46%	48%	50%
含湿量 (g/kg)	0.02	0.04	0.06	0.07	0.09	0.11	0.13	0.15	0.17	0.19	0.20	0.22	0.24	0.26	0.28	0.30	0.31	0.33	0.35	0.37	0.39	0.41	0.43	0.44	0.46
焓 (kJ/kg)	−16.11	−16.07	−16.02	−15.98	−15.93	−15.89	−15.84	−15.79	−15.75	−15.70	−15.66	−15.61	−15.57	−15.52	−15.47	−15.43	−15.38	−15.34	−15.29	−15.25	−15.20	−15.15	−15.11	−15.06	−15.02
露点温度 (℃)	−52.15	−46.50	−43.06	−40.56	−38.58	−36.94	−35.53	−34.30	−33.20	−32.21	−31.31	−30.48	−29.71	−28.99	−28.32	−27.69	−27.10	−26.53	−26.00	−25.49	−25.00	−24.53	−24.09	−23.66	−23.24
湿球温度 (℃)	−17.90	−17.86	−17.82	−17.79	−17.75	−17.71	−17.67	−17.63	−17.59	−17.55	−17.51	−17.47	−17.43	−17.39	−17.35	−17.31	−17.28	−17.24	−17.20	−17.16	−17.12	−17.08	−17.04	−17.00	−16.96

相对湿度	52%	54%	56%	58%	60%	62%	64%	66%	68%	70%	72%	74%	76%	78%	80%	82%	84%	86%	88%	90%	92%	94%	96%	98%	100%
含湿量 (g/kg)	0.48	0.50	0.52	0.54	0.56	0.57	0.59	0.61	0.63	0.65	0.67	0.69	0.70	0.72	0.74	0.76	0.78	0.80	0.82	0.83	0.85	0.87	0.89	0.91	0.93
焓 (kJ/kg)	−14.97	−14.93	−14.88	−14.83	−14.79	−14.74	−14.70	−14.65	−14.60	−14.56	−14.51	−14.47	−14.42	−14.38	−14.33	−14.28	−14.24	−14.19	−14.15	−14.10	−14.05	−14.01	−13.96	−13.92	−13.87
露点温度 (℃)	−22.84	−22.46	−22.09	−21.73	−21.38	−21.04	−20.71	−20.39	−20.08	−19.78	−19.48	−19.20	−18.92	−18.64	−18.38	−18.12	−17.86	−17.61	−17.37	−17.13	−16.89	−16.66	−16.44	−16.22	−16.00
湿球温度 (℃)	−16.93	−16.89	−16.85	−16.81	−16.77	−16.73	−16.69	−16.65	−16.62	−16.58	−16.54	−16.50	−16.46	−16.42	−16.38	−16.35	−16.31	−16.27	−16.23	−16.19	−16.15	−16.11	−16.08	−16.04	−16.00

$P_{qb}=150.68\text{Pa}$

干球温度 -15.5℃ ($P_{qb}=157.83$Pa)

相对湿度	2%	4%	6%	8%	10%	12%	14%	16%	18%	20%	22%	24%	26%	28%	30%	32%	34%	36%	38%	40%	42%	44%	46%	48%	50%
含湿量(g/kg)	0.02	0.04	0.06	0.08	0.10	0.12	0.14	0.16	0.17	0.19	0.21	0.23	0.25	0.27	0.29	0.31	0.33	0.35	0.37	0.39	0.41	0.43	0.45	0.47	0.48
焓(kJ/kg)	-15.61	-15.56	-15.51	-15.46	-15.42	-15.37	-15.32	-15.27	-15.22	-15.18	-15.13	-15.08	-15.03	-14.98	-14.94	-14.89	-14.84	-14.79	-14.74	-14.70	-14.65	-14.60	-14.55	-14.50	-14.46
露点温度(℃)	-51.78	-46.11	-42.66	-40.15	-38.17	-36.52	-35.11	-33.87	-32.77	-31.77	-30.87	-30.03	-29.26	-28.54	-27.87	-27.24	-26.64	-26.07	-25.54	-25.02	-24.54	-24.07	-23.62	-23.19	-22.77
湿球温度(℃)	-17.48	-17.44	-17.40	-17.36	-17.32	-17.28	-17.23	-17.19	-17.15	-17.11	-17.07	-17.03	-16.99	-16.95	-16.91	-16.87	-16.83	-16.79	-16.75	-16.70	-16.66	-16.62	-16.58	-16.54	-16.50

相对湿度	52%	54%	56%	58%	60%	62%	64%	66%	68%	70%	72%	74%	76%	78%	80%	82%	84%	86%	88%	90%	92%	94%	96%	98%	100%
含湿量(g/kg)	0.50	0.52	0.54	0.56	0.58	0.60	0.62	0.64	0.66	0.68	0.70	0.72	0.74	0.76	0.78	0.80	0.81	0.83	0.85	0.87	0.89	0.91	0.93	0.95	0.97
焓(kJ/kg)	-14.41	-14.36	-14.31	-14.26	-14.22	-14.17	-14.12	-14.07	-14.02	-13.98	-13.93	-13.88	-13.83	-13.78	-13.74	-13.69	-13.64	-13.59	-13.54	-13.50	-13.45	-13.40	-13.35	-13.30	-13.26
露点温度(℃)	-22.37	-21.98	-21.61	-21.25	-20.90	-20.56	-20.23	-19.91	-19.60	-19.29	-19.00	-18.71	-18.43	-18.15	-17.89	-17.62	-17.37	-17.12	-16.87	-16.63	-16.40	-16.17	-15.94	-15.72	-15.50
湿球温度(℃)	-16.46	-16.42	-16.38	-16.34	-16.30	-16.26	-16.22	-16.18	-16.14	-16.10	-16.06	-16.02	-15.98	-15.94	-15.90	-15.86	-15.82	-15.78	-15.74	-15.70	-15.66	-15.62	-15.58	-15.54	-15.50

干球温度 -15.0℃ ($P_{qb}=165.30$Pa)

相对湿度	2%	4%	6%	8%	10%	12%	14%	16%	18%	20%	22%	24%	26%	28%	30%	32%	34%	36%	38%	40%	42%	44%	46%	48%	50%
含湿量(g/kg)	0.02	0.04	0.06	0.08	0.10	0.12	0.14	0.16	0.18	0.20	0.22	0.24	0.26	0.28	0.30	0.32	0.35	0.37	0.39	0.41	0.43	0.45	0.47	0.49	0.51
焓(kJ/kg)	-15.10	-15.05	-15.00	-14.95	-14.90	-14.85	-14.80	-14.75	-14.70	-14.65	-14.60	-14.55	-14.50	-14.45	-14.40	-14.35	-14.30	-14.25	-14.20	-14.15	-14.10	-14.05	-14.00	-13.94	-13.89
露点温度(℃)	-51.41	-45.73	-42.26	-39.74	-37.75	-36.10	-34.68	-33.44	-32.33	-31.34	-30.43	-29.59	-28.81	-28.09	-27.42	-26.78	-26.18	-25.62	-25.08	-24.56	-24.07	-23.60	-23.15	-22.72	-22.30
湿球温度(℃)	-17.06	-17.02	-16.97	-16.93	-16.89	-16.85	-16.80	-16.76	-16.72	-16.68	-16.63	-16.59	-16.55	-16.51	-16.46	-16.42	-16.38	-16.34	-16.29	-16.25	-16.21	-16.17	-16.13	-16.08	-16.04

相对湿度	52%	54%	56%	58%	60%	62%	64%	66%	68%	70%	72%	74%	76%	78%	80%	82%	84%	86%	88%	90%	92%	94%	96%	98%	100%
含湿量(g/kg)	0.53	0.55	0.57	0.59	0.61	0.63	0.65	0.67	0.69	0.71	0.73	0.75	0.77	0.79	0.81	0.83	0.85	0.87	0.89	0.91	0.93	0.96	0.98	1.00	1.02
焓(kJ/kg)	-13.84	-13.79	-13.74	-13.69	-13.64	-13.59	-13.54	-13.49	-13.44	-13.39	-13.34	-13.29	-13.24	-13.19	-13.14	-13.09	-13.04	-12.99	-12.94	-12.89	-12.84	-12.79	-12.74	-12.69	-12.64
露点温度(℃)	-21.90	-21.51	-21.13	-20.77	-20.42	-20.08	-19.75	-19.43	-19.11	-18.81	-18.51	-18.22	-17.94	-17.66	-17.40	-17.13	-16.88	-16.62	-16.38	-16.14	-15.90	-15.67	-15.44	-15.22	-15.00
湿球温度(℃)	-15.96	-15.92	-15.87	-15.83	-15.79	-15.75	-15.71	-15.66	-15.62	-15.58	-15.54	-15.50	-15.46	-15.42	-15.37	-15.33	-15.29	-15.25	-15.21	-15.17	-15.12	-15.08	-15.04	-15.00	-15.00

干球温度 -14.5℃ ($P_{qb}=173.09$Pa)

相对湿度	2%	4%	6%	8%	10%	12%	14%	16%	18%	20%	22%	24%	26%	28%	30%	32%	34%	36%	38%	40%	42%	44%	46%	48%	50%
含湿量(g/kg)	0.02	0.04	0.06	0.09	0.11	0.13	0.15	0.17	0.19	0.21	0.23	0.26	0.28	0.30	0.32	0.34	0.36	0.38	0.40	0.43	0.45	0.47	0.49	0.51	0.53
焓(kJ/kg)	-14.59	-14.54	-14.49	-14.43	-14.38	-14.33	-14.28	-14.22	-14.17	-14.12	-14.07	-14.01	-13.96	-13.91	-13.86	-13.80	-13.75	-13.70	-13.65	-13.59	-13.54	-13.49	-13.44	-13.38	-13.33
露点温度(℃)	-51.04	-45.34	-41.86	-39.33	-37.33	-35.67	-34.25	-33.01	-31.90	-30.90	-29.98	-29.14	-28.37	-27.64	-26.97	-26.33	-25.73	-25.16	-24.61	-24.10	-23.60	-23.13	-22.68	-22.25	-21.83
湿球温度(℃)	-16.64	-16.60	-16.55	-16.51	-16.46	-16.42	-16.37	-16.33	-16.29	-16.24	-16.20	-16.15	-16.11	-16.06	-16.02	-15.98	-15.93	-15.89	-15.84	-15.80	-15.76	-15.71	-15.67	-15.63	-15.58

相对湿度	52%	54%	56%	58%	60%	62%	64%	66%	68%	70%	72%	74%	76%	78%	80%	82%	84%	86%	88%	90%	92%	94%	96%	98%	100%
含湿量(g/kg)	0.55	0.57	0.60	0.62	0.64	0.66	0.68	0.70	0.72	0.74	0.77	0.79	0.81	0.83	0.85	0.87	0.89	0.92	0.94	0.96	0.98	1.00	1.02	1.04	1.06
焓(kJ/kg)	-13.28	-13.22	-13.17	-13.12	-13.07	-13.01	-12.96	-12.91	-12.86	-12.80	-12.75	-12.70	-12.65	-12.59	-12.54	-12.49	-12.43	-12.38	-12.33	-12.28	-12.22	-12.17	-12.12	-12.07	-12.01
露点温度(℃)	-21.42	-21.03	-20.66	-20.29	-19.94	-19.60	-19.27	-18.94	-18.63	-18.32	-18.03	-17.73	-17.45	-17.18	-16.91	-16.64	-16.38	-16.13	-15.88	-15.64	-15.40	-15.17	-14.94	-14.72	-14.50
湿球温度(℃)	-15.54	-15.49	-15.45	-15.41	-15.36	-15.32	-15.28	-15.23	-15.19	-15.15	-15.10	-15.06	-15.02	-14.97	-14.93	-14.89	-14.84	-14.80	-14.76	-14.71	-14.67	-14.63	-14.59	-14.54	-14.50

干球温度(℃)	相对湿度	50%	48%	46%	44%	42%	40%	38%	36%	34%	32%	30%	28%	26%	24%	22%	20%	18%	16%	14%	12%	10%	8%	6%	4%	2%
-14.0	含湿量(g/kg)	0.56	0.53	0.51	0.49	0.47	0.45	0.42	0.40	0.38	0.36	0.33	0.31	0.29	0.27	0.24	0.22	0.20	0.18	0.16	0.13	0.11	0.09	0.07	0.04	0.02
	焓(kJ/kg)	-12.76	-12.82	-12.87	-12.93	-12.98	-13.04	-13.09	-13.15	-13.20	-13.26	-13.31	-13.37	-13.42	-13.48	-13.53	-13.59	-13.64	-13.70	-13.75	-13.81	-13.86	-13.92	-13.97	-14.03	-14.08
	露点温度(℃)	-21.35	-21.77	-22.21	-22.67	-23.14	-23.63	-24.15	-24.70	-25.27	-25.87	-26.51	-27.19	-27.92	-28.70	-29.54	-30.46	-31.46	-32.58	-33.83	-35.25	-36.92	-38.93	-41.46	-44.95	-50.67
	湿球温度(℃)	-15.12	-15.17	-15.21	-15.26	-15.31	-15.35	-15.40	-15.44	-15.49	-15.53	-15.58	-15.63	-15.67	-15.72	-15.76	-15.81	-15.85	-15.90	-15.95	-15.99	-16.04	-16.09	-16.13	-16.18	-16.22
	相对湿度	100%	98%	96%	94%	92%	90%	88%	86%	84%	82%	80%	78%	76%	74%	72%	70%	68%	66%	64%	62%	60%	58%	56%	54%	52%
	含湿量(g/kg)	1.11	1.09	1.07	1.05	1.03	1.00	0.98	0.96	0.94	0.91	0.89	0.87	0.85	0.82	0.80	0.78	0.76	0.74	0.71	0.69	0.67	0.65	0.62	0.60	0.58
	焓(kJ/kg)	-11.38	-11.44	-11.49	-11.55	-11.60	-11.66	-11.71	-11.77	-11.82	-11.88	-11.93	-11.99	-12.05	-12.10	-12.16	-12.21	-12.27	-12.32	-12.38	-12.43	-12.49	-12.54	-12.60	-12.65	-12.71
	露点温度(℃)	-14.00	-14.22	-14.45	-14.67	-14.91	-15.15	-15.39	-15.64	-15.89	-16.15	-16.41	-16.69	-16.96	-17.25	-17.54	-17.84	-18.14	-18.46	-18.78	-19.12	-19.46	-19.82	-20.18	-20.56	-20.95
	湿球温度(℃)	-14.00	-14.04	-14.09	-14.13	-14.18	-14.22	-14.27	-14.31	-14.36	-14.40	-14.45	-14.49	-14.54	-14.58	-14.63	-14.67	-14.72	-14.76	-14.81	-14.85	-14.90	-14.94	-14.99	-15.03	-15.08
P_{qb}=181.21Pa																										
-13.5	含湿量(g/kg)	0.58	0.56	0.54	0.51	0.49	0.47	0.44	0.42	0.40	0.37	0.35	0.33	0.30	0.28	0.26	0.23	0.21	0.19	0.16	0.14	0.12	0.09	0.07	0.05	0.02
	焓(kJ/kg)	-12.19	-12.25	-12.31	-12.37	-12.42	-12.48	-12.54	-12.60	-12.65	-12.71	-12.77	-12.83	-12.89	-12.94	-13.00	-13.06	-13.12	-13.17	-13.23	-13.29	-13.35	-13.40	-13.46	-13.52	-13.58
	露点温度(℃)	-20.88	-21.30	-21.74	-22.20	-22.67	-23.17	-23.69	-24.24	-24.81	-25.42	-26.06	-26.74	-27.47	-28.26	-29.10	-30.02	-31.03	-32.15	-33.40	-34.83	-36.50	-38.52	-41.06	-44.56	-50.30
	湿球温度(℃)	-14.67	-14.71	-14.76	-14.81	-14.86	-14.90	-14.95	-15.00	-15.05	-15.09	-15.14	-15.19	-15.24	-15.28	-15.33	-15.38	-15.43	-15.47	-15.52	-15.57	-15.62	-15.67	-15.71	-15.76	-15.81
	相对湿度	100%	98%	96%	94%	92%	90%	88%	86%	84%	82%	80%	78%	76%	74%	72%	70%	68%	66%	64%	62%	60%	58%	56%	54%	52%
	含湿量(g/kg)	1.17	1.14	1.12	1.10	1.07	1.05	1.03	1.00	0.98	0.96	0.93	0.91	0.89	0.86	0.84	0.82	0.79	0.77	0.75	0.72	0.70	0.68	0.65	0.63	0.61
	焓(kJ/kg)	-10.75	-10.81	-10.86	-10.92	-10.98	-11.04	-11.09	-11.15	-11.21	-11.27	-11.33	-11.38	-11.44	-11.50	-11.56	-11.61	-11.67	-11.73	-11.79	-11.85	-11.90	-11.96	-12.02	-12.08	-12.13
	露点温度(℃)	-13.50	-13.72	-13.95	-14.18	-14.41	-14.65	-14.89	-15.14	-15.40	-15.66	-15.92	-16.20	-16.47	-16.76	-17.05	-17.35	-17.66	-17.98	-18.30	-18.64	-18.98	-19.34	-19.70	-20.08	-20.48
	湿球温度(℃)	-13.50	-13.55	-13.59	-13.64	-13.68	-13.73	-13.78	-13.82	-13.87	-13.92	-13.96	-14.01	-14.06	-14.10	-14.15	-14.20	-14.24	-14.29	-14.34	-14.38	-14.43	-14.48	-14.53	-14.57	-14.62
P_{qb}=189.69Pa																										
-13.0	含湿量(g/kg)	0.61	0.59	0.56	0.54	0.51	0.49	0.46	0.44	0.41	0.39	0.37	0.34	0.32	0.29	0.27	0.24	0.22	0.20	0.17	0.15	0.12	0.10	0.07	0.05	0.02
	焓(kJ/kg)	-11.62	-11.68	-11.74	-11.80	-11.86	-11.92	-11.98	-12.04	-12.10	-12.16	-12.22	-12.28	-12.35	-12.41	-12.47	-12.53	-12.59	-12.65	-12.71	-12.77	-12.83	-12.89	-12.95	-13.01	-13.07
	露点温度(℃)	-20.41	-20.83	-21.27	-21.73	-22.21	-22.71	-23.23	-23.78	-24.35	-24.96	-25.61	-26.29	-27.02	-27.81	-28.66	-29.58	-30.59	-31.71	-32.97	-34.41	-36.09	-38.11	-40.67	-44.17	-49.94
	湿球温度(℃)	-14.21	-14.26	-14.31	-14.36	-14.41	-14.46	-14.51	-14.55	-14.60	-14.65	-14.70	-14.75	-14.80	-14.85	-14.90	-14.95	-15.00	-15.05	-15.10	-15.15	-15.20	-15.25	-15.30	-15.35	-15.40
	相对湿度	100%	98%	96%	94%	92%	90%	88%	86%	84%	82%	80%	78%	76%	74%	72%	70%	68%	66%	64%	62%	60%	58%	56%	54%	52%
	含湿量(g/kg)	1.22	1.20	1.17	1.15	1.12	1.10	1.07	1.05	1.03	1.00	0.98	0.95	0.93	0.90	0.88	0.85	0.83	0.81	0.78	0.76	0.73	0.71	0.68	0.66	0.63
	焓(kJ/kg)	-10.11	-10.17	-10.23	-10.29	-10.35	-10.41	-10.47	-10.53	-10.59	-10.65	-10.71	-10.77	-10.83	-10.89	-10.95	-11.01	-11.08	-11.14	-11.20	-11.26	-11.32	-11.38	-11.44	-11.50	-11.56
	露点温度(℃)	-13.00	-13.22	-13.45	-13.68	-13.91	-14.15	-14.40	-14.65	-14.90	-15.17	-15.43	-15.71	-15.99	-16.27	-16.57	-16.87	-17.18	-17.49	-17.82	-18.16	-18.50	-18.86	-19.23	-19.61	-20.00
	湿球温度(℃)	-13.00	-13.05	-13.10	-13.14	-13.19	-13.24	-13.29	-13.34	-13.38	-13.43	-13.48	-13.53	-13.58	-13.63	-13.67	-13.72	-13.77	-13.82	-13.87	-13.92	-13.97	-14.01	-14.06	-14.11	-14.16
P_{qb}=198.52Pa																										

干球温度(℃)	相对湿度	2%	4%	6%	8%	10%	12%	14%	16%	18%	20%	22%	24%	26%	28%	30%	32%	34%	36%	38%	40%	42%	44%	46%	48%	50%
-12.5	含湿量(g/kg)	0.03	0.05	0.08	0.10	0.13	0.15	0.18	0.20	0.23	0.26	0.28	0.31	0.33	0.36	0.38	0.41	0.43	0.46	0.48	0.51	0.54	0.56	0.59	0.61	0.64
	焓(kJ/kg)	-12.56	-12.50	-12.44	-12.37	-12.31	-12.25	-12.18	-12.12	-12.06	-11.99	-11.93	-11.87	-11.80	-11.74	-11.68	-11.61	-11.55	-11.49	-11.42	-11.36	-11.30	-11.23	-11.17	-11.11	-11.04
	露点温度(℃)	-49.57	-43.79	-40.27	-37.70	-35.67	-33.99	-32.55	-31.28	-30.16	-29.14	-28.22	-27.37	-26.58	-25.84	-25.15	-24.51	-23.90	-23.32	-22.77	-22.24	-21.74	-21.27	-20.81	-20.36	-19.94
	湿球温度(℃)	-14.99	-14.94	-14.89	-14.83	-14.78	-14.73	-14.68	-14.63	-14.58	-14.52	-14.47	-14.42	-14.37	-14.32	-14.27	-14.22	-14.16	-14.11	-14.06	-14.01	-13.96	-13.91	-13.86	-13.81	-13.76
	相对湿度	52%	54%	56%	58%	60%	62%	64%	66%	68%	70%	72%	74%	76%	78%	80%	82%	84%	86%	88%	90%	92%	94%	96%	98%	100%
	含湿量(g/kg)	0.66	0.69	0.71	0.74	0.77	0.79	0.82	0.84	0.87	0.89	0.92	0.95	0.97	1.00	1.02	1.05	1.07	1.10	1.12	1.15	1.18	1.20	1.23	1.25	1.28
	焓(kJ/kg)	-10.98	-10.92	-10.85	-10.79	-10.73	-10.66	-10.60	-10.54	-10.47	-10.41	-10.35	-10.28	-10.22	-10.16	-10.09	-10.03	-9.97	-9.90	-9.84	-9.78	-9.71	-9.65	-9.59	-9.52	-9.46
	露点温度(℃)	-19.53	-19.13	-18.75	-18.38	-18.02	-17.68	-17.34	-17.01	-16.69	-16.38	-16.08	-15.78	-15.50	-15.22	-14.94	-14.67	-14.41	-14.16	-13.90	-13.66	-13.42	-13.18	-12.95	-12.72	-12.50
$P_{qb}=207.73Pa$	湿球温度(℃)	-13.70	-13.65	-13.60	-13.55	-13.50	-13.45	-13.40	-13.35	-13.30	-13.25	-13.20	-13.15	-13.10	-13.05	-13.00	-12.95	-12.90	-12.85	-12.80	-12.75	-12.70	-12.65	-12.60	-12.55	-12.50
干球温度(℃)	相对湿度	2%	4%	6%	8%	10%	12%	14%	16%	18%	20%	22%	24%	26%	28%	30%	32%	34%	36%	38%	40%	42%	44%	46%	48%	50%
-12.0	含湿量(g/kg)	0.03	0.05	0.08	0.11	0.13	0.16	0.19	0.21	0.24	0.27	0.29	0.32	0.35	0.37	0.40	0.43	0.45	0.48	0.51	0.53	0.56	0.59	0.61	0.64	0.67
	焓(kJ/kg)	-12.05	-11.99	-11.92	-11.86	-11.79	-11.72	-11.66	-11.59	-11.52	-11.46	-11.39	-11.33	-11.26	-11.19	-11.13	-11.06	-11.00	-10.93	-10.86	-10.80	-10.73	-10.66	-10.60	-10.53	-10.47
	露点温度(℃)	-49.20	-43.40	-39.87	-37.29	-35.26	-33.57	-32.12	-30.85	-29.72	-28.71	-27.78	-26.92	-26.13	-25.39	-24.70	-24.05	-23.44	-22.86	-22.31	-21.78	-21.28	-20.80	-20.34	-19.89	-19.47
	湿球温度(℃)	-14.58	-14.53	-14.48	-14.42	-14.37	-14.31	-14.26	-14.21	-14.15	-14.10	-14.05	-13.99	-13.94	-13.89	-13.83	-13.78	-13.73	-13.67	-13.62	-13.57	-13.51	-13.46	-13.41	-13.35	-13.30
	相对湿度	52%	54%	56%	58%	60%	62%	64%	66%	68%	70%	72%	74%	76%	78%	80%	82%	84%	86%	88%	90%	92%	94%	96%	98%	100%
	含湿量(g/kg)	0.69	0.72	0.75	0.77	0.80	0.83	0.85	0.88	0.91	0.94	0.96	0.99	1.02	1.04	1.07	1.10	1.12	1.15	1.18	1.20	1.23	1.26	1.28	1.31	1.34
	焓(kJ/kg)	-10.40	-10.33	-10.27	-10.20	-10.13	-10.07	-10.00	-9.94	-9.87	-9.80	-9.74	-9.67	-9.60	-9.54	-9.47	-9.40	-9.34	-9.27	-9.21	-9.14	-9.07	-9.01	-8.94	-8.87	-8.81
	露点温度(℃)	-19.06	-18.66	-18.28	-17.90	-17.55	-17.20	-16.86	-16.53	-16.21	-15.90	-15.59	-15.30	-15.01	-14.73	-14.45	-14.18	-13.92	-13.66	-13.41	-13.16	-12.92	-12.68	-12.45	-12.22	-12.00
$P_{qb}=217.32Pa$	湿球温度(℃)	-13.25	-13.20	-13.14	-13.09	-13.04	-12.99	-12.93	-12.88	-12.83	-12.78	-12.72	-12.67	-12.62	-12.57	-12.52	-12.46	-12.41	-12.36	-12.31	-12.26	-12.21	-12.15	-12.10	-12.05	-12.00
干球温度(℃)	相对湿度	2%	4%	6%	8%	10%	12%	14%	16%	18%	20%	22%	24%	26%	28%	30%	32%	34%	36%	38%	40%	42%	44%	46%	48%	50%
-11.5	含湿量(g/kg)	0.03	0.06	0.08	0.11	0.14	0.17	0.20	0.22	0.25	0.28	0.31	0.34	0.36	0.39	0.42	0.45	0.47	0.50	0.53	0.56	0.59	0.61	0.64	0.67	0.70
	焓(kJ/kg)	-11.55	-11.48	-11.41	-11.34	-11.27	-11.20	-11.13	-11.06	-10.99	-10.92	-10.85	-10.78	-10.72	-10.65	-10.58	-10.51	-10.44	-10.37	-10.30	-10.23	-10.16	-10.09	-10.02	-9.95	-9.88
	露点温度(℃)	-48.83	-43.01	-39.47	-36.89	-34.84	-33.15	-31.70	-30.42	-29.29	-28.27	-27.34	-26.48	-25.68	-24.94	-24.25	-23.60	-22.98	-22.40	-21.85	-21.32	-20.81	-20.33	-19.87	-19.42	-19.00
	湿球温度(℃)	-14.18	-14.12	-14.07	-14.01	-13.96	-13.90	-13.84	-13.79	-13.73	-13.68	-13.62	-13.57	-13.51	-13.45	-13.40	-13.34	-13.29	-13.23	-13.18	-13.12	-13.07	-13.01	-12.96	-12.90	-12.85
	相对湿度	52%	54%	56%	58%	60%	62%	64%	66%	68%	70%	72%	74%	76%	78%	80%	82%	84%	86%	88%	90%	92%	94%	96%	98%	100%
	含湿量(g/kg)	0.73	0.75	0.78	0.81	0.84	0.87	0.89	0.92	0.95	0.98	1.01	1.03	1.06	1.09	1.12	1.15	1.17	1.20	1.23	1.26	1.29	1.31	1.34	1.37	1.40
	焓(kJ/kg)	-9.81	-9.74	-9.68	-9.61	-9.54	-9.47	-9.40	-9.33	-9.26	-9.19	-9.12	-9.05	-8.98	-8.91	-8.84	-8.77	-8.70	-8.63	-8.56	-8.50	-8.43	-8.36	-8.29	-8.22	-8.15
	露点温度(℃)	-18.58	-18.19	-17.80	-17.43	-17.07	-16.72	-16.38	-16.05	-15.72	-15.41	-15.11	-14.81	-14.52	-14.24	-13.96	-13.69	-13.43	-13.17	-12.92	-12.67	-12.43	-12.19	-11.95	-11.72	-11.50
$P_{qb}=227.32Pa$	湿球温度(℃)	-12.79	-12.74	-12.69	-12.63	-12.58	-12.52	-12.47	-12.41	-12.36	-12.31	-12.25	-12.20	-12.14	-12.09	-12.04	-11.98	-11.93	-11.87	-11.82	-11.77	-11.71	-11.66	-11.61	-11.55	-11.50

干球温度(℃)	相对湿度	2%	4%	6%	8%	10%	12%	14%	16%	18%	20%	22%	24%	26%	28%	30%	32%	34%	36%	38%	40%	42%	44%	46%	48%	50%
−11.0	含湿量(g/kg)	0.03	0.06	0.09	0.12	0.15	0.18	0.20	0.23	0.26	0.29	0.32	0.35	0.38	0.41	0.44	0.47	0.50	0.53	0.56	0.58	0.61	0.64	0.67	0.70	0.73
	焓(kJ/kg)	−11.04	−10.97	−10.89	−10.82	−10.75	−10.68	−10.60	−10.53	−10.46	−10.39	−10.31	−10.24	−10.17	−10.10	−10.02	−9.95	−9.88	−9.81	−9.73	−9.66	−9.59	−9.52	−9.44	−9.37	−9.30
	露点温度(℃)	−48.47	−42.63	−39.07	−36.48	−34.43	−32.73	−31.27	−29.99	−28.86	−27.83	−26.89	−26.03	−25.24	−24.49	−23.80	−23.14	−22.53	−21.94	−21.38	−20.86	−20.35	−19.86	−19.40	−18.95	−18.52
	湿球温度(℃)	−13.78	−13.72	−13.66	−13.60	−13.55	−13.49	−13.43	−13.37	−13.31	−13.26	−13.20	−13.14	−13.08	−13.03	−12.97	−12.91	−12.85	−12.80	−12.74	−12.68	−12.63	−12.57	−12.51	−12.45	−12.40

干球温度(℃)	相对湿度	52%	54%	56%	58%	60%	62%	64%	66%	68%	70%	72%	74%	76%	78%	80%	82%	84%	86%	88%	90%	92%	94%	96%	98%	100%
P_{qb}=237.74Pa	含湿量(g/kg)	0.76	0.79	0.82	0.85	0.88	0.91	0.94	0.96	0.99	1.02	1.05	1.08	1.11	1.14	1.17	1.20	1.23	1.26	1.29	1.32	1.35	1.37	1.40	1.43	1.46
	焓(kJ/kg)	−9.23	−9.15	−9.08	−9.01	−8.94	−8.86	−8.79	−8.72	−8.65	−8.57	−8.50	−8.43	−8.35	−8.28	−8.21	−8.14	−8.06	−7.99	−7.92	−7.85	−7.77	−7.70	−7.63	−7.56	−7.48
	露点温度(℃)	−18.11	−17.71	−17.32	−16.95	−16.59	−16.24	−15.89	−15.56	−15.24	−14.93	−14.62	−14.32	−14.03	−13.75	−13.47	−13.20	−12.93	−12.68	−12.42	−12.17	−11.93	−11.69	−11.46	−11.23	−11.00
	湿球温度(℃)	−12.34	−12.28	−12.23	−12.17	−12.12	−12.06	−12.00	−11.95	−11.89	−11.83	−11.78	−11.72	−11.67	−11.61	−11.55	−11.50	−11.44	−11.39	−11.33	−11.28	−11.22	−11.17	−11.11	−11.06	−11.00

干球温度(℃)	相对湿度	2%	4%	6%	8%	10%	12%	14%	16%	18%	20%	22%	24%	26%	28%	30%	32%	34%	36%	38%	40%	42%	44%	46%	48%	50%
−10.5	含湿量(g/kg)	0.03	0.06	0.09	0.12	0.15	0.18	0.21	0.24	0.27	0.31	0.34	0.37	0.40	0.43	0.46	0.49	0.52	0.55	0.58	0.61	0.64	0.67	0.70	0.73	0.76
	焓(kJ/kg)	−10.53	−10.45	−10.38	−10.30	−10.23	−10.15	−10.07	−10.00	−9.92	−9.85	−9.77	−9.70	−9.62	−9.54	−9.47	−9.39	−9.32	−9.24	−9.17	−9.09	−9.01	−8.94	−8.86	−8.79	−8.71
	露点温度(℃)	−48.10	−42.24	−38.67	−36.07	−34.02	−32.31	−30.85	−29.56	−28.42	−27.39	−26.45	−25.59	−24.79	−24.04	−23.35	−22.69	−22.07	−21.48	−20.92	−20.39	−19.88	−19.40	−18.93	−18.48	−18.05
	湿球温度(℃)	−13.38	−13.32	−13.26	−13.20	−13.14	−13.08	−13.02	−12.96	−12.90	−12.84	−12.78	−12.72	−12.66	−12.60	−12.54	−12.48	−12.42	−12.36	−12.30	−12.24	−12.18	−12.12	−12.07	−12.01	−11.95

干球温度(℃)	相对湿度	52%	54%	56%	58%	60%	62%	64%	66%	68%	70%	72%	74%	76%	78%	80%	82%	84%	86%	88%	90%	92%	94%	96%	98%	100%
P_{qb}=248.60Pa	含湿量(g/kg)	0.79	0.83	0.86	0.89	0.92	0.95	0.98	1.01	1.04	1.07	1.10	1.13	1.16	1.19	1.22	1.25	1.28	1.32	1.35	1.38	1.41	1.44	1.47	1.50	1.53
	焓(kJ/kg)	−8.63	−8.56	−8.48	−8.41	−8.33	−8.25	−8.18	−8.10	−8.03	−7.95	−7.87	−7.80	−7.72	−7.65	−7.57	−7.49	−7.42	−7.34	−7.27	−7.19	−7.11	−7.04	−6.96	−6.89	−6.81
	露点温度(℃)	−17.64	−17.24	−16.85	−16.47	−16.11	−15.76	−15.41	−15.08	−14.76	−14.44	−14.13	−13.84	−13.54	−13.26	−12.98	−12.71	−12.44	−12.18	−11.93	−11.68	−11.43	−11.19	−10.96	−10.73	−10.50
	湿球温度(℃)	−11.89	−11.83	−11.77	−11.71	−11.65	−11.60	−11.54	−11.48	−11.42	−11.36	−11.31	−11.25	−11.19	−11.13	−11.07	−11.02	−10.96	−10.90	−10.84	−10.79	−10.73	−10.67	−10.61	−10.56	−10.50

干球温度(℃)	相对湿度	2%	4%	6%	8%	10%	12%	14%	16%	18%	20%	22%	24%	26%	28%	30%	32%	34%	36%	38%	40%	42%	44%	46%	48%	50%
−10.0	含湿量(g/kg)	0.03	0.06	0.10	0.13	0.16	0.19	0.22	0.26	0.29	0.32	0.35	0.38	0.42	0.45	0.48	0.51	0.54	0.57	0.61	0.64	0.67	0.70	0.73	0.77	0.80
	焓(kJ/kg)	−10.02	−9.94	−9.86	−9.78	−9.70	−9.62	−9.55	−9.47	−9.39	−9.31	−9.23	−9.15	−9.07	−8.99	−8.91	−8.83	−8.75	−8.67	−8.59	−8.51	−8.44	−8.36	−8.28	−8.20	−8.12
	露点温度(℃)	−47.73	−41.85	−38.27	−35.66	−33.60	−31.89	−30.42	−29.13	−27.99	−26.96	−26.01	−25.15	−24.34	−23.59	−22.89	−22.23	−21.61	−21.02	−20.46	−19.93	−19.42	−18.93	−18.46	−18.01	−17.58
	湿球温度(℃)	−12.98	−12.92	−12.86	−12.80	−12.73	−12.67	−12.61	−12.55	−12.48	−12.42	−12.36	−12.30	−12.24	−12.17	−12.11	−12.05	−11.99	−11.93	−11.87	−11.80	−11.74	−11.68	−11.62	−11.56	−11.50

干球温度(℃)	相对湿度	52%	54%	56%	58%	60%	62%	64%	66%	68%	70%	72%	74%	76%	78%	80%	82%	84%	86%	88%	90%	92%	94%	96%	98%	100%
P_{qb}=259.90Pa	含湿量(g/kg)	0.83	0.86	0.89	0.93	0.96	0.99	1.02	1.05	1.09	1.12	1.15	1.18	1.21	1.25	1.28	1.31	1.34	1.38	1.41	1.44	1.47	1.50	1.54	1.57	1.60
	焓(kJ/kg)	−8.04	−7.96	−7.88	−7.80	−7.72	−7.64	−7.56	−7.48	−7.40	−7.32	−7.24	−7.16	−7.09	−7.01	−6.93	−6.85	−6.77	−6.69	−6.61	−6.53	−6.45	−6.37	−6.29	−6.21	−6.13
	露点温度(℃)	−17.16	−16.76	−16.37	−16.00	−15.63	−15.28	−14.93	−14.60	−14.27	−13.96	−13.65	−13.35	−13.06	−12.77	−12.49	−12.22	−11.95	−11.69	−11.43	−11.18	−10.94	−10.70	−10.46	−10.23	−10.00
	湿球温度(℃)	−11.44	−11.38	−11.32	−11.26	−11.20	−11.13	−11.07	−11.01	−10.95	−10.89	−10.83	−10.77	−10.71	−10.65	−10.59	−10.53	−10.47	−10.41	−10.36	−10.30	−10.24	−10.18	−10.12	−10.06	−10.00

干球温度(℃) = −9.5（$P_{qb}=271.68$Pa）

相对湿度	2%	4%	6%	8%	10%	12%	14%	16%	18%	20%	22%	24%	26%	28%	30%	32%	34%	36%	38%	40%	42%	44%	46%	48%	50%
含湿量(g/kg)	0.03	0.07	0.10	0.13	0.17	0.20	0.23	0.27	0.30	0.33	0.37	0.40	0.43	0.47	0.50	0.53	0.57	0.60	0.63	0.67	0.70	0.73	0.77	0.80	0.83
焓(kJ/kg)	−9.51	−9.43	−9.35	−9.26	−9.18	−9.10	−9.02	−8.93	−8.85	−8.77	−8.68	−8.60	−8.52	−8.43	−8.35	−8.27	−8.19	−8.10	−8.02	−7.94	−7.85	−7.77	−7.69	−7.61	−7.52
露点温度(℃)	−47.36	−41.47	−37.88	−35.26	−33.19	−31.47	−30.00	−28.70	−27.56	−26.52	−25.57	−24.70	−23.90	−23.14	−22.44	−21.78	−21.16	−20.56	−20.00	−19.47	−18.96	−18.47	−18.00	−17.54	−17.11
湿球温度(℃)	−12.59	−12.53	−12.46	−12.40	−12.33	−12.27	−12.20	−12.14	−12.07	−12.01	−11.94	−11.88	−11.81	−11.75	−11.69	−11.62	−11.56	−11.50	−11.43	−11.37	−11.30	−11.24	−11.18	−11.11	−11.05
相对湿度	52%	54%	56%	58%	60%	62%	64%	66%	68%	70%	72%	74%	76%	78%	80%	82%	84%	86%	88%	90%	92%	94%	96%	98%	100%
含湿量(g/kg)	0.87	0.90	0.94	0.97	1.00	1.04	1.07	1.10	1.14	1.17	1.20	1.24	1.27	1.30	1.34	1.37	1.40	1.44	1.47	1.50	1.54	1.57	1.61	1.64	1.67
焓(kJ/kg)	−7.44	−7.36	−7.27	−7.19	−7.11	−7.02	−6.94	−6.86	−6.77	−6.69	−6.61	−6.53	−6.44	−6.36	−6.28	−6.19	−6.11	−6.03	−5.94	−5.86	−5.78	−5.69	−5.61	−5.53	−5.44
露点温度(℃)	−16.69	−16.29	−15.90	−15.52	−15.15	−14.80	−14.45	−14.12	−13.79	−13.47	−13.16	−12.86	−12.57	−12.28	−12.00	−11.72	−11.46	−11.19	−10.94	−10.69	−10.44	−10.20	−9.96	−9.73	−9.50
湿球温度(℃)	−10.99	−10.93	−10.86	−10.80	−10.74	−10.67	−10.61	−10.55	−10.49	−10.42	−10.36	−10.30	−10.24	−10.18	−10.11	−10.05	−9.99	−9.93	−9.87	−9.81	−9.74	−9.68	−9.62	−9.56	−9.50

干球温度(℃) = −9.0（$P_{qb}=283.94$Pa）

相对湿度	2%	4%	6%	8%	10%	12%	14%	16%	18%	20%	22%	24%	26%	28%	30%	32%	34%	36%	38%	40%	42%	44%	46%	48%	50%
含湿量(g/kg)	0.03	0.07	0.10	0.14	0.17	0.21	0.24	0.28	0.31	0.35	0.38	0.42	0.45	0.49	0.52	0.56	0.59	0.63	0.66	0.70	0.73	0.77	0.80	0.84	0.87
焓(kJ/kg)	−9.00	−8.92	−8.83	−8.74	−8.66	−8.57	−8.48	−8.40	−8.31	−8.22	−8.14	−8.05	−7.96	−7.88	−7.79	−7.70	−7.62	−7.53	−7.44	−7.36	−7.27	−7.18	−7.10	−7.01	−6.92
露点温度(℃)	−47.00	−41.08	−37.48	−34.85	−32.77	−31.05	−29.57	−28.28	−27.12	−26.08	−25.13	−24.26	−23.45	−22.70	−21.99	−21.33	−20.70	−20.11	−19.54	−19.00	−18.49	−18.00	−17.53	−17.07	−16.64
湿球温度(℃)	−12.20	−12.13	−12.06	−12.00	−11.93	−11.86	−11.80	−11.73	−11.66	−11.60	−11.53	−11.46	−11.40	−11.33	−11.26	−11.20	−11.13	−11.06	−11.00	−10.93	−10.87	−10.80	−10.74	−10.67	−10.60
相对湿度	52%	54%	56%	58%	60%	62%	64%	66%	68%	70%	72%	74%	76%	78%	80%	82%	84%	86%	88%	90%	92%	94%	96%	98%	100%
含湿量(g/kg)	0.91	0.94	0.98	1.01	1.05	1.08	1.12	1.15	1.19	1.22	1.26	1.29	1.33	1.36	1.40	1.43	1.47	1.50	1.54	1.57	1.61	1.64	1.68	1.71	1.75
焓(kJ/kg)	−6.84	−6.75	−6.66	−6.58	−6.49	−6.40	−6.31	−6.23	−6.14	−6.05	−5.97	−5.88	−5.79	−5.71	−5.62	−5.53	−5.45	−5.36	−5.27	−5.18	−5.10	−5.01	−4.92	−4.84	−4.75
露点温度(℃)	−16.22	−15.81	−15.42	−15.04	−14.67	−14.32	−13.97	−13.63	−13.31	−12.99	−12.68	−12.37	−12.08	−11.79	−11.51	−11.23	−10.96	−10.70	−10.44	−10.19	−9.94	−9.70	−9.46	−9.23	−9.00
湿球温度(℃)	−10.54	−10.47	−10.41	−10.34	−10.28	−10.21	−10.15	−10.08	−10.02	−9.96	−9.89	−9.83	−9.76	−9.70	−9.63	−9.57	−9.51	−9.44	−9.38	−9.32	−9.25	−9.19	−9.13	−9.06	−9.00

干球温度(℃) = −8.5（$P_{qb}=296.70$Pa）

相对湿度	2%	4%	6%	8%	10%	12%	14%	16%	18%	20%	22%	24%	26%	28%	30%	32%	34%	36%	38%	40%	42%	44%	46%	48%	50%
含湿量(g/kg)	0.04	0.07	0.11	0.15	0.18	0.22	0.26	0.29	0.33	0.36	0.40	0.44	0.47	0.51	0.55	0.58	0.62	0.66	0.69	0.73	0.77	0.80	0.84	0.88	0.91
焓(kJ/kg)	−8.49	−8.40	−8.31	−8.22	−8.13	−8.04	−7.95	−7.86	−7.77	−7.68	−7.59	−7.50	−7.41	−7.32	−7.23	−7.14	−7.05	−6.95	−6.86	−6.77	−6.68	−6.59	−6.50	−6.41	−6.32
露点温度(℃)	−46.63	−40.70	−37.08	−34.44	−32.36	−30.63	−29.15	−27.85	−26.69	−25.64	−24.69	−23.81	−23.00	−22.25	−21.54	−20.87	−20.24	−19.65	−19.08	−18.54	−18.03	−17.53	−17.06	−16.60	−16.17
湿球温度(℃)	−11.81	−11.74	−11.67	−11.60	−11.53	−11.46	−11.39	−11.32	−11.25	−11.19	−11.12	−11.05	−10.98	−10.91	−10.84	−10.77	−10.70	−10.64	−10.57	−10.50	−10.43	−10.36	−10.29	−10.23	−10.16
相对湿度	52%	54%	56%	58%	60%	62%	64%	66%	68%	70%	72%	74%	76%	78%	80%	82%	84%	86%	88%	90%	92%	94%	96%	98%	100%
含湿量(g/kg)	0.95	0.99	1.02	1.06	1.09	1.13	1.17	1.20	1.24	1.28	1.31	1.35	1.39	1.42	1.46	1.50	1.53	1.57	1.61	1.64	1.68	1.72	1.75	1.79	1.83
焓(kJ/kg)	−6.23	−6.14	−6.05	−5.96	−5.87	−5.77	−5.68	−5.59	−5.50	−5.41	−5.32	−5.23	−5.14	−5.05	−4.96	−4.87	−4.77	−4.68	−4.59	−4.50	−4.41	−4.32	−4.23	−4.14	−4.05
露点温度(℃)	−15.75	−15.34	−14.94	−14.56	−14.19	−13.84	−13.49	−13.15	−12.82	−12.50	−12.19	−11.89	−11.59	−11.30	−11.02	−10.74	−10.47	−10.21	−9.95	−9.69	−9.45	−9.20	−8.96	−8.73	−8.50
湿球温度(℃)	−10.09	−10.02	−9.96	−9.89	−9.82	−9.76	−9.69	−9.62	−9.55	−9.49	−9.42	−9.35	−9.29	−9.22	−9.16	−9.09	−9.02	−8.96	−8.89	−8.83	−8.76	−8.70	−8.63	−8.57	−8.50

续表

干球温度 -8.0℃（$P_{qb}=309.98\text{Pa}$）

相对湿度	50%	48%	46%	44%	42%	40%	38%	36%	34%	32%	30%	28%	26%	24%	22%	20%	18%	16%	14%	12%	10%	8%	6%	4%	2%
含湿量(g/kg)	0.95	0.91	0.88	0.84	0.80	0.76	0.72	0.69	0.65	0.61	0.57	0.53	0.50	0.46	0.42	0.38	0.34	0.30	0.27	0.23	0.19	0.15	0.11	0.08	0.04
焓(kJ/kg)	−5.71	−5.81	−5.90	−6.00	−6.09	−6.19	−6.28	−6.38	−6.47	−6.57	−6.66	−6.75	−6.85	−6.94	−7.04	−7.13	−7.23	−7.32	−7.42	−7.51	−7.61	−7.70	−7.80	−7.89	−7.99
露点温度(℃)	−15.70	−16.14	−16.59	−17.07	−17.56	−18.08	−18.62	−19.19	−19.79	−20.42	−21.09	−21.80	−22.56	−23.37	−24.25	−25.21	−26.26	−27.42	−28.72	−30.21	−31.95	−34.04	−36.68	−40.31	−46.27
湿球温度(℃)	−9.71	−9.78	−9.86	−9.93	−10.00	−10.07	−10.14	−10.21	−10.28	−10.35	−10.42	−10.49	−10.56	−10.63	−10.71	−10.78	−10.85	−10.92	−10.99	−11.06	−11.14	−11.21	−11.28	−11.35	−11.43

相对湿度	100%	98%	96%	94%	92%	90%	88%	86%	84%	82%	80%	78%	76%	74%	72%	70%	68%	66%	64%	62%	60%	58%	56%	54%	52%
含湿量(g/kg)	1.91	1.87	1.83	1.79	1.76	1.72	1.68	1.64	1.60	1.56	1.53	1.49	1.45	1.41	1.37	1.33	1.30	1.26	1.22	1.18	1.14	1.11	1.07	1.03	0.99
焓(kJ/kg)	−3.34	−3.43	−3.53	−3.62	−3.72	−3.81	−3.91	−4.00	−4.10	−4.19	−4.29	−4.38	−4.48	−4.57	−4.67	−4.76	−4.86	−4.95	−5.05	−5.14	−5.24	−5.33	−5.43	−5.52	−5.62
露点温度(℃)	−8.00	−8.23	−8.47	−8.71	−8.95	−9.20	−9.45	−9.71	−9.98	−10.25	−10.53	−10.81	−11.10	−11.40	−11.70	−12.02	−12.34	−12.67	−13.01	−13.36	−13.72	−14.09	−14.47	−14.86	−15.27
湿球温度(℃)	−8.00	−8.07	−8.13	−8.20	−8.27	−8.34	−8.41	−8.47	−8.54	−8.61	−8.68	−8.75	−8.81	−8.88	−8.95	−9.02	−9.09	−9.16	−9.23	−9.30	−9.37	−9.44	−9.51	−9.58	−9.64

干球温度 -7.5℃（$P_{qb}=323.81\text{Pa}$）

相对湿度	50%	48%	46%	44%	42%	40%	38%	36%	34%	32%	30%	28%	26%	24%	22%	20%	18%	16%	14%	12%	10%	8%	6%	4%	2%
含湿量(g/kg)	1.00	0.96	0.92	0.88	0.84	0.80	0.76	0.72	0.68	0.64	0.60	0.56	0.52	0.48	0.44	0.40	0.36	0.32	0.28	0.24	0.20	0.16	0.12	0.08	0.04
焓(kJ/kg)	−5.10	−5.20	−5.30	−5.40	−5.50	−5.60	−5.69	−5.79	−5.89	−5.99	−6.09	−6.19	−6.29	−6.39	−6.49	−6.59	−6.68	−6.78	−6.88	−6.98	−7.08	−7.18	−7.28	−7.38	−7.48
露点温度(℃)	−15.22	−15.67	−16.12	−16.60	−17.10	−17.62	−18.16	−18.73	−19.33	−19.96	−20.63	−21.35	−22.11	−22.93	−23.81	−24.77	−25.82	−26.99	−28.30	−29.79	−31.53	−33.63	−36.29	−39.93	−45.90
湿球温度(℃)	−9.27	−9.34	−9.42	−9.49	−9.56	−9.64	−9.71	−9.78	−9.85	−9.93	−10.00	−10.08	−10.15	−10.22	−10.30	−10.37	−10.45	−10.52	−10.59	−10.67	−10.74	−10.82	−10.89	−10.97	−11.04

相对湿度	100%	98%	96%	94%	92%	90%	88%	86%	84%	82%	80%	78%	76%	74%	72%	70%	68%	66%	64%	62%	60%	58%	56%	54%	52%
含湿量(g/kg)	1.99	1.95	1.91	1.87	1.83	1.79	1.75	1.71	1.67	1.63	1.59	1.55	1.51	1.47	1.43	1.39	1.35	1.31	1.27	1.23	1.19	1.16	1.12	1.08	1.04
焓(kJ/kg)	−2.62	−2.72	−2.82	−2.92	−3.02	−3.11	−3.21	−3.31	−3.41	−3.51	−3.61	−3.71	−3.81	−3.91	−4.01	−4.11	−4.21	−4.31	−4.41	−4.50	−4.60	−4.70	−4.80	−4.90	−5.00
露点温度(℃)	−7.50	−7.73	−7.97	−8.21	−8.45	−8.70	−8.96	−9.22	−9.49	−9.76	−10.04	−10.32	−10.61	−10.91	−11.22	−11.53	−11.85	−12.19	−12.53	−12.88	−13.24	−13.61	−13.99	−14.39	−14.80
湿球温度(℃)	−7.50	−7.57	−7.64	−7.71	−7.78	−7.85	−7.92	−7.99	−8.06	−8.13	−8.20	−8.27	−8.34	−8.41	−8.48	−8.55	−8.63	−8.70	−8.77	−8.84	−8.91	−8.98	−9.06	−9.13	−9.20

干球温度 -7.0℃（$P_{qb}=338.19\text{Pa}$）

相对湿度	50%	48%	46%	44%	42%	40%	38%	36%	34%	32%	30%	28%	26%	24%	22%	20%	18%	16%	14%	12%	10%	8%	6%	4%	2%
含湿量(g/kg)	1.04	1.00	0.96	0.91	0.87	0.83	0.79	0.75	0.71	0.67	0.62	0.58	0.54	0.50	0.46	0.42	0.37	0.33	0.29	0.25	0.21	0.17	0.12	0.08	0.04
焓(kJ/kg)	−4.48	−4.59	−4.69	−4.79	−4.90	−5.00	−5.11	−5.21	−5.31	−5.42	−5.52	−5.62	−5.73	−5.83	−5.93	−6.04	−6.14	−6.24	−6.35	−6.45	−6.55	−6.66	−6.76	−6.86	−6.97
露点温度(℃)	−14.75	−15.20	−15.66	−16.13	−16.63	−17.15	−17.70	−18.27	−18.87	−19.51	−20.18	−20.90	−21.66	−22.48	−23.37	−24.33	−25.39	−26.56	−27.87	−29.37	−31.12	−33.23	−35.89	−39.54	−45.53
湿球温度(℃)	−8.83	−8.90	−8.98	−9.06	−9.13	−9.21	−9.28	−9.36	−9.43	−9.51	−9.59	−9.66	−9.74	−9.81	−9.89	−9.97	−10.04	−10.12	−10.20	−10.28	−10.35	−10.43	−10.51	−10.59	−10.66

相对湿度	100%	98%	96%	94%	92%	90%	88%	86%	84%	82%	80%	78%	76%	74%	72%	70%	68%	66%	64%	62%	60%	58%	56%	54%	52%
含湿量(g/kg)	2.08	2.04	2.00	1.96	1.92	1.87	1.83	1.79	1.75	1.71	1.67	1.62	1.58	1.54	1.50	1.46	1.41	1.37	1.33	1.29	1.25	1.21	1.16	1.12	1.08
焓(kJ/kg)	−1.89	−1.99	−2.10	−2.20	−2.31	−2.41	−2.51	−2.62	−2.72	−2.82	−2.93	−3.03	−3.14	−3.24	−3.34	−3.45	−3.55	−3.65	−3.76	−3.86	−3.97	−4.07	−4.17	−4.28	−4.38
露点温度(℃)	−7.00	−7.23	−7.47	−7.71	−7.96	−8.21	−8.47	−8.73	−8.99	−9.27	−9.55	−9.83	−10.13	−10.42	−10.73	−11.05	−11.37	−11.70	−12.04	−12.40	−12.76	−13.13	−13.52	−13.92	−14.33
湿球温度(℃)	−7.00	−7.07	−7.14	−7.22	−7.29	−7.36	−7.43	−7.50	−7.58	−7.65	−7.72	−7.79	−7.87	−7.94	−8.01	−8.09	−8.16	−8.24	−8.31	−8.38	−8.46	−8.53	−8.61	−8.68	−8.76

干球温度(℃)	相对湿度	2%	4%	6%	8%	10%	12%	14%	16%	18%	20%	22%	24%	26%	28%	30%	32%	34%	36%	38%	40%	42%	44%	46%	48%	50%
	含湿量(g/kg)	0.04	0.09	0.13	0.17	0.22	0.26	0.30	0.35	0.39	0.43	0.48	0.52	0.56	0.61	0.65	0.69	0.74	0.78	0.82	0.87	0.91	0.96	1.00	1.04	1.09
	焓(kJ/kg)	−6.46	−6.35	−6.24	−6.13	−6.03	−5.92	−5.81	−5.70	−5.59	−5.49	−5.38	−5.27	−5.16	−5.05	−4.95	−4.84	−4.73	−4.62	−4.51	−4.40	−4.30	−4.19	−4.08	−3.97	−3.86
−6.5	露点温度(℃)	−45.17	−39.16	−35.49	−32.82	−30.71	−28.95	−27.45	−26.13	−24.96	−23.90	−22.93	−22.04	−21.22	−20.45	−19.73	−19.06	−18.42	−17.81	−17.24	−16.69	−16.17	−15.67	−15.19	−14.73	−14.28
	湿球温度(℃)	−10.29	−10.21	−10.13	−10.05	−9.97	−9.89	−9.81	−9.73	−9.65	−9.57	−9.49	−9.41	−9.33	−9.25	−9.17	−9.09	−9.01	−8.93	−8.86	−8.78	−8.70	−8.62	−8.54	−8.47	−8.39
	相对湿度	52%	54%	56%	58%	60%	62%	64%	66%	68%	70%	72%	74%	76%	78%	80%	82%	84%	86%	88%	90%	92%	94%	96%	98%	100%
	含湿量(g/kg)	1.13	1.17	1.22	1.26	1.30	1.35	1.39	1.43	1.48	1.52	1.56	1.61	1.65	1.70	1.74	1.78	1.83	1.87	1.91	1.96	2.00	2.04	2.09	2.13	2.18
	焓(kJ/kg)	−3.76	−3.65	−3.54	−3.43	−3.32	−3.21	−3.11	−3.00	−2.89	−2.78	−2.67	−2.56	−2.45	−2.35	−2.24	−2.13	−2.02	−1.91	−1.80	−1.70	−1.59	−1.48	−1.37	−1.26	−1.15
$P_{qb}=353.16Pa$	露点温度(℃)	−13.85	−13.44	−13.04	−12.65	−12.28	−11.92	−11.56	−11.22	−10.89	−10.56	−10.25	−9.94	−9.64	−9.34	−9.06	−8.78	−8.50	−8.23	−7.97	−7.71	−7.46	−7.21	−6.97	−6.73	−6.50
	湿球温度(℃)	−8.31	−8.23	−8.16	−8.08	−8.00	−7.93	−7.85	−7.77	−7.70	−7.62	−7.55	−7.47	−7.40	−7.32	−7.24	−7.17	−7.09	−7.02	−6.95	−6.87	−6.80	−6.72	−6.65	−6.57	−6.50

干球温度(℃)	相对湿度	2%	4%	6%	8%	10%	12%	14%	16%	18%	20%	22%	24%	26%	28%	30%	32%	34%	36%	38%	40%	42%	44%	46%	48%	50%
	含湿量(g/kg)	0.05	0.09	0.14	0.18	0.23	0.27	0.32	0.36	0.41	0.45	0.50	0.54	0.59	0.63	0.68	0.73	0.77	0.82	0.86	0.91	0.95	1.00	1.04	1.09	1.13
	焓(kJ/kg)	−5.95	−5.83	−5.72	−5.61	−5.50	−5.38	−5.27	−5.16	−5.05	−4.93	−4.82	−4.71	−4.59	−4.48	−4.37	−4.26	−4.14	−4.03	−3.92	−3.80	−3.69	−3.58	−3.46	−3.35	−3.24
−6.0	露点温度(℃)	−44.44	−38.39	−34.70	−32.01	−29.88	−28.11	−26.60	−25.27	−24.09	−23.02	−22.05	−21.15	−20.33	−19.55	−18.83	−18.15	−17.51	−16.90	−16.32	−15.77	−15.24	−14.74	−14.26	−13.79	−13.34
	湿球温度(℃)	−9.54	−9.46	−9.37	−9.28	−9.20	−9.11	−9.03	−8.94	−8.85	−8.77	−8.68	−8.60	−8.51	−8.43	−8.35	−8.26	−8.18	−8.09	−8.01	−7.93	−7.84	−7.76	−7.68	−7.59	−7.51
	相对湿度	52%	54%	56%	58%	60%	62%	64%	66%	68%	70%	72%	74%	76%	78%	80%	82%	84%	86%	88%	90%	92%	94%	96%	98%	100%
	含湿量(g/kg)	1.18	1.22	1.27	1.32	1.36	1.41	1.45	1.50	1.54	1.59	1.63	1.68	1.73	1.77	1.82	1.86	1.91	1.95	2.00	2.04	2.09	2.14	2.18	2.23	2.27
	焓(kJ/kg)	−3.12	−3.01	−2.90	−2.79	−2.67	−2.56	−2.45	−2.33	−2.22	−2.11	−1.99	−1.88	−1.77	−1.65	−1.54	−1.43	−1.31	−1.20	−1.09	−0.97	−0.86	−0.75	−0.63	−0.52	−0.41
$P_{qb}=368.73Pa$	露点温度(℃)	−13.38	−12.97	−12.57	−12.18	−11.80	−11.44	−11.08	−10.74	−10.40	−10.08	−9.76	−9.45	−9.15	−8.85	−8.57	−8.28	−8.01	−7.74	−7.48	−7.22	−6.96	−6.72	−6.47	−6.23	−6.00
	湿球温度(℃)	−7.87	−7.79	−7.71	−7.63	−7.55	−7.47	−7.39	−7.32	−7.24	−7.16	−7.08	−7.00	−6.92	−6.85	−6.77	−6.69	−6.61	−6.54	−6.46	−6.38	−6.31	−6.23	−6.15	−6.08	−6.00

干球温度(℃)	相对湿度	2%	4%	6%	8%	10%	12%	14%	16%	18%	20%	22%	24%	26%	28%	30%	32%	34%	36%	38%	40%	42%	44%	46%	48%	50%
	含湿量(g/kg)	0.05	0.09	0.14	0.19	0.24	0.28	0.33	0.38	0.43	0.47	0.52	0.57	0.61	0.66	0.71	0.76	0.80	0.85	0.90	0.95	0.99	1.04	1.09	1.14	1.18
	焓(kJ/kg)	−5.44	−5.32	−5.20	−5.08	−4.97	−4.85	−4.73	−4.61	−4.50	−4.38	−4.26	−4.14	−4.02	−3.91	−3.79	−3.67	−3.55	−3.43	−3.32	−3.20	−3.08	−2.96	−2.84	−2.73	−2.61
−5.5	露点温度(℃)	−44.44	−38.39	−34.70	−32.01	−29.88	−28.11	−26.60	−25.24	−24.09	−23.02	−22.05	−21.15	−20.33	−19.55	−18.83	−18.15	−17.51	−16.90	−16.32	−15.77	−15.24	−14.74	−14.25	−13.79	−13.34
	湿球温度(℃)	−9.54	−9.46	−9.37	−9.28	−9.20	−9.11	−9.03	−8.94	−8.85	−8.77	−8.68	−8.60	−8.51	−8.43	−8.35	−8.26	−8.18	−8.09	−8.01	−7.93	−7.84	−7.76	−7.68	−7.59	−7.51
	相对湿度	52%	54%	56%	58%	60%	62%	64%	66%	68%	70%	72%	74%	76%	78%	80%	82%	84%	86%	88%	90%	92%	94%	96%	98%	100%
	含湿量(g/kg)	1.23	1.28	1.33	1.37	1.42	1.47	1.52	1.56	1.61	1.66	1.71	1.75	1.80	1.85	1.90	1.94	1.99	2.04	2.09	2.13	2.18	2.23	2.28	2.32	2.37
	焓(kJ/kg)	−2.49	−2.37	−2.25	−2.14	−2.02	−1.90	−1.78	−1.66	−1.54	−1.43	−1.31	−1.19	−1.07	−0.95	−0.83	−0.72	−0.60	−0.48	−0.36	−0.24	−0.12	0.00	0.11	0.23	0.35
$P_{qb}=384.92Pa$	露点温度(℃)	−12.91	−12.49	−12.09	−11.70	−11.32	−10.96	−10.60	−10.26	−9.92	−9.59	−9.27	−8.96	−8.66	−8.36	−8.08	−7.79	−7.52	−7.25	−6.98	−6.72	−6.47	−6.22	−5.97	−5.74	−5.50
	湿球温度(℃)	−7.43	−7.35	−7.26	−7.18	−7.10	−7.02	−6.94	−6.86	−6.77	−6.69	−6.61	−6.53	−6.45	−6.37	−6.29	−6.21	−6.13	−6.05	−5.97	−5.89	−5.81	−5.74	−5.66	−5.58	−5.50

干球温度 -5.0℃（$P_{qb}=401.76Pa$）

相对湿度	2%	4%	6%	8%	10%	12%	14%	16%	18%	20%	22%	24%	26%	28%	30%	32%	34%	36%	38%	40%	42%	44%	46%	48%	50%
含湿量(g/kg)	0.05	0.10	0.15	0.20	0.25	0.30	0.35	0.39	0.44	0.49	0.54	0.59	0.64	0.69	0.74	0.79	0.84	0.89	0.94	0.99	1.04	1.09	1.14	1.19	1.24
焓(kJ/kg)	-4.93	-4.80	-4.68	-4.56	-4.44	-4.31	-4.19	-4.07	-3.94	-3.82	-3.70	-3.57	-3.45	-3.33	-3.20	-3.08	-2.96	-2.84	-2.71	-2.59	-2.47	-2.34	-2.22	-2.10	-1.97
露点温度(℃)	-44.07	-38.00	-34.30	-31.60	-29.47	-27.69	-26.18	-24.84	-23.66	-22.59	-21.61	-20.71	-19.88	-19.10	-18.38	-17.70	-17.05	-16.44	-15.86	-15.31	-14.78	-14.27	-13.79	-13.32	-12.87
湿球温度(℃)	-9.17	-9.08	-8.99	-8.91	-8.82	-8.73	-8.64	-8.55	-8.46	-8.37	-8.29	-8.20	-8.11	-8.02	-7.94	-7.85	-7.76	-7.67	-7.59	-7.50	-7.42	-7.33	-7.24	-7.16	-7.07
相对湿度	52%	54%	56%	58%	60%	62%	64%	66%	68%	70%	72%	74%	76%	78%	80%	82%	84%	86%	88%	90%	92%	94%	96%	98%	100%
含湿量(g/kg)	1.29	1.33	1.38	1.43	1.48	1.53	1.58	1.63	1.68	1.73	1.78	1.83	1.88	1.93	1.98	2.03	2.08	2.13	2.18	2.23	2.28	2.33	2.38	2.43	2.48
焓(kJ/kg)	-1.85	-1.73	-1.60	-1.48	-1.36	-1.23	-1.11	-0.98	-0.86	-0.74	-0.61	-0.49	-0.37	-0.24	-0.12	0.00	0.13	0.25	0.37	0.50	0.62	0.75	0.87	0.99	1.12
露点温度(℃)	-12.44	-12.02	-11.61	-11.22	-10.85	-10.48	-10.12	-9.77	-9.44	-9.11	-8.79	-8.48	-8.17	-7.88	-7.59	-7.30	-7.02	-6.75	-6.49	-6.23	-5.97	-5.72	-5.48	-5.24	-5.00
湿球温度(℃)	-6.99	-6.90	-6.82	-6.73	-6.65	-6.57	-6.48	-6.40	-6.31	-6.23	-6.15	-6.06	-5.98	-5.90	-5.82	-5.73	-5.65	-5.57	-5.49	-5.41	-5.32	-5.24	-5.16	-5.08	-5.00

干球温度 -4.5℃（$P_{qb}=419.27Pa$）

相对湿度	2%	4%	6%	8%	10%	12%	14%	16%	18%	20%	22%	24%	26%	28%	30%	32%	34%	36%	38%	40%	42%	44%	46%	48%	50%
含湿量(g/kg)	0.05	0.10	0.15	0.21	0.26	0.31	0.36	0.41	0.46	0.52	0.57	0.62	0.67	0.72	0.77	0.82	0.88	0.93	0.98	1.03	1.08	1.13	1.19	1.24	1.29
焓(kJ/kg)	-4.42	-4.29	-4.16	-4.03	-3.90	-3.78	-3.65	-3.52	-3.39	-3.26	-3.13	-3.00	-2.88	-2.75	-2.62	-2.49	-2.36	-2.23	-2.10	-1.98	-1.85	-1.72	-1.59	-1.46	-1.33
露点温度(℃)	-43.71	-37.62	-33.90	-31.20	-29.05	-27.28	-25.75	-24.42	-23.23	-22.15	-21.17	-20.27	-19.43	-18.66	-17.93	-17.24	-16.59	-15.98	-15.40	-14.84	-14.31	-13.80	-13.32	-12.85	-12.40
湿球温度(℃)	-8.81	-8.72	-8.62	-8.53	-8.44	-8.35	-8.25	-8.16	-8.07	-7.98	-7.89	-7.80	-7.71	-7.62	-7.53	-7.44	-7.35	-7.26	-7.17	-7.08	-6.99	-6.90	-6.81	-6.73	-6.64
相对湿度	52%	54%	56%	58%	60%	62%	64%	66%	68%	70%	72%	74%	76%	78%	80%	82%	84%	86%	88%	90%	92%	94%	96%	98%	100%
含湿量(g/kg)	1.34	1.39	1.44	1.50	1.55	1.60	1.65	1.70	1.76	1.81	1.86	1.91	1.96	2.01	2.07	2.12	2.17	2.22	2.27	2.33	2.38	2.43	2.48	2.53	2.58
焓(kJ/kg)	-1.20	-1.07	-0.95	-0.82	-0.69	-0.56	-0.43	-0.30	-0.17	-0.04	0.09	0.22	0.34	0.47	0.60	0.73	0.86	0.99	1.12	1.25	1.38	1.51	1.64	1.77	1.89
露点温度(℃)	-11.96	-11.54	-11.14	-10.75	-10.37	-10.00	-9.64	-9.29	-8.95	-8.62	-8.30	-7.99	-7.68	-7.39	-7.09	-6.81	-6.53	-6.26	-5.99	-5.73	-5.48	-5.22	-4.98	-4.74	-4.50
湿球温度(℃)	-6.55	-6.46	-6.37	-6.29	-6.20	-6.11	-6.03	-5.94	-5.85	-5.77	-5.68	-5.60	-5.51	-5.43	-5.34	-5.26	-5.17	-5.09	-5.00	-4.92	-4.83	-4.75	-4.67	-4.58	-4.50

干球温度 -4.0℃（$P_{qb}=437.48Pa$）

相对湿度	2%	4%	6%	8%	10%	12%	14%	16%	18%	20%	22%	24%	26%	28%	30%	32%	34%	36%	38%	40%	42%	44%	46%	48%	50%
含湿量(g/kg)	0.05	0.11	0.16	0.21	0.27	0.32	0.38	0.43	0.48	0.54	0.59	0.65	0.70	0.75	0.81	0.86	0.91	0.97	1.02	1.08	1.13	1.18	1.24	1.29	1.35
焓(kJ/kg)	-3.91	-3.77	-3.64	-3.50	-3.37	-3.24	-3.10	-2.97	-2.83	-2.70	-2.57	-2.43	-2.30	-2.16	-2.03	-1.89	-1.76	-1.63	-1.49	-1.36	-1.22	-1.09	-0.95	-0.82	-0.69
露点温度(℃)	-43.34	-37.24	-33.51	-30.79	-28.64	-26.86	-25.33	-23.99	-22.79	-21.71	-20.73	-19.83	-18.99	-18.21	-17.48	-16.79	-16.14	-15.52	-14.94	-14.38	-13.85	-13.34	-12.85	-12.38	-11.93
湿球温度(℃)	-8.44	-8.35	-8.25	-8.16	-8.06	-7.97	-7.87	-7.78	-7.68	-7.59	-7.49	-7.40	-7.31	-7.21	-7.12	-7.03	-6.94	-6.84	-6.75	-6.66	-6.57	-6.48	-6.38	-6.29	-6.20
相对湿度	52%	54%	56%	58%	60%	62%	64%	66%	68%	70%	72%	74%	76%	78%	80%	82%	84%	86%	88%	90%	92%	94%	96%	98%	100%
含湿量(g/kg)	1.40	1.45	1.51	1.56	1.62	1.67	1.72	1.78	1.83	1.89	1.94	1.99	2.05	2.10	2.16	2.21	2.26	2.32	2.37	2.43	2.48	2.53	2.59	2.64	2.70
焓(kJ/kg)	-0.55	-0.42	-0.28	-0.15	-0.01	0.12	0.26	0.39	0.53	0.66	0.79	0.93	1.06	1.20	1.33	1.47	1.60	1.74	1.87	2.01	2.14	2.28	2.41	2.55	2.68
露点温度(℃)	-11.49	-11.07	-10.66	-10.27	-9.89	-9.52	-9.16	-8.81	-8.47	-8.14	-7.82	-7.50	-7.20	-6.90	-6.60	-6.32	-6.04	-5.77	-5.50	-5.24	-4.98	-4.73	-4.48	-4.24	-4.00
湿球温度(℃)	-6.11	-6.02	-5.93	-5.84	-5.75	-5.66	-5.57	-5.48	-5.39	-5.31	-5.22	-5.13	-5.04	-4.95	-4.86	-4.78	-4.69	-4.60	-4.52	-4.43	-4.34	-4.26	-4.17	-4.09	-4.00

干球温度 -3.5℃

相对湿度	2%	4%	6%	8%	10%	12%	14%	16%	18%	20%	22%	24%	26%	28%	30%	32%	34%	36%	38%	40%	42%	44%	46%	48%	50%
含湿量(g/kg)	0.06	0.11	0.17	0.22	0.28	0.34	0.39	0.45	0.50	0.56	0.62	0.67	0.73	0.79	0.84	0.90	0.95	1.01	1.07	1.12	1.18	1.24	1.29	1.35	1.40
焓(kJ/kg)	-3.40	-3.26	-3.12	-2.98	-2.84	-2.70	-2.56	-2.42	-2.28	-2.14	-2.00	-1.86	-1.72	-1.58	-1.44	-1.30	-1.16	-1.02	-0.88	-0.74	-0.60	-0.46	-0.31	-0.17	-0.03
露点温度(℃)	-42.98	-36.85	-33.11	-30.39	-28.23	-26.44	-24.90	-23.56	-22.36	-21.28	-20.29	-19.38	-18.54	-17.76	-17.03	-16.34	-15.68	-15.07	-14.48	-13.92	-13.38	-12.87	-12.38	-11.91	-11.46
湿球温度(℃)	-8.08	-7.99	-7.89	-7.79	-7.69	-7.59	-7.49	-7.39	-7.30	-7.20	-7.10	-7.01	-6.91	-6.81	-6.72	-6.62	-6.53	-6.43	-6.33	-6.24	-6.14	-6.05	-5.96	-5.86	-5.77
相对湿度	52%	54%	56%	58%	60%	62%	64%	66%	68%	70%	72%	74%	76%	78%	80%	82%	84%	86%	88%	90%	92%	94%	96%	98%	100%
含湿量(g/kg)	1.46	1.52	1.57	1.63	1.69	1.74	1.80	1.85	1.91	1.97	2.02	2.08	2.14	2.19	2.25	2.31	2.36	2.42	2.48	2.53	2.59	2.64	2.70	2.76	2.81
焓(kJ/kg)	0.11	0.25	0.39	0.53	0.67	0.81	0.95	1.09	1.23	1.37	1.51	1.65	1.79	1.93	2.07	2.21	2.36	2.50	2.64	2.78	2.92	3.06	3.20	3.34	3.48
露点温度(℃)	-11.02	-10.60	-10.19	-9.79	-9.41	-9.04	-8.68	-8.33	-7.99	-7.65	-7.33	-7.02	-6.71	-6.41	-6.11	-5.83	-5.55	-5.27	-5.00	-4.74	-4.48	-4.23	-3.98	-3.74	-3.50
湿球温度(℃)	-5.67	-5.58	-5.49	-5.40	-5.30	-5.21	-5.12	-5.03	-4.93	-4.84	-4.75	-4.66	-4.57	-4.48	-4.39	-4.30	-4.21	-4.12	-4.03	-3.94	-3.85	-3.76	-3.68	-3.59	-3.50

$P_{qb}=456.39Pa$

干球温度 -3.0℃

相对湿度	2%	4%	6%	8%	10%	12%	14%	16%	18%	20%	22%	24%	26%	28%	30%	32%	34%	36%	38%	40%	42%	44%	46%	48%	50%
含湿量(g/kg)	0.06	0.12	0.18	0.23	0.29	0.35	0.41	0.47	0.53	0.59	0.64	0.70	0.76	0.82	0.88	0.94	1.00	1.05	1.11	1.17	1.23	1.29	1.35	1.41	1.46
焓(kJ/kg)	-2.88	-2.74	-2.59	-2.45	-2.30	-2.15	-2.01	-1.86	-1.72	-1.57	-1.42	-1.28	-1.13	-0.99	-0.84	-0.69	-0.55	-0.40	-0.25	-0.11	0.04	0.18	0.33	0.48	0.62
露点温度(℃)	-42.62	-36.47	-32.72	-29.98	-27.82	-26.02	-24.48	-23.13	-21.93	-20.84	-19.85	-18.94	-18.10	-17.31	-16.57	-15.88	-15.23	-14.61	-14.02	-13.46	-12.92	-12.41	-11.92	-11.44	-10.99
湿球温度(℃)	-7.73	-7.62	-7.52	-7.42	-7.32	-7.22	-7.12	-7.01	-6.91	-6.81	-6.71	-6.61	-6.51	-6.41	-6.31	-6.21	-6.12	-6.02	-5.92	-5.82	-5.72	-5.63	-5.53	-5.43	-5.34
相对湿度	52%	54%	56%	58%	60%	62%	64%	66%	68%	70%	72%	74%	76%	78%	80%	82%	84%	86%	88%	90%	92%	94%	96%	98%	100%
含湿量(g/kg)	1.52	1.58	1.64	1.70	1.76	1.82	1.88	1.93	1.99	2.05	2.11	2.17	2.23	2.29	2.35	2.41	2.46	2.52	2.58	2.64	2.70	2.76	2.82	2.88	2.94
焓(kJ/kg)	0.77	0.92	1.06	1.21	1.36	1.50	1.65	1.80	1.94	2.09	2.24	2.38	2.53	2.68	2.82	2.97	3.12	3.26	3.41	3.56	3.71	3.85	4.00	4.15	4.29
露点温度(℃)	-10.55	-10.12	-9.71	-9.32	-8.93	-8.56	-8.20	-7.85	-7.50	-7.17	-6.85	-6.53	-6.22	-5.92	-5.62	-5.34	-5.05	-4.78	-4.51	-4.25	-3.99	-3.73	-3.48	-3.24	-3.00
湿球温度(℃)	-5.24	-5.14	-5.05	-4.95	-4.86	-4.76	-4.67	-4.57	-4.48	-4.38	-4.29	-4.19	-4.10	-4.01	-3.92	-3.82	-3.73	-3.64	-3.55	-3.45	-3.36	-3.27	-3.18	-3.09	-3.00

$P_{qb}=476.06Pa$

干球温度 -2.5℃

相对湿度	2%	4%	6%	8%	10%	12%	14%	16%	18%	20%	22%	24%	26%	28%	30%	32%	34%	36%	38%	40%	42%	44%	46%	48%	50%
含湿量(g/kg)	0.06	0.12	0.18	0.24	0.30	0.37	0.43	0.49	0.55	0.61	0.67	0.73	0.79	0.85	0.92	0.98	1.04	1.10	1.16	1.22	1.28	1.34	1.41	1.47	1.53
焓(kJ/kg)	-2.37	-2.22	-2.07	-1.92	-1.76	-1.61	-1.46	-1.31	-1.15	-1.00	-0.85	-0.70	-0.55	-0.39	-0.24	-0.09	0.07	0.22	0.37	0.52	0.68	0.83	0.98	1.13	1.29
露点温度(℃)	-42.25	-36.08	-32.32	-29.58	-27.41	-25.60	-24.06	-22.70	-21.50	-20.41	-19.41	-18.50	-17.65	-16.86	-16.12	-15.43	-14.77	-14.15	-13.56	-13.00	-12.46	-11.94	-11.45	-10.97	-10.52
湿球温度(℃)	-7.37	-7.27	-7.16	-7.06	-6.95	-6.85	-6.74	-6.64	-6.53	-6.43	-6.32	-6.22	-6.12	-6.01	-5.91	-5.81	-5.71	-5.61	-5.51	-5.40	-5.30	-5.20	-5.10	-5.00	-4.90
相对湿度	52%	54%	56%	58%	60%	62%	64%	66%	68%	70%	72%	74%	76%	78%	80%	82%	84%	86%	88%	90%	92%	94%	96%	98%	100%
含湿量(g/kg)	1.59	1.65	1.71	1.77	1.83	1.90	1.96	2.02	2.08	2.14	2.20	2.26	2.32	2.39	2.45	2.51	2.57	2.63	2.69	2.76	2.82	2.88	2.94	3.00	3.06
焓(kJ/kg)	1.44	1.59	1.75	1.90	2.05	2.20	2.36	2.51	2.66	2.82	2.97	3.12	3.28	3.43	3.58	3.74	3.89	4.04	4.20	4.35	4.50	4.66	4.81	4.96	5.12
露点温度(℃)	-10.08	-9.65	-9.24	-8.84	-8.45	-8.08	-7.72	-7.36	-7.02	-6.69	-6.36	-6.04	-5.73	-5.43	-5.13	-4.84	-4.56	-4.29	-4.02	-3.75	-3.49	-3.24	-2.99	-2.74	-2.50
湿球温度(℃)	-4.80	-4.70	-4.61	-4.51	-4.41	-4.31	-4.21	-4.12	-4.02	-3.92	-3.82	-3.73	-3.63	-3.54	-3.44	-3.34	-3.25	-3.16	-3.06	-2.97	-2.87	-2.78	-2.69	-2.59	-2.50

$P_{qb}=496.49Pa$

干球温度 -2.0℃

相对湿度	50%	48%	46%	44%	42%	40%	38%	36%	34%	32%	30%	28%	26%	24%	22%	20%	18%	16%	14%	12%	10%	8%	6%	4%	2%
含湿量(g/kg)	1.59	1.53	1.47	1.40	1.34	1.27	1.21	1.15	1.08	1.02	0.95	0.89	0.83	0.76	0.70	0.64	0.57	0.51	0.45	0.38	0.32	0.25	0.19	0.13	0.06
焓(kJ/kg)	1.96	1.80	1.64	1.48	1.32	1.16	1.00	0.84	0.68	0.52	0.36	0.20	0.05	-0.11	-0.27	-0.43	-0.59	-0.75	-0.91	-1.07	-1.23	-1.39	-1.54	-1.70	-1.86
露点温度(℃)	-10.05	-10.50	-10.98	-11.48	-11.99	-12.53	-13.10	-13.69	-14.32	-14.98	-15.67	-16.42	-17.21	-18.06	-18.97	-19.97	-21.06	-22.28	-23.63	-25.19	-26.99	-29.17	-31.93	-35.70	-41.89
湿球温度(℃)	-4.47	-4.57	-4.68	-4.78	-4.88	-4.99	-5.09	-5.20	-5.30	-5.41	-5.51	-5.62	-5.72	-5.83	-5.94	-6.04	-6.15	-6.26	-6.37	-6.48	-6.58	-6.69	-6.80	-6.91	-7.02

相对湿度	100%	98%	96%	94%	92%	90%	88%	86%	84%	82%	80%	78%	76%	74%	72%	70%	68%	66%	64%	62%	60%	58%	56%	54%	52%
含湿量(g/kg)	3.19	3.13	3.07	3.00	2.94	2.87	2.81	2.75	2.68	2.62	2.55	2.49	2.42	2.36	2.30	2.23	2.17	2.10	2.04	1.98	1.91	1.85	1.78	1.72	1.66
焓(kJ/kg)	5.95	5.79	5.63	5.47	5.31	5.15	4.99	4.83	4.67	4.51	4.35	4.19	4.03	3.87	3.71	3.55	3.39	3.23	3.07	2.91	2.75	2.60	2.44	2.28	2.12
露点温度(℃)	-2.00	-2.24	-2.49	-2.74	-2.99	-3.25	-3.52	-3.79	-4.07	-4.35	-4.64	-4.94	-5.24	-5.56	-5.87	-6.20	-6.54	-6.88	-7.24	-7.60	-7.98	-8.36	-8.76	-9.18	-9.60
湿球温度(℃)	-2.00	-2.10	-2.19	-2.29	-2.38	-2.48	-2.58	-2.67	-2.77	-2.87	-2.97	-3.07	-3.16	-3.26	-3.36	-3.46	-3.56	-3.66	-3.76	-3.86	-3.96	-4.06	-4.17	-4.27	-4.37

P_{qb}=517.72Pa

干球温度 -1.5℃

相对湿度	50%	48%	46%	44%	42%	40%	38%	36%	34%	32%	30%	28%	26%	24%	22%	20%	18%	16%	14%	12%	10%	8%	6%	4%	2%
含湿量(g/kg)	1.66	1.59	1.53	1.46	1.39	1.33	1.26	1.20	1.13	1.06	1.00	0.93	0.86	0.80	0.73	0.66	0.60	0.53	0.46	0.40	0.33	0.27	0.20	0.13	0.07
焓(kJ/kg)	2.63	2.47	2.30	2.13	1.97	1.80	1.64	1.47	1.30	1.14	0.97	0.81	0.64	0.47	0.31	0.14	-0.02	-0.19	-0.36	-0.52	-0.69	-0.85	-1.02	-1.18	-1.35
露点温度(℃)	-9.57	-10.04	-10.51	-11.01	-11.53	-12.07	-12.64	-13.24	-13.86	-14.52	-15.22	-15.97	-16.76	-17.61	-18.54	-19.54	-20.63	-21.85	-23.21	-24.77	-26.58	-28.77	-31.53	-35.32	-41.53
湿球温度(℃)	-4.04	-4.15	-4.25	-4.36	-4.47	-4.57	-4.68	-4.79	-4.90	-5.01	-5.12	-5.22	-5.33	-5.44	-5.55	-5.66	-5.77	-5.89	-6.00	-6.11	-6.22	-6.33	-6.45	-6.56	-6.67

相对湿度	100%	98%	96%	94%	92%	90%	88%	86%	84%	82%	80%	78%	76%	74%	72%	70%	68%	66%	64%	62%	60%	58%	56%	54%	52%
含湿量(g/kg)	3.33	3.26	3.20	3.13	3.06	3.00	2.93	2.86	2.80	2.73	2.66	2.60	2.53	2.46	2.39	2.33	2.26	2.19	2.13	2.06	1.99	1.93	1.86	1.79	1.73
焓(kJ/kg)	6.80	6.64	6.47	6.30	6.14	5.97	5.80	5.63	5.47	5.30	5.13	4.97	4.80	4.63	4.47	4.30	4.13	3.97	3.80	3.63	3.47	3.30	3.13	2.97	2.80
露点温度(℃)	-1.50	-1.74	-1.99	-2.24	-2.50	-2.76	-3.03	-3.30	-3.58	-3.86	-4.15	-4.45	-4.76	-5.07	-5.39	-5.72	-6.05	-6.40	-6.76	-7.12	-7.50	-7.89	-8.29	-8.70	-9.13
湿球温度(℃)	-1.50	-1.60	-1.70	-1.79	-1.89	-1.99	-2.09	-2.19	-2.29	-2.39	-2.49	-2.59	-2.70	-2.80	-2.90	-3.00	-3.10	-3.21	-3.31	-3.41	-3.52	-3.62	-3.73	-3.83	-3.94

P_{qb}=539.77Pa

干球温度 -1.0℃

相对湿度	50%	48%	46%	44%	42%	40%	38%	36%	34%	32%	30%	28%	26%	24%	22%	20%	18%	16%	14%	12%	10%	8%	6%	4%	2%
含湿量(g/kg)	1.73	1.66	1.59	1.52	1.45	1.38	1.32	1.25	1.18	1.11	1.04	0.97	0.90	0.83	0.76	0.69	0.62	0.55	0.48	0.41	0.35	0.28	0.21	0.14	0.07
焓(kJ/kg)	3.32	3.14	2.97	2.80	2.62	2.45	2.28	2.10	1.93	1.76	1.58	1.41	1.24	1.06	0.89	0.72	0.54	0.37	0.20	0.03	-0.15	-0.32	-0.49	-0.66	-0.84
露点温度(℃)	-9.10	-9.57	-10.05	-10.55	-11.07	-11.61	-12.18	-12.78	-13.41	-14.07	-14.77	-15.52	-16.32	-17.17	-18.10	-19.10	-20.20	-21.42	-22.79	-24.35	-26.17	-28.37	-31.14	-34.94	-41.16
湿球温度(℃)	-3.61	-3.72	-3.83	-3.94	-4.05	-4.16	-4.27	-4.38	-4.49	-4.61	-4.72	-4.83	-4.94	-5.06	-5.17	-5.28	-5.40	-5.51	-5.63	-5.74	-5.86	-5.98	-6.09	-6.21	-6.33

相对湿度	100%	98%	96%	94%	92%	90%	88%	86%	84%	82%	80%	78%	76%	74%	72%	70%	68%	66%	64%	62%	60%	58%	56%	54%	52%
含湿量(g/kg)	3.47	3.40	3.33	3.26	3.19	3.12	3.05	2.98	2.92	2.85	2.78	2.71	2.64	2.57	2.50	2.43	2.36	2.29	2.22	2.15	2.08	2.01	1.94	1.87	1.80
焓(kJ/kg)	7.67	7.49	7.32	7.14	6.97	6.79	6.62	6.45	6.27	6.10	5.92	5.75	5.58	5.40	5.23	5.05	4.88	4.71	4.53	4.36	4.18	4.01	3.84	3.66	3.49
露点温度(℃)	-1.00	-1.24	-1.49	-1.74	-2.00	-2.26	-2.53	-2.81	-3.09	-3.37	-3.66	-3.96	-4.27	-4.58	-4.90	-5.23	-5.57	-5.92	-6.27	-6.64	-7.02	-7.41	-7.81	-8.23	-8.66
湿球温度(℃)	-1.00	-1.10	-1.20	-1.30	-1.40	-1.51	-1.61	-1.71	-1.81	-1.92	-2.02	-2.12	-2.23	-2.33	-2.44	-2.54	-2.65	-2.75	-2.86	-2.97	-3.07	-3.18	-3.29	-3.40	-3.50

P_{qb}=562.67Pa

续表

干球温度(℃) = −0.5

相对湿度	2%	4%	6%	8%	10%	12%	14%	16%	18%	20%	22%	24%	26%	28%	30%	32%	34%	36%	38%	40%	42%	44%	46%	48%	50%
含湿量(g/kg)	0.07	0.14	0.22	0.29	0.36	0.43	0.50	0.58	0.65	0.72	0.79	0.87	0.94	1.01	1.08	1.15	1.23	1.30	1.37	1.44	1.52	1.59	1.66	1.73	1.81
焓(kJ/kg)	−0.33	−0.15	0.03	0.22	0.40	0.58	0.76	0.94	1.12	1.30	1.48	1.66	1.84	2.02	2.20	2.38	2.56	2.74	2.92	3.10	3.28	3.46	3.64	3.83	4.01
露点温度(℃)	−40.80	−34.55	−30.74	−27.96	−25.76	−23.93	−22.37	−20.99	−19.77	−18.67	−17.66	−16.73	−15.87	−15.07	−14.32	−13.62	−12.95	−12.32	−11.72	−11.15	−10.60	−10.08	−9.58	−9.10	−8.63
湿球温度(℃)	−5.98	−5.86	−5.74	−5.62	−5.50	−5.38	−5.26	−5.14	−5.03	−4.91	−4.79	−4.67	−4.56	−4.44	−4.32	−4.21	−4.09	−3.98	−3.86	−3.75	−3.64	−3.52	−3.41	−3.30	−3.19

相对湿度	52%	54%	56%	58%	60%	62%	64%	66%	68%	70%	72%	74%	76%	78%	80%	82%	84%	86%	88%	90%	92%	94%	96%	98%	100%
含湿量(g/kg)	1.88	1.95	2.02	2.10	2.17	2.24	2.31	2.39	2.46	2.53	2.60	2.68	2.75	2.82	2.89	2.97	3.04	3.11	3.18	3.26	3.33	3.40	3.48	3.55	3.62
焓(kJ/kg)	4.19	4.37	4.55	4.73	4.91	5.09	5.27	5.46	5.64	5.82	6.00	6.18	6.36	6.54	6.73	6.91	7.09	7.27	7.45	7.63	7.82	8.00	8.18	8.36	8.54
露点温度(℃)	−8.19	−7.76	−7.34	−6.93	−6.54	−6.16	−5.79	−5.44	−5.09	−4.75	−4.42	−4.09	−3.78	−3.47	−3.17	−2.88	−2.59	−2.31	−2.04	−1.77	−1.51	−1.25	−0.99	−0.74	−0.50
湿球温度(℃)	−3.07	−2.96	−2.85	−2.74	−2.63	−2.52	−2.41	−2.30	−2.19	−2.08	−1.98	−1.87	−1.76	−1.65	−1.55	−1.44	−1.33	−1.23	−1.12	−1.02	−0.91	−0.81	−0.71	−0.60	−0.50

P_{qb}=586.46Pa

干球温度(℃) = 0.0

相对湿度	2%	4%	6%	8%	10%	12%	14%	16%	18%	20%	22%	24%	26%	28%	30%	32%	34%	36%	38%	40%	42%	44%	46%	48%	50%
含湿量(g/kg)	0.08	0.15	0.23	0.30	0.38	0.45	0.53	0.60	0.68	0.75	0.83	0.90	0.98	1.05	1.13	1.20	1.28	1.35	1.43	1.50	1.58	1.66	1.73	1.81	1.88
焓(kJ/kg)	0.19	0.38	0.56	0.75	0.94	1.13	1.31	1.50	1.69	1.88	2.07	2.25	2.44	2.63	2.82	3.01	3.20	3.38	3.57	3.76	3.95	4.14	4.33	4.52	4.70
露点温度(℃)	−40.44	−34.17	−30.35	−27.56	−25.35	−23.51	−21.94	−20.57	−19.34	−18.23	−17.22	−16.29	−15.43	−14.62	−13.87	−13.16	−12.50	−11.86	−11.26	−10.69	−10.14	−9.61	−9.11	−8.63	−8.16
湿球温度(℃)	−5.64	−5.52	−5.39	−5.27	−5.15	−5.02	−4.90	−4.78	−4.65	−4.53	−4.41	−4.29	−4.17	−4.05	−3.93	−3.81	−3.69	−3.57	−3.46	−3.34	−3.22	−3.11	−2.99	−2.87	−2.76

相对湿度	52%	54%	56%	58%	60%	62%	64%	66%	68%	70%	72%	74%	76%	78%	80%	82%	84%	86%	88%	90%	92%	94%	96%	98%	100%
含湿量(g/kg)	1.96	2.03	2.11	2.18	2.26	2.33	2.41	2.49	2.56	2.64	2.71	2.79	2.86	2.94	3.02	3.09	3.17	3.24	3.32	3.40	3.47	3.55	3.62	3.70	3.77
焓(kJ/kg)	4.89	5.08	5.27	5.46	5.65	5.84	6.03	6.22	6.40	6.59	6.78	6.97	7.16	7.35	7.54	7.73	7.92	8.11	8.30	8.49	8.68	8.87	9.06	9.25	9.44
露点温度(℃)	−7.71	−7.28	−6.86	−6.46	−6.06	−5.68	−5.31	−4.95	−4.60	−4.26	−3.93	−3.61	−3.29	−2.98	−2.68	−2.39	−2.10	−1.82	−1.54	−1.27	−1.01	−0.75	−0.49	−0.24	0.00
湿球温度(℃)	−2.64	−2.53	−2.41	−2.30	−2.19	−2.07	−1.96	−1.85	−1.74	−1.63	−1.51	−1.40	−1.29	−1.18	−1.07	−0.96	−0.86	−0.75	−0.64	−0.53	−0.42	−0.32	−0.21	−0.11	0.00

P_{qb}=611.21Pa

干球温度(℃) = 0.5

相对湿度	2%	4%	6%	8%	10%	12%	14%	16%	18%	20%	22%	24%	26%	28%	30%	32%	34%	36%	38%	40%	42%	44%	46%	48%	50%
含湿量(g/kg)	0.08	0.16	0.23	0.31	0.39	0.47	0.55	0.62	0.70	0.78	0.86	0.94	1.01	1.09	1.17	1.25	1.33	1.40	1.48	1.56	1.64	1.72	1.79	1.87	1.95
焓(kJ/kg)	0.70	0.89	1.09	1.28	1.48	1.67	1.87	2.06	2.26	2.45	2.65	2.84	3.04	3.23	3.43	3.62	3.82	4.02	4.21	4.41	4.60	4.80	4.99	5.19	5.39
露点温度(℃)	−40.12	−33.83	−30.00	−27.20	−24.99	−23.15	−21.57	−20.19	−18.96	−17.85	−16.83	−15.90	−15.03	−14.23	−13.47	−12.76	−12.09	−11.46	−10.86	−10.28	−9.73	−9.20	−8.70	−8.21	−7.75
湿球温度(℃)	−5.31	−5.18	−5.05	−4.92	−4.79	−4.67	−4.54	−4.42	−4.29	−4.17	−4.04	−3.92	−3.79	−3.67	−3.55	−3.43	−3.30	−3.18	−3.06	−2.94	−2.82	−2.70	−2.58	−2.46	−2.35

相对湿度	52%	54%	56%	58%	60%	62%	64%	66%	68%	70%	72%	74%	76%	78%	80%	82%	84%	86%	88%	90%	92%	94%	96%	98%	100%
含湿量(g/kg)	2.03	2.11	2.19	2.26	2.34	2.42	2.50	2.58	2.66	2.74	2.81	2.89	2.97	3.05	3.13	3.21	3.29	3.36	3.44	3.52	3.60	3.68	3.76	3.84	3.92
焓(kJ/kg)	5.58	5.78	5.97	6.17	6.36	6.56	6.76	6.95	7.15	7.35	7.54	7.74	7.94	8.13	8.33	8.52	8.72	8.92	9.11	9.31	9.51	9.71	9.90	10.10	10.30
露点温度(℃)	−7.30	−6.86	−6.44	−6.04	−5.64	−5.26	−4.89	−4.53	−4.18	−3.83	−3.50	−3.18	−2.86	−2.55	−2.25	−1.95	−1.67	−1.38	−1.11	−0.84	−0.57	−0.31	−0.05	0.22	0.50
湿球温度(℃)	−2.23	−2.11	−1.99	−1.88	−1.76	−1.65	−1.53	−1.42	−1.30	−1.19	−1.07	−0.96	−0.85	−0.74	−0.62	−0.51	−0.40	−0.29	−0.18	−0.07	0.04	0.16	0.27	0.39	0.50

P_{qb}=633.77Pa

干球温度(℃)	相对湿度	2%	4%	6%	8%	10%	12%	14%	16%	18%	20%	22%	24%	26%	28%	30%	32%	34%	36%	38%	40%	42%	44%	46%	48%	50%
1.0	含湿量(g/kg)	0.08	0.16	0.24	0.32	0.40	0.48	0.57	0.65	0.73	0.81	0.89	0.97	1.05	1.13	1.21	1.29	1.37	1.46	1.54	1.62	1.70	1.78	1.86	1.94	2.02
	焓(kJ/kg)	1.21	1.41	1.62	1.82	2.02	2.22	2.42	2.63	2.83	3.03	3.23	3.44	3.64	3.84	4.04	4.25	4.45	4.65	4.85	5.06	5.26	5.46	5.67	5.87	6.07
	露点温度(℃)	−39.80	−33.50	−29.65	−26.84	−24.62	−22.78	−21.20	−19.81	−18.58	−17.46	−16.45	−15.51	−14.64	−13.83	−13.08	−12.37	−11.69	−11.06	−10.45	−9.87	−9.32	−8.79	−8.29	−7.80	−7.33
	湿球温度(℃)	−4.97	−4.84	−4.71	−4.58	−4.45	−4.32	−4.19	−4.06	−3.93	−3.80	−3.67	−3.55	−3.42	−3.29	−3.17	−3.04	−2.92	−2.79	−2.67	−2.55	−2.42	−2.30	−2.18	−2.06	−1.94
	相对湿度	52%	54%	56%	58%	60%	62%	64%	66%	68%	70%	72%	74%	76%	78%	80%	82%	84%	86%	88%	90%	92%	94%	96%	98%	100%
	含湿量(g/kg)	2.10	2.19	2.27	2.35	2.43	2.51	2.59	2.67	2.75	2.84	2.92	3.00	3.08	3.16	3.24	3.33	3.41	3.49	3.57	3.65	3.73	3.81	3.90	3.98	4.06
	焓(kJ/kg)	6.28	6.48	6.68	6.89	7.09	7.29	7.50	7.70	7.90	8.11	8.31	8.51	8.72	8.92	9.13	9.33	9.53	9.74	9.94	10.15	10.35	10.55	10.76	10.96	11.17
	露点温度(℃)	−6.88	−6.45	−6.02	−5.62	−5.22	−4.84	−4.46	−4.10	−3.75	−3.41	−3.07	−2.75	−2.43	−2.12	−1.82	−1.52	−1.23	−0.95	−0.67	−0.40	−0.13	0.14	0.43	0.72	1.00
	湿球温度(℃)	−1.82	−1.70	−1.58	−1.46	−1.34	−1.22	−1.10	−0.98	−0.87	−0.75	−0.63	−0.52	−0.40	−0.29	−0.17	−0.06	0.06	0.18	0.29	0.41	0.53	0.65	0.77	0.88	1.00
$P_{qb}=657.07\text{Pa}$																										
1.5	相对湿度	2%	4%	6%	8%	10%	12%	14%	16%	18%	20%	22%	24%	26%	28%	30%	32%	34%	36%	38%	40%	42%	44%	46%	48%	50%
	含湿量(g/kg)	0.08	0.17	0.25	0.33	0.42	0.50	0.59	0.67	0.75	0.84	0.92	1.01	1.09	1.17	1.26	1.34	1.42	1.51	1.59	1.68	1.76	1.85	1.93	2.01	2.10
	焓(kJ/kg)	1.72	1.93	2.14	2.35	2.56	2.77	2.98	3.19	3.40	3.61	3.82	4.03	4.24	4.45	4.66	4.87	5.08	5.29	5.50	5.71	5.92	6.13	6.34	6.55	6.76
	露点温度(℃)	−39.48	−33.16	−29.30	−26.49	−24.26	−22.41	−20.83	−19.44	−18.20	−17.08	−16.06	−15.12	−14.25	−13.44	−12.68	−11.97	−11.29	−10.65	−10.05	−9.47	−8.91	−8.39	−7.88	−7.39	−6.92
	湿球温度(℃)	−4.64	−4.50	−4.37	−4.23	−4.10	−3.97	−3.83	−3.70	−3.57	−3.44	−3.31	−3.18	−3.05	−2.92	−2.79	−2.66	−2.53	−2.41	−2.28	−2.15	−2.03	−1.90	−1.78	−1.65	−1.53
	相对湿度	52%	54%	56%	58%	60%	62%	64%	66%	68%	70%	72%	74%	76%	78%	80%	82%	84%	86%	88%	90%	92%	94%	96%	98%	100%
	含湿量(g/kg)	2.18	2.27	2.35	2.43	2.52	2.60	2.69	2.77	2.86	2.94	3.03	3.11	3.19	3.28	3.36	3.45	3.53	3.62	3.70	3.79	3.87	3.96	4.04	4.12	4.21
	焓(kJ/kg)	6.98	7.19	7.40	7.61	7.82	8.03	8.24	8.45	8.66	8.87	9.09	9.30	9.51	9.72	9.93	10.14	10.36	10.57	10.78	10.99	11.20	11.41	11.63	11.84	12.05
	露点温度(℃)	−6.47	−6.03	−5.61	−5.19	−4.80	−4.42	−4.04	−3.68	−3.33	−2.98	−2.65	−2.32	−2.00	−1.69	−1.39	−1.09	−0.80	−0.51	−0.24	0.04	0.34	0.64	0.93	1.22	1.50
	湿球温度(℃)	−1.40	−1.28	−1.16	−1.04	−0.91	−0.79	−0.67	−0.55	−0.43	−0.31	−0.20	−0.08	0.04	0.17	0.29	0.41	0.53	0.66	0.78	0.90	1.02	1.14	1.26	1.38	1.50
$P_{qb}=681.12\text{Pa}$																										
2.0	相对湿度	2%	4%	6%	8%	10%	12%	14%	16%	18%	20%	22%	24%	26%	28%	30%	32%	34%	36%	38%	40%	42%	44%	46%	48%	50%
	含湿量(g/kg)	0.09	0.17	0.26	0.35	0.43	0.52	0.61	0.69	0.78	0.87	0.95	1.04	1.13	1.22	1.30	1.39	1.48	1.56	1.65	1.74	1.83	1.91	2.00	2.09	2.17
	焓(kJ/kg)	2.24	2.45	2.67	2.89	3.11	3.32	3.54	3.76	3.98	4.19	4.41	4.63	4.85	5.06	5.28	5.50	5.72	5.94	6.15	6.37	6.59	6.81	7.03	7.25	7.46
	露点温度(℃)	−39.16	−32.82	−28.96	−26.13	−23.90	−22.05	−20.46	−19.06	−17.82	−16.70	−15.67	−14.73	−13.86	−13.05	−12.29	−11.57	−10.89	−10.25	−9.64	−9.06	−8.51	−7.98	−7.47	−6.98	−6.51
	湿球温度(℃)	−4.31	−4.17	−4.03	−3.90	−3.76	−3.62	−3.48	−3.35	−3.21	−3.08	−2.94	−2.81	−2.68	−2.54	−2.41	−2.28	−2.15	−2.02	−1.89	−1.76	−1.63	−1.50	−1.37	−1.25	−1.12
	相对湿度	52%	54%	56%	58%	60%	62%	64%	66%	68%	70%	72%	74%	76%	78%	80%	82%	84%	86%	88%	90%	92%	94%	96%	98%	100%
	含湿量(g/kg)	2.26	2.35	2.44	2.52	2.61	2.70	2.79	2.87	2.96	3.05	3.14	3.22	3.31	3.40	3.49	3.57	3.66	3.75	3.84	3.92	4.01	4.10	4.19	4.28	4.36
	焓(kJ/kg)	7.68	7.90	8.12	8.34	8.56	8.78	9.00	9.21	9.43	9.65	9.87	10.09	10.31	10.53	10.75	10.97	11.19	11.41	11.63	11.85	12.07	12.29	12.51	12.73	12.95
	露点温度(℃)	−6.05	−5.61	−5.19	−4.78	−4.38	−3.99	−3.62	−3.26	−2.90	−2.56	−2.22	−1.89	−1.57	−1.26	−0.96	−0.66	−0.37	−0.08	0.22	0.53	0.84	1.14	1.43	1.72	2.00
	湿球温度(℃)	−0.99	−0.87	−0.74	−0.62	−0.49	−0.37	−0.25	−0.12	0.00	0.13	0.25	0.38	0.51	0.64	0.76	0.89	1.01	1.14	1.26	1.39	1.51	1.63	1.76	1.88	2.00
$P_{qb}=705.95\text{Pa}$																										

干球温度(℃) 2.5

相对湿度	2%	4%	6%	8%	10%	12%	14%	16%	18%	20%	22%	24%	26%	28%	30%	32%	34%	36%	38%	40%	42%	44%	46%	48%	50%
含湿量(g/kg)	0.09	0.18	0.27	0.36	0.45	0.54	0.63	0.72	0.81	0.90	0.99	1.08	1.17	1.26	1.35	1.44	1.53	1.62	1.71	1.80	1.89	1.98	2.07	2.16	2.25
焓(kJ/kg)	2.75	2.98	3.20	3.43	3.65	3.88	4.10	4.33	4.55	4.78	5.00	5.23	5.45	5.68	5.91	6.13	6.36	6.58	6.81	7.04	7.26	7.49	7.72	7.94	8.17
露点温度(℃)	-38.84	-32.49	-28.61	-25.78	-23.54	-21.68	-20.08	-18.69	-17.44	-16.32	-15.29	-14.34	-13.47	-12.65	-11.89	-11.17	-10.49	-9.85	-9.24	-8.66	-8.10	-7.57	-7.06	-6.57	-6.09
湿球温度(℃)	-3.99	-3.84	-3.70	-3.56	-3.42	-3.28	-3.14	-3.00	-2.86	-2.72	-2.58	-2.45	-2.31	-2.17	-2.04	-1.90	-1.77	-1.63	-1.50	-1.37	-1.24	-1.11	-0.97	-0.84	-0.71
相对湿度	52%	54%	56%	58%	60%	62%	64%	66%	68%	70%	72%	74%	76%	78%	80%	82%	84%	86%	88%	90%	92%	94%	96%	98%	100%
含湿量(g/kg)	2.34	2.43	2.53	2.62	2.71	2.80	2.89	2.98	3.07	3.16	3.25	3.34	3.43	3.52	3.61	3.70	3.80	3.89	3.98	4.07	4.16	4.25	4.34	4.43	4.52
焓(kJ/kg)	8.40	8.62	8.85	9.08	9.30	9.53	9.76	9.98	10.21	10.44	10.67	10.89	11.12	11.35	11.58	11.80	12.03	12.26	12.49	12.71	12.94	13.17	13.40	13.63	13.85
露点温度(℃)	-5.64	-5.20	-4.77	-4.36	-3.96	-3.57	-3.20	-2.83	-2.48	-2.13	-1.79	-1.46	-1.14	-0.83	-0.52	-0.23	0.07	0.40	0.72	1.03	1.33	1.63	1.93	2.22	2.50
湿球温度(℃)	-0.59	-0.46	-0.33	-0.20	-0.07	0.05	0.19	0.32	0.45	0.58	0.71	0.84	0.97	1.10	1.23	1.36	1.49	1.62	1.75	1.87	2.00	2.12	2.25	2.38	2.50

$P_{qb}=731.58\text{Pa}$

干球温度(℃) 3.0

相对湿度	2%	4%	6%	8%	10%	12%	14%	16%	18%	20%	22%	24%	26%	28%	30%	32%	34%	36%	38%	40%	42%	44%	46%	48%	50%
含湿量(g/kg)	0.09	0.19	0.28	0.37	0.47	0.56	0.65	0.75	0.84	0.93	1.03	1.12	1.21	1.31	1.40	1.49	1.59	1.68	1.77	1.87	1.96	2.05	2.15	2.24	2.34
焓(kJ/kg)	3.26	3.50	3.73	3.96	4.20	4.43	4.66	4.90	5.13	5.37	5.60	5.83	6.07	6.30	6.54	6.77	7.00	7.24	7.47	7.71	7.94	8.18	8.41	8.65	8.88
露点温度(℃)	-38.53	-32.15	-28.26	-25.43	-23.18	-21.31	-19.71	-18.31	-17.06	-15.93	-14.90	-13.96	-13.08	-12.26	-11.50	-10.78	-10.09	-9.45	-8.84	-8.25	-7.69	-7.16	-6.65	-6.15	-5.68
湿球温度(℃)	-3.66	-3.52	-3.37	-3.22	-3.08	-2.93	-2.79	-2.65	-2.51	-2.36	-2.22	-2.08	-1.94	-1.80	-1.66	-1.53	-1.39	-1.25	-1.12	-0.98	-0.85	-0.71	-0.58	-0.44	-0.31
相对湿度	52%	54%	56%	58%	60%	62%	64%	66%	68%	70%	72%	74%	76%	78%	80%	82%	84%	86%	88%	90%	92%	94%	96%	98%	100%
含湿量(g/kg)	2.43	2.52	2.62	2.71	2.80	2.90	2.99	3.09	3.18	3.27	3.37	3.46	3.56	3.65	3.75	3.84	3.93	4.03	4.12	4.22	4.31	4.41	4.50	4.59	4.69
焓(kJ/kg)	9.12	9.35	9.59	9.82	10.06	10.29	10.53	10.76	11.00	11.23	11.47	11.71	11.94	12.18	12.41	12.65	12.89	13.12	13.36	13.59	13.83	14.07	14.30	14.54	14.78
露点温度(℃)	-5.22	-4.78	-4.35	-3.94	-3.54	-3.15	-2.78	-2.41	-2.05	-1.71	-1.37	-1.04	-0.72	-0.40	-0.09	0.23	0.56	0.89	1.21	1.52	1.83	2.13	2.43	2.72	3.00
湿球温度(℃)	-0.18	-0.05	0.09	0.23	0.36	0.50	0.64	0.77	0.91	1.04	1.17	1.31	1.44	1.57	1.71	1.84	1.97	2.10	2.23	2.36	2.49	2.62	2.74	2.87	3.00

$P_{qb}=758.03\text{Pa}$

干球温度(℃) 3.5

相对湿度	2%	4%	6%	8%	10%	12%	14%	16%	18%	20%	22%	24%	26%	28%	30%	32%	34%	36%	38%	40%	42%	44%	46%	48%	50%
含湿量(g/kg)	0.10	0.19	0.29	0.39	0.48	0.58	0.68	0.77	0.87	0.97	1.06	1.16	1.26	1.35	1.45	1.55	1.64	1.74	1.84	1.93	2.03	2.13	2.23	2.32	2.42
焓(kJ/kg)	3.78	4.02	4.26	4.50	4.74	4.99	5.23	5.47	5.71	5.96	6.20	6.44	6.68	6.93	7.17	7.41	7.65	7.90	8.14	8.38	8.63	8.87	9.11	9.36	9.60
露点温度(℃)	-38.21	-31.82	-27.92	-25.07	-22.82	-20.95	-19.34	-17.94	-16.68	-15.55	-14.52	-13.57	-12.69	-11.87	-11.10	-10.38	-9.70	-9.05	-8.43	-7.85	-7.29	-6.75	-6.24	-5.74	-5.27
湿球温度(℃)	-3.34	-3.19	-3.04	-2.89	-2.74	-2.60	-2.45	-2.30	-2.16	-2.01	-1.87	-1.72	-1.58	-1.44	-1.29	-1.15	-1.01	-0.87	-0.73	-0.59	-0.46	-0.32	-0.18	-0.04	0.10
相对湿度	52%	54%	56%	58%	60%	62%	64%	66%	68%	70%	72%	74%	76%	78%	80%	82%	84%	86%	88%	90%	92%	94%	96%	98%	100%
含湿量(g/kg)	2.52	2.61	2.71	2.81	2.91	3.00	3.10	3.20	3.30	3.39	3.49	3.59	3.69	3.78	3.88	3.98	4.08	4.17	4.27	4.37	4.47	4.56	4.66	4.76	4.86
焓(kJ/kg)	9.84	10.09	10.33	10.57	10.82	11.06	11.31	11.55	11.80	12.04	12.28	12.53	12.77	13.02	13.26	13.51	13.75	14.00	14.24	14.49	14.73	14.98	15.22	15.47	15.71
露点温度(℃)	-4.81	-4.37	-3.94	-3.52	-3.12	-2.73	-2.35	-1.99	-1.63	-1.28	-0.94	-0.61	-0.29	0.03	0.38	0.72	1.05	1.38	1.70	2.02	2.32	2.63	2.92	3.21	3.50
湿球温度(℃)	0.24	0.38	0.52	0.66	0.80	0.94	1.08	1.22	1.36	1.50	1.63	1.77	1.91	2.04	2.18	2.31	2.45	2.58	2.71	2.84	2.98	3.11	3.24	3.37	3.50

$P_{qb}=785.32\text{Pa}$

干球温度(℃)	相对湿度	2%	4%	6%	8%	10%	12%	14%	16%	18%	20%	22%	24%	26%	28%	30%	32%	34%	36%	38%	40%	42%	44%	46%	48%	50%
4.0	含湿量(g/kg)	0.10	0.20	0.30	0.40	0.50	0.60	0.70	0.80	0.90	1.00	1.10	1.20	1.30	1.40	1.50	1.60	1.70	1.80	1.90	2.00	2.10	2.21	2.31	2.41	2.51
	焓(kJ/kg)	4.29	4.54	4.79	5.04	5.29	5.54	5.79	6.05	6.30	6.55	6.80	7.05	7.30	7.55	7.81	8.06	8.31	8.56	8.81	9.06	9.32	9.57	9.82	10.07	10.33
	露点温度(℃)	−37.89	−31.49	−27.57	−24.72	−22.46	−20.58	−18.98	−17.56	−16.31	−15.17	−14.14	−13.18	−12.30	−11.48	−10.71	−9.98	−9.30	−8.65	−8.03	−7.44	−6.88	−6.34	−5.83	−5.33	−4.86
	湿球温度(℃)	−3.02	−2.87	−2.72	−2.56	−2.41	−2.26	−2.11	−1.96	−1.81	−1.66	−1.51	−1.36	−1.22	−1.07	−0.92	−0.78	−0.64	−0.49	−0.35	−0.21	−0.07	0.08	0.23	0.37	0.52

干球温度(℃)	相对湿度	52%	54%	56%	58%	60%	62%	64%	66%	68%	70%	72%	74%	76%	78%	80%	82%	84%	86%	88%	90%	92%	94%	96%	98%	100%
4.0	含湿量(g/kg)	2.61	2.71	2.81	2.91	3.01	3.11	3.21	3.31	3.41	3.52	3.62	3.72	3.82	3.92	4.02	4.12	4.22	4.32	4.43	4.53	4.63	4.73	4.83	4.93	5.03
	焓(kJ/kg)	10.58	10.83	11.08	11.34	11.59	11.84	12.09	12.35	12.60	12.85	13.11	13.36	13.61	13.87	14.12	14.38	14.63	14.88	15.14	15.39	15.64	15.90	16.15	16.41	16.66
	露点温度(℃)	−4.40	−3.95	−3.52	−3.11	−2.70	−2.31	−1.93	−1.56	−1.21	−0.86	−0.52	−0.18	0.16	0.52	0.87	1.21	1.54	1.87	2.20	2.51	2.82	3.12	3.42	3.71	4.00
$P_{qb}=813.48\,Pa$	湿球温度(℃)	0.66	0.81	0.96	1.10	1.24	1.39	1.53	1.67	1.81	1.95	2.09	2.23	2.37	2.51	2.65	2.79	2.92	3.06	3.20	3.33	3.47	3.60	3.73	3.87	4.00

干球温度(℃)	相对湿度	2%	4%	6%	8%	10%	12%	14%	16%	18%	20%	22%	24%	26%	28%	30%	32%	34%	36%	38%	40%	42%	44%	46%	48%	50%
4.5	含湿量(g/kg)	0.10	0.21	0.31	0.41	0.52	0.62	0.72	0.83	0.93	1.04	1.14	1.24	1.35	1.45	1.56	1.66	1.76	1.87	1.97	2.08	2.18	2.28	2.39	2.49	2.60
	焓(kJ/kg)	4.80	5.06	5.32	5.58	5.84	6.10	6.36	6.62	6.88	7.14	7.40	7.66	7.93	8.19	8.45	8.71	8.97	9.23	9.49	9.75	10.01	10.27	10.54	10.80	11.06
	露点温度(℃)	−37.58	−31.15	−27.23	−24.37	−22.10	−20.22	−18.61	−17.19	−15.93	−14.79	−13.75	−12.80	−11.91	−11.09	−10.31	−9.59	−8.90	−8.25	−7.63	−7.04	−6.48	−5.94	−5.42	−4.92	−4.44
	湿球温度(℃)	−2.71	−2.55	−2.39	−2.24	−2.08	−1.92	−1.77	−1.62	−1.46	−1.31	−1.16	−1.01	−0.86	−0.71	−0.56	−0.41	−0.26	−0.12	0.03	0.18	0.34	0.49	0.64	0.79	0.94

干球温度(℃)	相对湿度	52%	54%	56%	58%	60%	62%	64%	66%	68%	70%	72%	74%	76%	78%	80%	82%	84%	86%	88%	90%	92%	94%	96%	98%	100%
4.5	含湿量(g/kg)	2.70	2.81	2.91	3.01	3.12	3.22	3.33	3.43	3.54	3.64	3.75	3.85	3.96	4.06	4.17	4.27	4.38	4.48	4.58	4.69	4.79	4.90	5.01	5.11	5.22
	焓(kJ/kg)	11.32	11.58	11.84	12.11	12.37	12.63	12.89	13.15	13.42	13.68	13.94	14.20	14.47	14.73	14.99	15.26	15.52	15.78	16.05	16.31	16.57	16.84	17.10	17.36	17.63
	露点温度(℃)	−3.98	−3.54	−3.11	−2.69	−2.29	−1.89	−1.51	−1.14	−0.78	−0.43	−0.09	0.27	0.64	1.00	1.35	1.70	2.04	2.36	2.69	3.00	3.31	3.62	3.92	4.21	4.50
$P_{qb}=842.53\,Pa$	湿球温度(℃)	1.09	1.24	1.39	1.54	1.68	1.83	1.97	2.12	2.26	2.41	2.55	2.69	2.84	2.98	3.12	3.26	3.40	3.54	3.68	3.82	3.95	4.09	4.23	4.36	4.50

干球温度(℃)	相对湿度	2%	4%	6%	8%	10%	12%	14%	16%	18%	20%	22%	24%	26%	28%	30%	32%	34%	36%	38%	40%	42%	44%	46%	48%	50%
5.0	含湿量(g/kg)	0.11	0.21	0.32	0.43	0.54	0.64	0.75	0.86	0.97	1.07	1.18	1.29	1.40	1.50	1.61	1.72	1.83	1.93	2.04	2.15	2.26	2.37	2.47	2.58	2.69
	焓(kJ/kg)	5.32	5.59	5.86	6.13	6.40	6.66	6.93	7.20	7.47	7.74	8.01	8.28	8.55	8.82	9.09	9.36	9.63	9.90	10.17	10.44	10.71	10.99	11.26	11.53	11.80
	露点温度(℃)	−37.26	−30.82	−26.89	−24.02	−21.74	−19.86	−18.24	−16.82	−15.55	−14.41	−13.37	−12.41	−11.52	−10.70	−9.92	−9.19	−8.50	−7.85	−7.23	−6.64	−6.07	−5.53	−5.01	−4.51	−4.03
	湿球温度(℃)	−2.40	−2.23	−2.07	−1.91	−1.75	−1.59	−1.43	−1.28	−1.12	−0.96	−0.81	−0.65	−0.50	−0.35	−0.19	−0.04	0.12	0.27	0.43	0.59	0.74	0.90	1.05	1.21	1.36

干球温度(℃)	相对湿度	52%	54%	56%	58%	60%	62%	64%	66%	68%	70%	72%	74%	76%	78%	80%	82%	84%	86%	88%	90%	92%	94%	96%	98%	100%
5.0	含湿量(g/kg)	2.80	2.91	3.01	3.12	3.23	3.34	3.45	3.56	3.66	3.77	3.88	3.99	4.10	4.21	4.31	4.42	4.53	4.64	4.75	4.86	4.97	5.08	5.18	5.29	5.40
	焓(kJ/kg)	12.07	12.34	12.61	12.88	13.16	13.43	13.70	13.97	14.24	14.51	14.79	15.06	15.33	15.60	15.88	16.15	16.42	16.69	16.97	17.24	17.51	17.79	18.06	18.33	18.61
	露点温度(℃)	−3.57	−3.12	−2.69	−2.27	−1.87	−1.47	−1.09	−0.72	−0.36	−0.01	0.38	0.76	1.13	1.49	1.84	2.19	2.53	2.86	3.18	3.50	3.81	4.12	4.42	4.71	5.00
$P_{qb}=872.49\,Pa$	湿球温度(℃)	1.52	1.67	1.82	1.97	2.12	2.27	2.42	2.57	2.72	2.86	3.01	3.16	3.30	3.45	3.59	3.73	3.88	4.02	4.16	4.30	4.44	4.58	4.72	4.86	5.00

干球温度(℃)	相对湿度	2%	4%	6%	8%	10%	12%	14%	16%	18%	20%	22%	24%	26%	28%	30%	32%	34%	36%	38%	40%	42%	44%	46%	48%	50%
5.5	含湿量(g/kg)	0.11	0.22	0.33	0.44	0.56	0.67	0.78	0.89	1.00	1.11	1.22	1.33	1.45	1.56	1.67	1.78	1.89	2.00	2.11	2.23	2.34	2.45	2.56	2.67	2.79
	焓(kJ/kg)	5.83	6.11	6.39	6.67	6.95	7.23	7.51	7.79	8.06	8.34	8.62	8.90	9.18	9.46	9.74	10.02	10.30	10.58	10.86	11.14	11.42	11.70	11.98	12.27	12.55
	露点温度(℃)	−36.95	−30.49	−26.54	−23.66	−21.39	−19.49	−17.87	−16.45	−15.18	−14.03	−12.99	−12.03	−11.14	−10.31	−9.53	−8.80	−8.10	−7.45	−6.83	−6.23	−5.67	−5.13	−4.60	−4.10	−3.62
	湿球温度(℃)	−2.09	−1.92	−1.75	−1.59	−1.43	−1.26	−1.10	−0.94	−0.78	−0.62	−0.46	−0.30	−0.14	0.01	0.18	0.34	0.51	0.67	0.83	0.99	1.15	1.31	1.47	1.63	1.78
	相对湿度	52%	54%	56%	58%	60%	62%	64%	66%	68%	70%	72%	74%	76%	78%	80%	82%	84%	86%	88%	90%	92%	94%	96%	98%	100%
	含湿量(g/kg)	2.90	3.01	3.12	3.23	3.35	3.46	3.57	3.68	3.79	3.91	4.02	4.13	4.24	4.36	4.47	4.58	4.69	4.81	4.92	5.03	5.14	5.26	5.37	5.48	5.60
	焓(kJ/kg)	12.83	13.11	13.39	13.67	13.95	14.23	14.51	14.80	15.08	15.36	15.64	15.92	16.21	16.49	16.77	17.05	17.34	17.62	17.90	18.18	18.47	18.75	19.03	19.32	19.60
	露点温度(℃)	−3.16	−2.71	−2.28	−1.86	−1.45	−1.06	−0.67	−0.30	0.07	0.47	0.86	1.24	1.61	1.97	2.33	2.68	3.02	3.35	3.67	3.99	4.31	4.61	4.91	5.21	5.50
P_{qb}=903.38Pa	湿球温度(℃)	1.94	2.10	2.25	2.41	2.56	2.71	2.87	3.02	3.17	3.32	3.47	3.62	3.77	3.91	4.06	4.21	4.35	4.50	4.64	4.79	4.93	5.08	5.22	5.36	5.50
6.0	相对湿度	2%	4%	6%	8%	10%	12%	14%	16%	18%	20%	22%	24%	26%	28%	30%	32%	34%	36%	38%	40%	42%	44%	46%	48%	50%
	含湿量(g/kg)	0.11	0.23	0.34	0.46	0.57	0.69	0.80	0.92	1.04	1.15	1.27	1.38	1.50	1.61	1.73	1.84	1.96	2.07	2.19	2.30	2.42	2.54	2.65	2.77	2.88
	焓(kJ/kg)	6.35	6.64	6.93	7.21	7.50	7.79	8.08	8.37	8.66	8.95	9.24	9.53	9.82	10.11	10.40	10.69	10.98	11.27	11.56	11.85	12.14	12.43	12.72	13.01	13.30
	露点温度(℃)	−36.63	−30.15	−26.20	−23.31	−21.03	−19.13	−17.50	−16.07	−14.80	−13.65	−12.61	−11.64	−10.75	−9.92	−9.14	−8.40	−7.71	−7.05	−6.43	−5.83	−5.26	−4.72	−4.20	−3.70	−3.21
	湿球温度(℃)	−1.78	−1.61	−1.44	−1.27	−1.10	−0.93	−0.77	−0.60	−0.44	−0.27	−0.11	0.05	0.22	0.39	0.56	0.73	0.90	1.06	1.23	1.39	1.56	1.72	1.88	2.04	2.20
	相对湿度	52%	54%	56%	58%	60%	62%	64%	66%	68%	70%	72%	74%	76%	78%	80%	82%	84%	86%	88%	90%	92%	94%	96%	98%	100%
	含湿量(g/kg)	3.00	3.12	3.23	3.35	3.46	3.58	3.70	3.81	3.93	4.04	4.16	4.28	4.39	4.51	4.63	4.74	4.86	4.98	5.09	5.21	5.33	5.44	5.56	5.68	5.79
	焓(kJ/kg)	13.59	13.88	14.18	14.47	14.76	15.05	15.34	15.63	15.92	16.22	16.51	16.80	17.09	17.39	17.68	17.97	18.26	18.56	18.85	19.14	19.44	19.73	20.02	20.32	20.61
	露点温度(℃)	−2.75	−2.30	−1.86	−1.44	−1.03	−0.64	−0.25	0.14	0.55	0.95	1.34	1.72	2.10	2.46	2.82	3.16	3.51	3.84	4.17	4.49	4.80	5.11	5.41	5.71	6.00
P_{qb}=935.25Pa	湿球温度(℃)	2.36	2.52	2.68	2.84	3.00	3.15	3.31	3.47	3.62	3.77	3.93	4.08	4.23	4.38	4.53	4.68	4.83	4.98	5.13	5.27	5.42	5.57	5.71	5.86	6.00
6.5	相对湿度	2%	4%	6%	8%	10%	12%	14%	16%	18%	20%	22%	24%	26%	28%	30%	32%	34%	36%	38%	40%	42%	44%	46%	48%	50%
	含湿量(g/kg)	0.12	0.24	0.36	0.48	0.59	0.71	0.83	0.95	1.07	1.19	1.31	1.43	1.55	1.67	1.79	1.91	2.03	2.15	2.27	2.39	2.51	2.63	2.75	2.87	2.99
	焓(kJ/kg)	6.86	7.16	7.46	7.76	8.06	8.36	8.66	8.96	9.26	9.56	9.86	10.16	10.46	10.76	11.06	11.36	11.66	11.96	12.26	12.56	12.86	13.16	13.46	13.76	14.06
	露点温度(℃)	−36.32	−29.82	−25.86	−22.96	−20.67	−18.77	−17.13	−15.70	−14.43	−13.27	−12.22	−11.26	−10.36	−9.53	−8.74	−8.01	−7.31	−6.65	−6.03	−5.43	−4.86	−4.31	−3.79	−3.29	−2.80
	湿球温度(℃)	−1.48	−1.30	−1.13	−0.95	−0.78	−0.61	−0.44	−0.27	−0.10	0.07	0.25	0.42	0.60	0.77	0.94	1.11	1.28	1.45	1.62	1.79	1.96	2.13	2.29	2.46	2.62
	相对湿度	52%	54%	56%	58%	60%	62%	64%	66%	68%	70%	72%	74%	76%	78%	80%	82%	84%	86%	88%	90%	92%	94%	96%	98%	100%
	含湿量(g/kg)	3.11	3.23	3.35	3.47	3.59	3.71	3.83	3.95	4.07	4.19	4.31	4.43	4.55	4.67	4.79	4.91	5.03	5.15	5.27	5.39	5.52	5.64	5.76	5.88	6.00
	焓(kJ/kg)	14.37	14.67	14.97	15.27	15.57	15.88	16.18	16.48	16.78	17.09	17.39	17.69	17.99	18.30	18.60	18.90	19.21	19.51	19.81	20.12	20.42	20.72	21.03	21.33	21.64
	露点温度(℃)	−2.33	−1.88	−1.45	−1.03	−0.62	−0.22	0.19	0.61	1.03	1.43	1.82	2.21	2.58	2.95	3.30	3.65	4.00	4.33	4.66	4.98	5.30	5.61	5.91	6.21	6.50
P_{qb}=968.10Pa	湿球温度(℃)	2.79	2.95	3.11	3.27	3.44	3.60	3.76	3.91	4.07	4.23	4.39	4.54	4.70	4.85	5.00	5.16	5.31	5.46	5.61	5.76	5.91	6.06	6.21	6.35	6.50

干球温度(℃) = 7.0 （P_{qb} = 1001.96Pa）

相对湿度	2%	4%	6%	8%	10%	12%	14%	16%	18%	20%	22%	24%	26%	28%	30%	32%	34%	36%	38%	40%	42%	44%	46%	48%	50%
含湿量(g/kg)	0.12	0.25	0.37	0.49	0.62	0.74	0.86	0.99	1.11	1.23	1.36	1.48	1.60	1.73	1.85	1.97	2.10	2.22	2.35	2.47	2.59	2.72	2.84	2.97	3.09
焓(kJ/kg)	7.38	7.69	8.00	8.31	8.62	8.93	9.24	9.55	9.86	10.17	10.48	10.79	11.10	11.41	11.72	12.03	12.34	12.65	12.97	13.28	13.59	13.90	14.21	14.52	14.84
露点温度(℃)	-36.00	-29.49	-25.51	-22.61	-20.31	-18.40	-16.77	-15.33	-14.05	-12.90	-11.84	-10.87	-9.97	-9.14	-8.35	-7.61	-6.92	-6.26	-5.63	-5.03	-4.46	-3.91	-3.38	-2.88	-2.39
湿球温度(℃)	-1.18	-1.00	-0.82	-0.64	-0.46	-0.29	-0.11	0.06	0.25	0.43	0.61	0.79	0.97	1.14	1.32	1.50	1.67	1.85	2.02	2.19	2.36	2.54	2.71	2.87	3.04
相对湿度	52%	54%	56%	58%	60%	62%	64%	66%	68%	70%	72%	74%	76%	78%	80%	82%	84%	86%	88%	90%	92%	94%	96%	98%	100%
含湿量(g/kg)	3.21	3.34	3.46	3.59	3.71	3.84	3.96	4.09	4.21	4.34	4.46	4.59	4.71	4.83	4.96	5.08	5.21	5.33	5.46	5.59	5.71	5.84	5.96	6.09	6.21
焓(kJ/kg)	15.15	15.46	15.77	16.09	16.40	16.71	17.02	17.34	17.65	17.96	18.28	18.59	18.91	19.22	19.53	19.85	20.16	20.48	20.79	21.11	21.42	21.73	22.05	22.37	22.68
露点温度(℃)	-1.92	-1.47	-1.03	-0.61	-0.20	0.22	0.66	1.09	1.50	1.91	2.30	2.69	3.06	3.43	3.79	4.14	4.49	4.82	5.15	5.47	5.79	6.10	6.41	6.71	7.00
湿球温度(℃)	3.21	3.38	3.54	3.71	3.87	4.04	4.20	4.36	4.52	4.68	4.84	5.00	5.16	5.32	5.47	5.63	5.78	5.94	6.09	6.25	6.40	6.55	6.70	6.85	7.00

干球温度(℃) = 7.5 （P_{qb} = 1036.87Pa）

相对湿度	2%	4%	6%	8%	10%	12%	14%	16%	18%	20%	22%	24%	26%	28%	30%	32%	34%	36%	38%	40%	42%	44%	46%	48%	50%
含湿量(g/kg)	0.13	0.25	0.38	0.51	0.64	0.76	0.89	1.02	1.15	1.28	1.40	1.53	1.66	1.79	1.92	2.04	2.17	2.30	2.43	2.56	2.68	2.81	2.94	3.07	3.20
焓(kJ/kg)	7.90	8.22	8.54	8.86	9.18	9.50	9.82	10.14	10.46	10.78	11.10	11.42	11.75	12.07	12.39	12.71	13.03	13.36	13.68	14.00	14.32	14.65	14.97	15.29	15.62
露点温度(℃)	-35.69	-29.16	-25.17	-22.26	-19.96	-18.04	-16.40	-14.96	-13.68	-12.52	-11.46	-10.49	-9.59	-8.75	-7.96	-7.22	-6.52	-5.86	-5.23	-4.63	-4.05	-3.50	-2.98	-2.47	-1.98
湿球温度(℃)	-0.88	-0.69	-0.51	-0.33	-0.15	0.04	0.22	0.41	0.60	0.78	0.97	1.15	1.34	1.52	1.70	1.88	2.06	2.24	2.42	2.59	2.77	2.94	3.12	3.29	3.46
相对湿度	52%	54%	56%	58%	60%	62%	64%	66%	68%	70%	72%	74%	76%	78%	80%	82%	84%	86%	88%	90%	92%	94%	96%	98%	100%
含湿量(g/kg)	3.33	3.46	3.58	3.71	3.84	3.97	4.10	4.23	4.36	4.49	4.62	4.75	4.88	5.00	5.13	5.26	5.39	5.52	5.65	5.78	5.91	6.04	6.17	6.30	6.43
焓(kJ/kg)	15.94	16.26	16.59	16.91	17.23	17.56	17.88	18.21	18.53	18.86	19.18	19.51	19.83	20.16	20.48	20.81	21.13	21.46	21.78	22.11	22.44	22.76	23.09	23.41	23.74
露点温度(℃)	-1.51	-1.06	-0.62	-0.20	0.24	0.70	1.14	1.57	1.98	2.39	2.78	3.17	3.55	3.92	4.28	4.63	4.98	5.31	5.64	5.97	6.29	6.60	6.90	7.20	7.50
湿球温度(℃)	3.63	3.80	3.97	4.14	4.31	4.48	4.64	4.81	4.97	5.14	5.30	5.46	5.62	5.78	5.94	6.10	6.26	6.42	6.58	6.73	6.89	7.04	7.19	7.35	7.50

干球温度(℃) = 8.0 （P_{qb} = 1072.84Pa）

相对湿度	2%	4%	6%	8%	10%	12%	14%	16%	18%	20%	22%	24%	26%	28%	30%	32%	34%	36%	38%	40%	42%	44%	46%	48%	50%
含湿量(g/kg)	0.13	0.26	0.40	0.53	0.66	0.79	0.92	1.06	1.19	1.32	1.45	1.58	1.72	1.85	1.98	2.11	2.25	2.38	2.51	2.65	2.78	2.91	3.04	3.18	3.31
焓(kJ/kg)	8.41	8.74	9.07	9.41	9.74	10.07	10.40	10.73	11.07	11.40	11.73	12.06	12.40	12.73	13.06	13.40	13.73	14.06	14.40	14.73	15.07	15.40	15.74	16.07	16.40
露点温度(℃)	-35.38	-28.83	-24.83	-21.91	-19.60	-17.68	-16.03	-14.59	-13.30	-12.14	-11.08	-10.11	-9.20	-8.36	-7.57	-6.83	-6.13	-5.46	-4.83	-4.23	-3.65	-3.10	-2.57	-2.06	-1.57
湿球温度(℃)	-0.58	-0.39	-0.20	-0.02	0.18	0.37	0.57	0.76	0.95	1.14	1.33	1.52	1.71	1.89	2.08	2.26	2.45	2.63	2.81	2.99	3.17	3.35	3.53	3.70	3.88
相对湿度	52%	54%	56%	58%	60%	62%	64%	66%	68%	70%	72%	74%	76%	78%	80%	82%	84%	86%	88%	90%	92%	94%	96%	98%	100%
含湿量(g/kg)	3.44	3.58	3.71	3.84	3.98	4.11	4.24	4.38	4.51	4.64	4.78	4.91	5.05	5.18	5.31	5.45	5.58	5.72	5.85	5.98	6.12	6.25	6.39	6.52	6.66
焓(kJ/kg)	16.74	17.07	17.41	17.74	18.08	18.42	18.75	19.09	19.42	19.76	20.10	20.43	20.77	21.11	21.44	21.78	22.12	22.45	22.79	23.13	23.47	23.80	24.14	24.48	24.82
露点温度(℃)	-1.10	-0.65	-0.21	0.25	0.72	1.17	1.61	2.04	2.46	2.87	3.27	3.65	4.03	4.40	4.76	5.12	5.46	5.80	6.14	6.46	6.78	7.09	7.40	7.70	8.00
湿球温度(℃)	4.05	4.23	4.40	4.57	4.75	4.92	5.09	5.26	5.42	5.59	5.76	5.92	6.09	6.25	6.41	6.58	6.74	6.90	7.06	7.22	7.38	7.53	7.69	7.84	8.00

干球温度(℃)=8.5

相对湿度	50%	48%	46%	44%	42%	40%	38%	36%	34%	32%	30%	28%	26%	24%	22%	20%	18%	16%	14%	12%	10%	8%	6%	4%	2%
含湿量(g/kg)	3.43	3.29	3.15	3.01	2.87	2.74	2.60	2.46	2.33	2.19	2.05	1.91	1.78	1.64	1.50	1.37	1.23	1.09	0.96	0.82	0.68	0.55	0.41	0.27	0.14
焓(kJ/kg)	17.20	16.86	16.51	16.16	15.82	15.47	15.13	14.78	14.43	14.09	13.74	13.40	13.05	12.71	12.36	12.02	11.68	11.33	10.99	10.64	10.30	9.96	9.61	9.27	8.93
露点温度(℃)	-1.17	-1.66	-2.17	-2.70	-3.25	-3.83	-4.43	-5.06	-5.73	-6.43	-7.18	-7.97	-8.82	-9.72	-10.70	-11.76	-12.93	-14.22	-15.67	-17.32	-19.25	-21.56	-24.49	-28.50	-35.06
湿球温度(℃)	4.30	4.12	3.94	3.75	3.57	3.39	3.20	3.02	2.83	2.64	2.45	2.26	2.07	1.88	1.69	1.49	1.30	1.10	0.90	0.71	0.51	0.31	0.10	-0.09	-0.29

相对湿度	100%	98%	96%	94%	92%	90%	88%	86%	84%	82%	80%	78%	76%	74%	72%	70%	68%	66%	64%	62%	60%	58%	56%	54%	52%
含湿量(g/kg)	6.89	6.75	6.61	6.47	6.33	6.19	6.05	5.92	5.78	5.64	5.50	5.36	5.22	5.08	4.94	4.81	4.67	4.53	4.39	4.25	4.12	3.98	3.84	3.70	3.56
焓(kJ/kg)	25.91	25.56	25.21	24.86	24.51	24.16	23.82	23.47	23.12	22.77	22.42	22.07	21.72	21.37	21.02	20.68	20.33	19.98	19.63	19.28	18.94	18.59	18.24	17.90	17.55
露点温度(℃)	8.50	8.20	7.90	7.59	7.28	6.96	6.63	6.30	5.95	5.61	5.25	4.89	4.52	4.14	3.75	3.35	2.94	2.52	2.09	1.64	1.19	0.72	0.23	-0.24	-0.69
湿球温度(℃)	8.50	8.34	8.18	8.02	7.86	7.70	7.54	7.38	7.21	7.05	6.88	6.72	6.55	6.38	6.21	6.04	5.87	5.70	5.53	5.36	5.18	5.01	4.83	4.65	4.48

$P_{qb}=1109.91Pa$

干球温度(℃)=9.0

相对湿度	50%	48%	46%	44%	42%	40%	38%	36%	34%	32%	30%	28%	26%	24%	22%	20%	18%	16%	14%	12%	10%	8%	6%	4%	2%
含湿量(g/kg)	3.54	3.40	3.26	3.12	2.97	2.83	2.69	2.55	2.41	2.26	2.12	1.98	1.84	1.70	1.55	1.41	1.27	1.13	0.99	0.85	0.71	0.56	0.42	0.28	0.14
焓(kJ/kg)	18.01	17.65	17.29	16.93	16.57	16.22	15.86	15.50	15.14	14.79	14.43	14.07	13.72	13.36	13.00	12.65	12.29	11.93	11.58	11.22	10.87	10.51	10.15	9.80	9.44
露点温度(℃)	-0.76	-1.25	-1.76	-2.29	-2.85	-3.43	-4.03	-4.67	-5.34	-6.04	-6.79	-7.58	-8.43	-9.34	-10.32	-11.39	-12.56	-13.85	-15.30	-16.96	-18.89	-21.21	-24.15	-28.17	-34.75
湿球温度(℃)	4.71	4.53	4.34	4.16	3.97	3.79	3.60	3.41	3.21	3.02	2.83	2.63	2.44	2.24	2.04	1.85	1.65	1.44	1.24	1.04	0.83	0.63	0.42	0.21	0.00

相对湿度	100%	98%	96%	94%	92%	90%	88%	86%	84%	82%	80%	78%	76%	74%	72%	70%	68%	66%	64%	62%	60%	58%	56%	54%	52%
含湿量(g/kg)	7.13	6.98	6.84	6.70	6.55	6.41	6.26	6.12	5.98	5.83	5.69	5.55	5.40	5.26	5.12	4.97	4.83	4.69	4.54	4.40	4.26	4.11	3.97	3.83	3.69
焓(kJ/kg)	27.03	26.67	26.30	25.94	25.58	25.22	24.86	24.49	24.13	23.77	23.41	23.05	22.69	22.33	21.97	21.60	21.24	20.88	20.52	20.16	19.80	19.45	19.09	18.73	18.37
露点温度(℃)	9.00	8.70	8.40	8.09	7.77	7.45	7.12	6.79	6.44	6.10	5.74	5.37	5.00	4.62	4.23	3.83	3.42	2.99	2.56	2.12	1.66	1.19	0.70	0.20	-0.28
湿球温度(℃)	9.00	8.84	8.68	8.52	8.35	8.19	8.02	7.86	7.69	7.52	7.35	7.18	7.01	6.84	6.67	6.50	6.32	6.15	5.97	5.80	5.62	5.44	5.26	5.08	4.90

$P_{qb}=1148.11Pa$

干球温度(℃)=9.5

相对湿度	50%	48%	46%	44%	42%	40%	38%	36%	34%	32%	30%	28%	26%	24%	22%	20%	18%	16%	14%	12%	10%	8%	6%	4%	2%
含湿量(g/kg)	3.67	3.52	3.37	3.22	3.08	2.93	2.78	2.64	2.49	2.34	2.19	2.05	1.90	1.75	1.61	1.46	1.31	1.17	1.02	0.88	0.73	0.58	0.44	0.29	0.15
焓(kJ/kg)	18.82	18.45	18.08	17.71	17.34	16.97	16.60	16.23	15.86	15.49	15.12	14.75	14.38	14.01	13.64	13.27	12.91	12.54	12.17	11.80	11.43	11.06	10.70	10.33	9.96
露点温度(℃)	-0.35	-0.84	-1.36	-1.89	-2.45	-3.03	-3.63	-4.27	-4.94	-5.65	-6.40	-7.20	-8.05	-8.96	-9.94	-11.01	-12.18	-13.48	-14.94	-16.60	-18.54	-20.87	-23.81	-27.84	-34.44
湿球温度(℃)	5.13	4.94	4.75	4.56	4.37	4.18	3.99	3.79	3.60	3.40	3.20	3.00	2.80	2.60	2.40	2.20	1.99	1.79	1.58	1.37	1.16	0.95	0.74	0.52	0.31

相对湿度	100%	98%	96%	94%	92%	90%	88%	86%	84%	82%	80%	78%	76%	74%	72%	70%	68%	66%	64%	62%	60%	58%	56%	54%	52%
含湿量(g/kg)	7.38	7.23	7.08	6.93	6.78	6.63	6.48	6.33	6.18	6.04	5.89	5.74	5.59	5.44	5.29	5.14	5.00	4.85	4.70	4.55	4.40	4.26	4.11	3.96	3.81
焓(kJ/kg)	28.16	27.79	27.41	27.04	26.66	26.29	25.91	25.54	25.16	24.79	24.41	24.04	23.67	23.29	22.92	22.55	22.17	21.80	21.43	21.06	20.68	20.31	19.94	19.57	19.20
露点温度(℃)	9.50	9.20	8.89	8.58	8.27	7.94	7.61	7.28	6.93	6.58	6.23	5.86	5.49	5.10	4.71	4.31	3.89	3.47	3.04	2.59	2.13	1.65	1.17	0.66	0.14
湿球温度(℃)	9.50	9.34	9.17	9.01	8.84	8.67	8.51	8.34	8.17	8.00	7.82	7.65	7.48	7.30	7.13	6.95	6.77	6.59	6.42	6.23	6.05	5.87	5.69	5.50	5.32

$P_{qb}=1187.46Pa$

干球温度(℃)		相对湿度	2%	4%	6%	8%	10%	12%	14%	16%	18%	20%	22%	24%	26%	28%	30%	32%	34%	36%	38%	40%	42%	44%	46%	48%	50%
10.0		含湿量(g/kg)	0.15	0.30	0.45	0.60	0.75	0.91	1.06	1.21	1.36	1.51	1.66	1.81	1.97	2.12	2.27	2.42	2.57	2.73	2.88	3.03	3.18	3.33	3.49	3.64	3.79
		焓(kJ/kg)	10.48	10.86	11.24	11.62	12.00	12.38	12.76	13.14	13.52	13.91	14.29	14.67	15.05	15.43	15.82	16.20	16.58	16.96	17.35	17.73	18.11	18.50	18.88	19.27	19.65
		露点温度(℃)	−34.13	−27.51	−23.47	−20.52	−18.18	−16.24	−14.57	−13.11	−11.81	−10.64	−9.56	−8.58	−7.66	−6.81	−6.01	−5.26	−4.55	−3.88	−3.24	−2.63	−2.05	−1.49	−0.95	−0.44	0.06
		湿球温度(℃)	0.61	0.83	1.05	1.27	1.48	1.70	1.91	2.12	2.34	2.55	2.75	2.96	3.17	3.37	3.58	3.78	3.98	4.18	4.38	4.58	4.77	4.97	5.16	5.35	5.55
		相对湿度	52%	54%	56%	58%	60%	62%	64%	66%	68%	70%	72%	74%	76%	78%	80%	82%	84%	86%	88%	90%	92%	94%	96%	98%	100%
		含湿量(g/kg)	3.94	4.10	4.25	4.40	4.56	4.71	4.86	5.02	5.17	5.32	5.48	5.63	5.78	5.94	6.09	6.24	6.40	6.55	6.71	6.86	7.01	7.17	7.32	7.48	7.63
		焓(kJ/kg)	20.03	20.42	20.80	21.19	21.57	21.96	22.34	22.73	23.12	23.50	23.89	24.28	24.66	25.05	25.44	25.82	26.21	26.60	26.99	27.37	27.76	28.15	28.54	28.93	29.32
		露点温度(℃)	0.60	1.13	1.63	2.12	2.60	3.06	3.51	3.95	4.37	4.79	5.19	5.58	5.97	6.35	6.71	7.07	7.42	7.77	8.11	8.44	8.76	9.08	9.39	9.70	10.00
		湿球温度(℃)	5.74	5.93	6.11	6.30	6.49	6.67	6.86	7.04	7.22	7.40	7.58	7.76	7.94	8.12	8.29	8.47	8.64	8.82	8.99	9.16	9.33	9.50	9.67	9.83	10.00
P_{qb}=1228.00Pa																											
10.5		相对湿度	2%	4%	6%	8%	10%	12%	14%	16%	18%	20%	22%	24%	26%	28%	30%	32%	34%	36%	38%	40%	42%	44%	46%	48%	50%
		含湿量(g/kg)	0.16	0.31	0.47	0.62	0.78	0.94	1.09	1.25	1.41	1.56	1.72	1.88	2.03	2.19	2.35	2.50	2.66	2.82	2.98	3.13	3.29	3.45	3.61	3.76	3.92
		焓(kJ/kg)	11.00	11.39	11.78	12.18	12.57	12.96	13.36	13.75	14.15	14.54	14.94	15.33	15.73	16.12	16.52	16.91	17.31	17.71	18.10	18.50	18.90	19.29	19.69	20.09	20.49
		露点温度(℃)	−33.82	−27.18	−23.13	−20.17	−17.83	−15.88	−14.21	−12.75	−11.44	−10.26	−9.18	−8.19	−7.28	−6.42	−5.62	−4.87	−4.16	−3.48	−2.84	−2.23	−1.64	−1.09	−0.55	−0.03	0.52
		湿球温度(℃)	0.91	1.14	1.36	1.58	1.81	2.03	2.25	2.46	2.68	2.89	3.11	3.32	3.53	3.74	3.95	4.15	4.36	4.56	4.77	4.97	5.17	5.37	5.57	5.77	5.96
		相对湿度	52%	54%	56%	58%	60%	62%	64%	66%	68%	70%	72%	74%	76%	78%	80%	82%	84%	86%	88%	90%	92%	94%	96%	98%	100%
		含湿量(g/kg)	4.08	4.24	4.40	4.55	4.71	4.87	5.03	5.19	5.35	5.50	5.66	5.82	5.98	6.14	6.30	6.46	6.62	6.78	6.94	7.10	7.25	7.41	7.57	7.73	7.89
		焓(kJ/kg)	20.88	21.28	21.68	22.08	22.48	22.88	23.27	23.67	24.07	24.47	24.87	25.27	25.67	26.07	26.47	26.87	27.28	27.68	28.08	28.48	28.88	29.28	29.69	30.09	30.49
		露点温度(℃)	1.07	1.59	2.10	2.59	3.07	3.53	3.99	4.42	4.85	5.27	5.67	6.07	6.45	6.83	7.20	7.56	7.91	8.26	8.60	8.93	9.26	9.58	9.89	10.20	10.50
		湿球温度(℃)	6.16	6.35	6.54	6.73	6.92	7.11	7.30	7.49	7.67	7.86	8.04	8.22	8.40	8.58	8.76	8.94	9.12	9.29	9.47	9.64	9.82	9.99	10.16	10.33	10.50
P_{qb}=1269.74Pa																											
11.0		相对湿度	2%	4%	6%	8%	10%	12%	14%	16%	18%	20%	22%	24%	26%	28%	30%	32%	34%	36%	38%	40%	42%	44%	46%	48%	50%
		含湿量(g/kg)	0.16	0.32	0.48	0.65	0.81	0.97	1.13	1.29	1.45	1.62	1.78	1.94	2.10	2.26	2.43	2.59	2.75	2.91	3.08	3.24	3.40	3.57	3.73	3.89	4.06
		焓(kJ/kg)	11.52	11.92	12.33	12.74	13.14	13.55	13.96	14.37	14.77	15.18	15.59	16.00	16.41	16.82	17.23	17.64	18.05	18.46	18.87	19.28	19.69	20.10	20.51	20.92	21.33
		露点温度(℃)	−33.51	−26.86	−22.79	−19.82	−17.47	−15.52	−13.85	−12.38	−11.07	−9.89	−8.81	−7.81	−6.89	−6.04	−5.23	−4.48	−3.76	−3.09	−2.44	−1.83	−1.24	−0.68	−0.15	0.42	0.99
		湿球温度(℃)	1.21	1.44	1.67	1.90	2.13	2.35	2.58	2.80	3.02	3.24	3.46	3.68	3.89	4.11	4.32	4.53	4.74	4.95	5.16	5.36	5.57	5.77	5.97	6.18	6.38
		相对湿度	52%	54%	56%	58%	60%	62%	64%	66%	68%	70%	72%	74%	76%	78%	80%	82%	84%	86%	88%	90%	92%	94%	96%	98%	100%
		含湿量(g/kg)	4.22	4.38	4.55	4.71	4.87	5.04	5.20	5.36	5.53	5.69	5.86	6.02	6.19	6.35	6.51	6.68	6.84	7.01	7.17	7.34	7.50	7.67	7.83	8.00	8.16
		焓(kJ/kg)	21.74	22.15	22.57	22.98	23.39	23.80	24.22	24.63	25.04	25.46	25.87	26.28	26.70	27.11	27.53	27.94	28.36	28.77	29.19	29.60	30.02	30.44	30.85	31.27	31.69
		露点温度(℃)	1.53	2.06	2.57	3.06	3.54	4.01	4.46	4.90	5.33	5.75	6.15	6.55	6.94	7.32	7.69	8.05	8.40	8.75	9.09	9.42	9.75	10.07	10.39	10.70	11.00
		湿球温度(℃)	6.57	6.77	6.97	7.16	7.36	7.55	7.74	7.93	8.12	8.31	8.50	8.68	8.87	9.05	9.23	9.41	9.59	9.77	9.95	10.13	10.31	10.48	10.65	10.83	11.00
P_{qb}=1312.74Pa																											

干球温度(℃)	相对湿度	2%	4%	6%	8%	10%	12%	14%	16%	18%	20%	22%	24%	26%	28%	30%	32%	34%	36%	38%	40%	42%	44%	46%	48%	50%
11.5	含湿量(g/kg)	0.17	0.33	0.50	0.67	0.83	1.00	1.17	1.34	1.50	1.67	1.84	2.01	2.17	2.34	2.51	2.68	2.85	3.01	3.18	3.35	3.52	3.69	3.86	4.02	4.19
	焓(kJ/kg)	12.04	12.46	12.88	13.30	13.72	14.14	14.56	14.98	15.40	15.83	16.25	16.67	17.09	17.52	17.94	18.36	18.79	19.21	19.64	20.06	20.49	20.91	21.34	21.76	22.19
	露点温度(℃)	-33.20	-26.53	-22.45	-19.48	-17.12	-15.16	-13.48	-12.01	-10.70	-9.51	-8.43	-7.43	-6.51	-5.65	-4.85	-4.09	-3.37	-2.69	-2.05	-1.43	-0.85	-0.28	0.29	0.88	1.45
	湿球温度(℃)	1.51	1.74	1.98	2.21	2.45	2.68	2.91	3.13	3.36	3.59	3.81	4.03	4.25	4.47	4.69	4.91	5.12	5.33	5.55	5.76	5.97	6.17	6.38	6.59	6.79
	相对湿度	52%	54%	56%	58%	60%	62%	64%	66%	68%	70%	72%	74%	76%	78%	80%	82%	84%	86%	88%	90%	92%	94%	96%	98%	100%
	含湿量(g/kg)	4.36	4.53	4.70	4.87	5.04	5.21	5.38	5.55	5.72	5.89	6.06	6.23	6.40	6.57	6.74	6.91	7.08	7.25	7.42	7.59	7.76	7.93	8.10	8.27	8.44
	焓(kJ/kg)	22.61	23.04	23.46	23.89	24.32	24.75	25.17	25.60	26.03	26.46	26.88	27.31	27.74	28.17	28.60	29.03	29.46	29.89	30.32	30.75	31.18	31.61	32.04	32.47	32.90
	露点温度(℃)	1.99	2.52	3.04	3.53	4.01	4.48	4.93	5.38	5.81	6.23	6.63	7.03	7.42	7.80	8.17	8.54	8.89	9.24	9.58	9.92	10.25	10.57	10.88	11.20	11.50
$P_{qb}=1357.01Pa$	湿球温度(℃)	6.99	7.19	7.40	7.59	7.79	7.99	8.18	8.38	8.57	8.76	8.95	9.14	9.33	9.52	9.70	9.89	10.07	10.25	10.43	10.61	10.79	10.97	11.15	11.33	11.50
干球温度(℃)	相对湿度	2%	4%	6%	8%	10%	12%	14%	16%	18%	20%	22%	24%	26%	28%	30%	32%	34%	36%	38%	40%	42%	44%	46%	48%	50%
12.0	含湿量(g/kg)	0.17	0.34	0.52	0.69	0.86	1.03	1.21	1.38	1.55	1.73	1.90	2.07	2.25	2.42	2.59	2.77	2.94	3.12	3.29	3.46	3.64	3.81	3.99	4.16	4.34
	焓(kJ/kg)	12.55	12.99	13.42	13.86	14.29	14.73	15.17	15.60	16.04	16.48	16.91	17.35	17.79	18.22	18.66	19.10	19.54	19.98	20.42	20.85	21.29	21.73	22.17	22.61	23.05
	露点温度(℃)	-32.89	-26.20	-22.11	-19.13	-16.77	-14.80	-13.12	-11.64	-10.33	-9.14	-8.05	-7.05	-6.13	-5.27	-4.46	-3.70	-2.98	-2.30	-1.65	-1.04	-0.45	0.13	0.75	1.34	1.91
	湿球温度(℃)	1.80	2.04	2.28	2.52	2.76	3.00	3.23	3.47	3.70	3.93	4.16	4.39	4.61	4.84	5.06	5.28	5.50	5.72	5.93	6.15	6.36	6.58	6.79	7.00	7.20
	相对湿度	52%	54%	56%	58%	60%	62%	64%	66%	68%	70%	72%	74%	76%	78%	80%	82%	84%	86%	88%	90%	92%	94%	96%	98%	100%
	含湿量(g/kg)	4.51	4.68	4.86	5.03	5.21	5.38	5.56	5.74	5.91	6.09	6.26	6.44	6.61	6.79	6.97	7.14	7.32	7.49	7.67	7.85	8.02	8.20	8.38	8.55	8.73
	焓(kJ/kg)	23.49	23.93	24.38	24.82	25.26	25.70	26.14	26.58	27.03	27.47	27.91	28.36	28.80	29.24	29.69	30.13	30.58	31.02	31.47	31.91	32.36	32.80	33.25	33.69	34.14
	露点温度(℃)	2.46	2.99	3.50	4.00	4.48	4.95	5.41	5.85	6.28	6.70	7.11	7.51	7.91	8.29	8.66	9.03	9.38	9.73	10.08	10.41	10.74	11.07	11.38	11.69	12.00
$P_{qb}=1402.59Pa$	湿球温度(℃)	7.41	7.62	7.82	8.02	8.23	8.43	8.63	8.82	9.02	9.21	9.41	9.60	9.79	9.98	10.17	10.36	10.55	10.73	10.92	11.10	11.28	11.46	11.64	11.82	12.00
干球温度(℃)	相对湿度	2%	4%	6%	8%	10%	12%	14%	16%	18%	20%	22%	24%	26%	28%	30%	32%	34%	36%	38%	40%	42%	44%	46%	48%	50%
12.5	含湿量(g/kg)	0.18	0.36	0.53	0.71	0.89	1.07	1.25	1.43	1.61	1.78	1.96	2.14	2.32	2.50	2.68	2.86	3.04	3.22	3.40	3.58	3.76	3.94	4.12	4.30	4.48
	焓(kJ/kg)	13.07	13.52	13.97	14.42	14.87	15.32	15.77	16.23	16.68	17.13	17.58	18.03	18.48	18.94	19.39	19.84	20.30	20.75	21.20	21.66	22.11	22.57	23.02	23.48	23.93
	露点温度(℃)	-32.58	-25.87	-21.78	-18.79	-16.42	-14.45	-12.76	-11.28	-9.96	-8.76	-7.68	-6.67	-5.75	-4.88	-4.07	-3.31	-2.59	-1.91	-1.26	-0.64	-0.05	0.59	1.20	1.80	2.37
	湿球温度(℃)	2.09	2.34	2.59	2.83	3.08	3.32	3.56	3.80	4.04	4.27	4.51	4.74	4.97	5.20	5.43	5.65	5.88	6.10	6.32	6.54	6.76	6.98	7.19	7.41	7.62
	相对湿度	52%	54%	56%	58%	60%	62%	64%	66%	68%	70%	72%	74%	76%	78%	80%	82%	84%	86%	88%	90%	92%	94%	96%	98%	100%
	含湿量(g/kg)	4.66	4.84	5.02	5.20	5.39	5.57	5.75	5.93	6.11	6.29	6.47	6.66	6.84	7.02	7.20	7.38	7.57	7.75	7.93	8.11	8.30	8.48	8.66	8.84	9.03
	焓(kJ/kg)	24.39	24.84	25.30	25.75	26.21	26.67	27.13	27.58	28.04	28.50	28.96	29.42	29.87	30.33	30.79	31.25	31.71	32.17	32.63	33.09	33.55	34.02	34.48	34.94	35.40
	露点温度(℃)	2.92	3.45	3.97	4.47	4.95	5.43	5.88	6.33	6.76	7.18	7.60	8.00	8.39	8.77	9.15	9.51	9.87	10.22	10.57	10.91	11.24	11.56	11.88	12.19	12.50
$P_{qb}=1449.51Pa$	湿球温度(℃)	7.83	8.04	8.25	8.45	8.66	8.86	9.07	9.27	9.47	9.67	9.86	10.06	10.26	10.45	10.64	10.83	11.02	11.21	11.40	11.59	11.77	11.95	12.14	12.32	12.50

续表

干球温度(℃)	相对湿度	2%	4%	6%	8%	10%	12%	14%	16%	18%	20%	22%	24%	26%	28%	30%	32%	34%	36%	38%	40%	42%	44%	46%	48%	50%
13.0	含湿量(g/kg)	0.18	0.37	0.55	0.74	0.92	1.11	1.29	1.47	1.66	1.84	2.03	2.21	2.40	2.59	2.77	2.96	3.14	3.33	3.51	3.70	3.89	4.07	4.26	4.44	4.63
	焓(kJ/kg)	13.59	14.06	14.52	14.99	15.45	15.92	16.39	16.85	17.32	17.79	18.25	18.72	19.19	19.65	20.12	20.59	21.06	21.53	22.00	22.47	22.94	23.41	23.88	24.35	24.82
	露点温度(℃)	-32.27	-25.55	-21.44	-18.44	-16.06	-14.09	-12.40	-10.91	-9.59	-8.39	-7.30	-6.29	-5.36	-4.50	-3.68	-2.92	-2.20	-1.51	-0.86	-0.24	0.40	1.04	1.66	2.26	2.83
	湿球温度(℃)	2.38	2.64	2.89	3.14	3.39	3.64	3.89	4.13	4.37	4.62	4.85	5.09	5.33	5.56	5.79	6.03	6.26	6.48	6.71	6.93	7.16	7.38	7.60	7.82	8.03
	相对湿度	52%	54%	56%	58%	60%	62%	64%	66%	68%	70%	72%	74%	76%	78%	80%	82%	84%	86%	88%	90%	92%	94%	96%	98%	100%
	含湿量(g/kg)	4.82	5.01	5.19	5.38	5.57	5.75	5.94	6.13	6.32	6.50	6.69	6.88	7.07	7.26	7.44	7.63	7.82	8.01	8.20	8.39	8.58	8.76	8.95	9.14	9.33
	焓(kJ/kg)	25.29	25.76	26.23	26.71	27.18	27.65	28.12	28.60	29.07	29.54	30.02	30.49	30.97	31.44	31.92	32.39	32.87	33.34	33.82	34.30	34.77	35.25	35.73	36.21	36.68
	露点温度(℃)	3.38	3.92	4.44	4.94	5.42	5.90	6.36	6.80	7.24	7.66	8.08	8.48	8.87	9.26	9.63	10.00	10.36	10.72	11.06	11.40	11.73	12.06	12.38	12.69	13.00
P_{qb}=1497.81Pa	湿球温度(℃)	8.25	8.46	8.67	8.88	9.09	9.30	9.51	9.71	9.92	10.12	10.32	10.52	10.72	10.92	11.11	11.31	11.50	11.69	11.88	12.07	12.26	12.45	12.63	12.82	13.00
13.5	相对湿度	2%	4%	6%	8%	10%	12%	14%	16%	18%	20%	22%	24%	26%	28%	30%	32%	34%	36%	38%	40%	42%	44%	46%	48%	50%
	含湿量(g/kg)	0.19	0.38	0.57	0.76	0.95	1.14	1.33	1.52	1.71	1.91	2.10	2.29	2.48	2.67	2.86	3.05	3.25	3.44	3.63	3.82	4.02	4.21	4.40	4.59	4.79
	焓(kJ/kg)	14.11	14.59	15.08	15.56	16.04	16.52	17.00	17.48	17.96	18.45	18.93	19.41	19.90	20.38	20.86	21.35	21.83	22.32	22.80	23.29	23.77	24.26	24.75	25.23	25.72
	露点温度(℃)	-31.96	-25.22	-21.10	-18.10	-15.71	-13.73	-12.03	-10.54	-9.22	-8.02	-6.92	-5.92	-4.98	-4.11	-3.30	-2.53	-1.81	-1.12	-0.47	0.17	0.85	1.50	2.12	2.71	3.29
	湿球温度(℃)	2.67	2.93	3.19	3.45	3.70	3.96	4.21	4.46	4.71	4.96	5.20	5.44	5.68	5.92	6.16	6.40	6.63	6.86	7.10	7.32	7.55	7.78	8.00	8.22	8.44
	相对湿度	52%	54%	56%	58%	60%	62%	64%	66%	68%	70%	72%	74%	76%	78%	80%	82%	84%	86%	88%	90%	92%	94%	96%	98%	100%
	含湿量(g/kg)	4.98	5.17	5.34	5.54	5.74	5.95	6.14	6.33	6.53	6.72	6.92	7.11	7.30	7.50	7.69	7.89	8.08	8.28	8.47	8.67	8.86	9.06	9.26	9.45	9.65
	焓(kJ/kg)	26.21	26.69	27.18	27.67	28.16	28.65	29.14	29.63	30.12	30.61	31.10	31.59	32.08	32.57	33.06	33.55	34.04	34.54	35.03	35.52	36.02	36.51	37.00	37.50	37.99
	露点温度(℃)	3.85	4.38	4.90	5.41	5.90	6.37	6.83	7.28	7.72	8.14	8.56	8.96	9.36	9.74	10.12	10.49	10.85	11.21	11.55	11.89	12.23	12.55	12.88	13.19	13.50
P_{qb}=1547.52Pa	湿球温度(℃)	8.66	8.88	9.10	9.31	9.53	9.74	9.95	10.16	10.37	10.57	10.78	10.98	11.18	11.38	11.58	11.78	11.97	12.17	12.36	12.56	12.75	12.94	13.13	13.31	13.50
14.0	相对湿度	2%	4%	6%	8%	10%	12%	14%	16%	18%	20%	22%	24%	26%	28%	30%	32%	34%	36%	38%	40%	42%	44%	46%	48%	50%
	含湿量(g/kg)	0.20	0.39	0.59	0.79	0.98	1.18	1.38	1.57	1.77	1.97	2.17	2.36	2.56	2.76	2.96	3.16	3.35	3.55	3.75	3.95	4.15	4.35	4.55	4.75	4.95
	焓(kJ/kg)	14.64	15.13	15.63	16.13	16.62	17.12	17.62	18.12	18.61	19.11	19.61	20.11	20.61	21.11	21.61	22.11	22.61	23.11	23.62	24.12	24.62	25.12	25.63	26.13	26.63
	露点温度(℃)	-31.65	-24.90	-20.77	-17.75	-15.36	-13.38	-11.67	-10.18	-8.85	-7.65	-6.55	-5.54	-4.60	-3.73	-2.91	-2.14	-1.42	-0.73	-0.07	0.62	1.30	1.95	2.57	3.17	3.75
	湿球温度(℃)	2.95	3.22	3.49	3.75	4.01	4.28	4.53	4.79	5.04	5.30	5.55	5.79	6.04	6.29	6.53	6.77	7.01	7.25	7.48	7.71	7.95	8.18	8.41	8.63	8.86
	相对湿度	52%	54%	56%	58%	60%	62%	64%	66%	68%	70%	72%	74%	76%	78%	80%	82%	84%	86%	88%	90%	92%	94%	96%	98%	100%
	含湿量(g/kg)	5.15	5.34	5.54	5.74	5.94	6.14	6.34	6.55	6.75	6.95	7.15	7.35	7.55	7.75	7.95	8.15	8.35	8.56	8.76	8.96	9.16	9.36	9.57	9.77	9.97
	焓(kJ/kg)	27.14	27.64	28.14	28.65	29.15	29.66	30.17	30.67	31.18	31.68	32.19	32.70	33.21	33.71	34.22	34.73	35.24	35.75	36.26	36.77	37.28	37.79	38.30	38.81	39.32
	露点温度(℃)	4.31	4.85	5.37	5.88	6.37	6.84	7.31	7.76	8.19	8.62	9.04	9.44	9.84	10.23	10.61	10.98	11.34	11.70	12.05	12.39	12.72	13.05	13.37	13.69	14.00
P_{qb}=1598.67Pa	湿球温度(℃)	9.08	9.30	9.52	9.74	9.96	10.18	10.39	10.60	10.81	11.02	11.23	11.44	11.64	11.85	12.05	12.25	12.45	12.65	12.85	13.04	13.24	13.43	13.62	13.81	14.00

续表

干球温度(℃)	相对湿度	2%	4%	6%	8%	10%	12%	14%	16%	18%	20%	22%	24%	26%	28%	30%	32%	34%	36%	38%	40%	42%	44%	46%	48%	50%
14.5	含湿量(g/kg)	0.20	0.41	0.61	0.81	1.02	1.22	1.42	1.63	1.83	2.03	2.24	2.44	2.65	2.85	3.06	3.26	3.47	3.67	3.88	4.08	4.29	4.49	4.70	4.90	5.11
	焓(kJ/kg)	15.16	15.67	16.18	16.70	17.21	17.72	18.24	18.75	19.27	19.78	20.30	20.82	21.33	21.85	22.37	22.88	23.40	23.92	24.44	24.96	25.48	26.00	26.52	27.04	27.56
	露点温度(℃)	-31.34	-24.57	-20.43	-17.41	-15.01	-13.02	-11.31	-9.81	-8.48	-7.27	-6.17	-5.16	-4.22	-3.35	-2.53	-1.76	-1.03	-0.34	0.36	1.07	1.75	2.40	3.03	3.63	4.21
	湿球温度(℃)	3.24	3.51	3.79	4.06	4.32	4.59	4.85	5.12	5.38	5.63	5.89	6.14	6.40	6.65	6.89	7.14	7.38	7.63	7.87	8.10	8.34	8.58	8.81	9.04	9.27
	相对湿度	52%	54%	56%	58%	60%	62%	64%	66%	68%	70%	72%	74%	76%	78%	80%	82%	84%	86%	88%	90%	92%	94%	96%	98%	100%
	含湿量(g/kg)	5.32	5.52	5.73	5.94	6.14	6.35	6.56	6.76	6.97	7.18	7.39	7.59	7.80	8.01	8.22	8.42	8.63	8.84	9.05	9.26	9.47	9.68	9.89	10.10	10.30
	焓(kJ/kg)	28.08	28.60	29.12	29.64	30.16	30.69	31.21	31.73	32.26	32.78	33.30	33.83	34.35	34.88	35.41	35.93	36.46	36.98	37.51	38.04	38.57	39.10	39.62	40.15	40.68
	露点温度(℃)	4.77	5.31	5.84	6.34	6.84	7.31	7.78	8.23	8.67	9.10	9.52	9.93	10.32	10.71	11.09	11.47	11.83	12.19	12.54	12.88	13.22	13.55	13.87	14.19	14.50
$P_{qb}=1651.30Pa$	湿球温度(℃)	9.50	9.72	9.95	10.17	10.39	10.61	10.83	11.05	11.26	11.48	11.69	11.90	12.11	12.31	12.52	12.72	12.93	13.13	13.33	13.53	13.72	13.92	14.11	14.31	14.50
15.0	相对湿度	2%	4%	6%	8%	10%	12%	14%	16%	18%	20%	22%	24%	26%	28%	30%	32%	34%	36%	38%	40%	42%	44%	46%	48%	50%
	含湿量(g/kg)	0.21	0.42	0.63	0.84	1.05	1.26	1.47	1.68	1.89	2.10	2.31	2.52	2.73	2.95	3.16	3.37	3.58	3.79	4.00	4.22	4.43	4.64	4.85	5.07	5.28
	焓(kJ/kg)	15.68	16.21	16.74	17.27	17.80	18.33	18.86	19.40	19.93	20.46	20.99	21.53	22.06	22.59	23.13	23.66	24.20	24.73	25.27	25.81	26.34	26.88	27.42	27.96	28.49
	露点温度(℃)	-31.04	-24.25	-20.09	-17.06	-14.66	-12.66	-10.95	-9.45	-8.11	-6.90	-5.80	-4.78	-3.84	-2.96	-2.14	-1.37	-0.64	0.06	0.81	1.52	2.20	2.86	3.49	4.09	4.67
	湿球温度(℃)	3.52	3.80	4.08	4.36	4.63	4.90	5.17	5.44	5.71	5.97	6.23	6.49	6.75	7.00	7.26	7.51	7.76	8.01	8.25	8.49	8.74	8.97	9.21	9.45	9.68
	相对湿度	52%	54%	56%	58%	60%	62%	64%	66%	68%	70%	72%	74%	76%	78%	80%	82%	84%	86%	88%	90%	92%	94%	96%	98%	100%
	含湿量(g/kg)	5.49	5.71	5.92	6.13	6.35	6.56	6.77	6.99	7.20	7.42	7.63	7.84	8.06	8.27	8.49	8.70	8.92	9.14	9.35	9.57	9.78	10.00	10.22	10.43	10.65
	焓(kJ/kg)	29.03	29.57	30.11	30.65	31.19	31.73	32.27	32.81	33.35	33.89	34.44	34.98	35.52	36.06	36.61	37.15	37.70	38.24	38.79	39.33	39.88	40.42	40.97	41.52	42.06
	露点温度(℃)	5.23	5.78	6.30	6.81	7.31	7.79	8.25	8.71	9.15	9.58	10.00	10.41	10.81	11.20	11.58	11.96	12.32	12.68	13.03	13.37	13.71	14.04	14.37	14.69	15.00
$P_{qb}=1705.45Pa$	湿球温度(℃)	9.91	10.14	10.37	10.60	10.83	11.05	11.27	11.49	11.71	11.93	12.14	12.36	12.57	12.78	12.99	13.20	13.40	13.61	13.81	14.01	14.21	14.41	14.61	14.81	15.00
15.5	相对湿度	2%	4%	6%	8%	10%	12%	14%	16%	18%	20%	22%	24%	26%	28%	30%	32%	34%	36%	38%	40%	42%	44%	46%	48%	50%
	含湿量(g/kg)	0.22	0.43	0.65	0.87	1.08	1.30	1.52	1.73	1.95	2.17	2.39	2.61	2.82	3.04	3.26	3.48	3.70	3.92	4.14	4.35	4.57	4.79	5.01	5.23	5.45
	焓(kJ/kg)	16.20	16.75	17.30	17.84	18.39	18.94	19.49	20.04	20.59	21.14	21.69	22.24	22.79	23.35	23.90	24.45	25.00	25.56	26.11	26.67	27.22	27.78	28.33	28.89	29.44
	露点温度(℃)	-30.73	-23.92	-19.76	-16.72	-14.31	-12.31	-10.59	-9.09	-7.74	-6.53	-5.42	-4.41	-3.46	-2.58	-1.76	-0.98	-0.25	0.51	1.25	1.97	2.65	3.31	3.94	4.55	5.13
	湿球温度(℃)	3.80	4.09	4.37	4.66	4.94	5.22	5.49	5.77	6.04	6.31	6.57	6.84	7.10	7.36	7.62	7.88	8.13	8.38	8.63	8.88	9.13	9.37	9.62	9.86	10.09
	相对湿度	52%	54%	56%	58%	60%	62%	64%	66%	68%	70%	72%	74%	76%	78%	80%	82%	84%	86%	88%	90%	92%	94%	96%	98%	100%
	含湿量(g/kg)	5.67	5.89	6.11	6.33	6.56	6.78	7.00	7.22	7.44	7.66	7.88	8.10	8.33	8.55	8.77	8.99	9.22	9.44	9.66	9.88	10.11	10.33	10.55	10.78	11.00
	焓(kJ/kg)	30.00	30.56	31.11	31.67	32.23	32.79	33.35	33.91	34.47	35.03	35.59	36.15	36.71	37.27	37.83	38.39	38.96	39.52	40.08	40.65	41.21	41.78	42.34	42.91	43.47
	露点温度(℃)	5.70	6.24	6.77	7.28	7.78	8.26	8.73	9.18	9.63	10.06	10.48	10.89	11.29	11.68	12.07	12.44	12.81	13.17	13.52	13.87	14.21	14.54	14.87	15.19	15.50
$P_{qb}=1761.15Pa$	湿球温度(℃)	10.33	10.57	10.80	11.03	11.26	11.49	11.71	11.94	12.16	12.38	12.60	12.82	13.03	13.24	13.46	13.67	13.88	14.09	14.29	14.50	14.70	14.90	15.10	15.30	15.50

干球温度 16.0℃，$P_{qb}=1818.44\text{Pa}$

相对湿度	2%	4%	6%	8%	10%	12%	14%	16%	18%	20%	22%	24%	26%	28%	30%	32%	34%	36%	38%	40%	42%	44%	46%	48%	50%
含湿量(g/kg)	0.22	0.45	0.67	0.89	1.12	1.34	1.57	1.79	2.02	2.24	2.47	2.69	2.92	3.14	3.37	3.59	3.82	4.04	4.27	4.50	4.72	4.95	5.18	5.40	5.63
焓(kJ/kg)	16.72	17.29	17.86	18.42	18.99	19.56	20.12	20.69	21.26	21.83	22.40	22.97	23.54	24.11	24.68	25.25	25.82	26.39	26.96	27.54	28.11	28.68	29.26	29.83	30.41
露点温度(℃)	−30.42	−23.60	−19.42	−16.38	−13.96	−11.95	−10.23	−8.72	−7.38	−6.16	−5.05	−4.03	−3.08	−2.20	−1.37	−0.59	0.16	0.95	1.70	2.42	3.11	3.76	4.40	5.01	5.59
湿球温度(℃)	4.08	4.37	4.66	4.95	5.24	5.53	5.81	6.09	6.37	6.64	6.92	7.19	7.46	7.72	7.99	8.25	8.51	8.76	9.02	9.27	9.52	9.77	10.02	10.26	10.51
相对湿度	52%	54%	56%	58%	60%	62%	64%	66%	68%	70%	72%	74%	76%	78%	80%	82%	84%	86%	88%	90%	92%	94%	96%	98%	100%
含湿量(g/kg)	5.86	6.09	6.31	6.54	6.77	7.00	7.23	7.46	7.68	7.91	8.14	8.37	8.60	8.83	9.06	9.29	9.52	9.75	9.98	10.21	10.44	10.67	10.90	11.14	11.37
焓(kJ/kg)	30.98	31.56	32.13	32.71	33.29	33.86	34.44	35.02	35.60	36.18	36.76	37.34	37.92	38.50	39.08	39.66	40.24	40.82	41.41	41.99	42.57	43.16	43.74	44.33	44.91
露点温度(℃)	6.16	6.71	7.24	7.75	8.25	8.73	9.20	9.66	10.10	10.54	10.96	11.37	11.78	12.17	12.55	12.93	13.30	13.66	14.02	14.36	14.70	15.04	15.36	15.68	16.00
湿球温度(℃)	10.75	10.99	11.22	11.46	11.69	11.92	12.15	12.38	12.61	12.83	13.05	13.27	13.49	13.71	13.93	14.14	14.35	14.56	14.77	14.98	15.19	15.39	15.60	15.80	16.00

干球温度 16.5℃，$P_{qb}=1877.36\text{Pa}$

相对湿度	2%	4%	6%	8%	10%	12%	14%	16%	18%	20%	22%	24%	26%	28%	30%	32%	34%	36%	38%	40%	42%	44%	46%	48%	50%
含湿量(g/kg)	0.23	0.46	0.69	0.92	1.15	1.39	1.62	1.85	2.08	2.31	2.55	2.78	3.01	3.24	3.48	3.71	3.94	4.18	4.41	4.64	4.88	5.11	5.35	5.58	5.82
焓(kJ/kg)	17.25	17.83	18.42	19.00	19.59	20.17	20.76	21.34	21.93	22.52	23.11	23.69	24.28	24.87	25.46	26.05	26.64	27.23	27.82	28.42	29.01	29.60	30.19	30.79	31.38
露点温度(℃)	−30.12	−23.28	−19.09	−16.03	−13.61	−11.60	−9.87	−8.36	−7.01	−5.79	−4.68	−3.65	−2.70	−1.82	−0.99	−0.21	0.60	1.39	2.15	2.87	3.56	4.22	4.85	5.46	6.05
湿球温度(℃)	4.35	4.65	4.95	5.25	5.54	5.84	6.13	6.41	6.70	6.98	7.26	7.53	7.81	8.08	8.35	8.61	8.88	9.14	9.40	9.66	9.92	10.17	10.42	10.67	10.92
相对湿度	52%	54%	56%	58%	60%	62%	64%	66%	68%	70%	72%	74%	76%	78%	80%	82%	84%	86%	88%	90%	92%	94%	96%	98%	100%
含湿量(g/kg)	6.05	6.29	6.52	6.76	6.99	7.23	7.46	7.70	7.94	8.17	8.41	8.65	8.88	9.12	9.36	9.60	9.83	10.07	10.31	10.55	10.79	11.03	11.26	11.50	11.74
焓(kJ/kg)	31.98	32.57	33.17	33.76	34.36	34.95	35.55	36.15	36.75	37.35	37.94	38.54	39.14	39.74	40.34	40.95	41.55	42.15	42.75	43.36	43.96	44.56	45.17	45.77	46.38
露点温度(℃)	6.62	7.17	7.70	8.22	8.72	9.20	9.67	10.13	10.58	11.02	11.44	11.86	12.26	12.66	13.04	13.42	13.79	14.15	14.51	14.86	15.20	15.53	15.86	16.18	16.50
湿球温度(℃)	11.16	11.41	11.65	11.89	12.12	12.36	12.59	12.82	13.05	13.28	13.51	13.73	13.96	14.18	14.40	14.61	14.83	15.04	15.26	15.47	15.68	15.89	16.09	16.30	16.50

干球温度 17.0℃，$P_{qb}=1937.95\text{Pa}$

相对湿度	2%	4%	6%	8%	10%	12%	14%	16%	18%	20%	22%	24%	26%	28%	30%	32%	34%	36%	38%	40%	42%	44%	46%	48%	50%
含湿量(g/kg)	0.24	0.48	0.71	0.95	1.19	1.43	1.67	1.91	2.15	2.39	2.63	2.87	3.11	3.35	3.59	3.83	4.07	4.31	4.55	4.80	5.04	5.28	5.52	5.76	6.01
焓(kJ/kg)	17.77	18.38	18.98	19.58	20.19	20.79	21.40	22.00	22.61	23.22	23.82	24.43	25.04	25.65	26.26	26.87	27.48	28.09	28.70	29.31	29.92	30.53	31.15	31.76	32.37
露点温度(℃)	−29.81	−22.95	−18.76	−15.69	−13.26	−11.25	−9.52	−8.00	−6.64	−5.42	−4.30	−3.28	−2.32	−1.44	−0.61	0.20	1.04	1.83	2.59	3.32	4.01	4.67	5.31	5.92	6.51
湿球温度(℃)	4.62	4.93	5.24	5.55	5.85	6.14	6.44	6.73	7.02	7.31	7.60	7.88	8.16	8.43	8.71	8.98	9.25	9.52	9.78	10.05	10.31	10.57	10.82	11.08	11.33
相对湿度	52%	54%	56%	58%	60%	62%	64%	66%	68%	70%	72%	74%	76%	78%	80%	82%	84%	86%	88%	90%	92%	94%	96%	98%	100%
含湿量(g/kg)	6.25	6.49	6.73	6.98	7.22	7.46	7.71	7.95	8.20	8.44	8.69	8.93	9.17	9.42	9.67	9.91	10.16	10.40	10.65	10.89	11.14	11.39	11.63	11.88	12.13
焓(kJ/kg)	32.99	33.60	34.22	34.83	35.45	36.06	36.68	37.30	37.92	38.54	39.15	39.77	40.39	41.01	41.63	42.26	42.88	43.50	44.12	44.75	45.37	45.99	46.62	47.24	47.87
露点温度(℃)	7.08	7.64	8.17	8.69	9.19	9.68	10.15	10.61	11.06	11.50	11.92	12.34	12.74	13.14	13.53	13.91	14.28	14.64	15.00	15.35	15.69	16.03	16.36	16.68	17.00
湿球温度(℃)	11.58	11.83	12.07	12.31	12.56	12.80	13.03	13.27	13.50	13.73	13.96	14.19	14.42	14.64	14.87	15.09	15.31	15.52	15.74	15.95	16.17	16.38	16.59	16.79	17.00

干球温度(℃) 17.5

相对湿度	2%	4%	6%	8%	10%	12%	14%	16%	18%	20%	22%	24%	26%	28%	30%	32%	34%	36%	38%	40%	42%	44%	46%	48%	50%
含湿量(g/kg)	0.25	0.49	0.74	0.98	1.23	1.48	1.72	1.97	2.22	2.47	2.71	2.96	3.21	3.46	3.71	3.95	4.20	4.45	4.70	4.95	5.20	5.45	5.70	5.95	6.20
焓(kJ/kg)	18.30	18.92	19.54	20.17	20.79	21.41	22.04	22.67	23.29	23.92	24.55	25.17	25.80	26.43	27.06	27.69	28.32	28.95	29.58	30.21	30.84	31.48	32.11	32.74	33.38
露点温度(℃)	−29.51	−22.63	−18.42	−15.35	−12.92	−10.89	−9.16	−7.63	−6.28	−5.05	−3.93	−2.90	−1.95	−1.06	−0.22	0.64	1.48	2.28	3.04	3.76	4.46	5.12	5.76	6.38	6.97
湿球温度(℃)	4.90	5.21	5.53	5.84	6.15	6.45	6.75	7.05	7.35	7.64	7.93	8.22	8.40	8.79	9.07	9.35	9.62	9.90	10.17	10.44	10.70	10.96	11.22	11.48	11.74
相对湿度	52%	54%	56%	58%	60%	62%	64%	66%	68%	70%	72%	74%	76%	78%	80%	82%	84%	86%	88%	90%	92%	94%	96%	98%	100%
含湿量(g/kg)	6.45	6.70	6.95	7.20	7.46	7.71	7.96	8.21	8.46	8.72	8.97	9.22	9.47	9.73	9.98	10.23	10.49	10.74	11.00	11.25	11.51	11.76	12.02	12.27	12.53
焓(kJ/kg)	34.01	34.65	35.28	35.92	36.55	37.19	37.83	38.47	39.11	39.74	40.38	41.02	41.67	42.31	42.95	43.59	44.23	44.88	45.52	46.16	46.81	47.45	48.10	48.75	49.39
露点温度(℃)	7.55	8.10	8.64	9.15	9.66	10.15	10.62	11.08	11.54	11.97	12.40	12.82	13.23	13.63	14.01	14.40	14.77	15.13	15.49	15.84	16.19	16.52	16.86	17.18	17.50
湿球温度(℃)	11.99	12.25	12.50	12.74	12.99	13.23	13.47	13.71	13.95	14.19	14.42	14.65	14.88	15.11	15.33	15.56	15.78	16.00	16.22	16.44	16.65	16.87	17.08	17.29	17.50

$P_{qb} = 2000.25\text{Pa}$

干球温度(℃) 18.0

相对湿度	2%	4%	6%	8%	10%	12%	14%	16%	18%	20%	22%	24%	26%	28%	30%	32%	34%	36%	38%	40%	42%	44%	46%	48%	50%
含湿量(g/kg)	0.25	0.51	0.76	1.02	1.27	1.52	1.78	2.03	2.29	2.54	2.80	3.06	3.31	3.57	3.82	4.08	4.34	4.60	4.85	5.11	5.37	5.63	5.88	6.14	6.40
焓(kJ/kg)	18.82	19.47	20.11	20.75	21.40	22.04	22.69	23.33	23.98	24.63	25.27	25.92	26.57	27.22	27.87	28.52	29.17	29.82	30.47	31.13	31.78	32.43	33.09	33.74	34.40
露点温度(℃)	−29.20	−22.31	−18.09	−15.01	−12.57	−10.54	−8.80	−7.27	−5.91	−4.68	−3.56	−2.53	−1.57	−0.68	0.18	1.07	1.92	2.72	3.48	4.21	4.91	5.58	6.22	6.84	7.43
湿球温度(℃)	5.17	5.49	5.81	6.13	6.45	6.76	7.07	7.37	7.67	7.97	8.27	8.57	8.86	9.15	9.43	9.72	10.00	10.27	10.55	10.82	11.09	11.36	11.63	11.89	12.15
相对湿度	52%	54%	56%	58%	60%	62%	64%	66%	68%	70%	72%	74%	76%	78%	80%	82%	84%	86%	88%	90%	92%	94%	96%	98%	100%
含湿量(g/kg)	6.66	6.92	7.18	7.44	7.70	7.96	8.22	8.48	8.74	9.00	9.26	9.52	9.78	10.04	10.31	10.57	10.83	11.09	11.35	11.62	11.88	12.14	12.41	12.67	12.94
焓(kJ/kg)	35.05	35.71	36.36	37.02	37.68	38.34	39.00	39.65	40.31	40.97	41.64	42.30	42.96	43.62	44.29	44.95	45.61	46.28	46.94	47.61	48.28	48.94	49.61	50.28	50.95
露点温度(℃)	8.01	8.56	9.10	9.62	10.13	10.62	11.10	11.56	12.01	12.45	12.88	13.30	13.71	14.11	14.50	14.88	15.26	15.62	15.98	16.34	16.68	17.02	17.35	17.68	18.00
湿球温度(℃)	12.41	12.67	12.92	13.17	13.42	13.67	13.91	14.16	14.40	14.64	14.88	15.11	15.34	15.57	15.80	16.03	16.26	16.48	16.70	16.92	17.14	17.36	17.57	17.79	18.00

$P_{qb} = 2064.29\text{Pa}$

干球温度(℃) 18.5

相对湿度	2%	4%	6%	8%	10%	12%	14%	16%	18%	20%	22%	24%	26%	28%	30%	32%	34%	36%	38%	40%	42%	44%	46%	48%	50%
含湿量(g/kg)	0.26	0.52	0.79	1.05	1.31	1.57	1.84	2.10	2.36	2.63	2.89	3.15	3.42	3.68	3.95	4.21	4.48	4.74	5.01	5.27	5.54	5.81	6.07	6.34	6.61
焓(kJ/kg)	19.35	20.01	20.68	21.34	22.01	22.67	23.34	24.00	24.67	25.34	26.01	26.68	27.35	28.02	28.69	29.36	30.03	30.70	31.38	32.05	32.73	33.40	34.08	34.75	35.43
露点温度(℃)	−28.90	−21.99	−17.76	−14.67	−12.22	−10.19	−8.44	−6.91	−5.55	−4.31	−3.19	−2.15	−1.19	−0.30	0.61	1.51	2.36	3.16	3.93	4.66	5.36	6.03	6.68	7.30	7.89
湿球温度(℃)	5.43	5.77	6.10	6.42	6.74	7.06	7.38	7.69	8.00	8.30	8.61	8.91	9.21	9.50	9.79	10.08	10.37	10.65	10.93	11.21	11.48	11.76	12.03	12.30	12.56
相对湿度	52%	54%	56%	58%	60%	62%	64%	66%	68%	70%	72%	74%	76%	78%	80%	82%	84%	86%	88%	90%	92%	94%	96%	98%	100%
含湿量(g/kg)	6.87	7.14	7.41	7.68	7.95	8.21	8.48	8.75	9.02	9.29	9.56	9.83	10.10	10.37	10.64	10.91	11.18	11.45	11.72	12.00	12.27	12.54	12.81	13.08	13.36
焓(kJ/kg)	36.11	36.78	37.46	38.14	38.82	39.50	40.18	40.86	41.54	42.23	42.91	43.59	44.28	44.96	45.65	46.33	47.02	47.71	48.39	49.08	49.77	50.46	51.15	51.84	52.53
露点温度(℃)	8.47	9.03	9.57	10.09	10.60	11.09	11.57	12.04	12.49	12.93	13.36	13.78	14.19	14.60	14.99	15.37	15.75	16.12	16.48	16.83	17.18	17.52	17.85	18.18	18.50
湿球温度(℃)	12.82	13.09	13.34	13.60	13.85	14.11	14.35	14.60	14.85	15.09	15.33	15.57	15.81	16.04	16.27	16.50	16.73	16.96	17.19	17.41	17.63	17.85	18.07	18.29	18.50

$P_{qb} = 2130.13\text{Pa}$

续表

干球温度(℃)	相对湿度	2%	4%	6%	8%	10%	12%	14%	16%	18%	20%	22%	24%	26%	28%	30%	32%	34%	36%	38%	40%	42%	44%	46%	48%	50%
19.0	含湿量(g/kg)	0.27	0.54	0.81	1.08	1.35	1.62	1.89	2.17	2.44	2.71	2.98	3.25	3.53	3.80	4.07	4.35	4.62	4.90	5.17	5.44	5.72	5.99	6.27	6.54	6.82
	焓(kJ/kg)	19.87	20.56	21.24	21.93	22.62	23.30	23.99	24.68	25.37	26.06	26.75	27.44	28.13	28.82	29.52	30.21	30.90	31.60	32.29	32.99	33.69	34.38	35.08	35.78	36.48
	露点温度(℃)	-28.60	-21.67	-17.43	-14.33	-11.88	-9.84	-8.08	-6.55	-5.18	-3.94	-2.82	-1.78	-0.81	0.09	1.05	1.95	2.80	3.61	4.37	5.11	5.81	6.48	7.13	7.75	8.35
	湿球温度(℃)	5.70	6.04	6.38	6.71	7.04	7.36	7.69	8.01	8.32	8.63	8.94	9.25	9.55	9.85	10.15	10.45	10.74	11.03	11.31	11.60	11.88	12.15	12.43	12.70	12.97
	相对湿度	52%	54%	56%	58%	60%	62%	64%	66%	68%	70%	72%	74%	76%	78%	80%	82%	84%	86%	88%	90%	92%	94%	96%	98%	100%
	含湿量(g/kg)	7.10	7.37	7.65	7.92	8.20	8.48	8.76	9.03	9.31	9.59	9.87	10.15	10.43	10.70	10.98	11.26	11.54	11.82	12.10	12.38	12.66	12.95	13.23	13.51	13.79
	焓(kJ/kg)	37.18	37.88	38.58	39.28	39.98	40.68	41.39	42.09	42.79	43.50	44.21	44.91	45.62	46.33	47.03	47.74	48.45	49.16	49.87	50.58	51.30	52.01	52.72	53.43	54.15
	露点温度(℃)	8.93	9.49	10.03	10.56	11.07	11.56	12.04	12.51	12.97	13.41	13.84	14.26	14.68	15.08	15.47	15.86	16.24	16.61	16.97	17.32	17.67	18.01	18.35	18.68	19.00
$P_{qb}=2197.80Pa$	湿球温度(℃)	13.24	13.51	13.77	14.03	14.29	14.54	14.80	15.05	15.30	15.54	15.79	16.03	16.27	16.51	16.74	16.98	17.21	17.44	17.67	17.89	18.12	18.34	18.56	18.78	19.00
干球温度(℃)	相对湿度	2%	4%	6%	8%	10%	12%	14%	16%	18%	20%	22%	24%	26%	28%	30%	32%	34%	36%	38%	40%	42%	44%	46%	48%	50%
19.5	含湿量(g/kg)	0.28	0.56	0.84	1.12	1.39	1.67	1.95	2.23	2.52	2.80	3.08	3.36	3.64	3.92	4.20	4.49	4.77	5.05	5.33	5.62	5.90	6.19	6.47	6.75	7.04
	焓(kJ/kg)	20.40	21.11	21.82	22.52	23.23	23.94	24.65	25.36	26.07	26.79	27.50	28.21	28.93	29.64	30.36	31.07	31.79	32.50	33.22	33.94	34.66	35.38	36.10	36.82	37.54
	露点温度(℃)	-28.29	-21.34	-17.09	-13.99	-11.53	-9.48	-7.73	-6.19	-4.82	-3.58	-2.44	-1.40	-0.44	0.52	1.48	2.38	3.24	4.05	4.82	5.56	6.26	6.94	7.59	8.21	8.81
	湿球温度(℃)	5.96	6.31	6.66	7.00	7.33	7.67	8.00	8.32	8.64	8.96	9.28	9.59	9.90	10.21	10.51	10.81	11.11	11.40	11.69	11.98	12.27	12.55	12.83	13.11	13.38
	相对湿度	52%	54%	56%	58%	60%	62%	64%	66%	68%	70%	72%	74%	76%	78%	80%	82%	84%	86%	88%	90%	92%	94%	96%	98%	100%
	含湿量(g/kg)	7.32	7.61	7.89	8.18	8.46	8.75	9.04	9.32	9.61	9.90	10.19	10.47	10.76	11.05	11.34	11.63	11.92	12.20	12.49	12.78	13.07	13.36	13.66	13.95	14.24
	焓(kJ/kg)	38.26	38.99	39.71	40.44	41.16	41.89	42.61	43.34	44.07	44.80	45.52	46.25	46.98	47.71	48.45	49.18	49.91	50.64	51.38	52.11	52.85	53.59	54.32	55.06	55.80
	露点温度(℃)	9.39	9.96	10.50	11.03	11.54	12.03	12.52	12.99	13.44	13.89	14.32	14.75	15.16	15.57	15.96	16.35	16.73	17.10	17.46	17.82	18.17	18.51	18.85	19.18	19.50
$P_{qb}=2267.34Pa$	湿球温度(℃)	13.66	13.92	14.19	14.46	14.72	14.98	15.24	15.49	15.74	15.99	16.24	16.49	16.73	16.97	17.21	17.45	17.69	17.92	18.15	18.38	18.61	18.83	19.06	19.28	19.50
干球温度(℃)	相对湿度	2%	4%	6%	8%	10%	12%	14%	16%	18%	20%	22%	24%	26%	28%	30%	32%	34%	36%	38%	40%	42%	44%	46%	48%	50%
20.0	含湿量(g/kg)	0.29	0.57	0.86	1.15	1.44	1.73	2.02	2.31	2.60	2.88	3.17	3.46	3.76	4.05	4.34	4.63	4.92	5.21	5.50	5.80	6.09	6.38	6.68	6.97	7.26
	焓(kJ/kg)	20.93	21.66	22.39	23.12	23.85	24.58	25.32	26.05	26.78	27.52	28.25	28.99	29.73	30.46	31.20	31.94	32.68	33.42	34.16	34.90	35.65	36.39	37.13	37.88	38.62
	露点温度(℃)	-27.99	-21.02	-16.76	-13.65	-11.18	-9.13	-7.37	-5.83	-4.45	-3.21	-2.07	-1.03	-0.06	0.95	1.91	2.82	3.68	4.49	5.27	6.00	6.71	7.39	8.04	8.67	9.27
	湿球温度(℃)	6.23	6.58	6.93	7.28	7.63	7.97	8.30	8.64	8.97	9.29	9.61	9.93	10.25	10.56	10.87	11.18	11.48	11.78	12.08	12.37	12.66	12.95	13.23	13.51	13.79
	相对湿度	52%	54%	56%	58%	60%	62%	64%	66%	68%	70%	72%	74%	76%	78%	80%	82%	84%	86%	88%	90%	92%	94%	96%	98%	100%
	含湿量(g/kg)	7.56	7.85	8.15	8.44	8.74	9.03	9.33	9.62	9.92	10.22	10.51	10.81	11.11	11.40	11.70	12.00	12.30	12.60	12.90	13.20	13.50	13.80	14.10	14.40	14.70
	焓(kJ/kg)	39.37	40.12	40.86	41.61	42.36	43.11	43.86	44.61	45.36	46.11	46.87	47.62	48.37	49.13	49.89	50.64	51.40	52.16	52.92	53.67	54.43	55.20	55.96	56.72	57.48
	露点温度(℃)	9.86	10.42	10.97	11.49	12.01	12.51	12.99	13.46	13.92	14.37	14.80	15.23	15.64	16.05	16.45	16.84	17.22	17.59	17.95	18.31	18.66	19.00	19.34	19.67	20.00
$P_{qb}=2338.80Pa$	湿球温度(℃)	14.07	14.34	14.62	14.88	15.15	15.41	15.68	15.93	16.19	16.45	16.70	16.95	17.19	17.44	17.68	17.92	18.16	18.40	18.63	18.87	19.10	19.33	19.55	19.78	20.00

干球温度(℃) = 20.5

相对湿度	2%	4%	6%	8%	10%	12%	14%	16%	18%	20%	22%	24%	26%	28%	30%	32%	34%	36%	38%	40%	42%	44%	46%	48%	50%
含湿量(g/kg)	0.30	0.59	0.89	1.19	1.48	1.78	2.08	2.38	2.68	2.98	3.27	3.57	3.87	4.17	4.47	4.77	5.08	5.38	5.68	5.98	6.28	6.58	6.89	7.19	7.49
焓(kJ/kg)	21.46	22.21	22.96	23.72	24.47	25.23	25.98	26.74	27.50	28.26	29.02	29.78	30.54	31.30	32.06	32.82	33.59	34.35	35.12	35.88	36.65	37.41	38.18	38.95	39.72
露点温度(℃)	-27.69	-20.70	-16.43	-13.31	-10.84	-8.78	-7.02	-5.47	-4.09	-2.84	-1.70	-0.66	0.36	1.38	2.35	3.26	4.12	4.93	5.71	6.45	7.16	7.84	8.50	9.13	9.73
湿球温度(℃)	6.49	6.85	7.21	7.57	7.92	8.27	8.61	8.95	9.29	9.62	9.95	10.27	10.60	10.91	11.23	11.54	11.85	12.15	12.46	12.75	13.05	13.34	13.63	13.92	14.20

相对湿度	52%	54%	56%	58%	60%	62%	64%	66%	68%	70%	72%	74%	76%	78%	80%	82%	84%	86%	88%	90%	92%	94%	96%	98%	100%
含湿量(g/kg)	7.80	8.10	8.40	8.71	9.01	9.32	9.62	9.93	10.24	10.54	10.85	11.15	11.46	11.77	12.08	12.38	12.69	13.00	13.31	13.62	13.93	14.24	14.55	14.86	15.17
焓(kJ/kg)	40.49	41.26	42.03	42.81	43.58	44.35	45.13	45.90	46.68	47.46	48.23	49.01	49.79	50.57	51.35	52.13	52.91	53.70	54.48	55.27	56.05	56.84	57.62	58.41	59.20
露点温度(℃)	10.32	10.88	11.43	11.96	12.48	12.98	13.46	13.94	14.40	14.85	15.28	15.71	16.13	16.53	16.93	17.32	17.70	18.08	18.44	18.80	19.16	19.50	19.84	20.17	20.50
湿球温度(℃)	14.49	14.76	15.04	15.31	15.58	15.85	16.12	16.38	16.64	16.90	17.15	17.41	17.66	17.91	18.15	18.40	18.64	18.88	19.12	19.35	19.59	19.82	20.05	20.27	20.50

$P_{qb}=2412.23Pa$

干球温度(℃) = 21.0

相对湿度	2%	4%	6%	8%	10%	12%	14%	16%	18%	20%	22%	24%	26%	28%	30%	32%	34%	36%	38%	40%	42%	44%	46%	48%	50%
含湿量(g/kg)	0.31	0.61	0.92	1.22	1.53	1.84	2.15	2.45	2.76	3.07	3.38	3.69	4.00	4.31	4.62	4.93	5.24	5.55	5.86	6.17	6.48	6.79	7.10	7.42	7.73
焓(kJ/kg)	21.99	22.76	23.54	24.32	25.10	25.88	26.66	27.44	28.22	29.00	29.79	30.57	31.35	32.14	32.93	33.71	34.50	35.29	36.08	36.87	37.66	38.45	39.25	40.04	40.83
露点温度(℃)	-27.39	-20.39	-16.10	-12.97	-10.49	-8.43	-6.66	-5.11	-3.73	-2.47	-1.33	-0.28	0.78	1.81	2.78	3.69	4.56	5.37	6.15	6.90	7.61	8.29	8.95	9.58	10.19
湿球温度(℃)	6.75	7.12	7.49	7.85	8.21	8.56	8.92	9.26	9.61	9.95	10.28	10.61	10.94	11.27	11.59	11.90	12.22	12.53	12.84	13.14	13.44	13.74	14.03	14.33	14.61

相对湿度	52%	54%	56%	58%	60%	62%	64%	66%	68%	70%	72%	74%	76%	78%	80%	82%	84%	86%	88%	90%	92%	94%	96%	98%	100%
含湿量(g/kg)	8.04	8.36	8.67	8.99	9.30	9.61	9.93	10.24	10.56	10.88	11.19	11.51	11.83	12.14	12.46	12.78	13.10	13.42	13.74	14.05	14.37	14.69	15.01	15.33	15.66
焓(kJ/kg)	41.63	42.43	43.22	44.02	44.82	45.62	46.42	47.22	48.02	48.82	49.62	50.43	51.23	52.04	52.85	53.65	54.46	55.27	56.08	56.89	57.70	58.51	59.33	60.14	60.95
露点温度(℃)	10.78	11.35	11.90	12.43	12.95	13.45	13.94	14.41	14.87	15.32	15.76	16.19	16.61	17.02	17.42	17.81	18.19	18.57	18.94	19.30	19.65	20.00	20.34	20.67	21.00
湿球温度(℃)	14.90	15.18	15.46	15.74	16.02	16.29	16.56	16.82	17.09	17.35	17.61	17.87	18.12	18.37	18.62	18.87	19.11	19.36	19.60	19.84	20.07	20.31	20.54	20.77	21.00

$P_{qb}=2487.67Pa$

干球温度(℃) = 21.5

相对湿度	2%	4%	6%	8%	10%	12%	14%	16%	18%	20%	22%	24%	26%	28%	30%	32%	34%	36%	38%	40%	42%	44%	46%	48%	50%
含湿量(g/kg)	0.32	0.63	0.95	1.26	1.58	1.90	2.21	2.53	2.85	3.17	3.48	3.80	4.12	4.44	4.76	5.08	5.40	5.72	6.04	6.36	6.68	7.01	7.33	7.65	7.97
焓(kJ/kg)	22.52	23.32	24.12	24.92	25.72	26.53	27.33	28.14	28.95	29.75	30.56	31.37	32.18	32.99	33.80	34.62	35.43	36.24	37.06	37.87	38.69	39.51	40.33	41.15	41.97
露点温度(℃)	-27.08	-20.07	-15.77	-12.63	-10.15	-8.08	-6.31	-4.75	-3.36	-2.11	-0.96	0.10	1.21	2.24	3.21	4.13	4.99	5.82	6.60	7.35	8.06	8.75	9.41	10.04	10.65
湿球温度(℃)	7.00	7.38	7.76	8.13	8.50	8.86	9.22	9.57	9.93	10.27	10.61	10.95	11.29	11.62	11.94	12.27	12.59	12.90	13.22	13.53	13.83	14.14	14.44	14.73	15.03

相对湿度	52%	54%	56%	58%	60%	62%	64%	66%	68%	70%	72%	74%	76%	78%	80%	82%	84%	86%	88%	90%	92%	94%	96%	98%	100%
含湿量(g/kg)	8.30	8.62	8.94	9.27	9.59	9.92	10.24	10.57	10.90	11.22	11.55	11.87	12.20	12.53	12.86	13.19	13.51	13.84	14.17	14.50	14.83	15.16	15.49	15.82	16.16
焓(kJ/kg)	42.79	43.61	44.43	45.25	46.08	46.90	47.73	48.56	49.38	50.21	51.04	51.87	52.70	53.54	54.37	55.20	56.04	56.87	57.71	58.54	59.38	60.22	61.06	61.90	62.74
露点温度(℃)	11.24	11.81	12.36	12.90	13.42	13.92	14.41	14.89	15.35	15.80	16.24	16.67	17.09	17.50	17.91	18.30	18.68	19.06	19.43	19.79	20.15	20.49	20.84	21.17	21.50
湿球温度(℃)	15.32	15.60	15.89	16.17	16.45	16.72	17.00	17.27	17.54	17.80	18.06	18.33	18.58	18.84	19.09	19.34	19.59	19.84	20.08	20.32	20.56	20.80	21.04	21.27	21.50

$P_{qb}=2565.16Pa$

续表

干球温度 22.0℃

相对湿度	2%	4%	6%	8%	10%	12%	14%	16%	18%	20%	22%	24%	26%	28%	30%	32%	34%	36%	38%	40%	42%	44%	46%	48%	50%
含湿量(g/kg)	0.32	0.65	0.98	1.30	1.63	1.95	2.28	2.61	2.94	3.26	3.59	3.92	4.25	4.58	4.91	5.24	5.57	5.90	6.23	6.56	6.89	7.23	7.56	7.89	8.22
焓(kJ/kg)	23.05	23.87	24.70	25.53	26.36	27.18	28.02	28.85	29.68	30.51	31.35	32.18	33.02	33.85	34.69	35.53	36.37	37.21	38.05	38.89	39.74	40.58	41.42	42.27	43.12
露点温度(℃)	−26.78	−19.75	−15.44	−12.30	−9.80	−7.73	−5.95	−4.39	−3.00	−1.74	−0.60	0.52	1.63	2.67	3.65	4.56	5.43	6.26	7.04	7.79	8.51	9.20	9.86	10.50	11.11
湿球温度(℃)	7.26	7.65	8.03	8.41	8.79	9.16	9.52	9.89	10.24	10.60	10.95	11.29	11.63	11.97	12.30	12.63	12.96	13.28	13.60	13.91	14.22	14.53	14.84	15.14	15.44
相对湿度	52%	54%	56%	58%	60%	62%	64%	66%	68%	70%	72%	74%	76%	78%	80%	82%	84%	86%	88%	90%	92%	94%	96%	98%	100%
含湿量(g/kg)	8.56	8.89	9.23	9.56	9.90	10.23	10.57	10.90	11.24	11.58	11.91	12.25	12.59	12.93	13.27	13.60	13.94	14.28	14.62	14.96	15.30	15.64	15.99	16.33	16.67
焓(kJ/kg)	43.96	44.81	45.66	46.51	47.36	48.21	49.07	49.92	50.77	51.63	52.49	53.34	54.20	55.06	55.92	56.78	57.64	58.51	59.37	60.23	61.10	61.97	62.83	63.70	64.57
露点温度(℃)	11.70	12.27	12.83	13.37	13.89	14.39	14.88	15.36	15.83	16.28	16.72	17.16	17.58	17.99	18.39	18.79	19.17	19.55	19.92	20.28	20.64	20.99	21.33	21.67	22.00
湿球温度(℃)	15.73	16.02	16.31	16.60	16.88	17.16	17.44	17.71	17.99	18.25	18.52	18.78	19.05	19.31	19.56	19.82	20.07	20.32	20.56	20.81	21.05	21.29	21.53	21.77	22.00

$P_{qb}=2644.75Pa$

干球温度 22.5℃

相对湿度	2%	4%	6%	8%	10%	12%	14%	16%	18%	20%	22%	24%	26%	28%	30%	32%	34%	36%	38%	40%	42%	44%	46%	48%	50%
含湿量(g/kg)	0.33	0.67	1.01	1.34	1.68	2.01	2.35	2.69	3.03	3.37	3.70	4.04	4.38	4.72	5.06	5.40	5.74	6.08	6.43	6.77	7.11	7.45	7.80	8.14	8.48
焓(kJ/kg)	23.58	24.43	25.28	26.14	26.99	27.85	28.70	29.56	30.42	31.28	32.14	33.00	33.86	34.73	35.59	36.45	37.32	38.19	39.06	39.92	40.79	41.66	42.54	43.41	44.28
露点温度(℃)	−26.48	−19.43	−15.11	−11.96	−9.46	−7.38	−5.60	−4.03	−2.64	−1.38	−0.23	0.94	2.06	3.10	4.08	5.00	5.87	6.70	7.49	8.24	8.96	9.65	10.32	10.95	11.57
湿球温度(℃)	7.51	7.91	8.30	8.69	9.07	9.45	9.83	10.20	10.56	10.92	11.28	11.63	11.98	12.32	12.66	12.99	13.33	13.65	13.98	14.30	14.61	14.93	15.24	15.54	15.85
相对湿度	52%	54%	56%	58%	60%	62%	64%	66%	68%	70%	72%	74%	76%	78%	80%	82%	84%	86%	88%	90%	92%	94%	96%	98%	100%
含湿量(g/kg)	8.83	9.17	9.52	9.86	10.21	10.55	10.90	11.25	11.59	11.94	12.29	12.64	12.99	13.33	13.68	14.03	14.38	14.73	15.09	15.44	15.79	16.14	16.49	16.85	17.20
焓(kJ/kg)	45.16	46.03	46.91	47.79	48.67	49.54	50.42	51.31	52.19	53.07	53.96	54.84	55.73	56.61	57.50	58.39	59.28	60.17	61.06	61.96	62.85	63.75	64.64	65.54	66.44
露点温度(℃)	12.16	12.74	13.29	13.83	14.36	14.86	15.36	15.84	16.30	16.76	17.20	17.64	18.06	18.47	18.88	19.27	19.66	20.04	20.41	20.78	21.13	21.49	21.83	22.17	22.50
湿球温度(℃)	16.15	16.44	16.74	17.03	17.31	17.60	17.88	18.16	18.43	18.71	18.98	19.24	19.51	19.77	20.03	20.29	20.54	20.80	21.05	21.29	21.54	21.78	22.02	22.26	22.50

$P_{qb}=2726.50Pa$

干球温度 23.0℃

相对湿度	2%	4%	6%	8%	10%	12%	14%	16%	18%	20%	22%	24%	26%	28%	30%	32%	34%	36%	38%	40%	42%	44%	46%	48%	50%
含湿量(g/kg)	0.35	0.69	1.04	1.38	1.73	2.08	2.42	2.77	3.12	3.47	3.82	4.17	4.52	4.87	5.22	5.57	5.92	6.27	6.63	6.98	7.33	7.68	8.04	8.39	8.75
焓(kJ/kg)	24.11	24.99	25.87	26.75	27.63	28.51	29.39	30.28	31.16	32.05	32.94	33.83	34.72	35.61	36.50	37.39	38.28	39.18	40.07	40.97	41.87	42.77	43.67	44.57	45.47
露点温度(℃)	−26.18	−19.11	−14.78	−11.62	−9.12	−7.03	−5.24	−3.68	−2.28	−1.01	0.16	1.36	2.48	3.53	4.51	5.44	6.31	7.14	7.93	8.69	9.41	10.10	10.77	11.41	12.03
湿球温度(℃)	7.76	8.17	8.57	8.97	9.36	9.75	10.13	10.51	10.88	11.24	11.61	11.97	12.32	12.67	13.01	13.36	13.69	14.03	14.36	14.68	15.00	15.32	15.64	15.95	16.26
相对湿度	52%	54%	56%	58%	60%	62%	64%	66%	68%	70%	72%	74%	76%	78%	80%	82%	84%	86%	88%	90%	92%	94%	96%	98%	100%
含湿量(g/kg)	9.10	9.46	9.81	10.17	10.53	10.88	11.24	11.60	11.96	12.32	12.67	13.03	13.39	13.75	14.12	14.48	14.84	15.20	15.56	15.92	16.29	16.65	17.02	17.38	17.74
焓(kJ/kg)	46.37	47.28	48.18	49.09	49.99	50.90	51.81	52.72	53.63	54.54	55.45	56.37	57.28	58.20	59.12	60.03	60.95	61.87	62.79	63.72	64.64	65.56	66.49	67.41	68.34
露点温度(℃)	12.62	13.20	13.76	14.30	14.82	15.33	15.83	16.31	16.78	17.24	17.68	18.12	18.54	18.96	19.36	19.76	20.15	20.53	20.91	21.27	21.63	21.98	22.33	22.67	23.00
湿球温度(℃)	16.56	16.86	17.16	17.45	17.75	18.03	18.32	18.60	18.88	19.16	19.43	19.70	19.97	20.24	20.50	20.76	21.02	21.28	21.53	21.78	22.03	22.27	22.52	22.76	23.00

$P_{qb}=2810.44Pa$

干球温度 23.5℃

相对湿度	2%	4%	6%	8%	10%	12%	14%	16%	18%	20%	22%	24%	26%	28%	30%	32%	34%	36%	38%	40%	42%	44%	46%	48%	50%
含湿量(g/kg)	0.36	0.71	1.07	1.43	1.78	2.14	2.50	2.86	3.22	3.58	3.94	4.30	4.66	5.02	5.38	5.74	6.11	6.47	6.83	7.19	7.56	7.92	8.29	8.65	9.02
焓(kJ/kg)	24.64	25.55	26.45	27.36	28.27	29.18	30.09	31.00	31.92	32.83	33.75	34.66	35.58	36.50	37.42	38.34	39.26	40.18	41.11	42.03	42.96	43.89	44.81	45.74	46.67
露点温度(℃)	−25.88	−18.79	−14.46	−11.29	−8.77	−6.68	−4.89	−3.32	−1.92	−0.65	0.58	1.79	2.91	3.96	4.94	5.87	6.75	7.58	8.38	9.14	9.86	10.56	11.22	11.87	12.49
湿球温度(℃)	8.02	8.43	8.84	9.25	9.65	10.04	10.43	10.81	11.19	11.57	11.94	12.30	12.66	13.02	13.37	13.72	14.06	14.40	14.74	15.07	15.40	15.72	16.04	16.35	16.67

相对湿度	52%	54%	56%	58%	60%	62%	64%	66%	68%	70%	72%	74%	76%	78%	80%	82%	84%	86%	88%	90%	92%	94%	96%	98%	100%
含湿量(g/kg)	9.39	9.75	10.12	10.49	10.86	11.22	11.59	11.96	12.33	12.70	13.07	13.44	13.81	14.19	14.56	14.93	15.30	15.68	16.05	16.43	16.80	17.18	17.55	17.93	18.30
焓(kJ/kg)	47.61	48.54	49.47	50.41	51.34	52.28	53.22	54.16	55.10	56.04	56.98	57.92	58.87	59.81	60.76	61.71	62.66	63.61	64.56	65.51	66.46	67.42	68.37	69.33	70.29
露点温度(℃)	13.09	13.66	14.22	14.77	15.29	15.81	16.30	16.79	17.26	17.72	18.16	18.60	19.03	19.44	19.85	20.25	20.64	21.02	21.40	21.76	22.12	22.48	22.82	23.17	23.50
湿球温度(℃)	16.98	17.28	17.58	17.88	18.18	18.47	18.76	19.05	19.33	19.61	19.89	20.16	20.44	20.71	20.97	21.24	21.50	21.76	22.01	22.27	22.52	22.77	23.01	23.26	23.50

$P_{qb} = 2896.63\text{Pa}$

干球温度 24.0℃

相对湿度	2%	4%	6%	8%	10%	12%	14%	16%	18%	20%	22%	24%	26%	28%	30%	32%	34%	36%	38%	40%	42%	44%	46%	48%	50%
含湿量(g/kg)	0.37	0.73	1.10	1.47	1.84	2.21	2.58	2.95	3.32	3.69	4.06	4.43	4.80	5.17	5.55	5.92	6.29	6.67	7.04	7.42	7.79	8.17	8.55	8.92	9.30
焓(kJ/kg)	25.17	26.11	27.04	27.98	28.92	29.85	30.79	31.73	32.68	33.62	34.56	35.51	36.46	37.40	38.35	39.30	40.25	41.20	42.16	43.11	44.07	45.02	45.98	46.94	47.90
露点温度(℃)	−25.58	−18.48	−14.13	−10.95	−8.43	−6.34	−4.54	−2.96	−1.55	−0.28	0.99	2.21	3.33	4.39	5.37	6.31	7.19	8.02	8.82	9.58	10.31	11.01	11.68	12.32	12.95
湿球温度(℃)	8.26	8.69	9.11	9.52	9.93	10.33	10.73	11.12	11.51	11.89	12.27	12.64	13.01	13.37	13.73	14.08	14.43	14.78	15.12	15.45	15.79	16.11	16.44	16.76	17.08

相对湿度	52%	54%	56%	58%	60%	62%	64%	66%	68%	70%	72%	74%	76%	78%	80%	82%	84%	86%	88%	90%	92%	94%	96%	98%	100%
含湿量(g/kg)	9.68	10.06	10.43	10.81	11.19	11.57	11.95	12.33	12.72	13.10	13.48	13.86	14.25	14.63	15.01	15.40	15.78	16.17	16.55	16.94	17.33	17.72	18.10	18.49	18.88
焓(kJ/kg)	48.86	49.82	50.79	51.75	52.72	53.68	54.65	55.62	56.59	57.56	58.53	59.51	60.48	61.46	62.44	63.42	64.40	65.38	66.36	67.34	68.33	69.31	70.30	71.29	72.28
露点温度(℃)	13.55	14.13	14.69	15.23	15.76	16.28	16.78	17.26	17.73	18.19	18.64	19.08	19.51	19.93	20.34	20.74	21.13	21.51	21.89	22.26	22.62	22.97	23.32	23.66	24.00
湿球温度(℃)	17.39	17.70	18.01	18.31	18.61	18.91	19.20	19.49	19.78	20.06	20.35	20.62	20.90	21.17	21.44	21.71	21.97	22.24	22.50	22.75	23.01	23.26	23.51	23.76	24.00

$P_{qb} = 2985.13\text{Pa}$

干球温度 24.5℃

相对湿度	2%	4%	6%	8%	10%	12%	14%	16%	18%	20%	22%	24%	26%	28%	30%	32%	34%	36%	38%	40%	42%	44%	46%	48%	50%
含湿量(g/kg)	0.38	0.76	1.14	1.51	1.89	2.27	2.65	3.04	3.42	3.80	4.18	4.57	4.95	5.33	5.72	6.10	6.49	6.87	7.26	7.65	8.03	8.42	8.81	9.20	9.59
焓(kJ/kg)	25.71	26.67	27.63	28.60	29.57	30.53	31.50	32.47	33.44	34.42	35.39	36.36	37.34	38.32	39.29	40.27	41.25	42.24	43.22	44.20	45.19	46.18	47.16	48.15	49.14
露点温度(℃)	−25.28	−18.16	−13.80	−10.61	−8.09	−5.99	−4.19	−2.60	−1.19	0.09	1.41	2.63	3.76	4.81	5.81	6.74	7.63	8.47	9.27	10.03	10.76	11.46	12.13	12.78	13.41
湿球温度(℃)	8.51	8.95	9.37	9.80	10.21	10.62	11.03	11.43	11.82	12.21	12.60	12.98	13.35	13.72	14.08	14.44	14.80	15.15	15.50	15.84	16.18	16.51	16.84	17.17	17.49

相对湿度	52%	54%	56%	58%	60%	62%	64%	66%	68%	70%	72%	74%	76%	78%	80%	82%	84%	86%	88%	90%	92%	94%	96%	98%	100%
含湿量(g/kg)	9.98	10.37	10.76	11.15	11.54	11.93	12.32	12.72	13.11	13.50	13.90	14.29	14.69	15.09	15.48	15.88	16.28	16.67	17.07	17.47	17.87	18.27	18.67	19.07	19.47
焓(kJ/kg)	50.14	51.13	52.12	53.12	54.11	55.11	56.11	57.11	58.11	59.12	60.12	61.12	62.13	63.14	64.15	65.16	66.17	67.18	68.20	69.21	70.23	71.25	72.26	73.29	74.31
露点温度(℃)	14.01	14.59	15.15	15.70	16.23	16.75	17.25	17.74	18.21	18.67	19.12	19.56	19.99	20.41	20.82	21.23	21.62	22.00	22.38	22.75	23.11	23.47	23.82	24.16	24.50
湿球温度(℃)	17.81	18.12	18.43	18.74	19.05	19.35	19.64	19.94	20.23	20.52	20.80	21.08	21.36	21.64	21.91	22.18	22.45	22.72	22.98	23.24	23.50	23.75	24.00	24.25	24.50

$P_{qb} = 3075.97\text{Pa}$

干球温度(℃)	相对湿度	2%	4%	6%	8%	10%	12%	14%	16%	18%	20%	22%	24%	26%	28%	30%	32%	34%	36%	38%	40%	42%	44%	46%	48%	50%
25.0	含湿量(g/kg)	0.39	0.78	1.17	1.56	1.95	2.34	2.74	3.13	3.52	3.92	4.31	4.70	5.10	5.50	5.89	6.29	6.69	7.08	7.48	7.88	8.28	8.68	9.08	9.48	9.88
	焓(kJ/kg)	26.24	27.23	28.23	29.22	30.22	31.22	32.21	33.21	34.22	35.22	36.22	37.23	38.23	39.24	40.25	41.26	42.27	43.28	44.30	45.31	46.33	47.35	48.37	49.39	50.41
	露点温度(℃)	−24.98	−17.84	−13.47	−10.28	−7.75	−5.64	−3.83	−2.25	−0.83	0.50	1.83	3.05	4.18	5.24	6.24	7.18	8.06	8.91	9.71	10.48	11.21	11.91	12.59	13.24	13.86
	湿球温度(℃)	8.76	9.20	9.64	10.07	10.50	10.91	11.33	11.74	12.14	12.53	12.93	13.31	13.69	14.07	14.44	14.80	15.17	15.52	15.88	16.22	16.57	16.91	17.24	17.57	17.90
	相对湿度	52%	54%	56%	58%	60%	62%	64%	66%	68%	70%	72%	74%	76%	78%	80%	82%	84%	86%	88%	90%	92%	94%	96%	98%	100%
	含湿量(g/kg)	10.28	10.69	11.09	11.49	11.90	12.30	12.71	13.11	13.52	13.92	14.33	14.74	15.15	15.55	15.96	16.37	16.78	17.19	17.60	18.02	18.43	18.84	19.25	19.67	20.08
	焓(kJ/kg)	51.43	52.46	53.48	54.51	55.54	56.57	57.60	58.63	59.66	60.70	61.73	62.77	63.81	64.85	65.89	66.94	67.98	69.02	70.07	71.12	72.17	73.22	74.27	75.33	76.38
	露点温度(℃)	14.47	15.05	15.62	16.17	16.70	17.22	17.72	18.21	18.69	19.15	19.60	20.04	20.48	20.90	21.31	21.71	22.11	22.49	22.87	23.24	23.61	23.97	24.32	24.66	25.00
P_{qb}=3169.22Pa	湿球温度(℃)	18.22	18.54	18.86	19.17	19.48	19.78	20.09	20.38	20.68	20.97	21.26	21.54	21.83	22.11	22.38	22.66	22.93	23.20	23.46	23.72	23.98	24.24	24.50	24.75	25.00
25.5	相对湿度	2%	4%	6%	8%	10%	12%	14%	16%	18%	20%	22%	24%	26%	28%	30%	32%	34%	36%	38%	40%	42%	44%	46%	48%	50%
	含湿量(g/kg)	0.40	0.80	1.20	1.61	2.01	2.41	2.82	3.22	3.63	4.03	4.44	4.85	5.26	5.66	6.07	6.48	6.89	7.30	7.71	8.12	8.53	8.95	9.36	9.77	10.19
	焓(kJ/kg)	26.78	27.80	28.82	29.85	30.88	31.90	32.93	33.96	35.00	36.03	37.07	38.10	39.14	40.18	41.22	42.26	43.30	44.35	45.39	46.44	47.49	48.54	49.59	50.64	51.70
	露点温度(℃)	−24.69	−17.53	−13.15	−9.94	−7.41	−5.29	−3.48	−1.89	−0.47	0.91	2.24	3.47	4.61	5.67	6.67	7.61	8.50	9.35	10.15	10.92	11.66	12.36	13.04	13.69	14.32
	湿球温度(℃)	9.00	9.45	9.90	10.34	10.78	11.20	11.63	12.04	12.45	12.86	13.25	13.65	14.03	14.42	14.79	15.17	15.53	15.90	16.25	16.61	16.96	17.30	17.64	17.98	18.31
	相对湿度	52%	54%	56%	58%	60%	62%	64%	66%	68%	70%	72%	74%	76%	78%	80%	82%	84%	86%	88%	90%	92%	94%	96%	98%	100%
	含湿量(g/kg)	10.60	11.01	11.43	11.85	12.26	12.68	13.10	13.52	13.93	14.35	14.77	15.19	15.61	16.04	16.46	16.88	17.30	17.73	18.15	18.58	19.00	19.43	19.85	20.28	20.71
	焓(kJ/kg)	52.75	53.81	54.87	55.93	56.99	58.05	59.11	60.18	61.24	62.31	63.38	64.45	65.52	66.60	67.67	68.75	69.83	70.91	71.99	73.07	74.15	75.24	76.32	77.41	78.50
	露点温度(℃)	14.93	15.52	16.09	16.64	17.17	17.69	18.19	18.68	19.16	19.63	20.08	20.53	20.96	21.38	21.80	22.20	22.60	22.98	23.36	23.74	24.10	24.47	24.81	25.16	25.50
P_{qb}=3264.92Pa	湿球温度(℃)	18.64	18.96	19.28	19.60	19.91	20.22	20.53	20.83	21.13	21.42	21.72	22.00	22.29	22.57	22.85	23.13	23.40	23.68	23.94	24.21	24.47	24.73	24.99	25.25	25.50
26.0	相对湿度	2%	4%	6%	8%	10%	12%	14%	16%	18%	20%	22%	24%	26%	28%	30%	32%	34%	36%	38%	40%	42%	44%	46%	48%	50%
	含湿量(g/kg)	0.41	0.83	1.24	1.66	2.07	2.49	2.90	3.32	3.74	4.16	4.58	4.99	5.41	5.83	6.26	6.68	7.10	7.52	7.95	8.37	8.79	9.22	9.64	10.07	10.50
	焓(kJ/kg)	27.31	28.37	29.42	30.48	31.54	32.60	33.66	34.72	35.78	36.85	37.92	38.99	40.06	41.13	42.20	43.27	44.35	45.43	46.50	47.58	48.66	49.75	50.83	51.92	53.00
	露点温度(℃)	−24.39	−17.21	−12.82	−9.61	−7.06	−4.95	−3.13	−1.54	−0.12	1.33	2.66	3.89	5.03	6.10	7.10	8.05	8.94	9.79	10.60	11.37	12.11	12.82	13.50	14.15	14.78
	湿球温度(℃)	9.24	9.71	10.16	10.61	11.06	11.49	11.92	12.35	12.76	13.18	13.58	13.98	14.38	14.77	15.15	15.53	15.90	16.27	16.63	16.99	17.35	17.70	18.04	18.38	18.72
	相对湿度	52%	54%	56%	58%	60%	62%	64%	66%	68%	70%	72%	74%	76%	78%	80%	82%	84%	86%	88%	90%	92%	94%	96%	98%	100%
	含湿量(g/kg)	10.92	11.35	11.78	12.21	12.64	13.07	13.50	13.93	14.36	14.80	15.23	15.66	16.10	16.53	16.97	17.40	17.84	18.28	18.71	19.15	19.59	20.03	20.47	20.91	21.35
	焓(kJ/kg)	54.09	55.18	56.27	57.37	58.46	59.56	60.65	61.75	62.85	63.96	65.06	66.16	67.27	68.38	69.49	70.60	71.71	72.83	73.94	75.06	76.18	77.30	78.42	79.54	80.67
	露点温度(℃)	15.39	15.98	16.55	17.10	17.64	18.16	18.67	19.16	19.64	20.11	20.56	21.01	21.44	21.87	22.28	22.69	23.09	23.48	23.86	24.23	24.60	24.96	25.31	25.66	26.00
P_{qb}=3363.13Pa	湿球温度(℃)	19.05	19.38	19.71	20.03	20.35	20.66	20.97	21.27	21.58	21.88	22.17	22.47	22.75	23.04	23.32	23.60	23.88	24.16	24.43	24.70	24.96	25.23	25.49	25.74	26.00

干球温度 26.5℃

相对湿度	2%	4%	6%	8%	10%	12%	14%	16%	18%	20%	22%	24%	26%	28%	30%	32%	34%	36%	38%	40%	42%	44%	46%	48%	50%
含湿量（g/kg）	0.43	0.85	1.28	1.71	2.13	2.56	2.99	3.42	3.85	4.28	4.71	5.15	5.58	6.01	6.45	6.88	7.31	7.75	8.19	8.62	9.06	9.50	9.94	10.38	10.82
焓（kJ/kg）	27.85	28.94	30.02	31.11	32.20	33.30	34.39	35.48	36.58	37.68	38.78	39.88	40.98	42.09	43.19	44.30	45.41	46.52	47.63	48.74	49.86	50.98	52.09	53.21	54.33
露点温度（℃）	−24.09	−16.90	−12.49	−9.28	−6.72	−4.60	−2.78	−1.18	0.27	1.74	3.07	4.31	5.46	6.53	7.53	8.48	9.38	10.23	11.04	11.81	12.56	13.27	13.95	14.61	15.24
湿球温度（℃）	9.48	9.96	10.42	10.88	11.33	11.78	12.22	12.65	13.08	13.50	13.91	14.32	14.72	15.11	15.50	15.89	16.27	16.64	17.01	17.38	17.74	18.09	18.44	18.79	19.13

相对湿度	52%	54%	56%	58%	60%	62%	64%	66%	68%	70%	72%	74%	76%	78%	80%	82%	84%	86%	88%	90%	92%	94%	96%	98%	100%
含湿量（g/kg）	11.26	11.70	12.14	12.58	13.03	13.47	13.91	14.36	14.80	15.25	15.70	16.14	16.59	17.04	17.49	17.94	18.39	18.84	19.29	19.74	20.20	20.65	21.11	21.56	22.02
焓（kJ/kg）	55.46	56.58	57.71	58.83	59.96	61.09	62.23	63.36	64.50	65.63	66.77	67.91	69.05	70.20	71.34	72.49	73.64	74.79	75.94	77.09	78.24	79.40	80.56	81.72	82.88
露点温度（℃）	15.85	16.44	17.01	17.57	18.11	18.63	19.14	19.63	20.11	20.58	21.04	21.49	21.92	22.35	22.77	23.18	23.57	23.97	24.35	24.72	25.09	25.45	25.81	26.16	26.50
湿球温度（℃）	19.47	19.80	20.13	20.46	20.78	21.10	21.41	21.72	22.03	22.33	22.63	22.93	23.22	23.51	23.79	24.08	24.36	24.64	24.91	25.18	25.45	25.72	25.98	26.24	26.50

$P_{qb}=3463.91\text{Pa}$

干球温度 27.0℃

相对湿度	2%	4%	6%	8%	10%	12%	14%	16%	18%	20%	22%	24%	26%	28%	30%	32%	34%	36%	38%	40%	42%	44%	46%	48%	50%
含湿量（g/kg）	0.44	0.88	1.32	1.76	2.20	2.64	3.08	3.52	3.97	4.41	4.86	5.30	5.75	6.19	6.64	7.09	7.54	7.98	8.43	8.88	9.34	9.79	10.24	10.69	11.15
焓（kJ/kg）	28.39	29.51	30.63	31.75	32.87	34.00	35.13	36.25	37.38	38.52	39.65	40.78	41.92	43.06	44.20	45.34	46.48	47.63	48.77	49.92	51.07	52.22	53.38	54.53	55.69
露点温度（℃）	−23.79	−16.58	−12.17	−8.94	−6.38	−4.26	−2.43	−0.83	0.68	2.15	3.49	4.73	5.88	6.95	7.96	8.92	9.82	10.67	11.48	12.26	13.00	13.72	14.40	15.06	15.70
湿球温度（℃）	9.72	10.21	10.68	11.15	11.61	12.07	12.51	12.95	13.39	13.82	14.24	14.65	15.06	15.46	15.86	16.25	16.64	17.02	17.39	17.76	18.13	18.49	18.85	19.20	19.54

相对湿度	52%	54%	56%	58%	60%	62%	64%	66%	68%	70%	72%	74%	76%	78%	80%	82%	84%	86%	88%	90%	92%	94%	96%	98%	100%
含湿量（g/kg）	11.60	12.05	12.51	12.97	13.42	13.88	14.34	14.80	15.26	15.72	16.18	16.64	17.10	17.56	18.03	18.49	18.96	19.42	19.89	20.35	20.82	21.29	21.76	22.23	22.70
焓（kJ/kg）	56.85	58.00	59.17	60.33	61.49	62.66	63.83	65.00	66.17	67.34	68.52	69.69	70.87	72.05	73.23	74.42	75.60	76.79	77.98	79.17	80.36	81.55	82.75	83.94	85.14
露点温度（℃）	16.31	16.91	17.48	18.04	18.58	19.10	19.61	20.11	20.59	21.06	21.52	21.97	22.41	22.84	23.25	23.66	24.06	24.46	24.84	25.22	25.59	25.95	26.31	26.66	27.00
湿球温度（℃）	19.89	20.22	20.56	20.89	21.21	21.53	21.85	22.17	22.48	22.78	23.09	23.39	23.68	23.98	24.27	24.55	24.84	25.12	25.39	25.67	25.94	26.21	26.48	26.74	27.00

$P_{qb}=3567.31\text{Pa}$

干球温度 27.5℃

相对湿度	2%	4%	6%	8%	10%	12%	14%	16%	18%	20%	22%	24%	26%	28%	30%	32%	34%	36%	38%	40%	42%	44%	46%	48%	50%
含湿量（g/kg）	0.45	0.90	1.36	1.81	2.26	2.72	3.17	3.63	4.09	4.54	5.00	5.46	5.92	6.38	6.84	7.30	7.76	8.23	8.69	9.15	9.62	10.08	10.55	11.02	11.48
焓（kJ/kg）	28.93	30.08	31.23	32.39	33.55	34.71	35.87	37.03	38.20	39.36	40.53	41.70	42.87	44.04	45.22	46.40	47.57	48.75	49.94	51.12	52.30	53.49	54.68	55.87	57.06
露点温度（℃）	−23.50	−16.27	−11.84	−8.61	−6.04	−3.91	−2.08	−0.47	1.09	2.56	3.91	5.15	6.30	7.38	8.39	9.35	10.25	11.11	11.93	12.71	13.45	14.17	14.86	15.52	16.16
湿球温度（℃）	9.96	10.45	10.94	11.42	11.89	12.35	12.81	13.26	13.70	14.14	14.56	14.99	15.40	15.81	16.21	16.61	17.00	17.39	17.77	18.15	18.52	18.89	19.25	19.60	19.95

相对湿度	52%	54%	56%	58%	60%	62%	64%	66%	68%	70%	72%	74%	76%	78%	80%	82%	84%	86%	88%	90%	92%	94%	96%	98%	100%
含湿量（g/kg）	11.95	12.42	12.89	13.36	13.83	14.30	14.77	15.25	15.72	16.20	16.67	17.15	17.62	18.10	18.58	19.06	19.54	20.02	20.50	20.98	21.46	21.94	22.43	22.91	23.40
焓（kJ/kg）	58.26	59.45	60.65	61.85	63.05	64.25	65.46	66.67	67.87	69.08	70.30	71.51	72.73	73.94	75.16	76.38	77.61	78.83	80.06	81.28	82.51	83.75	84.98	86.22	87.45
露点温度（℃）	16.77	17.37	17.94	18.50	19.05	19.57	20.08	20.58	21.07	21.54	22.00	22.45	22.89	23.32	23.74	24.15	24.55	24.95	25.33	25.71	26.08	26.45	26.80	27.16	27.50
湿球温度（℃）	20.30	20.64	20.98	21.32	21.65	21.97	22.29	22.61	22.93	23.24	23.54	23.85	24.15	24.44	24.74	25.03	25.31	25.60	25.88	26.16	26.43	26.70	26.97	27.24	27.50

$P_{qb}=3673.39\text{Pa}$

干球温度(℃)	相对湿度	2%	4%	6%	8%	10%	12%	14%	16%	18%	20%	22%	24%	26%	28%	30%	32%	34%	36%	38%	40%	42%	44%	46%	48%	50%
28.0	含湿量(g/kg)	0.46	0.93	1.40	1.86	2.33	2.80	3.27	3.74	4.21	4.68	5.15	5.62	6.10	6.57	7.04	7.52	8.00	8.47	8.95	9.43	9.91	10.39	10.87	11.35	11.83
	焓(kJ/kg)	29.47	30.65	31.84	33.03	34.23	35.42	36.62	37.82	39.02	40.22	41.42	42.63	43.83	45.04	46.25	47.47	48.68	49.90	51.12	52.34	53.56	54.78	56.01	57.23	58.46
	露点温度(℃)	−23.20	−15.96	−11.52	−8.28	−5.70	−3.57	−1.73	−0.12	1.49	2.97	4.32	5.57	6.73	7.81	8.83	9.78	10.69	11.55	12.37	13.15	13.90	14.62	15.31	15.97	16.61
	湿球温度(℃)	10.20	10.70	11.20	11.69	12.17	12.64	13.10	13.56	14.01	14.45	14.89	15.32	15.74	16.16	16.57	16.97	17.37	17.77	18.15	18.53	18.91	19.28	19.65	20.01	20.37
	相对湿度	52%	54%	56%	58%	60%	62%	64%	66%	68%	70%	72%	74%	76%	78%	80%	82%	84%	86%	88%	90%	92%	94%	96%	98%	100%
	含湿量(g/kg)	12.31	12.80	13.28	13.76	14.25	14.74	15.22	15.71	16.20	16.69	17.18	17.67	18.16	18.65	19.15	19.64	20.13	20.63	21.13	21.62	22.12	22.62	23.12	23.62	24.12
	焓(kJ/kg)	59.69	60.93	62.16	63.40	64.64	65.88	67.12	68.37	69.61	70.86	72.11	73.36	74.62	75.87	77.13	78.39	79.65	80.92	82.18	83.45	84.72	85.99	87.26	88.54	89.82
	露点温度(℃)	17.23	17.83	18.41	18.97	19.51	20.04	20.56	21.06	21.54	22.02	22.48	22.93	23.37	23.80	24.23	24.64	25.04	25.44	25.82	26.20	26.58	26.94	27.30	27.65	28.00
	湿球温度(℃)	20.72	21.07	21.41	21.75	22.08	22.41	22.74	23.06	23.38	23.69	24.00	24.31	24.61	24.91	25.21	25.50	25.79	26.08	26.36	26.64	26.92	27.19	27.47	27.73	28.00
$P_{qb}=3782.21Pa$																										
28.5	相对湿度	2%	4%	6%	8%	10%	12%	14%	16%	18%	20%	22%	24%	26%	28%	30%	32%	34%	36%	38%	40%	42%	44%	46%	48%	50%
	含湿量(g/kg)	0.48	0.96	1.44	1.92	2.40	2.88	3.36	3.85	4.33	4.82	5.30	5.79	6.28	6.77	7.25	7.74	8.23	8.73	9.22	9.71	10.20	10.70	11.19	11.69	12.19
	焓(kJ/kg)	30.01	31.23	32.45	33.68	34.91	36.14	37.37	38.61	39.84	41.08	42.32	43.56	44.81	46.05	47.30	48.55	49.80	51.06	52.31	53.57	54.83	56.09	57.35	58.62	59.89
	露点温度(℃)	−22.91	−15.64	−11.19	−7.94	−5.37	−3.22	−1.38	0.26	1.90	3.38	4.74	5.99	7.15	8.24	9.26	10.22	11.13	11.99	12.81	13.60	14.35	15.07	15.76	16.43	17.07
	湿球温度(℃)	10.43	10.95	11.45	11.95	12.44	12.92	13.40	13.86	14.32	14.77	15.22	15.65	16.08	16.51	16.92	17.34	17.74	18.14	18.53	18.92	19.30	19.68	20.05	20.42	20.78
	相对湿度	52%	54%	56%	58%	60%	62%	64%	66%	68%	70%	72%	74%	76%	78%	80%	82%	84%	86%	88%	90%	92%	94%	96%	98%	100%
	含湿量(g/kg)	12.68	13.18	13.68	14.18	14.68	15.18	15.68	16.19	16.69	17.19	17.70	18.21	18.71	19.22	19.73	20.24	20.75	21.26	21.77	22.28	22.80	23.31	23.83	24.34	24.86
	焓(kJ/kg)	61.16	62.43	63.70	64.98	66.26	67.53	68.82	70.10	71.39	72.67	73.96	75.25	76.55	77.84	79.14	80.44	81.74	83.05	84.35	85.66	86.97	88.28	89.60	90.92	92.23
	露点温度(℃)	17.69	18.29	18.87	19.44	19.98	20.51	21.03	21.53	22.02	22.50	22.96	23.41	23.86	24.29	24.71	25.13	25.53	25.93	26.32	26.70	27.07	27.44	27.80	28.15	28.50
	湿球温度(℃)	21.13	21.49	21.83	22.18	22.52	22.85	23.18	23.51	23.83	24.15	24.46	24.77	25.08	25.38	25.68	25.98	26.27	26.56	26.84	27.13	27.41	27.69	27.96	28.23	28.50
$P_{qb}=3893.82Pa$																										
29.0	相对湿度	2%	4%	6%	8%	10%	12%	14%	16%	18%	20%	22%	24%	26%	28%	30%	32%	34%	36%	38%	40%	42%	44%	46%	48%	50%
	含湿量(g/kg)	0.49	0.99	1.48	1.97	2.47	2.97	3.46	3.96	4.46	4.96	5.46	5.96	6.46	6.97	7.47	7.97	8.48	8.99	9.49	10.00	10.51	11.02	11.53	12.04	12.55
	焓(kJ/kg)	30.55	31.81	33.07	34.33	35.60	36.87	38.13	39.41	40.68	41.96	43.23	44.51	45.79	47.08	48.36	49.65	50.94	52.23	53.53	54.82	56.12	57.42	58.73	60.03	61.34
	露点温度(℃)	−22.61	−15.33	−10.87	−7.61	−5.03	−2.88	−1.03	0.66	2.31	3.79	5.15	6.41	7.57	8.66	9.69	10.65	11.56	12.43	13.26	14.04	14.80	15.52	16.22	16.89	17.53
	湿球温度(℃)	10.66	11.19	11.71	12.22	12.72	13.21	13.69	14.16	14.63	15.09	15.54	15.99	16.42	16.86	17.28	17.70	18.11	18.51	18.91	19.31	19.69	20.08	20.45	20.82	21.19
	相对湿度	52%	54%	56%	58%	60%	62%	64%	66%	68%	70%	72%	74%	76%	78%	80%	82%	84%	86%	88%	90%	92%	94%	96%	98%	100%
	含湿量(g/kg)	13.06	13.58	14.09	14.61	15.12	15.64	16.16	16.68	17.19	17.71	18.24	18.76	19.28	19.80	20.33	20.85	21.38	21.91	22.43	22.96	23.49	24.02	24.55	25.09	25.62
	焓(kJ/kg)	62.65	63.96	65.27	66.59	67.90	69.22	70.54	71.87	73.19	74.52	75.85	77.18	78.52	79.86	81.19	82.54	83.88	85.22	86.57	87.92	89.27	90.63	91.98	93.34	94.70
	露点温度(℃)	18.15	18.76	19.34	19.90	20.45	20.98	21.50	22.00	22.49	22.97	23.44	23.89	24.34	24.77	25.20	25.61	26.02	26.42	26.81	27.19	27.57	27.93	28.30	28.65	29.00
	湿球温度(℃)	21.55	21.91	22.26	22.61	22.95	23.29	23.62	23.95	24.28	24.60	24.92	25.23	25.54	25.85	26.15	26.45	26.75	27.04	27.33	27.61	27.90	28.18	28.45	28.73	29.00
$P_{qb}=4008.29Pa$																										

干球温度 29.5℃

相对湿度	2%	4%	6%	8%	10%	12%	14%	16%	18%	20%	22%	24%	26%	28%	30%	32%	34%	36%	38%	40%	42%	44%	46%	48%	50%
含湿量(g/kg)	0.51	1.01	1.52	2.03	2.54	3.05	3.57	4.08	4.59	5.11	5.62	6.14	6.66	7.17	7.69	8.21	8.73	9.25	9.78	10.30	10.82	11.35	11.87	12.40	12.93
焓(kJ/kg)	31.09	32.39	33.69	34.99	36.29	37.60	38.90	40.21	41.53	42.84	44.16	45.47	46.79	48.12	49.44	50.77	52.10	53.43	54.76	56.10	57.44	58.78	60.12	61.47	62.81
露点温度(℃)	−22.32	−15.02	−10.55	−7.28	−4.69	−2.53	−0.68	1.06	2.71	4.20	5.57	6.83	8.00	9.09	10.12	11.09	12.00	12.87	13.70	14.49	15.25	15.97	16.67	17.34	17.99
湿球温度(℃)	10.90	11.43	11.96	12.48	12.99	13.49	13.98	14.47	14.94	15.41	15.87	16.32	16.77	17.20	17.63	18.06	18.48	18.89	19.29	19.69	20.08	20.47	20.85	21.23	21.60
相对湿度	52%	54%	56%	58%	60%	62%	64%	66%	68%	70%	72%	74%	76%	78%	80%	82%	84%	86%	88%	90%	92%	94%	96%	98%	100%
含湿量(g/kg)	13.45	13.98	14.51	15.04	15.58	16.11	16.64	17.18	17.71	18.25	18.79	19.32	19.86	20.40	20.94	21.48	22.03	22.57	23.12	23.66	24.21	24.75	25.30	25.85	26.40
焓(kJ/kg)	64.16	65.51	66.87	68.22	69.58	70.94	72.30	73.67	75.04	76.41	77.78	79.15	80.53	81.91	83.29	84.67	86.06	87.45	88.84	90.23	91.63	93.02	94.42	95.83	97.23
露点温度(℃)	18.61	19.22	19.80	20.37	20.92	21.45	21.97	22.48	22.97	23.45	23.92	24.37	24.82	25.26	25.68	26.10	26.51	26.91	27.30	27.68	28.06	28.43	28.79	29.15	29.50
湿球温度(℃)	21.97	22.33	22.69	23.04	23.38	23.73	24.06	24.40	24.73	25.05	25.37	25.69	26.01	26.32	26.62	26.92	27.22	27.52	27.81	28.10	28.39	28.67	28.95	29.23	29.50

$P_{qb}=4125.67\mathrm{Pa}$

干球温度 30.0℃

相对湿度	2%	4%	6%	8%	10%	12%	14%	16%	18%	20%	22%	24%	26%	28%	30%	32%	34%	36%	38%	40%	42%	44%	46%	48%	50%
含湿量(g/kg)	0.52	1.04	1.57	2.09	2.62	3.14	3.67	4.20	4.73	5.26	5.79	6.32	6.85	7.38	7.92	8.45	8.99	9.53	10.06	10.60	11.14	11.68	12.23	12.77	13.31
焓(kJ/kg)	31.63	32.97	34.31	35.65	36.99	38.33	39.68	41.03	42.38	43.73	45.09	46.45	47.81	49.17	50.53	51.90	53.27	54.64	56.02	57.39	58.77	60.15	61.54	62.92	64.31
露点温度(℃)	−22.02	−14.71	−10.22	−6.95	−4.35	−2.19	−0.34	1.46	3.12	4.61	5.98	7.25	8.42	9.52	10.55	11.52	12.44	13.31	14.14	14.94	15.70	16.42	17.12	17.80	18.45
湿球温度(℃)	11.13	11.68	12.21	12.74	13.26	13.77	14.27	14.77	15.25	15.73	16.19	16.65	17.11	17.55	17.99	18.42	18.84	19.26	19.67	20.08	20.48	20.87	21.26	21.64	22.01
相对湿度	52%	54%	56%	58%	60%	62%	64%	66%	68%	70%	72%	74%	76%	78%	80%	82%	84%	86%	88%	90%	92%	94%	96%	98%	100%
含湿量(g/kg)	13.86	14.40	14.95	15.49	16.04	16.59	17.14	17.69	18.24	18.80	19.35	19.91	20.46	21.02	21.58	22.13	22.69	23.25	23.82	24.38	24.94	25.51	26.07	26.64	27.20
焓(kJ/kg)	65.70	67.10	68.49	69.89	71.29	72.69	74.10	75.51	76.92	78.33	79.74	81.16	82.58	84.00	85.43	86.86	88.29	89.72	91.15	92.59	94.03	95.47	96.92	98.36	99.81
露点温度(℃)	19.07	19.68	20.27	20.84	21.39	21.92	22.45	22.95	23.45	23.93	24.40	24.86	25.30	25.74	26.17	26.59	27.00	27.40	27.79	28.18	28.56	28.93	29.29	29.65	30.00
湿球温度(℃)	22.39	22.75	23.11	23.47	23.82	24.17	24.51	24.85	25.18	25.51	25.83	26.15	26.47	26.78	27.09	27.40	27.70	28.00	28.30	28.59	28.88	29.16	29.44	29.72	30.00

$P_{qb}=4246.03\mathrm{Pa}$

干球温度 30.5℃

相对湿度	2%	4%	6%	8%	10%	12%	14%	16%	18%	20%	22%	24%	26%	28%	30%	32%	34%	36%	38%	40%	42%	44%	46%	48%	50%
含湿量(g/kg)	0.54	1.07	1.61	2.15	2.69	3.24	3.78	4.32	4.87	5.41	5.96	6.50	7.05	7.60	8.15	8.70	9.26	9.81	10.36	10.92	11.47	12.03	12.59	13.15	13.71
焓(kJ/kg)	32.18	33.55	34.93	36.31	37.69	39.08	40.46	41.85	43.24	44.64	46.03	47.43	48.83	50.24	51.64	53.05	54.46	55.88	57.29	58.71	60.13	61.56	62.98	64.41	65.84
露点温度(℃)	−21.73	−14.39	−9.90	−6.62	−4.01	−1.85	0.01	1.86	3.52	5.02	6.40	7.67	8.84	9.94	10.98	11.95	12.88	13.75	14.58	15.38	16.14	16.87	17.58	18.25	18.90
湿球温度(℃)	11.36	11.92	12.47	13.01	13.54	14.06	14.57	15.07	15.56	16.04	16.52	16.99	17.45	17.90	18.34	18.78	19.21	19.64	20.05	20.46	20.87	21.27	21.66	22.05	22.43
相对湿度	52%	54%	56%	58%	60%	62%	64%	66%	68%	70%	72%	74%	76%	78%	80%	82%	84%	86%	88%	90%	92%	94%	96%	98%	100%
含湿量(g/kg)	14.27	14.83	15.39	15.96	16.52	17.09	17.65	18.22	18.79	19.36	19.93	20.50	21.08	21.65	22.22	22.80	23.38	23.96	24.53	25.11	25.70	26.28	26.86	27.45	28.03
焓(kJ/kg)	67.27	68.71	70.15	71.59	73.03	74.48	75.93	77.38	78.84	80.29	81.75	83.21	84.68	86.14	87.61	89.09	90.56	92.04	93.52	95.00	96.49	97.98	99.47	100.96	102.46
露点温度(℃)	19.53	20.14	20.73	21.30	21.86	22.39	22.92	23.43	23.92	24.41	24.88	25.34	25.79	26.22	26.65	27.07	27.49	27.89	28.28	28.67	29.05	29.42	29.79	30.15	30.50
湿球温度(℃)	22.80	23.17	23.54	23.90	24.25	24.61	24.95	25.29	25.63	25.96	26.29	26.62	26.94	27.25	27.57	27.87	28.18	28.48	28.78	29.07	29.37	29.65	29.94	30.22	30.50

$P_{qb}=4369.43\mathrm{Pa}$

干球温度(℃)		2%	4%	6%	8%	10%	12%	14%	16%	18%	20%	22%	24%	26%	28%	30%	32%	34%	36%	38%	40%	42%	44%	46%	48%	50%
31.0	相对湿度	2%	4%	6%	8%	10%	12%	14%	16%	18%	20%	22%	24%	26%	28%	30%	32%	34%	36%	38%	40%	42%	44%	46%	48%	50%
	含湿量(g/kg)	0.55	1.11	1.66	2.22	2.77	3.33	3.89	4.45	5.01	5.57	6.13	6.70	7.26	7.82	8.39	8.96	9.53	10.10	10.67	11.24	11.81	12.39	12.96	13.54	14.11
	焓(kJ/kg)	32.72	34.14	35.56	36.98	38.40	39.82	41.25	42.68	44.12	45.55	46.99	48.43	49.87	51.32	52.77	54.22	55.67	57.13	58.59	60.05	61.51	62.98	64.45	65.92	67.40
	露点温度(℃)	−21.43	−14.08	−9.58	−6.29	−3.68	−1.51	0.40	2.26	3.93	5.43	6.81	8.08	9.27	10.37	11.41	12.39	13.31	14.19	15.03	15.83	16.59	17.32	18.03	18.71	19.36
	湿球温度(℃)	11.58	12.16	12.72	13.27	13.81	14.34	14.86	15.37	15.87	16.36	16.84	17.32	17.79	18.25	18.70	19.14	19.58	20.01	20.43	20.85	21.26	21.66	22.06	22.45	22.84
	相对湿度	52%	54%	56%	58%	60%	62%	64%	66%	68%	70%	72%	74%	76%	78%	80%	82%	84%	86%	88%	90%	92%	94%	96%	98%	100%
	含湿量(g/kg)	14.69	15.27	15.85	16.43	17.01	17.60	18.18	18.76	19.35	19.94	20.53	21.12	21.71	22.30	22.89	23.49	24.08	24.68	25.27	25.87	26.47	27.07	27.67	28.28	28.88
	焓(kJ/kg)	68.87	70.35	71.84	73.32	74.81	76.30	77.80	79.29	80.79	82.29	83.80	85.31	86.82	88.33	89.85	91.36	92.89	94.41	95.94	97.47	99.00	100.53	102.07	103.61	105.16
	露点温度(℃)	19.99	20.60	21.20	21.77	22.32	22.86	23.39	23.90	24.40	24.88	25.36	25.82	26.27	26.71	27.14	27.56	27.97	28.38	28.78	29.16	29.54	29.92	30.29	30.65	31.00
$P_\Phi=4495.94Pa$	湿球温度(℃)	23.22	23.60	23.97	24.33	24.69	25.04	25.39	25.74	26.08	26.42	26.75	27.08	27.40	27.72	28.04	28.35	28.66	28.96	29.26	29.56	29.86	30.15	30.43	30.72	31.00
31.5	相对湿度	2%	4%	6%	8%	10%	12%	14%	16%	18%	20%	22%	24%	26%	28%	30%	32%	34%	36%	38%	40%	42%	44%	46%	48%	50%
	含湿量(g/kg)	0.57	1.14	1.71	2.28	2.85	3.43	4.00	4.58	5.15	5.73	6.31	6.89	7.47	8.05	8.64	9.22	9.81	10.39	10.98	11.57	12.16	12.75	13.34	13.94	14.53
	焓(kJ/kg)	33.27	34.73	36.18	37.65	39.11	40.58	42.05	43.52	45.00	46.48	47.96	49.44	50.93	52.42	53.91	55.40	56.90	58.40	59.90	61.41	62.92	64.43	65.94	67.46	68.98
	露点温度(℃)	−21.14	−13.77	−9.26	−5.96	−3.34	−1.16	0.80	2.66	4.33	5.84	7.23	8.50	9.69	10.80	11.84	12.82	13.75	14.63	15.47	16.27	17.04	17.78	18.48	19.16	19.82
	湿球温度(℃)	11.81	12.39	12.97	13.53	14.08	14.62	15.15	15.67	16.18	16.68	17.17	17.65	18.13	18.59	19.05	19.50	19.95	20.38	20.81	21.24	21.65	22.06	22.46	22.86	23.25
	相对湿度	52%	54%	56%	58%	60%	62%	64%	66%	68%	70%	72%	74%	76%	78%	80%	82%	84%	86%	88%	90%	92%	94%	96%	98%	100%
	含湿量(g/kg)	15.12	15.72	16.32	16.92	17.52	18.12	18.72	19.32	19.93	20.53	21.14	21.75	22.36	22.97	23.58	24.19	24.80	25.42	26.03	26.65	27.27	27.89	28.51	29.13	29.75
	焓(kJ/kg)	70.50	72.03	73.56	75.09	76.62	78.16	79.70	81.24	82.79	84.34	85.89	87.44	89.00	90.56	92.12	93.69	95.26	96.83	98.41	99.99	101.57	103.15	104.74	106.33	107.92
	露点温度(℃)	20.45	21.07	21.66	22.23	22.79	23.33	23.86	24.37	24.87	25.36	25.84	26.30	26.75	27.19	27.63	28.05	28.46	28.87	29.27	29.66	30.04	30.41	30.78	31.14	31.50
$P_\Phi=4625.62Pa$	湿球温度(℃)	23.64	24.02	24.39	24.76	25.13	25.48	25.84	26.19	26.53	26.87	27.21	27.54	27.87	28.19	28.51	28.82	29.14	29.44	29.75	30.05	30.35	30.64	30.93	31.22	31.50
32.0	相对湿度	2%	4%	6%	8%	10%	12%	14%	16%	18%	20%	22%	24%	26%	28%	30%	32%	34%	36%	38%	40%	42%	44%	46%	48%	50%
	含湿量(g/kg)	0.58	1.17	1.76	2.35	2.93	3.53	4.12	4.71	5.30	5.90	6.49	7.09	7.69	8.29	8.89	9.49	10.09	10.70	11.30	11.91	12.52	13.12	13.73	14.34	14.96
	焓(kJ/kg)	33.82	35.32	36.82	38.32	39.83	41.34	42.85	44.37	45.89	47.41	48.94	50.46	51.99	53.53	55.06	56.60	58.15	59.69	61.24	62.79	64.35	65.90	67.46	69.03	70.59
	露点温度(℃)	−20.85	−13.46	−8.94	−5.63	−3.01	−0.82	1.19	3.06	4.74	6.25	7.64	8.92	10.11	11.22	12.27	13.25	14.18	15.07	15.91	16.72	17.49	18.23	18.94	19.62	20.28
	湿球温度(℃)	12.04	12.63	13.22	13.79	14.35	14.90	15.44	15.97	16.49	16.99	17.49	17.99	18.47	18.94	19.41	19.87	20.32	20.76	21.19	21.62	22.04	22.46	22.87	23.27	23.67
	相对湿度	52%	54%	56%	58%	60%	62%	64%	66%	68%	70%	72%	74%	76%	78%	80%	82%	84%	86%	88%	90%	92%	94%	96%	98%	100%
	含湿量(g/kg)	15.57	16.18	16.80	17.42	18.03	18.65	19.27	19.90	20.52	21.14	21.77	22.39	23.02	23.65	24.28	24.91	25.54	26.18	26.81	27.45	28.09	28.73	29.37	30.01	30.65
	焓(kJ/kg)	72.16	73.73	75.31	76.89	78.47	80.05	81.64	83.23	84.83	86.42	88.02	89.62	91.23	92.84	94.45	96.07	97.69	99.31	100.93	102.56	104.19	105.83	107.47	109.11	110.75
	露点温度(℃)	20.91	21.53	22.12	22.70	23.26	23.80	24.33	24.85	25.35	25.84	26.31	26.78	27.23	27.68	28.11	28.54	28.95	29.36	29.76	30.15	30.53	30.91	31.28	31.64	32.00
$P_\Phi=4758.53Pa$	湿球温度(℃)	24.06	24.44	24.82	25.19	25.56	25.92	26.28	26.64	26.98	27.33	27.67	28.00	28.33	28.66	28.98	29.30	29.61	29.92	30.23	30.53	30.83	31.13	31.42	31.71	32.00

干球温度(℃)	相对湿度	2%	4%	6%	8%	10%	12%	14%	16%	18%	20%	22%	24%	26%	28%	30%	32%	34%	36%	38%	40%	42%	44%	46%	48%	50%
32.5	含湿量(g/kg)	0.60	1.20	1.81	2.41	3.02	3.63	4.24	4.85	5.46	6.07	6.68	7.30	7.91	8.53	9.15	9.77	10.39	11.01	11.63	12.26	12.88	13.51	14.14	14.77	15.40
	焓(kJ/kg)	34.36	35.91	37.45	39.00	40.55	42.11	43.67	45.23	46.79	48.36	49.93	51.50	53.08	54.66	56.24	57.82	59.41	61.00	62.60	64.20	65.80	67.40	69.01	70.62	72.23
	露点温度(℃)	-20.55	-13.15	-8.62	-5.30	-2.67	-0.48	1.58	3.46	5.14	6.66	8.05	9.34	10.53	11.65	12.70	13.69	14.62	15.51	16.35	17.16	17.93	18.68	19.39	20.07	20.73
	湿球温度(℃)	12.26	12.87	13.46	14.05	14.62	15.18	15.73	16.27	16.79	17.31	17.82	18.32	18.81	19.29	19.76	20.23	20.68	21.13	21.57	22.01	22.44	22.86	23.27	23.68	24.08
	相对湿度	52%	54%	56%	58%	60%	62%	64%	66%	68%	70%	72%	74%	76%	78%	80%	82%	84%	86%	88%	90%	92%	94%	96%	98%	100%
	含湿量(g/kg)	16.03	16.66	17.29	17.93	18.57	19.20	19.84	20.48	21.13	21.77	22.41	23.06	23.71	24.35	25.00	25.65	26.31	26.96	27.62	28.27	28.93	29.59	30.25	30.91	31.57
	焓(kJ/kg)	73.85	75.47	77.09	78.72	80.35	81.98	83.62	85.26	86.90	88.55	90.20	91.85	93.51	95.17	96.83	98.50	100.17	101.84	103.52	105.19	106.88	108.56	110.25	111.95	113.64
	露点温度(℃)	21.37	21.99	22.59	23.17	23.73	24.27	24.81	25.32	25.82	26.32	26.79	27.26	27.72	28.16	28.60	29.02	29.44	29.85	30.25	30.64	31.03	31.41	31.78	32.14	32.50
$P_{\phi b}$=4894.75Pa	湿球温度(℃)	24.47	24.86	25.25	25.62	26.00	26.36	26.73	27.08	27.44	27.78	28.13	28.46	28.80	29.13	29.45	29.77	30.09	30.41	30.72	31.02	31.32	31.62	31.92	32.21	32.50
干球温度(℃)	相对湿度	2%	4%	6%	8%	10%	12%	14%	16%	18%	20%	22%	24%	26%	28%	30%	32%	34%	36%	38%	40%	42%	44%	46%	48%	50%
33.0	含湿量(g/kg)	0.62	1.24	1.86	2.48	3.11	3.73	4.36	4.98	5.61	6.24	6.87	7.51	8.14	8.78	9.41	10.05	10.69	11.33	11.97	12.61	13.26	13.90	14.55	15.20	15.85
	焓(kJ/kg)	34.91	36.50	38.09	39.69	41.28	42.88	44.49	46.09	47.70	49.32	50.93	52.55	54.17	55.80	57.43	59.06	60.70	62.34	63.98	65.63	67.28	68.93	70.58	72.24	73.91
	露点温度(℃)	-20.26	-12.84	-8.30	-4.97	-2.33	-0.14	1.98	3.86	5.54	7.07	8.47	9.76	10.96	12.08	13.13	14.12	15.06	15.95	16.80	17.61	18.38	19.13	19.84	20.53	21.19
	湿球温度(℃)	12.48	13.10	13.71	14.30	14.89	15.46	16.02	16.56	17.10	17.63	18.14	18.65	19.15	19.64	20.12	20.59	21.05	21.51	21.96	22.40	22.83	23.26	23.67	24.09	24.49
	相对湿度	52%	54%	56%	58%	60%	62%	64%	66%	68%	70%	72%	74%	76%	78%	80%	82%	84%	86%	88%	90%	92%	94%	96%	98%	100%
	含湿量(g/kg)	16.50	17.15	17.80	18.46	19.11	19.77	20.43	21.09	21.75	22.41	23.08	23.74	24.41	25.08	25.75	26.42	27.09	27.76	28.44	29.12	29.79	30.47	31.15	31.84	32.52
	焓(kJ/kg)	75.57	77.24	78.91	80.59	82.27	83.95	85.64	87.33	89.02	90.72	92.42	94.13	95.83	97.55	99.26	100.98	102.70	104.43	106.15	107.89	109.62	111.36	113.11	114.85	116.60
	露点温度(℃)	21.83	22.45	23.05	23.63	24.20	24.74	25.28	25.80	26.30	26.79	27.27	27.74	28.20	28.65	29.08	29.51	29.93	30.34	30.74	31.14	31.52	31.90	32.27	32.64	33.00
$P_{\phi b}$=5034.34Pa	湿球温度(℃)	24.89	25.29	25.67	26.06	26.43	26.80	27.17	27.53	27.89	28.24	28.59	28.93	29.26	29.60	29.93	30.25	30.57	30.89	31.20	31.51	31.81	32.12	32.41	32.71	33.00
干球温度(℃)	相对湿度	2%	4%	6%	8%	10%	12%	14%	16%	18%	20%	22%	24%	26%	28%	30%	32%	34%	36%	38%	40%	42%	44%	46%	48%	50%
33.5	含湿量(g/kg)	0.64	1.27	1.91	2.55	3.19	3.84	4.48	5.13	5.77	6.42	7.07	7.72	8.37	9.03	9.68	10.34	11.00	11.66	12.32	12.98	13.64	14.31	14.97	15.64	16.31
	焓(kJ/kg)	35.46	37.10	38.73	40.37	42.02	43.67	45.32	46.97	48.63	50.29	51.95	53.62	55.29	56.96	58.64	60.32	62.01	63.69	65.39	67.08	68.78	70.48	72.19	73.90	75.61
	露点温度(℃)	-19.97	-12.53	-7.98	-4.64	-2.00	0.23	2.37	4.26	5.95	7.48	8.88	10.18	11.38	12.50	13.56	14.55	15.49	16.39	17.24	18.05	18.83	19.58	20.29	20.98	21.65
	湿球温度(℃)	12.70	13.34	13.96	14.56	15.15	15.74	16.30	16.86	17.41	17.94	18.47	18.98	19.49	19.99	20.47	20.95	21.42	21.88	22.34	22.78	23.22	23.65	24.08	24.50	24.91
	相对湿度	52%	54%	56%	58%	60%	62%	64%	66%	68%	70%	72%	74%	76%	78%	80%	82%	84%	86%	88%	90%	92%	94%	96%	98%	100%
	含湿量(g/kg)	16.98	17.65	18.32	19.00	19.67	20.35	21.03	21.71	22.39	23.07	23.76	24.44	25.13	25.82	26.51	27.20	27.89	28.59	29.29	29.98	30.68	31.38	32.08	32.79	33.49
	焓(kJ/kg)	77.33	79.05	80.77	82.50	84.23	85.96	87.70	89.44	91.19	92.94	94.69	96.45	98.21	99.97	101.74	103.51	105.29	107.07	108.85	110.64	112.43	114.23	116.02	117.83	119.63
	露点温度(℃)	22.29	22.91	23.52	24.10	24.66	25.21	25.75	26.27	26.78	27.27	27.75	28.22	28.68	29.13	29.57	30.00	30.42	30.83	31.23	31.63	32.02	32.40	32.77	33.14	33.50
$P_{\phi b}$=5177.37Pa	湿球温度(℃)	25.31	25.71	26.10	26.49	26.87	27.25	27.62	27.98	28.34	28.69	29.04	29.39	29.73	30.07	30.40	30.73	31.05	31.37	31.68	32.00	32.30	32.61	32.91	33.21	33.50

干球温度(℃)：34.0　$P_{qb}=5323.91\mathrm{Pa}$

相对湿度	50%	48%	46%	44%	42%	40%	38%	36%	34%	32%	30%	28%	26%	24%	22%	20%	18%	16%	14%	12%	10%	8%	6%	4%	2%
含湿量(g/kg)	16.78	16.09	15.41	14.72	14.04	13.35	12.67	11.99	11.31	10.64	9.96	9.29	8.61	7.94	7.27	6.61	5.94	5.27	4.61	3.95	3.29	2.63	1.97	1.31	0.65
焓(kJ/kg)	77.34	75.58	73.82	72.06	70.31	68.56	66.81	65.07	63.33	61.60	59.87	58.14	56.42	54.70	52.98	51.27	49.56	47.85	46.15	44.45	42.76	41.07	39.38	37.70	36.02
露点温度(℃)	22.11	21.44	20.75	20.03	19.28	18.50	17.68	16.83	15.93	14.98	13.99	12.93	11.80	10.59	9.30	7.89	6.35	4.66	2.76	0.61	-1.67	-4.32	-7.66	-12.22	-19.68
湿球温度(℃)	25.32	24.90	24.48	24.05	23.62	23.17	22.72	22.26	21.79	21.31	20.83	20.33	19.83	19.32	18.79	18.26	17.72	17.16	16.59	16.01	15.42	14.82	14.20	13.57	12.92

相对湿度	100%	98%	96%	94%	92%	90%	88%	86%	84%	82%	80%	78%	76%	74%	72%	70%	68%	66%	64%	62%	60%	58%	56%	54%	52%
含湿量(g/kg)	34.49	33.77	33.04	32.32	31.59	30.87	30.15	29.44	28.72	28.01	27.29	26.58	25.87	25.16	24.46	23.75	23.05	22.34	21.64	20.94	20.25	19.55	18.86	18.16	17.47
焓(kJ/kg)	122.73	120.87	119.01	117.15	115.30	113.46	111.61	109.77	107.94	106.11	104.28	102.46	100.64	98.82	97.01	95.20	93.40	91.60	89.80	88.01	86.23	84.44	82.66	80.89	79.11
露点温度(℃)	34.00	33.64	33.27	32.89	32.51	32.12	31.73	31.32	30.91	30.48	30.05	29.61	29.16	28.70	28.23	27.75	27.25	26.74	26.22	25.68	25.13	24.56	23.98	23.38	22.75
湿球温度(℃)	34.00	33.70	33.40	33.10	32.79	32.48	32.17	31.85	31.53	31.20	30.87	30.54	30.20	29.85	29.50	29.15	28.79	28.43	28.06	27.69	27.31	26.92	26.53	26.13	25.73

干球温度(℃)：34.5　$P_{qb}=5474.04\mathrm{Pa}$

相对湿度	50%	48%	46%	44%	42%	40%	38%	36%	34%	32%	30%	28%	26%	24%	22%	20%	18%	16%	14%	12%	10%	8%	6%	4%	2%
含湿量(g/kg)	17.27	16.56	15.85	15.15	14.44	13.74	13.04	12.34	11.64	10.94	10.25	9.55	8.86	8.17	7.48	6.79	6.11	5.42	4.74	4.06	3.38	2.70	2.02	1.35	0.67
焓(kJ/kg)	79.11	77.29	75.48	73.67	71.86	70.06	68.26	66.47	64.68	62.90	61.11	59.34	57.56	55.79	54.02	52.26	50.50	48.75	47.00	45.25	43.51	41.77	40.03	38.30	36.57
露点温度(℃)	22.56	21.89	21.20	20.48	19.72	18.94	18.12	17.26	16.36	15.42	14.41	13.35	12.22	11.01	9.71	8.30	6.76	5.06	3.15	1.00	-1.33	-3.99	-7.34	-11.92	-19.39
湿球温度(℃)	25.74	25.31	24.89	24.45	24.01	23.56	23.10	22.63	22.16	21.68	21.18	20.68	20.17	19.65	19.12	18.58	18.02	17.46	16.88	16.29	15.69	15.07	14.44	13.80	13.14

相对湿度	100%	98%	96%	94%	92%	90%	88%	86%	84%	82%	80%	78%	76%	74%	72%	70%	68%	66%	64%	62%	60%	58%	56%	54%	52%
含湿量(g/kg)	35.52	34.77	34.02	33.28	32.53	31.79	31.05	30.31	29.57	28.83	28.10	27.36	26.63	25.90	25.17	24.45	23.72	23.00	22.28	21.56	20.84	20.12	19.40	18.69	17.98
焓(kJ/kg)	125.91	123.98	122.06	120.15	118.24	116.33	114.43	112.54	110.64	108.76	106.87	104.99	103.12	101.24	99.38	97.51	95.66	93.80	91.95	90.10	88.26	86.42	84.59	82.76	80.93
露点温度(℃)	34.50	34.14	33.77	33.39	33.01	32.62	32.22	31.81	31.40	30.97	30.54	30.10	29.65	29.18	28.71	28.22	27.73	27.22	26.69	26.15	25.60	25.03	24.44	23.84	23.21
湿球温度(℃)	34.50	34.20	33.90	33.59	33.28	32.97	32.65	32.33	32.01	31.68	31.34	31.01	30.66	30.32	29.96	29.61	29.24	28.88	28.51	28.13	27.74	27.35	26.96	26.56	26.15

干球温度(℃)：35.0　$P_{qb}=5627.82\mathrm{Pa}$

相对湿度	50%	48%	46%	44%	42%	40%	38%	36%	34%	32%	30%	28%	26%	24%	22%	20%	18%	16%	14%	12%	10%	8%	6%	4%	2%
含湿量(g/kg)	17.77	17.04	16.31	15.58	14.86	14.13	13.41	12.69	11.97	11.26	10.54	9.83	9.11	8.40	7.69	6.99	6.28	5.58	4.87	4.17	3.47	2.78	2.08	1.38	0.69
焓(kJ/kg)	80.91	79.04	77.17	75.31	73.45	71.59	69.74	67.89	66.05	64.21	62.38	60.55	58.72	56.90	55.08	53.27	51.46	49.65	47.85	46.05	44.26	42.47	40.68	38.90	37.12
露点温度(℃)	23.02	22.35	21.65	20.93	20.17	19.38	18.56	17.70	16.80	15.85	14.84	13.78	12.64	11.43	10.12	8.71	7.16	5.45	3.55	1.38	-1.00	-3.66	-7.02	-11.61	-19.10
湿球温度(℃)	26.15	25.72	25.29	24.85	24.40	23.95	23.48	23.01	22.53	22.04	21.54	21.03	20.51	19.98	19.44	18.89	18.33	17.76	17.17	16.57	15.96	15.33	14.69	14.03	13.36

相对湿度	100%	98%	96%	94%	92%	90%	88%	86%	84%	82%	80%	78%	76%	74%	72%	70%	68%	66%	64%	62%	60%	58%	56%	54%	52%
含湿量(g/kg)	36.58	35.81	35.03	34.26	33.50	32.73	31.96	31.20	30.44	29.68	28.92	28.17	27.41	26.66	25.91	25.16	24.41	23.67	22.93	22.18	21.44	20.70	19.97	19.23	18.50
焓(kJ/kg)	129.15	127.17	125.19	123.21	121.24	119.28	117.32	115.36	113.41	111.46	109.52	107.58	105.65	103.72	101.79	99.87	97.96	96.05	94.14	92.24	90.34	88.44	86.55	84.67	82.79
露点温度(℃)	35.00	34.64	34.26	33.89	33.50	33.11	32.71	32.30	31.88	31.46	31.02	30.58	30.13	29.66	29.19	28.70	28.20	27.69	27.16	26.62	26.07	25.50	24.91	24.30	23.67
湿球温度(℃)	35.00	34.70	34.39	34.09	33.77	33.46	33.14	32.81	32.49	32.15	31.82	31.48	31.13	30.78	30.42	30.06	29.70	29.33	28.95	28.57	28.18	27.79	27.39	26.98	26.57

干球温度(℃)	相对湿度	2%	4%	6%	8%	10%	12%	14%	16%	18%	20%	22%	24%	26%	28%	30%	32%	34%	36%	38%	40%	42%	44%	46%	48%	50%
35.5	含湿量(g/kg)	0.71	1.42	2.14	2.85	3.57	4.29	5.01	5.73	6.46	7.18	7.91	8.64	9.37	10.11	10.84	11.58	12.31	13.05	13.79	14.54	15.28	16.03	16.78	17.53	18.28
	焓(kJ/kg)	37.68	39.51	41.34	43.18	45.02	46.86	48.71	50.57	52.42	54.29	56.15	58.02	59.90	61.78	63.66	65.55	67.44	69.34	71.24	73.15	75.06	76.97	78.89	80.82	82.75
	露点温度(℃)	-18.81	-11.30	-6.70	-3.33	-0.66	1.77	3.94	5.85	7.56	9.12	10.54	11.85	13.06	14.20	15.27	16.28	17.23	18.14	19.00	19.83	20.62	21.37	22.10	22.80	23.48
	湿球温度(℃)	13.57	14.26	14.93	15.58	16.22	16.85	17.46	18.05	18.64	19.21	19.77	20.32	20.85	21.38	21.90	22.40	22.90	23.39	23.86	24.33	24.80	25.25	25.70	26.13	26.57
	相对湿度	52%	54%	56%	58%	60%	62%	64%	66%	68%	70%	72%	74%	76%	78%	80%	82%	84%	86%	88%	90%	92%	94%	96%	98%	100%
	含湿量(g/kg)	19.03	19.79	20.54	21.30	22.06	22.83	23.59	24.36	25.13	25.89	26.67	27.44	28.22	28.99	29.77	30.55	31.33	32.12	32.91	33.69	34.48	35.28	36.07	36.87	37.66
	焓(kJ/kg)	84.68	86.62	88.56	90.51	92.46	94.41	96.37	98.34	100.31	102.28	104.26	106.25	108.24	110.23	112.23	114.23	116.24	118.25	120.27	122.29	124.32	126.35	128.39	130.43	132.48
	露点温度(℃)	24.13	24.76	25.37	25.96	26.54	27.09	27.64	28.16	28.68	29.18	29.67	30.14	30.61	31.06	31.51	31.95	32.37	32.79	33.20	33.60	34.00	34.38	34.76	35.13	35.50
$P_{qb}=5785.33\text{Pa}$	湿球温度(℃)	26.99	27.41	27.82	28.22	28.62	29.01	29.40	29.78	30.15	30.52	30.88	31.24	31.60	31.95	32.29	32.63	32.96	33.30	33.62	33.95	34.26	34.58	34.89	35.20	35.50
36.0	相对湿度	2%	4%	6%	8%	10%	12%	14%	16%	18%	20%	22%	24%	26%	28%	30%	32%	34%	36%	38%	40%	42%	44%	46%	48%	50%
	含湿量(g/kg)	0.73	1.46	2.20	2.93	3.67	4.41	5.15	5.90	6.64	7.39	8.14	8.89	9.64	10.39	11.15	11.90	12.66	13.43	14.19	14.95	15.72	16.49	17.26	18.03	18.80
	焓(kJ/kg)	38.24	40.12	42.00	43.89	45.78	47.68	49.58	51.49	53.40	55.32	57.24	59.16	61.09	63.03	64.97	66.91	68.86	70.81	72.77	74.73	76.70	78.67	80.65	82.63	84.62
	露点温度(℃)	-18.52	-10.99	-6.38	-3.01	-0.33	2.15	4.33	6.25	7.97	9.52	10.95	12.26	13.49	14.63	15.70	16.71	17.67	18.58	19.45	20.27	21.06	21.82	22.55	23.26	23.93
	湿球温度(℃)	13.79	14.49	15.17	15.84	16.49	17.12	17.74	18.35	18.94	19.52	20.09	20.65	21.19	21.73	22.25	22.77	23.27	23.76	24.25	24.72	25.19	25.65	26.10	26.54	26.98
	相对湿度	52%	54%	56%	58%	60%	62%	64%	66%	68%	70%	72%	74%	76%	78%	80%	82%	84%	86%	88%	90%	92%	94%	96%	98%	100%
	含湿量(g/kg)	19.58	20.36	21.14	21.92	22.70	23.49	24.27	25.06	25.85	26.65	27.44	28.24	29.04	29.84	30.64	31.45	32.25	33.06	33.87	34.69	35.50	36.32	37.14	37.96	38.78
	焓(kJ/kg)	86.61	88.60	90.60	92.61	94.62	96.63	98.65	100.68	102.71	104.74	106.78	108.83	110.88	112.94	115.00	117.06	119.13	121.21	123.29	125.37	127.46	129.56	131.66	133.77	135.88
	露点温度(℃)	24.59	25.22	25.83	26.43	27.00	27.56	28.11	28.64	29.15	29.65	30.15	30.62	31.09	31.55	32.00	32.43	32.86	33.28	33.69	34.09	34.49	34.88	35.26	35.63	36.00
$P_{qb}=5946.64\text{Pa}$	湿球温度(℃)	27.41	27.83	28.25	28.65	29.06	29.45	29.84	30.23	30.60	30.98	31.34	31.71	32.06	32.42	32.76	33.11	33.44	33.78	34.11	34.43	34.75	35.07	35.38	35.69	36.00
36.5	相对湿度	2%	4%	6%	8%	10%	12%	14%	16%	18%	20%	22%	24%	26%	28%	30%	32%	34%	36%	38%	40%	42%	44%	46%	48%	50%
	含湿量(g/kg)	0.75	1.50	2.26	3.02	3.77	4.54	5.30	6.06	6.83	7.60	8.37	9.14	9.91	10.69	11.46	12.24	13.02	13.81	14.59	15.38	16.17	16.96	17.75	18.55	19.34
	焓(kJ/kg)	38.79	40.73	42.66	44.61	46.56	48.51	50.46	52.43	54.39	56.36	58.34	60.32	62.31	64.30	66.29	68.29	70.30	72.31	74.32	76.34	78.37	80.40	82.43	84.48	86.52
	露点温度(℃)	-18.23	-10.69	-6.06	-2.68	0.00	2.54	4.72	6.65	8.37	9.93	11.36	12.68	13.91	15.05	16.13	17.14	18.11	19.02	19.89	20.72	21.51	22.27	23.01	23.71	24.39
	湿球温度(℃)	14.00	14.72	15.41	16.09	16.75	17.40	18.03	18.65	19.25	19.84	20.42	20.98	21.54	22.08	22.61	23.13	23.64	24.14	24.63	25.11	25.59	26.05	26.51	26.96	27.40
	相对湿度	52%	54%	56%	58%	60%	62%	64%	66%	68%	70%	72%	74%	76%	78%	80%	82%	84%	86%	88%	90%	92%	94%	96%	98%	100%
	含湿量(g/kg)	20.14	20.94	21.74	22.55	23.36	24.17	24.98	25.79	26.60	27.42	28.24	29.06	29.88	30.71	31.54	32.37	33.20	34.03	34.87	35.70	36.55	37.39	38.23	39.08	39.93
	焓(kJ/kg)	88.57	90.63	92.69	94.75	96.82	98.90	100.98	103.07	105.16	107.26	109.36	111.47	113.58	115.70	117.82	119.95	122.09	124.23	126.37	128.53	130.68	132.84	135.01	137.18	139.36
	露点温度(℃)	25.05	25.68	26.30	26.89	27.47	28.03	28.58	29.11	29.63	30.13	30.62	31.10	31.57	32.03	32.48	32.92	33.35	33.77	34.18	34.59	34.98	35.37	35.76	36.13	36.50
$P_{qb}=6111.84\text{Pa}$	湿球温度(℃)	27.83	28.26	28.68	29.09	29.49	29.89	30.29	30.67	31.06	31.43	31.80	32.17	32.53	32.89	33.24	33.58	33.92	34.26	34.59	34.92	35.24	35.56	35.88	36.19	36.50

干球温度(℃)	相对湿度	2%	4%	6%	8%	10%	12%	14%	16%	18%	20%	22%	24%	26%	28%	30%	32%	34%	36%	38%	40%	42%	44%	46%	48%	50%
37.0	含湿量(g/kg)	0.77	1.55	2.32	3.10	3.88	4.66	5.45	6.23	7.02	7.81	8.60	9.39	10.19	10.99	11.79	12.59	13.39	14.20	15.01	15.81	16.63	17.44	18.26	19.07	19.90
	焓(kJ/kg)	39.35	41.34	43.33	45.33	47.33	49.34	51.35	53.37	55.39	57.42	59.45	61.49	63.54	65.58	67.64	69.70	71.76	73.83	75.90	77.98	80.07	82.16	84.25	86.36	88.46
	露点温度(℃)	-17.94	-10.38	-5.75	-2.36	0.38	2.92	5.11	7.04	8.77	10.34	11.77	13.10	14.33	15.48	16.56	17.58	18.54	19.46	20.33	21.16	21.96	22.72	23.46	24.17	24.85
	湿球温度(℃)	14.22	14.94	15.65	16.34	17.02	17.67	18.32	18.94	19.56	20.16	20.74	21.32	21.88	22.43	22.96	23.49	24.01	24.52	25.01	25.50	25.98	26.45	26.91	27.37	27.81
	相对湿度	52%	54%	56%	58%	60%	62%	64%	66%	68%	70%	72%	74%	76%	78%	80%	82%	84%	86%	88%	90%	92%	94%	96%	98%	100%
	含湿量(g/kg)	20.72	21.54	22.37	23.20	24.03	24.86	25.70	26.53	27.37	28.21	29.06	29.90	30.75	31.60	32.45	33.31	34.17	35.03	35.89	36.75	37.62	38.49	39.36	40.23	41.10
	焓(kJ/kg)	90.57	92.69	94.81	96.94	99.08	101.21	103.36	105.51	107.66	109.83	111.99	114.17	116.34	118.53	120.72	122.91	125.11	127.32	129.53	131.75	133.98	136.21	138.44	140.68	142.93
	露点温度(℃)	25.51	26.14	26.76	27.36	27.94	28.50	29.05	29.58	30.10	30.61	31.10	31.58	32.06	32.52	32.97	33.41	33.84	34.26	34.67	35.08	35.48	35.87	36.25	36.63	37.00
P_{qb}=6280.99Pa	湿球温度(℃)	28.25	28.68	29.10	29.52	29.93	30.34	30.73	31.12	31.51	31.89	32.26	32.63	33.00	33.36	33.71	34.06	34.40	34.74	35.08	35.41	35.73	36.06	36.37	36.69	37.00
37.5	相对湿度	2%	4%	6%	8%	10%	12%	14%	16%	18%	20%	22%	24%	26%	28%	30%	32%	34%	36%	38%	40%	42%	44%	46%	48%	50%
	含湿量(g/kg)	0.79	1.59	2.39	3.19	3.99	4.79	5.60	6.40	7.21	8.03	8.84	9.66	10.47	11.30	12.12	12.94	13.77	14.60	15.43	16.26	17.10	17.94	18.78	19.62	20.46
	焓(kJ/kg)	39.91	41.96	44.01	46.06	48.12	50.18	52.25	54.33	56.41	58.49	60.59	62.68	64.78	66.89	69.00	71.12	73.25	75.38	77.51	79.65	81.80	83.95	86.11	88.27	90.44
	露点温度(℃)	-17.65	-10.08	-5.43	-2.03	0.75	3.30	5.50	7.44	9.18	10.75	12.19	13.51	14.75	15.90	16.99	18.01	18.98	19.89	20.77	21.60	22.40	23.17	23.91	24.62	25.30
	湿球温度(℃)	14.43	15.17	15.89	16.60	17.28	17.95	18.60	19.24	19.86	20.47	21.07	21.65	22.22	22.78	23.32	23.86	24.38	24.89	25.40	25.89	26.38	26.85	27.32	27.78	28.23
	相对湿度	52%	54%	56%	58%	60%	62%	64%	66%	68%	70%	72%	74%	76%	78%	80%	82%	84%	86%	88%	90%	92%	94%	96%	98%	100%
	含湿量(g/kg)	21.31	22.16	23.01	23.86	24.72	25.57	26.43	27.30	28.16	29.03	29.90	30.77	31.64	32.52	33.40	34.28	35.16	36.05	36.94	37.83	38.72	39.61	40.51	41.41	42.32
	焓(kJ/kg)	92.62	94.80	96.98	99.17	101.37	103.58	105.79	108.00	110.22	112.45	114.68	116.92	119.17	121.42	123.67	125.94	128.21	130.48	132.76	135.05	137.35	139.65	141.95	144.26	146.58
	露点温度(℃)	25.96	26.60	27.22	27.82	28.41	28.97	29.52	30.06	30.58	31.09	31.58	32.07	32.54	33.00	33.45	33.89	34.33	34.75	35.17	35.57	35.97	36.37	36.75	37.13	37.50
P_{qb}=6454.17Pa	湿球温度(℃)	28.67	29.11	29.53	29.96	30.37	30.78	31.18	31.57	31.96	32.35	32.73	33.10	33.46	33.83	34.18	34.53	34.88	35.22	35.56	35.90	36.22	36.55	36.87	37.19	37.50
38.0	相对湿度	2%	4%	6%	8%	10%	12%	14%	16%	18%	20%	22%	24%	26%	28%	30%	32%	34%	36%	38%	40%	42%	44%	46%	48%	50%
	含湿量(g/kg)	0.82	1.63	2.45	3.27	4.10	4.92	5.75	6.58	7.41	8.25	9.09	9.93	10.77	11.61	12.46	13.31	14.16	15.01	15.86	16.72	17.58	18.44	19.31	20.17	21.04
	焓(kJ/kg)	40.48	42.58	44.68	46.79	48.91	51.03	53.16	55.30	57.44	59.58	61.73	63.89	66.05	68.22	70.39	72.57	74.76	76.95	79.15	81.35	83.56	85.78	88.00	90.22	92.46
	露点温度(℃)	-17.36	-9.77	-5.11	-1.71	1.13	3.69	5.89	7.84	9.58	11.15	12.60	13.93	15.17	16.33	17.41	18.44	19.41	20.33	21.21	22.05	22.85	23.62	24.36	25.07	25.76
	湿球温度(℃)	14.64	15.39	16.13	16.85	17.55	18.23	18.89	19.54	20.17	20.79	21.39	21.98	22.56	23.13	23.68	24.22	24.75	25.27	25.78	26.28	26.77	27.25	27.72	28.19	28.64
	相对湿度	52%	54%	56%	58%	60%	62%	64%	66%	68%	70%	72%	74%	76%	78%	80%	82%	84%	86%	88%	90%	92%	94%	96%	98%	100%
	含湿量(g/kg)	21.91	22.79	23.66	24.54	25.42	26.31	27.19	28.08	28.97	29.86	30.76	31.66	32.56	33.46	34.37	35.27	36.18	37.10	38.01	38.93	39.85	40.77	41.70	42.63	43.56
	焓(kJ/kg)	94.70	96.94	99.19	101.45	103.72	105.99	108.26	110.54	112.83	115.13	117.43	119.74	122.05	124.37	126.70	129.03	131.37	133.72	136.07	138.43	140.79	143.17	145.55	147.93	150.32
	露点温度(℃)	26.42	27.07	27.69	28.29	28.87	29.44	29.99	30.53	31.05	31.56	32.06	32.55	33.02	33.48	33.94	34.38	34.81	35.24	35.66	36.07	36.47	36.86	37.25	37.63	38.00
P_{qb}=6631.47Pa	湿球温度(℃)	29.09	29.53	29.97	30.39	30.81	31.22	31.63	32.03	32.42	32.80	33.19	33.56	33.93	34.30	34.66	35.01	35.36	35.71	36.05	36.38	36.71	37.04	37.37	37.68	38.00

续表

干球温度(℃)	相对湿度	2%	4%	6%	8%	10%	12%	14%	16%	18%	20%	22%	24%	26%	28%	30%	32%	34%	36%	38%	40%	42%	44%	46%	48%	50%
38.5	含湿量(g/kg)	0.84	1.68	2.52	3.36	4.21	5.06	5.91	6.76	7.62	8.48	9.34	10.20	11.07	11.94	12.81	13.68	14.55	15.43	16.31	17.19	18.08	18.96	19.85	20.74	21.64
	焓(kJ/kg)	41.04	43.20	45.36	47.53	49.71	51.89	54.08	56.28	58.48	60.68	62.89	65.11	67.34	69.57	71.80	74.05	76.30	78.55	80.81	83.08	85.36	87.64	89.92	92.22	94.51
	露点温度(℃)	-17.08	-9.47	-4.80	-1.38	1.50	4.07	6.28	8.23	9.98	11.56	13.01	14.35	15.59	16.75	17.84	18.87	19.84	20.77	21.65	22.49	23.30	24.07	24.81	25.53	26.22
	湿球温度(℃)	14.85	15.62	16.37	17.10	17.81	18.50	19.18	19.83	20.48	21.10	21.72	22.32	22.90	23.48	24.04	24.58	25.12	25.65	26.16	26.67	27.17	27.65	28.13	28.60	29.06
	相对湿度	52%	54%	56%	58%	60%	62%	64%	66%	68%	70%	72%	74%	76%	78%	80%	82%	84%	86%	88%	90%	92%	94%	96%	98%	100%
	含湿量(g/kg)	22.54	23.44	24.34	25.24	26.15	27.06	27.97	28.88	29.80	30.72	31.64	32.57	33.50	34.43	35.36	36.30	37.23	38.17	39.12	40.06	41.01	41.97	42.92	43.88	44.84
	焓(kJ/kg)	96.82	99.13	101.45	103.78	106.11	108.45	110.79	113.14	115.50	117.87	120.24	122.62	125.00	127.39	129.79	132.20	134.61	137.03	139.45	141.89	144.32	146.77	149.23	151.69	154.15
	露点温度(℃)	26.88	27.53	28.15	28.75	29.34	29.91	30.46	31.00	31.53	32.04	32.54	33.03	33.50	33.97	34.42	34.87	35.30	35.73	36.15	36.56	36.96	37.36	37.74	38.13	38.50
$P_{qb}=6812.97Pa$	湿球温度(℃)	29.51	29.96	30.40	30.83	31.25	31.66	32.07	32.48	32.87	33.26	33.65	34.03	34.40	34.77	35.13	35.49	35.84	36.19	36.53	36.87	37.20	37.53	37.86	38.18	38.50
干球温度(℃)	相对湿度	2%	4%	6%	8%	10%	12%	14%	16%	18%	20%	22%	24%	26%	28%	30%	32%	34%	36%	38%	40%	42%	44%	46%	48%	50%
39.0	含湿量(g/kg)	0.86	1.72	2.59	3.46	4.33	5.20	6.07	6.95	7.83	8.71	9.60	10.48	11.37	12.27	13.16	14.06	14.96	15.86	16.77	17.67	18.58	19.50	20.41	21.33	22.25
	焓(kJ/kg)	41.60	43.82	46.05	48.28	50.52	52.76	55.01	57.27	59.53	61.80	64.07	66.35	68.64	70.94	73.24	75.55	77.86	80.18	82.51	84.84	87.18	89.53	91.88	94.24	96.61
	露点温度(℃)	-16.79	-9.16	-4.48	-1.06	1.88	4.45	6.67	8.63	10.38	11.97	13.42	14.76	16.01	17.18	18.27	19.30	20.28	21.21	22.09	22.94	23.74	24.52	25.26	25.98	26.67
	湿球温度(℃)	15.06	15.84	16.61	17.35	18.07	18.78	19.46	20.13	20.78	21.42	22.04	22.65	23.24	23.83	24.39	24.95	25.49	26.03	26.55	27.06	27.56	28.06	28.54	29.01	29.48
	相对湿度	52%	54%	56%	58%	60%	62%	64%	66%	68%	70%	72%	74%	76%	78%	80%	82%	84%	86%	88%	90%	92%	94%	96%	98%	100%
	含湿量(g/kg)	23.17	24.10	25.03	25.96	26.89	27.83	28.77	29.71	30.65	31.60	32.55	33.51	34.46	35.42	36.38	37.34	38.31	39.28	40.25	41.23	42.21	43.19	44.17	45.16	46.15
	焓(kJ/kg)	98.99	101.37	103.75	106.15	108.55	110.96	113.37	115.80	118.23	120.66	123.11	125.56	128.02	130.48	132.95	135.43	137.92	140.41	142.91	145.42	147.94	150.46	152.99	155.53	158.08
	露点温度(℃)	27.34	27.99	28.61	29.22	29.81	30.38	30.93	31.48	32.00	32.52	33.02	33.51	33.98	34.45	34.91	35.35	35.79	36.22	36.64	37.05	37.46	37.85	38.24	38.62	39.00
$P_{qb}=6998.74Pa$	湿球温度(℃)	29.94	30.38	30.83	31.26	31.69	32.11	32.52	32.93	33.33	33.72	34.11	34.49	34.87	35.24	35.60	35.96	36.32	36.67	37.02	37.36	37.70	38.03	38.35	38.68	39.00
干球温度(℃)	相对湿度	2%	4%	6%	8%	10%	12%	14%	16%	18%	20%	22%	24%	26%	28%	30%	32%	34%	36%	38%	40%	42%	44%	46%	48%	50%
39.5	含湿量(g/kg)	0.88	1.77	2.66	3.55	4.44	5.34	6.24	7.14	8.05	8.95	9.86	10.77	11.69	12.61	13.53	14.45	15.38	16.30	17.23	18.17	19.10	20.04	20.98	21.93	22.88
	焓(kJ/kg)	42.17	44.45	46.74	49.03	51.33	53.64	55.95	58.27	60.60	62.93	65.27	67.61	69.97	72.33	74.70	77.07	79.45	81.84	84.23	86.63	89.04	91.46	93.88	96.31	98.75
	露点温度(℃)	-16.50	-8.86	-4.17	-0.74	2.25	4.84	7.07	9.03	10.78	12.38	13.83	15.18	16.43	17.60	18.70	19.73	20.71	21.64	22.53	23.38	24.19	24.97	25.72	26.43	27.13
	湿球温度(℃)	15.26	16.06	16.84	17.60	18.33	19.05	19.75	20.43	21.09	21.74	22.37	22.98	23.59	24.18	24.75	25.31	25.87	26.41	26.93	27.45	27.96	28.46	28.95	29.42	29.90
	相对湿度	52%	54%	56%	58%	60%	62%	64%	66%	68%	70%	72%	74%	76%	78%	80%	82%	84%	86%	88%	90%	92%	94%	96%	98%	100%
	含湿量(g/kg)	23.83	24.78	25.74	26.69	27.66	28.62	29.59	30.56	31.53	32.51	33.48	34.47	35.45	36.44	37.43	38.42	39.42	40.42	41.42	42.43	43.43	44.45	45.46	46.48	47.50
	焓(kJ/kg)	101.19	103.65	106.10	108.57	111.04	113.52	116.01	118.51	121.01	123.52	126.04	128.56	131.10	133.64	136.19	138.74	141.31	143.88	146.46	149.04	151.64	154.24	156.85	159.47	162.10
	露点温度(℃)	27.80	28.45	29.08	29.68	30.27	30.85	31.41	31.95	32.48	32.99	33.50	33.99	34.47	34.93	35.39	35.84	36.28	36.71	37.13	37.55	37.95	38.35	38.74	39.12	39.50
$P_{qb}=7188.88Pa$	湿球温度(℃)	30.36	30.81	31.26	31.70	32.13	32.55	32.97	33.38	33.78	34.18	34.57	34.96	35.34	35.71	36.08	36.44	36.80	37.15	37.50	37.85	38.19	38.52	38.85	39.18	39.50

干球温度(℃) 40.0

相对湿度	2%	4%	6%	8%	10%	12%	14%	16%	18%	20%	22%	24%	26%	28%	30%	32%	34%	36%	38%	40%	42%	44%	46%	48%	50%
含湿量(g/kg)	0.91	1.82	2.73	3.65	4.57	5.49	6.41	7.34	8.27	9.20	10.13	11.07	12.01	12.96	13.90	14.85	15.80	16.76	17.71	18.67	19.64	20.60	21.57	22.54	23.52
焓(kJ/kg)	42.74	45.08	47.43	49.79	52.15	54.52	56.90	59.28	61.68	64.07	66.48	68.89	71.31	73.74	76.18	78.62	81.07	83.52	85.99	88.46	90.94	93.42	95.92	98.42	100.93
露点温度(℃)	−16.22	−8.55	−3.85	−0.41	2.63	5.22	7.46	9.42	11.19	12.78	14.25	15.60	16.85	18.02	19.13	20.16	21.15	22.08	22.97	23.82	24.64	25.42	26.17	26.89	27.59
湿球温度(℃)	15.47	16.29	17.08	17.85	18.60	19.32	20.03	20.72	21.40	22.05	22.69	23.32	23.93	24.53	25.11	25.68	26.24	26.78	27.32	27.84	28.36	28.86	29.35	29.84	30.31
相对湿度	52%	54%	56%	58%	60%	62%	64%	66%	68%	70%	72%	74%	76%	78%	80%	82%	84%	86%	88%	90%	92%	94%	96%	98%	100%
含湿量(g/kg)	24.50	25.48	26.46	27.45	28.44	29.43	30.43	31.43	32.43	33.43	34.44	35.45	36.47	37.48	38.50	39.53	40.56	41.59	42.62	43.66	44.69	45.74	46.78	47.83	48.89
焓(kJ/kg)	103.45	105.97	108.50	111.04	113.59	116.14	118.71	121.28	123.86	126.44	129.04	131.64	134.25	136.87	139.49	142.13	144.77	147.42	150.08	152.75	155.43	158.11	160.80	163.51	166.22
露点温度(℃)	28.26	28.91	29.54	30.15	30.74	31.32	31.88	32.42	32.95	33.47	33.97	34.47	34.95	35.42	35.88	36.33	36.77	37.20	37.62	38.04	38.44	38.84	39.24	39.62	40.00
湿球温度(℃)	30.78	31.24	31.69	32.13	32.57	32.99	33.41	33.83	34.24	34.64	35.03	35.42	35.80	36.18	36.55	36.92	37.28	37.64	37.99	38.33	38.68	39.01	39.35	39.68	40.00

$P_{qb}=7383.46\ \text{Pa}$

干球温度(℃) 40.5

相对湿度	2%	4%	6%	8%	10%	12%	14%	16%	18%	20%	22%	24%	26%	28%	30%	32%	34%	36%	38%	40%	42%	44%	46%	48%	50%
含湿量(g/kg)	0.93	1.87	2.81	3.75	4.69	5.64	6.59	7.54	8.49	9.45	10.41	11.38	12.34	13.31	14.28	15.26	16.24	17.22	18.21	19.19	20.18	21.18	22.17	23.17	24.18
焓(kJ/kg)	43.31	45.71	48.13	50.55	52.98	55.42	57.86	60.31	62.77	65.24	67.71	70.19	72.68	75.18	77.68	80.19	82.71	85.24	87.78	90.32	92.87	95.43	97.99	100.57	103.15
露点温度(℃)	−15.93	−8.25	−3.54	−0.09	3.00	5.60	7.84	9.82	11.59	13.19	14.66	16.01	17.27	18.45	19.55	20.60	21.58	22.52	23.41	24.27	25.08	25.86	26.62	27.34	28.04
湿球温度(℃)	15.67	16.51	17.31	18.10	18.86	19.60	20.32	21.02	21.70	22.37	23.02	23.65	24.27	24.88	25.47	26.05	26.61	27.16	27.70	28.23	28.75	29.26	29.76	30.25	30.73
相对湿度	52%	54%	56%	58%	60%	62%	64%	66%	68%	70%	72%	74%	76%	78%	80%	82%	84%	86%	88%	90%	92%	94%	96%	98%	100%
含湿量(g/kg)	25.18	26.19	27.21	28.22	29.24	30.26	31.29	32.32	33.35	34.38	35.42	36.46	37.51	38.56	39.61	40.66	41.72	42.78	43.85	44.92	45.99	47.06	48.14	49.23	50.31
焓(kJ/kg)	105.74	108.34	110.95	113.56	116.19	118.82	121.46	124.11	126.76	129.43	132.10	134.78	137.47	140.17	142.88	145.59	148.32	151.05	153.79	156.55	159.31	162.07	164.85	167.64	170.43
露点温度(℃)	28.72	29.37	30.00	30.61	31.21	31.79	32.35	32.89	33.43	33.95	34.45	34.95	35.43	35.90	36.36	36.81	37.26	37.69	38.11	38.53	38.94	39.34	39.73	40.12	40.50
湿球温度(℃)	31.20	31.67	32.12	32.57	33.01	33.44	33.86	34.28	34.69	35.10	35.49	35.89	36.27	36.65	37.03	37.40	37.76	38.12	38.47	38.82	39.17	39.51	39.84	40.17	40.50

$P_{qb}=7582.57\ \text{Pa}$

干球温度(℃) 41.0

相对湿度	2%	4%	6%	8%	10%	12%	14%	16%	18%	20%	22%	24%	26%	28%	30%	32%	34%	36%	38%	40%	42%	44%	46%	48%	50%
含湿量(g/kg)	0.96	1.92	2.88	3.85	4.82	5.79	6.76	7.74	8.72	9.71	10.70	11.69	12.68	13.68	14.68	15.68	16.69	17.70	18.71	19.73	20.74	21.77	22.79	23.82	24.85
焓(kJ/kg)	43.88	46.35	48.83	51.32	53.82	56.32	58.83	61.35	63.88	66.41	68.96	71.51	74.07	76.64	79.21	81.79	84.39	86.99	89.59	92.21	94.84	97.47	100.11	102.76	105.42
露点温度(℃)	−15.65	−7.95	−3.22	0.26	3.38	5.99	8.23	10.22	11.99	13.60	15.07	16.43	17.69	18.87	19.98	21.03	22.02	22.96	23.85	24.71	25.53	26.31	27.07	27.80	28.50
湿球温度(℃)	15.88	16.73	17.55	18.35	19.12	19.87	20.61	21.32	22.01	22.69	23.35	23.99	24.62	25.23	25.83	26.41	26.98	27.54	28.09	28.63	29.15	29.67	30.17	30.66	31.15
相对湿度	52%	54%	56%	58%	60%	62%	64%	66%	68%	70%	72%	74%	76%	78%	80%	82%	84%	86%	88%	90%	92%	94%	96%	98%	100%
含湿量(g/kg)	25.89	26.93	27.97	29.02	30.06	31.12	32.17	33.23	34.29	35.36	36.43	37.50	38.58	39.66	40.74	41.83	42.92	44.01	45.11	46.21	47.32	48.43	49.54	50.66	51.78
焓(kJ/kg)	108.09	110.76	113.45	116.14	118.84	121.55	124.27	127.00	129.73	132.48	135.23	138.00	140.77	143.55	146.34	149.14	151.95	154.77	157.59	160.43	163.28	166.13	169.00	171.87	174.76
露点温度(℃)	29.17	29.83	30.46	31.08	31.68	32.25	32.82	33.37	33.90	34.42	34.93	35.43	35.91	36.38	36.85	37.30	37.74	38.18	38.61	39.02	39.43	39.84	40.23	40.62	41.00
湿球温度(℃)	31.63	32.09	32.55	33.00	33.45	33.88	34.31	34.73	35.15	35.55	35.96	36.35	36.74	37.12	37.50	37.87	38.24	38.60	38.96	39.31	39.66	40.00	40.34	40.67	41.00

$P_{qb}=7786.30\ \text{Pa}$

干球温度(℃) 41.5

相对湿度	50%	48%	46%	44%	42%	40%	38%	36%	34%	32%	30%	28%	26%	24%	22%	20%	18%	16%	14%	12%	10%	8%	6%	4%	2%
含湿量(g/kg)	25.55	24.48	23.43	22.37	21.32	20.27	19.23	18.18	17.15	16.11	15.08	14.05	13.03	12.01	10.99	9.97	8.96	7.95	6.95	5.95	4.95	3.95	2.96	1.97	0.98
焓(kJ/kg)	107.73	105.00	102.27	99.55	96.84	94.14	91.45	88.76	86.09	83.42	80.77	78.12	75.48	72.85	70.22	67.61	65.00	62.40	59.81	57.23	54.66	52.09	49.54	46.99	44.45
露点温度(℃)	28.95	28.25	27.52	26.76	25.97	25.15	24.29	23.39	22.45	21.46	20.41	19.29	18.11	16.84	15.48	14.00	12.39	10.61	8.62	6.37	3.75	0.63	-2.91	-7.64	-15.36
湿球温度(℃)	31.57	31.08	30.58	30.07	29.55	29.02	28.48	27.92	27.36	26.78	26.19	25.58	24.96	24.32	23.67	23.00	22.32	21.61	20.89	20.15	19.38	18.59	17.78	16.95	16.08

相对湿度	100%	98%	96%	94%	92%	90%	88%	86%	84%	82%	80%	78%	76%	74%	72%	70%	68%	66%	64%	62%	60%	58%	56%	54%	52%
含湿量(g/kg)	53.28	52.13	50.98	49.83	48.68	47.55	46.41	45.28	44.15	43.03	41.91	40.79	39.68	38.57	37.46	36.36	35.26	34.17	33.08	31.99	30.91	29.83	28.75	27.68	26.61
焓(kJ/kg)	179.19	176.21	173.25	170.29	167.34	164.41	161.48	158.57	155.66	152.77	149.88	147.01	144.14	141.28	138.44	135.60	132.77	129.95	127.14	124.34	121.55	118.77	115.99	113.23	110.48
露点温度(℃)	41.50	41.12	40.73	40.33	39.93	39.52	39.10	38.67	38.23	37.79	37.33	36.87	36.39	35.91	35.41	34.90	34.38	33.84	33.29	32.72	32.14	31.54	30.93	30.29	29.63
湿球温度(℃)	41.50	41.17	40.83	40.49	40.15	39.80	39.44	39.08	38.72	38.35	37.98	37.59	37.21	36.82	36.42	36.01	35.60	35.18	34.76	34.33	33.89	33.44	32.98	32.52	32.05

$P_{qb}=7994.74\text{Pa}$

干球温度(℃) 42.0

相对湿度	50%	48%	46%	44%	42%	40%	38%	36%	34%	32%	30%	28%	26%	24%	22%	20%	18%	16%	14%	12%	10%	8%	6%	4%	2%
含湿量(g/kg)	26.26	25.16	24.07	22.99	21.91	20.83	19.75	18.68	17.62	16.55	15.49	14.44	13.38	12.33	11.29	10.24	9.20	8.17	7.13	6.11	5.08	4.06	3.04	2.02	1.01
焓(kJ/kg)	110.09	107.27	104.47	101.67	98.88	96.10	93.33	90.57	87.82	85.08	82.35	79.62	76.91	74.20	71.51	68.82	66.14	63.47	60.81	58.16	55.51	52.88	50.25	47.63	45.02
露点温度(℃)	29.41	28.70	27.97	27.21	26.42	25.59	24.73	23.83	22.88	21.89	20.83	19.72	18.53	17.26	15.89	14.41	12.79	11.01	9.01	6.75	4.13	0.99	-2.60	-7.34	-15.08
湿球温度(℃)	31.99	31.49	30.99	30.47	29.95	29.41	28.86	28.30	27.73	27.14	26.54	25.93	25.30	24.66	24.00	23.32	22.63	21.91	21.18	20.42	19.64	18.84	18.02	17.16	16.28

相对湿度	100%	98%	96%	94%	92%	90%	88%	86%	84%	82%	80%	78%	76%	74%	72%	70%	68%	66%	64%	62%	60%	58%	56%	54%	52%
含湿量(g/kg)	54.83	53.64	52.45	51.27	50.09	48.91	47.74	46.58	45.41	44.26	43.10	41.95	40.81	39.66	38.52	37.39	36.26	35.13	34.01	32.89	31.78	30.66	29.56	28.45	27.35
焓(kJ/kg)	183.73	180.66	177.60	174.55	171.51	168.48	165.47	162.46	159.47	156.48	153.51	150.54	147.59	144.64	141.71	138.79	135.87	132.97	130.07	127.19	124.32	121.45	118.60	115.75	112.92
露点温度(℃)	42.00	41.62	41.23	40.83	40.42	40.01	39.59	39.16	38.72	38.27	37.82	37.35	36.87	36.39	35.89	35.37	34.85	34.31	33.76	33.19	32.61	32.01	31.39	30.75	30.09
湿球温度(℃)	42.00	41.67	41.33	40.99	40.64	40.29	39.93	39.57	39.20	38.83	38.45	38.07	37.68	37.28	36.88	36.47	36.06	35.64	35.21	34.77	34.33	33.88	33.42	32.95	32.47

$P_{qb}=8207.97\text{Pa}$

干球温度(℃) 42.5

相对湿度	50%	48%	46%	44%	42%	40%	38%	36%	34%	32%	30%	28%	26%	24%	22%	20%	18%	16%	14%	12%	10%	8%	6%	4%	2%
含湿量(g/kg)	26.98	25.86	24.74	23.62	22.51	21.40	20.30	19.20	18.10	17.00	15.91	14.83	13.75	12.67	11.59	10.52	9.45	8.39	7.33	6.27	5.22	4.17	3.12	2.08	1.04
焓(kJ/kg)	112.50	109.60	106.71	103.83	100.96	98.10	95.25	92.42	89.59	86.77	83.96	81.16	78.36	75.58	72.81	70.05	67.29	64.55	61.81	59.09	56.37	53.67	50.97	48.28	45.60
露点温度(℃)	29.86	29.16	28.42	27.66	26.86	26.04	25.17	24.27	23.32	22.32	21.26	20.14	18.95	17.67	16.30	14.81	13.19	11.40	9.40	7.13	4.50	1.36	-2.28	-7.04	-14.79
湿球温度(℃)	32.41	31.91	31.40	30.88	30.34	29.80	29.25	28.68	28.10	27.51	26.90	26.28	25.65	24.99	24.33	23.64	22.93	22.21	21.46	20.69	19.90	19.09	18.25	17.38	16.49

相对湿度	100%	98%	96%	94%	92%	90%	88%	86%	84%	82%	80%	78%	76%	74%	72%	70%	68%	66%	64%	62%	60%	58%	56%	54%	52%
含湿量(g/kg)	56.42	55.19	53.96	52.74	51.53	50.32	49.11	47.91	46.71	45.52	44.33	43.14	41.96	40.79	39.61	38.45	37.28	36.12	34.96	33.81	32.66	31.52	30.38	29.24	28.11
焓(kJ/kg)	188.38	185.21	182.05	178.91	175.78	172.66	169.55	166.45	163.36	160.28	157.21	154.16	151.11	148.08	145.06	142.04	139.04	136.05	133.07	130.10	127.14	124.19	121.25	118.32	115.40
露点温度(℃)	42.50	42.11	41.72	41.32	40.92	40.50	40.08	39.65	39.21	38.76	38.30	37.83	37.36	36.87	36.36	35.85	35.32	34.78	34.23	33.66	33.08	32.47	31.85	31.21	30.55
湿球温度(℃)	42.50	42.16	41.82	41.48	41.13	40.77	40.41	40.05	39.68	39.31	38.92	38.54	38.15	37.75	37.34	36.93	36.51	36.09	35.66	35.22	34.77	34.31	33.85	33.38	32.90

$P_{qb}=8426.08\text{Pa}$

干球温度(℃)		2%	4%	6%	8%	10%	12%	14%	16%	18%	20%	22%	24%	26%	28%	30%	32%	34%	36%	38%	40%	42%	44%	46%	48%	50%
43.0 $P_{qb}=8649.18Pa$	相对湿度	2%	4%	6%	8%	10%	12%	14%	16%	18%	20%	22%	24%	26%	28%	30%	32%	34%	36%	38%	40%	42%	44%	46%	48%	50%
	含湿量(g/kg)	1.06	2.13	3.20	4.28	5.36	6.44	7.52	8.61	9.71	10.80	11.90	13.01	14.12	15.23	16.35	17.47	18.59	19.72	20.85	21.99	23.13	24.27	25.42	26.57	27.73
	焓(kJ/kg)	46.17	48.93	51.69	54.46	57.24	60.03	62.83	65.64	68.46	71.29	74.13	76.98	79.84	82.71	85.59	88.48	91.38	94.29	97.21	100.14	103.08	106.03	109.00	111.97	114.95
	露点温度(℃)	−14.51	−6.74	−1.97	1.72	4.88	7.51	9.79	11.80	13.59	15.22	16.71	18.09	19.37	20.56	21.69	22.75	23.75	24.70	25.61	26.48	27.31	28.11	28.87	29.61	30.32
	湿球温度(℃)	16.69	17.60	18.48	19.34	20.16	20.97	21.75	22.50	23.24	23.96	24.65	25.33	25.99	26.64	27.26	27.88	28.48	29.06	29.64	30.20	30.74	31.28	31.81	32.32	32.83
	相对湿度	52%	54%	56%	58%	60%	62%	64%	66%	68%	70%	72%	74%	76%	78%	80%	82%	84%	86%	88%	90%	92%	94%	96%	98%	100%
	含湿量(g/kg)	28.89	30.06	31.23	32.40	33.58	34.76	35.94	37.13	38.33	39.53	40.73	41.94	43.15	44.37	45.59	46.81	48.04	49.28	50.52	51.76	53.01	54.26	55.52	56.78	58.05
	焓(kJ/kg)	117.94	120.95	123.96	126.99	130.03	133.08	136.13	139.20	142.29	145.38	148.48	151.60	154.72	157.86	161.01	164.17	167.34	170.53	173.72	176.93	180.15	183.38	186.62	189.88	193.15
	露点温度(℃)	31.01	31.67	32.31	32.94	33.54	34.13	34.70	35.26	35.80	36.33	36.84	37.35	37.84	38.32	38.79	39.25	39.70	40.14	40.57	41.00	41.41	41.82	42.22	42.61	43.00
	湿球温度(℃)	33.32	33.81	34.28	34.75	35.21	35.66	36.10	36.54	36.97	37.39	37.80	38.21	38.61	39.01	39.40	39.78	40.16	40.53	40.90	41.26	41.62	41.97	42.32	42.66	43.00
43.5 $P_{qb}=8877.34Pa$	相对湿度	2%	4%	6%	8%	10%	12%	14%	16%	18%	20%	22%	24%	26%	28%	30%	32%	34%	36%	38%	40%	42%	44%	46%	48%	50%
	含湿量(g/kg)	1.09	2.19	3.29	4.39	5.50	6.61	7.72	8.84	9.97	11.09	12.22	13.36	14.50	15.64	16.79	17.94	19.10	20.26	21.42	22.59	23.76	24.94	26.12	27.31	28.50
	焓(kJ/kg)	46.75	49.58	52.42	55.26	58.12	60.99	63.86	66.75	69.65	72.56	75.47	78.40	81.34	84.29	87.25	90.22	93.21	96.20	99.20	102.22	105.24	108.28	111.33	114.39	117.46
	露点温度(℃)	−14.22	−6.44	−1.66	2.08	5.25	7.90	10.18	12.19	13.99	15.63	17.12	18.50	19.79	20.99	22.11	23.18	24.18	25.14	26.05	26.92	27.75	28.55	29.32	30.06	30.78
	湿球温度(℃)	16.89	17.82	18.71	19.58	20.43	21.24	22.03	22.80	23.55	24.27	24.98	25.67	26.34	26.99	27.62	28.25	28.85	29.44	30.02	30.59	31.14	31.68	32.22	32.74	33.25
	相对湿度	52%	54%	56%	58%	60%	62%	64%	66%	68%	70%	72%	74%	76%	78%	80%	82%	84%	86%	88%	90%	92%	94%	96%	98%	100%
	含湿量(g/kg)	29.69	30.89	32.09	33.30	34.51	35.73	36.95	38.17	39.40	40.64	41.88	43.12	44.37	45.62	46.88	48.14	49.41	50.68	51.96	53.24	54.53	55.82	57.12	58.42	59.73
	焓(kJ/kg)	120.54	123.63	126.73	129.85	132.98	136.11	139.26	142.43	145.60	148.78	151.98	155.19	158.41	161.65	164.89	168.15	171.42	174.70	178.00	181.31	184.63	187.96	191.31	194.66	198.04
	露点温度(℃)	31.46	32.13	32.78	33.40	34.01	34.60	35.17	35.73	36.27	36.80	37.32	37.83	38.32	38.80	39.27	39.73	40.19	40.63	41.06	41.49	41.91	42.31	42.72	43.11	43.50
	湿球温度(℃)	33.74	34.23	34.72	35.19	35.65	36.11	36.55	36.99	37.42	37.85	38.27	38.68	39.08	39.48	39.87	40.26	40.64	41.02	41.39	41.75	42.11	42.46	42.81	43.16	43.50
44.0 $P_{qb}=9110.67Pa$	相对湿度	2%	4%	6%	8%	10%	12%	14%	16%	18%	20%	22%	24%	26%	28%	30%	32%	34%	36%	38%	40%	42%	44%	46%	48%	50%
	含湿量(g/kg)	1.12	2.25	3.37	4.51	5.64	6.78	7.93	9.08	10.23	11.39	12.55	13.72	14.89	16.06	17.24	18.43	19.61	20.81	22.00	23.21	24.41	25.62	26.84	28.06	29.28
	焓(kJ/kg)	47.33	50.23	53.15	56.07	59.01	61.95	64.91	67.87	70.85	73.84	76.84	79.85	82.87	85.90	88.94	92.00	95.07	98.14	101.23	104.33	107.44	110.57	113.70	116.85	120.01
	露点温度(℃)	−13.94	−6.14	−1.35	2.45	5.62	8.28	10.57	12.59	14.39	16.03	17.53	18.92	20.21	21.41	22.54	23.61	24.62	25.58	26.49	27.36	28.20	29.00	29.77	30.51	31.23
	湿球温度(℃)	17.08	18.03	18.95	19.83	20.69	21.51	22.32	23.10	23.86	24.59	25.31	26.00	26.68	27.34	27.99	28.61	29.23	29.83	30.41	30.98	31.54	32.09	32.63	33.15	33.67
	相对湿度	52%	54%	56%	58%	60%	62%	64%	66%	68%	70%	72%	74%	76%	78%	80%	82%	84%	86%	88%	90%	92%	94%	96%	98%	100%
	含湿量(g/kg)	30.51	31.74	32.98	34.22	35.47	36.72	37.98	39.24	40.51	41.78	43.06	44.34	45.62	46.91	48.21	49.51	50.82	52.13	53.44	54.77	56.09	57.43	58.76	60.11	61.45
	焓(kJ/kg)	123.18	126.36	129.56	132.77	135.99	139.22	142.46	145.72	148.99	152.27	155.56	158.87	162.19	165.52	168.87	172.23	175.60	178.98	182.38	185.79	189.21	192.65	196.10	199.57	203.05
	露点温度(℃)	31.92	32.59	33.24	33.87	34.47	35.07	35.64	36.20	36.75	37.28	37.80	38.31	38.80	39.28	39.76	40.22	40.67	41.12	41.55	41.98	42.40	42.81	43.21	43.61	44.00
	湿球温度(℃)	34.17	34.66	35.15	35.63	36.09	36.55	37.00	37.45	37.88	38.31	38.73	39.14	39.55	39.95	40.35	40.74	41.12	41.50	41.87	42.24	42.60	42.96	43.31	43.66	44.00

干球温度(℃)	相对湿度	50%	48%	46%	44%	42%	40%	38%	36%	34%	32%	30%	28%	26%	24%	22%	20%	18%	16%	14%	12%	10%	8%	6%	4%	2%
	含湿量(g/kg)	30.08	28.82	27.57	26.32	25.08	23.84	22.60	21.37	20.15	18.92	17.71	16.50	15.29	14.09	12.89	11.69	10.51	9.32	8.14	6.96	5.79	4.63	3.46	2.30	1.15
	焓(kJ/kg)	122.62	119.37	116.13	112.90	109.69	106.49	103.30	100.12	96.96	93.81	90.66	87.54	84.42	81.31	78.22	75.14	72.07	69.01	65.96	62.93	59.90	56.89	53.89	50.89	47.91
	露点温度(℃)	31.69	30.97	30.22	29.45	28.64	27.81	26.93	26.01	25.05	24.04	22.97	21.83	20.62	19.33	17.94	16.44	14.79	12.98	10.96	8.66	6.00	2.81	−1.04	−5.84	−13.66
	湿球温度(℃)	34.09	33.57	33.04	32.50	31.94	31.38	30.80	30.21	29.60	28.98	28.35	27.69	27.03	26.34	25.63	24.91	24.16	23.40	22.60	21.79	20.95	20.08	19.18	18.25	17.28
44.5	相对湿度	100%	98%	96%	94%	92%	90%	88%	86%	84%	82%	80%	78%	76%	74%	72%	70%	68%	66%	64%	62%	60%	58%	56%	54%	52%
	含湿量(g/kg)	63.23	61.84	60.45	59.07	57.70	56.33	54.97	53.61	52.26	50.91	49.57	48.24	46.91	45.58	44.26	42.95	41.64	40.34	39.04	37.74	36.45	35.17	33.89	32.62	31.35
	焓(kJ/kg)	208.19	204.60	201.02	197.46	193.92	190.38	186.87	183.36	179.87	176.40	172.94	169.49	166.05	162.63	159.23	155.83	152.45	149.09	145.73	142.39	139.06	135.75	132.45	129.16	125.88
	露点温度(℃)	44.50	44.11	43.71	43.31	42.89	42.47	42.04	41.61	41.16	40.71	40.24	39.77	39.28	38.79	38.28	37.76	37.22	36.67	36.11	35.54	34.94	34.33	33.70	33.05	32.38
$P_{qb}=9349.27Pa$	湿球温度(℃)	44.50	44.16	43.81	43.45	43.09	42.73	42.36	41.98	41.60	41.22	40.82	40.43	40.02	39.61	39.19	38.77	38.34	37.90	37.45	37.00	36.53	36.06	35.58	35.09	34.59
干球温度(℃)	相对湿度	50%	48%	46%	44%	42%	40%	38%	36%	34%	32%	30%	28%	26%	24%	22%	20%	18%	16%	14%	12%	10%	8%	6%	4%	2%
	含湿量(g/kg)	30.91	29.61	28.32	27.04	25.76	24.48	23.21	21.95	20.69	19.43	18.18	16.94	15.70	14.46	13.23	12.01	10.78	9.57	8.36	7.15	5.95	4.75	3.55	2.36	1.18
	焓(kJ/kg)	125.28	121.93	118.60	115.28	111.98	108.68	105.40	102.14	98.88	95.64	92.41	89.20	85.99	82.80	79.62	76.46	73.30	70.16	67.03	63.91	60.81	57.71	54.63	51.56	48.50
	露点温度(℃)	32.14	31.42	30.67	29.90	29.09	28.25	27.37	26.45	25.48	24.47	23.39	22.25	21.04	19.75	18.35	16.84	15.19	13.37	11.34	9.04	6.37	3.17	−0.73	−5.54	−13.37
	湿球温度(℃)	34.51	33.98	33.45	32.90	32.34	31.77	31.19	30.59	29.98	29.35	28.71	28.05	27.37	26.68	25.96	25.23	24.47	23.69	22.89	22.06	21.21	20.32	19.41	18.46	17.48
45.0	相对湿度	100%	98%	96%	94%	92%	90%	88%	86%	84%	82%	80%	78%	76%	74%	72%	70%	68%	66%	64%	62%	60%	58%	56%	54%	52%
	含湿量(g/kg)	65.05	63.61	62.19	60.76	59.35	57.94	56.53	55.13	53.74	52.35	50.97	49.60	48.23	46.86	45.50	44.15	42.80	41.46	40.12	38.79	37.46	36.14	34.82	33.51	32.21
	焓(kJ/kg)	213.46	209.75	206.06	202.39	198.73	195.09	191.46	187.85	184.25	180.67	177.10	173.55	170.01	166.48	162.97	159.48	155.99	152.53	149.07	145.63	142.21	138.79	135.39	132.01	128.64
	露点温度(℃)	45.00	44.61	44.21	43.80	43.39	42.97	42.54	42.10	41.65	41.19	40.73	40.25	39.76	39.27	38.75	38.23	37.70	37.15	36.58	36.00	35.41	34.79	34.16	33.51	32.84
$P_{qb}=9593.22Pa$	湿球温度(℃)	45.00	44.65	44.30	43.94	43.58	43.22	42.84	42.47	42.08	41.69	41.30	40.90	40.49	40.08	39.66	39.23	38.79	38.35	37.90	37.44	36.98	36.50	36.02	35.52	35.02
干球温度(℃)	相对湿度	50%	48%	46%	44%	42%	40%	38%	36%	34%	32%	30%	28%	26%	24%	22%	20%	18%	16%	14%	12%	10%	8%	6%	4%	2%
	含湿量(g/kg)	31.75	30.42	29.09	27.77	26.46	25.15	23.84	22.54	21.24	19.95	18.67	17.39	16.12	14.85	13.58	12.32	11.07	9.82	8.58	7.34	6.10	4.87	3.65	2.43	1.21
	焓(kJ/kg)	127.99	124.55	121.12	117.71	114.31	110.92	107.55	104.19	100.85	97.51	94.19	90.89	87.60	84.32	81.05	77.80	74.55	71.33	68.11	64.91	61.72	58.54	55.38	52.22	49.08
	露点温度(℃)	32.60	31.87	31.12	30.34	29.53	28.69	27.81	26.89	25.92	24.90	23.82	22.68	21.46	20.16	18.76	17.25	15.59	13.77	11.73	9.42	6.74	3.54	−0.42	−5.24	−13.09
	湿球温度(℃)	34.93	34.40	33.86	33.31	32.74	32.17	31.58	30.97	30.35	29.72	29.07	28.40	27.72	27.01	26.29	25.55	24.78	23.99	23.18	22.33	21.47	20.57	19.64	18.67	17.67
45.5	相对湿度	100%	98%	96%	94%	92%	90%	88%	86%	84%	82%	80%	78%	76%	74%	72%	70%	68%	66%	64%	62%	60%	58%	56%	54%	52%
	含湿量(g/kg)	66.92	65.44	63.97	62.50	61.04	59.59	58.14	56.70	55.26	53.83	52.41	50.99	49.58	48.17	46.77	45.38	43.99	42.61	41.23	39.86	38.50	37.14	35.78	34.43	33.09
	焓(kJ/kg)	218.86	215.04	211.23	207.44	203.67	199.91	196.17	192.45	188.74	185.04	181.37	177.70	174.06	170.42	166.81	163.20	159.62	156.05	152.49	148.95	145.42	141.90	138.41	134.92	131.45
	露点温度(℃)	45.50	45.11	44.71	44.30	43.88	43.46	43.03	42.59	42.14	41.68	41.21	40.73	40.24	39.74	39.23	38.71	38.17	37.62	37.05	36.47	35.87	35.26	34.62	33.97	33.29
$P_{qb}=9842.63Pa$	湿球温度(℃)	45.50	45.15	44.80	44.44	44.07	43.70	43.33	42.95	42.56	42.17	41.77	41.37	40.96	40.54	40.12	39.69	39.25	38.81	38.35	37.89	37.42	36.94	36.45	35.95	35.45

干球温度(℃)	相对湿度	2%	4%	6%	8%	10%	12%	14%	16%	18%	20%	22%	24%	26%	28%	30%	32%	34%	36%	38%	40%	42%	44%	46%	48%	50%
46.0	含湿量(g/kg)	1.24	2.49	3.74	5.00	6.26	7.53	8.80	10.08	11.36	12.65	13.94	15.24	16.54	17.85	19.17	20.49	21.81	23.15	24.48	25.82	27.17	28.52	29.88	31.25	32.62
	焓(kJ/kg)	49.67	52.89	56.13	59.38	62.64	65.92	69.21	72.51	75.82	79.15	82.50	85.85	89.22	92.61	96.00	99.42	102.84	106.28	109.74	113.20	116.69	120.19	123.70	127.22	130.77
	露点温度(℃)	−12.81	−4.94	−0.11	3.90	7.11	9.80	12.12	14.16	15.99	17.65	19.17	20.58	21.88	23.10	24.24	25.33	26.35	27.32	28.25	29.13	29.98	30.79	31.57	32.33	33.05
	湿球温度(℃)	17.87	18.89	19.87	20.81	21.73	22.61	23.46	24.29	25.09	25.87	26.62	27.35	28.06	28.76	29.43	30.09	30.73	31.36	31.97	32.56	33.14	33.71	34.27	34.82	35.35
	相对湿度	52%	54%	56%	58%	60%	62%	64%	66%	68%	70%	72%	74%	76%	78%	80%	82%	84%	86%	88%	90%	92%	94%	96%	98%	100%
	含湿量(g/kg)	33.99	35.38	36.76	38.16	39.56	40.96	42.37	43.79	45.21	46.64	48.08	49.52	50.97	52.42	53.88	55.35	56.82	58.30	59.79	61.28	62.78	64.29	65.80	67.32	68.85
	焓(kJ/kg)	134.32	137.89	141.48	145.08	148.70	152.33	155.98	159.64	163.32	167.02	170.73	174.46	178.20	181.96	185.73	189.52	193.33	197.16	201.00	204.86	208.73	212.62	216.53	220.46	224.40
	露点温度(℃)	35.87	36.38	36.89	37.38	37.86	38.34	38.80	39.26	39.71	40.15	40.58	41.01	41.43	41.84	42.25	42.65	43.04	43.43	43.82	43.95	44.38	44.79	45.20	45.60	46.00
$P_{\phi}=10097.60\mathrm{Pa}$	湿球温度(℃)	33.75	34.43	35.09	35.72	36.34	36.94	37.52	38.09	38.64	39.18	39.71	40.22	40.73	41.22	41.70	42.17	42.63	43.08	43.52	43.95	44.38	44.79	45.20	45.65	46.00
46.5	相对湿度	2%	4%	6%	8%	10%	12%	14%	16%	18%	20%	22%	24%	26%	28%	30%	32%	34%	36%	38%	40%	42%	44%	46%	48%	50%
	含湿量(g/kg)	1.27	2.55	3.84	5.13	6.42	7.73	9.03	10.34	11.66	12.98	14.31	15.64	16.98	18.33	19.68	21.04	22.40	23.77	25.14	26.52	27.90	29.30	30.69	32.10	33.51
	焓(kJ/kg)	50.26	53.57	56.89	60.23	63.58	66.94	70.32	73.71	77.11	80.53	83.97	87.41	90.88	94.35	97.85	101.35	104.88	108.41	111.96	115.53	119.11	122.71	126.32	129.95	133.60
	露点温度(℃)	−12.53	−4.64	0.23	4.26	7.49	10.18	12.51	14.56	16.39	18.06	19.58	20.99	22.30	23.52	24.67	25.75	26.78	27.76	28.69	29.57	30.42	31.24	32.02	32.78	33.51
	湿球温度(℃)	18.06	19.10	20.10	21.06	21.99	22.88	23.75	24.59	25.40	26.18	26.95	27.69	28.41	29.11	29.79	30.46	31.11	31.74	32.36	32.96	33.55	34.12	34.68	35.23	35.77
	相对湿度	52%	54%	56%	58%	60%	62%	64%	66%	68%	70%	72%	74%	76%	78%	80%	82%	84%	86%	88%	90%	92%	94%	96%	98%	100%
	含湿量(g/kg)	34.92	36.34	37.77	39.20	40.64	42.09	43.54	45.00	46.47	47.94	49.42	50.90	52.40	53.89	55.40	56.91	58.43	59.95	61.49	63.03	64.57	66.12	67.68	69.25	70.83
	焓(kJ/kg)	137.26	140.93	144.62	148.33	152.05	155.79	159.55	163.32	167.11	170.92	174.74	178.58	182.44	186.31	190.20	194.11	198.04	201.98	205.94	209.92	213.92	217.93	221.97	226.02	230.09
	露点温度(℃)	34.21	34.89	35.55	36.19	36.81	37.41	37.99	38.56	39.12	39.66	40.19	40.70	41.21	41.70	42.18	42.65	43.11	43.57	44.01	44.44	44.87	45.29	45.70	46.10	46.50
$P_{\phi}=10358.22\mathrm{Pa}$	湿球温度(℃)	36.30	36.81	37.32	37.82	38.30	38.78	39.25	39.71	40.17	40.61	41.05	41.48	41.90	42.32	42.73	43.13	43.53	43.92	44.30	44.68	45.06	45.42	45.79	46.15	46.50
47.0	相对湿度	2%	4%	6%	8%	10%	12%	14%	16%	18%	20%	22%	24%	26%	28%	30%	32%	34%	36%	38%	40%	42%	44%	46%	48%	50%
	含湿量(g/kg)	1.31	2.62	3.94	5.26	6.59	7.93	9.27	10.61	11.97	13.32	14.69	16.06	17.43	18.81	20.20	21.60	22.99	24.40	25.81	27.23	28.65	30.09	31.52	32.97	34.41
	焓(kJ/kg)	50.85	54.25	57.66	61.08	64.52	67.97	71.44	74.92	78.42	81.93	85.46	89.00	92.56	96.13	99.72	103.33	106.95	110.58	114.23	117.90	121.58	125.28	129.00	132.73	136.48
	露点温度(℃)	−12.25	−4.34	0.58	4.63	7.86	10.56	12.89	14.95	16.79	18.46	19.99	21.40	22.72	23.94	25.10	26.18	27.21	28.19	29.12	30.02	30.87	31.69	32.47	33.23	33.96
	湿球温度(℃)	18.26	19.31	20.33	21.30	22.25	23.15	24.03	24.88	25.71	26.50	27.28	28.03	28.76	29.47	30.16	30.83	31.48	32.12	32.75	33.35	33.95	34.53	35.09	35.65	36.19
	相对湿度	52%	54%	56%	58%	60%	62%	64%	66%	68%	70%	72%	74%	76%	78%	80%	82%	84%	86%	88%	90%	92%	94%	96%	98%	100%
	含湿量(g/kg)	35.87	37.33	38.80	40.28	41.76	43.25	44.74	46.25	47.76	49.27	50.79	52.32	53.86	55.40	56.95	58.51	60.08	61.65	63.23	64.82	66.41	68.01	69.62	71.24	72.86
	焓(kJ/kg)	140.25	144.03	147.83	151.65	155.48	159.33	163.20	167.09	170.99	174.91	178.85	182.80	186.78	190.77	194.78	198.81	202.86	206.92	211.01	215.11	219.24	223.38	227.54	231.72	235.92
	露点温度(℃)	34.67	35.35	36.01	36.65	37.27	37.88	38.46	39.04	39.59	40.14	40.67	41.18	41.69	42.18	42.67	43.14	43.60	44.06	44.50	44.94	45.36	45.78	46.20	46.60	47.00
$P_{\phi}=10624.61\mathrm{Pa}$	湿球温度(℃)	36.72	37.25	37.76	38.26	38.75	39.23	39.70	40.17	40.62	41.07	41.51	41.94	42.37	42.79	43.20	43.61	44.01	44.40	44.79	45.17	45.55	45.92	46.28	46.64	47.00

干球温度(℃)		50%	48%	46%	44%	42%	40%	38%	36%	34%	32%	30%	28%	26%	24%	22%	20%	18%	16%	14%	12%	10%	8%	6%	4%	2%
47.5	相对湿度	50%	48%	46%	44%	42%	40%	38%	36%	34%	32%	30%	28%	26%	24%	22%	20%	18%	16%	14%	12%	10%	8%	6%	4%	2%
	含湿量(g/kg)	35.35	33.86	32.37	30.89	29.42	27.96	26.50	25.05	23.61	22.17	20.74	19.31	17.89	16.48	15.07	13.67	12.28	10.89	9.51	8.13	6.76	5.40	4.04	2.69	1.34
	焓(kJ/kg)	139.43	135.57	131.73	127.91	124.11	120.32	116.55	112.79	109.05	105.33	101.63	97.94	94.27	90.61	86.97	83.35	79.74	76.15	72.58	69.02	65.47	61.94	58.43	54.93	51.44
	露点温度(℃)	34.42	33.68	32.92	32.13	31.31	30.46	29.56	28.63	27.65	26.61	25.52	24.36	23.13	21.82	20.40	18.87	17.19	15.34	13.28	10.94	8.23	4.99	0.93	-4.04	-11.97
	湿球温度(℃)	36.61	36.07	35.51	34.93	34.35	33.75	33.14	32.51	31.86	31.20	30.52	29.82	29.11	28.37	27.61	26.82	26.02	25.18	24.32	23.43	22.50	21.55	20.55	19.52	18.45
	相对湿度	100%	98%	96%	94%	92%	90%	88%	86%	84%	82%	80%	78%	76%	74%	72%	70%	68%	66%	64%	62%	60%	58%	56%	54%	52%
	含湿量(g/kg)	74.95	73.28	71.61	69.95	68.30	66.65	65.02	63.39	61.77	60.16	58.55	56.95	55.36	53.78	52.20	50.64	49.08	47.52	45.98	44.44	42.90	41.38	39.86	38.35	36.84
	焓(kJ/kg)	241.91	237.57	233.26	228.96	224.69	220.44	216.20	211.99	207.80	203.62	199.47	195.34	191.22	187.13	183.05	178.99	174.95	170.93	166.93	162.95	158.98	155.04	151.11	147.20	143.31
	露点温度(℃)	47.50	47.10	46.69	46.28	45.86	45.43	44.99	44.55	44.09	43.63	43.15	42.67	42.17	41.66	41.14	40.61	40.07	39.51	38.93	38.34	37.74	37.11	36.47	35.81	35.12
	湿球温度(℃)	47.50	47.14	46.78	46.41	46.04	45.66	45.27	44.88	44.49	44.09	43.68	43.26	42.84	42.41	41.98	41.53	41.08	40.62	40.15	39.68	39.19	38.70	38.19	37.68	37.15
P_{qb}=10896.86Pa																										
48.0	相对湿度	50%	48%	46%	44%	42%	40%	38%	36%	34%	32%	30%	28%	26%	24%	22%	20%	18%	16%	14%	12%	10%	8%	6%	4%	2%
	含湿量(g/kg)	36.30	34.77	33.24	31.72	30.21	28.71	27.21	25.72	24.23	22.76	21.28	19.82	18.36	16.91	15.47	14.03	12.60	11.17	9.75	8.34	6.94	5.54	4.14	2.76	1.38
	焓(kJ/kg)	142.44	138.47	134.52	130.59	126.68	122.78	118.90	115.04	111.20	107.38	103.57	99.78	96.01	92.25	88.51	84.79	81.09	77.40	73.73	70.07	66.43	62.81	59.20	55.61	52.04
	露点温度(℃)	34.87	34.13	33.37	32.58	31.76	30.90	30.00	29.06	28.08	27.04	25.95	24.79	23.55	22.23	20.81	19.27	17.59	15.74	13.67	11.32	8.60	5.35	1.28	-3.75	-11.69
	湿球温度(℃)	37.04	36.48	35.92	35.34	34.75	34.15	33.53	32.89	32.24	31.57	30.88	30.18	29.45	28.71	27.94	27.14	26.33	25.48	24.61	23.70	22.76	21.79	20.78	19.73	18.64
	相对湿度	100%	98%	96%	94%	92%	90%	88%	86%	84%	82%	80%	78%	76%	74%	72%	70%	68%	66%	64%	62%	60%	58%	56%	54%	52%
	含湿量(g/kg)	77.10	75.37	73.65	71.94	70.24	68.54	66.86	65.18	63.51	61.85	60.19	58.54	56.91	55.28	53.65	52.04	50.43	48.83	47.24	45.65	44.08	42.51	40.94	39.39	37.84
	焓(kJ/kg)	248.05	243.57	239.12	234.69	230.28	225.89	221.53	217.18	212.86	208.56	204.27	200.01	195.77	191.55	187.35	183.17	179.01	174.87	170.75	166.65	162.56	158.50	154.46	150.43	146.43
	露点温度(℃)	48.00	47.60	47.19	46.78	46.35	45.92	45.48	45.04	44.58	44.11	43.64	43.15	42.65	42.14	41.62	41.09	40.54	39.98	39.40	38.81	38.20	37.58	36.93	36.27	35.58
	湿球温度(℃)	48.00	47.64	47.27	46.90	46.53	46.15	45.76	45.37	44.97	44.56	44.15	43.74	43.31	42.88	42.44	41.99	41.54	41.07	40.60	40.12	39.63	39.14	38.63	38.11	37.58
P_{qb}=11175.00Pa																										
48.5	相对湿度	50%	48%	46%	44%	42%	40%	38%	36%	34%	32%	30%	28%	26%	24%	22%	20%	18%	16%	14%	12%	10%	8%	6%	4%	2%
	含湿量(g/kg)	37.28	35.70	34.13	32.57	31.02	29.47	27.93	26.40	24.87	23.36	21.84	20.34	18.84	17.35	15.87	14.39	12.93	11.46	10.01	8.56	7.12	5.68	4.25	2.83	1.41
	焓(kJ/kg)	145.51	141.43	137.37	133.32	129.30	125.29	121.31	117.34	113.39	109.46	105.55	101.65	97.78	93.92	90.08	86.26	82.45	78.66	74.89	71.14	67.41	63.69	59.99	56.30	52.64
	露点温度(℃)	35.32	34.59	33.82	33.03	32.20	31.34	30.44	29.50	28.51	27.47	26.37	25.21	23.97	22.64	21.22	19.67	17.99	16.13	14.05	11.70	8.97	5.71	1.63	-3.45	-11.41
	湿球温度(℃)	37.46	36.90	36.33	35.75	35.15	34.54	33.92	33.28	32.62	31.94	31.25	30.53	29.80	29.05	28.27	27.46	26.64	25.78	24.89	23.97	23.02	22.04	21.01	19.94	18.83
	相对湿度	100%	98%	96%	94%	92%	90%	88%	86%	84%	82%	80%	78%	76%	74%	72%	70%	68%	66%	64%	62%	60%	58%	56%	54%	52%
	含湿量(g/kg)	79.32	77.53	75.76	73.99	72.23	70.49	68.75	67.02	65.29	63.58	61.87	60.18	58.49	56.81	55.14	53.48	51.82	50.17	48.53	46.90	45.28	43.66	42.06	40.46	38.87
	焓(kJ/kg)	254.35	249.73	245.14	240.56	236.01	231.49	226.98	222.50	218.04	213.61	209.19	204.80	200.43	196.08	191.75	187.45	183.16	178.89	174.65	170.43	166.23	162.04	157.88	153.74	149.62
	露点温度(℃)	48.50	48.10	47.69	47.27	46.85	46.41	45.97	45.52	45.07	44.60	44.12	43.63	43.13	42.62	42.10	41.56	41.01	40.45	39.87	39.28	38.67	38.04	37.39	36.73	36.04
	湿球温度(℃)	48.50	48.14	47.77	47.40	47.02	46.64	46.25	45.5	45.45	45.04	44.63	44.21	43.78	43.35	42.90	42.45	42.00	41.53	41.05	40.57	40.08	39.58	39.06	38.54	38.01
P_{qb}=11459.39Pa																										

附录6　历年真题试卷参考答案及对应本书题号

2012 年试卷参考答案及对应本书题号

单选题号	专业知识（上）		专业知识（下）		专业案例（上）		专业案例（下）		多选题号	专业知识（上）		专业知识（下）	
	答案	题号	答案	题号	答案	题号	答案	题号		答案	题号	答案	题号
1	A	1.3-1	C	1.3-2	B	7.1-1	C	8.1-14	41	BD	1.8-26	ACD	1.7-12
2	B	1.7-4	A	1.4-1	B	7.2-1	C	7.2-15	42	ABCD	1.9-7	AC	1.6-17
3	A	1.2-1	C	1.8-3	C	7.3-8	B	7.2-2	43	AD	1.2-7	ABC	1.4-33
4	B	1.2-2	B	1.5-3	C	7.5-1	B	7.3-1	44	BD	1.4-32	AB	1.1-9
5	A	1.5-1	D	1.4-10	A	10.3-1	B	7.2-3	45	BCD	1.3-11	ABC	1.4-9
6	C	1.7-5	D	1.7-7	D	8.1-12	C	10.3-33	46	ABD	1.9-8	AB	1.7-3
7	C	1.7-6	D	2.10-6	A	8.6-4	D	8.6-1	47	ABC	1.8-27	ABC	4.4-7
8	B	1.8-1	B	1.8-18	A	8.1-13	B	8.1-1	48	CD	2.10-7	ABD	2.8-33
9	D	1.5-2	B	1.8-2	D	8.2-1	C	8.2-2	49	BD	2.6-8	BD	2.1-7
10	D	2.8-1	D	4.4-2	D	8.3-1	B	8.3-2	50	AD	2.8-9	AD	2.8-28
11	C	2.1-1	C	2.2-28	B	8.4-6	A	8.5-1	51	BD	2.6-9	ACD	2.5-16
12	C	2.6-2	D	2.7-2	D	9.5-1	D	9.2-1	52	BCD	2.8-19	ABCD	2.9-6
13	B	2.5-1	D	2.2-1	C	9.1-1	D	9.3-13	53	CD	2.2-32	CD	2.2-33
14	D	2.9-1	B	2.9-2	D	9.4-1	B	9.3-14	54	BC	2.5-15	BCD	2.5-29
15	D	2.6-1	B	2.8-23	A	9.4-2	D	9.3-21	55	CD	3.8-13	ACD	3.7-8
16	C	2.8-22	C	2.8-2	C	9.6-4	C	9.3-10	56	ABC	3.7-16	AC	3.10-12
17	A	2.8-13	C	2.5-3	D	9.1-2	D	10.3-2	57	AB	3.3-15	ABC	3.6-23
18	B	2.5-2	C	2.5-4	A	9.6-5	D	9.5-9	58	ACD	3.3-22	ABCD	3.3-16
19	D	2.7-1	B	2.5-23	D	9.6-1	B	10.3-3	59	BCD	3.1-12	AD	3.5-2
20	B	3.10-1	D	3.7-1	B	9.5-2	C	9.7-1	60	ABD	3.4-8	ABC	4.3-11
21	C	3.8-1	A	3.8-3	A	10.2-1	B	10.3-4	61	BCD	3.3-23	BCD	3.4-9
22	C	3.6-35	D	3.6-12	A	10.3-18	A	10.3-5	62	ABC	3.7-17	BD	3.9-29
23	D	4.4-1	D	3.6-13	C	10.4-1	B	10.1-1	63	ABC	3.9-9	AD	3.9-20
24	A	4.4-14	D	3.8-4	B	10.4-6	B	9.5-21	64	ABD	4.5-8	ABCD	4.2-5
25	B	3.1-17	B	3.4-1	C	—	D	11.2-1	65	AD	4.4-38	AC	4.4-21
26	D	3.1-1	D	3.3-1					66	AD	4.3-10	ABCD	4.4-8
27	A	3.8-2	C	3.2-1					67	ABD	4.2-4	ABD	4.4-39
28	B	3.9-1	C	3.7-11					68	ACD	4.5-9	ABCD	4.6-11
29	B	3.9-2	C	3.9-3					69	AB	4.8-14	BC	4.8-15
30	B	4.6-1	C	4.1-1					70	ABD	6.2-13	AD	6.1-16
31	C	4.1-7	C	4.3-28									
32	B	4.4-30	C	4.1-8									
33	D	4.4-31	D	4.2-1									
34	A	4.3-14	D	4.3-15									
35	D	4.5-1	C	4.6-2									
36	C	4.7-1	A	4.6-3									
37	C	4.8-1	B	4.8-3									
38	C	4.8-2	C	—									
39	B	6.1-1	B	6.2-1									
40	B	—	D	6.2-2									

2013年试卷参考答案及对应本书题号

单选题号	专业知识（上）		专业知识（下）		专业案例（上）		专业案例（下）		多选题号	专业知识（上）		专业知识（下）	
	答案	题号	答案	题号	答案	题号	答案	题号		答案	题号	答案	题号
1	D	1.4-27	D	1.1-3	C	7.3-2	B	7.1-2	41	AD	1.7-13	ACD	1.3-5
2	C	1.8-19	B	1.6-26	C	7.2-4	C	7.3-3	42	AB	1.6-27	BD	1.6-28
3	D	1.6-22	C	1.1-4	D	7.2-22	A	7.2-5	43	BC	1.1-10	CD	1.4-20
4	C	1.4-11	C	2.2-3	B	7.4-1	B	7.2-16	44	ACD	1.6-16	ABCD	2.2-8
5	D	1.1-1	B	1.6-1	B	7.4-6	A	7.3-9	45	BCD	1.3-12	ABCD	1.6-18
6	D	1.6-5	B	1.4-2	C	8.5-5	C	7.5-2	46	AB	1.6-14	AC	1.8-28
7	C	1.7-1	D	1.7-17	D	8.1-2	B	8.5-6	47	ACD	1.9-9	ABD	2.6-26
8	A	1.8-4	A	1.8-20	D	8.1-3	D	8.1-4	48	BCD	2.9-7	BD	2.6-11
9	B	1.9-1	B	1.8-21	B	8.6-2	D	8.1-15	49	ABD	2.3-4	CD	2.2-35
10	A	2.8-3	C	2.1-2	B	8.2-3	B	8.2-4	50	ABD	2.4-7	AB	2.4-8
11	D	2.6-3	C	2.9-4	B	8.5-2	D	8.6-3	51	ABC	2.2-34	AD	2.4-9
12	C	3.4-2	A	2.8-5	C	9.3-1	B	9.5-3	52	BC	2.8-10	CD	2.8-21
13	B	2.6-22	A	2.2-29	C	9.2-4	C	9.8-6	53	BCD	2.8-20	BD	2.5-17
14	D	2.9-3	C	2.9-5	A	9.2-5	D	9.6-2	54	BC	2.6-10	BD	3.8-15
15	A	2.2-2	C	2.3-1	D	9.4-3	C	9.3-16	55	BCD	3.3-17	AC	3.6-33
16	C	2.4-1	D	2.8-14	D	9.3-2	A	9.3-11	56	AC	3.8-14	ACD	3.8-16
17	C	2.2-9	D	2.5-24	A	9.5-22	B	9.3-3	57	CD	3.2-7	AD	3.5-4
18	C	2.8-4	C	2.5-5	C	10.3-6	B	9.8-1	58	CD	3.3-24	CD	3.7-18
19	B	3.8-5	C	3.6-30	D	9.3-15	B	9.5-4	59	CD	3.5-3	BD	3.3-18
20	D	3.8-6	D	3.6-14	C	10.3-7	D	9.7-2	60	ABD	4.2-6	ABD	3.10-13
21	D	4.4-15	D	3.10-2	B	10.2-5	C	10.1-2	61	AC	4.3-35	ABCD	3.9-30
22	C	1.1-2	A	3.7-12	D	10.2-3	D	10.1-3	62	ACD	3.9-10	AC	3.9-21
23	D	3.5-1	B	4.3-18	B	10.3-8	A	10.3-19	63	ABD	4.2-7	ABCD	3.10-6
24	C	4.3-17	A	3.3-12	B	10.4-10	C	10.3-9	64	ACD	4.4-40	CD	4.4-9
25	A	3.6-1	C	3.3-13	A	11.1-1	B	11.1-2	65	BCD	4.4-22	AB	4.8-16
26	B	3.7-2	A	3.7-13					66	BCD	4.1-21	AD	4.7-8
27	A	3.9-27	D	3.10-7					67	AD	4.2-8	ABD	4.7-9
28	B	3.9-13	C	3.9-14					68	ABCD	4.6-12	CD	4.4-23
29	C	4.3-1	A	4.1-11					69	BD	5-10	ABC	5-11
30	A	4.3-16	B	4.1-12					70	ACD	6.2-14	ABD	6.1-17
31	D	4.3-29	B	4.3-30									
32	D	4.1-9	A	4.4-16									
33	C	4.1-10	B	4.3-2									
34	A	4.1-2	A	4.3-25									
35	B	4.4-32	C	4.9-1									
36	B	4.4-33	D	4.7-2									
37	D	5-1	C	4.8-4									
38	B	6.2-3	A	5-2									
39	D	6.1-2	B	6.1-3									
40	D	6.2-4	A	6.2-5									

2014 年试卷参考答案及对应本书题号

单选题号	专业知识（上）		专业知识（下）		专业案例（上）		专业案例（下）		多选题号	专业知识（上）		专业知识（下）	
	答案	题号	答案	题号	答案	题号	答案	题号		答案	题号	答案	题号
1	B	1.7-8	D	1.6-10	D	7.1-3	D	7.2-18	41	CD	1.3-13	ACD	1.6-19
2	A	1.3-3	C	1.8-7	D	7.2-17	B	7.2-7	42	ABCD	1.4-21	ABD	1.9-11
3	D	1.6-7	B	3.7-4	D	7.3-4	A	7.2-8	43	AC	1.7-14	ABD	1.8-14
4	D	1.8-5	D	1.1-5	C	7.2-6	D	7.3-10	44	ABD	1.7-15	ABC	1.4-22
5	C	1.6-8	D	1.6-9	A	7.5-3	B	7.4-7	45	ACD	1.6-15	ACD	1.8-15
6	B	1.6-6	D	1.5-4	C	8.5-7	D	7.4-8	46	ABCD	1.8-29	ABD	1.8-30
7	B	1.7-9	D	1.4-12	D	8.5-8	A	8.4-2	47	BC	1.9-10	BD	2.2-20
8	C	1.8-6	B	1.8-22	A	8.5-9	B	8.1-16	48	ABD	2.10-4	ABCD	2.6-27
9	A	1.9-2	B	1.9-3	D	9.1-3	B	8.4-3	49	ABCD	2.6-12	CD	2.8-11
10	B	2.1-3	A	2.1-4	B	8.2-5	C	8.4-7	50	AB	2.6-13	BC	2.8-29
11	C	2.10-1	C	2.6-5	B	8.4-1	B	8.5-10	51	BC	2.5-18	ABC	2.5-19
12	C	2.6-4	C	2.10-2	B	9.5-10	C	9.8-7	52	BCD	2.3-5	ABD	2.6-14
13	D	2.8-6	A	2.4-2	D	9.2-2	D	9.1-5	53	AB	2.8-30	BD	2.5-30
14	A	2.6-23	D	2.10-3	B	9.1-4	C	9.2-6	54	AC	3.6-24	AB	3.7-9
15	D	2.2-10	D	2.2-11	B	9.3-4	B	9.2-7	55	AB	3.6-8	ABD	3.8-17
16	D	2.8-24	B	2.8-32	B	9.5-23	C	9.8-2	56	ABCD	3.3-7	BC	3.6-27
17	D	2.8-25	D	2.8-26	D	9.5-5	B	9.3-18	57	ABC	3.6-25	ACD	3.7-21
18	D	2.5-25	A	2.7-3	B	9.3-17	D	9.5-11	58	AC	3.6-26	AB	3.3-25
19	D	3.7-3	D	3.6-3	C	9.8-9	C	9.6-6	59	BCD	3.6-34	ACD	3.2-8
20	D	3.4-3	B	3.7-5	C	10.3-10	C	9.7-3	60	AC	3.7-19	ABC	3.7-22
21	A	3.6-15	D	3.4-4	B	10.3-11	C	10.3-13	61	BC	3.7-20	ACD	3.2-9
22	B	3.6-2	A	3.10-3	C	10.1-4	C	10.2-4	62	ABC	3.9-22	BD	3.9-31
23	D	3.1-2	B	3.8-8	D	10.1-5	C	10.2-6	63	CD	4.2-9	AC	4.3-37
24	D	3.1-3	D	3.3-2	A	10.3-12	B	10.4-7	64	ABD	4.3-36	BC	4.4-24
25	B	3.1-4	C	3.3-14	B	11.2-2	C	11.1-3	65	BCD	4.1-22	ABCD	4.3-27
26	B	3.1-5	B	3.2-2					66	BD	4.4-10	ABCD	4.5-10
27	B	3.9-4	A	3.3-19					67	BCD	4.7-10	AD	4.5-11
28	B	3.9-15	C	3.9-5					68	BD	4.8-17	AB	4.7-11
29	C	4.6-4	C	4.3-26					69	ABC	5-12	BCD	5-13
30	B	3.8-7	C	3.10-4					70	BD	6.2-15	ABCD	6.1-18
31	B	4.1-13	A	4.4-17									
32	C	4.5-2	B	4.1-14									
33	A	4.3-3	A	4.2-3									
34	D	4.4-34	D	4.3-19									
35	D	4.6-5	C	4.7-3									
36	D	4.8-5	D	4.8-6									
37	D	5-3	D	4.9-2									
38	C	6.1-4	A	5-4									
39	A	6.1-5	B	6.2-6									
40	D	6.1-6	D	6.1-7									

2016 年试卷参考答案及对应本书题号

单选题号	专业知识（上）答案	题号	专业知识（下）答案	题号	专业案例（上）答案	题号	专业案例（下）答案	题号	多选题号	专业知识（上）答案	题号	专业知识（下）答案	题号
1	D	1.6-23	C	1.8-23	A	7.1-4	B	7.2-9	41	ABD	1.7-18	CD	1.7-19
2	B	1.2-3	D	1.4-28	B	8.1-17	C	7.3-5	42	ABCD	1.3-6	ABCD	1.8-32
3	D	1.3-7	D	1.6-11	B	7.5-4	C	7.5-5	43	AC	1.3-14	ABD	1.2-8
4	C	1.3-8	B	1.4-29	C	7.2-19	B	7.2-20	44	ABD	1.4-4	ABC	2.8-34
5	D	1.4-13	B	1.4-6	B	7.4-2	D	7.4-9	45	ABCD	1.4-23	CD	1.8-17
6	C	1.4-5	B	1.4-3	C	8.5-11	A	10.3-21	46	AD	1.8-16	AD	1.8-33
7	D	1.8-8	C	1.7-2	A	9.6-7	A	9.6-8	47	ABC	1.8-31	ABC	2.6-28
8	B	1.9-4	D	1.8-24	C	8.5-12	B	8.1-18	48	ABD	2.6-15	ACD	2.6-16
9	C	4.4-3	A	1.9-5	A	8.1-5	B	8.2-6	49	ABCD	2.7-9	ABC	2.5-20
10	D	2.2-12	C	3.4-5	D	8.5-13	B	8.3-3	50	AB	2.2-22	BCD	2.6-29
11	B	3.8-9	A	2.5-7	A	8.4-4	D	8.4-8	51	AB	2.3-6	ABC	2.2-23
12	B	2.2-4	A	2.2-15	B	9.4-4	A	9.8-11	52	ABC	2.3-7	ABC	2.4-10
13	B	2.2-5	D	2.3-2	B	9.4-5	A	9.5-13	53	CD	2.10-5	ABC	2.7-10
14	D	2.2-13	D	2.4-3	C	9.5-6	C	9.4-6	54	BC	3.5-5	BCD	3.1-13
15	C	2.2-14	B	2.8-7	B	9.1-6	D	9.3-6	55	AD	3.3-8	CD	3.10-14
16	D	2.8-27	A	2.5-27	B	9.3-5	A	9.8-3	56	ABD	3.3-9	BCD	3.6-9
17	D	2.5-26	C	2.5-8	B	9.8-10	C	9.3-12	57	BCD	3.2-10	ABD	3.1-22
18	C	2.5-6	C	2.4-4	D	10.3-20	A	9.2-8	58	ABD	3.3-26	BCD	3.8-18
19	C	3.3-20	C	3.6-18	B	9.5-12	D	9.5-7	59	BD	4.4-11	BC	3.6-40
20	D	3.7-14	B	4.4-4	B	10.1-6	C	9.7-4	60	ABD	4.3-38	ABC	3.8-19
21	C	3.6-36	C	3.7-6	B	10.2-2	B	10.1-8	61	CD	3.6-39	BCD	3.9-24
22	B	3.1-6	A	3.10-8	C	10.1-7	A	10.3-22	62	BC	3.9-23	CD	3.9-11
23	D	3.6-16	D	3.3-3	D	10.2-7	C	10.4-3	63	AD	4.2-10	ACD	4.1-23
24	B	3.6-17	C	3.1-18	B	11.1-4	B	11.2-3	64	ABD	4.3-39	ABD	4.1-6
25	C	3.1-7	A	3.2-3	D	10.4-2	B	10.4-8	65	ABD	4.4-25	BCD	4.6-15
26	C	3.6-4	C	3.6-31					66	ACD	4.2-11	BC	4.8-18
27	C	3.9-6	A	3.6-19					67	AD	4.6-13	ABC	4.8-19
28	D	3.9-28	B	3.9-7					68	ABCD	4.6-14	ABD	4.8-20
29	D	4.2-3	D	4.3-32					69	BC	5-14	AD	5-15
30	B	4.7-4	C	4.6-7					70	ACD	6.1-19	ABC	6.2-16
31	D	4.1-15	D	4.5-3									
32	D	4.4-35	D	4.5-4									
33	A	4.1-3	B	4.7-5									
34	D	4.3-20	A	4.7-6									
35	C	4.3-31	D	4.8-7									
36	C	4.6-6	D	4.8-8									
37	A	5-5	A	4.8-9									
38	D	6.1-8	D	5-6									
39	A	6.1-9	A	6.2-7									
40	A	6.1-10	D	6.2-8									

2017 年试卷参考答案及对应本书题号

单选题号	专业知识（上）		专业知识（下）		专业案例（上）		专业案例（下）		多选题号	专业知识（上）		专业知识（下）	
	答案	题号	答案	题号	答案	题号	答案	题号		答案	题号	答案	题号
1	D	1.6-2	A	1.6-24	D	7.5-6	C	7.4-3	41	AB	1.4-34	ABC	1.4-35
2	C	1.1-6	A	2.2-6	B	7.1-5	C	7.2-11	42	CD	1.7-20	ABC	1.6-29
3	D	1.2-4	C	1.3-4	D	7.2-10	A	7.2-21	43	CD	1.4-24	ABC	4.4-26
4	A	1.3-9	D	1.6-25	C	7.2-23	C	7.5-7	44	CD	1.1-11	ABC	1.4-36
5	A	1.4-8	D	4.4-5	C	10.3-23	B	7.3-6	45	BC	1.6-20	ABC	1.3-16
6	D	1.8-25	C	1.4-7	B	8.1-6	C	7.3-7	46	ABC	1.3-15	AB	1.4-25
7	A	1.3-10	D	1.7-10	D	8.5-14	C	8.1-20	47	AC	1.9-12	BCD	3.8-20
8	C	1.7-11	B	1.4-14	C	8.6-5	D	8.1-7	48	ABCD	2.5-21	CD	2.2-25
9	D	1.9-6	B	4.4-6	D	8.1-19	D	8.1-8	49	CD	2.8-31	AD	2.2-26
10	A	2.8-15	D	3.8-10	B	8.5-15	A	8.2-8	50	ABD	2.3-8	AC	2.2-27
11	D	2.1-5	C	2.5-12	C	8.2-7	B	8.3-4	51	ABCD	2.2-24	ABCD	2.9-8
12	C	2.2-31	C	2.2-16	B	9.4-7	C	9.8-12	52	ABCD	2.3-9	AD	2.8-35
13	A	2.4-5	B	2.2-30	C	9.6-9	D	9.2-3	53	AC	2.5-31	BC	2.6-17
14	C	2.5-10	D	2.2-17	D	9.8-4	D	9.1-8	54	CD	3.7-23	AC	3.4-11
15	B	2.5-11	D	2.6-25	C	7.2-12	B	9.8-8	55	CD	3.7-24	BC	3.7-10
16	A	2.7-4	C	2.5-13	C	9.5-14	B	9.5-16	56	CD	3.7-25	ABD	3.7-27
17	D	2.6-6	C	2.7-5	B	9.1-7	B	9.5-15	57	AC	3.10-15	BC	4.4-27
18	D	2.6-24	D	2.5-9	C	9.6-10	B	10.3-14	58	ABD	3.6-28	ABD	3.6-29
19	C	3.6-37	D	3.1-10	B	9.3-7	C	9.3-19	59	AC	3.3-10	ACD	3.6-10
20	D	3.3-21	A	3.1-11	B	10.3-24	A	9.7-5	60	ABD	3.7-26	ABC	3.7-28
21	A	3.6-5	C	3.2-4	D	10.2-8	C	10.3-25	61	ABD	3.4-10	BCD	3.9-32
22	C	3.6-32	C	3.7-15	B	10.3-15	B	10.4-9	62	ACD	3.9-25	ABC	3.9-33
23	A	3.1-8	D	3.7-7	C	10.1-9	C	10.3-34	63	AC	4.9-5	ABD	4.3-40
24	C	3.1-9	D	3.1-19	A	10.1-10	A	10.3-26	64	CD	4.4-28	AB	4.3-41
25	B	3.3-4	A	3.6-38	D	11.1-5	D	11.1-6	65	ABD	5-16	ABD	4.6-18
26	C	4.3-4	A	3.8-11					66	ABC	4.6-16	ABC	4.3-42
27	C	3.9-16	C	3.10-9					67	ABD	4.6-17	AC	4.1-24
28	A	3.9-8	C	3.9-17					68	ABC	4.5-12	BD	4.3-43
29	B	4.8-10	A	4.8-12					69	AC	5-17	ABD	5-18
30	B	4.4-36	B	4.5-5					70	ACD	6.2-17	ACD	6.1-20
31	A	4.1-16	C	4.3-6									
32	D	4.8-11	D	4.3-21									
33	D	4.1-4	D	4.4-18									
34	C	4.4-37	A	4.4-19									
35	A	4.3-5	C	4.4-20									
36	B	4.3-33	D	4.1-17									
37	D	1.1-7	A	4.5-6									
38	D	4.3-22	B	5-7									
39	C	6.2-9	C	6.1-12									
40	B	6.1-11	D	6.2-10									

2018 年试卷参考答案及对应本书题号

单选题号	专业知识（上）答案	题号	专业知识（下）答案	题号	专业案例（上）答案	题号	专业案例（下）答案	题号	多选题号	专业知识（上）答案	题号	专业知识（下）答案	题号
1	A	1.4-15	A	1.4-30	D	7.2-13	D	7.1-6	41	ACD	1.4-26	ABCD	1.6-4
2	A	1.1-8	B	1.4-17	B	7.4-10	A	7.1-7	42	BD	1.8-34	BD	1.6-30
3	D	1.6-12	C	1.4-18	C	7.2-24	A	7.2-14	43	BCD	1.4-37	BD	1.1-13
4	C	1.2-5	B	1.2-6	B	7.5-8	C	7.2-25	44	AB	1.6-21	ACD	1.2-9
5	A	1.6-13	C	1.4-19	D	7.3-11	C	7.4-4	45	ACD	1.7-16	ABD	1.9-14
6	B	1.6-3	B	1.4-31	A	8.5-16	B	7.4-5	46	AC	1.9-13	ABD	4.4-29
7	C	1.8-9	A	1.8-12	A	8.1-9	C	8.5-3	47	AD	4.4-12	ABC	2.4-11
8	C	1.8-10	D	1.8-13	C	8.2-9	D	8.3-5	48	ACD	2.2-36	ABC	2.8-12
9	B	1.8-11	D	3.8-12	B	8.2-10	D	8.4-5	49	ABD	2.2-37	BD	2.6-30
10	C	2.8-8	A	2.8-17	C	8.1-10	A	8.5-4	50	CD	2.8-36	AB	2.5-22
11	D	2.8-16	D	2.2-20	A	8.6-6	B	8.1-11	51	BCD	2.6-18	ACD	2.7-11
12	D	2.2-18	C	2.8-18	B	9.3-8	D	10.3-30	52	ACD	2.6-19	ABCD	2.7-12
13	A	2.6-7	C	2.5-28	B	10.3-27	D	9.3-9	53	ABD	2.6-20	ACD	2.7-13
14	B	2.2-7	A	2.5-14	D	9.3-22	B	10.4-4	54	BCD	1.1-12	BCD	3.1-16
15	B	2.3-3	B	2.7-6	B	9.5-17	A	9.5-20	55	BD	3.1-14	ABCD	3.10-16
16	A	2.4-6	C	2.7-7	B	9.5-18	D	9.6-3	56	ACD	4.6-19	ABCD	3.2-12
17	B	2.1-6	D	2.7-8	D	9.3-23	A	9.3-20	57	BCD	3.1-15	AB	3.3-27
18	D	2.2-19	D	3.10-10	A	9.5-19	D	10.3-31	58	BC	3.7-29	AB	2.6-21
19	C	3.4-6	C	3.6-7	D	9.8-5	C	9.5-8	59	CD	3.2-11	BD	3.3-28
20	D	3.10-5	B	3.3-6	C	10.3-28	A	9.7-6	60	AB	3.3-11	BCD	3.3-29
21	B	3.3-5	A	4.3-8	C	10.1-11	B	10.3-17	61	BD	4.7-12	ABC	3.9-12
22	B	3.6-6	D	3.10-11	B	10.3-16	C	10.3-32	62	ABD	3.9-35	AD	3.9-26
23	D	1.4-16	C	4.3-24	C	10.3-29	C	10.3-36	63	ACD	4.4-41	ABD	4.3-13
24	C	3.2-5	A	3.1-21	D	10.3-35	C	10.4-5	64	BCD	4.8-21	BD	4.3-44
25	C	3.1-20	C	3.2-6	A	11.1-7	B	11.2-4	65	ABD	4.3-12	CD	4.4-13
26	A	3.6-20	D	3.6-21					66	AD	4.2-12	ABC	3.6-11
27	B	3.9-34	A	3.6-22					67	BCD	4.6-20	ABCD	4.8-22
28	C	3.9-18	D	3.9-19					68	BC	4.5-13	BC	4.9-6
29	D	4.3-23	A	4.1-5					69	ABD	5-19	AC	5-20
30	A	4.5-7	C	4.3-9					70	ABC	2.3-10	ABCD	6.1-21
31	B	4.3-7	C	3.4-7									
32	B	4.1-18	D	4.1-20									
33	B	4.1-19	A	4.3-34									
34	D	4.6-8	B	4.6-9									
35	A	4.7-7	A	4.6-10									
36	B	4.9-3	C	4.8-13									
37	D	5-8	D	4.9-4									
38	B	6.1-13	B	5-9									
39	D	6.2-11	D	6.1-15									
40	C	6.1-14	A	6.2-12									

2019 年实战试卷参考答案

单选题号	专业知识（上）	专业知识（下）	专业案例（上）	专业案例（下）	多选题号	专业知识（上）	专业知识（下）
	答案	答案	答案	答案		答案	答案
1	B	B	D	D	41	ABCD	ACD
2	B	D	C	C	42	ABCD	ACD
3	A	A	A	D	43	ABD	AC
4	C	C	D	B	44	AC	BCD
5	D	D	D	C	45	AB	BCD
6	A	C	A	C	46	ACD	ABD
7	C	B	C	B	47	ABD	ABC
8	C	D	A	D	48	BC	ABD
9	D	A	C	C	49	ABC	ABD
10	C	D	D	D	50	BD	ABCD
11	C	C	C	C	51	ACD	AB
12	A	C	B	C	52	ABCD	CD
13	B	D	B	C	53	ABC	BC
14	C	A	A	B	54	ACD	ACD
15	D	C	C	B	55	AB	BD
16	B	D	B	C	56	AD	AD
17	B	C	B	A	57	CD	AB
18	A	B	C	B	58	AB	BCD
19	B	A	C	B	59	AB	AC
20	C	B	B	C	60	AB	AC
21	C	A	B	A	61	BD	ABC
22	A	D	B	A	62	ABD	AB
23	D	B	A	D	63	BCD	ACD
24	D	C	D	A	64	ABC	BC
25	A	A	D	C	65	ABCD	ABCD
26	A	D			66	BD	CD
27	A	D			67	ABD	AB
28	C	A			68	ABC	BC
29	D	B			69	BCD	BCD
30	D	D			70	ABCD	BC
31	D	A					
32	A	C					
33	A	B					
34	B	B					
35	A	C					
36	C	A					
37	D	C					
38	A	A					
39	C	B					
40	B	B					

2020 年实战试卷参考答案

单选题号	专业知识（上）答案	专业知识（下）答案	专业案例（上）答案	专业案例（下）答案	多选题号	专业知识（上）答案	专业知识（下）答案
1	C	A	B	D	41	BCD	ACD
2	D	D	D	D	42	ACD	CD
3	A	B	B	A	43	ABCD	BC
4	B	C	C	A	44	AB	ABCD
5	D	C	A	D	45	AD	AB
6	D	C	D	B	46	ABD	BCD
7	A	A	B	C	47	ACD	AC
8	B	A	C	A	48	AB	BCD
9	C	A	D	C	49	ABC	AC
10	B	D	B	D	50	BCD	BC
11	B	D	C	B	51	ACD	ABD
12	D	A	A	C	52	ABD	AD
13	C	C	B	D	53	BD	BC
14	A	C	C	B	54	AB	AC
15	D	D	B	A	55	AB	ABD
16	D	B	D	B	56	ABC	ACD
17	A	C	C	D	57	BCD	ACD
18	B	A	D	C	58	ACD	BC
19	A	B	B	B	59	AC	CD
20	D	D	C	C	60	ABD	ABC
21	D	D	C	A	61	ABC	AC
22	B	B	B	D	62	AB	ABC
23	A	C	A	C	63	ABC	ACD
24	C	C	B	B	64	CD	BC
25	A	A	D	C	65	AC	AD
26	C	D			66	AC	BD
27	D	A			67	BC	ACD
28	C	D			68	BC	AB
29	D	B			69	ABD	BD
30	A	A			70	BCD	AB
31	A	B					
32	C	C					
33	B	D					
34	A	C					
35	B	D					
36	C	B					
37	B	A					
38	B	A					
39	A	B					
40	D	B					

参 考 文 献

[1] 全国勘察设计注册工程师公用设备专业管理委员会秘书处. 全国勘察设计注册公用设备工程师暖通空调专业考试复习教材(第二版). 北京：中国建筑工业出版社，2008.

[2] 全国勘察设计注册工程师公用设备专业管理委员会秘书处. 全国勘察设计注册公用设备工程师暖通空调专业考试复习教材(2020 年版). 北京：中国建筑工业出版社，2020.

[3] 陆耀庆主编. 实用供热空调设计手册(第二版). 北京：中国建筑工业出版社，2008.

[4] 孙一坚主编. 简明通风设计手册. 北京：中国建筑工业出版社，1997.

[5] 全国民用建筑工程设计技术措施-暖通空调动力分册 2009. 北京：中国计划出版社，2009.

[6] 全国民用建筑工程技术措施-给水排水分册 2009. 北京：中国计划出版社，2009.

[7] 电子工业部第十设计研究院主编. 空气调节设计手册. 北京：中国建筑工业出版社，2005.

[8] 全国民用建筑工程设计技术措施节能专篇-暖通空调动力 2007. 北京：中国计划出版社，2007.

[9] 陆亚俊等编著. 暖通空调(第二版). 北京：中国建筑工业出版社，2007.

[10] 赵荣义等编著. 空气调节(第四版). 北京：中国建筑工业出版社，2009.

[11] 孙一坚主编. 工业通风(第四版). 北京：中国建筑工业出版社，2010.

[12] 贺平主编. 供热工程(第四版). 北京：中国建筑工业出版社，2009.

[13] 奚世光主编. 锅炉及锅炉房设备(第四版). 北京：中国建筑工业出版社，2006.

[14] 彦启森主编. 空气调节用制冷技术(第四版). 北京：中国建筑工业出版社，2010.

[15] 许仲麟. 空气洁净技术原理. 上海：同济大学出版社，1998.

[16] 《民用建筑供暖通风与空气调节设计规范》编制组编. 民用建筑供暖通风与空气调节设计规范宣贯辅导教材. 北京：中国建筑工业出版社，2012.

[17] 中国有色金属工业协会主编. 工业建筑供暖通风与空气调节设计规范. GB 50019—2015. 北京：中国计划出版社，2015.

[18] 中国建筑科学研究院等主编. 民用建筑供暖通风与空气调节设计规范. GB 50736—2012. 北京：中国建筑工业出版社，2012.

[19] 中国建筑设计研究院等主编. 公共建筑节能设计标准. GB 50189—2005. 北京：中国建筑工业出版社，2006.

[20] 中国建筑科学研究院主编. 公共建筑节能设计标准. GB 50189—2015. 北京：中国建筑工业出版社，2015.

[21] 公安部天津消防研究所会同天津市建筑设计院、北京市建筑设计研究院等主编. 建筑设计防火规范. GB 50016—2006. 北京：中国计划出版社，2006.

[22] 公安部天津消防研究所、公安部四川消防研究所主编. 建筑设计防火规范. GB 50016—2014. 北京：中国计划出版社，2014.

[23] 中华人民共和国公安部消防局主编. 高层民用建筑设计防火规范(2005 版). GB 50045—95. 北京：中国计划出版社，2005.

[24] 公安部四川消防研究所主编. 建筑防烟排烟系统技术标准. GB 51251—2017. 北京：中国计划出版社，2018.

[25] 中国建筑科学研究院主编. 严寒和寒冷地区居住建筑节能设计标准. JGJ 26—2018. 北京：中国

建筑工业出版社，2018.

[26] 中华人民共和国国家质量监督检验检疫总局等主编. 建筑通风和排烟系统用防火阀门. GB 15930—2007. 北京：中国标准出版社，2007.

[27] 中国建筑科学研究院主编. 夏热冬冷地区居住建筑节能设计标准. JGJ 134—2010. 北京：中国建筑工业出版社，2010.

[28] 中国建筑科学研究院主编. 夏热冬暖地区居住建筑节能设计标准. JGJ 75—2012. 北京：中国建筑工业出版社，2012.

[29] 中国建筑科学研究院主编. 严寒和寒冷地区居住建筑节能设计标准. JGJ 26—2010. 北京：中国建筑工业出版社，2010.

[30] 中国建筑科学研究院主编. 既有居住建筑节能改造技术规程. JGJ/T 129—2012. 北京：中国建筑工业出版社，2013.

[31] 上海市公安消防总队、公安部天津消防研究所主编. 汽车库、修车库、停车场设计防火规范. GB 50067—2014. 北京：中国计划出版社，2015.

[32] 中国建筑设计研究院主编. 人民防空地下室设计规范. GB 50038—2005. 北京：中国标准出版社，2006.

[33] 总参工程兵第四设计研究院等主编. 人民防空工程设计防火规范. GB 50098—2009. 北京：中国计划出版社，2012.

[34] 中国建筑科学研究院主编. 住宅设计规范. GB 50096—2011. 北京：中国计划出版社，2012.

[35] 中国建筑科学研究院主编. 住宅建筑规范. GB 50368—2005. 北京：中国建筑工业出版社，2006.

[36] 中国联合工程公司等主编. 锅炉房设计标准. GB 50041—2020. 北京：中国计划出版社，2020.

[37] 中国建筑科学研究院主编. 民用建筑热工设计规范. GB 50176—2016. 北京：中国标准出版社，2017.

[38] 北京市煤气热力工程设计院有限公司等主编. 城镇供热管网设计规范. CJJ 34—2010. 北京：中国建筑工业出版社，2010.

[39] 中国市政工程华北设计研究院主编. 城镇燃气设计规范. GB 50028—2006(2020 版). 北京：中国建筑工业出版社，2006.

[40] 中国建筑科学研究院主编. 辐射供暖供冷技术规程. JGJ 142—2012. 北京：中国建筑工业出版社，2012.

[41] 中国建筑科学研究院主编. 地源热泵系统工程技术规范(2009 年版). GB 50366—2005. 北京：中国建筑工业出版社，2020.

[42] 中国电子工程设计院主编. 洁净厂房设计规范. GB 50073—2013. 北京：中国计划出版社，2013.

[43] 国内贸易工程设计研究院主编. 冷库设计规范. GB 50072—2010. 北京：中国计划出版社，2010.

[44] 上海现代建筑设计(集团)有限公司等主编. 建筑给水排水设计规范(2009 年版). GB 50015—2003. 北京：中国计划出版社，2010.

[45] 沈阳市城乡建设委员会等主编. 建筑给水排水及采暖工程施工验收规范. GB 50242—2002. 北京：中国标准出版社，2004.

[46] 中国建筑科学研究院，北京住总集团有限责任公司主编. 通风与空调工程施工规范. GB 50738—2011. 北京：中国建筑工业出版社，2012.

[47] 上海市安装工程有限公司主编. 通风与空调工程施工质量验收规范. GB 50243—2016. 北京：中国计划出版社，2016.

[48] 中国建筑科学研究院主编. 建筑节能工程施工质量验收标准. GB 50411—2019. 北京：中国建筑工业出版社，2019.

[49] 中国建筑科学研究院主编. 太阳能供热采暖工程技术规范. GB 50495—2009. 北京：中国建筑工业出版社，2009.

[50] 中国建筑科学研究院主编. 绿色建筑评价标准. GB/T 50378—2019. 北京：中国建筑工业出版社，

2019.

[51] 中国建筑科学研究院，机械工业第六设计研究院有限公司、绿色工业建筑评价标准. GB/T 50878—2013，北京：中国建筑工业出版社，2014.

[52] 中国建筑科学研究院主编. 民用建筑绿色设计规范. JGJ/T 229—2010. 北京：中国建筑工业出版社，2011.

[53] 中国标准化研究院、上海市经委主编. 空气调节系统经济运行. GB/T 17981—2007. 北京：中国标准出版社，2008.

[54] 中国石油和化工勘察设计协会，中国成达化学工程公司等主编. 工业设备及管道绝热工程设计规范. GB 50264—2013. 北京：中国计划出版社，2013.

[55] 中国疾病预防控制中心职业卫生与中毒控制所等主编. 工业企业设计卫生标准. GBZ 1—2010. 北京：人民卫生出版社，2010.

[56] 化工部第八设计院等主编. 设备和管道保冷设计导则. GBT 15586—1995. 北京：中国标准出版社，1995.

[57] 中国疾病预防控制中心职业卫生与中毒控制所等主编. 工业场所有害因素职业接触限值 第2部分：物理有害因素. GBZ 2.2—2007. 北京：人民卫生出版社，2007.

[58] 中国疾病预防控制中心职业卫生与中毒控制所等主编. 工业场所有害因素职业接触限值 第1部分：化学有害因素. GBZ 2.1—2019. 北京：人民卫生出版社，2019.

[59] 国家环保局. 大气污染物综合排放标准. GB 16297—1996. 北京：中国标准出版社，1997.

[60] 中国建筑科学研究院等主编. 组合式空调机组. GB/T 14294—2008. 北京：中国标准出版社，2009.

[61] 深圳麦克维尔空调有限公司，合肥通用机械研究所主编. 水源热泵机组. GB/T 19409—2003. 北京：中国标准出版社，2004.

[62] 中国建筑科学研究院等主编. 高效空气过滤器. GB/T 13554—2008. 北京：中国标准出版社，2009.

[63] 中华人民共和国环境保护部等主编. 环境空气质量标准. GB 3095—2012. 北京：中国环境科学出版社，2012.

[64] 中国建筑科学研究院等主编. 组合式空调机组. GBT 14294—2008. 北京：中国标准出版社，2009.

[65] 中国建筑科学研究院主编. 风机盘管. GB/T 19232—2019. 北京：中国标准出版社，2019.

[66] 中国标准化研究院等主编. 冷水机组能效限定值及能源效率等级. GB 19577—2015. 北京：中国标准出版社，2015.

[67] 中国标准化研究院等主编. 多联式空调（热泵）机组能效限定值及能源效率等级. GB 21454—2008. 北京：中国标准出版社，2008.

[68] 约克（无锡）空调冷冻科技有限公司等主编. 蒸气压缩循环冷水（热泵）机组第1部分：工业或商业用及类似用途的冷水（热泵）机组. GB/T 18430.1—2007. 北京：中国标准出版社，2008.

[69] 浙江盾安人工环境设备股份有限公司、合肥通用机械研究院等主编. 蒸气压缩循环冷水（热泵）机组 第2部分：户用及类似用途的冷水（热泵）机组. GB/T 18430.2—2016. 北京：中国标准出版社，2016.

[70] 远大空调有限公司，合肥通用机械研究院主编. 直燃型溴化锂吸收式冷（温）水机组. GB/T 18362—2008. 北京：中国标准出版社，2009.

[71] 江苏双良空调设备有限公司主编. 蒸汽和热水型溴化锂吸收式冷水机组. GB/T 18431—2001. 北京：中国标准出版社，2004.

[72] 广州从化中宇冷气科技发展有限公司等主编. 商业或工业用及类似用途的热泵热水机. GB/T 21362—2008. 北京：中国标准出版社，2008.

［73］　中国建筑科学研究院等主编. 蓄能空调工程技术规程. JGJ 158—2018. 北京：中国建筑工业出版社，2018.

［74］　中国城市建设研究院有限公司，北京市煤气热力工程设计院有限公司主编. 燃气冷热电联供工程技术规范. GB 51131—2016. 北京：中国建筑工业出版社，2017.

［75］　环保机械标准化技术委员会主编. 离心式除尘器. GB/T 9054—2015. 北京：机械工业出版社，2015.

［76］　浙江洁华环保科技股份有限公司，福建龙净环保股份有限公司主编. 回转反吹类袋式除尘器. GB/T 8533—1997. 北京：机械工业出版社，2010.